ALMAGESTE.

Pendant très-longtemps, on ne considéra que les mouvements apparents des astres; cet intervalle dont l'origine se perd dans la plus haute antiquité, et qui fut proprement l'enfance de l'astronomie, comprend les travaux d'Hipparque et de Ptolémée. Le Système de Ptolémée n'est au fond qu'une manière de représenter les apparences célestes; et sous ce rapport, il fut utile à la science : telle est la foiblesse de l'esprit humain, qu'il a souvent besoin de s'aider d'hypothèses pour lier les faits entr'eux.

M. Laplace, préface du tome IIIe de la Mécan. cél.

ΚΛΑΥΔΙΟΥ ΠΤΟΛΕΜΑΙΟΥ

ΜΑΘΗΜΑΤΙΚΗ ΣΥΝΤΑΞΙΣ.

COMPOSITION MATHÉMATIQUE
DE CLAUDE PTOLÉMÉE,

OU

ASTRONOMIE ANCIENNE,

TRADUITE POUR LA PREMIÈRE FOIS DU GREC EN FRANÇAIS
SUR LES MANUSCRITS DE LA BIBLIOTHÈQUE DU ROI,

PAR M. L'Abbé HALMA;

ET SUIVIE DES NOTES DE M. DELAMBRE

SECRÉTAIRE PERPÉTUEL DE L'ACADÉMIE ROYALE DES SCIENCES, LECTEUR DU ROI, etc.

« En supposant les orbites circulaires, Ptolémée résout à sa manière le même triangle ; son opération est identique à la nôtre....
» et les trois Systêmes (de Ptolémée, Tycho et Copernic) conduisent exactement aux mêmes résultats ».

M. Delambre, Astron. t. 3.

TOME SECOND.

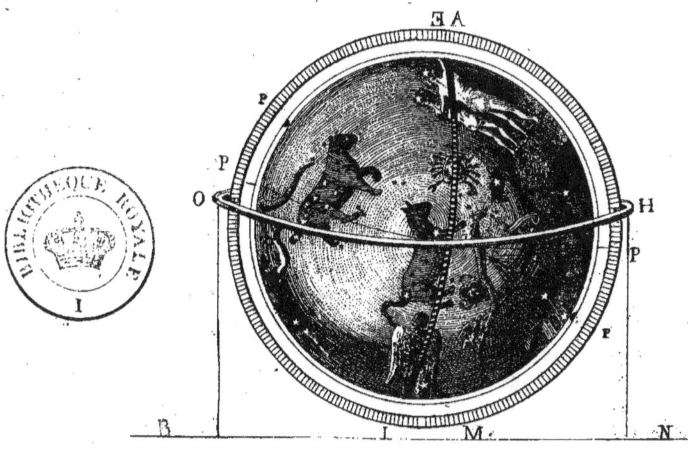

A PARIS,

DE L'IMP. DE J.-M. EBERHART, IMPRIM. DU COLLEGE ROYAL DE FRANCE.
1816.

This work is invaluable, both as containing (Ptolemy's) his own, and as preserving those of Hipparchus.

Vince, astronomy. V. 11.

AU ROI.

SIRE,

Si l'image du sage et pacifique Antonin devoit orner la première partie d'un ouvrage qu'il encouragea par ses bienfaits, cette seconde partie doit, à pareil titre, présenter à la reconnoissance de la postérité l'auguste empreinte du Monarque qui, à ses autres traits de ressemblance avec ce bon Prince, ajoute encore le don qu'il fait aux nations civilisées, dans la langue la plus généralement cultivée de son temps, des premières bâses de la science dont les progrès contribuent le plus à l'opulence et à la puissance des états, par les lumières qu'elle fournit à la navigation, pour l'avantage du commerce et la perfection de la marine.

Je suis avec le respect le plus profond,

SIRE,

DE VOTRE MAJESTE,

Le très-humble, très-obéissant et très-fidèle Serviteur et Sujet

L'Abbé HALMA.

Göttingische gelehrte Anzeigen.

Den 18 April 1814.

Das Bedürfniß nach einer neuen Ausgabe von Ptolemäus Almagest ist zu lange gefühlt worden, und der Wunsch aller Astronomen und Litteratoren zu allgemein, als daß wir dasselbe unsern Lesern erst bemerklich machen dürften. Wir enthalten uns daher auch aller weitern litterärischen Bemerkungen über die Mängel der Basler Ausgabe und der lateinischen Uebersetzungen, und gehen lieber gleich zur Anzeige von Hrn. Halmas Arbeit fort, so weit sich dieselbe aus gegenwärtigem ersten Bande beurtheilen läßt. Der Plan derselben ist dem deutschen Publikum schon aus der Ankündigung in der monathlichen Correspondenz von 1811, bekannt, und H. Halma kan auf den Dank aller Astronomen rechnen, daß er ihnen Ptolemäus zugänglicher gemacht, einen korrectern Text geliefert, und die Ausbeute welche die pariser Bibliothek gab, und auf welche man so lange hoffte, mitgetheilt hat. Die Basler Ausgabe ist zum Grunde gelegt, Unter den Handschriften dieser Bibliothek wählte H. Halma die aus, welche ihm am brauchbarsten schienen, und zwar zuerst das älteste, schon von Bouillaud citirte unter der Nummer 2389 bemerkte Manuscript, welches er nach den Characteren in das fünfte Jahrhundert setzt. Es hat drey beträchtliche Lücken im dritten, siebenten und neunten Buche, von welchen die beiden letzten von einer andern Hand, wahrscheinlich aus dem 16ten Jahrhunderte ergänzt sind, außer demselben auch noch am Ende des letzten Buches die Tafel, in welcher die Erscheinungen der Planeten angegeben werdn, und der Schluß. Aber auch dieses ist von derselben Hand ergänzt, obgleich mit einigen unnöthigen Wiederhohlungen des schon vorhandenen. Mit diesem Manuscripte verglich H. Halma auf Bouillaud's Autorität das florentiner mit Nr. 2390, wodurch die Lücken des vorigen ergänzt werden. Er setzt dasselbe nach innern Merkmahlen in den Anfang des zwölften Jahrhunderts, und bemerkt zugleich daß sich Prolegomena dabey befinden, welche theils Pappus, theils Theo beygelegt, theils ohne Namen der Verfasser (denn offenbar sind sie von mehreren) hinzugesetzt worden sind. Sie sollten nach Inhalts-Anzeige, welche H. Halma in der Vorrede angiebt, als Anleitung betrachtet werden, und scheinen nichts wesentliches zu enthalten, doch verspricht er

EXTRAIT du Journal des Sciences, de Gottingue.

18 avril 1814.

Le besoin d'une nouvelle édition de l'Almageste de Ptolémée se fait sentir depuis trop longtemps, et le desir des astronomes et des littérateurs, d'en voir enfin paroître une nouvelle, est trop général, pour que nous soyons obligés de commencer par le faire remarquer à nos lecteurs. Nous nous abstiendrons donc ici de toute observation philologique sur les fautes de l'édition de Bâle, et sur celles des Versions latines, pour parler immédiatement du travail de M. Halma, autant que nous avons pu en juger par le premier volume que nous avons sous les yeux. L'Allemagne en connoit déjà le plan, par l'annonce qui en a été faite dans la correspondance de décembre 1811. M. Halma peut compter sur la reconnoissance de tous les astronomes, pour leur avoir rendu l'accès de Ptolémée, plus facile, par un texte plus correct, au moyen des manuscrits de la Bibliothèque Royale de Paris, sur lesquels se fondoit depuis si longtemps l'espérance qu'il réalise aujourd'hui. L'édition de Bâle sert de terme de comparaison; parmi les manuscrits de cette Bibliothèque, M. Halma a choisi ceux qui lui ont paru les plus propres à son dessein ; et d'abord il a préféré à tous les autres, le plus ancien, déjà cité par Bouillaud, sous le N° 2389, qu'il fait remonter, d'après les caractères de l'écriture, jusqu'au cinquième siècle. Il y a trois lacunes considérables, dans les troisième, septième et neuvième Livres. Les deux dernières ont été remplies par une autre main, probablement du 16e siècle. La table des apparitions des planètes, et la conclusion, manquent aussi à la fin du dernier Livre. Mais elles ont été également suppléées par la même main, quoiqu'avec quelques répétitions inutiles de ce qui s'y trouvoit déjà. M. Halma, sur l'autorité de Bouillaud, a comparé à ce manuscrit, celui de Florence sous le N° 2390, par le secours duquel les lacunes du premier ont été remplies. L'exécution de ce manuscrit le lui fait placer au commencement du 12e siècle, et il observe en même temps, qu'il s'y trouve des prolégomènes, en partie de Pappus, et en partie de Théon, quelques-uns aussi sans noms d'auteurs (car il est clair qu'ils sont de diverses personnes). Ils doivent être regardés, selon ce que dit M. Halma dans sa préface, comme une espèce d'introduction, et ne paroissent rien contenir de bien important. Cependant il promet de les donner dans la préface de sa traduction des *Commentaires de Théon*, et d'après ce manuscrit, si nous avons bien compris ses paroles, (*c'est-à-dire ce qu'il y a de meilleur, comme par exemple, les Observations d'Héliodore et de Thius, etc*). Car on les trouve encore dans d'autres manuscrits, quoique moins complets, entr'autres dans le manuscrit 313 du onzième siècle, que M. HALMA a également comparé ; mais le texte de Ptolémée n'y est pas entier. On n'y voit ni la dernière table à la fin de l'ouvrage, ni une partie des tables de la lune dans le quatrième livre, suppléées cependant par le manuscrit 313, qui est vraisemblablement du dixième siècle. Celui-ci a bien la fin du dernier livre, mais il y manque la fin du second, le troisième et le commencement du quatrième. Ces lacunes sont remplies par un fragment qui est du quinzième siècle. M. HALMA pense, d'après une petite note, qui s'y lit, sur le climat de Constantinople, que ce manuscrit a été executé dans cette ville. Tous deux sont de la bibliothèque St. Marc de Venise, (*à laquelle ils ont été rendus, avant que l'impression de ce second volume fût achevée, ainsi que ceux dont il va être parlé*). Enfin la comparaison de ces deux manuscrits a été accompagnée de celle de deux autres, venus du Vatican ; le plus ancien, N° 560, contient tout Ptolémée écrit en mêmes caractères que ceux de Venise, et très-lisibles, mais les figures y manquent aussi bien que quelques tables. M. HALMA ne s'en est servi que pour les deux premiers livres; dans les livres suivants, il a pris les variantes du manuscrit de Florence, déjà cité. Mais il les a toujours comparées avec le second du Vatican, N° 184, qui est, selon lui, du douzième siècle. Le texte dans celui-ci est pur et complet jusqu'à la fin du dernier livre ; mais les caractères de l'écriture y sont extrêmement difficiles à lire, les figures mal faites, et les notes marginales en grand nombre, entrent dans le texte, et y mettent beaucoup de confusion..... La traduction est coulante et fidèle, à en juger par les endroits que l'auteur de ce rapport a comparés, et elle ne causera aucun embarras aux lecteurs peu familiarisés avec la langue grecque.

dieselben noch in der Vorrede zu seiner Uebersetzung des Theo nachzuliefern, und zwar wenn wir seine Worte recht verstehen, nach dieser Handschrift. Denn man findet sie auch noch in andern Manuscripten, obgleich nicht so vollständig, unter andern, in der Handschrift Nr. 313, aus dem eilften Jahrhunderte, welche H. Halma ebenfalls verglich. Ptolemäus Schrift ist aber in demselben ebenfalls nicht vollständig. Es fehlt die letzte Tafel am Schluße des Werks, im vierten Buche ein Theil der Monds-Tafeln, welche jedoch durch das Manuscript Nr. 313, wahrscheinlich aus dem zehnten Jahrhunderte, ergänzt werden. In diesem steht das Ende des letzten Buches, dagegen fehlt wieder das Ende des zweyten, das Dritte und der Anfang des vierten. Diese Lücken sind durch ein Fragment aus dem fünfzehnten Jahrhunderte ergänzt. H. Halma glaubt aus einer kleinen Bemerkung über das Clima von Constantinopel, welche darin vorkömmt, daß das Manuscript in dieser Stadt abgefaßt sey. Beyde Manuscripte sind aus der Marcus Bibliothek zu Venedig .... Mit diesen wurden endlich noch zwey Vatikanische Manuscripte verglichen, wovon das ältere Nr. 560, von einerley Schriftzügen mit dem Venetianischen, zwar den ganzen Ptolemäus sehr deutlich geschrieben enthält, aber ohne Figuren, auch fehlen einige Tafeln. H. Halma benutzte dasselbe also nur bey den ersten Büchern. In den folgenden nahm er statt dessen die Varianten der vorhin genannten florentiner Handschriften, verglich sie aber stets mit der zweyten Vatikanischen Nr. 184, nach H. Halma aus dem zwölften Jahrhunderte. Der Text ist zwar rein und vollständig bis auf das Ende des letzten Buches, aber unleserlich geschrieben, die Tafeln und die Figuren sind schlecht, und die vielen Noten am Rande, welche in die Zeilen hineinlaufen, erzeugen Verwirrung..... Die Uebersetzung selbst ist fließend und treu, nach den Stellen zu urtheilen, welche Recensent verglichen hat, so daß ein des griechischen unkündiger Leser wohl nirgends in Verlegenheit kommen wird. u. s. w.

La suite de ce rapport se trouvera dans l'édition des *Commentaires de Théon* sur Ptolémée, avec un Vocabulaire explicatif des termes employés par ces deux Auteurs; et le reste des Variantes.

Page 171, *lig.* 6 et 7, effacez φξδ̄, 564, pris du manuscrit de Florence, substituez φδ̄, 504, du manuscrit de Paris ; et en général faites, avant tout, les corrections indiquées à la fin de ce volume.

TABLE DES CHAPITRES.

LIVRE X.

ΒΙΒΛΙΟΝ Ι.

BIΒΛΙΟΝ ΙΑ.

BIΒΛΙΟΝ ΙΒ.

LIVRE XI.

LIVRE XII.

LIVRE XIII.   ## BIBΛION IΓ.

Variantes des livres VII et VIII.
Celles des livres suivans se trouveront à la suite des Commentaires de Théon.
Notes de M. Delambre (*nouvelle pagination*).   1

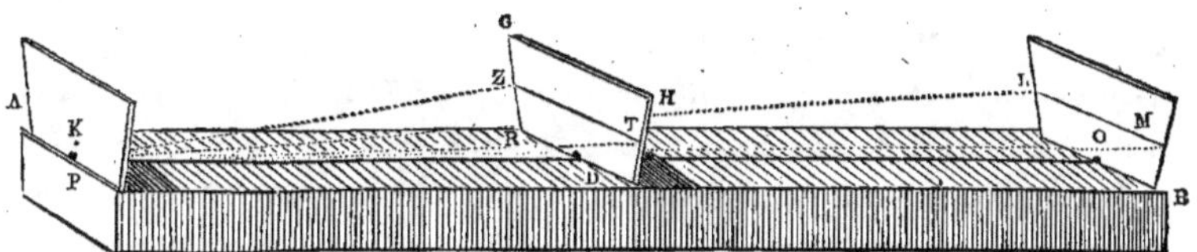

ΚΛΑΥΔΙΟΥ ΠΤΟΛΕΜΑΙΟΥ

ΜΑΘΗΜΑΤΙΚΗΣ ΣΥΝΤΑΞΕΩΣ

ΒΙΒΛΙΟΝ ΕΒΔΟΜΟΝ.

SEPTIÈME LIVRE

DE LA COMPOSITION MATHEMATIQUE

DE CLAUDE PTOLÉMÉE.

<table>
<tr><td>

ΚΕΦΑΛΑΙΟΝ Α.

ΟΤΙ ΟΙ ΑΠΛΑΝΕΙΣ ΑΣΤΕΡΕΣ ΤΗΝ ΑΥΤΗΝ ΑΕΙ ΘΕΣΙΝ ΣΥΝΤΗΡΟΥΣΙ ΠΡΟΣ ΑΛΛΗΛΟΥΣ.

ΔΙΕΞΕΛΘΟΝΤΕΣ ἐν τοῖς πρὸ τούτου συντεταγμένοις, ὦ Σύρε, τά τε περὶ τὴν ὀρθὴν καὶ τὴν ἐγκεκλιμένην σφαῖραν συμβεβηκότα, καὶ ἔτι τὰ περὶ τὰς ὑποθέσεις τῶν κινήσεων ἡλίου καὶ σελήνης, καὶ τῶν κατ᾽ αὐτὰς θεωρουμένων σχηματισμῶν, ἀρξόμεθα νῦν, ἕνεκεν τῆς κατὰ τὸ ἑξῆς θεωρίας, τοῦ περὶ τῶν ἀςέρων λόγου, καὶ πρώτου κατὰ τὸ ἀκόλουθον τοῦ περὶ τῶν ἀπλανῶν καλουμένων.

Πρῶτον μὲν δὴ πάντων τοῦτο προληπτέον, ὅτι, κατὰ τὴν προσηγορίαν,

II.

</td><td>

CHAPITRE I.

LES ÉTOILES FIXES GARDENT TOUJOURS LA MÊME POSITION LES UNES A L'ÉGARD DES AUTRES.

APRÈS avoir exposé dans les livres précédens, mon cher Syrus, ce qui concerne la sphère droite et la sphère oblique, ainsi que les hypothèses des mouvemens du soleil et de la lune, et les aspects qu'ils présentent, nous allons commencer à parler des étoiles, pour continuer cette théorie, et d'abord nous nous arrêterons à celles qu'on appelle *fixes*.

Il est bon de savoir auparavant, qu'en considérant que les étoiles conservent les

I

</td></tr>
</table>

mêmes distances et les mêmes configurations, on a raison de les appeler fixes; mais que si l'on a égard au mouvement qui emporte, suivant l'ordre des signes, la sphère à laquelle elles paroissent attachées, on ne voit pas que cette dénomination de *fixes* leur convienne. Nous trouvons effectivement que chacune de ces assertions est vérifiée, par ce qui s'est passé pendant tout le temps qui s'est écoulé jusqu'à présent, depuis Hipparque qui le premier a soupçonné ces deux vérités (a), d'après ce qu'il possédoit d'observations. Mais il les conjecturoit plutôt qu'il ne les affirmoit; car avant lui on avoit trop peu d'observations sur les étoiles fixes. En effet, il n'avoit guère que celles qu'Aristylle et Timocharis avoient laissées par écrit, et qui n'étoient ni certaines ni bien avérées. Nous, au contraire, en comparant ce que nous voyons actuellement avec ce qui paroissoit de leur temps, nous jugeons comme Hipparque, avec d'autant plus d'assurance, que nos recherches embrassent plus de temps, et que les écrits qu'il a laissés sur les étoiles fixes, et qui ont servi de matière à nos travaux, nous ont été transmis parfaitement corrects.

Il ne s'est fait jusqu'à présent aucun changement dans la position des étoiles fixes entr'elles, et l'on observe encore les mêmes configurations que du tems d'Hipparque, non seulement dans les étoiles

ἕνεκεν μὲν τοῦ τοὺς ἀςέρας αὐτοὺς, τά τε σχήματα ὅμοια, καὶ τὰ διαςήματα ἴσα πρὸς ἀλλήλους συντηροῦντας ἀεὶ φαίνεσθαι, καλῶς ἂν αὐτοὺς καλοῖμεν ἀπλανεῖς· ἕνεκεν δὲ τοῦ τὴν σφαῖραν αὐτῶν ὅλην, ἐφ' ἧς ὥσπερ προσπεφυκότες περιφέρονται, καὶ αὐτὴν φαίνεσθαι ποιουμένην εἰς τὰ ἑπόμενα καὶ πρὸς ἀνατολὰς τῆς πρώτης φορᾶς μετάβασιν ἰδίαν καὶ τεταγμένην, οὐκέτ' ἂν ἁρμόζοι καὶ ταύτην ἀπλανῆ καλεῖν· ἑκάτερον γὰρ τούτων οὕτως ἔχον εὑρίσκομεν, ἐξ ὧν γε ὁ τοσοῦτος χρόνος ὑποβάλλει, καὶ τοῦ Ἱππάρχου μὲν ἔτι πρότερον, ἀφ' ὧν εἶχε φαινομένων, ἐν ὑπονοίᾳ τούτων ἀμφοτέρων γεγονότος, ὥστε μέντοι περὶ τοῦ πλείονος χρόνου ςοχάσασθαι μᾶλλον ἢ διαβεβαιώσασθαι, διὰ τὸ πάνυ ὀλίγαις πρὸ ἑαυτοῦ περιτετυχηκέναι τῶν ἀπλανῶν τηρήσεσι, σχεδόν τε μόναις ταῖς ὑπὸ Ἀριςύλλου καὶ Τιμοχάριδος ἀναγεγραμμέναις, καὶ ταύταις οὔτε ἀδιςάκτοις, οὔτ' ἐπεξειργασμέναις· καὶ ἡμῶν δ' ἐκ τῆς τῶν νῦν θεωρουμένων πρὸς τὰ τότε συγκρίσεως τὴν αὐτὴν κατάληψιν εὑρισκόντων, ἤδη μέντοι βεβαιοτέραν, τῷ καὶ ἀπὸ πλείονος χρόνου τὴν ἐξέτασιν γεγενῆσθαι, καὶ τὰς τοῦ Ἱππάρχου περὶ τῶν ἀπλανῶν ἀναγραφὰς, πρὸς ἃς μάλιςα πεποιήμεθα τὰς συγκρίσεις, μετὰ πάσης ἐξεργασίας ἡμῖν παραδεδόσθαι.

Ὅτι μὲν οὖν οὐδεμία μετάπτωσις γέγονεν οὐδὲ μέχρι τοῦ δεῦρο τῆς πρὸς ἀλλήλους αὐτῶν θέσεως, ἀλλ' οἱ κατὰ τὸν Ἵππαρχον τετηρημένοι σχηματισμοὶ καὶ νῦν ἀπαραλλάκτως οἱ αὐτοὶ θεωροῦνται, καὶ οὐ μόνον οἱ τῶν ἐν τῷ ζωδιακῷ πρὸς ἀλλήλους, ἢ τῶν ἔξωθεν αὐτοῦ, πρὸς τοὺς ὁμοίως ἔχοντας, ὅπερ ἂν συνέβαινεν, εἰ μόνοι, καθ᾽ ἣν ἐκτίθεται πρώτην ὑπόθεσιν ὁ Ἵππαρχος, οἱ περὶ τὸν ζωδιακὸν αὐτὸν ἀςέρες ἐποιοῦντο τὴν εἰς τὰ ἑπόμενα μετάβασιν, ἀλλὰ καὶ τῶν ἐν τῷ ζωδιακῷ πρὸς τοὺς ἔξωθεν αὐτοῦ καὶ ἀπωτέρω, γένοιτο μὲν ἂν εὐκατανόητον καὶ παντὶ τῷ βουλομένῳ προσάγειν τὴν ἐξέτασιν, καὶ φιλαλήθως ἀναθεωρεῖν εἰ τὰ νῦν φαινόμενα συμφώνως ἔχει ταῖς κατ᾽ ἐκεῖνον ἀναγραφαῖς.

Παραθησόμεθα οὖν καὶ ἐνθάδε, τῆς προχείρου πείρας ἕνεκεν, ὀλίγας τῶν ἀναγραφῶν, τὰς μάλιςα εὐκατανοήτους τε εἶναι δυναμένας, καὶ πᾶσαν τὴν σύγκρισιν ὑπ᾽ ὄψιν ἀγαγεῖν, ἐκ τοῦ συντετηρημένους δεικνύειν τοὺς περιεχομένους σχηματισμοὺς ὑπὸ τῶν ἔξωθεν τοῦ ζωδιακοῦ, κατὰ τὸ αὐτὸ πρὸς ἀλλήλους τε καὶ τοὺς ἐν τῷ ζωδιακῷ.

Ἐπὶ μὲν τοίνυν τῶν κατὰ τὸν καρκῖνον ἀςέρων, ἀναγράφει ὅτι ὁ ἐν τῇ νοτίῳ χηλῇ τοῦ καρκίνου, καὶ ὁ ταύτης τε καὶ ὁ τῆς τοῦ ὕδρου κεφαλῆς προηγούμενος ὁ λαμπρὸς, καὶ τῶν ἐν τῷ προκυνὶ ὁ λαμπρὸς, ἐπ᾽ εὐθείας εἰσὶν ἔγγιςα· ὁ γὰρ μέσος αὐτῶν τῆς διὰ τῶν ἄκρων εὐθείας καὶ πρὸς ἄρκτους καὶ πρὸς ἀνατολὰς παραλλάσσει δάκτυλον ᾱ ς″, τὰ δὲ μεταξὺ διαςήματα ἐςὶν ἴσα· ἐπὶ δὲ τῶν κατὰ τὸν λέοντα, ὅτι τῶν ἐν τῇ κεφαλῇ τοῦ λέοντος τεσσάρων, οἱ δύο οἱ πρὸς ἀνατολὰς, καὶ τοῦ ὕδρου ὁ ἐν τῇ ἐκφύσει τοῦ τραχήλου, ἐπ᾽ εὐθείας εἰσί. Καὶ πάλιν, ὅτι ἡ

zodiacales entr'elles, ou dans celles qui sont hors du zodiaque, relativement à celles qui gardent toujours la même position, changement qui pourtant seroit arrivé, si, suivant la première supposition d'Hipparque, les seules étoiles du zodiaque avoient un mouvement suivant l'ordre des signes ; mais encore dans les positions des étoiles zodiacales, comparées à celles qui sont hors du zodiaque et aux plus éloignées, ainsi qu'on peut s'en assurer, pour peu qu'on apporte de soin et de zèle pour la vérité à examiner si les phénomènes s'accordent avec les descriptions qu'il en a faites.

Mais pour prouver ce que nous nous proposons, nous extrairons de ses mémoires quelques-unes de ces configurations les moins difficiles à appercevoir, et les plus capables de rendre cette preuve palpable, en montrant que celles qui sont formées par les étoiles hors du zodiaque, sont toujours les mêmes tant entr'elles, que relativement à celles du zodiaque.

Hipparque écrit (b) donc que parmi les étoiles du cancer, celle (α) de la serre méridionale de cette constellation, avec la brillante qui, la précédant (c) (β), précède aussi la tête de l'hydre, et la brillante (α) de Procyon (petit chien), font ensemble une ligne à très-peu près droite. Car l'étoile du milieu s'écarte de la droite tirée par les étoiles extrêmes vers les ourses et vers le levant, (vers le nord-est) de 1 ½ doigt, et elle est également éloignée de l'une et de l'autre. Des quatre étoiles de la tête du lion (με), les deux plus avancées à l'orient, et celle (θ) qui, dans l'hydre, est à la naissance du cou, sont en ligne droite. Il dit encore que la droite tracée par la queue (β) du lion, et par la dernière étoile (η) de la queue de l'ourse, laisse à la distance d'un doigt vers l'occident, l'étoile brillante (*cœur de Charles*) qui est sous la queue de l'ourse; et pareillement, qu'une droite menée de l'étoile qui est sous la queue de l'ourse, par la queue du lion, va joindre les précédentes (*d*) (*occidentales*) dans la chevelure. Quant à celles de la vierge, qui sont entre son pied boréal (μ), et le pied droit (ζ) suivant (*oriental*) du bouvier, il dit qu'il y a deux étoiles dont la plus méridionale, brillante et pareille à celle du pied du bouvier (*e*), est à l'orient de la ligne droite menée par les deux pieds (μ ζ), et que la plus boréale (31) qui a peu d'éclat, est sur cette même droite; enfin, que cette étoile peu éclatante, est précédée à l'occident de deux brillantes qui, avec elles, font un triangle isocèle dont le sommet est cette étoile demi-obscure (*f*); et ces deux étoiles sont sur une ligne droite menée d'Arcturus au pied méridional de la vierge. Entre l'épi et la seconde de l'extrémité de la queue de l'hydre (γ), sont en ligne droite trois étoiles, dont celle du milieu fait une ligne droite avec l'épi et la seconde de l'extrémité de la queue de l'hydre (*g*). Dans les étoiles des serres du scorpion, près de la ligne droite qui passe entre les étoiles (α et β *de la balance*) brillantes des serres vers l'ourse, est une autre étoile qui est brillante et triple; car elle est de chaque côté accompagnée d'une petite étoile. Parmi celles du scorpion, la droite menée par la suivante (*orientale*) (λ) de l'aiguillon du scorpion, et par le genou (η) droit du serpentaire, coupe par le milieu l'espace des deux (B θ) placées en avant dans le pied droit du serpentaire. La cinquième (θ) et la (h) septième (ν) articulation de la queue sont sur une même

ἀγομένη εὐθεῖα διά τε τῆς οὐρᾶς τοῦ λέοντος, καὶ τοῦ ἐν ἄκρᾳ οὐρᾷ τῆς ἄρκτου, πρὸς δύσιν ἀπολαμβάνει τὸν ὑπὸ τὴν οὐρὰν τῆς ἄρκτου ἐκφανῆ, δακτύλῳ ἑνί. Καὶ ὁμοίως, ὅτι ἡ διὰ τοῦ ὑπὸ τὴν οὐρὰν τῆς ἄρκτου καὶ τῆς οὐρᾶς τοῦ λέοντος εὐθεῖα ἐπιζευγνύει τοὺς ἡγουμένους τῶν ἐν τῷ πλοκάμῳ. Ἐπὶ δὲ τῶν κατὰ τὴν παρθένον, ὅτι τοῦ βορείου ποδὸς τῆς παρθένου, καὶ τοῦ δεξιοῦ ποδὸς τοῦ βοώτου μεταξὺ κεῖνται δύο, ὧν ὁ μὲν νότιος καὶ λαμπρὸς ὅμοιός τε τῷ ποδὶ τοῦ βοώτου, τὴν διὰ τῶν ποδῶν εὐθεῖαν πρὸς ἀνατολὰς παραλλάσσει· ὁ δὲ βόρειος καὶ ἡμιεκφανὴς ἐπ' εὐθείας ἐστὶ τοῖς ποσί· καὶ ὅτι τῶν δύο τούτων τοῦ ἡμιεκφανοῦς προηγοῦνται δύο ἐκφανεῖς, ποιοῦντες μετὰ τοῦ ἡμιεκφανοῦς τρίγωνον ἰσοσκελὲς, οὗ κορυφὴ ὁ ἡμιεκφανής· οὗτοι δὲ ἐπ' εὐθείας εἰσὶ τῷ τεταρτούρῳ καὶ τῷ νοτίῳ ποδὶ τῆς παρθένου. Καὶ πάλιν, ὅτι τοῦ στάχυος καὶ τοῦ δευτέρου ἐν τῷ ὕδρῳ ἀπ' ἄκρας οὐρᾶς μεταξὺ κεῖνται τρεῖς ἐπ' εὐθείας ἀλλήλοις· τούτων ὁ μέσος ἐπ' εὐθείας ἐστὶ τῷ τε στάχυϊ καὶ τῷ δευτέρῳ ἀπ' ἄκρας τῆς τοῦ ὕδρου οὐρᾶς. Ἐπὶ δὲ τῶν κατὰ τὰς χηλὰς, ὅτι ὁ ἐπ' εὐθείας ἔγγιστα τοῖς λαμπροῖς τῶν χηλῶν πρὸς ἄρκτους λαμπρός τέ ἐστι καὶ τριπλοῦς· ἐφ' ἑκάτερα γὰρ αὐτοῦ μικρὸς εἷς παράκειται. Ἐπὶ δὲ τῶν κατὰ τὸν σκορπίον, ὅτι ἡ ἀγομένη εὐθεῖα διά τε τοῦ ἑπομένου τῶν ἐν τῷ κέντρῳ τοῦ σκορπίου, καὶ διὰ τοῦ δεξιοῦ γόνατος τοῦ ὀφιούχου, διχοτομεῖ τὸ μεταξὺ διάστημα τῶν δύο τῶν ἡγουμένων ἐν τῷ δεξιῷ ποδὶ τοῦ ὀφιούχου. Καὶ ὅτι ὁ πέμπτος καὶ ἕβδομος σφόνδυλος ἐπ' εὐθείας εἰσὶ τῷ ἐν μέσῳ τῷ θυμιατηρίῳ λαμπρῷ. Καὶ πάλιν, ὅτι ὁ βορειότερος τῶν ἐν τῇ βάσει τοῦ θυμιατηρίου μεταξὺ καὶ ἐπ’ εὐθείας ἔγγιστά ἐςι τῷ τε πέμπτῳ σφονδύλῳ, καὶ τῷ ἐν μέσῳ τῷ θυμιατηρίῳ, ἴσον σχεδὸν ἀφ’ ἑκατέρου ἀπέχων. Ἐπὶ δὲ τῶν κατὰ τὸν τοξότην, ὅτι τοῦ ὑπὸ τὸν τοξότην κύκλου πρὸς ἀνατολὰς καὶ πρὸς μεσημβρίαν κεῖνται δύο ἐκφανεῖς, ἱκανὸν διεστηκότες ἀλλήλων ὡς πήχεις τρεῖς· τούτων ὁ νοτιώτερος καὶ λαμπρότερος, ἐπὶ δὲ τοῦ ποδὸς τοῦ τοξότου, ἐπ’ εὐθείας ἐςὶν ἔγγιστα τῷ μέσῳ τῶν ἐν τῷ κύκλῳ τριῶν ἐκφανῶν τῶν πρὸς ἀνατολὰς ἐν τῷ αὐτῷ μάλιςα κειμένων, καὶ τῶν ἐν τῷ τετραπλεύρῳ ἀντιγωνιῶν λαμπρῶν τῷ ἑπομένῳ· τὰ δὲ μεταξὺ αὐτῶν δύο διαςήματα ἐςὶν ἴσα· ὁ δὲ βορειότερος αὐτῶν τὴν μὲν εὐθεῖαν ταύτην πρὸς ἀνατολὰς παραλάσσει, ἐπ’ εὐθείας δὶ ἐςὶ τοῖς λαμπροῖς καὶ ἀντιγωνίοις ἐν τῷ τετραπλεύρῳ. Ἐπὶ δὲ τῶν κατὰ τὸν ὑδροχόον, ὅτι οἱ ἐν τῇ κεφαλῇ τοῦ ἵππου δύο συνεχεῖς, καὶ ὁ ἑπόμενος ὦμος τοῦ ὑδροχόου ἔγγιστα ἐπ’ εὐθείας εἰσὶν, ἢ παράλληλός ἐςιν ἡ ἀπὸ τοῦ ἡγουμένου ὤμου τοῦ ὑδροχόου ἐπὶ τὸν ἐν τῇ γένυϊ τοῦ ἵππου. Καὶ πάλιν, ὅτι ὁ ὦμος ὁ ἡγούμενος τοῦ ὑδροχόου, καὶ τῶν ἐν τῷ τραχήλῳ τοῦ ἵππου δύο ὁ λαμπρὸς, καὶ ὁ ἐν τῷ ὀμφαλῷ τοῦ ἵππου, ἐπ’ εὐθείας εἰσὶ, καὶ τὰ διαςήματα ἴσα. Καὶ ὅτι ἡ διὰ τοῦ ῥύγχους τοῦ ἵππου καὶ τοῦ πρὸς ἀνατολὰς τῶν ἐν τῇ κάλπιδι τεσσάρων, δίχα τε καὶ πρὸς ὀρθὰς ἔγγιστα τέμνει τὴν διὰ τῶν ἐν τῇ κεφαλῇ τοῦ ἵππου δύο συνεχῶν.

droite que la brillante (α) du milieu de l'autel. La plus boréale des étoiles de la base de l'autel est presqu'en ligne droite avec la cinquième articulation (θ), et l'étoile (α) du milieu de l'autel, presque à égale distance de l'une et de l'autre. Les deux brillantes du cercle (*couronne*) qui est sous le sagittaire, l'une au midi, l'autre au levant, sont à environ trois coudées l'une de l'autre, et la plus éclatante est celle qui est au midi. Celle du pied du sagittaire est presque en ligne droite avec celle du milieu des trois brillantes du cercle qui sont vers l'orient, et avec la brillante des suivantes dans les angles opposés du quadrilatère, leurs deux intervalles sont égaux; mais la plus boréale fait un coude vers l'orient, et une ligne droite avec les brillantes opposées dans le quadrilatère (*h*). Dans le verseau, les deux contiguës de la tête du cheval (θ ν de *Pégase*) et celle de l'épaule suivante du verseau forment presque une ligne droite, à laquelle est parallèle celle qui est menée de l'épaule gauche (β) du verseau à l'étoile (ε) de la joue du cheval. Et encore, l'épaule antécédente (β) du verseau et la brillante des deux étoiles (ξ ζ) du cou du cheval, et celle de son nombril (α d'*Andromède*) sont en ligne droite, et leurs intervalles sont égaux. (*Mais ζ s'écarte un peu de cette droite*). La droite menée de la bouche (ε) du cheval et par la plus orientale des quatre (η) de l'urne, coupe presque perpendiculairement par le milieu la droite des deux contiguës de la tête du cheval. Parmi les étoiles des poissons, celle de la gueule du poisson méridional, la brillante (α) des épaules et la brillante (β) de la poitrine du cheval, sont en ligne droite. Dans le bélier, l'étoile occidentale ou précédente de la base du triangle qui est au-dessus de la queue du bélier, est d'un doigt écartée vers l'orient, de la droite menée par les étoiles (η et α) (*i*) de la bouche du bélier, et par le pied gauche (γ *Alamak*) d'Andromède. Et de plus, les deux précédentes (λ β) de la tête du bélier, sont en ligne droite avec le milieu de la base du triangle (β υ) (*j*). Dans le taureau, les étoiles (ε α) orientales des hyades, et celles (2 π) de la dépouille qu'Orion tient à la main gauche, comptée la sixième depuis le midi, sont en ligne droite. Et la droite menée par l'étoile de l'œil précédent du taureau à la septième, depuis le midi de celles de la dépouille, passe à un doigt de la brillante des hyades (α *Aldebaran*) qu'elle laisse vers les ourses. Quant aux gémeaux, Hipparque dit qu'avec leurs têtes (α et β), se trouve en ligne droite une étoile (ζ) distante de la tête suivante (β), de trois fois l'intervalle des deux têtes, et que cette étoile (ζ) est en ligne droite elle-même avec les plus méridionales des quatre du petit nuage.

Nous ne voyons jusqu'à présent aucun changement dans ces configurations et autres semblables, qui embrassent la sphère en grande partie. Cependant il devroit y être survenu quelque dérangement sensible dans l'espace de deux cents soixante ans, si de toutes les étoiles, celles qui sont dans le zodiaque, étoient

Ἐπὶ δὲ τῶν κατὰ τοὺς ἰχθύας, ὅτι ὁ ἐν τῷ ῥύγχει τοῦ νοτίου ἰχθύος, καὶ τοῦ ἵππου, ὅ τε ἐν τοῖς ὤμοις λαμπρὸς, καὶ ὁ ἐν τῷ ςήθει λαμπρὸς ἐπ᾽ εὐθείας εἰσίν. Ἐπὶ δὲ τῶν κατὰ τὸν κριὸν, ὅτι ὁ τοῦ τριγώνου τοῦ ἐπὶ τῆς οὐρᾶς τοῦ κριοῦ, ὁ ἡγούμενος τῆς βάσεως, πρὸς ἀνατολὰς δάκτυλον ἕνα παραλλάσσει τὴν ἀγομένην εὐθεῖαν διά τε τοῦ ἐν τῷ ῥύγχει τοῦ κριοῦ, καὶ διὰ τοῦ ἀριςεροῦ ποδὸς τῆς Ἀνδρομέδας. Καὶ πάλιν, ὅτι τῶν ἐν τῇ κεφαλῇ τοῦ κριοῦ οἱ ἡγούμενοι, καὶ ἡ διχοτομία τῆς βάσεως τοῦ τριγώνου ἐπ᾽ εὐθείας εἰσίν. Ἐπὶ δὲ τῶν κατὰ τὸν ταῦρον, ὅτι τῶν ὑάδων οἱ πρὸς ἀνατολὰς, καὶ τῆς δορᾶς ἣν ἔχει ὁ Ὠρίων ἐν τῇ ἀριςερᾷ χειρὶ, ὁ ἕκτος ἀπὸ μεσημβρίας ἀριθμούμενος, ἐπ᾽ εὐθείας εἰσί. Καὶ ὅτι ἡ ἀγομένη εὐθεῖα διά τε τοῦ ἡγουμένου ὀφθαλμοῦ τοῦ ταύρου, καὶ διὰ τοῦ ἑβδόμου ἀπὸ μεσημβρίας τῶν ἐν τῇ δορᾷ, τὸν λαμπρὸν τῶν ὑάδων πρὸς ἄρκτους ἀπολαμβάνει δάκτυλον ἕνα. Ἐπὶ δὲ τῶν κατὰ τοὺς διδύμους, ὅτι ταῖς κεφαλαῖς τῶν διδύμων ἐπ᾽ εὐθείας ἐςί τις ἀςὴρ, ὑπολειπόμενος τῆς ἑπομένης κεφαλῆς τριπλάσιον τοῦ τῶν κεφαλῶν διαςήματος· ὁ δ᾽ αὐτὸς καὶ τοῖς νοτιωτέροις τῶν περὶ τὸ νεφέλιον τεσσάρων ἐπ᾽ εὐθείας ἐςί.

Τούτων δὴ καὶ τῶν τοιούτων σχηματισμῶν, τῶν δι᾽ ὅλης μάλιςα τῆς σφαίρας σύγκρισιν περιεχόντων, οὐδένα μέχρι τοῦ νῦν ὁρῶμεν ἠλλοιωμένον, ὅπερ ἂν συμβεβήκει πάνυ αἰσθητῶς ἐν τοῖς μεταξὺ διακοσίοις που καὶ ἑξήκοντα ἔτεσιν, εἰ μόνοι τῶν ἀςέρων οἱ περὶ τὸν τῶν ζωδίων κύκλον ἐποιοῦντο τὴν πρὸς ἀνατολὰς μετάβασιν.

Ἕνεκεν δὲ τοῦ καὶ τοὺς μεθ' ἡμᾶς ἀπὸ πλειόνων ἔτι τούτοις ὁμοιοτρόπων σχηματισμῶν, τὴν κατὰ τὸν πλείω χρόνον ἀνάκρισιν ποιεῖσθαι, προσθήσομεν καὶ τῶν μὴ τετυχηκότων μὲν ἀναγραφῆς παλαιοτέρας, ὑφ' ἡμῶν δὲ παρατηρηθέντων τοὺς μάλιϛα εὐκατανοήτους εἶναι δυναμένους, ἀπὸ τῶν κατὰ τὸν κριὸν τὴν ἀρχὴν ποιησάμενοι.

Τῶν ἐν τῇ κεφαλῇ τοίνυν τοῦ κριοῦ τριῶν οἱ δύο οἱ βορειότεροι, καὶ ὁ ἐν τῷ νοτίῳ γόνατι τοῦ Περσέως λαμπρὸς, καὶ ὁ καλούμενος αἲξ ἐπ' εὐθείας εἰσί. Πάλιν ἡ διὰ τοῦ καλουμένου αἰγὸς, καὶ τοῦ λαμπροῦ τῶν ὑάδων ἐπιζευγνυμένη εὐθεῖα, μικρὸν πρὸς ἀνατολὰς λαμβάνει τὸν ἐν τῷ ἡγουμένῳ ποδὶ τοῦ ἡνιόχου. Ὁ δὲ καλούμενος αἲξ, καὶ ὁ κοινὸς τοῦ τε ἑπομένου ποδὸς τοῦ ἡνιόχου καὶ ἄκρου τοῦ βορείου κέρως τοῦ ταύρου, καὶ ὁ ἐν τῷ ἡγουμένῳ ὤμῳ τοῦ Ὠρίωνος ἐπ' εὐθείας εἰσί. Πάλιν οἱ ἐν ταῖς κεφαλαῖς τῶν διδύμων λαμπροὶ, καὶ ὁ ἐν τῷ τραχήλῳ τοῦ ὕδρου λαμπρὸς, ἐπ' εὐθείας ἔγγιϛα εἰσί. Πάλιν οἱ ἐν τῷ ἐμπροσθίῳ ποδὶ τῆς ἄρκτου συνεχεῖς δύο, καὶ ὁ ἐπ' ἄκρας τῆς βορείου χηλῆς τοῦ καρκίνου, καὶ τῶν ὄνων ὁ βορειότερος ἐπ' εὐθείας εἰσίν. Ὁμοίως ὁ νότιος ὄνος, καὶ ὁ ἐν τῷ προκυνὶ λαμπρὸς, καὶ ὁ μεταξὺ αὐτῶν ἐκφανὴς, προηγούμενος δὲ τῆς τοῦ ὕδρου κεφαλῆς, ἐπ' εὐθείας ἔγγιϛα εἰσί. Πάλιν ἡ ἀπὸ τοῦ μέσου τῶν ἐν τῷ τραχήλῳ τοῦ λέοντος λαμπρῶν, ἐπὶ τὸν ἐν τῷ ὕδρῳ λαμπρὸν

les seules qui eussent un mouvement vers l'orient.

Pour faire juger à ceux qui viendront après nous, par des comparaisons faites en des temps plus étendus encore, et par un plus grand nombre de figures pareilles, s'il y a eu quelque changement, nous allons ajouter ici d'autres alignemens qui ne nous ont pas été transmis par les écrits des anciens, mais que nous avons remarqués, et qui peuvent être facilement apperçus, en commençant par les étoiles du bélier.

Les deux plus boréales des trois (α β γ) de la tête du bélier, font une ligne droite avec la brillante (ε) du genou méridional de Persée, et celle qui est appelée *la chèvre* (α). La droite menée par la chèvre et la brillante (α) des hyades, effleure et laisse un peu à l'orient l'étoile du pied précédent du cocher. La chèvre et l'étoile qui est commune au pied suivant (γ) du cocher et à l'extrémité de la corne (β) boréale du taureau, et celle de l'épaule précédente d'Orion (γ) sont en ligne droite. Les brillantes des têtes des gémeaux, et la brillante (α alphard) du cou de l'hydre, forment presqu'une ligne droite. Les deux contiguës (ι κ) du pied antérieur de l'ourse, et celle de l'extrémité de la serre boréale du cancer, avec l'âne boréal (k), sont en ligne droite. De même l'âne (δ) méridional et la brillante (α) de Procyon avec la claire (l) qui est entr'elles et qui précède la tête de l'hydre, sont presqu'en ligne droite. Et encore, la droite menée du milieu des brillantes du cou (γ) du lion à la brillante de l'hydre, laisse un peu à l'orient celle du cœur du lion (α *Regulus*). Et la droite, tirée de la brillante des lombes du lion à la brillante qui est dans la jambe postérieure de l'ourse, et qui est la méridionale (γ) du côté suivant du quadrilatère, laisse un peu vers l'occident les deux contiguës de l'extrémité du pied suivant de l'ourse (ν ξ). En outre, la ligne droite tirée de derrière la hanche de la vierge (ζ), à la seconde étoile de l'extrémité de la (γ) queue de l'hydre, rase celle qu'on appelle l'*épi*, un peu vers le couchant. La droite menée de l'épi à l'étoile (β) de la tête du bouvier, s'écarte un peu d'Arcturus qui reste au levant. L'épi et l'étoile de chaque aile du corbeau (η γ) sont en ligne droite. L'épi et l'étoile du derrière de la hanche de la vierge (ζ) avec la plus boréale et la plus brillante (η) des trois de la jambe précédente du bouvier (*m*), forment ensemble une ligne droite. Les brillantes (β α) des serres et celle de l'extrémité de la queue de l'hydre (π), sont presque en ligne droite. La brillante de la serre méridionale (α), et Arcturus, et celle (ζ) du milieu des trois de la queue de la grande ourse, sont en ligne droite. La brillante (β) de la serre septentrionale, Arcturus, et celle de la croupe de la grande ourse (γ), sont en ligne droite. De plus, l'étoile de la cuisse suivante du serpentaire (ρ), celle de la cinquième articulation (θ) du scorpion, et la précédente des deux contiguës de son aiguillon (υ), font une ligne droite. La précédente des trois étoiles de la poitrine du scorpion, et les deux des genoux du serpentaire, font un triangle isoscèle dont le sommet est la précédente des trois

ἀγομένη εὐθεῖα, μικρὸν πρὸς ἀνατολὰς ἀπολαμβάνει τὸν ἐπὶ τῆς καρδίας τοῦ λέοντος. Καὶ ἡ ἀπὸ τοῦ ἐν τῇ ὀσφύϊ τοῦ λέοντος λαμπροῦ ἐπὶ τὸν ἐν τῷ ὀπισθομήρῳ τῆς ἄρκτου λαμπρὸν, ὅς ἐςι τοῦ τετραπλεύρου τῆς ἑπομένης πλευρᾶς ὁ νότιος, μικρὸν πρὸς δυσμὰς ἀπολαμβάνει τοὺς ἐν τῷ ἑπομένῳ ἀκρόποδι τῆς ἄρκτου δύο συνεχεῖς. Πάλιν ἡ ἀπὸ τοῦ ἐν τῷ ὀπισθομήρῳ τῆς παρθένου ἐπὶ τὸν δεύτερον ἀπ᾽ ἄκρας τῆς οὐρᾶς τοῦ ὕδρου, πρὸς δυσμὰς ἀπολαμβάνει βραχὺ τὸν καλούμενον ςάχυν. Ἡ ἀπὸ τοῦ ςάχυος ἐπὶ τὸν ἐν τῇ κεφαλῇ τοῦ βοώτου, μικρὸν πρὸς ἀνατολὰς ἀπολαμβάνει τὸν ἀρκτοῦρον. Ὁ ςάχυς καὶ οἱ ἐπὶ τῶν πτερύγων τοῦ κόρακος ἐπ᾽ εὐθείας εἰσίν. Ὁ ςάχυς καὶ ὁ ἐν τῷ ὀπισθομήρῳ τῆς παρθένου, καὶ τῶν ἐν τῇ προηγουμένῃ κνήμῃ τοῦ βοώτου τριῶν ὁ βόρειος καὶ λαμπρὸς, ἐπ᾽ εὐθείας εἰσί. Πάλιν οἱ ἐν ταῖς χηλαῖς λαμπροὶ, καὶ ὁ ἐπ᾽ ἄκρας τῆς οὐρᾶς τοῦ ὕδρου, ἐπ᾽ εὐθείας ἔγγιςα εἰσίν. Ὁ ἐν τῇ νοτίῳ χηλῇ λαμπρος, καὶ ὁ Ἀρκτοῦρος, καὶ ὁ μέσος τῶν ἐν τῇ οὐρᾷ τῆς ἄρκτου τῆς μεγάλης τριῶν ἐπ᾽ εὐθείας εἰσίν. Ὁ ἐν τῇ βορείῳ χηλῇ λαμπρὸς, καὶ ὁ Ἀρκτοῦρος, καὶ ὁ ἐν τῷ ὀπισθομήρῳ τῆς ἄρκτου ἐπ᾽ εὐθείας εἰσί. Πάλιν ὁ ἐπὶ τοῦ ἑπομένου ἀντικνημίου τοῦ ὀφιούχου, καὶ ὁ ἐν τῷ πέμπτῳ σφονδύλῳ τοῦ σκορπίου, καὶ τῶν ἐν τῷ κέντρῳ αὐτοῦ συνεχῶν δύο ὁ προηγούμενος ἐπ᾽ εὐθείας εἰσί. Τῶν ἐν τῷ ςήθει τοῦ σκορπίου τριῶν ὁ προηγούμενος, καὶ οἱ δύο οἱ ἐν τοῖς γόνασι τοῦ ὀφιούχου τρίγωνον ἰσοσκελὲς ποιοῦσιν, οὗ κορυφὴ τῶν ἐν τῷ ςήθει τριῶν ἐςιν ὁ προηγούμενος. Πάλιν ὁ ἐπὶ τοῦ ἐμπροσθίου καὶ νοτίου σφυροῦ τοῦ τοξότου, δευτέρου δὲ μεγέθους, καὶ ὁ ἐπὶ τῆς ἀκίδος, καὶ ὁ ἐν τῷ ἑπομένῳ γόνατι τοῦ ὀφιούχου ἐπ᾽ εὐθείας εἰσίν. Ὁ ἐν τῷ γόνατι τοῦ αὐτοῦ ποδὸς τοῦ τοξότου παρακείμενος τῷ ςεφάνῳ, καὶ ὁ ἐπὶ τῆς ἀκίδος, καὶ ὁ ἐν τῷ ἡγουμένῳ γόνατι τοῦ ὀφιούχου ἐπ᾽ εὐθείας εἰσί. Πάλιν ἡ ἀπὸ τοῦ ἐν τῇ λύρᾳ λαμπροῦ ἐπὶ τοῦ ἐν τοῖς κέρασι τοῦ αἰγοκέρωτος ἐπιζευγνυμένη εὐθεῖα, μικρὸν πρὸς ἀνατολὰς ἀπολαμβάνει τὸν ἐν τῷ αἰγόκερῳ λαμπρόν. Ἡ ἀπὸ τοῦ ἐν τῷ αἰγόκερῳ λαμπροῦ ἐπὶ τὸν ἐν τῷ ςόματι τοῦ νοτίου ἰχθύος, πρώτου μεγέθους, διχοτομεῖ ἔγγιςα τὸ μεταξὺ διάςημα τῶν ἐπὶ τῆς οὐρᾶς τοῦ αἰγόκερῳ δύο λαμπρῶν. Πάλιν ἡ ἀπὸ τοῦ ἐν τῷ ςόματι τοῦ ἰχθύος, πρώτου μεγέθους, ἐπὶ τὸν ἐν τῷ ῥύγχει τοῦ ἵππου, μικρὸν πρὸς ἀνατολὰς ἀπολαμβάνει τὸν λαμπρὸν τὸν ἐν τῷ ἑπομένῳ ὤμῳ τοῦ ὑδροχόου. Πάλιν τῶν δύο νοτίων ἰχθύων οἱ ἐν τοῖς ςόμασι, καὶ τοῦ ἐν τῷ ἵππῳ τετραπλεύρου οἱ ἡγούμενοι ἐπ᾽ εὐθείας εἰσί.

Καὶ τούτους μέντοι πάλιν αὐτοὺς τοὺς σχηματισμοὺς εἴ τις ἐφαρμόζοι ταῖς κατὰ τὸν τοῦ Ἱππάρχου τῆς ςερεᾶς σφαίρας ἀςερισμὸν διατυπώσεσι, τὰς αὐτὰς ἂν ἔγγιςα εὕροι ταῖς νῦν, τὰς ἐκ τῆς τότε παρατηρήσεως κατὰ τὴν ἀναγραφὴν γινομένας αὐτῶν ἐν τῇ σφαίρᾳ θέσεις.

de la poitrine (σ). De plus, l'étoile de la cheville de la jambe antérieure et méridionale du sagittaire (n), étoile qui est de la seconde grandeur, et celle de la pointe de son dard (γ), font une ligne droite avec celle du genou (ζ) suivant (p) (n) du serpentaire. L'étoile dans le genou du même pied du sagittaire, voisine de la couronne (α), celle de la pointe du dard (γ) et celle qui est dans le genou précédent du serpentaire (ζ), sont en ligne droite. En outre, la droite tirée de la brillante (α) de la lyre à l'étoile (β) des cornes du capricorne (α), est un peu plus à l'orient, que la brillante du capricorne. La droite menée de celle-ci à celle de la gueule du poisson méridional, de première grandeur .(α) partage presque par moitiés l'intervalle des deux brillantes (δγ) de la queue du capricorne. Et encore, la droite menée de l'étoile de première grandeur (α) de ce poisson, à la bouche du cheval (ε), rencontre presque, vers l'orient, la brillante de l'épaule suivante du verseau. Enfin, les étoiles (β et α) dans les gueules des poissons méridionaux, et les antécédentes du quadrilatère (β et α) du cheval, sont en ligne droite.

Si l'on compare maintenant ces configurations aux représentations des constellations sur la sphère solide d'Hipparque, on trouvera que les positions qu'il a données aux étoiles, suivant son catalogue, sont à très-peu près les mêmes que celles qu'on remarque encore aujourd'hui (p).

CHAPITRE II.

LA SPHÈRE DES ÉTOILES FIXES FAIT UN CER-
TAIN MOUVEMENT SELON LA SUITE DES
POINTS DU CERCLE MILIEU DU ZODIAQUE
(SUIVANT L'ORDRE DES SIGNES).

ΚΕΦΑΛΑΙΟΝ Β.

ΟΤΙ ΚΑΙ Η ΤΩΝ ΑΠΛΑΝΩΝ ΣΦΑΙΡΑ ΕΙΣ ΤΑ ΕΠΟ-
ΜΕΝΑ ΤΟΫ ΔΙΑ ΜΕΣΩΝ ΤΩΝ ΖΩΔΙΩΝ ΚΥΚΛΟΫ
ΚΙΝΗΣΙΝ ΤΙΝΑ ΠΟΙΕΙΤΑΙ.

Nous pouvons conclure des observations précédentes et d'autres semblables,
que les étoiles appelées simplement fixes,
conservent entr'elles invariablement la
même position, et qu'elles sont toutes en-
traînées par un mouvement commun ;
mais en outre, que leur sphère a encore
un mouvement propre, qui se fait dans
un sens contraire à celui qui fait tourner l'univers, c'est-à-dire que ce mouvement se fait vers les points plus avancés
suivant l'ordre des signes (*en longitude*),
que le grand cercle qui passe par les
poles de l'équateur et du cercle mitoyen
du zodiaque (*a*). On s'en apperçoit surtout par le changement de position des
mêmes étoiles ; elle n'est plus la même
aujourd'hui qu'elle étoit anciennement,
relativement aux points tropiques et équinoxiaux, attendu que dans ces derniers
temps, leur distance relativement à ces
points se trouve plus grande suivant
l'ordre des signes, en allant de ces mêmes
points vers l'orient.

En effet, quand Hipparque dans son
traité du transport (*métaptose*) des points
solsticiaux et équinoxiaux, citant quelques-unes des éclipses de lune, tant de
celles qui ont été bien observées de son
temps, que de celles qui l'avoient été
avant lui par Timocharis, marque 6 degrés pour la distance où, de son temps,
l'épi étoit du point équinoxial d'automne,

Τὸ μὲν οὖν μίαν καὶ τὴν αὐτὴν εἶναι
σχέσιν τε καὶ κίνησιν πάντων ἁπλῶς τῶν
καλουμένων ἀπλανῶν ἀςέρων, ἀπὸ τούτων καὶ τῶν τοιούτων ἡμῖν δύναται παρ-
ίςασθαι· τὸ δὲ καὶ τὴν τούτων σφαῖραν
ποιεῖσθαί τινα κίνησιν ἰδίαν εἰς τὰ ἐναντία
τῇ τῶν ὅλων φορᾷ, τουτέςιν εἰς τὰ ἑπόμενα τοῦ δι᾽ ἀμφοτέρων τῶν πόλων τῶν
τε τοῦ ἰσημερινοῦ καὶ τοῦ διὰ μέσων τῶν
ζωδίων γραφομένου μεγίςου κύκλου, φανερὸν ἡμῖν γίνεται μάλιςα, διὰ τὸ τοὺς αὐτοὺς ἀςέρας μὴ τὰς αὐτὰς διαςάσεις
πάλαι τε καὶ καθ᾽ ἡμᾶς πρὸς τὰ τροπικὰ
καὶ ἰσημερινὰ σημεῖα συντηρεῖν, ἀλλ᾽ αἰεὶ
κατὰ τοὺς ὑςέρους χρόνους, πλείονα τῆς
προτέρας διάςασιν εἰς τὰ ἑπόμενα τῶν
αὐτῶν σημείων ἀπέχοντας εὑρίσκεσθαι.

Ὅτε γὰρ Ἵππαρχος ἐν τῷ περὶ τῆς με-
ταπτώσεως τῶν τροπικῶν καὶ ἰσημερινῶν
σημείων, παρατιθέμενος ἐκλείψεις σελη-
νιακὰς, ἔκ τε τῶν καθ᾽ ἑαυτὸν τετηρημένων ἀκριβῶς, καὶ ἐκ τῶν ἔτι πρότερον
ὑπὸ Τιμοχάριδος, ἐπιλογίζεται τὸν ςάχυν ἀπέχοντα τοῦ μετοπωρινοῦ σημείου
εἰς τὰ προηγούμενα, ἐν μὲν τοῖς καθ᾽
ἑαυτὸν χρόνοις, μοίρας $\overline{\varsigma}$, ἐν δὲ τοῖς κατὰ

Τιμόχαριν ἢ ἔγγιςα μοίρας· φησὶ γὰρ ἐπὶ
πᾶσιν οὕτως· εἰ τοίνυν λόγου χάριν ὁ
ςάχυς προηγεῖτο τοῦ φθινοπωρινοῦ σημείου κατὰ τὸ μῆκος τῶν ζωδίων, πρότερον μοίρας η̄, νῦν δὲ προηγεῖται μοίρας
ς̄, καὶ ὅσα δὴ τούτοις ἐπιλέγει· σχεδὸν
δὲ καὶ ἐπὶ τῶν ἄλλων ἀπλανῶν, ὧν πε-
ποίηται τὴν σύγκρισιν, τὴν τοσαύτην εἰς
τὰ ἑπόμενα παραχώρησιν ἀποδείκνυσι
γεγενημένην· ἡμεῖς τε τὰ καθ' ἑαυτοὺς
φαινόμενα τῶν ἀπλανῶν διαςήματα πρὸς
τὰ τροπικὰ καὶ ἰσημερινὰ σημεῖα παραβάλλοντες τοῖς ὑπὸ τοῦ Ἱππάρχου τετη-
ρημένοις τε καὶ ἀναγεγραμμένοις, οὐδὲν
ἧττον εὑρίσκομεν τὴν εἰς τὰ ἑπόμενα τοῦ
διὰ μέσων παραχώρησιν αὐτῶν ἀναλόγως
τῇ προκειμένῃ μεταβάσει γεγενημένην.
Πεποιήμεθα δὲ τὴν τοιαύτην ἐξέτασιν διὰ
τοῦ προκατασκευασθέντος ἡμῖν ὀργάνου
πρὸς τὰς παρατηρήσεις τῶν κατὰ μέρος
τῆς σελήνης ἀπὸ τοῦ ἡλίου διαςάσεων,
τὸν μὲν ἕτερον τῶν ἀςρολάβων κύκλον
πρὸς τὴν καταλαμβανομένην ἐν τῇ τῆς τηρήσεως ὥρᾳ φαινομένης τῆς σελήνης πάροδον ἀποκαθιςάντες, τὸν δὲ ἕτερον πρὸς
τὸν διοπτευόμενον ἀςέρα παραφέροντες,
ὅπως ἂν ἥτε σελήνη καὶ ὁ ἀςὴρ ἅμα κατὰ
τῶν οἰκείων τόπων διοπτεύωνται· καὶ
οὕτως ἐκ τῆς πρὸς τὴν σελήνην διαςάσεως
καὶ τὴν ἑνὸς ἑκάςου τῶν λαμπρῶν ἀςέρων
ἐποχὴν καταλαμβάνομεν.

Ὡς γὰρ ἐφ' ἑνὸς ὑποδείγματος, ἐτηρήσαμεν, τῷ δευτέρῳ ἔτει Ἀντωνίνου, κατ'
Αἰγυπτίους Φαρμουθὶ θ̄ ᾑ, μέλλοντος μὲν
δύνειν ἐν Ἀλεξανδρείᾳ τοῦ ἡλίου, μεσουρανοῦντος δὲ τοῦ τελευταίου τμήματος

vers les points précédens, et 8 degrés environ pour sa distance du même point, au
temps de Timocharis, car voici comme il
raisonne : « si, par exemple, au temps de
Timocharis l'épi précédoit le point équinoxial d'abord de 8 degrés, en suivant la
longitude des constellations du zodiaque,
et que maintenant il le précède de 6 seulement, et le reste...», il conclut de la comparaison de presque toutes les étoiles qu'il
a examinées, que toutes avoient un semblable mouvement, suivant l'ordre des
signes. Pour nous, comparant aussi les
distances respectives des fixes aux points
(tropiques) solsticiaux et équinoxiaux,
avec celles qui ont été observées et décrites
par Hipparque, nous trouvons également
cette progression suivant l'ordre des constellations du cercle mitoyen du zodiaque,
dans la même proportion que celle qui
avoit été observée auparavant. Nous avons
fait cette recherche avec l'aide de l'instrument que nous avons composé pour les
observations des distances où la lune est
successivement à l'égard du soleil, en pla-
çant l'un des cercles de l'astrolabe dans
la direction du lieu où la lune nous paroît être au moment de l'observation ; et
dirigeant l'autre vers l'étoile à laquelle
nous visons, de manière que nous puissions appercevoir la lune et l'étoile dans
leurs points respectifs, nous prenons
ainsi le lieu de chaque étoile brillante
par sa distance à la lune.

Pour donner un exemple de ces observations, le 9 du mois égyptien Pharmouthi, de la seconde année d'Antonin,
au coucher du soleil pour Alexandrie, la
dernière portion du taureau étant alors

au méridien, c'est-à-dire à 5 $\frac{1}{2}$ heures équinoxiales après midi du neuf, nous observâmes la distance apparente de la lune au soleil qui étoit alors sur 3 degrés des poissons, et nous la trouvâmes de 92^d $\frac{1}{8}$. Une demi-heure après, le soleil étant couché, et le quart (*b*) des gémeaux étant au méridien, la lune étant toujours vue par le même point du cercle de l'astrolabe, l'étoile du cœur du lion se voyoit par le moyen de l'autre cercle de l'instrument à une distance de la lune, marquée par 57 degrés $\frac{1}{6}$ comptés sur le cercle mitoyen du zodiaque, vers l'orient. Mais alors le soleil étoit par son mouvement vrai, sur 3^d $\frac{1}{20}$ environ des poissons, ensorte que la lune paroissant à une distance de 92 degrés $\frac{1}{8}$, vers l'orient, elle se trouvoit alors sur 5^d $\frac{1}{6}$ des gémeaux, comme on le trouve par les hypothèses (*calculs du mouvement vrai et de la parallaxe*). Or, une demi-heure après, la lune a dû s'être avancée de $\frac{1}{4}$ d'un degré à peu-près; sa parallaxe doit avoir été d'environ un douzième de degré vers l'occident. Donc la lune paroissoit occuper les 5^d $\frac{1}{3}$ des gémeaux, et par conséquent l'étoile du cœur du lion, qui paroissoit à 57^d $\frac{1}{6}$ loin de la lune vers l'orient, étoit sur les 2^d 30′ du lion, et à 32^d 30′ du point tropique (*solstice*) d'été.

Mais dans la cinquantième année de la 3e période de Calippe (*c*), comme le rapporte Hipparque dans l'exposé de l'observation qu'il en a faite, cette même étoile étoit à 29^d $\frac{1}{2}$ $\frac{1}{3}$ loin du même point

τοῦ ταύρου, τουτέστι μετὰ ε̄ ϛ'' ὥρας ἰσημερινὰ ςτῆς ἐν τῇ θ̄ῃ μεσημβρίας, τὴν φαινομένην σελήνην ἀπέχουσαν τοῦ ἡλίου περὶ τὰς γ̄ μοίρας τῶν ἰχθύων, διοπτευομένου τμήματος ϟβ̄ καὶ η''. μετὰ δὲ ἡμιώριον καταδεδυκότος ἤδη τοῦ ἡλίου, καὶ μεσουρανοῦντος τοῦ τετάρτου μέρους τῶν διδύμων, τῆς φαινομένης σελήνης κατὰ τὴν αὐτὴν θέσιν διοπτευομένης, ὁ ἐπὶ τῆς καρδίας τοῦ λέοντος ἐφαίνετο διὰ τοῦ ἑτέρου τῶν ἀςρολάβων ἀπέχων τῆς σελήνης εἰς τὰ ἑπόμενα πάλιν μοίρας, ἐπὶ τοῦ διὰ μέσων τῶν ζωδίων, νζ̄ ϛ''. Αλλὰ τὸ μὲν πρῶτον ἐπεῖχεν ὁ ἥλιος ἀκριβῶς ἰχθύων μοίρας γ̄ καὶ κ'' ἔγγιςα μιᾶς μοίρας μέρος, ὥστε καὶ τὴν σελήνην τὴν φαινομένην ἐπέχειν τότε, διὰ τὴν τῶν ϟβ̄ καὶ η'' μοιρῶν εἰς τὰ ἑπόμενα διάςασιν, τῶν διδύμων μοίρας ε̄ καὶ ϛ' ἔγγιςα, ὅσας καὶ κατὰ τὰς ὑποθέσεις ἡμῶν ὤφειλεν ἐπέχειν· μετὰ δὲ τὸ ἡμιώριον ἡ σελήνη ἐπικινηθῆναι μὲν ὤφειλεν εἰς τὰ ἑπόμενα δ'' ἔγγιςα μιᾶς μοίρας, παραλλάξαι δὲ εἰς τὰ προηγούμενα παρὰ τὴν πρώτην θέσιν ιβ'' ἔγγιςα μιᾶς μοίρας. Επεῖχεν οὖν καὶ μετὰ τὸ ἡμιώριον ἡ φαινομένη σελήνη διδύμων μοίρας ε̄ γ'', ὥστε καὶ ὁ ἐπὶ τῆς καρδίας, ἐπειδήπερ ἀπέχων αὐτῆς ἐφαίνετο εἰς τὰ ἑπόμενα μοίρας νζ̄ ϛ'', ἐπεῖχε μὲν τοῦ λέοντος μοίρας β̄ ϛ'', διειςήκει δὲ τοῦ θερινοῦ τροπικοῦ σημείου μοίρας λβ̄ ϛ''.

Αλλὰ, κατὰ τὸ ν̄ον ἔτος τῆς τρίτης κατὰ Κάλιππον περιόδου, ὡς ὁ Ιππαρχος ἀναγράφει τηρήσας, ἀπεῖχε τοῦ αὐτοῦ θερινοῦ τροπικοῦ σημείου πάλιν εἰς τὰ ἑπόμενα μοίρας κθ̄ ϛ'' γ''. Παρακεχώρηκεν ἄρα

ὁ ἐπὶ τῆς καρδίας τοῦ λέοντος εἰς τὰ ἑπόμενα τοῦ διὰ μέσων τῶν ζωδίων μοίρας
β β″, τῶν ἀπὸ τῆς τοῦ Ἱππάρχου τηρήσεως ἐτῶν μέχρι τῆς ἀρχῆς Ἀντωνίνου, καθ᾽
ἣν μάλιϛα καὶ ἡμεῖς τὰς πλείϛας τῶν
ἀπλανῶν παρόδους τετηρήκαμεν, ε̄ που
καὶ ξ̄ καὶ σ̄ συναγομένων, ὡς ἐκ τούτων
τὴν τῆς μιᾶς μοίρας εἰς τὰ ἑπόμενα παραχώρησιν ἐν ἑκατὸν ἔγγιϛα ἔτεσι γεγενημένην εὑρῆσθαι, καθάπερ καὶ ὁ Ἵππαρχος
ὑπονενοηκὼς φαίνεται, δι᾽ ὧν φησιν ἐν τῷ
περὶ τοῦ ἐνιαυσίου μεγέθους οὕτως· εἰ γὰρ
παρὰ ταύτην τὴν αἰτίαν αἵ τε τροπικαὶ
καὶ ἰσημεριναὶ μετέβαινον εἰς τὰ προηγούμενα τῶν ζωδίων ἐν τῷ ἐνιαυτῷ, μὴ ἔλασσον ἢ ἑκατοϛὸν μιᾶς μοίρας, ἔδει ἐν τοῖς
τριακοσίοις ἔτεσι μὴ ἔλασσον ἢ γ̄ μοίρας αὐτὰ μεταβεβηκέναι. Τὸν αὐτὸν δὲ
τρόπον τόν τε ϛάχυν καὶ τοὺς λαμπρο-
τάτους τῶν περὶ τὸν διὰ μέσων ἀπὸ τῆς
σελήνης διοπτεύσαντες, εἶτα λοιπὸν ἀπ᾽
αὐτῶν τούτων προχειρότερον καὶ τοὺς ἄλλους, τὰς μὲν πρὸς ἀλλήλους αὐτῶν
διαϛάσεις εὑρίσκομεν πάλιν τὰς αὐτὰς
ἔγγιϛα ταῖς ὑπὸ τοῦ Ἱππάρχου τετηρημέναις, τὰς δὲ πρὸς τὰ τροπικὰ καὶ ἰσημερινὰ σημεῖα καθ᾽ ἕκαϛον ταῖς β̄ βʹ
μοίραις ἔγγιϛα παρακεχωρηκυίας εἰς τὰ
ἑπόμενα, παρὰ τὴν κατὰ τὸν Ἵππαρχον
ἀναγραφήν.

tropique vers l'orient : elle s'étoit donc avancée vers l'orient de $2^{\mathrm{d}} \frac{2}{3}$ sur le cercle mitoyen du zodiaque, pendant les années écoulées depuis l'observation d'Hipparque jusqu'au commencement (*d*) du règne d'Antonin, époque où nous avons observé la plupart des mouvemens des étoiles, 265 ans (*e*) environ après Hipparque. Nous avons jugé d'après cela que les étoiles s'avancent vers l'orient d'un degré à peu-près en cent ans, comme il semble qu'Hipparque l'a soupçonné, suivant ce qu'il dit dans son traité de la longueur de l'année, en ces mots : « car, si par cette cause, les points tropiques et les équinoxes ont marché vers l'occident, d'une quantité qui n'est pas au-dessous de la centième d'un degré en un an, il faut qu'en 3oo ans ils se soient avancés dans ce sens, d'une quantité égale à 3 degrés ». Après avoir observé de cette manière l'épi et les plus brillantes étoiles du cercle mitoyen du zodiaque, comparativement à la lune, puis celles qui en sont les plus proches, et ensuite les autres étoiles, nous avons trouvé leurs distances entr'elles, telles à peu - près qu'Hipparque les avoit vues ; mais nous avons remarqué que leurs distances aux points tropiques et équinoxiaux étoient devenues plus grandes de $2^{\mathrm{d}} \frac{2}{3}$, à très-peu-près, vers l'orient, au-delà des lieux où Hipparque écrit qu'il les avoit observées.

CHAPITRE III.

LA RÉVOLUTION DE LA SPHÈRE DES ÉTOILES FIXES SE FAIT AUTOUR DES POLES DU CERCLE MITOYEN DU ZODÌAQUE, SUIVANT L'ORDRE ET LA SUITE DES CONSTELLATIONS ZODIACALES.

On comprend aisément par ce qui vient d'être démontré, que la sphère des étoiles fixes est emportée par le même mouvement à peu près suivant l'ordre des constellations du cercle mitoyen du zodiaque. Il s'agit maintenant de chercher comment se fait ce mouvement, c'est-a-dire si c'est autour des poles de l'équateur, ou autour de ceux du cercle oblique qui passe par le milieu des constellations du zodiaque. On pourroit le trouver par le moyen de la progression même en longitude; en effet, les grands cercles qui passent par les poles de l'un des deux cercles que je viens de nommer, interceptent sur l'un et sur l'autre, des arcs inégaux (a), à moins que dans le même temps cette progression en longitude ne soit extrêmement petite ; car alors, pour la raison qui a été dite, leur différence seroit insensible. Mais cela se verra beaucoup mieux à l'aide de la progression en latitude, dans le temps passé, comparée à celle du temps présent. Car celui des cercles, équateur, ou oblique mitoyen du zodiaque, par rapport auquel les étoiles, en gardant la même distance en latitude, paroissent toujours également distantes de ses poles, est évidemment celui sur lequel tourne leur sphère. Hipparque a jugé que ce mouvement se fait

ΚΕΦΑΛΑΙΟΝ Γ.

ΟΤΙ ΚΑΙ ΠΕΡΙ ΤΟΥΣ ΤΟΥ ΔΙΑ ΜΕΣΩΝ ΠΟΛΟΥΣ Η ΤΗΣ ΤΩΝ ΑΠΛΑΝΩΝ ΣΦΑΙΡΑΣ ΕΙΣ ΤΑ ΕΠΟΜΕΝΑ ΚΙΝΗΣΙΣ ΑΠΟΤΕΛΕΙΤΑΙ.

Τὸ μὲν οὖν καὶ τὴν τῶν ἀπλανῶν σφαῖραν εἰς τὰ ἑπόμενα τοῦ διὰ μέσων τῶν ζωδίων κύκλου τὴν τοσαύτην ἔγγιϛα ποιεῖϑαι μετάβασιν, διὰ τούτων ἡμῖν γέγονεν εὐκατανόητον. Ἑξῆς δ' ὄντος ἐπιζητῆσαι τὸν τρόπον τῆς τοιαύτης κινήσεως, τουτέϛι πότερον πότε περὶ τοὺς τοῦ ἰσημερινοῦ πόλους, ἢ περὶ τοὺς τοῦ λοξοῦ καὶ διὰ μέσων τῶν ζωδίων ἀποτελεῖται· ἐγίνετο μὲν ἂν τὸ τοιοῦτον δῆλον καὶ ἐξ αὐτῆς τῆς κατὰ μῆκος παραχωρήσεως· ἐπειδήπερ οἱ διὰ τῶν πόλων τοῦ ἑτέρου τῶν εἰρημένων γραφόμενοι μέγιϛοι κύκλοι ἀνίσους ἀπολαμβάνουσιν ἀφ' ἑκατέρου περιφερείας, εἰ μὴ παντάπασιν ἔν γε τῷ τοσούτῳ χρόνῳ βραχείας γεγενημένης τῆς κατὰ μῆκος παραχωρήσεως, ἀνεπαίϑητος ἔτι ἐτύγχανεν ἡ διὰ τὴν προειρημένην αἰτίαν διαφορά. Μάλιϛα δ' ἂν τὸ τοιοῦτον εὐκατανόητον γένοιτο διὰ τῆς κατὰ πλάτος αὐτῶν παρόδου, πάλαι τε καὶ νῦν. Πρὸς ὁπότερον γὰρ ἂν τῶν κύκλων τοῦ τε ἰσημερινοῦ καὶ τοῦ διὰ μέσων τῶν ζωδίων τὴν κατὰ τὸ πλάτος διάϛασιν συντηροῦντες αἰεὶ φαίνονται περὶ τοὺς τούτου πόλους, δῆλον ὅτι καὶ ἡ τῆς σφαίρας αὐτῶν κίνησις ἀποτελεϑήσεται. Συγκατατίϑεται μὲν οὖν καὶ ὁ Ἵππαρχος τῇ

περὶ τοὺς τοῦ λοξοῦ πόλους γινομένη·
συνάγει γὰρ, ἐν τῷ περὶ τῆς μεταπτώ-
σεως τῶν τροπικῶν καὶ ἰσημερινῶν σημείων,
πάλιν αὐτὸν τὸν ςάχυν, ἔκτε τῶν ὑπὸ
Τιμοχάριδος καὶ ἐκ τῶν ὑπ' αὐτοῦ τετηρημένων, οὐχὶ πρὸς τὸν ἰσημερινὸν, ἀλλὰ
πρὸς τὸν διὰ μέσων τῶν ζωδίων τὴν πηλικότητα τῆς κατὰ πλάτος ἀποςάσεως
τετηρηκότα, καὶ δυσὶ μοίραις νοτιώτερον
ὄντα τοῦ διὰ μέσων τῶν ζωδίων, καὶ πρότερον καὶ ὕςερον. Καὶ διὰ τοῦτο ἐν τῷ περὶ
τοῦ ἐνιαυσίου μεγέθους ὑποτίθεται τὴν περὶ
τοὺς τοῦ διὰ μέσων τῶν ζωδίων πόλους
γινομένην κίνησιν· διςάζει δ' ὅμως ἔτι, καθάπερ καὶ αὐτός φησι, διὰ τὸ μήτε τὰς
τηρήσεις τῶν περὶ τὸν Τιμόχαριν ἀξιοπί-
ςους εἶναι πάνυ ὁλοσχερῶς εἰλημμένας,
μήτε τὴν ἐν τῷ μεταξὺ χρόνῳ διαφορὰν
ἱκανὴν ἤδη γεγονέναι πρὸς βεβαίαν κατάληψιν. Ἡμεῖς μέντοι καὶ κατὰ τὸν ἔτι
πλείω χρόνον τετηρημένον εὑρίσκοντες τὸ
τοιοῦτον, καὶ κατὰ πάντων σχεδὸν τῶν
ἀπλανῶν, βεβαιοτέραν εἰκότως ἂν ἤδη νο-
μίζοιμεν τὴν περὶ τοὺς τοῦ λοξοῦ πόλους
γινομένην αὐτῶν κίνησιν. Τὰς μὲν γὰρ πρὸς
τὸν διὰ μέσων τῶν ζωδίων ἑκάςου κατὰ
πλάτος ἀποςάσεις τηροῦντες, ὡς ἐπὶ
τοῦ διὰ τῶν πόλων αὐτοῦ γραφομένου μεγίςου κύκλου, σχεδὸν τὰς αὐτὰς εὑρίσκομεν περιεχομένας ταῖς κατὰ τὸν Ἵππαρχον ἀναγεγραμμέναις καὶ συναγομέναις,
ἢ τὸ ἐλάχιςόν γε, καὶ ὅσον ἂν παρ' αὐτὰς τὰς τηρήσεις ἐνδέχοιτο παρορᾶςθαι,
διαφωνούσας.

Ἐπὶ δὲ τῶν πρὸς τὸν ἰσημερινὸν, ὡς
ἐπὶ τοῦ διὰ τῶν πόλων αὐτοῦ γραφομένου

autour des pôles de l'oblique. Car dans
son traité du transport des points tropiques et équinoxiaux, il cite encore l'épi
comme ayant conservé, d'après les observations de Timocharis et les siennes,
la même distance en latitude, non relativement à l'équateur, mais relativement
au cercle mitoyen du zodiaque : distance
qui a toujours été, avant et après lui, de
deux degrés plus australe que ce cercle.
C'est pourquoi, dans son traité de la longueur de l'année, il présume que ce
mouvement se fait autour des pôles du
cercle mitoyen du zodiaque. Il en doute
encore, cependant, comme il le dit lui-
même, parceque les observations de Timocharis ne lui paroissent pas mériter
une grande confiance, attendu qu'elles
avoient été faites assez légèrement, et
qu'il n'y avoit pas eu assez de temps entre
les unes et les autres pour rendre la conclusion bien certaine. Mais les observations que nous avons faites en des temps
bien postérieurs à lui, sur presque toutes
les fixes, nous autorisent à soutenir que
leur mouvement se fait autour des pôles
du cercle oblique. Car en observant leurs
distances à l'oblique, sur le cercle qui
passe par les pôles de cet oblique mitoyen
du zodiaque, nous avons trouvé que ces
distances étoient les mêmes à très-peu
près que celles qui avoient été décrites
et recueillies du temps d'Hipparque,
ou au moins très-peu différentes, et
d'une quantité qui peut très-bien tenir
aux fautes des observations.

Quant aux distances à l'équateur,
comptées (*b*) sur le grand cercle qui passe

par ses poles, nous ne les avons pas trouvées les mêmes que celles qui avoient été décrites par Hipparque, ni égales à celles qui avoient été observées auparavant par Timocharis ; mais nous nous sommes convaincus par l'examen que nous en avons fait, qu'elles conservent toujours la même latitude qu'elles avoient, relativement à l'écliptique. Leurs distances à l'équateur dans l'hémisphère, qui depuis le tropique d'hiver jusqu'au tropique d'été, contient le point équinoxial du printemps, se sont trouvées plus boréales qu'elle n'étoient auparavant ; et celles de l'hémisphère opposé, plus méridionales ; celles qui sont voisines des points équinoxiaux s'en étant éloignées à de plus grandes distances, et celles qui sont proches des points tropiques, à de plus petites de ceux-ci, en proportion de ce que dans la progression en longitude, les portions de l'oblique suivant l'ordre des constellations, deviennent de plus en plus les unes plus boréales, les autres plus méridionales que l'équateur. Mais pour rendre ceci plus clair par quelques exemples faciles à saisir, nous exposerons pour chacun de ces hémisphères, les distances des étoiles depuis l'équateur, sur le grand cercle qui passe par ses poles, selon qu'elles ont été prises par Timocharis et Hipparque, et que je les ai observées moi-même par les mêmes procédés.

Timocharis place la claire de l'aigle à 5^d ½ de l'équateur vers l'ourse, et Hipparque de même ; mais nous l'avons trouvée plus boréale de 5^d ⅓ ⅙. Timocharis représente l'étoile du milieu de la pléiade (*Alcyone*) comme étant plus boréale que

μεγίϛου κύκλου, τηρουμένων διαϛάσεων, οὔτε τὰς ὑφ' ἡμῶν καταλαμβανομένας συμφώνους ταῖς ὑπὸ τοῦ Ἱππάρχου κατὰ τὸν αὐτὸν τρόπον ἀναγεγραμμέναις, οὔτε ταύτας ταῖς ἔτι πρότερον ὑπὸ τῶν περὶ τὸν Τιμόχαριν, ἀλλὰ καὶ ἐξ αὐτῶν τούτων συνιϛαμένην ἔτι μᾶλλον τὴν πρὸς τὸν διὰ μέσων τῶν ζωδίων κύκλον αὐτῶν τοῦ πλάτους ταυτότητα, βορειοτέρων μὲν εὑρισκομένων ἀεὶ τῆς παλαιοτέρας πρὸς τὸν ἰσημερινὸν διαϛάσεως, τῶν ἐν τῷ ἀπὸ χειμερινῆς τροπῆς ὡς ἐπὶ τὸ ἐαρινὸν σημεῖον μέχρι θερινῆς τροπῆς ἡμισφαιρίῳ, νοτιωτέρων δὲ τῶν ἐν τῷ ἐναντίῳ. Καὶ τῶν μὲν τοῖς ἰσημερινοῖς σημείοις ἐγγιζόντων ἐν ταῖς μείζοσι διαφοραῖς, τῶν δὲ τοῖς τροπικοῖς ἐν ἐλάττοσι, καὶ σχεδὸν ἡλίκαις ἐπὶ τῆς ἀναλόγου κατὰ μῆκος παραχωρήσεως τὰ ἑπόμενα τμήματα τοῦ διὰ μέσων βορειότερα ἢ νοτιώτερα γίνεται τοῦ ἰσημερινοῦ. Ἵνα δὲ καὶ ἐπ' ὀλίγων τῶν εὐκατανοήτων μᾶλλον παραϛήσωμεν τὸ λεγόμενον, ἐκθησόμεθα καθ' ἑκάτερον τῶν εἰρημένων ἡμισφαιρίων τὰς ἀναγεγραμμένας αὐτῶν τοῦ ἰσημερινοῦ κατὰ πλάτος ἀποϛάσεις, ὡς ἐπὶ τοῦ διὰ τῶν πόλων αὐτοῦ γραφομένου μεγίϛου κύκλου, κατά τε τοὺς περὶ τὸν Τιμόχαριν καὶ κατὰ τὸν Ἵππαρχον, καὶ ἔτι τὰς ὑφ' ἡμῶν τὸν αὐτὸν τρόπον κατειλημμένας.

Τὸν μὲν τοίνυν ἐν τῷ ἀετῷ λαμπρὸν Τιμόχαρις μὲν ἀναγράφει βορειότερον τοῦ ἰσημερινοῦ μοίραις ε̄ καὶ τέσσαρσι πεμπτημορίοις, καὶ Ἵππαρχος δὲ ταῖς αὐταῖς· ἡμεῖς δὲ εὑρίσκομεν μοίραις ε̄ καὶ ϛ καὶ γ, Τὸ δὲ μέσον τῆς πλειάδος Τιμόχαρις μὲν

ἀναγράφει βορειότερον τοῦ ἰσημερινοῦ, μοίραις ιδ ϛ'', Ἵππαρχος δὲ μοίραις ιε ϛ'', ἡμεῖς
δὲ εὑρίσκομεν ιϛ δ''· τὸν δὲ λαμπρὸν
τῶν Ὑάδων Τιμόχαρις μὲν ἀναγράφει βορειότερον τοῦ ἰσημερινοῦ, μοίραις η ϛ'' δ'',
Ἵππαρχος δὲ θ ϛ'' δ'', ἡμεῖς δὲ εὑρίσκομεν μοίραις ια. Τὸν δ' ἐν τῷ ἡνιόχῳ λαμπρότατον, καλούμενον δὲ αἶγα, Ἀρίστυλλος μὲν ἀναγάρφει βορειότερον τοῦ ἰσημερινοῦ μοίραις μ, Ἵππαρχος δὲ μοίραις μ
καὶ δυσὶ πέμπτοις, ἡμεῖς δὲ εὑρίσκομεν μα
ϛ'. Τὸν δ' ἐν τῷ ἡγουμένῳ ὤμῳ τοῦ Ὠρίωνος Τιμόχαρις μὲν ἀναγράφει βορειότερον
τοῦ ἰσημερινοῦ, μοίρα α καὶ ε'', Ἵππαρχος
δὲ μοίρα α καὶ τέσσαρσι πέμπτοις, ἡμεῖς
δὲ εὑρίσκομεν β ϛ''. Τὸν δ' ἐν τῷ ἑπομένῳ
ὤμῳ τοῦ Ὠρίωνος Τιμόχαρις μὲν ἀναγράφει
βορειότερον τοῦ ἰσημερινοῦ, μοίραις γ ϛ'' γ'',
Ἵππαρχος δὲ δ γ'', ἡμεῖς δὲ εὑρίσκομεν ε
δ''. Τὸν δ' ἐν τῷ στόματι τοῦ κυνὸς λαμπρὸν Τιμόχαρις μὲν ἀναγράφει νοτιώτερον
τοῦ ἰσημερινοῦ μοίραις ιϛ γ'', Ἵππαρχος δὲ
ιϛ, ἡμεῖς δὲ εὑρίσκομεν ιε ϛ'' δ''. Τῶν δ' ἐν
ταῖς κεφαλαῖς τῶν διδύμων λαμπρῶν τὸν
ἡγούμενον Ἀρίστυλλος μὲν ἀναγράφει βορειότερον τοῦ ἰσημερινοῦ μοίραις λγ, Ἵππαρχος δὲ μοίραις λγ ϛ'', ἡμεῖς δὲ εὑρίσκομεν λγ καὶ δυσὶ πέμπτοις. Τὸν δ' ἑπόμενον αὐτῶν Ἀρίστυλλος μὲν ἀναγράφει
βορειότερον τοῦ ἰσημερινοῦ, μοίραις λ, Ἵππαρχος δὲ ταῖς αὐταῖς, ἡμεῖς δὲ εὑρίσκομεν λ καὶ ϛ''.

Τούτων δὴ πάντων, ἐπὶ τῆς κατὰ
μῆκος διαθέσεως ἐν τῷ τὴν ἐαρινὴν ἰσημε-
ρίαν περιέχοντι τῶν εἰρημένων ἡμισφαιρίων, ἀπολαμβανομένων, αἱ ὕστεραι κατὰ

l'équateur, de 14 ½ degrés; Hipparque l'a
marquée plus boréale (c) de 15^d ⅙; et
nous, nous la trouvons plus boréale de
16^d ¼. Selon Timocharis, la claire des
Hyades est plus boréale que l'équateur,
de 8 ½ ¼; selon Hipparque, de 9^d ½ ¼,
et selon nous, de 11^d. Selon (d) Aristylle, la claire du cocher qu'on appelle *la chèvre*, est plus boréale que l'é-
quateur, de 40^d; selon Hipparque, de
40^d ⅖; et selon nous, de 41^d ⅙. Selon Timocharis, la précédente de l'épaule d'O-
rion est de 1^d ⅕ plus boréale que l'équateur; selon Hipparque, de 1^d ⅘; et selon
nous, de 2^d ½ (e). Selon Timocharis, celle
de l'épaule suivante d'Orion est à 3^d ½ ⅓
de l'équateur vers l'ourse; selon Hipparque, à 4^d ⅓; et selon nous, à 5^d ¼. La brillante de la gueule du chien est, selon Timocharis, à 16^d ⅓ au midi de l'équateur;
selon Hipparque, à 16^d; et selon nous, à
15^d ½ ¼. La première des deux brillantes
des têtes des gémeaux est, selon Aristylle,
plus boréale de (f) 33^d que l'équateur,
selon Hipparque, de 33^d ⅙; et selon nous,
de 33^d ⅖. La suivante est, selon Aristylle,
de 30^d plus boréale que l'équateur; selon
Hipparque, d'autant; et selon nous, de
30^d ⅙.

Il est donc prouvé que les distances
de ces étoiles à l'équateur, prises en longitude, dans celui des hémisphères que
nous avons dit renfermer l'équinoxe

du printemps, sont devenues plus grandes, de l'équateur aux ourses, qu'elles n'étoient auparavant, les plus voisines des points solsticiaux, d'une petite quantité ; et celles qui sont près des équinoxes, d'une quantité plus considérable : ce qui est une conséquence du mouvement vers l'orient, suivant l'ordre des constellations, autour des poles de l'oblique, parceque les sections faites en ce sens, suivant cet ordre, sur la moitié de cet oblique, deviennent (*g*) toujours plus étendues vers les ourses, que les précédentes : celles qui sont proches des points équinoxiaux avec des différences plus grandes, et celles qui sont voisines des tropiques, avec des différences plus petites.

Dans l'hémisphère opposé (*h*), Timocharis dit que l'étoile du cœur du lion est de 21^d ⅓ plus boréale que l'équateur ; selon Hipparque, elle l'est de 20 ⅔ ; et selon nous, de 19^d ½ ⅓. Selon Timocharis, l'étoile appelée *épi* est de 1^d ⅔ plus boréale (*i*) que l'équateur ; selon Hipparque, de ⅗ seulement ; et selon nous, d'un demi degré plus méridionale. La dernière des trois de la queue de la grande ourse à l'extrémité, est, selon Aristylle, plus boréale que l'équateur, de 61^d ½ ; selon Hipparque, de 60^d ½ ¼ ; et selon nous, de 59^d ⅔. La seconde, depuis l'extrémité et au milieu de la queue, est, selon Aristylle, plus boréale que l'équateur, de 67^d ¼ ; selon Hipparque, de 66^d ½ ⅓ ; et selon nous, de 65^d. La troisième depuis l'extrémité (*ε*), et comme à la naissance de la queue, est, selon Aristylle,

πλάτος πρὸς τὸν ἰσημερινὸν σχέσεις βορειότεραι πᾶσαι τῶν πρὸ χρόνου οὐσῶν γεγόνασιν, αἱ μὲν τῶν πρὸς αὐτοῖς τοῖς τροπικοῖς τμήμασι βραχεῖαι παντελῶς, αἱ δὲ τῶν πρὸς τοῖς ἰσημερινοῖς ἱκανῶς ἀξιολόγῳ, ὅπερ καὶ ἀκόλουθόν ἐςι τῇ περὶ τοὺς τοῦ λοξοῦ πόλους εἰς τὰ ἑπόμενα μεταβάσει, διὰ τὸ καὶ τὰ ἑπόμενα τοῦ ἡμικυκλίου τούτου τμήματα βορειότερα τῶν προηγουμένων ἀεὶ γίγνεθαι, καὶ τὰ μὲν πρὸς τοῖς ἰσημερινοῖς σημείοις πάλιν ἐν μείζοσι διαφοραῖς, τὰ δὲ πρὸς τοῖς τροπικοῖς ἐν βραχυτέραις.

Καὶ κατὰ τὸ ἐναντίον δὲ ἡμισφαίριον, τὸν μὲν ἐπὶ τῆς καρδίας τοῦ λέοντος Τιμόχαρις μὲν ἀναγράφει βορειότερον τοῦ ἰσημερινοῦ, μοίραις κᾱ γ″, Ἵππαρχος δὲ κ̄ β″, ἡμεῖς δὲ εὑρίσκομεν ιθ̄ ϛ″ γ″. Τὸν δὲ καλούμενον ςάχυν Τιμόχαρις μὲν ἀναγράφει τοῦ ἰσημερινοῦ μοίρᾳ ᾱ καὶ δυσὶ πέμτοις, Ἵππαρχος δὲ τρισὶ μόνοις πέμπτοις, ἡμεῖς δὲ εὑρίσκομεν νοτιώτερον αὐτὸν ὄντα τοῦ ἰσημερινοῦ, ϛ″ μιᾶς μοίρας. Τῶν δὲ ἐν τῇ οὐρᾷ τῆς μεγάλης ἄρκτου τριῶν τὸν ἐπ' ἄκρας αὐτῆς Ἀρίςυλλος μὲν ἀναγράφει βορειότερον τοῦ ἰσημερινοῦ, μοίραις ξᾱ ϛ″, Ἵππαρχος δὲ ξ̄ ϛ″ δ″, ἡμεῖς δὲ εὑρίσκομεν νθ̄ β″. Τὸν δὲ δεύτερον ἀπὸ τοῦ ἄκρου καὶ ἐν μέσῃ τῇ οὐρᾷ ὁ μὲν Ἀρίςυλλος ἀναγράφει βορειότερον τοῦ ἰσημερινοῦ, μοίραις ξζ̄ δ″, ὁ δὲ Ἵππαρχος ξϛ̄ ϛ″, ἡμεῖς δὲ εὑρίσκομεν ξε̄. Τὸν δὲ τρίτον ἀπὸ τοῦ ἄκρου καὶ ὡς ἐπὶ τῆς ἐκφύσεως τῆς οὐρᾶς Ἀρίςυλλος μὲν ἀναγράφει βορειότερον τοῦ ἰσημερινοῦ, μοιραῖς ξη ϛ″, Ἵππαρχος δὲ μοίραις ξζ καὶ τρισὶ πέμπτοις, ἡμεῖς δὲ εὑρίσκομεν ξϛ δ″. Τὸν δὲ Ἀρκτοῦρον Τιμόχαρις μὲν ἀναγράφει βορειότερον τοῦ ἰσημερινοῦ, μοίραις λα ϛ″, Ἵππαρχος δὲ λα, ἡμεῖς δὲ εὑρίσκομεν κθ ϛ″ γ″. Τῶν δὲ ἐν ταῖς χηλαῖς τοῦ σκορπίου λαμπρῶν τὸν ἐν ἄκρᾳ τῇ νοτίῳ Τιμόχαρις μὲν ἀναγράφει νοτιώτερον τοῦ ἰσημερινοῦ, μοίραις ε, Ἵππαρχος δὲ ε καὶ τρισὶ πέμπτοις, ἡμεῖς δὲ εὑρίσκομεν ζ ϛ″. Τὸν δὲ ἐν ἄκρᾳ τῇ βορείῳ χηλῇ Τιμόχαρις μὲν ἀναγράφει βορειότερον τοῦ ἰσημερινοῦ, μοίρᾳ α καὶ πέμπτῳ, Ἵππαρχος δὲ δυσὶ μόνοις πέμπτοις μιᾶς μοίρας, ἡμεῖς δὲ εὑρίσκομεν αὐτὸν νοτιώτερον τοῦ ἰσημερινοῦ, μοίρᾳ α. Τὸν δὲ ἐν τῷ ϛήθει τοῦ σκορπίου λαμπρὸν, καλούμενον δὲ Ἀντάρην, Τιμόχαρις μὲν ἀναγράφει νοτιώτερον τοῦ ἰσημερινοῦ, μοίραις ιη γ″, Ἵππαρχος δὲ ιθ, ἡμεῖς δὲ εὑρίσκομεν κ δ″.

Καὶ τούτων δὴ πάντων, κατὰ τὴν ἀντικειμένην ἀκολουθίαν, αἱ ὕϛεραι πρὸς τὸν ἰσημερινὸν κατὰ πλάτος πάροδοι νοτιώρεραι τῷ ἀναλόγῳ γεγόνασι τῶν πρὸ χρόνου οὐσῶν. Συναχθείη δ᾽ ἂν καὶ δι᾽ αὐτῶν τούτων, ὅτι καὶ ἡ κατὰ μῆκος τῆς τῶν ἀπλανῶν σφαίρας εἰς τὰ ἑπόμενα παραχώρησις, μιᾶς μὲν γίνεται μοίρας, ὡς προείπομεν, ἐν τοῖς ἑκατὸν ἔτεσιν ἔγγιϛα, β καὶ β″ μοιρῶν ἐν τοῖς μεταξὺ σξε ἔτεσι τῆς τοῦ Ἱππάρχου καὶ τῆς ἡμῶν τηρήσεως, καὶ μάλιϛα διὰ τῆς τῶν πρὸς τοῖς ἰσημερινοῖς σημείοις εὑρημένης πλατικῆς διαφορᾶς.

de (j) 68$^{\rm d}$ ⅓ plus boréale; selon Hipparque, de 67$^{\rm d}$ ⅓; et selon nous de 66$^{\rm d}$ ¼. Timocharis fait Arcturus plus boréal que l'équateur, de 31$^{\rm d}$ ½; Hipparque, de 31$^{\rm d}$; et nous, de 29$^{\rm d}$ ½ ⅓. Parmi les brillantes des serres du scorpion, celle qui est à l'extrémité de la serre méridionale (α), a été trouvée par Timocharis, de 5$^{\rm d}$ (k) plus méridionale que l'équateur; par Hipparque, de 5$^{\rm d}$ ⅗; et par nous, de 7$^{\rm d}$ ⅙. Celle qui est à l'extrémité de la serre boréale, a été trouvée par Timocharis, de 1$^{\rm d}$ ⅕ (l) plus boréale que l'équateur; par Hipparque, de ⅖ de degré seulement; et par nous, de 1$^{\rm d}$ plus méridionale. La brillante de la poitrine du scorpion, nommée *Antarès*, a été vue par Timocharis, de 18$^{\rm d}$ ⅓ plus méridionale que l'équateur; par Hipparque, de 19$^{\rm d}$; et par nous, de 20$^{\rm d}$ ¼.

Ainsi donc, par une conséquence contraire, ces dernières latitudes, relativement à l'équateur, sont devenues, à proportion, plus australes qu'elles n'étoient auparavant. On en conclura que la progression de la sphère des étoiles fixes, suivant la succession des constellations en longitude est, comme nous l'avons déjà dit, d'un degré en cent ans à peu près, et qu'elle monte à 2$^{\rm d}$ ⅓ pour les 265 ans, depuis l'observation d'Hipparque jusqu'à la nôtre. Cela se prouve surtout par la différence trouvée dans leur latitude, relativement aux points équinoxiaux.

En effet, le milieu de la pléïade avoit été trouvé par Hipparque, de 15^d $\frac{1}{6}$ plus boréal que l'equateur, et nous l'avons trouvé de 16^d $\frac{1}{4}$. Il est ainsi devenu plus boréal de 1 $\frac{1}{12}$ (*m*), dans l'intervalle de temps entre nous deux : grandeur de la différence en déclinaison, des dernières étoiles du bélier, relativement à l'équateur, produite par le mouvement de 2^d $\frac{2}{3}$ du cercle oblique, en longitude, selon l'ordre des signes, pendant cet intervalle de temps. L'étoile appelée la *chèvre*, trouvée par Hipparque, de 40^d $\frac{4}{5}$ plus boréale que l'équateur, et par nous de 41^d $\frac{1}{6}$, est devenue plus boréale de $\frac{4}{5}$ d'un degré, différence encore de distance à l'équateur, qui est pour les étoiles du milieu du taureau, l'effet de la progression de 2^d $\frac{2}{3}$ suivant la série des constellations zodiacales. L'étoile de l'épaule précédente d'Orion, qu'Hipparque avoit trouvée de 1^d $\frac{4}{5}$ plus boréale que l'équateur, et nous de 2^d $\frac{1}{2}$ (*n*), est donc devenue plus boréale de $\frac{2}{3}$ d'un degré, à peu près : quantité dont les 2^d $\frac{2}{3}$ de mouvement en longitude, ont fait différer en latitude (*en déclinaison*) relativement à l'équateur, les étoiles placées aux $\frac{2}{3}$ du taureau.

De même, dans l'hémisphère opposé (*o*), l'épi qu'Hipparque avoit trouvé de $\frac{3}{5}$ d'un degré, plus boréal, et que nous avons trouvé de $\frac{1}{2}$ degré plus austral que l'équateur, est donc devenu plus méridional de 1 $\frac{1}{10}$ degré, qu'il n'étoit, différence en déclinaison dans les étoiles de la fin de la vierge, proportionnelle aux 2^d $\frac{2}{3}$ de mouvement en longitude. L'étoile

Τὸ μὲν γὰρ τῆς πλειάδος μέσον, κατὰ μὲν τὸν Ἵππαρχον, βορειότερον εὑρημένον τοῦ ἰσημερινοῦ, μοίραις ιε καὶ ϛ″, κατὰ δὲ ἡμᾶς μοίραις ιϛ καὶ δ″, μιᾷ μοίρᾳ καὶ ιβ″ γέγονε βορειότερον ἐν τῷ μεταξὺ ἡμῶν χρόνῳ, ὅσον σχεδὸν ἐν τῷ πρὸς τὸν ἰσημερινὸν πλάτει διαφέρουσιν αἱ β βʹʹ μοῖραι τοῦ διὰ μέσων, αἱ περὶ τὰ τελευταῖα τοῦ κριοῦ, τῆς ἐν τῷ αὐτῷ χρόνῳ κατὰ μῆκος εἰς τὰ ἑπόμενα παραχωρήσεως. Ὁ δὲ καλούμενος αἲξ κατὰ μὲν τὸν Ἵππαρχον βορειότερος εὑρημένος τοῦ ἰσημερινοῦ, μοίραις μ καὶ δυσὶ πέμπτοις, κατὰ δὲ ἡμᾶς μα ϛ″, βορειότερος γέγονε μιᾶς μοίρας τέσσαρσι πέμπτοις, ὅσῳ πάλιν πρὸς τὸν ἰσημερινὸν κατὰ πλάτος διαφέρουσιν αἱ περὶ τὰ μέσα τοῦ ταύρου β βʹʹ μοῖραι, τοῦ διὰ μέσων. Ὁ δʹ ἐπὶ τοῦ ἡγουμένου ὤμου τοῦ Ὠρίωνος κατὰ μὲν τὸν Ἵππαρχον εὑρημένος βορειότερος τοῦ ἰσημερινοῦ, μοίρα α καὶ τέσσαρσι πέμπτοις, καθ' ἡμᾶς δὲ δυσὶ μοίραις καὶ ϛ″, βορειότερος γέγονε δυσὶ μέρεσι μιᾶς μοίρας ἔγγιστα, ὅσῳ σχεδὸν κατὰ τὸ πρὸς τὸν ἰσημερινὸν πλάτος διαφέρουσιν αἱ μετὰ τὰ δύο μέρη τοῦ ταύρου β βʹʹ μοῖραι τοῦ διὰ μέσων.

Ὡσαύτως δὲ καὶ κατὰ τὸ ἀντικείμενον ἡμισφαίριον, ὁ μὲν ϛάχυς κατὰ μὲν τὸν Ἵππαρχον εὑρημένος βορειότερος τοῦ ἰσημερινοῦ, μιᾶς μοίρας τρισὶ πέμπτοις, καθ' ἡμᾶς δὲ νοτιώτερος ἡμίσει μιᾶς μοίρας, νοτιώτερος γέγονε μιᾷ μοίρᾳ καὶ ι″, ὅσῳ πάλιν κατὰ τὸ πρὸς τὸν ἰσημερινὸν πλάτος διαφέρουσιν αἱ περὶ τὰ τελευταῖα τῆς παρθένου β βʹʹ μοῖραι

τοῦ διὰ μέσων. Ὁ δ' ἐν ἄκρᾳ τῇ οὐρᾷ τῆς
μεγάλης ἄρκτου, κατὰ μὲν τὸν Ἵππαρχον εὑρημένος βορειότερος τοῦ ἰσημερινοῦ,
μοίραις ξ καὶ ς'' καὶ δ'', καθ' ἡμᾶς δὲ
μοίραις νθ καὶ β'', νοτιώτερος γέγονε μιᾷ
μοίρᾳ καὶ ιβ'', ὅσῳ κατὰ τὸ πρὸς τὸν
ἰσημερινὸν πλάτος διαφέρουσιν αἱ περὶ τὰ
πρῶτα μέρη τοῦ τῶν χηλῶν δωδεκατημορίου β β'' μοῖραι τοῦ διὰ μέσων. Ὁ
δὲ Ἀρκτοῦρος κατὰ μὲν τὸν Ἵππαρχον εὑρημένος βορειότερος τοῦ ἰσημερινοῦ μοίραις
λα, καθ' ἡμᾶς δὲ μοίραις κθ ς'' γ'', νοτιώτερος γέγονε μιᾷ μοίρᾳ καὶ ς'', ὅσῳ
διαφέρουσιν ἔγγιςα κατὰ τὸ πρὸς τὸν
ἰσημερινὸν πλάτος ὡσαύτως αἱ περὶ τὰ
πρῶτα μέρη τῶν χηλῶν β β'' μοῖραι τοῦ
διὰ μέσων. Γένοιτο δ' ἂν ἡμῖν ἔτι κατα-
φανέςερον τὸ προκείμενον καὶ ἐκ τῶν τοιούτων τηρήσεων.

Τιμόχαρις μὲν ἀναγράφει τηρήσας ἐν
Ἀλεξανδρείᾳ ταῦτα, διότι τῷ μζ ἔτει
τῆς πρώτης κατὰ Κάλιππον ἑξ καὶ ἑβ-
δομηκονταετηρίδος τῇ η'' τοῦ Ἀνθεςηριῶ-
νος, κατ' Αἰγυπτίους τῇ κθ'' τοῦ Ἀθὺρ,
ὥρας γ''ς ληγούσης, τὸ νότιον μέρος ἥμισυ
τῆς σελήνης ἐπιβεβηκὸς ἐφαίνετο ἐπὶ τὸ
ἑπόμενον ἤτοι γ'' ἢ ς'' μέρος τῆς πλειάδος
ἀκριβῶς. Καὶ ἔςιν ὁ χρόνος κατὰ τὸ υξε
ἔτος ἀπὸ Ναβονασάρου, κατ' Αἰγυπτίους
Ἀθὺρ κθ'' εἰς τὴν λ'', πρὸ γ ὡρῶν τοῦ μεσονυκτίου καιρικῶν, ἰσημερινῶν δὲ γ κ)γ'',
διὰ τὸ τὸν ἥλιον περὶ τὰς ζ μοίρας εἶναι
τοῦ ὑδροχόου, καὶ πρὸς τὰ ὁμαλὰ νυχθήμερα σχεδὸν πρὸ τοσούτων πάλιν ὡρῶν
τοῦ μεσονυκτίου συνάγεται ὁ χρόνος. Κατ'
αὐτὴν δὲ τὴν ὥραν ἀκριβῶς μὲν ἐπεῖχεν

de l'extrémité de la queue de la grande
ourse (η) trouvée du temps d'Hipparque,
de $60^d\,\frac{1}{2}\,\frac{1}{4}$ plus boréale que l'équateur,
mais de notre temps, de $59^d\,\frac{1}{2}$, est donc
devenue plus méridionale de $1^d\,\frac{1}{12}$, différence en latitude, relativement à l'é-
quateur, arrivée aux étoiles placées au
commencement du signe des serres, par
l'effet des $2^d\,\frac{1}{3}$ de mouvement en longitude. Arcturus étoit du temps d'Hippar-
que, de 31^d plus boréal que l'équateur,
actuellement il l'est de $29^d\,\frac{1}{2}\,\frac{1}{3}$. Il est donc
devenu de $1^d\,\frac{1}{6}$ plus méridional qu'il n'é-
toit : quantité à peu près égale à la différence de distance à l'équateur produite
(*depuis Hipparque jusqu'à nous*), dans
les étoiles des premières parties des serres, par le mouvement de $2^d\,\frac{1}{3}$ de l'o-
blique : mouvement qui nous sera en-
core mieux démontré par les observations suivantes.

Timocharis rapporte qu'observant à
Alexandrie, dans la 47ᵉ année de la 1ʳᵉ période de Calippe de 76 (*p*) ans, le 8 du
mois Anthestérion, ou le 29 du mois égyptien Athyr, à la fin de la troisième heure,
la moitié méridionale de la lune lui parut s'être avancée vers l'orient sur le tiers
ou la moitié des pléïades, lieu vrai.
Or, cette observation est de la 465ᵉ année de l'ère de Nabonassar, à 3^h temporaires avant minuit du 29 au 30 Athyr
égyptien, mais à $3^h\,\frac{1}{3}$ équinoxiales en
temps moyen, parceque le soleil étoit
alors au 7^d du verseau, et qu'à ce nombre
d'heures avant minuit (*q*), c'est là le temps
évalué en nychthémères égaux. Mais le
lieu vrai de la lune étoit à cette heure-là,

suivant les hypothèses que nous avons démontrées ci-dessus, sur 20′ du taureau; c'est-à-dire, à 30ᵈ 20′ de l'équinoxe du printemps, et de 3ᵈ 45′ plus boréal que l'oblique. Mais elle paroissoit (*r*) à Alexandrie, occuper les 29ᵈ 20′ du bélier en longitude, et de 3ᵈ 35′ plus boréale que le mitoyen du zodiaque, puisque les $\frac{2}{3}$ des gémeaux passoient alors au méridien : l'extrémité suivante (*ou orientale*) de la pléïade, étoit donc alors d'environ 29ᵈ $\frac{1}{2}$ plus avancée en longitude, suivant l'ordre des signes, que l'équinoxe du printemps, vu que le centre de la lune la précédoit encore et étoit de 3ᵈ $\frac{1}{2}$ environ plus boréal que l'oblique, car cette extrémité n'étoit alors qu'un peu plus boréale que le centre de la lune (*s*).

Agrippa, qui a observé en Bithynie, rapporte que dans la douzième année de Domitien, le septième jour du mois Metroüs de ce pays, au commencement de la troisième heure de la nuit, la lune cacha par sa corne méridionale, la partie méridionale et suivante de la pléïade. Or, ce temps, qui est de la 840ᵉ année de l'ère de Nabonassar, tombe à 4 heures temporaires avant minuit du 2 au 3 du mois égyptien Tubi, ou cinq heures équinoxiales avant minuit, à cause que le soleil étoit au 5ᵉ degré du sagittaire. L'observation réduite (*t*) au méridien d'Alexandrie, s'est donc faite à 5 $\frac{1}{7}$ heures équinoxiales, ou à 5 heures $\frac{1}{2}$ $\frac{1}{4}$ (*u*), temps moyen, lorsque le centre de la lune étoit vraiment sur les 3ᵈ 7′ du taureau, et plus boréal de 4ᵈ $\frac{1}{2}$ $\frac{1}{3}$ que le cercle mitoyen du zodiaque. Il paroissoit en Bithynie occuper en longitude les 3ᵈ 15′ du taureau, et plus boréal de 4ᵈ que ce mitoyen du zodiaque,

ἡ σελήνη, κατὰ τὰς προαποδεδειγμένας ἡμῖν ὑποθέσεις, ταύρου μοίρας ō κ′, τουτέςιν ἀπεῖχε τῆς ἐαρινῆς ἰσημερίας, μοίραις λ̄ κ′, καὶ βορειοτέρα τοῦ διὰ μέσων ἦν, μοίραις γ̄ μ̄ε̄ · ἐφαίνετο δ' ἐν Ἀλεξανδρείᾳ, κατὰ μῆκος μὲν ἐπέχουσα κριοῦ μοίρας κ̄θ κ′, βορειοτέρα δὲ τοῦ διὰ μέσων μοίραις γ̄ λε′, ἐπειδήπερ ἐμεσουράνει τὰ δύο μέρη τῶν διδύμων· τὸ ἄρα ἐπόμενον πέρας τῆς πλειάδος ἀπεῖχε τότε τῆς ἐαρινῆς ἰσημερίας εἰς τὰ ἐπόμενα, μοίραις κ̄θ ϛ″ ἔγγιϛα, ἐπειδὴ ἔτι αὐτοῦ προηγεῖτο τὸ κέντρον τῆς σελήνης, καὶ βορειότερον δὲ ἦν τοῦ διὰ μέσων μοίραις γ̄ β′ ἔγγιϛα· μικρῷ γὰρ πάλιν βορειότερον ἦν τοῦ κέντρου τῆς σελήνης.

Ἀγρίππας δὲ, ἐν Βιθυνίᾳ τηρήσας, ἀναγράφει ὅτι τῷ ιβ ῷ ἔτει Δομετιανοῦ, κατ' αὐτοὺς Μητρώου ζ̄, νυκτὸς ὥρας γ̄ ης ἀρχούσης, ἡ σελήνη ἐπεκάλυψε τῷ νοτίῳ κέρατι τὸ ἐπόμενον καὶ νότιον μέρος τῆς πλειάδος. Καὶ ἔϛιν ὁ χρόνος κατὰ τὸ ωμ̄ ον ἔτος ἀπὸ Ναβονασάρου, κατ' Αἰγυπτίους Τυβὶ β̄ ᾳ εἰς τὴν γ̄ ην, πρὸ δ̄ μὲν ὡρῶν καιρικῶν τοῦ μεσονυκτίου, πρὸ ē δὲ ἰσημερινῶν, διὰ τὸ τὸν ἥλιον περὶ τὰς ē μοίρας εἶναι τοῦ τοξότου· πρὸς τὸν δι' Ἀλεξανδρείας ἄρα μεσημβρινὸν γέγονεν ἡ τήρησις πρὸ ē καὶ γ″ ὡρῶν ἰσημερινῶν τοῦ μεσονυκτίου, πρὸς δὲ τὰ ὁμαλὰ νυχθήμερα πρὸ ē ϛ″ δ″, καθ' ὃν χρόνον τὸ κέντρον τῆς σελήνης ἀκριβῶς μὲν ἐπεῖχε ταύρου μοίρας γ̄ ζ′, καὶ βορειότερον ἦν τοῦ διὰ μέσων, μοίραις δ̄ ϛ″ γ″· ἐφαίνετο δὲ ἐν Βιθυνίᾳ κατὰ μῆκος μὲν ἐπέχον ταύρου μοίρας γ̄ ιε′, βορειότερον δὲ τοῦ διὰ μέσων

μοίραις δ, διὰ τὸ μεσουρανεῖν τὰ β″
μέρη τῶν ἰχθύων· τὸ ἄρα ἑπόμενον μέρος
τῆς πλειάδος τότε κατὰ μῆκος μὲν ἀπεῖχε
τῆς ἐαρινῆς ἰσημερίας εἰς τὰ ἑπόμενα μοίραις λγ δ″, βορειότερον δ᾽ ἦν τοῦ διὰ μέσων μοίραις γ β″. Ὥστε φανερὸν ὅτι τὸ ἑπόμενον μέρος τῆς πλειάδος, κατὰ μὲν τὸ
πλάτος, βορειότερον ἦν τοῦ διὰ μέσων, καὶ
τότε καὶ νῦν, ταῖς αὐταῖς μοίραις γ καὶ
β″ κατὰ τὸν διὰ τῶν πόλων αὐτοῦ γραφόμενον μέγιστον κύκλον, κατὰ δὲ τὸ μῆκος εἰς τὰ ἑπόμενα κεκίνηται τῆς ἐαρινῆς
ἰσημερίας μοίραις γ με΄, διὰ τὸ κατὰ μὲν
τὴν προτέραν τήρησιν ἀπέχειν αὐτῆς μοίρας κθ ϛ″, κατὰ δὲ τὴν δευτέραν μοίρας
λγ δ″, τοῦ μεταξὺ τῶν δύο τηρήσεων
χρόνου περιέχοντος ἔτη τοε. Καὶ ἐν τοῖς
ρ ἄρα ἔτεσι μίαν μοῖραν εἰς τὰ ἑπόμενα
κεκίνηται τὸ ἑπόμενον τῆς πλειάδος.

Πάλιν Τιμόχαρις μὲν ἀναγράφει, τηρήσας ἐν Ἀλεξανδρείᾳ, διότι τῷ λϛ ἔτει
τῆς πρώτης κατὰ Κάλιππον περιόδου,
τοῦ μὲν Ἐλαφηβολιῶνος τῇ ιε″, τοῦ δὲ Τυβὶ
τῇ ε″, ὥρας γης ἀρχομένης, ἡ σελήνη μέση
τῇ πρὸς τὴν ἰσημερινὴν ἀνατολὴν ἀψῖδι τὸν
ςάχυν κατέλαβε, καὶ διῆλθεν ὁ ςάχυς
ἀφαιρῶν αὐτῆς τῆς διαμέτρου πρὸς ἄρκτους τὸ γ″ μέρος ἀκριβῶς· καὶ ἔςιν ὁ χρόνος κατὰ τὸ υνδ ἔτος ἀπὸ Ναβονασάρου,
κατ᾽ Αἰγυπτίους Τυβὶ ε″ εἰς τὴν ϛην πρὸ
δ ὡρῶν καιρικῶν τε καὶ ἰσημερινῶν ἔγγιςα
τοῦ μεσονυκτίου, διὰ τὸ τὸν ἥλιον περὶ
τὰς ιε μοίρας εἶναι τῶν ἰχθύων· πρὸ τοσούτων δὲ σχεδὸν ὡρῶν συνάγει καὶ ἡ
πρὸς τὰ ὁμαλὰ νυχθήμερα διάκρισις·
κατ᾽ ἐκείνην δὲ τὴν ὥραν ἀκριβῶς μὲν

parcequ'en cet instant les $\frac{2}{3}$ (*v*) des poissons, passoient au méridien. Par consé-
quent la portion suivante ou orientale de
la pléiade étoit alors à $33^d\,\frac14$ en longitude,
loin de l'équinoxe du printemps, et plus
boréale de $3^d\,\frac23$ que le mitoyen. Il est
donc clair que la portion orientale de la
pléiade étoit, par sa latitude, plus boréale que l'oblique; qu'elle en étoit éloignée, dans la seconde comme dans la première observation, de $3^d\,\frac23$ comptés sur
le grand cercle qui passe par les poles de
cet oblique, et qu'elle s'étoit avancée vers
l'orient de $3^d\,45'$ en longitude, depuis
l'équinoxe du printemps, puisque, lors
de la première observation, elle en étoit
éloignée de $29^d\,\frac12$, et lors de la seconde,
de $33^d\,\frac14$, l'intervalle de ces deux observations embrassant un espace de 375
ans. D'où il suit qu'en 100 ans, la portion orientale de la pléiade s'est avancée
d'un degré dans l'ordre des signes.

Timocharis rapporte encore qu'il a vu
à Alexandrie, dans la 36e année de la
première période de Calippe, le 15 du
mois Élaphebolion, ou le 5 de Tubi, au
commencement de la 3e heure, la lune
atteindre par le milieu de la courbure de
son disque (*x*), vers le levant équinoxial,
l'épi qui passa derrière elle, en coupant le
tiers juste de son diamètre vers les ourses.
Or ce temps coïncide à la 454e année de
l'ère de Nabonassar, à 4^h temporaires et
équinoxiales, à très-peu près, avant minuit du 5 au 6 du mois égyptien Tubi,
parce que le soleil étoit alors dans la 15e
partie (*degré*) des poissons, et qu'alors le
calcul du temps moyen mène au même
résultat à fort peu près (*y*). Or, en ce
moment, le lieu vrai du centre de la

lune étoit sur 21ᵈ 21′ de la vierge en longitude, c'est-à-dire qu'il étoit éloigné du point tropique (*solstice*) d'été, de 81ᵈ 21′ vers l'orient, et qu'il étoit de 1ᵈ ½ ⅓ plus méridional (*z*) que l'oblique. Mais il paroissoit à 82ᵈ 20′ loin du point tropique d'été, en longitude, et d'environ 2 degrés plus méridional que l'oblique ; car alors le milieu du cancer, passoit au méridien. Donc l'épi, d'après ce que j'ai dit, étoit par sa longitude à 82ᵈ ⅓ loin du point tropique d'été, et plus méridional de 2 degrés au plus, que l'oblique mitoyen du zodiaque.

Il dit aussi que dans la 48ᵉ année de la même période, à la fin du 6 du mois Pyanepsion, ou le 7 de Thoth, à 10ʰ ¼ passées, la lune s'étant levée de l'horizon, l'épi parut alors exactement toucher le bord boréal de cet astre. Or le temps de cette observation tombe à la 466ᵉ année (*aa*) de Nabonassar, à 3ʰ ½ temporaires après minuit du 7 au 8 du mois égyptien Thoth, comme il s'exprime (*bb*), ou à peu près à 3ʰ ⅛ équinoxiales, le soleil étant alors au milieu du scorpion. Et par conséquent cela est arrivé à 2 heures ⅛ (*cc*) après minuit ; car à ce nombre d'heures équinoxiales après minuit, les 22ᵈ ½ des gémeaux passent au méridien, et il se lève à peu près autant des degrés de la vierge ; la lune, selon Timocharis, étant alors par sa longitude, lorsqu'elle se leva, sur les 22ᵈ ½ (*dd*) de la vierge. Nous ne trouvons que 2 heures équinoxiales après minuit, en réduisant en nycthémères égaux (*tems moyen*) : instant où le lieu vrai du centre de la lune étoit à

πάλιν ἐπεῖχε τὸ κέντρον τῆς σελήνης, κατὰ μῆκος, παρθένου μοίρας κα̅ κα΄, τουτέςιν ἀπεῖχε τῆς θερινῆς τροπῆς εἰς τὰ ἑπόμενα μοίρας πα̅ κα΄, καὶ νοτιώτερον ἦν τοῦ διὰ μέσων, μοίρα α̅ καὶ ϛ″ καὶ γ″· ἐφαίνετο δὲ κατὰ μῆκος μὲν ἀπέχον τοῦ θερινοῦ τροπικοῦ, μοίρας πβ̅ γ″, νοτιώτερον δὲ τοῦ διὰ μέσων μοίραις β̅ ἔγγιςα· ἐμεσουράνει γὰρ τὰ μέσα τοῦ καρκίνου· καὶ ὁ ςάχυς ἄρα, διὰ τὰ προειρημένα, κατὰ μῆκος μὲν ἀπεῖχε τότε τῆς θερινῆς τροπῆς, μοίρας πβ̅ γ″, νοτιώτερος δ᾽ ἦν τοῦ διὰ μέσων δυσὶ μάλιςα μοίραις.

Καὶ ἐν τῷ μη̅ᵗ δὲ ἔτει τῆς αὐτῆς περιόδου, φησὶν ὁμοίως ὅτι, τοῦ μὲν Πυανεψιῶνος τῇ ϛ̅ʸ φθίνοντος, τοῦ δὲ Θὼθ τῇ ζ̅ʸ τῆς ι̅ᵃˢ ὥρας ὅσον ἡμιωρίου προελθόντος, ἐκ τοῦ ὁρίζοντος ἀνατεταλκυίας τῆς σελήνης, ὁ ςάχυς ἐφαίνετο ἁπτόμενος αὐτοῦ τοῦ βορείου ἀκριβῶς· καὶ ἔςιν ὁ χρόνος κατὰ τὸ υξϛ̅ᵒⁿ ἔτος ἀπὸ Ναβονασάρου, κατ᾽ Αἰγυπτίους Θὼθ ζ̅ʸ εἰς τὴν η̅ʸⁿ, ὡς μὲν αὐτός φησι, μετὰ γ̅ ϛ″ ὥρας καιρικὰς τοῦ μεσονυκτίου, ἰσημερινὰς δὲ γ̅ η″ ἔγγιςα, διὰ τὸ τὸν ἥλιον περὶ τὰ μέσα εἶναι τοῦ σκορπίου, ὡς δ᾽ ἀκόλουθόν ἐςι μετὰ β̅ ϛ″· μετὰ τοσαύτας γὰρ ὥρας ἰσημερινὰς τοῦ μεσονυκτίου μεσουρανοῦσι μὲν αἱ τῶν διδύμων κβ̅ ϛ″ μοῖραι, ἀνατέλλουσι δὲ αἱ ἴσαι σχεδὸν τῆς παρθένου, ὅσας ἐπέχουσα καὶ ἡ σελήνη τότε, ὡς φησιν, ἀνέτελλε· καὶ πρὸς τὰ ὁμαλὰ δὲ νυχθήμερα, δύο μόνας ὥρας ἰσημερινὰς ἐπιλαμβανομένας εὑρίσκομεν τῷ μεσονυκτίῳ· καθ᾽ ὃν χρόνον ἀκριβῶς μὲν πάλιν ἀπεῖχε τὸ κέντρον τῆς σελήνης τῆς θερινῆς τροπῆς, μοίρας πᾱ λ', καὶ νοτιώτερον ἦν τοῦ διὰ μέσων μοίραις β̄ ϛ'' · ἐφαίνετο δὲ κατὰ μῆκος μὲν ἀπέχον μοίρας πβ̄ ϛ'', νοτιώτερον δὲ μοίραις β̄ δ''. Καὶ ὁ ϛάχυς ἄρα καὶ διὰ ταύτης τῆς τηρήσεως νοτιώτερος μὲν πάλιν ἦν τοῦ διὰ μέσων ταῖς αὐταῖς δυσὶ μοίραις ἔγγιϛα· ἀπεῖχε δὲ τῆς θερινῆς τροπῆς τὰς πβ̄ ϛ'' μοίρας, ἐν τοῖς ιβ ἔτεσι τοῖς μεταξὺ τῶν δύο τηρήσεων ϛ'' ἔγγιϛα κεκίνηται μιᾶς μοίρας εἰς τὰ ἑπόμενα τῆς θερινῆς τροπῆς.

Μενέλαος δὲ ὁ γεωμέτρης ἐν Ῥώμῃ φησὶ τετηρῆσθαι τῷ ᾱ ἔτει Τραϊανοῦ, Μεχὶρ ιε̄ν εἰς τὴν ιϛ̄νν, ὥρας ῑ πεπληρωμένης, τὸν ϛάχυν ὑπὸ τῆς σελήνης ἠφανισμένον· μὴ ὁρᾶσθαι γὰρ, ἀλλ' ὥρας ιᾱ ληγούσης τεθεωρῆσθαι προηγούμενον τοῦ κέντρου τῆς σελήνης, ἔλαττον τῆς διαμέτρου αὐτῆς, ἴσον ἀπέχοντα τῶν κεράτων· καὶ ἔϛιν ὁ χρόνος κατὰ τὸ ωμε̄ ἔτος ἀπὸ Ναβονασάρου, κατ' Αἰγυπτίους Μεχὶρ ιε̄ν εἰς τὴν ιϛ̄νν μετὰ δ̄ ὥρας καιρικὰς τοῦ μεσονυκτίου, ὅτε τὸ κέντρον αὐτῆς ἔγγιϛα κατειλήφει τὸν ϛάχυν, ἰσημερινὰς δὲ ε̄, διὰ τὸ τὸν ἥλιον εἶναι περὶ τὰς κ̄ μοίρας τοῦ αἰγόκερω, καὶ πρὸς μὲν τὸν δι' Ἀλεξανδρείας μεσημβρινὸν μετὰ ϛ̄ γ'', πρὸς δὲ τὰ ὁμαλὰ νυχθήμερα μετὰ ϛ̄ δ'', ἢ μικρῷ πλεῖον, καθ' ἣν ὥραν ἀκριβῶς μὲν ἀπεῖχε τὸ κέντρον τῆς σελήνης τῆς θερινῆς τροπῆς μοίρας πε̄ ϛ'' δ'', καὶ νοτιώτερον ἦν τοῦ διὰ μέσων μιᾷ μοίρᾳ καὶ γ'' ἔγγιϛα. Ἐφαίνετο δὲ κατὰ μῆκος μὲν ἀπέχον μοίρας πϛ̄ δ'', νοτιώτερον δὲ β̄ μοίρας, διὰ τὸ μεσουρανεῖν τὸ τέταρτον μάλιϛα μέρος τῶν χηλῶν. Ταύτην ἄρα

II.

81^d 3o' loin du point tropique d'été, et de 2^d ¼ plus méridional que le cercle mitoyen du zodiaque. Or, il paroissoit éloigné en longitude de 82^d ½, et de 2^d ¼ plus méridional. Il suit donc de cette observation, que l'épi étoit plus méridional que l'oblique, de 2 degrés à peu près, et qu'étant à 82 degrés ½ loin du point tropique d'été, il s'étoit avancé en longitude à l'orient de ce point, de ⅙ degré environ, dans les 12 années d'intervalle entre les deux observations.

Le géomètre Ménélas dit avoir observé (ee) à Rome, dans la première année de Trajan, la nuit du 15 au 16 Méchir, à 10 heures passées, l'épi caché par la lune; car, dit-il, on ne le voyoit pas alors : mais à 11 heures finissant, on l'apperçut précédant le centre de la lune, à une distance de ses cornes, moindre qu'un diamètre de cet astre. Or la première année de Trajan est la 845e année de l'ère de Nabonassar : l'observation s'est donc faite à 4 heures temporaires après minuit du 15 au 16 du mois égyptien Méchir, lorsque le centre de la lune étoit à peu près sur l'épi, et à 5 heures équinoxiales, parceque le soleil étoit alors sur le 20e degré du capricorne, et à 6^h ½ au méridien d'Alexandrie (ff), mais à 6^h ¼ ou un peu plus en temps moyen : instant où le centre de la lune étoit à 85^d ½ ¼ loin du point tropique d'été, et d'environ 1^d ⅓ plus méridional que l'oblique. Et comme il paroissoit dans la longitude de 86^d ¼, et de 2 degrés plus méridional que l'oblique, parceque le quart tout au plus (gg) des serres passoit au méridien, il s'ensuit qu'alors l'épi avoit cette même position. Or il est

4

évident par les observations de Timocharis et les nôtres, que l'épi étoit bien
à la vérité toujours plus méridional
que l'oblique, d'autant, c'est-à-dire de
deux degrés *(hh)*, mais qu'il s'étoit
avancé en longitude, vers le levant, depuis l'observation faite dans la 36e année, de 3ᵈ 55′ pendant les 391 ans d'intervalle , et depuis l'observation de la
48e année, de 3ᵈ 45′ pendant les 379
années d'intervalle. Il résulte donc de
ces observations, que la progression de
l'épi vers l'orient ou suivant l'ordre des
constellations, a été d'environ un degré
en cent ans.

Timocharis rapportant encore une
autre observation qu'il a faite à Alexandrie, dit que la 36e année de la première
période de Calippe, le 25 du mois Posei-
deon *(ii)*, ou le 16 du mois Phaophi, au
commencement de la dixième heure, la
lune paroissoit avoir atteint par sa courbure boréale, l'étoile la plus boréale du
front du scorpion. Or, cette observation
revient à l'année 454 de l'ère de Nabonassar, à 3 heures temporaires après minuit, du 16 au 17 du mois égyptien Phaophi, ou à 3 ⅕ heures équinoxiales, *(kk)*
parceque le soleil étoit alors dans la 26e
partie du sagittaire, et en nycthémères
égaux à 3ʰ ⅕, instant où le centre de
la lune étoit à 31ᵈ ¼ loin de l'équinoxe
d'automne, et de 1ᵈ ⅓ plus boréal que
le cercle mitoyen du zodiaque. Et comme
il paroissoit à 32ᵈ de longitude, et de 1ᵈ
12′ plus boréal que le cercle mitoyen
du zodiaque, à cause que le milieu
du lion passoit alors au méridien, il
s'ensuit que la longitude de la plus boréale des étoiles du front du scorpion

καὶ ὁ ϛάχυς εἶχε τότε τὴν θέσιν· καὶ δῆλον
ὅτι τῷ ἴσῳ μὲν πάλιν κατὰ Τιμόχαριν
καὶ καθ᾽ ἡμᾶς νοτιώτερος ἦν τοῦ διὰ μέσων,
τουτέϛι ταῖς β̅ μοίραις· κατὰ μῆκος δὲ
εἰς τὰ ἑπόμενα παρακεχώρηκεν, ἀπὸ μὲν
τῆς κατὰ τὸ λϛ̅ον ἔτος τηρήσεως, μοίρας
γ̅ νε′, τῶν μεταξὺ ἐτῶν ὄντων τϞα̅· ἀπὸ
δὲ τῶν κατὰ τὸ μη̅ον ἔτος, μοίρας γ̅ με′,
τῶν μεταξὺ ἐτῶν ὄντων τοϛ̅· ὡς καὶ ἐκ
τούτων τὴν τῶν ρ̅ ἐτῶν εἰς τὰ ἑπόμενα
τοῦ ϛάχυος παραχώρησιν μιᾶς ἔγγιϛα
συνάγεσθαι μοίρας.

Πάλιν Τιμόχαρις μέν φησιν, ἐν Ἀλεξανδρείᾳ τηρήσας, ὅτι τῷ λϛ̅ͅͅ ἔτει τῆς
πρώτης κατὰ Κάλιππον περιόδου, τοῦ
μὲν Ποσειδεῶνος τῇ κε̅ η, τοῦ δὲ Φαωφὶ τῇ
ιϛ̅ η, ὥρας ι̅ ης ἀρχούσης, ἀκριβῶς σφόδρα
ἐφαίνετο κατειληφυῖα ἡ σελήνη τῇ βορείῳ
ἀψῖδι τὸν πρὸς ἄρκτον τῶν ἐν τῷ μετώπῳ τοῦ σκορπίου. Καὶ ἔϛιν ὁ χρόνος κατὰ
τὸ υνδ̅ον ἔτος ἀπὸ Ναβονασσάρου, κατ᾽ Αἰγυπτίους Φαωφὶ ιϛ̅ η εἰς τὴν ιζ̅ ην, μετὰ γ̅
ὥρας καιρικὰς τοῦ μεσονυκτίου, ἰσημερινὰς
δὲ γ̅ καὶ δυὸ πέμπτα, διὰ τὸ τὸν ἥλιον
εἶναι περὶ τὰς κϛ̅ μοίρας τοῦ τοξότου·
πρὸς δὲ τὰ ὁμαλὰ νυχθήμερα γ̅ καὶ ϛ″·
καθ᾽ ἣν ὥραν ἀκριβῶς μὲν ἀπεῖχε τῆς μετοπωρινῆς ἰσημερίας τὸ κέντρον τῆς σελήνης μοίρας λα̅ δ″, καὶ βορειότερον ἦν
τοῦ διὰ μέσων μοίρα α̅ γ″· ἐφαίνετο δὲ
κατὰ μῆκος μὲν ἐπέχον λβ, βορειότερον
δὲ τοῦ διὰ μέσων μοίρα α̅ ιβ′, διὰ τὸ
μεσουρανεῖν τὰ μέσα τοῦ λέοντος· καὶ
βορειότατος ἄρα τῶν ἐν τῷ μετώπῳ τοῦ
σκορπίου κατὰ μῆκος μὲν ἀπεῖχε τότε

τῆς μετοπωρινῆς ἰσημερίας τὰς ἴσας μοίρας λβ, βορειότερος δὲ τοῦ διὰ μέσων μοίρᾳ ā καὶ γ″ ἔγγιςα.

Μενέλαος δὲ, ὁμοίως ἐν Ρώμῃ τηρήσας, φησὶν ὅτι τῷ πρώτῳ ἔτει Τραϊανοῦ, Μεχὶρ ῑη̅ʸ εἰς τὴν ιθ̅ʸⁿ, ὥρας ιᾱ̅ⁿˢ ληγούσης, ἐφαί-νετο ἐπ’ εὐθείας τῷ τε μέσῳ καὶ τῷ νο-τίῳ τῶν ἐν τῷ μετώπῳ τοῦ σκορπίου ἡ νότιος κεραία τῆς σελήνης· τὸ δὲ κέντρον αὐτῆς ὑπελείπετο τῆς εὐθείας, καὶ τοσοῦ-τον ἀπεῖχεν ἀπὸ τοῦ μέσου, ὅσον ὁ μέ-σος ἀπὸ τοῦ νοτίου· ἐδόκει δὲ κατειλη-φέναι τὸν βόρειον τῶν ἐν τῷ μετώπῳ· οὐδαμοῦ γὰρ ἐφαίνετο· καὶ ἔςιν ὁ χρόνος πάλιν κατὰ τὸ ωμε̅ᵒⁿ ἔτος ἀπὸ Ναβονασ-σάρου, κατ’ Αἰγυπτίους Μεχὶρ ῑη̅ʸ εἰς τὴν ιθ̅ʸⁿ, μετὰ ē̅ ὥρας καιρικὰς τοῦ μεσονυ-κτίου, καὶ ἰσημερινὰς μὲν ϛ̅ ϛ″, διὰ τὸ τὸν ἥλιον περὶ τὰς κγ̅ μοίρας εἶναι τοῦ αἰγό-κερω, πρὸς δὲ τὸν δι’ Αλεξανδρείας μεσ-ημβρινόν ζ̅ ϛ″, τὰς αὐτὰς δὲ σχεδὸν καὶ πρὸς τὰ ὁμαλὰ νυχθήμερα· καθ’ ἣν ὥραν ἀκριβῶς μὲν ἀπεῖχε τῆς μετοπωρινῆς ἰσημερίας τὸ κέντρον τῆς σελήνης μοίρας λε̅ γ″, καὶ βορειότερον τοῦ διὰ μέσων μοίραις β̅ καὶ ϛ″. Ἐφαίνετο δὲ κατὰ μῆκος μὲν ἐπέχον μοίρας λε̅ νε′, βορειότερον δὲ μοίρᾳ ā καὶ γ″, ἐπειδήπερ ἐμεσουράνει τὰ τελευ-ταῖα τῶν χηλῶν· καὶ ὁ βορειότατος ἄρα τῶν ἐν τῷ μετώπῳ τοῦ σκορπίου τότε τὴν αὐτὴν ἔγγιςα θέσιν ἐπεῖχεν. Ὥστε φανερὸν ὅτι καὶ ἐπὶ τούτου τοῦ ἀςέρος, ἡ μὲν κατὰ πλάτος πρὸς τὸν διὰ μέσων ἀπόςασις, ἡ αὐτὴ τετήρηται πάλαι καὶ νῦν, ἡ δὲ κατὰ μῆκος παρακεχώρηκεν εἰς

étoit de ces 32ᵈ comptés depuis l'équinoxe d'automne, et qu'elle étoit plus boréale d'environ 1ᵈ ⅓, que l'oblique mitoyen du zodiaque, à très-peu près.

Ménélas, qui a également observé à Rome, dit que, la première année de Tra-jan, à la fin de la 11ᵉ heure, du 18 au 19 du mois Méchir, la corne méridionale de la lune, paroissoit tomber en ligne droite sur l'étoile du milieu et sur l'é-toile méridionale du front du scorpion ; que son centre étoit laissé à l'orient de cette ligne droite, et étoit autant éloigné de l'étoile du milieu, que celle-ci l'est de la méridionale. Il paroissoit avoir couvert l'étoile boréale du front, car on ne la voyoit pas. Or, cette obser-vation tombe à l'année 845 de Nabonas-sar, à 5ʰ temporaires après minuit du 18 au 19 du mois égyptien Méchir, ou à 6ʰ ⅙, heures équinoxiales, parceque le soleil étoit sur les 23 degrés du capri-corne, et à 7ʰ ¼ pour le méridien d'A-lexandrie, ou autant à peu près en temps moyen : instant où le centre de la lune étoit à 35ᵈ ⅓ de l'équinoxe d'au-tomne, et de 2ᵈ ⅙ plus boréal que le cercle mitoyen du zodiaque. Mais sa longitude apparente étoit de 35ᵈ 55′, et sa latitude boréale de 1 degré ⅓, car alors la fin des serres passoit au méri-dien. Par conséquent la plus boréale des étoiles du front du scorpion avoit alors à peu près cette même position. Il est évident qu'autrefois la latitude de cette étoile étoit la même qu'aujourd'hui, mais qu'en longitude elle s'étoit avancée

dans le sens des constellations vers l'o-
rient, de 3ᵈ 55′, pendant les 391 ans de
l'intervalle des observations : ce qui fait
voir qu'en cent ans, cette étoile s'est
avancée de 1ᵈ vers l'orient.

τὰ ἑπόμενα τῆς μετοπωρινῆς ἰσημερίας
μοίρας γ̄ νέ, τοῦ μεταξὺ τῶν τηρήσεων
χρόνου συνάγοντος ἔτη τλᾱ, οἷς πάλιν
ἀκόλουθόν ἐςι τὸ καὶ ἐν τοῖς ρ̄ ἔτεσι μιᾶς
μοίρας συνάγεσθαι τὴν εἰς τὰ ἑπόμενα τοῦ
ἀςέρος παραχώρησιν.

CHAPITRE IV.

MÉTHODE POUR DÉCRIRE LES ÉTOILES FIXES.

Dᴇ semblables observations faites sur
ces étoiles et sur les autres les plus remarquables par leur éclat, leurs comparaisons entr'elles, et les distances recon-
nues constantes entre celles que nous
avons examinées et tout le reste des fixes,
nous font regarder comme certain le mouvement de la sphère des fixes vers l'o-
rient des points tropiques (*solsticiaux*) et
équinoxiaux, autant que cet espace de
temps peut nous en assurer; et que ce
mouvement se fait autour des poles du
cercle oblique mitoyen du zodiaque, et
non autour de ceux de l'équateur, c'est-
à-dire non autour de ceux du premier mobile (*d'orient en occident*). Nous avons
donc jugé convenable de rapporter les observations de chacune de ces étoiles et de
toutes les autres fixes, ainsi que leurs descriptions, et leurs lieux en longitude et en
latitude marqués tels qu'ils sont de notre
temps relativement, non à l'équateur,
mais au cercle mitoyen du zodiaque,
sur les grands cercles qui passent par
les poles de ce dernier et par chacune
de ces étoiles, au moyen desquels, conséquemment à l'hypothèse de mouvement que j'ai exposée, les lieux de ces

ΚΕΦΑΛΑΙΟΝ Δ.

ΠΕΡΙ ΤΟΥ ΤΡΟΠΟΥ ΤΗΣ ΑΝΑΓΡΑΦΗΣ ΤΩΝ ΑΠΛΑΝΩΝ ΑΣΤΕΡΩΝ.

Ἐκ δὲ δὴ τῆς τούτων καὶ τῆς τῶν ἄλλων
λαμπρῶν ὁμοίας παρατηρήσεως καὶ συγκρίσεως, καὶ τῆς τῶν λοιπῶν πρὸς τοὺς
κατειλημμένους συμφώνου διαςάσεως, βε-
βαιούμενον εὑρίσκοντες τὸ καὶ τὴν τῶν
ἀπλανῶν σφαῖραν τὴν τοιαύτην ποιεῖσθαι παραχώρησιν εἰς τὰ ἑπόμενα τῶν τροπικῶν καὶ ἰσημερινῶν σημείων, καὶ καθόσον
γε ὁ τοσοῦτος χρόνος ὑποβάλλειν δύναται, καὶ ἔτι τὸ τὴν τοσαύτην αὐτῶν
μετακίνησιν περὶ τοὺς τοῦ διὰ μέσων
τῶν ζωδίων λοξοῦ πόλους, καὶ οὐ περὶ
τοὺς τοῦ ἰσημερινοῦ, τουτέςι τοὺς τῆς
πρώτης φορᾶς, ἀποτελεῖσθαι· προσήκειν
ἡγησάμεθα καὶ τὰς ἑνὸς ἑκάςου τούτων
τε καὶ τῶν ἄλλων ἀπλανῶν τηρήσεις
τε καὶ ἀναγραφὰς ποιήσασθαι, τῶν κατὰ
τὸν νῦν χρόνον τετηρημένων ἐποχῶν μήκους τε καὶ πλάτους, μὴ τῶν πρὸς τὸν ἰσημερινὸν θεωρουμένων, ἀλλὰ τῶν πρὸς τὸν
διὰ μέσων τῶν ζωδίων ἀφοριζομένων
ὑπὸ τῶν διὰ τῶν πόλων αὐτοῦ καὶ ἑνὸς
ἑκάςου τῶν ἀςέρων γραφομένων μεγίςων
κύκλων, δι' ὧν ἀκολούθως τῇ προκειμένῃ
τῆς κινήσεως ὑποθέσει, τάς τε κατὰ

πλάτος αὐτῶν πρὸς τὸν διὰ μέσων παρόδους ἀνάγκη συντηρεῖσθαι πάντοτε τὰς
αὐτὰς, καὶ τὰς κατὰ μῆκος εἰς τὰ ἑπόμενα παραχωρήσεις ἐν τοῖς ἴσοις χρόνοις
ἴσας περιφερείας ἐπιλαμβάνειν. Οθεν τῷ
αὐτῷ πάλιν ὀργάνῳ συγχρησάμενοι, διὰ
τὸ τοὺς ἀςρολάβους ἐν αὐτῷ κύκλους περὶ
τοὺς τοῦ λοξοῦ πόλους ἐσχηκέναι τὴν περι-
φορὰν, ἐτηρήσαμεν ὅσους δυνατὸν ἦν μέχρι
τῶν τοῦ ς´ου μεγέθους διοπτεύειν, τὸν μὲν
ἕτερον ἀεὶ τῶν προειρημένων ἀςρολάβων
κύκλων καθιςάντες πρὸς ἕνα τῶν διὰ
τῆς σελήνης προκατειλημμένων λαμπρῶν,
κατὰ τὸ οἰκεῖον τοῦ διὰ μέσων τμῆμα,
τὸν δὲ ἕτερον καὶ διῃρημένον ὅλον, δυνάμενον δὲ καὶ κατὰ τὸ πλάτος ὡς ἐπὶ τοὺς
τοῦ λοξοῦ πόλους παραφέρεσθαι, καὶ αὐτὸν καθιςάντες πρὸς τὸν ἐπιζητούμενον
τῶν ἀςέρων, ἕως ἂν κατὰ τὸ αὐτὸ τῷ ὑποκειμένῳ καὶ αὐτὸς διὰ τῆς ὀπῆς τοῦ ἰδίου
κύκλου διοπτεύηται. Τούτου γὰρ γινομένου, προχείρως ἐδείκνυντο ἡμῖν ἀμφότεραι
ἅμα τοῦ ἐπιζητουμένου τῶν ἀςέρων αἱ
πάροδοι, διὰ τοῦ κατ᾽ αὐτὸν ἀςρολάβου
κύκλου, τῆς μὲν κατὰ μῆκος ἐποχῆς ἀφ-
οριζομένης ὑπὸ τῆς κοινῆς τομῆς αὐτοῦ τε
καὶ τοῦ διὰ μέσων, τῆς δὲ κατὰ πλάτος
ὑπὸ τῆς ἀπολαμβανομένης αὐτοῦ περιφερείας μεταξὺ τῆς τε προειρημένης τομῆς καὶ τῆς ὑπὲρ γῆν ὀπῆς.

Ινα οὖν καὶ τοῦτον τὸν τρόπον ἐκκείμενον ἔχωμεν τὸν τῆς ςερεᾶς σφαίρας ἀςερισμὸν, ὑπετάξαμεν αὐτὸν κανονικῶς ἐπὶ
μέρη δ´, παραθέντες ἐφ᾽ ἑνὸς ἑκάςου κατὰ
ζώδιον τῶν ἀςέρων, ἐν μὲν τοῖς πρώτοις

étoiles en latitude relativement au cercle
mitoyen du zodiaque, se verront nécessairement toujours les mêmes; et par
leurs progressions en longitude selon la
suite des constellations, décriront des
arcs égaux en temps égaux. En nous
servant donc encore du même instrument, dont les cercles tournent autour
des poles de l'oblique, nous avons observé autant d'étoiles qu'il nous a été
possible d'en appercevoir, jusqu'à celles
de sixième grandeur. Et fixant toujours
au point convenable l'un de ces cercles dirigé vers une des étoiles comparées à la lune, nous pointions l'autre qui est gradué et peut se mouvoir
dans le sens de la latitude, en même temps
qu'il peut tourner par le moyen du
premier autour des poles de l'oblique,
vers l'étoile qui étoit l'objet de notre
observation, jusqu'à ce que nous l'ap-
perçussions par les trous des pinnules
de ce second cercle. Par ce moyen, l'astrolabe nous faisoit bientôt connoître les
progressions de l'étoile observée; car le
lieu de cette étoile se trouvoit déterminé
en longitude par l'intersection du premier cercle et de l'oblique mitoyen, et en
latitude par l'arc compris sur ce même
premier cercle, entre cette intersection
et le point par où l'on voyoit cette étoile.

Pour exposer d'après cela les constellations de la sphère solide, nous
avons fait de toutes les étoiles fixes,
un tableau en quatre colonnes: nous
avons mis pour chacune des constella-

tions dans la première colonne, leurs figures; dans la seconde, les lieux des dodécatémories en longitude, réduits d'après les observations, au commencement du règne d'Antonin (a), le zodiaque étant partagé en quatre parties égales qui commencent aux points tropiques et équinoxiaux; la troisième colonne contient les latitudes respectives des étoiles, tant boréales que méridionales; et la quatrième, les ordres de grandeur de chaque étoile. Les latitudes restant toujours les mêmes, mais les lieux en longitude pouvant facilement se trouver pour d'autres temps, à raison d'un degré pour 100 ans, on retranchera le nombre convenable de degrés, de celui qui est marqué dans la table, en proportion du temps écoulé entre l'époque de cette table et le moment pour lequel on cherchera le lieu, s'il s'agit de le trouver pour un temps passé; et on l'ajoutera, au contraire, s'il s'agit de l'avoir pour un temps à venir.

Il faut savoir que nous avons distingué les parties des figures, d'après la position des constellations, et d'après les places qu'elles occupent quant aux poles du zodiaque; car nous disons qu'une étoile est suivante ou précédente, selon qu'elle est plus ou moins avancée (*vers l'orient*); et nous disons qu'elle est boréale ou australe suivant le pole dont elle est plus voisine.

Nous n'avons pas suivi précisément

μέρεσι τὰς μορφώσεις· ἐν δὲ τοῖς δευτέροις τὰς κατὰ μῆκος τῶν δωδεκατημορίων ἐποχὰς, τὰς εἰς τὴν ἀρχὴν τῆς Ἀντωνίνου βασιλείας ἐκ τῶν τηρήσεων συναγομένας, ὡς τῆς ἀρχῆς τῶν τεταρτημορίων ἀπὸ τῶν τροπικῶν καὶ ἰσημερινῶν σημείων πάλιν συνισαμένης· ἐν δὲ τοῖς τρίτοις τὰς κατὰ πλάτος τοῦ διὰ μέσων ἀποσάσεις ἐφ' ἑκάτερα οἰκείως, βόρειά τε καὶ νότια· ἐν δὲ τοῖς τετάρτοις τὰς τῶν μεγεθῶν τάξεις· τῶν μὲν κατὰ πλάτος διασάσεων μενουσῶν ἀεὶ τῶν αὐτῶν, τῶν δὲ κατὰ μῆκος ἐποχῶν καὶ τὴν ἐν τοῖς ἄλλοις χρόνοις πάροδον ἐκ προχείρου παρισάναι δυναμένων, εἰς τὰς ἐπιβαλλούσας μοίρας τῷ μεταξὺ χρόνῳ τοῦ τε τῆς ἐποχῆς καὶ τοῦ ἐπιζητουμένου, ὡς τοῖς ρ̄ ἔτεσι μιᾶς μοίρας ἐπιλαμβανομένης, ἀφαῖροιμεν μὲν ἀπὸ τῶν τῆς ἐποχῆς ἐπὶ τοῦ παλαιοτέρου χρόνου, προσάγοιμεν δὲ ταῖς τοῦ μεταγενεσέρου.

Τῶν μέντοι κατὰ τὰς μορφώσεις διασημασιῶν ἀκουσέον διὰ τούτων ἀκολούθως πάλιν τῇ κατὰ τὸν τοιοῦτον ἀσερισμὸν ὑποθέσει, καὶ τοῖς διὰ τῶν τοῦ ζωδιακοῦ πόλων ἀφορισμοῖς· λέγομεν γὰρ προηγουμένους μὲν τινῶν, ἢ ἑπομένους τισὶ, τοὺς κατὰ τῶν προηγουμένων ἢ ἑπομένων τοῦ ζωδιακοῦ τμημάτων τὴν προειρημένην θέσιν ἔχοντας, νοτιωτέρους δὲ ἢ βορειοτέρους τοὺς ἐγγυτέρους τῷ κατὰ τὴν ὀνομασίαν οἰκείῳ τῶν πόλων τοῦ ζωδιακοῦ.

Καὶ ταῖς διαμορφώσεσι δι' αὐταῖς ταῖς

καθ' ἕκαςον τῶν ἀςέρων, οὐ πάντως συγκεχρήμεθα ταῖς αὐταῖς, αἷς καὶ οἱ πρὸ
ἡμῶν, καθ ἅπερ οὐδ' ἐκεῖνοι ταῖς ἔτι πρὸ
αὐτῶν, ἀλλ' ἑτέραις πολλαχῆ κατὰ τὸ
οἰκειότερον καὶ μᾶλλον ἀκόλουθον τῷ εὐ-
ρύθμῳ τῶν διατυπώσεων· οἷον ὅταν οὓς ὁ
Ἵππαρχος ἐπὶ τῶν ὤμων τῆς παρθένου
τίθησιν, ἡμεῖς ἐπὶ τῶν πλευρῶν αὐτῆς
κατονομάζωμεν, διὰ τὸ μεῖζον αὐτῶν
φαίνεσθαι τὸ πρὸς τοὺς ἐν τῇ κεφαλῇ διά-
σημα τοῦ πρὸς τοὺς ἐν τοῖς ἀκροχείροις,
τὸ δὲ τοιοῦτον ταῖς μὲν πλευραῖς ἐφαρμόζειν, τῶν δὲ ὤμων παντάπασιν ἀλλό-
τριον εἶναι. Πρόχειρον μέντοι γένοιτ' ἂν
αὐτόθεν, δι' αὐτῆς τῆς κατὰ τὰς ἀναγρα-
φομένας αὐτῶν ἐποχὰς συγκρίσεως, ἐπιβάλλειν τοῖς διαφόρως σημαινομένοις τῶν
ἀςέρων. Καὶ ἔςιν ἡ τῶν ἀναγραφῶν ἔκθεσις
τοιαύτη.

pour les étoiles, les distinctions de places
qui leur étoient assignées par nos pré-
décesseurs, comme eux-mêmes ne s'é-
toient pas astreints à celles qui étoient en
usage avant eux ; mais nous leur en avons
donné d'autres plus adaptées à la con-
formation régulière des figures. Ainsi
celles qu'Hipparque a placées dans les
épaules de la vierge, nous les avons appelées les étoiles de ses côtés, parcequ'elles nous ont paru plus éloignées (b)
de celles de la tête, que de celles de
l'extrémité des mains ; et par conséquent
parcequ'elles conviennent aux côtés,
elles ne vont pas bien aux épaules. Au
reste, il sera aisé, en comparant les lieux
décrits de ces étoiles, de reconnoître
celles qui sont différemment configu-
rées. Voici, maintenant, le tableau de ces
étoiles.

ΕΚΘΕΣΙΣ ΚΑΝΟΝΙΚΗ ΤΟΥ ΚΑΤΑ ΤΟ ΒΟΡΕΙΟΝ
ΗΜΙΣΦΑΙΡΙΟΝ ΑΣΤΕΡΙΣΜΟΥ.

Α. ΜΟΡΦΩΣΕΙΣ.	Β. ΜΗΚΟΥΣ ΜΟΙΡΑΙ.	Γ. ΠΛΑΤΟΥΣ Μ.	Δ. ΜΕΓΕΘΟΣ.
ΑΡΚΤΟΥ ΜΙΚΡΑΣ ΑΣΤΕΡΙΣΜΟΣ.			
Ο ἐπ' ἄκρας τῆς οὐρᾶς	Διδύμων... ō ς''	Β ξς	γ
Ο μετ' αὐτὸν ἐπὶ τῆς οὐρᾶς	Διδύμων... β ς''	Β ο	δ
Ο μετ' αὐτὸν πρὸ τῆς ἐκφύσεως τῆς οὐρᾶς	Διδύμων... ις	Β οθ γ''	δ
Τῆς προηγουμένης τοῦ πλινθίου πλευρᾶς ὁ νότιος	Διδύμων... κθ γ°	Β οε γ°	δ
Τῆς αὐτῆς πλευρᾶς ὁ βόρειος	Καρκίνου. γ γ°	Β οζ γ°	δ
Τῶν ἐν τῇ ἑπομένῃ πλευρᾷ ὁ νότιος	Καρκίνου.. ιζ ς''	Β οβ ς'' γ''	ε
Τῆς αὐτῆς πλευρᾶς ὁ βόρειος	Καρκίνου.. κς ς''	Δ οθ ς'' γ''	ε
Απαντες Ἀςέρες ζ; ὧν δευτέρου μεγέθους β, τρίτου α, τετάρτου δ.			
Ο ΠΕΡΙ ΑΥΤΗΝ ΑΜΟΡΦΩΤΟΣ.			
Ο τοῖς ἐν τῇ ἑπομένῃ πλευρᾷ ἐπ' εὐθείας καὶ νοτιώτατος ἀςὴρ α μεγέθους δου	Καρκίνου.. ιγ	Β οα ς''	δ
ΑΡΚΤΟΥ ΜΕΓΑΛΗΣ ΑΣΤΕΡΙΣΜΟΣ.			
Ο ἐπ' ἄκρου τοῦ ῥύγχους	Διδύμων... κε γ''	Β λθ ς'' γ''	δ
Τῶν ἐν τοῖς δυσὶν ὀφθαλμοῖς ὁ προηγούμενος	Διδύμων... κε ς'' γ''	Β μγ	ε
Ο ἑπόμενος αὐτῶν	Διδύμων... κς γ''	Δ μγ	ε
Τῶν ἐν τῷ μετώπῳ δύο ὁ προηγούμενος	Διδύμων... κς ς''	Β μζ ς''	ε
Ο ἑπόμενος αὐτῶν	Διδύμων... κς γ°	Β μζ	ε
Ο ἐπ' ἄκρου τοῦ ἡγουμένου ὠτίου	Διδύμων... κη ς''	Β ν ς''	ε
Τῶν ἐν τῷ τραχήλῳ β ὁ προηγούμενος	Καρκίνου.. ō ς''	Β μζ ς'' γ''	δ
Ο ἑπόμενος αὐτῶν	Καρκίνου.. β ς''	Β μδ γ''	δ
Τῶν ἐν τῷ ςήθει δύο ὁ βορειότερος	Καρκίνου.. θ	Β μϛ	δ
Ο νοτιώτερος αὐτῶν	Καρκίνου. ια	Β μδ	δ
Ο ἐπὶ τοῦ ἀριςεροῦ γόνατος	Καρκίνου.. ι γ°	Β λε	γ
Τῶν ἐν τῷ ἐμπροσθίῳ ἀριςερῷ ἀκρόποδι ὁ βόρειος	Καρκίνου.. ε ς''	Β κθ γ''	γ
Ο νοτιώτερος αὐτῶν	Καρκίνου.. ϛ γ''	Β κη γ''	γ
Ο ἐπάνω τοῦ δεξιοῦ γόνατος	Καρκίνου.. ε γ°	Β λ ς''	δ
Ο ὑποκάτω τοῦ δεξιοῦ γόνατος	Καρκίνου.. ε ς'' γ''	Β λ γ''	δ
Τῶν ἐν τῷ τετραπλεύρῳ ὁ ἐπὶ τοῦ νώτου	Καρκίνου.. ιζ γ°	Β μθ	β
Ο ἐπὶ τῆς λαγόνος αὐτῶν	Καρκίνου.. κβ ς''	Β μδ ς''	β
Ο ἐπὶ τῆς ἐκφύσεως τῆς οὐρᾶς	Λέοντος.... γ ς''	Β να	γ
Ο λοιπὸς καὶ ἐπὶ τοῦ ἀριςεροῦ ὀπισθίου μηροῦ	Λέοντος.... γ	Β μς ς''	β
Τῶν ἐν τῷ ὀπισθίῳ ἀριςερῷ ἀκρόποδι ὁ προηγούμενος	Καρκίνου.. κβ γ°	Β κθ γ''	γ
Ο τούτῳ ἑπόμενος	Καρκίνου.. κα ς''	Β κη δ''	γ
Ο ἐπὶ τῆς ἀριςερᾶς ἀγκύλης	Λέοντος.... α γ°	Β λε δ''	δ
Τῶν ἐν τῷ δεξιῷ ὀπισθίῳ ἀκρόποδι ὁ βορειότατος	Λέοντος.... θ ς'' γ''	Β κε ς'' γ''	γ
Ο νοτιώτερος αὐτῶν	Λέοντος.... ι γ''	Β κε	γ
Τῶν ἐπὶ τῆς οὐρᾶς γ ὁ μετὰ τὴν ἔκφυσιν πρῶτος	Λέοντος.... ιβ ς''	Β νγ ς''	β
Ο μέσος αὐτῶν	Λέοντος.... ιη	Β νε γ°	β
Ο τρίτος καὶ ἐπ' ἄκρας τῆς οὐρᾶς	Λέοντος.... κθ ς'' γ''	Β νδ	β
Απαντες ἀςέρες κζ, ὧν μεγέθους· δευτέρου ϛ, τρίτου η, τετάρτου η, πέμπτου ε.			
ΤΩΝ ΥΠ' ΑΥΤΗΝ ΑΜΟΡΦΩΤΩΝ.			
Ο ὑπὸ τὴν οὐρὰν ἄπωθεν εἰς νότον	Λέοντος.... κζ ς'' γ''	Β λθ ς'' δ''	γ
Ο τούτου προηγούμενος ἀμαυρότερος	Λέοντος.... κ ς''	Β μα γ''	ε
Τῶν μεταξὺ τῶν ἐμπροσθίων ποδῶν τῆς ἄρκτου καὶ τῆς κεφαλῆς τοῦ λέοντος ὁ νοτιώτερος	Καρκίνου... ιε	Β ιζ δ''	δ
Ο τούτου βορειότερος	Καρκίνου... ιγ γ''	Β ιθ ς''	δ
Τῶν λοιπῶν καὶ ἀμαυρῶν τριῶν ὁ ἑπόμενος	Καρκίνου... ις ς''	Β κ	ἀμαυρ

CATALOGUE DES ÉTOILES QUI COMPOSENT LES CONSTELLATIONS
DE L'HÉMISPHÈRE BORÉAL.

1. CONFIGURATIONS.	2. DEGRÉS DE LONGITUDE.	3. DEGRÉS DE LATITUDE.	4. GRANDEUR.	LETTRES SELON BAYER.
CONSTELLATION DE LA PETITE OURSE.				
L'étoile qui est à l'extrémité de la queue	Gém.... 0 ⅙	B 66	3	α
Celle qui est après sur la queue	Gém... 2 ½	B 70	4	δ
L'étoile voisine avant la naissance de la queue	Gém. 16 (10 ½)	B 74 ⅓	4	ε
La méridionale du côté occidental du quadrilatère	Gém... 29 ⅔	B 75 ½	4	ζ
La boréale du même côté	Canc... 3 ⅔	B 77 ½⅓	4	η
La méridionale de celles qui sont dans le côté oriental	Canc... 17 ½ (⅓)	B 72 ½⅓	2	β
La boréale du même côté	Canc... 26 ⅙	B 74 ½⅓	2	γ
Sept étoiles en tout ; deux de la 2ᵈᵉ grandeur, une de la 3ᵉ, quatre de la 4ᵉ.				
INFORME VOISINE.				
L'étoile de 4ᵉ grandeur, la plus méridionale, en ligne droite avec celles du côté oriental	Canc... 13	B 71 ⅙	4	a
CONSTELLATION DE LA GRANDE OURSE.				
L'étoile au bout du museau	Gém... 25 ¼	B 39 ½⅓	4	ε
L'occidentale des deux des yeux	Gém... 25 ½⅓	B 43	5	Λ
L'orientale	Gém... 26 ¼	B 43	5	π
La précédente ou occidentale des deux du front	Gém... 26 ⅔	B 47 ⅙	5	ρ
La suivante ou orientale	Gém 26(27)½	B 47	5	σ
L'étoile à l'extrémité de l'oreille occidentale	Gém... 28 ⅔ (½)	B 50 ½	5	d
La précédente ou occidentale des deux du col	Canc... 0 ½	B 47(43) ½⅓	4	τ
La suivante ou orientale	Canc... 2 ½	B 44 ⅓	4	h
La plus boréale des deux de la poitrine	Canc... 9	B 42	4	υ
La plus méridionale	Canc... 11	B 44	4	φ
L'étoile sur le genou gauche	Canc... 10 ½	B 35	3	θ
La boréale à l'extrémité du pied gauche de devant	Canc... 5 ½	D 29 ⅓	3	ι
La plus méridionale d'entr'elles	Canc... 6 ½	D 28 ⅓	3	κ
L'étoile au-dessus du genou droit	Canc... 5 ½	B 30 ⅛	4	e
L'étoile au-dessous du genou droit	Canc... 5 ½ ⅓	B 30 ⅓	4	f
Celle du dos dans le quadrilatère	Canc... 17 ½	B 49	2	α
Celle de ces étoiles qui est sur la cuisse	Canc... 22 ½	B 44 ½	2	β
L'étoile de la racine de la queue	Lion.... 3 ½	B 51	3	δ
L'étoile restante qui est sur la cuisse gauche de derrière	Lion.... 3	B 46 ½	2	γ
Celle qui précède, à l'extrémité du pied gauche de derrière	Canc... 22 ⅔	B 29 ⅓	3	λ
L'étoile qui suit	Canc. 21(24)½	D 28 ¼⅓	3	μ
Celle qui est à l'articulation du jarret gauche	Lion ... 1 ½	B 35 ¼	4	ψ
La plus boréale de celles de l'extr. du pied droit de derrière	Lion ... 9 ½ ⅓	D 25 ½⅓	3	ν
La plus méridionale de ces étoiles	Lion ... 10 ½	B 25	3	ξ
La première des trois après la racine de la queue	Lion ... 12 ⅙	B 53 ½	2	ε
Celle du milieu de ces étoiles	Lion ... 18	B 55 ⅓	2	ζ
La troisième et au bout de la queue	Lion ... 29 ½⅓	B 54	2	η
En tout vingt-sept étoiles, dont six de la 2ᵈᵉ grandeur, huit de la 3ᵉ, huit de la 4ᵉ, cinq de la 5ᵉ.				
INFORMES DE DESSOUS LA GRANDE OURSE.				
L'étoile au midi loin de la queue	Lion... 27 ½⅓	B 39 ½¼	3	d
L'étoile plus obscure qui la précède	Lion... 20 ⅙	B 41 ⅓	5	8
La plus méridionale de celles qui sont entre les pieds de devant de l'ourse et la tête du lion	Canc... 15	B 17 ½	4	40
L'étoile plus boréale que celle-là	Canc... 13 ⅓	D 19 ½	4	38
La suivante des trois restantes et obscures	Canc... 16 ⅙	B 20	obsc.	9 kι

Α. ΜΟΡΦΩΣΕΙΣ.	Β. ΜΗΚΟΥΣ ΜΟΙΡΑΙ.	Γ. ΠΛΑΤΟΥΣ Μ.	Δ. ΜΕΓΕΘΟΣ.
Ὁ τούτου προηγούμενος........	Καρκίνου... ιϛ ϛ''	Β κϛ ϛ'' γ°	ἀμαυρ
Ὁ ἔτι τούτου προηγούμενος.......	Καρκίνου... ια ϛ''	Β κγ	ἀμαυρ
Ὁ μεταξὺ τῶν ἐμπροσθίων ποδῶν καὶ τῶν διδύμων......	Καρκίνου... ϛ δ''	Β κϛ δ''	ἀμαυρ
Ἅπαντες ἀϛέρες π, ὧν γ^u μεγέθους α, δ^u β, ε^u α, ἀμαυροὶ δ.			
ΔΡΑΚΟΝΤΟΣ ΑΣΤΕΡΙΣΜΟΣ.			
Ὁ ἐπὶ τῆς γλώσσης............	Ζυγοῦ..... κϛ γ''	Β οϛ ϛ''	δ
Ὁ ἐν τῷ ϛόματι.............	Σκορπίου. ια ϛ'' γ''	Β οη ϛ''	δ
Ὁ ἐπάνω τοῦ ὀφθαλμοῦ........	Σκορπίου. ιγ ϛ''	Β οε γ°	γ
Ὁ ἐπὶ τῆς γένυος...........	Σκορπίου. κζ γ''	Β π γ''	δ
Ὁ ἐπάνω τῆς κεφαλῆς........	Σκορπίου. κθ γ°	Β οε ϛ''	γ
Τῶν ἐν τῇ πρώτῃ καμπῇ τοῦ τραχήλου ἐπ' εὐθείας γ ὁ βόρειος....	Τοξότου... κδ γ°	Β πδ γ''	δ
Ὁ νότιος αὐτῶν.............	Αἰγόκερω.. β γ''	Β οη δ''	δ
Ὁ μέσος αὐτῶν.............	Τοξότου... κη ϛ'' γ''	Β π γ''	δ
Ὁ τούτων ἑπόμενος ἀπ' ἀνατολῆς...	Αἰγόκερω. : ιθ ϛ''	Β πα ϛ''	δ
Τοῦ ἐν τῇ ἑξῆς ἐπιϛροφῇ τετραπλεύρου τῆς προηγουμένης πλευρᾶς ὁ νότιος........	Ἰχθύων.... η	Β πα γ°	δ
Ὁ βορειότερος τῆς ἡγουμένης πλευρᾶς...	Ἰχθύων.... κ ϛ''	Β πγ	δ
Τῆς ἑπομένης πλευρᾶς ὁ βόρειος.....	Κριοῦ..... ζ γ°	Β οη ϛ'' γ''	δ
Ὁ νότιος τῆς ἑπομένης πλευρᾶς.....	Ἰχθύων.... κδ ϛ'' γ''	Β οϛ ϛ'' γ''	δ
Τοῦ ἐν τῇ ἐφεξῆς καμπῇ τριγώνου ὁ νότιος.....	Κριοῦ..... ι γ°	Β π ϛ''	ε
Τῶν λοιπῶν τοῦ τριγώνου β ὁ προηγούμενος......	Κριοῦ..... κα γ°	Β πα γ''	ε
Ὁ ἑπόμενος αὐτῶν........	Κριοῦ..... κα ϛ''	Β π δ''	ε
Τῶν ἐν τῷ ἑξῆς καὶ προηγουμένῳ τριγώνῳ γ ὁ ἑπόμενος........	Διδύμων... ιγ γ''	Β πδ ϛ''	δ
Τῶν λοιπῶν τοῦ τριγώνου β ὁ νότιος.....	Ταύρου.... κ γ''	Β πζ ϛ''	δ
Ὁ βορειότερος τῶν λοιπῶν δύο.....	Ταύρου.... ια ϛ'' γ''	Β πδ ϛ'' γ''	δ
Τῶν πρὸς δύσιν τοῦ τριγώνου β ὁ ἑπόμενος......	Καρκίνου.. κη γ°	Β πζ ϛ''	ϛ
Ὁ ἡγούμενος αὐτῶν........	Καρκίνου.. κα γ°	Β πϛ ϛ'' γ''	ϛ
Τῶν ἑξῆς ἐπ' εὐθείας τριῶν ὁ νοτιώτερος......	Παρθένου.. θ	Β πα δ''	ε
Ὁ μέσος τῶν τριῶν........	Παρθένου.. θ γ''	Β π γ''	ε
Ὁ βορειότερος αὐτῶν........	Παρθένου.. η γ''	Β πδ ϛ'' γ''	γ
Τῶν ἑξῆς πρὸς δυσμὰς δύο ὁ βορειότερος.....	Παρθένου.. ι	Β οη	γ
Ὁ νοτιώτερος αὐτῶν........	Παρθένου.. ι γ''	Β οδ γ°	δ
Ὁ τούτων πρὸς δυσμὰς ἐν τῇ παρούρῳ ἐπιϛροφῇ.......	Παρθένου.. ιβ γ°	Β ο''	γ
Τῶν τούτου ἱκανὸν διεϛώτων β ὁ προηγούμενος......	Λέοντος... ζ γ°	Β ξδ γ°	δ
Ὁ ἑπόμενος αὐτῶν........	Λέοντος... ια ϛ''	Β ξε ϛ''	γ
Ὁ τούτων ἐχόμενος παρὰ τὴν οὐράν.....	Καρκίνου.. ιθ ϛ''	Β ξκ δ''	γ
Ὁ λοιπὸς καὶ ἐπ' ἄκρας τῆς οὐρᾶς........	Καρκίνου.. ιγ ϛ''	Β νϛ δ''	γ
Ἅπαντες ἀϛέρες λα, ὧν τρίτου μεγέθους η, τετάρτου ιϛ, πέμπτου ε, ἕκτου β.			
ΚΗΦΕΩΣ ΑΣΤΕΡΙΣΜΟΣ.			
Ὁ ἐπὶ τοῦ δεξιοῦ ποδός.......	Ταύρου..... θ	Β οε γ°	δ
Ὁ ἐπὶ τοῦ ἀριϛεροῦ ποδός......	Ταύρου.... γ	Β ξδ δ''	δ
Ὁ ἐπὶ τὴν ζώνην ἐπὶ τοῦ δεξιοῦ πλευροῦ.......	Κριοῦ..... ζ γ''	Β οα ϛ''	δ
Ὁ ὑπὲρ τὸν δεξιὸν ὦμον ἁπτόμενος.....	Ἰχθύων.... ιϛ γ°	Β ξθ	γ
Ὁ ὑπὲρ τὸν δεξιὸν ἀγκῶνα ἁπτόμενος.....	Ἰχθύων.... θ γ''	Β οδ	δ
Ὁ ὑπὸ τὸν αὐτὸν ἀγκῶνα καὶ αὐτὸς ἁπτόμενος.....	Ἰχθύων..... ι	Β οδ	δ
Ὁ ἐν τῷ ϛήθει.........	Ἰχθύων.... κη ϛ''	Β ξε ϛ''	ε
Ὁ ἐπὶ τοῦ ἀριϛεροῦ βραχίονος......	Κριοῦ..... ζ ϛ''	Β ξϛ ϛ''	ε
Τῶν ἐπὶ τῆς τιάρας γ ὁ νότιος.....	Ἰχθύων.... ιϛ γ''	Β ξ δ''	δ
Ὁ μέσος τῶν τριῶν........	Ἰχθύων.... ιζ γ''	Β ξα δ''	δ
Ὁ βορειότερος τῶν τριῶν......	Ἰχθύων.... ιθ	Β ξα γ''	ε
Ἅπαντες ἀϛέρες ια, ὧν τρίτου μεγέθους α, τετάρτου ζ, πέμπτου γ.			

I. CONFIGURATIONS.	2. DEGRÉS DE LONGITUDE.	3. DEGRÉS DE LATITUDE.	4. GRANDEUR.	LETTRES SELON BAYER.
La précédente de celle-ci............................	Canc... 12 1/8	B 22 1/2 2/3	obsc.	
Celle encore qui précède celle-ci..,....................	Canc... 11 1/8	B 23	obsc.	
L'étoile entre les pieds de devant et les gémeaux........	Canc... 0 0	B 22 1/4	obsc	31 lynx
En tout huit étoiles informes, dont une de la 3e grandeur, deux de la 4e, une de la 5 et quatre obscures.				
CONSTELLATION DU DRAGON.				
L'étoile sur la langue.............................	Balance. 26 2/3	B 76 1/2	4	μ
L'étoile dans la gueule.............................	Scorp... 11 1/2 1/3	B 78 1/2	4	1.2.ν
L'étoile au-dessus de l'œil.........................	Scorp... 13 1/2	B 75 2/3	3	β
Celle de la mâchoire...............................	Scorp... 17 1/2	B 80 1/3	4	ζ
Celle au-dessus de la tête.........................	Scorp... 29 1/2	B 75 1/2	3	γ
La boréale des trois en lig. droite dans la 1re courb. du col..	Sagitt... 24 1/2	B 82 1/3	4	b
La méridionale de ces étoiles.......................	Capric.. 2 1/4	B 78 1/4	4	c
Celle du milieu de ces étoiles.......................	Sagitt... 28 1/2 1/3	B 80 1/4	4	d
L'étoile suivante de celles-là du côté de l'orient........	Capric.. 19 1/2	B 81 1/2	4	o
La méridionale du côté occidental du quadrilatère qui est dans le repli suivant..............................	Poiss... 8	B 81 2/3	4	π
La plus boréale du côté occidental du quadrilatère......	Poiss... 20 1/2	B 83	4	δ
La boréale du côté suivant..........................	Bélier.. 7 1/2	B 78 1/2 1/3	4	ε
La méridionale du côté suivant......................	Poiss... 22 1/2 1/3	B 77 1/2 1/3	4	ρ
La méridionale du triangle dans la courbure qui suit.....	Bélier.. 10 2/3	B 80 1/2	5	σ
La précédente des deux restantes du triangle...........	Bélier.. 21 1/4	B 81 1/4	5	υ
La suivante, orientale, de ces étoiles.................	Bélier.. 21 1/2	B 80 1/4	5	τ
La suivante des trois dans le triangle de suite et précédent.	Gém... 13 1/2	B 84 1/2	4	ψ
La méridionale des deux étoiles qui restent de ce triangle.	Taur... 20 1/2	B 87 1/2	4	χ
La plus boréale des deux restantes...................	Taur... 11 1/2 1/3	B 84 1/2 1/3	4	φ
La suivante des deux étoiles qui sont à l'occid. du triangle..	Canc... 28 1/2	B 87 1/2	6	f
La précédente, occidentale, de ces étoiles.............	Canc... 21 1/7	B 86 1/2 1/7	6	ω
La plus méridionale des trois qui suivent en ligne droite...	Vierge.. 9	B 81 1/4	5	g
Celle du milieu de ces trois.........................	Vierge.. 9 1/2	B 80 1/4	5	h
La plus boréale de ces trois étoiles..................	Vierge.. 8 1/3	B 84 1/2 1/3	3	ρ
La plus boréale des deux qui suivent vers l'occident.....	Vierge.. 10	B 78	3	η
La plus méridionale d'entr'elles.....................	Vierge.. 10 1/2	B 74 2/3	4	θ
Celle de ces étoiles à l'occid. dans le pli proche de la queue.	Vierge.. 12 1/2	B 70	3	ι
La précédente des deux assez éloignées de celle-là.......	Lion... 7 1/2	B 64 2/3	4	i
La suivante de ces deux............................	Lion... 11 1/2 1/8	B 65 1/2	3	α
L'étoile qui les touche près de la queue...............	Canc... 19 1/2 1/8	B 61 1/4	3	n
La dernière au bout de la queue.....................	Canc... 13 1/8	B 56 1/4	3	λ
En tout 31 étoiles, dont huit de la 3e grandeur, seize de la 4e, cinq de la 5e, deux de la 6e.				
CONSTELLATION DE CÉPHÉE.				
L'étoile sur le pied droit...........................	Taur... 9	B 75 2/7	4	κ
Celle du pied gauche...............................	Taur... 3	B 64 1/4	4	ν
Celle de la ceinture au côté droit....................	Bélier... 7 1/2	B 71 1/8	4	β
Celle qui touche l'épaule droite en dessus.............	Poiss.... 16 1/2 1/3	B 69	3	α
Celle qui touche en dessus le coude droit..............	Poiss.... 9 1/3	B 72	4	η
Celle qui touche aussi le même coude, mais en dessous...	Poiss.... 10	B 74	4	θ
Celle qui est dans la poitrine.......................	Poiss... 28 1/2	B 65 1/2	5	ξ
Celle qui est sur le bras gauche.....................	Bélier... 7 1/2	B 62 1/2	4	ι
La méridionale des trois qui sont sur la tiare..........	Poiss... 16 1/3	B 60 1/4	5	ε
Celle des trois qui est au milieu....................	Poiss... 17 1/3	B 61 1/4	4	ζ
La plus boréale des trois...........................	Poiss... 19	B 61 1/7	5	λ
En tout onze étoiles, dont une de 3e grandeur, sept de la 4e, trois de la 5e.				

A. ΜΟΡΦΩΣΕΙΣ.	B. ΜΗΚΟΥΣ ΜΟΙΡΑΙ.	Γ. ΠΛΑΤΟΥΣ Μ.	Δ. ΜΕΓΕΘΟΣ.
ΤΩΝ ΠΕΡΙ ΚΗΦΕΑ ΑΜΟΡΦΩΤΩΝ.			
Ὁ προηγούμενος τῆς τιάρας	Ἰχθύων.... ιγ γ″₀	Β ξδ	ε
Ὁ ἑπόμενος τῆς τιάρας	Ἰχθύων.... κα γ″	Β νθ ς″	δ
Ἀμόρφωτοι β̄, ὧν τετάρτου μεγέθους ᾱ, πέμπτου ᾱ.			
ΒΟΩΤΟΥ ΑΣΤΕΡΙΣΜΟΣ.			
Τῶν ἐν τῇ ἀριστερᾷ χειρὶ γ̄ ὁ προηγούμενος	Παρθένου.. β γ″	Β νη γ″₀	ε
Ὁ μέσος καὶ νοτιώτερος τῶν τριῶν	Παρθένου.. δ ς″	Β νη γ″	ε
Ὁ ἑπόμενος τῶν τριῶν	Παρθένου.. θ γ″₀	Β ξ ς″	ε
Ὁ ἐπὶ τοῦ ἀριστεροῦ ἀγκῶνος	Παρθένου.. θ γ″₀	Β νδ γ″₀	ε
Ὁ ἐπὶ τοῦ ἀριστεροῦ ὤμου	Παρθένου.. ιθ γ″₀	Β μθ	γ
Ὁ ἐπὶ τῆς κεφαλῆς	Παρθένου.. κς γ″₀	Β νζ ς″ γ″	δ
Ὁ ἐπὶ τοῦ δεξιοῦ ὤμου	Ζυγοῦ..... ε γ″₀	Β μη γ″₀	δ
Ὁ βορειότερος αὐτῶν καὶ ἐπὶ τοῦ κολλορόβου	Ζυγοῦ..... ε γ″₀	Β νγ δ″	δ
Ὁ ἔτι τούτου βορειότερος ἐπ' ἄκρου τοῦ κολλορόβου	Ζυγοῦ..... ε	Ν νζ ς″	δ
Τῶν ὑποκάτω τοῦ ὤμου ἐν τῷ ῥοπάλῳ β̄ ὁ βορειότερος	Ζυγοῦ..... ζ γ″₀	Β μς ς″	δ
Ὁ νοτιώτερος αὐτῶν	Ζυγοῦ..... η ς″	Β με ς″	ε
Ὁ ἐπ' ἄκρας τῆς δεξιᾶς χειρός	Ζυγοῦ..... η ς″	Β μα γ″₀	ε
Τῶν ἐν τῷ καρπῷ β̄ ὁ ἡγούμενος	Ζυγοῦ..... ς γ″₀	Β μα γ″₀	ε
Ὁ ἑπόμενος αὐτῶν	Ζυγοῦ..... ζ	Β μβ ς″	ε
Ὁ ἐπ' ἄκρας τῆς λαβῆς τοῦ κολλορόβου	Ζυγοῦ..... ζ γ″₀	Β μ γ″	ε
Ὁ ἐπὶ τοῦ δεξιοῦ μηροῦ ἐν τῷ περιζώματι	Ζυγοῦ..... ο̄ ο̄″	Β μ δ″	γ
Τῶν ἐν τῇ ζώνῃ δύο ὁ ἑπόμενος	Παρθένου.. κε γ″₀	Ν μα γ″₀	δ
Ὁ προηγούμενος αὐτῶν	Παρθένου.. κε	Β μβ ς″	δ
Ὁ ἐπὶ τῆς δεξιᾶς πτέρνης	Ζυγοῦ..... ε γ″	Β, κη	γ
Τῶν ἐν τῇ ἀριστερᾷ κνήμῃ τριῶν ὁ βορειότερος	Παρθένου.. κα γ″	Β κη	γ
Ὁ μέσος τῶν τριῶν	Παρθένου.. κ ς″	Β κς ς″	δ
Ὁ νότιος αὐτῶν	Παρθένου.. κα γ″	Β κε	δ
Ἀστέρες κβ̄, ὧν τρίτου μεγέθους δ̄, τετάρτου θ̄, πέμπτου θ̄.			
Ο ΥΠ' ΑΥΤΟΝ ΑΜΟΡΦΩΤΟΣ.			
Ὁ μεταξὺ τῶν μηρῶν ὁ καλούμενος ἀρκτοῦρος ὑπόκιρρος	Παρθένου.. κζ″	Β λα ς″	α
Ἀστὴρ ᾱ μεγέθους πρώτου.			
ΣΤΕΦΑΝΟΥ ΒΟΡΕΙΟΥ ΑΣΤΕΡΙΣΜΟΣ.			
Ὁ λαμπρὸς ὁ ἐν τῷ στεφάνῳ	Ζυγοῦ..... ιδ γ″₀	Β μδ ς″	β
Ὁ προηγούμενος πάντων	Ζυγοῦ..... ια γ″₀	Β μς ς″	δ
Ὁ τούτῳ ἑπόμενος καὶ βορειότερος	Ζυγοῦ..... ια ς″ γ″	Β μη	ε
Ὁ ἔτι τούτῳ ἑπόμενος καὶ βορειότερος	Ζυγοῦ..... ιγ γ″₀	Β ν ς″	ς
Ὁ τῷ λαμπρῷ ἀπὸ μεσημβρίας ἑπόμενος	Ζυγοῦ..... ις ς″	Β μδ ς″ δ″	δ
Ὁ ἔτι τούτῳ ἐγγὺς ἑπόμενος	Ζυγοῦ..... ιθ ς″	Β μδ ς″ γ″	δ
Ὁ μετὰ τούτους πάλιν ἑπόμενος	Ζυγοῦ..... κα γ″	Β μς ς″	δ
Ὁ πᾶσι τοῖς ἐν τῷ στεφάνῳ ἑπόμενος	Ζυγοῦ..... κα γ″₀	Β μθ γ″	δ
Ἅπαντες ἀστέρες η̄, ὧν δευτέρου μεγέθους ᾱ, τετάρτου ε̄, πέμπτου ᾱ, ἕκτου ᾱ.			
ΤΟΥ ΕΝ ΓΟΝΑΣΙΝ ΑΣΤΕΡΙΣΜΟΣ.			
Ὁ ἐπὶ τῆς κεφαλῆς	Σκορπίου.. ιζ γ″₀	Β λζ ς″	γ
Ὁ ἐπὶ τοῦ δεξιοῦ ὤμου παρὰ τὴν μασχάλην	Σκορπίου.. γ γ″₀	Β μγ	γ
Ὁ ἐπὶ τοῦ δεξιοῦ βραχίονος	Σκορπίου.. α γ″₀	Β μ ς″	γ
Ὁ ἐπὶ τοῦ δεξιοῦ ἀγκῶνος	Ζυγοῦ..... κη	Β λζ ς″	δ
Ὁ ἐπὶ τοῦ ἀριστεροῦ ὤμου	Σκορπίου.. ις γ″₀	Β μη	γ
Ὁ ἐπὶ τοῦ ἀριστεροῦ βραχίονος	Σκορπίου.. κβ	Β μθ ς″	δ

1. CONFIGURATIONS.	2. DEGRÉS DE LONGITUDE.	3. DEGRÉS DE LATITUDE.	4. GRANDEUR.	LETTRES SELON BAYER.
DES INFORMES QUI ENTOURENT CÉPHÉE,				
La précédente de la tiare....................	Poiss... 13 ⅔	B 64	5	14
La suivante de la tiare......................	Poiss... 21 ⅓	B 59 ½	4	δ
Deux informes, dont une de la 4ᵉ grandeur, l'autre de la 5ᵉ.				
CONSTELLATION DU BOUVIER.				
La précédente des trois qui sont dans la main gauche....	Vierge.. 2 ⅓	B 58 ⅔	5	κ
La méridionale et mitoyenne des trois................	Vierge.. 4 ⅙	B 58 ⅓	5	ι
La suivante, orientale, des trois....................	Vierge.. 9 ½	B 60 ⅙	5	θ
Celle qui est sur le coude gauche....................	Vierge.. 9 ½	B 54 ⅓	5	λ
Celle de l'épaule gauche............................	Vierge.. 19 ½	B 49	3	γ
Celle sur la tête...................................	Vierge.. 26 ½	B 57 1/12	4	β
Celle qui est sur l'épaule droite....................	Balance. 5 ⅔	B 48 ⅔	4	δ
La plus boréale de ces étoiles et sur la houlette.........	Balance. 5 ⅓	B 53 ¼	4	μ
Celle qui est plus bor. que celle-ci et au bout de la houlette.	Balance. 5	B 57 ½	4	1.2. ν
La plus boréale des deux sous l'épaule dans la massue....	Balance. 7 ⅔	B 46 ⅓	4	χ
L'étoile plus méridionale que celles-ci..................	Balance. 8 ½	B 45 ½	5	η
Celle qui est à l'extrémité de la main droite............	Balance. 8 ½	B 41 ⅔	5	ψ
L'étoile occidentale des deux du poignet................	Balance. 6 ⅔	B 41 ⅔	5	ψ
La suivante, orientale, de ces étoiles.................	Balance. 7	B 42 ½	5	h
L'étoile qui est au bout de la poignée de la houlette......	Balance. 7 ½	B 40 ⅓	5	ω
L'étoile sur la cuisse droite dans la ceinture...........	Balance. 0	B 40	3	ε
La suivante des deux de la ceinture....................	Vierge.. 25 ⅔	B 41 ½	4	σ
La précédente, occidentale, de ces étoiles.............	Vierge.. 25	B 42 ⅔	4	ρ
L'étoile sur le talon droit............................	Balance. 5 ⅓	B 28	3	ζ
La plus boréale des trois de la jambe gauche...........	Vierge.. 21 ½	B 28	3	η
Celle du milieu de ces trois.........................	Vierge.. 20 ½	B 26 ½	4	τ
La méridionale de ces étoiles........................	Vierge.. 21 ⅓	B 25	4	υ
En tout vingt-deux étoiles, dont quatre de la 3ᵉ grandeur, neuf de la 4ᵉ, neuf de la 5ᵉ.				
INFORME SOUS LE BOUVIER.				
L'étoile couleur de feu nommée Arcturus, entre les cuisses.	Vierge.. 27	B 31 ½	1	α
Une seule étoile de 1ʳᵉ grandeur.				
CONSTELLATION DE LA COURONNE BORÉALE.				
La brillante qui est dans la couronne..................	Balance. 14 ½	B 44 ½	2	α
La plus occidentale de toutes........................	Balance. 11 ½	B 46 ½	4	β
La suivante de celle-ci et plus boréale................	Balance. 11 ⅓	B 48	5	θ
Celle encore qui suit celle-ci et plus boréale............	Balance. 13 ½	B 50 ½	6	η
Celle qui suit la brillante du côté du midi...............	Balance. 17 ½	B 44 ½ ¼	4	γ
Celle qui suit de près celle-ci.......................	Balance. 19 ½	B 44 ½ ⅓	4	δ
Celle qui vient encore après celles-ci.................	Balance. 21 ½	B 46 ⅙	4	ε
La plus orientale de toutes les étoiles de la couronne.....	Balance. 21 ⅔	B 49 ½	4	ι
En tout huit étoiles, dont une de la 2ᵈᵉ grandeur, cinq de la 4ᵉ, une de la 5ᵉ et une de la 6ᵉ.				
CONSTELLATION DE L'HOMME A GENOUX.				
L'étoile qui est sur la tête..........................	Scorp... 17 ½	B 37 ½	3	α
Celle de l'épaule droite près de l'aisselle..............	Scorp... 3 ½	B 43	3	β
Celle qui est sur le bras droit.......................	Scorp... 1 ½	B 40 ⅙	3	γ
Celle qui est sur le coude droit......................	Balance. 28	B 37 ⅙	4	κ
Celle de l'épaule gauche............................	Scorp... 16 ⅓	B 48	3	δ
L'étoile qui est sur le bras gauche...................	Scorp.. 22	B 49 ½	4	λ

Α. ΜΟΡΦΩΣΕΙΣ.	Β. ΜΗΚΟΥΣ ΜΟΙΡΑΙ.	Γ. ΠΛΑΤΟΥΣ Μ.	Δ. ΜΕ- ΓΕ- ΘΟΣ.
Ο ἐπὶ τοῦ ἀριστεροῦ ἀγκῶνος	Σκορπίου . . κζ γ°	Β νϛ	δ
Τῶν ἐν τῷ ἀριστερῷ καρπῷ β̄ ὁ ἑπόμενος	Τοξότου . . . . ε ϛ″	Β νϛ ϛ″ γ″	δ
Τῶν λοιπῶν β ὁ βόρειος	Τοξότου . . . α γ°	Β νθ	δ
Ο νοτιώτερος αὐτῶν	Τοξότου . . . α ϛ″	Β νγ	δ
Ο ἐν τῇ δεξιᾷ πλευρᾷ	Σκορπίου . . γ ϛ″ ϛ″	Β ν γ°	δ
Ο ἐν τῇ ἀριστερᾷ πλευρᾷ	Σκορπίου . . ι ϛ″	Β νγ ϛ″	ε
Ο τούτου βορειότερος ἐπὶ τοῦ γλουτοῦ τοῦ ἀριστεροῦ	Σκορπίου . . ι	Β νϛ ϛ″	ε
Τῶν ἐν τῷ ἀριστερῷ μηρῷ τριῶν ὁ προηγούμενος	Σκορπίου . . ιθ	Β νθ ϛ″ γ″	δ
Ο ἐπὶ τῆς ἐκφύσεως τοῦ αὐτοῦ μηροῦ	Σκορπίου . . ια ϛ″	Β νη ϛ″	γ
Ο τούτῳ ἑπόμενος	Σκορπίου . . ιε γ″	Β ξγ	δ
Ο ἔτι τούτῳ ἑπόμενος	Σκορπίου . . ιϛ γ″	Β ξα δ″	δ
Ο ἐπὶ τοῦ ἀριστεροῦ γόνατος	Τοξότου . . . ō ϛ″ γ″	Β ξα	δ
Ο ἐπὶ τοῦ ἀριστεροῦ ἀντικνημίου	Σκορπίου . . κϛ ϛ″	Β ξθ γ″	δ
Τῶν ἐν τῷ ἀριστερῷ ἀκροποδίῳ β̄ ὁ προηγουμενος	Σκορπίου . . ιε γ″	Β ο δ″	δ
Ο μέσος τῶν τριῶν	Σκορπίου . . ιϛ ϛ″ γ″	Β οα δ″	ϛ
Ο ἑπόμενος αὐτῶν	Σκορπίου . . ιθ γ°	Β οϛ δ″	ϛ
Ο ἐπὶ τῆς ἐκφύσεως τοῦ δεξιοῦ μηροῦ	Σκορπίου . . ō γ°	Β ξδ	ϛ
Ο βορειότερος αὐτοῦ καὶ ἐν τῷ αὐτῷ μηρῷ	Ζυγοῦ . . . . . κε γ″	Β ξγ	δ
Ο ἐπὶ τοῦ δεξιοῦ γόνατος	Ζυγοῦ . . . . . ιε γ°	Β ξε ϛ″	δ
Τῶν ὑπὸ τὸ δεξιὸν γόνυ β ὁ νοτιώτερος	Ζυγοῦ . . . . . ιγ γ°	Β ξγ γ°	δ
Ο βορειότερος αὐτῶν	Ζυγοῦ . . . . . ι ϛ″	Β ξδ δ″	δ
Ο ἐν τῇ δεξιᾷ κνήμῃ	Ζυγοῦ . . . . . ια ϛ″	Β ζ	δ
Ο ἐπ' ἄκρου τοῦ δεξιοῦ ποδός, ὁ αὐτός ἐστι τῷ ἐπ' ἄκρῳ τοῦ κολλορόβου.			
Χωρὶς τούτου ἀςέρες κη̄, ὧν τρίτου μεγέθους ϛ̄, τετάρτου ιζ, πέμπτου β̄, ἕκτου γ̄.			
Ο ἔκτος αὐτοῦ ἀμόρρωτος.			
Ο νοτιώτερος τοῦ ἐν τῷ δεξιῷ βραχίονι	Σκορπίου . . β γ°	Β λη ϛ″	ε
Ἀςὴρ ᾱ, μεγέθους πέμπτου.			

ΛΥΡΑΣ ΑΣΤΕΡΙΣΜΟΣ.

ΜΟΡΦΩΣΕΙΣ	ΜΗΚΟΥΣ ΜΟΙΡΑΙ	ΠΛΑΤΟΥΣ	ΜΕΓΕΘΟΣ
Ο λαμπρὸς ἐπὶ τοῦ ὀστράκου καλούμενος λύρα	Τοξότου . . . ιϛ γ″	Β ξϛ	α
Τῶν παρακειμένων αὐτῷ β̄ συνεχῶν ὁ βόρειος	Τοξότου . . . κ γ″	Β ξϛ γ°	δ
Ο νοτιώτερος αὐτῶν	Τοξότου . . . κ γ″	Β ξα	δ
Ο τούτοις ἑπόμενος καὶ μέσος τῆς ἐκφύσεως τῶν κεράτων	Τοξότου . . . κγ γ″	Β ξ	δ
Τῶν ἐν τῷ πρὸς ἀνατολὴν τοῦ ὀστράκου β̄ συνεχῶν ὁ βόρειος	Αἰγόκερω . . β	Β ξα γ″	δ
Ο νοτιώτερος αὐτῶν	Αἰγόκερω . . α γ°	Β ξ γ″	δ
Τῶν ἐν τῷ ζυγώματι προηγουμένων β̄ ὁ βορειότερος	Τοξότου . . . κα	Β νϛ ϛ″	γ
Ο νοτιώτερος αὐτῶν	Τοξότου . . . κ ϛ″ γ″	Β νε	δ
Τῶν ἐν τῷ ζυγώματι ἑπομένων β̄ ὁ βορειότερος	Τοξότου . . . κδ ϛ″	Β νε γ″	γ
Ο νοτιώτερος αὐτῶν	Τοξότου . . . κα	Β νδ ϛ″ δ″	δ
Ἀςέρες ῑ, ὧν πρώτου μεγέθους ᾱ, τρίτου β̄, τετάρτου ζ̄.			

ΟΡΝΙΘΟΣ ΑΣΤΕΡΙΣΜΟΣ.

ΜΟΡΦΩΣΕΙΣ	ΜΗΚΟΥΣ ΜΟΙΡΑΙ	ΠΛΑΤΟΥΣ	ΜΕΓΕΘΟΣ
Ο ἐπὶ τοῦ στόματος	Αἰγόκερω . . δ ϛ″	Β μθ	γ
Ο τούτῳ ἑπόμενός ἐπὶ τῆς κεφαλῆς	Αἰγόκερω . . θ	Β ν ϛ″	ε
Ο ἐν μέσῳ τῷ τραχήλῳ	Αἰγόκερω . . ιϛ γ″	Β νδ ϛ″	δ
Ο ἐν τῷ στήθει	Αἰγόκερω . . κη ϛ″	Β νζ γ″	γ
Ο ἐν τῇ οὐρᾷ λαμπρός	Ὑδροχόου . . θ ϛ″	Β ξ	β
Ο ἐν τῷ ἀγκῶνι τῆς δεξιᾶς πτέρυγος	Αἰγόκερω . . ιθ γ″	Β ξδ γ°	γ
Τῶν ἐν τῷ δεξιῷ ταρσῷ γ̄ ὁ νότιος	Αἰγόκερω . . κϛ ϛ″	Β ξθ γ°	δ
Ο μέσος τῶν τριῶν	Αἰγόκερω . . κα ϛ″	Β οα ϛ″	δ
Ο βόρειος αὐτῶν καὶ ἐπ' ἄκρου τοῦ ταρσοῦ	Αἰγόκερω . . ιϛ γ″	Β οθ	δ
Ο ἐπὶ τοῦ ἀγκῶνος τῆς ἀριστερᾶς πτέρυγος	Ὑδροχόου . . ō ϛ″ γ″	Β μθ ϛ″	γ

1. CONFIGURATIONS.	2. DEGRÉS DE LONGITUDE.	3. DEGRÉS DE LATITUDE.	4. GRANDEUR.	LETTRES SELON BAYER.
L'étoile qui est sur le coude gauche	Scorp... 27 2/3	B 52	4	μ
La suivante des trois du poignet gauche	Sagitt... 5 1/2 1/3	B 52 1/2 1/3	4	o
La boréale des deux restantes	Sagitt... 1	B 54	4	ν
La plus méridionale de ces étoiles	Sagitt... 1 1/3	B 53	4	ξ
L'étoile dans le côté droit	Scorp... 3 1/2 1/8	B 50 2/7	4	ζ
L'étoile dans le côté gauche	Scorp... 10 1/8	B 53 1/2	5	ε
Celle qui est plus boréale que celle-ci sur la fesse gauche	Scorp... 10	B 56 1/2	5	d
La précédente des trois qui sont dans la cuisse gauche	Scorp... 14	B 59 1/2 1/3	4	c
Celle qui est sur l'articulation de la même cuisse	Scorp... 11 1/8	B 58 1/2	3	π
Celle qui la suit	Scorp... 15 1/3	B 63	4	c
Celle qui vient après celle-ci	Scorp... 16 1/3	B 61 1/4	4	ρ
L'étoile qui est sur le genou gauche	Sagitt... 0 1/2 1/3	B 61	4	θ
L'étoile qui est sur le devant de la jambe gauche	Scorp... 22 1/2 1/3	B 69 1/2	4	ι
La précédente des trois du bout du pied gauche	Scorp... 15 1/3	D 70 1/4	6	κ
La mitoyenne des trois	Scorp... 16 1/2 1/3	B 71 1/4	6	ξ
L'orientale de ces étoiles	Scorp... 19 2/3	B 72 1/4	6	y
Celle qui est sur la naissance de la cuisse droite	Scorp... 0 1/2	B 64	4	η
L'étoile plus boréale que celle-ci et dans la même cuisse	Balance. 25 1/3	B 63	4	ς
Celle qui est sur le genou droit	Balance. 15 1/3	B 65 1/2	4	τ
La plus méridionale des deux qui sont sous le genou droit	Balance. 13 1/3	B 63 2/3	4	φ
La plus boréale de ces étoiles	Balance. 10 1/3	B 64 1/4	4	o
Celle qui est dans la jambe droite	Balance. 11 1/3	B 60	4	ψ
Celle qui est au bout du pied droit, laquelle est la même que celle du bout de la houlette.				
Ces étoiles, sans celle-ci, sont au nombre de 28 : une de la 3e grandeur, dix-sept de la 4e, deux de la 5e, trois de la 6e. Sa sixième est obscure.				
L'étoile plus méridionale que celle du bras droit	Scorp... 2 2/3	B 38 1/6	5	ω
Seule étoile de 5e grandeur.				

CONSTELLATION DE LA LYRE.

La brillante appelée la lyre sur la coquille	Sagitt... 17 1/3	B 62	1	α
La boréale des deux qui sont immédiatement proches d'elle	Sagitt... 20 1/3	B 62 2/3	4	ε
La plus méridionale de celles-ci	Sagitt... 20 1/3	B 61	4	ζ
Celle qui les suit et qui est au milieu de la naissance des cornes	Sagitt... 23 1/2	B 60	4	δ. 1. 2.
La bor. des deux qui se suivent au côté orient. de la coquille	Capric.. 2	B 61 1/4	4	η
La plus méridionale de celles-ci	Capric.. 1 2/3	B 60 1/2	4	θ
La boréale des deux occidentales dans la barre	Sagitt... 21	B 56 1/8	3	β
La plus méridionale de celles-ci	Sagitt... 20 1/2 1/3	B 55	4	1. 2. ν
La plus boréale des deux suivantes dans la barre	Sagitt... 24 1/8	B 55 1/3	3	γ
La plus méridionale de celles-ci	Sagitt... 21	B 54 1/2 1/4	4	λ
Dix étoiles, dont une de la 1re grandeur, deux de la 3e, sept de la 4e.				

CONSTELLATION DE L'OISEAU.

L'étoile qui est au bec	Capric.. 4	B 49	3	β
La suivante de celle-ci sur la tête	Capric.. 9	B 50 1/2	5	ψ
Celle du milieu du col	Capric.. 16 1/3	B 54 1/2	4	η
Celle qui est dans la poitrine	Capric.. 28 1/2	B 57 1/3	3	γ
La brillante de la queue	Verseau. 9 1/8	B 60	2	α
Celle qui est dans le coude de l'aile droite	Capric.. 19 1/3	B 64 2/3	3	δ
La méridionale des trois qui sont dans le tarse droit	Capric.. 22 1/2	B 69 2/3	4	o
L'étoile du milieu des trois	Capric.. 21 1/3	B 71 1/2	4	ε
La boréale de celle-ci et au bout du tarse	Capric.. 16 1/2	B 74	4	κ
Celle de la jointure de l'aile gauche	Capric.. 0 1/2 1/3	B 49 1/2	3	ε

A. ΜΟΡΦΩΣΕΙΣ.	B. ΜΗΚΟΥΣ ΜΟΙΡΑΙ.	Γ. ΠΛΑΤΟΥΣ Μ.	Δ. ΜΕΓΕΘΟΣ.
Ο βορειότερος αὐτῶν καὶ ἐν μέσῳ τῇ αὐτῇ πτέρυγι	Ὑδροχόου.. γ ς″ γ″	Β νϛ ς″	δ
Ο ἐν ἄκρῳ τῷ ταρσῷ τῆς ἀριςερᾶς πτέρυγος	Ὑδροχόου.. ς γ°	Β μδ	γ
Ο ἐπὶ τοῦ ἀριςεροῦ ποδός	Ὑδροχόου.. ι	Β νε ς	δ
Ο ἐπὶ τοῦ ἀριςεροῦ γόνατος	Ὑδροχόου.. ιθ ς″	Β νζ	δ
Τῶν ἐν τῷ δεξιῷ ποδὶ β ὁ προηγούμενος	Ὑδροχόου.. α ς″	Β ξδ	δ
Ο ἑπόμενος αὐτῶν	Ὑδροχόου.. β γ°	Β ξδ ς″	δ
Ο ἐπὶ τοῦ δεξιοῦ γόνατος νεφελοειδής	Ὑδροχόου.. ιβ ς″	Β ξδ ς″ δ″	ε

Ἄπαντες ἀςέρες ιζ, ὧν δευτέρου μεγέθους α, τρίτου ε, τετάρτου θ, πέμπτου β.

ΟΙ ΠΕΡΙ ΑΥΤΟΝ ΑΜΟΡΦΩΤΟΙ.

Τῶν ὑπὸ τὴν ἀριςερὰν πτέρυγα β ὁ νοτιώτερος	Ὑδροχόου.. ι γ°	Β μθ γ°	δ
Ο βορειότερος αὐτῶν	Ὑδροχόου.. ιγ ς″ γ°	Β να γ°	δ

Ἀςέρες β, μεγέθους δευτέρου.

ΚΑΣΣΙΕΠΕΙΑΣ ΑΣΤΕΡΙΣΜΟΣ.

Ο ἐπὶ τῆς κεφαλῆς	Κριοῦ..... ζ ς″ γ″	Β με γ″	δ
Ο ἐν τῷ ςήθει	Κριοῦ..... ι ς″ γ″	Β μς ς″ δ″	γ
Ο βορειότερος αὐτοῦ καὶ ἐπὶ τῆς ζώνης	Κριοῦ..... ιγ	Β μς ς″ γ″	δ
Ο ὑπὲρ τὴν καθέδραν κατὰ τῶν μηρῶν	Κριοῦ..... ις γ°	Β μθ	γ
Ο ἐν τοῖς γόνασι	Κριοῦ..... κ γ°	Β με ς″	γ
Ο ἐπὶ τῆς κνήμης	Κριοῦ..... κζ	Β μς ς″ δ″	δ
Ο ἐπ᾽ ἄκρου τοῦ ποδός	Ταύρου..... α γ°	Β μζ γ″	δ
Ο ἐπὶ τοῦ ἀριςεροῦ βραχίονος	Κριοῦ..... ιδ γ°	Β μδ γ″	δ
Ο ὑποκάτω τοῦ ἀριςεροῦ ἀγκῶνος	Κριοῦ..... ιζ γ°	Β με	ε
Ο ἐπὶ τοῦ δεξιοῦ πήχεως	Κριοῦ..... β γ″	Β ν	ϛ
Ο ἐπάνω τοῦ ποδὸς τοῦ θρόνου	Κριοῦ..... ιε	Β νϛ γ°	δ
Ο ἐπὶ μέσου τοῦ ἀνακλίθρου	Κριοῦ..... ζ ς″ γ″	Β να γ°	γ
Ο ἐπ᾽ ἄκρου τοῦ ἀνακλίθρου	Κριοῦ..... γ γ″	Β να γ°	ϛ

Ἄπαντες ἀςέρες ιγ, ὧν τρίτου μεγέθους δ, τετάρτου ϛ, πέμπτου α, ἕκτου β.

ΠΕΡΣΕΩΣ ΑΣΤΕΡΙΣΜΟΣ.

Η ἐπὶ τοῦ δεξιοῦ ἀκροχείρου νεφελοειδὴς συςροφή	Κριοῦ..... κς γ°	Β μ ς″	νεφ
Ο ἐπὶ τοῦ δεξιοῦ ἀγκῶνος	Ταύρου.... α ς″	Β λζ ς″ δ″	δ
Ο ἐπὶ τοῦ δεξιοῦ ὤμου	Ταύρου.... β γ°	Β λδ ς″	γ
Ο ἐπὶ τοῦ ἀριςεροῦ ὤμου	Κριοῦ..... κς ς″	Β λϛ γ″	δ
Ο ἐπὶ τῆς κεφαλῆς	Ταύρου.... ο γ°	Β λδ ς″	δ
Ο ἐπὶ τοῦ μεταφρένου	Ταύρου.... α ς″	Β λα ς″	δ
Ο ἐν τῷ δεξιῷ πλευρῷ λαμπρός	Ταύρου.... δ ς″ γ″	Β λ	β
Τῶν μετὰ τὸν ἐν τῷ πλευρῷ γ ὁ προηγούμενος	Ταύρου.... ς γ″	Β κς ς″ γ″	δ
Ο μέσος τῶν τριῶν	Ταύρου.... ζ	Β κζ γ°	δ
Ο ἑπόμενος αὐτῶν	Ταύρου.... ζ γ°	Β κς γ″	γ
Ο ἐπὶ τοῦ ἀριςεροῦ ἀγκῶνος	Ταύρου.... ο ς″	Β κζ	δ
Τῶν ἐν τῷ γοργονίῳ ὁ λαμπρός	Κριοῦ..... κθ γ°	Β κγ	β
Ο τούτῳ ἑπόμενος	Κριοῦ..... κθ ς″	Β κα	δ
Ο προηγούμενος τοῦ λαμπροῦ	Κριοῦ..... κς γ°	Β κα	δ
Ο ἔτι τούτου προηγούμενος καὶ λοιπός	Κριοῦ..... κς ς″ γ″	Β κβ δ″	δ
Ο ἐν τῷ δεξιῷ γόνατι	Ταύρου.... ιδ ς″ γ″	Β κη	δ
Ο προηγούμενος αὐτοῦ καὶ ὑπὲρ τὸ γόνυ	Ταύρου.... ιγ	Β κη ς″	δ
Τῶν ἐπάνω τῆς ἀγκύλης β ὁ προηγούμενος	Ταύρου.... ιβ γ″	Β κε	δ
Ο ἑπόμενος καὶ κατ᾽ αὐτῆς τῆς ἀγκύλης	Ταύρου.... ιδ	Β κϛ δ″	δ
Ο ἐπὶ τῆς δεξιᾶς γαςροκνημίας	Ταύρου.... ιδ ς″	Β κδ ς″	ε
Ο ἐπὶ τοῦ δεξιοῦ σφυροῦ	Ταύρου.... ις γ″	Β ιη ς″ δ″	ε
Ο ἐν τῷ ἀριςερῷ μηρῷ	Ταύρου.... ς ς″ γ″	Β κα ς″ γ″	ε

1. CONFIGURATIONS.	2. DEGRÉS DE LONGITUDE.	3. DEGRÉS DE LATITUDE.	4. GRANDEUR.	LETTRES SELON BAYER.
La plus boréale de celles-ci et au milieu de la même aîle..	Verseau 3 $\frac{1}{2}\frac{1}{3}$	B 52 $\frac{1}{6}$	4	λ
Celle qui est à l'extrémité du tarse de l'aîle gauche.......	Verseau 6 $\frac{2}{3}$	B 44	3	ζ
Celle qui est sur le pied gauche........................	Verseau 10	B 55 $\frac{1}{6}$	4	ν
Celle qui est sur le genou gauche.....................	Verseau 14 $\frac{1}{2}$	B 57	4	ξ
La précédente des deux dans le pied droit..............	Verseau 1 $\frac{1}{6}$	B 64	4	o
La suivante de ces deux...............................	Verseau 2 $\frac{1}{2}\frac{1}{3}$	B 64 $\frac{1}{2}$	4	2.o
La nébuleuse sur le genou droit.......................	Verseau 12 $\frac{1}{6}$	B 64 $\frac{1}{2}\frac{1}{4}$	5	3

En tout dix-sept étoiles, une de 2ᵉ grandeur, cinq de la 3ᵉ, neuf de la 4ᵉ, deux de la 5ᵉ.

INFORMES VOISINES.

La plus méridionale des deux qui sont sous l'aile gauche..	Verseau 10 $\frac{2}{3}$	B 49 $\frac{2}{3}$	4	τ
La plus boréale de celles-ci...........................	Verseau 13 $\frac{1}{2}\frac{2}{3}$	B 51 $\frac{2}{3}$	4	σ

Deux étoiles de 4ᵉ grandeur.

CONSTELLATION DE CASSIEPÉE.

L'étoile qui est sur la tête...........................	Bélier 7 $\frac{1}{2}\frac{1}{3}$	B 45 $\frac{1}{3}$	4	ζ
Celle qui est dans la poitrine........................	Bélier 10 $\frac{1}{2}\frac{1}{3}$	B 46 $\frac{1}{2}\frac{1}{4}$	3	α
L'étoile qui est plus boréale et sur la ceinture.........	Bélier 13	B 47 $\frac{1}{2}\frac{1}{3}$	4	η
Celle qui est au-dessus de la chaise près des cuisses......	Bélier 16 $\frac{2}{3}$	B 49	3	γ
Celle qui est dans les genoux.........................	Bélier 20 $\frac{2}{3}$	B 45 $\frac{1}{2}$	3	δ
L'étoile sur la jambe.................................	Bélier 27	B 47 $\frac{1}{2}\frac{1}{4}$	4	ε
Celle du bout du pied................................	Taureau 1 $\frac{2}{3}$	B 47 $\frac{1}{3}$	4	ι.μ
Celle du bras gauche.................................	Bélier 14 $\frac{1}{2}$	B 44 $\frac{1}{3}$	4	μ
L'étoile au-dessous du coude gauche..................	Bélier 17 $\frac{1}{2}$	B 45	5	θ
Celle qui est sur le coude droit.......................	Bélier 2 $\frac{1}{3}$	B 50	6	σ
Celle qui est au-dessus du pied du trône..............	Bélier 15	B 52 $\frac{2}{3}$	4	χ
Celle du milieu du siége.	Bélier 7 $\frac{1}{2}\frac{1}{3}$	B 51 $\frac{1}{2}$	3	β
Celle qui est au bout du siége........................	Bélier 3 $\frac{1}{3}$	B 51 $\frac{1}{3}$	6	ρ

En tout treize étoiles, dont quatre de la 3ᵉ grandeur, six de la 4ᵉ, une de la 5ᵉ, deux de la 6ᵉ.

CONSTELLATION DE PERSÉE.

Le groupe nébuleux qui est à l'extrémité de la main droite.	Bélier 26 $\frac{2}{3}$	B 40 $\frac{1}{2}$	néb.	χ
L'étoile sur le coude droit...........................	Taureau 1	B 37 $\frac{1}{2}\frac{1}{4}$	4	η
Celle qui est sur l'épaule droite......................	Taureau 2	B 34 $\frac{1}{2}$	3	γ
Celle de l'épaule gauche..............................	Bélier 27 $\frac{1}{2}$	B 32 $\frac{1}{3}$	4	θ
Celle qui est sur la tête..............................	Taureau 0 $\frac{2}{3}$	B 34 $\frac{1}{2}$	4	τ
L'étoile qui est à l'occiput...........................	Taureau 1 $\frac{1}{2}$	B 31 $\frac{1}{6}$	4	ι
La brillante au côté droit.............................	Taureau 4 $\frac{1}{2}\frac{1}{3}$	B 30	2	α
La précédente des trois après celle de ce côté..........	Taureau 5 $\frac{1}{2}$	B 27 $\frac{1}{2}\frac{1}{3}$	4	6
Celle du milieu des trois.............................	Taureau 7	B 27 $\frac{2}{3}$	4	ψ
La suivante, orientale, de celles-ci...................	Taureau 7 $\frac{1}{2}$	B 27 $\frac{1}{3}$	3	δ
Celle qui est sur le coude gauche.....................	Taureau 0 $\frac{1}{2}$	B 27	4	κ
La brillante qui est dans la gorgone..................	Bélier 29 $\frac{1}{2}$	B 23	2	β
Celle qui la suit à l'orient...........................	Bélier 29 $\frac{1}{2}$	B 21	4	ω
La précédente, à l'occident, de la brillante............	Bélier 27 $\frac{1}{3}$	B 21	4	ρ
L'étoile restante plus occidentale encore que celle-ci.....	Bélier 26 $\frac{1}{2}\frac{1}{3}$	B 22 $\frac{1}{4}$	4	π
Celle qui est sur l'avant-bras droit...................	Taureau 14 $\frac{1}{2}\frac{1}{3}$	B 28	4	b
Celle qui la précède et au-dessus du genou............	Taureau 13	B 28 $\frac{1}{6}$	4	λ
La précédente des deux au-dessus du pli du jarret.......	Taureau 12 $\frac{1}{3}$	B 25	4	c
La suivante dans le pli même.........................	Taureau 14	B 26 $\frac{1}{4}$	4	μ
Celle du gras de la jambe droite......................	Taureau 14 $\frac{1}{3}$	B 24 $\frac{1}{2}$	5	d
L'étoile qui est sur la cheville (malléole) droite.........	Taureau 16 $\frac{1}{3}$	B 18 $\frac{1}{2}\frac{1}{4}$	5	e
Celle qui est dans la cuisse gauche...................	Taureau 6 $\frac{1}{2}\frac{1}{3}$	B 24(11) $\frac{1}{2}\frac{1}{3}$	5	ν

Α. ΜΟΡΦΩΣΕΙΣ.	Β. ΜΗΚΟΥΣ ΜΟΙΡΑΙ.	Γ. ΠΛΑΤΟΥΣ Μ.	Δ. ΜΕΓΕΘΟΣ.
Ο ἐπὶ τοῦ ἀριςεροῦ γόνατος	Ταύρου.... η γ°	Β ιθ δ"	γ
Ο ἐπὶ τῆς ἀριςερᾶς κνήμης	Ταύρου.... η γ"	Β ιθ ς" δ"	δ
Ο ἐπὶ τῆς ἀριςερᾶς πτέρνης	Ταύρου.... δ ς"	Β ιβ	γ
Ο ἑπόμενος αὐτῷ ἐπὶ τοῦ ἀριςεροῦ ἀκροποδίου	Ταύρου.... ς ς"	Β ια	γ
Απάντες ἀςέρες κζ, ὧν δευτέρου μεγέθους β, τρίτου ε, τετάρτου ιζ, πέμπτου β, νεφελ. α.			
ΟΙ ΠΕΡΙ ΤΟΝ ΠΕΡΣΕΑ ΑΜΟΡΦΩΤΟΙ.			
Ο πρὸς ἀνατολὰς τοῦ ἐπὶ τοῦ ἀριςεροῦ γόνατος	Ταύρου.... ια ς" γ"	Β ιη	ε
Ο ἀπ' ἄρκτων τῶν ἐν τῷ δεξιῷ γόνατι	Ταύρου.... ιε	Β λα	ε
Ο προηγούμενος τῶν ἐν τῷ γοργόνειῳ	Κριοῦ..... κδ γ°	Β κ γ°	ἀμαυρ
Ἀςέρες γ, ὧν πέμπτου μεγέθους β, ἀμαύρ. α.			
ΗΝΙΟΧΟΥ ΑΣΤΕΡΙΣΜΟΣ.			
Τῶν ἐπὶ τῆς κεφαλῆς δύο ὁ νοτιώτερος	Διδύμων... β ς"	Β λ	δ
Ο βορειότερος καὶ ὑπὲρ τὴν κεφαλήν	Διδύμων... β γ"	Β λα ς" γ"	δ
Ο ἐπὶ τοῦ ἀριςεροῦ ὤμου καλουμένος αἴξ	Ταύρου.... κε	Β κβ ς"	α
Ο ἐπὶ τοῦ δεξιοῦ ὤμου	Διδύμων... β ς" γ"	Β κ	β
Ο ἐπὶ τοῦ δεξιοῦ ἀγκῶνος	Διδύμων... α ς"	Β ιε δ"	δ
Ο ἐπὶ τοῦ δεξιοῦ καρποῦ	Διδύμων... β ς" γ"	Β ιγ γ"	δ
Ο ἐπὶ τοῦ ἀριςεροῦ ἀγκῶνος	Ταύρου.... κβ	Β κ γ°	δ
Τῶν ἐπὶ τοῦ ἀριςεροῦ καρποῦ β καλουμένων ἐρίφων ὁ ἑπόμενος	Ταύρου.... κβ ς"	Β ιη	δ
Ο προηγούμενος αὐτῶν	Ταύρου.... κβ	Β ιη	δ
Ο ἐπὶ τοῦ ἀριςεροῦ σφυροῦ	Ταύρου.... ιθ ς" γ"	Β ι ς"	γ
Ο ἐπὶ τοῦ δεξιοῦ σφυροῦ κοινὸς τοῦ κερατος τοῦ ταύρου	Ταύρου.... κε γ°	Β ς	γ
Ο τούτου ἀπ' ἄρκτων ἐν τῷ περιποδίῳ	Ταύρου.... κς	Β η ς"	ε
Ο ἔτι τούτου βορειότερος ἐπὶ τοῦ γλουτοῦ	Ταύρου.... κς γ"	Β ιβ ς"	ε
Ο ὑπὲρ τον ἀριςερὸν πόδα μικρός	Ταύρου.... κ γ°	Β ις γ"	ς
Απάντες ἀςερις ιδ, ὧν πρωτου μεγέθους α, δευτέρου α, τρίτου β, τετάρτου ζ, πέμπτου β, ἕκτου α.			
ΟΦΙΟΥΧΟΥ ΑΣΤΕΡΙΣΜΟΣ.			
Ο ἐπὶ τῆς κεφαλῆς	Σκορπίου... κδ ς" γ"	Β λς ς"	γ
Τῶν ἐπὶ τοῦ δεξιοῦ ὤμου β ὁ προηγούμενος	Σκορπίου... κη	Β κζ δ"	δ
Ο ἑπόμενος αὐτῶν	Σκορπίου... κθ	Β κς ς"	δ
Τῶν ἐπὶ τοῦ ἀριςεροῦ ὤμου β ὁ προηγούμενος	Σκορπίου... ιγ γ"	Β λγ	δ
Ο ἑπόμενος αὐτῶν	Σκορπίου... ιδ γ°	Β λα ς" γ"	δ
Ο ἐπὶ τοῦ ἀριςεροῦ ἀγκῶνος	Σκορπίου... ιη γ"	Β λγ ς" γ"	δ
Τῶν ἐν τῷ ἀριςερῷ ἀκροχείρῳ β ὁ προηγούμενος	Σκορπίου... ε	Β ιζ	γ
Ο ἑπόμενος αὐτῶν	Σκορπίου... ς	Β ις ς"	γ
Ο ἐπὶ τοῦ δεξιοῦ ἀγκῶνος	Σκορπίου... κς γ°	Β ιε	δ
Τῶν ἐν τῷ δεξιῷ ἀκροχείρῳ β ὁ προηγούμενος	Τοξότου... β γ"	Β ιγ γ°	δ
Ο ἑπόμενος αὐτῶν	Τοξότου... γ γ"	Β ιδ γ	δ
Ο ἐπὶ τοῦ δεξιοῦ γόνατος	Σκορπίου... κα ς"	Β ζ ς"	γ
Ο ἐπὶ τῆς δεξιᾶς κνήμης	Σκορπίου... κς γ°	Β β δ"	δ
Τῶν ἐπὶ τοῦ δεξιοῦ ποδὸς δ ὁ προηγούμενος	Σκορπίου... κγ	Ν β δ"	δ
Ο τούτῳ ἑπόμενος	Σκορπίου... κδ γ"	Ν δ ς"	δ
Ο ἔτι τούτῳ ἑπύμενος	Σκορπίου... κε	Ν γ γ°	ε
Ο λοιπὸς τῶν δ καὶ ἑπόμενος	Σκορπίου... κε ς" γ"	Ν δ δ"	ε
Ο τούτοις ἑπόμενος καὶ ἁπτόμενος τῆς πτέρνης	Σκορπίου... κζ ς"	Β κ	ε
Ο ἐν τῷ ἀριςερῷ γόνατι	Σκορπίου... ιβ ς"	Β ια ς" γ"	γ
Τῶν ἐν τῇ ἀριςερᾷ κνήμῃ γ ἐπ' εὐθείας ὁ βορειότερος	Σκορπίου... ιγ γ°	Β ε γ"	ε
Ο μέσος αὐτῶν	Σκορπίου... ι γ°	Β γ ς"	ε
Ο νότιος τῶν τριῶν	Σκορπίου... θ ς" γ"	Β α γ"	ς

1. CONFIGURATIONS	2. DEGRÉS DE LONGITUDE	3. DEGRÉS DE LATITUDE	4. GRANDEUR	LETTRES SELON BAYER
Celle du genou gauche	Taureau 8 ⅔	B 19 ⅘	3	e
L'étoile qui est sur la jambe gauche	Taureau 8 ⅓	B 14 ½ ¼	4	ξ
Celle du talon gauche	Taureau 4 ⅙	B 12	3	o
Celle qui la suit au bout du pied gauche	Taureau 6 ½	B 11	3	ξ
En tout vingt-six étoiles, dont deux de la 2ᵈᵉ grandeur, cinq de la 3ᵉ, 16 de la 4ᵉ, deux de la 5ᵉ, et une nébuleuse.				
LES INFORMES AUTOUR DE PERSÉE.				
L'étoile qui est à l'orient de celle qui est sur le genou gauche.	Taureau 11 ½ ⅓	B 18	5	f
Celle qui est au nord de celles du genou droit	Taureau 15	B 31	5	63
La précédente de celles qui sont dans la gorgone	Bélier.. 24 ⅔	B 20 ⅔	obsc.	3
Trois étoiles, deux de 5ᵉ grandeur, une obscure.				
CONSTELLATION DU COCHER.				
La plus méridionale des deux qui sont sur la tête	Gém... 2 ½	B 30	4	δ
La plus boréale et au-dessus de la tête	Gém... 2 ⅓	B 31 ½ ⅓	4	ξ
L'étoile appelée la chèvre sur l'épaule gauche	Taureau 25	B 22 ½	1	α
Celle de l'épaule droite	Gém... 2 ½ ⅓	B 20	2	β
Celle sur le coude droit	Gém... 1 ⅙	B 15 ¼	4	ν
L'étoile sur le poignet droit	Gém... 2 ½ ⅓	B 13 ¼	4	θ
Celle qui est sur le coude gauche	Taureau 22	B 20 ⅔	4	ε
La suiv. des 2 appelées les chevreaux, sur le poignet gauche	Taureau 22 ⅙	D 18	4	η
La précédente, occidentale, de ces étoiles	Taureau 22	B 18	4	ζ
Celle de la cheville gauche	Taureau 19 ½ ⅓	B 10 ⅙	3	c
L'étoile commune à la cheville droite et à la corne du taureau.	Taureau 25 ⅓	B 6	3	γ
Celle qui est du côté de l'ourse, aux environs du pied	Taureau 26	B 8 ½	5	κ
L'étoile plus boréale encore que celle-ci, sur la fesse	Taureau 26 ⅓	B 12 ⅛	5	φ
La petite au-dessus du pied gauche	Taureau 20 ⅔	B 16 ⅓	6	ω
En tout quatorze étoiles : une de 1ʳᵉ grandeur, une de la 2ᵈᵉ, deux de la 3ᵉ, sept de la 4ᵉ, deux de la 5ᵉ, une de la 6ᵉ.				
CONSTELLATION DU SERPENTAIRE.				
L'étoile qui est sur la tête	Scorp... 24 ½ ⅓	B 36 ½	3	α
L'occidentale des deux sur l'épaule droite	Scorp... 28	B 27 ¼	4	β
La suivante, orientale, de celles-ci	Scorp... 29	B 26 ½	4	γ
Celle qui est la plus occidentale des deux de l'épaule gauche.	Scorp... 13 ⅓	B 33	4	ι
La suivante ou orientale de celles-ci	Scorp... 14 ⅓	B 31 ½ ⅓	4	κ
Celle du coude gauche	Scorp... 18 ⅓	B 33 ½ ⅓	4	λ
L'occidentale des deux au bout de la main gauche	Scorp... 5	B 17	3	δ
L'orientale de ces étoiles	Scorp... 6	B 16 ½	3	ε
Celle du coude droit	Scorp... 26 ⅓	B 15	4	μ
L'occidentale des deux à l'extrémité de la main droite	Sagitt.. 2 ⅓	B 13 ⅔	4	ν
L'orientale de ces étoiles	Sagitt... 3 ⅓	D 14 ⅓	4	τ
Celle qui est sur le genou droit	Scorp... 21 ⅙	B 7 ½	3	η
Celle qui est sur la jambe droite	Scorp... 26 ⅓	B 2 ¼ ⅓	4	μ
L'occidentale des quatre qui sont le pied droit	Scorp... 23	N 2 ¼	4	ρ
Celle qui la suit	Scorp... 24 ⅓	N 4 ½	4	θ
Celle qui suit cette dernière encore	Scorp... 25	N 3 ⅔	4	λ
La restante et orientale des quatre	Scorp... 25 ½ ⅓	N 0 ¼	5	ʙ
L'étoile qui suit celles-ci, et touche le talon	Scorp... 27 ½	B 1	5	2. e. fl.
Celles du genou gauche	Scorp... 12 ½	B 11 ½ ⅓	3	ζ
La plus boréale des trois en ligne droite sur la jambe gauche.	Scorp... 11 ½	B 5 ½ ⅓	5	φ
Celle qui est la mitoyenne de ces étoiles	Scorp... 10 ⅔	B 3 ⅙	5	χ
La méridionale des trois	Scorp... 9 ½ ⅓	B 1 ⅓	5	ψ

A. ΜΟΡΦΩΣΕΙΣ.	B. ΜΗΚΟΥΣ ΜΟΙΡΑΙ.	Γ. ΠΛΑΤΟΥΣ Μ.	Δ. ΜΕΓΕΘΟΣ.
Ο ἐπὶ τῆς ἀριστερᾶς πτέρνης...	Σκορπίου.. ιϛ γ″	Β ο γ″	ε
Ο τοῦ κοίλου τοῦ ἀριστεροῦ ποδὸς ἁπτόμενος...	Σκορπίου. . ι γ.	Ν ο ϛ″ δ″	δ
Ἀπάντες ἀςέρες κδ, ὧν τρίτου μεγέθους ϛ, τετάρτου ιϛ, πέμπτου ϛ.			
ΟΙ ΠΕΡΙ ΤΟΝ ΟΦΙΟΥΧΟΝ ΑΜΟΡΦΩΤΟΙ.			
Τῶν ἀπ' ἀνατολῆς δεξιοῦ ὤμου γ ὁ βορειότερος...	Τοξότου... β	Β κη ϛ″	δ
Ο μέσος τῶν τριῶν...	Τοξότου... β γ.	Β κϛ γ″	δ
Ο νότιος αὐτῶν...	Τοξότου... γ	Β κε	δ
Ο ἑπόμενος τοῖς τρισὶν ὡς ὑπὲρ τὸν μέσον...	Τοξότου... γ γ″	Β κζ	δ
Ο τῶν δ βορειότερος μοναχός...	Τοξότου... δ γ.	Β λγ	δ
Ἀπάντες ἀςέρες ε, μεγέθους τετάρτου.			
ΟΦΕΩΣ ΟΦΙΟΥΧΟΥ ΑΣΤΕΡΙΣΜΟΣ.			
Τοῦ ἐν τῇ κεφαλῇ τετραπλεύρου ὁ ἐπ' ἄκρας τῆς γενύος...	Ζυγοῦ..... ιη ϛ″ γ″	Β λη	δ
Ο τῶν μυκτήρων ἁπτόμενος...	Ζυγοῦ..... κα γ.	Β μ	δ
Ο ἐν τῷ κροτάφῳ...	Ζυγοῦ..... κα γ″	Β λϛ	γ
Ο πρὸς τῇ ἐκφύσει τοῦ τραχήλου...	Ζυγοῦ..... κϛ	Β λδ δ″	γ
Ο μέσος τοῦ τετραπλεύρου καὶ ἐν τῷ ςόματι...	Ζυγοῦ..... κα γ″	Β λζ δ″	δ
Ο ἐκτὸς καὶ ἀπ' ἄρκτων τῆς κεφαλῆς...	Ζυγοῦ..... κγ ϛ″	Β μβ ϛ″	δ
Ο μετὰ τὴν πρώτην κάμπην τοῦ τραχήλου...	Ζυγοῦ..... κα γ.	Β κθ δ″	γ
Τῶν ἐφεξῆς τούτου γ ὁ βόρειος...	Ζυγοῦ..... κδ ϛ″ γ″	Β κϛ ϛ″	δ
Ο μέσος τῶν τριῶν...	Ζυγοῦ..... κδ γ″	Β κε γ″	γ
Ο νότιος αὐτῶν...	Ζυγοῦ..... κϛ γ″	Β κδ	γ
Ο μετὰ τὴν ἑξῆς καμπὴν προηγούμενος τῆς ἀριστερᾶς χειρὸς τοῦ ὀφιούχου...	Ζυγοῦ..... κη ϛ″ γ″	Β ιϛ δ″	δ
Ο τοῖς ἐν τῇ χειρὶ ἑπόμενος...	Σκορπίου. . η ϛ″	Β ιϛ δ″	ε
Ο μετὰ τὸ δεξιὸν ὀπισθόμηρον τοῦ ὀφιούχου...	Σκορπίου. . κγ γ.	Β ι ϛ″	δ
Τῶν ἑπομένων αὐτῷ β ὁ νοτιώτερος...	Σκορπίου. . κϛ	Β η ϛ″	δ
Ο βορειότερος αὐτῶν...	Σκορπίου. . κϛ ϛ″ γ″	Β ι ϛ″ γ″	δ
Ο μετὰ τὴν δεξιὰν χεῖρα ἐπὶ τῆς οὐραίας κάμπης...	Τοξότου... γ γ.	Β κ	δ
Ο τούτῳ ἑπόμενος ὁμοίως ἐπὶ τῆς οὐρᾶς...	Τοξότου... η γ.	Β κα ϛ″	δ
Ο ἐπ' ἄκρας τῆς οὐρᾶς...	Τοξότου... ιη γ″	Β κζ	δ
Ἀπάντες ἀςέρες ιη, ὧν τρίτου μεγέθους ε, τετάρτου ιβ, πέμπτου α.			
Ο ΙΣΤΟΥ ΑΣΤΕΡΙΣΜΟΣ.			
Ο ἐπὶ τῆς ἀκίδος μοναχός...	Αἰγόκερω.. ιϛ	Β λθ γ″	δ
Τῶν ἐν τῷ καλάμῳ τριῶν ὁ ἑπόμενος...	Αἰγόκερω.. ϛ γ.	Β λθ ϛ″	ϛ
Ο μέσος αὐτῶν...	Αἰγόκερω.. ε ϛ″ γ″	Β λθ ϛ″ γ″	ε
Ο προηγούμενος τῶν τριῶν...	Αἰγόκερω.. δ γ.	Β λθ	ε
Ο ἐπ' ἄκρας τῆς γλυφίδος...	Αἰγόκερω.. γ γ″	Β λζ γ.	ε
Ἀπάντες ἀςέρες ε, ὧν τετάρτου μεγέθους α, πέμπτου γ, ἕκτου α.			
ΑΕΤΟΥ ΑΣΤΕΡΙΣΜΟΣ.			
Ο ἐν μέσῃ τῇ κεφαλῇ...	Αἰγόκερω.. ζ ϛ″	Β κϛ ϛ″ γ″	δ
Ο τούτου προηγούμενος καὶ ἐπὶ τοῦ τραχήλου...	Αἰγόκερω.. δ ϛ″ γ″	Β κζ ϛ″	γ
Ο ἐπὶ τοῦ μεταφρένου λαμπρὸς καλούμενος ἀετός...	Αἰγόκερω.. γ ϛ″ γ″	Β κθ ϛ″	β
Ο τούτου συνέγγυς ἀπ' ἄρκτων...	Αἰγόκερω.. δ γ.	Β λ	γ
Τῶν ἐν τῷ ἀριστερῷ ὤμῳ β ὁ προηγούμενος...	Αἰγόκερω.. γ ϛ″	Β λα ϛ″	γ
Ο ἑπόμενος αὐτῶν...	Αἰγόκερω.. ϛ	Β κα ϛ″	ε
Τῶν ἐν τῷ δεξιῷ ὤμῳ δύο ὁ προηγούμενος...	Τοξότου... κθ γ.	Β κη γ.	ε

1. CONFIGURATIONS.	2. DEGRÉS DE LONGITUDE.	3. DEGRÉS DE LATITUDE.	4. GRANDEUR.	LETTRES SELON BAYER.
L'étoile placée sur le talon gauche	Scorp... 12 ½	B 0 ⅔	5	ω
Celle qui touche la plante du pied gauche	Scorp... 10 ⅔	A 0 ½ ¼	4	g
En tout vingt-quatre étoiles, dont cinq de la 3ᵉ grandeur, treize de la 4ᵉ, six de la 5ᵉ.				
INFORMES AUTOUR DU SERPENTAIRE.				
La plus boréale des trois à l'orient de l'épaule droite	Sagitt... 2	B 28 ⅛	4	n
La mitoyenne des trois	Sagitt... 2 ⅔	B 26 ⅙	4	o
La méridionale de ces étoiles	Sagitt... 3	B 25	4	x
Celle qui suit les trois, presque sur celle du milieu	Sagitt... 3 ⅔	B 27	4	p
L'étoile isolée, la plus boréale des quatre	Sagitt... 4 ⅔	B 33	4	2.s.
En tout cinq étoiles, de 4ᵉ grandeur.				
CONSTELLATION DU SERPENT D'OPHIUCHUS.				
L'étoile du quadrilatère de la tête, au bout de la mâchoire	Balance. 18 ½ ⅓	B 38	4	ι
Celle qui touche les narines	Balance. 21 ⅔	B 40	4	ρ
Celle qui est dans la tempe	Balance. 21 ⅓	B 36	3	γ
Celle qui est à la naissance du col	Balance. 22	B 34 ¼	3	β
Celle du milieu du quadrilatère et dans la gueule	Balance. 21 ⅓	B 37 ¼	4	x
Celle qui est en dehors et au nord de la tête	Balance. 23 ⅜	B 42 ½	4	π
Celle qui est après la première courbure du col	Balance. 21 ⅔	B 29 ¼	3	δ
La boréale des trois qui sont à la suite de celles-ci	Balance. 24 ½ ⅓	B 26 ⅓	4	λ
Celle du milieu des trois	Balance. 24 ⅓	B 25 ⅓	3	α
La méridionale de ces étoiles	Balance. 26 ⅔	B 24	3	ε
Celle qui après la courbure suivante précède la main gauche d'Ophiuchus	Balance. 28 ½ ⅓	B 16 ¼	4	μ
L'étoile qui est à l'orient de celles de la main	Scorp... 8 ⅙	B 16 ¼	5	ν
Celle qui vient après la jambe droite de derrière d'Ophiuchus	Scorp... 23 ⅔	B 10 ½	4	o
La plus méridionale des deux qui la suivent	Scorp... 27	B 8 ½	4	ξ
La plus boréale de ces étoiles	Scorp... 27 ½ ⅓	B 10 ½ ⅓	4	o
Celle qui est après la main droite sur la courbure de la queue	Sagitt.. 3 ⅔	B 20	4	ζ
La suivante de celle-ci pareillement sur la queue	Sagitt.. 8 ⅔	B 21 ⅛	4	η
Celle qui est à l'extrémité de la queue	Sagitt.. 18 ⅓	B 27	4	θ
En tout dix-huit étoiles, dont cinq de la 3ᵉ grandeur, douze de la 4ᵉ, une de la 5ᵉ.				
CONSTELLATION DE LA FLÈCHE.				
L'étoile isolée de la pointe	Capric.. 16	B 39 ⅓	4	γ
L'orientale des trois qui sont dans le roseau (de la flèche)	Capric.. 6 ⅔	B 39 ⅛	6	ζ
Celle qui fait le milieu des trois	Capric.. 5 ½ ⅓	B 39 ½ ⅓	5	δ
L'occidentale des trois	Capric.. 4 ⅔	B 39	5	α
Celle qui est à l'extrémité échancrée	Capric.. 3 ⅔	B 37 ⅔	5	β
En tout cinq étoiles, dont une de la 4ᵉ grandeur, trois de la 5ᵉ, une de la 6ᵉ.				
CONSTELLATION DE L'AIGLE.				
L'étoile du milieu de la tête	Capric.. 7 ¼	B 26 ½ ⅓	4	τ
Celle qui est à l'occident de celle-ci et sur le col	Capric.. 4 ½ ⅓	B 27 ⅔	3	β
La brillante nommée l'aigle, sur l'occiput	Capric.. 3 ½ ⅓	B 29 ⅛	2	α
Celle qui en est tout près du côté des ourses	Capric.. 4 ⅔	B 30	3	o
L'occidentale des deux dans l'épaule gauche	Capric.. 3 ⅔	B 31 ½	3	γ
L'orientale de ces deux	Capric.. 6	B 21 ½	5	φ
L'occidentale des deux dans l'épaule droite	Sagitt... 29 ⅔	B 28 ⅔	5	μ

Α. ΜΟΡΦΩΣΕΙΣ.	Β. ΜΗΚΟΥΣ ΜΟΙΡΑΙ.	Γ. ΠΛΑΤΟΥΣ Μ.	Δ. ΜΕΓΕΘΟΣ.
Ο ἑπόμενος αὐτῷ.................................	Αἰγόκερω... α ς''	Β κς γ''	ε
Ο ἁπτόμενος τοῦ γαλαξίου ὑπὸ τὴν οὐρὰν τοῦ ἀετοῦ ἀπωτέρω....	Τοξότου... κϛ ς''	Β λϛ γ''	γ
Απαντες ἀστέρες θ̄, ὧν δευτέρου μεγέθους ᾱ, τρίτου δ̄, τετάρτου ᾱ, πέμπτου γ̄.			
ΟΙ ΠΕΡΙ ΤΟΝ ΑΕΤΟΝ, ΕΦ' ΩΝ Ο ΑΝΤΙΝΟΟΣ.			
Τῶν ἀπὸ νότου τῆς κεφαλῆς τοῦ ἀετοῦ β̄ ὁ προηγούμενος........	Αἰγόκερω.. γ γ°	Β κα γ°	γ
Ο ἑπόμενος αὐτῶν.............................	Αἰγόκερω.. θ ς'' γ''	Β ιθ ς''	γ
Ο ἀπὸ νότου καὶ λιβὸς τοῦ δεξιοῦ ὤμου τοῦ ἀετοῦ.............	Τοξότου... κϛ	Β κε	δ
Ο τούτου ἀπὸ μεσημβρίας........................	Τοξότου.... κη ς''	Β κ	γ
Ο ἔτι τούτου νοτιώτερος........................	Τοξότου... κθ γ°	Β ιε ς''	ε
Ο πάντων προηγούμενος.........................	Τοξοτου... κα ς''	Β ιη ς''	γ
Απαντες ἀστέρες ϛ̄, ὧν τρίτου μεγέθους δ̄, τετάρτου ᾱ, πέμπτου ᾱ.			
ΔΕΛΦΙΝΟΣ ΑΣΤΕΡΙΣΜΟΣ.			
Τῶν ἐν τῇ οὐρᾷ τριῶν ὁ προηγούμενος....................	Αἰγόκερω.. ιζ γ°	Β κθ ς''	γ
Τῶν λοιπῶν β̄ ὁ βορειότερος.......................	Αἰγωκερω.. ιη γ°	Β κθ	δ
Ο νοτιώτερος αὐτῶν............................	Αἰγόκερω.. ιη γ''	Β κϛ ς'' δ''	δ
Τῶν ἐν τῷ ῥομβοειδεῖ τετραπλεύρῳ τῆς προηγουμένης πλευρᾶς ὁ νότιος...........................	Αἰγόκερω.. ιη ς''	Β λδ	γ
Ο βορειότερος τῆς προηγουμένης τῆς πλευρᾶς..................	Αἰγόκερω.. κ ς''	Β λγ γ''	γ
Τῆς ἑπομένης τοῦ ῥόμβου πλευρᾶς ὁ νότιος...............	Αἰγόκερω.. κα γ''	Β λδ	γ
Ο βόρειος τῆς ἑπομένης πλευρᾶς.....................	Αἰγόκερω.. κγ ς''	Β λγ ς''	γ
Τῶν μεταξὺ τῆς οὐρᾶς καὶ τοῦ ῥόμβου γ̄ ὁ νότιος.............	Αἰγόκερω.. ιζ ς''	Β λ δ''	ϛ
Τῶν λοιπῶν β̄ τῶν βορείων ὁ προηγούμενος.................	Αἰγόκερω.. ιζ γ''	Β λα ς'' γ''	ϛ
Ο λοιπὸς καὶ ὁ ἑπόμενος αὐτῶν.....................	Αἰγόκερω.. ιθ	Β λα ς''	ϛ
Απαντες ἀστέρες ῑ, ὧν τρίτου μεγέθους ε̄, τετάρτου β̄, ἕκτου γ̄.			
ΙΠΠΟΥ ΠΡΟΤΟΜΗΣ ΑΣΤΕΡΙΣΜΟΣ.			
Τῶν ἐν τῇ κεφαλῇ β̄ ὁ προηγούμενος....................	Αἰγόκερω.. κϛ γ°	Β κ ς''	ἄμαυρ
Ο ἑπόμενος αὐτῶν............................	Αἰγόκερω.. κη	Β κ γ°	ἄμαυρ
Τῶν ἐν τῷ στόματι β̄ ὁ προηγούμενος..................	Αἰγόκερω.. κϛ γ''	Β κε ς''	ἄμαυρ
Ο ἑπόμενος αὐτῶν............................	Αἰγόκερω.. κϛ γ°	Β κε	ἄμαυρ
Απαντες ἀστέρες δ̄ ἀμαυροί.			
ΙΠΠΟΥ ΑΣΤΕΡΙΣΜΟΣ.			
Ο ἐπὶ τοῦ ὀμφαλοῦ, κοινὸς τῆς κεφαλῆς τῆς Ἀνδρομέδας........	Ἰχθύων.... ιζ ς'' γ''	Β κϛ	β
Ο ἐπὶ τῆς ὀσφύος καὶ ἄκρου τοῦ πτεροῦ..............	Ἰχθύων.... ιϛ ς''	Β ιϛ ς''	β
Ο ἐπὶ τοῦ δεξιοῦ ὤμου καὶ τῆς τοῦ ποδὸς ἐκφύσεως...........	Ἰχθύων.... β ς''	Β λα	β
Ο ἐπὶ τοῦ μεταφρένου καὶ τοῦ ὤμου τῆς πτέρυγος...........	Ὑδροχόου.. κϛ γ°	Β ιθ γ°	β
Τῶν ἐν τῷ σώματι ὑπὸ τὴν πτέρυγα β̄ ὁ βορειότερος..........	Ἰχθύων.... δ ς''	Β κε ς''	δ
Ο νοτιώτερος αὐτῶν...........................	Ἰχθύων.... ε	Β κε	γ
Τῶν ἐν τῷ δεξιῷ γόνατι β̄ ὁ βορειότερος.................	Ὑδροχόου.. κθ	Β λϛ	ε
Ο νοτιώτερος αὐτῶν...........................	Ὑδροχόου.. κη ς''	Β λδ ς''	δ
Τῶν ἐν τῷ στήθει δύο συνέγγυς ὁ προηγούμενος..............	Ὑδροχόου.. κϛ ς''	Β κθ	δ
Ο ἑπόμενος αὐτῶν............................	Ὑδροχόου.. κζ	Β κθ ς''	δ
Τῶν ἐν τῷ τραχήλῳ δύο συνέγγυς ὁ προηγούμενος.............	Ὑδροχόου.. ιη ς'' γ''	Β ιη	γ
Ο ἑπόμενος αὐτῶν............................	Ὑδροχόου.. κ ς''	Β ιθ	δ
Τῶν ἐπὶ τῆς χαίτης β̄ ὁ νοτιώτερος...................	Ὑδροχόου.. κα γ''	Β ιϛ	ε
Ο βορειότερος αὐτῶν...........................	Ὑδροχόου.. κ ς''	Β ιϛ	ε

I. CONFIGURATIONS.	2. DEGRÉS DE LONGITUDE.	3. DEGRÉS DE LATITUDE.	4. GRANDEUR.	LETTRES SELON BAYER.
Celle qui la suit...	Capric.. 1 1/6	B 26 1/3	5	σ
Celle qui plus loin sous la queue, touche la voie lactée....	Sagitt... 22 1/6	B 36 1/3	3	ζ
En tout neuf étoiles, dont une de la 2de grandeur, quatre de la 3e, une de la 4e, trois de la 5e.				
ÉTOILES AUTOUR DE L'AIGLE DESQUELLES EST FORMÉ ANTINOUS.				
L'occidentale des deux qui sont au midi de la tête de l'aigle.	Capric.. 3 2/3	B 21 2/3	3	η
La suivante ou orientale de ces deux....................	Capric.. 9 1/2 1/3	B 19 1/6	3	θ
La mérid. et au vent d'Afrique, de l'épaule droite de l'aigle.	Sagitt... 26	B 25	4	δ
Celle au midi de cette dernière........................	Sagitt... 28 1/2	B 20	3	ι
L'étoile encore plus méridionale que celle-ci............	Sagitt... 29 2/3	B 15 1/2	5	κ
L'occidentale de toutes...............................	Sagitt... 21 1/2	B 18 1/6	3	λ
En tout six étoiles, dont quatre de la 3e grandeur, une de la 4e, une de la 5e.				
CONSTELLATION DU DAUPHIN.				
L'occidentale des trois dans la queue..................	Capric.. 17 2/3	B 29 1/6	3	ε
La plus boréale des deux autres.......................	Capric.. 18 2/3	B 29	4	ι
La plus méridionale de celles-ci......................	Capric.. 18 1/3	B 27 1/2 1/4	4	κ
La méridionale des étoiles qui sont dans le côté occidental du quadrilatère rhomboïde..........................	Capric.. 18 1/2	B 32	3	β
La plus boréale du côté occidental....................	Capric.. 26	B 33 1/3	3	α
La méridionale du côté oriental du rhombe.............	Capric.. 21 1/3	B 32	3	δ
La boréale du côté oriental...........................	Capric.. 23 1/6	B 33 1/6	3	γ
La méridionale des trois entre la queue et le rhombe....	Capric.. 17 1/2	B 30 1/4	6	η
L'occidentale des deux autres boréales................	Capric.. 17 1/3	B 31 1/2 1/3	6	ζ
La restante et orientale de ces étoiles................	Capric.. 19	B 31 1/2	6	θ
En tout dix étoiles, dont cinq de la 3e grandeur, deux de la 4e, trois de la 6e.				
CONSTELLATION DE LA SECTION ANTÉRIEURE DU CHEVAL.				
L'occidentale des deux de la tête.....................	Capric.. 26 2/3	B 20 1/2	obsc.	α
L'orientale ou la suivante de ces étoiles..............	Capric.. 28	B 20 2/3	obsc.	β
L'occidentale des deux de la bouche..................	Capric.. 26 1/3	B 25 1/2	obsc.	γ
L'orientale de ces deux..............................	Capric.. 27 1/3	B 25	obsc.	δ
En tout quatre étoiles obscures.				
CONSTELLATION DU CHEVAL.				
L'ét. sur le nombril, et qui est com.une à la tête d'Andromède.	Poiss... 17 1/2 1/3	B 26	2	α
Celle qui est sur les reins, et au bout de l'aîle..	Poiss... 12 1/2 1/6	B 12 1/2	2	γ
Celle qui est sur l'épaule droite et à la naissance du pied.	Poiss... 2 1/6	B 31	2	β
Celle qui est sous le col près de l'épaule et de l'aîle.......	Verseau. 26 2/3	B 19 2/3	2	α
La plus boréale des deux du corps, sous l'aîle..........	Poiss... 4 1/2	B 25 1/2	4	τ
La plus méridionale de ces deux......................	Poiss... 5	B 25	4	υ
La plus boréale des deux au genou droit...............	Verseau. 29	B 35	3	η
La plus méridionale de celles-ci......................	Verseau. 28 1/3	B 34 1/2	5	o
L'occidentale des deux voisines dans la poitrine.........	Verseau. 26 1/2	B 29	4	λ
L'orientale de ces deux..............................	Verseau. 27	B 29 1/2	4	μ
L'occidentale des deux voisines dans le col............	Verseau. 18 1/2 1/3	B 18	3	ζ
L'orientale de celles-ci..............................	Verseau. 20 1/3	B 19	4	ξ
La plus méridionale des deux de la crinière............	Verseau. 21 1/3	B 15	5	ρ
La plus boréale d'entr'elles...........................	Verseau. 20 1/2	B 16	5	σ

Α. ΜΟΡΦΩΣΕΙΣ.	Β. ΜΗΚΟΥΣ ΜΟΙΡΑΙ.	Γ. ΠΛΑΤΟΥΣ Μ.	Δ. ΜΕΓΕΘΟΣ.
Τῶν ἐπὶ τῆς κεφαλῆς β̄ συνέγγυς ὁ βορειότερος	Ὑδροχόου.. 0 ς''	Β ις ς'' γ''	γ
Ὁ νοτιώτερος αὐτῶν	Ὑδροχόου.. η	Β ις	δ
Ὁ ἐν τῷ ῥύγχει	Ὑδροχόου.. ε γ''	Β κδ ς''	γ
Ὁ ἐν τῷ δεξιῷ σφυρῷ	Ὑδροχόου.. κγ γ°''	Β μα ς''	δ
Ὁ ἐπὶ τοῦ ἀριςεροῦ γόνατος	Ὑδροχόου.. ιζ γ°	Β λδ δ''	δ
Ὁ ἐν τῷ ἀριςερῷ σφυρῷ	Ὑδροχόου.. ιβ γ''	Β λς ς'' γ''	δ

Ἀπάντες ἀςέρες κ̄, ὧν δευτέρου μεγέθους δ, τρίτου δ, τετάρτου θ, πέμπτου γ̄.

ΑΝΔΡΟΜΕΔΑΣ ΑΣΤΕΡΙΣΜΟΣ.

Α.	Β.	Γ.	Δ.
Ὁ ἐν τῷ μεταφρένῳ	Ἰχθύων.... κε γ''	Β κδ ς''	γ
Ὁ ἐν τῷ δεξιῷ ὤμῳ	Ἰχθύων.... κς γ''	Β κζ	δ
Ὁ ἐν τῷ ἀριςερῷ ὤμῳ	Ἰχθύων.... κδ γ''	Β κγ	δ
Τῶν ἐπὶ τοῦ δεξιοῦ βραχίονος β̄ ὁ νότιος	Ἰχθύων.... κγ γ°	Β λβ	δ
Ὁ βορειότερος αὐτῶν	Ἰχθύων.... κδ γ°	Β λγ ς''	δ
Ὁ μέσος τῶν τριῶν	Ἰχθύων.... κε	Β λς γ''	ε
Τῶν ἐπὶ τοῦ δεξιοῦ ἀκρόχειρον β̄ ὁ νότιος	Ἰχθύων.... ιε γ°''	Β μα	δ
Ὁ μέσος αὐτῶν	Ἰχθύων.... κ γ°''	Β μβ	δ
Ὁ βόρειος τῶν τριῶν	Ἰχθύων.... κβ ς''	Β μδ	δ
Ὁ ἐπὶ τοῦ ἀριςεροῦ βραχίονος	Ἰχθύων.... κδ ς''	Β ιζ ς''	δ
Ὁ ἐπὶ τοῦ ἀριςεροῦ ἀγκῶνος	Ἰχθύων.... κε γ°	Ν ιε ς'' γ''	δ
Τῶν ὑπὲρ τὸ περίζωμα τριῶν ὁ νοτιώτερος	Κριοῦ.... γ ς'' γ''	Β κε γ''	γ
Ὁ μέσος αὐτῶν	Κριοῦ.... α ς'' γ''	Β λ	δ
Ὁ βόρειος τῶν τριῶν	Κριοῦ.... β	Β λς ς''	δ
Ὁ ὑπὲρ τὸν ἀριςερὸν πόδα	Κριοῦ.... ις ς'' γ''	Β κη	γ
Ὁ ἐν τῷ δεξιῷ ποδί	Κριοῦ.... ιζ ς''	Β λζ γ''	δ
Ὁ τούτου νοτιώτερος	Κριοῦ.... ιε ς''	Β λε γ°	δ
Τῶν ἐπὶ τῆς ἀριςερᾶς ἀγκύλης β̄ ὁ βορειότερος	Κριοῦ.... ιβ γ''	Β κθ	δ
Ὁ νοτιώτερος αὐτῶν	Κριοῦ.... ιβ	Β κη	δ
Ὁ ἐπὶ τοῦ δεξιοῦ γόνατος	Κριοῦ.... ι ς''	Β λε ς''	ε
Τῶν ἐν τῷ σύρματι β̄ ὁ βορειότερος	Κριοῦ.... ιβ γ°	Ν λθ ς''	ε
Ὁ νοτιώτερος αὐτῶν	Κριοῦ.... ιδ ς''	Ν λς ς''	ε
Ὁ ἐκτὸς καὶ προηγούμενος τῶν ἐν τῷ δεξιῷ ἀκροχείρῳ β̄	Ἰχθύων.... ια γ°	Β μα	γ

Ἀπάντες ἀςέρες κγ̄, ὧν τρίτου μεγέθους δ, τετάρτου ιε̄, πέμπτου δ̄.

ΤΡΙΓΟΝΟΥ ΑΣΤΕΡΙΣΜΟΣ.

Α.	Β.	Γ.	Δ.
Ὁ ἐν τῇ κορυφῇ τοῦ τριγώνου	Κριοῦ.... ια	Β ις ς''	γ
Τῶν ἐπὶ τῆς βάσεως τριῶν ὁ προηγούμενος	Κριοῦ.... ις	Β κ γ°	γ
Ὁ μέσος αὐτῶν	Κριοῦ.... ις γ''	Β ιθ γ°	δ
Ὁ ἐπόμενος τῶν τριῶν	Κριοῦ.... ις ς'' γ''	Β ιθ	γ

Ἀςέρες δ̄, ὧν τρίτου μεγέθους γ̄, τετάρτου ᾱ.

Καὶ ὁμοῦ οἱ ἐπὶ τοῦ βορείου μέρους ἀπάντες ἀςέρες τξ̄, ὧν πρώτου μεγέθους γ̄, δευτέρου ιη̄, τρίτου πᾱ, τετάρτου ροζ̄, πέμπτου νη̄, ἕκτου ιγ̄, ἀμαυροὶ θ̄, νεφελοειδὴς ᾱ.

1. CONFIGURATIONS.	2. DEGRÉS DE LONGITUDE.	3. DEGRÉS DE LATITUDE.	4. GRANDEUR.	LETTRES SELON BAYER.
La plus boréale des deux voisines sur la tête............	Verseau. 9 $\frac{1}{8}$	b 16 $\frac{1}{2}$ $\frac{1}{3}$	3	θ
La plus méridionale d'entr'elles......................	Verseau. 8	b 16	4	ν
L'étoile dans l'ouverture de la bouche...............	Verseau. 5 $\frac{1}{2}$	b 22 $\frac{1}{2}$	3	ε
Celle de la cheville droite.......................	Verseau. 23 $\frac{1}{2}\frac{1}{3}$	b 41 $\frac{1}{6}\frac{1}{4}$	4	π
L'étoile qui est sur le genou gauche.................	Verseau. 17 $\frac{1}{2}\frac{1}{4}$	b 34 $\frac{1}{6}\frac{1}{4}$	4	ι
Celle de la cheville gauche.......................	Verseau. 12 $\frac{1}{3}$	b 36 $\frac{1}{2}$ $\frac{1}{3}$	4	$\varkappa$
En tout vingt étoiles, quatre de la 2e grandeur, quatre de la 3e, neuf de la 4e, trois de la 5e.				

CONSTELLATION D'ANDROMÈDE.				
L'étoile qui est dans l'occiput, la nuque.............	Poissons. 25 $\frac{1}{2}$	b 24 $\frac{1}{2}$	3	δ
Celle de l'épaule droite......................	Poissons. 26 $\frac{1}{2}$	b 27	4	ϵ
Celle de l'épaule gauche......................	Poissons. 24 $\frac{1}{3}$	b 23	4	ε
La méridionale des trois sur le bras droit............	Poissons. 23 $\frac{1}{2}$	b 32	4	6
La plus boréale de ces étoiles....................	Poissons. 24 $\frac{1}{3}$	b 33 $\frac{1}{2}$	4	θ
Celle du milieu de ces étoiles...................	Poissons. 25	b 32 $\frac{1}{3}$	5	ρ
La méridionale des trois du bout de la main droite.......	Poiss. 15 (19) $\frac{2}{3}$	b 41	4	ι
Celle du milieu.........................	Poissons. 20 $\frac{2}{3}$	b 42	4	$\varkappa$
La boréale de ces trois.......................	Poissons. 22 $\frac{1}{6}$	b 44	4	λ
Celle qui est sur le bras gauche................,...	Poissons. 24 $\frac{1}{6}$	b 17 $\frac{1}{2}$	4	ζ
Celle du coude gauche.......................	Poissons. 25 $\frac{1}{6}$	b 15 $\frac{1}{2}$ $\frac{1}{3}$	4	η
La plus méridionale des trois sous la ceinture.........	Bélier.. 3 $\frac{1}{2}\frac{1}{3}$	b 25 $\frac{1}{3}$	3	β
L'étoile du milieu de celles-ci......................	Bélier... 1 $\frac{1}{2}$	b 30	4	μ
La boréale des trois........................	Bélier... 2	b 32 $\frac{1}{2}$	4	ν
Celle qui est au-dessus du pied gauche...............	Bélier... 16 $\frac{1}{2}\frac{1}{3}$	b 28	3	γ
Celle du pied droit........................	Bélier... 17 $\frac{1}{6}$	b 37 $\frac{1}{2}\frac{1}{3}$	4	φ
L'étoile plus méridionale que celle-ci................	Bélier... 15 $\frac{1}{2}\frac{1}{6}$	b 35 $\frac{1}{2}\frac{1}{3}$	4	2. ν.
La plus boréale des deux qui sont au jarret gauche......	Bélier.. 12 $\frac{1}{3}$	b 29	4	1. ν.
La plus méridionale de ces étoiles..................	Bélier.. 12	b 28	4	4. τ.
Celle du genou droit.......................	Bélier.. 10 $\frac{1}{6}$	b 35 $\frac{1}{2}$	5	φ
La plus boréale des deux dans le bord de la robe.......	Bélier.. 12 $\frac{1}{2}$	b 34 $\frac{1}{2}$	5	ζ
La plus méridionale de ces deux....................	Bélier.. 14 $\frac{1}{6}$	b 32 $\frac{1}{2}$	5	λ
La précédente en dehors des trois de l'extrémité de la main droite......................................	Poissons. 11 $\frac{2}{3}$	b 41	3	
En tout vingt-trois étoiles, dont quatre de la 3e grandeur, quinze de la 4e, quatre de la 5e.				

CONSTELLATION DU TRIANGLE.				
L'étoile au sommet du triangle......................	Bélier.. 11	b 16 $\frac{1}{2}$	3	α
La précédente des trois à la base....................	Bélier.. 16	b 20 $\frac{2}{3}$	3	β
L'étoile du milieu d'entr'elles......................	Bélier.. 16 $\frac{1}{2}$	b 19 $\frac{1}{3}$	4	δ
L'orientale des trois.......................	Bélier.. 16 $\frac{1}{2}\frac{1}{3}$	b 19	3	γ
En tout quatre étoiles, dont 3 de la 3e grandeur, une de la 4e.				

Ainsi les étoiles de la partie boréale sont au nombre de 360 : 3 de la 1re grandeur, 18 de la 2e, 81 de la 3e, 177 de la 4e, 58 de la 5e, 13 de la 6e, 9 obscures, et 1 nébuleuse.

ΤΩΝ ΕΝ ΤΩ ΖΩΔΙΑΚΩ ΒΟΡΕΙΩΝ ΖΩΔΙΩΝ ΑΣΤΕΡΙΣΜΟΣ.

Α. ΜΟΡΦΩΣΕΙΣ.	Β. ΜΗΚΟΥΣ ΜΟΙΡΑΙ.	Γ. ΠΛΑΤΟΥΣ Μ.	Δ. ΜΕΓΕΘΟΣ.
ΚΡΙΟΥ ΑΣΤΕΡΙΣΜΟΣ.			
Τῶν ἐπὶ τοῦ κέρως β ὁ προηγούμενος	Κριοῦ ς γ°	Β ζ γ″	γ
Ὁ ἑπόμενος αὐτῶν	Κριοῦ ζ γ°	Β η γ″	γ
Τῶν ἐπὶ τοῦ ῥύγχους β ὁ βορειότερος	Κριοῦ ια	Β ζ γ°	ε
Ὁ νοτιώτερος αὐτῶν	Κριοῦ ια ς″	Β ς	ε
Ὁ ἐπὶ τοῦ τραχήλου	Κριοῦ ς ς″	Β ε ς″	ε
Ὁ ἐπὶ τῆς ὀσφύος	Κριοῦ ιζ γ°	Β ς	ς
Ὁ ἐπὶ τῆς ἐκφύσεως τῆς οὐρᾶς	Κριοῦ κα γ″	Β δ ς″ γ″	ε
Τῶν ἐν τῇ οὐρᾷ γ ὁ προηγούμενος	Κριοῦ κγ ς″ γ″	Β α γ°	δ
Ὁ μέσος τῶν τριῶν	Κριοῦ κε γ′	Β θ ς″	δ
Ὁ ἑπόμενος αὐτῶν	Κριοῦ κζ	Β α ς″	δ
Ὁ ἐν τῷ ὀπισθομήρῳ	Κριοῦ ιθ γ°	Β α ς″	ε
Ὁ ὑπὸ τὴν ἀγκύλην	Κριοῦ ιη	Ν α ς″	ε
Ὁ ἐπὶ τοῦ ὀπισθίου ἀκρόποδος	Κριοῦ ιε	Ν ε δ″	δ

Ἀςέρες ιγ, ὧν τρίτου μεγέθους β, τετάρτου δ, πέμπτου ς, ἕκτου α.

Α. ΜΟΡΦΩΣΕΙΣ.	Β. ΜΗΚΟΥΣ ΜΟΙΡΑΙ.	Γ. ΠΛΑΤΟΥΣ Μ.	Δ. ΜΕΓΕΘΟΣ.
ΟΙ ΠΕΡΙ ΤΟΝ ΚΡΙΟΝ ΑΜΟΡΦΩΤΟΙ.			
Ὁ ὑπὲρ τὴν κεφαλὴν ὃν Ἵππαρχος ἐπὶ τοῦ τραχήλου (τίθησι)	Κριοῦ ι γ″	Β ι ς″	γ
Τῶν ὑπὲρ τὴν ὀσφὺν δ ὁ ἑπόμενος καὶ λαμπρότερος	Κριοῦ κα γ°	Β ι ς″	δ
Τῶν λοιπῶν τριῶν καὶ ἀμαυροτέρων ὁ βορειότερος	Κριοῦ κα γ″	Β ιβ γ°	ε
Ὁ μέσος τῶν τριῶν	Κριοῦ ιθ γ°	Β ια ς″	ε
Ὁ νότιος αὐτῶν	Κριοῦ ιθ ς″	Β ι γ°	ε

Ἀςέρες ε, ὧν τρίτου μεγέθους α, τετάρτου α, πέμπτου γ.

Α. ΜΟΡΦΩΣΕΙΣ.	Β. ΜΗΚΟΥΣ ΜΟΙΡΑΙ.	Γ. ΠΛΑΤΟΥΣ Μ.	Δ. ΜΕΓΕΘΟΣ.
ΤΑΥΡΟΥ ΑΣΤΕΡΙΣΜΟΣ.			
Τῶν ἐν τῇ ἀποτομῇ δ ὁ βόρειος	Κριοῦ κς γ″	Ν ς	δ
Ὁ ἐχόμενος αὐτοῦ	Κριοῦ κς	Ν ζ δ″	δ
Ὁ ἔτι τούτου ἐχόμενος	Κριοῦ κδ γ″	Ν η ς″	δ
Ὁ νοτιώτατος τῶν τεσσάρων	Κριοῦ κδ γ″	Ν θ δ″	δ
Ὁ τούτοις ἑπόμενος ἐπὶ τῆς δεξιᾶς ὠμοπλάτης	Κριοῦ κθ γ°	Ν θ ς″	ε
Ὁ ἐν τῷ ςήθει	Ταύρου γ γ°	Ν η	γ
Ὁ ἐπὶ τοῦ δεξιοῦ γόνατος	Ταύρου ς γ°	Ν ιβ γ°	δ
Ὁ ἐπὶ τοῦ δεξιοῦ σφυροῦ	Ταύρου γ	Ν ιδ ς″ γ″	δ
Ὁ ἐπὶ τοῦ ἀριςεροῦ γόνατος	Ταύρου ιβ ς″	Ν ι	δ
Ὁ ἐπὶ τοῦ ἀριςεροῦ πήχεως	Ταύρου ιγ	Ν ιγ	δ
Τῶν ἐν τῷ προσώπῳ καλουμένων ὑάδων ὁ ἐπὶ τῶν μυκτήρων	Ταύρου θ	Ν ε ς″ δ″	γ
Ὁ μεταξὺ τούτου καὶ τοῦ βορείου ὀφθαλμοῦ	Ταύρου ι γ″	Ν δ δ″	γ
Ὁ μεταξὺ αὐτοῦ καὶ τοῦ νοτίου ὀφθαλμοῦ	Ταύρου ι ς″ γ″	Ν ε ς″ γ″	γ
Ὁ λαμπρὸς τῶν ὑάδων ἐπὶ τοῦ νοτίου ὀφθαλμοῦ ὑπόκιρρος	Ταύρου ιβ γ°	Ν ε ς″	α
Ὁ λοιπὸς καὶ ἐπὶ τοῦ βορείου ὀφθαλμοῦ	Ταύρου ιβ ς″ γ″	Ν γ	γ
Ὁ ἐπὶ τῆς ἐκφύσεως τοῦ νοτίου κέρατος καὶ τοῦ ὠτίου	Ταύρου ιζ ς″	Ν δ δ″	δ
Τῶν ἐπὶ τοῦ νοτίου κέρατος β ὁ νοτιώτερος	Ταύρου κ γ″	Ν ε	ε
Ὁ βορειότερος αὐτῶν	Ταύρου κ	Ν γ ς″	ε
Ὁ ἐπ᾿ ἄκρου τοῦ νοτίου κέρατος	Ταύρου κς γ°	Ν β ς″	γ
Ὁ ἐπὶ τῆς ἐκφύσεως τοῦ βορείου κέρατος	Ταύρου ιε γ°	Ν δ δ″	δ
Ὁ ἐπ᾿ ἄκρου τοῦ βορείου κέρατος ὁ αὐτός τῷ ἐπὶ τοῦ δεξιοῦ ποδὸς τοῦ ἡνιόχου	Ταύρου κε γ°	Β σ	γ
Τῶν ἐν τῷ βορείῳ ὠτίῳ β σύνεγγυς ὁ βορειότερος	Ταύρου ιβ	Β ο ς″	ε
Ὁ νοτιώτερος αὐτῶν	Ταύρου ια γ°	Β ο δ″	ε
Τῶν ἐν τῷ τραχήλῳ β μικρῶν ὁ προηγούμενος	Ταύρου ζ	Β ο γ°	ε
Ὁ ἑπόμενος αὐτῷ	Ταύρου θ	Β α	ς

CONSTELLATIONS DES SIGNES BORÉAUX DU ZODIAQUE.

1. CONFIGURATIONS.	2. DEGRÉS DE LONGITUDE.	3. DEGRÉS DE LATITUDE.	4. GRANDEUR.	LETTRES SELON BAYER.
CONSTELLATION DU BÉLIER.				
L'étoile occidentale des deux sur la corne	Bélier.. 6 ⅔	B 7 ½ ⅓	3	γ
L'orientale de ces deux	Bélier.. 7 ½ ⅓	B 8 ½ ⅓	3	β
La plus boréale des deux du museau	Bélier.. 11	B 7 ⅓	5	η
La plus méridionale de celles-ci	Bélier.. 11 ½	B 6	5	θ
Celle qui est sur le col	Bélier.. 6 ½	B 5 ⅓	5	ι
Celle qui est sur les reins	Bélier.. 17 ⅔	B 6	6	υ
Celle de la racine de la queue	Bélier.. 21 ½	B 4 ½ ⅓	5	ε
L'occidentale des trois de la queue	Bélier.. 23 ½ ⅓	B 1 ⅓	4	δ
Celle du milieu des trois	Bélier.. 25 ½ ⅓	B 2 ½	4	ζ
L'orientale de ces étoiles	Bélier.. 27	B 1 ½ ⅓	4	τ
Celle qui est dans la jambe de derrière	Bélier.. 19 ⅔	B 1 ½	5	ρ
L'étoile qui est sous le jarret	Bélier.. 18	A 1 ½	5	σ
Celle de l'extrémité du pied de derrière	Bélier.. 15	A 5 ¼	4	μ
En tout treize étoiles, dont deux de la 3ᵉ grandeur, quatre de la 4ᵉ, six de la 5ᵉ, une de la sixième.				
INFORMES AUTOUR DU BÉLIER.				
L'étoile au-dessus de la tête, qu'Hipparque a placée dans le col	Bélier.. 10 ½	B 10 ½	3	α
L'orientale et brillante des quatre au-dessus des lombes	Bélier.. 21 ½	B 10 ½	4	41
La plus boréale des trois autres plus obscures	Bélier.. 21 ½	B 12 ⅓	5	39
Celle de ces trois qui est au milieu	Bélier.. 19 ½	B 11 ⅓	5	35
La méridionale de celles-ci	Bélier.. 19 ⅓	B 10 ⅓	5	33
Cinq étoiles, dont une de la 3ᵉ grandeur, une de la 4ᵉ, trois de la 5ᵉ.				
CONSTELLATION DU TAUREAU.				
La boréale des quatre dans la section	Bélier.. 26 ⅓	A 6	4	f
La voisine de celle-ci	Bélier.. 26	A 7 ¼	4	s
La voisine encore de cette dernière	Bélier.. 24 ⅓	A 8 ½	4	ξ
La plus méridionale des quatre	Bélier.. 24 ⅓	A 9 ¼	4	o
Celle qui les suit sur l'omoplate droite	Bélier.. 21 ½	A 9 ½	5	e
Celle qui est dans la poitrine	Taureau 3 ½ ⅓	A 8	3	λ
Celle qui est sur le genou droit	Taur... 6 ⅓	A 12 ⅔	4	μ
Celle de la cheville droite	Taur... 3	A 14 ½ ⅓	4	ν
Celle du genou gauche	Taur... 12 ⅙	A 10	4	1.c.
Celle du coude gauche	Taur... 13	A 13	4	d
Celle des étoiles appelées Hyades, dans la face, aux naseaux	Taur... 9	A 5 ½ ¼	3	γ
L'étoile entre celle-ci et l'œil boréal	Taur... 10 ⅓	A 4 ½ ¼	3	1.δ
Celle d'entre la même et l'œil méridional	Taur... 10 ½ ⅓	A 5 ½ ⅓	3	2θ
La brillante des Hyades sur l'œil austral, rougeâtre	Taur... 12 ⅔	A 5 ⅙	1	α
La dernière et sur l'œil boréal	Taur... 12 ½ ⅓	A 3	3	ε
Celle qui est à la naissance de la corne australe et de l'oreille	Taur... 17 ½	A 0 ¼	4	i
La plus méridionale des deux sur la corne méridionale	Taur... 20 ⅓	A 5	5	m
La plus boréale de ces étoiles	Taur... 20	A 3 ½	5	2.l.
Celle qui est au bout de la corne méridionale	Taur... 27 ⅔	A 2 ½	3	ζ
Celle qui est à la naissance de la corne boréale	Taur... 15 ½	A 0 ¼	4	τ
Celle qui est au bout de la corne boréale, la même que celle du pied droit du cocher	Taur... 25 ⅓	B 6	3	β
La plus boréale de deux voisines dans l'oreille boréale	Taur... 12	B 0 ⅓	5	υ
La méridionale de celles-ci	Taur... 11 ½	B 0 ¼	5	1.x.
L'occidentale des deux petites qui sont dans le col	Taur... 7	B 0 ⅓	5	1.ω.
La suivante de celle-ci	Taur... 9	B 1	6	2.ω.

A. ΜΟΡΦΩΣΕΙΣ.	B. ΜΗΚΟΥΣ ΜΟΙΡΑΙ.	Γ. ΠΛΑΤΟΥΣ Μ.	Δ. ΜΕΓΕΘΟΣ.
Τοῦ ἐν τῷ αὐχένι τετραπλεύρου τῆς προηγουμένης πλευρᾶς ὁ νοτιώτατος.	Ταύρου.... η	Β ε	ε
Ὁ βορειότερος τῆς προηγουμένης πλευρᾶς.	Ταύρου.... η ς″	Β. ζ γ″	ε
Τῆς ἑπομένης πλευρᾶς ὁ νοτιώτερος.	Ταύρου.... ιβ	Β γ	ε
Ὁ βορειότερος τῆς ἑπομένης πλευρᾶς.	Ταύρου.... ια γº	Β ε	ε
Τῆς πλειάδος τὸ βόρειον πέρας τῆς ἡγουμένης πλευρᾶς.	Ταύρου... β ς″	Β δ ς″	ε
Τὸ νότιον πέρας τῆς ἡγουμένης πλευρᾶς.	Ταύρου... β ς″	Β γ γº	ε
Τὸ ἑπόμενον καὶ ςενώτατον πέρας τῆς πλειάδος.	Ταύρου... γ γº	Β γ γº	ε
Ὁ ἕκτος καὶ μικρὸς τῆς πλειάδος ἀπ' ἄρκτων.	Ταύρου... γ″ γº	Β ε	δ
Ἀςέρες λβ, ὧν πρώτου μεγέθους α, τρίτου ς, τετάρτου ια, πέμπτου ιγ, ἕκτου α.			
ΟΙ ΠΕΡΙ ΤΟΝ ΤΑΥΡΟΝ ΑΜΟΡΦΩΤΟΙ.			
Ὁ ὑπὸ τὸν δεξιὸν πόδα καὶ τὴν ὠμοπλάτην.	Κριοῦ..... κε	Ν ιζ ς″	δ
Τῶν ὑπὲρ τὸ νότιον κέρας γ ὁ προηγούμενος.	Ταύρου.... κ	Ν β	ε
Ὁ μέσος τῶν τριῶν.	Ταύρου.... κα	Ν α ς″ δ″	ε
Ὁ ἑπόμενος αὐτῶν.	Ταύρου.... κς	Ν β	ε
Τῶν ὑπὸ τὸ ἄκρον τοῦ νοτίου κέρατος β ὁ βορειότερος.	Ταύρου.... κθ	Ν ς γ″	ε
Ὁ νοτιώτερος αὐτῶν.	Ταύρου.... κθ	Ν ζ γº	ε
Τῶν ὑπὸ τὸ βόρειον κέρας ε ἑπομένων ὁ προηγούμενος.	Ταύρου.... κζ	Β γº	ε
Ὁ τούτῳ ἑπόμενος.	Ταύρου.... κθ	Β α	ε
Ὁ ἔτι τούτῳ ἑπόμενος.	Διδύμων... α	Β α γ″	ε
Τῶν λοιπῶν καὶ ἑπομένων β ὁ βορειότερος.	Διδύμων... β γ″	Β γ γ″	ε
Ὁ νοτιώτερος αὐτῶν.	Διδύμων... γ γ″	Β α δ″	ε
Ἀςέρες ια, ὧν τετάρτου μεγέθους α, πέμπτου ι.			
ΔΙΔΥΜΩΝ ΑΣΤΕΡΙΣΜΟΣ.			
Ὁ ἐπὶ τῆς κεφαλῆς τοῦ ἡγουμένου διδύμου.	Διδύμων... κγ γ″	Β θ ς″	β
Ὁ ἐπὶ τῆς κεφαλῆς τοῦ ἑπομένου διδύμου ὑπόκιρρος.	Διδύμων... κς γº	Β ς δ″	β
Ὁ ἐν τῷ ἀριςερῷ πήχει τοῦ ἡγουμένου διδύμου.	Διδύμων... ις γº	Β ι	δ
Ὁ ἐν τῷ βραχίονι.	Διδύμων... ιη γº	Β ζ γ″	δ
Ὁ ἑπόμενος αὐτῷ καὶ κατὰ τοῦ μεταφρένου.	Διδύμων... κβ	Β ε ς″	δ
Ὁ τούτῳ ἑπόμενος ἐπὶ τοῦ δεξιοῦ ὤμου τοῦ αὐτοῦ διδύμου.	Διδύμων... κδ	Β θ ς″ γ″	δ
Ὁ ἐπὶ τοῦ ἑπομένου ὤμου τοῦ ἑπομένου διδύμου.	Διδύμων... κς γº	Β β γº	θ
Ὁ ἐπὶ τοῦ δεξιοῦ πλευροῦ τοῦ προηγουμένου διδύμου.	Διδύμων... κα γº	Β β γº	ε
Ὁ ἐπὶ τοῦ ἀριςεροῦ πλευροῦ τοῦ ἑπομένου διδύμου.	Διδύμων... κς ς″	Β γ γ″	ε
Ὁ ἐπὶ τοῦ ἀριςεροῦ γόνατος τοῦ ἡγουμένου διδύμου.	Διδύμων... ιγ	Β α ς″	γ
Ὁ ὑπὸ τὸ ἀριςερὸν γόνυ τοῦ ἑπομένου διδύμου.	Διδύμων... ιη δ″	Ν β ς″	γ
Ὁ ἐν τῷ ἀριςερῷ βουβῶνι τοῦ ἑπομένου διδύμου.	Διδύμων... κα γº	Ν ō ς″	γ
Ὁ ὑπὲρ τὴν δεξιὰν ἀγκύλην τοῦ αὐτοῦ διδύμου.	Διδύμων... κα γ″	Ν ō ς″ ς″	γ
Ὁ ἐπὶ τοῦ πρόποδος τοῦ ἡγουμένου διδύμου.	Διδύμων... ς ς″	Ν α ς″	δ
Ὁ τούτῳ ἑπόμενος ἐπὶ τοῦ αὐτοῦ ποδὸς.	Διδύμων... η ς″	Ν α δ″	δ
Ὁ ἐπὶ τοῦ δεξιοῦ ἀκρόποδος τοῦ ἡγουμένου διδύμου.	Διδύμων... ι ς″	Ν γ ς″	δ
Ὁ ἐπὶ τοῦ ἀριςεροῦ ἀκρόποδος τοῦ ἑπομένου διδύμου.	Διδύμων... ιβ	Ν ζ ς″	γ
Ὁ ἐπὶ τοῦ δεξιοῦ ἀκρόποδος τοῦ ἑπομένου διδύμου.	Διδύμων... ια γº	Ν ι ς″	δ
Ἀςέρες ιη, ὧν δευτέρου μεγέθους β, τρίτου ε, τετάρτου θ, πέμπτου β.			
ΟΙ ΠΕΡΙ ΤΟΥΣ ΔΙΔΥΜΟΥΣ ΑΜΟΡΦΩΤΟΙ.			
Ὁ προηγούμενος ἐν τῷ πρόποδι τοῦ ἡγουμένου διδύμου.	Διδύμων... δ ς″	Ν γº	δ
Ὁ προηγούμενος τοῦ ἡγουμένου γόνατος λαμπρός.	Διδύμων... ς ς″	Β ε ς″ γ″	δ
Ὁ προηγούμενος τοῦ ἀριςεροῦ γόνατος τοῦ ἑπομένου διδύμου.	Διδύμων... ιε ς″ ς″	Ν β δ″	ε
Τῶν ἑπομένων τῇ δεξιᾷ χειρὶ τοῦ ἑπομένου διδύμου τῶν τριῶν ἐπ' εὐθείας ὁ βόρειος.	Διδύμων... κη γ″	Ν α γ″	ε
Ὁ μέσος αὐτῶν.	Διδύμων... κς γ″	Ν γ γ″	ε
Ὁ νότιος αὐτῶν καὶ πρὸς τῷ πήχει τῆς χειρός.	Διδύμων... κς	Ν δ ς″	ε

1. CONFIGURATIONS.	2. DEGRÉS DE LONGITUDE.	DEGRÉS DE LATITUDE.	4. GRANDEUR.	LETTRES SELON BAYER.
La plus méridionale du côté occidental du quadrilatère dans le col	Taur... 8	B 5	5	P
La plus boréale du côté occidental	Taur... 8 ½	B 7 ⅓	5	ψ
La plus méridionale du côté oriental	Taur... 12	B 3	5	χ
La plus boréale du côté oriental	Taur... 11 ⅔	B 5	5	φ
L'extrémité boréale du côté occidental de la pléiade	Taur... 2 ⅓	B 4 ½	5	ε
L'extrémité méridionale du côté occidental	Taur... 2 ½	B 3 ½	5	δ
L'extrémité suivante et très-étroite de la pléiade	Taur... 3 ½	B 3 ½	5	η ou f
Une extérieure et petite de la pléiade, du côté des ourses	Taur... 3 ⅓	B 5	4	142 e
Trente-deux étoiles, dont une de 1re grandeur, six de la 3e, onze de la 4e, treize de la 5e, une de la 6e.				
INFORMES AUTOUR DU TAUREAU.				
L'étoile sous le pied droit et l'omoplate	Bélier.. 25	A 17 ½	4	10 ♉
L'occidentale des trois au-dessus de la corne méridionale	Taur... 20	A 2	5	ι
Celle qui fait le milieu des trois	Taur... 21	A 1 ½ ¼	5	105 ♉
La suivante de celles-ci	Taur... 26	A 2	5	o
La plus boréale des 2 sous la pointe de la corne méridionale	Taur... 29	A 6 ⅓	5	126 ♉
La plus méridionale de ces étoiles	Taur... 29	A 7 ⅓	5	128 ♉
L'occidentale des cinq suivantes sous la corne boréale	Taur... 27	B 0 ⅓	5	121 ♉
Celle qui la suit	Taur... 29	B 1	5	
Celle encore qui suit celle-ci	Gém... 1	B 1 ⅓	5	132 ♉
La plus boréale des deux restantes et orientales	Gém... 2 ⅓	B 3 ⅓	5	136 ♉
La plus méridionale d'entr'elles	Gém... 3 ⅓	B 1 ¼	5	139 ♉
Onze étoiles, dont une de 4e grandeur, dix de la 5e.				
CONSTELLATION DES GÉMEAUX.				
L'étoile sur la tête du gémeau occidental (Castor)	Gém... 23 ½	B 9 ½	2	α
L'étoile rougeâtre sur la tête du gémeau oriental (Pollux)	Gém... 26	B 6 ¼	2	β
Celle du coude gauche du gémeau occidental	Gém... 16	B 10	4	θ
Celle qui est dans le bras	Gém... 18 ½	B 7 ⅓	4	τ
Celle qui la suit et dans le dos	Gém... 22	B 5 ½	4	ι b
Celle qui suit celle-ci sur l'épaule droite du même gémeau	Gém... 24	B 4 ½ ⅓	4	ι
Celle qui est sur l'épaule orientale du gém. suivant, oriental	Gém... 26 ½	B 2 ½	4	κ
Celle du côté droit du gémeau occidental (Castor)	Gém... 21 ½	B 2 ½	5	A
Celle qui est sur le côté gauche du gémeau oriental	Gém... 26 ⅙	B 3 ½	5	o
Celle qui est sur le genou gauche du gémeau occidental	Gém... 13	B 1 ½	3	ε
Celle qui est sous le genou gauche du gémeau oriental	Gém... 18 ¼	A 2 ½	3	ζ
Celle de l'aine gauche du gémeau oriental	Gém... 21 ½	A 0 ½	3	δ
Celle qui est sur le jarret droit du même gémeau	Gém... 21 ½	A 6 ⅙	3	2 λ
Celle du bout du premier pied du gémeau occidental	Gém... 6 ½	A 1 ½	4	η
La suivante de celle-ci sur le même pied	Gém... 8 ½	A 1 ¼	4	μ
Celle de l'extrémité du pied droit du gémeau occidental	Gém... 10 ⅙	A 3 ½	4	ν
L'étoile au bout du pied gauche du gémeau oriental	Gém... 12	A 7 ½	3	γ
Celle du bout du pied droit du gémeau oriental	Gém... 11 ⅔	A 10 ½	4	ζ
Dix-huit étoiles, dont deux de 2e grandeur, cinq de la 3e, neuf de la 4e, deux de la 5e.				
INFORMES AUTOUR DES GÉMEAUX.				
L'occidentale du premier pied du gémeau occidental	Gém... 4 ⅙	A 0 ⅓	4	H
La brillante occidentale du genou occidental	Gém... 6 ½	B 5 ½ ⅓	4	
L'occidentale du genou gauche du gémeau oriental	Gém... 15 ½	A 2 ¼	5	
La boréale des trois en ligne droite qui suivent la main droite du gémeau oriental	Gémeaux 28 ⅓	A 1 ⅓	5	l
Celle du milieu	Gémeaux 26 ⅔	A 3 ⅓	5	g
Leur méridionale et entre le coude et cette main	Gémeaux 26	A 4 ½	5	f

Α. ΜΟΡΦΩΣΕΙΣ.	Β. ΜΗΚΟΥΣ ΜΟΙΡΑΙ.	Γ. ΠΛΑΤΟΥΣ Μ.	Δ. ΜΕΓΕΘΟΣ
Ο ἑπόμενος τοῖς προειρημένοις τρισὶ λαμπρός............	Καρκίνου.. ō γ°	Ν β γ°	δ

Ἀςέρες ζ, ὧν τετάρτου μεγέθους ζ, πέμπτου δ.

ΚΑΡΚΙΝΟΥ ΑΣΤΕΡΙΣΜΟΣ.

Α. ΜΟΡΦΩΣΕΙΣ.	Β. ΜΗΚΟΥΣ ΜΟΙΡΑΙ.	Γ. ΠΛΑΤΟΥΣ Μ.	Δ. ΜΕΓΕΘΟΣ
Τῆς ἐν τῷ ςήθει νεφελοειδοῦς συςροφῆς καλουμένης φάτνης τὸ μέσον....	Καρκίνου.. ι γ''	Β ō γ''	νεφ.
Τοῦ περὶ τὸ νεφέλιον τετραπλεύρου τῶν προηγουμένων β ὁ βορειότερος....	Καρκίνου.. ζ γ°	Β α δ''	δ
Ὁ νοτιώτερος τῶν προηγουμένων β....	Καρκίνου.. η	Ν α ς''	δ
Τῶν ἑπομένων τοῦ τετραπλεύρου β καλουμένων δὲ ὄνων ὁ βόρειος....	Καρκίνου.. ιγ	Β β γ°	δ
Ὁ νότιος τῶν προειρημένων β....	Καρκίνου.. ια γ''	Ν ō ς''	δ
Ὁ ἐπὶ τῆς νοτίου χηλῆς....	Καρκίνου.. ις ς''	Ν ε ς''	δ
Ὁ ἐπὶ τῆς βορείου χηλῆς....	Καρκίνου.. η γ''	Β ια ς'' γ''	δ
Ὁ ἐπὶ τοῦ ὀπισθίου βορείου ποδός....	Καρκίνου.. β γ°	Β α	ε
Ὁ ἐπὶ τοῦ ὀπισθίου νοτίου ποδός....	Καρκίνου.. ζ ς''	Ν ζ ς''	δ

Ἀςέρες θ, ὧν τετάρτου μεγέθους ζ, πέμπτου α, νεφελοειδὴς α.

ΟΙ ΠΕΡΙ ΤΟΝ ΚΑΡΚΙΝΟΝ ΑΜΟΡΦΩΤΟΙ.

Α. ΜΟΡΦΩΣΕΙΣ.	Β. ΜΗΚΟΥΣ ΜΟΙΡΑΙ.	Γ. ΠΛΑΤΟΥΣ Μ.	Δ. ΜΕΓΕΘΟΣ
Ὁ ὑπὲρ τὸν ἀγκῶνα τῆς νοτίου χηλῆς....	Καρκίνου.. ιθ ς''	Ν β γ''	δ
Ὁ ἑπόμενος τῷ ἄκρῳ τῆς νοτίου χηλῆς....	Καρκίνου.. κα ς''	Ν ε γ°	δ
Τῶν ἑπομένων ὑπὲρ τὸ νεφέλιον β ὁ προηγούμενος....	Καρκίνου.. ιδ	Β δ ς'' γ''	ε
Ὁ ἑπόμενος αὐτῶν....	Καρκίνου.. ις	Β ζ δ''	ε

Ἀςέρες δ, ὧν τετάρτου μεγέθους β, πέμπτου β.

ΛΕΟΝΤΟΣ ΑΣΤΕΡΙΣΜΟΣ.

Α. ΜΟΡΦΩΣΕΙΣ.	Β. ΜΗΚΟΥΣ ΜΟΙΡΑΙ.	Γ. ΠΛΑΤΟΥΣ Μ.	Δ. ΜΕΓΕΘΟΣ
Ὁ ἐπ' ἄκρου τοῦ μυκτῆρος....	Καρκίνου.. ιη γ''	Β ι	δ
Ὁ ἐν τῷ χάσματι....	Καρκίνου.. κα ς''	Β ζ ς''	δ
Τῶν ἐν τῇ κεφαλῇ β ὁ βορειότερος....	Καρκίνου.. κδ γ''	Β ιβ	γ
Ὁ νοτιώτερος αὐτῶν....	Καρκίνου.. κδ ς''	Β θ ς''	γ
Τῶν ἐν τῷ τραχήλῳ τριῶν ὁ βόρειος....	Λέοντος... ō ς''	Β ια	γ
Ὁ ἐχόμενος καὶ μέσος τῶν τριῶν....	Λέοντος... β ς''	Β η ς''	β
Ὁ νότιος αὐτῶν....	Λέοντος... ō γ°	Β δ ς''	γ
Ὁ ἐπὶ τῆς καρδίας καλούμενος βασιλίσκος....	Λέοντος... β ς''	Β ō ς''	α
Ὁ νοτιώτερος αὐτοῦ καὶ ὡς ἐπὶ τοῦ ςήθους....	Λέοντος... γ ς''	Ν α ς'' γ''	δ
Ὁ μικρῷ προηγούμενος τοῦ ἐπὶ τῆς καρδίας....	Λέοντος... ō ō	Ν ō δ''	ε
Ὁ ἐπὶ τοῦ δεξιοῦ γόνατος....	Καρκίνου.. κζ γ''	ō ō''	ε
Ὁ ἐπὶ τῆς ἐμπροσθίας δεξιᾶς δρακός....	Καρκίνου.. κδ ς''	Ν γ γ°	ς
Ὁ ἐπὶ τῆς ἐμπροσθίας καὶ ἀριςερᾶς δρακός....	Καρκίνου.. κζ γ''	Ν δ ς''	δ
Ὁ ἐπὶ τοῦ ἀριςεροῦ γόνατος....	Λέοντος... β ς''	Ν δ δ''	δ
Ὁ ἐπὶ τῆς ἀριςερᾶς μασχάλης....	Λέοντος... θ ς''	Ν ς''	δ
Τῶν ἐν τῇ γαςρὶ τριῶν ὁ προηγούμενος....	Λέοντος... ζ	Β ō δ''	ς
Τῶν λοιπῶν καὶ ἑπομένων β ὁ βόρειος....	Λέοντος... ι γ''	Β ε γ''	ς
Ὁ νοτιώτερος αὐτῶν....	Λέοντος... ιβ ς''	Β β γ''	ς
Τῶν ἐπὶ τῆς ὀσφύος β ὁ προηγούμενος....	Λέοντος... ια γ''	Β ιβ δ''	ς
Ὁ ἑπόμενος αὐτῶν....	Λέοντος... ιδ ς''	Β ιγ γ°	β
Τῶν ἐν τοῖς γλουτοῖς β ὁ βορειότερος....	Λέοντος... ιδ γ''	Β ια ς''	ε
Ὁ νοτιώτερος αὐτῶν....	Λέοντος... ις γ''	Β θ γ°	γ
Ὁ ἐν τοῖς ὀπισθομήροις....	Λέοντος... κ γ''	Β ε ς'' γ''	γ
Ὁ ἐν ταῖς ὀπισθίαις ἀγκύλαις....	Λέοντος... κα γ°	Β α δ''	δ
Ὁ τούτου νοτιώτερος ὡς ἐν τοῖς πήχεσι....	Λέοντος... κα γ''	Ν ō ς'' γ''	ε
Ὁ ἐπὶ τῶν ὀπισθίων δρακῶν....	Λέοντος... κζ ς''	Ν γ ς''	α
Ὁ ἐπ' ἄκρας τῆς οὐρᾶς....	Λέοντος... κδ ς''	Β ια ς'' γ''	α

Ἀςέρες κζ, ὧν πρώτου μεγέθους β, δευτέρου β, τρίτου ς, τετάρτου η. πέμπτου ε, ἕκτου δ.

1. CONFIGURATIONS.	2. DEGRÉS DE LONGITUDE.	3. DEGRÉS DE LATITUDE.	4. GRANDEUR.	LETTRES SELON BAYER.
La brillante après les trois étoiles susdites..............	Cancer.... 0 2/3	A 2 2/3	4	
Sept étoiles, dont trois de la 4e grandeur, quatre de la 5e.				
CONSTELLATION DU CANCER.				
Celle du milieu de l'amas nébuleux appelé la crèche, dans la poitrine........................	Cancer.. 10 1/3	B 0 1/3	néb.	ε
La plus boréale des deux occidentales du quadrilatère auprès du nuage......................	Cancer.. 7 2/3	B 1 1/2	4	η
La plus méridionale des deux occidentales............	Cancer.. 8	A 1 1/6	4	θ
La bor. des 2 orientales du quadrilatère, appelées les ânes..	Cancer.. 13	B 2 1/3	4	γ
La méridionale de ces deux.........................	Cancer.. 11 1/3	A 0 1/6	4	δ
Celle de la pince méridionale.......................	Cancer.. 16 1/2	A 5 1/2	4	ι α
Celle de la pince boréale...........................	Cancer.. 8 1/3	B 11 1/2 1/4	4	ι
Celle de la patte boréale de derrière.................	Cancer.. 2 2/3	B 1	5	μ
Celle à la patte méridionale de derrière..............	Cancer.. 7 1/6	A 7 1/2	4	β
Neuf étoiles, dont sept de la 4e grandeur, une de la 5e, une nébuleuse.				
INFORMES AUTOUR DU CANCER.				
Celle au-dessus de l'articulation de la serre méridionale...	Cancer.. 19 1/8	A 2 1/3	4	π
L'orientale du bout de la serre méridionale............	Cancer.. 21 1/8	A 5 2/3	4	χ
L'occidentale des suivantes au-dessus du nuage.........	Cancer.. 14	B 4 1/2 1/3	5	ν
Celle qui les suit.................................	Cancer.. 17	B 7 1/4	5	ξ
Quatre étoiles, dont deux de la 4e grandeur, deux de la 5e.				
CONSTELLATION DU LION.				
Celle qui est au bout du mufle......................	Cancer.. 18 1/12	B 10	4	κ
Celle qui est dans la gueule........................	Cancer.. 21 1/6	B 7 1/2	4	λ
La plus boréale des deux qui sont dans la tête...........	Cancer.. 24 1/2	B 12	3	μ
La plus méridionale d'entr'elles.....................	Cancer.. 24	B 9 1/2	3	ε
La boréale des trois dans le col.....................	Lion... 0 1/2	B 11	3	ζ
La voisine et au milieu des trois....................	Lion... 2 1/2	B 8 1/2	2	γ
La méridionale de ces étoiles.......................	Lion... 0 1/2	B 4 1/2	3	η
Celle du cœur nommée *Regulus*.....................	Lion... 2 1/2	B 0 1/6	1	α
Celle qui est plus mérid. qu'elle, et presque sur la poitrine..	Lion... 3 1/2	A 1 1/3	4	A
Celle qui est un peu plus occidentale que celle du cœur....	Lion... 0 0	A 0 1/4	5	ν
L'étoile sur le genou droit.........................	Cancer.. 27 1/3	0 0	5	ψ
Celle qui est à la griffe droite de devant..............	Cancer.. 24	A 3 1/2	6	ξ
Celle qui est à la griffe gauche de devant.............	Cancer.. 27 1/3	A 4 1/2	4	ο
Celle du genou gauche.............................	Lion... 2 1/2	A 4 1/2	4	π
Celle de l'aisselle gauche..........................	Lion... 9 1/6	A 6	4	ρ
L'occidentale des trois dans le ventre................	Lion... 7	B 0 1/2	6	i
La boréale des deux restantes et orientales............	Lion... 10 1/3	B 5 1/2	6	κ
La plus méridionale de celles-ci.....................	Lion... 12 2/3	B 2 1/2	6	l
L'occidentale des deux de la région lombaire...........	Lion... 11 1/3	B 12	6	b
L'orientale......................................	Lion... 14 1/2	B 13	2	δ
La boréale des deux dans les fesses..................	Lion... 14 1/2	B 11 1/2	5	7ι
La méridionale...................................	Lion... 16 1/2	B 9 1/2	3	θ
Celle qui est dans la croupe........................	Lion... 20 1/2	B 5 1/2 1/3	3	ι
Celle dans les articulations postérieures..............	Lion... 21 1/2	B 1 1/2	4	σ
Une plus australe que celle-ci, presque dans les jointures...	Lion... 21 1/2	A 0 1/2 1/3	4	τ
Celle des griffes de derrière........................	Lion... 27 1/2	A 3 1/2	5	υ
Celle du bout de la queue..........................	Lion... 24 1/2	B 11 1/2 1/3	1	β
Ving-sept étoiles, dont deux de la 1ère grandeur, deux de la 2e, six de la 3e, huit de la 4e, cinq de la 5e, quatre de la 6e.				

Α. ΜΟΡΦΩΣΕΙΣ.	Β. ΜΗΚΟΥΣ ΜΟΙΡΑΙ.	Γ. ΠΛΑΤΟΥΣ Μ.	Δ. ΜΕΓΕΘΟΣ.

ΟΙ ΠΕΡΙ ΤΟΝ ΛΕΟΝΤΑ ΑΜΟΡΦΩΤΟΙ.

Α. ΜΟΡΦΩΣΕΙΣ.	Β. ΜΗΚΟΥΣ ΜΟΙΡΑΙ.	Γ. ΠΛΑΤΟΥΣ Μ.	Δ. ΜΕΓΕΘΟΣ.
Τῶν ὑπὲρ τὸν νῶτον β̄ ὁ προηγούμενος	Λέοντος ... ϛ	Β ιγ γ''	ε
Ὁ ἑπόμενος αὐτῶν	Λέοντος ... η ϛ''	Β ιε ϛ''	ε
Τῶν ὑπὸ τὴν λαγόνα γ̄ ὁ βόρειος	Λέοντος ... ιϛ ϛ''	Β α ϛ''	δ
Ὁ μέσος αὐτῶν	Λέοντος ... ιϛ ϛ''	Ν ō ϛ''	ε
Ὁ νότιος αὐτῶν	Λέοντος ... ιη	Ν β γ''°	ε
Τῆς μεταξὺ τῶν ἄκρων τοῦ λέοντος καὶ τῆς ἄρκτου νεφελοειδοῦς συ-ςροφῆς καλουμένης πλόκαμος τὸ βόρειοτατον	Λέοντος ... κδ ϛ'' γ''	Β λ	ἀμαυρ
Τῶν νοτίων τοῦ πλοκάμου ἐξοχῶν ἡ προηγουμένη	Λέοντος ... κδ γ''	Β κε	ἀμα.ϛ
Ἡ ἑπομένη αὐτῶν ἐν σχήματι φύλλου κισσίνου	Λέοντος ... κη ϛ''	Β κε ϛ''	ἀμαυρ

Ἀςέρες η̄, ὧν δευτέρου μεγέθους ā, πέμπτου δ̄, καὶ ὁ πλόκαμος.

ΠΑΡΘΕΝΟΥ ΑΣΤΕΡΙΣΜΟΣ.

Α. ΜΟΡΦΩΣΕΙΣ.	Β. ΜΗΚΟΥΣ ΜΟΙΡΑΙ.	Γ. ΠΛΑΤΟΥΣ Μ.	Δ. ΜΕΓΕΘΟΣ.
Τῶν ἐν ἄκρῳ τῷ κρανίῳ β̄ ὁ νότιος	Λέοντος ... κε γ''	Β α δ''	ε
Ὁ βορειότερος αὐτῶν	Λέοντος ... κϛ	Β ε γ''°	ε
Τῶν ἑπομένων αὐτοῖς ἐν τῷ προσώπῳ β̄ ὁ βορειότερος	Παρθένου... ō γ''°	Β η	ε
Ὁ νοτιώτερος αὐτῶν	Παρθένου... ō ϛ''	Β ε ϛ''	ε
Ὁ ἐπ᾽ ἄκρας τῆς νοτίου καὶ ἀριςερᾶς πτέρυγος	Λέοντος ... κθ	Β ō ϛ''	γ
Τῶν ἐν τῇ ἀριςερᾷ πτέρυγι δ̄ ὁ προηγούμενος	Παρθένου... η δ''	Β α ϛ''	γ
Ὁ τούτῳ ἑπόμενος	Παρθένου... ιγ ϛ''	Β β ϛ'' γ''	γ
Ὁ ἔτι τούτῳ ἑπόμενος	Παρθένου... ιϛ ϛ''	Β β ϛ'' γ''	ε
Ὁ ἔσχατος καὶ ἑπόμενος τῶν δ̄	Παρθένου... κα	Β α γ''°	δ
Ὁ ἐν τῷ δεξιῷ πλευρῷ ὑπὸ τὴν ζώνην	Παρθένου... ιδ γ''	Β η ϛ''	γ
Τῶν ἐν τῇ δεξιᾷ καὶ βορείῳ πτέρυγι γ̄ ὁ προηγούμενος	Παρθένου... η ϛ''	Β ιγ ϛ'' γ''	ε
Τῶν λοιπῶν β̄ ὁ νότιος	Παρθένου... ι ϛ''	Β ια γ''°	ϛ
Ὁ βόρειος αὐτῶν καὶ καλούμενος προτρυγητής	Παρθένου... ιβ ϛ''	Β ιϛ	ε
Ὁ ἐπὶ τοῦ ἀριςεροῦ ἀκροχείρου καλούμενος ςάχυς	Παρθένου... κϛ γ''°	Ν β	α
Ὁ ὑπὸ τὸ περίζωμα ὡς κατὰ τοῦ δεξιοῦ γλουτοῦ	Παρθένου... κθ ϛ'' γ''	Β η γ''°	γ
Τοῦ ἐν τῷ ἀριςερῷ μηρῷ τετραπλεύρου τῆς προηγουμένης πλευρᾶς ὁ βόρειος	Παρθένου... κϛ γ''	Β γ γ''	ε
Ὁ νότιος τῆς προηγουμένης πλευρᾶς	Παρθένου... κζ δ''	Β ō ϛ''	ϛ
Τῆς ἑπομένης πλευρᾶς τῶν β̄ ὁ βορειότερος	Ζυγοῦ ... ō ō''	Β α ϛ''	δ
Ὁ νοτιώτερος τῆς ἑπομένης πλευρᾶς	Παρθένου... κη	Ν γ	ε
Ὁ ἐπὶ τοῦ ἀριςεροῦ γόνατος	Ζυγοῦ ... α γ''°	Ν α ϛ''	ε
Ὁ ἐν τῷ δεξιῷ ὀπισθομήρῳ	Παρθένου... κη	Β θ ϛ''	ε
Τῶν ἐν τῷ προποδίῳ σύρματι τριῶν ὁ μέσος	Ζυγοῦ ... ϛ γ''	Β ζ ϛ''	δ
Ὁ νότιος αὐτῶν	Ζυγοῦ ... ζ γ''	Β β γ''°	δ
Ὁ βόρειος τῶν τριῶν	Ζυγοῦ ... η γ''	Β ια γ''°	δ
Ὁ ἐπὶ τοῦ ἀριςεροῦ καὶ νοτίου ἀκρόποδος	Ζυγοῦ ... ι	Β ō ϛ''	δ
Ὁ ἐπὶ τοῦ δεξιοῦ καὶ βορείου ἀκρόποδος	Ζυγοῦ ... ιβ γ''	Β ō ϛ'' γ''	γ

Ἀςέρες κϛ̄, ὧν πρώτου μεγέθους ā, τρίτου ϛ, τετάρτου ϛ̄, πέμπτου ιᾱ, ἕκτου β̄.

ΟΙ ΠΕΡΙ ΤΗΝ ΠΑΡΘΕΝΟΝ ΑΜΟΡΦΩΤΟΙ.

Α. ΜΟΡΦΩΣΕΙΣ.	Β. ΜΗΚΟΥΣ ΜΟΙΡΑΙ.	Γ. ΠΛΑΤΟΥΣ Μ.	Δ. ΜΕΓΕΘΟΣ.
Τῶν ὑπὸ τὸν ἀριςερὸν πῆχυν ἐπ᾽ εὐθείας γ̄, ὁ προηγούμενος	Παρθένου .. ιθ γ''	Ν γ ϛ''	ε
Ὁ μέσος αὐτῶν	Παρθένου .. ιθ	Ν γ ϛ''	ε
Ὁ ἑπόμενος τῶν τριῶν	Παρθένου .. κϛ δ''	Ν γ γ''	ε
Τῶν ὑπὸ τὸν ςάχυν ὡς ἐπ᾽ εὐθείας τριῶν ὁ προηγούμενος	Παρθένου .. κζ ϛ''	Ν ϛ ϛ''	ϛ
Ὁ μέσος αὐτῶν καὶ διπλοῦς	Παρθένου .. κη ϛ''	Ν η γ''	ε
Ὁ ἑπόμενος τῶν τριῶν	Ζυγοῦ ... ε	Ν ζ ϛ'' γ''	ϛ

Ἀςέρες ϛ̄. ὧν πέμπτου μεγέθους δ̄, ἕκτου β̄.

I. CONFIGURATIONS.	2. DEGRÉS DE LONGITUDE.	3. DEGRÉS DE LATITUDE.	4. GRANDEUR.	LETTRES SELON BAYER.
INFORMES AUTOUR DU LION.				
La précédente des deux au-dessus du dos	Lion ... 6	B 13 $\frac{1}{3}$	5	41
La suivante de ces deux	Lion ... 8 $\frac{5}{6}$	B 15 $\frac{1}{2}$	5	54
La boréale des trois sous le bas ventre	Lion ... 17 $\frac{1}{2}$	B 1 $\frac{1}{2}$	4	χ
La mitoyenne de ces trois	Lion ... 17 $\frac{5}{6}$	A 0 $\frac{1}{2}$	5	c
L'australe	Lion ... 18	A 2 $\frac{1}{3}$	5	d
La portion la plus bor. de l'amas nébuleux d'étoiles nommé *la chevelure*, entre les étoiles extrêmes du lion et de l'ourse.	Lion ... 24 $\frac{1}{4}$ $\frac{1}{3}$	B 30	obsc.	e
La précédente des belles australes de la chevelure	Lion ... 24	B 25	obsc.	h
Leur suivante en forme de feuille de lierre	Lion ... 28 $\frac{1}{2}$	B 25 $\frac{1}{2}$	obsc.	g
Cinq étoiles, dont une de la 4ᵉ grandeur, quatre de la 5ᵉ, et la chevelure.				
CONSTELLATION DE LA VIERGE.				
La méridionale des deux au haut de la tête	Lion ... 25 $\frac{1}{3}$	B 1 $\frac{1}{4}$	5	ν
La plus boréale de ces étoiles	Lion ... 27	B 5 $\frac{1}{3}$	5	1 ξ
La plus boréale des deux qui les suivent dans le visage	Vierge.. 0 $\frac{2}{3}$	B 8	5	ο
La plus méridionale d'entr'elles	Vierge.. 0 $\frac{1}{6}$	B 5 $\frac{1}{2}$ $\frac{1}{3}$	5	π
Celle de l'extrémité de l'aile gauche et méridionale	Lion ... 29	B 0 $\frac{1}{2}$ $\frac{1}{3}$	3	β
La précédente des quatre dans l'aile gauche	Vierge.. 8 $\frac{1}{4}$	B 1 $\frac{1}{6}$	3	η
Celle qui suit celle-ci	Vierge.. 13 $\frac{1}{6}$	B 2 $\frac{1}{2}$ $\frac{1}{3}$	3	γ
Celle qui suit encore après cette dernière	Vierge.. 17 $\frac{1}{2}$	B 2 $\frac{1}{2}$ $\frac{1}{3}$	5	κ
La dernière et orientale des quatre	Vierge.. 21	B 1 $\frac{2}{3}$	4	θ
Celle du côté droit sous la ceinture	Vierge.. 14 $\frac{1}{2}$ $\frac{1}{3}$	B 8 $\frac{1}{2}$	3	δ
La précédente des trois dans l'aile droite et boréale	Vierge.. 8 $\frac{1}{3}$	B 13 $\frac{1}{4}$ $\frac{1}{3}$	5	ρ
La méridionale des deux restantes	Vierge.. 10 $\frac{1}{6}$	B 11 $\frac{1}{2}$ $\frac{1}{3}$	6	2 d
La boréale des mêmes, nommée *la Vendangeuse*	Vierge.. 12 $\frac{1}{3}$	B 16	5	ε
Celle qu'on nomme l'*Épi* au bout de la main gauche	Vierge.. 26 $\frac{1}{2}$	A 2	1	α
Celle qui est sous la robe, presqu'auprès de la fesse droite	Vierge.. 24 $\frac{1}{2}$ $\frac{1}{3}$	B 8 $\frac{1}{3}$	3	ζ
La boréale du côté occidental du quadrilatère, dans la cuisse gauche	Vierge.. 26 $\frac{1}{3}$	B 3 $\frac{1}{3}$	5	2 l
La méridionale du côté occidental	Vierge.. 27 $\frac{1}{4}$	B 0 $\frac{1}{6}$	6	h
La plus boréale de deux du côté oriental	Balance. 0 0	B 1 $\frac{1}{2}$	4	m
La plus méridionale du côté suivant, oriental	Vierge.. 28	A 3	5	ι
L'étoile qui est sur le genou gauche	Balance. 1 $\frac{1}{3}$	A 1 $\frac{1}{2}$	5	86 m
Celle qui est derrière sur la cuisse droite	Vierge.. 28	B 9 $\frac{1}{2}$	5	
La mitoyenne des trois au bord de la robe devant les pieds	Balance. 6 $\frac{1}{3}$	B 7 $\frac{1}{2}$	4	ι'
La méridionale de ces étoiles	Balance. 7 $\frac{1}{3}$	B 2 $\frac{1}{2}$	4	κ
La boréale des trois	Balance. 8 $\frac{1}{4}$	B 11 $\frac{1}{2}$	4	φ
Celle qui est au bout du pied gauche et méridional	Balance. 10	B 0 $\frac{1}{2}$	4	λ
Celle qui est au bout du pied droit et boréal	Balance. 12 $\frac{1}{3}$	B 0 $\frac{1}{2}$ $\frac{1}{3}$	3	μ
Vingt-six étoiles, dont une de la 1ʳᵉ grandeur, six de la 3ᵉ, six de la 4ᵉ, onze de la 5ᵉ, deux de la 6ᵉ.				
INFORMES AUPRÈS DE LA VIERGE.				
L'occidentale des trois en ligne droite sous le coude gauche	Vierge.. 14 $\frac{1}{4}$	A 3 $\frac{1}{2}$	5	x
La mitoyenne de celles-ci	Vierge.. 19	A 3 $\frac{1}{2}$	5	ψ
L'orientale des trois	Vierge.. 22 $\frac{1}{3}$	A 3 $\frac{1}{2}$	5	g
L'occidentale des trois en ligne droite sous l'épi	Vierge.. 27 $\frac{1}{4}$	A 7 $\frac{1}{3}$	6	53 m
Celle du milieu qui est double	Vierge.. 28 $\frac{1}{3}$	A 8 $\frac{1}{3}$	5	61 m
L'orientale des trois	Balance. 5	A 7 $\frac{1}{2}$ $\frac{1}{3}$	6	89 m
Six étoiles dont quatre de la 5ᵉ grandeur, et deux de la 6ᵉ.				

ΚΛΑΥΔΙΟΥ ΠΤΟΛΕΜΑΙΟΥ

ΜΑΘΗΜΑΤΙΚΗΣ ΣΥΝΤΑΞΕΩΣ

ΒΙΒΛΙΟΝ ΟΓΔΟΟΝ.

ΕΚΘΕΣΙΣ ΚΑΝΟΝΙΚΗ ΤΟΥ ΚΑΤΑ ΤΟ ΝΟΤΙΟΝ ΗΜΙΣΦΑΙΡΙΟΝ ΑΣΤΕΡΙΣΜΟΥ.

ΤΩΝ ΕΝ ΤΩ ΖΩΔΙΑΚΩ ΝΟΤΙΩΝ ΖΩΔΙΩΝ ΑΣΤΕΡΙΣΜΟΣ.

Α. ΜΟΡΦΩΣΕΙΣ.	Β. ΜΗΚΟΥΣ ΜΟΙΡΑΙ.	Γ. ΠΛΑΤΟΥΣ Μ.	Δ. ΜΕΓΕΘΟΣ.
ΧΗΛΩΝ ΑΣΤΕΡΙΣΜΟΣ.			
Τῶν ἐπ' ἄκρας τῆς νοτίου χηλῆς ὁ λαμπρὸς	Ζυγοῦ..... ιη	Β ὁ γ″₀	β
Ὁ βορειότερος αὐτοῦ καὶ ἀμαυρότερος	Ζυγοῦ..... ιζ	Β β ϛ″	ε
Τῶν ἐπ' ἄκρας τῆς βορείου χηλῆς ὁ λαμπρὸς	Ζυγοῦ..... κβ ϛ″	Β η ϛ″ γ″	β
Ὁ προηγούμενος αὐτοῦ καὶ ἀμαυρὸς	Ζυγοῦ..... ιζ γ″₀	Β η ϛ″	ε
Ὁ ἐν μέσῃ τῇ νοτίῳ χηλῇ	Ζυγοῦ..... κδ	Ν α γ″₀	δ
Ὁ τούτου προηγούμενος ἐπὶ τῆς αὐτῆς χηλῆς	Ζυγοῦ..... κα γ″	Β α δ″	δ
Ὁ ἐν μέσῃ τῇ βορείῳ χηλῇ	Ζυγοῦ..... κϛ ϛ″ γ″	Β δ ϛ″ δ″	δ
Ὁ ἑπόμενος αὐτῷ ἐπὶ τῆς αὐτῆς χηλῆς	Σκορπίου.. γ	Β γ ϛ″	δ
Ἀςέρες η̅, ὧν δευτέρου μεγέθους β, τετάρτου δ̅, πέμπτου β̅.			
ΟΙ ΠΕΡΙ ΤΑΣ ΧΗΛΑΣ ΑΜΟΡΦΩΤΟΙ.			
Τῶν βορειοτέρων τῆς βορείου χηλῆς τριῶν ὁ προηγούμενος	Ζυγοῦ..... κϛ″ ϛ″	Β θ	ε
Τῶν ἐπιμίνων δύο ὁ νότιος	Σκορπίου.. γ γ″₀	Β ϛ γ″₀	δ
Ὁ βόρειος αὐτῶν	Σκορπίου.. δ γ″	Β θ δ″	δ
Τῶν μεταξὺ τῶν χηλῶν τριῶν ὁ ἑπόμενος	Σκορπίου.. γ ϛ″	Β ὁ ϛ″	ϛ
Τῶν λοιπῶν δύο καὶ προηγουμένων ὁ βόρειος	Σκρπίου.. ὁ γ″	Β ὁ γ″	ε
Ὁ νότιος αὐτῶν	Σκορπίου.. α ϛ″	Ν α ϛ″	δ
Τῶν νοτιωτέρων τῆς νοτίου χηλῆς τριῶν ὁ προηγούμενος	Ζυγοῦ .... κζ	Ν ζ ϛ″	γ
Τῶν λοιπῶν καὶ ἑπομένων δύο ὁ βορειότερος	Σκορπίου... α ϛ″	Ν η ϛ″	δ
Ὁ νοτιώτερος αὐτῶν	Σκορπίου... β	Ν ὁ γ″₀	δ
Ἀςέρες θ, ὧν τρίτου μεγέθους α̅, τετάρτου ε̅, πέμπτου β̅, ἕκτου α̅.			
ΣΚΟΡΠΙΟΥ ΑΣΤΕΡΙΣΜΟΣ.			
Τῶν ἐν τῷ μετώπῳ λαμπρῶν γ̅ ὁ βόρειος	Σκορπίου... ϛ γ″	Β α γ″	γ
Ὁ μέσος αὐτῶν	Σκορπίου... ε γ″₀	Ν α γ″₀	γ
Ὁ νοτιώτερος τῶν τριῶν	Σκορπίου... ε γ″₀	Ν ε	γ
Ὁ τούτου ἔτι νοτιώτερος ἐφ' ἑνὸς τῶν ποδῶν	Σκορπίου... ϛ	Ν ζ ϛ″ γ″	γ
Τῶν δύο τῶν παρακειμένων τῷ βορειοτάτῳ τῶν λαμπρῶν ὁ βόρειος	Σκορπίου... ζ	Β α γ″₀	δ
Ὁ νότιος αὐτῶν	Σκορπίου... ϛ γ″	Β ὁ ϛ″	δ

HUITIÈME LIVRE

DE LA COMPOSITION MATHÉMATIQUE

DE CLAUDE PTOLÉMÉE.

CATALOGUE DES ÉTOILES QUI COMPOSENT LES CONSTELLATIONS DE L'HÉMISPHÈRE AUSTRAL.

CONSTELLATIONS DES SIGNES AUSTRAUX DU ZODIAQUE.

1. CONFIGURATIONS.	2. DEGRÉS DE LONGITUDE.	3. DEGRÉS DE LATITUDE.	4. GRANDEUR.	LETTRES SELON BAYER.
CONSTELLATION DES SERRES.				
L'étoile brillante à l'extrémité de la serre méridionale....	Balance. 18	B 0 ⅔	2	α
Celle qui est plus boréale qu'elle et plus obscure........	Balance. 17	B 2 ½	5	μ
La brillante de celles qui sont au bout de la serre boréale.	Balance. 22 ⅙	B 8 ½ ⅓	2	β
Celle qui la précède à l'occident et obscure............	Balance. 17 ⅔	B 8 ⅔	5	δ
Celle du milieu de la serre méridionale................	Balance. 24	A 1 ⅔	4	ι
La précédente de celle-ci et sur la même serre.........	Balance. 21 ½ ⅓	B 1 ¼	4	ν
Celle qui est au milieu de la serre boréale.............	Balance. 27 ½ ⅓	B 4 ½ ¼	4	γ
Celle qui la suit sur la même serre....................	Scorpion 3	B 3 ½	4	θ
Huit étoiles, dont deux de la 2ᵉ grandeur, quatre de la 4ᵉ, deux de la 5ᵉ.				
INFORMES AUPRÈS DES SERRES.				
L'occidentale de trois plus boréales de la serre boréale...	Balance. 26 ½	B 9	5	37 ♍
La méridionale des deux suivantes....................	Scorpion 3 ½	B 6 ⅔	4	ψ
La boréale de ces étoiles...........................	Scorp... 4 ⅓	B 9 ¼	4	ξ
L'occidentale des trois entre les serres..............	Scorp... 3 ½	B 0 ⅔	6	λ
La boréale des deux autres qui précèdent............	Scorp... 0 ⅔	B 0 ⅓	5	x
La méridionale de ces étoiles.......................	Scorp... 1 ⅛	A 1 ½	4	
L'occidentale des trois plus australes de la serre méridionale.	Balance. 23	A 7 ½	3	γ ♏
La plus boréale des deux restantes qui suivent........	Scorpion 1 ⅛	A 8 ½	4	39 ♎
La plus méridionale de ces étoiles..................	Scorpion 2	A 0 ⅔	4	40 ♎
Neuf étoiles, dont une de la 3ᵉ grandeur, cinq de la 4ᵉ, deux de la 5ᵉ, une de la 6ᵉ.				
CONSTELLATION DU SCORPION.				
La boréale des trois brillantes, sur le front............	Scorp... 6 ½	B 1 ⅓	3	β
Celle de ces étoiles qui est au milieu.................	Scorp... 5 ½	A 1 ⅔	3	δ
La plus méridionale des trois........................	Scorp... 5 ½	A 5	3	π
Celle qui est encore plus méridionale sur l'un des pieds......	Scorp... 6	A 7 ½ ⅓	3	ρ
La boréale des deux brillantes adjacentes à la plus boréale.	Scorp... 7 ½	B 1 ⅓	4	ν
La méridionale d'entr'elles..........................	Scorp... 6 ⅓	B 0 ½	4	ω

A. ΜΟΡΦΩΣΕΙΣ.	B. ΜΗΚΟΥΣ ΜΟΙΡΑΙ.	Γ. ΠΛΑΤΟΥΣ Μ.	Δ. ΜΕΓΕΘΟΣ.
Τῶν ἐν τῷ σώματι τριῶν λαμπρῶν ὁ προηγούμενος	Σκορπίου... ι γ″ₒ	Ν γ ς″ δ″	γ
Ὁ μέσος αὐτῶν καὶ ὑπόκιρρος καλούμενος ἀντάρης	Σκορπίου... ιβ γ″ₒ	Ν δ	β
Ὁ ἑπόμενος τῶν τριῶν	Σκορπίου... ιδ ς″	Ν ε ς″	γ
Τῶν ὑπ' αὐτοὺς δύο ὡς ἐπὶ τοῦ ἐσχάτου ποδὸς ὁ ἡγούμενος	Σκορπίου... θ γ″	Ν ς ς″	ε
Ὁ ἑπόμενος αὐτῶν	Σκορπίου... ι γ″ₒ	Ν ς γ″ₒ	ε
Ὁ ἐν τῷ πρώτῳ ἀπὸ τοῦ σώματος σπονδύλῳ	Σκορπίου... ιη ς″	Ν ια	γ
Ὁ μετὰ τοῦτον ἐν τῷ δευτέρῳ σπονδύλῳ	Σκορπίου... ιη ς″ γ″	Ν ιε	γ
Τοῦ ἐν τῷ τρίτῳ σπονδύλῳ διπλοῦ ὁ βόρειος	Σκορπίου... κ	Ν ιη γ″ₒ	δ
Ὁ νοτιώτερος τοῦ διπλοῦ	Σκορπίου... κ ς″	Ν ιη	δ
Ὁ ἐφεξῆς ἐν τῷ τετάρτῳ σπονδύλῳ	Σκορπίου... κγ ς″	Ν ιθ ς″	γ
Ὁ μετ' αὐτὸν ἐν τῷ πέμπτῳ σπονδύλῳ	Σκορπίου... κη ς″	Ν ιη ς″ γ″	γ
Ὁ ἔτι ἐφεξῆς ἐν τῷ ἕκτῳ σπονδύλῳ	Τοξότου... ō ς″	Ν ις γ″ₒ	γ
Ὁ ἐν τῷ ἑβδόμῳ σπονδύλῳ τῷ παρὰ τὸ κέντρον	Σκορπίου... κθ	Ν ιε ς″	γ
Τῶν ἐν τῷ κέντρῳ δύο ὁ ἑπόμενος	Σκορπίου... κζ ς″	Ν ιγ γ″	γ
Ὁ ἡγούμενος αὐτῶν	Σκορπίου... κζ	Ν ιγ ς″	δ

Ἀςέρες κᾱ, ὧν δευτέρου μεγέθους ᾱ, τρίτου ιγ̄, τετάρτου ε̄, πέμπτου β̄.

ΟΙ ΠΕΡΙ ΤΟΝ ΣΚΟΡΠΙΟΝ ΑΜΟΡΦΩΤΟΙ.

Ὁ ἑπόμενος τῷ κέντρῳ νεφελοειδής	Τοξότου... α ς″	Ν ιγ δ″	νεφ.
Τῶν ἀπ' ἄρκτων τοῦ κέντρου δύο ὁ προηγούμενος	Σκορπίου... κε ς″	Ν ς ς″	ε
Ὁ ἑπόμενος αὐτῶν	Σκορπίου... κε ς″	Ν α ς″	ε

Ἀςέρες γ̄, ὧν πέμπτου μεγέθους β̄, νεφελοειδὴς ᾱ.

ΤΟΞΟΤΟΥ ΑΣΤΕΡΙΣΜΟΣ.

Ὁ ἐπὶ τῆς ἀκίδος τοῦ βέλους	Τοξότου... θ ς″	Ν ς γ″	γ
Ὁ ἐν τῇ λαβῇ τῆς ἀριςερᾶς χειρὸς	Τοξότου... ζ γ″ₒ	Ν ς ς″	γ
Ὁ ἐν τῷ νοτίῳ μέρει τοῦ τοξότου	Τοξότου... η	Ν κ γ″	γ
Τῶν ἐν τῷ βορείῳ μέρει τοῦ τοξότου ὁ νοτιώτερος	Τοξότου... θ	Ν α ς″	γ
Ὁ βορειότερος αὐτῶν ἐπ' ἄκρου τοῦ τόξου	Τοξότου... ς γ″ₒ	Β β ς″ γ″	δ
Ὁ ἐπὶ τοῦ ἀριςεροῦ ὤμου	Τοξότου... ιε γ″	Ν γ ς″	γ
Ὁ τούτου προηγούμενος κατὰ τοῦ βέλους	Τοξότου... ιγ	Ν γ ς″	δ
Ὁ ἐπὶ τοῦ ὀφθαλμοῦ νεφελοειδὴς καὶ διπλοῦς	Τοξότου... ιε ς″	Β ō ς″ δ″	νεφ.
Τῶν ἐν τῇ κεφαλῇ τριῶν ὁ ἡγούμενος	Τοξότου... ιε γ″ₒ	Β β ς″	δ
Ὁ μέσος αὐτῶν	Τοξότου... ιζ γ″ₒ	Β α ς″	δ
Ὁ ἑπόμενος τῶν τριῶν	Τοξότου... ιθ ς″	Β β	δ
Τῶν ἐν τῇ βορείῳ ἐφαπτίδι τριῶν ὁ νοτιώτερος	Τοξότου... κα γ″	Β β ς″ γ″	ε
Ὁ μέσος αὐτῶν	Τοξότου... κδ γ″	Β δ ς″	δ
Ὁ βόρειος τῶν τριῶν	Τοξότου... κβ ς″ γ″	Β ς ς″	δ
Ὁ ἑπόμενος τοῖς τρισὶν ἀμαυρὰς	Τοξότου... κε γ″	Β ε ς″	ς
Τῶν ἐπὶ τῆς νοτίου ἐφαπτίδος δύο ὁ βορειότερος	Τοξότου... κθ ς″	Β ε ς″ γ″	ε
Ὁ νοτιώτερος αὐτῶν	Τοξότου... κζ γ″ₒ	Β β	ς
Ὁ ἐπὶ τοῦ δεξιοῦ ὤμου	Τοξότου... κβ γ″ₒ	Ν α ς″ γ″	ε
Ὁ ἐπὶ τοῦ δεξιοῦ ἀγκῶνος	Τοξότου... κδ ς″ γ″	Ν β ς″ γ″	δ
Τῶν ἐν τῷ νώτῳ τριῶν ὁ κατὰ τοῦ μεταφρένου	Τοξότου... κ	Ν β ς″	ε
Ὁ μέσος αὐτῶν καὶ κατὰ τῆς ὠμοπλάτης	Τοξότου... ιζ γ″ₒ	Ν δ ς″	δ
Ὁ λοιπὸς καὶ ὑπὸ τὴν μασχάλην	Τοξότου... ις γ″	Ν ς ς″ δ″	γ
Ὁ ἐπὶ τοῦ ἐμπροσθίου καὶ ἀριςεροῦ σφυροῦ	Τοξότου... ις γ″ₒ	Ν κγ	β
Ὁ ἐπὶ τοῦ γόνατος τοῦ αὐτοῦ ποδός	Τοξότου... ιζ	Ν ιη	β
Ὁ ἐπὶ τοῦ ἐμπροσθίου καὶ δεξιοῦ σφυροῦ	Τοξότου... ς γ″ₒ	Ν ιγ	γ
Ὁ ἐπὶ τοῦ ἀριςεροῦ μηροῦ	Τοξότου... κζ γ″	Ν ιγ ς″	γ
Ὁ ἐπὶ τοῦ ὀπισθίου δεξιοῦ πήχεως	Τοξότου... κγ ς″ γ′	Ν κ ς′	γ

1. CONFIGURATIONS.	2. DEGRÉS DE LONGITUDE.	3. DEGRÉS DE LATITUDE.	4. GRANDEUR.	LETTRES SELON BAYER.
L'occidentale des trois brillantes dans le corps	Scorp... 10 ½	A 3 ½ ¼	3	6
Leur mitoyenne rougeâtre, appelée *Antarès*	Scorp... 12 ⅓	A 4	2	α
L'orientale des trois	Scorp... 14 ½	A 5 ½	3	τ
10 L'occidentale de deux sous celle-ci presqu'au bout du pied	Scorp... 9 ⅓	A 6 ½	5	16
L'orientale de ces étoiles	Scorp... 10 ⅓	A 6 ⅓	5	26
Celle qui est à la première vertèbre depuis le corps	Scorp... 18 ½	A 11	3	ε
Celle qui la suit à la seconde vertèbre	Scorp... 18 ½ ⅓	A 15	3	μ
La boréale de la double dans la troisième vertèbre	Scorp... 20	A 18 ⅓	4	ξ
La plus méridionale de cette double	Scorp... 20 ½	A 18	4	ξ
Celle qui est ensuite sur la quatrième vertèbre	Scorp... 23 ⅓	A 19 ½	3	η
Celle qui est après sur la cinquième vertèbre	Scorp... 28 ½	A 18 ½ ⅓	3	θ
Celle qui est encore après dans la sixième vertèbre	Sagitt... 0 ½	A 16 ½	3	ι
Celle qui est proche de l'aiguillon dans la septième vertèbre	Scorp... 29	A 15 ½	3	)(
20 L'orientale de ces étoiles	Scorp... 27 ½	A 13 ⅓	3	λ
L'occidentale	Scorp... 27	A 13 ½	4	ν

Vingt-une étoiles, dont une de la 2ᵉ grandeur, treize de la 3ᵉ, cinq de la 4ᵉ, deux de la 5ᵉ.

INFORMES AUPRÈS DU SCORPION.

1. CONFIGURATIONS.	2. DEGRÉS DE LONGITUDE.	3. DEGRÉS DE LATITUDE.	4. GRANDEUR.	LETTRES SELON BAYER.
La nébuleuse après l'aiguillon	Sagitt... 1 ½	A 13 ¼	néb.	45
L'occidentale des deux au nord de l'aiguillon	Scorp... 25 ½	A 6 ½	5	43
L'orientale de ces deux	Scorp... 25 ½	A 25 ½	5	

Trois étoiles, deux de la 5ᵉ grandeur, une nébuleuse.

CONSTELLATION DU SAGITTAIRE.

1. CONFIGURATIONS.	2. DEGRÉS DE LONGITUDE.	3. DEGRÉS DE LATITUDE.	4. GRANDEUR.	LETTRES SELON BAYER.
L'étoile à la pointe du dard	Sagitt... 9 ½ ¼	A 9 ½ ¼	3	γ
Celle au poignet de la main gauche	Sagitt... 7 ⅔	A 6 ½	3	δ
Celle de la partie méridionale du sagittaire	Sagitt... 8	A 20 ½	3	ε
La plus mérid. d'entre celles de la partie boréale du sagittaire	Sagitt... 9	A 1 ½	3	λ
La plus boréale d'entr'elles au bout de l'arc	Sagitt... 6 ½	B 2 ½ ⅓	4	μ
Celle qui est sur l'épaule gauche	Sagitt... 15 ⅓	A 3 ½	3	6
La précédente de celle-là sur le dard	Sagitt... 13	A 3 ½	4	φ
L'étoile nébuleuse et double qui est sur l'œil	Sagitt... 15 ½	B 0 ½ ¼	néb.	ν
L'occidentale des trois dans la tête	Sagitt... 15 ½	B 2 ½	4	2 ξ
Celle qui en tient le milieu	Sagitt... 17 ½	B 1 ½	4	ο
L'orientale des trois	Sagitt... 19 ½	B 2	4	π
La plus méridionale. des 3	Sagitt... 21 ½	B 2 ½ ⅓	5	δ'
Celle du milieu de ces trois	Sagitt... 22 ½	B 4 ½	4	ρ
La boréale des trois	Sagitt... 22 ½ ⅓	B 6 ½	4	ν
L'orientale obscure des trois	Sagitt... 25 ½	B 5 ½	6	e
La plus boréale des deux du bord austral du corselet	Sagitt... 29 ½	B 5 ½ ⅓	5	g
La plus méridionale d'entr'elles	Sagitt... 27 ½	B 2	6	f
Celle de l'épaule droite	Sagitt... 22 ½	A 1 ½ ⅓	5	χ
Celle qui est sur le coude droit	Sagitt... 24 ½ ⅓	A 2 ½ ⅓	4	h
Celle des trois du dos, qui est près de la nuque	Sagitt... 20	A 2 ½	5	φ
Celle du milieu et dans l'omoplate	Sagitt... 17 ½	A 4 ½	4	τ
La dernière et sous l'aisselle	Sagitt... 16 ½	A 6 ½ ¼	3	ξ
Celle qui est sur la cheville gauche de devant	Sagitt... 17 ½	A 23	2	β
Celle du genou du même pied	Sagitt... 17	A 18	2	α
Celle de la cheville droite de devant	Sagitt... 6 ½	A 13	3	η
Celle qui est sur la cuisse gauche	Sagitt... 27 ½	A 13 ½	3	θ M
Celle du coude droit du pied de derrière	Sagitt... 28 ½ ⅓	A 20 ⅔	3	I E

Α. ΜΟΡΦΩΣΕΙΣ.	Β. ΜΗΚΟΥΣ ΜΟΙΡΑΙ.	Γ. ΠΛΑΤΟΥΣ Μ.	Δ. ΜΕ- ΓΕ- ΘΟΣ.
Τῶν ἐν τῇ ἐκφύσει τῆς οὐρᾶς τεσσάρων τῆς βορείου πλευρᾶς ὁ προηγούμενος	Τοξότου... κζ γ′	Ν δ ς″ γ′	ε
Ὁ ἑπόμενος τῆς βορείου πλευρᾶς	Τοξότου... κη ς″ γ′	Ν δ ς″ γ′	ε
Τῆς νοτίου πλευρᾶς ὁ προηγούμενος	Τοξότου... κη ς″ γ′	Ν ε ς″ γ′	ε
Ὁ ἑπόμενος τῆς νοτίου πλευρᾶς	Τοξότου... κθ γ°	Ν ς ς″	ε
Ἀστέρες λα΄, ὧν δευτέρου μεγέθους β̄, τρίτου θ̄, τετάρτου ῡ, πέμπτου η̄, ἕκτου β̄, νεφελοειδὴς ᾱ.			
ΑΙΓΟΚΕΡΩΤΟΣ ΑΣΤΕΡΙΣΜΟΣ.			
Τῶν ἐν τῷ ἑπομένῳ κέρατι τριῶν ὁ βόρειος	Αἰγόκερω.. ζ γ′	Β ζ γ″	γ
Ὁ μέσος αὐτῶν	Αἰγόκερω.. ζ γ°	Β ς γ°	ς
Ὁ νότιος τῶν τριῶν	Αἰγόκερω.. ζ γ″	Β ε	γ
Ὁ ἐπ' ἄκρου τοῦ ἡγουμένου κέρατος	Αἰγόκερω.. θ	Β η	ς
Τῶν ἐν τῷ ῥύγχει τριῶν ὁ νότιος	Αἰγόκερω.. θ	Β ō ς″ δ″	ς
Τῶν λοιπῶν δύο ὁ ἡγούμενος	Αἰγόκερω.. η γ°	Β α ς″ δ″	ς
Ὁ ἑπόμενος αὐτῶν	Αἰγόκερω.. η ς″ γ″	Β α ς″	ς
Ὁ τῶν τριῶν προηγούμενος ὑπὸ τὸν δεξιὸν ὀφθαλμόν	Αἰγόκερω.. ς ς″	Β ā γ°	ε
Τῶν ἐν τῷ τραχήλῳ δύο ὁ βορειότερος	Αἰγόκερω.. ια γ°	Β γ ς″ γ″	ς
Ὁ νοτιώτερος αὐτῶν	Αἰγόκερω.. ια ς″ γ″	Β γ ς″	ε
Ὁ ἐπὶ τοῦ ἀριστεροῦ κεκαμμένου γόνατος	Αἰγόκερω.. ια γ°	Ν η γ°	δ
Ὁ ὑπὸ τὸ δεξιὸν γονάτιον	Αἰγόκερω.. ι ς″ γ″	Ν ς γ″	δ
Ὁ ἐπὶ τοῦ ἀριστεροῦ ὤμου	Αἰγόκερω.. ις″ γ°	Ν ζ γ°	δ
Τῶν ὑπὸ τὴν κοιλίαν συνεχῶν δύο ὁ ἡγούμενος	Αἰγόκερω.. κ ς″	Ν ς ς″ γ″	δ
Ὁ ἑπόμενος αὐτῶν	Αἰγόκερω.. κ γ″	Ν ς	ε
Τῶν ἐν μέσῳ τῷ σώματι τριῶν ὁ ἑπόμενος	Αἰγόκερω.. ιη γ°	Ν δ δ″	ε
Τῶν λοιπῶν καὶ ἡγουμένων δύο ὁ νοτιώτερος	Αἰγόκερω.. ις γ°	Ν δ	ε
Ὁ βορειότερος αὐτῶν	Αἰγόκερω.. ις γ°	Ν β ς″ γ″	ε
Τῶν ἐν τῷ νώτῳ δύο ὁ προηγούμενος	Αἰγόκερω.. ις γ°	ō ō	δ
Ὁ ἑπόμενος αὐτῶν	Αἰγόκερω.. κα	Ν ō ς″ γ″	δ
Τῶν ἐν τῇ νοτίῳ ἀκάνθῃ δύο ὁ προηγούμενος	Αἰγόκερω.. κγ γ″	Ν δ ς″ δ″	δ
Ὁ ἑπόμενος αὐτῶν	Αἰγόκερω.. κε	Ν δ ς″	δ
Τῶν ἐν τῷ παρούρῳ δύο ὁ προηγούμενος	Αἰγόκερω.. κα ς″ γ″	Ν β ς″	γ
Ὁ ἑπόμενος αὐτῶν	Αἰγόκερω.. κς γ″	Ν β	γ
Τῶν ἐπὶ τοῦ βορείου μέρους τῆς οὐρᾶς τεσσάρων ὁ προηγούμενος	Αἰγόκερω.. κς ς″ γ″	Β ō γ″	δ
Τῶν λοιπῶν τριῶν ὁ νότιος	Αἰγόκερω.. κ γ°	ō ō	ε
Ὁ μέσος αὐτῶν	Αἰγόκερω.. κζ γ°	Β β ς″ γ″	ε
Ὁ βόρειος αὐτῶν καὶ ἐπ' ἄκρου τοῦ οὐραίου	Αἰγόκερω.. κη γ°	Β δ γ″	ε
Ἀστέρες κη̄, ὧν τρίτου μεγέθους δ̄, τετάρτου θ̄, πέμπτου θ̄, ἕκτου ς̄.			
ΥΔΡΟΧΟΟΥ ΑΣΤΕΡΙΣΜΟΣ.			
Ὁ ἐπὶ τῆς κεφαλῆς τοῦ ὑδροχόου	Ὑδροχόου.. ō γ″	Β ιε ς″ δ″	ε
Τῶν ἐν τῷ δεξιῷ ὤμῳ δύο ὁ λαμπρότερος	Ὑδροχόου.. ς γ″	Β ια	γ
Ὁ ὑπ' αὐτὸν ἀμαυρότερος	Ὑδροχόου.. ε ς″	Β θ γ°	ε
Ὁ ἐν τῷ ἀριστερῷ ὤμῳ	Αἰγόκερω.. κς ς″	Β η ς″ δ″	γ
Ὁ ὑπ' αὐτὸν ἐν τῷ νοτίῳ ὡς ὑπὸ τὴν μασχάλην	Αἰγόκερω.. κζ γ″	Β ε ς″	ε
Τῶν ἐν τῇ ἀριστερᾷ χειρὶ ἐπὶ τοῦ ἱματίου τριῶν ὁ ἑπόμενος	Αἰγόκερω.. ις γ°	Β η	δ
Ὁ μέσος αὐτῶν	Αἰγόκερω.. ις ς″	Β η	γ
Ὁ προηγούμενος τῶν τριῶν	Αἰγόκερω.. ιδ γ°	Β η γ°	γ
Ὁ ἐν τῷ δεξιῷ πήχει	Ὑδροχόου.. θ ς″	Β η ς″ δ″	γ
Τῶν ἐπὶ τοῦ δεξιοῦ ἀκρογείρου τριῶν ὁ βόρειος	Ὑδροχόου.. ια γ°	Β ς ς″ δ″	γ
Τῶν λοιπῶν καὶ βορείων δύο ὁ προηγούμενος	Ὑδροχόου.. ιβ	Β θ	γ

I. CONFIGURATIONS.	2. DEGRÉS DE LONGITUDE.	DEGRÉS DE LATITUDE.	4. GRANDEUR.	LETTRES SELON BAYER.
L'occidentale du côté boréal des quatre à la naissance de la queue	Sagitt.. 27 ½	A 4 ½ ¼	5	ω
L'orientale du côté boréal	Sagitt.. 28 ½ ⅓	A 4 ½ ⅓	5	α
L'occidental du côté méridional	Sagitt.. 28 ½ ⅓	A 5 ½ ⅓	5	b
L'orientale du côté méridional	Sagitt.. 27 ⅓	A 6 ½	5	c

Trente-une étoiles, dont deux de la 2ᵉ grandeur, neuf de la 3ᵉ, neuf de la 4ᵉ, huit de la 5ᵉ, une nébuleuse.

CONSTELLATION DU CAPRICORNE.

CONFIGURATIONS.	DEGRÉS DE LONGITUDE.	DEGRÉS DE LATITUDE.	GRANDEUR.	LETTRES SELON BAYER.
La boréale des trois dans la corne orientale	Capric.. 7 ⅓	B 7 ⅓	3	2 α
La mitoyenne d'entr'elles	Capric.. 7 ⅔	B 6 ⅓	6	ν
La méridionale des trois	Capric.. 7 ⅔	B 5	3	β
Celle qui termine la corne occidentale	Capric.. 9	B 8	6	ζ
La méridionale des trois dans le mufle	Capric.. 9	B 0 ½ ¼	6	ο
L'occidentale des deux autres	Capric.. 8 ½	B 1 ½ ¼	6	π
L'orientale de ces deux	Capric.. 8 ½ ⅓	B 1 ½	6	ρ
L'occidentale des trois sous l'œil droit	Capric.. 6 ½	B 0 ⅔	5	ϛ
La plus boréale des deux dans le col	Capric.. 11 ½	B 3 ½ ⅓	6	τ
La plus méridionale de ces deux	Capric.. 11 ½ ⅓	B 3 ½	5	μ
Celle qui est sur le genou courbé	Capric.. 10 ½ ⅓	A 8 ½	4	ψ
Celle qui est sous le genou droit	Capric.. 11 ½	A 6 ½	4	ω
Celle de l'épaule gauche	Capric.. 16 ½	A 7 ½	4	Α
L'occidentale des deux qui se touchent, sous le ventre	Capric.. 20 ⅚	A 6 ½ ⅓	4	ξ
L'orientale de ces étoiles	Capric.. 20 ⅓	A 6	5	b
L'orientale des trois du milieu du corps	Capric.. 18 ⅔	A 4 ¼	5	φ
La plus méridionale des deux autres et occidentales	Capric.. 16 ½	A 4	5	χ
La plus boréale de celles-ci	Capric.. 16 ½	A 2 ½ ⅓	5	η
L'occidentale des deux dans le dos	Capric.. 16 ⅔	O 0	4	θ
L'orientale de ces étoiles	Capric.. 21	A 0 ½ ⅓	4	ι
L'occidentale des deux au midi de l'épine	Capric.. 23 ½	A 4 ½ ¼	4	ε
L'orientale	Capric.. 25	A 4 ½	4	)(
L'occidentale des deux près de la queue	Capric.. 21 ½ ⅓	A 2 ⅙	3	γ
L'orientale de ces étoiles	Capric.. 26 ⅓	A 2	3	δ
L'occidentale de quatre de la partie boréale de la queue	Capric.. 26 ½ ⅓	B 0 ⅓	4	d
La méridionale des trois dernières	Capric.. 20 ½	O 0	5	μ
Celle du milieu	Capric.. 27 ⅓	B 2 ½ ⅓	5	λ
La boréale d'entr'elles	Capric.. 28 ⅓	B 4 ⅓	5	ιϛ

Vingt-huit étoiles, dont quatre de la 3ᵉ grandeur, neuf de la 4ᵉ, neuf de la 5ᵉ, six de la 6ᵉ.

CONSTELLATION DU VERSEAU.

CONFIGURATIONS.	DEGRÉS DE LONGITUDE.	DEGRÉS DE LATITUDE.	GRANDEUR.	LETTRES SELON BAYER.
L'étoile qui est sur la tête du verseau	Verseau 0 ½	B 15 ½ ¼	5	d
La plus brillante des deux de l'épaule droite	Verseau 6 ½ ⅓	B 11	3	α
L'étoile plus obscure sous cette dernière	Verseau 5 ⅙	B 9 ½ ⅓	5	ο
Celle qui est dans l'épaule gauche	Capric.. 26 ½	B 8 ½ ⅓	3	β
Celle qui est dessous, dans le dos, presque sous l'aisselle	Capric.. 27 ½	B 6 ¼	5	ξ
L'orientale des trois à la main gauche sur la robe	Capric.. 17 ⅔	B 5 ½	3	ν
La mitoyenne de ces étoiles	Capric.. 16 ½	B 8	4	μ
L'occidentale des trois	Capric.. 14 ½	B 8 ⅔	3	ε
Celle qui est dans le coude gauche	Verseau 9 ½	B 8 ½ ¼	3	γ
La boréale des trois qui terminent la main droite	Verseau 11 ⅔	B 10 ¼ ¼	3	π
L'occidentale des deux autres qui sont boréales aussi	Verseau 12	B 9	3	ζ

A. ΜΟΡΦΩΣΕΙΣ.	B. ΜΗΚΟΥΣ ΜΟΙΡΑΙ.	Γ. ΠΛΑΤΟΥΣ Μ.	Δ. ΜΕΓΕΘΟΣ.
Ὁ ἑπόμενος αὐτῶν.	Ὑδροχόου.. ιγ γ″	Β η ς″	γ
Τῶν ἐν τῇ δεξιᾷ κοτύλῃ συνεχῶν δύο ὁ προηγούμενος	Ὑδροχόου.. ς ς″	Β γ	δ
Ὁ ἑπόμενος αὐτῶν.	Ὑδροχόου.. ζ	Β γ ς″	ε
Ὁ ἐπὶ τοῦ δεξιοῦ γλουτοῦ.	Ὑδροχόου.. η γ°	Ν ο ς″ γ″	δ
Τῶν ἐν τῷ ἀριστερῷ γλουτῷ δύο ὁ νότιος	Ὑδροχόου.. α γ°	Ν α γ°	δ
Ὁ βορειότερος αὐτῶν.	Ὑδροχόου.. γ ς″	Β δ	ς
Τῶν ἐν τῇ δεξιᾷ κνήμῃ δύο ὁ νοτιώτερος	Ὑδροχόου.. ια γ°	Ν ζ ς″	γ
Ὁ βορειότερος αὐτῶν καὶ ὑπὸ τὴν ἀγκύλην	Ὑδροχόου.. ια γ″	Ν ε	δ
Ὁ ἐν τῷ ἀριστερῷ ὀπισθομήρῳ.	Ὑδροχόου.. θ γ°	Ν ε γ°	ε
Τῶν ἐν τῇ ἀριστερᾷ κνήμῃ δύο ὁ νοτιώτερος	Ὑδροχόου.. η γ″	Ν ι	ε
Ὁ βορειότερος αὐτῶν ὑπὸ τὸ γόνυ.	Ὑδροχόου.. ζ ς″ γ″	Ν θ	ε
Τῶν ἐπὶ τῆς ῥύσεως τοῦ ὕδατος ἀπὸ τῆς χειρὸς ὁ προηγούμενος	Ὑδροχόου.. ιε	Β β	δ
Ὁ ἐχόμενος ἐκ νότου τοῦ προειρημένου	Ὑδροχόου.. ιδ ς″ γ″	Β ο ς″	δ
Ὁ τούτου ἐχόμενος μετὰ τὴν καμπήν.	Ὑδροχόου.. ιζ γ°	Ν α ς″	δ
Ὁ ἔτι τούτῳ ἑπόμενος.	Ὑδροχόου.. κ	Ν ο ς″	δ
Ὁ τούτου ἐν καμπῇ ἀπὸ μεσημβρίας.	Ὑδροχόου.. κ ς″	Ν α γ°	δ
Τῶν ἀπὸ μεσημβρίας αὐτοῦ δύο ὁ βορειότερος	Ὑδροχόου.. ιθ	Ν γ ς″	δ
Ὁ νοτιώτερος τῶν δύο.	Ὑδροχόου.. ιθ ς″ γ″	Ν δ ς″	δ
Ὁ διεξὼς αὐτῶν πρὸς μεσημβρίαν μοναχός.	Ὑδροχόου.. κ ς″ γ″	Ν η δ″	ε
Τῶν μετ' αὐτὸν δύο συνεχῶν ὁ προηγούμενος	Ὑδροχόου.. κβ γ″	Ν ια	ε
Ὁ ἑπόμενος αὐτῶν.	Ὑδροχόου.. κγ ς″	Ν ιε ς″ γ″	ε
Ὁ μέσος τῶν τριῶν.	Ὑδροχόου.. κα γ°	Ν ιθ	ε
Τῶν ἐν τῇ ἐχομένῃ συστροφῇ τριῶν ὁ βόρειος	Ὑδροχόου.. κβ ς″	Ν ιθ ς″ δ″	ε
Ὁ ἑπόμενος αὐτῶν.	Ὑδροχόου.. κγ ς″	Ν ιε γ°	ε
Ὁμοίως τῶν ἐφεξῆς τριῶν ὁ βόρειος.	Ὑδροχόου.. ιζ	Ν ιθ ς″	δ
Ὁ νοτιώτερος τῶν τριῶν.	Ὑδροχόου.. ιη γ″	Ν ιε ς″ δ″	δ
Ὁ μέσος αὐτῶν.	Ὑδροχόου.. ιζ ς″	Ν ιε	δ
Τῶν ἐν τῇ λοιπῇ συστροφῇ τριῶν ὁ ἡγούμενος	Ὑδροχόου.. ια ς″ γ″	Ν ιθ ς″ δ″	δ
Τῶν λοιπῶν δύο ὁ νοτιώτερος.	Ὑδροχόου.. ιβ γ″	Ν ιε γ°	δ
Ὁ βορειότερος αὐτῶν.	Ὑδροχόου.. ιγ ς″	Ν ιθ	δ
Ὁ ἔσχατος τοῦ ὕδατος καὶ ἐπὶ τοῦ στόματος τοῦ νοτίου ἰχθύος	Ὑδροχόου.. ζ	Ν κγ	α

Ἀστέρες μβ, ὧν πρώτου μεγέθους ᾱ, τρίτου θ̄, τετάρτου ιθ, πέμπτου ιγ̄, ἕκτου ᾱ.

ΟΙ ΠΕΡΙ ΤΟΝ ΥΔΡΟΧΟΟΝ ΑΜΟΡΦΩΤΟΙ.

A.	B.	Γ.	Δ.
Τῶν ἐπομένων τῇ καμπῇ τοῦ ὕδατος τριῶν ὁ ἡγούμενος	Ὑδροχόου.. κς γ°	Ν ιε ς″	δ
Τῶν λοιπῶν δύο ὁ βορειότερος.	Ὑδροχόου.. κθ γ°	Ν ιδ γ°	δ
Ὁ νοτιώτερος αὐτῶν.	Ὑδροχόου.. κθ	Ν ιη δ″	δ

Ἀστέρες τρεῖς, μεγέθους τετάρτου μείζονες.

ΙΧΘΥΩΝ ΑΣΤΕΡΙΣΜΟΣ.

A.	B.	Γ.	Δ.
Ὁ ἐν τῷ στόματι τοῦ προηγουμένου ἰχθύος.	Ὑδροχόου.. κα γ°	Β θ δ″	δ
Τῶν ἐν τῷ κρανίῳ αὐτοῦ δύο ὁ νοτιώτερος.	Ὑδροχόου.. κδ ς″	Β ζ ς″	δ
Ὁ βορειότερος αὐτῶν.	Ὑδροχόου.. κς	Β θ γ″	δ
Τῶν ἐν τῷ νώτῳ δύο ὁ προηγούμενος.	Ὑδροχόου.. κη ς″	Β θ ς″	δ
Ὁ ἑπόμενος αὐτῶν.	Ἰχθύων.... ο γ°	Β ζ ς″	δ
Τῶν ἐν τῇ κοιλίᾳ δύο ὁ προηγούμενος.	Ὑδροχόου.. κς	Β δ ς″	δ
Ὁ ἑπόμενος αὐτῶν.	Ὑδροχόου.. κθ γ°	Β γ ς″	δ
Ὁ ἐν τῇ οὐρᾷ τοῦ αὐτοῦ ἰχθύος.	Ἰχθύων.... ς	Β ς γ″	δ
Τῶν κατὰ τὸ λινὸν αὐτοῦ ὁ πρῶτος ἀπὸ τῆς οὐρᾶς	Ἰχθύων.... ια	Β ε ς″ δ″	ς
Ὁ ἑπόμενος αὐτῶν.	Ἰχθύων.... ιγ	Β γ ς″ δ″	ς

I. CONFIGURATIONS.	2. DEGRÉS DE LONGITUDE.	3. DEGRÉS DE LATITUDE.	4. GRANDEUR.	LETTRES SELON BAYER.
L'orientale de ces étoiles..........................	Verseau 13 1/2	B 8 1/2	3	η
L'occidentale des 2 contiguës dans la cavité cotyloïde droite..	Verseau 6 1/8	B 3	4	θ
L'orientale de ces étoiles..........................	Verseau 7	B 3 1/6	5	ρ
Celle qui se trouve sur la fesse droite.................	Verseau 8 2/3	A 0 1/2 1/3	4	σ
La méridionale des deux dans la fesse gauche...........	Verseau 1 1/2 1/6	A 1 2/3	4	ι
La plus boréale d'entr'elles.........................	Verseau 3 1/6	B 4	6	ρ
La plus méridionale des deux dans la jambe droite.,.....	Verseau 11 2/3	A 7 1/2	3	δ
La plus boréale et qui est au pliant de la cuisse.........,	Verseau 10 1/2 1/3	A 5	4	2 ψ
Celle qui est sur la cuisse gauche par derrière..........	Verseau 4 1/2 1/3	A 5 2/3	5	f
La plus méridionale de celles de la jambe gauche........	Verseau 8 1/3	A 10	5	υ
La plus boréale d'entr'elles sous le genou..............	Verseau 7 1/2 1/3	A 9	6	g
L'occid. de celles qui sont à la sortie de l'eau hors de la main.	Verseau 12 2/3	B 2	4	κ
Celle qui est contiguë à cette dernière du côté du midi....	Verseau 14 1/2 1/3	B 0 1/6	4	λ
Celle qui est contiguë à celle-ci, après la courbure.......	Verseau 17 2/3	A 1 1/6	4	h
L'étoile qui suit à l'orient de celle-ci..................	Verseau 20	A 0 1/2 1/3	4	φ
Celle au midi de la précédente dans la courbure..........	Verseau 20 1/2	A 1 2/3 1/2	4	χ
La plus boréale de deux au midi de celle-ci.............	Verseau 19	A 3 1/2 1/2	4	1 ψ
La plus méridionale des deux........................	Verseau 19 1/2 1/3	A 4 1/2 1/2	3	3 ψ
La solitaire assez distante qui en est éloignée vers le midi.	Verseau 20 1/2 1/3	A 8 1/4	5	
L'occidentale des deux qui se touchent après celles-ci.....	Verseau 22 1/2 1/3	A 11	5	1 ω
L'orientale de ces étoiles..........................	Verseau 23 1/6	A 10 1/2 1/3	5	2 ω
La boréale des trois dans le flot suivant...............	Verseau 21 1/2	A 14	5	1 A
Celle du milieu des trois..........................	Verseau 22 2/3	A 14 1/2 1/4	5	3 A
L'orientale de ces trois............................	Verseau 23 1/6	A 15 2/3	5	4 A
La boréale de trois situées de même à la suite...........	Verseau 17	A 14	4	1 b
La mitoyenne d'entr'elles..........................	Verseau 17 1/2	A 15	4	2 b
La plus méridionale des trois.......................	Verseau 18 1/2	A 15 1/2 1/4	4	3 b
L'occidentale des trois dans le dernier flot de l'eau........	Verseau 11 1/2 1/3	A 14 1/2 1/4	4	1 c
La plus méridionale des deux autres..................	Verseau 12 1/2	A 15 1/3	4	3 c
La plus boréale de celles-ci.........................	Verseau 13 1/6	A 14	4	2 c
La d^{re} de l'eau et à la bouche du poisson mérid... (*Fomahaut*).	Verseau 7	A 23	1	a

Quarante-deux étoiles, dont une de la 1re grandeur, neuf de la 3e, dix-huit de la 4e, treize de la 5e, une de la 6e.

INFORMES AUTOUR DU VERSEAU.

L'occidentale des trois qui suivent la courbure de l'eau....	Verseau 26 2/3	A 15 1/2 1/3	4	g
La plus boréale des deux autres.....................	Verseau 29 1/3	A 14 1/2 1/4	4	b
La plus méridionale de celles-ci.....................	Verseau 29	A 18 1/4	4	h

Trois étoiles un peu plus grandes que celles de la 4e grandeur.

CONSTELLATION DES POISSONS.

Celle qui est dans la bouche du poisson occidental.......	Verseau 21 2/3	B 9 1/4	4	β
La plus méridionale des deux de son crâne.............	Verseau 24 1/6	B 7 1/2	4	γ
La plus boréale de celles-ci.........................	Verseau 26	B 9 1/2	4	b
L'occidentale des deux sur le dos....................	Verseau 28 1/2	B 9 1/2	4	τ
L'orientale de ces deux............................	Poissons. 0 1/3	B 7 1/2	4	ι
L'occidentale des deux dans le ventre.................	Verseau 26	B 4 1/2	4	κ
L'orientale de ces deux............................	Verseau 29 1/3	B 3 1/2	4	λ
Celle de la queue du même poisson...................	Poissons. 6	B 6 1/2	4	ω
La première après la queue sur le lien de ce poisson.....	Poissons. 11	B 5 1/2 1/4	6	d
L'orientale de ces étoiles..........................	Poissons. 13	B 3 1/2 1/4	6	

Α. ΜΟΡΦΩΣΕΙΣ.	Β. ΜΗΚΟΥΣ ΜΟΙΡΑΙ.	Γ. ΠΛΑΤΟΥΣ Μ.	Δ. ΜΕΓΕΘΟΣ.
Τῶν ἐφεξῆς λαμπρῶν τριῶν ὁ προηγούμενος	Ἰχθύων.... ιζ ς''	Β β δ''	δ
Ὁ μέσος αὐτῶν	Ἰχθύων.... κ ς''	Β α ς''	δ
Ὁ ἑπόμενος τῶν τριῶν	Ἰχθύων.... κγ	Ν ς	δ
Τῶν ὑπ' αὐτοὺς ἐν καμπῇ μικρῶν δύο ὁ βορειότερος	Ἰχθύων.... κβ ς''	Ν β	ς
Ὁ νοτιώτερος αὐτῶν	Ἰχθύων.... κγ γ''	Ν ε	ς
Τῶν μετὰ τὴν καμπὴν τριῶν ὁ προηγούμενος	Ἰχθύων.... κς ς''	Ν β γ''	δ
Ὁ μέσος αὐτῶν	Ἰχθύων.... κη γ''	Ν δ γ°	δ
Ὁ ἑπόμενος τῶν τριῶν	Κριοῦ.... ο γ°	Ν ζ ς'' δ''	δ
Ὁ ἐπὶ τοῦ συνδέσμου τῶν δύο λινῶν	Κριοῦ.... β ς''	Ν η ς''	γ
Τῶν ἐν τῷ βορείῳ λινῷ ὁ ἀπὸ τοῦ συνδέσμου προηγούμενος	Κριοῦ.... ο ς''	Ν α γ°	δ
Τῶν μετ' αὐτὸν ἐφεξῆς τριῶν ὁ νότιος	Κριοῦ.... ο ς''	Β α ς'' γ''	ε
Ὁ μέσος αὐτῶν	Κριοῦ.... ο γ°	Β ε γ''	γ
Ὁ βόρειος τῶν τριῶν καὶ ἐπ' ἄκρας τῆς οὐρᾶς	Κριοῦ.... ο ς''	Β θ	δ
Τῶν ἐν τῷ ςόματι τοῦ ἑπομένου ἰχθύος δύο ὁ βορειότερος	Κριοῦ.... β	Β κα ς'' δ''	ε
Ὁ νότιος αὐτῶν	Κριοῦ.... α γ°	Β κ ς''	ε
Τῶν ἐν τῇ κεφαλῇ τριῶν μικρῶν ὁ ἑπόμενος	Ἰχθύων.... κη γ°	Β κ	ς
Ὁ μέσος αὐτῶν	Ἰχθύων.... κς γ°	Β ιθ ς'' γ''	ς
Ὁ προηγούμενος τῶν τριῶν	Ἰχθύων.... κς	Β κ γ''	ς
Τῶν ἐπὶ τῆς νοτιαίας ἀκάνθης τριῶν μετὰ τὸν ἐπὶ τοῦ ἀγκῶνος τῆς Ἀνδρομέδας ὁ προηγούμενος	Ἰχθύων.... κε γ°	Β ιθ γ''	δ
Ὁ μέσος αὐτῶν	Ἰχθύων.... κς γ°	Β ιγ δ''	δ
Ὁ ἑπόμενος τῶν τριῶν	Ἰχθύων.... κς γ°	Β ιβ	δ
Τῶν ἐν τῇ κοιλίᾳ δύο ὁ βορειότερος	Κριοῦ.... β ς'' ς''	Β ιζ	δ
Ὁ νοτιώτερος αὐτῶν	Ἰχθύων.... κθ ς'' γ''	Β ιε γ''	δ
Ὁ ἐν τῇ ἑπομένῃ ἀκάνθῃ περὶ τὴν οὐράν	Κριοῦ.... ο ο	Β ιά ς'' δ''	δ

Ἀςέρες λδ, ὧν τρίτου μεγέθους β, τετάρτου κβ, πέμπτου γ, ἕκτου ζ.

ΟΙ ΠΕΡΙ ΤΟΥΣ ΙΧΘΥΑΣ ΑΜΟΡΦΩΤΟΙ.

Τοῦ ὑπὸ τὸν ἡγούμενον ἰχθὺν τετραπλεύρου τῶν βορείων δύο ὁ ἡγούμενος	Ἰχθύων.... α ς''	Ν β γ°	δ
Ὁ ἑπόμενος αὐτῶν	Ἰχθύων.... β δ''	Ν β ς''	δ
Τῆς νοτίου πλευρᾶς ὁ προηγούμενος	Ἰχθύων.... ο γ°	Ν ε ς''	δ
Ὁ ἑπόμενος τῆς νοτίου πλευρᾶς	Ἰχθύων.... β γ''	Ν ε ς''	δ

Ἀςέρες τέσσαρες μεγέθους τετάρτου.

Ἐπὶ τοῦ αὐτοῦ ζωδιακοῦ ἀςέρες τμς, ὧν πρώτου μεγέθους ε, δευτέρου θ, τρίτου ξδ, τετάρτου ρλγ, πέμπτου ρε, ἕκτου κζ, νεφελοειδεῖς γ, καὶ ὁ πλόκαμος ἔξω τοῦ ἀριθμοῦ.

1. CONFIGURATIONS.	2. DEGRÉS DE LONGITUDE.	3. DEGRÉS DE LATITUDE.	4. GRANDEUR.	LETTRES SELON BAYER.
L'occidentale des trois brillantes qui viennent ensuite....	Poissons. $17 \frac{1}{6}$	B $2 \frac{1}{4}$	4	δ
La mitoyenne de ces trois.............................	Poissons. $20 \frac{1}{6}$	B $1 \frac{1}{6}$	4	ϵ
L'orientale des trois...............................	Poissons. 23	A 6	4	ζ
La plus bor. des deux petites sous ces trois dans la courbure.	Poissons. $22 \frac{1}{2}$	A 2	6	e
La plus méridionale des deux........................	Poissons. $23 \frac{1}{3}$	A 5	6	f
L'occidentale des trois après la courbure..............	Poissons. $26 \frac{1}{2}$	A $2 \frac{1}{3}$	4	μ
Celle du milieu des trois.............................	Poissons. $28 \frac{1}{3}$	A $4 \frac{2}{3}$	4	ν
L'orientale de ces trois..............................	Bélier... $0 \frac{2}{3}$	A $7 \frac{1}{2} \frac{1}{4}$	4	ξ
Celle qui est sur le nœud des deux liens...............	Bélier... $2 \frac{1}{2}$	A $8 \frac{1}{2}$	3	α
L'occidentale dans le lien boréal depuis le nœud.........	Bélier.. $0 \frac{1}{2}$	A $1 \frac{2}{3}$	4	o
La méridionale des trois suivantes....................	Poissons. $0 \frac{1}{6}$	B $1 \frac{1}{2} \frac{1}{3}$	5	π
Celle d'entr'elles qui est la mitoyenne................	Poissons. $0 \frac{2}{3}$	B $5 \frac{1}{3}$	3	$\varkappa$
La boréale des trois et au bout de la queue............	Bélier... $0 \frac{1}{2}$	B 9	4	ρ
La plus boréale des deux à la bouche du poisson oriental.	Bélier.. 2	B $21 \frac{1}{2} \frac{1}{4}$	5	g
La méridionale de celles-ci..........................	Bélier.. $1 \frac{2}{3}$	B $20 \frac{1}{6}$	5	τ
La suivante des trois petites de la tête...............	Poissons. $28 \frac{2}{3}$	B 20	6	η
Celle du milieu de celles-ci..........................	Poissons. $27 \frac{2}{3}$	B $19 \frac{1}{2} \frac{1}{3}$	6	$\varkappa$
L'occidentale des trois..............................	Poissons. 27	B $20 \frac{1}{3}$	6	ι
L'occidentale des trois sur la nageoire méridionale après l'étoile du coude d'Audromède....................	Poissons. $25 \frac{2}{3}$	B $14 \frac{1}{3}$	4	1 ψ
Leur mitoyenne.....................................	Poissons. $26 \frac{2}{3}$	B $13 \frac{1}{4}$	4	2 ψ
L'orientale des trois................................	Poissons. $27 \frac{2}{3}$	B 12	4	
La plus boréale des deux dans le ventre..............	Bélier.. $2 \frac{1}{2} \frac{1}{6}$	B 17	4	ν
La plus méridionale de ces deux.....................	Poissons. $29 \frac{1}{2} \frac{1}{3}$	B $15 \frac{1}{3}$	4	φ
Celle qui est dans la nageoire orientale près de la queue..	Bélier... 0 0	B $11 \frac{1}{2} \frac{1}{4}$	4	χ

Trente-quatre étoiles, dont deux de la 3e grandeur, vingt-deux de la 4e, trois de la 5e, sept de la 6e.

INFORMES AUTOUR DES POISSONS.

CONFIGURATIONS.	DEGRÉS DE LONGITUDE.	DEGRÉS DE LATITUDE.	GRANDEUR.	LETTRES SELON BAYER.
L'occidentale des deux boréales du quadrilatère sous le poisson occidental..................................	Poissons. $1 \frac{1}{6}$	A $2 \frac{2}{3}$	4	27)(
L'orientale de ces deux..............................	Poissons. $2 \frac{1}{4}$	A $2 \frac{1}{2}$	4	29)(
La précédente du côté méridional.....................	Poissons. $2 \frac{2}{3}$	A $0 \frac{2}{3}$	4	30)(
La suivante du côté méridional.......................	Poissons. $2 \frac{1}{3}$	A $5 \frac{1}{2}$	4	33)(

Quatre étoiles de 4e grandeur.

Les étoiles des constellations du zodiaque, sont au nombre de 346, dont 5 de la 1re grandeur, 9 de la 2e, 64 de la 3e, 133 de la 4e, 105 de la 5e, 27 de la 6e, 3 obscures, et la chevelure en sus de ce nombre.

ΤΩΝ ΕΚΤΟΣ ΤΟΥ ΖΩΔΙΑΚΟΥ ΛΟΙΠΩΝ ΝΟΤΙΩΝ ΖΩΔΙΩΝ ΑΣΤΕΡΙΣΜΟΣ.

Α. ΜΟΡΦΩΣΕΙΣ.	Β. ΜΗΚΟΥΣ ΜΟΙΡΑΙ.	Γ. ΠΛΑΤΟΥΣ Μ.	Δ. ΜΕΓΕΘΟΣ.
ΚΗΤΟΥΣ ΑΣΤΕΡΙΣΜΟΣ.			
Ὁ ἐπ' ἄκρου τοῦ μυκτῆρος	Κριοῦ.... ιζ γ°	Ν ζ ς" δ"	δ
Τῶν ἐν τῷ ῥύγχει τριῶν ὁ ἑπόμενος ἐπ' ἄκρου τῆς σιαγόνος	Κριοῦ.... ιζ γ°	Ν ιβ γ"	γ
Ὁ μέσος αὐτῶν καὶ ἐν μέσῳ τῷ ςόματι	Κριοῦ.... ιϛ γ°	Ν ια ς"	γ
Ὁ προηγούμενος τῶν τριῶν καὶ ἐπὶ τῆς γένυος	Κριοῦ.... ι ς"	Ν ιε δ"	γ
Ὁ ἐπὶ τῆς ὀφρύος καὶ τοῦ ὀφθαλμοῦ	Κριοῦ.... ια ς"	Ν η ς"	δ
Ὁ τούτου βορειότερος ὡς ἐπὶ τῆς τριχός	Κριοῦ.... ιβ γ°	Ν ϛ γ"	δ
Ὁ τούτων προηγούμενος ὡς ἐπὶ τῆς χαίτης	Κριοῦ.... ι ς"	Ν δ ς"	δ
Τοῦ ἐν τῷ ςήθει τετραπλεύρου τῆς ἡγουμένης πλευρᾶς ὁ βόρειος	Κριοῦ.... γ	Ν κδ ς"	δ
Ὁ νότιος τῆς ἡγουμένης πλευρᾶς	Κριοῦ.... γ γ"	Ν κη	δ
Τῆς ἑπομένης πλευρᾶς ὁ βόρειος	Κριοῦ.... ς γ°	Ν κε ς"	δ
Ὁ νότιος τῆς ἑπομένης πλευρᾶς	Κριοῦ.... ζ	Ν κζ ς"	γ
Τῶν ἐν τῷ σώματι τριῶν ὁ μέσος	Ἰχθύων.... κβ	Ν κε γ"	γ
Ὁ νότιος αὐτῶν	Ἰχθύων.... κγ	Ν λ ς" γ"	δ
Ὁ βόρειος τῶν τριῶν	Ἰχθύων.... κε	Ν κ	γ
Τῶν πρὸς τῷ παρούρῳ δύο ὁ ἑπόμενος	Ἰχθύων.... ιθ γ°	Ν ιε γ°	γ
Ὁ προηγούμενος αὐτῶν	Ἰχθύων.... ιε	Ν ιε γ°	γ
Τοῦ ἐν τῷ παρούρῳ τετραπλεύρου τῆς ἑπομένης πλευρᾶς ὁ βόρειος	Ἰχθύων.... ια	Ν ιγ γ°	ε
Ὁ νότιος τῆς ἑπομένης πλευρᾶς	Ἰχθύων.... ι γ°	Ν ιδ γ°	ε
Τῆς προηγουμένης πλευρᾶς ὁ βόρειος	Ἰχθύων.... θ γ"	Ν ιγ	ε
Ὁ νότιος τῆς προηγουμένης πλευρᾶς	Ἰχθύων.... θ	Ν ιδ	ε
Τῶν ἐν ἄκροις τοῖς οὐραίοις δύο ὁ ἐπὶ τοῦ βορείου	Ἰχθύων.... δ γ°	Ν θ γ°	γ
Ὁ ἐπ' ἄκρου τοῦ νοτίου οὐραίου	Ἰχθύων.... ε γ°	Ν κ γ"	γ
Ἀςέρες κβ̄, ὧν τρίτου μεγέθους τ, τετάρτου π, πέμπτου δ̄.			
ΩΡΙΩΝΟΣ ΑΣΤΕΡΙΣΜΟΣ.			
Ὁ ἐν τῇ κεφαλῇ τοῦ ὠρίωνος νεφελοειδής	Ταύρου.... κζ	Ν ιϛ ς"	νεφ.
Ὁ ἐπὶ τοῦ δεξιοῦ ὤμου λαμπρὸς ὑπόκιρρος	Διδύμων.... β	Ν ιζ	α
Ὁ ἐπὶ τοῦ ἀριςεροῦ ὤμου	Ταύρου.... κδ	Ν ιζ ς"	β
Ὁ ὑπὸ τοῦτον ἑπόμενος	Ταύρου.... κε	Ν ιη	δ
Ὁ ἐπὶ τοῦ δεξιοῦ ἀγκῶνος	Διδύμων.... δ γ"	Ν ιδ γ"	δ
Ὁ ἐπὶ τοῦ δεξιοῦ πήχεος	Διδύμων.... ϛ γ"	Ν ια ς" γ"	ς
Τοῦ ἐν τῷ δεξιῷ ἀκροχείρῳ τετραπλεύρου τῆς νοτίου πλευρᾶς ὁ ἑπόμενος καὶ διπλοῦς	Διδύμων.... ϛ ς"	Ν ι	ὄ δ
Ὁ προηγούμενος τῆς νοτίου πλευρᾶς	Διδύμων.... ϛ	Ν θ ς" δ"	δ
Τῆς βορείου πλευρᾶς ὁ ἑπόμενος	Διδύμων.... ζ γ"	Ν η δ"	ς
Ὁ προηγούμενος τῆς βορείου πλευρᾶς	Διδύμων.... ς γ°	Ν η δ"	ς
Τῶν ἐν τῷ κολλορόβῳ δύο ὁ προηγούμενος	Διδύμων.... α γ°	Ν γ ς" δ"	ε
Ὁ ἑπόμενος αὐτῶν	Διδύμων.... δ γ°	Ν δ δ"	ε
Τῶν κατὰ τοῦ νώτου τεσσάρων ὡς ἐπ' εὐθείας ὁ ἑπόμενος	Ταύρου.... κϛ ς" γ"	Ν ιθ γ°	δ
Ὁ τούτου προηγούμενος	Ταύρου.... κϛ γ"	Ν κ	ς
Ὁ ἔτι τούτου προηγούμενος	Ταύρου.... κε γ"	Ν κ ς"	ς· ε
Ὁ λοιπὸς καὶ προηγούμενος τῶν τεσσάρων	Ταύρου.... κδ ς"	Ν κ γ°	δ
Τῶν ἐν τῇ δορᾷ τῆς ἀριςερᾶς χειρὸς ὁ βορειότερος	Ταύρου.... κ ς"	Ν υ	δ
Ὁ δεύτερος ἀπὸ τοῦ βορειοτάτου	Ταύρου.... ιθ γ"	Ν η ς"	δ
Ὁ τρίτος ἀπὸ τοῦ βορειοτάτου	Ταύρου.... ιη	Ν ι δ"	δ
Ὁ τέταρτος ἀπὸ τοῦ βορειοτάτου	Ταύρου.... ιϛ γ"	Ν ιϛ ς" γ"	δ
Ὁ πέμπτος ἀπὸ τοῦ βορειοτάτου	Ταύρου.... ιε ς"	Ν ιδ δ"	δ
Ὁ ἕκτος ἀπὸ τοῦ βορειοτάτου	Ταύρου.... ιθ ς" γ"	Ν ιε ς" γ"	γ

CONSTELLATIONS EXTRA-ZODIACALES DU RESTE DE L'HÉMISPHÈRE AUSTRAL.

I. CONFIGURATIONS.	2. DEGRÉS DE LONGITUDE.	3. DEGRÉS DE LATITUDE.	4. GRANDEUR.	LETTRES SELON BAYER.
CONSTELLATION DE LA BALEINE.				
L'étoile de l'extrémité du mufle	Bélier.. $17\frac{2}{3}$	A $7\frac{1}{2}\frac{1}{4}$	4	λ
L'orientale des trois de la gueule, au bout de la mâchoire	Bélier.. $17\frac{2}{3}$	A $12\frac{1}{4}$	3	α
La mitoyenne des trois, au milieu de la gueule	Bélier.. $12\frac{2}{3}$	A $11\frac{1}{2}$	3	γ
L'occidentale des trois et sur la joue	Bélier.. $10\frac{1}{2}$	A $15\frac{1}{2}$	3	δ
Celle qui est sur le bord de la fosse orbitaire et l'œil	Bélier.. $11\frac{1}{2}$	A $8\frac{2}{3}$	4	ν
L'étoile plus boréale que celle-ci, presque dans la chevelure	Bélier.. $12\frac{1}{2}$	A $6\frac{1}{4}$	4	2 ξ
L'occidentale de ces étoiles, comme sur la crinière	Bélier.. $1\frac{1}{6}$	A $4\frac{1}{6}$	4	ξ
La boréale du côté occidental du quadrilatère de la poitrine	Bélier.. 3	A $24\frac{1}{2}$	4	ρ
La méridionale du côté occidental	Bélier.. $3\frac{1}{3}$	A 28	4	σ
La boréale du côté oriental	Bélier.. $6\frac{2}{3}$	A $25\frac{1}{6}$	4	ε
La méridionale du côté oriental	Bélier.. 7	A $27\frac{1}{2}$	3	π
Celle du milieu des trois dans le corps	Poissons. 22	A $25\frac{1}{3}$	3	τ
La méridionale d'entr'elles	Poissons. 23	A $30\frac{1}{2}\frac{1}{3}$	4	υ
La boréale des trois	Poissons. 25	A 20	3	ζ
L'orientale de deux au bout du dos près de la queue	Poissons. $19\frac{2}{3}$	A $15\frac{2}{3}$	3	θ
L'occidentale de ces deux	Poissons. 15	A $15\frac{2}{3}$	3	η
La bor. du côté orient. dans le quadrilatère près de la queue	Poissons. 11	A $13\frac{2}{3}$	5	φ 21
La méridionale du côté oriental	Poissons. $10\frac{2}{3}$	A $14\frac{2}{3}$	5	19
La boréale du côté occidental	Poissons. $9\frac{1}{3}$	A 13	5	
La méridionale du côté occidental	Poissons. 9	A 14	5	17
La boréale des deux aux extrémités de la queue	Poissons. $4\frac{1}{2}\frac{1}{3}$	A $9\frac{2}{3}$	3	ι
Celle de l'extrémité méridionale de la queue	Poissons. $5\frac{2}{3}$	A $20\frac{1}{3}$	3	β
CONSTELLATION D'ORION.				
L'étoile nébuleuse dans la tête d'Orion	Taureau 27	A $16\frac{1}{4}$	néb.	λ
La brillante, rougeâtre, sur l'épaule droite	Gém... 2	A 17	1	α
Celle qui est sur l'épaule gauche	Taureau 24	A $17\frac{1}{2}$	2	γ
La suivante sous celle-ci	Taureau 25	A 18	4	Δ
Celle qui est dans l'angle du coude droit	Gém... $4\frac{1}{3}$	A $14\frac{1}{3}$	4	μ
Celle de la coudée droite	Gém... $6\frac{1}{3}$	A $11\frac{1}{2}\frac{1}{3}$	6	κ
L'orientale et double du côté méridional du quadrilatère au bout de la main droite	Gém... $6\frac{1}{2}$	A 10	4	ξ
L'occidentale du côté méridional	Gém... 6	A $9\frac{1}{2}\frac{1}{4}$	4	ν
L'orientale du côté septentrional	Gém... $7\frac{1}{2}\frac{1}{3}$	A $8\frac{1}{4}$	6	2 ſ
L'occidentale du côté boréal	Gém... $6\frac{1}{2}\frac{1}{3}$	A $8\frac{1}{4}$	6	1 ſ
L'occidentale des deux dans la massue	Gém... $1\frac{1}{2}\frac{1}{3}$	A $3\frac{1}{2}\frac{1}{4}$	5	2 χ
L'orientale de ces deux	Gém... $4\frac{1}{2}\frac{1}{3}$	A $4\frac{1}{4}$	5	3 χ
L'orientale presqu'en ligne droite sur le dos	Taureau $27\frac{1}{2}\frac{1}{3}$	A $19\frac{2}{3}$	4	ω
La précédente de celle-ci	Taur... $26\frac{1}{3}$	A 20	6	38
Celle qui est encore plus occidentale que cette dernière	Taur... $25\frac{1}{3}$	A $20\frac{1}{6}$	6	n
La restante et précédente des quatre	Taureau $24\frac{1}{3}$	A $20\frac{2}{3}$	5	2 ψ
La bor. de celles de la peau ou cuir que tient la main gauche	Taur... $20\frac{1}{2}\frac{1}{3}$	A 8	4	2 o
La seconde depuis la plus boréale	Taureau $19\frac{1}{3}$	A $8\frac{1}{6}$	4	1 o
La troisième depuis la plus boréale	Taur... 18	A $10\frac{1}{4}$	4	g
La quatrième depuis la plus boréale	Taureau $16\frac{1}{3}$	A $12\frac{1}{2}\frac{1}{3}$	4	2 π
La cinquième depuis la plus boréale	Taureau $15\frac{1}{6}$	A $14\frac{1}{4}$	4	1 π
La sixième depuis la plus boréale	Taur... $14\frac{1}{2}\frac{1}{3}$	A $15\frac{1}{2}\frac{1}{3}$	3	1 or

Vingt-deux étoiles, dont dix de la 3ᵉ grandeur, huit de la 4ᵉ, quatre de la 5ᵉ.

A. ΜΟΡΦΩΣΕΙΣ.	B. ΜΗΚΟΥΣ ΜΟΙΡΑΙ. Μ.	Γ. ΠΛΑΤΟΥΣ Μ.	Δ. ΜΕ-ΓΕ-ΘΟΣ.
Ο ἕβδομος ἀπὸ τοῦ βορειοτάτου	Ταύρου.... ιδ ς″ γ″	Ν ιζ ς″	γ
Ο ὄγδοος ἀπὸ τοῦ βορειοτάτου	Ταύρου.... ιε γ″	Ν κ γ″	γ
Ο λοιπὸς καὶ νοτιώτατος τῶν ἐν τῇ δορᾷ	Ταύρου.... ις γ″	Ν κα ς″	β
Τῶν ἐπὶ τῆς ζώνης τριῶν ὁ προηγούμενος	Ταύρου.... κε γ″	Ν κθ ς″	β
Ο μέσος αὐτῶν	Ταύρου.... κζ γ″	Ν κθ ς″ γ″	β
Ο ἑπόμενος τῶν τριῶν	Ταύρου.... κη ς″	Ν κε γ̊″	γ
Ο πρὸς τῇ λαβῇ τῆς μαχαίρας	Ταύρου.... κγ ς″ γ″	Ν κε ς″ γ″	γ
Τῶν ἐπ' ἄκρα τῇ μαχαίρᾳ συνημμένων τριῶν ὁ βόρειος	Ταύρου.... κς ς″	Ν κη γ″	δ
Ο μέσος αὐτῶν	Ταύρου.... κγ γ″	Ν κθ	γ
Ο νότιος τῶν τριῶν	Ταύρου.... κζ	Ν κθ ς″ γ″	γ
Τῶν ὑπὸ τὸ ἄκρα τῆς μαχαίρας δύο ὁ ἑπόμενος	Ταύρου.... κζ γ̊″	Ν α γ̊″	δ
Ο προηγούμενος αὐτῶν	Ταύρου.... κς ς″	Ν α ς″ γ″	δ
Ο ἐν τῷ ἀριστερῷ ἀκρόποδι λαμπρὸς τοῦ ὕδατος κοινός	Ταύρου.... κ ς″ γ″	Ν λα ς″	α
Ο βορειότερος αὐτῶν ὑπὲρ τὸν ἀστράγαλον ἐν τῇ κνήμῃ	Ταύρου.... κα	Ν λ δ″	δ
Ο ὑπὸ τὴν ἀριστερὰν πτέρναν ἐκτός	Ταύρου.... κγ γ″	Ν λα ς″	δ
Ο ὑπὸ τὸ δεξιὸν καὶ ἑπόμενον γόνυ	Διδύμων... δ ς″	Ν λγ ς″	γ

Ἀστέρες λη̄, ὧν πρώτου μεγέθους β̄, δευτέρου δ̄, τρίτου ῑζ̄, τετάρτου ιϛ̄, πέμπτου γ̄, ἕκτου ε̄, καὶ νεφελοειδής.

ΠΟΤΑΜΟΥ ΑΣΤΕΡΙΣΜΟΣ.

Ο μετὰ τὸν ἐν τῷ ἀκρόποδι τοῦ Ὠρίωνος καὶ ἐπὶ τῆς ἀρχῆς τοῦ ποταμοῦ	Ταύρου.... ιη γ″	Ν λα ς″ γ″	δ
Ο τούτου βορειότερος ἐν ἐπικαμπίῳ πρὸς τῷ ἀντικνημίῳ τοῦ Ὠρίωνος	Ταύρου.... ιη ς″ γ″	Ν κη δ″	δ
Τῶν μετὰ τοῦτον ἐφεξῆς δύο ὁ ἑπόμενος	Ταύρου.... ιη	Ν κθ ς″ γ″	δ
Ο προηγούμενος αὐτῶν	Ταύρου.... ιθ ε″	Ν κη δ″	δ
Πάλιν τῶν ἐφεξῆς δύο ὁ ἑπόμενος	Ταύρου.... ιγ ς″	Ν κε ς″ γ″	δ
Ο προηγούμενος αὐτῶν	Ταύρου.... ι ς″	Ν κε γ″	δ
Τῶν μετὰ τοῦτον τριῶν ὁ ἑπόμενος	Ταύρου.... ς	Ν κε γ″	ε
Ο μέσος αὐτῶν	Ταύρου.... γ ς″	Ν κη ς″	δ
Ο προηγούμενος τῶν τριῶν	Ταύρου.... β ς″ γ″	Ν κζ ς″ γ″	δ
Τῶν ἐν τῇ ἑξῆς διαστάσει τεσσάρων ὁ ἑπόμενος	Κριοῦ.... κζ	Ν λζ ς″	γ
Ο τούτου προηγούμενος	Κριοῦ.... κδ γ″	Ν λγ	δ
Ο ἔτι τούτου προηγούμενος	Κριοῦ.... κδ ς″	Ν κη ς″ γ″	γ
Ο τῶν τεσσάρων προηγούμενος	Κριοῦ.... κβ	Ν κη	γ
Ὁμοίως τῶν ἐν τῇ ἐφεξῆς διαστάσει τεσσάρων ὁ ἑπόμενος	Κριοῦ.... ις ς″	Ν κε ς″	γ
Ο τούτου προηγούμενος	Κριοῦ.... ιθ ς″ γ″	Ν κγ ς″ γ″	δ
Ο ἔτι τούτου προηγούμενος	Κριοῦ.... ιβ ς″	Ν κδ ς″	γ
Ο τῶν τεσσάρων προηγούμενος	Κριοῦ.... ι ς″	Ν κγ δ″	δ
Ο ἐν τῇ ἐπιστροφῇ τοῦ ποταμοῦ ἁπτόμενος τοῦ στήθους τοῦ κήτους	Κριοῦ.... ε ς″	Ν λβ ς″	δ
Ο τούτῳ ἑπόμενος	Κριοῦ.... ε ς″ γ″	Ν λδ ς″ γ″	δ
Τῶν ἐφεξῆς τριῶν ὁ προηγούμενος	Κριου.... η ς″ γ″	Ν λη ς″	δ
Ο μέσος αὐτῶν	Κριοῦ.... ιγ ς″ γ″	Ν λη ς″	δ
Ο ἑπόμενος τῶν τριῶν	Κριοῦ.... ις ς″	Ν λθ	δ
Τῶν ἑξῆς ὡς ἐν τραπεζίῳ τεσσάρων τῆς προηγουμένης πλευρᾶς ὁ βόρειος	Κριοῦ.... κα γ″	Ν μα γ″	δ
Ο νοτιώτερος τῆς προηγουμένης πλευρᾶς	Κριοῦ.... κα ς″	Ν μβ ς″	δ
Τῆς ἑπομένης πλευρᾶς ὁ προηγούμενος	Κριοῦ.... κβ ς″	Ν μγ δ″	δ
Ο ἑπόμενος αὐτῆς, καὶ λοιπὸς τῶν τεσσάρων	Κριοῦ.... κδ γ̊″	Ν μγ γ″	δ
Τῶν διεστώτων πρὸς ἀνατολὴν δύα συνεχῶν ὁ βόρειος	Ταύρου.... δ ς″	Ν νγ γ″	δ
Ο νοτιώτερος αὐτῶν	Ταύρου.... ε	Ν να ς″ δ″	δ
Τῶν ἐφεξῆς μετὰ τὴν καμπὴν δύο ὁ ἑπόμενος	Κριοῦ.... κη ς″	Ν νγ ς″ γ″	δ
Ο προηγούμενος αὐτῶν	Κριοῦ.... κε ς″ γ″	Ν νγ ς″	δ
Τῶν ἐν τῇ ἑξῆς διαστάσει τριῶν ὁ ἑπόμενος	Κριοῦ.... ιζ ς″ γ″	Ν νγ ς″	δ

1. CONFIGURATIONS.	2. DEGRÉS DE LONGITUDE.	3. DEGRÉS DE LATITUDE.	4. GRANDEUR.	LETTRES SELON BAYER.
La septième depuis la plus boréale	Taureau 14 ½ ⅓	A 17 ⅙	3	3 or
La huitième depuis la plus boréale	Taureau 15 ½	A 20 ⅙	3	z
La dern. et la plus méridion. de celles qui sont dans le cuir	Taureau 16 ⅙	A 21 ½	2	10 or
L'occidentale des trois sur la ceinture	Taureau 25 ⅙	A 24 ⅚	2	ð
Celle du milieu des trois	Taureau 27 ⅙	A 24 ½ ⅓	2	ε
L'orientale des trois	Taureau 28 ⅙	A 25 ⅔	2	ζ
Celle qui est à la poignée de l'épée	Taureau 23 ½ ⅓	A 25 ½ ⅓	3	η
La boréale de trois rassemblées à la pointe de l'épée	Taureau 26 ½	A 28 ⅐	4	2 c
La mitoyenne d'entr'elles	Taureau 23 ⅓	A 29	3	2 θ
La méridionale des trois	Taureau 27	A 29 ½ ⅓	3	ι
L'orientale des deux sous la pointe de l'épée	Taureau 27 ⅔	A 1 ½ ⅓	4	d
L'occidentale de ces étoiles	Taureau 26 ½	A 1 ½ ⅓	4	11
La brillante au bout du pied gauche commune à l'eau	Taureau 20 ½ ⅓	A 31 ½	1	β
Leur plus bor. dans la jambe au-dessus de l'osselet du talon	Taureau 21	A 30 ¾	4	τ
L'extérieure sous le talon gauche	Taureau 23 ⅙	A 31 ½	4	e
Celle qui est sous le genou droit et oriental	Gém… 0 ⅚	A 33 ⅙	3	x
Trente-huit étoiles, dont deux de la 1re grandeur, quatre de la 2e, huit de la 3e, quinze de la 4e, trois de la 5e, cinq de la 6e, et une nébuleuse.				
CONSTELLATION DU FLEUVE ÉRIDAN.				
L'étoile après celle du bout du pied d'Orion, la même que celle qui est au commencement du fleuve	Taureau 18 ⅓	A 31 ½ ⅓	4	n
L'étoile plus boréale que celle-ci dans la courbure du gras de la jambe d'Orion	Taureau 18 ½ ⅓	A 28 ½	4	ψ
L'orientale des deux qui viennent à la suite	Taureau 18	A 29 ½ ¼	4	ω
L'occidentale de ces étoiles	Taureau 14 ⅙	A 28 ¾	4	ω
L'orientale des deux qui suivent encore	Taureau 13 ⅙	A 25 ½ ⅓	4	μ
L'occidentale de ces étoiles	Taureau 10 ⅙	A 25 ⅙	4	ν
L'orientale des trois après celle-ci	Taureau 6	A 25 ⅙	5	ξ
La mitoyenne de ces trois	Taureau 3 ⅙	A 28 ½	4	
L'occidentale des trois	Taureau 2 ½ ⅓	A 27 ½ ⅓	4	ν
L'orientale des quatre dans l'intervalle suivant	Bélier 27	A 33 ⅚	3	γ
L'occidentale	Bélier 24 ⅓	A 33	4	π
Celle qui précède encore celle-ci vers l'occident	Bélier 24 ⅙	A 28 ½ ⅓	3	δ
L'occidentale des quatre	Bélier 22	A 28	3	ε
L'orientale pareillement de celles de l'intervalle suivant	Bélier 17 ⅙	A 25 ½	3	ζ
Celle-ci à l'occident	Bélier 14 ½ ⅓	A 23 ½ ⅓	4	3 ρ
Celle qui précède encore cette dernière	Bélier 12 ⅙	A 24 ½	3	η
L'occidentale des quatre	Bélier 10 ½	A 23 ¾	4	6
Celle du détour du fl.e et qui touche la poitrine de la baleine	Bélier 5 ⅙	A 32 ⅚	4	τ
Celle qui la suit vers l'orient	Bélier 5 ½ ⅓	A 34 ½ ⅓	4	2 τ
L'occidentale des trois suivantes	Bélier 8 ½ ⅓	A 38 ½	4	11
Celle de ces étoiles qui est au milieu	Bélier 13 ½ ⅓	A 38 ⅙	4	16
L'orientale de ces trois	Bélier 17 ½	A 39	4	19
La boréale du côté occidental d'un trapèze formé par quatre étoiles	Bélier 21 ⅙	A 41 ½ ⅙	4	27
La plus méridionale du côté occidental	Bélier 21 ½	A 42 ½	4	28
L'occidentale du côté oriental	Bélier 22 ½	A 43 ¾	4	ι
La suivante, à l'orient de celle-ci, et dernière des quatre	Bélier 24 ½	A 43 ⅓	4	36
La boréale de deux contiguës distantes vers l'orient	Taureau 4 ⅙	A 53 ½	4	υ
La plus méridionale d'entr'elles	Taureau 5	A 51 ½ ¼	4	20
Les deux après la courbure	Bélier 28 ⅙	A 53 ½ ⅓	4	43
L'occidentale de ces étoiles	Bélier 25 ½ ⅙	A 53 ⅚	4	41
L'orientale des trois qui sont dans l'espace suivant	Bélier 17 ½ ⅓	A 53 ⅙	4	i

Α. ΜΟΡΦΩΣΕΙΣ.	Β. ΜΗΚΟΥΣ ΜΟΙΡΑΙ.	Γ. ΠΛΑΤΟΥΣ. Μ.	Δ. ΜΕ- ΓΕ- ΘΟΣ.
Ὁ μέσος αὐτῶν.	Κριοῦ.... ιδ ϛ″ γ″	Ν νγ ϛ″	δ
Ὁ προηγούμενος τῶν τριῶν.	Κριοῦ.... ια ϛ″ γ″	Ν νβ	δ
Ὁ ἔσχατος τοῦ ποταμοῦ λαμπρός.	Κριοῦ.... ζ ϛ″ ϛ″	Ν νγ ϛ″	α
Ἀςέρες λδ, ὧν πρώτου μεγέθους α, τρίτου ε, τετάρτου κϛ, πέμπτου β.			
ΛΑΓΩΟΥ ΑΣΤΕΡΙΣΜΟΣ.			
Τοῦ κατὰ τῶν ὤτων τετραπλεύρου τῆς ἡγουμένης πλευρᾶς ὁ βόρειος.	Ταύρου.... ιθ	Ν λε	ε
Ὁ νότιος τῆς ἡγουμένης πλευρᾶς.	Ταύρου.... ιθ ϛ″ γ″	Ν λϛ ϛ″	ε
Τῆς ἑπομένης πλευρᾶς ὁ βόρειος.	Ταύρου.... κα γ″	Ν λε γ°″	ε
Ὁ νότιος τῆς ἑπομένης πλευρᾶς.	Ταύρου.... κα γ″	Ν λϛ γ°″	ε
Ὁ ἐν τῷ γενείῳ.	Ταύρου.... ιθ ϛ″	Ν λθ δ″	δ
Ὁ ἐπὶ τοῦ ἐμπροσθίου ἀριςεροῦ ἀκροποδίου.	Ταύρου.... ιϛ ϛ″	Ν με δ″	δ
Ὁ ἐν μέσῳ τῷ σώματι.	Ταύρου.... κε ϛ″ γ″	Ν μα ϛ″	γ
Ὁ ὑπὸ τὴν κοιλίαν.	Ταύρου.... κδ ϛ″ γ″	Ν μα γ″	γ
Τῶν ἐν τοῖς ὀπισθίοις ποσὶ δύο ὁ βορειότερος.	Διδύμων... α	Ν μδ	δ
Ὁ νοτιώτερος αὐτῶν.	Ταύρου.... κθ	Ν με ϛ″ γ″	δ
Ὁ ἐπὶ τῆς ὀσφύος.	Διδύμων... ο	Ν λη γ″	δ
Ὁ ἐπ' ἄκρας τῆς οὐρᾶς.	Διδύμων... β γ°″	Ν λη ϛ″	δ
Ἀςέρες ιβ, ὧν τρίτου μεγέθους β, τετάρτου ϛ, πέμπτου δ.			
ΚΥΝΟΣ ΑΣΤΕΡΙΣΜΟΣ.			
Ὁ ἐν τῷ ςόματι λαμπρότατος καλούμενος κύων καὶ ὑπόκιρρος.	Διδύμων... ιζ γ°″	Ν λθ ϛ″	α
Ὁ ἐπὶ τῶν ὤτων.	Διδύμων... ιθ γ°″	Ν λε	δ
Ὁ ἐπὶ τῆς κεφαλῆς.	Διδύμων... κα γ″	Ν λϛ ϛ″	ε
Τῶν ἐν τῷ τραχήλῳ δύο ὁ βόρειος.	Διδύμων... κγ γ″	Ν λϛ ϛ″ δ″	δ
Ὁ νότιος αὐτῶν.	Διδύμων... κ γ″	Ν μ	δ
Ὁ ἐπὶ τοῦ ςήθους.	Διδύμων... κ ϛ″	Ν μβ γ°″	ε
Τῶν ἐπὶ τοῦ δεξιοῦ γόνατος δύο ὁ βόρειος.	Διδύμων... ιϛ ϛ″	Ν μα δ″	ϛ
Ὁ νοτιώτερος αὐτῶν.	Διδύμων... ιϛ	Ν μβ ϛ″	ε
Ὁ ἐπ' ἄκρῳ τῷ ἐμπροσθίῳ ποδί.	Διδύμων... ια	Ν μα γ″	γ
Τῶν ἐν τῷ ἀριςερῷ γόνατι δύο ὁ προηγούμενος.	Διδύμων... ιδ γ°″	Ν μϛ ϛ″	ε
Ὁ ἑπόμενος αὐτῶν.	Διδύμων... ιϛ ϛ″	Ν με ϛ″ γ″	ϛ
Τῶν ἐν τῷ ἀριςερῷ ὤμῳ δύο ὁ ἑπόμενος.	Διδύμων... κθ γ°″	Ν μϛ ϛ″	δ
Ὁ προηγούμενος αὐτῶν.	Διδύμων... κα γ°″	Ν μζ	ε
Ὁ ἐν τῇ ἐκφύσει τοῦ ἀριςεροῦ μηροῦ.	Διδύμων... κϛ γ°″	Ν μη ϛ″ γ″	γ
Ὁ ὑπὸ τὴν κοιλίαν ἐν τοῖς μεσομήροις.	Διδύμων... κγ γ°″	Ν να ϛ″	γ
Ὁ ἐπὶ τῆς ἀγκύλης τοῦ δεξιοῦ ποδός.	Διδύμων... κγ	Ν νε ϛ″	δ
Ὁ ἐπ' ἄκρου τοῦ δεξιοῦ ποδός.	Διδύμων... θ γ°″	Ν νγ ϛ″ δ″	γ
Ὁ ἐπὶ τῆς οὐρᾶς.	Καρκίνου.. β ϛ″	Ν ν γ°″	γ
Ἀςέρες ιη, ὧν πρώτου μεγέθους α, τρίτου ε, τετάρτου ε, πέμπτου ε, ἕκτου α.			
ΟΙ ΠΕΡΙ ΤΟΝ ΚΥΝΑ ΑΜΟΡΦΩΤΟΙ.			
Ὁ ἀπ' ἄρκτων τῆς κορυφῆς τοῦ κυνός.	Διδύμων... ιθ ϛ″	Ν κε δ″	δ
Τῶν ὑπὸ τοὺς ὀπισθίους πόδας ὡς ἐπ' εὐθείας τεσσάρων ὁ νοτιώτατος.	Διδύμων... ι	Ν ξα ϛ″	δ
Ὁ τούτου βορειότερος.	Διδύμων... ια γ″	Ν νη ϛ″ δ″	δ
Ὁ ἔτι τούτου βορειότερος.	Διδύμων... ιγ	Ν νζ	δ
Ὁ λοιπὸς καὶ βορειότερος τῶν τεσσάρων.	Διδύμων... ιθ ϛ″	Ν νϛ	δ
Τῶν πρὸς δυσμὰς τοῖς τέσσαρσιν ὡς ἐπ' εὐθείας τριῶν ὁ προηγούμενος.	Ταύρου.... κη	Ν νε ϛ″	δ

I. CONFIGURATIONS.	2. DEGRÉS DE LONGITUDE.	3. DEGRÉS DE LATI- TUDE.	4. GRAN- DEUR.	LETTRES SELON BAYER.
Celle de ces étoiles, qui est la mitoyenne	Bélier.. 14 ½ ⅓	A 53 ½	4	g
L'occidentale des trois	Bélier.. 11 ½ ⅓	A 52	4	h
La brillante (*Acharnar*) dernière du fleuve	Bélier.. 7 ½ ⅙	A 53 ½	1	α
Trente-quatre étoiles, dont une de la 1re grandeur, cinq de la 3e, vingt-six de la 4e, deux de la 5e.	ou Poiss.. 27 ½	*incer- taine.*		
CONSTELLATION DU LIÈVRE.				
La boréale du côté occidental du quadrilatère des oreilles	Taureau 19	A 35	5	ι
La méridionale du côté occidental	Taureau 19 ½ ⅓	A 36 ½	5	κ
La boréale du côté oriental	Taureau 21 ⅓	A 35 ⅔	5	ν
La méridionale du côté oriental	Taureau 21 ⅓	A 36 ⅔	5	λ
Celle du menton	Taureau 19 ⅓	A 39 ¼	4	μ
Celle du bout du pied gauche de devant	Taureau 16 ⅓	A 45 ¼	4	ε
Celle du milieu du corps	Taureau 25 ½ ⅓	A 41 ½	3	μ
Celle qui est sous le ventre	Taureau 24 ½ ⅓	A 41 ⅓	3	β
La plus boréale des deux des pieds de derrière	Gémeaux 1	A 44	4	δ
La plus méridionale d'entrelles	Taureau 29	A 45 ½ ⅓	4	γ
Celle qui est sur les reins	Gémeaux 0	A 38 ½	4	ζ
Celle de l'extrémité de la queue	Gémeaux 2 ⅔	A 38 ⅙	4	η
Douze étoiles, dont deux de la 3e grandeur, six de la 4e, quatre de la 5e				
CONSTELLATION DU CHIEN.				
L'étoile rougeâtre, très-brillante, nommée le chien (*Syrius*)	Gém... 17 ½ ⅓	A 39 ⅙	1	α
Celle qui est sur les oreilles	Gém... 19 ½	A 35	4	ο
Celle qui est sur la tête	Gém... 21 ½	A 36 ½	5	μ
La boréale des deux dans le cou	Gém... 23 ½	A 37 ½ ¼	4	γ
La méridionale de ces deux	Gém... 20 ½	A 40	4	ι
Celle qui est sur la poitrine	Gém... 20 ½	A 42 ½	5	π
La boréale des deux sur le genou droit	Gém... 16 ½	A 41 ¼	6	ν
La plus méridionale de ces deux	Gém... 16	A 42	5	ν
Celle du bout du pied de devant	Gém... 11	A 41 ¼	3	β
L'occidentale des deux dans le genou gauche	Gém... 14 ½	A 46 ½	5	1 ξ
L'orientale de celles-ci	Gém... 16 ½	A 45 ½ ⅓	5	2 ξ
L'orientale des deux dans l'épaule gauche	Gém... 24 ½	A 46 ⅙	4	10
L'occidentale précédente de ces deux	Gém... 21 ½	A 47	5	20
Celle de la naissance de la cuisse gauche	Gém... 26 ½	A 48 ½ ⅓	3	δ
Celle qui est sous le ventre entre les cuisses	Gém... 23 ½	A 51 ½	3	ε
Celle qui est sur le coude du pied droit	Gém... 23	A 55 ⅙	4	3 ν
Celle du bout du pied droit	Gém... 9 ½	A 53 ½ ¼	3	ζ
Celle qui est sur la queue	Cancer.. 2 ½	A 50 ⅔	3	η
Dix-huit étoiles, dont une de 1re grandeur, cinq de la 3e, cinq de la 4e, six de la 5e, une de la 6e.				
INFORMES QUI AVOISINENT LE CHIEN.				
L'étoile plus boréale que la tête du chien	Gém.... 19 ½	A 25 ¼	4	19
La plus méridionale des quatre presque en ligne droite sous les pieds de derrière	Gém.... 10	A 61 ½	4	499
Celle qui est plus boréale que cette dernière	Gém.... 11 ⅓	A 58 ½ ¼	4	d
Une plus boréale encore que celle-ci	Gém.... 13	A 57	4	521
La dernière et la plus boréale des quatre	Gém.... 14 ⅛	A 56	4	537
L'occidentale des trois presque en ligne droite à l'occident des quatre	Taureau 28	A 55 ½	4	μ

Α. ΜΟΡΦΩΣΕΙΣ.	Β. ΜΗΚΟΥΣ ΜΟΙΡΑΙ.	Γ. ΠΛΑΤΟΥΣ Μ.	Δ. ΜΕ-ΓΕ-ΘΟΣ.
Ο μέσος αὐτῶν	Διδύμων... δ γ''	Ν νζ γ°	θ
Ο ἑπόμενος τῶν τριῶν	Διδύμων... β γ''	Ν νθ ς'' γ''	δ
Τῶν ὑπὸ τούτους δύο λαμπρῶν ὁ ἑπόμενος	Ταύρου.... κθ	Ν νθ γ°	β
Ο προηγούμενος αὐτῶν	Ταύρου.... κς	Ν νζ γ°	β
Ο λοιπὸς καὶ νοτιώτερος τῶν προειρημένων	Ταύρου.... κβ ς''	Ν νθ ς''	θ
Αστέρες ιᾱ, ὧν δευτέρου μεγέθους δύο, τετάρτου θ̄.			
ΠΡΟΚΥΝΟΣ ΑΣΤΕΡΙΣΜΟΣ.			
Ο ἐν τῷ αὐχένι	Διδύμων... κε	Ν ιθ	θ
Ο κατὰ τῶν ὀπισθίων λαμπρὸς καλούμενος προκύων	Διδύμων... κθ ς''	Ν ις ς''	α
Αστέρες δύο, ὧν πρώτου μεγέθους ᾱ, τετάρτου ᾱ.			
ΑΡΓΟΥΣ ΑΣΤΕΡΙΣΜΟΣ.			
Τῶν ἐν τῷ ἀκροστολίῳ δύο ὁ προηγούμενος	Καρκίνου.. ιγ	Ν μβ ς''	ε
Ο ἑπόμενος αὐτῶν	Καρκίνου.. ιδ γ''	Ν μγ γ''	γ
Τῶν ὑπὲρ τὴν ἐν τῇ πρύμνῃ ἀσπιδίσκην δύο συνεχῶν ὁ βορειότερος	Καρκίνου.. η ς'' γ''	Ν με	θ
Ο νοτιώτερος αὐτῶν	Καρκίνου.. η γ°	Ν μς	θ
Ο τούτων προηγούμενος	Καρκίνου.. ε γ''	Ν με ς''	θ
Θ ἐν μέσῃ τῇ ἀσπιδίσκῃ λαμπρός	Καρκίνου.. ς γ''	Ν μζ δ''	γ
Τῶν ὑπὸ τὴν ἀσπιδίσκην τριῶν ὁ προηγούμενος	Καρκίνου.. ε γ''	Ν μθ ς'' δ''	δ
Ο ἑπόμενος αὐτῶν	Καρκίνου.. θ γ''	Ν μθ ς'' γ''	δ
Ο μέσος τῶν τριῶν	Καρκίνου.. η ς''	Ν μθ δ''	δ
Ο ἐπὶ τοῦ χηνίσκου	Καρκίνου.. ιδ	Ν μθ ς'' γ''	δ
Τῶν ἐν τῇ τρόπει τῆς πρύμνης β̄ ὁ βορειότερος	Καρκίνου.. δ	Ν νγ	δ
Ο νοτιώτερος αὐτῶν	Καρκίνου.. δ	Ν νη γ°	γ
Τῶν ἐν τῷ καταστρώματι τῆς πρύμνης ὁ βορειότερος	Καρκίνου.. ε ς''	Ν νε ς''	ε
Τῶν ἐφεξῆς τριῶν ὁ προηγούμενος	Καρκίνου.. ιβ ς''	Ν νη γ°	ε
Θ μέσος αὐτῶν	Καρκίνου.. ιγ γ°	Ν νζ δ''	δ
Θ ἑπόμενος τῶν τριῶν	Καρκίνου.. ις ς''	Ν νζ ς'' δ''	δ
Ο τούτοις ἑπόμενος ἐπὶ τοῦ καταστρώματος λαμπρός	Καρκίνου.. κα ς''	Ν νη γ°	β
Τῶν ὑπὸ τὸν λαμπρὸν ἀμαυρῶν δύο ὁ προηγούμενος	Καρκίνου.. ιη ς''	Ν ξ	ε
Ο ἑπόμενος αὐτῶν	Καρκίνου.. κα	Ν νθ γ''	ε
Τῶν ὑπὲρ τὸν εἰρημένον λαμπρὸν δύο ὁ ἡγούμενος	Καρκίνου.. κγ ς''	Ν νς γ°	ε
Ο ἑπόμενος αὐτῶν	Καρκίνου.. κδ γ''	Ν νζ γ°	ε
Τῶν ἐπὶ ταῖς ἀσπιδίσκαις ὡς ἐπὶ τῆς ἰσοδόκης τριῶν ὁ βόρειος	Λέοντος... ε γ°	Ν να ς''	δ
Ο μέσος αὐτῶν	Λέοντος... ς ς''	Ν νε γ°	δ
Ο νότιος τῶν τριῶν	Λέοντος... δ	Ν νζ ς''	δ
Τῶν ὑπὸ τούτους δύο συνεχῶν ὁ βορειότερος	Λέοντος... θ ς''	Ν ξ	θ
Θ νοτιώτερος αὐτῶν	Λέοντος... θ	Ν ξα δ''	δ
Τῶν ἐν μέσῳ τῷ ἰστῷ δύο ὁ νότιος	Λέοντος... ᾱ ς''	Ν να ς'' ς''	γ
Ο βορειότερος αὐτῶν	Καρκίνου.. κθ γ''	Ν μθ	γ
Τῶν πρὸς τῷ ἄκρῳ τοῦ ἰστοῦ δύο ὁ προηγούμενος	Καρκίνου.. κη	Ν μγ γ''	δ
Ο ἑπόμενος αὐτῶν	Καρκίνου.. κθ	Ν μγ ς''	δ
Ο ὑποκάτω τῆς τρίτης καὶ ἑπομένης ἀσπιδίσκης	Λέοντος... ιθ ς''	Ν να ς''	β
Ο ἐπὶ τῆς ἀποτομῆς τοῦ καταστρώματος	Λέοντος... ιζ ς''	Ν να δ''	β
Ο μεταξὺ τῶν πηδαλίων ἐν τῇ τρόπει	Καρκίνου.. ια ς''	Ν ξγ	δ
Ο τούτῳ ἑπόμενος ἀμαυρός	Καρκίνου.. ιθ	Ν ξδ ς''	ς
Ο τούτῳ ἑπόμενος ὑπὸ τὸ κατάστρωμα λαμπρός	Λέοντος... ο ο	Ν ξγ ς'' γ''	β
Ο τούτου πρὸς νότον ἐπὶ τῆς κάτω τρόπεως λαμπρός	Λέοντος... η ς''	Ν ξθ γ°	β
Τῶν ἑπομένων τούτῳ τριῶν ὁ προηγούμενος	Λέοντος... ιε ς''	Ν ξε γ°	β
Ο μέσος αὐτῶν	Λέοντος... κα γ''	Ν ξε ς'' γ''	γ
Ο ἑπόμενος τῶν τριῶν	Λέοντος... κς	Ν ξζ γ''	β

I. CONFIGURATIONS.	2. DEGRÉS DE LONGITUDE.	DEGRÉS DE LATITUDE.	4. GRANDEUR.	LETTRES SELON BAYER.
Celle du milieu de ces étoiles	Gémeaux 0 ⅓	A 57 ⅔	4	λ
L'orientale des trois	Gém... 2 ⅓	A 59 ½ ⅓	4	γ
L'orientale des deux brillantes dessous celles-ci	Taureau 29	A 59 ½	2	β
L'occidentale de ces deux	Taureau 26	A 57 ⅔	2	α
La dernière et la plus méridionale des susdites	Taureau 22 ½	A 59 ½	4	ε
Onze étoiles, dont deux de la 2ᵉ grandeur, et neuf de la 4ᵉ.				

CONSTELLATION DE PROCYON.

L'étoile du col	Gém... 25	A 14	4	β
Celle de derrière nommée Procyon	Gém... 29 ½	A 16 ⅛	1	α
Deux étoiles, dont une de 1ʳᵉ grandeur, et une de la 4ᵉ.				

CONSTELLATION DU NAVIRE ARGO.

L'occidentale de deux à l'extrémité supérieure de la voile	Cancer.. 13	A 42 ½	5	e
L'orientale des deux	Cancer.. 14 ⅓	A 43 ⅓	3	i
La plus bor. des 2 contiguës sur le petit pavois de la poupe	Cancer.. 8 ½ ⅓	A 45	4	ξ
La plus méridionale de ces deux	Cancer.. 8 ⅓	A 46	4	o
La précédente	Cancer.. 5 ⅓	A 45 ½	4	π
La brillante au milieu du pavois	Cancer.. 6 ⅓	A 47 ¼	3	χ
L'occidentale des trois sous le petit pavois	Cancer.. 5 ⅓	A 49 ½ ¼ ⅓	4	ρ
L'orientale d'entr'elles	Cancer.. 9 ⅓	A 49 ½ ⅓	4	τ
Celle du milieu des trois	Cancer.. 8 ⅓	A 49 ¼	4	677
L'étoile de la petite oie	Cancer.. 14	A 49 ½ ⅓	4	716
La plus boréale de deux dans la carène de la poupe	Cancer.. 4	A 53	4	645
La plus méridionale des deux	Cancer.. 4	A 58 ⅓	3	λ
La plus boréale de deux à l'entre-pont de la poupe	Cancer.. 10 ⅔	A 55 ½	5	ξ
L'occidentale des trois à la suite	Cancer.. 12 ⅔	A 58 ⅔	5	1671
Celle du milieu des trois	Cancer.. 13 ⅓	A 57 ¼	4	2 φ 79
L'orientale des trois	Cancer.. 16 ½	A 57 ½ ¼	4	χ 6
La brillante qui les suit sur le banc de la poupe	Cancer.. 21 ⅔	A 58 ¾	2	ζ
L'occidentale des deux obscures sous cette brillante	Cancer.. 18 ⅔	A 60	5	a d u
L'orientale de ces deux	Cancer.. 21	A 59 ⅓	5	
L'occidentale des deux au-dessus de la brillante susdite	Cancer.. 23 ⅛	A 56 ½	5	h
L'orientale de ces deux	Cancer.. 24 ⅓	A 57 ½	5	h k
La boréale des trois dans les pavois presque sur le mât	Lion... 5 ⅔	A 51 ½	4	
Celle du milieu des trois	Lion... 6 ⅔	A 55 ½	4	h n
La méridionale des trois	Lion... 4 ⅔	A 57 ⅓	4	e
La plus boréale de deux contiguës sous ces mêmes étoiles	Lion.... 9 ⅛	A 60	4	g
La plus méridionale d'entr'elles	Lion... 9	A 61 ¼	4	
La méridionale des deux au milieu du mât	Lion... 0 ⅙	A 51 ½ ⅙	3	δ o β
La plus boréale d'entr'elles	Cancer.. 29 ⅐	A 49	3	2 o α
L'occidentale des deux au bout du mât	Cancer.. 28	A 43 ⅓	4	3 o γ
L'orientale de ces deux	Cancer.. 29	A 43 ½	4	4 o δ
Celle de dessous le troisième pavois vers l'orient	Lion... 14 ⅙	A 51 ½	2	γ λ
Celle de la section du pont	Lion... 17 ⅛	A 51 ¼	2	δ ψ
Celle d'entre les rames du gouvernail dans la carène	Cancer.. 11 ½	A 63	4	θ
L'obscure à l'orient de cette dernière	Cancer.. 19	A 64 ½	6	τ
La brillante qui suit celle-ci, sous le banc	Lion... 0	A 63 ½ ⅓	2	γ
La brillante au midi de celle-ci, sur la carène, en bas	Lion... 8 ¼	A 69 ½	2	
L'occidentale des trois qui sont à l'orient de celle-ci	Lion.... 15 ½	A 65 ½	2	o d l c
La mitoyenne de celles-ci	Lion... 21 ½	A 65 ½ ⅓	3	δ d l c
L'orientale des trois	Lion... 26	A 67 ½ ⅓	2	812

A. ΜΟΡΦΩΣΕΙΣ.	B. ΜΗΚΟΥΣ ΜΟΙΡΑΙ.	Γ. ΠΛΑΤΟΥΣ Μ.	Δ. ΜΕΓΕΘΟΣ.
Τῶν τούτοις ἑπομένων δύο ὁ πρὸς τῇ ἀποτομῇ ὁ προηγούμενος	Παρθένου.. α	Ν ξϛ ϛ'' γ''	γ
Ὁ ἑπόμενος αὐτῶν	Παρθένου.. η	Ν ξϛ δ''	γ
Τῶν ἐν τῷ βορείῳ καὶ ἡγουμένῳ πηδαλίῳ δύο ὁ ἡγούμενος	Διδύμων... δ	Ν ξε ϛ'' γ''	δ
Ὁ ἑπόμενος αὐτῶν	Διδύμων... κ ϛ''	Ν ξε γ°''	γ
Τῶν ἐν τῷ λοιπῷ πηδαλίῳ δύο ὁ προηγούμενος καλούμενος κάνωβος	Διδύμων... ιζ ϛ''	Ν οε	α
Ὁ λοιπὸς καὶ ἑπόμενος αὐτῶν	Διδύμων... κθ	Ν οα ϛ'' δ''	γ

Ἀστέρες με, ὧν πρώτου μεγέθους α, δευτέρου ζ, τρίτου θ, τετάρτου ιθ, πέμπτου ζ, ἕκτου β.

ΥΔΡΟΥ ΑΣΤΕΡΙΣΜΟΣ.

A. ΜΟΡΦΩΣΕΙΣ.	B. ΜΗΚΟΥΣ ΜΟΙΡΑΙ.	Γ. ΠΛΑΤΟΥΣ Μ.	Δ. ΜΕΓΕΘΟΣ.
Τῶν ἐν τῇ κεφαλῇ πέντε τῶν ἡγουμένων δύο ὁ νότιος ἐπὶ τῶν μυκτήρων	Καρκίνου.. ιδ	Ν ιε	δ
Ὁ βορειότερος αὐτῶν καὶ ἐπάνω τοῦ ὀφθαλμοῦ	Καρκίνου.. ιγ γ''	Ν ιγ ϛ'' γ''	δ
Τῶν ἑπομένων αὐτοῖς δύο ὁ βόρειος ὁ ἐπὶ τοῦ κρανίου	Καρκίνου.. ιε γ''	Ν ια ϛ''	δ
Ὁ νοτιώτερος αὐτῶν καὶ ἐπὶ τοῦ χάσματος	Καρκίνου.. ιε ϛ''	Ν ιδ δ''	δ
Ὁ πᾶσιν ἑπόμενος ὡς ἐπὶ τῆς γένυας	Καρκίνου.. ιζ ϛ'' γ''	Ν ιϛ δ''	δ
Τῶν ἐν τῇ ἐκφύσει τοῦ τραχήλου δύο ὁ ἡγούμενος	Καρκίνου.. κγ	Ν ια ϛ'' γ''	ε
Ὁ ἑπόμενος αὐτῶν	Καρκίνου.. κγ γ''	Ν ιγ γ°''	δ
Τῶν ἑξῆς ἐν τῇ καμπῇ τοῦ τραχήλου τριῶν ὁ μέσος	Καρκίνου.. κη ϛ'' γ''	Ν ιε γ''	δ
Ὁ ἑπόμενος τῶν τριῶν	Λέοντος... θ γ°''	Ν ιδ ϛ'' γ''	δ
Ὁ νοτιώτατος αὐτῶν	Καρκίνου.. κη ϛ''	Ν ιζ ϛ''	δ
Τῶν ἀπὸ νότου δύο συνεχῶν ὁ ἀμαυρὸς καὶ ὁ βόρειος	Καρκίνου.. κθ ϛ''	Ν ιθ ϛ'' δ''	ϛ
Ὁ λαμπρὸς τῶν δύο συνεχῶν	Λέοντος... ō ā	Ν κ ϛ''	β
Τῶν μετὰ τὴν καμπὴν ἑπομένων τριῶν ὁ ἡγούμενος	Λέοντος... ϛ	Ν κϛ ϛ''	δ
Ὁ μέσος αὐτῶν	Λέοντος... η γ°''	Ν κϛ	δ
Ὁ ἑπόμενος τῶν τριῶν	Λέοντος... ια ϛ''	Ν κϛ δ''	δ
Τῶν ἑξῆς ὡς ἐπ' εὐθείας τριῶν ὁ ἡγούμενος	Λέοντος... ιη	ō κδ γ°''	γ
Ὁ μέσος αὐτῶν	Λέοντος... κ	Ν κγ	δ
Ὁ ἑπόμενος τῶν τριῶν	Λέοντος... κγ	Ν κβ ϛ''	γ
Τῶν μετὰ τὴν βάσιν τοῦ κρατῆρος δύο ὁ βόρειος	Παρθένου.. α ϛ''	Ν κε ϛ'' δ''	δ
Ὁ νοτιώτερος αὐτῶν	Παρθένου.. β γ''	Ν λϛ	δ
Τῶν μετὰ τούτους τριῶν ὡς ἐν τριγώνῳ ὁ ἡγούμενος	Παρθένου.. ιβ ϛ''	Ν λα γ''	δ
Ὁ μέσος αὐτῶν καὶ νοτιώτερος	Παρθένου.. ιδ ϛ''	Ν λγ ϛ''	δ
Ὁ ἑπόμενος τῶν τριῶν	Παρθένου.. ιϛ ϛ''	Ν λα γ''	γ
Ὁ μετὰ τὸν κόρακα ἐν τῷ παρούρῳ	Ζυγοῦ... ō ō	Ν λγ γ°''	δ
Ὁ ἐπ' ἄκρας τῆς οὐρᾶς	Ζυγοῦ... ιγ ϛ''	Ν ιϛ γ°''	δ

Ἀστέρες κε, ὧν δευτέρου μεγέθους α, τρίτου γ, τετάρτου ιθ, πέμπτου α, ἕκτου α.

ΟΙ ΠΕΡΙ ΤΟΝ ΥΔΡΟΝ ΑΜΟΡΦΩΤΟΙ.

A. ΜΟΡΦΩΣΕΙΣ.	B. ΜΗΚΟΥΣ ΜΟΙΡΑΙ.	Γ. ΠΛΑΤΟΥΣ Μ.	Δ. ΜΕΓΕΘΟΣ.
Ὁ ἐκ μεσημβρίας τῆς κεφαλῆς	Καρκίνου.. ιβ ϛ''	Ν κγ δ''	γ
Ὁ ἐκ διαςήματος ἑπόμενος τοῖς ἐν τῷ τραχήλῳ	Λέοντος... ια	Ν ιϛ	γ

Ἀστέρες δύο, μεγέθους τρίτου.

ΚΡΑΤΗΡΟΣ ΑΣΤΕΡΙΣΜΟΣ.

A. ΜΟΡΦΩΣΕΙΣ.	B. ΜΗΚΟΥΣ ΜΟΙΡΑΙ.	Γ. ΠΛΑΤΟΥΣ Μ.	Δ. ΜΕΓΕΘΟΣ.
Ὁ ἐν τῇ βάσει τοῦ κρατῆρος κοινὸς τοῦ ὕδρου	Λέοντος... κϛ γ''	Ν κγ	δ
Τῶν ἐν μέσῳ τῷ κρατῆρι δύο ὁ νοτιώτερος	Παρθένου.. β ϛ''	Ν ιθ ϛ''	δ

1. CONFIGURATIONS.	2. DEGRÉS DE LONGITUDE.	3. DEGRÉS DE LATITUDE.	4. GRANDEUR.	LETTRES SELON BAYER.
L'occidentale des deux qui les suivent dans la section....	Vierge.. 1	A 62 ½ ⅓	3	χ
L'orientale de ces deux	Vierge.. 8	A 62 ¼	3	φ
L'occidentale des deux de la rame occidentale et boréale...	Gémeaux 4	A 65 ½ ⅓	4	η
L'orientale de ces deux	Gém... 20 ⅙	A 65 ⅔	3	η
L'occidentale des deux de l'autre rame nommée *Canopus*.	Gém... 17 ⅙	A 75	1	α
La dernière et orientale de ces deux	Gém... 29	A 71 ½ ¼	3	τ

Quarante-cinq étoiles, dont une de la 1re grandeur, sept de la 2e, neuf de la 3e, dix-neuf de la 4e, sept de la 5e, deux de la 6e.

CONSTELLATION DE L'HYDRE.

CONFIGURATIONS.	DEGRÉS DE LONGITUDE.	DEGRÉS DE LATITUDE.	GRANDEUR.	LETTRES SELON BAYER.
La méridionale des deux occidentales des cinq de la tête sur les nazeaux	Cancer.. 14	A 15	4	6
Leur plus boréale au-dessus de l'œil	Cancer.. 13 ½	A 13 ½ ⅓	4	δ
La plus boréale des deux suivantes presque sur le crâne	Cancer.. 15 ½	A 11 ½	4	ε
La plus méridionale presque dans la gueule	Cancer.. 15 ½	A 14 ¼	4	η
L'orientale de toutes presque sur la mâchoire	Cancer.. 17 ½ ⅔	A 12 ¼	4	ζ
L'occidentale de deux à la naissance du col	Cancer.. 23	A 11 ½ ⅓	5	ω
L'orientale de ces étoiles	Cancer.. 23 ½	A 13 ⅓	4	θ
L'occidentale de trois dans la courbure du col	Cancer.. 28 ½ ⅓	A 15 ⅓	4	τ
L'orientale des trois	Lion... 9 ½ ⅔	A 14 ½ ⅓	4	υ
La méridionale des trois	Cancer.. 28 ⅓	A 17 ½ ⅙	4	1 τ
L'obscure et boréale de deux contiguës du côté du midi	Cancer.. 29 ⅙	A 19 ⅙ ¼	6	A
La brillante de ces deux contiguës (*cœur de l'hydre*)	Lion... 0 0	A 20 ½	2	α
L'occidentale des trois suivantes après la courbure	Lion... 6	A 26 ½	4	x
Celle du milieu des trois	Lion... 8 ½	A 26	4	1 ν
L'orientale des trois	Lion... 11 ⅙	A 26 ¼	4	2 ν
L'occidentale des trois suivantes presqu'en ligne droite	Lion... 18	o 24 ⅔	3	μ
Celle du milieu d'entr'elles	Lion... 20	A 23	4	3 φ
L'orientale des trois	Lion... 23	A 22 ⅙	3	ν
L'orientale des deux après le pied de la coupe	Vierge.. 1 ½	A 25 ½ ¼	4	β
La plus méridionale de ces deux	Vierge.. 2 ½	A 36	4	χ
L'occidentale des trois après celles-ci, en forme de triangle.	Vierge.. 12 ½	A 31 ⅓	4	ζ
La plus méridionale au milieu d'elles	Vierge.. 14 ½	A 33 ⅓	4	o
L'orientale des trois	Vierge.. 16 ⅙	A 31 ⅓	3	β
Celle qui suit le corbeau près de la queue	Balance.	A 33 ½	4	γ
Celle du bout de la queue	Balance. 13 ½	A 17 ½	4	π

Vingt-cinq étoiles, dont une de la 2e grandeur, trois de la 3e, dix-neuf de la 4e, une de la 5e, une de la 6e.

INFORMES AUTOUR DE L'HYDRE.

CONFIGURATIONS.	DEGRÉS DE LONGITUDE.	DEGRÉS DE LATITUDE.	GRANDEUR.	LETTRES SELON BAYER.
Celle qui est au midi de la tête	Cancer.. 12 ½	A 23 ¼	3	30
L'étoile qui suit celles du col à une certaine distance	Lion.... 11	A 16	3	20

Deux étoiles de la 3e grandeur.

CONSTELLATION DE LA COUPE.

CONFIGURATIONS.	DEGRÉS DE LONGITUDE.	DEGRÉS DE LATITUDE.	GRANDEUR.	LETTRES SELON BAYER.
Celle du pied de la coupe, et commune à l'hydre	Lion... 26 ⅓	A 23	4	α
La méridionale des deux du milieu de la coupe	Vierge.. 2 ½	A 19 ½	4	γ

Α. ΜΟΡΦΩΣΕΙΣ.	Β. ΜΗΚΟΥΣ ΜΟΙΡΑΙ.	Γ. ΠΛΑΤΟΥΣ Μ.	Δ. ΜΕΓΕΘΟΣ.
Ο βορειότερος αὐτῶν	Παρθένου .. ο ο	Ν ιη	δ
Ο ἐπὶ τῆς νοτίου περιφερείας τοῦ ςόματος	Παρθένου .. ζ	Ν ιη ς″	δ
Ο ἐπὶ τῆς βορείου περιφερείας	Λέοντος ... κθ γ″	Ν ιγ γ°″	δ
Ο ἐπὶ τοῦ νοτίου ὠτίου	Παρθένου .. θ ς″	Ν ις ς″	δ
Ο ἐπὶ τοῦ βορείου ὠτίου	Παρθένοῦ .. ιγ ς″	Ν ια ς″ γ″	δ

Ἀςέρες ζ, μεγέθους τετάρτου.

ΚΟΡΑΚΟΣ ΑΣΤΕΡΙΣΜΟΣ.

ΜΟΡΦΩΣΕΙΣ.	ΜΗΚΟΥΣ ΜΟΙΡΑΙ.	ΠΛΑΤΟΥΣ Μ.	ΜΕΓΕΘΟΣ.
Ο ἐν τῷ ῥάμφει καὶ κοινὸς τοῦ ὕδρου	Παρθένου .. ιε γ″	Ν κα γ°″	γ
Ο ἐν τῷ τραχήλῳ πρὸς τῇ κεφαλῇ	Παρθένου .. ιδ γ″	Ν ιθ γ°″	γ
Ο ἐν τῷ ςήθει	Παρθένου .. ις γ°″	Ν ιη ς″	ε
Ο ἐν τῇ προηγουμένῃ καὶ δεξιᾷ πτέρυγι	Παρθένου .. ιγ ς″	Ν ιδ ς″ γ″	γ
Τῶν ἐν τῇ προηγουμένῃ πτέρυγι δύο ὁ ἡγούμενος	Παρθένου .. ις γ°″	Ν ιβ ς″	γ
Ο ἑπόμενος αὐτῶν	Παρθένου .. ιζ	Ν ια ς″ δ″	δ
Ο ἐπ' ἄκρου τοῦ ποδὸς κοινὸς τοῦ ὕδρου	Παρθένου .. κ ς″	Ν ιη ς″	γ

Ἀςέρες ζ, ὧν τρίτου μεγέθους ε̄, τετάρτου ᾱ, πέμπτου ᾱ.

ΚΕΝΤΑΥΡΟΥ ΑΣΤΕΡΙΣΜΟΣ.

ΜΟΡΦΩΣΕΙΣ.	ΜΗΚΟΥΣ ΜΟΙΡΑΙ.	ΠΛΑΤΟΥΣ Μ.	ΜΕΓΕΘΟΣ.
Τῶν ἐν τῇ κεφαλῇ τεσσάρων ὁ νοτιώτατος	Ζυγοῦ ..... ι ς″	Ν κα γ°″	ε
Ο βορειότερος αὐτῶν	Ζυγοῦ ..... ι	Ν ιη ς″ γ″	ε
Τῶν λοιπῶν καὶ μέσων δύο ὁ ἡγούμενος	Ζυγοῦ ..... θ ς″	Ν κ ς″	δ
Ο ἑπόμενος αὐτῶν καὶ λοιπὸς τῶν τεσσάρων	Ζυγοῦ ..... ι	Ν κ	ε
Ο ἐπὶ τοῦ ἀριςεροῦ καὶ ἡγουμένου ὤμου	Ζυγοῦ ..... ς ς″	Ν κε γ°″	γ
Ο ἐπὶ τοῦ δεξιοῦ ὤμου	Ζυγοῦ ..... ιε γ°″	Ν κβ ς″	γ
Ο ἐπὶ τῆς ἀριςερᾶς ὠμοπλάτης	Ζυγοῦ ..... θ ς″	Ν κζ ς″	δ
Τῶν ἐν τῷ θύρσῳ τεσσάρων τῶν ἡγουμένων δύο ὁ βορειότερος	Ζυγοῦ ..... ιη ς″	Ν κδ γ″	δ
Ο νοτιώτερος αὐτῶν	Ζυγοῦ ..... ιθ ς″	Ν κγ ς″	δ
Τῶν λοιπῶν δύο ὁ ἐπ' ἄκρου τοῦ θύρσου	Ζυγοῦ ..... κβ	Ν ιη δ″	δ
Ο λοιπὸς καὶ τούτου νοτιώτερος	Ζυγοῦ ..... κβ ς″	Ν κ ς″ γ″	δ
Τῶν ἐν τῷ δεξιῷ πλευρῷ τριῶν ὁ ἡγούμενος	Ζυγοῦ ..... ιγ γ″	Ν κη γ″	δ
Ο μέσος αὐτῶν	Ζυγοῦ ..... ιδ	Ν κθ γ″	δ
Ο ἑπόμενος τῶν τριῶν	Ζυγοῦ ..... ιε ς″	Ν κη	δ
Ο ἐπὶ τοῦ δεξιοῦ βραχίονος	Ζυγοῦ ..... ις γ″	Ν κς ς″	δ
Ο ἐπὶ τοῦ δεξιοῦ πήχεος	Ζυγοῦ ..... κβ ς″ γ″	Ν κε δ″	γ
Ο ἐν ἄκρᾳ τῇ δεξιᾷ χειρί	Ζυγοῦ ..... κζ ς″	Ν κδ	δ
Ο ἐν τῇ ἐκφύσει τοῦ ἀνθρωπίνου σώματος λαμπρός	Ζυγοῦ ..... ιη	Ν λγ ς″	γ
Τῶν βορειοτέρων αὐτοῦ δύο ἀμαυρῶν ὁ ἑπόμενος	Ζυγοῦ ..... ιζ γ°″	Ν λα	ε
Ο προηγούμενος αὐτῶν	Ζυγοῦ ..... ις ς″ γ″	Ν λγ	ε
Ο ἐπὶ τῆς τοῦ νώτου ἐκφύσεως	Ζυγοῦ ..... ιβ ς″	Ν λδ ς″ γ″	ε
Ο τούτου προηγούμενος ἐπὶ τοῦ νώτου τοῦ ἵππου	Ζυγοῦ ..... θ	Ν λς γ°″	ε
Τῶν ἐπὶ τῆς ὀσφύος τριῶν ὁ ἑπόμενος	Ζυγοῦ ..... ε ς″ γ″	Ν μ	γ
Ο μέσος αὐτῶν	Ζυγοῦ ..... ε	Ν μγ	δ
Ο προηγούμενος τῶν τριῶν	Ζυγοῦ ..... β γ°″	Ν μα	ε
Τῶν ἐπὶ τοῦ δεξιοῦ μηροῦ δύο συνεχῶν ὁ ἡγούμενος	Ζυγοῦ ..... β γ°″	Ν μς ς″	γ
Ο ἑπόμενος αὐτῶν	Ζυγοῦ ..... γ ς″	Ν μς ς″ δ″	δ
Ο ἐν τῷ ςήθει ὑπὸ τὴν μασχάλην τοῦ ἵππου	Ζυγοῦ ..... ιη γ″	Ν μ ς″ δ″	δ
Τῶν ὑπὸ τὴν κοιλίαν δύο ὁ ἡγούμενος	Ζυγοῦ ..... ις γ″	Ν μγ	β
Ο ἑπόμενος αὐτῶν	Ζυγοῦ ..... ιζ γ°″	Ν μγ ς″ δ″	δ
Ο ἐπὶ τῆς ἀγκύλης τοῦ δεξιοῦ ποδός	Ζυγοῦ ..... ι	Ν να ς″	β
Ο ἐν τῷ σφυρῷ τοῦ αὐτοῦ ποδός	Ζυγοῦ ..... ιε γ″	Ν να γ°″	β

1. CONFIGURATIONS.	2. DEGRÉS DE LONGITUDE.	3. DEGRÉS DE LATITUDE.	4. GRANDEUR.	LETTRES SELON BAYER.
La plus boréale de ces étoiles............................	Vierge.. 0	A 18	4	δ
Celle du bord méridional de l'ouverture de la coupe.....	Vierge.. 7	A 18 $\frac{1}{2}$	4	ζ
Celle du bord boréal.....................................	Lion ... 29	A 13 $\frac{1}{2}$	4	ε
Celle de l'anse méridionale.............................	Vierge.. 9 $\frac{1}{8}$	A 16 $\frac{1}{2}$	4	η
Celle de l'anse boréale.................................	Vierge.. 13 $\frac{1}{6}$	A 11 $\frac{1}{2}$ $\frac{1}{3}$	4	θ
Sept étoiles, toutes de 4ᵉ grandeur.				
CONSTELLATION DU CORBEAU.				
Celle qui est au bec et commune à l'hydre.............	Vierge.. 15 $\frac{1}{3}$	A 21 $\frac{1}{2}$	3	α
Celle qui est sur le col près de la tête...............	Vierge.. 14 $\frac{1}{3}$	A 19 $\frac{3}{4}$	3	ε
Celle qui est à la poitrine............................	Vierge.. 16 $\frac{2}{3}$	A 18 $\frac{1}{2}$	5	ζ
Celle de l'aile occidentale qui est la droite.........	Vierge.. 13 $\frac{1}{4}$	A 14 $\frac{1}{2}$ $\frac{1}{3}$	3	γ
L'occidentale des deux de l'aile orientale............	Vierge.. 16 $\frac{2}{3}$	A 12 $\frac{1}{2}$	3	δ
L'orientale de celles-ci...............................	Vierge.. 17	A 11 $\frac{1}{2}$ $\frac{1}{4}$	4	η
Celle du bout du pied commune à l'hydre...............	Vierge.. 20 $\frac{1}{2}$	A 18 $\frac{1}{6}$	3	β
Sept étoiles, dont cinq de la 3ᵉ grandeur, une de la 4ᵉ, et une de la 5ᵉ.				
CONSTELLATION DU CENTAURE.				
La plus méridionale des quatre de la tête..............	Balance. 10 $\frac{1}{2}$	A 21 $\frac{2}{3}$	5	g
La plus boréale de celles-ci...........................	Balance. 10	A 18 $\frac{1}{2}$ $\frac{1}{3}$	5	h
L'occidentale des deux restantes qui sont entre ces deux..	Balance. 9 $\frac{1}{6}$	A 20 $\frac{1}{2}$	4	i
L'occidentale de ces mitoyennes et restante des quatre...	Balance. 10	A 20	5	κ
Celle qui est sur l'épaule gauche......................	Balance. 6 $\frac{1}{2}$	A 25 $\frac{2}{3}$	3	ι
Celle sur l'épaule droite..............................	Balance. 15 $\frac{1}{2}$ $\frac{1}{3}$	A 22 $\frac{1}{2}$	3	θ
Celle qui est sur l'omoplate gauche....................	Balance. 9 $\frac{1}{2}$ $\frac{1}{8}$	A 27 $\frac{1}{2}$	4	α
La plus bor. des deux occidentales des quatre du Thyrse..	Balance. 18 $\frac{1}{8}$	A 22 $\frac{1}{2}$	4	ψ
La plus méridionale de ces deux........................	Balance. 19 $\frac{1}{8}$	A 23 $\frac{1}{2}$	4	α
Celle des deux restantes, qui fait la pointe du Thyrse.....	Balance. 22	A 18 $\frac{1}{4}$	4	.c
La dernière des quatre et plus méridionale que celle-ci...	Balance. 22 $\frac{1}{2}$	A 20 $\frac{1}{2}$ $\frac{1}{3}$	4	c
L'occidentale des trois du côté droit..................	Balance. 13 $\frac{1}{2}$	A 28 $\frac{1}{2}$	4	ν
Celle du milieu d'entr'elles...........................	Balance. 14	A 29 $\frac{1}{3}$	4	μ
L'orientale des trois..................................	Balance. 15 $\frac{1}{2}$	A 28	4	φ
Celle qui est au bras droit............................	Balance. 16 $\frac{1}{2}$	A 26 $\frac{1}{2}$	4	χ
Celle du coude droit...................................	Balance. 22 $\frac{1}{2}$ $\frac{1}{3}$	A 25 $\frac{1}{4}$	3	χ
Celle qui est à l'extrémité de la main droite..........	Balance. 27 $\frac{1}{2}$	A 24	4	ő
La brillante à la naissance du corps humain du centaure...	Balance. 18	A 33 $\frac{1}{2}$	3	ζ
L'orient. des deux obscures plus boréales que cette dernière.	Balance. 17 $\frac{2}{3}$	A 31	5	ν
L'occidentale d'entr'elles.............................	Balance. 16 $\frac{1}{2}$ $\frac{1}{3}$	A 33	5	ζ
Celle de la naissance du dos...........................	Balance. 12 $\frac{1}{8}$	A 34 $\frac{1}{2}$ $\frac{1}{3}$	5	ω
Celle qui la précède à l'occident sur le dos...........	Balance. 9	A 37 $\frac{1}{3}$	5	f
L'orientale des trois sur les reins....................	Balance. 5 $\frac{1}{2}$ $\frac{1}{3}$	A 40	3	γ
La mitoyenne de ces trois..............................	Balance. 5	A 43	4	G
L'occidentale des trois................................	Balance. 2 $\frac{2}{3}$	A 41	5	1084
L'occidentale des deux contiguës à la cuisse droite.......	Balance. 2 $\frac{1}{3}$	A 46 $\frac{1}{4}$	3	ρ
L'orientale de ces deux................................	Balance. 3 $\frac{1}{2}$	A 46 $\frac{1}{2}$ $\frac{1}{4}$	4	κ
Celle de la poitrine sous l'aisselle du cheval.........	Balance. 18 $\frac{1}{2}$	A 40 $\frac{1}{2}$ $\frac{1}{4}$	4	ε
L'occidentale des deux sous le ventre..................	Balance. 16 $\frac{1}{2}$	A 43	2	
L'orientale de ces deux................................	Balance. 17 $\frac{1}{2}$	A 43 $\frac{1}{2}$ $\frac{1}{4}$	2	
Celle du coude-pied droit..............................	Balance. 10	A 51 $\frac{1}{2}$	2	δ
Celle de la cheville du même pied......................	Balance. 15 $\frac{1}{3}$	A 51 $\frac{1}{3}$	2	π

ΜΑΘΗΜΑΤΙΚΗΣ ΣΥΝΤΑΞΕΩΣ ΒΙΒΛΙΟΝ Η.

A. ΜΟΡΦΩΣΕΙΣ.	B. ΜΗΚΟΥΣ ΜΟΙΡΑΙ.	Γ. ΠΛΑΤΟΥΣ Μ.	Δ. ΜΕΓΕΘΟΣ.
Ὁ ὑπὸ τὴν ἀγκύλην τοῦ ἀριςεροῦ ποδός	Ζυγοῦ..... ς γ''	Ν νε ς''	β
Ὁ ἐπὶ τοῦ βατραχίου τοῦ αὐτοῦ ποδός	Ζυγοῦ..... ια ς''	Ν νε γ''	δ
Ὁ ἐπὶ τοῦ ἄκρου τοῦ ἐμπροσθίου δεξιοῦ ποδός	Σκορπίου... γ	Ν μβ γ''	α
Ὁ ἐπὶ τοῦ γόνατος τοῦ ἀριςεροῦ ποδός	Ζυγοῦ..... κδ ς''	Ν με γ''	β
Ὁ ἐκτὸς ὑπὸ τὸν δεξιὸν ὀπισθόποδα	Ζυγοῦ..... ιδ γ°	Ν μθ ς''	δ

Ἀςέρες λζ, ὧν πρώτου μεγέθους ᾱ, δευτέρου δ̄, τρίτου ζ̄, τετάρτου ιζ̄, πέμπτου η̄.

ΘΗΡΙΟΥ ΑΣΤΕΡΙΣΜΟΣ.

Ὁ ἐπ' ἄκρου τοῦ ὀπισθίου ποδὸς πρὸς τῇ χειρὶ τοῦ κενταύρου	Ζυγοῦ..... κη	Ν κδ ς'' γ''	γ
Ὁ ἐπὶ τῆς ἀγκύλης τοῦ αὐτοῦ ποδός	Ζυγοῦ..... κε ς'' γ''	Ν κθ ς''	γ
Τῶν κατὰ τῆς ὠμοπλάτης δύο ὁ ἡγούμενος	Σκορπίου... α	Ν κα δ''	δ
Ὁ ἑπόμενος αὐτῶν	Σκορπίου... δ ς''	Ν κα	δ
Ὁ ἐν μέσῳ τῷ σώματι τοῦ θηρίου	Σκορπίου... γ	Ν κε ς''	δ
Ὁ ἐν τῇ κοιλίᾳ ὑπὸ τὴν λαγόνα	Σκορπίου... ō ς''	Ν κζ	ε
Ὁ ἐπὶ τοῦ μηροῦ	Σκορπίου... ō ς'' ς''	Ν κθ	ε
Τῶν πρὸς τῇ ἐκφύσει τοῦ μηροῦ δύο ὁ βορειότατος	Σκορπίου... θ γ°	Ν κη ς''	ε
Ὁ νοτιώτερος αὐτῶν	Σκορπίου... γ γ°	Ν λς	ε
Ὁ ἐπὶ τοῦ ἄκρου τῆς ὀσφύος	Σκορπίου... ε γ°	Ν λγ ς''	ε
Τῶν ἐν τῷ ἄκρῳ τῆς οὐρᾶς τριῶν ὁ νότιος	Ζυγοῦ..... κβ	Ν λα γ''	ε
Ὁ μέσος τῶν τριῶν	Ζυγοῦ..... κδ ς'' γ''	Ν γ ς''	δ
Ὁ βορειότερος αὐτῶν	Ζυγοῦ..... κγ	Ν κθ γ''	δ
Τῶν ἐν τῷ αὐχένι δύο ὁ νοτιώτερος	Σκορπίου... η ς'' γ''	Ν ιζ	δ
Ὁ βορειότερος αὐτῶν	Σκορπίου... θ γ''	Ν ιε γ''	δ
Τῶν ἐν τῷ ῥύγχει δύο ὁ προηγούμενος	Σκορπίου... ε γ°	Ν ιγ γ''	δ
Ὁ ἑπόμενος αὐτῶν	Σκορπίου... ς γ°	Ν ια ς'' γ''	δ
Τῶν ἐν τῷ ἐμπροσθίῳ ποδὶ δύο ὁ νοτιώτατος	Ζυγοῦ..... κζ ς''	Ν ια ς'' γ''	δ
Ὁ βορειότερος αὐτῶν	Ζυγοῦ..... κζ ς''	Ν ι	δ

Ἀςέρες ιθ̄, ὧν τρίτου μεγέθους δύο, τετάρτου ιᾱ, πέμπτου ς̄.

ΘΥΜΙΑΤΗΡΙΟΥ ΑΣΤΕΡΙΣΜΟΣ.

Τῶν ἐν τῇ βάσει δύο ὁ βορειότερος	Σκορπίου... κζ γ°	Ν κβ γ°	ε
Ὁ νοτιώτερος αὐτῶν	Τοξότου... γ	Ν κε ς'' δ''	δ
Ὁ ἐν μέσῳ τῷ βωμίσκῳ	Σκορπίου... κη γ''	Ν κς ς''	δ
Τῶν ἐν τῷ ἐπιπύρῳ τριῶν ὁ βόρειος	Σκορπίου... κ γ°	Ν α γ''	ε
Τῶν λοιπῶν καὶ συνεχῶν δύο ὁ νοτιώτερος	Σκορπίου... κε ς''	Ν λθ ς''	δ
Ὁ βορειότερος αὐτῶν	Σκορπίου... κε	Ν λγ γ''	δ
Ὁ ἐπ' ἄκρου τοῦ καυτῆρος	Σκορπίου... κ ς'' γ''	Ν λδ δ''	δ

Ἀςέρες ζ̄, ὧν τετάρτου μεγέθους ε̄, πέμπτου β̄.

ΣΤΕΦΑΝΟΥ ΝΟΤΙΟΥ ΑΣΤΕΡΙΣΜΟΣ.

Τῆς νοτίου περιφερείας ὁ προηγούμενος ἔκτος	Τοξότου... θ ς''	Ν κα ς''	δ
Ὁ ἑπόμενος αὐτῶν ἐπὶ τοῦ ςεφάνου	Τοξότου... ια γ°	Ν κα	ε
Ὁ τούτῳ ἑπόμενος	Τοξότου... ιγ ς''	Ν κγ	ε
Ὁ ἔτι τούτῳ ἑπόμενος	Τοξότου... ιδ ς'' γ''	Ν κ	δ
Ὁ μετὰ τοῦτον πρὸ τοῦ γονατίου τοῦ τοξότου	Τοξότου... ις ς''	Ν ιη ς''	ε
Ὁ μετὰ τοῦτον καὶ βορειότατος τοῦ ἐν τῷ γόνατι λαμπροῦ	Τοξότου... ιζ	Ν ιζ ς''	δ

I. CONFIGURATIONS.	DEGRÉS DE LONGITUDE.	3. DEGRÉS DE LATITUDE.	4. GRANDEUR.	LETTRES SELON BAYER.
Celle sous le cou-de-pied gauche	Balance. $6\frac{1}{2}$	A $55\frac{1}{6}$	2	λ
Celle sous le sabot du même pied	Balance. $11\frac{1}{6}$	A $55\frac{1}{2}$	4	o
Celle du bout du pied droit de devant	Scorpion 3	A $42\frac{1}{2}$	1	α
Celle du genou du pied gauche	Balance. $24\frac{1}{2}$	A $45\frac{1}{2}$	2	β
La sixième sous le pied droit de derrière	Balance. $14\frac{1}{3}$	A $49\frac{1}{6}$	4	β

Trente-sept étoiles, dont une de 1re grandeur, cinq de la 2e, sept de la 3e, seize de la 4e, huit de la 5e.

CONSTELLATION DE LA BÊTE (LOUP).

CONFIGURATIONS.	DEGRÉS DE LONGITUDE.	DEGRÉS DE LATITUDE.	GRANDEUR.	LETTRES SELON BAYER.
Celle du bout de la patte de devant, vers la main du centaure.	Balance. 28	A $24\frac{1}{2}\frac{1}{3}$	3	o
Celle du coude près de cette même patte.	Balance. $25\frac{1}{2}\frac{1}{3}$	A $29\frac{1}{6}\frac{1}{4}$	3	α
L'occidentale des deux à l'omoplate.	Scorpion 1	A $21\frac{1}{4}$	4	ζ
L'orientale de ces deux.	Scorpion $4\frac{1}{6}$	A 21	4	η
Celle du milieu du corps de la bête.	Scorpion 3	A $25\frac{1}{6}$	4	θ
Celle du ventre sous le flanc.	Scorpion $0\frac{1}{2}$	A 27	5	λ
Celle de la cuisse.	Scorpion $0\frac{1}{2}\frac{1}{6}$	A 29	5	β
La plus boréale des deux à l'endroit où la cuisse commence.	Scorpion 4	A $28\frac{1}{2}$	5	ϰ
La plus méridionale de celles-ci.	Scorpion 3	A 36	5	μ
Celle de l'extrémité des lombes.	Scorpion $5\frac{1}{3}$	A $33\frac{1}{2}$	5	ξ
La méridionale des trois au bout de la queue.	Balance. 22	A $31\frac{1}{6}$	5	ι
Celle du milieu des trois.	Balance. $24\frac{1}{2}\frac{1}{3}$	A $3\frac{1}{2}\frac{1}{4}$	4	a
La plus boréale d'entr'elles.	Balance. 23	A $29\frac{1}{4}$	4	τ
La méridionale des deux du col.	Scorpion $8\frac{1}{2}\frac{1}{3}$	A 17	4	ϰ
La plus boréale de ces deux.	Scorpion $9\frac{1}{2}\frac{1}{3}$	A $15\frac{1}{2}$	4	ꝯ
L'occidentale des deux de la gueule.	Scorpion $5\frac{1}{2}\frac{1}{3}$	A 13	4	λ
L'orientale des deux.	Scorpion $6\frac{1}{2}\frac{1}{3}$	A $11\frac{1}{2}\frac{1}{3}$	4	1319
La plus méridionale des deux de la patte de devant.	Balance. $27\frac{1}{6}\frac{1}{2}$	A $11\frac{1}{2}\frac{1}{3}$	4	δ
La plus boréale d'entr'elles.	Balance. $27\frac{1}{2}$	A 10	4	

Dix-neuf étoiles, dont deux de la 3e grandeur, onze de la 4e, six de la 5e.

CONSTELLATION DE L'AUTEL OU ENCENSOIR.

CONFIGURATIONS.	DEGRÉS DE LONGITUDE.	DEGRÉS DE LATITUDE.	GRANDEUR.	LETTRES SELON BAYER.
La plus boréale des deux de la base.	Scorpion $27\frac{1}{3}$	A $22\frac{1}{2}$	5	6
La plus méridionale des deux.	Sagitt... 3	A $25\frac{1}{2}\frac{1}{4}$	4	ϑ
Celle du milieu de l'autel.	Scorpion $28\frac{1}{2}$	A $26\frac{1}{2}$	4	α
La boréale des trois du foyer.	Scorpion $20\frac{1}{2}$	A 1	5	ε
La plus méridionale des deux restantes et contiguë.	Scorpion $25\frac{1}{2}$	A $34\frac{2}{3}$	4	γ d. l. c.
La plus boréale de ces deux.	Scorpion 25	A $33\frac{1}{2}\frac{1}{4}$	4	β d. l. c.
Celle de l'extrémité du feu ardent.	Scorpion $20\frac{1}{2}\frac{1}{3}$	A $34\frac{1}{4}$	4	ζ

Sept étoiles, dont cinq de la 4e grandeur, deux de la 5e.

CONSTELLATION DE LA COURONNE MÉRIDIONALE.

CONFIGURATIONS.	DEGRÉS DE LONGITUDE.	DEGRÉS DE LATITUDE.	GRANDEUR.	LETTRES SELON BAYER.
L'extérieure occidentale du contour méridional	Sagitt.. $9\frac{1}{2}\frac{1}{3}$	A $21\frac{1}{2}$	4	δ
L'orientale sur la couronne	Sagitt.. $11\frac{1}{2}$	A 21	5	η
L'étoile à l'orient	Sagitt.. $13\frac{1}{2}$	A 23	5	
L'étoile encore plus orientale	Sagitt.. $14\frac{1}{2}\frac{1}{3}$	A 20	4	ζ
L'étoile suivante avant le genou du sagittaire	Sagitt.. $16\frac{1}{2}$	A $18\frac{1}{2}$	5	
La suivante, plus boréale que la brillante du genou	Sagitt.. 17	A $17\frac{1}{6}$	4	δ

A. ΜΟΡΦΩΣΕΙΣ.	B. ΜΗΚΟΥΣ ΜΟΙΡΑΙ.	Γ. ΠΛΑΤΟΥΣ Μ.	Δ. ΜΕΓΕΘΟΣ.
Ὁ τούτου βορειότερος...............................	Τοξότου... ις γ″	Ν ις	δ
Ὁ ἔτι τούτου βορειότερος...........................	Τοξότου... ις ς″	Ν ιε ς″	δ
Τῶν κατὰ τοῦτον προηγουμένων δύο ἐν τῇ βορειοτέρᾳ περιφερείᾳ ὁ ἑπόμενος............	Τοξότου... ιε ς″	Ν ιε γ″	ς
Ὁ προηγούμενος τῶν δύο ἀμαυρῶν................	Τοξότου... ιδ γο″	Ν ιδ ς″ γ″	ς
Ὁ τούτου προηγούμενος ἱκανόν....................	Τοξότου... ια ς″ γ″	Ν ιδ γο″	ε
Ὁ ἔτι τούτου προηγούμενος.......................	Τοξότου... θ γο″	Ν ιε ς″ γ″	ε
Ὁ λοιπὸς καὶ νοτιώτερος τοῦ προειρημένου........	Τοξότου... 0 ς″	Ν ιη ς″	ε

Ἀςέρες ιζ, ὧν τετάρτου μεγέθους τ, πέμπτου ζ, ἔκτου β.

ΙΧΘΥΟΣ ΝΟΤΙΟΥ ΑΣΤΕΡΙΣΜΟΣ.

ΜΟΡΦΩΣΕΙΣ.	ΜΗΚΟΥΣ ΜΟΙΡΑΙ.	ΠΛΑΤΟΥΣ Μ.	ΜΕΓΕΘΟΣ.
Ὁ ἐν τῷ ςόματι ὁ αὐτὸς τῆς ἀρχῆς τοῦ ὕδατος...............	Ὑδροχόου.. ζ	Ν κγ	α
Τῶν ἐπὶ τῆς νοτίου περιφερείας τῆς κεφαλῆς τριῶν ὁ ἡγούμενος.....	Ὑδροχόου.. ο γο″	Ν κ γ″	δ
Ὁ μέσος αὐτῶν....................................	Ὑδροχόου.. δ ς″	Ν κϛ δ″	δ
Ὁ ἑπόμενος τῶν τριῶν.............................	Ὑδροχόου.. ε γ″	Ν κϛ ς″	δ
Ὁ πρὸς τῷ βραγχίῳ...............................	Ὑδροχόου.. δ γ″	Ν ιϛ δ″	δ
Ὁ ἐπὶ τῆς νοτιαίας νοτίου ἀκάνθης.................	Αἰγόκερω... κε ς″	Ν ιθ ς″	ε
Τῶν ἐν τῇ κοιλίᾳ δύο ὁ ἑπόμενος...................	Ὑδροχόου.. ϛ ς″	Ν ιε ς″	ε
Ὁ προηγούμενος αὐτῶν............................	Αἰγόκερω... κη ς″ γ″	Ν ιδ γο″	δ
Τῶν ἐπὶ τῆς βορείου ἀκάνθης τριῶν ὁ ἑπόμενος........	Αἰγόκερω... κε ς″	Ν ιε	δ
Ὁ μέσος αὐτῶν....................................	Αἰγόκερω... κα ς″ γ″	Ν ιϛ ς″	δ
Ὁ προηγούμενος τῶν τριῶν........................	Αἰγόκερω... κα	Ν ιη ς″	δ
Ὁ ἐπ' ἄκρας τῆς οὐρᾶς............................	Αἰγόκερω... κ ς″	Ν κϛ δ″	δ

Ἀςέρες ιβ, ὧν πρώτου μεγέθους α, τετάρτου θ, πέμπτου β

ΟΙ ΠΕΡΙ ΤΟΝ ΙΧΘΥΝ ΑΜΟΡΦΩΤΟΙ.

ΜΟΡΦΩΣΕΙΣ.	ΜΗΚΟΥΣ ΜΟΙΡΑΙ.	ΠΛΑΤΟΥΣ Μ.	ΜΕΓΕΘΟΣ.
Τῶν προηγουμένων λαμπρῶν τοῦ ἰχθύος ὁ ἡγούμενος............	Αἰγόκερω... η	Ν κϛ γ″	γ
Ὁ μέσος αὐτῶν....................................	Αἰγόκερω... ια ς″	Ν κϛ ς″	γ
Ὁ ἑπόμενος τῶν τριῶν.............................	Αἰγόκερω... ιδ	Ν κα ς″	γ
Ὁ τούτου προηγούμενος ἀμαυρός...................	Αἰγόκερω... ιϛ	Ν κ ς″ γ″	ε
Τῶν λοιπῶν πρὸς ἄρκτους δύο ὁ νοτιώτερος...........	Αἰγόκερω... ιγ ς″ γ″	Ν ιζ	δ
Ὁ βόρειος αὐτῶν..................................	Αἰγόκερω... ιγ ς″ γ″	Ν ιδ ς″ γ″	δ

Ἀςέρες ϛ, ὧν τρίτου μεγέθους γ, τετάρτου β, πέμπτου α.

Ἐπὶ τοῦ νοτίου μέρους ἀςέρες τιϛ, ὧν πρώτου μεγέθους ζ, δευτέρου ιη, τρίτου ξγ, τετάρτου ρξδ, πέμπτου νδ, ἔκτου θ. Νεφελοειδὴς α.

Οἱ δὲ ἐπὶ τοῦ βορείου ἡμισφαιρίου ἀςέρες τξ.

Καὶ ὁμοῦ οἱ πάντες ἀπλανεῖς ἀςέρες ακβ, ὧν πρώτου μεγέθους ιε, δευτέρου μϛ, τρίτου σπ, τετάρτου νοδ, πέμπτου σιϛ, ἔκτου μθ, ἀμαυροὶ θ, νεφελοειδεῖς ϛ, καὶ ὁ πλόκαμος.

1. CONFIGURATIONS.	2. DEGRÉS DE LONGITUDE.	3. DEGRÉS DE LATITUDE.	4. GRANDEUR.	LETTRES SELON BAYER.
L'étoile plus boréale que cette dernière	Sagitt.. $16\frac{1}{3}$	A 16	4	
Une plus boréale encore	Sagitt.. $16\frac{1}{2}$	A $15\frac{1}{6}$	4	α
L'orientale des deux précédentes de celle-ci dans le contour boréal	Sagitt.. $15\frac{1}{6}$	A $15\frac{1}{3}$	6	γ
L'occidentale des deux obscures	Sagitt.. $14\frac{2}{3}$	A $14\frac{1}{2}\frac{1}{3}$	6	1558
Une étoile assez occidentale par rapport à celle-ci	Sagitt.. $11\frac{1}{2}\frac{1}{3}$	A $14\frac{2}{3}$	5	λ
Une autre encore plus occidentale	Sagitt.. $9\frac{2}{3}$	A $15\frac{1}{2}\frac{1}{3}$	5	$\varkappa$
La dernière et plus méridionale que la susdite	Sagitt.. $9\frac{1}{6}$	A $18\frac{1}{2}$	5	θ
Treize étoiles, dont cinq de la 4ᵉ grandeur, six de la 5ᵉ, deux de la 6ᵉ.				

CONSTELLATION DU POISSON MÉRIDIONNAL.

1. CONFIGURATIONS.	2. DEGRÉS DE LONGITUDE.	3. DEGRÉS DE LATITUDE.	4. GRANDEUR.	LETTRES SELON BAYER.
L'étoile de la bouche au commencement de l'eau	Verseau 7	A 23	1	α
L'occidentale des trois à la courbure méridionale de la tête	Verseau $0\frac{2}{3}$	A $20\frac{1}{7}$	4	β
Celle du milieu	Verseau $4\frac{1}{6}$	A $22\frac{1}{4}$	4	γ
L'orientale des trois	Verseau $5\frac{1}{4}$	A $22\frac{1}{2}$	4	δ
Celle qui est aux branchies	Verseau $4\frac{1}{4}$	A $16\frac{1}{4}$	4	ε
Celle de la nageoire méridionale d'orsale	Capric.. $25\frac{1}{3}$	A $19\frac{1}{2}$	5	μ
L'orientale des deux dans le ventre	Verseau $2\frac{1}{6}$	A $15\frac{1}{6}$	5	ζ
L'occidentale de ces deux	Capric.. $28\frac{1}{2}\frac{1}{3}$	A $14\frac{2}{3}$	4	λ
L'orientale des trois sur la nageoire boréale	Capric.. $25\frac{1}{6}$	A 15	4	η
Celle d'entr'elles qui est au milieu	Capric.. $21\frac{1}{2}\frac{1}{3}$	A $16\frac{1}{2}$	4	θ
L'occidentale des trois	Capric.. 21	A $18\frac{1}{2}\frac{1}{6}$	4	ι
Celle de l'extremité de la queue	Capric.. $20\frac{1}{6}$	A $22\frac{1}{4}$	4	γ
Douze étoiles, dont une de la 1ʳᵉ grandeur, neuf de la 4ᵉ, deux de la 5ᵉ.				

INFORMES AUTOUR DU POISSON MÉRIDIONAL.

1. CONFIGURATIONS.	2. DEGRÉS DE LONGITUDE.	3. DEGRÉS DE LATITUDE.	4. GRANDEUR.	LETTRES SELON BAYER.
L'occidentale des trois brillantes précédentes du poisson	Capric.. 8	A $22\frac{1}{2}$	3	1694
Celle du milieu de ces trois étoiles	Capric.. $11\frac{1}{6}$	A $22\frac{1}{2}\frac{1}{6}$	3	1717
L'orientale des trois	Capric.. 14	A $21\frac{1}{6}$	3	
L'obscure à l'occident de celle-ci	Capric.. 12	A $20\frac{1}{2}\frac{1}{3}$	5	
La méridionale des deux restantes vers les ourses	Capric.. $13\frac{1}{2}\frac{1}{3}$	A 17	4	ε
La boréale de ces deux	Capric.. $13\frac{1}{2}\frac{1}{3}$	A $14\frac{1}{2}\frac{1}{3}$	4	1713
Six étoiles, dont trois de la 3ᵉ grandeur, deux de la 4ᵉ, une de la 5ᵉ.				

Les étoiles de la partie méridionale sont au nombre de 316, 7 de la 1ʳᵉ grandeur, 18 de la 2ᵉ, 63 de la 3ᵉ, 164 de la 4ᵉ, 54 de la 5ᵉ, 9 de la 6ᵉ et 1 nébuleuse.

Toutes celles de l'hémisphère boréal montent à 360.

Ainsi le total des étoiles fixes est de 1022 : 15 de la 1ʳᵉ grandeur, 45 de la 2ᵉ, 208 de la 3ᵉ, 474 de la 4ᵉ, 217 de la 5ᵉ, 49 de la 6ᵉ, 9 obscures, 5 nébuleuses, et la chevelure.

CHAPITRE II.

ΚΕΦΑΛΑΙΟΝ Β.

Tel est l'ordre suivant lequel nous avons crû devoir placer les étoiles. Nous ajouterons à cette description, ce qu'il est possible de dire sur la situation de la zóne lactée, suivant ce que nous avons observé de chacune de ses parties, en tâchant d'en exprimer les diverses apparences.

D'abord, la voie lactée n'est pas un cercle, mais une zône qui est presque partout blanche comme du lait, ce qui lui a fait donner le nom qu'elle porte. Or cette zône n'est ni égale ni régulière partout, mais variée autant en largeur qu'en nuance de couleur, ainsi qu'elle l'est par le nombre des étoiles de ses parties, et par la diversité de ses positions; et aussi parcequ'en quelques endroits elle se partage en deux bras, comme il est aisé de le voir, en la regardant avec un peu d'attention. Voici au reste ce que nous trouvons de plus remarquable dans les détails qui méritent le plus d'être observés.

La portion double de cette zône a l'un de ses deux points de réunion vers l'autel, et l'autre vers l'oiseau; et de ces deux, la plus occidentale, ou précédente, ne touche pas l'autre. Car elles sont séparées aux endroits de l'autel et de l'oiseau (*la poule*). Mais la suivante touche le reste de la zône lactée et ne fait qu'une seule zône, par le milieu de laquelle on pourroit décrire un grand cercle. Nous allons parler de cette zône,

Ἡ μὲν οὖν τῶν ἀπλανῶν ἀςέρων τάξις τοιαύτην ἂν ἡμῖν ἔχοι τὴν ἔκθεσιν. Συνάψομεν δ' ἀκολούθως καὶ τὰ περὶ τῆς τοῦ γαλακτίου κύκλου διαθέσεως, ὡς ἔνι μάλιςα, καὶ ὡς ἕκαςα τῶν μερῶν αὐτοῦ τετηρήκαμεν, πειρώμενοι τὰς κατὰ μέρος φαντασίας διατυπώσαϑαι.

Ὅτι μὲν δὴ ὁ γαλακτίας οὐκ ἔςι κύκλος ἀπλῶς, ἀλλὰ ζώνη τις, ὡσπερεὶ γάλακτος ἐπίπαν ἐπέχουσα τὴν χρόαν, ὅθεν καὶ τὴν ὀνομασίαν ἔσχε· καὶ αὕτη δὲ οὐχ ὁμαλή τις, οὐδὲ τεταγμένη, ἀλλὰ καὶ τῷ πλάτει καὶ τῷ χρώματι καὶ τῇ πυκνότητι καὶ τῇ θέσει διάφορος, καὶ ὅτι κατά τι μέρος διπλῆ τυγχάνει, καὶ τοῖς οὕτως ἀπλῶς ὁρῶσιν εὐσύνοπτον ἂν γένοιτο. Τὰ δὲ κατὰ μέρος καὶ περιεργοτέρας δεόμενα παρατηρήσεως, οὕτως ἔχοντα εὑρίσκομεν.

Τὸ τοίνυν διπλοῦν μέρος τῆς ζώνης, τὴν μὲν ἑτέραν τῶν ὡσεὶ συναφῶν ἔχει πρὸς τῷ θυμιατηρίῳ, τὴν δὲ ἑτέραν κατὰ τὸν ὄρνιν. Καὶ ἡ μὲν προηγουμένη ζώνη οὐδαμῶς συνῆπται τῇ ἑτέρᾳ· διαλείμματα γὰρ ποιεῖ κατὰ τὴν πρὸς τῷ θυμιατηρίῳ συναφὴν, καὶ κατὰ τὴν πρὸς τῷ ὄρνιϑι· ἡ δ' ἑπομένη συνῆπται τῷ λοιπῷ μέρει τοῦ γαλακτίου, καὶ μίαν ποιεῖ ζώνην, δι' ἧς ἂν ἔρχοιτο καὶ ὁ κατὰ μέσην αὐτὴν μάλιςα γραφόμενος μέγιςος κύκλος· ὑπὲρ ἧς πρῶτον ποιησόμεθα τὸν λόγον, ἀπὸ τῶν νοτιωτάτων αὐτῆς μερῶν ἀρξάμενοι.

Ταῦτα δὴ φέρεται μὲν διὰ τῶν ποδῶν τοῦ κενταύρου, μᾶλλον δ' ἔςιν ἀραιότερα καὶ ἀμαυρότερα. Καὶ ὁ μὲν ἐπὶ τῆς ἀγκύλης τοῦ ὀπισθίου καὶ δεξιοῦ ποδὸς ὀλίγῳ νοτιώτερός ἐςι τῆς βορείου γραμμῆς τοῦ γάλακτος· ὁμοίως δὲ καὶ ἐπὶ τοῦ ἐμπροσθίου ἀριςεροῦ γόνατος, καὶ ὁ ὑπὸ τὸ δεξιὸν ὀπίσθιον σφυρόν· ὁ δ' ἐν τῷ ὀπισθίῳ καὶ εὐωνύμῳ πήχει ἐν μέσῳ κεῖται τῷ γάλακτι. Ο δ' ἐν τῷ αὐτῷ σφυρῷ καὶ ὁ ἐπὶ τοῦ ἐμπροσθίου δεξιοῦ σφυροῦ ἀπέχουσι πρὸς ἄρκτους τῆς νοτίου ἀψίδος τμήματα β̄ ἔγγιςα, οἵων ἐςὶν ὁ μέγιςος κύκλος τ̄ξ̄. Καὶ ἔςιν ἠρέμα πυκνότερα τὰ κατὰ τῶν ὀπισθίων ποδῶν. Εἶτα ἐφεξῆς ἡ μὲν βόρειος ἀψὶς τοῦ γάλακτος ἀπέχει τοῦ ἐπὶ τῆς ὀσφύος τοῦ θηρίου τμῆμα ᾱ ϛ'' ἔγγιςα· ἡ δὲ νότιος ἐναπολαμβάνει μὲν τὸν ἐπὶ τοῦ καυςῆρος τοῦ θυμιατηρίου, παράπτεται δὲ τῶν ἐν τῷ ἐπιπύρῳ δύο συνεχῶν τοῦ βορειοτέρου, καὶ τῶν ἐν τῇ βάσει δύο τοῦ νοτιωτέρου. Ο δ' ἐν τῷ βορειοτέρῳ μέρει τοῦ ἐπιπύρου, καὶ ὁ ἐν μέσῳ τῷ ἐπιπύρῳ, ἐν αὐτῷ κεῖται τῷ γάλακτι· καὶ ἔςιν ἀραιότερα ταῦτα μᾶλλον τὰ μέρη. Εἶτα τὸ μὲν βόρειον μέρος τοῦ γάλακτος ἐναπολαμβάνει τοὺς πρὸ τοῦ κέντρου τοῦ σκορπίου τρεῖς σφονδύλους, καὶ τὴν ἑπομένην τῷ κέντρῳ νεφελοειδῆ συςροφήν· ἡ δὲ πρὸς μεσημβρίαν ἀψὶς ἅπτεται μὲν τοῦ ἐν τῷ δεξιῷ ἐμπροσθίῳ καὶ σφυρῷ τοῦ τοξότου, ἐναπολαμβάνει δὲ τὸν ἐπὶ τῆς εὐωνύμου χειρός. Καὶ ὁ μὲν ἐπὶ τοῦ νοτίου μέρους τοῦ τοξότου

en commençant par les portions les plus méridionales.

Celles-ci sont aux pieds du centaure, mais moins denses et plus obscures. La portion qui est dans l'articulation du pied droit de derrière, est un peu plus méridionale que la ligne boréale de la zône lactée, de même que celle qui est dans le genou gauche de devant, et celle qui est sur la cheville droite de derrière. Mais celle du canon de la jambe gauche de devant, est au milieu de la partie laiteuse. Tandis que celle du même sabot et celle du sabot droit de devant, sont éloignées, vers l'ourse, de la courbure australe, d'environ deux des 360ᵖ ou degrés du grand cercle. Elles sont plus denses aux pieds de derrière. Ensuite la courbure boréale de la zône lactée est à 1ᵈ ½ environ des lombes de cet animal, et l'australe occupe le foyer de l'autel, et touche la plus boréale des deux étoiles contiguës qui sont dans le foyer, et la plus méridionale des deux de la bâse. Et l'étoile boréale du foyer avec celle qui est au milieu, dans la zône lactée même, et ees parties sont beaucoup plus transparentes. Sa partie boréale embrasse les trois articulations placées immédiatement avant l'aiguillon du scorpion, et l'amas nébuleux qui est après l'aiguillon. L'apside ou courbure méridionale touche le talon droit de derrière du sagittaire, et embrasse l'étoile de la main droite. Celle de la portion méridionale du sagittaire est hors de la zône lactée, et celle de la pointe du dard est au milieu. Les étoiles de la portion boréale du sagittaire sont aussi dans la zône lactée, en s'écartant de l'une et de l'autre des apsides ou courbures, d'un peu plus de 1ᵈ, la méridionale, de celle du midi ; et la boréale, de l'opposée. Tout ce qui entoure ces trois articulations est un peu plus épais, mais ce qui entoure la pointe du dard est très-dense et paroît comme une fumée. Les portions suivantes sont un peu plus transparentes et s'étendent jusqu'à l'aigle en gardant la même largeur. L'étoile de l'extrémité de la queue du serpent, laquelle est tenue par le serpentaire placé dans l'air pur, s'éloigne d'un peu plus d'un degré de la courbure précédente de la zône lactée. Mais des étoiles brillantes qui sont dessous, les deux antécédentes sont dans la zône même, la plus méridionale étant à un degré, et la plus boréale à 2 degrés loin de la courbure suivante. L'étoile suivante de celles qui sont dans l'épaule droite de l'aigle, touche la même courbure, et la précédente y est renfermée, de même que la brillante antécédente de celles qui sont dans l'aile gauche. Mais la brillante du dos et les deux qui font une ligne droite avec elle, touchent presque la même courbure. Après celles-là, toute la flèche est dans la zône lactée ; et l'étoile de sa pointe est à 1ᵈ loin de la courbure vers l'orient, tandis que celle de la chancrure en est distante de 2ᵈ vers l'occident. Les portions autour de l'aigle sont un peu plus chargées, et les autres un peu plus claires. La zône passe ensuite

ἐκτός ἐςι τοῦ γάλακτος· ὁ δ' ἐπὶ τῆς ἀκίδος τοῦ βέλους, ἐν μέσῳ αὐτοῦ. Οἱ δ' ἐν τῷ βορείῳ μέρει τοῦ τοξότου καὶ αὐτοὶ κεῖνται ἐν τῷ γάλακτι, μικρῷ πλέον ἑνὸς τμήματος ἑκάτερος ἀπέχων ἀφ' ἑκατέρας τῶν ἀψίδων, ὁ μὲν νότιος τῆς πρὸς τὴν μεσημβρίαν, ὁ δὲ βόρειος τῆς ἐναντίας. Καὶ ἔςι τὰ μὲν κατὰ τῶν τριῶν σφονδύλων ἠρέμα πυκνότερα· τὰ δὲ περὶ τὴν ἀκίδα σφόδρα πεπύκνωται καὶ καπνώδη φαίνεται. Τὰ δ' ἐφεξῆς ἠρέμα μέν ἐςιν ἀραιότερα, παρατείνει δὲ παρὰ τὸν ἀετὸν τὸ αὐτὸ σχεδὸν πλάτος σώζοντα. Καὶ ὁ μὲν ἐπ' ἄκρας τῆς οὐρᾶς τοῦ ὄφεως, ὃν ἔχει ὁ ὀφιοῦχος ἐν καθαρῷ κείμενος ἀέρι, μικρῷ πλέον ἑνὸς τμήματος ἀπέχει τῆς προηγουμένης τοῦ γάλακτος ἀψίδος. Τῶν δ' ὑπὸ αὐτὸν κειμένων λαμπρῶν οἱ προηγούμενοι δύο ἐν αὐτῷ κεῖνται τῷ γάλακτι, ὁ μὲν νοτιώτερος ἀπέχων τῆς ἑπομένης ἀψίδος ἐν τμῆμα, ὁ δὲ βορειότερος δύο. Καὶ ὁ μὲν ἑπόμενος τῶν ἐν τῷ δεξιῷ ὤμῳ τοῦ ἀετοῦ ἅπτεται τῆς αὐτῆς ἀψίδος, ὁ δὲ προηγούμενος ἐντὸς ἀπολαμβάνεται· ὁμοίως δὲ καὶ ὁ προηγούμενος λαμπρὸς τῶν ἐν τῇ εὐωνύμῳ πτέρυγι. Ὁ δ' ἐπὶ τοῦ μεταφρένου λαμπρὸς καὶ οἱ ἐπ' εὐθείας αὐτῷ δύο ὀλίγῳ δέουσι καὶ αὐτοὶ παράπτεσθαι τῆς αὐτῆς ἀψίδος. Μετὰ ταῦτα δὲ ὁ ὀϊςὸς ὅλος ἐναπολαμβάνεται τῷ γάλακτι· καὶ ὁ μὲν ἐπὶ τῆς ἀκίδος τμῆμα ἐν ἀπέχει τῆς πρὸς ἀνατολὰς ἀψίδος, ὁ δ' ἐπὶ τῆς γλυφίδος δύο τμήματα τῆς πρὸς δυσμάς. Καὶ ἔςι τὰ μὲν περὶ τὸν ἀετὸν ἠρέμα πυκνότερα, τὰ δὲ λοιπὰ ἠρέμα ἀραιότερα. Ἐφεξῆς δὲ ἐπὶ τὸν ὄρνιν ἔρχεται

τὸ γάλα· καὶ ἡ μὲν πρὸς ἄρκτους καὶ δυσμὰς ἁψὶς ἀφορίζεται ἐν ἐπικαμπίῳ ὑπό τε
τοῦ ἐν τῷ νοτίῳ ὤμῳ τοῦ ὄρνιθος, καὶ τοῦ
ὑπ' αὐτὸν ἐν τῇ πτέρυγι τῇ αὐτῇ, καὶ τῶν
ἐπὶ τοῦ νοτίου ποδὸς δύο· ἡ δὲ πρὸς ἀνατολὰς καὶ μεσημβρίαν, ἀφορίζεται μὲν ὑπὸ
τοῦ ἐν ἄκρῳ τῷ νοτίῳ ταρσῷ, ἐναπολαμβάνει δὲ τοὺς ὑπὸ τὴν αὐτὴν πτέρυγα δύο
ἀμορφώτους, ἀπέχοντας αὐτῆς ἐγγὺς δύο
τμήματα, ἃ καὶ ἔςι τὰ περὶ τὴν πτέρυγα
ἠρέμα πυκνότερα. Τὰ δὲ ἐφεξῆς συνῆπται
μὲν ταύτῃ τῇ ζώνῃ, πυκνότερα δέ ἐςι
λίαν, καὶ ὡς ἀπ' ἄλλης ἀρχῆς ὁρώμενα· νεύει
μὲν γὰρ πρὸς τὰ ἔσχατα μέρη τῆς ἑτέρας
ζώνης· διάλειμμα δὲ πρὸς ἐκείνην ποιοῦντα, ἐκ μὲν τῆς πρὸς μεσημβρίαν πλευρᾶς
συνάπτει τῇ καταλεγομένῃ νῦν ζώνῃ,
ἀραιᾷ σφόδρα οὔσῃ κατὰ τὴν συναφήν· ἄρ-
χεται δὲ μετὰ τὸ πρὸς τὴν ἑτέραν διάλειμμα τῆς πυκνώσεως ἀπὸ τοῦ λαμπροῦ τοῦ ἐν τῷ ὀρθοπυγίῳ τοῦ ὄρνιθος,
καὶ τῆς ἐν τῷ βορείῳ γόνατι νεφελοειδοῦς
συςροφῆς. εἶτα ἐπιςρέψαντα ἠρέμα μέχρι
τοῦ κατὰ τὸ νότιον γόνυ παρατείνει τὴν
πυκνότητα κατ' ὀλίγον ἀραιουμένην μέχρι τῆς τιάρας τοῦ Κηφέως· ἀφορίζεταί τε
τὴν πρὸς ἄρκτους πλευρὰν τῷ τε νοτίῳ
τῶν ἐν τῇ τιάρᾳ τριῶν, καὶ τῷ τῶν τριῶν
ἑπομένῳ· καθ' ὃν καὶ ἐξοχὰς ποιεῖται δύο,
τὴν μὲν ὡς πρὸς ἄρκτους καὶ πρὸς ἀνατολὰς νεύουσαν, τὴν δὲ ὡς πρὸς μεσημβρίαν
καὶ πρὸς ἀνατολάς. Μετὰ δὲ ταῦτα περι-
λαμβάνει τὸ γάλα τὴν Κασσιέπειαν ὅλην
χωρὶς τοῦ ἐν ἄκρῳ τῷ ποδί. Καὶ ἡ μὲν
πρὸς μεσημβρίαν ἁψὶς ἀφορίζεται ὑπὸ

sur la poule (*l'oiseau*), et l'apside du
côté des ourses et du couchant est bornée
par l'étoile de l'épaule méridionale de la
poule, et par l'étoile de la même aile et
par les deux du pied méridional. La courbure vers l'orient et le midi est terminée
par l'étoile de l'extrémité du tarse méridional, renferme les deux informes qui
sont sous la même aile, et en sont éloignées de 2 degrés environ ; et ces portions
qui environnent cette aile, sont assez
fournies. Celles qui les suivent appartiennent à la zône et sont beaucoup plus
denses. Elles paroissent commencer une
autre partie, car elles s'inclinent vers l'extrémité de l'autre, mais en laissant un
espace entre-deux. Par leur côté méridional elles touchent la zône que nous décrivons maintenant, et qui est très-
claire dans l'endroit de ce contact. Mais
après cette interruption de densité qui est
vers l'autre partie, elle commence depuis
la brillante qui est dans la queue de l'oiseau, et depuis l'amas nébuleux du genou
boréal. Ensuite ces portions se courbant un
peu jusqu'à l'étoile du genou méridional,
conservent leur densité qui diminue peu
à peu jusqu'à la tiare de Céphée. Et le côté
qui regarde l'ourse se termine à l'étoile
méridionale des trois de la tiare, et à la
suivante de ces trois, dans laquelle elle
fait deux éminences, l'une vers l'ourse et
et le levant, l'autre vers le midi et le levant. Après quoi la voie lactée embrasse
Cassiopée toute entière, excepté l'étoile
de l'extrémité du pied. La courbure

méridionale va jusqu'à l'étoile de la tête de Cassiopée ; et la boréale, jusqu'à celle qui est sous le pied de la chaise et à celle de la jambe de Cassiopée. Les autres étoiles qui l'entourent sont toutes au dedans de la voie lactée, dont les portions voisines des courbures font un courant plus raréfié, et celles du milieu de Cassiopée montrent une densité très-étendue. Ensuite la portion droite de Persée est renfermée dans la zône lactée. L'étoile solitaire en dehors du genou droit de Persée borne le côté boréal qui est le plus raréfié ; mais le méridional qui est le plus dense est borné par la brillante qui est le genou droit, et par les deux suivantes des trois méridionales. L'amas nébuleux qui est dans la poignée, l'étoile de la tête, celle de l'épaule droite, et du coude droit, y sont comprises. Le quadrilatère du genou droit et du gras de la même jambe, est au milieu de la zône lactée, mais l'étoile du talon droit est un peu en dedans du côté méridional. Ensuite vient la ceinture du cocher qui paroît d'une moindre densité. L'étoile appellée la chèvre dans son épaule gauche, et les deux du bras droit, touchent presque le bord courbe boréal et oriental de la zône lactée. La petite étoile qui est au-dessus et près du pied gauche, borne le côté occidental et méridional, et celle qui est à un demi degré au-dessus du pied droit est en dedans de ce même côté. Les deux continues du bras gauche, appellées les chevreaux, sont au milieu de la zône, dont le lait

τοῦ ἐν τῇ κεφαλῇ τῆς Κασσιεπείας, ἡ δὲ πρὸς ἄρκτους ὑπό τε τοῦ ἐν τῷ ποδὶ τοῦ θρονίου καὶ ὑπὸ τοῦ ἐν τῇ κνήμῃ τῆς Κασσιεπείας. Οἱ δὲ λοιποὶ καὶ περὶ ταύτην πάντες ἐν τῷ γάλακτι κεῖνται· καὶ τὰ μὲν πρὸς ταῖς ἁψῖσιν ἀραιοτέρου χύματός ἐςι, τὰ δὲ κατὰ μέσην τὴν Κασσιέπειαν παραμήκη τὴν πύκνωσιν ἐμφαίνει. Εφεξῆς δὲ τὰ δεξιὰ μέρη τοῦ Περσέως ἐναπολαμβάνεται τῷ γάλακτι. Πάλιν δὲ τὴν μὲν ἀπ᾽ ἄρκτων πλευρὰν ἀραιοτάτην οὖσαν, ἀφορίζει ὁ ἐκτὸς τοῦ δεξιοῦ γόνατος τοῦ Περσέως μοναχός· τὴν δ᾽ ἀπὸ μεσημβρίας πυκνοτάτην οὖσαν ὅ τε ἐπὶ τοῦ δεξιοῦ λαμπρὸς καὶ τῶν ἀπὸ μεσημβρίας αὐτοῦ τριῶν οἱ δύο οἱ ἑπόμενοι. Περιέχονται δὲ ἐν αὐτῷ καὶ ἥτε ἐπὶ τῆς λαβῆς νεφελοειδὴς συστροφὴ, καὶ ὁ ἐν τῇ κεφαλῇ, καὶ ὁ ἐν τῷ δεξιῷ ὤμῳ, καὶ ὁ ἐπὶ τοῦ δεξιοῦ ἀγκῶνος. Τὸ δ᾽ ἐν τῷ δεξιῷ γόνατι τετράπλευρον κỳ ἔτι ἐπὶ τῆς αὐτῆς γαςροκνημίας ἐν μέσῳ κεῖται τῷ γάλακτι· ὁ δ᾽ ἐν τῇ δεξιᾷ πτέρνῃ καὶ αὐτὸς ἐντός ἐςι μικρῷ τῆς πρὸς μεσημβρίαν πλευρᾶς. Μετὰ δὲ ταῦτα τοῦ ἡνιόχου φέρεται ἡ ζώνη, τὸ χῦμα ἀραιότερον ἐμφαίνουσα. Καὶ ὁ μὲν ἐπὶ τοῦ ἀριςεροῦ ὤμου, καλούμενος δὲ αἲξ, οἵ τε ἐπὶ τοῦ δεξιοῦ πήχεως δύο, μικροῦ δέουσιν ἅπτεσθαι τῆς πρὸς ἀνατολὰς καὶ ἄρκτους ἁψῖδος τοῦ γάλακτος· ὁ δὲ ὑπὲρ τὸν εὐώνυμον πόδα ἐν τῷ περιποδίῳ μικρὸς ἀφορίζει τὴν πρὸς δυσμὰς καὶ μεσημβρίαν πλευράν. ὁ δὲ ὑπὲρ τὸν δεξιὸν πόδα ἡμιμοιρίῳ ἐντός ἐςι τῆς αὐτῆς πλευρᾶς· οἱ δ᾽ ἐπὶ τοῦ εὐωνύμου πήχεως δύο συνεχεῖς, καλούμενοι δὲ ἔριφοι, ἐν μέσῃ

κεῖνται τῇ ζώνῃ. Εφεξῆς δὲ ἔρχεται τὸ
γάλα διὰ τῶν ποδῶν τῶν διδύμων, πυκνότητα ποσὴν κ) ἐπιμήκη διαφαῖνον τὴν κατ'
αὐτῶν τῶν ἐπ' ἄκροις τοῖς ποσὶν ἀςέρων.
Ο μὲν οὖν ἑπόμενος τῶν ὑπὸ τὸν δεξιὸν
πόδα τοῦ ἡνιόχου ἐπ' εὐθείας τριῶν, καὶ
τῶν ἐν τῷ κολλορόβῳ τοῦ Ωρίωνος δύο ὁ
ἑπόμενος, καὶ τῶν ἐπ' ἄκρα τῇ χειρὶ αὐτοῦ
τεσσάρων οἱ ἀπ' ἄρκτων, τὴν προηγουμένην ἀψῖδα τοῦ γάλακτος ἀφορίζουσιν. Ο
δ' ὑπὸ τὴν δεξιὰν χεῖρα τοῦ ἡνιόχου ἐκφανὴς, καὶ ὁ ἐν τῷ ἀκρόποδι τῷ ἑπομένῳ
τοῦ ἑπομένου διδύμου, ἐντός εἰσιν ἐνὶ
τμήματι ἔγγιςα τῆς ἑπομένης πλευρᾶς.
Οἱ δ' ἐν τοῖς λοιποῖς ἀκρόποσιν ἐν μέσῳ
κεῖνται τῷ γάλακτι. Εντεῦθεν παραμεί-
βεται ἡ ζώνη τόν τε προκύνα καὶ τὸν κύνα,
τὸν μὲν προκύνα χωρίζουσα πρὸς ἀνατολὰς ὅλον οὐκ ὀλίγῳ ἐκτὸς τοῦ γάλακτος,
τὸν δὲ κύνα πρὸς δυσμὰς καὶ αὐτὸν σχεδὸν ὅλον ἐκτὸς ὄντα· τὸν μὲν γὰρ ἐπὶ τῷ
νώτῳ αὐτοῦ ἐξέχουσά τις ὡσεὶ νεφέλη κα-
ταλαμβάνει· τῶν δὲ ἐφεξῆς ἑπομένων αὐτῷ
τριῶν ἐν τῷ αὐχένι τοῦ κυνὸς ὀλίγου δεῖ
παράπτεσθαι. Ο δ' ὑπὲρ τὴν κεφαλὴν τοῦ
κυνὸς ἐκτὸς καὶ ἀπωτέρω μοναχὸς, ἐντός
ἐςι τῆς πρὸς ἀνατολὰς ἀψῖδος δυσὶ κ) ἡμίσει τμήμασιν ἔγγιςα· καὶ ἔςι τὸ χύμα τοῦτο ἠρέμα ὅλον ἀραιότερον· μετὰ δὲ ταῦτα
διὰ τῆς Αργοῦς φέρεται τὸ γάλα· καὶ ὁ
μὲν βόρειος καὶ ἡγούμενος τῶν ἐν τῇ ἀσπιδίσκῃ τῆς πρύμνης, ἀφορίζει τὴν πρὸς
δυσμὰς ἀψῖδα τῆς ζώνης· ὁ δ' ἐν μέσῃ τῇ
ἀσπιδίσκῃ, καὶ οἱ ὑπ' αὐτὸν δύο συνεχεῖς,
καὶ ὁ ἐν ἀρχῇ τοῦ πρὸς τῷ πηδαλίῳ κατα-
ςρώματος λαμπρὸς, καὶ τῶν ἐν τῇ τρόπει

II.

passe ensuite par les pieds des gémeaux,
en se montrant assez dense et assez
étendue autour des étoiles qui sont
aux extrémités des pieds. La suivante des
trois étoiles en ligne droite qui sont au
pied droit du cocher, et la suivante des
deux de la massue d'Orion, avec les boréales des quatre de l'extrémité de sa main,
bornent l'extrémité précédente de la zône
lactée. La claire de la main droite du cocher, et celle de l'extrémité suivante du
pied du gémeau suivant, sont d'environ
un degré en dedans du côté suivant. Les
autres aux extrémités des pieds sont dans
le milieu de la zône lactée. Delà, elle
passe à côté du petit et du grand chien,
en laissant le petit tout entier à l'orient
assez loin, et le grand presque tout en dehors du blanc laiteux, vers l'occident ;
car il en sort comme un nuage qui
touche l'étoile qui est sur le dos de
celui-ci, et peu s'en faut aussi, les trois
suivantes du cou. L'étoile solitaire qui
est au-dessus de la tête de ce chien,
en dehors et plus loin, est à peu près de
$2 \frac{1}{2}$ degrés en dedans de la courbure vers
l'orient ; le courant lactée y est assez rare ;
il se porte ensuite au travers du vais-
seau Argo ; l'étoile boréale et précédente
d'entre celles qui forment le pavois de la
poupe, borne la courbure occidentale
de la zône. Celle du milieu de ce pavois, et les contiguës de dessous, ainsi
que la brillante du tillac vers le gou-
vernail, et celle du milieu des trois de

la carène, touchent, ou peu s'en faut,
le même côté. La boréale des trois du
pied du mât borne la courbure vers l'o-
rient. La brillante de l'extrémité de la ga-
lerie est d'un degré en dedans du même
côté. La brillante de dessous le pavois
dans le tillac est d'un degré en dehors de ce même côté. La méridionale
des deux brillantes du milieu du mât
touche le même côté. Les deux brillantes
de la même section de la carène, sont
d'environ deux degrés en dedans de la
courbure précédente. Delà le courant laiteux vient se joindre à la zône qui passe
par les pieds du centaure. Son cours est
assez clair dans le navire Argo; mais ce
qui environne le pavois est assez épais,
ainsi que ce qui entoure le pied du mât
et la section de la carène.

Or la zône dont nous venons de parler,
faisant, comme nous l'avons dit, une
interruption vers celle qui se groupe
près de l'autel, d'où elle recommence,
renferme les trois premières articulations
attenantes au corps du scorpion, et laisse
vers l'occident, d'un degré en dehors du
bord courbé, l'étoile suivante des trois qui
sont dans le corps; mais l'étoile qui est
dans la quatrième articulation, se trouve
dans l'air pur entre les deux zônes, à
une distance à peu près égale de l'une et de
l'autre, et d'un peu plus d'un degré.

Ensuite, la zône précédente passe en
tournant à l'orient, d'un degré du cercle,
pareillement, et termine le côté précédent de la partie blanche ou laiteuse

τριῶν ὁ μέσος, μικροῦ δέουσιν ἅπτεσθαι
τῆς αὐτῆς πλευρᾶς. Ὁ δὲ βόρειος τῶν
ἐν τῇ ἰσοδόκῃ τριῶν ἀφορίζει τὴν πρὸς
τὰς ἀνατολὰς ἁψῖδα. Καὶ ὁ μὲν ἐν τῷ
ἀκροστολίῳ λαμπρὸς ἐντός ἐστι τῆς αὐτῆς
πλευρᾶς ἑνὶ τμήματι· ὁ δὲ ὑπὸ τὴν ἐν τῷ
καταστρώματι ἑπομένην ἀσπιδίσκην λαμπρὸς ἐκτός ἐστι τῆς αὐτῆς πλευρᾶς τῷ
αὐτῷ ἑνὶ τμήματι. Ὁ δὲ νότιος τῶν ἐν μέσῳ
τῷ ἱστῷ δύο ἐκφανῶν παράπτεται τῆς αὐτῆς πλευρᾶς. Οἱ δὲ ἐν τῇ αὐτῇ ἀποτομῇ
τῆς τρόπεως δύο λαμπροὶ ἐντός εἰσι τῆς
προηγουμένης ἁψῖδος δυσὶ τμήμασιν ἔγγιστα. Ἐντεῦθεν δὲ ἤδη συνάπτει τὸ γάλα τῇ
διὰ τῶν ποδῶν τοῦ κενταύρου ζώνῃ. Καὶ
ἔστι μὲν καὶ τοῦτο διὰ τῆς Ἀργοῦς τὸ χύμα
ἠρέμα λεπτόν· πεπύκνωται δὲ αὐτοῦ μᾶλλον τὰ περὶ τὴν ἀσπιδίσκην, καὶ τὰ περὶ
τὴν ἰσοδόκην, καὶ τὰ περὶ τὴν ἀποτομὴν
τῆς τρόπεως.

Ἡ δὲ προειρημένη ζώνη διάλειμμα,
ὡς ἔφαμεν, ποιήσασα πρὸς τὴν κατ-
ειλημμένην κατὰ τὸ θυμιατήριον, κἀκεῖθεν
τὴν ἀρχὴν ποιησαμένη, τοὺς μὲν ἀπὸ
τοῦ σώματος τοῦ σκορπίου τρεῖς σφονδύλους ἐναπολαμβάνει, τὸν δὲ ἑπόμενον τῶν ἐν τῷ σώματι τριῶν ἐκτὸς ἔχει
τῆς πρὸς δυσμὰς ἁψῖδος ἑνὶ τμήματι· ὁ
δὲ ἐν τῷ τετάρτῳ σφονδύλῳ ἐν καθαρῷ
ἀέρι τῷ μεταξὺ τῶν δύο ζωνῶν κεῖται, τὸ
ἴσον ἔγγιστα ἑκατέρας ἀπέχων καὶ μικρῷ
πλεῖον ἑνὸς τμήματος.

Μετὰ ταῦτα δὲ ἡ προηγουμένη ζώνη
παρεπιστρέφει πρὸς ἀνατολὰς κύκλου ἑνὶ
τμήματι ὁμοίως, καὶ τὴν μὲν προηγουμένην
πλευρὰν τοῦ γάλακτος ἀφορίζεται τῷ

ἐπὶ τοῦ δεξιοῦ γόνατος τοῦ ὀφιούχου,
τὴν δ' ἑπομένην τῷ ἐπὶ τοῦ αὐτοῦ ἀντι-
κνημίου· ὁ δὲ προηγούμενος τῶν ἐν ἄκρῳ
τῷ αὐτῷ ποδὶ παράπτεται τῆς αὐτῆς
πλευρᾶς. Πάλιν δὲ ἐφεξῆς τὴν μὲν πρὸς
δυσμὰς ἁψῖδα ὁ ὑπὸ τὸν δεξιὸν ἀγκῶνα
τοῦ ὀφιούχου ἀφορίζει, τὴν δὲ πρὸς ἀνατολὰς τῶν ἐν ἄκρᾳ τῇ αὐτῇ χειρὶ δύο ὁ
ἡγούμενος. Ἐντεῦθεν δὲ καὶ διάλειμμα
καθαροῦ ἀέρος ἱκανὸν γίνεται, καθ' ὃ κεῖνται οἱ ἐπὶ τῆς οὐρᾶς τοῦ ὄφεως β̄ μετὰ
τῶν ἐν ἄκρᾳ. Τὸ δὲ κατειλεγμένον μέρος
ὅλον ταύτης τῆς ζώνης λεπτοῦ παντελῶς καὶ σχεδὸν ἀερώδους ἐστὶ χύματος,
χωρὶς τοῦ τοὺς τρεῖς σπονδύλους ἐναπο-
λαμβάνοντος· τοῦτο γὰρ ἠρέμα ὑποπε-
πύκνωται.

Μετὰ δὲ τὸ διάλειμμα πάλιν ἄλ-
λην ἀρχὴν λαμβάνει τὸ γάλα ἀπὸ τῶν
ἑπομένων τῷ δεξιῷ ὤμῳ τοῦ ὀφιούχου
τεσσάρων· καὶ τὴν μὲν πρὸς ἀνατολὰς
ἁψῖδα τῆς ζώνης ταύτης ἀφορίζει παρ-
απτόμενος ἀστὴρ ἐκφανὴς παρὰ τὴν οὐρὰν
τοῦ ἀετοῦ μοναχός· τὴν δ' ἐναντίαν ὁ
τῶν προειρημένων τεσσάρων ἀπωτέρω καὶ
ἀπ' ἄρκτων. Ἐντεῦθεν δὲ ἡ ζώνη αὐτὴ πρὸς
τῷ ἀραιὰ εἶναι, καὶ εἰς στενότητα συνάγεται κατὰ τὰ προηγούμενα μέρη τοῦ ἐν
τῷ ῥάμφει τοῦ ὄρνιθος, ὥς τε διαλείμ-
ματος ἔμφασιν παρέχειν. Τὸ μέντοι λοιπὸν αὐτῆς τὸ ἀπὸ τοῦ ἐν τῷ ῥάμφει μέχρι
τοῦ ἐν τῷ στήθει τοῦ ὄρνιθος πλατύτερόν
τέ ἐστι καὶ πυκνότερον ἱκανῶς. Καὶ ὁ ἐν
τῷ τραχήλῳ τοῦ ὄρνιθος, ἐν μέσῳ κεῖται
τῷ πυκνώματι· παραποκλίνει δέ τι μέρος
ἀραιὸν πρὸς ἄρκτους καὶ τῶν ἐν τῷ στήθει

par l'étoile du genou droit du serpentaire,
et le côté suivant par l'étoile du devant
de la même jambe. Mais l'occidentale de
celles du bout du même pied touche ce
même côté. Ensuite la courbure occidentale est bornée par l'étoile du coude
droit du serpentaire, et l'orientale par la
précédente des deux qui sont à l'extrémité de la même main. Depuis cet endroit
règne une interruption considérable
causée par l'espace éthéré, dans laquelle
sont les deux étoiles de la queue du serpent après celles de l'extrémité. Toute la
partie tortueuse et menue de cette zône
est d'un courant rare et presqu'éthéré, excepté ce qui embrasse les trois articulations, qui est assez dense.

Après cette interruption, la zône lactée recommence encore par les quatre
étoiles qui suivent l'épaule droite du serpentaire; et la brillante solitaire, placée
près de la queue de l'aigle, termine en
la touchant l'extrémité courbe orientale
de cette zône, mais la courbure opposée
est terminée par la plus éloignée des quatre susdites du côté de l'ourse. Depuis
ce point, la zône, outre qu'elle s'éclair-
cit, se resserre dans les portions précédentes du bec de l'oiseau, jusqu'à faire
une apparence d'interruption. Mais le
reste depuis ce bec jusqu'à la poitrine,
est plus large et plus dense, et l'étoile du
cou est au milieu de cette densité. Mais
une portion plus rare, s'élève vers les
ourses depuis la poitrine jusqu'à l'étoile

de l'épaule de l'aile droite, ainsi que depuis les deux contigues du bout du pied droit. Ainsi, comme nous l'avons dit, il se fait une interruption totale de l'une à l'autre zône, depuis les étoiles de l'oiseau ci-dessus nommées, jusqu'à la brillante de sa queüe.

CHAPITRE III.

DE LA CONSTRUCTION DE LA SPHÈRE SOLIDE.

Telles sont les positions des parties remarquables de la zône lactée. Mais pour construire, au moyen d'une sphère solide, une représentation de la sphère des fixes, conformément aux hypothèses que nous avons posées, et qui nous ont fait connoître que, comme celles des planètes, elle est emportée par le premier mouvement d'orient en occident autour des poles de l'équateur, en s'avançant tout à la fois en sens contraire autour des poles du zodiaque et du cercle milieu du zodiaque, nous nous y prendrons de la manière suivante pour construire cette sphère et y placer les constellations.

Nous la ferons d'une couleur foncée, et qui ressemble non à celle du jour, mais à celle de la nuit qui nous laisse voir les étoiles. Prenant sur cette sphère deux points diamétralement opposés, nous décrirons de ces poles un grand cercle qui sera partout dans le plan du cercle milieu du zodiaque ; et perpendiculairement à ce cercle et par ses poles, nous en décrirons un autre, de l'une des intersections duquel avec

μέχρι τοῦ ἐν τῷ ὤμῳ τῆς δεξιᾶς πτέρυγος, καὶ τῶν ἐν ἄκρῳ τῷ δεξιᾷ ποδὶ δύο συνεχῶν. Οθεν, ὡς προείπομεν, καθαρὸν διάλειμμα γίνεται πρὸς τὴν ἑτέραν ζώνην, τὸ ἀπὸ τῶν εἰρημένων τοῦ ὄρνιθος ἀςέρων μέχρι τοῦ λαμπροῦ τοῦ κατὰ τὸ ὀρθο-πύγιον.

ΚΕΦΑΛΑΙΟΝ Γ.

ΠΕΡΙ ΚΑΤΑΣΚΕΥΗΣ ΤΗΣ ΣΤΕΡΕΑΣ ΣΦΑΙΡΑΣ.

Τα μὲν οὖν περὶ τὸν γαλακτίαν φαινόμενα τοιαύτην ἔχει τὴν θέσιν. Ινα δὲ καὶ τὴν εἰκόνα τὴν διὰ τῆς ςερεᾶς σφαίρας ἀκολούθως κατασκευάζωμεν ταῖς περὶ τῆς τῶν ἀπλανῶν σφαίρας ἀποδεδειγμέναις ὑποθέσεσι, καθ' ἃς ἐφάνη καὶ αὐτὴ παραπλησίως ταῖς τῶν πλανωμένων, περιαγομένη μὲν ὑπὸ τῆς πρώτης φορᾶς ἀπ' ἀνατολῶν ἐπὶ δυσμὰς, περὶ τοὺς τοῦ ἰσημερινοῦ πόλους, μετακινουμένη δὲ καὶ εἰς τὰ ἐναντία περὶ τοὺς τοῦ ζωδιακοῦ καὶ διὰ μέσων τῶν ζωδίων κύκλου πόλους, ποιησόμεθα τήν τε κατασκευὴν αὐτῆς καὶ τὴν ἔφοδον τοῦ ἀςερισμοῦ τρόπῳ τοιῷδε.

Τὸ μὲν γὰρ τῆς ὑποκειμένης σφαίρας χρῶμα βαθύτερόν πως ποιήσομεν, ὥστε μὴ τῷ τῆς ἡμέρας, ἀλλὰ τῷ τῆς νυκτὸς ἀέρι μᾶλλον ἐν ᾧ καὶ τὰ ἄςρα φαίνεται, προσεοικέναι. Λαβόντες δὲ ἐπ' αὐτῆς σημεῖα δύο κατὰ διάμετρον ἀκριβῶς, πόλοις αὐτοῖς γράψομεν μέγιςον κύκλον τὸν ἐσόμενον πάντοτε ἐν τῷ ἐπιπέδῳ τοῦ διὰ μέσων τῶν ζωδίων. Καὶ τούτῳ πρὸς ὀρθὰς γωνίας, καὶ διὰ τῶν πόλων αὐτοῦ κύκλον

ἕτερον, ἀφ' οὗ τῆς μιᾶς τῶν πρὸς τὸν πρῶτον
τομῶν ἀρξάμενοι, διελοῦμεν τὸν διὰ μέσων εἰς τὰ τξ̅ τμήματα, παρατιθέντες
αὐτῷ τοὺς ἀριθμοὺς, δι' ὅσων ἂν εὔχρη-
ϛον φαίνηται μοιρῶν. Επειτα ποιήσαντες
ἐξ ὕλης εὐτόνου καὶ τεταμένης δύο κύκλους
τετραγώνους ταῖς ἐπιφανείαις, καὶ ἀκριβῶς πάντοθεν τετορνευμένους, τῶν μὲν
ἐλάσσονα καὶ ἐφαπτόμενον τῆς σφαίρας δι'
ὅλης αὐτοῦ τῆς κοίλης ἐπιφανείας, τὸν
δὲ μικρῷ τούτου μείζονα, παραγράψο-
μεν κατὰ μέσης τῆς κυρτῆς ἐπιφανείας
ἑκατέρου γραμμὰς δίχα διαιρούσας ἀκριβῶς αὐτῶν τὰ πλάτη· καὶ διὰ τούτων
τῶν γραμμῶν, ἐκτεμόντες ἐπὶ τὸ ἥμισυ
τῶν περιμέτρων τὰς ἑτέρας τῶν ὑπ' αὐτῶν ἀφοριζομένων πλευρὰς, διελοῦμεν καὶ
τὰ τῶν ἐκτομῶν ἡμικύκλια εἰς ρπ̅ τμήματα. Τούτων δὲ γενομένων, τῶν μὲν
ἐλάσσονα τῶν κύκλων ὑποθέμενοι τὸν ἐσόμενον ἀεὶ δι' ἀμφοτέρων τῶν πόλων τοῦ
τε ἰσημερινοῦ καὶ τοῦ ζωδιακοῦ καὶ ἔτι
διὰ τῶν τροπικῶν σημείων, καὶ κατὰ τὴν
τῆς εἰρημένης ἐκτομῆς ἐπιφάνειαν, δια-
τρήσαντες μέσον κατὰ διάμετρον πρὸς
τοῖς πέρασι τῆς ἐκτομῆς, προσαρμόσομεν περονίοις πρὸς τοὺς εἰλημμένους ἐν
τῇ σφαίρᾳ πόλους τοῦ διὰ μέσων τῶν ζωδίων, ὥστε δύναϑαι περιάγεϑαι καθ'
ὅλης τῆς σφαιρικῆς ἐπιφανείας.

Ενεκεν δὲ τοῦ λαμβάνειν τινὰ μένου-
σαν ἀρχὴν τοῦ τῶν ἀπλανῶν ἀϛερισμοῦ,
διὰ τὸ μὴ πιθανὸν εἶναι κατ' αὐτοῦ τοῦ
τῆς σφαίρας ζωδιακοῦ τὰ τροπικὰ καὶ
ἰσημερινὰ σημεῖα παραγράφειν, μὴ τηρου-
μένης πρὸς αὐτὰ τῆς τῶν ἀϛεριζομένων

le premier, nous compterons les 360 degrés des divisions égales du cercle milieu
du zodiaque, en y subdivisant les degrés
en autant de portions que cela paroîtra
utile. Ensuite ayant façonné au tour,
deux cercles d'une matière ferme et bien
polie, dont les surfaces fassent quatre angles droits, savoir : un cercle qui touchera
par tous les points de sa circonférence
concave la surface de la sphère, et un
autre un peu plus grand, nous tracerons
par le milieu de la surface courbe de
l'un et de l'autre, des lignes qui en di-
viseront les largeurs en deux également;
et par le moyen de ces lignes, divisant
sur la moitié des circonférences, l'un des
côtés qu'elles limitent, nous partage-
rons les demi-cercles de ces portions en
180^d. Cela fait, et supposant que le plus
petit de ces cercles passera toujours par
les poles de l'équateur et du zodiaque, et
par les points tropiques, après l'avoir
percé dans le milieu de sa largeur en deux
points diamétralement opposés qui seront
les points extrêmes de ces demi-cercles,
nous insérerons dans les trous, sur la
sphère, des chevilles qui répondront
aux poles du cercle mitoyen du zodiaque, de manière qu'il puisse s'y faire
une révolution entière, par toute la surface de la sphère (a).

Mais pour commencer à quelque point
constant et invariable les constellations
des fixes, car il n'est pas à propos de mar-
quer les points tropiques et équinoxiaux
sur le zodiaque de la sphère, puisque
les distances des constellations à ces points

*

n'est pas constante ; nous prendrons pour la première, la plus brillante de ces étoiles, qui est celle de la gueule du chien, sur le grand cercle qui coupe le zodiaque à angles droits, au point qui fait le commencement de cette division ; et cette étoile sera marquée sur ce cercle, au nombre convenable des degrés de sa latitude comptés depuis le cercle milieu du zodiaque, vers son pole austral. Nous marquerons ensuite les lieux des autres fixes, comme ils se suivent dans notre catalogue, en faisant tourner le globe sur les poles du zodiaque, pour amener le cercle gradué au point propre à chacune. Car rapportant toujours la surface de son côté divisé, au point correspondant du cercle milieu du zodiaque, lequel point est d'autant de degrés éloigné du commencement des nombres marqué par le lieu où répond le chien, que l'astre dont il s'agit est éloigné du chien en longitude dans le catalogue des étoiles ; et comptant de là jusqu'au point du côté rapporté et divisé, qui sera d'autant de degrés éloigné du cercle milieu du zodiaque, que l'astre, dans ce catalogue, est marqué avancé vers le pole boréal ou austral du zodiaque, nous y marquerons le lieu de l'étoile, en nous servant d'une couleur jaune, ou de telle autre que nous aurons choisie suivant l'éclat et la grandeur des étoiles.

Nous simplifierons, le plus qu'il sera possible, les configurations de chacune des constellations, en marquant (*b*) d'un

διαςάσεως, τὸ μὲν λαμπρότατον αὐτῶν, λέγω δὲ τὸν ἐν τῷ ςόματι τοῦ κυνὸς, σημειωσόμεθα κατὰ τοῦ πρὸς ὀρθὰς τῷ ζωδιακῷ γεγραμμένου κύκλου, πρὸς τῷ τὴν ἀρχὴν τῆς διαιρέσεως πεποιηκότι τμήματι, τὰς ἐκκειμένας κατὰ πλάτος μοίρας ἀπέχοντα τοῦ διὰ μέσων ὡς πρὸς τὸν νότιον αὐτοῦ πόλον. Εφ' ἑκάςου δὲ λοιπὸν τῶν ἀπλανῶν ἀςέρων κατὰ τὸ ἐφεξῆς τῆς ἀναγραφῆς τὰς σημειώσεις ποιησόμεθα, διὰ τῆς τοῦ τὴν ἐκτομὴν διηρημένου κύκλου περὶ τοὺς τοῦ ζωδιακοῦ πόλους παραγωγῆς. Προσφέροντες γὰρ ἀεὶ τὴν ἐπιφάνειαν αὐτοῦ τῆς ἐκτετμημένης πλευρᾶς πρὸς τὸ τοῦ διὰ μέσων σημεῖον τὸ τοσαύτας ἀπέχον μοίρας τῆς κατὰ τὸ διὰ τοῦ κυνὸς τμῆμα τῶν ἀριθμῶν ἀρχῆς, ὅσας καὶ ὁ ἐπιζητούμενος ἀςὴρ ἐπὶ τῆς ἀναγραφῆς κατὰ μῆκος ἀπέχει τοῦ κυνὸς ἐρχόμενοί τε ἐπὶ τὸ τῆς παρενηνεγμένης καὶ διηρημένης πλευρᾶς σημεῖον, τὸ τοσαύτας πάλιν ἀπέχον μοίρας τοῦ διὰ μέσων, ὅσας καὶ ὁ ἀςὴρ ἐπὶ τῆς ἀναγραφῆς οἰκείως ἤτοι πρὸς τὸν βόρειον ἢ τὸν νότιον πόλον τοῦ ζωδιακοῦ, κατ' αὐτοῦ σημειωσόμεθα τὸν τοῦ ἀςέρος τόπον, προτιθέντες ἐφεξῆς τὸ ξανθὸν, ἢ τὸ ἐπ' ἐνίων διασημαινόμενον χρῶμα, συμμέτρως καὶ ἀκολούθως ταῖς ἐφ' ἑκάςου τῶν μεγεθῶν πηλικότησι.

Τοὺς μέντοι τῶν μορφώσεων ἑνὸς ἑκάςου τῶν ζωδίων σχηματισμοὺς ὡς ἔνι μάλιςα ἀπλουςάτους ποιήσομεν, γραμμαῖς

μόναις τοὺς ὑπὸ τὴν αὐτὴν διατύπωσιν ἀστέρας ἐμπεριλαμβάνοντες, καὶ ταύταις οὐ
πολλῷ τοῦ καθ' ὅλην τὴν σφαῖραν χρώμα-
τος διαφερούσαις, ἵνα μήτε τὸ τῆς ἐξ αὐτῶν διασημασίας χρήσιμον παραλελειμ-
μένον ὑπάρχῃ, μήτε ἡ τῶν ποικίλων
χρωμάτων παράθεσις ἀφανίζῃ τὴν πρὸς
τὴν ἀλήθειαν τῆς εἰκόνος ὁμοιότητα· ῥα-
δία δ' ἡμῖν καὶ εὐμνημόνευτος ἡ κατὰ
τὴν προσβολὴν τῆς ἀναθεωρήσεως σύγ-
κρισις γίνηται, συνεθιζομένοις καὶ ἐπὶ
τῆς σφαιρικῆς εἰκόνος γυμνῇ τῇ τῶν ἀστέρων
φαντασίᾳ.

Προσεντάξαντες οὖν καὶ τοῦ γαλακτίου θέσιν, ἀκολούθως πάλιν τοῖς προ-
δεδηλωμένοις τόποις τε καὶ σχηματι-
σμοῖς καὶ ἔτι πυκνώμασιν ἢ διαλείμ-
μασι, προσαρμόσομεν καὶ τὸν μείζονα
τῶν κύκλων, ἐσόμενον δὲ ἀεὶ μεσημβρινὸν, τῷ περιέχοντι τὴν σφαῖραν ἐλάσ-
σονι, περὶ πόλους γινομένους τοὺς αὐτοὺς τοῖς τοῦ ἰσημερινοῦ· τῶν σημείων
τούτων ἐπὶ μὲν τοῦ μείζονος καὶ μεσημβρινοῦ, πρὸς τοῖς πέρασι πάλιν τῆς ἐκτετμημένης καὶ διῃρημένης πλευρᾶς ὑπὲρ
γῆς δὲ ἐσομένης, κατὰ διάμετρον ἐμπο-
λιζομένων· ἐπὶ δὲ τοῦ ἐλάσσονος καὶ
δι' ἀμφοτέρων τῶν πόλων, πρὸς τοῖς πέρασι τῶν ἀπεχουσῶν περιφερειῶν ἑκατέρου
τῶν τοῦ ζωδιακοῦ πόλων κατὰ διάμετρον
τὰς τῆς ἐγκλίσεως μοίρας κγ να', κατα-
λειπομένων, κατὰ τὰς ἐκτομὰς τῶν κύκλων, μικρῶν στερεωμάτων, καθ' ὧν ἔσαι
τὰ τρημάτια τῶν ἐμπολίσεων. Τὴν μὲν
οὖν τοῦ ἐλάσσονος τῶν κύκλων ἐκτε-
τμημένην πλευρὰν τὴν αὐτὴν πάντοτε

simple trait peu différent en couleur, de
celle de la surface de la sphère, les con-
tours qui embrassent les étoiles dont ces
constellations sont composées, de manière à conserver le principal avantage
de cette représentation, qui doit être de
rendre ces étoiles bien distinctes, et à ne
pas détruire par la variété des couleurs la
ressemblance de l'image à la vérité; enfin
la comparaison des étoiles nous deviendra
aisée à faire et à retenir, si nous trans-
portons sur la sphère, les apparences des
étoiles telles qu'elles s'offrent à la vue.

En y ajoutant donc la position de
la zône lactée, conformément à ce qué
nous avons dit de ses lieux, de ses formes,
de ses densités et de ses interruptions,
nous adopterons le plus grand cercle qui
sera toujours un méridien, au plus petit
qui embrasse la sphère, sur les poles qui
seront ceux de l'équateur, placés diamétralement sur ce plus grand cercle méridien, aux extrémités du côté divisé et gradué qui sera toujours au-dessus de l'horizon; mais sur le plus petit cercle, qui
passe par les poles du zodiaque et de l'é-
quateur, ils seront placés aux extrémités
diamétralement opposées de deux arcs,
qui s'étendent depuis chacun des poles du
zodiaque, à une distance de 23ᵈ 51′ de ces
poles, égale à l'obliquité (*de l'écliptique*),
en mettant de petits pivots aux points
des portions de ces cercles dans lesquels seront les trous des poles. Puis,
nous placerons de part et d'autre, le
côté divisé du plus petit cercle, toujours

le même que le méridien passant par les points tropiques, sur le point de la division du zodiaque, qui est d'autant de degrés éloigné de la première étoile du chien, que le chien était éloigné du point tropique d'été, dans le temps supposé, par exemple, de 12^d ¹⁄₇ contre l'ordre des signes, pour le commencemeut du règne d'Antonin. Nous ferons tomber le méridien perpendiculairement sur l'horizon qui est sur le support. Il sera partagé en deux également dans sa surface visible, et son plan pourra s'y mouvoir, de manière que nous pourrons toujours élever le pole boréal au-dessus de l'horizon, par le moyen de la division du méridien, d'une quantité égale à la grandeur des arcs qui conviennent aux climats supposés.

Mais quoique nous ne puissions placer sur notre sphère, l'équateur ni les tropiques, il n'en sera pas moins possible de reconnoître ces cercles ; car le point du côté gradué du méridien, qui termine les 90^d du quart de cercle, depuis les poles, aura la même propriété que l'équateur (*celle de faire connoître les étoiles qui n'auront alors aucune déclinaison*) ; et les points de ce méridien, distants de 23^d 51′, de part et d'autre de l'équateur, nous feront connoître les tropiques, celui d'été vers les ourses, et celui d'hiver du côté du midi. Ainsi, en faisant passer les étoiles dans le sens du premier mouvement d'orient en occident, sous le côté gradué du méridien, nous pourrons connoître, par le moyen de cette graduation,

γινομένην δηλονότι τῷ διὰ τῶν τροπικῶν σημείων μεσημβρινῷ, καταξήσομεν ἑκά- ςοτε πρὸς ἐκεῖνο τὸ σημεῖον τῆς τοῦ ζω- διακοῦ διαιρέσεως, τὸ τοσαύτας ἀπέχον μοίρας τῆς διὰ τοῦ κυνὸς ἀρχῆς, ὅσας καὶ ὁ κύων ἐν τῷ ὑποκειμένῳ χρόνῳ τῆς θε- ρινῆς τροπῆς ἀφέςηκεν, ὡς κατά γε τὴν ἀρχὴν τῆς Αντωνίνου βασιλείας εἰς τὰ προηγούμενα μοίρας ιϚ γ΄. Τὸν δὲ μεσ- ημβρινὸν ὀρθὸν προσαρμόσομεν τῷ κατὰ τὴν βάσιν ὁρίζοντι, διχοτομούμενον μὲν ὑπὸ τῆς φαινομένης ἐπιφανείας αὐτοῦ, δυνάμενον δὲ περιάγεσθαι περὶ τὸ ἴδιον ἐπίπεδον, ὅπως ἐξαίρειν ἑκάςοτε δυνώ- μεθα τὸν βόρειον πόλον ἀπὸ τοῦ ὁρίζοντος, διὰ τῆς τοῦ μεσημβρινοῦ διαιρέσεως, ταῖς οἰκείαις τῶν ὑποκειμένων κλιμάτων περι- φερείαις.

Οὐδὲν δὲ ἡμῖν ἔλαττον ἔςαι, παρὰ τὸ μὴ γεγονέναι δυνατὸν ἐπ' αὐτῆς τῆς σφαίρας, τόν τε ἰσημερινὸν καὶ τοὺς τρο- πικοὺς προσεντάξαι· τῆς γὰρ τοῦ μεσ- ημβρινοῦ πλευρᾶς διῃρημένης, τὸ μὲν μεταξὺ τῶν πόλων τοῦ ἰσημερινοῦ σημεῖον καὶ τὰς τοῦ τεταρτημορίου ζ μοίρας ἀπ- έχον ἑκατέρου, τὴν αὐτὴν δύναμιν ἕξει τοῖς τοῦ ἰσημερινοῦ· τὰ δὲ ἐφ' ἑκάτερα τούτου τὰς κγ να΄ μοίρας ἀπέχοντα, τοῖς ἑκα- τέρου τῶν τροπικῶν, τὸ μὲν πρὸς ἄρκτους τοῖς τοῦ θερινοῦ, τὸ δὲ πρὸς μεσημβρίαν τοῖς τοῦ χειμερινοῦ· ὥςε παραφερομένων κατὰ τὴν πρώτην καὶ ἀπ' ἀνατολῶν ἐπὶ δυσμὰς περιαγωγὴν πρὸς τὴν διῃρημένην τοῦ μεσημβρινοῦ πλευρὰν, τῶν ἐπιζητου- μένων ἀςέρων ἑκάςοτε, διὰ τῆς αὐτῆς πά- λιν διαιρέσεως καὶ τὰς πρὸς τὸν ἰσημερινὸν ἢ τοὺς τροπικοὺς αὐτῶν διαϛάσεις, ὡς ἐπὶ τοῦ διὰ τῶν πόλων τοῦ ἰσημερινοῦ, δύνασθαι καταλαμβάνεσθαι.

ΚΕΦΑΛΑΙΟΝ Δ.

ΠΕΡΙ ΤΩΝ ΟΙΚΕΙΩΝ ΤΟΙΣ ΑΠΛΑΝΕΣΙ ΣΧΗΜΑΤΙΣΜΩΝ.

Δεδειγμένης δὲ καὶ τῆς περὶ τὸν ἀϛερισμὸν τῶν ἀπλανῶν ἰδιοτροπίας, λοιπὸν ἂν εἴη τὸν περὶ τῶν σχηματισμῶν αὐτῶν ποιήσασθαι λόγον. Τῶν δὲ περὶ τοὺς ἀπλανεῖς σχηματισμῶν μετὰ τοὺς πρὸς ἀλλήλους αὐτῶν καὶ μονίμους, ὡς ὅταν ἐπ' εὐθείας τινὲς ὦσιν ἢ ἐν σχήμασι τριγώνοις ἢ τοῖς τοιούτοις, οἱ μὲν πρὸς μόνους τοὺς πλανωμένους ἀϛέρας ἥλιόν τε καὶ σελήνην, ἢ τὰ μέρη τοῦ ζωδιακοῦ θεωροῦνται, οἱ δὲ πρὸς μόνην τὴν γῆν, οἱ δὲ πρός τε τὴν γῆν ἅμα καὶ τοὺς πλανωμένους ἀϛέρας ἥλιόν τε καὶ σελήνην, ἢ τὰ μέρη τοῦ ζωδιακοῦ. Οἱ μὲν οὖν πρὸς μόνα τὰ πλανώμενα καὶ τὰ μέρη τοῦ ζωδιακοῦ γινόμενοι τῶν ἀπλανῶν σχηματισμοὶ, λαμβάνονται κοινῶς μὲν, ὅταν ἤτοι ἐφ' ἑνὸς καὶ τοῦ αὐτοῦ κύκλου γένωνται, οἵ τε ἀπλανεῖς καὶ οἱ πλανώμενοι τῶν διὰ τῶν πόλων τοῦ ζωδιακοῦ γραφομένων, ἢ ἐπὶ διαφόρων μὲν, τριγώνους δὲ ἢ τετραγώνους ἢ ἑξαγώνους διαϛάσεις ποιούντων, τουτέϛι γωνίαν περιεχόντων ἤτοι ὀρθὴν, ἢ τρίτῳ μιᾶς ὀρθῆς, ἢ ὑπερέχουσαν, ἢ ὑπερεχομένην, ἰδίως δὲ ἐφ' ὧν ὑποδραμεῖν τις δύναται τῶν πλανωμένων. Οὗτοι δέ εἰσιν οἱ ἐν τῷ πρίσματι τοῦ ζωδιακοῦ τῷ περιέχοντι τὰς κατὰ πλάτος

II.

leurs distances cherchées, à l'équateur ou aux points tropiques, comme pouvant être prises sur le cercle qui passe par les poles de l'équateur.

CHAPITRE IV.

DES CONFIGURATIONS PROPRES AUX ÉTOILES FIXES.

Aprés avoir montré le moyen de représenter les fixes sur une sphère, il nous reste à parler des figures, de ses constellations. Or, de ces configurations, outre celles que les étoiles font constamment en-entr'elles comme quand elles sont en lignes droites, ou en forme de triangles, ou d'autres manières, les unes sont considérées relativement au soleil, à la lune et aux planètes seules, ou relativement aux parties du zodiaque; les autres relativement à la terre seule; et d'autres relativement à la terre, et tout à la fois aux planètes, au soleil et à la lune, ou aux parties du zodiaque. Les figures prises de leurs rapports avec les planètes seules et les parties du zodiaque, se déterminent en commun d'après les situations des étoiles et des planètes dans un même cercle de ceux qui passent par les poles du zodiaque, ou dans différens cercles, en faisant ensemble des triangles, ou des quadrilatères, ou des hexagones par leurs distances entr'elles, c'est-à-dire en embrassant un angle droit, ou moindre, ou plus grand, du tiers d'un droit; et particulièrement selon les étoiles sous lesquelles quelqu'une des planètes peut passer. Celles-ci sont renfermées dans la bande du zodiaque qui contient les distances des planètes en latitude; considérées pour les cinq planètes, dans leurs appulses ou occultations apparentes; et pour le soleil et la lune, dans les disparitions, les conjonctions et les réapparitions successives.

Nous disons disparition (*a*), quand quelqu'étoile entrant dans les rayons des astres lumineux, commence à disparoître; conjonction ou rencontre, quand elle passe sous le centre de ces astres; réapparition, quand se dégageant de leurs rayons, elle commence à reparoître.

Les aspects des étoiles fixes relativement à la terre, sont de quatre sortes; quelques personnes les appellent d'un nom commun, *centres;* mais ce sont proprement le lever et la culmination au-dessus de la terre, le coucher et le passage au méridien en-dessous. Pour tous les lieux où l'équateur est vertical, toutes les étoiles fixes se lèvent et se couchent, et passent une fois en chaque révolution au méridien supérieur, et une fois au méridien inférieur, les poles étant alors dans l'horizon, et ne rendant aucun des cercles parallèles ni toujours visible, ni toujours invisible. Pour les lieux auxquels un des poles est vertical, aucune des étoiles fixes, ne se lève ni ne se couche; l'équateur étant dans le plan de l'horizon de ces lieux, et faisant mouvoir toujours un des hémisphères au-dessus de la terre, et l'autre au-dessous, ensorte que chacun des astres passe deux fois au méridien en chaque révolution, les uns au-dessus, les autres au-dessous de la terre. Dans les in-

παρόδους τῶν πλανωμένων κατεςηριγμένοι· πρὸς μὲν τοὺς πέντε πλανωμένους κατὰ τὰς φαινομένας αὐτῶν κολλήσεις ἢ ἐπιπροσθήσεις· πρὸς δὲ ἥλιον καὶ σελήνην, κατά τε τὰς κρύψεις καὶ συνόδους καὶ ἐπιτολάς.

Κρύψιν μὲν γὰρ καλοῦμεν ὅταν ἄρχηταί τις ὑπὸ τὰς αὐγὰς γινόμενος τῶν φώτων ἀφανίζεσθαι· σύνοδον δ᾽ ὅταν ὑπὸ τοῦ κέντρου αὐτοῦ τὴν ἐπιπρόσθησιν λάβῃ· ἐπιτολὴν δὲ, ὅταν ἐκφυγὼν τὰς αὐγὰς αὐτῶν ἄρχηται φαίνεσθαι.

Οἱ δὲ πρὸς μόνην τὴν γῆν τῶν ἀπλανῶν σχηματισμοὶ δ᾽ ὄντες· κοινῶς μὲν ὑπ᾽ ἐνίων καλοῦνται κέντρα, ἰδίως δὲ ἀνατολὴ καὶ μεσουράνημα ὑπὲρ γῆς, καὶ δύσις καὶ μεσουράνημα ὑπὸ γῆν. Ὅπου μὲν οὖν, ὁ ἰσημερινὸς κατὰ κορυφὴν γίνεται, πάντως οἱ ἀπλανεῖς ἀςέρες καὶ ἀνατέλλουσι καὶ δύνουσι, καὶ ἅπαξ μὲν καθ᾽ ἑκάςην περιςροφὴν ὑπὲρ γῆς μεσουρανοῦσιν· ἅπαξ δὲ ὑπὸ γῆν, τῶν τοῦ ἰσημερινοῦ πόλων τότε τοῦ ὁρίζοντος ἁπτομένων, καὶ μηδένα τῶν παραλλήλων κύκλων μήτε ἀεὶ φανερὸν μήτε ἀεὶ ἀφανῆ ποιούντων. Ὅπου δὲ οἱ πόλοι γίνονται κατὰ κορυφὴν, οὐδὲ εἷς οὔτε ἀνατέλλει οὔτε δύνει τῶν ἀπλανῶν, τοῦ ἰσημερινοῦ τότε τὴν τοῦ ὁρίζοντος θέσιν λαμβάνοντος, καὶ τὸ μὲν ἕτερον τῶν ὑπ᾽ αὐτοῦ γινομένων ἡμισφαιρίων πάντοτε περιφέροντος ὑπὲρ γῆν, τὸ δὲ ἕτερον ὑπὸ γῆν, ὥςε δὶς ἕκαςον τῶν ἀςέρων ἐν τῇ μιᾷ περιςροφῇ μεσουρανεῖν, οὓς μὲν ὑπὲρ γῆν πάλιν, οὓς δ᾽ ὑπὸ γῆν. Ἐν δὲ ταῖς ἄλλαις ἐγκλίσεσι ταῖς μεταξὺ τούτων, ἐνίων κύκλων γινομένων ἀεὶ φανερῶν καὶ ἀεὶ ἀφανῶν, οἱ μὲν ὑπὸ τούτων ἐναπολαμβανόμενοι πρὸς τοὺς πόλους οὔτε ἀνατέλλουσιν οὔτε δύνουσι, δύο δὲ καθ' ἑκάςην περιςροφὴν ποιοῦνται μεσουρανήσεις, οἱ μὲν ἐν τῷ ἀεὶ φανερῷ πάλιν ὑπὲρ γῆν, οἱ δὲ ἐν τῷ ἀεὶ ἀφανεῖ πάλιν ὑπὸ γῆν· οἱ δὲ λοιποὶ καὶ ἐπὶ τῶν μειζόνων παραλλήλων καὶ ἀνατέλλουσι καὶ δύνουσιν, ἅπαξ μὲν ὑπὲρ γῆν καθ' ἑκάςην περιςροφὴν, ἅπαξ δὲ ὑπὸ γῆν. Τούτων δὲ ὁ μὲν ἀπό τινος τῶν κέντρων ἐπὶ τὸ αὐτὸ χρόνος ὁ αὐτός ἐςι πανταχῆ· περιέχει γὰρ μίαν περιςροφὴν πρὸς αἴσθησιν· ὁ δὲ ἀπό τινος τῶν κέντρων ἐπὶ τὸ κατὰ διάμετρον πρὸς μὲν τὸν μοσημβρινὸν θεωρούμενος, ὁ αὐτός ἐςι πανταχῆ περιέχει γὰρ μιᾶς περιςροφῆς ἥμισυ· πρὸς δὲ τὸν ὁρίζοντα, τοῦ μὲν ἰσημερινοῦ κατὰ κορυφὴν γινομένου, πάλιν ὁ αὐτός· περιέχει γὰρ ἑκάτερος ἥμισυ περιςροφῆς, τῶν παραλλήλων πάντων τότε μὴ μόνον ὑπὸ τοῦ μεσημβρινοῦ, ἀλλὰ καὶ ὑπὸ τοῦ ὁρίζοντος διχοτομουμένων. Ἐπὶ δὲ τῶν ἄλλων ἐγκλίσεων οὔτε ὁ ὑπὲρ γῆν οὔτε ὁ ὑπὸ γῆν χρόνος καθ' αὐτῶν πάντων ἐςὶν ἴσος, οὔτε καθ' ἕκαςον ὁ ὑπὲρ γῆν τῷ ὑπὸ γῆν, εἰ μὴ μόνον τῶν ἐπ' αὐτοῦ τοῦ ἰσημερινοῦ τυγχανόντων, τούτου μὲν μόνου καὶ ἐπὶ τῆς ἐγκεκλιμένης σφαίρας ὑπὸ τοῦ ὁρίζοντος εἰς ἴσα διαιρουμένου, τῶν δὲ ἄλλων πάντων εἰς ἀνομοίους τε καὶ ἀνίσους περιφερείας τεμνομένων. Τούτοις δὲ ἀκολούθως καὶ ὁ μὲν ἀπ' ἀνατολῆς ἢ δύσεως ἐπί τινα τῶν μεσουρανήσεων χρόνος ἑκάςου, ἴσός

clinaisons entre ces deux extrêmes, quelques cercles parallèles étant toujours visibles, et quelques autres toujours invisibles, les étoiles qui y sont comprises vers les poles, ou ne se couchent jamais ou ne se lèvent jamais, et passent deux fois au méridien en chaque révolution, les uns visiblement au-dessus de la terre, les autres invisiblement au-dessous. Les autres qui décrivent des parallèles plus grands, se lèvent et se couchent une fois au-dessus de la terre en chaque révolution, et une fois en-dessous. Leur temps depuis un des centres jusqu'à leur retour au même centre est toujours le même, car il renferme sensiblement une révolution. Et le temps depuis un des centres jusqu'au point diamétralement opposé, étant considéré relativement au méridien, est toujours le même, car il renferme la moitié d'une révolution ; et relativement à l'horizon lorsque l'équateur est vertical, il est encore le même, car chacun contient la moitié de la révolution, tous les parallèles alors étant coupés en deux également non seulement par le méridien, mais encore par l'horizon. Mais dans les autres inclinaisons, le temps du passage au-dessus de la terre, considéré en lui-même, n'est pas égal pour toutes ; et si l'on compare le temps que chacune passe au-dessus de l'horizon, à celui qu'elle passe au-dessous, on n'y trouvera point d'égalité, si ce n'est seulement pour les étoiles qui sont dans l'équateur ; lui seul étant coupé en deux portions égales par l'horizon, dans la sphère oblique, tandis que tous les cercles parallèles sont coupés en portions inégales et non semblables. Par une conséquence de ces principes, le temps de chacun d'eux depuis le lever ou coucher jusqu'à l'un des points du méridien, est égal à celui depuis ce même point jusqu'au coucher ou au lever, parceque le méridien divise en deux portions égales les arcs des parallèles au-dessus, et ceux au-dessous de la terre. Mais le temps depuis le lever jusqu'au méridien supérieur, et depuis le coucher jusqu'au méridien inférieur, est inégal dans la sphère oblique et égal dans la sphère droite, parceque dans la sphère droite seule les arcs au-dessous de la terre sont égaux à ceux qui sont au-dessus. C'est pourquoi les étoiles qui, dans la sphère droite, passent en même temps au méridien, se lèvent et se couchent en même temps, par la raison que leur marche autour des poles du zodiaque ne se fait pas sentir dans un si court intervalle. Mais dans la sphère oblique, les étoiles qui passent en même temps au méridien, ne se lèvent ni ne se couchent en même temps, parceque les plus méridionales se lèvent toujours plus tard et se couchent plus tôt que les boréales.

Les aspects des fixes considérés relativement à la terre et aux planètes ensemble, ou aux portions du zodiaque, se prennent généralement encore ou des levers ou des passages au méridien, ou des couchers simultanés avec ceux de quelque planète ou de quelque portion du zodiaque ; mais particulièrement par rapport au soleil, ces aspects se prennent de neuf manières.

Le premier aspect se nomme subsolaire du matin, (*vent d'est*) quand l'étoile se trouve à l'horizon avec le soleil à l'orient. Il y en a une espèce appelée lever subséquent (*épanatole*) et qui ne paroît pas,

ἔϛι τῷ ἀπὸ τῆς αὐτῆς μεσουρανήσεως ἐπ' ἀνατολὴν ἢ δύσιν, διὰ τὸ τὸν μεσημβρινὸν καὶ τὰ ὑπὲρ γῆν καὶ τὰ ὑπὸ γῆν κλίματα τῶν παραλλήλων εἰς ἴσα διαιρεῖν· ὁδ' ἀπ' ἀνατολῆς ἢ δύσεως ἐφ' ἑκατέραν τῶν μεσουρανήσεων, ἄνισος μὲν ἐπὶ τῆς ἐγκεκλιμένης σφαίρας, ἴσος δὲ ἐπὶ τῆς ὀρθῆς, τῷ τὰ ὑπὲρ γῆν ὅλα τοῖς ὑπὸ γῆν τμήμασιν ἐνθάδε μόνον ἴσα τυγχάνειν. Οθεν ἐπὶ μὲν τῆς ὀρθῆς σφαίρας συμμεσουρανοῦτες, ἀεὶ καὶ συνανατέλλουσι καὶ συγκαταδύνουσιν, ἐφ' ὅσον οὐ γίνεταί γε αὐτῶν ἡ περὶ τοὺς τοῦ ζωδιακοῦ πόλους μετάβασις αἰσθητή· ἐπὶ δὲ τῆς ἐγκεκλιμένης οἱ συμμεσουρανοῦντες οὔτε συναντέλλουσιν οὔτε συγκαταδύνουσιν, ἀλλὰ οἱ νοτιώτεροι τῶν βορειοτέρων ἀεὶ ὕϛεροι ἀνατέλλουσι καὶ πρότεροι καταδύνουσιν.

Οἱ δὲ πρὸς τὴν γῆν ἅμα καὶ τὰ πλανώμενα ἢ τὰ μέρη τοῦ ζωδιακοῦ θεωρούμενοι τῶν ἀπλανῶν σχηματισμοὶ καταλαμβάνονται, κοινῶς μὲν πάλιν ἀπὸ τῶν συναντολῶν, ἢ συμμεσουρανήσεων, ἢ συγκαταδύσεων τῶν ἤτοι μετά τινος τῶν πλανωμένων, ἢ μετά τινος τῶν τοῦ ζωδιακοῦ μερῶν· ἰδίως δι' οἱ πρὸς τὸν ἥλιον γινόμενοι θεωροῦνται κατὰ τρόπους θ̅.

Καὶ πρῶτος μέν ἐϛι σχηματισμοῦ τρόπος ὁ καλούμενος πρωϊνὸς ἀπηλιώτης, ὅταν ὁ ἀϛὴρ ἐπὶ τοῦ πρὸς ἀνατολὰς ὁρίζοντος γένηται σὺν ἡλίῳ. Τούτου δὲ ὁ μέν τι καλεῖται ἑῴα μὴ φαινομένη ἐπανατολή,

ὅταν ὁ ἀςὴρ ἀρχόμενος κρύψιν ποιεῖσθαι,
μετὰ τὸν ἥλιον εὐθέως ἀνατείλῃ· ὁ δέ
τι καλεῖται ἑῶα συνανατολὴ ἀληθινὴ,
ὅταν ὁ ἀςὴρ ἅμα καὶ κατὰ τὸ αὐτὸ γένηται τῷ ἡλίῳ ἐπὶ τοῦ πρὸς ἀνατολὰς ὁρί-
ζοντος· ὁ δέ τι καλεῖται ἑῶα προανατολὴ φαινομένη, ὅταν ὁ ἀςὴρ ἀρχόμενος
ἐπιτολὴν ποιεῖσθαι προανατείλῃ τοῦ
ἡλίου.

Δεύτερος δ' ἐςὶ σχηματισμός, ὁ καλούμενος πρωϊνὸν μεσουράνημα, ὅταν ὁ
ἀςὴρ, τοῦ ἡλίου ὄντος ἐπὶ τοῦ πρὸς ἀνατολὰς ὁρίζοντος, αὐτὸς κατὰ τὸν μεσημβρινὸν ᾖ, ἤτοι ὑπὲρ γῆν, ἢ ὑπὸ γῆν. Τούτου
δὲ πάλιν ὁ μέν τι καλεῖται ἑῷον μεσουράνημα μὴ φαινόμενον, ὅταν μετὰ τὴν τοῦ
ἡλίου ἀνατολὴν, εὐθὺς ὁ ἀςὴρ μεσουρα-
νήσῃ· ὁ δέ τι καλεῖται ἑῷον συμμεσουράνημα ἀληθινὸν, ὅταν ἅμα τῷ ἡλίῳ ἀνατέλλοντι, καὶ ὁ ἀςὴρ μεσουρανήσῃ· ὁ δέ
τι καλεῖται ἑῷον προμεσουράνημα, ὅταν
μεσουρανήσαντος τοῦ ἀςέρος, εὐθὺς ὁ ἥλιος
ἀνατείλῃ, τὸ δὲ ὑπὲρ γῆν τούτου φαινόμενον γίνηται.

Τρίτος ἐςὶ σχηματισμὸς καλούμενος
πρωϊνὸς λίψ, ὅταν, τοῦ ἡλίου ἐπὶ τοῦ
πρὸς ἀνατολὰς ὁρίζοντος ὄντος, ὁ ἀςὴρ
ᾖ ἐπὶ τοῦ πρὸς δυσμάς. Τούτου δὲ
πάλιν ὁ μέν τι καλεῖται ἑῶα ἐπικατάδυσις μὴ φαινομένη, ὅταν τοῦ ἡλίου ἀνα-
τέλλοντος, εὐθὺς καταδύνῃ ὁ ἀςήρ· ὁ δέ
καλεῖται ἑῶα συγκατάδυσις ἀληθινὴ,
ὅταν ἅμα τῷ ἡλίῳ ἀνατέλλοντι καὶ ὁ ἀςὴρ

quand l'étoile après avoir commencé à
se cacher dans les rayons du soleil,
se lève aussitôt après lui ; et une autre
espèce appellée lever simultané vrai,
quand l'étoile se trouve sur l'horizon à l'o-
rient en même temps et tout ensemble avec
le soleil ; et enfin une troisième espèce
qui est le lever antérieur (*proanatole*),
quand l'étoile commençant à se dégager,
précède par son lever celui du soleil.

Le second aspect qu'on appelle culmination matutinale, quand le soleil
étant à l'horizon vers l'orient, l'étoile est
au méridien, soit au-dessus, soit au-
dessous de la terre. L'une s'appelle culmination matutinale non apparente,
quand l'étoile passe au méridien aussitôt
après le lever du soleil ; l'autre est la
culmination matutinale vraie quand l'é-
toile passe au méridien à l'instant du lever du soleil ; et une autre se nomme culmination matutinale antérieure lorsque
le soleil se lève immédiatement après le
passage de l'étoile au méridien, passage
qu'on apperçoit dans cette culmination,
lorsqu'elle se fait au-dessus de la terre.

Le troisième aspect s'appelle coucher
du matin (*du vent d'ouest*), quand le
soleil étant dans l'horizon à l'orient, l'é-
toile se couche à l'occident. L'un est le
coucher matutinal postérieur, qui ne
paroît pas, parcequ'alors l'étoile se couche aussitôt après que le soleil est levé ;
le second est le coucher matutinal simultané vrai où l'étoile se couche précisément quand le soleil se lève ; et le

troisième est le coucher matutinal antérieur que l'on voit, parceque l'étoile
se couche immédiatement avant le lever
du soleil.

Le quatrième aspect est nommé lever
méridional oriental; il a lieu quand le
soleil étant au méridien, l'étoile est à
l'horizon oriental. On en distingue deux
sortes, l'une se fait de jour et ne paroît
pas, quand le soleil étant au méridien
au-dessus de la terre, l'étoile se lève;
l'autre se fait de nuit et est visible,
quand le soleil étant au méridien au-dessous de la terre, l'étoile se lève.

Le cinquième aspect est appellé culmination méridienne, quand le soleil et
l'étoile sont ensemble au méridien. Il y
a deux cas de jour où l'étoile n'est pas
visible, c'est quand le soleil étant au méridien au-dessus de la terre, l'étoile y est
aussi avec lui, ou est au-dessous de la
terre dans le point diamétralement opposé du méridien, et il y a deux cas pour
la nuit, lorsque le soleil est au méridien en dessous de la terre, dans l'un desquels l'étoile ne paroît pas, quand elle
est avec le soleil au-dessous de la terre,
et dans l'autre elle paroît quand elle est
au-dessus.

Le sixième aspect appellé coucher mé-
ridional-occidental, quand le soleil étant
au méridien, l'étoile est dans l'horizon à
l'occident. Il y en a un de jour et qui n'est
pas visible, quand le soleil étant au méridien supérieur, l'étoile se couche; et
un autre qui se fait la nuit et qui est vi-

καταδύνῃ· ὁ δέ τι καλεῖται ἐῴα πρόδυσις φαινομένη, ὅταν τοῦ ἀςέρος καταδύ-
νοντος, ὁ ἥλιος εὐθέως ἀνατέλλῃ.

Τέταρτός ἐςι σχηματισμὸς ὁ καλούμενος μεσημβρινὸς ἀπηλιώτης, ὅταν τοῦ ἡλίου
ἐπὶ τοῦ μεσημβρινοῦ ὄντος, ὁ ἀςὴρ ᾖ ἐπὶ
τοῦ ἀπηλιωτικοῦ ὁρίζοντος. Τούτου δὲ
πάλιν ὁ μέν τί ἐςιν ἡμερινὸς καὶ μὴ φαινόμενος, ὅταν τοῦ ἡλίου ὑπὲρ γῆν μεσουρανοῦντος, ὁ ἀςὴρ ἀνατέλλῃ· τὸ δέ τι νυκτερινὸν καὶ φαινόμενον, ὅταν, τοῦ ἡλίου ὑπὸ
γῆν μεσουρανοῦντος, ὁ ἀςὴρ ἀνατέλλῃ.

Πέμπτος ἐςὶ σχηματισμὸς ὁ καλούμενος μεσημβρινὸν μεσουράνημα, ὅταν ἅμα
ὅ τε ἥλιος καὶ ἀςὴρ ἐπὶ τοῦ μεσημβρινοῦ
γένωνται. Καὶ τούτου δὲ δύο μέν ἐςιν ἡμε-
ρινὰ καὶ μὴ φαινόμενα, ὅταν τοῦ ἡλίου μεσουρανοῦντος ὑπὲρ γῆν, ὁ ἀςὴρ ἤτοι σὺν
αὐτῷ καὶ αὐτὸς ὑπὲρ γῆν μεσουρανῇ, ἢ
πάλιν ὑπὸ γῆν κατὰ διάμετρον· δύο δὲ
νυκτερινὰ τὰ γινόμενα, τοῦ ἡλίου μεσουρανοῦντος ὑπὸ γῆν· καὶ τούτων τὸ μὲν μὴ φαινόμενον, ὅταν ὁ ἀςὴρ σὺν τῷ ἡλίῳ καὶ αὐτὸς ὑπὸ γῆν μεσουρανῇ· τὸ δὲ φαινόμενον,
ὅταν ὑπὲρ γῆν κατὰ διάμετρον.

Εκτος ἐςὶ σχηματισμὸς ὁ καλούμενος
μεσημβρινὸς λίψ, ὅταν τοῦ ἡλίου ἐπὶ τοῦ μεσημβρινοῦ ὄντος, ὁ ἀςὴρ ᾖ ἐπὶ τοῦ πρὸς δυσμὰς ὁρίζοντος. Τούτου δὲ πάλιν ὁ μέν τί ἐςιν
ἡμερινὸν καὶ μὴ φαινόμενον, ὅταν τοῦ ἡλίου
ὑπὲρ γῆν μεσουρανοῦντος, ὁ ἀςὴρ κατα-
δύνῃ· ὁ δέ τι νυκτερινὸν καὶ φαινόμενον,

ὅταν τοῦ ἡλίου ὑπὸ γῆν μεσουρανοῦντος
ὁ ἀςὴρ καταδύνῃ·

Εϐδομός ἐςι σχηματισμὸς ὁ καλούμενος ὀψινὸς ἀπηλιώτης, ὅταν τοῦ ἡλίου
ἐπὶ τοῦ πρὸς δυσμὰς ὁρίζοντος ὄντος, ὁ
ἀςὴρ ἐπὶ τοῦ πρὸς ἀνατολὰς ᾖ. Τούτου δὲ πάλιν ὁ μέν τι καλεῖται ἑσπερία ἐπανατολὴ φαινομένη, ὅταν τοῦ
ἡλίου δύναντος, εὐθὺς ὁ ἀςὴρ ἀνατέλλῃ·
ὁ δέ τι καλεῖται ἑσπερία συνανατολὴ ἀληθινὴ, ὅταν ἅμα τῷ ἡλίῳ δύνοντι καὶ ὁ
ἀςὴρ ἀνατέλλῃ· ὁ δέ τι καλεῖται ἑσπερία προανατολὴ μὴ φαινομένη, ὅταν τοῦ
ἀςέρος ἀνατείλαντος, εὐθὺς ὁ ἥλιος κα-
ταδύνῃ·

Ογδοός ἐςὶ σχηματισμὸς ὁ καλούμενος
ὀψινὸν μεσουράνημα, ὅταν τοῦ ἡλίου ὄντος ἐπὶ τοῦ πρὸς δυσμὰς ὁρίζοντος, ὁ
ἀςὴρ ᾖ ἐπὶ τοῦ μεσημϐρινοῦ, ἢ τοῦ ὑπὲρ
γῆν, ἢ ὑπὸ γῆν. Τούτου δὲ πάλιν τὸ
μέν τι καλεῖται ἑσπερινὸν ἐπιμεσουράνημα
φαινόμενον, ὅταν τοῦ ἡλίου δύναντος, εὐθὺς καὶ ὁ ἀςὴρ μεσουρανήσῃ· τὸ δέ τι καλεῖται ἑσπερινὸν συμμεσουράνημα ἀληθινὸν, ὅταν ἅμα τῷ ἡλίῳ δύνοντι καὶ ὁ
ἀςὴρ μεσουρανήσῃ· τὸ δέ τι καλεῖται ἑσπερινὸν προμεσουράνημα μὴ φαινόμενον,
ὅταν τοῦ ἀςέρος μεσουρανήσαντος, εὐθὺς
ὁ ἥλιος καταδύνῃ.

Εννατός ἐςι σχηματισμὸς ὁ καλούμενος ὀψινὸς λὶψ, ὅταν ὁ ἀςὴρ σὺν τῷ ἡλίῳ

sible, quand le soleil étant au méridien inférieur, l'étoile se couche.

Le septième aspect est le lever du soir, quand le soleil étant dans l'horizon à l'occident, l'étoile est dans l'horizon à l'orient. Il y en a trois sortes : L'un s'appelle lever du soir postérieur et visible, quand le soleil étant couché, l'étoile se lève aussitôt après lui. L'autre s'appelle lever du soir simultané vrai, quand l'étoile se lève en même temps que le soleil se couche ; le troisième est appelé lever du soir antérieur et non visible, quand le soleil se couche immédiatement après le lever de l'étoile.

Le huitième aspect s'appelle culmination du soir, quand le soleil étant dans l'horizon occidental, l'étoile est au méridien soit au-dessus, soit au-dessous de la terre. L'une est la culmination postérieure du soir, quand l'étoile passe au méridien aussitôt que le soleil est couché ; l'autre est la culmination vraie simultanée du soir, quand l'étoile passe au méridien au moment où le soleil se couche. La troisième est la culmination antérieure du soir, quand le soleil ne se couche qu'après le passage de l'étoile au méridien.

Le neuvième aspect se nomme coucher occidental (*lips*) du soir, quand l'étoile est dans l'horizon à l'occident avec le soleil. L'un est postérieur et visible, lorsque· l'étoile près de se cacher dans les rayons du soleil, ne se couche qu'après lui ; le second est simultané et vrai quand l'étoile se couche avec le soleil et au même instant ; et le troisième est antérieur et invisible, quand l'étoile, près de se dégager, se couche avant le soleil.

CHAPITRE V.

DES LEVERS, CULMINATIONS ET COUCHERS DES FIXES SIMULTANÉMENT AVEC LE SOLEIL.

Après cette distinction des divers aspects des fixes, les temps des levers, des culminations et des couchers simultanés considérés relativement au centre du soleil, peuvent se connoître aisément par une construction fort simple, d'après leurs positions dans les constellations, attendu que les points du cercle milieu du zodiaque, avec lesquels chacune des fixes se lève, culmine et se couche, se démontrent géométriquement par le moyen des théorêmes suivans.

Soit d'abord, pour les culminations, le cercle ABGD passant par les poles tant de l'équateur que du zodiaque ; AEG le demi-cercle de l'équateur, décrit autour du pole Z ; BED celui du zodiaque autour du pole H, et décrivons par les

ἐπὶ τοῦ πρὸς δυσμὰς ὁρίζοντος γίνηται. Τούτου δὲ πάλιν τὸ μέν τι καλεῖται ἑσπερία ἐπικατάδυσις φαινομένη, ὅταν ὁ ἀςὴρ ἀρχόμενος κρύψιν ποιεῖσθαι, μετὰ τὸν ἥλιον εὐθὺς αὐτὸς καταδύνῃ· τὸ δέ τι καλεῖται ἑσπερία συγκατάδυσις ἀληθινὴ, ὅταν ὁ ἀςὴρ ἅμα καὶ κατὰ τὸ αὐτὸ τῷ ἡλίῳ καταδύνῃ· τὸ δέ τι καλεῖται ἑσπερία πρόδυσις μὴ φαινομένη, ὅταν ὁ ἀςὴρ ἀρχόμενος ἐπιτολὴν ποιεῖσθαι προκαταδύνῃ τοῦ ἡλίου.

ΚΕΦΑΛΑΙΟΝ Α.

ΠΕΡΙ ΣΥΝΑΝΑΤΟΛΩΝ ΚΑΙ ΣΥΜΜΕΣΟΥΡΑΝΗΣΕΩΝ ΚΑΙ ΣΥΓΚΑΤΑΔΥΣΕΩΝ ΤΩΝ ΑΠΛΑΝΩΝ.

Τούτων δ' οὕτως ἐχόντων, οἱ μὲν τῶν ἀληθινῶν καὶ πρὸς τὸ κέντρον τοῦ ἡλίου θεωρουμένων συνανατολῶν τε κ᾽ συμμεσουρανήσεων καὶ συγκαταδύσεων χρόνοι αὐτόθεν διὰ μόνων τῶν γραμμῶν ἀπὸ τῆς κατὰ τὸν ἀςερισμὸν αὐτῶν θέσεως ἡμῖν δύνανται λαμβάνεσθαι, διὰ τὸ καὶ τὰ σημεῖα τοῦ διὰ μέσων τῶν ζωδίων, οἷς ἕκαςος τῶν ἀπλανῶν συμμεσουρανεῖ τε καὶ συνανατέλλει καὶ συγκαταδύνει, δείκνυσθαι γραμμικῶς διὰ τῶν ὑποκειμένων θεωρημάτων.

Εςω γὰρ πρῶτον, ἕνεκεν τῶν συμμεσουρανήσεων, ὁ δι' ἀμφοτέρων τῶν πόλων τοῦ τε ἰσημερινοῦ καὶ τοῦ ζωδιακοῦ κύκλος ὁ ΑΒΓΔ, τοῦ ἰσημερινοῦ μὲν ἡμικυκλίου τὸ ΑΕΓ περὶ πόλον τὸ Ζ, ζωδιακοῦ δὲ τὸ ΒΕΔ περὶ πόλον τὸ Η· καὶ διὰ τῶν πόλων τοῦ ζωδιακοῦ γεγράφθω μεγίςου κύκλου τμῆμα τὸ ΗΘΚΛ, ἐφ' οὗ τὸ Θ σημεῖον νοείσθω ὁ ἐπιζητούμενος ἀςὴρ τῶν ἀπλανῶν, ἐπεὶ πρὸς τοὺς οὕτω γραφομένους κύκλους αἱ θέσεις αὐτῶν ἔτυχον ὑφ' ἡμῶν τηρήσεώς τε ⁊ ἀναγραφῆς. Γεγράφθω δὲ ⁊ διὰ

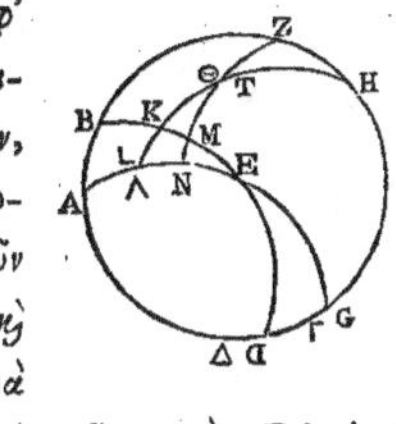

τῶν πολῶν τοῦ ἰσημερινοῦ καὶ τοῦ κατὰ τὸ Θ ἀςέρος μεγίςου κύκλου τμῆμα τὸ ΖΘΜΝ. Ὅτι μὲν τοίνυν ὁ κατὰ τὸ Θ ἀςὴρ τοῖς Μ ⁊ Ν σημείοις τοῦ τε ἰσημερινοῦ καὶ τοῦ ζωδιακοῦ συμμεςουρανεῖ, φανερόν· ὅτι δὲ δίδοται ταῦτά τε ⁊ ἡ ΘΝ περιφέρεια, διὰ τούτου ἔςαι δῆλον. Ἐπεὶ γὰρ διὰ τὰ ἐν τοῖς πρώτοις τῆς συντάξεως δεδειγμένα εἰς δύο μεγίςων κύκλων περιφερείας, τὴν τε ΑΗ ⁊ τὴν ΑΝ, διήχθησαν μεγίςων κύκλων περιφέρειαι ἥ τε ΗΛ ⁊ ἡ ΝΖ, ὁ τῆς ὑπὸ τὴν διπλῆν τῆς ΗΑ πρὸς τὴν ὑπὸ τὴν διπλῆν τῆς ΑΖ λόγος συνῆπται ἔκ τε τοῦ τῆς ὑπὸ τὴν διπλῆν τῆς ΗΛ πρὸς τὴν ὑπὸ τὴν διπλῆν τῆς ΛΘ, ⁊ τοῦ τῆς ὑπὸ τὴν διπλῆν τῆς ΝΘ πρὸς τὴν ὑπὸ τὴν διπλῆν τῆς ΖΝ. Ἀλλὰ τῶν μὲν ΑΖ ⁊ ΖΝ ⁊ ΗΚ ἑκάςη αὐτόθεν ὑπόκειται τεταρτημορίου, δίδοται δὲ ἐκ μὲν τῆς ἀναγραφῆς τοῦ ἀςέρος ἥ τε ΚΘ τοῦ πλάτους, καὶ ἡ ΚΒ τοῦ μήκους, ἐκ δὲ τῆς ἀποδεδειγμένης τοῦ διὰ μέσων ἐγκλίσεως, ἥ τε ΖΗ καὶ ἡ ΚΛ· δῆλον ἄρα ὅτι δεδομέναι μὲν ἔσονται τῶν ἐπιζιτουμένων περιφερειῶν ἥ τε ΗΛ καὶ ἡ ΑΖ ⁊ ἡ ΗΛ ⁊ ἡ ΛΘ ⁊ ἔτι ἡ ΝΖ, δοθήσεται δὲ διὰ ταῦτα ⁊ λοιπὴ ἡ ΝΘ.

Πάλιν ἐπεὶ ⁊ ὁ τῆς ὑπὸ τὴν διπλῆν τῆς ΖΗ πρὸς τὴν ὑπὸ τὴν διπλῆν τῆς ΗΑ

poles du zodiaque l'arc HTKL d'un grand cercle sur lequel on concevra en T l'étoile dont il s'agit; car c'est par leur rapport aux cercles ainsi décrits, que nous avons observé et mis dans le catalogue les positions des fixes.

Décrivons maintenant par les poles de l'équateur et par l'étoile T, l'arc ZTMN de grand cercle. Il est évident que l'étoile T passera au méridien avec les points M et N de l'équateur et du zodiaque. Or il est clair que ces points et l'arc TN seront par là même donnés. Car d'après ce qui a été démontré dans les premiers livres de ce traité, puisque les arcs HL et NZ de grands cercles ont été menés sur les arcs AH, AN, aussi de grands cercles, la raison de la soutendante du double de l'arc AH, à celle du double de l'arc AZ, est composée de la raison de la soutendante du double de l'arc HL à celle du double de l'arc LT, et de la raison de la soutendante du double de l'arc NT à celle du double de l'arc ZN. Mais chacun des arcs AZ, ZN, HK, est supposé être un quart de cercle, et par la place de l'étoile, l'arc KT qui est sa latitude, et KB qui est sa longitude (*comptée du point solsticial voisin*), sont donnés ; et par l'obliquité de l'écliptique les arcs ZH , KL, sont aussi donnés; il est donc clair que de ces arcs à l'aide desquels on cherche, HA, AZ, HL, LT, et TZ, seront donnés, ce qui fera connoître l'arc restant NT.

En outre, puisque le rapport de la soutendante du double de l'arc ZH à la

II.

* 14

soutendante du double de l'arc HA, est composé du rapport de la soutendante du double de l'arc ZT à celle du double de l'arc TN, et du rapport de la soutendante du double de l'arc NL à celle du double de l'arc LA,

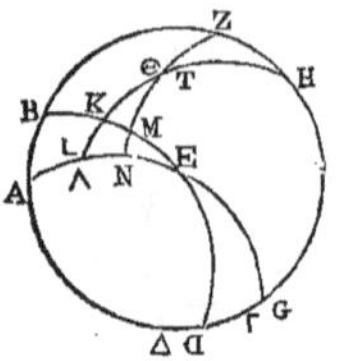

et que pour les raisons énoncées ci-dessus, les arcs cherchés, ZH et HA, ainsi que ZT et TN, sont donnés : par les coascensions de l'équateur et du zodiaque dans la sphère droite, LA sera donné par KB, ainsi que l'arc restant NL. Par ces moyens, l'arc entier AH fera connoître l'arc MB du zodiaque ; et les points de l'équateur et du zodiaque qui se lèveront ou se coucheront en même temps que les fixes, se prendront de la manière suivante.

Soit le cercle méridien ABGD, et le demi-cercle AEG de l'équateur décrit autour du pole Z, et BED celui de l'horizon. Supposons que l'étoile se lève au point H de l'horizon, et décrivons le quart de grand cercle ZHT passant par Z et H. Puisque les arcs ZT, EB, ont été menés sur les deux arcs de grands cercles AZ et AE, le rapport de la soutendante du double de l'arc ZB à celle du double de l'arc BA, est composé de celui de la soutendante du double de l'arc ZH à la soutendante du double de l'arc HT, et du rapport de la soutendante du double de TE à celle du double de AE. Mais de tous ces arcs, dont on se

λόγος συνῆπται ἔκ τε τοῦ τῆς ὑπὸ τὴν διπλῆν τῆς ΖΘ πρὸς τὴν ὑπὸ τὴν διπλῆν τῆς ΘΝ, καὶ τοῦ τῆς ὑπὸ τὴν διπλῆν τῆς ΝΛ πρὸς τὴν ὑπὸ τὴν διπλῆν τῆς ΛΑ, δεδομέναι δέ εἰσι τῶν ἐπιζητουμένων περιφερειῶν, διὰ μὲν τῶν προκειμένων, ἥ τε ΖΗ καὶ ἡ ΗΑ, καὶ ἔτι ἥ τε ΖΘ καὶ ἡ ΘΝ, διὰ δὲ τῶν ἐπ' ὀρθῆς τῆς σφαίρας συνανατολῶν τοῦ τε ἰσημερινοῦ καὶ τοῦ ζωδιακοῦ, ἀπὸ τῆς ΚΒ ἡ ΛΑ, καὶ λοιπὴ δοθήσεται ἡ ΝΛ, διὰ ταῦτα δὴ καὶ ἀπὸ τῆς ΝΛ ὅλης ἡ ΜΒ τοῦ ζωδιακοῦ· καὶ τὰ συνανατέλλοντα δὲ ἢ συγκαταδύνοντα σημεῖα τοῦ τε ἰσημερινοῦ καὶ τοῦ ζωδιακοῦ τοῖς ἀπλανέσι διὰ τῶν συμμεσουρανήσεων προχείρως λαμβάνεται τὸ τρόπον τοῦτον.

Ἔξω γὰρ μεσημβρινὸς κύκλος ὁ ΑΒΓΔ, κ̔ ἰσημερινοῦ μὲν ἡμικύκλιον τὸ ΑΕΓ περὶ πόλον τὸν Ζ, ὁρίζοντος δὲ τὸ ΒΕΔ. Ἀνατελλέττω δὲ ὁ ἀστὴρ κατὰ τὸ Η σημεῖον τοῦ ὁρίζοντος, καὶ διὰ τῶν Ζ, Η, γεγράφθω μεγίστου κύκλου τεταρτημόριον τὸ ΖΗΘ. Ἐπεὶ οὖν πάλιν εἰς δύο μεγίστων κύκλων περιφερείας τήν τε ΑΖ καὶ τὴν ΑΕ διήχθησαν ἥ τε ΖΘ καὶ ἡ ΕΒ, ὁ τῆς ὑπὸ τὴν διπλῆν τῆς ΖΒ πρὸς τὴν ὑπὸ τὴν διπλῆν τῆς ΒΑ λόγος συνῆπται ἔκ τε τοῦ τῆς ὑπὸ τὴν διπλῆν τῆς ΖΗ πρὸς τὴν ὑπὸ τὴν διπλῆν τῆς ΗΘ, καὶ τοῦ τῆς ὑπὸ τὴν διπλῆν τῆς ΘΕ πρὸς τὴν ὑπὸ τὴν διπλῆν τῆς ΑΕ. Ἀλλὰ τῶν ἐπιζητουμένων περιφερειῶν ἑκάςη τῶν ΖΑ καὶ ΖΘ καὶ ΕΑ τεταρτημόριον περιέχει, δίδοται δὲ καὶ ἐκ μὲν ἐξάρματος τῶν πόλων ἡ ΖΒ, διὰ δὲ τῶν συμμεσουρανήσεων τό τε Θ σημεῖον τοῦ ἰσημερινοῦ, καὶ ἡ ΘΗ περιφέρεια, καὶ λοιπὴ ἄρα ἡ ΘΕ δοθήσεται.

Εὐκατανόητον δὲ ὅτι καὶ ἐπὶ τῶν συγκαταδύσεων, ἐὰν εἰς τὰ προηγούμενα τοῦ Θ ἴσην τῇ ΘΕ περιφέρειαν ἀπολάβωμεν, οἷον τὴν ΚΘ, τῷ Κ σημείῳ τοῦ ἰσημερινοῦ συγκαταδύσεται ὁ ἀςὴρ, διὰ τὸ καὶ τότε τήν τε κατάδυσιν ἐπ᾽ ἴσης τῇ ΒΗ περιφερείᾳ γίνεσθαι, καὶ ἴσην γωνίαν εἰς τὰ προηγούμενα τοῦ μεσημβρινοῦ πάλιν ἀπολαμβάνεσθαι τῇ κατὰ τοῦτο τὸ σχῆμα, εἰς τὰ ἑπόμενα ὑπὸ τῶν ΑΖ καὶ ΖΘ περιεχομένῃ.

Καὶ αὐτόθεν δὲ, ἀπὸ τῶν ἀποδεδειγμένων ἐφ᾽ ἑκάςου κλίματος συνα), ανατολῶν τε κ᾽ συγκαταδύσεων τοῦ τε ἰσημερινοῦ κ᾽ τοῦ ζωδιακοῦ, τό τε τῷ Ε σημείῳ τοῦ ἰσημερινοῦ καὶ τῷ ἀςέρι συναανατέλλον μέρος τοῦ ζωδιακοῦ δοθήσεται, καὶ τὸ τῷ Κ καὶ τῷ ἀςέρι συγκαταδῦνον. Καὶ δῆλον ὅτι ἐν οἷς χρόνοις κατ᾽ ἐκείνων τῶν τοῦ ζωδιακοῦ σημείων ὁ ἥλιος γίνεται ἀκριβῶς, ἐν τούτοις καὶ αἱ πρὸς τὸ κέντρον αὐτοῦ θεωρούμεναι τῶν ἀπλανῶν ἀνατολαί τε καὶ μεσουρανήσεις καὶ δύσεις, καλούμεναι δὲ ἀληθιναὶ συγκεντρώσεις, ἀποτελεθήσονται.

sert, ZA, ZT, EA sont chacun un quart de circonférence de cercle, d'ailleurs l'arc ZB est donné par l'élévation des poles, et le point T de l'équateur ainsi que l'arc TH par leur passage simultané au méridien, donc l'arc restant TE sera donné.

Il est aisé de voir que pour les couchers simultanés, si nous prenons dans les points précédens de T un arc égal à TE, comme TK ; l'étoile se couchera avec le point K de l'équateur, parcequ'alors le coucher se fait par un arc égal à BH, et que l'angle avec le méridien dans les points précédens (*ou contre l'ordre des signes*), est égal à celui que font AZ et ZT dans les points suivans (*selon l'ordre des signes*).

Et il suit des levers et couchers simultanés de l'équateur et du zodiaque, tels qu'ils ont été démontrés pour chaque climat, que la portion du zodiaque qui se lève avec le point E de l'équateur et avec l'astre, sera donnée, ainsi que celle qui se couche avec le point K et l'astre. Et il est évident, que dans les mêmes temps où le soleil est vraiment dans ces points du zodiaque, arriveront aussi les levers, les passages au méridien, et les couchers des fixes, considérés relativement au centre de cet astre (*a*), et que l'on appelle relations simultanées vraies des centres (*ou aspects, page 98*).

CHAPITRE VI.

DES APPARITIONS ET DES DISPARITIONS DES FIXES.

Nous ne croyons pas que la méthode qui explique les apparitions et les disparitions par des lignes, d'après leur position seulement, soit suffisante. Car, par exemple, quoiqu'on démontre bien qu'une étoile se lève avec un certain point du zodiaque, il n'est pas également possible de montrer de quel arc le soleil étant éloigné de l'horizon, en dessous de la terre, elle commencera à paroître ou à se cacher ; cet arc ne pouvant, ni partout ni dans les mêmes points, être toujours le même, mais variant tant par les grandeurs des étoiles que par leurs distances au soleil en latitude, et par les différentes inclinaisons du zodiaque (*à l'horizon*).

Car si nous imaginons le méridien ABGD, le demi-cercle AEG du zodiaque, celui de l'horizon BED décrit autour du pole H, il est clair que les étoiles se levant avec le point E du zodiaque, la plus grande, quand elle commence à paroître, le soleil étant, par exemple, avancé de l'arc EZ au dessous de l'horizon, sera absorbée quand il en sera plus près ; et la plus petite, quoiqu'également éloignée du soleil en latitude, commencera à paroître quand le soleil en sera plus loin que de l'arc EZ,

ΚΕΦΑΛΑΙΟΝ ϛ.

ΠΕΡΙ ΦΑΣΕΩΝ ΚΑΙ ΚΡΥΨΕΩΝ ΤΩΝ ΑΠΛΑΝΩΝ.

ΟΥΚΕΤΙ μέντοι καὶ ἐπὶ τῶν φάσεων ἢ κρύψεων ἀπαρκοῦσαν εὑρίσκομεν τὴν διὰ τῶν γραμμῶν ἀπὸ μόνης αὐτῶν τῆς θέσεως ἐκτεθειμένην ἔφοδον· ἐπειδὴ οὐχ ὥσπερ, λόγου ἕνεκεν, ποίῳ σημείῳ τοῦ ζωδιακοῦ συνανατέλλων ὁ ἀςὴρ ἀποδείκνυται, δι' αὐτῶν ἔτι, καὶ πηλίκην τοῦ ἡλίου περιφέρειαν ἀπέχοντος ὑπὸ γῆν τοῦ ὁρίζοντος πρώτως φανήσεται, ἢ κρυφθήσεται, δυνατὸν εἶναι διὰ τῶν ὁμοίων λαμβάνεσθαι, μήτε ἐπὶ πάντων μήτε ἐπὶ τῶν αὐτων πανταχῆ ταύτης τῆς περιφερείας ἴσης εἶναι δυναμένης, ἀλλὰ διαφερούσης καὶ παρὰ τὰ μεγέθη τῶν ἀςέρων, καὶ παρὰ τὰς κατὰ πλάτος ἀποςάσεις τοῦ ἡλίου, καὶ παρὰ τὴν ἀλλοίωσιν τῶν ἐγκλίσεων τοῦ ζωδιακοῦ.

Ἐὰν γὰρ νοήσωμεν μεσημβρινὸν κύκλον τὸν ΑΒΓΔ, καὶ ζωδιακοῦ μὲν ἡμικύκλιον τὸ ΑΕΓ, ὁρίζοντος δὲ τὸ ΒΕΔ περὶ πόλον τὸ Η, δῆλον ὅτι τῶν π̄ϱ Ε σημείῳ τοῦ ζωδιακοῦ συνανατελλόντων ἀςέρων, ἐὰν ὁ μείζων πρώτως ἄρχηται φαίνεσθαι, τοῦ ἡλίου, λόγου ἕνεκα, τὴν ΕΖ περιφέρειαν ἐπέχοντος ὑπὸ γῆν, ὁ ἐλάσσων, κἂν ἴσον κατὰ πλάτος ἀφεςήκῃ τοῦ ἡλίου, πρώτως φανήσεται, μείζονα τῆς ΕΖ περιφέρειαν ἀπέχοντος αὐτοῦ, καὶ τὰς αὐ-

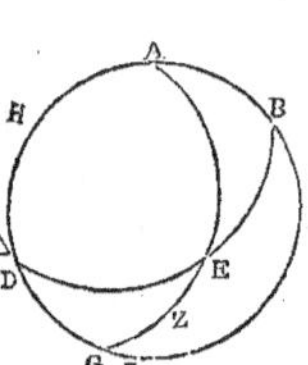

τὰς ποιοῦντος ἐλάσσονας. Καὶ πάλιν
ἐπὶ τῶν ἰσομεγεθῶν ἀϲέρων, ἐὰν ὁ συν-
εγγίζων τῷ Ε σημείῳ κατὰ τὸ πλάτος
ἀπὸ τῆς ΕΖ διαϲάσεως φαίνηται, πρώτως ὁ τούτου πλέον ἀφεϲῶς ἀπ᾽ ἐλάττονος φανήσεται, διὰ τὸ καὶ ἐπὶ τῆς αὐτῆς τοῦ ἡλίου διαϲάσεως ὑπὸ γῆν τὰς πρὸς
αὐτῷ τῷ ζωδιακῷ καὶ τῷ ἡλίῳ γινομένας
αὐγὰς πλείους εἶναι τῶν ἄπωθεν. Ἐπί τε
τῶν ἰσομεγεθῶν καὶ κατ᾽ ἴσην πλάτους
ἀπόϲασιν ἀνατελλόντων, ὅσῳ ἐὰν πλεῖον ὁ
ζωδιακὸς ἐγκλίνηται πρὸς τὸν ὁρίζοντα,
καὶ τὴν ὑπὸ ΔΕΖ γωνίαν ἐλάσσονα ποιῇ,
τοσούτῳ μᾶλλον ἀπὸ μείζονος διαϲάσεως
τῆς ΕΖ πρώτως φανήσεται ὁ ἀϲήρ.

Ἐὰν γὰρ προσεντάξωμεν,
ὡς ἐν τῷ ἐφεξῆς σχήματι, διά
τε τῶν τοῦ ὁρίζοντος πόλων καὶ
διὰ τοῦ ἡλίου κατὰ τὸ Ζ, τὸ
ἡμικύκλιον ὀρθὸν ἐσόμενον δῆ-
λονότι πρὸς τὸν ὁρίζοντα, τὸ
ΗΖΚ, ἡ μὲν τοῦ ἡλίου ἀπό-
ϲασις ὑπὸ γῆν, ἐπὶ τῶν αὐτῶν ἀϲέρων, ἴση
πάντοτε μένει τῇ ΖΘ, διὰ τὸ τῆς οὕτως
ἴσης ἀποχῆς καὶ τὰς ὑπὲρ γῆν αὐγὰς
ὁμοίας εἶναι· ἡ δὲ ΕΖ περιφέρεια, μενούσης τῆς ΘΖ, ὡς ἔφαμεν, ὀρθουμένου μὲν
μᾶλλον τοῦ ζωδιακοῦ, ἐλάσσων ἔϲαι,
κεκλιμένου δὲ, μείζων.

Δεῖ ἄρα τηρήσεων καθ᾽ ἕνα ἕκαϲον τῶν
ἀϲέρων πρὸς τὴν τῆς ἡλιακῆς ὑπὸ γῆν
διαϲάσεως ἐπὶ τοῦ ζωδιακοῦ κατάληψιν.
Κἂν μὲν μηδὲ ἡ ἐπὶ τοῦ πρὸς ὀρθὰς τῷ
ὁρίζοντι διάϲασις, ὡς ἐπὶ τοῦ ὑποτεταγμέ-
νου σχήματος ἡ ΖΘ, ἡ αὐτὴ ᾖ κατὰ
πάσας τὰς οἰκήσεις ἐπὶ τῶν αὐτῶν ἀϲέρων,

et que ses rayons seront moins forts autour d'elle (a). Quant aux étoiles égales
en grandeurs, si celle qui est tout près
du point Z paroît de la distance EZ en
latitude, celle qui est plus éloignée, paroîtra la première d'une distance moindre ; car, à égale distance du soleil, sous
l'horizon, les rayons sont plus forts près
du zodiaque et du soleil. Pour les étoiles
d'égale grandeur qui se lèvent à la même
distance en latitude, plus le zodiaque
en traversant l'horizon, rend l'angle DEZ
plus petit, plus grande aussi est la distance EZ, à laquelle l'étoile commencera
à paroître.

Car si nous ajoutons, comme
dans la figure suivante, par les
poles de l'horizon et par le soleil en Z, le demi-cercle HZK
perpendiculaire à l'horizon, l'a-
baissement ou la distance du
soleil sous l'horizon, sur les
mêmes étoiles, sera toujours
ZT, parceque c'est ainsi seulement que,
la distance étant égale, la lumière du
soleil sera la même. Mais TZ restant le
même, comme nous avons dit, EZ diminuera si le zodiaque est plus droit sur
l'horizon, et augmentera si le zodiaque
est plus incliné.

Il faut donc des observations particulières pour chaque étoile, si l'on veut
connoître la distance du soleil à l'horizon, mesurée sur le zodiaque. Si donc
la distance sur le cercle perpendiculaire
à l'horizon, comme ZT dans cette figure
n'est pas la même pour toutes les contrées,
quant aux mêmes étoiles, parceque leur

éclat n'est pas aussi vif dans l'air épais et grossier des climats boréaux, nous aurons besoin d'observer non seulement dans un climat, mais encore dans chacun des autres.

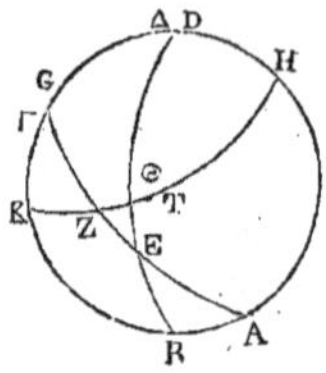

Mais si pour les mêmes astres, on trouve que l'arc semblable à ZT, est partout le même, comme cela est vraisemblable, (car les rayons du soleil souffrant des altérations par les diverses dispositions de l'atmosphère, les étoiles les doivent éprouver aussi); les distances observées dans un seul climat nous suffiront, pour calculer les autres par des lignes, soit que l'inclinaison du cercle mitoyen du zodiaque change pour d'autres contrées, soit qu'elle change encore par la progression démontrée de la sphère des fixes, suivant l'ordre des signes.

Car soit dans cette dernière figure, la distance EZ donnée par l'observation, dans un climat quelconque. Puisque sur les arcs HB, HZ de deux grands cercles, ont été menés les arcs BT, ZA, le rapport de la soutendante du double de l'arc AB à celle du double de l'arc BH est composé du rapport de la soutendante du double de l'arc AE à celle du double de EZ, et du rapport de la soutendante du double de l'arc ZT à celle du double de l'arc TH. Mais de ces arcs, BH et TH sont chacun des quarts de cercle, et le point E étant supposé celui avec lequel l'étoile se lève, et le point A du méridien est

διὰ τὸ μὴ τὰς ὁμοίας αὐγὰς ὡσαύτως καταλάμπειν ἐν τῷ παχυτέρῳ τῶν βορειοτέρων κλιμάτων ἀέρι, οὐ μόνον ἑνὸς κλίματος τηρήσεων δεησόμεθα, ἀλλὰ καὶ καθ᾽ ἓν ἕκαςον τῶν λοιπῶν.

Ἐὰν δὲ ἐπὶ τῶν αὐτῶν ἀςέρων ἡ ὁμοία τῇ ΖΘ περιφέρεια ἡ αὐτὴ σώζηται πανταχῆ, ὥσπερ καὶ εἰκός, τὸ αὐτὸ γὰρ ἀνάγκη διατίθεσθαι ταῖς αὐγαῖς καὶ τοὺς ἀςέρας ὑπὸ τῆς τῶν ἀέρων διαφορᾶς. Ἀρκέσουσιν ἡμῖν καὶ αἱ καθ᾽ ἓν μόνον κλίμα τετηρημέναι διαςάσεις, πρὸς τὸ καὶ τὰς λοιπὰς ἐπισκέπτεσθαι διὰ τῶν γραμμῶν, ἐάν τε παρὰ τὰς οἰκήσεις ἡ κλίσις ἀλλάσσηται τοῦ διὰ μέσων, ἐάν τε παρὰ τὴν εἰς τὰ ἐπόμενα τῶν μερῶν αὐτοῦ δεδειγμένην τῆς τῶν ἀπλανῶν σφαίρας μετακίνησιν.

Δεδόσθω γὰρ ἐπὶ τοῦ δεδειγμένου σχήματος ἡ ΕΖ ἀπόςασις ἐκ τηρήσεως ἑνὸς οιουδηποτοῦν κλίματος. Ἐπεὶ τοίνυν πάλιν εἰς δύο μεγίςων κύκλων περιφερείας τήν τε ΗΒ ᾗ τὴν ΗΖ διήχθησαν ἡ ΒΘ ᾗ ἡ ΖΑ, ὁ τῆς ὑπὸ τὴν διπλῆν τῆς ΑΒ πρὸς τὴν ὑπὸ τὴν διπλῆν τῆς ΒΗ λόγος συνῆπται ἐκ τε τοῦ τῆς ὑπὸ τὴν διπλῆν τῆς ΑΕ πρὸς τὴν ὑπὸ τὴν διπλῆν τῆς ΕΖ, καὶ τοῦ τῆς ὑπὸ τὴν διπλῆν τῆς ΖΘ πρὸς τὴν ὑπὸ τὴν διπλῆν τῆς ΘΗ. Ἀλλὰ τῶν ἐπιζητουμένων περιφερειῶν ἡ μὲν ΒΗ καὶ ἡ ΘΗ αὐτόθεν ἐςὶν ἑκατέρα τεταρτημορίου, τοῦ δὲ Ε σημείου ὑποκειμένου ᾧ συνανατέλλει ὁ ἀςὴρ, καὶ τὸ μεσουρανοῦν ἐκ τῶν ἀναφορικῶν πραγματειῶν δίδοται,

ὥστε καὶ τὴν μὲν ΑΕ διὰ τοῦτο δεδό-
σθαι, τὴν δὲ ΕΖ ἐκ τῆς τηρήσεως, καὶ ἡ
ΑΗ δὲ δίδοται συναγομένη ἔκ τε τῆς
ὑπὸ τοῦ ἰσημερινοῦ τοῦ Α σημείου διαςάσεως, ἣ δίδοται διὰ τοῦ τῆς λοξώσεως κανονίου, καὶ τῆς ἀπὸ τοῦ κατὰ
κορυφὴν τοῦ ἰσημερινοῦ κατὰ τὸν αὐτὸν
μεσημβρινὸν ἀποχῆς, ἥτις ἐςὶν ἴση τῷ τοῦ
πόλου ἐξάρματι. Καὶ λοιπὴ ἄρα ἡ ΖΘ
ἔςαι δεδομένη.

Ταύτης δ᾽ εὑρεθείσης καὶ μενούσης
πανταχῇ τῆς αὐτῆς, δι᾽ αὐτῆς καὶ τὰς
ἐν ταῖς ἄλλαις ἐγκλίσεσι γινομένας τῆς
ΕΖ πηλικότητας ἀπὸ τῶν αὐτῶν κατα-
ληψόμεθα. Πάλιν γὰρ ὁ μὲν τῆς ὑπὸ
τὴν διπλῆν τῆς ΗΒ πρὸς τὴν ὑπὸ τὴν
διπλῆν τῆς ΑΒ λόγος συναχθήσεται
ἔκ τε τοῦ τῆς ὑπὸ τὴν διπλῆν τῆς ΗΘ
πρὸς τὴν ὑπὸ τὴν διπλῆν τῆς ΖΘ, καὶ
τοῦ τῆς ὑπὸ τὴν διπλῆν τῆς ΖΕ πρὸς
τὴν ὑπὸ τὴν διπλῆν τῆς ΕΑ· τῶν δὲ ἐπιζητουμένων περιφερειῶν τῆς μὲν ΖΘ νῦν
ὑποκειμένης, διδομένου δὲ καὶ τοῦ Ε
συνανατέλλοντος τῷ ἀςέρῳ σημείου κατὰ
τὸ ἐπιζητούμενον κλίμα διὰ τῶν προϋ-
ποδεδειγμένων, ὡσαύτως τε διδομένων
καὶ τῆς τε ΕΑ περιφερείας, καὶ τῆς ΒΑ,
δίδοται καὶ λοιπὴ ἡ ΕΖ τοῦ ζωδιακοῦ
περιφέρεια.

Ὁ αὐτὸς δὲ τρόπος ἡμῖν κατανοηθή-
σεται τῆς ἐφόδου, καὶ ἐπὶ τῶν περὶ τὰς
καταδύσεις κρύψεων, μόνης σχεδὸν ἐπὶ
τοῦ αὐτοῦ σχήματος τῆς τοῦ ζωδιακοῦ
θέσεως ἐπὶ τὰ ἕτερα κατὰ τὸ τῆς ἐγκλίσεως ἀκόλουθον καταγραφομένης, ὡς δυ-
τικῆς ὑποκειμένης τῆς ΒΔ τοῦ ὁρίζοντος

donné par les tables d'ascension, il s'ensuit que l'arc AE étant donné par là
même, et l'arc EZ par l'observation, AH
se conclut de la distance du point A à
l'équateur, laquelle est donnée par la
table d'inclinaison, et par la distance de
l'équateur au point vertical dans le même
méridien, laquelle est égale à l'élévation du pole : ce qui donnera l'autre arc
ZT.

Cet arc étant trouvé et demeurant toujours le même, nous en concluerons par
les mêmes moyens les grandeurs de EZ
dans les autres inclinaisons. Car le rapport de la soutendante du double de l'arc
HB à celle du double de l'arc AB sera encore composé du rapport de la soutendante du double de l'arc HT à celle du
double de l'arc ZT, et du rapport de la
soutendante du double de l'arc ZE à celle
du double de l'arc EA. Mais, de ces arcs,
ZT étant supposé connu, et le point E
avec lequel l'astre se lève, étant donné
dans le climat en question, d'après ce
qui a été démontré ci-dessus, et de même
les arcs EA et BA étant donnés, l'arc restant EZ du zodiaque est aussi donné.

Cette méthode nous servira également
pour les disparitions des étoiles, quand
elles se couchent, en ayant seulement
soin de décrire de l'autre côté, dans la
même figure, la position du zodiaque,
conformément à l'inclinaison, l'arc BD
de l'horizon étant alors supposé occi-

dental. Nous n'avons pas voulu omettre entièrement cet objet, mais nous croyons que ce qui en a été dit, suffit pour en faire concevoir la théorie. Quant aux annonces qu'on voudroit faire de ces phénomènes, elles ne pourroient être que très-incertaines. Car cette sorte de détermination varie non seulement suivant les climats et les inclinaisons du zodiaque, qui sont en très-grand nombre, mais encore suivant les différentes étoiles. Et il est bien difficile, dans les observations même des phases des étoiles, que le temps de la première apparition et de la disparition soit fixé juste, tant relativement à ceux qui les voient, qu'à cause de l'atmosphère, comme je l'ai reconnu par ma propre expérience, et par la différence des résultats.

En outre, par le transport des fixes, les levers, culminations méridiennes et couchers simultanés, ne pouvant pas toujours rester pour tout climat, tels qu'ils seront actuellement calculés, ni être exprimés en mêmes nombres et par les mêmes lignes, nous n'avons pas cru devoir y employer inutilement notre temps; pensant qu'il suffiroit pour le présent, de se servir des positions mises dans notre catalogue, et de la description que nous avons donnée de la sphère, pour pouvoir approcher à très-peu près de ce que l'on veut avoir. Car nous voyons que les indications qu'on peut tirer des disparitions ou réapparitions des étoiles, sur l'état de l'atmosphère, si l'on veut leur attribuer la cause (*des différences*), et non aux lieux du zodiaque, ne sont ni régulières ni invariables, et même qu'elles ne sont

περιφερείας. Ἕνεκεν μὲν δὴ τοῦ μηδὲ τοῦτον παραλελεῖφθαι τὸν τόπον, ἱκανῶς ἔχειν καὶ ταῦτα ἡγούμεθα πρὸς ἔνδειξιν τῶν κατὰ τὴν τοιαύτην θεωρίαν ἐφοδευομένων. Ἕνεκεν δὲ τοῦ τὸ ἐκ τῶν τοιούτων προῤῥήσεων συναγόμενον εἶδος πολύχουν εἶναι παντελῶς, οὐ μόνον παρὰ τὰς διαφορὰς τῶν τε οἰκήσεων καὶ τῶν τοῦ ζῳδιακοῦ ἐγκλίσεων πλείςας οὔσας, ἀλλὰ καὶ παρ' αὐτὸ τὸ πλῆθος τῶν ἀςέρων, καὶ ἔτι τὸ κατ' αὐτὰς τὰς τῶν φάσεων τῶν ἀςέρων τηρήσεις, ἐργῶδές τε εἶναι καὶ οὐκ εὐκατανόητον, καὶ τῶν ὁρώντων αὐτῶν, καὶ τῶν κατὰ τοὺς ὁρωμένους τόπους ἀέρων, ἀνόμοιον καὶ ἀβέβαιον τὸν χρόνον τῆς πρώτης ὑποψίας ποιεῖν δυναμένων, ὡς ἔμοιγε ἀπό γε αὐτῆς τῆς πείρας καὶ τῆς ἐν ταῖς τοιαύταις τηρήσεσι διαφορᾶς γέγονεν εὐκατανόητον.

Πρὸς δὲ τούτοις καὶ διὰ τὴν μετάπτωσιν τῆς τῶν ἀπλανῶν σφαίρας μηδὲ μένειν ἀεὶ δύνασθαι, μηδὲ καθ' ἓν ἕκαςον κλίμα τὰς αὐτὰς συναγατολὰς καὶ συμμεσουρανήσεις καὶ συγκαταδύσεις ταῖς ἐν τῷ παρόντι διὰ τοσούτων ἀριθμῶν καὶ δείξεων ἐκλογισθησομέναις, παρητησάμεθα τὴν τοιαύτην χρονοτρίβειαν, ἐπὶ τοῦ παρόντος ἀρκούμενοι ταῖς σύνεγγυς, ἢ ἀπ' αὐτῶν τῶν προτέρων ἀναγραφῶν, ἢ ἀπ' αὐτῆς τῆς σφαιρικῆς διαθέσεως ἑκάςοτε δυναμέναις καταλαμβάνεσθαι. Καὶ γὰρ δὴ καὶ τὰς ἀπὸ τῶν φάσεων ἢ κρύψεων γινομένας περὶ τὰ καταςήματα τῶν ἀέρων ἐπισημασίας, ἐάν γε ταύταις καὶ μὴ τοῖς τοῦ ζῳδιακοῦ τόποις προςάπτῃ τις τὴν αἰτίαν, ὁρῶμεν

σχεδὸν τὸ σύνεγγυς ἀεὶ καὶ τὸ μὴ τεταγ-
μένον μηδὲ τὸ ἀπαράλλακτον συντη-
ρούσας, ὡς τῆς αἰτίας κατὰ τὸ ὁλοσχερέςερον ἀποτελουμένης, καὶ μὴ οὕτως ὑπ᾽
αὐτῶν τῶν πρώτων κατὰ τὰς πρώτας
φάσεις ἢ κρύψεις ἀςέρων ἰσχυροποιου-
μένης, ὡς ὑπό τε τῶν καθ᾽ ὅλα διαςήματα
λαμβανομένων πρὸς τὸν ἥλιον σχηματισμῶν, καὶ τῶν ἐν αὐτοῖς ἐπὶ μέρους τῆς σελήνης προσνεύσεων.

jamais exactes, une telle cause n'agissant que confusément et n'étant pas même confirmée par les temps où commencent les apparitions et les disparitions, au contraire de ce qui résulte des aspects calculés dans toutes les distances de la lune au soleil, et de ses nutations dans ces aspects.

ΚΛΑΥΔΙΟΥ ΠΤΟΛΕΜΑΙΟΥ ΜΑΘΗΜΑΤΙΚΩΝ
ΤΟΥ Η ΒΙΒΛΙΟΥ ΤΕΛΟΣ.

FIN DU HUITIÈME LIVRE DE LA COMPOSITION MATHÉMATIQUE DE CL. PTOLÉMÉE.

ΚΛΑΥΔΙΟΥ ΠΤΟΛΕΜΑΙΟΥ

ΜΑΘΗΜΑΤΙΚΗΣ ΣΥΝΤΑΞΕΩΣ

ΒΙΒΛΙΟΝ ΕΝΝΑΤΟΝ.

NEUVIÈME LIVRE

DE LA COMPOSITION MATHÉMATIQUE

DE CLAUDE PTOLÉMÉE.

CHAPITRE I.

DE L'ORDRE DES SPHÈRES DU SOLEIL, DE LA LUNE ET DES CINQ PLANÈTES.

Nous venons de voir ce que l'on peut dire en général des étoiles fixes, d'après ce que les phènomènes ont pu nous apprendre jusqu'ici. Comme il nous reste pour compléter ce traité, à parler des cinq étoiles errautes ou planètes, nous allons d'abord exposer ce qu'elles ont de commun, pour ne pas tomber dans des redites, en les réunissant, autant qu'il sera possible, sous une même explication.

D'abord nous voyons que tous les géomètres sont d'accord sur l'ordre de leurs sphères; ils conviennent qu'elles sont disposées de manière à tourner autour des poles du cercle mitoyen du zodiaque; qu'elles sont plus voisines de la terre que celle des étoiles, et plus éloignées que

ΚΕΦΑΛΑΙΟΝ Α.

ΠΕΡΙ ΤΗΣ ΤΑΞΕΩΣ ΤΩΝ ΣΦΑΙΡΩΝ ΗΛΙΟΥ ΚΑΙ ΣΕΛΗΝΗΣ ΚΑΙ ΤΩΝ Ε΄ ΠΛΑΝΩΜΕΝΩΝ.

ΟΣΑ μὲν δὴ καὶ περὶ τῶν ἀπλανῶν ἀςέρων ἄν τις ὡς ἐν κεφαλαίοις ὑπομνηματίσαιτο, καθ' ὅσην τὰ μέχρι νῦν φαινόμενα προκοπὴν καταλήψεως ὑποβάλλει, σχεδὸν ταῦτ' ἂν εἴη· λειπούσης δὲ εἰς τήν δε τὴν σύνταξιν τῆς τῶν ε΄ πλανωμένων πραγματείας, ποιησόμεθα τὴν περὶ αὐτῶν ἔκθεσιν, ἕνεκεν τοῦ μὴ ταυτολογεῖν κατὰ τὸ κοινὸν, ἐφ' ὅσον ἐνδέχεται, τῶν ἐφόδων ἑκάςας ἐπισυνάπτοντες.

Πρῶτον δὴ περὶ τῆς τάξεως τῶν σφαιρῶν αὐτῶν, αἵ τινες καὶ αὗται τὰς θέσεις ἔχουσιν ὡς περὶ τοὺς τοῦ λοξοῦ καὶ διὰ μέσων τῶν ζωδίων κύκλου πόλους, τὸ μὲν πάσας τε περιγειοτέρας μὲν εἶναι τῆς τῶν ἀπλανῶν, ἀπογειοτέρας δὲ τῆς σεληνιακῆς· καὶ τὸ τὰς τρεῖς, τήν

τε τοῦ Κρόνου μείζονα οὖσαν, καὶ τὴν τοῦ
Διὸς ὡς ἐπὶ τὰ περιγειότερα δευτέραν,
καὶ τὴν τοῦ Αρεως ὑπ' ἐκείνην, ἀπογειοτέρας εἶναι τῶν τέ λοιπῶν καὶ τῆς τοῦ
ἡλίου, σχεδὸν παρὰ πᾶσι τοῖς πρώτοις
μαθηματικοῖς ὁρῶμεν συμπεφωνημένα·
τὴν δὲ τοῦ τῆς Αφροδίτης, καὶ τὴν τοῦ
Ερμοῦ παρὰ μὲν τοῖς παλαιοτέροις ὑποκάτω τιθεμένας τῆς ἡλιακῆς, παρὰ δὲ
ἐνίοις τῶν μετὰ ταῦτα, καὶ αὐτὰς ὑπερ-
τιθεμένας, ἕνεκεν τοῦ μηδ' ὑπ' αὐτῶν
ἐπεσκοτῆσθαί ποτε τὸν ἥλιον. Ημῖν δ' ἡ
μὲν τοιαύτη κρίσις ἀβέβαιον ἔχειν δοκεῖ
τῷ δύνασθαί τινας εἶναι μὲν ὑπὸ τὸν ἥλιον,
μηκέτι δὲ πάντως καὶ ἔν τινι τῶν δι' αὐτοῦ καὶ τῆς ὄψεως ἡμῶν ἐπιπέδῳ, ἀλλ'
ἐν ἄλλῳ, καὶ διὰ τοῦτο μὴ φαίνεσθαι ἐπι-
προσθοῦντας αὐτῷ, καθάπερ καὶ ἐπὶ τῶν
τῆς σελήνης συνοδικῶν ὑποδρομῶν τὰ
πλεῖςα οὐ γίνονται ἐπισκοτήσεις.

Μὴ δυναμένης δὲ μηδὲ κατ' ἄλλον τρόπον τῆς τοιαύτης καταλήψεως προχωρεῖν,
διὰ τὸ μηδένα τῶν ἀςέρων ποιεῖσθαί
τινα παράλλαξιν αἰσθητὴν, ἀφ' οὗ μόνου
φαινομένου τὰ ἀποςήματα λαμβάνεται,
πιθανωτέρα μᾶλλον ἡ τῶν παλαιοτέρων
τάξις καταφαίνεται, χωρίζουσα φυσικώ-
τερον μέσῳ τῷ ἡλίῳ τοὺς πᾶσαν διάςασιν ἀφιςαμένους αὐτοῦ, τῶν μὴ οὕτως
ἐχόντων, ἀλλὰ περὶ αὐτὸν ἀεὶ φερομένων,
ἐφ' ὅσον γε μὴ τοσοῦτον ἀφίςησιν αὐτοὺς
ἐπὶ τὸ περιγειότερον, ὅσον ἀξιόλογόν τινα
παράλλαξιν ἀπεργάσασθαι δυνήσεται.

celle de la lune; et que trois d'entr'elles,
celle de Saturne qui est la plus grande,
celle de Jupiter qui est la seconde, comme
plus proche de la terre, et celle de Mars
qui est encore au-dessous de celle-ci, sont
plus éloignées que les autres, de la terre
et de celle du soleil, suivant les anciens
géomètres. Au contraire, celles de Vénus
et de Mercure, quoique placées par les
anciens au-dessous de celle du soleil,
ont été reculées au-delà par quelques-
uns de leurs successeurs, pour la raison que jamais elles n'éclipsent le soleil. Mais cette raison nous paroît bien
foible, car il peut se faire que des astres
soient inférieurs au soleil, sans que nous
les voyons passer sur sa surface, attendu
qu'ils peuvent être dans un plan qui ne
passe pas par nos yeux, et pour cela ne
pas nous paroître passer sur lui; de
même que le plus souvent dans les passages synodiques de la lune, il ne se fait
pas d'éclipses.

On n'a aucun moyen de lever le doute,
ou de prouver qu'elle est la véritable position des planètes, attendu qu'aucune n'a
de parallaxe sensible, qui seroit le seul
moyen d'en déterminer les distances. L'ordre établi par les anciens nous paroît plus
vraisemblable, en ce que par l'intermé-
diaire du soleil, il sépare plus naturelle-
ment les planètes qui s'écartent à une
distance angulaire quelconque de cet
astre, d'avec celles qui ne s'en écartent
pas de même; et de plus, en ce qu'il
place les planètes à une telle distance du
soleil, que dans leur périgée elles ne
puissent avoir une parallaxe sensible.

CHAPITRE II.

DU FONDEMENT DES HYPOTHÈSES SUR LES PLANÈTES.

VOILA ce que l'on peut dire sur l'ordre et l'arrangement des sphéres. Comme nous nous proposons, ainsi que pour le soleil et la lune, de démontrer que toutes les anomalies apparentes des cinq planètes, se font par des mouvemens égaux et circulaires qui conviennent aux corps célestes, étrangers par leur nature à tout ce qui est irrégularité et désordre, on ne manquera pas d'applaudir au succès de cette recherche véritablement digne d'être l'objet de la théorie mathématique qui fait partie de la bonne philosophie; mais cette recherche est difficile pour plusieurs raisons : d'abord, parceque nos anciens n'ont pû en venir à bout; car la moindre erreur des yeux dans les observations que l'on compare pour en déduire les mouvemens périodiques de chacun de ces astres, produit une différence qui devient sensible d'autant plus tôt, que l'intervalle des temps est moindre; et qui le deviendroit plus tard, si l'intervalle étoit plus grand. Ensuite, le temps depuis lequel nous avons des observations sur les planètes, est si court en comparaison d'un aussi grand objet à traiter, que l'on ne peut rien déterminer d'avance, avec assez de certitude, pour un temps plus long. De plus, ce n'est pas un petit embarras, que de voir en chaque planète deux anomalies très-inégales en grandeur et

ΚΕΦΑΛΑΙΟΝ ΙΙ.

ΠΕΡΙ ΤΗΣ ΚΑΤΑ ΤΑΣ ΥΠΟΘΕΣΕΙΣ ΤΩΝ ΠΛΑΝΩΜΕΝΩΝ ΠΡΟΘΕΣΕΩΣ.

Τὸ μὲν οὖν κατὰ τὰς τάξεις τῶν σφαιρῶν τοιοῦτον ἂν εἴη. Προκειμένου δ' ἡμῖν τοῦ καὶ ἐπὶ τῶν ε πλανωμένων ἀςέρων ὥσπερ ἐφ' ἡλίου καὶ σελήνης, τὰς φαινομένας αὐτῶν ἀνωμαλίας πάσας ἀποδεῖξαι, δι' ὁμαλῶν καὶ ἐγκυκλίων κινήσεων ἀποτελουμένας, τούτων μὲν οἰκείων ὄντων τῇ φύσει τῶν θείων, ἀταξίας δὲ καὶ ἀνομοιότητος ἀλλοτρίων, μέγα μὲν ἡγεῖσθαι προσήκει τὸ κατὰ τὴν τοιαύτην πρόθεσιν κατόρθωμα καὶ τέλος ὡς ἀληθῶς τῆς ἐν φιλοσοφίᾳ μαθηματικῆς θεωρίας, δύσκολον δὲ διὰ πολλὰ, καὶ εἰκότως ὑπὸ μηδενός πω πρότερον κατωρθωμένον· ἐπί τε γὰρ τῶν περὶ τὰς περιοδικὰς ἑκάςου κινήσεις ἐπισκέψεων, τοῦ κατὰ τὰς συγκρινομένας τηρήσεις ὑπὸ τῆς ὄψεως παραθεωρηθῆναι πρὸς τὸ λεπτομερὲς δυναμένου, τάχιον μὲν αἰσθητὴν ποιοῦντος κατὰ τὸν ἐφεξῆς χρόνον διαφορὰν, ὅταν ἐπ' ἐλάττονος διαςάσεως ᾖ ἐξητασμένον, βράδιον δ' ὅταν ἀπὸ πλείονος, ὁ χρόνος, ἀφ' οὗ τῶν πλανωμένων τηρήσεις ἔχομεν ἀναγεγραμμένας, βραχὺς ὢν ὡς πρὸς μεγάλην οὕτω κατάληψιν, τὴν ἐπὶ τὸν μακρῷ πολλαπλασίονα χρόνον πρόρρησιν ἀβέβαιον παρασκευάζει, ἐπί τε τῆς τῶν ἀνωμαλιῶν ἐπισκέψεως οὐ μικρὸν ἐμποιεῖ θόρυβον τό τε δύο καθ' ἕκαςον αὐτῶν φαίνεσθαι γινομένας

ἀνωμαλίας, καὶ ταύτας ἀνίσους μὲν, καὶ
τοῖς μεγέθεσι καὶ τοῖς τῶν ἀποκαταστάσεων χρόνοις, ὧν ἡ μὲν πρὸς τὸν ἥλιον, ἡ
δὲ πρὸς τὰ τοῦ ζωδιακοῦ μέρη λόγον
ἔχουσα θεωρεῖται, μεμιγμένας δὲ διὰ
παντὸς ἀμφοτέρας, ὡς τὸ καθ' ἑκατέραν
ἴδιον δυσδιάκριτον ἐντεῦθεν ὑπάρχειν,
καὶ τὸ τὰς τῶν παλαιῶν τηρήσεων, ἀν-
επιστάτως ἅμα καὶ ὁλοσχερῶς ἀναγεγρά-
φθαι· αἵ τε γὰρ συνεχέστεραι αὐτῶν,
στηριγμοὺς περιέχουσι καὶ φάσεις. Ἑκατέρου δὲ τούτων τῶν ἰδιωμάτων οὐκ ἔστιν
ἀδίστακτος ἡ κατάληψις, τῶν μὲν στηριγμῶν μὴ δυναμένων τὸν ἀκριβῆ χρόνον ἐμ-
φανίσαι, κατὰ πολλὰς ἡμέρας τῆς τοπι-
κῆς μεταβάσεως ἀνεπαισθήτου γινομένης,
καὶ πρότερον καὶ ὕστερον αὐτοῦ τοῦ στηριγ-
μοῦ· τῶν δὲ φάσεων μὴ μόνον τοὺς τόπους
εὐθὺς συναφανιζουσῶν τοῖς τὸ πρῶτον ἢ
τὸ ἔσχατον ὀφθεῖσιν, ἀλλὰ καὶ κατὰ
τοὺς χρόνους διαμαρτηθῆναι δυναμένων,
καὶ τῆς διαφορᾶς ἕνεκεν τῶν ἀέρων, καὶ
τῆς ὄψεως τῶν παρατηρούντων. Καθόλου
τε αἱ πρός τινα τῶν ἀπλανῶν ἀστέρων, ἐκ
διαστήματος μακροτέρου γινόμεναι παρατηρήσεις, ἐὰν μή τις πάντων ἕνεκεν διορα-
τικῶς τε καὶ ἐπιστημονικῶς αὐταῖς προσ-
έχῃ, δυσεπιλόγιστον καὶ στοχαστικὴν ἔχουσι
τὴν πηλικότητα τῆς καταμετρήσεως, οὐ
μόνον διὰ τὸ τὰς μεταξὺ τῶν τηρουμένων
ἀστέρων γραμμὰς, διαφόρους γωνίας πρὸς
τὸν διὰ μέσων τῶν ζωδίων ποιεῖν, καὶ μὴ
πάντως ὀρθὰς, ὅθεν εἰκὸς πολλὴν παρακολουθεῖν πλάνην, διὰ τὸ πολύτροπον
τῆς ἐγκλίσεως τοῦ ζωδιακοῦ, περὶ τὴν
διάκρισιν τῆς τε κατὰ μῆκος καὶ τῆς

en retours périodiques, et qui, quoique
l'une soit visiblement relative au soleil,
l'autre aux portions du zodiaque, sont
tellement confondues ensemble qu'on a
bien de la peine à distinguer ce qui appartient en propre à chacune d'elles ;
outre que les observations des anciens là-
dessus ne sont ni assez certaines, ni assez
détaillées. Car celles qui se suivent le mieux
ne contiennent que des stations et des
apparitions. Or ces phénomènes sont de
leur nature impossibles à déterminer avec
précision. Les stations ne pouvant pas
manifester exactement le temps, parceque
le changement de lieu est insensible pendant plusieurs jours avant et après la station ; et les apparitions n'offrant rien de
certain, non seulement parceque les
lieux disparoissent aussitôt avec l'astre
qu'on vient de voir pour la première ou
la dernière fois, mais aussi parcequ'on
peut être en erreur sur le temps à cause
de la différence de l'atmosphère et de
celle de la vue des observateurs. En général, les observations faites à long intervalle relativement à quelqu'étoile fixe,
si on ne les fait pas avec le plus grand
soin et la plus grande habileté, ne
donnent que des résultats douteux de
grandeur et de mesure, non seulement
parceque les lignes entre les astres observés, font différens angles avec le cercle milieu du zodiaque, lesquels ne sont
pas toujours droits, d'où il est vraisemblable qu'il s'ensuit une erreur assez
grande, qui provient de la différence
d'inclinaison du zodiaque, dans la déter-

mination du lieu en longitude et en latitude, et parceque d'ailleurs les mêmes distances paroissent plus grandes à la vue dans les horizons, et moindres dans les culminations; c'est pourquoi il est évident qu'elles peuvent être mesurées tantôt plus grandes, tantôt plus petites, qu'elles ne le sont en effet.

Aussi j'estime qu'Hipparque a fait preuve de son zèle pour la vérité, dans toutes ces recherches; mais surtout en ce que n'ayant pas reçu des anciens autant d'exemples de bonnes observations, qu'il nous en a laissés, il s'est contenté de scruter les hypothèses du soleil et de la lune, et il a démontré qu'elles étoient entièrement fondées sur un mécanisme de mouvemens circulaires et égaux. Mais nous voyons par ceux de ses mémoires qui nous ont été transmis, qu'il n'a rien fait pour commencer la théorie des cinq planètes, et qu'il a seulement mis dans un ordre plus commode les observations qui en avoient été faites, et qu'il a montré par leur moyen, que les phénomènes ne répondoient pas aux suppositions des mathématiciens des temps antérieurs. Car il pensoit qu'il falloit, comme il sembloit probable, que chacune eût une double anomalie, ou que les rétrogradations de chacune fussent inégales et d'une quantité déterminée, quoique les autres géomètres ne démontrassent par les lignes qu'une seule anomalie et une seule rétrogradation; et il disoit que ces mouvemens se faisoient, non par des cercles excentriques ou concentriques au zodiaque, mais par des épicycles portés sur ces cercles, ou par les uns et les autres à la fois; l'anomalie zodiacale étant d'une quantité, et celle qui est relative au soleil

κατὰ πλάτος ἐποχῆς, ἀλλὰ καὶ διὰ τὸ τὰς διαςάσεις τὰς αὐτὰς πρὸς μὲν τοῖς ὁρίζουσι μείζονας ταῖς ὄψεσι φαίνεσθαι, πρὸς δὲ ταῖς μεσουρανήσεσιν ἐλάσσονας· καὶ διὰ τοῦτο δηλονότι ποτὲ μὲν ὡς μείζονας, ποτὲ δὲ ὡς ἐλάττονας, τοῦ ὑποκειμένου τῷ ὄντι διαςήματος, καταμετρηθῆναι δύνασθαι.

Ὅθεν καὶ τὸν Ἵππαρχον ἡγοῦμαι φιλαληθέςατον γενόμενον, διά τε ταῦτα πάντα, καὶ μάλιςα διὰ τὸ μήπω τοσαύτας ἄνωθεν ἀφορμὰς ἀκριβῶν τηρήσεων εἰληφέναι, ὅσας αὐτὸς ἡμῖν παρέσχε, τὰς μὲν τοῦ ἡλίου καὶ τῆς σελήνης ὑποθέσεις καὶ ζητῆσαι καὶ ὡς ἐνῆν γε ἀποδεῖξαι πάσῃ μηχανῇ δι' ὁμαλῶν καὶ ἐγκυκλίων κινήσεων ἀποτελουμένας, ταῖς δὲ τῶν ε̄ πλανωμένων, διά γε τῶν εἰς ἡμᾶς ἐληλυθότων ὑπομνημάτων, μηδὲ τὴν ἀρχὴν ἐπιβαλεῖν, μόνον δὲ τὰς τηρήσεις αὐτῶν ἐπὶ τὸ χρησιμώτερον συντάξαι, καὶ δεῖξαι δι' αὐτῶν ἀνομόλογα τὰ φαινόμενα ταῖς τῶν τότε μαθηματικῶν ὑποθέσεσιν. Οὐ γὰρ μόνον ᾤετο δεῖν, ὡς ἔοικε δεῖν ἀποφήνασθαι, διότι διπλῆν ἕκαςος αὐτῶν ποιεῖται τὴν ἀνωμαλίαν, ἢ ὅτι καθ' ἕκαςον ἄνισοι καὶ τηλικαῦται γίνονται προηγήσεις, τῶν γε ἄλλων μαθηματικῶν, ὡς περὶ μιᾶς καὶ τῆς αὐτῆς ἀνωμαλίας τε καὶ προηγήσεως, τὰς διὰ τῶν γραμμῶν ἀποδείξεις ποιησαμένων· οὐδ' ὅτι ταύτας ἤτοι δι' ἐκκέντρων κύκλων ἢ δι' ὁμοκέντρων μὲν τῷ ζωδιακῷ, ἐπικύκλου δὲ περιφερόντων, ἢ καὶ νὴ Δία κατὰ τὸ συναμφότερον ἀποτελεῖσθαι συμβέβηκε· τῆς μὲν ζωδιακῆς ἀνωμαλίας οὔσης τηλικαύτης, τῆς δὲ πρὸς τὸν ἥλιον

τοσαύτης. Τούτοις γὰρ ἐπιβεβλήκασι μὲν
σχεδὸν, ὅσοι διὰ τῆς καλουμένης αἰωνίου
κανονοποιΐας τὴν ὁμαλὴν καὶ ἐγκύκλιον
κίνησιν ἠθέλησαν ἐνδείξασθαι· διεψευ-
σμένως δ᾽ ἅμα καὶ ἀναποδείκτως, οἱ μὲν
μηδόλως, οἱ δ᾽ ἐπὶ ποσὸν ἀκολουθήσαντες
τῷ προκειμένῳ.

Ἐλογίσατο δὲ ὅτι τῷ μέχρι τοσαύτης ἀκριβείας τε καὶ φιλαληθείας προ-
ελθόντι δι᾽ ὅλων τῶν μαθημάτων, οὐκ
ἀπαρκέσει μέχρι τῶν τοσούτων ϛῆναι,
καθάπερ τοῖς ἄλλοις οὐ διήνεγκεν,
ἀλλ᾽ ἀναγκαῖον ἂν εἴη τῷ μέλλοντι πεί-
σειν ἑαυτόν τε καὶ τοὺς ἐντευξομένους,
ἑκατέρας τε τῶν ἀνωμαλιῶν τὴν πηλικότητα καὶ τὰς περιόδους διὰ φαινομένων
ἐναργῶν καὶ ὁμολογουμένων ἀποδεῖξαι·
καὶ μίξαντι πάλιν ἀμφοτέρας τήν τε θέσιν
καὶ τὴν τάξιν τῶν κύκλων, δι᾽ ὧν αὗται
γίνονται, καὶ τὸν τρόπον τῆς κινήσεως
αὐτῶν ἀνευρεῖν, σχεδόν τε πάντα λοιπὸν
ἐφαρμόσαι τὰ φαινόμενα τῇ τῆς ὑποθέσεως
τῶν κύκλων ἰδιοτροπίᾳ. Τοῦτο δ᾽ οἶμαι
καὶ αὐτῷ δύσκολον κατεφαίνετο. Ταῦτα
δ᾽ εἴπομεν οὐκ ἐνδείξεως ἕνεκεν, ἀλλ᾽
ὅπως, ἐὰν ὑπ᾽ αὐτοῦ τοῦ πράγματος
ἀναγκαζώμεθά που ἤτοι καταχρήσασθαί
τινι παρὰ τὸν λόγον, ὡς ὅταν φέρ εἰπεῖν
ὡς ἐπὶ ψιλῶν τῶν ἐν ταῖς σφαίραις αὐτῶν
γραφομένων ὑπὸ τῆς κινήσεως κύκλων,
καὶ ὡς κατὰ τὸ αὐτὸ ἐπίπεδον ὄντων τῷ
διὰ μέσων τῶν ζωδίων, διὰ τὸ εὐπαρ-
ακολούθητον τὰς ἀποδείξεις ποιώμεθα,
ἢ ὑποτίθεσθαί τινα πρῶτα μὴ ἀπὸ φαινομένης ἀρχῆς, ἀλλὰ κατὰ τὴν συνεχῆ
διάπειραν καὶ ἐφαρμογὴν εἰληφότα τὴν

étant d'une autre. Car c'est sur quoi se
sont appuyés ceux qui ont voulu montrer
le mouvement circulaire et uniforme par
une table appellée perpétuelle. Mais ils
n'y ont pas réussi, et se sont trompés ;
les uns n'ayant absolument rien démontré, les autres n'ayant pas suivi leur objet
jusqu'au bout.

Hipparque, au contraire, pensoit qu'a-
près avoir été jusqu'à ce point de certitude et d'évidence de la vérité, par des
voies purement mathématiques, il ne
falloit pas en rester là, comme les autres,
qui n'avoient pas pû aller plus loin, mais
que pour se convaincre soi-même et
convaincre les autres, il falloit démontrer
par des phénomènes évidens ou non con-
testés, les grandeurs et les périodes des
anomalies, et en joignant l'ordre et la
position des cercles où elles se font, trouver le mode de leur mouvement, et expliquer d'ailleurs tous les phénomènes
par les propriétés qui dépendent de l'hypothèse de ces cercles. Cela lui a paru,
à mon avis, difficile à lui-même à exécuter. Je le dis, non par ostentation, mais
pour prévenir que, si nous sommes
obligés par le sujet même, d'user de
quelqu'un de ces moyens peu prouvés,
comme lorsque, par exemple, nous nous
servons simplement de cercles décrits
dans les sphères des planètes, et que nous
faisons comme si ces cercles étoient dans
le plan du zodiaque, c'est pour rendre,
par ces moyens, nos démonstrations plus

commodes; comme aussi, quand nous faisons quelques suppositions dont les fondemens (*les preuves ou les raisons*) ne sont pas sensibles, mais auxquelles nous sommes autorisés par une longue expérience et par la convenance que l'étude nous y a fait découvrir; ou, quand nous avouons que le mode de mouvement ou d'inclinaison des cercles, ne doit pas être en tous supposé le même et constant. Car nous sommes persuadés qu'une telle licence, dès qu'elle ne conduit pas à des conséquences fausses en elles-mêmes, ne peut pas nous induire en erreur sur le sujet en question; et l'on sait aussi bien que nous, que des suppositions sans preuves, pourvu qu'on y voie de l'accord avec les phénomènes, n'ont pû être trouvées sans une certaine méthode et une certaine connoissance, quoiqu'il soit difficile d'en rendre une raison entièrement satisfaisante. Car il est impossible ou au moins très-difficile de trouver la cause des premiers principes; et l'on ne sera ni surpris, ni choqué comme d'une absurdité, de cette multitude de cercles supposés, lorsqu'on fera attention à toutes les irrégularités que l'on apperçoit dans les astres, et qu'on verra que l'on parvient cependant à sauver le mouvement uniforme et circulaire, de manière à en représenter les circonstances les plus générales et les plus essentielles, par la similitude des hypothèses.

Nous avons donc choisi pour ces démonstrations, les observations dont on peut le moins douter, c'est-à-dire, celles qui ont été faites lors de la conjonction, ou de la plus grande proximité des astres ou de la lune, et surtout de celles où l'on s'est servi de l'astrolabe, où la vue se dirigeant par les pinules diamétralement

κατάληψιν, ἢ μὴ ἐπὶ πάντων τὸν αὐτὸν καὶ ἀπαράλλακτον τρόπον τῆς κινήσεως ἢ τῆς ἐγκλίσεως τῶν κύκλων ὑποτίθεσθαι συγχωροῦμεν, εἰδότες ὅτι οὔτε τὸ καταχρήσασθαί τινι τῶν τοιούτων, ἐφ᾽ ὅσον οὐδεμία παρὰ τοῦτο μέλλει παρακολουθεῖν ἀξιόλογος διαφορὰ, βλάψει τι τὸ προκείμενον, οὔτε τὰ ἀναποδείκτως ὑποτιθέμενα, ἐὰν ἅπαξ σύμφωνα τοῖς φαινομένοις καταλαμβάνηται, χωρὶς ὁδοῦ τινος καὶ ἐπιστάσεως εὑρῆσθαι δύναται, κἂν δυσέκθετος ᾖ ὁ τρόπος αὐτῶν τῆς καταλήψεως. Ἐπειδὴ καὶ καθόλου τῶν πρώτων ἀρχῶν, ἢ οὐδὲν, ἢ δυσερμήνευτον φύσει τὸ αἴτιον, οὔτε τὸ διενεγκεῖν που τὸν τρόπον τῆς ὑποθέσεως τῶν κύκλων, θαυμαστὸν ἂν καὶ ἄλογον εἰκότως τις ἡγοῖτο, καὶ τῶν περὶ αὐτοὺς τοὺς ἀστέρας φαινομένων ἀνομοίων καταλαμβανομένων, ὅταν γε μετὰ τοῦ κατὰ πάντων ἁπλῶς τὴν ὁμαλὴν καὶ ἐγκύκλιον κίνησιν διασώζεσθαι, καὶ τῶν φαινομένων ἕκαστα κατὰ τὸ κυριώτερον καὶ καθολικώτερον τῆς τῶν ὑποθέσεων ὁμοιότητος ἀποδεικνύηται.

Συγκεχρήμεθα μέντοι τῶν τηρήσεων πρὸς τὰς καθ᾽ ἕκαστον ἀποδείξεις, ταῖς ἀδιστάκτοις εἶναι μάλιστα δυναμέναις, τουτέστι ταῖς τε κατὰ κόλλησιν, ἢ μέγαν συνεγγισμὸν ἀστέρων ἢ καὶ τῆς σελήνης παρατετηρημέναις, καὶ μάλιστα ταῖς διὰ τῶν ἀστρολάβων ὀργάνων κατειλημμέναις, εὐθυνομένης ὥσπερ τῆς ὄψεως διὰ τῶν ἐν τοῖς κύκλοις διαμέτρων ὁπῶν· καὶ τά τ᾽ ἴσα διαςήματα πανταχόσε δι᾽ ὁμοίων περιφερειῶν ὁρώσης, καὶ τὰς πρὸς τὸν διὰ μέσων ἑκάςου παρόδους κατά τε μῆκος καὶ πλάτος ἀκριβῶς κατανοεῖν δυναμένης, διὰ τῆς πρὸς τὰ τηρούμενα παραφορᾶς τοῦ τε κατὰ τὸν ζωδιακὸν ἐν τῷ ἀςρολάβῳ κύκλου, καὶ τῶν κατὰ τοὺς διὰ τῶν πόλων αὐτοῦ κύκλους διαμέτρων ὁπῶν.

dans les cercles, les distances égales s'y mesurent par les arcs semblables; au moyen de quoi on peut reconnoître les mouvemens des astres en longitude et en latitude rapportés au cercle mitoyen du zodiaque, en faisant tourner avec l'un des astres le zodiaque de l'astrolabe, et amenant le cercle mobile vers l'autre astre, de manière qu'on apperçoive celui-ci par les trous diamétralement opposés dans les cercles qui passent par ses poles.

ΚΕΦΑΛΑΙΟΝ Γ.

ΠΕΡΙ ΤΩΝ ΠΕΡΙΟΔΙΚΩΝ ΑΠΟΚΑΤΑΣΤΑΣΕΩΝ ΤΩΝ ΠΕΝΤΕ ΠΛΑΝΩΜΕΝΩΝ.

CHAPITRE III.

DES RETOURS PÉRIODIQUES DES CINQ PLANÈTES.

ΤΟΥΤΩΝ τοίνυν οὕτω προειλημμένων, ἐκθησόμεθα πρῶτον τὰς ἐπιλελογισμένας ὑπὸ τοῦ Ἱππάρχου περιοδικὰς καὶ ἐλαχίςας ἑκάςου τῶν πέντε πλανωμένων ἔγγιςα συναποκαταςάσεις, διορθώσεως μὲν ὑφ᾽ ἡμῶν τετευχυίας, ἐκ τῆς μετὰ τὰς τῶν ἀνωμαλιῶν ἀποδείξεις ἀναφανείσης τῶν ἐποχῶν συγκρίσεως, ὡς ἐκεῖ δῆλον ποιήσομεν, προτασσομένας δ᾽ ἡμῖν, ἕνεκεν τοῦ πρὸς τοὺς τῶν ἀνωμαλιῶν ἐπιλογισμοὺς προχείρως ἐκκείμενα ἔχειν τὰ κατὰ μέρος ἑκάςου μέσα κινήματα μήκους τε καὶ ἀνωμαλίας, οὐδενὸς ἐνταῦθα διοίσοντος ἀξιολόγου, κἂν ὁλοσχερέςερόν τις ταῖς μέσαις παρόδοις συγχρήσηται. Ἀκουςέον δὲ καθόλου μήκους μὲν κίνησιν τὴν τοῦ κέντρου τοῦ ἐπικύκλου περὶ τὸν ἔκκεντρον, ἀνωμαλίαν δὲ τὴν τοῦ ἀςέρος περὶ τὸν ἐπίκυκλον.

Τὰς μὲν τοίνυν νζ τοῦ τοῦ Κρόνου ἀνωμαλίας εὑρίσκομεν ἀπαρτιζομένας ἐν ἔτεσι

A la suite de ces notions préliminaires, nous exposerons les révolutions périodiques que font dans le moindre temps, chacune des cinq planètes, telles qu'elles ont été observées par Hipparque, corrigées sur les recherches que nous avons faites des époques d'après les anomalies, telles que nous les y montrerons, en commençant par elles, afin d'avoir les moyens mouvemens de longitude et d'anomalie de chaque planète en particulier, pour les calculs des anomalies; l'emploi des mouvemens moyens ayant cela d'avantageux, qu'il n'en résulteroit aucune différence bien considérable pour les anomalies, quand le mouvement moyen ne seroit pas de la dernière précision. Il faut entendre généralement par mouvement en longitude, celui du centre de l'épicycle sur le cercle excentrique; et par anomalie, celui de l'astre dans l'épicycle.

Or, nous trouvons que 57 anomalies de Saturne se font en 59 de nos années solaires, qui commencent et finissent aux mêmes points équinoxiaux, plus un jour $\frac{1}{2}\frac{1}{4}$ à très-peu près; et en deux révolutions de l'astre, plus $1^{\rm d}\frac{2}{3}\frac{1}{10}$. Car pour les trois astres moins rapides que le soleil, le nombre des révolutions de celui-ci pendant le temps qu'ils emploient chacun à leur période, est égal à la somme des révolutions de l'astre en longitude, et de ses retours d'anomalies. Nous trouvons ainsi 65 anomalies de Jupiter dans 71 années solaires prises de même, moins $4^{\rm j}\frac{1}{2}\frac{1}{3}\frac{1}{15}$ environ; et en six révolutions de l'astre depuis un point tropique jusqu'au même moins $4^{\rm d}\frac{1}{2}\frac{1}{3}$. Nous trouvons 37 anomalies de Mars en 79 de nos années solaires et $3^{\rm j}\frac{1}{6}\frac{1}{10}$ environ, dans 42 révolutions de l'astre depuis un point tropique jusqu'au même, plus $3^{\rm d}\frac{1}{6}$. Mais nous trouvons 5 anomalies de Vénus en 8 de nos années solaires, moins $2^{\rm j}\frac{1}{4}\frac{1}{15}$ environ; et en huit révolutions de l'astre comme du soleil, moins $2^{\rm d}\frac{1}{4}$. Enfin nous trouvons 145 anomalies de Mercure en 46 des mêmes années solaires, plus $1^{\rm j}\frac{1}{10}$ à peu près; et en autant de révolutions de l'astre encore que de celles du soleil, augmentées d'un degré.

Mais si nous réduisons en jours, pour chaque astre, le temps qu'il emploie à faire son retour, conformément à la

μὲν ἡλιακοῖς τοῖς καθ' ἡμᾶς, τουτέςι τοῖς ἀπὸ τροπῶν ἰσημερινῶν ἐπὶ τὰς αὐτὰς ιθ, καὶ ἔτι ἡμέρα ā καὶ ϛ" καὶ δ^ω ἔγγιςα, περιδρομαῖς δὲ τοῦ ἀςέρος β̄ καὶ μοίρα ā καὶ γ° καὶ κ"· ἐπειδήπερ ἐπὶ τῶν ἀεὶ περικαταλαμβανομένων ὑπὸ τοῦ ἡλίου γ̄ ἀςέρων, τοσούτους ἀεὶ κύκλους ὁ ἥλιος διαπορεύεται, ἐν τῷ ἀποκαταςατικῷ καθ' ἕκαςον χρόνῳ, ὅσαι εἰσὶν ἅμα αἵ τε κατὰ τὸ μῆκος περιδρομαὶ τοῦ ἀςέρος, καὶ αἱ τῆς ἀνωμαλίας ἀποκαταςάσεις συντεθεῖσαι. Τὰς δὲ ξε̄ τοῦ τοῦ Διὸς ἀνωμαλίας, εὑρίσκομεν ἀπαρτιζομένας ἐν ἔτεσι μὲν ἡλιακοῖς τοῖς ὁμοίως λαμβανομένοις οᾱ λείπουσιν ἡμέραις δ̄ καὶ ϛ" καὶ γ" καὶ ιε" ἔγγιςα, περιδρομαῖς δὲ τοῦ ἀςέρος ταῖς ἀπὸ τροπῶν ἐπὶ τὰς αὐτὰς τροπὰς ϛ̄, λειπούσαις μοίραις δ̄ ϛ" γ". Τὰς δὲ λζ̄ τοῦ τοῦ Αρεως ἀνωμαλίας, ἐν ἔτεσι μὲν ἡλιακοῖς τοῖς καθ' ἡμᾶς οθ̄ καὶ ἡμέραις γ̄ καὶ ϛ" καὶ κ" ἔγγιςα, περιδρομαῖς δὲ τοῦ ἀςέρος ταῖς ἀπὸ τροπῶν ἐπὶ τὰς αὐτὰς τροπὰς μβ̄ καὶ μοίραις γ̄ καὶ ϛ". Τὰς δὲ τοῦ τῆς Αφροδίτης ε̄ ἀνωμαλίας, ἐν ἔτεσι μὲν ἡλιακοῖς τοῖς καθ' ἡμᾶς η̄, λείπουσιν ἡμέραις β̄ καὶ δ" καὶ κ" ἔγγιςα, περιδρομαῖς δὲ τοῦ ἀςέρος ταῖς ἰσαρίθμοις τοῦ ἡλίου η̄, λειπούσαις μοίραις β̄ δ". Τὰς δὲ τοῦ τοῦ Ερμοῦ ρμε̄ ἀνωμαλίας, ἐν ἔτεσι μὲν τοῖς αὐτοῖς μϛ̄ καὶ ἡμέρα ā καὶ λ" ἔγγιςα, περιδρομαῖς δὲ ταῖς ἰσαρίθμοις τῷ ἡλίῳ πάλιν μϛ̄ καὶ μοίρα ā.

Αλλ' ἐὰν ἀναλύσωμεν ἐφ' ἑκάςου τὸν μὲν τῆς ἀποκαταςάσεως χρόνον εἰς ἡμέρας ἀκολούθως τῷ ὑφ' ἡμῶν ἀποδεδειγμένῳ

ἐνιαυσίῳ χρόνῳ, τὸ δὲ πλῆθος τῶν ἀνωμαλιῶν εἰς τὰς καθ᾽ ἕνα κύκλον μοίρας
τξ̄, ἕξομεν ἐπὶ μὲν τοῦ τοῦ Κρόνου,
ἡμέρας Μ⁶ αφνᾱ ιη″, καὶ μοίρας ἀνωμαλίας
Μ⁶ φκ̄· ἐπὶ δὲ τοῦ τοῦ Διὸς, ἡμέρας μὲν
Μ⁶ εϡκζ̄ λζ′, μοίρας δὲ ἀνωμαλίας Μ⁶
ζῡ· ἐπὶ δὲ τοῦ τοῦ Ἄρεως, ἡμέρας μὲν
Μ⁶ ηωνζ̄ νγ′, μοίρας δὲ ἀνωμαλίας Μ γτκ̄·
ἐπὶ δὲ τοῦ τῆς Ἀφροδίτης, ἡμέρας μὲν
βϡιθ̄ μ′, μοίρας δὲ ἀνωμαλίας αω′ ἐπὶ
δὲ τοῦ τοῦ Ἑρμοῦ, ἡμέρας μὲν Μ ϛωβ̄ κδ′,
μοίρας δὲ ἀνωμαλίας Μᵉβο̄.

Ἐπιμερίσαντες οὖν καθ᾽ ἕκαστον οἰκείως
τὸ πλῆθος τῶν τῆς ἀνωμαλίας μοιρῶν
εἰς τὸ πλῆθος τῶν ἡμερῶν, ἕξομεν ἀνωμαλίας ἡμερήσιον κίνημα μέσον, Κρόνου μὲν ὅᵘ
νζ′ ζ″ μγ‴ μα‴‴ μγ‴‴‴ μ‴‴‴‴ ἔγγιστα·
Διὸς δὲ ὅᵘ νδ′ θ″ β‴ μϛ‴‴ κϛ‴‴‴ ο· Ἄρεως
δὲ ὅᵘ κζ′ μα″ μ‴ ιθ‴ κ‴‴ νη‴‴‴· Ἀφροδίτης δὲ ὅᵘ λϛ′ νθ″ κε‴ νγ‴ ια‴‴ κη‴‴‴·
Ἑρμοῦ δὲ γ̄ᵘ ϛ′ κδ″ ϛ‴ νθ‴‴ λε‴‴‴ ν‴‴‴.

Τούτων δὲ καθ᾽ ἕκαστον λαβόντες τὸ
κδ″, ἕξομεν ὡριαῖον ἀνωμαλίας μέσον
κίνημα, Κρόνου μὲν, ὅᵘ β′ κϛ″ μθ‴ ιθ‴‴
ιδ‴‴‴ ιθ‴‴‴‴ ι‴‴‴‴‴· Διὸς δὲ ὅᵘ β′ ιε″ κϛ‴
λϛ‴ νϛ‴‴ ε‴‴‴· Ἄρεως δὲ ὅᵘ α′ θ″ ιδ‴ ι‴‴
μη‴‴‴ κϛ‴‴‴ κε‴‴‴‴· Ἀφροδίτης δὲ ὅᵘ α′ λϛ″
κη‴ λδ‴‴ μϛ‴‴ νη‴‴‴ μ‴‴‴‴· Ἑρμοῦ δὲ ὅᵘ
ζ′ μϛ″ ο̄ ιϛ‴ κη‴‴ νθ‴‴‴ λε‴‴‴‴.

Πάλιν τριακοντάκις μὲν ποιήσαντες τὰ
ἡμερήσια ἑκάστου, ἕξομεν ἀνωμαλίας μη-
νιαῖον μέσον κίνημα, Κρόνου μὲν, κη̄ᵘ λγ′
να″ ν‴ να‴‴ ν‴‴‴ ο· Διὸς δὲ κζ̄ᵘ δ′ λα″ κγ‴
ιγ‴‴ ο ο· Ἄρεως δὲ ιγ̄ᵘ ν′ ν″ θ‴ μ‴‴ κθ‴‴‴ ο·
Ἀφροδίτης δὲ ιη̄ᵘ κθ′ μβ″ νϛ‴ λε‴‴ μδ‴‴‴ ο·

durée que nous avons démontrée pour la longueur d'une année; et la quantité qui désigne les anomalies, en degrés des 360 du cercle, nous aurons pour

Saturne, $21551^j\ 18'$, et 20520^d d'anomalie;
Jupiter, $25927^j\ 37'$, et 27400^d d'anomalie;
Mars, $28857^j\ 53'$, et 13320^d d'anomalie;
Vénus, $2919^j\ 40'$, et 1800^d d'anomalie;
Mercure, $16802^j\ 24'$, et 52200^d d'anomalie.

Divisant actuellement la quantité d'anomalie de chaque astre par le nombre de ses jours, le mouvement moyen d'anomalie, par jour, sera, à très-peu près, pour

Saturne, $0^d\ 57'\ 7''\ 43'''\ 41^{IV}\ 43^{V}\ 40^{VI}$.
Jupiter, $0^d\ 54'\ 9''\ 2'''\ 46^{IV}\ 26^{V}\ 0^{VI}$.
Mars, $0^d\ 27'\ 41''\ 40'''\ 19^{IV}\ 20^{V}\ 58^{VI}$.
Vénus, $0^d\ 36'\ 59''\ 25'''\ 53^{IV}\ 11^{V}\ 28^{VI}$.
Mercure, $3^d\ 6'\ 24''\ 6'''\ 59^{IV}\ 35^{V}\ 50^{VI}$.

Prenant la 24e partie de chacun de ces nombres, nous aurons le moyen mouvement anomalistique horaire, pour

Saturne, $0^d\ 2'\ 22''\ 49'''\ 19^{IV}\ 14^{V}\ 19^{VI}\ 10^{VII}$.
Jupiter, $0^d\ 2'\ 15''\ 22'''\ 36^{IV}\ 56^{V}\ 5^{VI}\ 0^{VII}$.
Mars, $0^d\ 1'\ 9''\ 14'''\ 10^{IV}\ 48^{V}\ 22^{VI}\ 25^{VII}$.
Vénus, $0^d\ 1'\ 32''\ 28'''\ 34^{IV}\ 42^{V}\ 58^{VI}\ 40^{VII}$.
Mercure, $0^d\ 7'\ 46''\ 0'''\ 17^{IV}\ 28^{V}\ 59^{VI}\ 35^{VII}$.

Ensuite, multipliant par 30 les mouvemens journaliers de chaque astre, nous aurons le mouvement anomalistique moyen de chaque mois, pour

Saturne, $28^d\ 33'\ 51''\ 50'''\ 51^{IV}\ 50^{V}\ 0^{VI}$.
Jupiter, $27^d\ 4'\ 31''\ 23'''\ 13^{IV}\ 0^{V}\ 0^{VI}$.
Mars, $13^d\ 50'\ 50''\ 9'''\ 40^{IV}\ 29^{V}\ 0^{VI}$.
Vénus, $18^d\ 29'\ 42''\ 56'''\ 35^{IV}\ 44^{V}\ 0^{VI}$.

Mercure, 93ᵈ 1′ 3″ 29‴ 47ⁱᵛ 55ᵛ 0ᵛⁱ.

Multipliant de même les mouvemens journaliers par le nombre 365ʲ d'une année égyptienne, nous aurons le mouvement anomalistique moyen annuel, pour

Saturne, 347′32′ 0″48‴50ⁱᵛ38ᵛ20ᵛⁱ.
Jupiter, 329ᵈ25′ 1″52‴28ⁱᵛ10ᵛ 0ᵛⁱ.
Mars, 168ᵈ28′30″17‴42ⁱᵛ32ᵛ50ᵛⁱ.
Vénus, 225ᵈ 1′32″28‴34ⁱᵛ39ᵛ15ᵛⁱ.
Mercure, 53ᵈ56′42″32‴32ⁱᵛ59ᵛ10ᵛⁱ,
de surplus de circonférences.

Multipliant par 18 chacun de ces mouvemens annuels, comme pour là table des luminaires, nous aurons, d'anomalie moyenne en sus des circonférences entières, en 18 années égyptiennes, pour

Saturne, 135ᵈ36′14″39‴11ⁱᵛ30ᵛ 0ᵛⁱ.
Jupiter, 169ᵈ30′33″44‴27ⁱᵛ 0ᵛ 0ᵛⁱ.
Mars, 152ᵈ33′ 5″18‴45ⁱᵛ51ᵛ 0ᵛⁱ.
Vénus, 90ᵈ27′44″34‴23ⁱᵛ46ᵛ30ᵛⁱ.
Mercure, 251ᵈ 0′45″45‴53ⁱᵛ45ᵛ 0ᵛⁱ.

Nous calculerons d'après ces nombres, les mouvemens moyens en longitude, pour ne pas diviser par le temps de chaque astre, le nombre de ses révolutions réduites en degrés; il est clair que pour Vénus et Mercure, nous aurons les mêmes que dans les tables du soleil exposées ci-dessus; et pour les trois autres astres, ce qui manque aux nombres de l'anomalie pour compléter ceux du soleil. Ainsi, nous aurons le mouvement moyen journalier en longitude, pour

Saturne, 0ᵈ 2′ 0″33‴31ⁱᵛ28ᵛ51ᵛⁱ.
Jupiter, 0ᵈ 4′59″14‴26ⁱᵛ46ᵛ31ᵛⁱ.
Mars, 0ᵈ31′26″36‴53ⁱᵛ51ᵛ33ᵛⁱ.

Ἑρμοῦ δὲ ζγ̄ᵐ ιϛ′ γ″ κθ‴ μϛ⁗ νε′′′′′ ō.

Πολυπλασιάσαντες δ' ὁμοίως τὰ ἡμερήσια ἐπὶ τὰς τοῦ ἑνὸς Αἰγυπτιακοῦ ἐνιαυτοῦ ἡμέρας τξε̄, ἕξομεν ἐνιαύσιον μέσον ἀνωμαλίας κίνημα, Κρόνου μὲν τμζ̄ᵐ λβ′ ō μη‴ ν⁗ λη′′′′′ κ′′′′′′· Διὸς δὲ τκθ̄ᵐ κε′ α″ νβ‴ κη⁗ ι′′′′′ ō· Ἄρεως δὲ ρξη̄ᵐ κη′ λ″ ιζ‴ μϛ⁗ λϛ′′′′′ ν′′′′′′· Ἀφροδίτης δὲ σκε̄ᵐ α′ λβ″ κη‴ λδ⁗ λθ′′′′′ ιε′′′′′′· Ἑρμοῦ δὲ ἐπουσίας νγ̄ᵐ νϛ′ μβ″ λϛ‴ λϛ⁗ νθ′′′′′ ι′′′′′′.

Ὡσαύτως δὲ καὶ τῶν ἐνιαυσίων ἕκαστον ὀκτωκαιδεκάκις ποιήσαντες ὥσπερ καὶ ἐπὶ τῆς τῶν φώτων κανονοποιΐας, ἕξομεν ὀκτωκαιδεκαετηρίδος Αἰγυπτιακῆς μέσην ἀνωμαλίας ἐπουσίαν, Κρόνου μὲν ρλε̄ᵐ λϛ′ ιδ″ λθ‴ ια⁗ λ′′′′′ ō· Διὸς δὲ ρξθ̄ᵐ λ′ λγ″ μδ‴ κζ⁗ ō ō· Ἄρεως δὲ ρνβ̄ᵐ λγ′ ε″ ιη‴ με⁗ να′′′′′ ō· Ἀφροδίτης δὲ ϙ̄ᵐ κζ′ μδ″ λδ‴ κγ⁗ μϛ′′′′′ λ′′′′′′· Ἑρμοῦ δὲ σνᾱᵐ ō με′ με″ νγ‴ με⁗ ō.

Ἀκολούθως δὲ τούτοις καὶ τὰ κατὰ μῆκος μέσα κινήματα, ἵνα μὴ καὶ τὸ τῶν περιδρόμων πλῆθος ἀναλύοντες εἰς μοίρας, ἐπιμερίζωμεν εἰς τὸν ἐκκείμενον ἐφ' ἑκάστου χρόνον, τοῦ μὲν τῆς Ἀφροδίτης καὶ τοῦ τοῦ Ἑρμοῦ, δῆλον ὅτι τὰ αὐτὰ ἕξομεν τοῖς ἐπὶ τοῦ ἡλίου προεκτεθειμένοις· τῶν δὲ λοιπῶν τριῶν ἀστέρων τὰ λείποντα τοῖς τῆς ἀνωμαλίας εἰς ἀναπλήρωσιν τῶν ἡλιακῶν καθ' ἕκαστον οἰκείως τῶν ἀριθμῶν. Καὶ διὰ ταῦτα ἕξομεν τῆς μὲν ἡμερησίου κατὰ μῆκος μέσης κινήσεως, Κρόνου μὲν ōᵐ β′ ō λγ‴ λα⁗ κη′′′′′ να′′′′′′· Διὸς δὲ ōᵐ δ′ ϝθ″ ιδ‴ κϛ⁗ μϛ′′′′′ λα′′′′′′· Ἄρεως δὲ ōᵐ λα′ κϛ″ λϛ‴ νγ⁗ να′′′′′ λγ′′′′′′.

Τῆς δὲ ὡριαίου, Κρόνου μὲν ο̅ᵘ ο̅ ε″ α‴ κγ⁗ μη‴‴ μϛ‴‴‴ ζ‴‴‴ λ‴‴‴‴· Διὸς δὲ ο̅ᵘ ο̅ ιϛ″ κη‴ ϛ⁗ ϛ‴‴‴ νϛ‴‴‴‴ ιϛ‴‴‴‴‴ λ‴‴‴‴‴· Ἄρεως δὲ ο̅ᵘ α′ ιη″ λϛ‴ λϛ⁗ ιδ‴‴‴ λθ‴‴‴‴·

Τῆς δὲ μηνιαίας, Κρόνου μὲν α̅ᵘ ο̅ ιϛ″ με‴ μδ⁗ κε‴‴ λ‴‴‴· Διὸς δὲ β̅ᵘ κθ′ λζ″ ιγ‴ κγ⁗ ιε‴‴ λ‴‴‴· Ἄρεως δὲ ιε̅ᵘ μγ′ ιη″ κϛ‴ νε⁗ μϛ‴‴ λ‴‴‴·

Τῆς δ' ἐνιαυσίου, Κρόνου μὲν ιβ̅ᵘ ιγ′ κγ″ ιϛ‴ λ⁗ λ‴‴ ιε‴‴‴· Διὸς δὲ λ̅ᵘ κ′ κβ″ νβ‴ νβ⁗ λη‴‴ λε‴‴‴· Ἄρεως δὲ ρϟα̅ᵘ ιϛ′ νδ″ κζ‴ λη⁗ λε‴‴ με‴‴‴·

Τῶν δὲ δεκαοκτὼ ἐτῶν, Κρόνου μὲν σκ̅ᵘ α′ ι″ νζ‴ θ⁗ δ‴‴ λ‴‴‴· Διὸς δὲ ἐπουσίαν ρπϛ̅ᵘ ϛ′ να″ να‴ νγ⁗ λδ‴‴ λ‴‴‴· Ἄρεως δ' ἐπουσίαν σγ̅ᵘ δ′ κ″ ιϛ‴ λδ⁗ μγ‴‴ λ‴‴‴·

Τάξομεν οὖν πάλιν, τῆς εὐχρηστίας ἕνεκεν ἑκάστου κατὰ τάξιν τῶν ἀστέρων κανονίας τῆς τῶν προκειμένων μέσων κινημάτων ἐπισυνθέσεως, ἐπὶ στίχους μὲν ὁμοίως τοῖς ἄλλοις με̅, μέρη δὴ γ̅, ὧν τὰ μὲν πρῶτα περιέξει τὰς τῶν ὀκτωκαιδεκαετηρίδων ἐτῶν ἐπισυνθέσεις, τὰ δὲ δεύτερα τάς τε ἐνιαυσίους καὶ τὰς ὡριαίας, τὰ δὲ τρίτα τάς τε μηνιαίας καὶ τὰς ἡμερησίας· καὶ εἰσὶν οἱ κανόνες οὗτοι.

Le mouvement horaire moyen sera pour

Satur. $0^d 0' 5'' 1''' 23^{iv} 48^v 42^{vi} 7^{vii} 30^{viii}$.

Jupit. $0^d 0' 12'' 28''' 6^{iv} 6^v 56^{vi} 17^{vii} 30^{viii}$.

Mars, $0^d 1' 18'' 36''' 32^{iv} 14^v 39^{vi}$.

Le mouvement moyen par mois sera pour

Saturne, $1^d 0' 16'' 45''' 44^{iv} 25^v 30^{vi}$.

Jupiter, $2^d 29' 37'' 13''' 23^{iv} 15^v 30^{vi}$.

Mars, $15^d 43' 18'' 26''' 55^{iv} 46^v 30^{vi}$.

Le mouvement annuel moyen sera pour

Saturne, $12^d 13' 23'' 56''' 30^{iv} 30^v 15^{vi}$.

Jupiter, $30^d 20' 22'' 52''' 52^{iv} 38^v 35^{vi}$.

Mars, $191^d 16' 54'' 27''' 38^{iv} 35^v 45^{vi}$.

En 18 ans, le mouvement moyen pour

Saturne, $220^d 1' 10'' 57''' 9^{iv} 4^v 30^{vi}$.

Jupiter, $186^d 6' 51'' 51''' 53^{iv} 34^v 30^{vi}$.

Et Mars, $203^d 4' 20'' 17''' 34^{iv} 43^v 30^{vi}$ de surplus, (excédent des 360^d du cercle).

Pour rendre l'usage de ces quantités plus commode, nous rédigerons les tables de ces mouvemens moyens de chacune des planètes, suivant leur ordre, en 45 lignes, et en trois parties dont les premières contiendront les mouvemens de dix-huit en dix-huit ans; les secondes, ceux des années simples et des heures ; et les troisièmes, ceux des mois et des jours, comme elles viennent ci-après.

ΚΑΝΟΝΕΣ ΜΕΣΩΝ ΚΙΝΗΣΕΩΝ ΜΗΚΟΥΣ ΤΕ ΚΑΙ ΑΝΩΜΑΛΙΑΣ ΤΩΝ ΠΕΝΤΕ ΑΣΤΕΡΩΝ.

Μήκους ἔπουσία, αἰγόκερῳ Μ. κϛ̄ μγ´.   **ΚΡΟΝΟΥ.**   Ἀπογείου ἔπουσία, σκορπίου Μ. ιδ̄ ι´.

ΟΚΤΩΚΑΙΔΕΚΑΕΤΗΡΙΔΕΣ.   ΑΝΩΜΑΛΙΑΣ ΕΠΟΥΣΙΑ Μ. λδ̄ β´.

ΟΚΤΩΚΑΙΔΕΚΑΕΤΗΡΙΔΕΣ

ιη	σκ̄	α′	ι″	νζ‴	θ⁗	δ⁗′	λ⁗″
λϛ	π	β	κκ	νδ	ιη	θ	ō
νδ	τ	γ	λϐ	να	κζ	ιγ	λ
οϐ	ρξ	δ	μγ	μη	λϛ	ιη	ō
ϟ	κ	ε	νδ	με	με	κϐ	λ
ρη	σμ	ζ	ε	μϐ	νδ	κζ	ō
ρκϛ	ρ	η	ιϛ	μ	γ	λα	λ
ρμδ	τκ	θ	κζ	λζ	ιϐ	λϛ	ō
ρξϐ	ρπ	ι	λη	λδ	κα	μ	λ
ρπ	μ	ια	μθ	λα	λ	με	ō
ρϟη	σξ	ιγ	ō	κη	λθ	μθ	λ
σιϛ	ρκ	ιθ	ια	κε	μη	νδ	ō
σλδ	τμ	ιε	κϐ	κϐ	νζ	νη	λ
σνϐ	σ	ιϛ	λγ	κ	ζ	ψ	ō
σο	ξ	ιζ	μδ	ιϛ	ιϛ	ζ	λ
σπη	σπ	ιη	νε	ιδ	κε	ιϐ	ō
τϛ	ρϟ	κ	ϛ	ια	λδ	κϛ	λ
τκδ	ō	κα	ιζ	η	μγ	κα	ō
τμϐ	σκ	κϐ	κη	ε	νϐ	κϐ	λ
τξ	π	κγ	λθ	γ	α	λ	ō
τοη	τ	κδ	ν	ι	λθ	[illegible]	λ
τϟϛ	[illegible]	[illegible]	[illegible]	[illegible]	[illegible]	[illegible]	[illegible]
υιδ	[illegible]	[illegible]	[illegible]	[illegible]	[illegible]	[illegible]	[illegible]
υλϐ	[illegible]	[illegible]	[illegible]	[illegible]	[illegible]	[illegible]	[illegible]
υν	[illegible]	[illegible]	[illegible]	[illegible]	[illegible]	[illegible]	[illegible]
υξη	[illegible]	[illegible]	[illegible]	[illegible]	[illegible]	[illegible]	[illegible]
υπϛ	[illegible]	[illegible]	[illegible]	[illegible]	[illegible]	[illegible]	[illegible]
φδ	[illegible]	[illegible]	[illegible]	[illegible]	[illegible]	[illegible]	[illegible]
φκϐ	[illegible]	[illegible]	[illegible]	[illegible]	[illegible]	[illegible]	[illegible]
φμ	[illegible]	[illegible]	[illegible]	[illegible]	[illegible]	[illegible]	[illegible]
φνη	[illegible]	[illegible]	[illegible]	[illegible]	[illegible]	[illegible]	[illegible]
φοϛ	[illegible]	[illegible]	[illegible]	[illegible]	[illegible]	[illegible]	[illegible]
φϟδ	[illegible]	[illegible]	[illegible]	[illegible]	[illegible]	[illegible]	[illegible]
χιϐ	σπ	μ	ιϐ	κγ	η	λγ	ō
χλ	ρμ	μϐ	κγ	κ	ιζ	λζ	λ
χμη	ō	μϐ	λδ	ιζ	κϛ	[illegible]	ō
χξϛ	σκ	μγ	με	ιθ	λϛ	μϛ	λ
χπδ	π	μδ	νϛ	ια	μδ	να	ō
ψϐ	τ	μϛ	ζ	η	νγ	νϛ	λ
ψκ	ρξ	μζ	ιη	ϛ	γ	ō	ō
ψλη	κ	μη	κθ	γ	ιϐ	δ	λ
ψνϛ	σμ	μθ	μ	ō	κα	ō	ō
ψοδ	ρ	ν	ν	νζ	λ	ιγ	λ
ψϟϐ	τκ	νϐ	α	νδ	λθ	ιη	ō
ωι	ρπ	νγ	ιϐ	να	μη	κϐ	λ

ΑΝΩΜΑΛΙΑΣ

ιη	ρλε̄	λς′	ιδ″	λθ‴	ια⁗	λ⁗′	ō⁗″
λϛ	σοα	ιϐ	κθ	ιη	κγ	ō	ō
νδ	μϛ	μη	μγ	νζ	λδ	λ	ō
οϐ	ρπϐ	κδ	νη	λϛ	μϛ	ō	ō
ϟ	τιη	α	ιγ	ιε	νϛ	λ	ō
ρη	σϟγ	λζ	κζ	νε	θ	ō	ō
ρκϛ	σκθ	ιγ	μϐ	λδ	κ	λ	ō
ρμδ	δ	μθ	νϐ	ιγ	λϐ	ō	ō
ρξϐ	ρμ	κϛ	ια	νϐ	μγ	λ	ō
ρπ	σοϛ	β	κϛ	λα	νε	ō	ō
ρϟη	να	λη	μα	ιε	ϛ	λ	ō
σιϛ	ρπζ	ιθ	νε	ν	ιη	ō	ō
σλδ	τκϐ	να	ι	κθ	κθ	λ	ō
σνϐ	ϟη	κζ	κε	η	μα	ō	ō
σο	σλδ	γ	λθ	μζ	νϐ	λ	ō
σπη	θ	λθ	νδ	κζ	δ	ō	ō
τϛ	φμε	ιϛ	θ	ϛ	ιε	λ	ō
τκδ	σπ	νϐ	κγ	με	κζ	ō	ō
τμϐ	νϛ	κη	λη	κδ	λη	λ	ō
τξ	ρϟϐ	δ	νγ	γ	ν	ō	ō
τοη	τκζ	μα	ζ	μγ	α	λ	ō
τϟϛ	ργ	ιζ	κϐ	κϐ	ιγ	ō	ō
υιδ	σλη	νγ	λζ	α	κδ	λ	ō
υλϐ	ιδ	κθ	να	μ	λϛ	ō	ō
υν	ρν	ϛ	ϛ	ιθ	μϛ	λ	ō
υξη	σπε	μϐ	κ	νη	νθ	ō	ō
υπϛ	ξα	ιη	λε	λη	ι	λ	ō
φδ	ρϟϛ	νδ	ν	ιζ	κϛ	ō	ō
φκϐ	τλϐ	λα	δ	νϛ	λγ	λ	ō
φμ	ρη	ζ	ιθ	λε	μϛ	ō	ō
φνη	σμγ	μγ	λδ	ιδ	νϛ	λ	ō
φοϛ	ιθ	ιθ	μη	νδ	η	ō	ā
φϟδ	ρνδ	νϛ	γ	λγ	ιθ	λ	ō
χιϐ	σϟ	λδ	ιη	ιϐ	λα	ō	ō
χλ	ξϛ	η	λϐ	να	μϐ	λ	ō
χμη	τα	μδ	μζ	λ	νδ	ō	ō
χξϛ	τλζ	κα	β	ι	ε	λ	ō
χπδ	ριϐ	νζ	ιϛ	μθ	ιζ	ō	ō
ψϐ	σμη	λγ	λα	κη	κη	λ	ō
ψκ	κδ	θ	μϛ	ζ	μ	ō	ō
ψλη	ρνθ	μδ	ō	μϛ	να	λ	ō
ψνϛ	σϟε	κϐ	ιε	κϛ	γ	ō	ō
ψοδ	ō	νη	λ	ϛ	ιθ	λ	ō
ψϟϐ	σϛ	λδ	μδ	μδ	κϛ	ō	ō
ωι	τμϐ	ι	κθ	κγ	λζ	λ	ō

TABLES DES MOYENS MOUVEMENS DE LONGITUDE ET D'ANOMALIE DES CINQ PLANETES.

Époque de la longitude, capricorne 26ᵈ 43′. **SATURNE.** Époque de l'apogée, scorpion 14ᵈ 10′.

ESPACES DE 18 ANNÉES. **EXCÉDENT POUR L'ANOMALIE, 34ᵈ 2′.**

	220ᵈ	1′	10″	57‴	9⁗	4⁗	30⁗	135ᵈ	36′	14″	39‴	11⁗	30⁗	0⁗
18	220	1	10	57	9	4	30	135	36	14	39	11	30	0
36	80	2	21	54	18	9	0	271	12	29	18	23	0	0
54	300	3	32	51	27	13	30	46	48	43	57	34	30	0
72	160	4	43	48	36	18	0	182	24	58	36	46	0	0
90	20	5	54	45	45	22	30	318	1	13	15	57	30	0
108	240	7	5	42	54	27	0	93	37	27	55	9	0	0
126	100	8	16	40	3	31	30	229	13	42	34	20	30	0
144	320	9	27	37	12	36	0	4	49	57	13	32	0	0
162	180	10	38	34	21	40	30	140	26	11	52	43	30	0
180	40	11	49	31	30	45	0	276	2	26	31	55	0	0
198	260	13	0	28	39	49	30	51	38	41	11	6	30	0
216	120	14	11	25	48	54	0	187	14	55	50	18	0	0
234	340	15	22	22	57	58	30	322	51	10	29	29	30	0
252	200	16	33	20	7	3	0	98	27	25	8	41	0	0
270	60	17	44	17	16	7	30	234	3	39	47	52	30	0
288	280	18	55	14	25	12	0	9	39	54	27	4	0	0
306	140	20	6	11	34	16	30	145	16	9	6	15	30	0
324	0	21	17	8	43	21	0	280	52	23	45	27	0	0
342	220	22	28	5	52	25	30	56	28	38	24	38	30	0
360	80	23	39	3	1	30	0	192	4	53	3	50	0	0
378	300	24	50	0	10	34	30	327	41	7	43	1	30	0
396	160	26	0	57	19	39	0	103	17	22	22	13	0	0
414	20	27	11	54	28	43	30	238	53	37	1	24	30	0
432	240	28	22	51	37	48	0	14	29	51	40	36	0	0
450	100	29	33	48	46	52	30	150	6	6	19	47	30	0
468	320	30	44	45	55	57	0	285	42	20	58	59	0	0
486	180	31	35	43	5	1	30	61	18	35	38	10	30	0
504	40	33	6	40	14	6	0	196	54	50	17	22	0	0
522	260	34	17	37	23	10	30	332	31	4	56	33	30	0
540	120	35	28	34	32	15	0	108	7	19	35	45	0	0
558	340	36	39	31	41	19	30	243	43	34	14	56	30	0
576	200	37	50	28	50	24	0	19	19	48	54	8	0	0
594	60	39	1	25	59	28	30	154	56	3	33	19	30	0
612	280	40	12	23	8	33	0	290	32	18	12	31	0	0
630	140	41	23	20	17	37	30	66	8	32	51	42	30	0
648	0	42	34	17	26	42	0	201	44	47	30	54	0	0
666	220	43	45	14	35	46	30	337	21	2	10	5	30	0
684	80	44	56	11	44	51	0	112	57	16	49	17	0	0
702	300	46	7	8	53	55	30	248	33	31	28	28	30	0
720	160	47	18	6	3	0	0	24	9	46	7	40	0	0
738	20	48	29	3	12	4	30	159	46	0	46	51	30	0
756	240	49	40	0	21	9	0	295	22	15	26	3	0	0
774	100	50	50	57	30	13	30	70	58	30	5	14	30	0
792	320	51	1	54	59	18	0	206	34	44	44	26	0	0
810	180	53	12	51	48	22	30	342	10	49	23	37	30	0

ΚΡΟΝΟΥ.

Ἔτη ἁπλᾶ — ΜΗΚΟΥΣ ΜΟΙΡΑΙ

Ἔτη ἁπλᾶ	°	′	″	‴	⁗	⁵	⁶
α	ιβ	ιγ	κγ	νϛ	λ	λ	ιε
β	κδ	κϛ	μζ	νγ	α	ō	λ
γ	λϛ	μ	ια	μθ	λα	λ	με
δ	μη	νγ	λε	μϛ	β	α	ō
ε	ξα	ϛ	νθ	μβ	λϛ	λα	ιε
ϛ	ογ	κ	κγ	λθ	γ	α	λ
ζ	πε	λγ	μϛ	λε	λγ	λα	με
η	ϙζ	μϛ	ια	λϛ	δ	β	ō
θ	ρι	ō	λε	κη	λδ	λϛ	ιε
ι	ρκβ	ιγ	νθ	κε	ε	β	λ
ια	ρλδ	κζ	κγ	κα	λε	λϛ	με
ιβ	ρμϛ	μ	μζ	ιη	ϛ	γ	ō
ιγ	ρνη	νδ	ια	ιδ	λϛ	λγ	ιε
ιδ	ροα	ζ	λε	ια	ζ	γ	λ
ιε	ρπγ	κ	νθ	ζ	λζ	λγ	με
ιϛ	ρϙε	λδ	κγ	δ	η	δ	ō
ιζ	σζ	μϛ	μϛ	ō	λη	λδ	ιε
ιη	σκ	α	ι	νϛ	θ	δ	λ

Ἔτη ἁπλᾶ — ΑΝΩΜΑΛΙΑΣ ΜΟΙΡΑΙ

Ἔτη ἁπλᾶ	°	′	″	‴	⁗	⁵	⁶
α	τμζ	λϛ	ō	μη	ν	λη	κ
β	τλε	δ	α	λϛ	μα	ιϛ	μ
γ	τκβ	λϛ	β	κϛ	λα	νε	ō
δ	τι	η	γ	ιε	κϛ	λγ	κ
ε	σϙζ	μ	δ	δ	ιγ	ια	μ
ϛ	σπε	ιϛ	δ	νγ	γ	ν	ō
ζ	σοβ	μδ	ε	μα	νδ	κη	κ
η	σξ	ιϛ	ϛ	λ	με	ϛ	μ
θ	σμζ	μη	ζ	ιθ	λε	με	ō
ι	σλε	κ	η	η	κϛ	κγ	κ
ια	σκβ	νβ	η	νζ	ιζ	α	μ
ιβ	σι	κδ	θ	μϛ	ζ	μ	ō
ιγ	ρϙζ	νϛ	ι	λδ	νη	ιη	κ
ιδ	ρπε	κη	ια	κγ	μη	νϛ	μ
ιε	ρογ	ō	ιβ	ιβ	λθ	λε	ō
ιϛ	ρξ	λϛ	ιγ	α	λ	ιγ	κ
ιζ	ρμη	δ	ιγ	ν	κ	να	μ
ιη	ρλε	λϛ	ιδ	λθ	ια	λ	ō

Ὧραι — ΜΗΚΟΥΣ ΜΟΙΡΑΙ

Ὧραι	°	′	″	‴	⁗	⁵	⁶
α	ō	ō	ε	α	κγ	μη	μδ
β	ō	ō	ε	β	μϛ	νζ	κδ
γ	ō	ō	ιε	δ	ια	κϛ	ϛ
δ	ō	ō	κ	ε	λε	ιδ	μη
ε	ō	ō	κε	ϛ	νθ	γ	λα
ϛ	ō	ō	λ	η	κβ	νδ	ιγ
ζ	ō	ō	λε	θ	μϛ	μ	νε
η	ō	ō	μ	ια	ι	κθ	λζ
θ	ō	ō	με	ιβ	λδ	ιη	ιθ
ι	ō	ō	ν	ιγ	νη	ζ	α
ια	ō	ō	νε	ιε	κα	νε	μγ
ιβ	ō	α	ō	ιϛ	με	μδ	κε
ιγ	ō	α	ε	ιη	θ	λγ	ζ
ιδ	ō	α	ι	ιθ	λγ	κα	ν
ιε	ō	α	ιε	κ	νζ	ι	λβ
ιϛ	ō	α	κ	κβ	κ	νθ	ιδ
ιζ	ō	α	κε	κγ	μδ	μζ	νε
ιη	ō	α	λ	κε	η	λϛ	λη
ιθ	ō	α	λε	κϛ	λβ	κε	κ
κ	ō	α	μ	κζ	νϛ	ιδ	β
κα	ō	α	με	κθ	κ	β	μδ
κβ	ō	α	ν	λ	μγ	να	κϛ
κγ	ō	α	νε	λϛ	ζ	μ	η
κδ	ō	β	ō	λγ	λα	κη	να

Ὧραι — ΑΝΩΜΑΛΙΑΣ ΜΟΙΡΑΙ

Ὧραι	°	′	″	‴	⁗	⁵	⁶
α	ō	β	κϛ	μθ	ιθ	ιδ	ιθ
β	ō	δ	με	λη	λη	κη	λη
γ	ō	ζ	η	κζ	νϛ	μβ	νϛ
δ	ō	θ	λα	ιζ	ιϛ	νϛ	ιζ
ε	ō	ια	νδ	ϛ	λϛ	ια	λϛ
ϛ	ō	ιδ	ιϛ	νε	νε	κε	νε
ζ	ō	ιϛ	λθ	με	ιδ	μ	ιδ
η	ō	ιθ	β	λδ	λγ	νδ	λγ
θ	ō	κα	κε	κγ	νγ	η	νβ
ι	ō	κγ	μη	ιγ	ιβ	κγ	ιβ
ια	ō	κϛ	ια	β	λα	λζ	λα
ιβ	ō	κη	λγ	να	ν	να	ν
ιγ	ō	λ	νϛ	μα	ι	ϛ	θ
ιδ	ō	λγ	ιθ	λ	κθ	κ	κη
ιε	ō	λε	μβ	ιθ	μη	λδ	μϛ
ιϛ	ō	λη	ε	θ	ζ	μθ	ζ
ιζ	ō	μ	κζ	νη	κζ	γ	κϛ
ιη	ō	μβ	ν	μζ	μϛ	ιζ	με
ιθ	ō	με	ιγ	λϛ	ε	λϛ	δ
κ	ō	μϛ	λϛ	κϛ	κδ	μϛ	κγ
κα	ō	μθ	νθ	ιε	μδ	ō	μϛ
κβ	ō	νβ	κβ	ε	γ	ιδ	β
κγ	ō	νδ	μα	νδ	κβ	κθ	κα
κδ	ō	νϛ	ζ	μγ	μα	μγ	μ

SATURNE.

Années simples — DEGRÉS DE LONGITUDE.

Années simples.	d	'	"	'''	''''	'''''	''''''
1	12	13	23	56	30	30	15
2	24	26	47	53	1	0	30
3	36	40	11	49	31	30	45
4	48	53	35	46	2	1	0
5	61	6	59	42	32	31	15
6	73	20	23	39	3	1	30
7	85	33	47	35	33	31	45
8	97	47	11	32	4	2	0
9	110	0	35	28	34	32	15
10	122	13	59	25	5	2	30
11	134	27	23	21	35	32	45
12	146	40	47	18	6	3	0
13	158	54	11	14	36	33	15
14	171	7	35	11	7	3	30
15	183	20	59	7	37	33	45
16	195	34	23	4	8	4	0
17	207	47	47	0	38	34	15
18	220	1	10	57	9	4	30

Années simples — DEGRÉS D'ANOMALIE.

Années simples.	d	'	"	'''	''''	'''''	''''''
1	347	32	0	48	50	38	20
2	335	4	1	37	41	16	40
3	322	36	2	26	31	55	0
4	310	8	3	15	22	33	20
5	297	40	4	4	13	11	40
6	285	12	4	53	3	50	0
7	272	44	5	41	54	28	20
8	260	16	6	30	45	6	40
9	247	48	7	19	35	45	0
10	235	20	8	8	26	23	20
11	222	52	8	57	17	1	40
12	210	24	9	46	7	40	0
13	197	56	10	34	58	18	20
14	185	28	11	23	48	56	40
15	173	0	12	12	39	35	0
16	160	32	13	1	30	13	20
17	148	4	13	50	20	51	40
18	135	36	14	39	11	30	0

Heures — DEGRÉS DE LONGITUDE.

Heures.	d	'	"	'''	''''	'''''	''''''
1	0	0	5	1	23	48	42
2	0	0	10	2	47	37	24
3	0	0	15	4	11	26	6
4	0	0	20	5	35	14	48
5	0	0	25	6	59	3	31
6	0	0	30	8	22	52	13
7	0	0	35	9	46	40	55
8	0	0	40	11	10	29	37
9	0	0	45	12	34	18	19
10	0	0	50	13	58	7	1
11	0	0	55	15	21	55	43
12	0	1	0	16	45	44	25
13	0	1	5	18	9	33	7
14	0	1	10	19	33	21	50
15	0	1	15	20	57	10	32
16	0	1	20	22	20	59	14
17	0	1	25	23	44	47	55
18	0	1	30	25	8	36	38
19	0	1	35	26	32	25	20
20	0	1	40	27	56	14	2
21	0	1	45	29	20	2	44
22	0	1	50	30	43	51	26
23	0	1	55	32	7	40	8
24	0	2	0	33	31	28	51

Heures — DEGRÉS D'ANOMALIE.

Heures.	d	'	"	'''	''''	'''''	''''''
1	0	2	22	49	19	14	19
2	0	4	45	38	38	28	38
3	0	7	8	27	57	42	57
4	0	9	31	17	16	57	17
5	0	11	54	6	36	11	36
6	0	14	16	55	55	25	55
7	0	16	39	45	14	40	14
8	0	19	2	34	33	54	33
9	0	21	25	23	53	8	52
10	0	23	48	13	12	23	12
11	0	26	11	2	31	37	31
12	0	28	33	51	50	51	50
13	0	30	56	41	10	6	9
14	0	33	19	30	29	20	28
15	0	35	42	19	48	34	47
16	0	38	5	9	7	49	7
17	0	40	27	58	27	3	26
18	0	42	50	47	46	17	45
19	0	45	13	36	5	32	4
20	0	47	36	26	24	46	23
21	0	49	59	15	44	0	42
22	0	52	22	5	3	14	2
23	0	54	44	54	22	29	21
24	0	57	7	43	41	43	40

II.

ΚΡΟΝΟΥ.

Μῆνες.	ΜΗΚΟΥΣ ΜΟΙΡΑΙ.							ΑΝΩΜΑΛΙΑΣ ΜΟΙΡΑΙ.						
	°	′	″	‴	⁗	′⁗	″⁗	°	′	″	‴	⁗	′⁗	″⁗
λ	ā	ō	ιϛ	με	μδ	κε	λ	κη	λγ	να	ν	να	ν	ō
ξ	β	ō	λγ	λα	κη	να	ō	νζ	ζ	μγ	μα	μγ	μ	ō
ҁ	γ	ō	ν	ιζ	ιγ	ιϛ	λ	πε	μα	λε	λβ	λε	λ	ō
ρκ	δ	α	ζ	β	νζ	μβ	ō	ριδ	ιε	κζ	κγ	κζ	κ	ō
ρν	ε	α	κγ	μη	μβ	ζ	λ	ρμβ	μϑ	ιϑ	ιδ	ιϑ	ι	ō
ρπ	ϛ	α	μ	λδ	κϛ	λγ	ō	ροα	κγ	ια	ε	ια	ō	ō
σι	ζ	α	νζ	κ	ι	νη	λ	ρϙϑ	νζ	β	νϛ	β	ν	ō
σμ	η	β	ιδ	ε	κε	κδ	ō	σκη	λ	νδ	μϛ	νδ	μ	ō
σο	ϑ	β	λ	να	λϑ	μϑ	λ	σνζ	δ	μϛ	λϛ	μϛ	λ	ō
τ	ι	β	μζ	λζ	κδ	ιε	ō	σπε	λη	λη	κη	λη	κ	ō
τλ	ια	γ	δ	κγ	η	μ	λ	τιϑ	λ	λ	ϑ	λ	ε	ō
τξ	ιβ	ιγ	κα	η	νγ	ϛ	ō	τμβ	κβ	κβ	ι	κβ	ō	ō

Ἡμέραι.	ΜΗΚΟΥΣ ΜΟΙΡΑΙ.							ΑΝΩΜΑΛΙΑΣ ΜΟΙΡΑΙ.						
	°	′	″	‴	⁗	′⁗	″⁗	°	′	″	‴	⁗	′⁗	″⁗
α	ō	β	ō	λγ	λα	κη	να	ō	νζ	ζ	μγ	μα	μγ	μ
β	ō	δ	α	ζ	β	νζ	μβ	α	νδ	ιε	κζ	κγ	κζ	κ
γ	ō	ϛ	α	μ	λδ	κϛ	λγ	β	να	κγ	ια	ε	ια	ō
δ	ō	η	β	ιδ	ε	νε	κδ	γ	μη	λ	νδ	μϛ	νδ	μ
ε	ō	ι	β	μζ	λζ	κϑ	ιϛ	δ	με	λη	λη	κη	λη	κ
ϛ	ō	ιβ	γ	κα	η	νγ	ϛ	ε	μβ	μϛ	κϛ	ι	κϛ	ō
ζ	ō	ιδ	γ	νδ	μ	κα	νζ	ϛ	λϑ	νδ	ε	νϛ	ε	μ
η	ō	ιϛ	δ	κη	ια	ν	μκ	ζ	λζ	α	μϑ	λγ	μϑ	κ
ϑ	ō	ιη	ε	α	μγ	ιϑ	λϑ	η	λδ	ϑ	λγ	ιε	λγ	ō
ι	ō	κ	ε	λε	ιδ	μη	λ	ϑ	λα	ιζ	ιϛ	νζ	ιϛ	μ
ια	ō	κβ	ϛ	η	μϛ	ιζ	κα	ι	κη	κε	ō	λϑ	ō	κ
ιβ	ō	κδ	ϛ	μβ	ιζ	μϛ	ιβ	ια	κε	λβ	μδ	κ	μδ	ō
ιγ	ō	κϛ	ζ	ιε	μϑ	ιε	γ	ιβ	κβ	μ	κη	β	κη	μ
ιδ	ō	κη	ζ	μϑ	κ	μγ	νδ	ιγ	ιϑ	μη	ια	μδ	ια	κ
ιε	ō	λ	η	κβ	νβ	ιβ	με	ιδ	ιϛ	νε	νε	κε	νε	ō
ιϛ	ō	λβ	η	νϛ	κγ	μα	λϛ	ιε	ιδ	γ	λϑ	ζ	λϑ	μ
ιζ	ō	λδ	ϑ	κϑ	νε	ι	κζ	ιϛ	ια	ια	κβ	μϑ	κβ	κ
ιη	ō	λϛ	ι	γ	κϛ	λϑ	ιη	ιζ	η	ιϑ	ϛ	λα	ϛ	ō
ιϑ	ō	λη	ι	λϛ	νη	η	ϑ	ιη	ε	κϛ	ν	ιβ	ν	μ
κ	ō	μ	ια	ι	κϑ	λζ	ō	ιϑ	β	λδ	λγ	νδ	λγ	κ
κα	ō	μβ	ια	μδ	α	ε	να	ιϑ	νϑ	μβ	ιζ	λϛ	ιζ	ō
κβ	ō	μδ	ιβ	ιζ	λβ	λδ	μβ	κ	νϛ	ν	α	ιη	α	μ
κγ	ō	μϛ	ιβ	να	δ	γ	λγ	κα	νγ	νζ	μδ	νϑ	μδ	κ
κδ	ō	μη	ιγ	κδ	λε	λβ	κδ	κβ	να	ε	κη	μα	κη	ō
κε	ō	ν	ιγ	νη	ζ	α	ιε	κγ	μη	ιγ	ιβ	κγ	ιβ	μ
κϛ	ō	νβ	ιδ	λα	λη	λ	ϛ	κδ	με	κ	νϛ	δ	νϛ	κ
κζ	ō	νδ	ιε	ε	ε	ϑ	νη	κε	μβ	κη	λϑ	μϛ	λϑ	ō
κη	ō	νϛ	ιε	λη	μα	κε	μη	κϛ	λϑ	λϛ	κγ	κη	κγ	μ
κϑ	ā	νη	ιϛ	ιβ	ιβ	νϛ	λϑ	κζ	λϛ	μδ	ζ	ι	ζ	κ
λ	α	ō	ιϛ	μ	μδ	κε	λ	κη	λγ	να	ν	να	ν	ō

SATURNE.

Mois.	DEGRÉS DE LONGITUDE.							DEGRÉS D'ANOMALIE.						
	d	′	″	‴	⁗	′″″	″″″	d	′	″	‴	⁗	′″″	″″″
30	1	0	16	45	44	25	30	28	33	51	50	51	50	0
60	2	0	33	31	28	51	0	57	7	43	41	43	40	0
90	3	0	50	17	13	16	30	85	41	35	32	35	30	0
120	4	1	7	2	57	42	0	114	15	27	23	27	20	0
150	5	1	23	48	42	7	30	142	49	19	14	19	10	0
180	6	1	40	34	26	33	0	171	23	11	5	11	0	0
210	7	1	57	20	10	58	30	199	57	2	56	2	50	0
240	8	2	14	5	55	24	0	228	30	54	46	54	40	0
270	9	2	30	51	39	49	30	257	4	46	37	46	30	0
300	10	2	47	37	24	15	0	285	38	38	28	38	20	0
330	11	3	4	23	8	40	30	314	12	30	19	30	10	0
360	12	3	21	8	53	6	0	342	46	22	10	22	0	0

Jours.	DEGRÉS DE LONGITUDE.							DEGRÉS D'ANOMALIE.						
	d	′	″	‴	⁗	′″″	″″″	d	′	″	‴	⁗	′″″	″″″
1	0	2	0	33	31	28	51	0	57	7	43	41	43	40
2	0	4	1	7	2	57	42	1	54	15	27	23	27	20
3	0	6	1	40	34	26	33	2	51	23	11	5	11	0
4	0	8	2	14	5	55	24	3	48	30	54	46	54	40
5	0	10	2	47	37	24	15	4	45	38	38	28	38	20
6	0	12	3	21	8	53	6	5	42	46	22	10	22	0
7	0	14	3	54	40	21	57	6	39	54	5	52	5	40
8	0	16	4	28	11	50	48	7	37	1	49	33	49	20
9	0	18	5	1	43	19	39	8	34	9	33	15	33	0
10	0	20	5	35	14	48	30	9	31	17	16	57	16	40
11	0	22	6	8	46	17	21	10	28	25	0	39	0	20
12	0	24	6	42	17	46	12	11	25	32	44	20	44	0
13	0	26	7	15	49	15	3	12	22	40	28	2	27	40
14	0	28	7	49	20	43	54	13	19	48	11	44	11	20
15	0	30	8	22	52	12	45	14	16	55	55	25	55	0
16	0	32	8	56	23	41	36	15	14	3	39	7	38	40
17	0	34	9	29	55	10	27	16	11	11	22	49	22	20
18	0	36	10	3	26	39	18	17	8	19	6	31	6	0
19	0	38	10	36	58	8	9	18	5	26	50	12	49	40
20	0	40	11	10	29	37	0	19	2	34	33	54	33	20
21	0	42	11	44	1	5	51	19	59	42	17	36	17	0
22	0	44	12	17	32	34	42	20	56	50	1	18	0	40
23	0	46	12	51	4	3	33	21	53	57	44	59	44	20
24	0	48	13	24	35	32	24	22	51	5	28	41	28	0
25	0	50	13	58	7	1	15	23	48	13	12	23	11	40
26	0	52	14	31	38	30	6	24	45	20	56	4	55	20
27	0	54	15	5	9	58	57	25	42	28	39	46	39	0
28	0	56	15	38	41	27	48	26	39	36	23	28	22	40
29	0	58	16	12	12	56	39	27	36	44	7	10	6	20
30	1	0	16	45	44	25	30	28	33	51	50	51	50	0

Μήκους ἐπουσία, χηλῶν Μ. δ̄ μα′.   **ΔΙΟΣ.**   Ἀπογείου ἐπουσία, Παρθένου Μ. β̄ θ′.

ΟΚΤΩΚΑΙΔΕΚΑΕΤΗΡΙΔΕΣ. | ΑΝΩΜΑΛΙΑΣ ΕΠΟΥΣΙΑ Μ. ρμζ̄ δ′

Ἔτη	Μ	′	″	‴	⁗	′′′′′	′′′′′′	Μ	′	″	‴	⁗	′′′′′	′′′′′′
ιη	ρπϛ	ϛ	να	να	νγ	λδ	λ	ρξθ	λ	λγ	μδ	κζ	ō	ō
λϛ	ιβ	ιγ	μγ	μγ	μζ	θ	ō	τλθ	α	ξ	κη	νθ	ō	ō
νθ	ρϟη	κ	λε	λε	μ	μγ	λ	ρμη	λα	μα	ιγ	κα	ō	ō
οβ	κδ	κζ	κϛ	κϛ	λδ	ιη	ō	τιη	β	ιδ	νζ	μη	ō	ō
ϟ	σι	λθ	ιθ	ιθ	κζ	νβ	ō	ρκζ	λϛ	μη	μϛ	ιε	ō	ō
ρη	λϛ	μα	ια	ια	κα	κϛ	ō	σϟζ	γ	κϛ	κϛ	μβ	ō	ō
ρκϛ	σκβ	μη	γ	γ	ιε	α	λ	ρϛ	λγ	νϛ	ια	θ	ō	ō
ρμδ	μη	νδ	νδ	νε	η	λϛ	ō	σοϛ	δ	κθ	νε	λϛ	ō	ō
ρξβ	αλε	α	μϛ	μζ	β	ι	λ	πε	λε	γ	μ	γ	ō	ō
ρπ	ξα	η	λη	λη	νε	με	ō	σνε	ε	λζ	κδ	λ	ō	ō
ρϟη	σμζ	ιε	λ	λ	μθ	ιθ	λ	ξδ	λϛ	ια	η	νζ	ō	ō
σιϛ	ογ	κϛ	κϛ	κϛ	μβ	νδ	ō	σλδ	ϛ	μθ	κγ	κδ	ō	ō
σλδ	σνθ	κθ	ιθ	ιθ	λϛ	κη	λ	μγ	λζ	ιη	λζ	να	ā	ō
σνβ	πε	λϛ	ϛ	ϛ	λ	γ	ō	σιγ	ζ	νθ	κβ	ιη	ō	ō
σο	σοα	μϛ	νζ	νη	κγ	λζ	λ	κβ	λη	κϛ	ϛ	με	ō	ō
σπη	ϟζ	μθ	μθ	ν	ιζ	ιβ	ō	ρϟβ	η	νθ	να	ιβ	ō	ō
τϛ	σπγ	νϛ	μα	μβ	ι	μϛ	λ	α	λθ	λγ	λε	λθ	ō	ō
τκδ	ρι	γ	λγ	λθ	δ	κα	ō	ροα	ι	ζ	κ	ϛ	ō	ō
τμβ	σϟϛ	ι	κε	κε	νζ	νε	λ	τμ	μ	μα	δ	λγ	ō	ō
τξ	ρκβ	ιζ	ιζ	ιζ	να	λ	ō	ρν	ια	ιδ	μθ	ō	ō	ō
τοη	τη	κδ	θ	θ	με	δ	λ	τιθ	μα	μη	λγ	κζ	ō	ō
τϟϛ	ρλδ	λα	α	α	λη	λθ	ō	ρκθ	θ	κθ	ιζ	νθ	ō	ō
υιδ	τκ	λζ	νγ	νγ	λβ	ιγ	λ	σϟη	μβ	νϛ	β	κα	ō	ō
υλβ	ρμϛ	μδ	με	με	κϛ	μη	ō	ρη	ιγ	κθ	μϛ	μη	ō	ō
υν	τλδ	να	λϛ	λζ	κθ	κβ	λ	σοϛ	μδ	γ	λα	ιε	ō	ō
υξη	ρνη	νη	κη	κθ	ιθ	νζ	ō	πζ	ιθ	λζ	ιε	μθ	ō	ō
υπϛ	τμε	ε	κ	κα	ϛ	λα	λ	σνϛ	με	ια	ō	θ	ō	ō
φδ	ροα	ιβ	ιβ	ιγ	ō	ϛ	ō	σιδ	μζ	κε	νζ	νζ	ā	ō
φκβ	τνζ	ιθ	δ	δ	νγ	μ	λ	κδ	ιζ	νθ	μβ	κδ	ō	ō
φμ	ρπγ	κϛ	νε	νϛ	μϛ	ιε	ō	ρϟγ	μη	λγ	κϛ	να	ō	ō
φνη	θ	λϛ	μζ	μη	μθ	λϛ	λ	γ	ιθ	ζ	ια	ιη	ō	ō
φοϛ	ρϟε	λθ	λθ	μ	λδ	κδ	ō	ροβ	μθ	μ	νε	μη	ō	ō
φϟδ	κα	μϛ	λα	λϛ	κζ	νη	λ	τμβ	κ	ιδ	μ	ιβ	ō	ō
χιβ	σϛ	νγ	κγ	κδ	κα	λγ	ō	ρνα	ν	μη	κδ	λθ	ō	ō
χλ	λθ	ō	ιε	ιϛ	ιε	ζ	θ	τκα	κα	κβ	θ	ϛ	ō	ō
χμη	σκ	ζ	ζ	η	η	μϛ	ō	ρλ	να	νε	νγ	λγ	ō	ō
χξϛ	μϛ	ιγ	νθ	ō	β	ιϛ	λ	τ	κθ	κθ	λη	ō	ō	ō
χπδ	σλϛ	κ	ν	να	νε	να	ō	ρθ	νγ	γ	κθ	κζ	ō	ō
ψβ	νη	κζ	μβ	μγ	μθ	κε	λ	σοθ	κγ	λζ	ϛ	νδ	ō	ō
ψκ	σνθ	λδ	λδ	λε	μγ	ō	ō	πη	κδ	ι	να	κα	ā	ō
ψλη	ο	μα	κϛ	κζ	λϛ	λδ	λ	σνζ	κδ	μδ	λε	μη	ō	ō
ψνϛ	σνϛ	μη	ιη	ιθ	λ	θ	ō	ξζ	νε	ιη	κ	ιε	ō	ō
ψοδ	πβ	ν	ι	ια	κγ	μγ	ō	[illegible]	[illegible]	[illegible]	[illegible]	[illegible]	ō	ō
ψϟβ	σϛζ	β	β	γ	ιϛ	ιζ	ō	[illegible]	[illegible]	[illegible]	[illegible]	[illegible]	ō	ō
ωι	ϛζ	η	νγ	νε	ι	νϛ	λ	[illegible]	[illegible]	[illegible]	[illegible]	[illegible]	ō	ō

Epoque de la longitude, serres 4ᵈ 41'. — JUPITER. — Epoque de l'apogée, vierge 2ᵈ 9'.

ESPACES DE 18 ANNÉES.							EXCÉDENT POUR L'ANOMALIE, 146ᵈ 4'.						
	186ᵈ	6'	51''	51'''	53''''	34'''''	30''''''	169ᵈ	30'	33''	44'''	27''''	0'''''	0''''''
18	186	6	51	51	53	34	30	169	30	33	44	27	0	0
36	12	13	43	43	47	9	0	339	1	7	28	54	0	0
54	198	20	35	35	40	43	30	148	31	41	13	21	0	0
72	24	27	27	27	34	18	0	318	2	14	57	48	0	0
90	210	34	19	19	27	52	30	127	32	48	42	15	0	0
108	36	41	11	11	21	27	0	297	3	22	26	42	0	0
126	222	48	3	3	15	1	30	106	33	56	11	9	0	0
144	48	54	54	55	8	36	0	276	4	29	55	36	0	0
162	235	1	46	47	2	10	30	85	35	3	40	3	0	0
180	61	8	38	38	55	45	0	255	5	37	24	30	0	0
198	247	15	30	30	49	19	30	64	36	11	8	57	0	0
216	73	22	22	22	42	54	0	234	6	44	53	24	0	0
234	259	29	14	14	36	28	30	43	37	18	37	51	0	0
252	85	36	6	6	30	3	0	213	7	52	22	18	0	0
270	271	42	57	58	23	37	30	22	38	26	6	45	0	0
288	97	49	49	50	17	12	0	192	8	59	51	12	0	0
306	283	56	41	42	10	46	30	1	39	33	35	39	0	0
324	110	3	33	34	4	21	0	171	10	7	20	6	0	0
342	296	10	25	25	57	55	30	340	40	41	4	33	0	0
360	122	17	17	17	51	30	0	150	11	14	49	0	0	0
378	308	24	9	9	45	4	30	319	41	48	33	27	0	0
396	134	31	1	1	38	39	0	129	12	22	17	54	0	0
414	320	37	52	53	32	13	30	298	42	56	2	21	0	0
432	146	44	44	45	25	48	0	108	13	29	46	48	0	0
450	332	51	36	37	19	22	30	277	44	3	31	15	0	0
468	158	58	28	29	12	57	0	87	14	37	15	42	0	0
486	345	5	20	21	6	31	30	256	45	11	0	9	0	0
504	171	12	12	13	0	6	0	66	15	44	44	36	0	0
522	357	19	4	4	53	40	30	235	46	18	29	3	0	0
540	183	25	55	56	47	15	0	45	16	52	13	30	0	0
558	9	32	47	48	40	49	30	214	47	25	57	57	0	0
576	195	39	39	40	34	24	0	24	17	59	42	24	0	0
594	21	46	31	32	27	58	30	193	48	33	26	51	0	0
612	207	53	23	24	21	33	0	3	19	7	11	18	0	0
630	34	0	15	16	15	7	30	172	49	40	55	45	0	0
648	220	7	7	8	8	42	0	342	20	14	40	12	0	0
666	46	13	59	0	2	16	30	151	50	48	24	39	0	0
684	232	20	50	51	55	51	0	321	21	22	9	6	0	0
702	58	27	42	43	49	25	30	130	51	55	53	33	0	0
720	244	34	34	35	43	0	0	300	22	29	38	0	0	0
738	70	41	26	27	36	34	30	109	53	3	22	27	0	0
756	256	48	18	19	30	9	0	279	23	37	6	54	0	0
774	82	55	10	11	23	43	30	88	54	10	51	21	0	0
792	269	2	2	3	17	18	0	257	24	44	35	48	0	0
810	95	8	53	55	10	52	30	67	55	18	20	15	0	0

ΔΙΟΣ.

Ἔτη ἁπλᾶ — ΜΗΚΟΥΣ ΜΟΙΡΑΙ.

Ἔτη ἁπλᾶ	°	′	″	‴	IV	V	VI
α	λ	κ	κβ	νβ	νβ	λη	λε
β	ξ	μ	με	με	με	ιζ	ι
γ	ϟα	α	η	λη	λζ	νε	με
δ	ρκα	κα	λα	λα	λ	λδ	κ
ε	ρνα	μα	νδ	κδ	κγ	ιβ	νε
ϛ	ρπβ	β	ιζ	ιζ	ιε	να	λ
ζ	σιβ	κβ	μ	ι	η	λ	ε
η	σμβ	μγ	γ	γ	α	η	μ
θ	σογ	γ	κε	νε	νγ	μζ	ιε
ι	τγ	κγ	μη	μη	μϛ	κε	ν
ια	τλγ	μδ	ια	μα	λθ	δ	κε
ιβ	δ	δ	λδ	λδ	λα	μγ	ō
ιγ	λδ	κδ	νζ	κζ	κδ	κα	λε
ιδ	ξδ	με	κ	κ	ιζ	ō	ι
ιε	ϟε	ε	μγ	ιγ	θ	λη	με
ιϛ	ρκε	κϛ	ϛ	ϛ	β	ιζ	κ
ιζ	ρνε	μϛ	κη	νη	νδ	νε	νε
ιη	ρπϛ	ϛ	να	να	μζ	λδ	λ

Ἔτη ἁπλᾶ — ΑΝΩΜΑΛΙΑΣ ΜΟΙΡΑΙ.

Ἔτη ἁπλᾶ	°	′	″	‴	IV	V	VI
α	τκθ	κε	α	νβ	κη	ι	ō
β	σϟη	ν	γ	μδ	νϛ	κ	ō
γ	σξη	ιε	ε	λζ	κδ	λ	ō
δ	σλζ	μ	ζ	κθ	νβ	μ	ō
ε	σζ	ε	θ	κβ	κ	ν	ō
ϛ	ροϛ	λ	ια	ιδ	μθ	ō	ō
ζ	ρμε	νε	ιγ	ζ	ιζ	ι	ō
η	ριε	κ	ιδ	νθ	με	κ	ō
θ	πδ	με	ιϛ	νβ	ιγ	λ	ō
ι	νδ	ι	ιη	μδ	μα	μ	ō
ια	κγ	λε	κ	λζ	θ	ν	ō
ιβ	τνγ	ō	κβ	κθ	λη	ō	ō
ιγ	τκβ	κε	κδ	κβ	ϛ	ι	ō
ιδ	σϟα	ν	κϛ	ιδ	λδ	κ	ō
ιε	σξα	ιε	κη	ζ	β	λ	ō
ιϛ	σλ	μ	κθ	νθ	λ	μ	ō
ιζ	σ	ε	λα	να	νη	ν	ō
ιη	ρξθ	λ	λγ	μδ	κζ	ō	ō

Ὧραι — ΜΗΚΟΥΣ ΜΟΙΡΑΙ.

Ὧραι	°	′	″	‴	IV	V	VI
α	ō	ō	ιβ	κη	ϛ	ϛ	νϛ
β	ō	ō	κδ	νϛ	ιβ	ιγ	νβ
γ	ō	ō	λζ	κδ	ιη	κ	μη
δ	ō	ō	μθ	νβ	κδ	κζ	με
ε	ō	α	β	κ	λ	λδ	μα
ϛ	ō	α	ιδ	μη	λϛ	μα	λζ
ζ	ō	α	κζ	ιϛ	μβ	μη	λδ
η	ō	α	λθ	μδ	μη	νε	λ
θ	ō	α	νβ	ιβ	νε	β	κϛ
ι	ō	β	δ	μα	α	θ	κβ
ια	ō	β	ιζ	θ	ζ	ιϛ	ιθ
ιβ	ō	β	κθ	λζ	ιγ	κγ	ιε
ιγ	ō	β	μβ	ε	ιθ	λ	ια
ιδ	ō	β	νδ	λγ	κε	λζ	η
ιε	ō	γ	ζ	α	λα	μδ	δ
ιϛ	ō	γ	ιθ	κθ	λζ	να	ō
ιζ	ō	γ	λα	νζ	μγ	νζ	νϛ
ιη	ō	γ	μδ	κε	ν	δ	νγ
ιθ	ō	γ	νϛ	νγ	νϛ	ια	μθ
κ	ō	δ	θ	κβ	β	ιη	με
κα	ō	δ	κα	ν	η	κε	μβ
κβ	ō	δ	λδ	ιη	ιδ	λϛ	λη
κγ	ō	δ	μϛ	μϛ	κ	λθ	λδ
κδ	ō	δ	νθ	ιδ	κϛ	μϛ	λα

Ὧραι — ΑΝΩΜΑΛΙΑΣ ΜΟΙΡΑΙ.

Ὧραι	°	′	″	‴	IV	V	VI
α	ō	β	ιε	κδ	λϛ	νϛ	ε
β	ō	δ	λ	με	ιγ	νϛ	ι
γ	ō	ϛ	μϛ	ζ	ν	μη	ιε
δ	ō	θ	α	λ	κζ	μθ	κ
ε	ō	ια	ιϛ	νγ	δ	μ	κε
ϛ	ō	ιγ	λβ	ιϛ	μα	λϛ	λ
ζ	ō	ιε	μζ	λη	ιη	λϛ	λε
η	ō	ιζ	γ	ō	νε	κη	μ
θ	ō	κ	ιη	κγ	λβ	κδ	με
ι	ō	κβ	λγ	μϛ	θ	ιϛ	ν
ια	ō	κδ	μθ	θ	μϛ	ιϛ	νε
ιβ	ō	κζ	δ	λα	κγ	ιϛ	ō
ιγ	ō	κθ	ιθ	νδ	ō	θ	ε
ιδ	ō	λα	λε	ιϛ	λζ	ε	ι
ιε	ō	λγ	ν	λθ	ιδ	α	ιε
ιϛ	ō	λϛ	ϛ	α	ν	νζ	κ
ιζ	ō	λη	κα	κδ	κζ	νγ	κε
ιη	ō	μ	λϛ	μϛ	δ	μθ	λ
ιθ	ō	μβ	νβ	θ	μα	με	λε
κ	ō	με	ζ	λα	ιη	μα	μ
κα	ō	μζ	κβ	νδ	νε	λϛ	με
κβ	ō	μθ	λη	ιϛ	λβ	λγ	ν
κγ	ō	να	νγ	λθ	θ	κθ	νε
κδ	ō	νδ	θ	β	μϛ	κϛ	ō

JUPITER.

Années simples	DEGRÉS DE LONGITUDE							DEGRÉS D'ANOMALIE						
	d	'	"	'''	''''	'''''	''''''	d	'	"	'''	''''	'''''	''''''
1	30	20	22	52	52	38	35	329	25	1	52	28	10	0
2	60	40	45	45	45	17	10	298	50	3	44	56	20	0
3	91	1	8	38	38	55	45	268	15	5	37	24	30	0
4	121	21	31	31	31	34	20	237	40	7	29	52	40	0
5	151	41	54	24	24	12	55	207	5	9	22	20	50	0
6	182	2	17	17	17	51	30	176	30	11	14	49	0	0
7	212	22	40	10	10	30	5	145	55	13	7	17	10	0
8	242	43	3	3	3	8	40	115	20	14	59	45	20	0
9	273	3	25	56	56	47	15	84	45	16	52	13	30	0
10	303	23	48	48	49	25	50	54	10	18	44	41	40	0
11	333	44	11	41	42	4	25	23	35	20	37	9	50	0
12	4	4	34	34	35	43	0	353	0	22	29	38	0	0
13	34	24	57	27	28	21	35	322	25	24	22	6	10	0
14	64	45	20	20	21	0	10	291	50	26	14	34	20	0
15	95	5	43	13	14	38	45	261	15	28	7	2	30	0
16	125	26	6	6	7	17	20	230	40	29	59	30	40	0
17	155	46	28	59	0	55	55	200	5	31	51	58	50	0
18	186	6	51	51	53	34	30	169	30	33	44	27	0	0

Heures	DEGRÉS DE LONGITUDE							DEGRÉS D'ANOMALIE						
	d	'	"	'''	''''	'''''	''''''	d	'	"	'''	''''	'''''	''''''
1	0	0	12	28	6	6	56	0	2	15	22	36	56	5
2	0	0	24	56	12	13	52	0	4	30	45	13	52	10
3	0	0	37	24	18	20	48	0	6	46	7	50	48	15
4	0	0	49	52	24	27	45	0	9	1	30	27	44	20
5	0	1	2	20	30	34	41	0	11	16	53	4	40	25
6	0	1	14	48	36	41	37	0	13	32	15	41	36	30
7	0	1	27	16	42	48	34	0	15	47	38	18	32	35
8	0	1	39	44	48	55	30	0	18	3	0	55	28	40
9	0	1	52	12	55	2	26	0	20	18	23	32	24	45
10	0	2	4	41	1	9	22	0	22	33	46	9	20	50
11	0	2	17	9	7	16	19	0	24	49	8	46	16	55
12	0	2	29	37	13	23	15	0	27	4	31	23	13	0
13	0	2	42	5	19	30	11	0	29	19	54	0	9	5
14	0	2	54	33	25	37	8	0	31	35	16	37	5	10
15	0	3	7	1	31	44	4	0	33	50	59	14	1	15
16	0	3	19	29	37	51	0	0	36	6	1	50	57	20
17	0	3	31	57	43	57	56	0	38	21	24	27	53	25
18	0	3	44	25	50	4	53	0	40	36	47	4	49	30
19	0	3	56	53	56	11	49	0	42	52	9	41	45	35
20	0	4	9	22	2	18	45	0	45	7	32	18	41	40
21	0	4	21	50	8	25	42	0	47	22	54	55	37	45
22	0	4	34	18	14	32	38	0	49	38	17	32	33	50
23	0	4	46	46	20	39	34	0	51	53	40	9	29	55
24	0	4	59	14	26	46	31	0	54	9	2	46	26	0

ΔΙΟΣ.

Μῆνες.	ΜΗΚΟΥΣ ΜΟΙΡΑΙ.							ΑΝΩΜΑΔΙΑΣ ΜΟΙΡΑΙ.						
λ	β	κθ′	λζ″	ιγ‴	κγ⁗	ιε′′′′′	λ′′′′′′	κζ	δ′	λα″	κγ‴	ιγ⁗	ō′′′′′	ō′′′′′′
ξ	δ	νθ	ιδ	κϛ	μϛ	λα	ō	νδ	θ	β	μϛ	κϛ	ō	ō
ϙ	ζ	κη	να	μ	θ	μϛ	λ	πα	ιγ	λδ	θ	λθ	ō	ō
ρκ	θ	νη	κη	νγ	λγ	β	ō	ρη	ιη	ε	λβ	νβ	ō	ō
ρν	ιβ	κη	ϛ	ϛ	νϛ	ιζ	λ	ρλε	κβ	λϛ	νϛ	ε	ō	ō
ρπ	ιδ	νζ	μγ	κ	ιθ	λγ	ō	ρξβ	κζ	η	ιθ	ιη	ō	ō
σι	ιζ	κζ	κ	λγ	μβ	μη	λ	ρπθ	λα	λθ	μβ	λα	ō	ō
σμ	ιθ	νϛ	νζ	μζ	ϛ	δ	ō	σιϛ	λϛ	ια	ε	μδ	ō	ō
σο	κβ	κϛ	λε	ō	κθ	ιθ	λ	σμγ	μ	μβ	κη	νζ	ō	ō
τ	κδ	νϛ	ιβ	ιγ	νβ	λε	ō	σο	με	ιγ	νβ	ι	ō	ō
τλ	κζ	κε	μθ	κζ	ιε	ν	λ	σϙζ	μθ	με	ιε	κγ	ō	ō
τξ	κθ	νε	κϛ	μ	λθ	ϛ	ō	τκδ	νδ	ιϛ	λη	λϛ	ō	ō

Ἡμέραι.	ΜΗΚΟΥΣ ΜΟΙΡΑΙ.							ΑΝΩΜΑΛΙΑΣ ΜΟΙΡΑΙ.						
α	ō	δ′	νθ″	ιδ‴	κϛ⁗	μϛ′′′′′	λα′′′′′′	ō	νδ′	θ″	β‴	μϛ⁗	κϛ′′′′′	ō′′′′′′
β	ō	θ	νη	κη	νγ	λγ	β	α	μη	ιη	ε	λβ	νβ	ō
γ	ō	ιδ	νζ	μγ	κ	ιθ	λγ	β	μβ	κζ	η	ιθ	ιη	ō
δ	ō	ιθ	νϛ	νζ	μζ	ϛ	δ	γ	λϛ	λϛ	ια	ε	μδ	ō
ε	ō	κδ	νϛ	ιβ	ιγ	νβ	λε	δ	λ	με	ιγ	νβ	ι	ō
ϛ	ō	κθ	νε	κϛ	μ	λθ	ϛ	ε	κδ	νδ	ιϛ	λη	λϛ	ō
ζ	ō	λδ	νδ	μα	ζ	κε	λζ	ϛ	ιθ	γ	ιθ	κε	β	ō
η	ō	λθ	νγ	νε	λδ	ιβ	η	ζ	ιγ	ιβ	κβ	ια	κη	ō
θ	ō	μδ	νγ	ι	ō	νη	λθ	η	ζ	κα	κδ	νζ	νδ	ō
ι	ō	μθ	νβ	κδ	κζ	με	ι	θ	α	λ	κζ	μδ	κ	ō
ια	ō	νδ	να	λη	νδ	λα	μα	θ	νε	λθ	λ	λ	μϛ	ō
ιβ	ō	νθ	ν	νγ	κα	ιη	ιβ	ι	μθ	μη	λγ	ιζ	ιβ	ō
ιγ	α	δ	ν	ζ	μη	δ	μγ	ια	μγ	νζ	λϛ	γ	λη	ō
ιδ	α	θ	μθ	κβ	ιδ	να	ιδ	ιβ	λη	ϛ	λη	ν	δ	ō
ιε	α	ιδ	μη	λϛ	μα	λζ	με	ιγ	λβ	ιε	μα	λϛ	λ	ō
ιϛ	α	ιθ	μζ	να	η	κδ	ιϛ	ιδ	κϛ	κδ	μδ	κβ	νϛ	ō
ιζ	α	κδ	μζ	ε	λε	ι	μζ	ιε	κ	λγ	μζ	θ	κβ	ō
ιη	α	κθ	μϛ	κ	α	νζ	ιη	ιϛ	ιδ	μβ	μθ	νε	μη	ō
ιθ	α	λδ	με	λδ	κη	μγ	μθ	ιζ	η	να	νβ	μβ	ιδ	ō
κ	α	λθ	μδ	μη	νε	λ	κ	ιη	γ	ō	νε	κη	μ	ō
κα	α	μδ	μδ	γ	κβ	ιϛ	να	ιη	νζ	θ	νη	ιε	ϛ	ō
κβ	α	μθ	μγ	ιζ	μθ	γ	κβ	ιθ	να	ιθ	α	α	λβ	ō
κγ	α	νδ	μβ	λβ	ιε	μθ	νγ	κ	με	κη	γ	μζ	νη	ō
κδ	α	νθ	μα	μϛ	μβ	λϛ	κδ	κα	λθ	λζ	ϛ	λδ	κδ	ō
κε	β	δ	μα	α	θ	κβ	νε	κβ	λγ	μϛ	θ	κ	ν	ō
κϛ	β	θ	μ	ιε	λϛ	θ	κϛ	κγ	κζ	νε	ιβ	ζ	ιϛ	ō
κζ	β	ιδ	λθ	λ	β	νε	νζ	κδ	κβ	δ	ιδ	νγ	μβ	ō
κη	β	ιθ	λη	μδ	κθ	μβ	κη	κε	ιϛ	ιγ	ιζ	μ	η	ō
κθ	β	κδ	λζ	νη	νϛ	κη	νθ	κϛ	ι	κβ	κ	κϛ	λδ	ō
λ	β	κθ	λζ	ιγ	κγ	ιε	λ	κζ	δ	λα	κγ	ιγ	ō	ō

JUPITER.

Mois.	DEGRÉS DE LONGITUDE.							DEGRÉS D'ANOMALIE.						
	^{d}	$'$	$''$	$'''$	$''''$	$'''''$	$''''''$	^{d}	$'$	$''$	$'''$	$''''$	$'''''$	$''''''$
30	2	29	37	13	23	15	30	27	4	31	23	13	0	0
60	4	59	14	26	46	31	0	54	9	2	46	26	0	0
90	7	28	51	40	9	46	33	81	13	34	9	39	0	0
120	9	58	28	53	33	2	0	108	18	5	32	52	0	0
150	12	28	6	6	56	17	30	135	22	36	56	5	0	0
180	14	57	43	20	19	33	0	162	27	8	19	18	0	0
210	17	27	20	33	42	48	30	180	31	39	42	31	0	0
240	19	56	57	47	6	4	0	216	36	11	5	44	0	0
270	22	26	35	0	29	19	30	243	40	42	28	57	0	0
300	24	56	12	13	52	35	0	270	45	13	52	10	0	0
330	27	25	49	27	15	50	30	297	49	45	15	23	0	0
360	29	55	26	40	39	6	0	324	54	16	38	36	0	0

Jours.	DEGRÉS DE LONGITUDE.							DEGRÉS D'ANOMALIE.						
	^{d}	$'$	$''$	$'''$	$''''$	$'''''$	$''''''$	^{d}	$'$	$''$	$'''$	$''''$	$'''''$	$''''''$
1	0	4	59	14	26	46	31	0	54	9	2	46	26	0
2	0	9	58	28	53	33	2	1	48	18	5	32	52	0
3	0	14	57	43	20	19	33	2	42	27	8	19	18	0
4	0	19	56	57	47	6	4	3	36	36	11	5	44	0
5	0	24	56	12	13	52	35	4	30	45	13	52	10	0
6	0	29	55	26	40	39	6	5	24	54	16	38	36	0
7	0	34	54	41	7	25	37	6	19	3	19	25	2	0
8	0	39	53	55	34	12	8	7	13	12	22	11	28	0
9	0	44	53	10	0	58	39	8	7	21	24	57	54	0
10	0	49	52	24	27	45	10	9	1	30	27	44	20	0
11	0	54	51	38	54	31	41	9	55	39	30	39	46	0
12	0	59	50	53	21	18	12	10	49	48	33	17	12	0
13	1	4	50	7	48	4	42	11	43	57	36	3	38	0
14	1	9	49	22	14	51	14	12	38	6	38	50	4	0
15	1	14	48	36	41	37	45	13	32	15	41	36	30	0
16	1	19	47	51	8	24	16	14	26	24	44	22	56	0
17	1	24	47	5	35	10	47	15	20	33	47	9	22	0
18	1	29	46	20	1	57	18	16	14	42	49	55	48	0
19	1	34	45	34	28	43	49	17	8	51	52	42	14	0
20	1	39	44	48	55	30	20	18	3	0	55	18	40	0
21	1	44	44	3	22	16	51	18	57	9	58	15	6	0
22	1	49	43	17	49	3	22	19	51	19	1	1	32	0
23	1	54	42	32	15	49	53	20	45	28	3	47	58	0
24	1	59	41	46	42	36	24	21	39	37	6	34	24	0
25	2	4	41	1	9	22	55	22	33	46	9	20	50	0
26	2	9	40	15	36	9	26	23	27	55	12	7	16	0
27	2	14	39	30	2	55	57	24	22	4	14	53	42	0
28	2	19	38	44	29	42	28	25	16	13	17	40	8	0
29	2	24	37	58	56	28	59	26	10	22	20	26	34	0
30	2	29	37	13	23	15	30	27	4	31	23	13	0	0

Μήκους ἐπουσία, κριοῦ Μ. $\overline{\gamma}$ λϛ'.   **ΑΡΕΩΣ.**   Ἀπογείου ἐπουσία, καρκίνου Μ. ιϛ μ'.

ΟΚΤΟΚΑΙΔΕΚΑΕΤΗΡΙΔΕΣ.

	′	‴	⁗	⁗′	⁗″	⁗‴
ιη	σγ	δ	κ	ιζ	λθ	μγ	λ
λς	μς	η	μ	λε	θ	κζ	ō
νθ	σμθ	ιγ	ō	νβ	μδ	ι	λ
οβ	ζϛ	ιζ	κα	ι	ιη	νδ	ō
δ	σοε	κα	μα	κζ	νγ	λζ	λ
ρη	ρλη	κϛ	α	με	κη	κα	ō
ρκϛ	τμα	λ	κϛ	γ	γ	δ	λ
ρμθ	ρπϛ	λδ	μϛ	κ	λζ	μη	ō
ρξϛ	κϛ	λθ	β	λη	ιϛ	λα	λ
ρπ	σλ	μγ	κϛ	νε	μζ	ιε	ō
ρϟη	ογ	μϛ	μγ	ιγ	κα	νη	λ
σιϛ	σοϛ	νϛ	γ	λ	νϛ	μϛ	ō
σλδ	ριθ	νϛ	κγ	μη	λα	κε	λ
σνβ	τκγ	ō	μδ	ϛ	ϛ	θ	ō
σο	ρξϛ	ε	θ	κγ	μ	νβ	λ
σπη	θ	θ	κδ	μα	ιε	λϛ	ō
τϛ	σιβ	ιγ	μδ	νη	ν	ιθ	λ
τκδ	νε	ιη	ε	ιϛ	κε	γ	ō
τμβ	σνη	κβ	κε	λγ	νθ	μϛ	λ
τξ	ρα	κϛ	με	να	λδ	ō	ō
τοη	τθ	λα	ϛ	θ	θ	ιγ	λ
τϟϛ	ρμζ	λε	κϛ	κϛ	μγ	νζ	ō
υιδ	τν	λθ	μϛ	μδ	ιη	μ	λ
υλβ	ρϟγ	μδ	ζ	α	νγ	κδ	ō
υν	λϛ	μη	κζ	ιθ	κη	ζ	λ
υξη	σλθ	νβ	μζ	λϛ	β	να	ō
υπϛ	πϛ	νζ	ζ	νδ	λζ	λδ	λ
φδ	σπϛ	α	κη	ιβ	ιβ	ιη	ō
φκβ	ρκθ	ε	μη	κθ	μζ	α	λ
φμ	τλϛ	ι	η	μζ	κα	με	ō
φνη	ροε	ιδ	κθ	δ	νϛ	κη	λ
φοϛ	ιη	ιη	μθ	κβ	λα	ιϛ	ō
φϟδ	σκδ	κγ	θ	μ	ε	νε	λ
χιβ	ξδ	κζ	κθ	νϛ	μ	λθ	ō
χλ	αξζ	λα	ν	ιε	ιε	κβ	λ
χμη	ρι	λϛ	ι	λβ	ν	ϛ	ō
χξϛ	τιγ	μ	λ	ν	κδ	μθ	λ
χπδ	ρνζ	μδ	να	ζ	νθ	λγ	ō
ψβ	τνθ	μθ	ια	κε	λδ	ιϛ	λ
ψκ	σϛ	νγ	λα	μγ	θ	ō	ō
ψλη	με	νζ	νβ	ō	μγ	μγ	λ
ψνϛ	σμθ	β	ιϛ	ιη	ιη	κζ	ō
ψοδ	ζϛ	ϛ	λϛ	λε	νγ	ι	λ
ψϟϛ	σλε	ι	νϛ	νγ	κζ	νδ	ō
ωϛ	ρλθ	ιε	ιγ	ια	β	λζ	λ

ΑΝΩΜΑΛΙΑΣ ΕΠΟΥΣΙΑ, Μ. τκζ ιγ'.

′	″	‴	⁗	⁗′	⁗″	
ρνδ	λγ	ε	ιη	μϛ	να	ō
τε	ϛ	ι	λζ	λα	μϛ	ō
ϟζ	λθ	ιε	νϛ	ιζ	λγ	ō
σν	ιβ	κα	ιε	γ	κδ	ō
μθ	με	κϛ	λγ	μθ	ιε	ō
ρμϛ	ιη	λα	νβ	λε	ϛ	ō
τμϛ	να	λζ	ια	κ	νϛ	ō
ρμ	κθ	μϛ	λ	ϛ	μη	ō
σηϛ	νζ	μζ	μη	νβ	λθ	ō
πε	λ	νγ	ζ	λη	λ	ō
σλη	γ	νη	κϛ	κδ	κα	ō
λ	λζ	γ	με	ι	ιβ	ō
ρπγ	ι	θ	γ	νϛ	γ	ō
τλε	μγ	ιθ	κβ	μα	νδ	ō
ρκη	ιϛ	ιθ	μα	κϛ	με	ō
σπ	μθ	κϛ	ō	ιγ	λϛ	ō
ογ	κβ	λ	ιη	νθ	κϛ	ō
σκε	νε	λε	λζ	με	ιη	ō̄
ιη	κη	μ	νϛ	λα	θ	ō
ροα	α	μϛ	ιε	ιζ	ō	ō
τκγ	λδ	να	λδ	β	να	ō
ρι-	ζ	νϛ	νβ	μη	μθ	ō
σξη	μκ	β	ια	λδ	λγ	ō
ξα	ιδ	ζ	λ	κ	κδ	ō
σιγ	μζ	ιβ	μθ	ϛ	ιε	ō
ϛ	κ	ιη	ζ	νβ	ϛ	ō
ρνη	νγ	κγ	κϛ	λζ	νζ	ō
τια	κϛ	κη	με	κγ	μη	ō
ρϟγ	νθ	λδ	δ	θ	λθ	ō
ονϛ	λϛ	λθ	κβ	νε	λ	ō
μθ	ε	μδ	μκ	μα	κα	ō
σα	λη	ν	ō	κζ	ιϛ	ō
τνδ	ια	νε	ιθ	ιγ	γ	ō
ρμϛ	με	ō	λϛ	νη	νδ	ō
σϟθ	ιη	ε	νϛ	μδ	με	ō
ϟα	να	ια	ιε	λ	λϛ	ō
σμδ	κδ	ιϛ	λδ	ιϛ	κζ	ō
λϛ	νζ	κα	νγ	β	ιη	ō
ρπθ	λ	κζ	ια	μη	θ	ō
τμβ	γ	λβ	λ	λδ	ō	ō
ρλδ	λϛ	λζ	μθ	ιθ	να	ō
σπζ	θ	μγ	η	ε	μβ	ō
οθ	μβ	μη	κϛ	να	λγ	ō
σλβ	ιε	νγ	με	λζ	κδ	ō
νθ	δ	κγ	ε	ιε	ō

Epoque de la longitude, bélier 3ᵈ 32′. **MARS.** Epoque de l'apogée, cancer 16ᵈ 40′.

	ESPACES DE 18 ANNÉES.							EXCÉDENT POUR L'ANOMALIE, 327ᵈ 13′.						
	d	′	″	‴	⁗	′′′′′	′′′′′′	d	′	″	‴	⁗	′′′′′	′′′′′′
18	203	4	20	17	34	43	30	152	33	5	18	45	51	0
36	46	8	40	35	9	27	0	305	6	10	37	31	42	0
54	249	13	0	52	44	10	30	97	39	15	56	17	33	0
72	92	17	21	10	18	54	0	250	12	21	15	3	24	0
90	295	21	41	27	53	37	30	42	45	26	33	49	15	0
108	138	26	1	45	28	21	0	195	18	31	52	35	6	0
126	341	30	22	3	3	4	30	347	51	37	11	20	57	0
144	184	34	42	20	37	48	0	140	24	42	30	6	48	0
162	27	39	2	38	12	31	30	292	57	47	48	52	39	0
180	230	43	22	55	47	15	0	85	30	53	7	38	30	0
198	73	47	43	13	21	58	30	238	3	58	26	24	21	0
216	276	52	3	30	56	42	0	30	37	3	45	10	12	0
234	119	56	23	48	31	25	30	183	10	9	3	56	3	0
252	323	0	44	6	6	9	0	335	43	14	22	41	54	0
270	166	5	4	23	40	52	30	128	16	19	41	27	45	0
288	9	9	24	41	15	36	0	280	49	25	0	13	36	0
306	212	13	44	58	50	19	30	73	22	30	18	59	27	0
324	55	18	5	16	25	3	0	225	55	35	37	45	18	0
342	258	22	25	33	59	46	30	18	28	40	56	31	9	0
360	101	26	45	51	34	30	0	171	1	46	15	17	0	0
378	304	31	6	9	9	13	30	323	34	51	34	2	51	0
396	147	35	26	26	43	57	0	116	7	56	52	48	42	0
414	350	39	46	44	18	40	30	268	41	2	11	34	33	0
432	193	44	7	1	53	24	0	61	14	7	30	20	24	0
450	36	48	27	19	28	7	30	213	47	12	49	6	15	0
468	239	52	47	37	2	51	0	6	20	18	7	52	6	0
486	82	57	7	54	37	34	30	158	53	23	26	37	57	0
504	286	1	28	12	12	18	0	311	26	28	45	23	48	0
522	129	5	48	29	47	1	30	103	59	34	4	9	39	0
540	332	10	8	47	21	45	0	256	32	39	22	55	30	0
558	175	14	29	4	56	28	30	49	5	44	41	41	21	0
576	18	18	49	22	31	12	0	201	38	50	0	27	12	0
594	221	23	9	40	5	55	30	354	11	55	19	13	3	0
612	64	27	29	57	40	39	0	146	45	0	37	58	54	0
630	267	31	50	15	15	22	30	299	18	5	56	44	45	0
648	110	36	10	32	50	6	0	91	51	11	15	30	36	0
666	313	40	30	50	24	49	30	244	24	16	34	16	27	0
684	156	44	51	7	59	33	0	36	57	21	53	2	18	0
702	359	49	11	25	34	16	30	189	30	27	11	48	9	0
720	202	53	31	43	9	0	0	342	3	32	30	34	0	0
738	45	57	52	0	43	43	30	134	36	37	49	19	51	0
756	249	2	12	18	18	27	0	287	9	43	8	5	42	0
774	92	6	32	35	53	10	30	79	42	48	26	51	33	0
792	295	10	52	53	27	54	0	232	15	53	45	37	24	0
810	138	15	13	11	2	37	30	24	48	59	4	23	15	0

ΑΡΕΩΣ.

Ἔτη ἁπλᾶ	ΜΗΚΟΥΣ ΜΟΙΡΑΙ							ΑΝΩΜΑΛΙΑΣ ΜΟΙΡΑΙ						
	°	′	″	‴	⁗	⁗′	⁗″	°	′	″	‴	⁗	⁗′	⁗″
α	ρϟα	ιϛ	νδ	κζ	λη	λε	με	ρξη	κη	λ	ιζ	μϛ	λϛ	ν
β	κβ	λγ	μη	νε	ιζ	ια	λ	τλϛ	νζ	ō	λε	κε	ε	μ
γ	σιγ	ν	μγ	κϛ	νε	μζ	ιε	ρμε	κε	λ	νγ	ζ	λη	λ
δ	με	ζ	λζ	ν	λδ	κγ	ō	τιγ	νδ	α	ι	ν	ια	κ
ε	σλϛ	κδ	λϛ	ιη	ϛ	νη	με	ρκϛ	κϛ	λα	κη	λϛ	μδ	ι
ϛ	ξζ	μα	κϛ	με	να	λδ	λ	σϟ	να	α	μϛ	ιε	ιζ	ō
ζ	σνη	νη	κα	ιγ	λ	ι	ιε	ϟθ	ιθ	λϛ	γ	νζ	μθ	ν
η	ϟ	ιε	ιε	μα	η	μϛ	ō	σξζ	μη	β	κα	μ	κϛ	μ
θ	σπα	λβ	ι	η	μζ	κα	με	οϛ	ιϛ	λϛ	λθ	κϛ	νε	λ
ι	ριβ	μθ	δ	λϛ	κε	νζ	λ	σμδ	με	β	νζ	ε	κη	κ
ια	τδ	ε	νθ	δ	θ	λγ	ιε	νγ	ιγ	λγ	ιδ	μη	α	ι
ιβ	ρλε	κβ	νγ	λα	μγ	θ	ᾱ	σκα	μβ	γ	λϛ	λ	λδ	ō
ιγ	τκϛ	λθ	μζ	νθ	κα	μδ	με	λ	ι	λγ	ν	ιγ	ϛ	ν
ιδ	ρνζ	νϛ	μϛ	κζ	ō	κ	λ	ρϟη	λθ	δ	ζ	νε	λθ	μ
ιε	τμθ	ιγ	λϛ	νδ	λη	νϛ	ιε	ζ	ζ	λδ	κε	λη	ιϛ	λ
ιϛ	ρπ	λ	λα	κϛ	ιζ	λϛ	ō	ροε	λϛ	δ	μγ	κ	με	κ
ιζ	ια	μζ	κε	μθ	νϛ	ζ	με	τμδ	δ	λε	α	γ	ιη	ι
ιη	σγ	δ	κ	ιϛ	λδ	μγ	λ	ρνβ	λγ	ε	ιη	με	να	ō

Ὧραι	ΜΗΚΟΥΣ ΜΟΙΡΑΙ							ΑΝΩΜΑΛΙΑΣ ΜΟΙΡΑΙ						
	°	′	″	‴	⁗	⁗′	⁗″	°	′	″	‴	⁗	⁗′	⁗″
α	ō	α	ιη	λϛ	λϛ	ιδ	λη	ō	α	θ	ιδ	ι	μη	κϛ
β	ō	β	λζ	ιγ	δ	κθ	ζ	ō	β	ιη	κη	κα	λϛ	μδ
γ	ō	γ	νε	μθ	λϛ	μγ	νϛ	ō	γ	κζ	μβ	λβ	κε	ζ
δ	ō	ε	ιδ	κϛ	η	νη	λε	ō	δ	λϛ	νϛ	μγ	ιγ	κθ
ε	ō	ϛ	λγ	β	μα	ιγ	ιδ	ō	ε	μϛ	ι	νδ	α	νβ
ϛ	ō	ζ	να	λθ	ιγ	κζ	νγ	ō	ϛ	νε	κε	δ	ν	ιδ
ζ	ō	θ	ι	ιε	με	μβ	λϛ	ō	η	δ	λθ	ιε	λη	λϛ
η	ō	ι	κη	νβ	ιζ	νζ	ια	ō	θ	ιγ	νγ	κϛ	κϛ	νθ
θ	ō	ια	μζ	κη	ν	ια	μθ	ō	ι	κγ	ζ	λζ	ιε	κα
ι	ō	ιγ	ϛ	ε	κβ	κϛ	κη	ō	ια	λβ	κα	μη	γ	μδ
ια	ō	ιδ	κδ	μα	νδ	μα	ζ	ō	ιβ	μα	λε	νη	νβ	ϛ
ιβ	ō	ιε	μγ	ιη	κϛ	νε	μϛ	ō	ιγ	ν	ν	θ	μ	κθ
ιγ	ō	ιζ	α	νδ	νθ	ι	κε	ō	ιε	ō	δ	κ	κη	να
ιδ	ō	ιη	κ	λα	λα	κε	δ	ō	ιϛ	θ	ιη	λα	ιζ	ιγ
ιε	ō	ιθ	λθ	η	γ	λθ	μγ	ō	ιζ	ιη	λβ	μβ	ε	λϛ
ιϛ	ō	κ	νζ	μδ	λε	νδ	κβ	ō	ιη	κζ	μϛ	νβ	νδ	νη
ιζ	ō	κβ	ιϛ	κα	η	θ	ō	ō	ιθ	λζ	α	γ	μβ	κα
ιη	ō	κγ	λδ	νϛ	μ	κγ	λθ	ō	κ	μϛ	ιε	ιδ	λ	μγ
ιθ	ō	κδ	νγ	λδ	ιβ	λη	ιη	ō	κα	νε	κθ	κε	ιθ	ε
κ	ō	κϛ	ιβ	ι	μδ	νγ	νζ	ō	κγ	δ	μγ	λϛ	ζ	κη
κα	ō	κζ	λ	μζ	ιζ	ζ	λϛ	ō	κδ	ιγ	νζ	μϛ	νε	ν
κβ	ō	κη	μθ	κγ	μθ	κβ	ιε	ō	κε	κγ	ια	νζ	μδ	ιγ
κγ	ō	λ	η	ō	κα	λϛ	νδ	ō	κϛ	λβ	κϛ	η	λβ	λε
κδ	ō	λα	κϛ	λϛ	νγ	να	λγ	ō	κζ	μα	μ	ιθ	κ	νη

MARS.

Années simples.	DEGRÉS DE LONGITUDE.							DEGRÉS D'ANOMALIE.						
1	191^d	16′	54″	27‴	38⁗	35″‴	45‴‴	168^d	28′	30″	17‴	42⁗	32″‴	50‴‴
2	22	33	48	55	17	11	30	336	57	0	35	25	5	40
3	213	50	43	22	55	47	15	145	25	30	53	7	38	30
4	45	7	37	50	34	23	0	313	54	1	10	50	11	20
5	236	24	32	18	12	58	45	122	22	31	28	32	44	10
6	67	41	26	45	51	34	30	290	51	1	46	15	17	0
7	258	58	21	13	30	10	15	99	19	32	3	57	49	50
8	90	15	15	41	8	46	0	267	48	2	21	40	22	40
9	281	32	10	8	47	21	45	76	16	32	39	22	55	30
10	112	49	4	36	25	57	30	244	45	2	57	5	28	20
11	304	5	59	4	4	33	15	53	13	33	14	48	1	10
12	135	22	53	31	43	9	0	221	42	3	32	30	34	0
13	326	39	47	59	21	44	45	30	10	33	50	13	6	50
14	157	56	42	27	0	20	30	198	39	4	7	55	39	40
15	349	13	36	54	38	56	15	7	7	34	25	38	12	30
16	180	30	31	22	17	32	0	175	36	4	43	20	45	20
17	11	47	25	49	56	7	45	344	4	35	1	3	18	10
18	203	4	20	17	34	43	30	152	33	5	18	45	51	0

Heures.	DEGRÉS DE LONGITUDE.							DEGRÉS D'ANOMALIE.						
1	0^d	1′	18″	36‴	32⁗	14″‴	38‴‴	0^d	1′	9″	14‴	10⁗	48″‴	22‴‴
2	0	2	37	13	4	29	17	0	2	18	28	21	36	44
3	0	3	55	49	36	43	56	0	3	27	42	32	25	7
4	0	5	14	26	8	58	35	0	4	36	56	43	13	29
5	0	6	33	2	41	13	14	0	5	46	10	54	1	52
6	0	7	51	39	13	27	53	0	6	55	25	4	50	14
7	0	9	10	15	45	42	32	0	8	4	39	15	38	36
8	0	10	28	52	17	57	11	0	9	13	53	26	26	59
9	0	11	47	28	50	11	49	0	10	23	7	37	15	21
10	0	13	6	5	22	26	28	0	11	32	21	48	3	44
11	0	14	24	41	54	41	7	0	12	41	35	58	52	6
12	0	15	43	18	26	55	46	0	13	50	50	9	40	29
13	0	17	1	54	59	10	25	0	15	0	4	20	28	51
14	0	18	20	31	31	25	4	0	16	9	18	31	17	13
15	0	19	39	8	3	39	43	0	17	18	32	42	5	36
16	0	20	57	44	35	54	22	0	18	27	46	52	54	58
17	0	22	16	21	8	9	0	0	19	37	1	3	42	21
18	0	23	34	57	40	23	39	0	20	46	15	14	30	43
19	0	24	53	34	12	38	18	0	21	55	29	25	19	5
20	0	26	12	10	44	53	57	0	23	4	43	36	7	28
21	0	27	30	47	17	7	36	0	24	13	57	46	55	50
22	0	28	49	23	49	22	15	0	25	23	11	57	44	13
23	0	30	8	0	21	36	54	0	26	32	26	8	32	35
24	0	31	26	36	53	51	33	0	27	41	40	19	20	58

ΑΡΕΩΣ.

Μῆνες.	ΜΗΚΟΥΣ ΜΟΙΡΑΙ.							ΑΝΩΜΑΛΙΑΣ ΜΟΙΡΑΙ.						
		′	″	‴	⁗	′′′′′	′′′′′′		′	″	‴	⁗	′′′′′	′′′′′′
λ	ιε	μγ	ιη	κϛ	νε	μϛ	λ	ιγ	ν	ν	θ	μ	κθ	ō
ξ	λα	κϛ	λϛ	νγ	να	λγ	ō	κζ	μα	μ	ιθ	κ	νη	ō
ϟ	μζ	θ	νε	κ	μζ	ιθ	λ	μα	λβ	λ	κθ	α	κζ	ō
ρκ	ξβ	νγ	ιγ	μζ	μγ	ϛ	ō	νε	κγ	κ	λη	μα	νϛ	ō
ρν	οη	λϛ	λβ	ιδ	λη	νβ	λ	ξθ	ιδ	ι	μη	κβ	κε	ō
ρπ	ϟδ	ιθ	ν	μα	λδ	λθ	ō	πγ	ε	ō	νη	β	νδ	ō
σι	ρι	γ	θ	η	λ	κε	λ	ϟϛ	νε	να	ζ	μγ	κγ	ō
σμ	ρκε	μϛ	κζ	λε	κϛ	ιβ	ō	ρι	μϛ	μα	ιζ	κγ	νβ	ō
σο	ρμα	κθ	μϛ	β	κα	νη	λ	ρκδ	λζ	λα	κζ	δ	κα	ō
τ	ρνζ	ιγ	δ	κθ	ιζ	με	ō	ρλη	κη	κα	λϛ	μδ	ν	ō
τλ	ροβ	νϛ	κβ	νϛ	ιγ	λα	λ	ρνβ	ιθ	ια	μϛ	κε	ιθ	ō
τξ	ρπη	λθ	μα	κγ	θ	ιη	ō	ρξϛ	ι	α	νϛ	ε	μη	ō

Ἡμέραι.	ΜΗΚΟΥΣ ΜΟΙΡΑΙ.							ΑΝΩΜΑΛΙΑΣ ΜΟΙΡΑΙ.						
		′	″	‴	⁗	′′′′′	′′′′′′		′	″	‴	⁗	′′′′′	′′′′′′
α	ō	λα	κϛ	λϛ	νγ	να	λγ	ō	κζ	μα	μ	ιθ	κ	νη
β	α	β	νγ	ιγ	μζ	μγ	ϛ	ō	νε	κγ	κ	λη	μα	νϛ
γ	α	λδ	ιθ	ν	μα	λδ	λθ	α	κγ	ε	ō	νη	β	νδ
δ	β	ε	μϛ	κζ	λε	κϛ	ιβ	α	ν	μϛ	μα	ιζ	κγ	νβ
ε	β	λζ	ιγ	δ	κθ	ιζ	με	β	ιη	κη	κα	λϛ	μδ	ν
ϛ	γ	η	λθ	μα	κγ	θ	ιη	β	μϛ	ι	α	νϛ	ε	μη
ζ	γ	μ	ϛ	ιη	ιζ	ō	να	γ	ιγ	να	μβ	ιε	κϛ	μϛ
η	δ	ια	λβ	νε	ι	νβ	κδ	γ	μα	λγ	κβ	λδ	μζ	μδ
θ	δ	μβ	νθ	λβ	δ	μγ	νζ	δ	θ	ιε	β	νδ	η	μβ
ι	ε	ιδ	κϛ	η	νη	λε	λ	δ	λϛ	νϛ	μγ	ιγ	κθ	μ
ια	ε	με	νβ	με	νβ	κζ	γ	ε	δ	λη	κγ	λβ	ν	λη
ιβ	ϛ	ιζ	ιθ	κβ	μϛ	ιη	λϛ	ε	λβ	κ	γ	νβ	ια	λϛ
ιγ	ϛ	μη	με	νθ	μ	ι	θ	ϛ	ō	α	μδ	ια	λβ	λδ
ιδ	ζ	κ	ιβ	λϛ	λδ	α	μβ	ϛ	κζ	μγ	κδ	λ	νγ	λβ
ιε	ζ	να	λθ	ιγ	κζ	νγ	ιε	ϛ	νε	κε	δ	ν	ιδ	λ
ιϛ	η	κγ	ε	ν	κα	μδ	μη	ζ	κγ	ϛ	με	θ	λε	κη
ιζ	η	νδ	λβ	κζ	ιε	λϛ	κα	ζ	ν	μη	κε	κη	νϛ	κϛ
ιη	θ	κε	νθ	δ	θ	κζ	νδ	η	ιη	λ	ε	μη	ιζ	κδ
ιθ	θ	νζ	κε	μα	γ	ιθ	κζ	η	μϛ	ια	μϛ	ζ	λη	κβ
κ	ι	κη	νβ	ιζ	νζ	ια	ō	θ	ιγ	νγ	κϛ	κϛ	νθ	κ
κα	ια	ō	ιη	νδ	να	β	λγ	θ	μα	λε	ϛ	μϛ	κ	ιη
κβ	ια	λα	με	λα	μδ	νδ	ϛ	ι	θ	ιϛ	μζ	ε	μα	ιϛ
κγ	ιβ	γ	ιβ	η	λη	με	λθ	ι	λϛ	νη	κζ	κε	β	ιδ
κδ	ιβ	λδ	λη	με	λβ	λζ	ιβ	ια	δ	μ	ζ	μδ	κγ	ιβ
κε	ιγ	ϛ	ε	κβ	κϛ	κη	με	ια	λβ	κα	μη	γ	μδ	ι
κϛ	ιγ	λζ	λα	νθ	κ	κ	ιη	ιβ	ō	γ	κη	κγ	ε	η
κζ	ιδ	η	νη	λϛ	ιδ	ια	να	ιβ	κζ	με	η	μβ	κϛ	ϛ
κη	ιδ	μ	κε	ιγ	η	γ	κδ	ιβ	νε	κϛ	μθ	α	μζ	δ
κθ	ιε	ια	να	ν	α	νδ	νζ	ιγ	κγ	η	κθ	κα	η	β
λ	ιε	μγ	ιη	κϛ	νε	μϛ	λ	ιγ	ν	ν	θ	μ	κθ	ō

MARS.

DEGRÉS DE LONGITUDE. / DEGRÉS D'ANOMALIE.

Mois.	d	'	''	'''	''''	'''''	''''''	d	'	''	'''	''''	'''''	''''''
30	15	43	18	26	55	46	30	13	50	50	9	40	29	0
60	31	26	36	53	51	33	0	27	41	40	19	20	58	0
90	47	9	55	20	47	19	30	41	32	30	29	1	27	0
120	62	53	13	47	43	6	0	55	23	20	38	41	56	0
150	78	36	32	14	38	52	30	69	14	10	48	22	25	0
180	94	19	50	41	34	39	0	83	5	0	58	2	54	0
210	110	3	9	8	30	25	30	96	55	51	7	43	23	0
240	125	46	27	35	26	12	0	110	46	41	17	23	52	0
270	141	29	46	2	21	58	30	124	37	31	27	4	21	0
300	157	13	4	29	17	45	0	138	28	21	36	44	50	0
330	172	56	22	56	13	31	30	152	19	11	46	25	19	0
360	188	39	41	23	9	18	0	166	10	1	56	5	48	0

DEGRÉS DE LONGITUDE. / DEGRÉS D'ANOMALIE.

Jours.	d	'	''	'''	''''	'''''	''''''	d	'	''	'''	''''	'''''	''''''
1	0	31	26	36	53	51	33	0	27	41	40	19	20	58
2	1	2	53	13	47	43	6	0	55	23	20	38	41	56
3	1	34	19	50	41	34	39	1	23	5	0	58	2	54
4	2	5	46	27	35	26	12	1	50	46	41	17	23	52
5	2	37	13	4	29	17	45	2	18	28	21	36	44	50
6	3	8	39	41	23	9	18	2	46	10	1	56	5	48
7	3	40	6	18	17	0	51	3	13	51	42	15	26	46
8	4	11	32	55	10	52	24	3	41	33	22	34	47	44
9	4	42	59	32	4	43	57	4	9	15	2	54	8	42
10	5	14	26	8	58	35	30	4	36	56	43	13	29	40
11	5	45	52	45	52	27	3	5	4	38	23	32	50	38
12	6	17	19	22	46	18	36	5	32	20	3	52	11	36
13	6	48	45	59	40	10	9	6	0	1	44	11	32	34
14	7	20	12	36	34	1	42	6	27	43	24	30	53	32
15	7	51	39	13	27	53	15	6	55	25	4	50	14	30
16	8	23	5	50	21	44	48	7	23	6	45	9	35	28
17	8	54	32	27	15	36	21	7	50	48	25	28	56	26
18	9	25	59	4	9	27	54	8	18	30	5	48	17	24
19	9	57	25	41	3	19	27	8	46	11	46	7	38	22
20	10	28	52	17	57	11	0	9	13	53	26	26	59	20
21	11	0	18	54	51	2	33	9	41	35	6	46	20	18
22	11	31	45	31	44	54	6	10	9	16	47	5	41	16
23	12	3	12	8	38	45	39	10	36	58	27	25	2	14
24	12	34	38	45	32	37	12	11	4	40	7	44	23	12
25	13	6	5	22	26	28	45	11	32	21	48	3	44	10
26	13	37	31	59	20	20	18	12	0	3	28	23	5	8
27	14	8	58	36	14	11	51	12	27	45	8	42	26	6
28	14	40	25	13	8	3	24	12	55	26	49	1	47	4
29	15	11	51	30	1	54	57	13	23	8	29	21	8	2
30	15	43	18	26	55	46	30	13	50	50	9	40	29	0

Μήκους ἐπουσία, ἰχθύων Μ. με΄.   **ΑΦΡΟΔΙΤΗΣ.**   Ἀπογείου ἐπουσία, ταύρου Μ. ιϛ ι΄.

ΟΚΤΩΚΑΙΔΕΚΑΕΤΗΡΙΔΕΣ.

		′	″	‴	⁗	′′′′′	′′′′′′
ιη	τνε	λζ	κε	λϛ	χ	λδ	λ
λϛ	τνα	ιθ	να	ιβ	μα	θ	δ
νθ	τμϛ	νθ	ιϛ	μη	α	μγ	λ
οδ	τμβ	κθ	μδ	κε	κδ	ιη	ō
ζ	τλη	ζ	η	α	μδ	νδ	λ
ρη	τλγ	μδ	λγ	λη	γ	κζ	ō
ρκϛ	τκθ	κα	νθ	ιθ	κδ	α	λ
ρμδ	τκδ	νθ	κδ	ν	μδ	λϛ	ō
ρξδ	[illegible]	λϛ	ν	κζ	ε	ι	λ
ρπ	τιϛ	ιθ	ιϛ	γ	κε	με	ō
ρμη	τια	να	μα	λθ	μϛ	ιθ	λ
σιϛ	τζ	κθ	ζ	ιϛ	ϛ	νθ	ō
σλδ	τγ	ϛ	λβ	νθ	κζ	κη	λ
σνβ	σϙη	μγ	νη	κη	μη	γ	ō
σο	σϙδ	κα	κδ	ε	η	λζ	λ
σπη	σπθ	νη	μθ	μα	κθ	ιβ	ō
τϛ	σπε	λϛ	ιε	ιζ	μθ	μϛ	λ
τκδ	σπα	ιγ	μ	νδ	ε	κα	ō
τμβ	σοϛ	να	ϛ	λ	λ	νε	λ
τξ	σοβ	κη	λβ	ϛ	να	λ	ō
τοη	σξη	ε	νζ	μγ	ιβ	δ	λ
τϙϛ	σξγ	μγ	κγ	ιθ	λβ	λθ	ō
υιδ	σνθ	κ	μη	λε	νγ	ιγ	λ
υλβ	σνδ	νη	ιδ	λβ	ιγ	μη	ō
υν	σν	λε	μ	η	λδ	κβ	λ
υξη	αμϛ	ιγ	ε	μδ	νδ	νζ	ō
υπϛ	σμα	ν	λα	κα	ιε	λα	λ
φδ	σλζ	κζ	νϛ	νζ	λϛ	ϛ	ō
φκβ	σλγ	ε	κβ	λγ	νϛ	μ	λ
φμ	σκη	μβ	μη	ι	ιζ	ιε	ō
φνη	σκδ	κ	ιγ	μϛ	λζ	μθ	λ
φοϛ	σιθ	νζ	λθ	κβ	νη	κδ	ō
φϙδ	σιε	λε	δ	νθ	ιη	νη	λ
χιβ	σια	ιβ	λ	λε	λθ	λγ	ō
χλ	σϛ	μθ	νϛ	ιβ	ō	ζ	λ
χμη	σβ	κζ	κα	μη	κ	μβ	ō
χξϛ	ρϙη	δ	μζ	κδ	μα	ιϛ	λ
χπδ	ρϙγ	μβ	ιγ	α	α	να	ō
ψβ	ρπθ	ιθ	λη	λζ	κβ	κε	λ
ψκ	ρπδ	νζ	δ	ιγ	μγ	ō	ō
ψλη	ρπ	λδ	κθ	ν	γ	λδ	λ
ψνϛ	ροζ	ια	νε	κϛ	κδ	θ	ō
ψοδ	ροκ	μθ	κα	β	μδ	μγ	λ
ψϙβ	ρξζ	κϛ	μϛ	λθ	ιη	ϛ	ō
ωι	ρξγ	δ	ιβ	ιε	νθ	νδ	λ

ΑΝΩΜΑΛΙΑΣ ΕΠΟΥΣΙΑ Μ. οπ ζ΄.

	′	″	‴	⁗	′′′′′	′′′′′′
ζ	κζ	μδ	λδ	κγ	μϛ	λ
ρπ	νε	κθ	η	μϛ	λγ	ō
σοα	κγ	ιγ	μγ	ια	θ	λ
α	ν	νη	ιζ	λε	ϛ	ō
ϛϛ	ιη	μθ	να	νη	θ	λ
ρπϛ	μϛ	κϛ	κϛ	κε	λθ	ō
σογ	ιθ	ιβ	ō	μϛ	κε	λ
γ	μα	νϛ	λε	ι	ιβ	ō
ϙδ	θ	μα	θ	λγ	νη	λ
ρπθ	λϛ	κε	μγ	νζ	μη	ō
σοϛ	ε	ι	ιη	κα	λα	λ
ε	λβ	νδ	θ	νβ	ιη	ō
ϙϛ	ō	λθ	κζ	θ	δ	λ
ρπϛ	κη	η	λβ	ϛ	μθ	ō
σοϛ	νϛ	η	λε	νϛ	λϛ	λ
ζ	κγ	νγ	ι	κ	κδ	ō
ϛζ	να	λζ	μδ	μδ	ι	λ
ρπη	ιθ	κβ	ιθ	ζ	νζ	ō
σον	μζ	ϛ	νγ	λα	μγ	λ
θ	ιδ	να	κζ	νε	λ	ō
ϙθ	μβ	λϛ	β	ιθ	ιϛ	λ
ρϙ	ι	κ	λϛ	μγ	γ	ō
σπ	λη	ε	ια	ϛ	μθ	λ
ια	ε	μθ	με	λ	λϛ	ō
ρα	λγ	λδ	ιθ	νδ	κβ	λ
ρϙβ	α	ιη	νδ	ιη	θ	ō
σπβ	κθ	γ	κη	μα	νε	λ
ιβ	νϛ	μη	γ	ε	μδ	ō
ργ	κδ	λβ	λζ	κθ	κη	λ
ρϙγ	νβ	ιζ	ια	νγ	ιε	ō
σπδ	κ	α	μϛ	ιζ	α	λ
ιδ	μζ	μϛ	κ	μ	μη	ō
ρε	ιε	λ	νε	δ	λδ	λ
ρϙε	μγ	ιε	κθ	κη	κα	ō
σπϛ	ια	ō	γ	νβ	ζ	λ
ιϛ	λη	μδ	λη	ιε	νδ	ō
ρϛ	ϛ	κθ	ιθ	λθ	μ	λ
ρϙζ	λδ	ιγ	μϛ	γ	κζ	ō
σπη	α	νη	κα	κζ	ιγ	λ
ιη	κθ	μβ	νε	κα	ō	ō
ρη	νζ	κϛ	ιβ	νγ	λ	λ
ρϙθ	ιϛ	ϛ	λη	νη	λγ	ō
σπθ	νϛ	νϛ	λθ	β	ιθ	λ
κ	κ	μα	ιγ	μϛ	ϛ	ō
ρι	μη	κϛ	μϛ	ϙθ	νϛ	λ

Epoque de la longitude, poissons 0^d 45'.   **VÉNUS.**   Epoque de l'apogée, taureau 16^d 10'.

ESPACES DE 18 ANNÉES.   EXCÉDENT POUR L'ANOMALIE, 71^d 7'.

ESPACES DE 18 ANNÉES.

	d	'	''	'''	''''	'''''	''''''
18	355	37	25	36	20	34	30
36	351	14	51	12	41	9	0
54	346	52	16	49	1	43	30
72	342	29	42	25	22	18	0
90	338	7	8	1	42	52	30
108	333	44	33	38	3	27	0
126	329	21	59	14	24	1	30
144	324	59	24	50	44	36	0
162	320	36	50	27	5	10	30
180	316	14	16	3	25	45	0
198	311	51	41	39	46	19	30
216	307	29	7	16	6	54	0
234	303	6	32	52	27	28	30
252	298	43	58	28	48	3	0
270	294	21	24	5	8	37	30
288	289	58	49	41	29	12	0
306	285	36	15	17	49	46	30
324	281	13	40	54	10	21	0
342	276	51	6	30	30	55	30
360	272	28	32	6	51	30	0
378	268	5	57	43	12	4	30
396	263	43	23	19	32	39	0
414	259	20	48	55	53	13	30
432	254	58	14	32	13	48	0
450	250	35	40	8	34	22	30
468	246	13	5	44	54	57	0
486	241	50	31	21	15	31	30
504	237	27	56	57	36	6	0
522	233	5	22	33	56	40	30
540	228	42	48	10	17	15	0
558	224	20	13	46	37	49	30
576	219	57	39	22	58	24	0
594	215	35	4	59	18	58	30
612	211	12	30	35	39	33	0
630	206	49	56	12	0	7	30
648	202	27	21	48	20	42	0
666	198	4	47	24	41	16	30
684	193	42	13	1	1	51	0
702	189	19	38	37	22	25	30
720	184	57	4	13	43	0	0
738	180	34	29	50	3	34	30
756	176	11	55	26	24	9	0
774	171	49	21	2	44	43	30
792	167	26	46	39	5	18	0
810	163	4	12	15	25	52	30

EXCÉDENT POUR L'ANOMALIE, 71^d 7'.

d	'	''	'''	''''	'''''	''''''
90	27	44	34	23	46	30
180	55	29	8	47	33	0
271	23	13	43	11	19	30
1	50	58	17	35	6	0
92	18	42	51	58	52	30
182	46	27	26	22	39	0
273	14	12	0	46	25	30
3	41	56	35	10	12	0
94	9	41	9	33	58	30
184	37	25	43	57	45	0
275	5	10	18	21	31	30
5	32	54	52	45	18	0
96	0	39	27	9	4	30
186	28	24	1	32	51	0
276	56	8	35	56	37	30
7	23	53	10	20	24	0
97	51	37	44	44	10	30
188	19	22	19	7	57	0
278	47	6	53	31	43	30
9	14	51	27	55	30	0
99	42	36	2	19	16	30
190	10	20	36	43	3	0
280	38	5	11	6	49	30
11	5	49	45	30	36	0
101	33	34	19	54	22	30
192	1	18	54	18	9	0
282	29	3	28	41	55	30
12	56	48	3	5	42	0
103	24	32	37	29	28	30
193	52	17	11	53	15	0
284	20	1	46	17	1	30
14	47	46	20	40	48	0
105	15	30	55	4	34	30
195	43	15	29	28	21	0
286	11	0	3	52	7	30
16	58	44	38	15	54	0
107	6	29	12	39	40	30
197	34	13	47	3	27	0
288	1	58	21	27	13	30
18	29	42	55	51	0	0
108	57	27	30	14	46	30
199	25	12	4	38	33	0
289	52	56	39	2	19	30
20	20	41	13	26	6	0
110	48	25	47	49	52	30

ΑΦΡΟΔΙΤΗΣ.

Ἔτη ἁπλᾶ.	ΜΗΚΟΥΣ ΜΟΙΡΑΙ.						ΑΝΩΜΑΛΙΑΣ ΜΟΙΡΑΙ.					
α	τνϛ	με′	κδ″	με‴	κα⁗	η′″″	λε″″″	σκε	α′	λϛ″	κη‴	λδ⁗	λθ′″″	ιε″″″
β	τνθ	λ	μθ	λ	μβ	ιζ	ι	ϟ	γ	δ	νϛ	θ	ιη	λ
γ	τνθ	ιϛ	ιδ	ιϛ	γ	κε	με	τιε	δ	λζ	κε	μγ	νϛ	με
δ	τνθ	ᾱ	λθ	α	κδ	λδ	κ	ρπ	ϛ	θ	νδ	ιη	λϛ	ō
ε	τνη	μζ	γ	μϛ	με	μβ	νε	με	ζ	μβ	κϛ	νγ	ιϛ	ιε
ϛ	τνη	λϛ	κη	λϛ	ϛ	να	λ	σο	θ	ιδ	να	κϛ	νε	λ
ζ	τιη	ιζ	νγ	ιζ	κη	ō	ε	ρλε	ι	μϛ	κ	β	λδ	με
η	τνη	γ	ιη	β	μθ	η	μ	ō	ιβ	ιθ	μη	λϛ	ιδ	ō
θ	τνζ	μη	μϛ	μη	ι	ιζ	ιε	σκε	ιγ	νϛ	ιϛ	ια	νγ	ιε
ι	τνζ	λδ	ζ	λγ	λα	κε	ν	ϟ	ιε	κδ	με	μϛ	λδ	λ
ια	τνζ	ιθ	λϛ	ιη	νβ	λθ	κε	τιε	ιϛ	νζ	ιδ	κα	ια	με
ιβ	τνζ	δ	νζ	δ	ιγ	μγ	ō	ρπ	ιη	κθ	μβ	νε	να	ō
ιγ	τνϛ	ν	κα	μθ	λδ	να	λε	με	κ	β	ια	λ	λ	ιε
ιδ	τνϛ	λε	μϛ	λδ	νϛ	ō	ι	σο	κα	λδ	μ	ε	θ	λ
ιε	τνϛ	κα	ια	κ	ιζ	η	με	ρλε	κγ	ζ	η	λθ	μη	με
ιϛ	τνϛ	ϛ	λϛ	ε	λη	ιϛ	κ	ō	κδ	λθ	λζ	ιθ	κη	ō
ιζ	τνε	νβ	ō	ν	νθ	κε	νε	σκε	κϛ	ιβ	ε	μθ	ζ	ιε
ιη	τνε	λζ	κε	λϛ	κ	λδ	λ	ϟ	κζ	μδ	λδ	κγ	μϛ	λ

Ὧραι.	ΜΗΚΟΥΣ ΜΟΙΡΑΙ.						ΑΝΩΜΑΛΙΑΣ ΜΟΙΡΑΙ.					
α	ō	β′	κζ″	ν‴	μγ⁗	γ′″″	α″″″	ō	α′	λϛ″	κη‴	λδ⁗	μϛ′″″	νη″″″
β	ō	δ	νε	μα	κϛ	ϛ	β	ō	γ	δ	νϛ	θ	κε	νϛ
γ	ō	ζ	κγ	λϛ	θ	θ	γ	ō	δ	λζ	κε	μδ	η	νϛ
δ	ō	θ	να	κγ	νβ	ιβ	ε	ō	ϛ	θ	νδ	ιη	να	νδ
ε	ō	ιβ	ιθ	ιγ	λε	ιε	ϛ	ō	ζ	μβ	κβ	νγ	λθ	νγ
ϛ	ō	ιδ	μζ	δ	ιη	ιη	ζ	ō	θ	ιδ	να	κη	ιζ	νβ
ζ	ō	ιζ	ιδ	νε	α	κα	θ	ō	ι	μζ	κ	γ	ō	ν
η	ō	ιθ	μβ	με	μδ	κδ	ι	ō	ιβ	ιθ	μη	λϛ	μγ	μθ
θ	ō	κβ	ι	λϛ	κζ	κζ	ια	ō	ιγ	νβ	ιζ	ιθ	κϛ	μη
ι	ō	κδ	λη	κζ	ι	λ	ιβ	ō	ιε	κδ	με	μϛ	θ	μϛ
ια	ō	κζ	ϛ	ιζ	νγ	λγ	ιδ	ō	ιϛ	νζ	ιδ	κα	νβ	με
ιβ	ō	κθ	λδ	η	λϛ	λϛ	ιε	ō	ιη	κθ	μβ	νϛ	λε	μδ
ιγ	ō	λβ	α	νθ	ιθ	λθ	ιϛ	ō	κ	β	ια	λα	ιη	μβ
ιδ	ō	λδ	κθ	ν	β	μβ	ιη	ō	κα	λδ	μ	ϛ	α	μχ
ιε	ō	λϛ	νζ	μ	με	με	ιθ	ō	κγ	ζ	η	μ	μδ	μ
ιϛ	ō	λθ	κε	λα	κη	μη	κ	ō	κδ	λθ	λϛ	ιε	κζ	λη
ιζ	ō	μα	νγ	κβ	ια	να	κα	ō	κϛ	ιβ	ε	ν	ι	λζ
ιη	ō	μδ	κα	ιβ	νδ	νδ	κγ	ō	κζ	μθ	λδ	κδ	νγ	λϛ
ιθ	ō	μϛ	μθ	γ	λζ	νζ	κδ	ō	κθ	ιζ	β	νθ	λϛ	λδ
κ	ō	μθ	ιϛ	νδ	κα	ō	κε	ā	λ	μθ	λα	λθ	ιθ	λγ
κα	ō	να	μδ	με	θ	γ	κϛ	ō	λβ	κβ	ō	ιθ	β	λβ
κβ	ō	νδ	ιβ	λε	μζ	ϛ	κη	ō	λγ	νθ	κη	μγ	με	λ
κγ	ō	νϛ	μ	κϛ	λ	θ	κθ	ō	λε	κϛ	νϛ	ιζ	κη	κθ
κδ	ō	νθ	η	ιζ	ιγ	ιϛ	λα	ō	λϛ	νθ	κε	νγ	ια	κη

VÉNUS.

Années simples.	DEGRÉS DE LONGITUDE.							DEGRÉS D'ANOMALIE.						
	d	'	"	'''	''''	'''''	''''''	d	'	"	'''	''''	'''''	''''''
1	359	45	24	45	21	8	35	225	1	32	28	34	39	15
2	359	30	49	30	42	17	10	90	3	4	57	9	18	30
3	359	16	14	16	3	25	45	315	4	37	25	43	57	45
4	359	1	39	1	24	34	20	180	6	9	54	18	37	0
5	358	47	3	46	45	42	55	45	7	42	22	53	16	15
6	358	32	28	32	6	51	30	270	9	14	51	27	55	30
7	358	17	53	17	28	0	5	135	10	47	20	2	34	45
8	358	3	18	2	49	8	40	0	12	19	48	37	14	0
9	357	48	42	48	10	17	15	225	13	52	17	11	53	15
10	357	34	7	33	31	25	50	90	15	24	45	46	32	30
11	357	19	32	18	52	34	25	315	16	57	14	21	11	45
12	357	4	57	4	13	43	0	180	18	29	42	55	51	0
13	356	50	21	49	34	51	35	45	20	2	11	30	30	15
14	356	35	46	34	56	0	10	270	21	34	40	5	9	30
15	356	21	11	20	17	8	45	135	23	7	8	39	48	45
16	356	6	36	5	38	17	20	0	24	39	37	14	28	0
17	355	52	0	50	59	25	55	225	26	12	5	49	7	15
18	355	37	25	36	20	34	30	90	27	44	34	23	46	30

Heures.	DEGRÉS DE LONGITUDE.							DEGRÉS D'ANOMALIE.						
	d	'	"	'''	''''	'''''	''''''	d	'	"	'''	''''	'''''	''''''
1	0	2	27	50	43	3	1	0	1	32	28	34	42	58
2	0	4	55	41	26	6	2	0	3	4	57	9	25	57
3	0	7	23	32	9	9	3	0	4	37	25	44	8	56
4	0	9	51	22	52	12	5	0	6	9	54	18	51	54
5	0	12	19	13	35	15	6	0	7	42	22	53	34	53
6	0	14	47	4	18	18	7	0	9	14	51	28	17	52
7	0	17	14	55	1	21	9	0	10	47	20	3	0	50
8	0	19	42	45	44	24	10	0	12	19	48	37	43	49
9	0	22	10	36	27	27	11	0	13	52	17	12	26	48
10	0	24	38	27	10	30	12	0	15	24	45	47	9	46
11	0	27	6	17	53	33	14	0	16	57	14	21	52	45
12	0	29	34	8	36	36	15	0	18	29	42	56	35	44
13	0	32	1	59	19	39	16	0	20	2	11	31	18	42
14	0	34	29	50	2	42	18	0	21	34	40	6	1	41
15	0	36	57	40	45	45	19	0	23	7	8	40	44	40
16	0	39	25	31	28	48	20	0	24	39	37	15	27	38
17	0	41	53	22	11	51	21	0	26	12	5	50	10	37
18	0	44	21	12	54	54	23	0	27	44	34	24	53	36
19	0	46	49	3	37	57	24	0	29	17	2	59	36	34
20	0	49	16	54	21	0	25	0	30	49	31	34	19	33
21	0	51	44	45	4	3	27	0	32	22	0	9	2	32
22	0	54	12	35	47	6	28	0	33	54	28	43	45	30
23	0	56	40	26	30	9	29	0	35	26	57	18	28	29
24	0	59	8	17	13	12	31	0	36	59	25	53	11	28

ΑΦΡΟΔΙΤΗΣ.

Μῆνες.	ΜΗΚΟΥΣ ΜΟΙΡΑΙ.							ΑΝΩΜΑΛΙΑΣ ΜΟΙΡΑΙ.						
λ	κϑ̄	λδ′	η″	λϛ‴	λϛ⁗	ιε⁗′	λ⁗″	ιη̄	κϑ′	μϐ″	νϛ‴	λε,⁗	μδ⁗′	ō⁗″
ξ	νϑ	η	ιζ	ιγ	ιϐ	λα	ō	λϛ	νϑ	κε	νγ	ια	κη	ō
ϟ	πη	μϐ	κε	μϑ	μη	μϛ	λ	νε	κϑ	η	μϑ	μζ	ιϐ	ō
ρκ	ριη	ιϛ	λδ	κϛ	κε	β	ō	ογ	νη	να	μϛ	κϐ	νϛ	ō
ρν	ρμζ	ν	μγ	γ	α	ιζ	λ	ϟϐ	κη	λδ	μϐ	νη	μ	ō
ρπ	ροϛ	κδ	να	λϑ	λζ	λγ	ō	ρι	νη	ιζ	λϑ	λδ	κδ	ō
σι	σϛ	νϑ	ō	ιϛ	ιγ	μη	λ	ρκϑ	κη	ō	λϛ	ι	ν	ō
σμ	σλϛ	λγ	η	νϐ	ν	δ	ō	ρμζ	νζ	μγ	λϐ	με	νϐ	ō
σο	σξϛ	ζ	ιζ	κϑ	κϛ	ιϑ	λ	ρξϛ	κζ	κϛ	κϑ	κα	λϛ	ο
τ	σϟε	μα	κϛ	κϛ	β	λε	ō	ρπδ	νζ	ϑ	κε	νζ	κ	ō
τλ	τκε	ιε	λδ	μϐ	λη	ν	λ	σγ	κϛ	νϐ	κϐ	λγ	δ	ō
τξ	τνδ	μϑ	μγ	ιϑ	ιε	ϛ	ō	σκα	νϛ	λε	ιϑ	η	μη	ō

Ἡμέραι.	ΜΗΚΟΥΣ ΜΟΙΡΑΙ.							ΑΝΩΜΑΛΙΑΣ ΜΟΙΡΑΙ.						
α	ō	νϑ′	η″	ιζ‴	ιγ⁗	ιϐ⁗′	λα⁗″	ō	λϛ′	νϑ″	κε‴	νγ⁗	ια⁗′	κη⁗″
β	α	νη	ιϛ	λδ	κϛ	κε	β	α	ιγ	νη	να	μϛ	κϐ	νϛ
γ	β	νζ	κδ	να	λϑ	λζ	λγ	α	ν	νη	ιζ	λϑ	λδ	κδ
δ	γ	νϛ	λγ	η	νϐ	ν	δ	β	κζ	νϛ	μγ	λϐ	με	νϐ
ε	δ	νε	μα	κϛ	ϛ	β	λε	γ	δ	νζ	ϑ	κε	νζ	κ
ϛ	ε	νδ	μϑ	μγ	ιϑ	ιε	ϛ	γ	μα	νϛ	λε	ιϑ	η	μη
ζ	ϛ	νγ	νη	ō	λϐ	κϛ	λζ	δ	ιη	νϛ	α	ιϐ	κ	ιϛ
η	ζ	νγ	ϛ	ιζ	με	μ	η	δ	νε	νε	κζ	ε	λα	μδ
ϑ	η	νϐ	ιϑ	λδ	νη	νϐ	ιϑ	ε	λϐ	νδ	νδ	νη	μγ	ιϐ
ι	ϑ	να	κϐ	νϐ	ιϐ	ε	ι	ϛ	ϑ	νδ	ιη	να	νδ	μ
ια	ι	ν	λα	ϑ	κε	ιζ	μα	ϛ	μϛ	νγ	μδ	με	ϛ	η
ιβ	ια	μϑ	λϑ	κϛ	λη	λ	ιϐ	ζ	κγ	νγ	ι	λη	ιζ	λϛ
ιγ	ιϐ	μη	μζ	μγ	να	μϐ	μγ	η	ō	νϐ	λϛ	λα	κϑ	δ
ιδ	ιγ	μζ	νϛ	α	δ	νε	ιδ	η	λζ	νϐ	β	κδ	μ	λϐ
ιε	ιδ	μζ	δ	ιη	ιη	ζ	με	ϑ	ιϑ	να	κη	ιζ	νϐ	ō
ιϛ	ιε	μϛ	ιϐ	λε	λα	κ	ιϛ	ϑ	να	ν	νδ	ια	γ	κη
ιζ	ιϛ	με	κ	νϐ	μδ	λϐ	μϛ	ι	κη	ν	κ	δ	ιϑ	νϛ
ιη	ιζ	μδ	κϑ	ϑ	νζ	με	ιη	ια	ε	μϑ	με	νζ	κϛ	κδ
ιϑ	ιη	μγ	λζ	κϛ	ι	νϐ	μϑ	ια	μϐ	μϑ	ιϐ	ν	λϛ	νϐ
κ	ιϑ	μϐ	με	μδ	κδ	ι	κ	ιϐ	ιϑ	μη	λζ	μγ	μϑ	κ
κα	κ	μα	νδ	α	λζ	κϐ	να	ιϐ	νϛ	μη	γ	λϛ	ō	μη
κϐ	κα	μα	β	ιη	ν	λε	κϐ	ιγ	λγ	μζ	κϑ	λ	ιϐ	ιϛ
κγ	κϐ	μ	ι	λϛ	γ	μζ	νγ	ιδ	ι	μζ	νε	κγ	κγ	μδ
κδ	κγ	λϑ	ιη	νγ	ιζ	ō	κδ	ιδ	μζ	μϛ	κα	ιϛ	λε	ιϐ
κε	κδ	λη	κϛ	ι	λ	ιϐ	νε	ιε	κδ	μϛ	μζ	ϑ	με	μ
κϛ	κε	λζ	λε	κϛ	μγ	κε	κϛ	ιϛ	α	με	ιγ	β	νζ	η
κζ	κϛ	λϛ	μγ	μγ	νϛ	λζ	νϛ	ιϛ	λη	μδ	λη	νϛ	ϑ	λϛ
κη	κϛ	λε	νϐ	β	ϑ	ν	κη	ιζ	ιε	μδ	δ	μϑ	κα	δ
κϑ	κη	λδ	ō	ιϑ	κγ	β	νϑ	ιζ	κϑ	μγ	λ	μϐ	λε	λϐ
λ	κϑ	λδ	η	λϛ	λϛ	ιε	λ	ιη	κϑ	μϐ	νϛ	λε	μδ	ō

VÉNUS.

Mois.	DEGRÉS DE LONGITUDE.							DEGRÉS D'ANOMALIE.						
	d	$'$	$''$	$'''$	$''''$	$'''''$	$''''''$	d	$'$	$''$	$'''$	$''''$	$'''''$	$''''''$
30	29	34	8	36	36	15	30	18	29	42	56	35	44	0
60	59	8	17	13	12	31	0	36	59	25	53	11	28	0
90	88	42	25	49	48	46	30	55	29	8	49	47	12	0
120	118	16	34	26	25	2	0	73	58	51	46	22	56	0
150	147	50	43	3	1	17	30	92	28	34	42	58	40	0
180	177	24	51	39	37	33	0	110	58	17	39	34	24	0
210	206	59	0	16	13	48	30	129	28	0	36	10	8	0
240	236	33	8	52	50	4	0	147	57	43	32	45	52	0
270	266	7	17	29	26	19	30	166	27	26	29	21	56	0
300	295	41	26	6	2	35	0	184	57	9	25	57	20	0
330	325	15	34	42	38	50	30	203	26	52	22	33	4	0
360	354	49	43	19	15	6	0	221	56	35	19	8	48	0

Jours.	DEGRÉS DE LONGITUDE.							DEGRÉS D'ANOMALIE.						
	d	$'$	$''$	$'''$	$''''$	$'''''$	$''''''$	d	$'$	$''$	$'''$	$''''$	$'''''$	$''''''$
1	0	59	8	17	13	12	31	0	36	59	25	53	11	28
2	1	58	16	34	26	25	2	1	13	58	51	46	22	56
3	2	57	24	51	39	37	33	1	50	58	17	39	34	24
4	3	56	33	8	52	50	4	2	27	57	43	32	45	52
5	4	55	41	26	6	2	35	3	4	57	9	25	57	20
6	5	54	49	43	19	15	6	3	41	56	35	19	8	48
7	6	53	58	0	32	27	37	4	18	56	1	12	20	16
8	7	53	6	17	45	40	8	4	55	55	27	5	31	44
9	8	52	14	34	58	52	39	5	32	54	52	58	43	12
10	9	51	22	52	12	5	10	6	9	54	18	51	54	40
11	10	50	31	9	25	17	41	6	46	53	44	45	6	8
12	11	49	39	26	38	30	12	7	23	53	10	38	17	36
13	12	48	47	43	51	42	43	8	0	52	36	31	29	4
14	13	47	56	1	4	55	14	8	37	52	2	24	40	32
15	14	47	4	18	18	7	45	9	14	51	28	17	52	0
16	15	46	12	35	31	20	16	9	51	50	54	11	3	28
17	16	45	20	52	44	32	47	10	28	50	20	4	14	56
18	17	44	29	9	57	45	18	11	5	49	45	57	26	24
19	18	43	37	27	10	57	49	11	42	49	11	50	37	52
20	19	42	45	44	24	10	20	12	19	48	37	43	49	20
21	20	41	54	1	37	22	51	12	56	48	3	37	0	48
22	21	41	2	18	50	35	22	13	33	47	29	30	12	16
23	22	40	10	36	3	47	53	14	10	46	55	23	23	44
24	23	39	18	53	17	0	24	14	47	46	21	16	35	12
25	24	38	27	10	30	12	55	15	24	45	47	9	46	40
26	25	37	35	27	43	25	26	16	1	45	13	2	58	8
27	26	36	43	44	56	37	57	16	38	44	38	56	9	36
28	27	35	52	2	9	50	28	17	15	44	4	49	21	4
29	28	35	0	19	23	2	59	17	52	43	30	42	32	32
30	29	34	8	36	36	15	30	18	29	42	56	35	44	0

Μήκους ἐπουσία, ἰχθύων Μ. δ̄ με΄.   ΕΡΜΟΥ.   Ἀπογείου ἐκκέντρου, χηλῶν Μ. κ̄ ι΄.

ΟΚΤΩΚΑΙΔΕΚΑΕΤΗΡΙΔΕΣ.

Ἔτη	°	′	″	‴	⁗	⁗′	⁗″
ιη	τνϛ	λζ	κε	λϛ	κ	λδ	λ
λϛ	τνα	ιδ	να	ιϛ	μα	θ	ō
νδ	τμϛ	νϛ	ιϛ	μθ	α	μγ	λ
οβ	τμβ	κθ	μβ	κε	κϛ	μη	ō
ϟ	τλη	ζ	η	α	μβ	νϛ	λ
ρη	τλγ	μδ	λγ	λη	γ	κζ	ō
ρκϛ	τκθ	κα	νϑ	ιδ	κδ	α	λ
ρμδ	τκδ	νθ	κδ	ν	μδ	λϛ	ō
ρξβ	τκ	λϛ	ν	κζ	ε	ι	λ
ρπ	τιϛ	ιδ	ιϛ	γ	κε	με	ō
ρϟη	τια	να	μα	λθ	μϛ	ιθ	λ
σιϛ	τϛ	κθ	ζ	ιϛ	ϛ	νδ	ō
σλδ	τγ	ϛ	λβ	νβ	κζ	κη	λ
σνβ	σϟη	μγ	νη	κη	μη	γ	ō
σο	σϟδ	κα	κδ	ε	η	λϛ	λ
σπη	σπθ	νη	μθ	μα	κθ	ιβ	ō
τϛ	σπε	λϛ	ιε	ιζ	μθ	μϛ	λ
τκδ	σπα	ιγ	μ	νδ	ι	κα	ō
τμβ	σοϛ	να	ϛ	λ	λ	νε	λ
τξ	σοβ	κη	λβ	ϛ	να	λ	ō
τοη	σξη	ε	νζ	μγ	ιβ	δ	λ
τϟϛ	σξγ	μγ	κγ	ιθ	λβ	λθ	ō
υιδ	σνθ	κ	μη	νε	νγ	ιγ	λ
υλβ	σνδ	νη	ιδ	λβ	ιγ	μη	ō
υν	σν	λε	μ	η	λδ	κϛ	λ
υξη	σμϛ	ιγ	ε	μδ	νδ	νϛ	ō
υπϛ	σμα	ν	λα	κα	ιε	λα	λ
φδ	σλϛ	κζ	νϛ	νϛ	λϛ	ϛ	ō
φκβ	σλγ	ε	κϛ	λγ	νϛ	μ	λ
φμ	σκη	μβ	μη	ι	ιζ	ιε	ō
φνη	σκδ	κ	ιγ	μϛ	λϛ	μθ	λ
φοϛ	σιθ	νζ	λθ	κβ	νη	κδ	ō
φϟδ	σιε	λε	δ	νθ	ιη	νη	λ
χιβ	σια	ιβ	λ	λε	λθ	λγ	ō
χλ	σϛ	μθ	νϛ	ιβ	ō	ζ	λ
χμη	σβ	κζ	κα	μη	κ	μβ	ō
χξϛ	ρϟη	δ	μϛ	κδ	μα	ιϛ	λ
χπδ	ρϟγ	μϛ	ιγ	α	α	να	ō
ψβ	ρπθ	ιθ	λη	λζ	κϛ	κε	λ
ψκ	ρπδ	νζ	δ	ιγ	μγ	ō	ō
ψλη	ρπ	λδ	κθ	ν	γ	λδ	λ
ψνϛ	ροϛ	ιβ	νε	κϛ	κδ	θ	ō
ψοδ	ροα	μθ	κα	β	μδ	μγ	λ
ψϟϛ	ρξζ	κϛ	μϛ	λθ	ε	ιη	ō
ωι	ρξγ	ϑ	ιβ	ιε	κε	νβ	λ

ΑΝΩΜΑΛΙΑΣ ΕΠΟΥΣΙΑ Μ. κη νε΄.

Ἔτη	°	′	″	‴	⁗	⁗′	⁗″
ιη	σνα	ō	με	με	νγ	με	δ
λϛ	ρμβ	α	λα	λα	μϛ	λ	ō
νδ	λγ	β	ιϛ	ιϛ	μα	ιε	ō
οβ	απδ	γ	γ	γ	λε	ō	ō
ϟ	ροε	γ	μη	μϑ	κη	με	ō
ρη	ξϛ	δ	λδ	λε	κβ	λ	ō
ρκϛ	τιζ	ε	κ	κα	ιϛ	ιε	ō
ρμδ	ση	ϛ	ϛ	ζ	ι	ō	ō
ρξβ	ϟϑ	ϛ	να	νγ	γ	με	ō
ρπ	τν	ζ	λζ	λη	νζ	λ	ō
ρϟη	σμα	η	κγ	κδ	να	ιε	ō
σιϛ	ρλβ	θ	ϑ	ι	με	ō	ō
σλδ	κγ	θ	νδ	νϛ	λη	με	ō
σνβ	σοδ	ι	μ	μβ	λβ	λ	ō
σο	ρξε	ια	κϛ	κη	κϛ	ιε	ō
σπη	νϛ	ιβ	ιβ	ιδ	κ	ō	ō
τϛ	τζ	ιβ	νη	ō	ιγ	με	ō
τκδ	ρϟη	ιγ	μδ	μϛ	ζ	λ	ō
τμβ	πθ	ιδ	λ	λβ	α	ιε	ō
τξ	τμ	ιε	ιε	ιζ	νε	ō	ō
τοη	σλα	ιϛ	α	γ	μη	με	ō
τϟϛ	ρκβ	ιϛ	μϛ	μϑ	μβ	λ	ō
υιδ	ιγ	ιζ	λβ	λε	λϛ	ιε	ō
υλβ	σξδ	ιη	ιη	κα	λ	ō	ō
υν	ρνε	ιϑ	δ	ζ	κγ	με	ō
υξη	μϛ	ιϑ	μϑ	νγ	ιζ	λ	ō
υπϛ	σϟζ	κ	λε	λϑ	ια	ιε	ō
φδ	ρπη	κα	κα	κε	ε	ō	ō
φκβ	οϑ	κβ	ζ	ι	νη	με	ō
φμ	τλ	κβ	νδ	νϛ	νβ	λ	ō
φνη	σκα	κγ	λη	μβ	μϛ	ιε	ō
φοϛ	ριβ	κδ	κδ	κη	μ	ō	ō
φϟδ	γ	κε	ι	ιδ	λγ	με	ō
χιβ	σνδ	κε	νϛ	ō	κζ	λ	ō
χλ	ρμε	κϛ	μα	μϛ	κα	ιε	ō
χμη	λϛ	κζ	κζ	λβ	ιε	ō	ō
χξϛ	σπζ	κη	ιγ	ιη	η	με	ō
χπδ	ροη	κη	νϑ	δ	β	λ	ō
ψβ	ξϑ	κθ	μδ	μϑ	νϛ	ιε	ō
ψκ	τκ	λ	λ	λε	ν	ō	ō
ψλη	σια	λα	ιϛ	κα	μγ	με	ō
ψνϛ	ρβ	λβ	β	ζ	λζ	λ	ō
ψοδ	τνγ	λδ	μζ	νγ	λα	ιε	ō
ψϟϛ	σμδ	λγ	λγ	λϑ	κε	ō	ō
ωι	ρλε	λδ	ιϑ	κε	ιη	με	ō

Époque de la longitude, poissons 0ᵈ 45′.   **MERCURE.**   Époque de l'apogée de l'excentrique, serres 1ᵈ 10′.

ESPACES DE 18 ANNÉES.

	d	′	″	‴	⁗	‴‴	‴‴‴
18	355	37	25	36	20	34	30
36	351	14	51	12	41	9	0
54	346	52	16	49	1	43	30
72	342	29	42	25	22	18	0
90	338	7	8	1	42	52	30
108	333	44	33	38	3	27	0
126	329	21	59	14	24	1	30
144	324	59	24	50	44	36	0
162	320	36	50	27	5	10	30
180	316	14	16	3	25	45	0
198	311	51	41	39	46	19	30
216	307	29	7	16	6	54	0
234	303	6	32	52	27	28	30
252	298	43	58	28	48	3	0
270	294	21	24	5	8	37	30
288	289	58	49	41	29	12	0
306	285	36	15	17	49	46	30
324	281	13	40	54	10	21	0
342	276	51	6	30	30	55	30
360	272	28	32	6	51	30	0
378	268	5	57	43	12	4	30
396	263	43	23	19	32	39	0
414	259	20	48	55	53	13	30
432	254	58	14	32	13	48	0
450	250	35	40	8	34	22	30
468	246	13	5	44	54	57	0
486	241	50	31	21	15	31	30
504	237	27	56	57	36	6	0
522	233	5	22	33	56	40	30
540	228	42	48	10	17	15	0
558	224	20	13	46	37	49	30
576	219	57	39	22	58	24	0
594	215	35	4	59	18	58	30
612	211	12	30	35	39	33	0
630	206	49	56	12	0	7	30
648	202	27	21	48	20	42	0
666	198	4	47	24	41	16	30
684	193	42	13	1	1	51	0
702	189	19	38	37	22	25	30
720	184	57	4	13	43	0	0
738	180	34	29	50	3	34	30
756	176	11	55	26	24	9	0
774	171	49	21	2	44	43	30
792	167	26	46	39	5	18	0
810	163	4	12	15	25	52	30

EXCÉDENT POUR L'ANOMALIE, 21ᵈ 55′.

	d	′	″	‴	⁗	‴‴	‴‴‴
251	0	45	45	53	45	0	
142	1	31	31	47	30	0	
33	2	17	17	41	15	0	
284	3	3	3	35	0	0	
175	3	48	49	28	45	0	
66	4	34	35	22	30	0	
317	5	20	21	16	15	0	
208	6	6	7	10	0	0	
99	6	51	53	3	45	0	
350	7	37	38	57	30	0	
241	8	23	24	51	15	0	
132	9	9	10	45	0	0	
23	9	54	56	38	45	0	
274	10	40	42	32	30	0	
165	11	26	28	26	15	0	
56	12	12	14	20	0	0	
307	12	58	0	13	45	0	
198	13	43	46	7	30	0	
89	14	29	32	1	15	0	
340	15	15	17	55	0	0	
231	16	1	3	48	45	0	
122	16	46	49	42	30	0	
13	17	32	35	36	15	0	
264	18	18	21	30	0	0	
155	19	4	7	23	45	0	
46	19	49	53	17	30	0	
297	20	35	39	11	15	0	
188	21	21	25	5	0	0	
79	22	7	10	58	45	0	
330	22	52	56	52	30	0	
221	23	38	42	46	15	0	
112	24	24	28	40	0	0	
3	25	10	14	33	45	0	
254	25	56	0	27	30	0	
145	26	41	46	21	15	0	
36	27	27	32	15	0	0	
287	28	13	18	8	45	0	
178	28	59	4	2	30	0	
69	29	44	49	56	15	0	
320	30	30	35	50	0	0	
211	31	16	21	43	45	0	
102	32	2	7	37	30	0	
353	32	47	53	31	15	0	
244	33	33	39	25	0	0	
135	34	19	25	18	45	0	

ΕΡΜΟΥ.

Ετη ἁπλᾶ.	ΜΗΚΟΥΣ ΜΟΙΡΑΙ							ΑΝΩΜΑΛΙΑΣ ΜΟΙΡΑΙ						
	o	′	″	‴	⁗	⁵	⁶	o	′	″	‴	⁗	⁵	⁶
α	τνδ	με	κδ	με	κα	η	λε	νγ	νς	μδ	λδ	λδ	νθ	ι
β	τνθ	λ	μθ	λ	μβ	ιζ	ι	ρζ	νγ	κς	ε	ε	νη	κ
γ	τνθ	ις	ιδ	ις	γ	κε	με	ρξα	ν	ζ	λς	λη	νς	λ
δ	τνθ	α	λθ	α	κδ	λδ	κ	σιε	μς	ν	ι	ια	νς	μ
ε	τνη	μζ	γ	μς	με	μβ	νε	σξθ	μγ	λδ	μβ	μδ	νε	ν
ς	τνη	λβ	κη	λβ	ς	να	λ	τκγ	μ	ιε	ιε	ιζ	νε	ō
ζ	τνη	ιζ	νγ	ιζ	κη	ō	ε	ιζ	λς	νζ	μζ	ν	νδ	ι
η	τνη	γ	ιη	β	μθ	η	μ	οα	λγ	μ	κ	κγ	νγ	κ
θ	τνζ	μη	μβ	μη	ι	ιζ	ιε	ρκε	λ	κβ	νβ	νς	νβ	λ
ι	τνζ	λδ	ζ	λγ	λα	κε	ν	ροθ	κζ	ε	κε	κθ	να	μ
ια	τνζ	ιθ	λβ	ιη	νβ	λδ	κε	σλγ	κγ	μζ	νη	β	ν	ν
ιβ	τνζ	δ	νζ	δ	ιγ	μγ	ς	σπζ	κ	λ	λ	λε	ν	ō
ιγ	τνς	ν	κα	μθ	λδ	να	λε	τμα	ιζ	ιγ	γ	η	μθ	ι
ιδ	τνς	λε	μς	λδ	νς	ō	ι	λε	ιγ	νε	λε	μα	μη	κ
ιε	τνς	κα	ια	κ	ιζ	η	με	πθ	ι	λη	η	ιδ	μζ	λ
ις	τνς	ς	λς	ε	λη	ιζ	κ	ρμγ	ζ	κ	μ	μζ	μς	μ
ιζ	τνε	νβ	ō	ν	νθ	κε	νε	ρϙζ	δ	γ	ιγ	κ	με	ν
ιη	τνε	λζ	κε	λς	κ	λδ	λ	σνα	ō	με	με	νγ	με	ō

Ὧραι.	ΜΗΚΟΥΣ ΜΟΙΡΑΙ							ΑΝΩΜΑΛΙΑΣ ΜΟΙΡΑΙ						
	o	′	″	‴	⁗	⁵	⁶	o	′	″	‴	⁗	⁵	⁶
α	ō	β	κζ	ν	μγ	γ	α	ō	ζ	μς	ō	ιζ	κη	νθ
β	ō	δ	νε	μα	κς	ς	β	ō	ιε	λβ	ō	λδ	νζ	νθ
γ	ō	ζ	κγ	λβ	θ	θ	γ	ō	κγ	ιη	ō	νβ	κς	νη
δ	ō	θ	να	κβ	νβ	ιβ	ε	ō	λα	δ	α	θ	λε	νη
ε	ō	ιβ	ιθ	ιγ	λε	ιε	ς	ō	λη	ν	α	κζ	κδ	νζ
ς	ō	ιδ	μζ	δ	ιη	ιη	ς	ō	μς	λς	α	μθ	λγ	νς
ζ	ō	ιζ	ιδ	νε	α	κα	θ	ō	νδ	κβ	β	β	κβ	νζ
η	ō	ιθ	μβ	με	μδ	κδ	ι	α	β	η	β	ιθ	να	νς
θ	ō	κβ	ι	λς	κζ	κζ	ια	α	θ	νδ	β	λς	κ	νς
ι	ō	κδ	λη	κζ	ι	λ	ιβ	α	ιζ	μ	β	νδ	μθ	νε
ια	ō	κζ	ς	ιζ	νγ	λγ	ιδ	α	κε	κς	γ	ιβ	ιη	νε
ιβ	ō	κθ	λδ	η	λς	λς	ιε	α	λγ	ιβ	γ	κθ	μζ	νε
ιγ	ō	λβ	α	νθ	ιθ	λθ	ις	α	μ	νη	γ	μζ	ις	νδ
ιδ	ō	λδ	κθ	ν	β	μβ	ιη	α	μη	μδ	δ	δ	με	νδ
ιε	ō	λς	νζ	μ	με	με	ιθ	α	νς	λ	δ	κβ	ιδ	νγ
ις	ō	λθ	κε	λα	κη	μη	κ	β	δ	ις	δ	λθ	μγ	νγ
ιζ	ō	μα	νγ	κβ	ια	να	κα	β	ιβ	β	δ	νζ	ιβ	νβ
ιη	ō	μδ	κα	ιβ	νδ	νδ	κγ	β	κ	μη	ε	ιδ	μα	νβ
ιθ	ō	μς	μθ	γ	λζ	νζ	κδ	β	κζ	λδ	ε	λβ	ι	νβ
κ	ō	μθ	ις	νδ	κα	ō	κε	β	λε	κ	ε	ν	λθ	να
κα	ō	να	μδ	με	δ	γ	κς	β	μγ	ς	ς	ζ	η	να
κβ	ō	νδ	ιβ	λε	μζ	ς	κη	β	ν	νθ	ς	κδ	λζ	ν
κγ	ō	νς	μ	κς	λ	θ	κθ	β	νη	λη	ς	μβ	ς	ν
κδ	ō	νθ	η	ιζ	ιγ	ιβ	λα	γ	ς	κδ	ς	νθ	λε	ν

MERCURE.

DEGRÉS DE LONGITUDE (Années simples)

Années simples.	d	'	''	'''	''''	'''''	''''''
1	359	45	24	45	21	8	55
2	359	30	49	30	42	17	10
3	359	16	14	16	3	25	45
4	359	1	39	1	24	34	20
5	358	47	3	46	45	42	55
6	358	32	28	32	6	51	30
7	358	17	53	17	28	0	5
8	358	3	18	2	49	8	40
9	357	48	42	48	10	17	15
10	357	34	7	33	31	25	50
11	357	19	32	18	52	34	25
12	357	4	57	4	13	43	0
13	356	50	21	49	34	51	35
14	356	35	46	34	56	0	10
15	356	21	11	20	17	8	45
16	356	6	36	5	38	17	20
17	355	52	0	50	59	25	55
18	355	37	25	36	20	34	30

DEGRÉS D'ANOMALIE (Années simples)

Années simples.	d	'	''	'''	''''	'''''	''''''
1	53	56	42	32	32	59	10
2	107	53	25	5	5	58	20
3	161	50	7	37	38	57	30
4	215	46	50	10	11	56	40
5	269	43	32	42	44	55	50
6	323	40	15	15	17	55	0
7	17	36	57	47	50	54	10
8	71	33	40	20	23	53	20
9	125	30	22	52	56	52	30
10	179	27	5	25	29	51	40
11	233	23	47	58	2	50	50
12	287	20	30	30	35	50	0
13	341	17	13	3	8	49	10
14	35	13	55	35	41	48	20
15	89	10	38	8	14	47	30
16	143	7	20	40	47	46	40
17	197	4	3	13	20	45	50
18	251	0	45	45	53	45	0

DEGRÉS DE LONGITUDE (Heures)

Heures.	d	'	''	'''	''''	'''''	''''''
1	0	2	27	50	43	3	1
2	0	4	55	41	26	6	2
3	0	7	23	32	9	9	3
4	0	9	51	22	52	12	5
5	0	12	19	13	35	15	6
6	0	14	47	4	18	18	7
7	0	17	14	55	1	21	9
8	0	19	42	45	44	24	10
9	0	22	10	36	27	27	11
10	0	24	38	27	10	30	12
11	0	27	6	17	53	33	14
12	0	29	34	8	36	36	15
13	0	32	1	59	19	39	16
14	0	34	29	50	2	42	18
15	0	36	57	40	45	45	19
16	0	39	25	31	28	48	20
17	0	41	53	22	11	51	21
18	0	44	21	12	54	54	23
19	0	46	49	3	37	57	24
20	0	49	16	54	21	0	25
21	0	51	44	45	4	3	27
22	0	54	12	35	47	6	28
23	0	56	40	26	30	9	29
24	0	59	8	17	13	12	31

DEGRÉS D'ANOMALIE (Heures)

Heures.	d	'	''	'''	''''	'''''	''''''
1	0	7	46	0	17	28	59
2	0	15	32	0	34	57	59
3	0	23	18	0	52	26	58
4	0	31	4	1	9	55	58
5	0	38	50	1	27	24	57
6	0	46	36	1	44	53	57
7	0	54	22	2	2	22	57
8	1	2	8	2	19	51	56
9	1	9	54	2	37	20	56
10	1	17	40	2	54	49	55
11	1	25	26	3	12	18	55
12	1	33	12	3	29	47	55
13	1	40	58	3	47	16	54
14	1	48	44	4	4	45	54
15	1	56	30	4	22	14	53
16	2	4	16	4	39	43	53
17	2	12	2	4	57	12	52
18	2	19	48	5	14	41	52
19	2	27	34	5	32	10	52
20	2	35	20	5	49	39	51
21	2	43	6	6	7	8	51
22	2	50	52	6	24	37	50
23	2	58	38	6	42	6	50
24	3	6	24	6	59	35	50

ΕΡΜΟΥ.

Μῆνες. — ΜΗΚΟΥΣ ΜΟΙΡΑΙ

Μῆνες.		′	″	‴	⁗	⁗′	⁗″
λ	κθ	λδ	η	λϛ	λϛ	ιε	λ
ξ	νθ	η	ιζ	ιγ	ιϛ	λα	ō
ϙ	πη	μϛ	κε	μθ	μη	μϛ	λ
ρκ	ριη	ιϛ	λδ	κϛ	κε	β	ō
ρν	ρμζ	ν	μγ	γ	α	ιζ	λ
ρπ	ροϛ	κδ	να	λθ	λζ	λγ	ō
σι	σϛ	νθ	ō	ιϛ	ιγ	μη	λ
σμ	σλϛ	λγ	η	νβ	ν	δ	ō
σο	σξϛ	ζ	ιζ	κθ	κϛ	ιθ	λ
τ	σϙϛ	μα	κϛ	ϛ	β	λε	ō
τλ	τκε	ιε	λδ	μθ	λη	ν	λ
τξ	τνδ	μθ	μγ	ιθ	ιε	ϛ	ō

Μῆνες. — ΑΝΩΜΑΛΙΑΣ ΜΟΙΡΑΙ

Μῆνες.		′	″	‴	⁗	⁗′	⁗″
λ	ϙζ	ιϛ	γ	κθ	μϛ	νε	ō
ξ	ρπϛ	κδ	ϛ	νθ	λε	ν	ō
ϙ	σοθ	λϛ	ι	κθ	κγ	μϛ	ō
ρκ	ιϛ	μη	ιγ	νθ	ια	μ	ō
ρν	ρ̄	ō	ιζ	κη	νθ	λε	ō
ρπ	ρϙθ	ιϛ	κ	νη	μζ	λ	ō
σι	σϙβ	κδ	κδ	κη	λε	κε	ō
σμ	κε	λϛ	κϛ	νη	κγ	κ	ō
σο	ριη	μη	λα	κη	ια	ιε	ō
τ	σιβ	ō	λδ	νζ	νθ	ι	ō
τλ	τε	ιβ	λη	κζ	μϛ	ε	ō
τξ	λη	κδ	μα	νζ	λε	ō	ō

Ἡμέραι. — ΜΗΚΟΥΣ ΜΟΙΡΑΙ

Ἡμέραι.		′	″	‴	⁗	⁗′	⁗″
α	ō	νθ	η	ιϛ	ιγ	ιϛ	λα
β	α	νη	ιϛ	λδ	κϛ	κε	β
γ	β	νζ	κδ	να	λθ	λϛ	λγ
δ	γ	νϛ	λγ	η	νβ	ν	δ
ε	δ	νε	μα	κϛ	ϛ	β	λε
ϛ	ε	νδ	μθ	μγ	ιθ	ιε	ϛ
ζ	ϛ	νγ	νη	ō	λϛ	κζ	λζ
η	ζ	νγ	ϛ	ιζ	με	μ	η
θ	η	νβ	ιδ	λδ	νη	νβ	λθ
ι	θ	να	κβ	νβ	ια	ε	ι
ια	ι	ν	λα	θ	κε	ιζ	μα
ιβ	ια	μθ	λθ	κϛ	λη	λ	ιβ
ιγ	ιβ	μη	μζ	μγ	να	μβ	μγ
ιδ	ιγ	μζ	νϛ	α	δ	νε	ιδ
ιε	ιδ	μζ	δ	ιη	ιη	ζ	με
ιϛ	ιε	μϛ	ιβ	λε	λα	κ	ιϛ
ιζ	ιϛ	με	κ	νβ	μδ	λβ	μζ
ιη	ιζ	μδ	κθ	θ	νζ	με	ιη
ιθ	ιη	μγ	λζ	κϛ	ι	νζ	μθ
κ	ιθ	μβ	με	μδ	κδ	ι	κ
κα	κ	μα	νδ	α	λζ	κβ	να
κβ	κα	μα	β	ιη	ν	λε	κβ
κγ	κβ	μ	ι	λϛ	γ	μζ	νγ
κδ	κγ	λθ	ιη	νγ	ιϛ	ō	κδ
κε	κδ	λη	κζ	ι	λ	ιβ	νε
κϛ	κε	λζ	λε	κζ	μγ	κε	κϛ
κζ	κϛ	λϛ	μγ	μδ	νϛ	λζ	νζ
κη	κζ	λϛ	νβ	β	θ	ν	κη
κθ	κη	λε	ō	ιθ	κγ	β	νθ
λ	κθ	λδ	η	λϛ	λϛ	ιε	λ

Ἡμέραι. — ΑΝΩΜΑΛΙΑΣ ΜΟΙΡΑΙ

Ἡμέραι.		′	″	‴	⁗	⁗′	⁗″
α	γ	ϛ	κθ	ϛ	νθ	λε	ν
β	ϛ	ιβ	μη	ιγ	νθ	ια	μ
γ	θ	ιθ	ιϛ	κ	νη	μζ	λ
δ	ιβ	κε	λϛ	κζ	νη	κγ	κ
ε	ιε	λβ	ō	λδ	νζ	νθ	ι
ϛ	ιη	λη	κδ	μα	νζ	λε	ō
ζ	κα	μδ	μη	μη	νζ	ι	ν
η	κδ	να	ιβ	νε	νϛ	μϛ	μ
θ	κϛ	νϛ	λϛ	β	νϛ	κθ	λ
ι	λα	δ	α	θ	νε	νη	κ
ια	λδ	ι	κε	ιϛ	νε	λδ	ι
ιβ	λζ	ιϛ	μθ	κγ	νε	ι	ō
ιγ	μ	κγ	ιγ	λ	νδ	με	ν
ιδ	μγ	κθ	λζ	λζ	νδ	κα	μ
ιε	μϛ	λϛ	α	μδ	νγ	νζ	λ
ιϛ	μθ	μβ	κε	να	νγ	λγ	κ
ιζ	νβ	μη	μθ	ε	νβ	θ	ι
ιη	νε	νε	ιδ	ε	νβ	με	ō
ιθ	νθ	α	λη	ιβ	νβ	κ	ν
κ	ξβ	η	β	ιθ	να	νϛ	μ
κα	ξε	ιδ	κϛ	κϛ	να	λβ	λ
κβ	ξη	κ	ν	λγ	να	η	κ
κγ	οα	κζ	ιδ	μ	ν	μδ	ι
κδ	οδ	λγ	λη	μϛ	ν	κ	ō
κε	οζ	μ	β	νδ	μθ	νε	ν
κϛ	π	μϛ	κζ	α	μθ	λα	μ
κζ	πγ	νβ	να	η	μθ	ζ	λ
κη	πϛ	νθ	ιϛ	ιϛ	μη	μγ	κ
κθ	ϙ	ε	λθ	κβ	μη	ιθ	ι
λ	ϙγ	ιβ	γ	κθ	μζ	νε	ō

MERCURE.

Mois.	DEGRÉS DE LONGITUDE.							DEGRÉS D'ANOMALIE.						
	d	'	''	'''	''''	'''''	''''''	d	'	''	'''	''''	'''''	''''''
30	29	34	8	36	36	15	30	93	12	3	29	47	55	0
60	59	8	17	13	12	31	0	186	24	6	59	35	50	0
90	88	42	25	49	48	46	30	279	36	10	29	23	45	0
120	118	16	34	26	25	2	0	12	48	13	59	11	40	0
150	147	50	43	3	1	17	30	106	0	17	28	59	35	0
180	177	24	51	39	37	33	0	199	12	20	58	47	30	0
210	206	59	0	16	13	48	30	292	24	24	28	35	25	0
240	236	33	8	52	50	4	0	25	36	27	58	23	20	0
270	266	7	17	29	26	19	30	118	48	31	28	11	15	0
300	295	41	26	6	2	35	0	212	0	34	57	59	10	0
330	325	15	34	42	38	50	30	305	12	38	27	47	5	0
360	354	49	43	19	15	6	0	38	24	41	57	35	0	0

Jours.	DEGRÉS DE LONGITUDE.							DEGRÉS D'ANOMALIE.						
	d	'	''	'''	''''	'''''	''''''	d	'	''	'''	''''	'''''	''''''
1	0	59	8	17	13	12	31	3	6	24	6	59	35	50
2	1	58	16	34	26	25	2	6	12	48	13	59	11	40
3	2	57	24	51	39	37	53	9	19	12	20	58	47	30
4	3	56	33	8	52	50	4	12	25	36	27	58	23	20
5	4	55	41	26	6	2	35	15	32	0	34	57	59	10
6	5	54	49	43	19	15	6	18	38	24	41	57	35	0
7	6	53	58	0	32	27	37	21	44	48	48	57	10	50
8	7	53	6	17	45	40	8	24	51	12	55	56	46	40
9	8	52	14	34	58	52	39	27	57	37	2	56	22	30
10	9	51	22	52	12	5	10	31	4	1	9	55	58	20
11	10	50	31	9	25	17	41	34	10	25	16	55	34	10
12	11	49	39	26	38	30	12	37	16	49	23	55	10	0
13	12	48	47	43	51	42	43	40	23	13	30	54	45	50
14	13	47	56	1	4	55	14	43	29	37	37	54	21	40
15	14	47	4	18	18	7	45	46	36	1	44	53	57	30
16	15	46	12	35	31	20	16	49	42	25	51	53	33	20
17	16	45	20	52	44	32	47	52	48	49	58	53	9	10
18	17	44	29	9	57	45	18	55	55	14	5	52	45	0
19	18	43	37	27	10	57	49	59	1	38	12	52	20	50
20	19	42	45	44	24	10	20	62	8	2	19	51	56	40
21	20	41	54	1	37	22	51	65	14	26	26	51	32	30
22	21	41	2	18	50	35	22	68	20	50	33	51	8	20
23	22	40	10	36	3	47	53	71	27	14	40	50	44	10
24	23	39	18	53	17	0	24	74	33	38	47	50	20	0
25	24	38	27	10	30	12	55	77	40	2	54	49	55	50
26	25	37	35	27	43	25	26	80	46	27	1	49	31	40
27	26	36	43	44	56	37	57	83	52	51	8	49	7	30
28	27	35	52	2	9	50	28	86	59	15	15	48	43	20
29	28	35	0	19	23	2	59	90	5	39	22	48	19	10
30	29	34	8	36	36	15	30	93	12	3	29	47	55	0

CHAPITRE V.

KΕΦΑΛΑΙΟΝ E.

PRÉLIMINAIRES POUR LES HYPOTHÈSES DES CINQ PLANÈTES.

ΠΡΟΛΑΜΒΑΝΟΜΕΝΑ ΕΙΣ ΤΑΣ ΥΠΟΘΕΣΕΙΣ ΤΩΝ ΠΕΝΤΕ ΠΛΑΝΩΜΕΝΩΝ.

Ayant à parler actuellement, d'après cet exposé des anomalies, des mouvemens des cinq planètes en longitude, je les ai représentés d'une manière générale par les moyens suivants.

Deux mouvemens très-simples suffisent comme nous avons déjà dit, pour expliquer ce que nous nous proposons : l'un se fait par des cercles excentriques au zodiaque, l'autre par des cercles qui lui sont concentriques, mais qui portent des épicycles. Et pareillement chacune des planètes paroissant avoir deux anomalies, l'une qui se remarque relativement aux degrés du zodiaque, et l'autre par rapport au soleil; nous trouvons dans celle-ci par la constance des différentes configurations relativement aux mêmes portions du zodiaque, pour les cinq planètes, qu'elles employent toujours un temps plus long pour aller du plus grand mouvement au moyen, que pour aller du moyen au plus petit. Cet effet ne peut pas être une conséquence du mouvement dans l'excentrique qui produiroit des apparences toutes contraires, vu que, chose qui arrive par l'effet de l'excentricité, le plus grand mouvement s'y fait toujours dans le périgée; et que, dans nos deux suppositions, l'arc compris depuis le périgée jusqu'au point du mou-

Ἑ̄ΞΗΣ δ᾽ ὄντος τῇ τούτων ἐκθέσει τοῦ περὶ τῶν ἀνωμαλιῶν λόγου, τῶν γινομένων ἐπὶ τῆς κατὰ μῆκος παρόδων τῶν πέντε πλανωμένων, ἡ μὲν κατὰ τὸ ὁλοσχερὲς τῶν ὑποτυπώσεων ἐπιβολὴ γέγονεν ἡμῖν διὰ τῶν τοιούτων.

Τῶν γὰρ ἁπλουσάτων ἅμα καὶ ἱκανῶν πρὸς τὸ προκείμενον κινήσεων δύο οὐσῶν, ὡς ἔφαμεν, τῆς τε δι᾽ ἐκκέντρων κύκλων ὡς πρὸς τὸν ζωδιακὸν ἀποτελουμένης, καὶ τῆς δι᾽ ὁμοκέντρων μὲν, ἐπικύκλους δὲ περιφερόντων, ὁμοίως δὲ καὶ τῶν κατ᾽ ἕνα ἕκαςον ἀςέρα φαινομένων ἀνωμαλιῶν δύο οὐσῶν, τῆς τε παρὰ τὰ τοῦ ζωδιακοῦ μέρη θεωρουμένης, καὶ τῆς παρὰ τοὺς πρὸς τὸν ἥλιον σχηματισμοὺς, ἐπὶ μὲν ταύτης εὑρίσκομεν ἐκ τῶν συνεχῶν καὶ περὶ τὰ αὐτὰ μέρη τοῦ ζωδιακοῦ τηρουμένων διαφόρων σχηματισμῶν, καὶ ἐπὶ τῶν πέντε πλανωμένων τὸν ἀπὸ τῆς μεγίςης κινήσεως ἐπὶ τὴν μέσην χρόνον, μείζονα πάντοτε γινόμενον τοῦ ἀπὸ τῆς μέσης ἐπὶ τὴν ἐλαχίςην, τοῦ τοιούτου συμπτώματος ἐπὶ μὲν τῆς κατ᾽ ἐκκεντρότητα ὑποθέσεως παρακολουθῆσαι μὴ δυναμένου, ἀλλὰ τοῦ ἐναντίου, διὰ τὸ πάντοτε μὲν αὐτῇ τὴν μεγίςην πάροδον κατὰ τὸ περιγειότατον ἀποτελεῖσθαι, ἐλάσσονα δὲ εἶναι, καὶ ἐπ᾽ ἀμφοτέρων τῶν ὑποθέσεων τὴν ἀπὸ τοῦ περιγείου μέχρι τοῦ κατὰ τὴν μέσην πάροδον σημείου περιφέρειαν, τῆς ἀπὸ τούτου μέχρι τοῦ ἀπογείου, κατὰ δὲ τὴν τῶν ἐπικύκλων δυναμένου συμβαίνειν, ὅταν ἡ μεγίςη μέντοι πάροδος, μὴ κατὰ τὸ περίγειον ὥσπερ ἐπὶ τῆς σελήνης, ἀλλὰ κατὰ τὸ ἀπόγειον ἀποτελῆται, τουτέςιν ὅταν ὁ ἀςὴρ ἀρχόμενος ἀπὸ τοῦ ἀπογείου μὴ ὡς ἐπὶ τὰ προηγούμενα τοῦ κόσμου τῇ σελήνῃ παραπλησίως, ἀλλ᾽ ὡς ἐπὶ τὰ ἑπόμενα ποιῆται τὴν μετάβασιν. Οθεν καὶ τὴν τοιαύτην ἀνωμαλίαν διὰ τῶν ἐπικύκλων ὑπεθέμεθα συμβαίνειν.

Επὶ δὲ τῆς πρὸς τὰ τοῦ ζωδιακοῦ μέρη θεωρουμένης ἀνωμαλίας, τὸ ἐναντίον εὑρίσκομεν, διὰ τῶν ἐπὶ τὰς αὐτὰς φάσεις, ἢ τοὺς αὐτοὺς σχηματισμοὺς ἐπιλαμβανομένων τοῦ ζωδιακοῦ περιφερειῶν, τὸν ἀπὸ τῆς ἐλαχίςης κινήσεως ἐπὶ τὴν μέσην χρόνον μείζονα γιγνόμενον αἰεὶ τοῦ ἀπὸ τῆς μέσης ἐπὶ τὴν μεγίςην, τοῦ τοιούτου πάλιν συμπτώματος, καὶ καθ᾽ ἑκατέραν μὲν τῶν ὑποθέσεων δυναμένου. παρακολουθεῖν, ὃν τρόπον ἐν τοῖς περὶ τῆς ὁμοιότητος αὐτῶν, ἐν ἀρχῇ τῆς τοῦ ἡλίου συντάξεως διεξήλθομεν, οἰκείου δὲ ὄντος μᾶλλον τῆς κατ᾽ ἐκκεντρότητα, καθ᾽ ἣν καὶ ὑποτιθέμεθα τὴν τοιαύτην ἀνωμαλίαν ἀποτελεῖσθαι, διὰ τὸ καὶ τὴν ἑτέραν μόνης τῆς κατ᾽ ἐπίκυκλον ἰδίαν ὥσπερ εὑρῆσθαι.

Ηδη δὲ διὰ τῆς τῶν κατὰ μέρος τετηρημένων παρόδων, ἐπὶ τὰς συνιςαμένας ἀγωγὰς ἐκ τῆς συμμίξεως ἀμφοτέρων τῶν ὑποθέσεων προσβολῆς, καὶ ἀνακρίσεως συνεχοῦς, οὐχ᾽ οὕτως ἁπλῶς εὑρίσκομεν

vement moyen, est plus petit que celui qui est entre ce point et l'apogée; au lieu que dans la supposition des épicycles cet effet peut avoir lieu quand le plus grand mouvement ne se fait pas dans le périgée, comme pour la lune, mais dans l'apogée; c'est-à-dire, quand l'astre commençant à se mouvoir depuis l'apogée, marche non vers l'occident, comme la lune, mais vers l'orient. C'est pour cela que nous supposons que cette anomalie s'opère par des épicycles.

Quant à l'anomalie considérée relativement aux parties du zodiaque, nous trouvons tout le contraire par les arcs du zodiaque parcourus dans les mêmes phases, ou dans les mêmes configurations, car le temps depuis le moindre mouvement moyen, y est toujours plus grand que celui du moyen au plus grand. Cette circonstance peut se rencontrer dans l'une et l'autre supposition, comme nous l'avons énoncé au commencement de ce que nous avons dit du soleil, en parlant de la ressemblance de ces deux suppositions: mais cette même circonstance est particulièrement propre à l'hypothèse de l'excentricité, dans laquelle nous supposons que cette anomalie a lieu, parceque nous trouvons que l'autre ne convient qu'à l'hypothèse des épicycles.

Mais déjà, par les mouvemens observés en détail, en appliquant ces deux hypothèses aux lieux qui résulteroient de leur combinaison, et par leur comparaison perpétuelle, nous n'avons pas trouvé que cela puisse se passer aussi simplement, ni que les plans dans lesquels nous décrivons les cercles excentriques, soient sans mouvement, ni que la ligne droite qui joint leurs centres et celui de l'écliptique, et sur laquelle se voient les apogées et les périgées, reste toujours dans les mêmes distances depuis les points tropiques et équinoxiaux. Nous ne voyons pas que les épicycles ayent leurs centres portés sur ces cercles excentriques, dont les centres soient ceux autour desquels en se mouvant uniformément selon la suite des signes, ils interceptent des angles égaux en temps égaux. Mais les apogées des excentriques faisant un petit mouvement selon l'ordre des signes, qui est uniforme autour du centre du zodiaque, on s'aperçoit par les phénomènes actuels, que cette progression est pour chaque planète, de la même quantité presque, que celle dont on voit la sphère des étoiles fixes faire cette progression, c'est-à-dire d'un degré en cent ans. Autant qu'on en peut juger, les centres des épicycles sont dans des cercles égaux, il est vrai, aux excentriques qui font l'irrégularité (*ou l'anomalie*) quoique non décrits autour des mêmes centres, mais autour d'autres centres qui partagent également les lignes menées de ces centres à celui du zodiaque. Pour Mercure seul, le cercle est décrit autour d'un centre autant éloigné de celui qui fait tourner cet astre, que ce centre-ci est éloigné de celui qui fait l'anomalie ou l'irrégularité, comme dans l'apogée, celui-ci est éloigné du point où l'œil est supposé. Car nous trouvons pour cet astre seul, comme pour la lune, que le cercle excentrique est

δυνάμενον προχωρεῖν, οὔτε τὸ τὰ ἐπίπεδα, ἐν οἷς τοὺς ἐκκέντρους κύκλους γράφομεν, ἀκίνητα εἶναι, μενούσης ἀεὶ κατὰ τὰς αὐτὰς ἀπὸ τῶν τροπικῶν, ἢ ἰσημερινῶν σημείων διαςάσεις, τῆς δι' ἀμφοτέρων τῶν κέντρων αὐτῶν τε καὶ τοῦ διὰ μέσων εὐθείας, καθ' ἥν τά τε ἀπόγεια καὶ τὰ περίγεια θεωρεῖται, οὔτε τὸ τοὺς ἐπικύκλους ἐπὶ τούτων τῶν ἐκκέντρων ἔχειν φερόμενα τὰ κέντρα ἑαυτῶν, ὧν ἐςι τὰ κέντρα, πρὸς οἷς τὴν εἰς τὰ ἑπόμενα κίνησιν ὁμαλῶς περιαγόμενα, τὰς ἴσας ἐν τοῖς ἴσοις χρόνοις γωνίας ἀπολαμβάνουσιν· ἀλλὰ καὶ τὰ ἀπόγεια τῶν ἐκκέντρων ποιούμενά τινα βραχεῖαν εἰς τὰ ἑπόμενα τῶν τροπικῶν σημείων μετάβασιν, ὁμαλήν τε πάλιν ὡς περὶ τὸ τοῦ ζωδιακοῦ κέντρον, καὶ σχεδὸν καθ' ἕκαςον ἀςέρα, ὅσην καὶ ἡ τῶν ἀπλανῶν σφαῖρα κατείληπται ποιουμένη, τουτέςιν ἐν τοῖς ρ̅ ἔτεσι μίαν μοῖραν, καθ' ὅσον τέ ἐςιν ἐκ τῶν παρόντων συνιδεῖν· καὶ τὰ κέντρα τῶν ἐπικύκλων, ἐπὶ ἴσων μὲν κύκλων τοῖς τὴν ἀνωμαλίαν ποιοῦσιν ἐκκέντροις φερόμενα, μὴ τοῖς αὐτοῖς δὲ κέντροις γεγραμμένων, ἀλλὰ ἐπὶ μὲν τῶν ἄλλων τοῖς δίχα τέμνουσι τὰς μεταξὺ τῶν κέντρων εὐθείας, ἐκείνων τε καὶ τοῦ ζωδιακου· ἐπὶ δὲ μόνου τοῦ τοῦ Ἑρμοῦ τῷ τοσοῦτον ἀπέχοντι τοῦ περιάγοντος αὐτὸ κέντρου, ὅσον ἐκεῖνό τε τοῦ τὴν ἀνωμαλίαν ποιοῦντος, ὡς πρὸς τὸ ἀπόγειον ἀπέχει καὶ τοῦτο τοῦ κατὰ τὴν ὄψιν ὑποτιθεμένου· καὶ γὰρ καὶ ἐπὶ τούτου τοῦ ἀςέρος μόνου, καθάπερ καὶ ἐπὶ τῆς σελήνης εὑρίσκοαεν, καὶ τὸν ἔκκεντρον κύκλον ἀντιπεριαγόμενον ὑπὸ τοῦ προειρημένου κέντρου τῷ ἐπικύκλῳ πάλιν εἰς τὰ προηγούμενα μίαν ἐν τῷ ἐνιαυτῷ περιστροφήν· ἐπειδὴ κỳ αὐτὸς δὶς ἐν τῇ μιᾷ περιδρομῇ περιγειότατος φαίνεται γινόμενος, καθάπερ κỳ ἡ σελήνη δὶς ἐν τῷ ἑνὶ μηνί.

transporté par ce centre contre l'ordre des signes en sens contraire à l'épicycle, de manière à faire une révolution en un an, puisque cet astre paraît deux fois périgée pendant qu'il fait un seul tour, comme la lune est deux fois périgée en chaque mois.

ΚΕΦΑΛΑΙΟΝ ϛ.

ΠΕΡΙ ΤΟΥ ΤΡΟΠΟΥ ΚΑΙ ΤΗΣ ΔΙΑΦΟΡΑΣ ΤΩΝ ΥΠΟΘΕΣΕΩΝ.

CHAPITRE VI.

DU MODE ET DE LA DIFFÉRENCE DE CES HYPOTHÈSES

ΓΕΝΟΙΤΟ δ᾽ ἂν μᾶλλον εὐκατανόητος ὁ τῶν διὰ τὰ προκείμενα συναγομένων ὑποθέσεων τρόπος τοιοῦτος· νοείσθω γὰρ ἐπὶ τῆς τῶν ἄλλων ὑποθέσεως πρῶτον ἔκκεντρος μὲν κύκλος ὁ ΑΒΓ, περὶ κέντρον τὸ Δ, ἡ δὲ διὰ τοῦ Δ κỳ τοῦ κέντρου τοῦ ζωδιακοῦ διάμετρος, ἡ ΑΔΓ, ἐφ᾽ ἧς τὸ τοῦ ζωδιακοῦ κέντρον, τουτέςιν ἡ ὄψις τῶν ὁρώντων τὸ Ε, ποιείτω τὸ μὲν Α σημεῖον τὸ ἀπογειότατον, τὸ δὲ Γ τὸ περιγειότατον. Τμηθείσης δὲ τῆς ΔΕ δίχα κατὰ τὸ Ζ, γεγράφθω κέντρῳ τῷ Ζ κỳ διαςήματι τῷ ΔΑ κύκλος, ἴσος δηλονότι τῷ ΑΒΓ, ὁ ΗΘΚ. Καὶ κέντρῳ τῷ Θ, γεγράφθω ἐπίκυκλος ὁ ΛΜ, κỳ ἐπεζεύχθω ἡ ΛΘΜΔ.

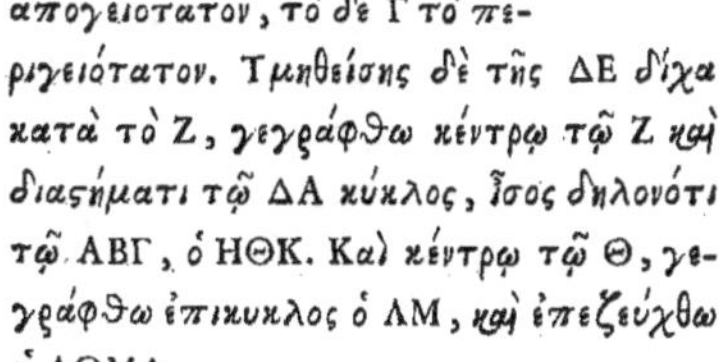

Pour faire mieux comprendre en quoi consistent les diverses hypothèses dont je viens de parler, soit d'abord pour les autres planètes, le cercle excentrique ABG décrit autour du centre D, et le diamètre ADG qui passe par le centre D et par le centre du zodiaque; sur ce diamètre soit le centre E du zodiaque, c'est-à-dire le point d'où l'œil de l'observateur regarde, A l'apogée et G le périgée. DE étant coupé en deux moitiés au point Z, décrivez de ce point Z et de l'intervalle DA, un cercle KTH égal à ABG, et autour du point T l'épicycle LM, et joignez LTMD.

Ὑποτιθέμεθα δὴ πρῶτον λελοξῶσθαι μὲν τότε τῶν ἐκκέντρων κύκλων ἐπίπεδον πρὸς τὸ τοῦ διὰ μέσων τῶν ζωδίων, κỳ ἔτι τὸ τοῦ ἐπικύκλου πρὸς τὸ τῶν ἐκκέντρων, ἕνεκεν τῆς κατὰ πλάτος παρόδου τῶν ἀςέρων κατὰ τὰ περὶ τοῦ,

D'abord nous supposons que le plan des cercles excentriques est oblique sur celui de l'écliptique, et celui de l'épicycle sur celui des excentriques, à cause du mouvement des astres en latitude, suivant les démonstrations que nous en donnerons. Quant à leurs mouvemens en longitude, nous supposons pour que cela soit plus commode, qu'ils se font tous dans le plan du zodiaque ; il n'en résultera aucune différence considérable pour la longitude par les inclinaisons telles que nous les montrerons pour chaque astre. Ensuite nous disons que ces plans font leurs révolutions uniformément autour du centre E suivant l'ordre des signes, en faisant avancer les apogées et les périgées, d'un degré en 100 ans ; et que le diamètre LTM de l'épicycle est emporté autour du centre D, uniformément encore suivant l'ordre des signes, conséquemment au retour de l'astre, en longitude, et qu'il transporte circulairement les points L, M, de l'épicycle, et le centre toujours porté par l'excentrique HTK, et qu'enfin l'astre lui-même en se mouvant uniformément dans l'épicycle LM, revient au même point sur le diamètre toujours dirigé vers le centre D, conséquemment au mouvement moyen de l'anomalie relative au soleil, la progression L se faisant suivant l'ordre des signes.

Quant à la propriété particulière à l'hypothèse de Mercure, voici comment nous la représenterons : soit ABG le cercle excentrique de l'anomalie, décrit autour du centre D, ADEG le diamètre passant par D, par le centre E du zodiaque, et par l'apogée A ; et soit prise

τῶν ἡμῖν ἀποδειχθησόμενα· πρὸς δὲ τὰς κατὰ μῆκος παρόδους, τῆς εὐχρηςίας ἕνεκεν ἐν ἑνὶ τῷ τοῦ ζωδιακοῦ ἐπιπέδῳ θεῖσθαι πάντας, μηδεμιᾶς ἐσομένης ἐπὶ τοῦ μήκους ἀξιολόγου διαφορᾶς παρά γε τὰς τηλικαύτας ἐγκλίσεις, ἡλίκαι καὶ καθ᾽ ἕνα ἕκαςον τῶν ἀςέρων ἀναφανήσονται. Επειτα τὸ μὲν ἐπίπεδον ὅλον ὁμαλῶς εἰς τὰ ἑπόμενα τῶν ζωδίων φαμὲν περιάγεσθαι περὶ τὸ Ε κέντρον

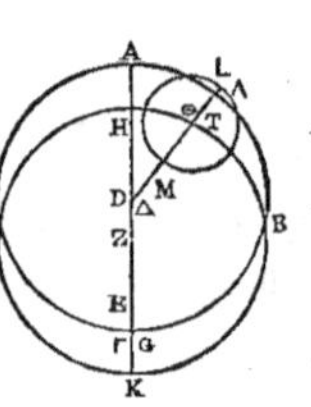

μεταβιβάζον τά τε ἀπόγεια κὴ τὰ περίγεια δι᾽ ἐτῶν ρ̄, μοῖραν μίαν, τὴν δὲ ΛΘΜ διάμετρον τοῦ ἐπικύκλου περιάγεσθαι μὲν ὑπὸ τοῦ Δ κέντρου πάλιν ὁμαλῶς εἰς τὰ ἑπόμενα τῶν ζωδίων ἀκολούθως τῇ κατὰ μῆκος τοῦ ἀςέρος ἀποκαταςάσει, συμπεριάγειν δὲ τά τε Λ Μ σημεῖα τοῦ ἐπικύκλου καὶ τὸ Θ κέντρον φερόμενον πάντοτε διὰ τοῦ ΗΘΚ ἐκκέντρου, κὴ τὸν ἀςέρα δὲ αὐτὸν κινούμενον ἐπὶ τοῦ ΛΜ ἐπικύκλου πάλιν ὁμαλῶς, καὶ πρὸς τὴν ἐπὶ τὸ Δ κέντρον νεύουσαν πάντοτε διάμετρον, ποιούμενον τὰς ἀποκαταςάσεις ἀκολούθως τῇ μέσῃ περιόδῳ τῆς πρὸς τὸν ἥλιον ἀνωμαλίας, κὴ ὡς τῆς κατὰ τὸ Λ ἀπόγειον μεταβάσεως, ὡς ἐπὶ τὰ ἑπόμενα τῶν ζωδίων ἀποτελουμένης.

Τὸ δὲ ἐπὶ τοῦ τοῦ Ερμοῦ τῆς ὑποθέσεως ἴδιον, λάβοιμεν ἂν ὑπ᾽ ὄψιν οὕτως· ἔςω γὰρ ὁ μὲν τῆς ἀνωμαλίας ἔκκεντρος κύκλος ὁ ΑΒΓ περὶ κέντρον τὸ Δ, ἡ δὲ διὰ τοῦ Δ καὶ τοῦ Ε κέντρου τοῦ ζωδιακοῦ διὰ τοῦ Α ἀπογείου διάμετρος ἡ ΑΔΕΓ· εἰλήφθω τε ἐπὶ τῆς ΑΓ τῇ ΔΕ

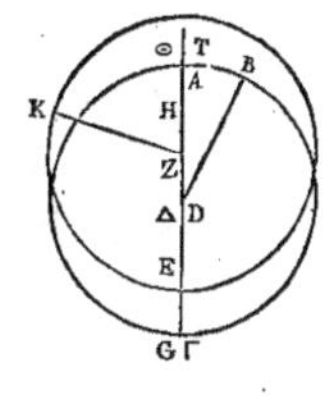

ὡς πρὸς τὸ Α ἀπόγειον, ἴση
ἡ ΔΖ. Τῶν ἄλλων τοίνυν με-
νόντων τῶν αὐτῶν, τουτέςιν
ὅλου τε τοῦ ἐπιπέδου περὶ τὸ
Ε κέντρον εἰς τὰ ἑπόμενα τὸ
ἀπόγειον μεταφέροντος, ὅσον
καὶ ἐπὶ τῶν ἄλλων ἀςέρων, καὶ
τοῦ ἐπικύκλου περὶ τὸ Δ κέν-
τρον ὁμαλῶς εἰς τὰ ἑπόμενα περιαγομένη,
ὡς ὑπὸ τῆς ΔΒ εὐθείας, καὶ ἔτι τοῦ ἀςέρος ἐπὶ τοῦ ἐπικύκλου κινουμένου παραπλησίως τοῖς ἄλλοις, ἐνθάδε τὸ κέντρον
τοῦ ἑτέρου ἐκκέντρου, ἐφ᾽ οὗ πάντοτε
ἴσου πάλιν ὄντος τῷ πρώτῳ τὸ κέντρον
ἴςαι τοῦ ἐπικύκλου, περιενεχθήσεται μὲν
περὶ τὸ Ζ σημεῖον εἰς τὰ ἐναντία τῷ ἐπικύκλῳ, τουτέςιν εἰς τὰ προηγούμενα τῶν
ζωδίων ὁμαλῶς τε καὶ ἰσοταχῶς αὐτῷ,
ὡς ὑπὸ τῆς ΖΗΘ εὐθείας, ὥστε πρὸς
μὲν τὰ τοῦ ζωδιακοῦ σημεῖα ἅπαξ ἑκατέραν τῶν ΔΒ καὶ ΖΗΘ εὐθειῶν ἐν τῷ
ἐνιαυτῷ ἀποκαθίςασθαι, δὶς δὲ δῆλον
ὅτι πρὸς ἀλλήλας. Ἀφέξει δ᾽ αἰεὶ τοῦ Ζ
σημείου καὶ αὐτὸ τὴν ἴσην ὁποτέρᾳ τῶν
ΕΔ καὶ ΔΖ εὐθειῶν, ὡς πρὸς τὴν ΖΗ· ὥστε
τὸν γραφόμενον ὑπὸ τῆς εἰς τὰ προηγούμενα κινήσεως αὐτοῦ κυκλίσκον, κέντρῳ
τῷ Ζ καὶ διαςήματι τῷ ΖΗ, διὰ παντὸς
ἀφορίζεσθαι κὴ ὑπὸ τοῦ Δ κέντρου τοῦ
πρώτου καὶ μένοντος ἐκκέντρου· καὶ γρά-
φεσθαι μὲν τὸν κινούμενον ἔκκεντρον ἑκάςοτε κέντρῳ τῷ Η καὶ διαςήματι τῷ ΗΘ
ἴσῳ ὄντι τῷ ΔΑ, ὡς ἐνθάδε τὸν ΘΚ· τὸν
δὲ ἐπίκυκλον ἐπ᾽ αὐτοῦ πάντοτε τὸ
κέντρον ἔχειν, ὡς ἐνθάδε κατὰ τὸ Κ σημεῖον. Καὶ μᾶλλον δ᾽ ἂν ἔτι παρακολου-

II.

sur AG, vers l'apogée A, DZ
égale à DE. Les autres circonstances restant les mêmes, c'est-
à-dire tout le plan emportant
l'apogée autour du centre E suivant l'ordre des signes, de même
que pour les autres astres, et l'é-
picycle se mouvant uniformé-
ment autour du centre D suivant l'ordre
des signes comme par la droite DB, pendant que l'astre se meut dans l'épicycle
comme font les autres astres, ici le centre
de l'autre excentrique égal au premier,
et sur lequel sera le centre de l'épicycle,
sera porté autour du point Z en sens
contraire à l'épicycle, c'est-à-dire vers l'occident, uniformément et avec la même
vitesse que lui, comme par la droite
ZHT, ensorte que chacune des droites
DB, ZHT, reviendra une fois chaque année aux points du zodiaque, et passera
deux fois l'une sur l'autre. Mais ce centre du second excentrique sera toujours
à une distance ZH, du point Z, égale à
l'une et à l'autre des droites ED et DZ.
Ainsi, le petit cercle décrit par son mouvement vers l'occident, du centre Z et
de l'intervalle ZH, sera terminé par le
le centre D du premier excentrique qui
reste constant ; mais l'excentrique mobile sera toujours décrit du centre H et de
l'intervalle HT égal à DA ; et enfin l'épicycle aura son centre sur cet excentrique
mobile, comme ici au point K. Mais
nous suivrons mieux ces suppositions,

21

d'après les démonstrations des grandeurs particulières, où l'on verra plus sensiblement les motifs qui ont déterminé ces hypothèses.

Il est bon de prévenir cependant, que les mouvemens en longitude ne revenant pas avec les points de l'écliptique, ni avec les apogées ou les périgées des excentriques, à cause de leur transport en même temps, les mouvemens en longitude tels que nous les avons exposés, ne comprennent pas les retours considérés relativement aux apogées des excentriques, mais ceux qui se font aux points tropiques et équinoxiaux, dans le temps d'une de nos années. Il faut donc montrer d'abord que, suivant ces hypothèses, quand le lieu moyen de l'astre en longitude, est également éloigné de part et d'autre des apogées ou des périgées, alors la différence provenant de l'anomalie zodiacale devient égale en l'une et l'autre distance, ainsi que la plus grande distance dans l'épicycle, aux mêmes points du lieu moyen.

Soit ABGD, le cercle excentrique sur lequel est porté l'épicycle, ayant pour centre E et pour diamètre AEG, sur lequel supposons que le point Z est le centre du zodiaque, et que le point H est le centre du cercle excentrique qui fait l'anomàlie, c'est-à-dire sur lequel nous disons que se fait uniformément le mouvement moyen

θήσαιμεν τοῖς ὑποτιθεμένοις ἐκ τῶν καθ' ἕνα ἕκαςον εἰς τὰς πηλικότητας τῶν αὐτῶν ἀποδειχθησομένων, ἐν οἷς καὶ τὰ κινήσαντά πως πρὸς τὰς ἐπιβολὰς τῶν ὑποθέσεων τυπωδέςερον πολλαχῆ καταφανήσεται.

Προληπτέον μέντοι διότι τῶν κατὰ μῆκος περιόδων μὴ συναποκαθιςαμένων τοῖς τε τοῦ διὰ μέσων τῶν ζωδίων κύκλου σημείοις, κ τοῖς τῶν ἐκκέντρων ἀπογείοις ἢ περιγείοις, διὰ τὴν ὑποκειμένην αὐτῶν μετάπτωσιν, αἱ κατὰ τὸν προκείμενον τρόπον ἡμῖν ἐκτεθειμέναι κατὰ μῆκος κινήσεις, οὐ τὰς πρὸς τὰ ἀπόγεια τῶν ἐκκέντρων θεωρουμένας ἀποκαταςάσεις περιέχουσιν, ἀλλὰ τὰς πρὸς τὰ τροπικὰ καὶ ἰσημερινὰ σημεῖα γινομένας ἀκολούθως τῷ καθ' ἡμᾶς ἐνιαυσίῳ χρόνῳ. Δεικτέον δὴ πρῶτον ὅτι καὶ κατὰ ταύτας τὰς ὑποθέσεις, ὅταν ἡ κατὰ μῆκος μέση πάροδος τοῦ ἀςέρος ἴσον ἑκατέρωθεν ἀπέχῃ τῶν ἀπογείων ἢ τῶν περιγείων, τότε τὸ παρὰ τὴν ζωδιακὴν ἀνωμαλίαν διάφορον, ἴσον καθ' ἑκατέραν ἀποχὴν συνίςαται, καὶ ἡ κατὰ τὸν ἐπίκυκλον ἐπὶ τὰ αὐτὰ μέρη τῆς μέσης παρόδου μεγίςη ἀπόςασις.

Εςω γὰρ ὁ ἔκκεντρος κύκλος, ἐφ' οὗ φέρεται τὸ τοῦ ἐπικύκλου κέντρον ὁ ΑΒΓΔ, περὶ κέντρον τὸ Ε, καὶ διάμετρον τὴν ΑΕΓ, ἐφ' ἧς ὑποκείσθω τὸ μὲν τοῦ ζωδιακοῦ κέντρον τὸ Ζ, τὸ δὲ τοῦ τὴν ἀνωμαλίαν ποιοῦντος ἐκκέντρου, τουτέςι περὶ ὃ τὴν μέσην φαμὲν τοῦ ἐπικύκλου πάροδον ὁμαλῶς ἀποτελεῖσθαι τὸ Η, καὶ διήχθωσαν αἱ

BHΘ καὶ ΔHK, ἴσον ἑκατέρα ἀπέχου-
σαι τοῦ ἀπογείου, ὥστε ἴσας εἶναι τὰς
ὑπὸ AHB καὶ AHΔ γωνίας, γεγράφθωσάν τε περὶ τὰ B καὶ Δ σημεῖα ἴσοι ἐπίκυκλοι, καὶ ἐπεζεύχθωσαν μὲν αἱ BZ καὶ
ΔZ, ἤχθωσαν δὲ ἀπὸ τοῦ Z τῆς ὄψεως
ἐπὶ τὰ αὐτὰ μέρη ἐφαπτόμεναι τῶν ἐπικύκλων αἱ ZΛ καὶ ZM, λέγω ὅτι ἡ μὲν
ὑπὸ ZBH γωνία τοῦ παρὰ τὴν ζωδιακὴν
ἀνωμαλίαν διαφόρου, ἴση ἐςὶ τῇ ὑπὸ
HΔZ, ἡ δὲ ὑπὸ BZΛ τῆς παρὰ τὸν ἐπίκυκλον μεγίςης ἀποςάσεως, τῇ ὑπὸ ΔZM
ὁμοίως. Οὕτω γὰρ καὶ τῶν ἐκ τῆς μίξεως μεγίςων τῆς μέσης ἀποςάσεων αἱ
πηλικότητες ἴσαι ἔσονται. Ηχθωσαν δὴ
κάθετοι ἀπὸ μὲν τῶν B καὶ Δ ἐπὶ τὰς
ZΛ καὶ ZM, αἱ BΛ καὶ ΔM, ἀπὸ δὲ τοῦ
E ἐπὶ τὰς BΘ καὶ ΔK, αἱ EN καὶ EΞ.
Επεὶ ἴση ἐςὶν ἡ ὑπὸ ΞHE γωνία τῇ ὑπὸ
NHE, ὀρθαὶ δὲ καὶ αἱ πρὸς τοῖς N, Ξ, καὶ
κοινὴ τῶν ἰσογωνίων τριγάνων ἡ EH, ἴση
ἐςὶν ἡ μὲν NH τῇ ΞH, ἡ δὲ EN κάθετος
τῇ EΞ. Αἱ BΘ καὶ ΔK ἄρα εὐθεῖαι ἴσον
ἀπέχουσιν ἀπὸ τοῦ E κέντρου ἴσαι ἄρα
εἰσὶν αὐταί τε καὶ αἱ ἡμίσειαι. Ωστε καὶ
λοιπαὶ αἱ BH καὶ ΔH ἴσαι εἰσίν. Αλλὰ
καὶ ἡ μὲν HZ κοινὴ, γωνίαι δὲ αἱ ὑπὸ
τὰς ἴσας πλευρὰς, ἡ ὑπὸ BHZ τῇ ὑπὸ
ΔHZ ἴση· καὶ βάσις μὲν ἄρα ἡ BZ βάσει
τῇ ΔZ ἴση ἐςὶ, γωνία δὲ ἡ ὑπὸ HBZ
γωνία τῇ ὑπὸ HΔZ ἴση. Εςι δὲ καὶ ἡ BΛ
ἐκ τοῦ κέντρου τοῦ ἐπικύκλου τῇ ΔM ἴση,
καὶ ὀρθαὶ αἱ πρὸς τοῖς Λ καὶ M γωνίαι.
Καὶ ἡ ὑπὸ BZΛ ἄρα γωνία τῇ ὑπὸ
ΔZM ἴση ἐςὶν, ἅπερ προέκειτο δεῖξαι.

de l'épicycle ; menons les lignes BHT,
DHK, également éloignées chacune, de
l'apogée A, de sorte que les angles AHB,
AHD, soient égaux. Décrivons autour
des points B et D les épicycles égaux,
et joignons BZ et DZ, et tirons du lieu
Z du spectateur sur les mêmes portions, les tangentes ZL, ZM, aux épicycles,
je dis que l'angle ZBH de la différence
par rapport à l'anomalie zodiacale, est
égal à l'angle HDZ; et l'angle BZL de la
plus grande distance dans l'épicycle, à
l'angle DZM pareillement. Car ainsi les
inégalités provenant du mélange des
excentrique et épicycle, seront égales.
Abaissons les perpendiculaires BL, DM,
des points B et D, sur ZL, ZM, et du
point E les perpendiculaires EN, EX, sur
BT, DK. Puisque l'angle XHE est égal à
l'angle NHE, et que les angles N et X
sont droits, et que le côté EH est commun à ces deux triangles équiangles, NH
est égal à XH, et la perpendiculaire EN
égale à EX. Donc, les droites BT, DK sont
également distantes du centre E; donc,
elles sont égales entr'elles, ainsi que leurs
moitiés. Par conséquent leurs portions BH,
DH, sont égales. Mais le côté HZ est aussi
commun, l'angle BHZ et son égal DHZ sont
compris entre deux côtés égaux chacun à
chacun; donc la base BZ est égale à la base
DZ, et l'angle HBZ égal à l'angle HDZ Or,
BL menée du centre de l'épicycle est égale
à la droite DM, les angles en L et M sont
droits. Donc, l'angle BZL est égal à l'angle
DZM; c'est ce que je voulois démontrer.

Soit encore, pour l'hypothèse de Mercure, le diamètre ABG qui passe par les centres et par l'apogée des cercles, et supposons que A est le centre du zodiaque, B le centre de l'excentrique qui fait l'anomalie, G le

Ἔςω δὴ πάλιν, καὶ τῆς τοῦ Ἑρμοῦ ὑπο-θέσεως ἕνεκεν, ἡ διὰ τῶν κέντρων καὶ τοῦ ἀπογείου τῶν κύκλων διάμετρος ἡ ΑΒΓ, καὶ τὸ μὲν Α ὑποκείσθω τὸ κέντρον τοῦ ζω-διακοῦ, τὸ δὲ Β τὸ κέντρον τοῦ τὴν ἀνω-

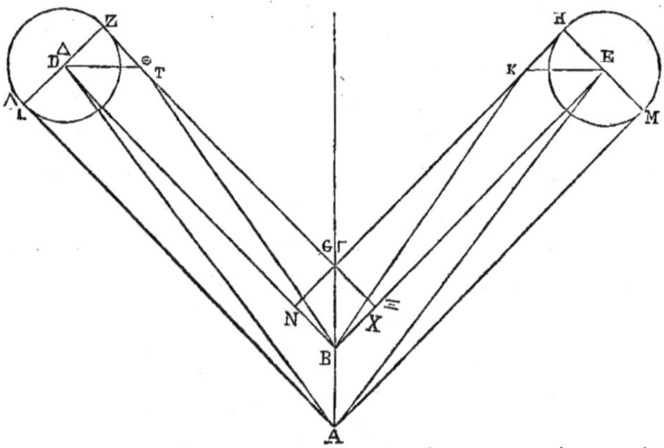

point autour duquel se meut le centre de l'excentrique qui porte l'épicycle. Menons encore de part et d'autre les lignes BD et BE du mouvement uniforme de l'é-picycle vers les points suivans, dans l'or-dre des signes, et les droites GZ, GH, de la révolution d'égale vitesse de l'excentrique contre l'ordre des signes. Il est clair que les angles G et B sont égaux, et que BD est parallèle à GZ, et BE à GH. Prenons sur GZ et GH les centres des excentriques en T et en K, et faisons passer par les points D et E les excentriques décrits autour de ces centres, sur lesquels excen-triques sont les épicycles décrits autour de ces mêmes points D et E. Ces épicycles égaux étant décrits autour de ces points, joignons AD et AE, et menons aux mêmes

μαλίαν ποιοῦντος ἐκκέντρου, τὸ δὲ Γ ση-μεῖον περὶ ὃ τὸ κέντρον τοῦ ἐκκέντρου κινεῖται, τοῦ φέροντος τὸν ἐπίκυκλον. Καὶ διήχθωσαν ἐφ' ἑκάτερα τὰ μέρη πάλιν, αἵ τε ΒΔ καὶ ΒΕ τῆς ὁμαλῆς καὶ εἰς τὰ ἑπόμενα τοῦ ἐπικύκλου κινήσεως, καὶ αἱ ΓΖ, καὶ ΓΗ, τῆς ἰσοταχοῦς καὶ εἰς τὰ ἡγούμενα τοῦ ἐκκέντρου περιαγωγῆς· ὥστε δηλονότι τάς τε πρὸς τοῖς Γ καὶ Β γω-νίας ἴσας εἶναι καὶ παραλλήλους, τὴν μὲν ΒΔ τῇ ΓΖ, τὴν δὲ ΒΕ τῇ ΓΗ. Εἰ-λήφθω τε ἐπὶ τῶν ΓΖ καὶ ΓΗ τὰ κέντρα τῶν ἐκκέντρων, καὶ ἔςω τό τε Θ καὶ τὸ Κ, καὶ ἐρχέσθωσαν οἱ περὶ αὐτὰ γραφό-μενοι ἔκκεντροι, ἐφ' ὧν εἰσιν οἱ ἐπίκυκλοι διὰ τῶν Δ καὶ Ε σημείων· γραφέντων τε πάλιν περὶ τὰ Δ καὶ Ε σημεῖα ἴσων ἐπι-κύκλων, ἐπεζεύχθωσαν μὲν αἱ ΑΔ καὶ ΑΕ, ἤχθωσαν δὲ ἐπὶ τὰ αὐτὰ τῶν ἐπικύκλων ἐφαπτόμεναι αἱ ΑΛ καὶ ΑΜ. Δεικτέον δὴ ὅτι καὶ οὕτως ἡ μὲν ὑπὸ ΑΔΒ γωνία τοῦ παρὰ τὴν ζωδιακὴν ἀνωμαλίαν διαφόρου τῇ ὑπὸ ΑΕΒ ἴση ἐςὶν, ἡ δὲ ὑπὸ ΔΑΛ τῆς παρὰ τὸν ἐπίκυκλον μεγίςης ἀποςάσεως τῇ ὑπὸ ΕΑΜ. Ἐπεζεύχθωσαν γὰρ αἱ ΒΘ καὶ ΒΚ, καὶ ΘΔ καὶ ΚΕ, καὶ κάθετοι ἤχθωσαν ἀπὸ μὲν τοῦ Γ ἐπὶ τὰς ΒΔ καὶ ΒΕ, αἱ ΓΝ καὶ ΓΞ, ἀπὸ δὲ τῶν Δ καὶ Ε, ἐπὶ μὲν τὰς ΓΖ καὶ ΓΗ, αἱ ΔΖ καὶ ΕΗ, ἐπὶ δὲ τὰς ΑΛ καὶ ΑΜ, αἱ ΔΛ, καὶ ΕΜ. Ἐπεὶ τοίνυν ἴση ἐςὶν ἡ ὑπὸ ΓΒΝ γωνία τῇ ὑπὸ ΓΒΞ, καὶ ὀρθαὶ μὲν αἱ πρὸς τοῖς Ν καὶ Ξ γωνίαι, κοινὴ δὲ ἡ ΓΒ εὐθεῖα ἴση ἐςὶ, καὶ ἡ ΓΝ εὐθεῖα τῇ ΓΞ, τουτέςιν ἡ ΔΖ τῇ ΕΗ. Ἐςι δὲ καὶ ἡ μὲν ΘΔ, τῇ ΚΕ ἴση, ὀρθαὶ δὲ αἱ πρὸς τοῖς Ζ καὶ Η γωνίαι, ὥςε καὶ ἥ τε ὑπὸ ΔΘΖ γωνία, τῇ ὑπὸ ΕΚΗ ἴση ἐςὶ, καὶ ἡ ὑπὸ ΓΘΒ τῇ ὑπὸ ΓΚΒ, διὰ τὸ καὶ τὴν μὲν ΘΓ εὐθεῖαν τῇ ΓΚ ἴσην ὑποκεῖσθαι, κοινὴν δὲ τὴν ΓΒ, γωνίαν δὲ τὴν ὑπὸ ΘΓΒ γωνίᾳ τῇ ὑπὸ ΚΓΒ ἴσην. Ὥςε καὶ λοιπὴ μὲν ἡ ὑπὸ ΒΘΔ γωνία τῇ ὑπὸ ΒΚΕ ἴση ἐςὶ, βάσις δὲ ἡ ΒΔ βάσει τῇ ΒΕ· ἀλλὰ καὶ ἡ μὲν ΒΑ πάλιν κοινὴ, γωνία δὴ ἡ ὑπὸ ΔΒΑ γωνία τῇ ὑπὸ ΕΒΑ ἴση· Ὥςε καὶ βάσις μὲν ἡ ΑΔ βάσει τῇ ΑΕ ἴση ἐςὶ, γωνία δ᾽ ἡ ὑπὸ ΑΔΒ γωνία τῇ ὑπὸ ΑΕΒ. Διὰ τὰ αὐτὰ δὲ, ἐπεὶ καὶ ἡ μὲν ΔΛ τῇ ΕΜ ἐςὶν ἴση, ὀρθαὶ δὲ αἱ πρὸς τοῖς Λ καὶ Μ γωνίαι, καὶ ἡ ὑπὸ ΔΑΛ γωνία τῇ ὑπὸ ΕΑΜ ἴση ἐςὶν, ἅπερ προέκειτο δεῖξαι.

portions des épicycles, les tangentes AL, AM. Il faut démontrer que l'angle ADB de la différence causée par l'anomalie zodiacale, est égal à l'angle AEB, et l'angle DAL de la plus grande distance dans l'épicycle, à l'angle EAM. Joignons BT et BK, TD et KE, abaissons du point G les perpendiculaires GN, GX, sur BD et BE, et des points D et E sur GZ et GH les perpendiculaires DZ, EH, et sur AL et AM les perpendiculaires DL, EM. Puisque l'angle GBN est égal à l'angle GBX, et que les angles N et X sont droits, la droite GB étant commune, la droite GN est égale à la droite GX, aussi bien que DZ à EH. Or TD est égale à KE, et les angles en Z et en H sont droits, ensorte que l'angle DTZ est égal à l'angle EKH, et l'angle GTB à l'angle GKB, parceque la droite GT est supposée égale à GK, la droite GB commune, et l'angle TGB égal à l'angle KGB. Par conséquent les angles restans BTD et BKE sont égaux, et les bases BD, BE, sont égales. Mais la droite BA est encore un côté commun, et l'angle DBA est égal à l'angle EBA. Donc la base AD est égale à la base AE, et les angles ADB, AEB, sont égaux. Pour les mêmes raisons, DL égalant EM, et les angles L et M étant droits, il s'ensuit que les angles DAL, EAM, sont égaux; ce qu'il falloit démontrer.

CHAPITRE VII.

DÉMONSTRATION DE L'APOGÉE DE MERCURE ET DE SA TRANSLATION.

ΚΕΦΑΛΑΙΟΝ Ζ.

ΑΠΟΔΕΙΞΙΣ ΤΟΥ ΑΠΟΓΕΙΟΥ ΤΟΥ ΤΟΥ ΕΡΜΟΥ ΑΣΤΕΡΟΣ ΚΑΙ ΤΗΣ ΜΕΤΑΠΤΩΣΕΩΣ ΑΥΤΟΥ.

Cette théorie une fois établie, nous commencerons par chercher en quelles parties du cercle mitoyen du zodiaque, est l'apogée de Mercure, et voici comment nous procédons : nous avons rassemblé les observations des plus grandes digressions dans lesquelles les distances angulaires au lieu moyen du soleil, c'est-à-dire celles de l'astre, étoient les mêmes à l'orient et à l'occident; car cela étant trouvé, il faut d'après ce que nous avons démontré, que le point de l'écliptique qui est juste entre ces deux élongations, soit l'apogée de l'excentrique. Nous avons donc pris quelques observations, à la vérité en petit nombre, attendu que celles où cette égalité se trouve juste, sont rares, mais nous en avons choisi qui font sentir la chose. Voici quelles sont les plus nouvelles.

Nous avons observé dans la 16e année d'Adrien, le soir du 16 au 17 du mois égyptien Phamenoth, par le moyen de l'astrolabe, Mercure dans sa plus grande digression du lieu moyen du soleil. Comparé à l'étoile brillante des hyades, il paroissoit être en longitude sur le premier degré des poissons. Mais dans ce même temps, le lieu moyen du soleil étoit sur 9ᵈ ½ ¼ du verseau. Donc au soir la plus grande digression loin du lieu moyen, étoit de 21ᵈ ¼.

ΤΟΥΤΩΝ θεωρηθέντων, ἐλάβομεν πρῶτον κατὰ ποίων μερῶν ἐςι τοῦ διὰ μέσων τῶν ζωδίων κύκλου τὸ ἀπόγειον τοῦ τοῦ Ἑρμοῦ ἀςέρος, τὸν τρόπον τοῦτον. Ἐζητήσαμεν γὰρ μεγίςων ἀποςάσεων τηρήσεις, ἐφ' ὧν αἱ ἑῶοι πάροδοι ταῖς ἑσπερίαις ἴσον ἀπὸ τῆς ἡλιακῆς μέσης παρόδου, τουτέςι τῆς τοῦ ἀςέρος, διεςήκασι. Τοῦ τοιούτου γὰρ εὑρεθέντος, ἐξ ὧν ἐδείξαμεν, ἀνάγκη τὸ μεταξὺ τῶν δύω παρόδων σημεῖον τοῦ διὰ μέσων, τὸ ἀπόγειον τοῦ ἐκκέντρου περιέχειν. Ἐλάβομεν οὖν εἰς τοῦτο τηρήσεις ὀλίγας μὲν, διὰ τὸ σπανίως τὴν τοιαύτην συζυγίαν ἀκριβῶς ἐπιτυγχάνεσθαι, δυναμένας δ' οὖν ὑπ' ὄψιν ἀγαγεῖν τὸ προκείμενον, ὧν νεώτεραι μέν εἰσιν αἵδε.

Ἐτηρήσαμεν γὰρ ἡμεῖς τῷ ιϛ ἔτει Ἀδριανοῦ, κατ' Αἰγυπτίους Φαμενὼθ ιϛ εἰς τὴν ιζ ἑσπέρας τὸν τοῦ Ἑρμοῦ ἀςέρα, διὰ τῆς τοῦ ἀςρολάβου κατασκευῆς, τὸ πλεῖςον ἀποςάντα τῆς μέσης τοῦ ἡλίου παρόδου. Τότε δὲ καὶ διοπτευόμενος πρὸς τὴν λαμπρὰν ὑάδα, ἐπέχων ἐφαίνετο κατὰ μῆκος ἰχθύων μοῖραν ᾱ. Ἀλλὰ κατὰ τὸν ἐκκείμενον χρόνον ἡ μέση τοῦ ἡλίου πάροδος ἐπεῖχεν ὑδροχόου μοίρας θ̄ ϛ″ δ″· ἡ μεγίςη ἄρα τῆς μέσης ἀπόςασις ἑσπερία γέγονεν κᾱ καὶ δ″ μοιρῶν.

Καὶ τῷ ιη̅ δὲ ἔτει Ἀδριανοῦ, κατ' Αἰγυπτίους Επιφὶ ιη̅ εἰς τὴν ιθ̅ ὄρθρου, ἐπὶ τῆς μεγίςης ὢν ἀποςάσεως ὁ τοῦ Ἑρμοῦ καὶ σφόδρα λεπτὸς καὶ ἀμαυρὸς φαινόμενος, διοπτευόμενός τε πρὸς τὴν λαμπρὰν ὑάδα, ἐπέχων ἐφαίνετο ταύρου μοίρας ιη̅ ϛ" δ". Ἀλλὰ καὶ κατὰ τοῦτον τὸν χρόνον ἐπεῖχεν ὁ μέσος ἥλιος, διδύμων μοίρας ι̅· καὶ ἐνθάδε ἄρα ἡ μεγίςη τῆς μέσης ἀπόςασις ἑώα γέγονε τῶν ἴσων κα̅ καὶ δ" μοιρῶν.

Ὡϛ ἐπειδὴ κατὰ μὲν τὴν ἑτέραν τῶν τηρήσεων ἡ μέση τοῦ ἀςέρος πάροδος ἐπεῖχεν ὑδροχόου μοίρας θ̅ ϛ" δ", κατὰ δὲ τὴν ἑτέραν διδύμων ι̅ μοίρας, τὸ δὲ μεταξὺ τούτων σημεῖον τοῦ διὰ μέσων περιέχει τὰς τοῦ κριοῦ μοίρας ι̅ λειπούσας η" μέρει μιᾶς μοίρας, κατὰ ταύτης ἂν εἴη τότε τῆς θέσεως ἡ διὰ τοῦ ἀπογείου διάμετρος.

Πάλιν ἡμεῖς ἐτηρήσαμεν διὰ τοῦ ἀςρολάβου, τῷ α̅ Ἀντωνίνου ἔτει, κατ' Αἰγυπτίους κ̅ τοῦ Επιφὶ εἰς τὴν κα̅ ἑσπέρας, τὸν τοῦ Ἑρμοῦ ἀςέρα τὸ πλεῖςον ἀποςάντα τῆς τοῦ ἡλίου μέσης παρόδου. Διοπτευόμενος δὲ τότε παρὰ τὸν ἐπὶ τῆς καρδίας τοῦ λέοντος, ἐπέχων ἐφαίνετο καρκίνου μοίρας ζ̅. Ἀλλὰ καὶ κατὰ τὸν ἐκκείμενον χρόνον ὁ μέσος ἥλιος ἐπεῖχε διδύμων μοίρας ι̅ ϛ". Γέγονεν ἄρα ἡ μεγίςη τῆς μέσης ἀπόςασις ἑσπερία, μοιρῶν κϛ̅ ϛ".

Ὡσαύτως δὲ καὶ τῷ τετάρτῳ ἔτει Ἀντωνίνου, κατ' Αἰγυπτίους Φαμενὼθ ιη̅ εἰς τὴν ιθ̅ ὄρθρου πάλιν, ἐπὶ τῆς μεγίςης ὢν ἀποςάσεως, καὶ διοπτευόμενος πρὸς τὸν καλούμενον ἀντάρην, ἐπέχων ἐφαίνετο τοῦ αἰγοκέρωτος μοίρας ιγ̅ ϛ", τοῦ μέσου ἡλίου ἐπέχοντος ὑδροχόου μοίρας ι̅. Καὶ

Dans la 18e année d'Adrien, le matin du 18 du mois égyptien Epiphi au 19, Mercure étant dans sa plus grande digression et paroissant petit et terne, comparé à l'hyade brillante, se voyoit sur les 18$^\mathrm{d}$ $\frac{1}{2}$ $\frac{1}{4}$ du taureau. Mais dans le même temps, le soleil par son mouvement moyen, étoit sur les 10$^\mathrm{d}$ des gémeaux. Donc, ici, la plus grande digression orientale, étoit des mêmes 21$^\mathrm{d}$ $\frac{1}{4}$ loin du lieu moyen.

Ainsi, puisque dans l'une de ces observations le lieu moyen étoit sur 9$^\mathrm{d}$ $\frac{1}{2}$ $\frac{1}{4}$ du verseau, et dans l'autre, sur 10$^\mathrm{d}$ des gémeaux, et que le point de l'écliptique, juste entre ceux de ces deux observations, tombe à 10$^\mathrm{d}$ moins $\frac{1}{8}$ du bélier (a); il s'ensuit que telle seroit alors la position du diamètre de l'apogée (à 9$^\mathrm{d}$ 52′ 30″ ♈).

Nous avons encore observé par le moyen de l'astrolabe, dans la première année d'Antonin, au soir du 20 au 21 Epiphi des Égyptiens, Mercure dans sa plus grande digression du lieu moyen du soleil. Comparé au cœur du lion, il paroissoit être sur le 7e degré du cancer. Mais dans ce même temps le soleil moyen occupoit les 10$^\mathrm{d}$ $\frac{1}{2}$ des gémeaux. Donc la plus grande digression occidentale étoit à 26$^\mathrm{d}$ $\frac{1}{2}$ du lieu moyen.

De même, dans la 4e année d'Antonin, le matin du 18 au 19 du mois égyptien Phamenoth, Mercure, dans sa plus grande digression, et comparé à l'étoile appelée Antarès, paroissoit sur 13$^\mathrm{d}$ $\frac{1}{2}$ du capricorne, lorsque le soleil moyen étoit sur les 10$^\mathrm{d}$ du verseau. Donc alors la plus grande distance orientale au lieu moyen étoit des mêmes 26^d ½.

Ainsi, puisque suivant l'une de ces observations, le lieu moyen de l'astre étoit sur 10 degrés ½ des gémeaux, et suivant l'autre sur les 10^d du verseau ; et que le point de l'écliptique, milieu entre ces deux extrêmes, est 10^d ¼ de la balance (*b*) : le diamètre de l'apogée étoit donc alors dans cette position. Nous trouvons ainsi, par ces observations, que l'apogée tombe vers le 10e degré du bélier ou des serres (*c*) ; mais, selon les anciennes observations des plus grandes digressions, il tomboit vers les sixièmes degrés de ces mêmes signes, comme on le conclura de ce qu'on va lire.

Dans la 23e année, selon Denys, le 29 du mois Hydron, au matin, Mercure (*le brillant*) (*d*), étoit éloigné de la claire qui est à la queue du capricorne, de trois lunes vers l'ourse. Or, cette étoile, en comptant depuis les points par où nous commençons, c'est-à-dire depuis les points solsticiaux et équinoxiaux, étoit, comme Mercure, sur 22^d ⅓ du capricorne, et le soleil moyen occupoit le 18^d ⅙ du verseau. Car le temps de cette observation étoit le matin du 17 au 18 du mois égyptien Choïac de l'an (*e*) 486 de Nabonassar. La digression du matin étoit donc à 25^d ½ ¼ du lieu moyen.

Il est vrai que les observations venues jusqu'à nous, ne nous donnent pas exactement la même quantité pour la digression du soir. Cependant, d'après deux digressions à peu près égales, nous avons pu déterminer celle qui auroit été égale ou véritablement la même, et voici de quelle manière nous avons calculé :

ἐνθάδε ἄρα ἡ μεγίςη τῆς μέσης ἀπόςασις ἑώα τῶν ἴσων γέγονεν κϚ ϛ″ μοιρῶν.

Ὡςε ἐπεὶ κατὰ μὲν τὴν ἑτέραν τῶν τηρήσεων, ἐπεῖχεν ἡ μέση πάροδος τοῦ ἀςέρος διδύμων μοίρας ι ϛ″, κατὰ δὲ τὴν ἑτέραν ὑδροχόου μοίρας ι, τὸ δὲ μεταξὺ αὐτῶν σημεῖον τοῦ διὰ μέσων περιέχει ζυγοῦ μοίρας ι δ″, κατὰ ταύτης ἂν εἴη τότε τῆς θέσεως ἡ διὰ τοῦ ἀπογείου διάμετρος. Ἐκ μὲν οὖν τούτων τῶν τηρήσεων περὶ τὰς ι μοίρας ἔγγιςα τοῦ κριοῦ ἢ τῶν χηλῶν τὸ ἀπόγειον ἐκπίπτον εὑρίσκομεν· διὰ δὲ τῶν παλαιῶν τῶν περὶ τὰς μεγίςας ἀποςάσεις τετηρημένων, περὶ τὰς ϛ μοίρας τῶν αὐτῶν δωδεκατημορίων, ὡς ἐκ τῶν τοιούτων ἄν τις ἐπιλογίσαιτο.

Ἔτους γὰρ κγ, κατὰ Διονύσιον, Ὑδρωνος κθ, ἑῷος ὁ ςίλβων τοῦ λαμπροτάτου οὐραίου ἐν αἰγόκερῳ διεῖχεν εἰς τὰς πρὸς ἄρκτους, σελήνας τρεῖς. Ἐπεῖχε δὲ τότε ὁ εἰρημένος ἀπλανὴς κατὰ τὰς ἡμετέρας ἀρχὰς, τουτέςι τὰς ἀπὸ τῶν τροπικῶν καὶ ἰσημερινῶν σημείων, αἰγόκερῳ μοίρας κβ γ″· ὅσας δηλονότι καὶ ὁ τοῦ Ἑρμοῦ ἀςὴρ, καὶ ὁ μέσος δηλονότι ἥλιος ἐπεῖχεν ὑδροχόου μοίρας ιη ϛ′. Ἦν γὰρ ὁ χρόνος κατὰ τὸ υπϚ ἔτος ἀπὸ Ναβονασάρου, κατ' Αἰγυπτίους Χοϊὰκ ιζ εἰς τὴν ιη ὄρθρου. Γέγονεν ἄρα ἡ μεγίςη τῆς μέσης ἀπόςασις ἑώα, μοιρῶν κϚ ϛ″ γ′.

Ἴσην μὲν οὖν ἀκριβᾶς ταύτην μεγίςην ἑσπερίαν ἀπόςασιν οὐχ εὕρομεν ἔνγε ταῖς εἰς ἡμᾶς ἐλθούσαις τηρήσεσι, διὰ δὲ δύο τῶν ἔγγιςα τὴν ἴσην ἐπελογισάμεθα τὸν τρόπον τοῦτον.

Τῷ μὲν γὰρ αὐτῷ κγ ἔτει, κατὰ Διονύσιον, Ταύρωνος δ΄ ἑσπέρας, τῆς διὰ τῶν
τοῦ ταύρου κεράτων εὐθείας ὑπελείπετο
τρεῖς σελήνας· ἐδόκει δὲ παραπορευόμενος
τοῦ κοινοῦ ἀφέξειν πρὸς μεσημβρίαν πλεῖον
τριῶν σεληνῶν, ὥστε ἐπέχειν πάλιν κατὰ
τὰς ἡμετέρας ἀρχὰς, ταύρου μοίρας κγ
γ΄΄. Καὶ ἦν ὁ χρόνος κατὰ τὸ υπϛ ἔτος
πάλιν ἀπὸ Ναβονασσάρου, κατ᾽ Αἰγυπτίους Φαμενὼθ τριακοςῇ εἰς τὴν α ἑσπέρας, ὅτε ὁ μέσος ἥλιος ἐπεῖχε κριοῦ μοίρας
κθ ϛ΄΄. Γέγονεν ἄρα ἡ μεγίςη τῆς μέσης
ἀπόςασις ἑσπερία μοιρῶν κδ ϛ΄΄.

Τῷ δὲ κη ἔτει, κατὰ Διονύσιον, Διδύ-
μωνος ζ ἑσπέρας, κατ᾽ εὐθεῖαν ἦν μάλιςα
ταῖς κεφαλαῖς τῶν διδύμων, πρὸς μεσημβρίαν δὲ τῆς νοτίου διεῖχε τριτημορίῳ σελήνης ἔλασσον ἢ διπλάσιον οὗ αἱ κε-
φαλαὶ διεςήκασιν, ὥςε ἐπέχειν πάλιν
τότε τὸν τοῦ Ἑρμοῦ ἀςέρα, κατὰ τὰς ἡμετέρας ἀρχὰς, διδύμων κθ γ΄΄. Ἐςὶ δὲ καὶ
οὗτος ὁ χρόνος κατὰ τὸ υμα ἔτος ἀπὸ
Ναβονασσάρου, κατ᾽ Αἰγυπτίους Φαρμουθὶ
ε εἰς τὴν ϛ ἑσπέρας, κατ᾽ ὃν ὁ μέσος
ἥλιος ἐπεῖχε διδύμων μοίρας β ϛ΄΄ γ΄΄.
Γέγονεν ἄρα καὶ αὐτὴ ἡ διάςασις μοιρῶν
κϛ ϛ΄΄. Ἐπεὶ οὖν τῆς μέσης ὔσης ἐν μὲν τῷ
κριῷ μοιρῶν κθ ϛ΄΄, ἡ μεγίςη διάςασις
γέγονε μοιρῶν κδ ϛ΄΄, ἐν δὲ τοῖς διδύμοις μοιρῶν β ϛ΄΄ γ΄΄, ἡ διάςασις γέγονε
μοιρῶν κϛ ϛ΄΄· ἦν δὲ ἡ ἑῴα πρὸς ἣν ἐζητοῦμεν τὴν συζυγοῦσαν μοιρῶν κε ϛ΄΄ γ΄΄,
ἐλάβομέν που τῆς μέσης οὔσης, καὶ ἡ
ἑσπερία διάςασις τῶν κε ϛ΄΄ γ΄΄ μοιρῶν ἔςαι,
ἐκ τῆς ὑπεροχῆς τῶν ὑποτεταγμένων δύο
τηρήσεων. Συνάγεται γὰρ τῶν μὲν μέσων

II.

Au soir du 4 Tauron de cette 23e année, selon Denys, Mercure étoit plus
avancé de trois lunes en longitude, que
la ligne droite qui joint les cornes du
taureau. Il paroissoit avoir outre-passé de
plus de trois lunes, vers le midi, l'étoile
commune (f), de sorte qu'il étoit, à compter de nos points de départ, en 23d ⅔ du
taureau. Or, cette observation s'est faite
l'an 486e de l'ère de Nabonassar, le soir
du 30 du mois égyptien Phamenoth (g)
au 1er du mois suivant, lorsque le lieu
moyen du soleil étoit sur les 29d ½ du
bélier. Donc la plus grande digression
occidentale différoit du lieu moyen, de
24d ⅙ (h).

Dans la 28e année, suivant Denys, le
7 du mois Didymon, au soir, Mercure
étoit en ligne droite avec les têtes des
gémeaux, et à une distance au midi de
l'australe, moindre du tiers d'une lune (i)
que le double de l'intervalle de ces têtes,
de sorte que cet astre étoit alors, en
commençant toujours à compter des
mêmes points, sur 29d ⅓ des gémeaux.
Or, l'époque de cette observation est le
soir du 5 au 6 Pharmouthi de l'année 491 de Nabonassar, lorsque le soleil
moyen étoit sur 2d ½ ⅓ des gémeaux. La
digression étoit donc de 26d ½. Or, puisque
quand le lieu moyen du soleil étoit sur
29d ½ du bélier, la plus grande étoit de
24d ⅙ (j); et que le lieu moyen étant sur
2d ½ ⅓ des gémeaux, elle étoit de 26d ½;
mais que la digression orientale dont nous
cherchions l'opposée, étoit de 25d ½ ⅓:
nous avons cherché où devoit être la
moyenne, pour que la digression occidentale fût de 25d ½ ⅓; et cela, par la différence des deux observations que nous
rapportons ci-après. Car la différence des

lieux moyens dans l'une et l'autre, est de 33d 1/3, et celle des plus grandes distances est de 2d 1/3; ainsi, environ 24d répondent proportionnellement à 1d 2/3, dont 25d 1/2 1/3 surpassent les 24d 1/6. Si nous ajoutons ces 24d aux 29d 1/2 du bélier, nous aurons le lieu moyen relativement auquel la plus grande digression du soir sera comme celle du matin, de 25d 1/2 1/3, en 23d 1/2 du taureau (k). Et le point milieu entre les 18d 1/6 du verseau et les 23d 1/2 du taureau, tombe sur 5d 1/2 1/3 du bélier.

Dans la 24e année, selon Denys, le 28 du mois Léonton, au soir, Mercure précédoit l'épi d'un peu plus de trois degrés, suivant le calcul d'Hipparque, ensorte qu'il étoit alors sur les 19d 1/2 de la vierge, comptés de nos points de départ. Or, c'étoit l'an 486 de Nabonassar, le soir du 30 du mois égyptien de Payni, jour où le soleil moyen étoit dans les 27d 1/2 1/3 du lion. Donc au soir, la plus grande digression étoit à 21d 2/3 du lieu moyen. A cette digression occidentale a dû correspondre une digression orientale opposée, que nous avons aussi calculée d'après les deux observations suivantes :

L'an 75, au matin du 14 du mois chaldéen Dius, Mercure étoit d'une demi-coudée au-dessus de la balance australe, ensorte que relativement à nos points de départ, il étoit sur les 14d 1/6 des serres. Or, cette époque coïncide avec l'aurore du 9 au 10 du mois égyptien Thoth, de l'année 512 de l'ère de Nabonassar, lorsque le soleil étoit par son mouvement moyen, sur 5d 1/6 du scorpion. La plus grande digression orientale étoit donc de 21d.

παρόδων καθ' ἑκατέραν ἡ ὑπεροχὴ μοιρῶν λγ γ″, τῶν δὲ μεγίςων διαςάσεων, μοιρῶν β γ″, ὡς καὶ τῇ ᾱ γ° μοίρᾳ ᾗ ὑπερέχουσιν αἱ κε ϛ″ γ″ τῶν κδ ϛ″, ἐπιβάλλειν μοίρας κδ ἔγγιςα, ἃς ἐὰν προσθῶμεν ταῖς τοῦ κριοῦ μοίραις κθ ϛ″, ἕξομεν τὴν μέσην πάροδον, καθ' ἣν ἡ μεγίςη ἑσπερία ἀπόςασις τῶν ἴσων συναχθήσεται τῇ ἑῴα μοιρῶν κε ϛ″ γ″, περιέχουσαν ταύρου μοίρας κγ ϛ″· καὶ ἔςι τὸ μεταξὺ σημεῖον τῶν τε τοῦ ὑδροχοοῦ μοιρῶν ιη ϛ″ καὶ τῶν τοῦ ταύρου κγ ϛ″, περὶ τὰς ε ϛ″ γ″ μοίρας τοῦ κριοῦ.

Πάλιν ἔτους κδ, κατὰ Διονύσιον, Λέοντωνος κη ἑσπέρας, προηγεῖτο τοῦ ςάχυος, ἐξ ὧν ὁ Ἵππαρχος ἐπιλογίζεται, μικρῷ πλεῖον γ μοιρῶν, ὥςε ἐπέχειν τότε κατὰ τὰς ἡμετέρας ἀρχὰς, παρθένου μοίρας ιθ ϛ″. Ἔςι δὲ ὁ χρόνος κατὰ υπϛ ἔτος ἀπὸ Ναβονασσάρου, κατ' Αἰγυπτίας Παϋνὶ λ ἑσπέρας, καθ' ὃν ὁ μέσος ἥλιος ἐπεῖχε λέοντος μοίρας κζ ϛ″ γ″. Γέγονεν ἄρα ἡ μεγίςη τῆς μέσης ἀπόςασις ἑσπερία μοιρῶν κα γ°, ᾗ τὴν ἀκριβῶς συζυγοῦσαν ἑῴαν ἐπελογισάμεθα πάλιν διὰ δύο τῶν ὑποκειμένων.

Ἔτους μὲν γὰρ οε, κατὰ Χαλδαίους Δίου ιδ, ἑῷος ἐπάνω ἦν τοῦ νοτίου ζυγοῦ πήχεος ϛ″, ὥςε ἐπέχειν τότε, κατὰ τὰς ἡμετέρας ἀρχὰς, χηλῶν μοίρας ιδ ϛ″. Καὶ ἔςιν ὁ χρόνος κατὰ τὸ πεντακοσιοςὸν δωδέκατον ἔτος ἀπὸ Ναβονασσάρου, κατ' Αἰγυπτίους Θὼθ θ εἰς τὴν ι ὄρθρου, καθ' ὃν ὁ μέσος ἥλιος ἐπεῖχε σκορπίωνος μοίρας ε ϛ″. Γέγονεν ἄρα ἡ ἑῴα μεγίςη διάςασις, μοιρῶν κα.

Ἔτει δὲ ξζ κατὰ Χαλδαίους Ἀπελ-
λαίου ε, ἑῷος ἐπάνω ἦν τοῦ βορείου μετώπου τοῦ σκορπίωνος, πήχεος ς″, ὥςε
ἐπεῖχε τότε καθ᾽ ἡμᾶς σκορπίωνος μοίρας
β̄ γ″. Ἔςι δὲ καὶ οὗτος ὁ χρόνος, κατὰ τὸ
φ̄δ ἔτος ἀπὸ Ναβονασάρου, κατ᾽ Αἰγυπτίους Θωθ κζ εἰς τὴν κη̄ ὄρθρου, καθ᾽
ὃν ὁ μέσος ἥλιος σκορπίωνος ἐπεῖχε μοίρας
κδ̄ ς″ γ″. Γέγονεν ἄρα καὶ αὕτη ἡ διάςασις μοιρῶν κβ̄ ς″. Ἐπεὶ οὖν πάλιν ἐν ταῖς
δυσὶ τηρήσεσι ταύταις τῶν μέσων παρόδων αἱ ὑπεροχαὶ συνάγουσι μοίρας ιθ̄ β″,
τῶν δὲ μεγίςων ἀποςάσεων μοῖραν ᾱ ς″,
διὰ τοῦτο δὲ καὶ τοῖς δυσὶ μέρεσι τῆς μιᾶς
μοίρας, οἷς ὑπερέχουσιν αἱ τῆς ἐπιζητουμένης διαςάσεως κᾱ γ°, τὰς τῆς ἐλάτ-
τονός κᾱ μοίρας, ἐπιβάλλουσι μοίρας θ̄
ἔγγιςα, ταύτας ἐὰν προσθῶμεν ταῖς τοῦ
σκορπίου μοίραις ε̄ ς″, ἕξομεν τὴν μέσην
πάροδον, καθ᾽ ἣν ἡ μεγίςη ἑῴα διάςασις
ἴση γίνεται ταῖς τῆς ἑσπερίας μοίραις κᾱ
γ°, περιέχουσαν σκορπίωνος μοίρας ιδ̄ ς″.
Καὶ ἔςι πάλιν τὸ μεταξὺ σημεῖον τῶν τε
τοῦ λέοντος μοιρῶν κζ̄ ς″ γ″, καὶ τῶν τοῦ
σκορπίου ιδ̄ ς″, περὶ τὰς ς̄ μάλιςα μοίρας τῶν χηλῶν.

Ἔκ τε δὴ τούτων καὶ ἐκ τῆς τῶν
περὶ τοὺς ἄλλους ἀςέρας φαινομένων
κατὰ μέρος ἐφαρμογῆς, σύμφωνον εὑρίσκομεν τότε ποιεῖσθαί τινα μετάβασιν εἰς
τὰ ἑπόμενα τῶν ζωδίων περὶ τὸ τοῦ
ζωδιακοῦ κέντρον, τὰς διὰ τῶν ἀπογείων
καὶ περιγείων διαμέτρους ἐπὶ τῶν ε̄ πλανωμένων, καὶ τὸ τὴν μετάβασιν ταύτην
ἰσοχρόνιον εἶναι τῆς τῶν ἀπλανῶν σφαίρας·
ἐπειδήπερ ἐκείνης μεταβιβαζομένης, ἐξ

Dans la 67ᵉ année des Chaldéens, le 5
du mois Apellaios, Mercure oriental étoit
à une demi-coudée au-dessus du front boréal du scorpion, ensorte que, selon notre
manière de compter, il occupoit le 2ᵈ
$\frac{1}{3}$ du scorpion. Or (*l*) cet instant répond
à la 504ᵉ année de Nabonassar, au matin
du 27 au 28 du mois égyptien Thoth,
lorsque le soleil moyen étoit sur le 24ᵈ
$\frac{1}{2}$ $\frac{1}{3}$ du scorpion. Cette même digression
étoit donc de 22ᵈ $\frac{1}{2}$. Puisqu'ainsi dans
ces deux observations les differences des
moyens mouvemens montent à 19ᵈ $\frac{2}{3}$,
et celle des plus grandes digressions à 1ᵈ $\frac{1}{2}$,
et que par là les 21ᵈ $\frac{2}{3}$ de la distance
cherchée, surpassant de $\frac{2}{3}$ d'un degré les
21ᵈ de la moindre distance, répondent
proportionellement à 9ᵈ environ, si nous
ajoutons ceux-ci aux 5ᵈ $\frac{1}{6}$ du scorpion,
nous aurons le lieu moyen, relativement
auquel la plus grande digression orientale
devient égale aux 21ᵈ $\frac{1}{3}$ de celle du soir,
tombant aux 14ᵈ $\frac{1}{6}$ du scorpion. Or, le
point milieu entre les 27ᵈ $\frac{1}{2}$ $\frac{1}{3}$ du lion, et
les 14ᵈ $\frac{1}{6}$ du scorpion, est au plus sur le
sixième degré des serres.

D'après ces observations, et des comparaisons pareilles qui ont été faites pour
les autres astres, nous avons trouvé que les
diamètres qui passent par les apogées et les
périgées des cinq planètes, ont une certaine progression suivant l'ordre des signes, autour du centre du zodiaque, et
que cette progression se fait dans le même
temps que celle de la sphère des étoiles
fixes; car celle-ci, suivant ce que nous

avons démontré, est d'environ 1^d en cent ans; et ici le temps écoulé depuis les anciennes observations, où l'apogée de Mercure étoit dans les 6^d, jusqu'à nos observations où il s'est trouvé avancé de 4^d à très-peu près, puisqu'il est à présent dans les 10^d (*des serres*), embrasse l'espace de 400 ans (*m*).

ὧν ἀπεδείξαμεν, ἐν τοῖς ρ̅ ἔτεσι μοῖραν α̅ ἔγγιϛα, καὶ ἐνταῦθα ὁ ἀπὸ τῶν παλαιῶν τηρήσεων χρόνος, καθ' ὃν τὸ τοῦ Ἑρμοῦ ἀπόγειον περὶ τὰς ἕκτας ἦν μοίρας, ἐπὶ τὸν τῶν καθ' ἡμᾶς τηρήσεων ἐν ᾧ δ̅ ἔγγιϛα κεκίνηται μοίρας, διὰ τὸ τὰς δεκάτας ἐπέχειν, περὶ τὰ υ̅ που περιέχων ἔτη καταλαμβάνεται.

CHAPITRE VIII.

MERCURE EST DEUX FOIS PÉRIGÉE DANS CHACUNE DE SES RÉVOLUTIONS.

ΚΕΦΑΛΑΙΟΝ Η.

ΟΤΙ ΔΙΣ ΚΑΙ Ο ΤΟΥ ΕΡΜΟΥ ΑΣΤΗΡ ΠΕΡΙΓΕΙΟΤΑΤΟΣ ΕΝ ΤΩ ΕΝΙ ΚΥΚΛΩ ΓΙΝΕΤΑΙ.

Suivant les principes que je viens d'établir, nous avons cherché les grandeurs des plus grandes digressions qui ont lieu quand le mouvement moyen du soleil se fait dans l'apogée même, et dans la position diamétralement opposée. Ce n'est pas par des observations anciennes que nous les avons obtenues, mais par celles que nous avons faites, au moyen de l'astrolabe. C'est dans ces observations surtout, que l'emploi de cet instrument est particulièrement utile : car, des étoiles voisines des astres qu'on observe, n'étant plus visibles aux lieux où on les avoit vues auparavant, comme cela arrive ordinairement pour Mercure, attendu que plusieurs des fixes à même distance que lui, du soleil, ne peuvent que rarement être aperçues; on prend exactement par le moyen d'autres fixes auxquelles on vise par l'instrument, les positions cherchées en longitude et en latitude (*a*).

Dans la 19e année d'Adrien, au matin du 14 au 15 du mois égyptien Athyr,

Τούτοις δ' ἀκολούθως ἐζητήσαμεν τὰς πηλικότητας τῶν γινομένων μεγίϛων ἀποϛάσεων, ὅταν ἡ μέση τοῦ ἡλίου πάροδος, κατ' αὐτοῦ τοῦ ἀπογειοτάτου τυγχάνῃ, καὶ πάλιν ὅταν κατὰ τὴν διάμετρον αὐτοῦ ϛᾶσιν. Τὸ δὲ τοιοῦτον, ἐκ μὲν τῶν παλαιῶν τηρήσεων οὐχ εὑρίσκομεν, ἐκ δὲ τῶν ὑφ' ἡμῶν διὰ τοῦ ἀϛρολάβου τηρήσεων· ἐνθάδε γὰρ καὶ μάλιϛα τὸ χρήσιμον τῆς τοιαύτης διοπτεύσεως ἄν τις κατανοήσειεν· ἐπειδήπερ κἂν μὴ σύνεγγυς τῶν τηρουμένων ἀϛέρων φαίνονταί τινες τῶν προκατειλημμένας ἐχόντων τὰς θέσεις, ὅπερ ἐπὶ τοῦ τοῦ Ἑρμοῦ κατὰ τὸ πλεῖϛον συμβαίνει, διὰ τὸ σπανίως ἀπὸ τῆς ἴσης αὐτοῦ τοῦ ἡλίου διαϛάσεως τοὺς πολλοὺς τῶν ἀπλανῶν δύναϛθαι καταφαίνεσθαι· καὶ διὰ τῆς τῶν πολὺ διεϛηκότων διοπτεύσεως ἐνδέχεται τὰς τῶν ἐπιζητουμένων θέσεις ἀκριβῶς κατά τε μῆκος καὶ πλάτος καταλαμβάνεσθαι.

Τῷ μὲν οὖν ιθ̅ ἔτει Ἀδριανοῦ, κατ' Αἰγυπτίους Ἀθὺρ ιδ̅ εἰς τὴν ιε̅, ἑῷος ὁ τοῦ

Ερμοῦ περὶ τὴν μεγίςην τυγχάνων ἀπόςασιν, καὶ διοπτευόμενος πρὸς τὸν ἐπὶ τῆς
καρδίας τοῦ λέοντος, ἐπέχων ἐφαίνετο
παρθένου μοίρας κ καὶ ε'', τοῦ μέσου ἡλίου
περὶ τὰς θ καὶ δ'' μοίρας ὄντος τῶν χηλῶν,
ὡς γεγονέναι τὴν μεγίςην ἀπόςασιν ιθ
μοιρῶν, καὶ ἔτι κ'' μέρους α μοίρας.

Τῷ δὲ αὐτῷ ἔτει Παχὼν ιθ ἑσπέρας, περὶ τὴν μεγίςην πάλιν ὢν ἀπόςασιν, καὶ διοπτευόμενος πρὸς τὴν λαμπρὰν ὑάδα, ἐπέχων ἐφαίνετο ταύρου μοίρας
δ γ'', τοῦ μέσου ἡλίου τὰς ια καὶ ιϛ''
μοίρας τοῦ κριοῦ ἐπέχοντος· ὡς καὶ ἐνθάδε
συνίςασθαι τὴν μεγίςην ἀπόςασιν κγ
μοιρῶν καὶ δ'', καὶ δῆλον αὐτόθεν γενέσθαι
τὸ περὶ τὰς χηλὰς, καὶ μὴ περὶ τὸν κριὸν,
εἶναι τὸ ἀπόγειον τοῦ ἐκκέντρου.

Τούτων δὴ δοθέν-
των, ἔςω ἡ διὰ τοῦ
ἀπογείου διάμετρος ἡ
ΑΒΓ, καὶ ὑποκείσθω
τὸ μὲν τοῦ ζωδιακοῦ
κέντρον, ἐφ' οὗ ἡ ὄψις,
τὸ Β, τὸ δὲ Α τὸ ὑπὸ τὴν ι μοίραν τῶν
χηλῶν, τὸ δὲ Γ τὸ ὑπὸ τὴν ι τοῦ κριοῦ.
Καὶ γραφέντων ἴσων ἐπικύκλων περί τε
τὸ Α καὶ τὸ Γ, τοῦ τε ἐφ' ᾧ τὸ Δ,
καὶ τοῦ ἐφ' ᾧ τὸ Ε, ἐκβεβλήσθωσαν ἀπὸ
τοῦ Β εὐθεῖαι ἐφαπτόμεναι αὐτῶν, ἥ τε
ΒΔ καὶ ἡ ΒΕ, καὶ ἤχθωσαν ἀπὸ τῶν κέντρων
ἐπὶ τὰς ἐπαφὰς, αἱ ΑΔ καὶ ΓΕ κάθετοι.
Ἐπεὶ τοίνυν ἡ ἐν ταῖς χηλαῖς ἑῴα μεγίςη
ἀπόςασις, ἀπὸ τῆς μέσης ἐτηρήθη μοιρῶν ιθ καὶ κ'', εἴη ἂν ἡ ὑπὸ ΑΒΔ γωνία,
οἵων μέν εἰσιν αἱ δ ὀρθαὶ τξ, τοιούτων
ιθ γ', οἵων δ' αἱ β ὀρθαὶ τξ, τοιούτων

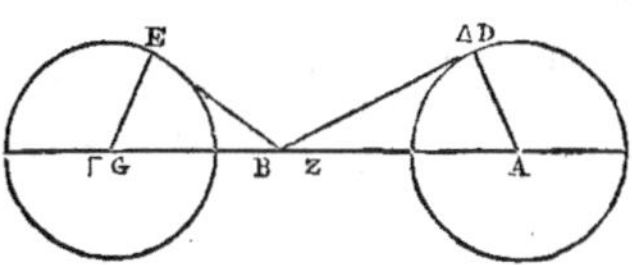

Mercure étoit dans sa plus grande digression orientale, et comparé au cœur du lion, il paroissoit sur les $20^{\rm d}\frac{1}{5}$ de la vierge, le soleil moyen étant sur les $9^{\rm d}\frac{1}{4}$ des serres, de sorte que la plus grande digression étoit de $19^{\rm d}\frac{1}{20}$

Le soir du 19 du mois Pachôn, même année, Mercure étoit encore dans sa plus grande digression, et comparé à la brillante des hyades, il étoit visible sur $4^{\rm d}\frac{1}{3}$ du taureau, le soleil moyen occupant les $11^{\rm d}\frac{1}{12}$ du bélier : ensorte qu'alors sa plus grande digression étant de $23^{\rm d}\frac{1}{4}$, il est clair que l'apogée de l'excentrique étoit dans les serres, et non dans le bélier.

Cela posé, soit ABG le diamètre de l'apogée, et supposons en B le centre du zodiaque, B étant le lieu de l'observateur ; A, le 10ᵉ degré des serres, et G le 10ᵉ du bélier. Après avoir décrit des épicycles égaux autour des points A et G, l'un sur lequel est le point D, l'autre sur lequel est le point E, menez du point B des tangentes en ces points, et des centres tirez les perpendiculaires AD, GE aux points de contact. Maintenant, puisque la plus grande digression orientale, dans les serres, a été observée à $19^{\rm d}\frac{1}{10}$ loin du lieu moyen, l'angle ABD sera de $19^{\rm d}$ 3′ (b) des degrés dont 360 font quatre angles droits, et de 38 6′ de ceux dont 360 font deux angles droits

Ainsi l'arc soutendu par la droite AD est 38ᵈ 6′ des degrés dont le cercle décrit autour du rectangle ABD en contient 360. Et la droite AD est de 39ᵖ 9′ environ des parties dont l'hypoténuse AB en contient 120.

Et, puisqu'on a observé la plus grande digression occidentale dans le bélier, à 23ᵈ ¼ loin du lieu moyen, l'angle GBE sera de 23ᵈ ¼ des degrés dont 360 font 4 angles droits, et de 46ᵈ 30′ de ceux dont 360 font deux droits. Ainsi l'arc soutendu par la droite GE est de 46ᵈ 30′ des 360 du cercle décrit autour du triangle rectangle GBE, et la droite GE contiendra 47ᵖ 22′ des parties dont l'hypoténuse BG en contient 120. Donc la droite GE étant de 39 9′ des parties dont la droite AB en a 120, et AD étant égale à GE, parcequ'elles sont des rayons d'épicycles égaux, la droite BG sera de 99ᵖ 9′ de ces mêmes parties, et la droite entière ABG, de 219ᵖ 9′. C'est pourquoi, coupant cette droite en deux parties égales au point Z, sa moitié AZ sera de 109ᵖ 34′; et l'intervalle des points B et Z sera de 10ᵖ 25′. Or, il est évident, ou que le point Z est le centre de l'excentrique sur lequel est toujours le centre de l'épicycle, ou que le centre de ce cercle excentrique se meut autour de ce point. Car ce n'est que par cette condition seulement, que le centre de l'épicycle pourra être également éloigné du point Z, comme on l'a démontré, dans chacune des positions des diamètres. Mais si, le point Z étant le centre de l'excentrique sur lequel est

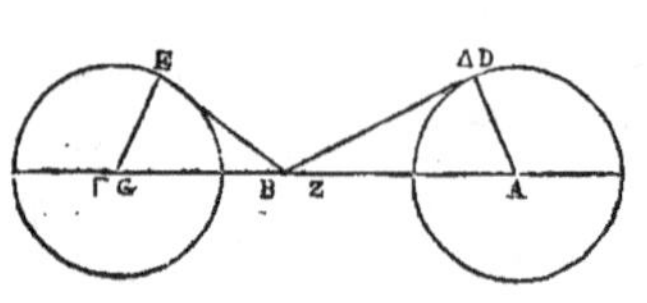

λῆ ς′. Ὥϛε καὶ ἡ μὲν ἐπὶ τῆς ΑΔ εὐθείας περιφέρεια, τοιούτων ἐϛὶ λῆ ς′, οἵων ὁ περὶ τὸ ΑΒΔ ὀρθογώνιον κύκλος τξ· ἡ δ′ ὑπ′ αὐτὴν εὐθεῖα ἡ ΑΔ ἐϛὶ τοιούτων λθ θ′ ἔγγιϛα, οἵων ἐϛὶν ἡ ΑΒ ὑποτείνουσα ρκ.

Πάλιν ἐπεὶ ἡ ἐν τῷ κριῷ ἑσπερία τῆς μέσης μεγίϛη ἀπόϛασις ἐτηρήθη μοιρῶν κγ δ′′, εἴη ἂν καὶ ἡ ὑπὸ ΓΒΕ γωνία, οἵων μέν εἰσιν αἱ δ′ ὀρθαὶ τξ, τοιούτων κγ ιε′, οἵων δὲ αἱ δύο ὀρθαὶ τξ, τοιούτων μς λ′. Ὥϛε καὶ ἡ μὲν ἐπὶ τῆς ΓΕ περιφέρεια τοιούτων ἐϛὶ μς λ′, οἵων ὁ περὶ τὸ ΓΒΕ ὀρθογώνιον κύκλος τξ, ἡ δ′ ὑπ′ αὐτὴν εὐθεῖα ἡ ΓΕ τοιούτων μζ κβ′, οἵων ἐϛὶν ἡ ΒΓ ὑποτείνουσα ρκ. Καὶ οἵων ἐϛὶν ἄρα ἡ μὲν ΓΕ εὐθεῖα λθ θ′, ἡ δὲ ΑΒ εὐθεῖα ρκ, διὰ τὸ ἴσην εἶναι τὴν ΑΔ τῇ ΓΕ ἐκ τοῦ κέντρου τοῦ ἐπικύκλου, τοιούτων καὶ ἡ μὲν ΒΓ ἔϛαι λθ θ′, ὅλη δὲ ἡ ΑΒΓ εὐθεῖα, σιθ θ′. Ὥϛε καὶ δίχα τμηθείσης αὐτῆς κατὰ τὸ Ζ σημεῖον, ἡ μὲν ΑΖ ἡμίσεια ἔϛαι τῶν αὐτῶν ρθ λδ′, ἡ δὲ μεταξὺ τῶν Β, Ζ σημείων, ῑ κε′. Ὅτι μὲν οὖν ἤτοι τὸ Ζ σημεῖον κέντρον ἐϛὶ τοῦ ἐκκέντρου, ἐφ′ οὗ ἐϛι πάντοτε τὸ κέντρον τοῦ ἐπικύκλου· ἢ περὶ αὐτὸ φέρεται τὸ κέντρον τοῦ εἰρημένου κύκλου, δῆλον· οὕτω γὰρ ἂν μόνως ἴσον ἀπέχοι τοῦ Ζ, ὡς ἀπεδείχθη, τὸ κέντρον τοῦ ἐπικύκλου καθ′ ἑκατέραν τῶν ἐκκειμένων διαμέτρων ϛάσεων. Ἀλλ′ ἐπειδήπερ εἰ μὲν αὐτὸ τὸ Ζ κέντρον ἦν τοῦ ἐκκέντρου, ἐφ′ οὗ πάντοτέ ἐϛι τὸ κέντρον

τοῦ ἐπικύκλου, μόνιμός τε ἂν ἦν ὁ ἔκκεντρος οὗτος, καὶ πασῶν τῶν θέσεων ἡ κατὰ
τὸν κριὸν περιγειοτάτη, διὰ τὸ καὶ τὴν
ΒΓ πασῶν τῶν ἀπὸ τοῦ Β ἐπὶ τὸν περὶ
τὸ Ζ. γραφόμενον κύκλον ἐπιζευγνυμένων
ἐλαχίστην εἶναι· οὐχ εὑρίσκεται δὲ ἡ κατὰ
τὸν κριὸν θέσις περιγειοτάτη τῶν ἄλλων,
ἀλλ' ἔτι ταύτης αἱ κατὰ τοὺς διδύμους
καὶ τὸν ὑδροχόον περιγειότεραι καὶ ἀλλήλαις ἔγγιστα ἴσαι· δῆλον ὅτι περὶ τὸ Ζ
σημεῖον τὸ κέντρον τοῦ εἰρημένου ἐκκέντρου φέρεται εἰς τὰ ἐναντία τῇ τοῦ ἐπικύκλου περιαγωγῇ, τουτέστιν εἰς τὰ προηγούμενα τῶν ζωδίων, ἅπαξ καὶ αὐτὸ ἐν
τῇ μιᾷ περιόδῳ. Δὶς γὰρ οὕτως ἐν αὐτῇ
κατὰ τὸ περιγειότατον ἔσται τὸ κέντρον
τοῦ ἐπικύκλου.

Ὅτι δὲ καὶ κατὰ τοὺς διδύμους καὶ
τὸν ὑδροχόον περιγειότερος ὁ ἐπίκυκλος
γίνεται τῆς κατὰ τὸν κριὸν θέσεως, αὐτόθεν
ἐστὶν εὐκατανόητον, ἐκ τῶν προεκτεθειμένων
τηρήσεων. Ἔν τε γὰρ τῇ κατὰ τὸ ιϛ ἔτος
Ἀδριανοῦ Φαμενὼθ ιϛ τηρήσει, ἡ ἑσπερία
μεγίστη τῆς μέσης ἀπόστασις μοιρῶν ἦν
κα δ''· ἔν τε τῇ κατὰ τὸ δ ἔτος Ἀντωνίνου
Φαμενὼθ ιθ, ἡ ἑῴα μεγίστη τῆς μέσης
ἀπόστασις μοιρῶν ἦν κϛ ϛ'', τοῦ μέσου
ἡλίου κατ' ἀμφοτέρας τὰς τηρήσεις περὶ
τὰς ι μοίρας ὄντος τοῦ ὑδροχόου. Καὶ
πάλιν ἔν τε τῇ κατὰ τὸ ιη ἔτος Ἀδριανοῦ Ἐπιφὶ ιθ τηρήσει, ἡ ἑῴα μεγίστη τῆς
μέσης ἀπόστασις μοιρῶν ἦν κα δ'', καὶ
ἐν τῇ κατὰ τὸ α ἔτος Ἀντωνίνου Ἐπιφὶ
κ ἡ ἑσπερία μεγίστη τῆς μέσης ἀπόστασις μοιρῶν ἦν κϛ ϛ'', καὶ ἐν ταύταις ἀμ-
φοτέραις τοῦ μέσου ἡλίου ὄντος περὶ τὰς ι

toujours le centre de l'épicycle, cet excentrique étoit fixe ; de toutes les positions, celle dans le bélier seroit périgée,
parceque la droiteBG est la plus courte
de toutes celles qui sont menées du point
B au cercle décrit autour de Z ; cependant on ne voit pas que la position dans
le bélier, soit la plus périgée de toutes,
car celles dans les gémeaux et le verseau sont encore plus périgées et presqu'é-
gales entr'elles : il est donc clair que le
centre de ce même excentrique se meut
autour du point Z en sens contraire à
la révolution de l'épicycle, c'est-à-dire
contre l'ordre des signes, une fois en
chaque révolution. Car ainsi le centre
de l'épicycle sera deux fois périgée dans
une révolution.

Que l'épicycle soit plus périgée dans
les gémeaux et le verseau, que dans le
bélier, c'est ce qu'il est aisé de voir par
ces mêmes observations. Car dans l'observation du 16 Phamenoth, 16e année d'A-
drien, la plus grande digression occidentale étoit à $21^d\,\tfrac14$ du lieu moyen ;
et dans celle du 19 Phamenoth de la 4e
année d'Antonin, la plus grande digres-
sion orientale, étoit à $26^d\,\tfrac12$ loin du lieu
moyen ; le soleil moyen étant, dans ces
deux observations, vers le 10e degré du verseau. Et, dans l'observation du 19 Epiphi
de la 18e année d'Adrien, la plus grande
digression du matin étoit à $21^d\,\tfrac14$ du lieu
moyen ; et dans celle du soir du 20 Epiphi de la première année d'Antonin, la
plus grande digression du soir étoit à 26^d
$\tfrac12$ du lieu moyen ; le soleil, dans ces deux
observations, étant sur le 10e degré des

gémeaux. Ainsi, en ajoutant les plus grandes digressions opposées qui sont dans le verseau et les gémeaux, on trouvera 47ᵈ ½ ¼, tandis que les deux dans le bélier ne donnent que 46ᵈ ½, à cause de celle du soir égale à celle du matin, observée de 23ᵈ ¼.

μοίρας τῶν διδύμων· ὡς καὶ ἐν τῷ ὑδρο-χόῳ καὶ ἐν τοῖς διδύμοις, συντιθεμένας τὰς ἐπὶ τὰ ἐναντία μεγίςας ἀποςάσεις ποιεῖν μοίρας μζ ϛ" δ", τῶν κατὰ τὸν κριὸν συναμφοτέρων διαςάσεων περιεχουσῶν μοί-ρας μϛ ϛ", διὰ τὸ τὴν ἑσπερίαν ἴσην οὖσαν τῇ ἑώᾳ τετηρῆσθαι μοιρῶν κγ δ".

CHAPITRE IX.

PROPORTIONS ET GRANDEURS DES ANOMALIES DE MERCURE.

ΚΕΦΑΛΑΙΟΝ Θ.

ΠΕΡΙ ΤΟΥ ΛΟΓΟΥ ΚΑΙ ΤΗΣ ΠΗΛΙΚΟΤΗΤΟΣ ΤΩΝ ΤΟΥ ΕΡΜΟΥ ΑΝΩΜΑΛΙΩΝ.

Aᴘʀès avoir posé ces principes, il nous reste à faire voir autour de quel point de la ligne AB se fait la révolution annuelle de l'épicycle, suivant l'ordre des signes et d'un mouvement uniforme ; et de combien est éloigné du point Z, le centre de l'excentrique qui fait que le retour arrive en un temps égal contre l'ordre des signes. Nous nous sommes servis pour cela de deux observations des plus grandes digressions, tant du matin que du soir, toutes deux lorsque la moyenne étoit distante d'un quart de cercle, de la plus apogée, position où est à peu près la plus grande différence de l'anomalie zodiacale.

Τ́ΟΥΤΩΝ δὴ προεφωδευμένων, λοιπὸν ἂν εἴη δεῖξαι περὶ ποῖόν τε σημεῖον τῆς ΑΒ εὐθείας ἡ εἰς τὰ ἑπόμενα τῶν ζωδίων γίνεται τοῦ ἐπικύκλου καθ' ὁμαλὴν κίνη-σιν ἐνιαύσιος ἀποκατάςασις, καὶ πόσον ἀπέχει τοῦ Ζ τὸ κέντρον τοῦ ἐκκέντρου τοῦ εἰς τὰ προηγούμενα τὴν ἰσοχρόνιον ἀποκατάςασιν ποιουμένου. Συγκεχρήμεθα οὖν εἰς τὴν τοιαύτην ἐπίσκεψιν δύο τηρή-σεσι μεγίςων ἀποςάσεων ἑώας τε καὶ ἑσπερίας, ἀμφοτέρων μὲν, τὸ τῆς μέσης τεταρτημόριον ἀπεχούσης ἐπὶ τὰ αὐτὰ τοῦ ἀπογειοτάτου, καθ' ἣν θέσιν ἔγγιςα τὸ πλεῖςον γίνεται διάφορον τῆς ζωδιακῆς ἀνωμαλίας.

Dans la 14ᵉ année d'Adrien, au soir du 18 du mois égyptien Mesor, suivant ce que nous avons trouvé dans les observations de Théon (a), Mercure, dit-il, plus avancé en longitude que l'étoile du cœur du lion, en étoit, dans sa plus grande distance, à 3ᵈ ½ ⅓ ; de sorte qu'à compter de nos points de départ, il étoit sur les 6ᵈ ⅓ du lion, le soleil moyen étant alors sur les 10ᵈ ½ du cancer. Ainsi donc,

Τῷ μὲν γὰρ ιδ ἔτει Ἀδριανοῦ, κατ' Αἰγυπτίους Μεσορὶ ιη ἑσπέρας, ὡς ἐν ταῖς παρὰ Θέωνος εἰλημμέναις τηρήσεσιν εὕρο-μεν, τὸ πλεῖςον φησὶν ἀπέςη τοῦ ἡλίου ὑπολειπόμενος τοῦ ἐπὶ τῆς καρδίας τοῦ λέοντος, μοίρας γ ϛ" γ". ὥςε ἐπέχειν κατὰ τὰς ἡμετέρας ἀρχὰς λέοντος μοίρας ϛ γ ἔγγιςα, τοῦ μέσου ἡλίου τότε ὄν-τος περὶ καρκίνου μοίρας ι καὶ ιϛ". ὥςε γεγονέναι τὴν ἑσπερίαν μεγίϛην ἀπόϛασιν, μοιρῶν κϛ δ''.

Τῷ δὲ β̄ ἔτει Ἀντωνίνου, κατ' Αἰγυπτίους Μεσορὶ εἰς τὴν κδ̄ ὄρθρου, ἡμεῖς διὰ τοῦ ἀϛρολάϐου τηροῦντες τὴν μεγίϛην αὐτοῦ διάϛασιν, καὶ διοπτεύοντες αὐτὸν πρὸς τὴν λαμπρὰν ὑάδα, εὕρομεν ἐπέχοντα διδύμων μοίρας κ̄ καὶ ιϛ'', τοῦ μέσου ἡλίου πάλιν ὄντος περὶ καρκίνου μοίρας ῑ καὶ γ''· ὥϛε γεγονέναι καὶ τὴν ἑώαν μεγίϛην ἀπόϛασιν, μοιρῶν κ̄ καὶ δ''.

Τούτων τοίνυν ὑποκειμένων, ἔϛω πάλιν ἡ διὰ τῆς ῑ μοίρας τῶν χηλῶν καὶ τοῦ κριοῦ διάμετρος ἡ ΑΖΒΓ, καὶ ὑποκείσθω καθάπερ ἐπὶ τῆς προτέρας καταγραφῆς τὸ μὲν Α, καθ' οὗ γίνεται τὸ κέντρον τοῦ ἐπικύκλου, ὅταν ὑπὸ τὴν ῑ μοῖραν ᾖ τῶν χηλῶν· τὸ δὲ Γ, καθ'οὗ γίνεται, ὅταν ὑπὸ τὴν ῑ μοῖραν ᾖ τοῦ κριοῦ· τὸ δὲ Β, τὸ κέντρον τοῦ ζωδιακοῦ· τὸ δὲ Ζ περὶ ὃ τὸ κέντρον τοῦ ἐκκέντρου τὴν εἰς τὰ προηγούμενα ποιεῖται μετάϐασιν· καὶ προκείσθω πρῶτον εὑρεῖν πόσον ἀπέχει τοῦ Β σημείου τὸ κέντρον περὶ ὃ τὴν ὁμαλὴν καὶ εἰς τὰ ἑπόμενα φαμὲν γίνεσθαι κίνησιν τοῦ ἐπικύκλου. Ἔϛω δὴ τὸ Η, καὶ διήχθω τις διὰ τοῦ Η εὐθεῖα πρὸς ὀρθὰς γωνίας τῇ ΑΓ, ἵνα τεταρτημόριον ἀπέχῃ τοῦ ἀπογείου· εἰλήφθω τε ἐπ' αὐτῆς τὸ κατὰ τὰς ἐκκειμένας τηρήσεις τοῦ ἐπικύκλου κέντρον τὸ Θ, διὰ τὸ καὶ κατὰ ταύτας τεταρτημόριον ἀπέχειν τοῦ ἀπογείου τὴν μέσην πάροδον τοῦ ἡλίου, περὶ

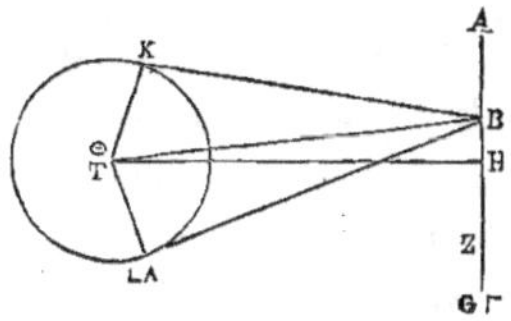

II.

sa plus grande digression occidentale étoit de 26^d ¼.

Dans la 2e année d'Antonin, au matin du 24 du mois égyptien Mesor, nous avons observé, avec l'astrolabe, la plus grande digression de Mercure; et comparant cet astre à l'hyade brillante, nous l'avons trouvé sur les 20^d 1/12 des gémeaux, le soleil moyen étant encore sur les 10^d ⅓ du cancer, de sorte que la plus grande digression orientale étoit de 20^d ¼.

Cela posé, soit encore AZBG le diamètre qui passe par le 10e degré des serres et du bélier, et supposons, comme dans la figure précédente, que le point A est le centre de l'épicycle, quand il est sur les 10^d des serres; que le point G est le centre de cet épicycle, quand il est dans le 10e degré du bélier; que B est le centre du zodiaque; et que Z est le point autour duquel le centre de l'excentrique se meut contre l'ordre des signes. Proposons-nous d'abord de trouver de combien est éloigné du point B le centre autour duquel nous avons dit que se fait le mouvement uniforme de l'épicycle suivant l'ordre des signes. Prenons H, et menons-y une perpendiculaire à AG, pour qu'elle soit distante d'un quart de cercle, de l'apogée; prenons sur cette perpendiculaire le centre T de l'épicycle, suivant les observations dont nous parlons, parceque, selon elles, le lieu moyen du soleil est à un quart de cercle loin de l'apogée, puisqu'il est dans

23

le 10ᵉ degré du cancer.
Décrivons autour de T
l'épicycle KL, menons-
y du point B les tangen-
tes BK, BL, et joignons
TK, LT et BT. Puis-
que relativement au lieu

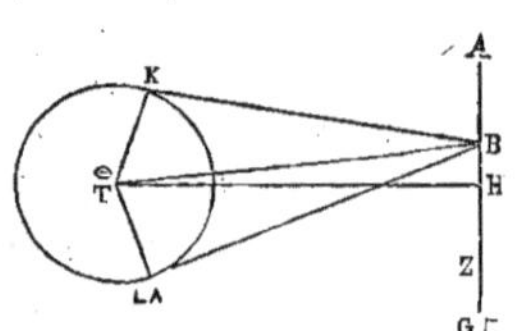

moyen en question, la digression la plus
grande du matin, est supposée à 20ᵈ ¼ du
lieu moyen, et celle du soir à 26ᵈ ¼,
l'angle KBL sera de 46ᵈ 30′ des degrés
dont 360 font quatre angles droits. Et sa
moitié qui est l'angle KBT, vaudra 46ᵈ 30′
des degrés dont 360 font deux angles
droits. Ainsi l'arc soutendu par la droite
KT a pour valeur ces 46ᵈ 30′ dont le cercle
décrit autour du rectangle BTK en contient
360; et la droite TK a 47ᵈ 22′ des parties
dont l'hypoténuse BT en contient 120.
Donc la droite TK, rayon de l'épicycle,
étant de 39ᵖ 9′, dont la droite BZ a été démontrée en avoir 10ᵖ 25′, la droite BT
vaudra 99ᵖ 9′ de ces parties.

De plus, la différence de ces deux plus
grandes digressions, qui est de 6 degrés,
contenant deux fois la différence d'anomalie zodiacale, différence qui est renfermée dans l'angle BTH, comme nous
l'avons démontré, l'angle BTH sera de 3
des degrés dont 360 font quatre angles
droits, et de 6 de ceux dont 360 font
deux angles droits. C'est pourquoi l'arc
soutendu par la droite BH vaut 6 des degrés
dont le cercle décrit autour du rectangle
BHT en contient 360, et cette droite

τὴν Ῑ μοῖραν ὄντος τοῦ
καρκίνου. Καὶ γραφέντος
περὶ τὸ Θ τοῦ ΚΛ ἐπι-
κύκλου, ἤχθωσαν μὲν
ἀπὸ τοῦ Β ἐφαπτόμε-
ναι αὐτοῦ αἱ ΒΚ, καὶ
ΒΛ, ἐπεζεύχθωσαν δὲ αἱ
ΘΚ καὶ ΚΛ, καὶ ΒΘ. Ἐπεὶ τοίνυν κατὰ
τὴν ἐκκειμένην μέσην πάροδον, ἡ μὲν ἑωα
μεγίστη τῆς μέσης ἀπόςασις, ὑπόκειται
μοιρῶν κ̄ καὶ δ΄, ἡ δὲ ἑσπερία μοιρῶν
κδ̄ δ΄, εἴη ἂν ἡ ὑπὸ ΚΒΛ γωνία, οἵων εἰσὶν
αἱ δ̄ ὀρθαὶ τξ̄, τοιούτων μϛ̄ λ΄· καὶ ἡ ἡμίσεια ἄρα αὐτῆς ἡ ὑπὸ ΚΒΘ γωνία τῶν
αὐτῶν ἐςι μϛ̄ λ΄, οἵων αἱ δύο ὀρθαὶ τξ̄.
Ὥςε καὶ ἡ μὲν ἐπὶ τῆς ΚΘ εὐθείας περιφέρεια τοιούτων ἐςὶ μϛ̄ λ΄, οἵων ὁ περὶ
τὸ ΒΘΚ ὀρθογώνιον κύκλος τξ̄· ἡ δ΄ ὑπ᾽ αὐτὴν εὐθεῖα ἡ ΘΚ, τοιούτων μζ̄ κβ΄, οἵων
ἐςὶν ἡ ΒΘ ὑποτείνουσα ρκ̄. Καὶ οἵων ἐςὶν
ἄρα ἡ μὲν ΘΚ ἐκ τοῦ κέντρου τοῦ ἐπικύκλου λθ̄ θ΄, ἡ δὲ ΒΖ ἐδείχθη Ῑ κε΄, τοιούτων καὶ ἡ ΒΘ ἔςαι ϟθ̄ θ΄.

Πάλιν ἐπεὶ ἡ τῶν προκειμένων μεγίςων
ἀποςάσεων ὑπεροχὴ μοιρῶν ϛ̄ οὖσα, δὶς
περιέχει τὸ παρὰ τὴν ζωδιακὴν ἀνωμαλίαν διάφορον, τοῦτο δὲ ὑπὸ τῆς ΒΘΗ
γωνίας περιέχεται, τοῦτο γὰρ ἡμῖν προαποδέδεικται, εἴη ἂν ἡ ὑπὸ ΒΘΗ γωνία,
οἵων μὲν εἰσιν αἱ δ̄ ὀρθαὶ τξ̄, τοιούτων γ̄,
οἵων δ̄ αἱ β̄ ὀρθαὶ τξ̄, τοιούτων ϛ̄. Ὥςε
καὶ ἡ μὲν ἐπὶ τῆς ΒΗ εὐθείας περιφέρεια
τοιούτων ἐςιν ϛ̄, οἵων ὁ περὶ τὸ ΒΗΘ ὀρθογώνιον κύκλος τξ̄, αὐτὴ δὲ ἡ ΒΗ εὐθεῖα

τοιούτων ϛ ιζ′, οἵων ἐϛὶν ἡ ΒΘ ὑποτείνουσα
ρκ. Καὶ οἵων ἄρα ἐϛὶν ἡ μὲν ΒΘ εὐθεῖα ∠θ θ′, ἡ δὲ ΒΖ ὁμοίως ι κε′, τοιούτων καὶ ἡ ΒΗ ἔϛαι ε ιϛ′. Ἡμίσεια ἐϛὶν ἄρα
ἔγγιϛα ἡ ΒΗ τῆς ΒΖ, καὶ ἑκατέρα τῶν
ΒΗ καὶ ΗΖ τοιούτων ε ιϛ′ ἔγγιϛα, οἵων
ἡ ἐϛὶν ἐκ τοῦ κέντρου τοῦ ἐπικύκλου λθ θ′.

Πάλιν ἤχθω ἐπὶ τῆς αὐ-
τῆς καταγραφῆς κỳ διὰ τοῦ
Ζ ἐπὶ τὰ ἐναντία τῇ ΗΘ,
πρὸς ὀρθὰς γωνίας τῇ ΑΓ,
εὐθεῖα ἡ ΖΜΝ, ἐφ′ ἧς ἔϛαι
τότε, δηλονότι διὰ τὴν ἰσοχρόνιον τῶν ΗΘ, ΖΝ, εἰς τὰ
ἐναντία συναποκα τάϛασιν, τὸ κέντρον τοῦ
ἐκκέντρου, ἐφ′ οὗ ἐϛι τὸ Θ κέντρον τοῦ ἐπικύκλου. Καὶ κείσθω τῇ ΖΑ ἴση ἡ ΖΝ, ὥϛε
κỳ τὴν ΖΝ καθάπερ κỳ τὴν ΑΖ συγκεῖσθαι
ἔκ τε τῆς ἐκ τοῦ κέντρου τοῦ ἐκκέντρου, κỳ
τῆς μεταξὺ τῶν κέντρων αὐτοῦ τε καὶ
τοῦ Ζ σημείου. Εἰλήφθω τὲ ἐπ′ αὐτῆς τὸ
κέντρον τοῦ ἐκκέτρου, καὶ ἔϛω τὸ Μ, καὶ
ἐπεζεύχθω ἡ ΖΘ. Ἐπεὶ τοινῦν ἡ μὲν ὑπὸ
ΜΖΗ γωνία ὀρθή ἐϛιν, ἀδιαφορεῖ δὲ ἔγγιϛα καὶ ἡ ὑπὸ ΘΖΗ ὀρθῆς, ὥϛε καὶ τὴν
ΝΖΘ ἀδιαφορεῖν εὐθείας· δέδεικται δ′
ὅτι οἵων ἐϛὶν ἡ ἐκ τοῦ κέντρου τοῦ ἐπικύκλου λθ θ′, τοιούτων ἐϛὶν ἡ μὲν ΖΝ ἴση
οὖσα τῇ ΑΖ εὐθείᾳ ρθ λδ′, ἡ δὲ ΖΘ ἴση
οὖσα τῇ ΒΘ τῶν αὐτῶν ∠θ θ′. Καὶ ὅλη
μὲν ἡ ΝΖΘ ἔϛαι σῆ μγ′, ἡ δ′ ἡμίσεια
αὐτῆς ἡ ΝΜ ἐκ τοῦ κέντρου τοῦ ἐκκέντρου
ρδ κϛ′ ἔγγιϛα, λοιπὴ δὲ ἡ ΖΜ μεταξὺ
τῶν κέντρων ε ιϛ′. Τῶν αὐτῶν δὲ ἐδείχθη
καὶ ἑκατέρα τῶν ΒΗ καὶ ΗΖ εὐθειῶν, ε ιϛ′.

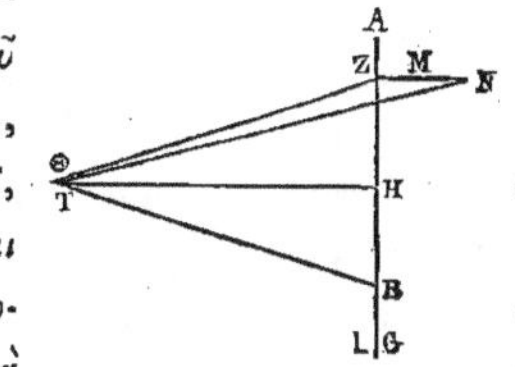

vaut 6ᴾ 17′ des parties dont l'hypoténuse
BT en contient 120. Donc la droite BT
étant de 99ᴾ 9′ et BZ de 10ᵈ 25′, la droite
BH sera de 5ᴾ 12′. Par conséquent BH est
à peu près la moitié de BZ, et chacune
des portions BH et HZ vaut à peu près
5 12′ des parties dont le rayon de l'épicycle en vaut 39 9′.

En outre, dans la même
figure, menez du côté op-
posé à HT, par le point Z,
ZMN perpendiculaire à AG,
HT et ZN revenant en temps
égaux à leur position première, par des mouvemens
opposés et contraires, le centre de l'excentrique qui porte le centre de l'épicycle,
sera alors sur cette perpendiculaire ZMN.
Supposons ZN égale à ZA, de sorte que ces
lignes soient formées du rayon de l'excentrique, et de la distance entre le centre de
ce même excentrique et le point Z. Met-
tons sur la ligne ZM le centre de l'excentrique, en M, et joignons ZT. Puisque l'angle MZH est droit, et que l'angle TZH ne
diffère presque pas d'un droit, il s'ensuit
que la ligne (brisée) NZT ne diffère presque
pas d'une ligne droite ; mais il a été démontré que le rayon de l'épicycle étant de
39ᴾ 9′, la droite ZN égale à AZ, contient
109ᴾ 34′ de ces mêmes parties, et que
ZT, égale à BT, en contient 99ᴾ 9′. Toute
la ligne NZT sera ainsi de 208ᵈ 43′, et sa
moitié NM, rayon de l'excentrique, sera
d'environ 104ᴾ 22′; le reste ZM entre les
centres, sera donc de 5ᴾ 12′. Or chacune des
droites BH et HZ a été démontrée de 5ᵈ 12′.

Nous en avons conclu que le rayon de l'excentrique étant de 104ᵖ 22′, chacune des droites qui sont entre les centres est de 5ᵖ 12′, et le rayon de l'épicycle, de 39ᵖ 9′. Par conséquent, si le rayon de l'excentrique est de 60ᵖ (c), chacune des droites entre les centres est de 3ᵖ, et le rayon de l'épicycle sera de 22ᵖ 30′. C'est ce que je voulois prouver.

Que d'après cela, les plus grandes digressions comparées aux périgées soient d'accord avec celles qui ont été observées; savoir, quand le lieu moyen est en 10ᵖ du verseau ou des gémeaux, et qu'étant à une distance de l'apogée, égale à l'angle que soutend le côté du triangle équilatéral inscrit, l'angle que soutend à notre vue l'épicycle, est de 47ᵖ ½ ¼ : c'est ce que nous allons prouver.

Soit le diamètre ABGDE passant par l'apogée, et son point A pris pour celui de l'apogée, B celui autour duquel le centre de l'excentrique se meut contre l'ordre des signes ; G celui autour duquel le centre de l'épicycle se meut suivant l'ordre des signes, D le centre du zodiaque ; et que ces deux mouvemens en se faisant autour de leurs centres respectifs, uniformément et en temps égal, en sens contraires depuis l'apogée A, embrassent le côté du triangle inscrit. Soit GZ la droite qui fait circuler l'épicycle, et BH celle qui fait aller le centre de l'excentrique ; H le

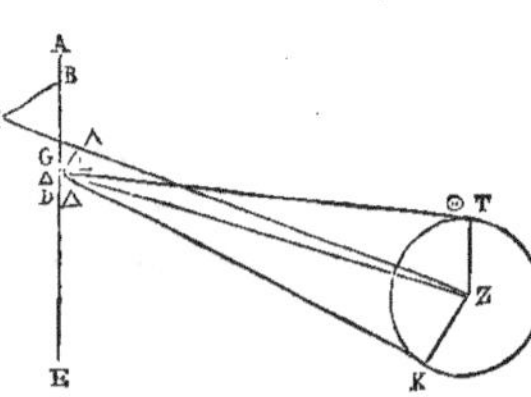

Συνῆκται ἄρα ἡμῖν ὅτι, οἵων ἐςὶν ἡ ἐκ τοῦ κέντρου τοῦ ἐκκέντρου ρδ κϛ′, τοιούτων ἐςὶν ἑκάςη μὲν τῶν μεταξὺ τῶν κέντρων ε ιϛ′, ἡ δ' ἐκ τοῦ κέντρου τοῦ ἐπικύκλου λθ θ′. Καὶ οἵων ἐςὶν ἄρα ἡ ἐκ τοῦ κέντρου τοῦ ἐκκέντρου ξ, τοιούτων καὶ ἑκάςη μὲν τῶν μεταξὺ τῶν κέντρων ἔςαι γ, ἡ δ' ἐκ τοῦ κέντρου τοῦ ἐπικύκλου κϛ λ′, ὅπερ προέκειτο δεῖξαι.

Ὅτι δὲ τούτων ὑποκειμένων, καὶ αἱ κατὰ τὰ περιγειότατα μεγίςαι ἀποςάσεις σύμφωνοι γίγνονται ταῖς τετηρημέναις, τουτέςιν ὅταν ἡ μέση πάροδος ἢ κατὰ τὴν ι μοῖραν τοῦ ὑδροχόου ἢ τῶν διδύμων, καὶ τὴν τοῦ τριγώνου πλευρὰν ἀπέχῃ τοῦ ἀπογείου, ἡ πρὸς τῇ ὄψει τὸν ἐπίκυκλον ὑποτείνουσα γωνία μοιρῶν ἐςι μζ ϛ″ δ″ ἔγγιςα, μάθοιμεν ἂν οὕτως.

Ἔςω γὰρ ἡ διὰ τοῦ ἀπογείου διάμετρος ἡ ΑΒΓΔΕ, ἧς τὸ μὲν Α σημεῖον ὑποκείσθω τὸ πρὸς ᾧ τῷ ἀπογείῳ, τὸ δὲ Β περὶ ὃ τὸ κέντρον τοῦ ἐκκέντρου τὴν εἰς τὰ προηγούμενα ποιεῖται μετάβασιν, τὸ δὲ Γ περὶ ὃ τὸ κέντρον τοῦ ἐπικύκλου τὴν εἰς τὰ ἑπόμενα ποιεῖται μετάβασιν, τὸ δὲ Δ τὸ κέντρον τοῦ ζωδιακοῦ, καὶ ἀπειλήφθωσαν ἀμφότεραι αἱ κινήσεις περὶ τὰ ἴδια κέντρα ὁμαλῶς καὶ ἰσοχρονίως ἐπὶ τὰ ἐναντία ἀπὸ τοῦ Α ἀπογείου τὴν τοῦ τριγώνου πλευράν· ἔςω τὲ ἡ μὲν τὸν ἐπίκυκλον ἄγουσα εὐθεῖα ἡ ΓΖ, ἡ δὲ τὸ κέντρον τοῦ ἐκκέντρου ἡ ΒΗ. Καὶ ἔςω τὸ

μὲν τοῦ ἐκκέντρου κέντρον τὸ Η, τὸ δὲ
τοῦ ἐπικύκλου τὸ Ζ, καὶ γραφέντος περὶ
αὐτο τοῦ ἐπικύκλου, ἐκβεβλήσθωσαν αἱ
ΔΘ καὶ ΔΚ ἐφαπτόμεναι τοῦ ἐπικύκλου.
Καὶ ἐπεζεύχθωσαν μὲι αἱ ΓΗ καὶ ΔΖ καὶ
ΖΘ καὶ ΖΚ, κάθετος δ᾽ ἀπὸ τοῦ Δ ἐπὶ
τὴν ΓΖ ἤχθω ἡ ΔΛ. Δεικτέον ὅτι ἡ ὑπὸ
ΘΔΚ γωνία τοιούτων ἐϛὶ μζ̄ ϛ″ δ″, οἵων
εἰσιν αἱ τέσσαρες ὀρθαὶ τ ξ̄. Επεὶ τοίνυν
ἑκατέρα τῶν ὑπὸ ΑΒΗ καὶ ὑπὸ ΑΓΛ
γωνιῶν τὴν τοῦ τριγώνου πλευρὰν ὑποτείνει, καὶ τοιούτων ἐϛὶν ρκ̄ οἵων αἱ δύο
ὀρθαὶ ρπ̄, ὥϛε καὶ ἑκατέραν τῶν ὑπὸ ΓΒΗ
καὶ ὑπὸ ΔΓΛ τῶν αὐτῶν εἶναι ξ̄· ἴση δὲ
ἡ ὑπὸ ΒΗΓ τῇ ὑπὸ ΒΓΗ, διὰ τὸ καὶ τὴν
ΒΓ τῇ ΒΗ ἴσην ὑποκεῖσθαι, συναμφότεραι
δὲ τῶν λοιπῶν εἰσὶν, οἵων εἰς τὰς δύο
ὀρθὰς τ ξ̄, τοιούτων ρκ̄, καὶ ἑκάτερα αὐτῶν ἔϛαι τῶν ἴσων ξ̄· ἰσογώνιον τε ἄρα
καὶ ἰσόπλευρον ἐϛι τὸ ΒΓΗ τρίγωνον. Ιση
δὲ καὶ ἡ ὑπὸ ΔΓΛ γωνία τῇ ὑπὸ ΒΓΗ,
ἐπ᾽ εὐθείας ἄρα εἰσὶ τὰ Η, Γ, Ζ, σημεῖα.
Ωϛτε καὶ ἡ μὲν ΗΖ ἐκ τοῦ κέντρου οὖσα
τοῦ ἐκκέντρου τοιούτων ἐϛιν ξ̄, οἵων ἡ
ΓΗ ἴση τῇ ΓΔ μεταξὺ τῶν κέντρων γ̄,
λοιπὴ δὲ ἡ ΓΖ τῶν αὐτῶν νζ̄.

Πάλιν ἐπεὶ ἡ ὑπὸ ΔΓΛ γωνία, οἵων
μὲν εἰσιν αἱ δ̄ ὀρθαὶ τ ξ̄, τοιούτών ἐϛὶν
ξ̄, οἵων δὲ αἱ δύο ὀρθαὶ τ ξ̄, τοιούτων
ρκ̄, εἴη ἂν καὶ ἡ μὲν ἐπὶ τῆς ΔΛ εὐθείας
περιφέρεια τοιούτων ρκ̄, οἵων ὁ περὶ τὸ
ΓΔΛ ὀρθογώνιον κύκλος τ ξ̄, ἡ δ᾽ ἐπὶ
τῆς ΓΛ τῶν λοιπῶν εἰς τὸ ἡμικύκλιον ξ̄.
Καὶ τῶν ὑπ᾽ αὐτὰς ἄρα εὐθειῶν ἡ μὲν ΔΛ
τοιούτών ἐϛὶν ργ̄ νε″, οἵων ἡ ΓΔ ὑποτείνουσα ρκ̄, ἡ δὲ ΓΛ τῶν αὐτῶν ξ̄, Ωϛτε

centre de l'excentrique, et Z celui autour
duquel l'épicycle étant décrit, je lui mène
les tangentes DT, DK; je joins GH, DZ, ZT
et ZK, et j'abaisse la perpendiculaire DL
de D sur GZ. Il s'agit de prouver que
l'angle TDK est de $47^{\mathrm{d}} \frac{1}{2} \frac{1}{4}$ des degrés dont
360 font quatre angles droits. Puisque
chacun des angles ABH, AGL, embrasse
le côté d'un triangle inscrit, et vaut
120 des degrés dont deux angles droits
en contiennent 180, de sorte que chacun
des angles GBH, DGL, en vaut 60 ; et
l'angle BHG étant égal à l'angle BGH,
parceque BG est supposée égale à BH, et
les deux autres angles ensemble valant 120
des 360^{d} de deux angles droits, et chacun
en valant 60^{d} : le triangle BGH est donc
équiangle et équilatéral. Or l'angle DGL
est égal à l'angle BGH ; par conséquent
les points H, G, Z, sont en ligne droite.
C'est pourquoi la droite HZ, rayon de
l'excentrique, est de 60 des parties dont
GH, égale à GD entre les centres, en contient 3, le reste GZ en contient donc 57.

Maintenant, puisque l'angle DGL est de
60 des degrés dont 360 font quatre angles
droits (d), et de 120 de ceux dont 360 font
deux angles droits, l'arc soutendu par la
droite DL sera de 120 des degrés dont le
cercle décrit autour du rectangle GDL en
contient 360, et l'arc soutendu par GL
vaudra les 60^{d} restants du demi-cercle.
Donc, de leurs cordes, DL est de 103^{p} 55′
des parties dont l'hypoténuse GD en contient 120, et GL en vaut 60. Ainsi, DG

*

étant de 3ᵖ, et GZ de 57ᵖ, DL en aura 2ᵖ 36′; GL, 1ᵖ 3o′, et LZ les 55ᵖ 3o′ restantes Or, le carré fait sur cette dernière avec celui de DL, donnant le carré de DZ,

il s'ensuit que DZ aura en longueur 55ᵖ 34′ des parties dont le rayon de l'épicycle, c'est-à-dire chacune des droites ZT et ZK étoit supposé en contenir 22 3o′. Et l'hypoténuse DZ étant de 120, chacune des droites TZ et ZK sera de 48ᵖ 35′ (e); et chacun des angles ZDT, ZDK, sera de 47ᵈ 46′ des degrés dont 36o font deux angles droits; l'angle entier TDK est donc de 47ᵈ 46′ (f) des degrés dont 36o font quatre angles droits : ce qu'il falloit démontrer.

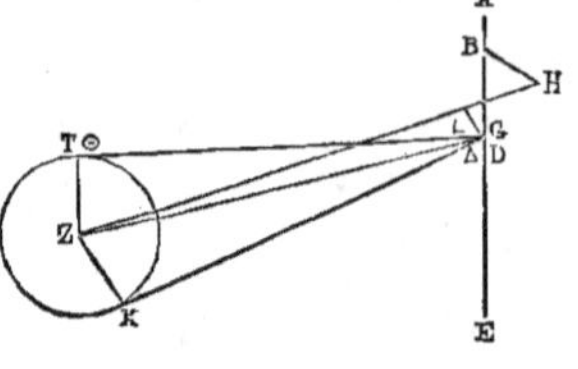

καὶ οἵων ἐςὶν ἡ μὲν ΔΓ εὐθεῖα γ̄, ἡ δὲ ΓΖ ὁμοίως νζ, τοιούτων ἡ μὲν ΔΛ ἔςαι β̄ λϛ″, ἡ δὲ ΓΛ τῶν αὐτῶν ᾱ λ″, ἡ δὲ ΔΖ τῶν λοιπῶν νε λ″. Καὶ ἐπεὶ τὸ ἀπ' αὐτῆς καὶ τὸ ἀπὸ τῆς ΔΛ συντεθέντα ποιεῖ τὸ ἀπὸ τῆς ΔΖ, ἔςαι ἄρα καὶ ἡ ΔΖ μήκει τοιούτων νε λδ′, οἵων καὶ ἡ ἐκ τοῦ κέντρου τοῦ ἐπικύκλου, τουτέςι ἑκατέρα τῶν ΖΘ καὶ ΖΚ ὑπέκειτο κβ λ· καὶ οἵων ἐςὶν ἄρα ἡ ΔΖ ὑποτείνουσα ρκ, τοιούτων καὶ ἑκατέρα μὲν τῶν ΘΖ καὶ ΖΚ ἔςαι μη λε″, ἑκατέρα δὲ τῶν ὑπὸ ΖΔΘ καὶ ΖΔΚ γωνιῶν τοιούτων μζ μϛ′, οἵων εἰσιν αἱ δύο ὀρθαὶ τξ. Ωστε καὶ ὅλη ἡ ὑπὸ ΘΔΚ γωνια τῶν αὐτῶν ἐςι μζ μϛ″, οἵων εἰσιν αἱ τέσσαρες ὀρθαὶ τξ. ὅπερ ἔδει δεῖξαι.

CHAPITRE X.

DES MOUVEMENTS PÉRIODIQUES DE MERCURE.

Ce que nous avons dit jusqu'à présent, nous conduit à traiter des mouvements périodiques de Mercure; nous avons ses lieux en longitude, c'est-à-dire ceux par où son épicycle est porté uniformément autour du point G, qui nous sont donnés par ceux du soleil (a). Quant aux époques ou lieux de l'anomalie, c'est-à-dire ceux qui portent cet astre dans l'épicycle autour du centre de ce cercle, nous les avons tirés de deux observations incontestables: la première, qui est de nous,

ΚΕΦΑΛΑΙΟΝ Ι.

ΠΕΡΙ ΤΩΝ ΠΕΡΙΟΔΙΚΩΝ ΤΟΥ ΕΡΜΟΥ ΚΙΝΗΣΕΩΝ.

Τούτοις δ' ἀκολούθου τυγχάνοντος τοῦ τάς τε περιοδικὰς κίνησεις τοῦ τοῦ Ερμοῦ καὶ τὰς ἐποχὰς αὐτοῦ συςήσασθαι, τὰς μὲν τοῦ μήκους τουτέςι τὰς τὸν ἐπίκυκλον ὁμαλῶς περὶ τὸ Γ φερούσας, αὐτόθεν ἔχομεν δεδομένας ἀπὸ τῶν ἡλιακῶν, τὰς δὲ τῆς ἀνωμαλίας, τουτέςι τὰς τὸν ἀςέρα κατὰ τὸν ἐπίκυκλον περὶ τὸ κέντρον αὐτοῦ φερούσας, εἰλήφαμεν ἀπὸ δύο τηρήσεων ἀδιςάκτων, μιᾶς μὲν ἐκ τῶν

καθ᾽ ἡμᾶς ἀναγεγραμμένων, μιᾶς δ᾽ ἐκ
τῶν παλαιῶν.

Ἡμεῖς μὲν γὰρ ἐτηρήσαμεν τὸν τοῦ
Ἑρμοῦ ἀςέρα τῷ β̄ ἔτει Ἀντωνίνου, ὃ ἦν
κατὰ τὸ ωπϛ̄ ἔτος ἀπὸ Ναβονασάρου,
κατ᾽ αἰγυπτίους Ἐπιφὶ β̄ εἰς τὴν γ̄, διὰ
τοῦ ἀςρολάβου ὀργάνου, μηδέπω ἐπὶ τὴν
μεγίςην ἑσπερίαν ἀπόςασιν ἐληλυθότα.
Καὶ διοπτευόμενος πρὸς τὸν ἐπὶ τῆς καρδίας τοῦ λέοντος, αὐτὸς ἐπέχων ἐφαίνετο
διδύμων μοίρας ιζ̄ ϛ''. Τότε δὲ καὶ τοῦ
κέντρου τῆς σελήνης ὑπελείπετο μοίραν
ᾱ καὶ ϛ''. Καὶ ἦν ὁ χρόνος ἐν Ἀλεξανδρείᾳ
πρὸ δ̄ ϛ'' ὡρῶν ἰσημερινῶν τοῦ εἰς τὴν γ̄
μεσονυκτίου, ἐπειδήπερ ἐμεσουράνει ἐν τῷ
ἀςρολάβῳ παρθένου μοῖρα ιβ̄'', τοῦ ἡλίου
περὶ τὰς κγ̄ μοίρας ὄντος τοῦ ταύρου.
Ἀλλ᾽ εἰς ἐκείνην τὴν ὥραν ἡ μὲν τοῦ ἡλίου
μέςη πάροδος, κατὰ τὰς ὑποδεδειγμένας
ἡμῖν ὑποθέσεις, ἐπεῖχε ταύρου μοίρας κβ̄
λδ̄', ἡ δὲ τῆς σελήνης διδύμων μοιρὰς
ιβ̄ ιδ̄', ἀνωμαλίας δ᾽ ἀπὸ τοῦ ἀπογείου
τοῦ ἐπικύκλου, μοίρας σπᾱ κ'· ὡς ἐκ
τούτων συνάγεςθαι τὴν μὲν ἀκριβῆ πάροδον τοῦ κέντρου τῆς σελήνης, εἰς διδύμων
μοίρας ιζ̄ ι', τὴν δὲ φαινομένην ιϛ̄ κ'. Ὁ
ἄρα τοῦ Ἑρμοῦ ἀςὴρ καὶ οὗτος ἐπεῖχεν,
ἐπειδὴ ὑπελείπετο τοῦ κέντρου τῆς σελήνης μοίρας ᾱ καὶ ϛ', διδύμων μοίρας ιζ̄ ϛ''.

Τούτου δὴ ὑποκειμένου, ἔςω διὰ τοῦ
ἀπογείου καὶ περιγείου διάμετρος ἡ
ΑΒΓΔΕ, καὶ τὸ μὲν Α σημεῖον αὐτῆς
ὑποκείσθω τὸ πρὸς τῷ ἀπογείῳ, τὸ δὲ
Β, περὶ ὃ τὸ κέντρον τοῦ ἐκκέντρου τὴν
εἰς τὰ προηγούμενα ποιεῖται μετάβασιν,
τὸ δὲ Γ περὶ ὃ τὸ κέντρον τοῦ ἐπικύκλου

est tirée de nos registres; quant à l'autre,
nous la tenons des anciens.

Dans la seconde année d'Antonin, qui
étoit la 886ᵉ de l'ère de Nabonassar, pendant la nuit du 2 au 3 du mois égyptien
Epiphi, nous avons observé, à l'aide de l'astrolabe, Mercure qui n'étoit pas encore
parvenu à sa plus grande digression occidentale; en le comparant à l'étoile du
lion, il nous parut sur les 17ᵈ ½ des
gémeaux, en arrière du centre de la lune,
de 1ᵈ ⅙. Or il étoit alors à Alexandrie
4 ½ heures équinoxiales avant minuit
du 2 au 3; le soleil étant sur les 23 degrés du taureau, puisqu'alors l'astrolabe montroit le 12ᵉ degré de la vierge
au méridien. Mais à cette même heure
le lieu moyen du soleil, d'après les hypothèses que nous avons démontrées,
étoit sur les 22ᵈ 34' du taureau; celui
de la lune, sur les 12ᵈ 14' des gémeaux,
et à 281ᵈ 20' de l'apogée de l'épicycle,
pour l'anomalie. Ce qui donne le lieu
vrai du centre de la lune sur les 17ᵈ 10'
des gémeaux, et son lieu apparent sur
les 16ᵈ 20'. Donc Mercure, étant de 1ᵈ ⅙
en arrière du (*c'est-à-dire plus avancé en
longitude que le*) centre de la lune, étoit
sur les 17ᵈ ½ des gémeaux.

Cela posé, soit le diamètre ABGDE
passant par le périgée et l'apogée, que le
point A soit celui de l'apogée; B le point
autour duquel le centre de l'excentrique
se meut contre l'ordre des signes; G le
point autour duquel le centre de l'épicycle se meut suivant l'ordre des signes;

et D le centre du zodiaque. Supposons que la droite GZ ait fait mouvoir le centre de l'épicycle autour du point G, de la quantité angulaire AGZ, et qu'autour du point B le centre de l'excentrique ait été entraîné par la ligne BH, de l'angle ABH toujours égal à AGZ (*b*), par l'effet de l'isochronisme des mouvemens. Ayant décrit l'épicycle TKL autour du point Z, supposons l'astre en L, joignons GH, HZ, DZ, ZL et DL. Abaissons les perpendiculaires HM et DN, des points H et D, sur la droite GZT ; et ZX, du point Z, sur la droite DL. Proposons-nous de trouver l'arc de l'épicycle depuis l'apogée T jusqu'à l'astre en L

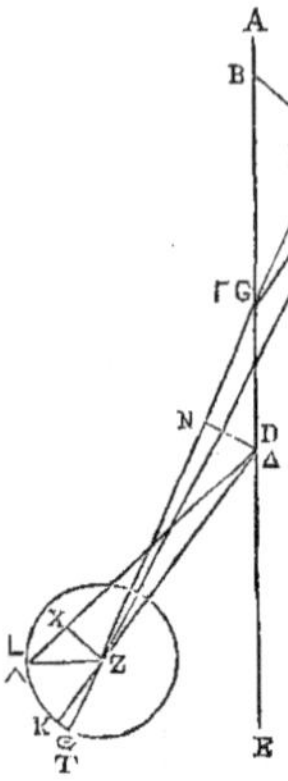

Puisqu'alors le soleil moyen étoit sur les 22^d 34' du taureau, et que le périgée de Mercure étoit à peu près sur les 10^d du bélier, ensorte que son lieu moyen en longitude étoit à 42^d 34' loin de son périgée, l'angle GBH étoit donc de 42^d 34' des degrés dont 360 font quatre angles droits, et de 85^d 8' de ceux dont 360 font deux angles droits. Mais, à cause de BG égale à BH, chacun des angles BHG et BGH est de 137^d 26'. Donc, ayant inscrit à un cercle le triangle BGH, l'arc soutendu par la droite HG est de 85 8' des degrés dont ce cercle en contient 360, et l'arc soutendu par la droite BG en contient 137^d 26'. De leurs soutendantes,

τὴν εἰς τὰ ἑπόμενα ποιεῖται μετάβασιν, τὸ δὲ Δ τὸ κέντρον τοῦ ζωδιακοῦ. Καὶ κεκινήσθω περὶ μὲν τὸ Γ σημεῖον τὸ Ζ κέντρον τοῦ ἐπικύκλου, ὑπὸ τῆς ΓΖ, τὴν ὑπὸ ΑΓΖ γωνίαν· περὶ δὲ τὸ ΒΗ, ὑπὸ τῆς ΒΗ, τὸ Η κέντρον τοῦ ἐκκέντρου τὴν ὑπὸ ΑΒΗ γωνίαν ἴσην ἀεὶ δηλονότι οὖσαν, διὰ τὸ ἰσοχρόνιον τῶν κινήσεων, τῇ ὑπὸ ΑΓΖ. Καὶ γραφέντος περὶ τὸ Ζ τοῦ ΘΚΛ ἐπικύκλου, ὑποκείσθω ὁ ἀςὴρ κατὰ τὸ Λ.

Καὶ ἐπεζεύχθωσαν μὲν αἱ ΓΗ καὶ ΗΖ καὶ ΔΖ καὶ ΖΛ καὶ ΔΛ· κάθετοι δ᾽ ἤχθωσαν ἐπὶ μὲν τὴν ΓΖΘ ἐκβλησθεῖσαν ἀπὸ τῶν Η καὶ καὶ Δ, ἥτε ΗΜ καὶ ἡ ΔΝ, ἐπὶ δὲ τὴν ΔΛ, ἀπὸ τοῦ Ζ, ἡ ΖΞ. Καὶ προκείσθω εὑρεῖν τὴν ἀπὸ τοῦ Θ ἀπογείου, ἐπὶ τὸν κατὰ τὸ Λ ἀςέρα, τοῦ ἐπικύκλου περιφέρειαν.

Ἐπεὶ τοίνυν ὁ μὲν μέσος ἥλιος ἐπεῖχε τότε ταύρου μοίρας κϛ λδ', τὸ δὲ περίγειον τοῦ ἀςέρος τὰς ῑ μοίρας ἔγγιςα τοῦ κριοῦ, ὥςε τὴν μέσην αὐτοῦ κατὰ μῆκος πάροδον ἀπέχειν αὐτοῦ τοῦ περιγείου μοίρας μϛ λδ', εἴη ἂν ἡ μὲν ὑπὸ ΓΒΗ γωνία, οἵων μέν εἰσιν αἱ τέσσαρες ὀρθαὶ τξ, τοιούτων μϛ λδ', οἵων δ᾽ αἱ δύο ὀρθαὶ τξ, τοιούτων πε η. Ἑκατέρα δὲ τῶν ὑπὸ ΒΗΓ καὶ ΒΓΗ, διὰ τὸ ἴσην εἶναι πάντοτε τὴν ΒΓ τῇ ΒΗ, τῶν αὐτῶν ρλζ κϛ'. Ὥςε καὶ τοῦ γραφομένου κύκλου περὶ τὸ ΒΓΗ τρίγωνον, ἡ μὲν ἐπὶ τῆς ΗΓ εὐθείας περιφέρεια τοιούτων ἐςὶν πε η, οἵων ὁ κύκλος τξ, ἡ δ᾽ ἐπὶ τῆς ΒΓ τῶν αὐτῶν ρλζ κϛ. Καὶ τῶν ὑπ᾽ αὐτὰς ἄρα εὐθειῶν, ἡ μὲν ΓΗ τοιούτων ἔςαι πᾱ ι, οἵων ἐςὶν ἡ τοῦ κύκλου διάμετρος ρκ, ἡ δὲ ΒΓ τῶν αὐτῶν ριᾱ μθ'. Ωςε καὶ οἵων ἐςὶν ἡ ΒΓ εὐθεῖα γ, τοιούτων καὶ ἡ ΓΗ ἔςαι β ια'. Πάλιν ἐπεὶ ἡ μὲν ΒΓΗ γωνία τοιούτων ἐςὶν ρλζ κς, οἵων αἱ δύο ὀρθαὶ τξ, ἡ δὲ ὑπὸ ΒΓΜ τῶν αὐτῶν πε η, εἴη ἂν καὶ ἡ ὑπὸ ΗΓΜ τῶν λοιπῶν νβ ιη'. Ωςε καὶ ἡ μὲν ἐπὶ τὴν ΗΜ περιφέρεια τοιούτων ἐςὶ νβ ιη', οἵων ὁ περὶ τὸ ΓΗΜ ὀρθογώνιον κύκλος τξ, ἡ δ' ἐπὶ τῆς ΓΜ τῶν λοιπῶν εἰς τὸ ἡμικύκλιον ρκζ μβ'. Καὶ τῶν ὑπ' αὐτὰς ἄρα εὐθειῶν, ἡ μὲν ΗΜ τοιούτων ἐςὶ νβ νγ', οἵων ἡ ΓΗ ὑποτείνουσα ρκ, ἡ δὲ ΓΜ τῶν αὐτῶν ρζ μγ'. Ωςε καὶ οἵων ἐςὶν ἡ μὲν ΓΗ εὐθεῖα β ια', ἡ δὲ ΗΖ ἐκ τοῦ κέντρου τοῦ ἐκκέντρου τοῦ φέροντος τὸν ἐπίκυκλον ξ, τοιούτων καὶ ἡ μὲν ΗΜ ἔςαι ο νη', ἡ δὲ ΓΜ ὁμοίως ᾱ νη'. Διὰ δὲ τοῦτο καὶ ἡ μὲν ΜΖ, ἀδιαφόρῳ ἐλάσσων οὖσα τῆς ΗΖ εὐθείας ὑποτεινούσης, τῶν αὐτῶν ξ· λοιπὴ δὲ ἡ ΓΖ εὐθεῖα νη β'.

Ωσαύτως ἐπειδὴ ἡ ὑπὸ ΔΓΝ γωνία, τοιούτων ἐςὶν πε η, οἵων αἱ δύο ὀρθαὶ τξ, εἴη ἂν καὶ ἡ μὲν ἐπὶ τῆς ΔΝ περιφέρεια τοιούτων πε η, οἵων ὁ περὶ τὸ ΓΔΝ ὀρθογώνιον κύκλος τξ, ἡ δὲ ἐπὶ τῆς ΓΝ τῶν λοιπῶν εἰς τὸ ἡμικύκλιον ϟδ νβ'. Ωςε καὶ τῶν ὑπ' αὐτὰς εὐθειῶν, ἡ μὲν ΔΝ ἔςαι τοιούτων πᾱ ι, οἵων ἐςὶν ἡ ΓΔ ὑποτείνουσα ρκ, ἡ δὲ ΓΝ, τῶν αὐτῶν πη κγ'. Καὶ οἵων ἐςὶν ἄρα ἡ μὲν ΓΔ γ, ἡ δὲ ΓΖ ἐδείχθη νη β', τοιούτων καὶ ἡ μὲν ΔΝ ἔςαι β β', ἡ δὲ ΓΝ ὁμοίως β ιγ, ἡ δὲ ΝΖ τῶν λοιπῶν νε μθ'. Διὰ τοῦτο δὲ καὶ

GH sera de 81 10' des parties dont le diamètre du cercle en contient 120, et BG en contient 111ᵖ 49'. Ainsi, la droite BG étant faite de 3ᵖ, GH sera de 2ᵖ 11' de ces mêmes parties. De plus, puisque l'angle BGH est de 137ᵈ 26' des degrés dont 360 font deux angles droits, et que l'angle BGM est de 85ᵈ 8' (c) de ces mêmes degrés, l'angle HGM vaudra les 52ᵈ 18' de différence. Ainsi, l'arc soutendu par HM étant de 52ᵈ 18' des degrés dont le cercle décrit autour du rectangle GHM, en vaut 360, l'arc soutendu par GM vaut les 127ᵈ 42' restants de la demi-circonférence du cercle. Donc, de leurs soutendantes, HM vaut 52 53' des parties dont l'hypoténuse GH en vaut 120, et GM en vaut 107ᵈ 43'. Par conséquent la droite GH étant de 2ᵖ 11', et la droite HZ menée du centre de l'excentrique qui porte l'épicycle, étant de 60ᵖ, HM sera de 0ᵖ 58', et GM de 1ᵖ 58' de ces parties. Mais pour cette raison, la droite MZ (d) qui n'est que de très-peu plus courte que l'hypoténuse HZ, aura 60ᵖ (e) de ces mêmes parties, et sa portion GZ en contiendra 58ᵖ 2'.

De même, puisque l'angle DGN est de 85ᵈ 8' des degrés dont 360 font deux angles droits, l'arc soutendu par DN sera de 85ᵈ 8' des degrés dont le cercle décrit autour du triangle rectangle GDN en contient 360, et l'arc soutendu par GN vaut les 94ᵈ 52' restants du demi-cercle. Donc, de leurs soutendantes, DN aura 81 10' des parties dont l'hypoténuse GD en contient 120, et GN en contiendra 88 23'. Par conséquent la droite GD etant de 3ᵖ, et GZ ayant été démontrée de 58ᵖ 2', DN en vaudra 2ᵖ 2', GN 2ᵖ 13', et NZ les 55ᵖ 49'

restantes. C'est pourquoi l'hypoténuse DZ vaut 55ᵖ 51' des
parties dont le rayon de l'épicycle en vaut 22ᵖ 30'. Donc DZ
étant de 120ᵖ, DN en aura 4ᵖ
22', et l'arc soutendu par cette
dernière droite contiendra 4ᵈ
11' des degrés dont le cercle décrit autóur du rectangle DZN
en contient 360; ensorte que
l'angle DZN est de 4ᵈ 11' des degrés dont 360 font deux angles
droits; et l'angle entier EDZ est
de 89ᵈ 19'. Or, l'angle entier
EDL vaut 135 de ces degrés, parcequ'alors
l'astre paroissoit éloigné du périgée, de
67ᵈ 30', et l'angle ZDL vaut les 45ᵈ 41' restants. Donc l'arc soutendu par ZX vaut
ces 45ᵖ 41', dont le cercle décrit autour
du rectangle DZX, en vaut 360. La droite
ZX sera de 46ᵖ 35' des parties dont l'hypoténuse DZ en contient 120. Ensorte que
si la droite DZ est de 55ᵖ 51', et le rayon
ZL de l'épicycle, de 22ᵖ 30', la droite ZX
sera de 21ᵖ 41'; mais cette droite ZL, considérée comme hypoténuse, étant de 120ᵖ,
ZX sera alors de 115ᵖ 39' de ces parties.
Donc l'arc soutendu par ZX est de 149ᵈ 2'
des degrés dont le cercle décrit autour du
rectangle ZLX en a 360; mais l'angle ZLX
est de 149ᵈ 2' des degrés dont 360 font
deux angles droits, et l'angle ZDL a été
démontré en valoir 45ᵈ 41', et l'angle
TZK, 4ᵈ 11'. Donc tout l'angle TZL vaut
198ᵈ 54' des degrés dont 360 font deux

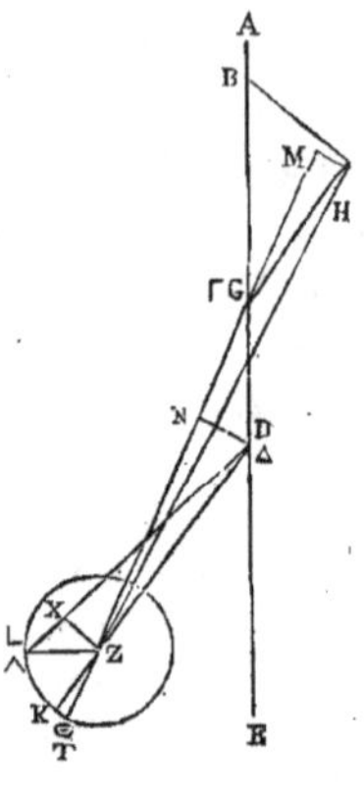

ἐςιν ἡ ΔΖ ὑποτείνουσα τοιούτων νε κα΄ ἔγγιςα, οἵων ἐςὶ
καὶ ἡ ἐκ τοῦ κέντρου τοῦ ἐπικύκλου κϚ λ΄. Καὶ οἵων ἐςὶν ἄρα
ἡ ΔΖ ὑποτείνουσα ρκ, τοιούτων καὶ ἡ μὲν ΔΝ ἔςαι δ΄ κϚ,
ἡ δ΄ ἐπ΄ αὐτῆς περιφέρεια
τοιούτων δ΄ ια΄, οἵων ἐςὶν ὁ περὶ
τὸ ΔΖΝ ὀρθογώνιον κύκλος τξ.
Ωςε καὶ ἡ μὲν ὑπὸ ΔΖΝ γωνία
τοιούτων ἐςὶ δ΄ ια΄, οἵων αἱ δύο
ὀρθαὶ·τξ, ἡ δὲ ὑπὸ ΕΔΖ ὅλη
πθ ιθ΄. Εςι δὲ καὶ ἡ μὲν ὑπὸ
ΕΔΛ ὅλη τῶν αὐτῶν ρλε, διὰ τὸ τὸν
ἀςέρα τότε ἀπέχοντα τοῦ περιγείου φαίνεσθαι μοίρας ξζ λ΄, ἡ δὲ ὑπὸ ΖΔΛ, τῶν
λοιπῶν με μα΄. Καὶ ἡ μὲν ἐπὶ τῆς ΖΞ
ἄρα περιφέρεια τοιούτων ἐςὶ με μα΄, οἵων
ὁ περὶ τὸ ΔΖΞ ὀρθογώνιον κύκλος τξ· αὐτὴ δὲ ἡ ΖΞ εὐθεῖα τοιούτων ἐςὶ μϚ λε΄,
οἵων ἐστὶν ἡ ΔΖ ὑποτείνουσα ρκ. Ωστε
καὶ οἵων μέν ἐστιν ἡ ΔΖ εὐθεῖα νε να΄, ἡ δὲ
ΖΛ ἐκ τοῦ κέντρου τοῦ ἐπικύκλου κϚ λ΄,
τοιούτων ἡ ΖΞ ἔσται κα μα΄· οἵων δ΄ ἡ
ΖΛ ὑποτείνουσα ρκ, τοιούτων ἡ ΖΞ πάλιν
ριε λθ΄. Καὶ ἡ μὲν ἐπὶ τῆς ΖΞ ἄρα περιφέρεια
τοιούτων ἐςὶν ρμθ β΄, οἵων ὁ περὶ τὸ ΖΛΞ
ὀρθογώνιον κύκλος τξ· ἡ δὲ ὑπὸ ΖΛΞ
γωνία, τοιούτων ρμθ β΄, οἵων εἰσὶν αἱ δύο
ὀρθαὶ τξ· τῶν δ΄ αὐτῶν ἐδείχθη καὶ ἡ
μὲν ὑπὸ ΖΔΛ γωνία με μα΄, ἡ δὲ ὑπὸ
ΘΖΚ ὁμοίως δ΄ ια΄. Ωστε καὶ ὅλη ἡ ὑπὸ
ΘΖΛ, οἵων μέν εἰσιν αἱ δύο ὀρθαὶ τξ,
τοιούτων ἐςὶν ρϞη νδ΄, οἵων δ΄ αἱ τέσσα-

ρες ὀρθαὶ τξ̅, τοιούτων ζθ κζ΄. Καὶ ἡ
ΘΚΛ ἄρα περιφέρεια τοῦ ἐπικύκλου, ἣν
ἀπεῖχε κατὰ τὴν τήρησιν ὁ τοῦ Ἑρμοῦ
ἀςὴρ ἀπὸ τοῦ Θ ἀπογείου, μοιρῶν ἐςιν
ζθ̅ κζ΄· ὅπερ προέκειτο δεῖξαι.

Πάλιν δὲ καὶ τῷ κα̅ ἔτει κατὰ Διονύσιον, ὃ ἦν κατὰ τὸ υπδ̅ ἔτος ἀπὸ Να-
βοναράρου, σκορπίου κβ̅, κατ' Αἰγυπτίους Θὼθ ιη̅ εἰς τὴν ιθ̅, ἑῶος ὁ ςίλβων
τῆς διὰ τοῦ βορείου μετώπου τοῦ σκορπίο-
νος καὶ μέσου εὐθείας ἀπεῖχεν εἰς τὰ ὑπο-
λειπόμενα σελήνην, πρὸς ἄρκτους δὲ τοῦ
βορείου μετώπου διεῖχε β̅ σελήνας· ἀλλ'
ὁ μὲν μέσος τῶν ἐν τῷ μετώπῳ τοῦ
σκορπίωνος κατὰ τὰς ἡμετέρας ἀρχὰς
ἐπεῖχε τότε σκορπίωνος μοῖραν α̅ γ″, καὶ
νοτιώτερος ἐςτι τοῦ διὰ μέσων τῷ ἴσῳ.
Ὁ δὲ βορειότατος ἐπεῖχε σκορπίωνος μοίρας β̅ γ″, καὶ βορειότερός ἐςτι τοῦ διὰ
μέσων μοῖραν α̅ καὶ γ″. Ὁ τοῦ Ἑρμοῦ
ἄρα ἀςὴρ ἐπεῖχε τοῦ σκορπίωνος μοίρας
γ̅ καὶ γ″ ἔγγιστα. Δῆλον δὲ γίνεται καὶ
ὅτι οὐδέπω ἐπὶ τὴν μεγίστην ἑῴαν ἀπό-
στασιν ἐληλύθει, διὰ τὸ μετὰ δ̅ ἡμέρας
τῇ κϛ̅ τοῦ σκορπίου ἀναγεγράφθαι, ὅτι
τῆς αὐτῆς εὐθείας διεῖχεν εἰς τὰ ἑπόμενα
ὅλην καὶ ἡμίσειαν σελήνην. Μείζων γὰρ γέγονεν ἡ διάστασις, τοῦ μὲν ἡλίου δ̅ ἔγγιστα
μοίρας κινηθέντος, τοῦ δὲ ἀςέρος ἡμισε-
λήνην. Καὶ ἐπεῖχεν ὁ μέσος ἥλιος τῇ ιθ̅
τοῦ Θὼθ ὄρθρου, καθ' ἡμᾶς, σκορπίωνος
μοίρας κ̅ ϛ″ γ″, τὸ δὲ ἀπόγειον τοῦ
ἀςέρος τὰς ϛ̅ μοίρας τῶν χηλῶν, διὰ τὸ
τὰ μεταξὺ τῶν τηρήσεων ἔτη, περὶ τὰ
υ̅ τῶν δ̅ μοιρῶν ἔγγισα ποιεῖν τὴν τοῦ
ἀπογείου μετάβασιν.

angles droits, et 99ᵈ 27′ de ceux dont
360 font quatre angles droits. Donc l'arc
TKL de l'épicycle, distance entre Mercure
et l'apogée T, suivant l'observation, étoit
de 99ᵈ 27′, ce qu'il falloit démontrer.

Dans la 21ᵉ année, selon Denys, laquelle étoit la 484ᵉ année depuis Nabonassar, le 22 du mois Scorpius, ou du
18 au 19 du mois égyptien Thoth (*f*),
Mercure oriental étoit d'une lune éloigné à l'orient de la droite menée par
l'étoile boréale du front du scorpion et
par celle du milieu, et de deux lunes
loin de la boréale du front vers les ourses.
Or l'étoile du milieu du front du scorpion étoit alors au 1ᵉʳ degré $\frac{1}{3}$ du scorpion, comptés des points d'où nous
commençons toujours, et elle est de la
même quantité plus méridionale que
l'écliptique. La plus boréale étoit sur le
deuxième degré $\frac{1}{3}$ du scorpion, et plus
boréale de 1ᵈ $\frac{1}{3}$ que l'écliptique. Mercure
étoit donc sur les 3ᵈ $\frac{1}{3}$ du scorpion à
peu près. Mais il est clair qu'il n'étoit
pas encore à sa plus grande digression
orientale, puisqu'il est rapporté que
quatre jours après, ou le 26 du mois
scorpius, il étoit à l'orient de cette même
droite, d'une lune et demie, suivant l'ordre
des signes (*g*). Car la distance devint plus
grande, parceque le soleil parcourut
environ 4 degrés; et l'astre, un demi
diamètre de la lune. Or le soleil moyen
étoit au matin du 19 de Thoth, sur les
20ᵈ $\frac{1}{2}$ $\frac{1}{3}$ du scorpion, selon nous; et l'a-
pogée de l'astre sur le 6ᵉ degré des serres,
à cause que pendant l'intervalle de 400
ans (*h*) entre les observations, l'apogée
avance d'environ 4 degrés.

*

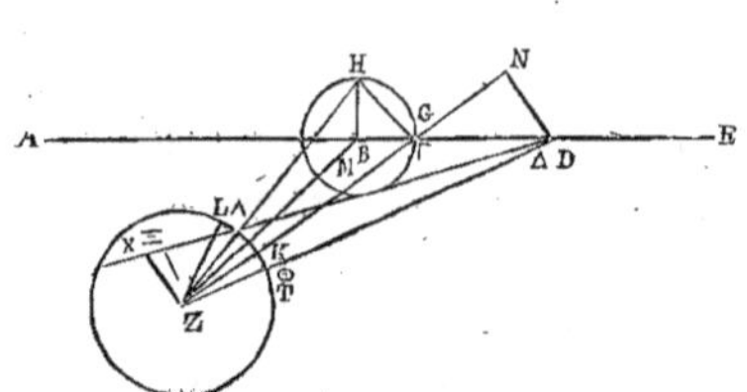

Cela posé, traçons une figure comme la précédente dans laquelle, à cause de la différence des mouvemens, les angles du côté de l'apogée A, soient aigus, et où les droites qui joignent l'astre, soient à l'occident vers les parties moins avancées que l'épicycle en longitude. Abaissez la perpendiculaire ZX au-dessus du rayon ZL de l'épicycle. Puisque le lieu moyen de l'astre étoit à 44^d 50′ loin de l'apogée, l'angle ABH sera de 44^d 50′ des degrés dont 360 font quatre angles droits, et de 89^d 40′ de ceux dont 360 font deux angles droits. Ainsi l'angle de supplément GBH sera de 270^d 20′, et chacun des angles BGH, BHG sera aussi de 44^d 50′. Et des soutendantes, GH sera de 84^p 36 des parties dont le diamètre du cercle décrit autour du triangle BGH en contient 120, et chacune des droites BG, BH, de 45^d 46′. Donc chacune des droites BG et BH étant de 3^p, GH en aura 5^p 33′. De plus, puisque l'angle AGZ a été supposé de 89^d 40′ des degrés dont 360 font deux angles droits, et que l'angle BGH en vaut 44^d 50′, l'angle entier ZGH vaut les 134^d 30′ ensemble. L'arc soutendu par HM sera de ces mêmes 134^d 30′ dont le cercle décrit autour du rectangle GHM en contient 360; et l'arc soutendu par GM vaudra les 45^d 30′ restants pour compléter le demi-cercle. Donc des droites opposées à ces angles, MH sera de 110 30′ des parties dont l'hypoténuse GH en contient 120,

Τούτων δὴ ὑπο-κειμένων, ἐκκείσθω πάλιν ἡ ὁμοία τῇ ἐπάνω καταγρα-φῇ, διὰ μέντοι τὸ τῶν παρόδων ἀνό-μοιον, αἱ τε πρὸς τῷ Α ἀπογείῳ γωνίαι ὀξεῖαι καταγεγρά-φθωσαν, καὶ αἱ τὸν ἀστέρα ἐπιζευγνύουσαι εὐθεῖαι ἐπὶ τὰ προηγούμενα τοῦ ἐπικύ-κλου, καὶ ἡ ΖΞ κάθετος ὑπὲρ τὴν ΖΛ ἐκ τοῦ κέντρου τοῦ ἐπικύκλου. Ἐπεὶ τοίνυν ἡ μέση τοῦ ἀστέρος πάροδος ἀπεῖχεν ἀπὸ τοῦ ἀπογείου μοίρας μδ ν′, εἴη ἂν ἡ ὑπὸ ΑΒΗ γωνία, οἵων μέν εἰσιν αἱ τέσ-σαρες ὀρθαὶ τξ, τοιούτων μδ ν′· οἵων δὲ αἱ δύο ὀρθαὶ τξ, τοιούτων πθ μ′. Ὥστε καὶ λοιπὴ μὲν ἡ ὑπὸ ΓΒΗ ἔσται σο κ′, ἑκα-τέρα δὲ τῶν ὑπὸ ΒΓΗ καὶ ΒΗΓ τῶν αὐτῶν μδ ν′. Διὰ τὰ αὐτὰ δὲ καὶ τῶν ὑπ' αὐτὰς εὐθειῶν, ἡ μὲν ΓΗ ἔσται τοιούτων πδ λϛ′, οἵων ἐςὶν ἡ τοῦ περὶ τὸ ΒΓΗ τρίγωνον κύ-κλου διάμετρος ρκ· ἑκατέρα δὲ τῶν ΒΓ καὶ ΒΗ εὐθειῶν, τῶν αὐτῶν με μϛ′. Καὶ οἵων ἐστὶν ἄρα ἑκατέρα τῶν ΒΓ καὶ ΒΗ εὐθειῶν γ, τοιούτων καὶ ἡ ΓΗ ἔσαι ε λγ′. Πάλιν ἐπεὶ ἡ μὲν ὑπὸ ΑΓΖ γωνία ὑπό-κειται τοιούτων πθ μ′, οἵων αἱ δύο ὀρθαὶ τξ, ἡ δὲ ὑπὸ ΒΓΗ ὁμοίως μδ ν′, ὅλη δὲ ἡ ὑπὸ ΖΓΗ συνάγεται ρλδ λ′, εἴη ἂν καὶ ἡ μὲν ἐπὶ τῆς ΗΜ περιφέρεια τοιούτων ρλδ λ′, οἵων ἐςὶν ὁ περὶ τὸ ΓΗΜ ὀρθογώ-νιον κύκλος τξ, ἡ δ' ἐπὶ τῆς ΓΜ τῶν λοιπῶν εἰς τὸ ἡμικύκλιον με λ′. Καὶ τῶν ὑπ' αὐτὰς ἄρα εὐθειῶν, ἡ μὲν ΜΗ ἔσαι ρι μ′ τοιούτων, οἵων ἡ ΓΗ ὑποτείνουσα

ρκ, ἡ δὲ ΓΜ τῶν αὐτῶν μϛ κδ'. Ὥστε
καὶ οἵων ἐστὶν ἡ ΓΗ εὐθεῖα ε λγ', τουτέστιν ἡ ΖΗ ἐκ τοῦ κέντρου τοῦ ἐκκέντρου
ξ, τοιούτων καὶ ἡ μὲν ΗΜ ἔσται ε ζ', ἡ
δὲ ΓΜ ὁμοίως β ι'. Διὰ τοῦτο δὲ καὶ ἡ μὲν
ΖΜ συνάγεται μήκει τῶν αὐτῶν νθ μζ',
ἡ δὲ ΖΜΓ ὅλη ξα νζ.

Ὡσαύτως ἐπεὶ καὶ ἡ ὑπὸ ΔΓΗ γωνία
τοιούτων ἐστὶν πθ μ', οἵων αἱ δύο ὀρθαὶ τξ,
εἴη ἂν καὶ ἡ μὲν ἐπὶ τῆς ΔΝ περιφέρεια
τοιούτων πθ μ', οἵων ὁ περὶ τὸ ΓΔΝ
ὀρθογώνιον κύκλος τξ, ἡ δ' ἐπὶ τῆς ΓΝ
τῶν λοιπῶν εἰς τὸ ἡμικύκλιον ζ κ'. Καὶ
τῶν ὑπ' αὐτὰς ἄρα εὐθειῶν, ἡ μὲν ΔΝ
τοιούτων ἐστὶν πδ λϛ', οἵων ἡ ΓΔ ὑποτείνουσα ρκ, ἡ δὲ ΓΝ τῶν αὐτῶν πε ϛ'.
Ὥστε καὶ οἵων ἐστὶν ἡ ΓΔ εὐθεῖα γ, τοιούτων καὶ ἡ μὲν ΔΝ ἔσται β ζ', ἡ δὲ ΓΝ
ὁμοίως β η', ἡ δὲ ΖΓΝ ὅλη ξδ ε'. Διὰ
τοῦτο δὲ καὶ ἡ ΖΔ ὑποτείνουσα τῶν
αὐτῶν ξδ ζ'. Καὶ οἵων ἐστὶν ἄρα ἡ ΖΔ
εὐθεῖα ρκ, τοιούτων καὶ ἡ μὲν ΔΝ ἔσται
γ νη', ἡ δ' ἐπ' αὐτῆς περιφέρεια τοιούτων γ μη', οἵων ἐστὶν ὁ περὶ τὸ ΖΔΝ ὀρθογώνιον κύκλος τξ. Ὥστε κ' ἡ μὲν ὑπὸ ΔΖΝ
γωνία τοιούτων ἐστὶ γ μη' οἵων αἱ δύο
ὀρθαὶ τξ, κ' ΖΔΝ ροϛ ιβ', λοιπὴ δὲ ἡ ὑπὸ
ΑΔΖ τῶν αὐτῶν πε ιβ'. Ἀλλὰ καὶ ἡ
ὑπὸ ΑΔΛ γωνία τῶν αὐτῶν ὑπόκειται
νδ μ', διὰ τὸ ἀπέχειν τοῦ ἀπογείου τὸν
ἀστέρα, κατὰ τὴν τήρησιν, μοίρας κζ κ',
ὡς καὶ λοιπὴν τὴν ὑπὸ ΖΔΛ γωνίαν
τοιούτων καταλείπεσθαι λα ιβ', οἵων αἱ
δύο ὀρθαὶ τξ. Καὶ ἡ μὲν ἐπὶ τῆς ΖΞ ἄρα
περιφέρεια τοιούτων ἐστὶ λα ιβ', οἵων ὁ
περὶ τὸ ΖΔΞ ὀρθογώνιον κύκλος τξ, αὐτὴ

et GM en vaudra 46ᵖ 24 Si donc la droite
GH est de 5ᵖ 33', c'est-à-dire si ZH, rayon
de l'excentrique, est de 60ᵖ, HM en contiendra 5ᵖ 7', et GM en vaudra 2ᵖ 10'.
C'est pourquoi ZM a 59ᵖ 47' de ces parties en longueur, et ZMG 61ᵖ 57'.

Pareillement, puisque l'angle DGH est
de 89ᵈ 40' des degrés dont 360 font deux
angles droits, l'arc soutenu par DN sera
de ces mêmes 89ᵈ 40' dont le cercle décrit
autour du rectangle GDN en contient
360; et l'arc soutenu par GN vaudra les
90ᵈ 20' restants pour compléter le demi-
cercle. Donc, des droites opposées à ces
angles, DN a 84ᵖ 36' des parties dont
l'hypoténuse GD en con-ient 120, et GN
en a 85ᵖ 6'. Si donc la droite GD est de
3ᵖ, la droite DN en aura 2ᵖ 7', la droite
GN 2ᵖ 8', et la droite entière ZGN sera
de 64ᵈ 5', et pour cette raison l'hypoténuse ZD vaudra 64ᵖ 7' Donc la droite
ZD étant de 120ᵖ, la droite DN en contiendra 3ᵈ 58', et l'arc qu'elle soutend
vaudra 3ᵈ 48' des parties dont le cercle
décrit autour du rectangle ZDN en contient 360. Ainsi l'angle DZN est de 3ᵈ 48'
des degrés dont 360 font deux angles
droits, l'angle ZDN de 176ᵈ 12', et l'angle ADZ de 85ᵈ 52'. Mais l'angle ADL est
supposé de 54ᵈ 40' de ces mêmes degrés,
parceque suivant l'observation, l'astre
étoit à 27ᵈ 20' loin de l'apogée, de sorte
que l'autre angle ZDL se trouve de 31ᵈ 12'
des degrés dont 2 angles droits en ont 360.
Donc l'arc soutenu par la corde ZX est
de 31ᵈ 12' des 360ᵈ du cercle circonscrit
au rectangle ZDX, et la droite ZX est

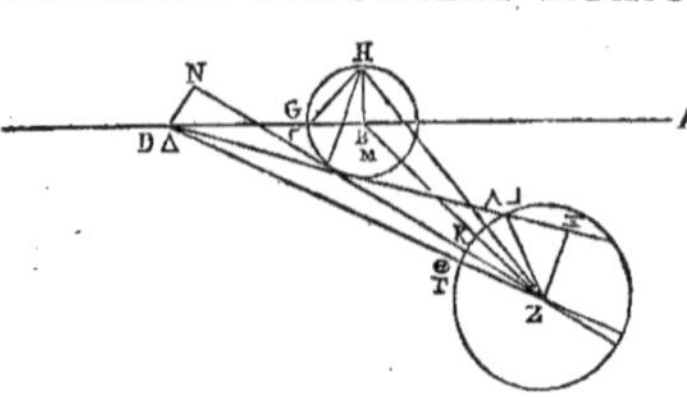

de 32ᵖ 16' des parties dont l'hypoténuse DZ en contient 120. Donc la droite DZ étant de 64ᵖ 7', c'est-à-dire ZL menée du centre de l'épicycle, de 22ᵖ 30', la droite ZX en aura 17ᵖ 15'; et ZL hypoténuse en ayant 120, ZX en aura 92ᵖ à peu près. Ainsi l'arc soutenu par ZX est de 100ᵈ 8' des degrés dont le cercle décrit autour du rectangle ZLX en contient 360, et l'angle ZLX est de 100ᵈ 8' des degrés dont 360 font deux angles droits. Or on a démontré que l'angle ZDL vaut 31ᵈ 12' de ces degrés, et l'angle TZK 3ᵈ 48'. Donc l'angle restant KZL est de 65ᵈ 8' des degrés dont 360 font deux angles droits, et de 32ᵖ 34' de ceux dont 360 font quatre angles droits.

Donc, suivant cette observation, l'astre étoit à 32ᵈ 34' du périgée K de l'épicycle; et par conséquent, à 212ᵈ 34' de l'apogée. Or, dans le temps de notre observation, il étoit à 99ᵈ 27' de l'apogée de l'épicycle, et l'intervalle de temps entre ces deux observations est de 402 ans égyptiens, 283 jours et 13 ½ heures environ: cet espace renferme 1268 retours entiers d'anomalie, car l'astre faisant à peu près 63 révolutions en 20 années égyptiennes, les 400 ans en renferment 1260, et les deux autres années avec les jours de surplus,

δὲ ἡ ΖΞ εὐθεῖα τοιούτων λϚ ιϛ', οἵων ἐστὶν ἡ ΔΖ ὑποτείνουσα ρκ. Καὶ οἵων μέν ἐστιν ἄρα ἡ ΔΖ εὐθεῖα ξδ ζ', τουτέστιν ἡ ΖΛ ἐκ τοῦ κέντρου τοῦ ἐπικύκλου, κϚ λ', τοιούτων ἔσται καὶ ἡ ΞΛ εὐθεῖα ιζ ιε', οἵων δὲ ἡ ΖΛ ὑποτείνουσα ρκ, τοιούτων ἡ ΖΞ ὁμοίως ϟϚ ἔγγιστα. Ὥστε καὶ ἡ μὲν ἐπὶ τῆς ΖΞ περιφέρεια τοιούτων ἐστὶν ρ η', οἵων ὁ περὶ τὸ ΖΛΞ ὀρθογώνιον κύκλος τξ· ἡ δὲ ὑπὸ ΖΛΞ γωνία τοιούτων ρ η', οἵων αἱ δύο ὀρθαὶ τξ. Τῶν δ' αὐτῶν ἐδείχθη καὶ ἡ μὲν ὑπὸ ΖΔΛ γωνία λα ιϛ', ἡ δὲ ὑπὸ ΘΖΚ ὁμοίως γ μη'. Ὥστε καὶ λοιπὴ ἡ ὑπὸ ΚΖΛ, οἵων μέν εἰσιν αἱ δύο ὀρθαὶ τξ, τοιούτων ἐστὶν ξε η'· οἵων δ' αἱ τέσσαρες ὀρθαὶ τξ, τοιούτων λϚ λδ'.

Ἀπεῖχεν ἄρα ἡ κατὰ ταύτην τὴν τήρησιν ὁ ἀστὴρ, ἀπὸ μὲν τοῦ Κ περιγείου τοῦ ἐπικύκλου μοίρας λϚ λδ', ἀπὸ δὲ τοῦ ἀπογείου δηλονότι μοίρας σιβ λδ'. Ἐδείχθη δ' ἀπέχων καὶ κατὰ τὸν τῆς ἡμετέρας τηρήσεως χρόνον ὁμοίως, ἀπὸ τοῦ ἀπογείου τοῦ ἐπικύκλου, μοίρας ϟθ κζ'· καὶ ἔστιν ὁ μὲν μεταξὺ τῶν δύο τηρήσεων χρόνος ἐτῶν Αἰγυπτιακῶν υϚ καὶ ἡμερῶν σπγ καὶ ὡρῶν ιγ ϛ'' ἔγγιστα. Περιέχει δ' ὁ χρόνος οὗτος ὅλας ἀνωμαλίας ἀποκαταστάσεις τοῦ ἀστέρος ασξη, ἐπειδήπερ τῶν κ Αἰγυπτιακῶν ἐτῶν ποιούντων περιόδους ἔγγιστα ξγ, τὰ μὲν υ ἔτη συνάγει ασξ, τὰ δὲ λοιπὰ β ἔτη μετὰ τῶν ἐπιλαμβανομένων ἡμερῶν, ὅλας ἄλλας η̄. Δῆλον οὖν ἡμῖν γέγονεν, ὅτι ἐν ἔτεσιν Αἰγυπτιακοῖς υβ̄ καὶ ἡμέραις σπγ̄ καὶ ὥραις ιγ̄ ς″, ὁ τοῦ Ἑρμοῦ μεθ' ὅλας ἀνωμαλίας ἀποκαταστάσεις ασξη̄, ἐπέλαβε μοίρας σμϛ̄ νγ′, ὅσαις ἡ καθ' ἡμᾶς ἐποχὴ τῆς προτέρας ὑπερεῖχε. Τοσαῦται δὲ σχεδὸν ἐπουσίας συνάγονται μοῖραι καὶ ἐκ τῶν προεκτεθειμένων ἡμῖν κανόνων. Ἐπειδήπερ ἀπ' αὐτῶν τούτων τὴν διόρθωσιν τῶν περιοδικῶν τοῦ Ἑρμοῦ κινήσεων ἐποιησάμεθα, τὸν μὲν προκείμενον χρόνον ἀναλύσαντες εἰς ἡμέρας, τοὺς δὲ τῆς ἀνωμαλίας κύκλους μετὰ τῆς ἐπουσίας εἰς μοίρας. Ἐπιμεριζομένου γὰρ τοῦ πλήθους τῶν μοιρῶν, εἰς τὸ πλῆθος τῶν ἡμερῶν, συνάγεται τὸ ἐκτεθειμένον ἡμῖν ἐπὶ τοῦ τοῦ Ἑρμοῦ ἐν τοῖς ἔμπροσθεν ἡμερήσιον ἀνωμαλίας μέσον κίνημα.

ΚΕΦΑΛΑΙΟΝ ΙΑ.

ΠΕΡΙ ΤΗΣ ΕΠΟΧΗΣ ΤΩΝ ΠΕΡΙΟΔΙΚΩΝ ΑΥΤΟΥ ΚΙΝΗΣΕΩΝ.

ΙΝΑ οὖν ὥσπερ ἐπί τε τοῦ ἡλίου καὶ τῆς σελήνης καὶ ἐπὶ τῶν ε̄ πλανωμένων τὰς ἐποχὰς εἰς τὸ ᾱ ἔτος Ναβονασάρου, κατ' Αἰγυπτίους Θὼθ ᾱ τῆς μεσημβρίας συστησώμεθα, ἐλάβομεν τὸν μεταξὺ χρόνον τούτου τε καὶ τῆς παλαιοτέρας καὶ ἐγγυτέρας τῶν τηρήσεων. Συνάγεται δ' οὗτος ἐτῶν αἰγυπτιακῶν υπγ̄ καὶ ἡμερῶν ιζ̄ καὶ ὡρῶν ιη̄ γ″ ἔγγιστα. Καὶ παράκειται τῷ χρόνῳ τούτῳ μέσης κινήσεως ἐπουσία, τῆς ἀνωμαλίας μοῖραι ρϟ̄ λθ′· ἃς ἐὰν

---

en renferment huit entières. Il nous est donc prouvé qu'en 402 années égyptiennes 283 jours et 13 ¼ heures, Mercure, outre ses 1268 retours entiers d'anomalie, a encore parcouru les 246ᵈ 53′ dont le lieu que nous avons trouvé pour lui, étoit plus avancé que celui qui avoit été trouvé par l'observation précédente. Telle est la quantité qui se conclut d'après nos tables. Car c'est sur elles que nous avons fait la correction des mouvemens périodiques de Mercure, en réduisant les temps donnés en jours, et les cercles entiers ainsi que la partie de surplus en degrés ; et ce nombre étant divisé par celui des jours, le quotient donne le moyen mouvement diurne d'anomalie, pour Mercure, tel que nous l'avons mis dans la table.

CHAPITRE XI.

DU LIEU DES MOUVEMENS PÉRIODIQUES DE MERCURE.

POUR rapporter les lieux des cinq planètes comme ceux du soleil et de la lune, à la 1ʳᵉ année de Nabonassar, à midi du 1ᵉʳ jour du mois égyptien Thoth, nous avons pris l'intervalle de cet instant, à la plus ancienne observation la plus proche de cette même année. Nous avons trouvé qu'il monte à 483 années égyptiennes, 17 jours et 18 heures environ. Or l'excédent des circonférences entières du mouvement moyen pour l'anomalie dans cet intervalle de temps, est de 190ᵈ 39′. Si nous retranchons cette quantité, des 212^d 34′ trouvés par l'observation, depuis l'apogée, nous aurons pour le lieu d'anomalie, dans la 1re année de Nabonassar au 1er jour du mois égyptien Thoth, 21^d 55′ de l'épicycle depuis l'apogée ; et pour le lieu de la longitude, le même que pour le soleil, c'est-à-dire 0^d 45′ des poissons ; et enfin pour l'apogée de l'excentrique, 1^d $\frac{1}{6}$ des serres (i), car à raison de 1 par 100 ans, les 483 années font environ 4^d $\frac{1}{2}$ $\frac{1}{3}$, dont les 6 degrés des serres trouvés par l'observation, surpassent 1^d $\frac{1}{6}$

ἀφέλωμεν ἀπὸ τῶν κατὰ τὴν τήρησιν ἀπὸ τοῦ ἀπογείου μοιρῶν σιβ̅ λδ′, ἕξομεν ἐποχὴν εἰς τὸ α̅ ἔτος Ναβονασάρου, κατ' αἰγυπτίους Θωθ α̅ τῆς μεσημβρίας, ἀνωμαλίας μὲν ἀπὸ τοῦ ἀπογείου τοῦ ἐπικύκλου μοίρας κα̅ νε′, μήκους δὲ τὴν αὐτὴν τῷ ἡλίῳ, τουτέςιν τῶν ἰχθύων μοίρας ο̅ με′· τὸ δ' ἀπόγειον τῆς ἐκκεντρότητος περὶ ζυγοῦ μοῖραν α̅ ϛ′· ἐπειδήπερ τὸ μὲν ἑκατοςὸν τῶν προκειμένων ἐτῶν ποιεῖ μοίρας δ̅ ϛ″ γ″ ἔγγιστα. Τοσαύταις δὲ, τῆς α̅ καὶ ϛ′ ὑπερέχουσιν αἱ κατὰ τὴν τήρησιν τῶν χηλῶν ϛ̅ μοῖραι.

ΚΛΑΥΔΙΟΥ ΠΤΟΛΕΜΑΙΟΥ ΜΑΘΗΜΑΤΙΚΗΣ ΣΥΝΤΑΞΕΩΣ ΤΟΥ Θ ΒΙΒΛΙΟΥ ΤΕΛΟΣ.

ΚΛΑΥΔΙΟΥ ΠΤΟΛΕΜΑΙΟΥ
ΜΑΘΗΜΑΤΙΚΗΣ ΣΥΝΤΑΞΕΩΣ
ΒΙΒΛΙΟΝ ΔΕΚΑΤΟΝ.

DIXIÈME LIVRE
DE LA COMPOSITION MATHÉMATIQUE
DE CLAUDE PTOLÉMÉE.

ΚΕΦΑΛΑΙΟΝ Ι.

ΑΠΟΔΕΙΞΙΣ ΤΟΥ ΑΠΟΓΕΙΟΥ ΤΟΥ ΤΗΣ ΑΦΡΟΔΙΤΗΣ ΑΣΤΕΡΟΣ.

Αἱ μὲν οὖν τοῦ τοῦ Ἑρμοῦ ἀςέρος ὑποθέσεις, καὶ αἱ πηλικότητες τῶν ἀνωμαλιῶν, ἔτι δὲ τὸ ποσὸν τῶν περιοδικῶν κινήσεων, καὶ αἱ ἐποχαὶ, τοῦτον ἡμῖν εἰλήφθωσαν τὸν τρόπον. Ἐπὶ δὲ τοῦ τῆς Ἀφροδίτης ἀςέρος, πρῶτον πάλιν ἐζητήσαμεν κατὰ ποίων μερῶν ἐςι τοῦ διὰ μέσων τῶν ζωδίων κύκλου τό τε ἀπόγειον καὶ τὸ περίγειον τῆς ἐκκεντρότητος, ἀπὸ τῶν ἴσων καὶ ἐπὶ τὰ αὐτὰ μέρη μεγίςων ἀποςάσεων· εἰς ὃ παλαιῶν μὲν τηρήσεων ἀκριβῶς συζυγουσῶν οὐκ εὐπορήσαμεν, ἐκ δὲ τῶν καθ᾽ ἡμᾶς τηρήσεων πεποιήμεθα τὴν ἐπιβολὴν τοιαύτην.

Ἐν μὲν γὰρ ταῖς παρὰ Θέωνος τοῦ μαθηματικοῦ δοθείσαις ἡμῖν, εὕρομεν

CHAPITRE I.

DÉMONSTRATION DE L'APOGÉE DE L'ASTRE DE VÉNUS.

APRÈS avoir ainsi exposé les hypothèses de Mercure, les grandeurs de ses anomalies, les quantités de ses mouvemens périodiques et ses lieux, nous avons cherché de même pour Vénus, à quels points de l'écliptique répondent les lieux de l'apogée et du périgée de l'excentricité, d'après des digressions égales et les plus grandes des mêmes côtés. Nous n'avons pas trouvé, pour cette recherche , d'observations anciennes que nous puissions combiner entr'elles ; mais nous avons établi toute cette théorie sur les observations que nous avons faites nous-mêmes.

Dans celles qui nous viennent du mathématicien Théon , nous en trouvons une de l'an 16 d'Adrien (a) du 21 au 22 du mois égyptien Pharmouthi. Il y dit que Vénus au soir étoit dans sa plus grande distance au soleil, précédant le milieu de la pléïade de toute la longueur de cette pléïade même, et qu'elle paroissoit un peu plus avancée au midi. Comme alors le milieu de la pléïade rapporté au point d'où nous commençons toujours à compter, étoit sur le 3e degré du taureau, et que sa longueur est d'environ $1^{d}\frac{1}{2}$, Vénus étoit donc sur $1^{d}\frac{1}{2}$ du taureau. De sorte que le soleil moyen occupant les $14^{d}\frac{1}{4}$ des poissons, la plus grande disgression occidentale (entre la longitude vraie et la longitude moyenne) étoit donc à $47^{d}\frac{1}{4}$ du lieu moyen.

De notre côté, nous avons observé en l'an 14 (b) d'Antonin, du 11 au 12 du mois égyptien Thoth, l'astre de Vénus au matin, dans sa plus grande distance du soleil, à une moitié de lune loin de l'étoile du genou du milieu des gémeaux, vers les ourses et le levant. Or, cette fixe étoit alors, selon nous, sur $18^{d}\frac{1}{4}$ des gémeaux, de sorte que Vénus se trouvoit sur $18^{d}\frac{1}{4}$ à peu près, et le soleil moyen sur $5^{d}\frac{1}{2}\frac{1}{4}$ du lion. Donc, au matin, la plus grande digression étoit de $47^{d}\frac{1}{4}$. Maintenant, puisque suivant la première observation, le lieu moyen étoit en $14^{d}\frac{1}{4}$ des poissons ; et suivant la seconde, en $5^{d}\frac{1}{2}\frac{1}{4}$ du lion, et que le point de l'écliptique, qui tient le milieu entre ces deux, tombe sur 25^{d} du taureau et du scorpion : il s'ensuit que le diamètre de l'apogée et du périgée étoit dans ces points.

ἀναγεγραμμένην τήρησιν τῷ ιϛ ἔτει Ἀδριανοῦ, κατ' Αἰγυπτίους Φαρμουθὶ κα εἰς τὴν κβ, καθ' ἣν φησιν ὅτι ὁ τῆς Ἀφροδίτης ἑσπέριος τὸ πλεῖςον ἀπέςη τοῦ ἡλίου, προηγούμενος τοῦ μέσου τῆς πλειάδος, τὸ τῆς πλειάδος μῆκος. Ἐδόκει δὲ καὶ μικρῷ νοτιώτερος αὐτὴν παραπορεύεσθαι. Ἐπεὶ οὖν τὸ μέσον τῆς πλειάδος τότε, κατὰ τὰς ἡμετέρας ἀρχὰς, ἐπεῖχε ταύρου μοίρας γ, τὸ δὲ μῆκος αὐτῆς α ϛ" ἐςὶν ἔγγιςα μοίρας, ὁ τῆς Ἀφροδίτης δηλονότι ἐπεῖχε τότε τοῦ ταύρου μοῖραν α ϛ". Ὥστε ἐπεὶ καὶ ὁ ἥλιος ὁ μέσος ἐπεῖχε τότε τῶν ἰχθύων μοίρας ιδ δ", γέγονεν ἡ ἀπὸ τῆς μέσης ἑσπερία μεγίςη διάςασις, μοιρῶν μζ δ'.

Ἡμεῖς δὲ ἐτηρήσαμεν τῷ ιδ ἔτει Ἀντωνίνου, κατ' Αἰγυπτίους Θὼθ ια εἰς τὴν ιβ, τὸν τῆς Ἀφροδίτης ἑῷον τὸ πλεῖςον ἀποςάντα τοῦ ἡλίου, καὶ ἀπεῖχε τοῦ μέσου γόνατος τῶν διδύμων πρὸς ἄρκτους καὶ ἀνατολὰς σελήνην μίαν διχόμηνον. Ἐπεῖχε δὲ ὁ μὲν ἀπλανὴς τότε καθ' ἡμᾶς, διδύμων μοίρας ιη δ", ὡς τὸν τῆς Ἀφροδίτης περὶ τὰς ιη ϛ" μοίρας ἔγγιςα τυγχάνειν· ὁ δὲ μέσος ἥλιος, λέοντος μοίρας ε ϛ" δ". Γέγονεν ἄρα κ ἡ ἑῴα μεγίςη διάςασις, τῶν αὐτῶν μζ δ" μοιρῶν. Ἐπεὶ οὖν κατὰ μὲν τὴν προτέραν τήρησιν, ἡ μέση πάροδος ἐπεῖχεν ἰχθύων μοίρας ιδ δ", κατὰ δὲ τὴν δευτέραν λέοντος μοιρῶν ε ϛ" δ", τὸ δὲ μεταξὺ αὐτῶν, τοῦ διὰ μέσων σημεῖον, εἰς τὰς κε μοίρας ἐκπίπτει τοῦ ταύρου καὶ τοῦ σκορπίου, κατὰ τούτων ἂν εἴη ἡ διὰ τοῦ ἀπογείου καὶ περιγείου διάμετρος.

Ὁμοίως ἐν μὲν ταῖς παρὰ Θέωνος εὑρομεν, ὅτι τῷ ιβ ἔτει Ἀδριανοῦ, κατ᾽ Αἰγυπτίους Ἀθὺρ κα εἰς τὴν κϐ, ὁ τῆς Ἀφροδίτης ἑῶος τὸ πλεῖςον ἀπέςη τοῦ ἡλίου,
ὑπολειπόμενος τοῦ ἐπ᾽ ἄκρας τῆς νοτίας
πτέρυγος τῆς παρθένου πλειάδος μῆκος,
ἢ ἔλασσον τῷ ἑαυτοῦ μεγέθει· ἐδόκει δὲ
βορειότερος παραπορεύεσθαι τὸν ἀςέρα σελήνῃ μιᾷ. Ἐπεὶ οὖν ὁ μὲν ἀπλανὴς τότε
καθ᾽ ἡμᾶς ἐπεῖχε λέοντος μοίρας κη ϛ″
γ″ ιβ″, ὥστε καὶ τὸν τῆς Ἀφροδίτης ἐπέχειν τὸ γ″ ἔγγιςα τῆς μιᾶς μοίρας τῆς
παρθένου, ὁ δὲ μέσος ἥλιος ζυγοῦ μοίρας ιζ ϛ″ γ″ λ″, γέγονεν ἡ μεγίςη τῆς
μέσης ἑῶα διάςασις μοιρῶν μζ ϛ″ λ″.

Ἡμεῖς δὲ τῷ κα ἔτει Ἀδριανοῦ, κατ᾽
Αἰγυπτίους Μεχὶρ θ εἰς τὴν ι ἑσπέρας,
ἐτηρήσαμεν τὸν τῆς Ἀφροδίτης τὸ πλεῖςον
ἀποςάντα τοῦ ἡλίου, καὶ προηγεῖτο τὸ
τοῦ βορειοτάτου, τῶν ὡς ἐν τετραπλεύρῳ
δ, μετὰ τὸν ἑπόμενον καὶ ἐπ᾽ εὐθείας τοῖς
βουϐῶσι τῶ ὑδροχόου, δύο μέρη ἔγγιςα
σελήνης διχομήνου, καὶ ἐδόκει καταλάμπειν τὸν ἀςέρα. Ὥστε ἐπεὶ πάλιν ὁ μὲν
ἀπλανής τε καθ᾽ ἡμᾶς ἐπεῖχεν ὑδροχόου
μοίρας κ, καὶ διὰ τοῦτο καὶ ὁ τῆς Ἀφροδίτης ἦν περὶ τὰς ιθ μοίρας καὶ γ πεμπτημόρια, ὁ δὲ μέσος ἥλιος ἐπεῖχεν αἰγοκε-
ρωτος μοίρας ιβ δ″, καὶ ἐνταῦθα γέγονεν
ἡ ἑσπερία μεγίςη διάςασις, τῶν αὐτῶν
μζ ϛ″ λ″ μοιρῶν. Καὶ ἔςι τὰ μεταξὺ σημεῖα τοῦ διὰ μέσων, τῶν τε κατὰ τὴν α
τήρησιν τοῦ ζυγοῦ μοιρῶν ιζ ϛ″ γ″ λ″,
καὶ τῶν κατὰ τὴν β τοῦ αἰγόκερω μοιρῶν ιβ δ″, κατὰ τὰς κε μοίρας ἔγγιςα
πάλιν τοῦ τε σκορπίου καὶ τοῦ ταύρου.

Nous trouvons de même dans les observations de Théon, que la 12e année
d'Adrien, du 21 au 22 du mois égyptien
Athyr, Vénus orientale étoit à sa plus
grande distance du soleil, et plus avancée
en longitude que l'étoile de l'extrémité
de l'aile méridionale de la vierge, de la
longueur de la pléïade, ou de cette longueur moins le diamètre de la planète, et
cette étoile paroissoit être avancée d'une
lune vers l'ourse. Or, selon nous, cette
fixe étoit sur le 28e degré $\frac{1}{2}$ $\frac{1}{3}$ $\frac{1}{12}$ du
lion, Vénus étoit donc sur le $\frac{1}{3}$ d'un de-
gré de la vierge. Mais le soleil moyen
étoit au 17e degré $\frac{1}{2}$ $\frac{1}{3}$ $\frac{1}{30}$ de la balance (c),
la plus grande digression orientale étoit
donc à 47^{d} $\frac{1}{2}$ $\frac{1}{30}$ du lieu moyen.

En l'an 21 d'Adrien, du 9 au 10 du
mois égyptien Méchir, nous avons observé au soir Vénus dans sa plus grande
distance du soleil. Elle précédoit la plus
boréale des 4 étoiles du quadrilatère après
la suivante qui est en droite ligne avec les
aînes du verseau, d'environ deux des portions de la moitié de la lune; et elle paroissoit effacer cette étoile par son éclat. Ainsi,
puisque cette fixe étoit selon nous, sur
le 20e degré du verseau, et que par consé-
quent Vénus étoit sur les 19^{d} $\frac{1}{5}$, et le soleil moyen sur 2^{d} $4'$ du capricorne (d), la
plus grande digression occidentale étoit
aussi à 47^{d} $\frac{1}{2}$ $\frac{1}{30}$ du lieu moyen. Or, le
point de l'écliptique milieu entre les 17^{d}
$\frac{1}{2}$ $\frac{1}{3}$ $\frac{1}{30}$ de la balance, pour la première
observation, et les 2^{d} $4'$ du capricorne
pour la seconde, tombe encore aux 25^{d}
environ du scorpion et du taureau.

<table>
<tr><td>

CHAPITRE II.

DE LA GRANDEUR DE L'ÉPICYCLE DE VÉNUS.

C'EST ainsi que nous avons reconnu, que de nos jours l'apogée et le périgée de l'excentricité étoient sur les 25 degrés du taureau et du scorpion. Nous avons, d'après cela, cherché les plus grandes digressions, lorsque la distance moyenne du soleil est sur les 25 degrés du taureau et sur les 25 degrés du scorpion.

Or, nous trouvons parmi les observations faites par Théon, que dans la 13ᵉ année d'Adrien, au matin du 2 au 3 du mois égyptien Epiphi, Vénus étoit à sa plus grande distance du soleil, en précédant de $1^d \frac{1}{5}$ la droite menée par la précédente des trois étoiles de la tête du bélier, et par celle de la jambe de derrière; et sa distance à la précédente de la tête, étoit double de la distance à l'étoile de cette jambe. Or, selon nous, cette précédente des trois de la tête du bélier, étoit en $6^d \frac{1}{5}$, et elle est de $7^d \frac{1}{3}$ plus boréale que l'écliptique, et l'étoile de la jambe de derrière du bélier étoit en $14^d \frac{1}{3} \frac{1}{4}$, et de $5^d \frac{1}{4}$ plus méridionale que l'écliptique. Donc Vénus occupoit les $10^d \frac{1}{5}$ du bélier, et étoit plus méridionale de $1^d \frac{1}{2}$ que l'écliptique. Ainsi donc le soleil moyen occupant alors les $25^d \frac{1}{5}$ du

</td><td>

ΚΕΦΑΛΑΙΟΝ Β.

ΠΕΡΙ ΤΗΣ ΤΟΥ ΕΠΙΚΥΚΛΟΥ ΑΥΤΟΥ ΠΗΛΙΚΟΤΗΤΟΣ

Τὸ μὲν οὖν ἐν τοῖς καθ' ἡμᾶς χρόνοις τὸ ἀπόγειον καὶ τὸ περίγειον τῆς ἐκκεντρότητος κατὰ τὰς κε μοίρας εἶναι τοῦ ταύρου καὶ τοῦ σκορπίου, διὰ τούτων ἡμῖν ἐλήφθη. Ἀκολούθως δὲ ἐζητήσαμεν πάλιν τὰς γινομένας μεγίςας ἀποςάσεις τῆς μέσης τοῦ ἡλίου, περὶ τὰς κε μοίρας τοῦ ταύρου τυγχανούσης καὶ περὶ τὰς κε μοίρας τοῦ σκορπίου.

Ἐν μὲν γὰρ ταῖς παρὰ Θέωνος ἡμῖν δοθείσαις εὑρίσκομεν, ὅτι τῷ ιγ ἔτει Ἀδριανοῦ, κατ' Αἰγυπτίους Ἐπιφὶ β εἰς τὴν γ ἑῶος ὁ τῆς Ἀφροδίτης τὸ πλεῖςον ἀπέςη τοῦ ἡλίου, τῆς εὐθείας τῆς διὰ τοῦ ἡγουμένου τῶν ἐν τῇ κεφαλῇ τοῦ κριοῦ γ καὶ τοῦ ἐπὶ τοῦ ὀπισθίου σκέλους προηγύμενος μοῖραν α καὶ δύο πεμπτημόρια, τὸ δὲ πρὸς τὸν ἡγούμενον τῶν ἐν τῇ κεφαλῇ διάςημα διπλάσιον ἐποίει τοῦ πρὸς τὸν ἐπὶ τοῦ σκέλους. Ἐπεῖχε δὲ τότε καθ' ἡμᾶς, ὁ μὲν ἡγούμενος τῶν ἐν τῇ κεφαλῇ τοῦ κριοῦ γ, μοίρας ϛ καὶ γ πέμπτα. Καὶ βορειότερός ἐςι τοῦ διὰ μέσων μοίραις ζ γ″. Ὁ δ' ἐν τῷ ὀπισθίῳ σκέλει τοῦ κριοῦ, μοίρας ιδ ϛ″ δ″· καὶ νοτιώτερός ἐστι τοῦ διὰ μέσων μοίραις ε δ″. Ὁ τῆς Ἀφροδίτης ἄρα ἐπεῖχε κριοῦ μοίρας ι καὶ τρία πέμπτα, καὶ νοτιώτερος ἦν τοῦ διὰ μέσων μοίρα α ϛ″. Ὥστ' ἐπεὶ καὶ ὁ μέσος ἥλιος ἐπεῖχε τότε ταύρου μοίρας

</td></tr>
</table>

κ̄ε καὶ δύο τρίτα, γίνεται ἡ μεγίςη τῆς
μέσης διάςασις, μοιρῶν μδ̄ κỳ δ̄ πέμπτων.

Ἡμεῖς δὲ ἐτηρήσαμεν τῷ κ̄α ἔτει Ἀδριανοῦ, κατ᾽ Αἰγυπτίους Τυβὶ β̄ εἰς τὴν γ̄
ἑσπέρας, τὸν τῆς Ἀφροδίτης τὸ πλεῖςον
ἀποςάντα τοῦ ἡλίου· καὶ διοπτευόμενος
πρὸς τοὺς ἐν τοῖς κέρασιν ἐπεῖχε τοῦ αἰγόκερω μοίρας ιβ̄ ς″ γ″, τοῦ μέσου ἡλίου
ἐπέχοντος σκορπίου μοίρας κ̄ε ς″, ὡς ἐνταῦθα τὴν μεγίςην τῆς μέσης διάςασιν
συνάγεσθαι μοιρῶν μ̄ζ γ″, καὶ γεγονέναι
δῆλον, διότι καὶ τὸ μὲν ἀπόγειον κατὰ
τὰς κ̄ε μοίρας ἐςὶ τοῦ ταύρου, τὸ δὲ περίγειον κατὰ τὰς κ̄ε μοίρας ἐςὶ τοῦ σκορπίου. Φανερὸν οὖν γέγονεν ἡμῖν, ὅτι κỳ μόνιμός ἐςιν ὁ φέρων τὸν ἐπίκυκλον τοῦ τῆς
Ἀφροδίτης ἔκκεντρος κύκλος, διὰ τὸ μηδαμῆ τοῦ διὰ μέσων συναμφοτέρας τὰς
ἐφ᾽ ἑκάτερα τῆς μέσης μεγίςας ἀποςάσεις,
μήτε ἐλάσσονας εὑρίσκεσθαι συναμφοτέρων τῶν κατὰ τὸν ταῦρον, μήτε μείζους
συναμφοτέρων τῶν κατὰ τὸν σκορπίωνα.

Τούτων δὴ ὑποκειμένων,
ἔςω ὁ ἔκκεντρος κύκλος, ἐφ᾽ οὗ
φέρεται πάντοτε ὁ τῆς Ἀφροδίτης ἐπίκυκλος ὁ ΑΒΓ, περὶ διάμετρον τὴν ΑΓ, ἐφ᾽ ἧς τὸ μὲν
τοῦ ἐκκέντρου κέντρον ὑποκείσθω τὸ Δ, τὸ δὲ τοῦ ζωδιακοῦ
τὸ Ε, τὸ δὲ Α σημεῖον τὸ ὑπὸ
τὴν κ̄ε μοῖραν τοῦ ταύρου. Καὶ γεγράφθωσαν περὶ τὰ Α κỳ Γ σημεῖα ἴσοι ἐπίκυκλοι, ἐφ᾽ ὧν Ζ κỳ Η· καὶ διαχθεισῶν
ἐφαπτομένων τῆς τε ΕΖ κỳ ΕΗ, ἐπεζεύχθωσαν αἱ ΑΖ κỳ ΓΗ. Ἐπεὶ τοίνυν ἡ ὑπὸ
ΑΕΖ γωνία πρὸς τῷ κέντρῳ οὖσα τοῦ

taureau, la digression orientale étoit de
44ᵈ ⅘ par rapport au lieu moyen.

Nous avons observé dans la 21ᵉ année
d'Adrien, au soir du 2 au 3 du mois
égyptien Tubi, Vénus, dans sa plus grande
distance au soleil. En la comparant aux
étoiles des cornes (a) du capricorne (b),
nous avons jugé qu'elle étoit sur 12ᵈ ½ ⅓
de ce signe, et le soleil moyen sur 25ᵈ ½
du scorpion, la plus grande distance se
trouvant à 47ᵈ ⅓ du lieu moyen. Ainsi il
est clair que l'apogée étant sur les 25ᵈ
du taureau, et le périgée sur les 25 du
scorpion, le cercle excentrique de Vénus,
qui porte l'épicycle, est immobile, parcequ'en aucun point de l'écliptique, les
deux plus grandes digressions de part
et d'autre du lieu moyen ne se trouvent
moindres que les deux qui sont dans le
taureau, ni plus grandes que celles qui
sont dans le scorpion.

Cela posé, soit ABG, le cercle excentrique sur lequel est
porté l'épicycle de Vénus; soit
son diamètre AG sur lequel
marquons D pour le centre de
cet excentrique, et E centre du
zodiaque. Que A soit le 25ᵉ degré du taureau; décrivons autour de A et de G des épicycles égaux,
sur lesquels prenons H et Z. Et après
avoir mené les tangentes EZ, EH, joignons AZ et GH. Puisque l'angle AEZ
au centre du zodiaque, embrasse la plus
grande distance de l'astre dans l'apogée,

de 44ᵈ ⁴⁄₇, il sera de 44ᵈ 48′ des degrés dont 360 font quatre angles droits, et de 89ᵈ 36′ de ceux dont 360 font deux angles droits. Ainsi l'arc soutendu par la droite AZ est de 89ᵈ 36′ des degrés dont le cercle décrit autour du triangle rectangle AEZ en contient 360; et la droite AZ est d'environ 84ᵈ 33′ des parties dont l'hypoténuse AE en contient 120. Pareillement, puisque l'angle GEH embrasse la plus grande distance dans le périgée, laquelle est marquée de 47ᵈ ⅓, il sera de 47 20′ degrés dont 360 font quatre angles droits, et de 94ᵈ 40′ de ceux dont 360 font deux angles droits. Ainsi l'arc soutenu sur GH a 94ᵈ 40′ des degrés dont le cercle circonscrit au rectangle GEH en contient 360, et sa soutendante GH contient à peu près 88ᵖ 13′ des parties dont l'hypoténuse en contient 120. Donc si GH ou AZ, rayon de l'épicycle, contient 84ᵖ 33′, et la droite AE, 120, EG en aura 115ᵖ 1′; et la droite entière AG, 235ᵖ 1′; sa moitié AD, 117ᵖ 30′ environ; et la portion DE entre les centres, 2ᵖ 29′. C'est pourquoi AD, rayon de l'excentrique, étant de 60ᵖ, DE entre les centres en aura 1ᵖ ¼ environ; et AZ, rayon de l'épicycle, en aura 43 ⁵⁄₆.

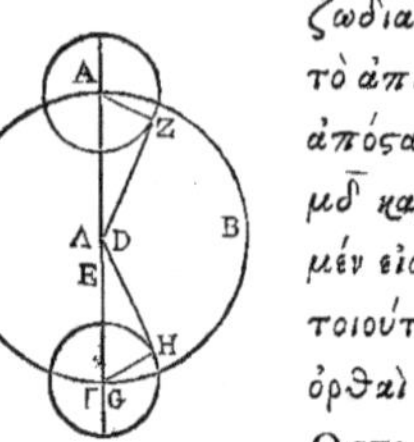

ζωδιακοῦ, ὑποτείνει τὴν κατὰ τὸ ἀπόγειον τοῦ ἀςέρος μεγίςην ἀπόςασιν, ὑποκειμένην μοιρῶν μδ̄ καὶ δ̄ πέμπτων, εἴη ἂν οἵων μέν εἰσιν αἱ τέσσαρες ὀρθαὶ τξ̄, τοιούτων μδ̄ μη′, οἵων δ' αἱ δύο ὀρθαὶ τξ̄, τοιούτων πθ̄, λϛ′. Ὥστε καὶ ἡ μὲν ἐπὶ τῆς AZ εὐθείας περιφέρεια, τοιούτων ἐςὶν πθ̄ λϛ′, οἵων ὁ περὶ τὸ AEZ ὀρθογώνιον κύκλος τξ̄· ἡ δ' ὑπ' αὐτὴν εὐθεῖα ἡ AZ, τοιούτων πδ̄ λγ′ ἔγγιςα, οἵων ἐςὶν ἡ AE ὑποτείνουσα ρκ̄. Ὁμοίως ἐπεὶ ἡ ὑπὸ ΓΕΗ γωνία ὑποτείνει τὴν κατὰ τὸ περίγειον μεγίςην ἀπόςασιν, ὑποκειμένην καὶ αὐτὴν μοιρῶν μζ̄ γ″, εἴη ἂν, οἵων μέν εἰσιν αἱ τέσσαρες ὀρθαὶ τξ̄, τοιούτων μζ̄ κ′, οἵων δ' αἱ δύο ὀρθαὶ τξ̄, τοιούτων ϟδ̄ μ′. Ὥστε καὶ ἡ μὲν ἐπὶ τῆς ΓΗ περιφέρεια, τοιούτων ϟδ̄ μ′, οἵων ὁ περὶ τὸ ΓΕΗ ὀρθογώνιον κύκλος τξ̄· ἡ δ' ὑπ' αὐτὴν εὐθεῖα, ἡ ΓΗ, τοιούτων πη̄ ιγ′ ἔγγιςα, οἵων ἐςὶν ἡ ΕΓ ὑποτείνουσα ρκ̄. Καὶ οἵων ἐςὶν ἄρα ἡ μὲν ΓΗ, τουτέςιν ἡ AZ ἐκ τοῦ κέντρου τοῦ ἐπικύκλου πδ̄ λγ′, ἡ δὲ AE εὐθεῖα ρκ̄, τοιούτων καὶ ἡ μὲν ΕΓ ἔςαι ριε̄ α′, ὅλη δὲ ἡ AΓ δηλονότι σλε̄ α′· ἡ δὲ AΔ ἡμίσεια αὐτῆς ριζ̄ λ′ ἔγγιςα· λοιπὴ δὲ ἡ ΔΕ μεταξὺ τῶν κέντρων, β κθ′. Ὥςε καὶ οἵων ἐςὶν ἡ AΔ ἐκ τοῦ κέντρου τοῦ ἐκκέντρου ξ̄, τοιούτων καὶ ἡ μὲν μεταξὺ τῶν κέντρων ἡ ΔΕ ἔςαι ᾱ δ″ ἔγγιςα, ἡ δὲ AZ ἐκ τοῦ κέντρου τοῦ ἐπικύκλου μγ̄ ϛ″.

ΚΕΦΑΛΑΙΟΝ Γ.

CHAPITRE III.

ΠΕΡΙ ΤΩΝ ΛΟΓΩΝ ΤΗΣ ΕΚΚΕΝΤΡΟΤΗΤΟΣ ΤΟΥ ΑΣΤΕΡΟΣ.

DES PROPORTIONS D'EXCENTRICITÉ DE VÉNUS.

ΕΠΕΙ δ' ἄδηλον εἰ περὶ τὸ Δ σημεῖον ἡ ὁμαλὴ τοῦ ἐπικύκλου κίνησις ἀποτελεῖται, ἐλάβομεν καὶ ἐνταῦθα δύο μεγίςας ἀποςάσεις ἐπὶ τὰ ἐναντία, τῆς μέσης τοῦ ἡλίου τηταρτημόριον ἐφ' ἑκάτερα ἀπεχούσης τοῦ ἀπογείου· ὦν τὴν μὲν ἑτέραν ἐτηρήσαμεν τῷ ιη̄ ἔτει Ἀδριανοῦ, κατ' Αἰγυπτίους Φαρμκθὶ β̄ εἰς τὴν γ̄, καθ' ἣν ἑῶος ὁ τῆς Ἀφροδίτης τὸ πλεῖςον ἀπέςη τοῦ ἡλίκ, καὶ διοπτευόμενος πρὸς τὸν καλούμενον Ἀντάρην, ἐπεῖχε αἰγοκέρω μοίρας ιᾱ ς'' γ'' ιβ'', τοῦ μέσο ἡλίου τότε ἐπέχοντος ὑδροχόου μοίρας κε̄ ς''· ὥστε γεγονέναι τὴν ἑώαν τῆς μέσης μεγίςην διάςασιν μοιρῶν μγ̄ ς'' ιβ''. Τὴν δὲ ἑτέραν ἐτηρήσαμεν τῷ τρίτῳ ἔτει Ἀντωνίνου, κατ' Αἰγυπτίους Φαρμουθὶ δ̄ εἰς τὴν ε̄ ἑσπέρας, καθ' ἣν τὸ πλεῖςον ὁ τῆς Ἀφροδίτης ἀπέςχε τοῦ ἡλίου· καὶ διοπτευόμενος πρὸς τὴν λαμπρὰν ὑάδα, ἐπεῖχε κριοῦ μοίρας ιγ̄ ς'' γ'', τοῦ μέσου ἡλίου πάλιν ἐπέχοντος τὰς τοῦ ὑδροχόου μοίρας κε̄ ς''· ὡς καὶ ἐνθάδε τὴν ἑσπερίαν τῆς μέσης ἀπόςασιν γεγονέναι μεγίςην μοιρῶν μη̄ γ''.

Τούτων ὑποκειμένων, ἔςω ἡ διὰ τȣ ἀπογείου κỳ περιγείου τῆς ἐκκεντρότητος διάμετρος ἡ ΑΒΓ, καὶ ὑποκείσθω τὸ μὲν Α σημεῖον τὸ ὑπὸ τὴν κε̄ μοῖραν τοῦ ταύρου, τὸ δὲ Β τὸ κέντρον τοῦ ζωδιακοῦ. Προκείςθω

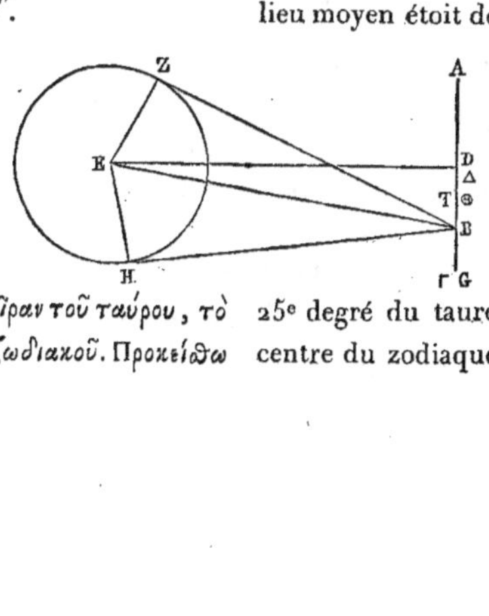

M AIS comme il est incertain si le mouvement uniforme de l'épicycle se fait autour du point D, nous y avons pris deux digressions les plus grandes en sens contraires, le soleil moyen étant de part et d'autre à un quart de cercle de l'apogée. Nous avons observé la première, la 18ᵉ année d'Adrien, du 2 au 3 du mois égyptien Pharmouthi. Vénus orientale étoit dans sa plus grande distance au soleil ; et comparée à l'étoile appelée *Antarès*, elle occupoit les 11ᵈ $\frac{1}{2}$ $\frac{1}{3}$ $\frac{1}{12}$ du capricorne, le soleil moyen étant alors sur les 25ᵈ $\frac{1}{2}$ du verseau, de sorte que la plus grande distance orientale au lieu moyen étoit de 43ᵈ $\frac{1}{2}$ $\frac{1}{12}$. Nous avons observé l'autre dans la 3ᵉ année d'Antonin, le soir du 4 au 5 du mois égyptien Pharmouthi, Vénus étant à sa plus grande digression ou distance au soleil ; et comparée à la brillante hyade, elle étoit sur les 13ᵈ $\frac{1}{2}$ $\frac{1}{3}$ (a) du belier, le soleil moyen étant encore sur 25ᵈ $\frac{1}{2}$ du verseau. De sorte que la plus grande distance occidentale au lieu moyen étoit de 48ᵈ $\frac{1}{3}$.

Cela posé, soit ABG le diamètre de l'excentricité, lequel passe par l'apogée et le périgée, et supposons que le point A est le 25ᵉ degré du taureau, et le point B le centre du zodiaque. Proposons-nous de

*

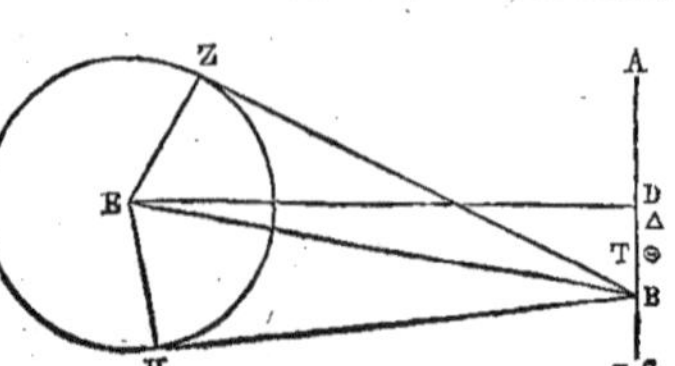

trouver le centre autour duquel nous disons que se fait le mouvement uniforme de l'épicycle. Soit le point D pris pour ce centre, et prenons-y la droite DE perpendiculaire sur la droite AG, afin que le lieu moyen de l'épicycle soit d'un quart de cercle loin de l'apogée comme dans les observations. Prenons sur cette perpendiculaire le centre E de l'épicycle, suivant les observations, et après avoir décrit cet épicycle autour de E, menons-y du point B les tangentes BZ et BH. Joignez BE, EZ, et EH. Puisque relativement au lieu moyen en question, la plus grande digression orientale, est supposée de 43^d ½ 1/12, et l'occidentale de 48^d ⅓, l'angle ZBH entier qui les embrasse, sera de 91^d 55′ des degrés dont 360 font quatre angles droits. Donc sa moitié, l'angle ZBE, est de 91^d 55′ des degrés dont 360 font deux angles droits. Ainsi l'arc soutendu par EZ est de 91^d 55′ des degrés pont le cercle décrit autour du rectangle BEZ en contient 360, et la droite EZ est de 86^d 16′ des parties dont l'hypoténuse BE en contient 120. Donc la droite EZ menée du centre de l'épicycle étant de 43^p 10′, la droite BE en aura 50^p 3′.

De plus, puisque la différence de ces plus grandes digressions, qui est de 4^d 45′, contient 2 fois la différence relative à l'anomalie zodiacale, laquelle a lieu alors, et qui est mesurée par l'angle BED, l'angle BED est de 2^d 22′ ½, des degrés dont 360 font

δ' εὑρεῖν τὸ κέντρον περὶ ὃ τὴν ὁμαλὴν φαμὲν κίνησιν ἀποτελεῖσθαι τοῦ ἐπικύκλου. Ἔστω δὴ τὸ Δ σημεῖον, καὶ ἤχθω δι' αὐτοῦ ὀρθὴ πρὸς τὴν ΑΓ ἡ ΔΕ, ἵνα τεταρτημόριον ἀπέχῃ καθάπερ ἐπὶ τῶν τηρήσεων ἡ μέση τοῦ ἐπικύκλου πάροδος ἀπὸ τοῦ ἀπογείου. Εἰλήφθω δὲ ἐπ' αὐτῆς τὸ κατὰ τὰς ἐκκειμένας τηρήσεις τοῦ ἐπικύκλου κέντρον τὸ Ε, καὶ γραφέντος περὶ αὐτὸ τοῦ ΖΗ ἐπικύκλου, ἤχθωσαν μὲν ἀπὸ τοῦ Β ἐφαπτόμεναι αὐτοῦ αἱ ΒΖ καὶ ΒΗ. Ἐπεζεύχθωσαν δὲ αἱ ΒΕ καὶ ΕΖ καὶ ΕΗ. Ἐπεὶ τοίνυν κατὰ τὴν ἐκκειμένην μέσην πάροδον, ἡ μὲν ἑῴα μεγίστη τῆς μέσης ἀπόστασις ὑπόκειται μοιρῶν μγ ϛ″ ιβ″, ἡ δ' ἑσπερία μοιρῶν μη γ″, εἴη ἂν ἡ ὑπὸ ΖΒΗ γωνία ὅλη τοιούτην ϙα νε′, οἵων εἰσὶν αἱ τέσσαρες ὀρθαὶ τξ. Καὶ ἡ ἡμίσεια ἄρα αὐτῆς ἡ ὑπὸ ΖΒΕ τῶν αὐτῶν ἐστὶν ϙα νε′, οἵων αἱ δύο ὀρθαὶ τξ. Ὥστε καὶ ἡ μὲν ἐπὶ τῆς ΕΖ περιφέρεια τοιούτων ἐστὶν ϙα νε′, οἵων ὁ περὶ τὸ ΒΕΖ ὀρθογώνιον κύκλος τξ, αὐτὴ δὲ ἡ ΕΖ εὐθεῖα τοιούτων πϛ ιϛ′, οἵων ἐστὶν ἡ ΒΕ ὑποτείνουσα ρκ. Καὶ οἵων ἐστὶν ἄρα ἡ ΕΖ ἐκ τοῦ κέντρου τοῦ ἐπικύκλου μγ ι, τοιούτων καὶ ἡ ΒΕ ἔσαι ξ καὶ γ′.

Πάλιν ἐπεὶ τῶν προκειμένων μεγίστων ἀποστάσεων ἡ ὑπεροχὴ, μοιρῶν οὖσα δ με′, δὶς περιέχει τὸ τότε παρὰ τὴν ζωδιακὴν ἀνωμαλίαν διάφορον, ὅπερ ὑπὸ τῆς ΒΕΔ γωνίας περιέχεται, εἴη ἂν ἡ ὑπὸ ΒΕΔ γωνία, οἵων μέν εἰσιν αἱ τέσσαρες ὀρθαὶ τξ,

τοιούτων β̄ κβ΄ ς΄΄, οἵων δ᾽ αἱ δύο ὀρθαὶ
τ̄ξ̄, τοιούτων δ̄ με΄· Ὥστε καὶ ἡ μὲν ἐπὶ
τῆς ΒΔ περιφέρεια, τοιούτων ἐςὶ δ̄ με΄,
οἵων ἐςὶν ὁ περὶ τὸ ΒΔΕ ὀρθογώνιον κύκλος
τ̄ξ̄· αὐτὴ δὲ ἡ ΒΑ εὐθεῖα τοιούτων δ̄ νθ΄
ἔγγιςα, οἵων ἐςὶν ἡ ΒΕ ὑποτείνουσα ρ̄κ̄.
Καὶ οἵων ἐςὶν ἄρα ἡ μὲν ΒΕ εὐθεῖα ξ̄ καὶ
ἑξηκοςῶν γ̄, ἡ δ᾽ ἐκ τοῦ κέντρου τοῦ ἐπικύκλου μ̄γ̄ ι΄, τοιούτων καὶ ἡ ΒΔ ἔςαι β̄
ς΄΄ ἔγγιςα. Ἐδείχθη δὲ καὶ ἡ μεταξὺ τοῦ
Β κέντρου τοῦ ζωδιακοῦ καὶ τοῦ κέντρου τοῦ ἐκκέντρου, ἐφ᾽ οὗ πάντοτε τὸ
κέντρον ἐςὶ τοῦ ἐπικύκλου, τῶν αὐτῶν ᾱ
δ΄΄, ὥστε καὶ ἡμίσειά ἐςὶ τῆς ΒΔ. Ἐὰν ἄρα
δίχα τέμωμεν τὴν ΒΔ κατὰ τὸ Θ, ἕξομεν ἀποδεδειγμένον, ὅτι οἵων ἐςὶν ἡ ΘΑ
ἐκ τοῦ κέντρου τοῦ ἐκκέντρου τοῦ φέροντος τὸν ἐπίκυκλον ξ̄, τοιούτων ἐςὶν ἑκατέρα μὲν τῶν ΒΘ καὶ ΘΔ μεταξὺ τῶν κέντρων ᾱ δ΄΄, ἡ δὲ ΕΖ ἐκ τοῦ κέντρου τοῦ
ἐπικύκλου μ̄γ̄ ι΄· ἅπερ προέκειτο δεῖξαι·

ΚΕΦΑΛΑΙΟΝ Δ.

ΠΕΡΙ ΤΗΣ ΔΙΟΡΘΩΩΣΕΩΣ ΤΩΝ ΠΕΡΙΟΔΙΚΩΝ ΤΟΥ
ΑΣΤΕΡΟΣ ΚΙΝΗΣΕΩΝ.

Ὁ μὲν οὖν τρόπος τῆς ὑποθέσεως, καὶ
οἱ λόγοι τῶν ἀνωμαλιῶν, τοῦτον ἡμῖν
ἐλήφθησαν τὸν τρόπον. Πάλιν δὲ καὶ τῶν
περιοδικῶν κινήσεων τοῦ ἀςέρος καὶ τῶν
ἐποχῶν ἕνεκεν, ἐλάβομεν δύο τηρήσεις ἀδι-
ςάκτους, ἔκ τε τῶν καθ᾽ ἡμᾶς, καὶ ἐκ
τῶν παλαιῶν.

Ἡμεῖς μὲν οὖν ἐτηρήσαμεν τῷ δευτέρῳ
ἔτει Ἀντωνίνου κατ᾽ Αἰγυπτίους Τυβὶ κ̄θ̄
εἰς τὴν λ̄, διὰ τοῦ ἀςρολάβου, τὸν τῆς

---

quatre angles droits, et de 4ᵈ 45′ des degrés dont 360 font deux angles droits.
Ainsi l'arc soutendu par la droite BD est
de 4ᵈ 45′ des degrés dont le cercle décrit
autour du rectangle BDE en contient
360. Et cette droite BD a environ 4ᵖ 59′
des parties dont l'hypoténuse BE en contient 120. Donc si la droite BE contient
60ᵈ 3′, et le rayon de l'épicycle, 43ᵈ 10′,
la droite BD en aura environ 2ᵈ ½. Mais
on a prouvé que la droite entre le centre B
du zodiaque et le centre de l'excentrique
sur lequel est toujours le centre de l'é-
picycle, a 1ᵈ ¼ de ces parties, il s'ensuit
qu'elle est la moitié de BD. Donc si nous
coupons en deux portions égales BD en T,
il nous sera démontré que TA, menée du
centre de l'excentrique qui porte l'épicycle, étant de 60ᵈ, chacune des portions
BT et DT entre les centres, est de 1ᵈ ¼,
et que EZ, rayon de l'épicycle, est de
43ᵈ 10′. Ce qu'il falloit démontrer.

CHAPITRE IV.

DE LA CORRECTION DES MOUVEMENS PÉRIO-
DIQUES DE VÉNUS.

VOILA comment nous avons fait notre
supposition, et pris les proportions des
anomalies. Maintenant, pour les mouvemens périodiques de cet astre et ses
lieux, nous avons choisi deux observations certaines, l'une que nous avons
faite, l'autre que nous avons prise des
anciens.

Nous avons donc observé, dans la seconde année d'Antonin, du 29 au 30 du
mois égyptien Tubi, par le moyen de

l'astrolabe, Vénus au matin, dans sa plus grande distance à l'épi; et elle paroissoit sur les 6ᵈ ½ du scorpion. Or elle se trouvoit alors dans l'intervalle et en ligne droite de l'étoile la plus boréale du front du scorpion, et du centre apparent de la lune ; et elle précédoit le centre de la lune de la moitié de la distance dont elle étoit laissée en arrière par la plus boréale des étoiles du front. Or cette étoile fixe étoit alors, à compter de notre point de départ, sur les 6ᵈ 20′ du scorpion, et elle est de 1ᵈ 20′ plus boréale que le cercle mitoyen du zodiaque. Il étoit alors 4 ½ ¼ heures équinoxiales après minuit, car le soleil étant sur les 23ᵈ du sagittaire, le second degré de la Vierge étoit au méridien dans l'astrolabe (a), lorsque le soleil moyen occupoit le 22ᵉ degré 9′ du sagittaire, et la lune, le 11ᵉ degré 24′ du scorpion, à 87ᵈ 3o′ d'anomalie loin de l'apogée, et à 12ᵈ 22′ (d'argument) de latitude, compté de la limite boréale. C'est pourquoi son centre occupoit vraiment les 5 45′ du scorpion, et étoit de 5ˢ plus boréal que le cercle milieu du zodiaque. Mais il y paroissoit à Alexandrie sur 6ᵈ 45′ en longitude, et plus boréal que le cercle milieu du zodiaque de 4ᵈ 4o′. Vénus étoit donc sur 6ᵈ 3o′ du scorpion, et à 2ᵈ 4o′ au nord de l'écliptique.

Cela posé, soit ABGDE le diamètre de l'apogée. Prenons A pour les 25ᵈ du taureau, et B pouce le point autour duquel l'épicycle se meut uniformément ; G pour le centre de l'excentrique sur lequel est porté le centre de l'épicycle, et D

Αφροδίτης ἀςέρα μετὰ τὴν μεγίςην ἑώαν ἀπόςασιν πρὸς τὸν ςάχυν, καὶ ἐφαίνετο ἐπέχων σκορπίου μοίρας ͞ϛ ϛ″. Τότε δὲ καὶ μεταξὺ καὶ ἐπ' εὐθείας ἦν τῷ τε βορειοτάτῳ τῷ ἐν τῷ μετώπῳ τοῦ σκορπίου, καὶ τῷ φαινομένῳ κέντρῳ τῆς σελήνης· τοῦ δὲ κέντρου τῆς σελήνης προηγεῖτο ἡμιόλιον, οὗ ὑπελείπετο τοῦ βορειοτάτου τῶν ἐν τῷ μετώπῳ. Ἀλλ' ὁ μὲν ἀπλανὴς ἐπεῖχε τότε κατὰ τὰς ἡμετέρας ἀρχὰς σκορπίου μοίρας ͞ϛ κ′, καὶ βορειότερός ἐςι τοῦ διὰ μέσων μοίρα ͞α κ′· ὁ δὲ χρόνος ἦν μετὰ δ ϛ″ δ″ ὥρας ἰσημερινὰς τοῦ μεσονυκτίου· ἐπειδήπερ τοῦ ἡλίου περὶ τὰς ͞κγ μοίρας ὄντος τοῦ τοξότου, ἐμεσουράνει ἐν τῷ ἀςρολάβῳ παρθένου μοίρας ͞β, καθ' ὃν χρόνον ὁ μὲν ἥλιος μέσως ἐπεῖχε τοξότου μοίρας κβ θ′, ἡ δὲ σελήνη σκορπίου μοίρας ͞ια κδ′, ἀνωμαλίας δ' ἀπὸ τοῦ ἀπογείου μοίρας π͞ζ λ′, πλάτους δ' ἀπὸ τοῦ βορείου πέρατος μοίρας ͞ιβ κβ′. Καὶ διὰ ταῦτα ἀκριβῶς μὲν ἐπεῖχε τὸ κέντρον αὐτῆς σκορπίου μοίρας ͞ϛ μέ· βορειότερον δ' ἦν τοῦ διὰ μέσων μοίρας ͞ε. Ἐφαίνετο δ' ἐν Ἀλεξανδρείᾳ κατὰ μῆκος μὲν ἐπέχον τοῦ σκορπίου μοίρας ͞ϛ μέ, βορειότερον δὲ τοῦ διὰ μέσων μοίρας δ μ′. Ὁ ἄρα τῆς ἀφροδίτης καὶ διὰ ταῦτα ἐπεῖχε σκορπίου μοίρας ͞ϛ λ′, καὶ βορειότερος ἦν τοῦ διὰ μέσων, μοίρας ͞β μ′.

Τούτων ὑποκειμένων, ἔςω ἡ διὰ τοῦ ἀπογείου διάμετρος ἡ ΑΒΓΔΕ. Καὶ τὸ μὲν Α ὑποκείσθω κατὰ τὴν κ͞ε μοῖραν τοῦ ταύρου, τὸ δὲ Β, περὶ ὃ κινεῖται ὁ ἐπίκυκλος ὁμαλῶς, τὸ δὲ Γ τὸ κέντρον τοῦ ἐκκέντρου, ἐφ' οὗ φέρεται τὸ κέντρον τοῦ

ἐπικύκλου, τὸ δὲ Δ τὸ κέντρον
τοῦ ζωδιακοῦ. Επεὶ ὁ μέσος
ἥλιος ἐπεῖχεν ἐν τῇ τηρήσει τοῦ
τοξότου μοίρας κβ θ', ὥστε τὴν
μέσην τοῦ ἐπικύκλου πάροδον
ἀπέχειν εἰς τὰ ἑπόμενα τοῦ
κατὰ τὸ Ε περιγείου μοίρας
κζ θ', ὑποκείσθω τὸ κέντρον
αὐτοῦ κατὰ τὸ Ζ, κ̀ γραφέντος
περὶ αὐτὸ τοῦ ΗΘΚ ἐπικύκλου,
ἐπεζεύχθωσαν μὲν αἱ ΔΖΗ καὶ
ΓΖ, καὶ ΕΖΘ. Κάθετοι δ' ἤχθωσαν ἀπὸ τῶν Γ καὶ Δ ἐπὶ τὴν ΒΖ,
αἱ ΓΛ, καὶ ΔΜ Καὶ ὑποτεθέν-
τος τοῦ ἀςέρος κατὰ τὸ Κ σημεῖον, ἐπεζεύχθωσαν μὲν αἱ ΔΚ καὶ ΖΚ, κάθετος
δ' ἤχθω ἡ ΖΝ. Προκείσθω δ' εὑρεῖν τὴν
ΘΚ περιφέρειαν, ἣν ἀπεῖχεν ὁ ἀςὴρ ἀπὸ
τοῦ Θ ἀπογείου τοῦ ἐπικύκλου. Επεὶ
τοίνυν ἡ ὑπὸ ΕΒΖ γωνία, οἵων μέν εἰσιν
αἱ τέσσαρες ὀρθαὶ τξ, τοιούτων ἐςὶν
κζ θ', οἵων δ' αἱ δύο ὀρθαὶ τξ, τοιούτων
νδ ιη', εἴη ἂν καὶ ἡ μὲν ἐπὶ τῆς ΓΛ περι-
φίρεια, τοιούτων νδ ιη', οἵων ἐςὶν ὁ περὶ
τὸ ΒΓΛ ὀρθογώνιον κύκλος τξ, ἡ δ' ἐπὶ
τῆς ΒΛ τῶν λοιπῶν εἰς τὸ ἡμικύκλιον ρκε
μβ'. Καὶ τῶν ὑπ' αὐτὰς ἄρα εὐθειῶν, ἡ
μὲν ΓΛ ἔςαι τοιούτων νδ μς', οἵων ἐςὶν
ἡ ΒΓ ὑποτείνουσα ρκ, ἡ δὲ ΒΛ τῶν αὐτῶν ρς μζ'. Ωστε καὶ οἵων ἐςὶν ἡ μὲν ΒΓ
εὐθεῖα ᾱ ιε', ἡ δὲ ΓΖ ἐκ τοῦ κέντρου τοῦ
ἐκκεντρου ξ, τοιούτων καὶ ἡ μὲν ΓΛ ἔςαι
ο λδ', ἡ δὲ ΒΛ ὁμοίως ᾱ ζ'. Καὶ ἐπεὶ τὸ
ἀπὸ τῆς ΖΓ, λεῖψαν τὸ ἀπὸ τῆς ΓΛ, ποιεῖ
τὸ ἀπὸ τῆς ΖΛ, ἔςαι καὶ αὐτὴ τῶν αὐτῶν ἔγγιςα ξ. Εςι δὲ καὶ ἡ μὲν ΜΛ τῇ

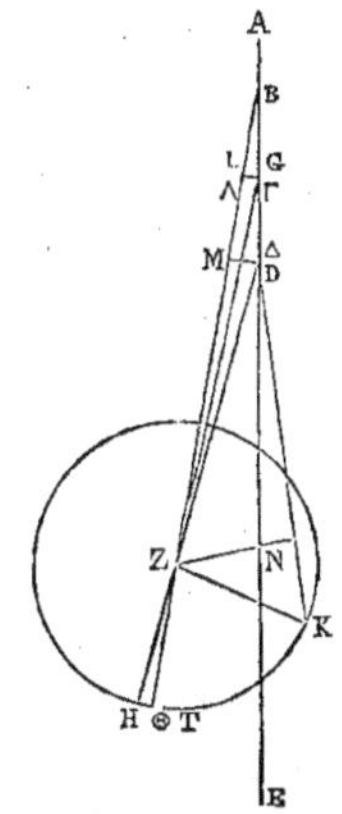

pour le centre du zodiaque.
Puisque par l'observation, le
soleil moyen étoit sur 22d 9′ du
sagittaire, en sorte que le lieu
moyen de l'épicycle excédoit
de 27d 9′ le périgée E suivant
l'ordre des signes, supposons
son centre en Z autour duquel
je décris l'épicycle HTK ; joignons DZH , GZ, EZT. Menons
les perpendiculaires GL et DM
des points G et D sur BZ. Et supposant l'astre en K, joignons DK
et ZK, et abaissons la perpendiculaire ZN. Proposons-nous de trouver
l'arc TK de la distance de l'astre à l'apogée
T de l'épicycle. Puisque l'angle EBZ est
de 27d 9′ des degrés dont 360 font quatre
angles droits, et de 54d 18′ de ceux dont
360 font deux angles droits, l'arc soutendu par GL sera de ces 54d 18′ dont le
cercle décrit autour du rectangle BGL en
contient 360 ; et l'arc soutendu par BL
contient les 125d 42′ restants du demi-
cercle. Donc, de ces soutendantes , GL
sera de 54p 46′ des parties dont l'hypoténuse BG en contient 120, et BL en aura
106p 47′. Si donc la droite BG est de 1p 15′,
et GZ menée du centre de l'épicycle, de
60p, la droite GL sera de 0p 34′, et BL de
1p 7′. Et puisque le (b) carré de ZG, moins
le carré de GL, donne celui de ZL, de
même la différence des carrés de ZD et de
DM donne celui de ZM qui sera presque
de 60d. Mais ML est égale à LB, et DM est

double de GL, parceque BG est égale à GD. Donc DM sera de 1ᵖ 8′ de ces mêmes parties, et ZM des 58ᵖ 52′ restantes. C'est pourquoi l'hypoténuse ZD est de 58ᵖ 54′ à très-peu près. Donc la droite ZD étant de 120ᵖ, la droite DM en aura 2ᵖ 18′, et l'arc soutendu par cette droite, aura 2ᵈ 12′ des degrés dont le cercle décrit autour du rectangle DZM en contient 360. Ainsi l'angle BZD est de 2ᵈ 12′ des degrés dont 360 font deux angles droits, et l'angle entier EDZ en a 56ᵈ 30′. Mais l'angle EDK est de 18ᵈ 30′ des degrés dont 360 font quatre angles droits, parceque suivant l'observation, l'astre précède d'autant le périgée qui est en E, c'est-à-dire dans le 25ᵉ degré du scorpion ; et cet angle est de 37ᵈ des degrés dont 360 font deux angles droits. Donc l'angle KDZ est de 93ᵈ 30′ des degrés dont 360 font deux angles droits, et l'arc soutendu par ZN est de 93ᵈ 30′ des degrés dont le cercle décrit autour du rectangle DZN en contient 360. Par conséquent la droite ZN est de 87ᵖ 25′ des parties dont la droite ZD en contient 120, et de 42ᵖ 55′ de celles dont cette droite a 58ᵖ 54′, c'est-à-dire dont ZK, rayon de l'épicycle, en contient 43ᵖ 10′. Donc l'hypoténuse ZK étant de 120ᵖ, ZN en aura 119ᵖ 18′. L'arc soutendu par cette droite sera de 167ᵈ 38′ des degrés dont le cercle décrit autour du rectangle ZKN en contient 360. Donc l'angle ZKD est de 167ᵈ 38′ des degrés dont l'angle ZDK est supposé de 93ᵈ 30′, et l'angle entier

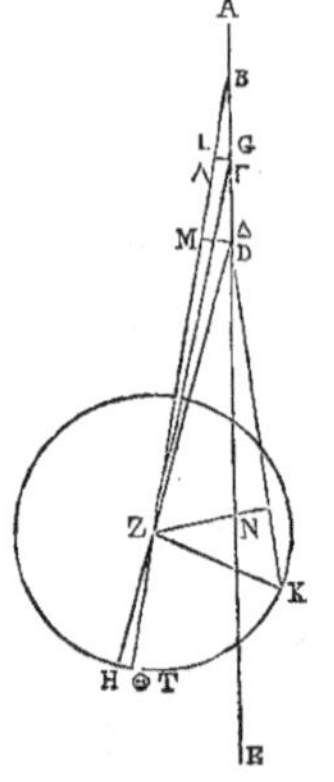
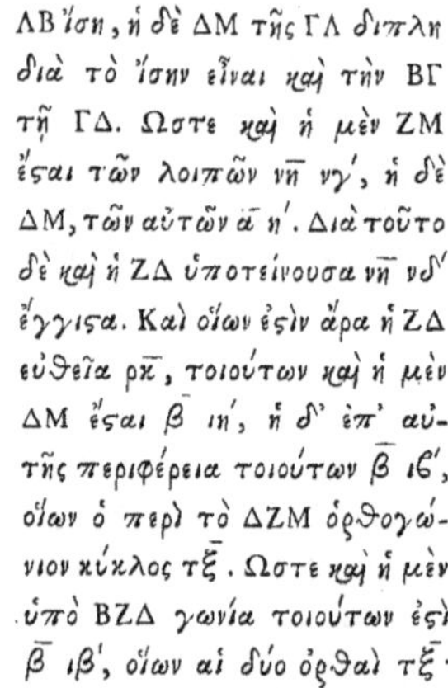

ΛΒ ἴση, ἡ δὲ ΔΜ τῆς ΓΛ διπλῆ διὰ τὸ ἴσην εἶναι καὶ τὴν ΒΓ τῇ ΓΔ. Ὥστε καὶ ἡ μὲν ΖΜ ἔςαι τῶν λοιπῶν νη νγ′, ἡ δὲ ΔΜ, τῶν αὐτῶν ᾱ η′. Διὰ τοῦτο δὲ καὶ ἡ ΖΔ ὑποτείνουσα νη νδ′ ἔγγιςα. Καὶ οἵων ἐςὶν ἄρα ἡ ΖΔ εὐθεῖα ρκ, τοιούτων καὶ ἡ μὲν ΔΜ ἔςαι β ιη′, ἡ δ' ἐπ' αὐτῆς περιφέρεια τοιούτων β ιϚ′, οἵων ὁ περὶ τὸ ΔΖΜ ὀρθογώνιον κύκλος τξ. Ὥστε καὶ ἡ μὲν ὑπὸ ΒΖΔ γωνία τοιούτων ἐςὶ β ιβ′, οἵων αἱ δύο ὀρθαὶ τξ· ὅλη δὲ ἡ ὑπὸ ΕΔΖ τῶν αὐτῶν νϚ λ′. Εςι δὲ καὶ ἡ ὑπὸ ΕΔΚ, οἵων μὲν εἰσιν αἱ τέσσαρες ὀρθαὶ τξ, τοιούτων ιη λ′, διὰ τὸ τοσαύταις προηγεῖσθαι τὸν ἀςέρα μοίραις κατὰ τὴν τήρησιν τοῦ κατὰ τὸ Ε περιγείου, τουτέςι τῆς κε μοίρας τοῦ σκορπίου· οἵων δ' αἱ δύο ὀρθαὶ τξ, τοιούτων λζ. Καὶ ὅλη μὲν ἄρα ἡ ὑπὸ ΚΔΖ γωνία, τοιούτων ἐςὶν Ϟγ λ′, οἵων αἱ δύο ὀρθαὶ τξ, ἡ δ' ἐπὶ τῆς ΖΝ περιφέρεια τοιούτων Ϟγ λ′, οἵων ὁ περὶ τὸ ΔΖΝ ὀθογώνιον κύκλος τξ. Καὶ ἡ ὑπ' αὐτὴν ἄρα εὐθεῖα ἡ ΖΝ, οἵων μέν ἐςιν ρκ ἡ ΖΔ, τοιούτων ἐςὶν πζ κε′· οἵων δὲ νη νδ′, τουτέςιν οἵων ἡ ΖΚ ἐκ τοῦ κέντρου τοῦ ἐπικύκλου μγ ι′, τοιούτων μβ νε′. Ὥστε καὶ οἵων ἐςὶν ἡ ΖΚ ὑποτείνουσα ρκ, τοιούτων καὶ ἡ μὲν ΖΝ ἔςαι ριθ ιη′. Ἡ δ' αὐτὴ περιφέρεια τοιούτων ρξζ λη′, οἵων ἐςὶν ὁ περὶ τὸ ΖΚΝ ὀρθογώνιον κύκλος τξ. Καὶ ἡ μὲν ὑπὸ ΖΚΔ γωνία ἄρα τῶν αὐτῶν ἐςιν ρξζ λη′, οἵων καὶ ἡ ὑπὸ ΖΔΚ ὑπόκειται Ϟγ λ′, ἡ δὲ ὑπὸ ZKH ὅλη σξᾱ η′. Ἐδείχθη δὲ καὶ ἡ ὑπὸ BZΔ, τουτέςιν ἡ ὑπὸ HZΘ τῶν αὐτῶν β̄ ιβ′. Καὶ λοιπὴ ἄρα ἡ ὑπὸ ΘZK γωνία, οἵων μέν εἰσιν αἱ δύο ὀρθαὶ τξ̄, τοιούτων ἔςαι σνῆ νϛ′, οἵων δ′ αἱ τέσσαρες ὀρθαὶ τξ̄, τοιούτων ρκθ̄ κη′. Ἀπεῖχεν ἄρα ὁ τῆς Ἀφροδίτης ἀςὴρ, κατὰ τὸν ἐκκείμενον χρόνον τοῦ Θ ἀπογείου τοῦ ἐπικύκλου, εἰς μὲν τὰ προηγούμενα τὰς ἐκκειμένας ρκθ̄ κη′ μοίρας, εἰς δὲ τὰ ἐπόμενα κατὰ τὴν ἀκόλουθον τῇ ὑποθέσει κίνησιν, τὰς λοιπὰς εἰς τὸν ἕνα κύκλον μοίρας σλ̄ λβ′· ὅπερ ἔδει εὑρεῖν.

Τῶν δὲ παλαιῶν τηρήσεων ἐλάβομεν, ἣν ἀναγράφει Τιμόχαρις οὕτως· Τῷ ιγ̄ ἔτει Φιλαδέλφου, κατ′ Αἰγυπτίους Μεσορὶ ιζ̄ εἰς τὴν ιῆ, ὡρῶν ιβ̄, ὁ τῆς Ἀφροδίτης ἐφαίνετο κατειληφὼς τὸν ἀντικείμενον τῷ προτρυγητῆρι ἀκριβῶς. Καὶ ἔςιν ὁ ἀςὴρ οὗτος καθ′ ἡμᾶς μετὰ τὸν ἐπ′ ἄκρας τῆς νοτίου πτέρυγος τῆς παρθένου. Ἐπεῖχε δὲ κατὰ τὸ ᾱ ἔτος Ἀντωνίνου παρθένου μοίρας η̄ δ′. Ἐπεὶ οὖν τὸ μὲν τῆς τηρήσεως ἔτος υοϛ̄ ἐςὶν ἀπὸ Ναβονασάρου, τὸ δὲ μέχρι τῆς Ἀντωνίνου βασιλείας ωπδ̄, ὡς ἐπιβάλλειν τοῖς μεταξὺ υῆ ἔτεσι τῆς τῶν ἀπλανῶν καὶ τῶν ἀπογείων κινήσεως μοίρας δ̄ ιβ″ ἔγγιςα, φανερὸν ὅτι καὶ ὁ μὲν τῆς Ἀφροδίτης ἀςὴρ, ἐπεῖχε παρθένου μοίρας δ̄ ϛ″, τὸ δὲ περίγειον τοῦ ἐκκέντρου σκορπίου μοίρας κ̄ ϛ″ γ″ ιβ″. Παρεληλύθει δὲ καὶ ἐνταῦθα ὁ τῆς Ἀφροδίτης τὴν μεγίςην ἑώαν ἀπόςασιν. Μετὰ γὰρ δ̄ ἡμέρας τῆς προκειμένης τηρήσεως, τῇ κᾱ τοῦ Μεσορὶ εἰς τὴν κβ̄, ἐξ′ ὧν φησιν ὁ Τιμόχαρις, ἐπεῖχε κατὰ τὰς ἡμετέρας

ZKH sera de 261^d 8′. Mais on a prouvé que l'angle BZD, c'est-à-dire l'angle HZT, est de 2^d 12′ de ces degrés. Donc l'autre angle TZK sera de 258^d 56′ des degrés dont 360 font deux angles droits, ou de 129^d 28′ de ceux dont 360 font quatre angles droits. Par conséquent, Vénus étoit, dans le temps dont il s'agit, sur ces 129^d 28′ à l'occident de l'apogée T de l'épicycle (c), ou sur les 230 degrés 32′ restants de la circonférence, comptés d'occident en orient (d), selon le mouvement conforme à l'hypothèse : ce qu'il falloit trouver.

Parmi les anciennes observations, nous avons choisi celle que Timocharis a décrite en ces termes : « Dans la 13e année de Philadelphe, à la 12e heure du 17 au 18 du mois égyptien Mésor, Vénus paroissoit avoir atteint l'étoile opposée à la première du vendangeur ». Or, cette étoile est, selon nous, après celle de l'extrémité méridionale de l'aîle de la vierge. Dans la première année d'Antonin, elle étoit en 8^d ¼ de la vierge. Mais puisque l'année de cette observation est la 476e comptée de la première de Nabonassar, qui est la 884e avant le règne d'Antonin, les fixes et l'apogée s'étant avancés d'environ 4^d 1/12, pendant les 408 années d'intervalle, il est évident que Vénus étoit sur les 4^d 1/6 de la vierge, et le périgée de l'excentrique sur les 20^d ½ ⅓ 1/12 du scorpion. Vénus fut donc alors dans sa plus grande digression orientale. En effet, 4 jours après cette première observation, suivant ce que dit Timocharis, dans la nuit du 21 au 22 Mésor, elle étoit, à compter du point d'où nous partons, sur les $8^d\,\frac{1}{2}\,\frac{1}{3}$ de la vierge. Le soleil, par son mouvement voit par la première observation, sur les $17^d\,3'$ des serres; et par la seconde, sur les $20^d\,59'$ des serres. La digression étoit donc de $42^d\,53'$ dans la première observation, et de $42^d\,9'$ dans la suivante.

Cela posé, soit encore la même figure, mais avec l'épicycle précédant le périgée, à cause du lieu moyen de l'épicycle, en $17^d\,3'$ des serres, et que le lieu du périgée est sur les $20^d\,55'$ du scorpion. L'angle EBZ sera donc de $33^d\,52'$ des degrés dont 360 font quatre angles droits, l'arc soutendu par la droite GL sera de $67^d\,44'$ des degrés dont le cercle décrit autour du rectangle BGL en contient 360, et l'arc soutendu par BL contient les $112^d\,16'$ restants du demi-cercle. Donc, des droites qui soutendent ces angles, GL est de $66^p\,52'$ des parties dont l'hypoténuse BG en contient 120, et BL de $99^p\,38'$ de ces parties. Si donc la droite BG est de $1^p\,15'$, et si GZ, rayon de l'excentrique, est de 60^p, GL en aura $0^p\,42'$. Et puisque la différence des carrés de GZ et de GL donne le carré de ZL, celle-ci sera longue de 60^p à peu près. Or, pour les mêmes raisons que ci-dessus, BL est égale à LM, et DL est double de GL. Donc la portion ZM sera

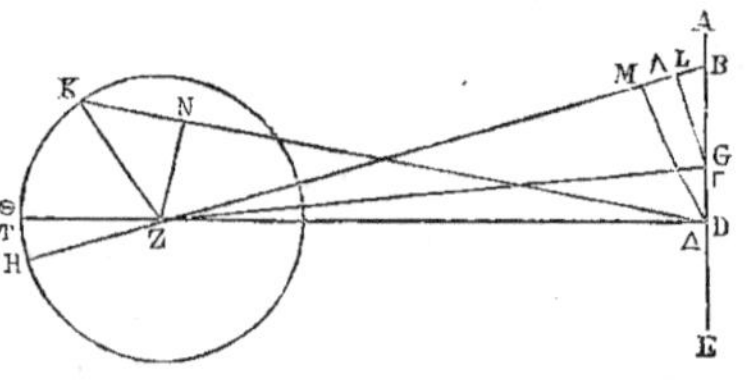

ἀρχὰς παρθένου μοίρας η̄ ϛ" γ", τῆς δὲ μέσης τοῦ ἡλίου παρόδου, κατὰ μὲν τὴν προτέραν τήρησιν, ἐπεχούσης χηλῶν μοίρας ιζ̄ γ', κατὰ δὲ τὴν ἑξῆς, χηλῶν μοίρας κ̄ νθ', ὥστε καὶ τὴν μὲν τῆς προτέρας τηρήσεως ἀπόςασιν συνάγεσθαι μοιρῶν μβ̄ νγ', τὴν δὲ τῆς ἑξῆς μοιρῶν μβ̄ θ'.

Τούτων δὴ δεδομένων ἐκκείσθω πάλιν ἡ ὁμοία καταγραφὴ εἰς τὰ προηγούμενα μὲν τοῦ περιγείου τὸν ἐπίκυκλον ἔχουσα, διὰ τὸ τὴν μὲν μέσην τοῦ ἐπικύκλου πάροδον ἐπέχειν χηλῶν μοίρας ιζ̄ γ', τὸ δὲ περίγειον σκορπίου μοίρας κ̄ νε'. Ἐπεὶ τοίνυν διὰ τοῦτο ἡ ὑπὸ ΕΒΖ γωνία, οἵων μέν εἰσιν αἱ τέσσαρες ὀρθαὶ τξ̄, τοιούτων ἔςαι λγ̄ νβ', οἵων δ' αἱ δύο ὀρθαὶ τξ̄, τοιούτων ξζ̄ μδ', εἴη ἂν καὶ ἡ μὲν ἐπὶ τῆς ΓΛ περιφέρεια, τοιούτων ξζ̄ μδ', οἵων ἐςὶν ὁ περὶ τὸ ΒΓΛ ὀρθογώνιον κύκλος τξ̄, ἡ δὲ ἐπὶ τῆς ΒΛ τῶν λοιπῶν εἰς τὸ ἡμικύκλιον ριβ̄ ιϛ'. Καὶ τῶν ὑπ' αὐτὰς ἄρα εὐθειῶν, ἡ μὲν ΓΛ τοιούτων ἐςὶν ξϛ̄ νβ', οἵων ἡ ΒΓ ὑποτείνουσα ρκ̄, ἡ δὲ ΒΛ, τῶν αὐτῶν ϟθ̄ λη'. Ὥστε καὶ οἵων ἐςὶν ἡ μὲν ΒΓ εὐθεῖα ᾱ ιε', ἡ δὲ ΓΖ ἐκ τοῦ κέντρου τοῦ ἐκκέντρου ξ̄, τοιούτων καὶ ἡ μὲν ΓΛ ἔςαι ο̄ μβ', ἡ δὲ ΒΛ ὁμοίως ᾱ β'. Καὶ ἐπεὶ τὸ ἀπὸ τῆς ΖΓ, λεῖψαν τὸ ἀπὸ τῆς ΓΛ, ποιεῖ τὸ ἀπὸ τῆς ΖΛ, ἔςαι καὶ αὐτὴ μήκει τῶν αὐτῶν ἔγγιςα ξ̄. Ἔςι δὲ διὰ τὰ αὐτά, καὶ ἡ μὲν ΒΛ τῇ ΛΜ ἴση, ἡ δὲ ΔΛ τῇ ΓΛ διπλῆ. Ὥστε καὶ λοιπή

μὲν ἡ ZM ἔςαι νη νη', ἡ δὲ ΔM τῶν αὐτῶν α κδ'. Διὰ τὰ αὐτά δὲ καὶ ἡ ZΔ ὑποτείνουσα νη νθ' ἔγγιςα. Καὶ οἵων ἐςὶν ἄρα
ρκ ἡ ZΔ, τοιούτων καὶ ἡ μὲν ΔM ἔςαι
β να', ἡ δ' ἐπ' αὐτῆς περιφέρεια, τοιούτων β μδ', οἵων ἐςὶν ὁ περὶ τὸ ZΔM
ὀρθογώνιον κύκλος τξ. Ωστε καὶ ἡ μὲν
ὑπὸ BZΔ γωνία, τοιούτων ἐςὶ β μδ',
οἵων αἱ δύο ὀρθαὶ τξ, ἡ δὲ ὑπὸ EΔZ
ὅλη τῶν αὐτῶν ο κη'. Εςι δὲ καὶ ἡ ὑπὸ
EΔK γωνία, ἣν ἀπεῖχεν ὁ ἀςὴρ εἰς τὰ
προηγούμενα τοῦ περιγείου, οἵων μέν εἰσιν
αἱ τέσσαρες ὀρθαὶ τξ, τοιούτων ος με',
οἵων δ' αἱ δύο ὀρθαὶ τξ, τοιούτων ρνγ
λ'. Ωστε καὶ λοιπὴ μὲν ἡ ὑπὸ ZΔK γωνία,
τῶν αὐτῶν ἐςὶν πγ β', οἵων ἐςὶν ὁ περὶ
τὸ ΔZN ὀρθογώνιον κύκλος τξ. Καὶ ἡ
ὑπ' αὐτὴν ἄρα εὐθεῖα ἡ ZN, οἵων μέν ἐςιν
ἡ ZΔ ὑποτείνουσα ρκ, τοιούτων ἔςαι οθ
λγ'. οἵων δὲ νη νθ', τουτέςιν ἡ ZK ἐκ τοῦ
κέντρου τοῦ ἐπικύκλου μγ ι', τοιούτων
λθ ζ'. Ωστε καὶ οἵων ἐςὶν ἡ ZK ὑποτείνουσα ρκ, τοιούτων καὶ ἡ μὲν ZN εὐθεῖα
ἔςαι ρη με', ἡ δ' ἐπ' αὐτῆς περιφέρεια,
τοιούτων ρλ ἔγγιςα οἵων, ἐςὶν ὁ περὶ τὸ
ZKN ὀρθογώνιον κύκλος τξ. Καὶ ἡ μὲν
ὑπὸ ΔKZ ἄρα γωνία, τοιούτων ἐςὶν ρλ,
οἵων καὶ ἡ ὑπὸ ZΔK ὑπόκειται πγ β', ἡ
δὲ ὑπὸ ΘZK ὅλη τῶν αὐτῶν σιγ β'.
Εδείχθη δὲ καὶ ἡ ὑπὸ BZΔ, τουτέςιν ἡ
ὑπὸ HZΘ, τῶν αὐτῶν β μδ'. Καὶ ὅλη
ἄρα ἡ ὑπὸ ZKH γωνία, οἵων μέν εἰσιν αἱ
δύο ὀρθαὶ τξ, τοιούτων ἐςὶ σιε μς', οἵων
δὲ αἱ τέσσαρες ὀρθαὶ τξ, τοιούτων ρζ
νγ'. Καὶ κατὰ τοῦτον ἄρα τὸν χρόνον ὁ
τῆς Αφροδίτης ἀςὴρ, ἀπεῖχεν ἀπὸ τοῦ

de 58^p 58', et DM de 1^p 24'; et pour ces
mêmes raisons , l'hypoténuse ZD sera
de 58^p 59' à peu près. Donc si ZD est de
120^d, DM en aura 2^p 51', et l'arc soutendu
par DM sera de 2^d 44' des degrés dont le
cercle décrit autour du rectangle ZDM
en contient 360^d. C'est pourquoi l'angle
BZD est de 2^d 44' des degrés dont 360
font deux angles droits, et l'angle entier
EDZ de 70^d 28'. Mais l'angle EDK de la
distance de l'astre à l'occident du périgée, est de 76^d 45' des degrés dont 360
font quatre angles droits, et de 153^d 30'
de ceux dont 360 font deux angles droits.
Donc l'autre angle ZDK est de 83^d 2' des
degrés dont le cercle décrit autour du
rectangle DZN en contient 360. Par conséquent sa soutendante ZN sera de 79^d 33'
des parties dont l'hypoténuse ZD en
contient 120, et de 39' 7' des parties dont
cette hypoténuse en contient 58' 59',
c'est-à-dire dont ZK, rayon de l'épicycle,
en contient 43^d 10'. Ainsi l'hypoténuse
ZK étant de 120^d, la droite ZN en aura
108^d 45', et l'arc qu'elle soutend, environ
130 des degrés dont le cercle décrit autour du rectangle ZKN en contient 360.
Par conséquent l'angle DKZ est de 130
des degrés dont l'angle ZDK est supposé en valoir 83^d 2', et l'angle entier TZK
en contient 213^d 2'. Mais on a prouvé que
l'angle BZD, c'est-à-dire HZT, vaut 2^d 44'.
Donc l'angle entier ZKH est de 215^d 46'
des degrés dont 360 font deux angles
droits, et de 107^d 53' de ceux dont 360
font quatre angles droits. Donc alors la
distance de Vénus orientale, à l'apogée

H de l'épicycle, étoit égale aux 252ᵈ 7′ restants du cercle. C'est ce que je m'étois proposé de démontrer.

Or, puisqu'au temps de notre observation, sa distance à l'apogée de l'épicycle, étoit de 230ᵈ 32′, et que l'intervalle des temps des deux observations renferme l'espace de 409 années égyptiennes, et 167 jours à peu près, et 255 retours entiers d'anomalie ; vu que 8 années égyptiennes faisant environ 5 périodes ou révolutions, les 408 années en font ensemble 255, et que l'année qui reste avec les jours de surplus, ne complète pas le temps d'un retour, il nous est prouvé qu'en 409 années égyptiennes et 167 jours, Vénus, en outre des 255 retours complets d'anomalie, a parcouru, jusqu'à nous, 338ᵈ 25′ de l'épicycle, depuis le lieu où elle étoit dans la première observation. Mais nos tables des moyens mouvemens donnent à peu près la même quantité, au moyen de la correction qui s'y fait par l'excédant des révolutions, le temps étant réduit en jours, et les retours avec l'excédant en degrés du cercle. Car en distribuant celles-ci par la division, sur le nombre des jours, on trouve le moyen mouvement diurne d'anomalie de Vénus, tel que nous l'avons donné.

Η ἀπογείου τοῦ ἐπικύκλου εἰς τὰ ἑπόμενα τὰς λειπούσας εἰς τὸν ἕνα κύκλον σνβ̄ ζ΄· ὅπερ ἔδει δεῖξαι.

Ἐπεὶ οὖν ἀπεῖχε καὶ κατὰ τὸν τῆς ἡμετέρας τηρήσεως χρόνον ὁμοίως ἀπὸ τοῦ ἀπογείου τοῦ ἐπικύκλου μοίρας σλ̄ λβ΄, ὁ δὲ μεταξὺ τῶν β̄ τηρήσεων χρόνος, περιέχει ἔτη μὲν Αἰγυπτιακὰ νθ̄ καὶ ἡμέρας ρξζ ἔγγιςα, ἀνωμαλίας δ᾽ ἀποςάσεις ὅλας σνε̄, ἐπειδήπερ τῶν η̄ Αἰγυπτιακῶν ἐτῶν ποιούντων ἔγγιςα πέντε περιόδους, τὰ μὲν υη̄ ἔτη, συνάγει περιόδους σνε̄, τὸ δὲ λοιπὸν ἔτος ἓν μετὰ τῶν ἐπιλαμβανομένων ἡμερῶν οὐ συμπληροῖ χρόνον μιᾶς ἀποκαταςάσεως, φανερὸν ἡμῖν γέγονεν, ὅτι ἐν ἔτεσιν Αἰγυπτιακοῖς νθ̄ καὶ ἡμέραις ρξζ, ὁ τῆς Ἀφροδίτης ἀςὴρ ἐπιλαμβάνει, μεθ᾽ ὅλας ἀνωμαλιῶν ἀποκαταςάσεις σνε̄, μοίρας ἐπὶ τῦ ἐπικύκλου τλη̄ κε΄, ὅσαις ἡ καθ᾽ ἡμᾶς ἐποχὴ τῆς προτέρας ὑπερεῖχε. Τοσαῦται δὲ σχεδὸν ἐπουσίας συνάγονται μοῖραι καὶ ἐν τοῖς προεκτεθειμένοις ἡμῖν τῶν μέσων κινήσεων κανόσι, διὰ τὸ καὶ τὴν διόρθωσιν αὐτῶν ἀπὸ τῆς εὑρημένης τῶν περιόδων ἐπουσίας συνίςαςθαι, τοῦ μὲν χρόνου ἀναλυθέντος εἰς ἡμέρας, τῶν δὲ ἀποκαταςάσεων μετὰ τῆς ἐπουσίας εἰς μοίρας. Ἐπιμερισθέντος γὰρ τοῦ πλήθους τῶν μοιρῶν εἰς τὸ πλῆθος τῶν ἡμερῶν, συνίςαται τὸ προεκτεθειμένον ἡμῖν ἐπὶ τοῦ τῆς Ἀφροδίτης ἡμερήσιον ἀνωμαλίας μέσον κίνημα.

ΚΕΦΑΛΑΙΟΝ Ε.

ΠΕΡΙ ΤΗΣ ΕΠΟΧΗΣ ΤΩΝ ΠΕΡΙΟΔΙΚΩΝ ΑΥΤΟΥ ΚΙΝΗΣΕΩΝ.

CHAPITRE V.

DE L'ÉPOQUE DES MOUVEMENS PÉRIODIQUES DE VÉNUS.

ΚΑΤΑΛΕΙΠΟΜΕΝΟΥ δὲ τοῦ καὶ ἐνταῦθα τὰς ἐποχὰς τῶν περιοδικῶν κινήσεων, τὰς εἰς τὸ πρῶτον ἔτος τῆς Ναβοναϲάρου βασιλείας, κατ' Αἰγυπτίους Θὼθ ᾱ τῆς μεσημβρίας συϲήσαϲθαι, ἐλάβομεν πάλιν τὸν μεταξὺ χρόνον τούτου τε καὶ τοῦ κατὰ τὴν παλαιοτέραν τῶν τηρήσεων. Συνάγεται δ' οὗτος ἐτῶν Αἰγυπτιακῶν υοε̄ καὶ ἡμερῶν τμϛ̄ ϛ'' δ'' ἔγγιϲα. Καὶ παράκειται τῷ χρόνῳ τούτῳ κατὰ τὰ τῆς ἀνωμαλίας σελίδια, μέσης κινήσεως ἐπουσία μοιρῶν ρπᾱ ἔγγιϲα. Ἀς ἐὰν ἀφέλωμεν ἀπὸ τῶν κατὰ τὴν τήρησιν μοιρῶν σνβ ζ', ἕξομεν ἐποχὴν, εἰς τὸ ᾱ ἔτος Ναβονάϲαρου, κατ' Αἰγυπτίους Θὼθ ᾱ τῆς μεσημβρίας, ἀνωμαλίας ἀπὸ τοῦ ἀπογείου τοῦ ἐπικύκλου, μοίρας οᾱ ζ', τῆς μέσης τοῦ μήκους τῆς αὐτῆς πάλιν ὑποκειμένης τῇ τοῦ ἡλίου, τουτέϲιν ἐπεχούσης τῶν ἰχθύων μοίρας ō μέ. Φανερὸν δὲ ὅτι καὶ τοῦ κατὰ τὴν τήρησιν ἀπογείου τυγχάνοντος περὶ ταύρου μοίρας κ̄ νε', τοῖς δὲ μεταξὺ υοϛ̄ ἔτεσιν ἔγγιϲα ἐπιβαλλουσῶν μοιρῶν δ̄ ϛ'' δ'', κατὰ τὸν ἐκκείμενον χρόνον τῆς ἐποχῆς ἔϲαι τὸ ἀπόγειον περὶ τὰς ιϛ̄ ι' μοίρας τοῦ ταύρου.

COMME il nous reste à rapporter les lieux des mouvemens périodiques à la première année du règne de Nabonassar, à midi du premier jour du mois égyptien Thoth, nous avons encore pris l'intervalle de temps entre cette année et celle de la plus ancienne des observations. Or, il est de 475 années égyptiennes et 346 jours $\frac{1}{2}$ $\frac{1}{4}$ à peu près. A cet espace de temps répond, suivant les tables d'anomalie, un excédant de circonférences entières qui est de 181 degrés à peu près, de mouvement moyen. Si nous les retranchons des 252ᵈ 7′ trouvées par l'observation, nous aurons pour la première année de Nabonassar à midi du 1ᵉʳ jour de Thoth, le lieu de l'anomalie en 71ᵈ 7′ de l'apogée de l'épicycle ; le lieu moyen de la longitude étant supposé le même que celui du soleil, c'est-à-dire sur 0ᵈ 45′ des poissons. Mais il est évident que, suivant l'observation, l'apogée étant sur 20ᵈ 55′ du taureau, et 4ᵈ $\frac{1}{2}$ $\frac{1}{4}$ répondant aux 476 ans environ d'intervalle, pour le temps susdit de l'époque, l'apogée sera ainsi sur 16ᵈ 10′ du taureau.

CHAPITRE VI.

PRÉLIMINAIRES POUR LES DÉMONSTRATIONS
RELATIVES AUX AUTRES PLANÈTES.

Telles sont les méthodes que nous
avons employées pour les deux planètes
Mercure et Vénus, tant en ce qui concerne les hypothèses que nous établis-
sons pour elles, que relativement aux
démonstrations des anomalies. Mais pour
les trois autres planètes, Mars, Jupiter et
Saturne, nous avons trouvé que le même
mode de mouvement leur convenoit à
toutes trois, et que ce mode étoit celui
qui convient à Vénus. C'est-à-dire que le
cercle excentrique sur lequel est toujours
porté le centre de l'épicycle, est décrit
d'un centre qui est le point du milieu
entre le centre du zodiaque et celui qui
rend uniforme la circonvolution de l'é-
picycle ; parceque, pour chacun de ces
astres, en général, l'inégalité qu'on
trouve par les plus grandes différences
d'anomalie zodiacale, est presque double de l'inégalité qui provient de la
grandeur de l'excentricité causée par les
progressions de l'épicycle dans les plus
grandes et moindres distances, (d'où il suit
que le centre des moyens mouvemens est
placé à une distance qui n'est que la moitié de la ligne qui joint le centre de l'excentrique et du zodiaque, ou moitié de
l'excentricité). Mais les démonstrations
par lesquelles nous donnons les grandeurs
de l'une et de l'autre inégalité, ainsi que les
apogées, ne peuvent pas s'appliquer aux
trois dernières planètes comme aux deux
premières, parcequ'elles peuvent être à

ΚΕΦΑΛΑΙΟΝ ϛ.

ΠΡΟΛΑΜΒΑΝΟΜΕΝΑ ΕΙΣ ΤΑΣ ΠΕΡΙ ΤΩΝ ΛΟΙΠΩΝ
ΑΣΤΕΡΩΝ ΑΠΟΔΕΙΞΕΙΣ.

Επι μὲν δὴ τῶν δύο τούτων ἀςέρων τοῦ
τε τοῦ Ἑρμοῦ κỳ τοῦ τῆς Ἀφροδίτης τοιαύταις ἐφόδοις κεχρημένοι τυγχάνομεν,
πρός τε τὰς ἐπιβολὰς τῶν ὑποθέσεων,
κỳ τὰς ἀποδείξεις τῶν ἀνωμαλιῶν· ἐπὶ
δὲ τῶν λοιπῶν τριῶν τοῦ τοῦ Ἄρεως κỳ
τοῦ τοῦ Ζηνὸς κỳ τοῦ τοῦ Κρόνου, τὴν
μὲν ὑπόθεσιν τῆς κινήσεως μίαν κỳ τὴν
ὁμοίαν εὑρίσκομεν τῇ περὶ τὸν τῆς Ἀφροδίτης ἀςέρα κατειλημμένη, τουτέςι καθ'
ἣν ὁ ἔκκεντρος κύκλος, ἐφ' οὗ πάντοτε
φέρεται τὸ τοῦ ἐπικύκλου κέντρον, γρά-
φεται κέντρῳ διχοτομοῦντι σημείῳ τὴν
μεταξὺ τῶν κέντρων τοῦ τε ζωδιακοῦ,
κỳ τοῦ τὴν ὁμαλὴν ποιοῦντος τοῦ ἐπικύκλου περιαγωγήν· ἐπειδήπερ καὶ ἐφ'
ἑκάςου τούτων, κατὰ τὸ ὁλοσχερέςερον
τῆς ἐπιβολῆς τῆς συνιςαμένης ἐκκεντρότητος ἐκ τῆς πηλικότητος τῶν περὶ τὰς
μεγίςας κỳ ἐλαχίςας ἀποςάσεις τοῦ ἐπικύκλου προηγήσεων, ἢ διὰ τοῦ μεγίςου
διαφόρου τῆς παρὰ τὸν ζωδιακὸν ἀνωμαλίας εὑρισκομένη διπλασίων ἔγγιςα καταλαμβάνεται. Τὰς δὲ ἀποδείξεις, δι'
ὧν τὰς πηλικότητας ἑκατέρας τῶν ἀνωμαλιῶν κỳ τὰ ἀπόγεια συνιςάμεθα,
μηκέτι δυναμένας τὸν αὐτὸν τρόπον τοῖς
δυσὶν ἐκείνοις κỳ ἐπὶ τούτων ἐφοδευθῆ-
ναι, διὰ τὸ πᾶσαν αὐτοὺς ἀπὸ τοῦ ἡλίου
ποιεῖσθαι διάςασιν, κỳ μὴ γίνεσθαι φανερὸν ἐκ τηρήσεων ὥσπερ ἐπὶ τῶν μεγίςων

ἀποϛάσεων τοῦ τοῦ Ἑρμοῦ καὶ τοῦ τῆς
Ἀφροδίτης, πότε κατὰ τὴν ἐπαφὴν ὁ ἀϛὴρ
γίνεται, τῆς ἐκβαλλομένης εὐθείας ἀπὸ
τῆς ὄψεως ἡμῶν ἐφαπτομένης τοῦ ἐπικύκλου. Τοῦ τοιούτου δὴ μὴ προχωροῦντος,
συγκεχρήμεθα ταῖς πρὸς τὴν μέσην τοῦ
ἡλίου πάροδον τηρουμέναις αὐτῶν διαμέ-
τροις ϛάσεσιν, ἀφ' ὧν πρῶτον τοὺς τῆς
ἐκκεντρότητος λόγους, καὶ τὰ ἀπόγεια
δείκνυμεν· ἐπειδήπερ ἐν μόναις ταῖς οὕτω
θεωρουμέναις παρόδοις χωριζομένην εὑρίσκομεν καθ' ἑαυτὴν τὴν ζωδιακὴν ἀνωμαλίαν, μηδεμιᾶς γινομένης τότε παρὰ
τὴν πρὸς τὸν ἥλιον ἀνωμαλίαν διαφορᾶς.

Ἔϛω γὰρ ἔκκεντρος κύκλος
τοῦ ἀϛέρος, ἐφ' οὗ τὸ κέντρον
φέρεται τοῦ ἐπικύκλου, ὁ
ΑΒΓ περὶ κέντρον τὸ Δ, καὶ
ἡ μὲν διὰ τοῦ ἀπογείου διάμετρος ἡ ΑΓ, ἐπ' αὐτῆς δὲ
τὸ μὲν Ε σημεῖον τὸ κέντρον
τοῦ ζωδιακοῦ, τὸ δὲ Ζ τοῦ ἐκκέντρου,
πρὸς ὃν ἡ κατὰ μῆκος μέση πάροδος τοῦ
ἐπικύκλου θεωρεῖται. Καὶ γραφέντος περὶ
τὸ Β τοῦ ΗΘΚΛ ἐπικύκλου, ἐπεζεύχθωσαν ἥτε ΖΛΒΘ, καὶ ἡ ΗΒΚΕΜ· λέγω
πρῶτον ὅτι ὅταν ὁ ἀϛὴρ κατὰ τὴν ΕΗ
διὰ τοῦ Β κέντρου τοῦ ἐπικύκλου φαίνηται,
καὶ ἡ μέση πάντοτε τοῦ ἡλίου πάροδος
ἐπὶ τῆς αὐτῆς εὐθείας ἔϛαι, καὶ κατὰ
μὲν τὸ Η γινόμενος ὁ ἀϛὴρ συνοδεύει τῇ
μέσῃ τοῦ ἡλίου παρόδῳ καὶ αὐτῇ πρὸς
τῷ Η θεωρουμένῃ· κατὰ δὲ τὸ Κ διάμετρος αὐτῇ γενήσεται πρὸς τῷ Μ σημείῳ
θεωρουμένῃ. Ἐπειδὴ γὰρ αἱ ἀπὸ τῶν ἀπογείων ἐφ' ἑκάϛου τούτων τῶν ἀϛέρων

toute distance du soleil, sans que cette
distance nous manifeste en quel point
l'astre est dans la tangente menée de notre
œil à l'épicycle ; faute dequoi, nous nous
sommes servis de leurs positions diamétrales observées relativement aux lieux
moyens du soleil, et par leurs secours
nous démontrons d'abord les proportions
d'excentricité et les apogées. Attendu que
dans leurs passages ainsi considérés, nous
trouvons l'anomalie zodiacale à part, l'a-
nomalie provenant du soleil étant tout-à-
fait nulle dans cette circonstance.

Car soit décrit autour du
centre D le cercle excentrique ABG sur lequel est porté
le centre de l'épicycle, et son
diamètre AG sur lequel mar-
quez E pour le centre du zodiaque, et Z pour un point
de l'excentrique, auquel on rapporte le
mouvement moyen de l'épicycle en longitude. Après avoir décrit autour du
point B l'épicycle HTKL, joignez ZLBT
et HBKEM. Je dis d'abord que quand
l'astre paroît dans la ligne EH qui passe
par le centre de l'épicycle, le lieu
moyen du soleil sera toujours sur cette
droite, et l'astre étant en H, se rencontre avec le lieu moyen du soleil vu
sur la même ligne que H ; mais l'astre
étant en K, il sera diamétralement opposé
au lieu vu en M. Car puisque les distances moyennes de longitude et d'anomalie depuis les apogées, pour chacun de

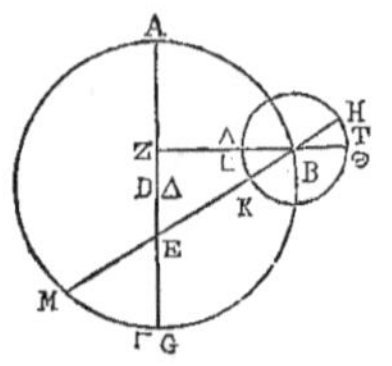

ces astres, combinées ensemble, font le lieu moyen du soleil pris depuis le point de départ, l'angle au centre Z qui mesure le mouvement uniforme de l'astre en longitude, et l'angle en E qui contient le mouvement apparent, ont pour différence, l'angle en B qui renferme le mouvement uniforme de l'astre dans l'épicycle. D'après cela, il est évident que quand l'astre est au point H, il s'en manquera de l'angle HBT, qu'il ne soit retourné au point T de l'apogée. Or, cet angle combiné avec l'angle AZB, c'est-à-dire, retranché de cet angle, donne l'angle AEH du mouvement moyen du soleil, et le même que l'angle apparent de l'astre. Mais si l'astre se meut dans le point K, il sera encore dans l'épicycle sous l'angle TBK qui, combiné (*ajouté*) avec l'angle AZB, donnera le mouvement moyen du soleil depuis l'apogée A, contenant le demi-cercle, plus l'angle AZB moins l'angle LBK, c'est-à-dire l'angle GEM (*a*), opposé à l'angle apparent de l'astre (*voy. la note de M. Delambre*). C'est pourquoi, dans ces aspects, la droite menée du centre B de l'épicycle à l'astre, et celle qui est menée du point E où est le spectateur, au lieu moyen du soleil, coïncideront ensemble en une seule et même droite. Mais dans les autres distances, elles feront des inclinaisons différentes et

μέσαι διαϛάσεις μήκους τε
κᾳὴ ἀνωμαλίας, συντεϑεῖσαι
ποιοῦσι τὴν ἀπὸ τῆς ἀρχῆς
μέσην τοῦ ἡλίου πάροδον,
τῆς δὲ πρὸς τῷ Z κέντρῳ
γωνίας, ἥτις περιέχει τὴν
κατὰ μῆκος τοῦ ἀϛέρος ὁμαλὴν κίνησιν, κᾳὴ τῆς πρὸς τῷ E, ἥτις
περιέχει τὴν φαινομένην, ὑπεροχὴ πάντοτε
γίνεται ἡ πρὸς τῷ B γωνία, περιέχουσα
τὴν ὁμαλὴν κατὰ τὸν ἐπίκυκλον αὐτοῦ
πάροδον, δῆλον ὅτι, ὅταν μὲν κατὰ τὸ
H σημεῖον ᾖ ὁ ἀϛὴρ, ἐλλείψει τῆς ἐπὶ τὸ
Θ ἀπόγειον ἀποκαταϛάσεως τὴν ὑπὸ
HBΘ γωνίαν, ἥτις συντεθεῖσα μετὰ τῆς
ὑπὸ AZB, τουτέϛι ληφθεῖσα ὑπ' αὐτῆς,
ποιεῖ τὴν περιεχομένην ὑπὸ τῆς ἡλιακῆς
μέσης παρόδου γωνίαν τὴν ὑπὸ AEH,
τὴν αὐτὴν οὖσαν τῇ φαινομένῃ τοῦ ἀϛέρος.
Ὅταν δὲ κατὰ τὸ K σημεῖον ᾖ κεκινημένος, πάλιν ἔϛαι κατὰ τὸν ἐπίκυκλον τὴν
ὑπὸ ΘBK γωνίαν, ἥτις συντεθεῖσα μετὰ
τῆς ὑπὸ AZB, ποιήσει τὴν ἀπὸ τοῦ A
ἀπογείου μέσην τοῦ ἡλίου πάροδον, περιέχουσαν ἡμικύκλιόν τε, κᾳὴ ἔτι τὴν ὑπὸ
AZB γωνίαν λείπουσαν τὴν ὑπὸ ΛBK,
τουτέϛι τὴν ὑπὸ ΓEM, πάλιν κατὰ διάμετρον οὖσαν τῇ φαινομένῃ τοῦ ἀϛέρος.
Διὰ τοῦτο δὲ κᾳὴ ἐπὶ μὲν τῶν τοιούτων
σχηματισμῶν, ἥτε ἀπὸ τοῦ B κέντρου
τοῦ ἐπικύκλου ἐπὶ τὸν ἀϛέρα ἐκβαλλομένη εὐθεῖα, κᾳὴ ἡ ἀπὸ τοῦ E τοῦ κατὰ
τὴν ὄψιν ἡμῶν ἐπὶ τὴν μέσην πάροδον τοῦ
ἡλίου κατὰ μιᾶς κᾳὴ τῆς αὐτῆς εὐθείας συμπίπτουσιν ἀμφότεραι· ἐπὶ δὲ τῶν ἄλλων
πασῶν διαϛάσεων, διαφόρους μὲν ποιοῦσι

Τὰς προσνεύσεις, παραλλήλυς δ' ἀλλήλαις πάντοτε.

Ἐὰν γὰρ καθ' ἥν δήποτε θέσιν ἐπὶ τῆς ἐκκειμένης καταγραφῆς, ἀπὸ μὲν τᾶ Β ἐπὶ τὸν ἀςέρα ἀγάγωμεν εὐθεῖαν ὡς τὴν ΒΝ, ἀπὸ δὲ τοῦ Ε ἐπὶ τὴν μέσην τοῦ ἡλίου πάροδον ὡς τὴν ΕΞ, ἴση μὲν ἔςαι διὰ τὰ προειρημένα ἡ ὑπὸ ΑΕΞ γωνία συναμφοτέραις τῇ τε ὑπὸ ΑΖΘ καὶ τῇ ὑπὸ ΘΒΝ, ἴση δὲ καὶ ἡ ὑπὸ ΑΖΘ συναμφοτέραις τῇ τε ὑπὸ ΑΕΗ καὶ τῇ ὑπὸ ΘΒΗ· κοινῆς δ' ἀφαιρεθείσης τῆς ὑπὸ ΑΕΗ, καὶ λοιπὴ ἡ ὑπὸ ΗΕΞ λοιπῇ τῇ ὑπὸ ΗΒΝ ἴση ἔςαι· παράλληλος ἄρα ἐςὶν ἡ ΕΖ εὐθεῖα τῇ ΒΝ. Ἐπειδὴ οὖν κατὰ τοὺς εἰρημένους σχηματισμοὺς συνοδικούς τε καὶ ἀκρονύκτους, τοὺς πρὸς τὴν μέσην τοῦ ἡλίου πάροδον θεωρουμένους, διὰ τοῦ κέντρου τοῦ ἐπικύκλου τὸν ἀςέρα θεωρούμενον εὑρίσκομεν, ὥσπερ ἂν εἰ μηδόλως κατ' ἐπικύκλου τὴν κίνησιν εἶχεν, ἀλλ' αὐτὸς ἐπὶ τοῦ ΑΒΓ κύκλου τὴν θέσιν ἔχων, ὑπὸ τῆς ΖΒ εὐθείας ὁμαλῶς περιήγετο τὸν αὐτὸν τρόπον τῷ κέντρῳ τοῦ ἐπικύκλου, δῆλον ὅτι δυνατὸν μὲν ἔςαι διὰ τῶν τοιούτων παρόδων τοὺς παρὰ τὴν ἐκκεντρότητα τῆς ζωδιακῆς ἀνωμαλίας λόγους καθ' αὑτοὺς ἀποδεῖξαι. Μὴ φαινομένων δὲ τῶν συνοδικῶν σχηματισμῶν, ὑπολείπεται διὰ τῶν ἀκρονύκτων τὰς ἐφόδους τῶν ἀποδείξεων ποιήσασθαι.

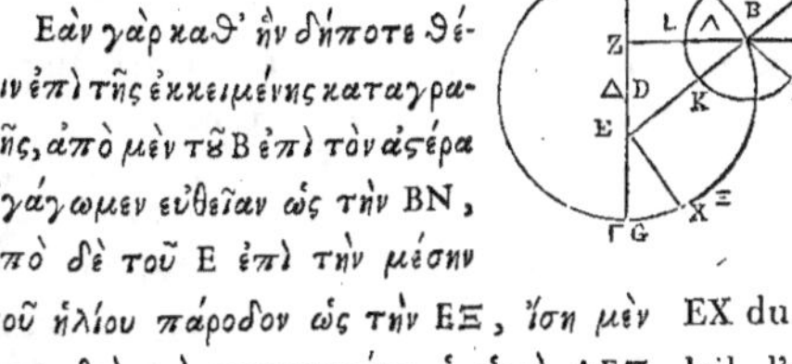

cependant toujours parallèles entr'elles.

Car si, dans cette figure, pour une position quelconque, nous tirons une droite telle que BN du point B sur l'astre, et une autre telle que EX du point E sur le lieu moyen du soleil, l'angle AEX sera, pour les raisons alléguées précédemment, égal aux deux angles AZT et TBN ; mais l'angle AZT est égal aux deux angles AEH et TBH. Retranchant l'angle AEH commun, reste l'angle HEX égal à l'angle HBN ; donc la droite EX est parallèle à la droite BN. Maintenant, puisque suivant les aspects dont nous avons parlé, c'est-à-dire les conjonctions synodiques, et les oppositions qui se voient dans le lieu moyen du soleil, nous trouvons l'astre vu par le centre de l'épicycle, comme s'il n'avoit aucun mouvement dans l'epicycle; mais comme si, ayant sa position sur le cercle ABG, il faisoit sa révolution par la droite ZB, de la même manière que le centre de l'épicycle, il est clair qu'on pourra, par le moyen de ces lieux, démontrer les proportions d'anomalie zodiacale dépendante de l'excentricité. Mais comme les conjonctions synodiques ne se voient point, il faut faire les démonstrations par le moyen des oppositions (*acronyctes*).

CHAPITRE VII.

DÉMONSTRATION DE L'EXCENTRICITÉ ET DE L'APOGÉE DE MARS.

De même que pour la lune, en prenant les lieux et les temps de trois de ses éclipses totales, nous avons démontré graphiquement la proportion de l'anomalie et le lieu du périgée : on observe ici par le moyen de l'astrolabe avec le plus de précision que cela peut se faire, les lieux de trois oppositions diamétrales, par rapport au lieu moyen du soleil, pour chacun de ces astres. Et d'après ce que les observations ont donné pour les lieux moyens du soleil, on calcule en détail et avec la plus grande précision le temps et le lieu de l'opposition diamétrale, et l'on démontre ainsi, la proportion de l'excentricité et l'apogée.

D'abord pour Mars, nous avons pris trois oppositions (*acronyctes*). Nous avons observé la première dans la 15e année d'Adrien, à 1 heure équinoxiale après minuit du 26 au 27 du mois égyptien Tubi, au 21e degré des gémeaux ; la seconde dans la 19e année d'Adrien, à 3 heures avant minuit du 6 au 7 du mois égyptien Pharmouthi, sur 28d 50′ du lion ; et la troisième, la 2e année d'Antonin, à 2 heures avant minuit du 12 au 13 (*a*) du mois égyptien Epiphi, sur 2d 34′ du sagittaire. Or les intervalles de ces oppositions comprennent depuis la première jusqu'à la seconde,

ΚΕΦΑΛΑΙΟΝ Ζ.

ΑΠΟΔΕΙΞΙΣ ΤΗΣ ΤΟΥ ΑΡΕΩΣ ΕΚΚΕΝΤΡΟΤΗΤΟΣ ΚΑΙ ΤΟΥ ΑΠΟΓΕΙΟΥ.

ΩΣΠΕΡ οὖν ἐπὶ τῆς σελήνης λαβόντες τριῶν πανσεληνιακῶν ἐκλείψεων τούς τε τόπους καὶ τοὺς χρόνους, ἀπεδείκνυμεν διὰ τῶν γραμμῶν τόν τε τῆς ἀνωμαλίας λόγον καὶ τὸν τοῦ ἀπογείου τόπον, τὸν αὐτὸν τρόπον καὶ ἐνταῦθα τριῶν ἀκρονύκτων τῶν πρὸς τὴν μέσην τοῦ ἡλίου πάροδον διαμέτρων, καθ᾽ ἕκαςον τῶν ἀςέρων τούτων, τούς τε τόπους τηρήσαντες, ὡς ἔνι μάλιςα ἀκριβῶς διὰ τῶν ἀςρολάβων ὀργάνων, καὶ ἀπὸ τοῦ κατὰ τὰς τηρήσεις μέσων τοῦ ἡλίου παρόδων, τὸν πρὸς τὸ λεπτομερέςερον τῆς διαςάσεως χρόνον τε καὶ τόπον προσεπιλογισάμενοι, ἀπὸ τούτων δείκνυμεν τόν τε τῆς ἐκκεντρότητος λόγον καὶ τὸ ἀπόγειον.

Ἐπὶ πρώτου τοίνυν τοῦ τοῦ Ἄρεως, ἐλάβομεν τρεῖς ἀκρονύκτους, ὧν τὴν μὲν πρώτην ἐτηρήσαμεν τῷ ιε̅ ἔτει Ἀδριανοῦ κατ᾽ Αἰγυπτίους Τυβὶ κϛ̅ εἰς τὴν κζ̅, μετὰ α̅ ὥραν ἰσημερινὴν τοῦ μεσονυκτίου, περὶ διδύμων μοίρας κα̅· τὴν δὲ δευτέραν τῷ ιθ̅ ἔτει Ἀδριανοῦ, κατ᾽ Αἰγυπτίους Φαρμουθὶ ϛ̅ εἰς τὴν ζ̅ πρὸ ὡρῶν γ̅ τοῦ μεσονυκτίου περὶ λέοντος μοίρας κη̅ ν′· τὴν δὲ τρίτην τῷ δευτέρῳ ἔτει Ἀντωνίνου, κατ᾽ Αἰγυπτίους Ἐπιφὶ ιβ̅ εἰς τὴν ιγ̅, πρὸ β̅ ὡρῶν τοῦ μεσονυκτίου περὶ τοξότου μοίρας β̅ λδ′. Οἱ μὲν οὖν χρόνοι τῶν διαςάσεων περιέχουσιν, ἀπὸ μὲν τῆς πρώτης ἀκρονύκτου ἐπὶ τὴν δευτέραν,

ἔτη Αἰγυπτιακὰ δ, καὶ ἡμέρας ξθ, καὶ
ὥρας ἰσημερινὰς κ. Ἀπὸ δὲ τῆς δευτέρας
ἐπὶ τὴν τρίτην ἔτη δ ὁμοίως, καὶ ἡμέρας ϟϛ, καὶ ὥραν ἰσημερινὴν μίαν. Συνάγονται δὲ ἐκ μὲν τοῦ τῆς πρώτης διαστάσεως χρόνου, μεθ' ὅλους κύκλους μήκους,
κινήσεως μοῖραι πᾱ μδ', ἐκ δὲ τοῦ τῆς
δευτέρας μοῖραι ϟε κη'. Οὐδενὶ γὰρ ἀξιολόγῳ διοίσει, κᾶν ἀπὸ τῶν ὁλοσχερέστερον
ἐκτεθειμένων περιοδικῶν ἀποκαταστάσεων,
ἐπί γε τοῦ τοσούτου χρόνου τὰς μέσας
κινήσεις ἐπιλογιζώμεθα. Δῆλον δ' ὅτι καὶ
κατὰ μὲν τὴν πρώτην διάστασιν ὁ φαινόμενος ἀστὴρ κεκίνηται μεθ' ὅλους κύκλους μοίρας ξζ ν', κατὰ δὲ τὴν δευτέραν μοίρας
ϟγ μδ'.

Γεγράφθωσαν δὴ ἐν τῷ τοῦ
ζωδιακοῦ ἐπιπέδῳ, τρεῖς ἴσοι
κύκλοι, ὧν ὁ μὲν τὸ κέντρον
φέρων τοῦ ἐπικύκλου τοῦ Ἄρεως
ἔσω ὁ ΑΒΓ περὶ κέντρον τὸ Δ,
ὁ δὲ τῆς ὁμαλῆς κινήσεως ἔκκεντρος ὁ ΕΖΗ περὶ κέντρον τὸ Θ,
ὁ δὲ ὁμόκεντρος τῷ ζωδιακῷ ὁ
ΚΛΜ περὶ κέντρον τὸ Ν, ἡ δὲ διὰ
πάντων τῶν κέντρων διάμετρος ἡ ΞΘΠΡ.
Ὑποκείσθω δὲ τὸ μὲν Α, καθ' οὗ ἦν
τὸ τοῦ ἐπικύκλου κέντρον ἐν τῇ πρώτῃ
ἀκρονύκτῳ, τὸ δὲ Β, καθ' οὗ ἦν ἐν
τῇ δευτέρᾳ ἀκρονύκτῳ, τὸ δὲ Γ, καθ'
οὗ ἦν ἐν τῇ τρίτῃ ἀκρονύκτῳ. Καὶ ἐπεζεύχθωσαν αἵ τε ΘΑΕ καὶ ΘΒΖ, καὶ ΘΗΓ, καὶ
ΝΚΑ, καὶ ΝΛΜ καὶ ΝΓΜ, ὥστε τὴν μὲν
ΕΖ τοῦ ἐκκέντρου περιφέρειαν μοιρῶν εἶναι
τῶν τῆς πρώτης περιοδικῆς διαστάσεως πᾱ
μδ', τὴν δὲ ΖΗ τῶν τῆς δευτέρας ϟε κη', καὶ

4 années égyptiennes et 69 jours et deux heures équinoxiales, depuis la seconde jusqu'à la troisième, 4 années aussi et 96 jours une heure équinoxiale. On trouve en sus des circonférences entières, à partir de la première opposition, que le mouvement moyen dans l'intervalle de la première à la seconde sera de 81d 44', et de la seconde à la troisième de 95d 28'. Car il n'y aura pas de différence bien considérable, même si nous calculons les mouvemens moyens, pour tout ce temps, d'après les retours périodiques pris à peu près. Il est donc clair que depuis la première opposition jusqu'à la seconde, la longitude vraie de l'astre a augmenté de 67d 50' en sus des circonférences entières, et depuis la seconde jusqu'à la troisième, de 93d 44'.

Décrivons, dans le plan du zodiaque, trois cercles égaux, dont l'un qui porte le centre de l'épicycle de Mars, soit ABG autour du centre D; l'excentrique EZH, du mouvement uniforme autour du centre T; le concentrique au zodiaque autour du centre N; et la droite XTPR qui passe par les centres de tous ces cercles. Supposons A le point où étoit le centre de l'épicycle dans la première opposition; B celui où il étoit dans la seconde; G celui où il étoit dans la troisième. Soient jointes TAE, TBZ, THG, NKA, NLM, NGM; ensorte que l'arc EZ de l'excentrique, soit de 81d 44', à partir de la première opposition jusqu'à la seconde, pour le premier intervalle; ZH de 95d 28' de la seconde à la troisième, pour le second intervalle ; et que l'arc KL du zodiaque contienne les 67ᵈ 5o′ du mouvement apparent, ou vrai, dans le premier intervalle ; et LM les 93ᵈ 44′ de ce mouvement dans le second. Maintenant, si les arcs EZ et ZH de l'excentrique étoient soutendus par les arcs KL et LM du zodiaque, nous ne chercherions rien autre chose pour la démonstration de l'excentricité. Mais comme ceux-ci soutendent les arcs AB et BG de l'excentrique moyen, qui ne sont pas donnés, si nous joignons NSE, NTZ, NHU, les arcs ST et TU du zodiaque soutendent alors les arcs EZ et ZH de l'excentrique. Mais ces arcs du zodiaque ne sont pas plus donnés que les précédens : il faudrait auparavant que les différences KS, LT, MU le fussent, pour pouvoir déterminer exactement la vraie proportion de l'excentricité par les arcs correspondans EZH et STU. Or comme il n'est pas non plus possible de les prendre exactement avant de connoître la proportion de l'excentricité et le lieu de l'apogée, ils seront au moins donnés à peu près, quoique ces dernières quantités ne soient pas exactement connues auparavant, parceque leurs différences ne sont pas grandes. Nous ferons donc le calcul d'abord en regardant comme insensibles les différences entre les arcs STU et KLM.

Soit ABG le cercle excentrique du mouvement uniforme de Mars, et soit A le point de la première opposition, B celui de la seconde, G celui de la troisième. Prenons-en dedans le point D pour le

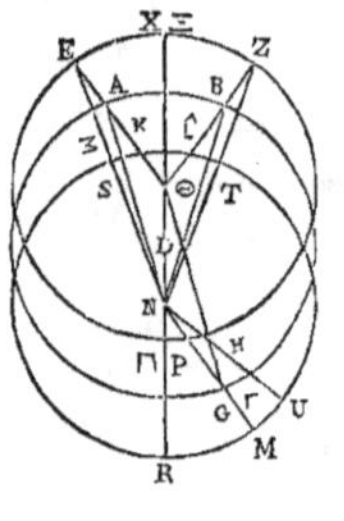

πάλιν τὴν μὲν ΚΛ περιφέρειαν τοῦ ζωδιακοῦ, τῶν τῆς φαινομένης πρώτης διαςάσεως μοιρῶν ξζ ν′, τὴν δὲ ΛΜ τῶν τῆς δευτέρας ζγ μδ′. Εἰ μὲν οὖν αἱ ΕΖ καὶ ΖΗ τοῦ ἐκκέντρου περιφέρειαι ὑπὸ τῶν ΚΛ καὶ ΛΜ τοῦ ζωδιακοῦ περιφερειῶν ὑπετείνοντο, οὐδὲν ἂν ἄλλο πρὸς τὴν δεῖξιν ἔτι τῆς ἐκκεντρότητος ἐζητοῦμεν. Επεὶ δ' αὐταὶ μὲν τὰς ΑΒ κỳ ΒΓ τοῦ μέσου ἐκκέντρου ὑποτείνουσι μὴ διδομένας, ἐὰν δ' ἐπιζεύξωμεν τὰς ΝΣΕ, κỳ ΝΤΖ, κỳ ΝΗΥ, πάλιν τὰς ΕΖ καὶ ΖΗ τοῦ ἐκκέντρου περιφερείας αἱ ΣΤ καὶ ΤΥ τοῦ ζωδιακοῦ ὑποτείνουσι, μηδὲ αὐταὶ δηλονότι δεδομέναι, δεήσει πρότερα δοθῆναι τὰ ΚΣ καὶ ΛΤ καὶ ΜΥ διάφορα τμήματα, ἵνα ἀπὸ τῶν συζυγουσῶν περιφερειῶν τῶν τε ΕΖΗ καὶ τῶν ΣΤΥ πρὸς ἀκρίβειαν ὁ τῆς ἐκκεντρότητος λόγος ἀποδειχθῇ. Επεὶ δ' οὔτε ταύτας οἱοντέ ἐςιν ἀκριβῶς λαβεῖν πρότερον τοῦ τε τῆς ἐκκεντρότητος λόγου καὶ τοῦ ἀπογείου, δοθήσονται μέντοι ἔγγιςα, κἂν μὴ ἀκριβῶς ἐκεῖνα προϋπάρχῃ, διὰ τὸ μὴ μεγάλας αὐτῶν γίγνεσθαι τὰς διαφορὰς, ποιησόμεθα πρότερον τὸν ἐπιλογισμὸν ὡς μηδενὶ ἀξιολόγῳ διαφερουσῶν παρὰ τὰς τῶν ΣΤΥ καὶ ΚΛΜ περιφερειῶν.

Εςω γὰρ ὁ τῆς ὁμαλῆς παρόδου τοῦ Αρεως ἔκκεντρος κύκλος ὁ ΑΒΓ, καὶ ὑποκείσθω τὸ μὲν Α σημεῖον τῆς πρώτης ἀκρονύκτου, τὸ δὲ Β τῆς δευτέρας, τὸ δὲ Γ. τῆς τρίτης. Εἰλήφθω ἐντὸς αὐτοῦ τὸ

κέντρον τοῦ ζωδιακοῦ, ἐφ' οὗ
ἡ ὄψις ἡμῶν τὸ Δ, καὶ ἐπεζεύχθωσαν εὐθεῖαι πάντοτε ἀπὸ
τῶν τριῶν σημείων τῶν ἀκρονύκτων ἐπὶ τὸ τῆς ὄψεως ὡς νῦν,
ἥτε ΑΔ κ) ἡ ΒΔ κ) ἡ ΓΔ. Καὶ
ἐκβεβλήσθω μὲν καθόλε μία
τῶν ἐπεζευγμένων γ̄ εὐθειῶν
ἐπὶ τὴν ἐναντίαν τῦ ἐκκέντρε περιφέρειαν,
ὡς ἐνθάδε ἡ ΓΔΕ, τὰ δὲ λοιπὰ δύο
σημεῖα τῶν ἀκρονύκτων ἐπιζευγνύτω εὐθεῖα, ὡς ἐπὶ τούτων ἡ ΑΒ· ἔπειτα ἀπὸ
τῆς γενομένης τομῆς τοῦ ἐκκέντρου ὑπὸ
τῆς ἐκβεβλημένης εὐθείας, οἷον τοῦ Ε, ἐπι-
ζευγνύσθωσαν μὲν εὐθεῖαι ἐπὶ τὰ λοιπὰ
δύο σημεῖα τῶν ἀκρονύκτων, ὡς ἐνθάδε
ἥτε ΕΑ καὶ ἡ ΕΒ. Κάθετοι δ' ἀγέσθω-
σαν ἐπὶ τὰς ἀπὸ τῶν εἰρημένων δύο ση-
μείων· ἐπὶ τὸ τοῦ ζωδιακοῦ κέντρον ἐπι-
ζευγνυμένας εὐθείας, ὡς ἐπὶ τούτων,
ἐπὶ μὲν τὴν ΑΔ ἡ ΕΖ, ἐπὶ δὲ τὴν ΒΔ
ἡ ΕΗ· καὶ ἔτι ἀπὸ τοῦ ἑτέρου τῶν εἰρημένων δύο σημείων κάθετος ἀγέσθω
πρὸς τὴν ἀπὸ τοῦ ἑτέρου αὐτῶν ἐπὶ τὸ
γενόμενον τοῦ ἐκκέντρου περισσὸν σημεῖον
ἐπιζευχθεῖσαν, ὡς ἐνθάδε ἀπὸ τοῦ Α
ἐπὶ τὴν ΒΕ, εὐθεῖα ἡ ΑΘ. Ταῦτα μὲν οὖν
ἀεὶ τηροῦντες ἐπὶ τῆς τοιαύτης καταγραφῆς, καθ' ὃν ἂν βουλώμεθα τρόπον, τοὺς
αὐτοὺς λόγους ἐπὶ τῶν ἀριθμῶν εὑρήσομεν
φερομένους, ἡ δὲ λοιπὴ δεῖξις ἀπὸ τῶν
προκειμένων ἐπὶ τοῦ τοῦ Ἄρεως περιφερειῶν ἔςαι φανερὰ τὸν τρόπον τοῦτον.

Ἐπεὶ γὰρ ἡ ΒΓ τοῦ ἐκκέντρου περιφέρεια ὑπόκειται ὑποτείνουσα τοῦ ζωδιακοῦ
μοίρας ζ̄γ μδ̄, εἴη ἂν ἡ μὲν ὑπὸ ΒΔΓ

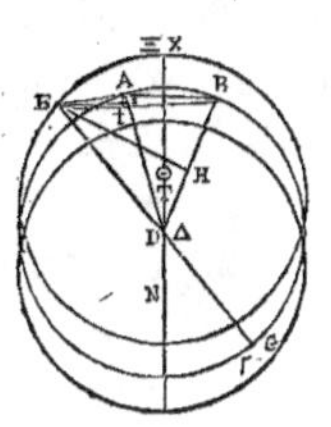

centre du zodiaque, centre
d'où le spectateur regarde, et
menons à ce lieu D de l'œil les
lignes AD, BD, GD, des trois
points des oppositions acronyctes. Prolongeons une de
ces trois droites, comme ici
GDE, jusqu'à l'arc opposé de
l'excentrique, joignons les deux autres
points d'opposition acronycte par une
droite AB. Ensuite, de la section E de
l'excentrique faite par la droite prolongée GD, menons des droites EA, EB,
aux deux autres points des oppositions
acronyctes. Abaissons sur les droites
menées de ces deux points au centre du
zodiaque, des perpendiculaires EZ sur
AD, et EH sur BD. Et de l'un de ces
deux points sur la droite menée de
l'autre au centre de l'excentrique, comme
ici de A sur BE, menons la perpendiculaire AT. En observant ceci dans la
construction de la figure, de la manière
qui nous paroîtra la plus commode (b),
nous trouverons les mêmes proportions
pour les nombres; et le reste de la démonstration, d'après les arcs rapportés
ci-dessus pour Mars, sera évident par
l'application que nous allons en faire de
la manière suivante : (*c'est-à-dire qu'il y
a trois lignes qu'on peut prolonger ; on
en choisit une à volonté ; mais quelque
choix que l'on fasse, on arrivera toujours aux mêmes résultats.*)

Car puisque l'arc BH de l'excentrique
est supposé soutendre 93ᵈ 44′ du zodiaque; l'angle BDG au centre du zodiaque

sera de 93ᵈ 44′ des degrés dont 360 font quatre angles droits, et de 187ᵈ 28′ de ceux dont 360 font deux angles droits, et l'angle de suite EDH sera de 172ᵈ 32′. Ainsi l'arc soutendu par EH est de 172ᵈ 32′ des degrés dont le cercle décrit autour du rectangle DEH en contient 360, et la droite EH est de 119ᵖ 45′ des parties dont l'hypoténuse DE en contient 120. Pareillement, puisque l'arc BG est de 95ᵈ 28′, l'angle BEG inscrit à la circonférence sera de 95ᵈ 28′ des degrés dont 360 font deux angles droits. Or, l'angle BDE est de 172ᵈ 32′, donc l'autre angle EBH en vaudra 92ᵈ. Ainsi l'arc soutendu par EH sera de ces 92ᵈ dont le cercle décrit autour du rectangle BEH en contient 360, et la droite EH aura 86ᵖ 19′ des parties dont l'hypothénuse BE en a 120. Donc EH ayant été démontrée de 119ᵖ 46′, et ED de 120ᵈ, BE en aura 166ᵖ 29′.

Puisqu'encore l'arc entier ABG de l'excentrique est supposé soutendre la somme 161ᵖ 24′ des deux intervalles, l'angle ADG vaudra ces 161ᵈ 34′ dont 360 font quatre angles droits, et l'angle ADE (de supplément) en vaudra 18ᵈ 26′, et 36ᵈ 52′ des degrés dont 368 font deux angles droits. L'arc soutendu par EZ est donc de 36ᵈ 52′ des degrés dont le cercle décrit autour du rectangle DEZ en contient 360, et la droite EZ est de 37ᵈ 57′ des parties dont l'hypoténuse DE en contient 120. Pareillement, si l'arc ABG de l'excentrique

γωνία πρὸς τῷ κέντρῳ οὖσα τοῦ ζωδιακοῦ οἵων μέν εἰσιν αἱ τέσσαρες ὀρθαὶ τξ, τοιούτων ζγ μδʹ, οἵων δʹ αἱ δύο ὀρθαὶ τξ, τοιούτων ρπζ κη, ἡ δʹ ἐφεξῆς αὕτη ἡ ὑπὸ ΕΔΗ τῶν αὐτῶν ροβ λβʹ. Ὥστε καὶ ἡ μὲν ἐπὶ τῆς ΕΗ περιφέρεια τοιούτων ἐστὶν ροβ λβʹ, οἵων ὁ περὶ ΔΕΗ ὀρθογώνιον κύκλος τξ, ἡ δὲ ΕΗ εὐθεῖα τοιούτων ριθ μεʹ, οἵων ἐςὶν ἡ ΔΕ ὑποτείνουσα ρκ· Ὁμοίως ἐπεὶ ἡ ΒΓ περιφέρεια ἐςὶ μοιρῶν ζε κη, ἔτι ἂν καὶ ἡ ὑπὸ ΒΕΓ γωνία πρὸς τῇ περιφερείᾳ οὖσα, τοιούτων ζε κη, οἵων εἰσιν αἱ δύο ὀρθαὶ τξ. Τῶν δʹ αὐτῶν κỳ ἡ ὑπὸ ΒΔΕ γωνία ροβ λβʹ. Καὶ λοιπὴ ἄρα ἡ ὑπὸ ΕΒΗ τῶν αὐτῶν ἔςαι ϟβ. Ὥστε καὶ ἡ μὲν ἐπὶ τῆς ΕΗ περιφέρεια τοιούτων ἐςὶν ϟβ, οἵων ὁ περὶ τὸ ΒΕΗ ὀρθογώνιον κύκλος τξ, ἡ δὲ ΕΗ εὐθεῖα τοιούτων πε ιθ, οἵων ἐςὶν ἡ ΒΕ ὑποτείνουσα ρκ. Καὶ οἵων ἄρα ἡ μὲν ΕΗ ἐδείχθη ριθ μεʹ, ἡ δὲ ΕΔ ὁμοίως ρκ, τοιούτων κỳ ἡ ΒΕ ἔςαι ρξε κθ.

Πάλιν ἐπεὶ ἡ ΑΒΓ ὅλη περιφέρεια τοῦ ἐκκέντρου ὑποτείνουσα ὑπόκειται τοῦ ζωδιακοῦ τὰς συναγομένας ἀμφοτέρων τῶν διαςάσεων μοίρας ρξα λδʹ, ἔτι ἂν καὶ ἡ μὲν ὑπὸ ΑΔΓ γωνία τοιούτων ρξα λδʹ, οἵων εἰσιν αἱ τέσσαρες ὀρθαὶ τξ, λοιπὴ δὲ ἡ ὑπὸ ΑΔΕ τῶν αὐτῶν μὲν ιη κε, οἵων δʹ αἱ δύο ὀρθαὶ τξ, τοιούτων λε νβ, ὥςε καὶ ἡ μὲν ἐπὶ τῆς ΕΖ περιφέρεια τοιούτων ἐςὶ λε νβ, οἵων ὁ περὶ τὸ ΔΕΖ ὀρθογώνιον κύκλος τξ, ἡ δὲ ΕΖ εὐθεῖα τοιούτων λζ νζ, οἵων ἐςὶν ἡ ΔΕ ὑποτείνουσα ρκ. Ὁμοίως ἐπεὶ ἡ ΑΒΓ τοῦ ἐκκέντρου

περιφέρεια συνάγεται μοιρῶν ροζ ιβ′,
εἴη ἂν καὶ ἡ ὑπὸ ΑΕΓ γωνία τοιούτων
ροζ ιβ′, οἵων εἰσὶν αἱ δύο ὀρθαὶ τξ. Τῶν
δ᾽ αὐτῶν ἦν καὶ ἡ ὑπὸ ΑΔΕ γωνία λϛ νβ′.
Καὶ λοιπὴ ἄρα ἡ ὑπὸ ΔΑΕ τῶν αὐτῶν
ἐϛιν ρμε νϛ′. Ὥστε καὶ ἡ μὲν ἐπὶ τῆς ΕΖ
περιφέρεια τοιούτων ἐϛὶν ρμε νϛ′, οἵων ὁ
περὶ τὸ ΔΕΖ ὀρθογώνιον κύκλος τξ, ἡ δὲ
ΕΖ εὐθεῖα τοιούτων ριδ μδ′, οἵων ἐϛὶν
ἡ ΑΕ ὑποτείνουσα ρκ. Καὶ οἵων ἄρα ἡ μὲν
ΕΖ ἐδείχθη λζ νζ′, ἡ δὲ ΕΔ εὐθεῖα ρκ,
τοιούτων καὶ ἡ ΑΕ ἔϛαι λθ μβ′.

Πάλιν ἐπεὶ ἡ ΑΒ τοῦ ἐκκέντρου περιφέρεια μοιρῶν ἐϛιν πα μδ′, εἴη ἂν καὶ ἡ ὑπὸ
ΑΕΒ γωνία τοιούτων πα μδ′, οἵων εἰσὶν
αἱ δύο ὀρθαὶ τξ. Ὥστε καὶ ἡ μὲν ἐπὶ τῆς
ΑΘ περιφέρεια τοιούτων ἐϛὶν πα μδ′,
οἵων ὁ περὶ τὸ ΑΕΘ ὀρθογώνιον κύκλος
τξ, ἡ δὲ ἐπὶ τῆς ΕΘ τῶν λοιπῶν εἰς τὸ
ἡμικύκλιον ϙη ιϛ′. Καὶ τῶν ὑπ᾽ αὐτὰς ἄρα
εὐθειῶν ἡ μὲν ΑΘ ἔϛαι τοιούτων οη λα′,
οἵων ἐϛὶν ἡ ΑΕ ὑποτείνουσα ρκ, ἡ δὲ ΕΘ
τῶν αὐτῶν ϙ με′. Ὥστε καὶ οἵων ἡ μὲν
ΑΕ ἐδείχθη λθ μβ′, ἡ δὲ ΔΕ ὑπόκειται
ρκ, τοιούτων καὶ ἡ μὲν ΘΑ ἔϛαι κε νη′, ἡ
δὲ ΕΘ ὁμοίως λ καὶ ἑξηκοϛῶν β · τῶν δ᾽
αὐτῶν ἐδέδεικτο καὶ ἡ ΕΒ ὅλη ρξϛ κθ′.
Καὶ λοιπὴ ἄρα ἡ ΘΒ τοιούτων ἐϛὶ ρλϛ
κζ′, οἵων ἡ ΒΑ ἦν κε νη′. Καὶ ἔϛι τὸ μὲν
ἀπὸ τῆς ΘΒ τετράγωνον ͵ηχιη λϛ′, τὸ δ᾽
ἀπὸ τῆς ΘΑ ὁμοίως χοδ ιϛ′, ἃ συντεθέντα
ποιεῖ τὸ ἀπὸ τῆς ΑΒ τετράγωνον ͵θσϙβ νβ′.
Μήκει ἄρα ἡ ΑΒ τοιούτων ρλη νγ′, οἵων
ἡ μὲν ΕΔ ἦν ρκ, ἡ δὲ ΑΕ εὐθεῖα λθ μβ′.
Εϛι δὲ καὶ οἵων ἡ τοῦ ἐκκέντρου διάμετρος
ρκ, τοιούτων ἡ ΑΒ εὐθεῖα οη λα′· ὑποτείνει

contient 177ᵈ 12′, l'angle AEG sera de 177ᵈ
12′ dont 360ᵈ font deux angles droits.
Mais l'angle ADE étoit de 36ᵈ 52′ des
mêmes degrés; donc le troisième angle
DAE en vaut 145ᵈ 56′. Ainsi l'arc soutendu
par la droite EZ est de 145ᵈ 56′ des degrés
dont le cercle décrit autour du rectangle
DEZ en contient 360, et la droite EZ est
de 114ᵖ 44′ des parties dont l'hypoténuse
AE en contient 120. Donc des parties dont
EZ a été démontrée en avoir 37ᵖ 57′, et
dont ED en contient 120, AE en aura
39ᵖ 42′.

En outre, puisque l'arc AB de l'excentrique est de 81ᵈ 44′, l'angle AEB vaudra
81ᵈ 44′ des degrés dont 360 font deux
angles droits. De sorte que l'angle sur AT
est de 81ᵈ 44′ des degrés dont le cercle
décrit autour du triangle rectangle AET
en contient 360, et l'arc soutendu par ET
contient les 98ᵈ 16′ restants du demi-
cercle. Donc, de leurs soutendantes, AT
aura 78ᵖ 31′ des parties dont l'hypoténuse
AE en contient 120, et ET en aura 90ᵈ
45′. Ainsi AE ayant été démontrée avoir
39ᵖ 42′, et DE étant supposée en avoir
120, AT en aura 25ᵖ 58′, et ET en aura
30ᵖ 2′. Mais on a prouvé que EB entière en avoit 166ᵖ 29′. Donc la portion
restante TB a 136ᵖ 27′ des parties dont
TA en avoit 25ᵖ 58′. Or le carré fait
sur TB est de 18618ᵖ 36′, celui de TA est
de 674ᵖ 16′, et leur somme 19292ᵖ 52′ est
égale au carré de AB. Donc la longueur
de AB est de 138ᵖ 53′ des parties dont ED
en contient 120, et la droite AE 39ᵈ 42′.
Mais la droite AB est de 78ᵖ 31′ des parties dont le diamètre de l'excentrique en
contient 120; car elle soutend l'arc de

81ᵈ 44'. Donc AB étant de 78ᵖ 31', et le diamètre de l'excentrique de 120, ED en aura 67ᵖ 5o', et AE 22ᵖ 44' (c). Ainsi l'arc de l'excentrique que cette droite soutend, est de 21ᵈ 41' (d), et l'arc entier EABG est de 198ᵈ 53'. Donc l'arc restant GE est de 161ᵈ 7', et la droite GDE qui le soutend, a 118ᵖ 22' des parties dont le diamètre de l'excentrique en a 120.

Maintenant, si la droite GE étoit trouvée égale au diamètre de l'excentrique, il est évident que le centre de ce cercle seroit dans cette ligne, et qu'alors paroîtroit la proportion de l'excentricité. Mais comme elle ne lui est pas égale, et qu'elle fait le segment EABG plus grand qu'un demi-cercle, il est clair que le centre de l'excentrique se trouvera dans ce segment. Supposons-le au point K, et menons par ce point et par D le diamètre LKDM. Du point K abaissons la perpendiculaire KNX sur GE. Puisqu'on a démontré que la droite EG a 118ᵖ 22' des parties dont le diamètre LM en a 120, et que la droite DE en avoit 67ᵖ 5o', il s'ensuit que la droite GD en aura 5oᵖ 32'. Ainsi, puisque le rectangle formé de ED par DG est égal à celui que fait LD par DM, nous aurons le rectangle de LD par DM, de 3427ᵖ 51' de ces mêmes parties. Mais la somme du rectangle de LD par DM et du carré de DK, est égale au carré de la moitié de cette droite entière,

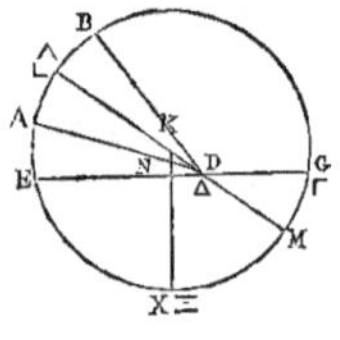

γὰρ περιφέρειαν μοιρῶν πᾱ μδ´. Καὶ οἵων ἄρα ἐςὶν ἡ μὲν ΑΒ εὐθεῖα οῆ λα´, ἡ δὲ ἐκ τοῦ κέντρου διάμετρος ρκ̄, τοιούτων καὶ ἡ μὲν ΕΔ ἔςαι ξζ ν´, ἡ δὲ ΑΕ τῶν αὐτῶν κβ̄ μδ´. Ὥστε καὶ ἡ μὲν ἐπ' αὐτῆς περιφέρεια τοῦ ἐκκέντρου μοιρῶν ἐςιν κᾱ μα´, ὅλη δὲ ἡ ΕΑΒΓ μοιρῶν ρϙη νγ´. Καὶ λοιπὴ ἄρα ἡ μὲν ΓΕ περιφέρεια μοιρῶν ἐςιν ρξᾱ ζ´, ἡ δ᾽ ὑπ᾽ αὐτὴν εὐθεῖα ἡ ΓΔΕ τοιούτων ρῐη κβ´, οἵων ἐςὶν ἡ τοῦ ἐκκέντρου διάμετρος ρκ̄.

Εἰ μὲν οὖν ἡ ΓΕ εὐθεῖα ἴση ἦν εὑρημένη τῇ διαμέτρῳ τοῦ ἐκκέντρου, δῆλον ὅτι καὶ ἐπ' αὐτῆς ἂν ἐτύγχανε τὸ κέντρον αὐτοῦ, καὶ αὐτόθεν ἂν ἐφαίνετο τῆς ἐκκεντρότητος ὁ λόγος. Ἐπεὶ δὲ οὐ γέγονεν ἴση, μεῖζον δὲ καὶ τὸ ΕΑΒΓ τμῆμα πεποίηκεν ἡμικυκλίου, φανερὸν ὅτι πρὸς τούτῳ τὸ κέντρον πεσεῖται τοῦ ἐκκέντρου. Ὑποκείσθω δὴ τὸ Κ, καὶ διήχθω διὰ τούτου καὶ τοῦ Δ, ἡ δι' ἀμφοτέρων τῶν κέντρων διάμετρος ἡ ΛΚΔΜ, καὶ ἀπὸ τοῦ Κ ἐπὶ τὴν ΓΕ κάθετος ἤχθω ἡ ΚΝΞ. Ἐπεὶ τοίνυν ἡ ΕΓ εὐθεῖα ἐδείχθη τοιούτων ρῐη κβ´, οἵων ἐςὶν ἡ ΛΜ διάμετρος ρκ̄, τῶν δ' αὐτῶν ἦν καὶ ἡ ΔΕ εὐθεῖα ξζ ν´, καὶ λοιπὴ ἄρα ἡ ΓΔ ἔςαι τῶν αὐτῶν ν̄ λβ´. Ὥστε ἐπεὶ τὸ ὑπὸ τῶν ΕΔ ΔΓ περιεχόμενον ὀρθογώνιον ἴσόν ἐςι τῷ ὑπὸ τῶν ΛΔ ΔΜ περιεχομένῳ, τοιούτων ἕξομεν τὸ ὑπὸ τῶν ΛΔ ΔΜ περιεχόμενον ὀρθογώνιον γυκζ να´. Ἀλλὰ καὶ τὸ ὑπὸ τῶν ΛΔ ΔΜ, μετὰ τοῦ ἀπὸ τῆς ΔΚ τετραγώνου, ποιεῖ τὸ ἀπὸ τῆς

ἡμισείας τῆς ὅλης, τουτέςι τῆς ΛΚ τετράγωνον. Ἐὰν ἄρα ἀπὸ τοῦ ἀπὸ τῆς ἡμισείας
τετετραγώνου τῶν γινομένων γχ̄ ἀφέλωμεν τὸ ὑπὸ τῶν ΛΔ ΔΜ, τὰ γενόμενα γυκζ̄
να´, καταλειφθήσεται ἡμῖν τὸ ἀπὸ τῆς ΔΚ
τετράγωνον τῶν αὐτῶν ροβ̄ θ´. Καὶ μήκει
ἄρα ἕξομεν τὴν ΔΚ μεταξὺ τῶν κέντρων
οὖσαν τοιούτων ιγ̄ ζ´ ἔγγιςα, οἵων ἐςὶν
ἡ ΚΛ ἐκ τοῦ κέντρου τοῦ ἐκκέντρου ξ̄.

Πάλιν ἐπεὶ ἡ μὲν ἡμίσεια τῆς ΓΕ, τουτέςιν ἡ ΓΝ, τοιούτων ἐςὶ νθ̄ ια´, οἵων ἡ ΛΜ
διάμετρος ρκ̄, τῶν δ´ αὐτῶν ἐδείχθη καὶ
ἡ ΓΔ εὐθεῖα ν̄ λβ´, καὶ λοιπὴ ἄρα ἡ ΔΝ
τοιούτων ἐςὶν η̄ λθ´, οἵων ἡ ΔΚ εὑρέθη ιγ̄ ζ´.
Ὥςτε καὶ οἵων ἐςὶν ἡ ΔΚ ὑποτείνουσα ρκ̄,
τοιούτων κỳ ἡ μὲν ΔΝ ἔςαι οθ̄ η´, ἡ δ´ ἐπ´ αὐτῆς περιφέρεια πβ̄ λ´, οἵων ὁ περὶ τὸ ΔΚΝ
ὀρθογώνιον κύκλος τξ̄. Καὶ ἡ ὑπὸ ΔΚΝ ἄρα
γωνία οἵων μέν εἰσιν αἱ δύο ὀρθαὶ τξ̄, τοιούτων ἐςὶ πβ̄ λ´, οἵων δ´ αἱ τέσσαρες ὀρθαὶ τξ̄,
τοιούτων μᾱ ιε´. Καὶ ἐπεὶ πρὸς τῷ κέντρῳ
ἐςὶ τῦ ἐκκέντρῳ, ἕξομεν κỳ τὴν ΜΞ περιφέρειαν μοιρῶν μᾱ ιε´. Ἐςι δὲ κỳ ἡ ΓΜΞ ὅλη, ἡμίσεια οὖσα τῆς ΓΞΕ, π̄ λδ´. Καὶ λοιπὴ ἄρα ἡ
ΓΜ, ἡ ἀπὸ τῆς τρίτης τῶν αὐτῶν ἀκρονύκτυ,
ἐπὶ τὸ περίγειον, μοιρῶν ἐςι λθ̄ ιθ´. Φανερὸν
δὲ ὅτι κỳ τῆς μὲν ΒΓ ὑποκειμένης ϟε̄ κη´
μοιρῶν, κỳ λοιπὴ ἡ ΛΒ ἡ ἀπὸ τῦ ἀπογείυ ἐπὶ
τὴν δευτέραν ἀκρόνυκτον, μοιρῶν ἔςαι με̄
ιγ´. Τῆς δὲ ΑΒ ὑποκειμένης μοιρῶν πᾱ μδ´,
κỳ λοιπὴ ἡ ΑΛ, ἡ ἀπὸ τῆς πρώτης ἀκρονύκτυ ἐπὶ τὸ ἀπόγειον, μοιρῶν ἔςαι λς̄ λα´.

Τούτων τοίνυν ὑποκειμένων, σκεψώ-
μεθα τὰς συναγομένας ἀπ´ αὐτῶν διαφορὰς τῶν ἐπιζητουμένων καθ´ ἑκάςην ἀκρόνυκτον τοῦ ζωδιακοῦ περιφερειῶν τὸν

c'est-à-dire de LK. Donc si des 3600ᵖ qui
sont le carré de cette moitié, nous retranchons les 3427ᵖ 51´ provenants de LD multipliée par DM, restera le carré 172ᵖ 9´ de
DK. Nous aurons donc la longueur de
DK, qui est la ligne entre les centres,
de 13ᵖ 7´ à peu près, des parties dont KL
menée du centre de l'excentrique, en contient 60.

De plus, puisque la moitié de la droite
GE, c'est-à-dire GN, est de 59ᵖ 11´ des
parties dont le diamètre LM en contient
120, et que la droite GD a été démontrée
de 50ᵖ 32´, la restante DN est de 8ᵖ 32´ des
parties dont la droite DK a été trouvée en
avoir 13ᵈ 7´. Donc l'hypoténuse DK étant
de 120ᵈ, la droite DN en aura 79ᵖ 8´, et l'arc
soutendu par cette droite aura 82ᵈ 30´ des
degrés dont le cercle décrit autour du
triangle rectangle DKN en contient 360.
Par conséquent l'angle DKN est de 82ᵈ 30´
des degrés dont 360 font deux angles
droits, et de 41ᵈ 15´ de ceux dont 360 font
quatre angles droits. Et puisqu'il est au
centre de l'excentrique, nous aurons l'arc
MX de de 41ᵈ 15´. Mais l'arc entier GMX
qui est la moitié de l'arc GXE, est de 80ᵈ
34´. Donc l'arc restant GM depuis la 3ᵉ opposition jusqu'au périgée (e), est de 39ᵈ
19´ de ces mêmes degrés. Or il est évident
que l'arc BG étant supposé de 95ᵈ 28´,
l'arc restant LB depuis l'apogée jusqu'à la
2ᵉ opposition, sera de 45ᵈ 13´; et l'arc
AB étant supposé de 81ᵈ 44´, l'autre arc
AL depuis la 1ᵉʳᵉ opposition jusqu'à l'a-
pogée, sera de 36ᵈ 31´.

Ceci supposé, cherchons les différences
(*les petits arcs*) qui en résulteront sur
chacun des trois lieux observés dans les
oppositions. Prenons dans la figure qui

représente ces trois oppositions, la seule description de la première ; et ayant joint AD, abaissons des points D et N sur AT prolongée, les perpendiculaires DF, NY ; puisque l'arc XE est de 36d 31', l'angle ETX sera de 36d 31' des degrés dont 360 font quatre angles droits, et ETX ainsi que l'angle opposé au sommet DTF sera de 73p 2' dont 360 font deux angles droits. De sorte que l'arc soutendu par DF est de 73d 2' des degrés dont le cercle décrit autour du rectangle DTF en contient 360, et l'arc soutendu par TF vaut les 106d 58' restants du demi-cercle. Donc de ces soutendantes, DF est de 71p 25' des parties dont l'hypoténuse DT en contient 120, et TF en a 96p 27'. Ainsi la droite DT étant de 6p 33' ½, et la droite DA menée du centre de l'excentrique étant de 60p, la droite DF en aura 3p 54', et la droite TE 5p 16'. Et puisque la différence des carrés de DZ et de DA donne celui de FA, cette droite sera de 59p 52' en longueur, et la droite entière YA, parceque YF = FT, aura 65p 8' des parties dont la droite NY double de DF en contient 7p 48'. C'est pourquoi l'hypoténuse NA sera de 65p 36' de ces parties. Donc si la droite NA est de 120p, la droite NY en aura 14p 16', et l'arc soutendu par cette droite sera de 13d 40' des degrés dont le cercle décrit autour du rectangle ANY en contient 360. Ainsi l'angle NAY est de 13d 40'

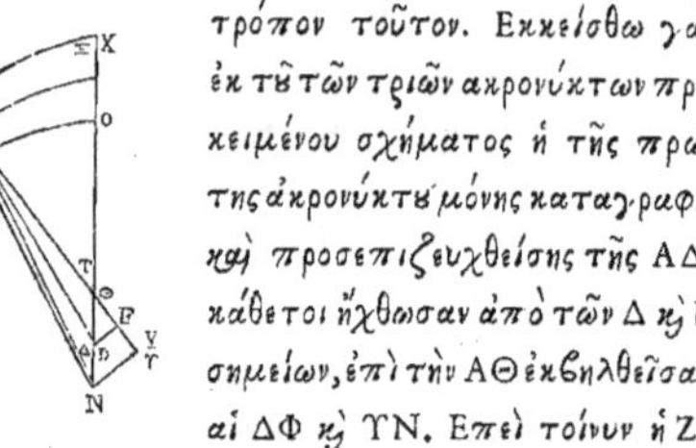

τρόπον τοῦτον. Ἐκκείσθω γὰρ ἐκ τῦ τῶν τριῶν ἀκρονύκτων προκειμένου σχήματος ἡ τῆς πρώτης ἀκρονύκτυ μόνης καταγραφὴ, καὶ προσεπιζευχθείσης τῆς ΑΔ, κάθετοι ἤχθωσαν ἀπὸ τῶν Δ κỳ Ν σημείων, ἐπὶ τὴν ΑΘ ἐκβληθεῖσαν, αἱ ΔΦ κỳ ΥΝ. Ἐπεὶ τοίνυν ἡ ΖΕ περιφέρεια μοιρῶν ἐςι λϛ λα, εἴη ἂν καὶ ἡ ὑπὸ ΕΘΞ γωνία, οἵων μέν εἰσιν αἱ τέσσαρες ὀρθαὶ τξ, τοιούτων λϛ λα, οἵων δ' αἱ δύο ὀρθαὶ τξ, τοιούτων αὐτή τε καὶ ἡ κατὰ κορυφὴν αὐτῆς ἡ ὑπὸ ΔΘΦ ογ β'. Ὥστε καὶ ἡ μὲν ἐπὶ τῆς ΔΦ περιφέρεια τοιούτων ἐςὶν ογ β', οἵων ὁ περὶ τὸ ΔΘΦ ὀρθογώνιον κύκλος τξ, ἡ δ' ἐπὶ τῆς ΘΦ τῶν λοιπῶν εἰς τὸ ἡμικύκλιον ρϛ νη'. Καὶ τῶν ὑπ' αὐτὰς ἄρα εὐθειῶν ἡ μὲν ΔΦ τοιούτων ἐςὶν οα κε, οἵων ἡ ΔΘ ὑποτείνουσα ρκ, ἡ δὲ ΦΘ τῶν αὐτῶν ϛ κζ. Ὥστε καὶ οἵων ἐςὶν ἡ μὲν ΔΘ εὐθεῖα ϛ λγ' ϛ'', ἡ δὲ ΔΑ ἐκ τοῦ κέντρου τοῦ ἐκκέντρου ξ, τοιούτων καὶ ἡ μὲν ΔΦ ἔσται γ νδ', ἡ δὲ ΦΘ ὁμοίως ϛ ιϛ'. Καὶ ἐπεὶ τὸ ἀπὸ τῆς ΔΦ λειφθὲν ὑπὸ τοῦ ἀπὸ τῆς ΔΑ, ποιεῖ τὸ ἀπὸ τῆς ΑΦ, ἔςαι καὶ ἡ μὲν ΑΦ μήκει νθ νβ', ὅλη δὲ ἡ ΥΑ, ἐπεὶ ἴση ἐςὶν ἡ ΥΦ τῇ ΘΦ, τοιούτων ξϛ η', οἵων καὶ ἡ ΝΥ διπλῆ οὖσα τῆς ΔΦ συνάγεται ζ μη'. Διὰ τῦτο δὲ κỳ ἡ ΝΑ ὑποτείνουσα τῶν αὐτῶν ἔςαι ξϛ λϛ'. Καὶ οἵων ἐςὶν ἄρα ἡ ΝΑ εὐθεῖα ρκ, τοιούτων κỳ ἡ μὲν ΝΥ ἔςαι ιδ ιϛ', ἡ δὲ ἐπ' αὐτῆς περιφέρεια τοιούτων ιγ μ', οἵων ὁ περὶ τὸ ΑΝΥ ὀρθογώνιον κύκλος τξ. Ὥστε κỳ ἡ ὑπὸ ΝΑΥ γωνία τοιούτων ἐςὶ ιγ μ', οἵων αἱ δύο ὀρθαὶ τξ. Πάλιν ἐπεὶ οἵων ἐςὶν ἡ ΘΕ ἐκ τοῦ κέντρου τοῦ ἐκκέντρου ξ, τοιούτων καὶ ἡ μὲν ΝΥ ἐδείχθη ζ μη', ἡ δὲ ΥΘ ὁμοίως ι λβ', κὴ ὅλη μὲν ἔςαι ἡ ΥΘΕ τῶν αὐτῶν ο λβ', διὰ τοῦτο δὲ κὴ ἡ ΝΕ ὑποτείνουσα οα ἔγγιςα. Καὶ οἵων ἐςὶν ἄρα ἡ ΝΕ εὐθεῖα ρκ, τοιούτων κὴ ἡ μὲν ΥΝ εὐθεῖα ἔςαι ιγ ι, ἡ δ' ἐπ' αὐτῆς περιφέρεια τοιούτων ιβ λϛ', οἵων ὁ περὶ τὸ ΕΝΧ ὀρθογώνιον κύκλος τξ. Ὥστε κὴ ἡ ὑπὸ ΝΕΧ τοιούτων ἐςὶ ιβ λϛ', οἵων αἱ δύο ὀρθαὶ τξ· τῶν δ' αὐτῶν ἦν κὴ ἡ ὑπὸ ΝΑΥ γωνία ιγ μ'. Καὶ λοιπὴ ἄρα ἡ ὑπὸ ΑΝΕ γωνία οἵων μέν εἰσιν αἱ δύο ὀρθαὶ τξ, τοιούτων ἐςὶν α δ', οἵων δ' αἱ τέσσαρες ὀρθαὶ τξ, τοιούτων ο λβ'. Τοσούτων ἄρα ἐςὶ κὴ ἡ ΚΣ τοῦ ζωδιακοῦ περιφέρεια.

Ἐκκείσθω δὴ τὸ ὅμοιον σχῆμα περιέχον τὴν τῆς δευτέρας ἀκρονύκτου καταγραφήν. Ἐπεὶ τοίνυν ἡ ΞΖ μοῖρῶν ὑπόκειται με ιγ', εἴη ἂν κὴ ἡ ὑπὸ ΞΘΖ γωνία, οἵων μέν εἰσιν αἱ τέσσαρες ὀρθαὶ τξ, τοιούτων με ιγ', οἵων δ' αἱ δύο ὀρθαὶ τξ, τοιούτων αὐτή τε κὴ ἡ κατὰ κορυφὴν ἡ ὑπὸ ΔΘΦ γωνία ϟ κϛ'. Ὥστε κὴ ἡ μὲν ἐπὶ τῆς ΔΦ περιφέρεια τοιούτων ἐςὶν ϟ κϛ', οἵων ὁ περὶ τὸ ΔΘΦ ὀρθογώνιον κύκλος τξ, ἡ δ' ἐπὶ τῆς ΦΘ τῶν λοιπῶν εἰς τὸ ἡμικύκλιον πθ λδ'. Καὶ τῶν ὑπ' αὐτὰς ἄρα εὐθειῶν ἡ μὲν ΔΦ τοιούτων πε ι', οἵων ἡ ΔΘ ὑποτείνουσα ρκ, ἡ δὲ ΦΘ τῶν αὐτῶν πδ λβ'. Ὥστε κὴ οἵων ἐςὶν ἡ μὲν ΔΘ εὐθεῖα ϛ λγ' ϛ'', ἡ δὲ ΔΒ ἐκ τοῦ κέντρου τοῦ

des degrés dont 360 font deux angles droits. En outre, de ce que la droite TE menée du centre de l'excentrique est de 60ᵈ, et que la droite YN a été démontrée en avoir 7ᵈ 48', et YT 10ᵈ 32', il suit que la droite entière YTE contient 70ᵈ 32' de ces mêmes parties, et l'hypoténuse NE, 71ᵈ à très-peu près. Si donc la droite NE est de 120ᵈ, la droite YN en aura 13ᵈ 10', et l'angle qu'elle soutend, sera de 12ᵈ 36' des degrés dont le cercle décrit autour du rectangle ENY en contient 360. Ainsi l'angle NEY est de 12ᵈ 36' des degrés dont 360 font deux angles droits, et dont l'angle NAY en avoit 13ᵈ 40'. Donc l'angle ANE est de 1ᵈ 4' des degrés dont 360 font deux angles droits, et de 0ᵈ 32' de ceux dont 360 font quatre angles droits. C'est donc la valeur de l'arc KS du zodiaque.

Supposons maintenant une figure semblable représentant la seconde opposition. Puisque dans ce cas, ZX est supposé de 45ᵈ 13', l'angle XTZ sera de 45ᵈ 13' des degrés dont 360 font quatre angles droits, et il sera, ainsi que son opposé au sommet DTF, de 90ᵈ 26' de ceux dont 360 font deux angles droits. Donc l'arc soutendu par la droite DF est de 90ᵈ 26' des degrés dont le cercle décrit autour du rectangle DTF en contient 360, et l'arc soutendu par la droite FT vaut le reste du demi-cercle 89ᵈ 34'. Donc des soutendantes de ces arcs, DF a 85ᵖ 10' des parties dont l'hypoténuse DT en contient 120, et TF en a 84ᵖ 32'. De sorte que si la droite DT est de 6ᵖ 33' ½, et la droite DB menée

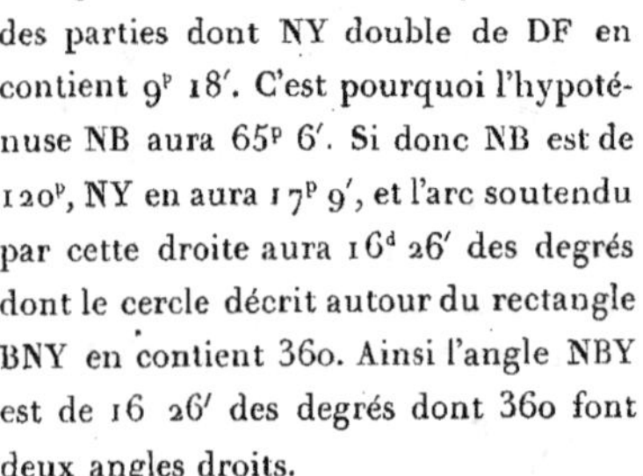

du centre de l'excentrique, de 60ᵖ, DF en aura 4ᵖ 39′, et FT 1ᵖ 38′. Et puisque la différence entre les carrés de DF et de DB donne celui de BF, la longueur de BF sera de 59ᵖ 49′ ; et la droite entière YB, à cause de FY égale à FT, sera de 64ᵖ 27′ des parties dont NY double de DF en contient 9ᵖ 18′. C'est pourquoi l'hypoténuse NB aura 65ᵖ 6′. Si donc NB est de 120ᵖ, NY en aura 17ᵖ 9′, et l'arc soutenu par cette droite aura 16ᵈ 26′ des degrés dont le cercle décrit autour du rectangle BNY en contient 360. Ainsi l'angle NBY est de 16 26′ des degrés dont 360 font deux angles droits.

De plus, puisque la droite ZT menée du centre de l'excentrique est de 60ᵖ, et que NY a été démontrée en avoir 9ᵖ 18′, et YT 9ᵖ 16′, la droite entière YTZ en aura 69ᵖ 16′, et par conséquent l'hypoténuse NZ 69ᵖ 52′. Si donc cette hypoténuse NZ est de 120, la droite NY en aura 16ᵈ à peu près, et l'arc soutenu par cette droite sera de 15ᵈ 20′ des degrés dont le cercle décrit autour du rectangle ZNY en contient 360. C'est pourquoi l'angle NZY est de 15ᵈ 20′ des degrés dont 360 font deux angles droits ; mais l'angle NBY en avoit 16ᵈ 26′ ; donc l'autre angle BNY est de 1ᵈ 6′ de ces mêmes degrés, et de 0ᵈ 33′ de ceux dont 360 font quatre angles droits. Et c'est par conséquent la valeur de l'arc LC du zodiaque. Ainsi donc, puisque pour la première opposition nous avons trouvé KS de 0ᵈ 32′, il est évident que la première distance considérée par rapport à

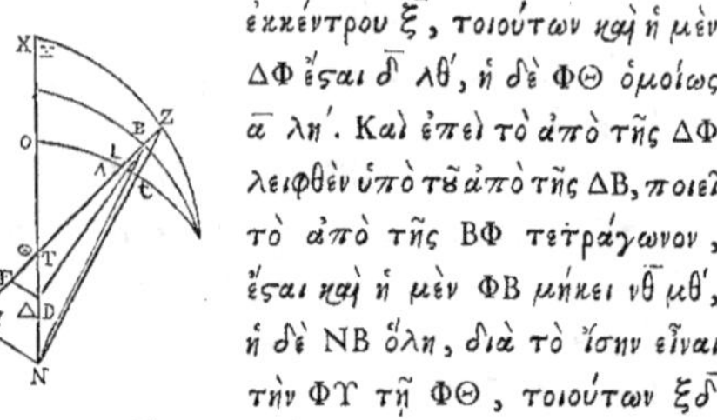

ἐκκέντρου ξ, τοιούτων καὶ ἡ μὲν ΔΦ ἔςαι δ λθ′, ἡ δὲ ΦΘ ὁμοίως α λη′. Καὶ ἐπεὶ τὸ ἀπὸ τῆς ΔΦ λειφθὲν ὑπὸ τῦ ἀπὸ τῆς ΔΒ, ποιεῖ τὸ ἀπὸ τῆς ΒΦ τετράγωνον, ἔςαι καὶ ἡ μὲν ΦΒ μήκει νθ μθ′, ἡ δὲ ΝΒ ὅλη, διὰ τὸ ἴσην εἶναι τὴν ΦΥ τῇ ΦΘ, τοιούτων ξδ κζ′, οἵων καὶ ἡ ΝΥ διπλῆ οὖσα τῆς ΔΦ συνάγεται θ ιη′. Διὰ τοῦτο δὲ καὶ ἡ ΝΒ ὑποτείνουσα, τῶν αὐτῶν ἔςαι ξθ ϛ′. Καὶ οἵων ἐςὶν ἄρα ρκ ἡ ΝΒ, τοιούτων καὶ ἡ μὲν ΥΝ ἔςαι ιζ θ′, ἡ δὲ ἐπ' αὐτῆς περιφέρεια τοιούτων ιϛ κϛ′, οἵων ὁ περὶ τὸ ΒΝΥ ὀρθογώνιον κύκλος τξ. Ὥστε καὶ ἡ ὑπὸ ΝΒΥ γωνία, τοιούτων ἐςὶ ιϛ κϛ′, οἵων αἱ δύο ὀρθαὶ τξ.

Πάλιν ἐπεὶ οἵων ἐςὶν ἡ ΖΘ ἐκ τοῦ κέντρου τοῦ ἐκκέντρου ξ, τοιούτων καὶ ἡ μὲν ΝΧ ἐδείχθη θ ιη′, ἡ δὲ ΥΘ ὁμοίως θ ιϛ′, καὶ ὅλη μὲν ἔςαι ἡ ΧΘΖ τῶν αὐτῶν ξθ ιϛ′, διὰ τοῦτο δὲ κὴ ἡ ΝΖ ὑποτείνουσα ξθ νβ′. Καὶ οἵων ἄρα ἐςὶν ἡ ΝΖ ὑποτείνουσα ρκ, τοιούτων καὶ ἡ μὲν ΝΥ ἔςαι ιϛ ἔγγιςα, ἡ δὲ ἐπ' αὐτῆς περιφέρεια τοιούτων ιε κ′, οἵων ὁ περὶ τὸ ΖΝΧ ὀρθογώνιον κύκλος τξ. Ὥστε καὶ ἡ μὲν ὑπὸ ΝΖΥ γωνία τοιούτων ἐςὶ ιε κ′, οἵων αἱ δύο ὀρθαὶ τξ· τῶν δ' αὐτῶν ἦν καὶ ἡ ὑπὸ ΝΒΥ γωνία ιϛ κϛ′· καὶ λοιπὴ ἄρα ἡ ὑπὸ ΒΝΖ γωνία τῶν μὲν αὐτῶν ᾱ ϛ′, οἵων δ' αἱ τέσσαρες ὀρθαὶ τξ, τοιούτων ο λγ′. Τοσούτων ἐςὶν ἄρα καὶ ἡ ΛΚ τοῦ ζωδιακοῦ περιφέρεια. Ἐπεὶ οὖν καὶ ἐπὶ τῆς πρώτης ἀκρονύκτου τὴν ΚΣ εὑρήκειμεν ο λβ′, δῆλον ὅτι τοῖς ἀμφοτέρων τῶν περιφερειῶν

τμήμασιν ᾱ ε΄ μείζων ἔςαι ἡ πρὸς τὸν
ἔκκεντρον θεωρουμένη πρώτη διάςασις
τῆς φαινομένης, καὶ περιέξει μοίρας ξῆ νε΄.

Ἐκκείσθω δὲ καὶ ἡ τῆς τρίτης
ἀκρονύκτου καταγραφή. Ἐπεὶ
τοίνυν καὶ ἡ ΠΗ περιφέρεια ὑπόκειται μοιρῶν λθ ιθ΄, εἴη ἂν καὶ
ἡ ὑπὸ ΠΘΗ γωνία, οἵων μὲν εἰσιν αἱ τέσσαρες ὀρθαὶ τξ, τοιούτων λθ ιθ΄, οἵων δ΄ αἱ δύο ὀρθαὶ τξ
τοιούτων οη λη΄. Ὥστε καὶ ἡ μὲν
ἐπὶ τῆς ΔΦ περιφέρεια τοιούτων
ἐςὶν οη λη΄, οἵων ὁ περὶ τὸ ΔΘΦ ὀρθογώνιον
κύκλος τξ, ἡ δὲ ἐπὶ τῆς ΘΦ τῶν λοιπῶν
εἰς τὸ ἡμικύκλιον ρᾱ κβ΄. Καὶ τῶν ὑπ᾽
αὐτὰς ἄρα εὐθειῶν, ἡ μὲν ΔΦ, τοιούτων
ἐςὶν ος β΄, οἵων ἡ ΔΘ ὑποτείνουσα ρκ, ἡ
δὲ ΦΘ τῶν αὐτῶν ζβ ν΄. Ὥστε καὶ οἵων
ἐςὶν ἡ μὲν ΔΘ μεταξὺ τῶν κέντρων ς
λγ΄ ς΄΄, ἡ δὲ ΔΓ ἐκ τοῦ κέντρου τοῦ ἐκκέντρου ξ, τοιούτων καὶ ἡ μὲν ΔΦ ἔςαι
δ θ΄, ἡ δὲ ΦΘ ὁμοίως ε δ΄. Καὶ ἐπεὶ τὸ
ἀπὸ τῆς ΔΦ λειφθὲν ὑπὸ τοῦ ἀπὸ τῆς
ΓΔ, ποιεῖ τὸ ἀπὸ τῆς ΓΦ, ἔςαι καὶ ἡ μὲν
ΓΦ εὐθεῖα νθ να΄, λοιπὴ δὲ ἡ ΓΧ, διὰ τὸ
ἴσην εἶναι τὴν ΘΦ τῇ ΦΧ, τοιούτων νδ
μζ΄, οἵων καὶ ἡ ΝΧ διπλῆ οὖσα τῆς ΔΦ
συνάγεται η ιη΄. Διὰ τοῦτο δὲ καὶ ἡ ΝΓ
ὑποτείνουσα γίνεται τῶν αὐτῶν νε κε΄.
Καὶ οἵων ἐςὶν ἄρα ρκ ἡ ΝΓ, τοιούτων
καὶ ἡ μὲν ΝΧ ἔςαι ιζ νθ΄, ἡ δ΄ ἐπ᾽ αὐτῆς
περιφέρεια τοιούτων ιζ ιδ΄, οἵων ἐςὶν ὁ
περὶ τὸ ΓΝΧ ὀρθογώνιον κύκλος τξ.
Ὥστε καὶ ἡ ὑπὸ ΝΓΧ γωνία τοιούτων
ἐςὶ ιζ ιδ΄, οἵων αἱ δύο ὀρθαὶ τξ. Πάλιν
ἐπεὶ οἵων ἐςὶν ἡ ΘΗ ἐκ τοῦ κέντρου τοῦ

l'excentrique, sera plus grande des 1ᵈ 5′
des deux arcs, que la distance apparente,
et embrassera 68ᵈ 55′.

Venons enfin à la représentation figurée de la troisième opposition. Puisqu'ici l'arc PH a été
supposé de 39ᵈ 19′, l'angle PTH
sera de 39ᵈ 19′ des degrés dont
360 font quatre angles droits, et
de 78ᵈ 38′ de ceux dont 360 font
deux angles droits. Ainsi, l'arc
soutendu par DF est de 78ᵈ 38′
des degrés dont le cercle circonscrit au
triangle rectangle DTF en contient 360, et
l'arc soutendu par TF a les 101ᵈ 22′ restants du demi-cercle. Donc de ces soutendantes, DF est de 76ᵖ 2′ des parties dont
l'hypoténuse DT en contient 120, et PF
en a 92ᵖ 50′. Ainsi la droite DT entre les
centres étant de 6ᵖ 33′ ½, et la droite DG
menée du centre de l'excentrique étant de
60ᵖ, la droite DF en aura 4ᵖ 9′, et la droite
FT, 5ᵖ 4′. Et puisque la différence des
carrés de DF et de GD donne celui de GF,
la droite GF sera de 59ᵖ 51′; et la portion
GX, à cause de TF égale à FX, sera de
54ᵖ 47′, dont NX, double de DF, en a 8ᵖ 18′.
C'est pourquoi l'hypoténuse NG est de 55ᵈ
25′ de ces mêmes parties. Donc la droite
NG étant de 120ᵖ, NX en aura 17ᵖ 59′,
et l'arc soutendu par cette dernière, vaut
17ᵈ 14′ des degrés dont le cercle décrit autour du rectangle GNX en contient 360.
Ainsi l'angle NGX est de 17ᵈ 14′ des degrés
dont 360 font deux angles droits. De plus,
puisqu'il a été prouvé que TH menée du

centre de l'excentrique étant de 60^d, NX en a 8^d 18′; et, TX 10^p 8′, la portion XH en aura 49^p 52′. C'est pourquoi l'hypoténuse NH en a 50^p 33′. Donc si NH est de 120, NX en aura 19^p 42′; et l'arc, que cette dernière soutend, aura 18^d 54′ des degrés dont le cercle décrit autour du rectangle HNX en contient 360. Ainsi l'angle NHX est de 18^d54′ des degrés dont 360 font deux angles droits. Or l'angle NGX a été démontré en valoir 17^d 14′, donc l'autre angle GNH est de 1^d 40′ de ces degrés, et de 0^d 50′ des degrés dont 360 font quatre angles droits ; telle est donc la valeur de l'arc MU du zodiaque (*fig. 7*).

Or, puisque pour la seconde opposition nous avons trouvé l'arc LT de 0^d 33′, il est évident que la distance considérée dans l'excentrique, sera plus petite que la seconde distance apparente, des 1^d 23′ des deux arcs, et contiendra 92^d 21′. Maintenant, par le moyen de ces arcs du zodiaque ainsi recueillis des deux distances corrigées, et par ceux de l'excentrique, et en suivant d'ailleurs la méthode exposée ci-dessus pour trouver l'apogée et le rapport de l'excentricité, pour ne pas trop allonger ce traité, nous trouvons l'intervalle DK des centres, de 11^p 50′ des 60 du rayon de l'excentrique, et l'arc GM de l'excentrique, c'est-à-dire de la troisième opposition jusqu'au périgée, de 45^d 33′.

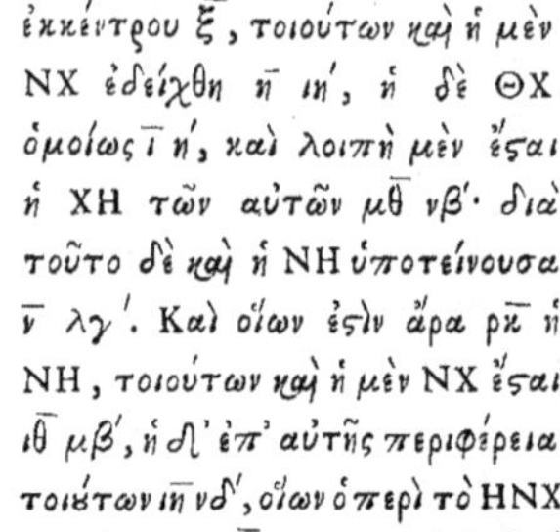

ἐκκέντρου ξ, τοιούτων καὶ ἡ μὲν ΝΧ ἐδείχθη η ιη΄, ἡ δὲ ΘΧ ὁμοίως ι η΄, καὶ λοιπὴ μὲν ἔσαι ἡ ΧΗ τῶν αὐτῶν μθ νβ΄· διὰ τοῦτο δὲ καὶ ἡ ΝΗ ὑποτείνουσα ν λγ΄. Καὶ οἵων ἐςὶν ἄρα ρκ ἡ ΝΗ, τοιούτων καὶ ἡ μὲν ΝΧ ἔσαι ιθ μβ΄, ἡ δ᾿ ἐπ᾿ αὐτῆς περιφέρεια τοιούτων ιη νδ΄, οἵων ὁ περὶ τὸ ΗΝΧ ὀρθογώνιον κύκλος τξ. Ὥστε καὶ ἡ ὑπὸ ΝΗΧ γωνία τοιούτων ἐςὶ ιη νδ΄, οἵων εἰσὶν αἱ δύο ὀρθαὶ τξ· τῶν δ᾿ αὐτῶν ἐδείχθη καὶ ἡ ὑπὸ ΝΓΧ γωνία ιζ ιδ΄· καὶ λοιπὴ ἄρα ἡ ὑπὸ ΓΝΗ τῶν μὲν αὐτῶν ἐςιν α μ΄, οἵων δ᾿ αἱ τέσσαρες ὀρθαὶ τξ, τοιούτων ο ν΄. Τοσούτων ἄρα ἐςὶ καὶ ἡ ΜΥ τοῦ ζωδιακοῦ περιφέρεια.

Ἐπεὶ οὖν καὶ ἐπὶ τῆς δευτέρας ἀκρονύκτου τὴν ΛΤ εὑρήκειμεν ο λγ΄, δῆλον ὅτι τοῖς συναμφοτέρων τῶν περιφερειῶν τμήμασιν α κγ΄, ἐλάσσων ἔσαι ἡ πρὸς τὸν ἔκκεντρον θεωρουμένη τῆς φαινομένης δευτέρας διάςασις, καὶ περιέξει μοίρας ζβ κα΄. Κατὰ ταύτας τοίνυν τὰς συνηγμένας τῶν δύο διαςάσεων τοῦ ζωδιακοῦ περιφερείας, καὶ τὰς φύσει πάλιν κατὰ τὸν ἔκκεντρον ὑποκειμένας, ἀκολουθήσαντες τῷ προδεδειγμένῳ τούτων θεωρήματι, δι᾿ οὗ τό τε ἀπόγειον καὶ τὸν τῆς ἐκκεντρότητος λόγον δείκνυμεν, εὑρίσκομεν, ἵνα μὴ διὰ τῶν αὐτῶν μακροποιώμεθα, τὴν ὑπὸ τὴν μὲν μεταξὺ τῶν κέντρων τῶν ΔΚ, τοιούτων γινομένην ια ν΄, οἵων ἐςὶν ἡ ἐκ τοῦ κέντρου τοῦ ἐκκέντρου ξ, τὴν δὲ ΓΜ τοῦ ἐκκέντρου περιφέρειαν, τουτέςι τὴν ἀπὸ τῆς τρίτης ἀκρονύκτυ ἐπὶ τὸ περίγειον,

μοιρῶν με̅ λγʹ. Ἀφ' ἧς πάλιν καὶ ἡ μὲν
ΛΒ γίνεται μοιρῶν λη̅ νθʹ, ἡ δὲ ΑΛ ὁμοίως
μβ̅ μεʹ. Τούτοις δ' ὡσαύτως ἀκολουθήσαντες ἐπὶ τῶν καθ' ἑκάςην ἀκρόνυκτον
δείξεων, εὕρομεν λοιπὸν τὰς ἀκριβεῖς
πηλικότητας ἑκάςης τῶν ζητουμένων
περιφερειῶν, τῆς μὲν ΚΣ ο̅ κηʹ, τῆς δὲ
ΛΤ τὰ ἶσα ἔγγιςα, ὡς αὐτῆς, κηʹ, τῆς δὲ
ΜΥ ἑξηκοςὰ μ̅. Ὧν τὰ μὲν τῆς πρώτης κ̣
τὰ τῆς δευτέρας ἀκρονύκτου συντιθέντες,
καὶ τὰ γενόμενα ἑξηκοςὰ νς̅ προσθέντες
ταῖς τῆς πρώτης διαςάσεως τοῦ ζωδιακοῦ
μοίραις ξζ̅ νʹ, τὴν πρὸς τὸν ἔκκεντρον ἀκριβῶς θεωρουμένην διάςασιν ἔχομεν μοιρῶν ξη̅ μςʹ. Τὰ δὲ τῆς δευτέρας καὶ τῆς
τρίτης ἀκρονίκτου συνθέντες, καὶ τὴν γε-
νομένην μοῖραν α̅ η' ἀφελόντες τῶν κατὰ
τὴν δευτέραν διάςασιν φαινομένων τοῦ
ζωδιακοῦ μοιρῶν ζγ̅ μδʹ, τὴν πρὸς τὸν
ἔκκεντρον πάλιν ἀκριβῶς θεωρουμένην
διάςασιν εὕρομεν μοιρῶν ζβ̅ λςʹ. Ἀφ'
ὧν λοιπὸν τῇ αὐτῇ δείξει χρησάμενοι,
τόν τε λόγον τῆς ἐκκεντρότητος καὶ τὸ
ἀπόγειον ἠκριβώσαμεν. Καὶ εὕρομεν τὴν
μὲν μεταξὺ τῶν κέντρων τὴν ΔΚ τοιούτων ιβ̅ ἔγγιςα, οἵων ἐςὶν ἡ ΚΛ ἐκ τοῦ
κέντρου τοῦ ἐκκέντρου ξ̅· τὴν δὲ ΓΜ τοῦ
ἐκκέντρου περιφέρειαν μοιρῶν μδ̅ καʹ. Ἀφ'
ἧς πάλιν καὶ ἡ μὲν ΛΒ γίνεται μοιρῶν μ̅
ιαʹ, ἡ δὲ ΑΛ ὁμοίως μα̅ λγʹ. Ὅτι δὲ ταύταις λοιπὸν ταῖς πηλικότησι καὶ αἱ τετηρημέναι τῶν τρίτων ἀκρονύκτων φαινόμεναι διαςάσεις σύμφωνοι καταλαμβάνονται, διὰ τῶν αὐτῶν ποιήσομεν δῆλον.

Ἐκκείσθω γὰρ ἡ τῆς πρώτης ἀκρονύκτου καταγραφὴ, μόνον ἔχουσα τὸν ΕΖ

L'arc LB de ce cercle est de 38^d 59′, et
l'arc AL de 42^d 45′. En suivant les mêmes
principes, dans les démonstrations pour
chaque opposition acronycte, nous trouvons exactement les autres quantités de
chacun des arcs cherchés, KS de 0^d 28′,
LT de 28′ aussi à peu près, comme étant
le même, et (*f*) MU de 40′. La somme de
ces quantités de la première et de la
seconde opposition, est 56′ que nous
ajoutons aux 67^d 50′ du premier intervalle du zodiaque, et nous avons ainsi
la distance considérée dans l'excentrique,
de 68^d 46′. Ensuite, ajoutant ensemble les
quantités de la seconde et de la troisième
opposition, nous en retranchons la somme
1^d 8′, des 93^d 44′ apparents du zodiaque
dans le second intervalle, et nous trouvons 92^d 36′, pour la distance dans l'excentrique. Ces valeurs, en employant la
même démonstration, nous ont servi à
trouver exactement le rapport de l'excentricité et l'apogée. Nous avons trouvé, en
effet, DK entre les centres, de 12^p environ dont KL, rayon de l'excentrique,
en contient 60^p, et l'arc GM de l'excentrique, de 44^p 21′. D'où LB devient de 40^p
11′, et AL de 41^p 33′ (*g*). Nous allons faire
voir que les distances observées des trois
oppositions se trouvent conformes à ces
mêmes valeurs.

Supposons que la figure de la première
opposition ne représente que l'excentrique

EZ qui porte toujours le centre de l'épicycle. Puisque l'angle ATE est de $41^d\,33'$ des degrés dont 360 font quatre angles droits, et, ainsi que son opposé au sommet DTF, de $83^d\,6'$ des degrés dont 360 font deux angles droits, l'arc soutendu par DF vaudra $83^d\,6'$ de ceux dont le cercle décrit autour du rectangle DTF en contient 360, et FT vaudra les $96^d\,54'$ restants du demicercle. Donc de ces soutendantes, DF est de $79^d\,35'$ des parties dont l'hypoténuse DT en contient 120, et FT est de $89^d\,50'$. Si donc la droite DT est de 6^p, et l'hypoténuse DA de 60^p, DF sera de $3^p\,58'\,\tfrac{1}{2}$, et FT de $4^p\,30'$. Et puisque la différence des carrés de DF et de DA, donne celui de FA, la longueur de celle-ci sera de $59^d\,50'$. En outre, puisque FT égale FX, et que NX est double de DF, nous aurons la droite entière AX de $64^d\,20'$ des parties dont la droite NX en contient $7^p\,57'$. C'est pourquoi l'hypoténuse NA sera de $64^p\,52'$. Donc la droite NA étant de 120^p, NX en aura $14^p\,44'$, et l'arc qu'elle soutend sera de $14^d\,6'$ des degrés dont le cercle décrit autour du rectangle ANX en contient 360. Donc l'angle NAX est de $14^d\,6'$ des degrés dont 360 font deux angles droits, et de $7^d\,3'$ de ceux dont 360 font quatre angles droits. Mais l'angle ATE étoit de $41^d\,33'$ de ces degrés, donc l'autre angle ANE du mouvement apparent, sera de

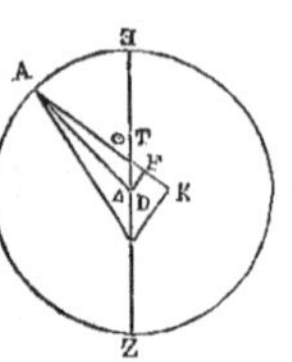

ἔκκεντρον, ἐφ᾽ οὗ πάντοτε φέρεται τὸ κέντρον τοῦ ἐπικύκλου. Ἐπεὶ τοίνυν ἡ ὑπὸ ΑΘΕ γωνία, οἵων μέν εἰσιν αἱ τέσσαρες ὀρθαὶ τξ, τοιούτων ἐςὶ μᾱ λγ′, οἵων δ᾽ αἱ δύο ὀρθαὶ τξ, τοιούτων αὐτή τε καὶ ἡ κατὰ κορυφὴν αὐτῆς ἡ ὑπὸ ΔΟΦ γωνία πγ ϛ′, εἴη ἂν καὶ ἡ ἐπὶ μὲν τῆς ΔΦ περιφέρεια τοιούτων πγ ϛ′, οἵων ἐςὶν ὁ περὶ τὸ ΔΘ ὀρθογώνιον κύκλος τξ, ἡ δ᾽ ἐπὶ τῆς ΦΘ τῶν λοιπῶν εἰς τὸ ἡμικύκλιον ϟϛ νδ′. Καὶ τῶν ὑπ᾽ αὐτὰς ἄρα εὐθειῶν ἡ μὲν ΔΦ τοιούτων ἐςὶν οθ λε′, οἵων ἐςὶν ἡ ΔΘ ὑποτείνουσα ρκ, ἡ δὲ ΦΘ τῶν αὐτῶν πθ ν′. Ὥστε καὶ οἵων ἐςὶν ἡ μὲν ΔΘ εὐθεῖα ϛ, ἡ δὲ ΔΑ ὑποτείνουσα ξ, τοιούτων καὶ ἡ μὲν ΔΦ ἔςαι γ νη ϛ″, ἡ δὲ ΦΘ ὁμοίως δ λ′. Καὶ ἐπεὶ τὸ ἀπὸ τῆς ΔΦ λειφθὲν ὑπὸ τοῦ ἀπὸ τῆς ΔΑ, ποιεῖ τὸ ἀπὸ τῆς ΦΑ, ἔςαι καὶ αὐτὴ μήκει τῶν αὐτῶν νθ ν′. Πάλιν ἐπεὶ ἡ μὲν ΦΘ τῇ ΦΧ ἴση ἐςὶν, ἡ δὲ ΝΧ τῆς ΔΦ διπλῆ, καὶ ὅλην τὴν ΑΧ ἕξομεν τοιούτων ξδ κ′, οἵων ἐςὶν ἡ ΝΧ εὐθεῖα ζ νζ′. Διὰ τοῦτο δὲ καὶ ἡ ΝΑ ὑποτείνουσα ἔςαι τῶν αὐτῶν ξδ νβ′. Ὥστε καὶ οἵων ἐςὶν ἡ ΝΑ εὐθεῖα ρκ, τοιούτων καὶ ἡ μὲν ΝΧ ἔςαι ιδ μδ′, ἡ δ᾽ ἐπ᾽ αὐτῆς περιφέρεια τοιούτων ιδ ϛ′, οἵων ἐςὶν ἡ περὶ τὸ ΑΝΧ ὀρθογώνιον κύκλος τξ. Καὶ ἡ ὑπὸ ΝΑΧ ἄρα γωνία, οἵων μέν εἰσιν αἱ δύο ὀρθαὶ τξ, τοιούτων ἐςὶ ιδ ϛ′, οἵων δ᾽ αἱ τέσσαρες ὀρθαὶ τξ, τοιούτων ζ γ′. Τῶν δ᾽ αὐτῶν ἦν καὶ ἡ ὑπὸ ΑΘΕ γωνία μᾱ λγ′. Καὶ λοιπὴ ἄρα ἡ ὑπὸ ΑΝΕ γωνία τῆς φαινομένης παρόδου μοιρῶν ἔςαι λδ̄ λ', ἃς προηγεῖτο τοῦ ἀπογείου κατὰ τὴν πρώτην ἀκρώνυκτον ὁ ἀςήρ.

Πάλιν ἐκκείσθω ἡ ὁμοία τῆς δευτέρας ἀκρονύκτε καταγραφή. Ἐπεὶ τοίνυν ἡ ὑπὸ ΒΘΕ γωνία τῆς μέσης τοῦ ἐπικύκλου παρόδου, οἵων μέν εἰσιν αἱ τέσσαρες ὀρθαὶ τξ̄, τοιούτων ἐςὶ μ̄ ια', οἵων δ' αἱ δύο ὀρθαὶ τξ̄, τοιούτων αὐτή τε καὶ ἡ κατὰ κορυφὴν αὐτῆς ἡ ὑπὸ ΦΘΔ γωνία π̄ κβ', εἴη ἂν καὶ ἡ μὲν ἐπὶ τῆς ΔΦ περιφέρεια τοιούτων π̄ κβ', οἵων ἐςὶν ὁ περὶ τὸ ΔΘΦ ὀρθογώνιον κύκλος τξ̄, ἡ δ' ἐπὶ τῆς ΦΘ τῶν λοιπῶν εἰς τὸ ἡμικύκλιον ϟη̄ λη'. Καὶ τῶν ὑπ' αὐτὰς ἄρα εὐθειῶν, ἡ μὲν ΔΦ τοιούτων ἐςὶν οζ̄ κϛ', οἵων ἡ ΔΘ ὑποτείνουσα ρκ̄, ἡ δὲ ΦΘ τῶν αὐτῶν ϟᾱ μα'. Ὥστε καὶ οἵων ἐςὶν ἡ μὲν ΔΘ εὐθεῖα ϛ, ἡ δὲ ΔΒ ὑποτείνουσα ξ̄, τοιούτων καὶ ἡ μὲν ΔΦ ἔςαι γ̄ νβ', ἡ δὲ ΦΘ ὁμοίως δ̄ λε'. Καὶ ἐπεὶ τὸ ἀπὸ τῆς ΔΦ, λειφθὲν ὑπὸ τοῦ ἀπὸ τῆς ΔΒ, ποιεῖ τὸ ἀπὸ τῆς ΒΦ, ἔςαι καὶ αὐτὴ μήκει τῶν αὐτῶν νθ̄ νγ'. Κατὰ ταῦτα δὲ, ἐπεὶ ἡ μὲν ΘΦ τῇ ΦΧ ἴση ἐςὶν, ἡ δὲ ΝΧ τῆς ΔΦ διπλῆ, καὶ ἡ ΒΧ ὅλη ἔςαι τοιούτων ξδ̄ κη', οἵων ἐςὶν ἡ ΝΧ εὐθεῖα ζ̄ μδ'. Διὰ τοῦτο δὲ καὶ ἡ ΒΝ ὑποτείνουσα τῶν αὐτῶν ἔςαι ξδ̄ μϛ'. Καὶ οἵων ἐςὶν ἄρα ἡ ΒΝ ὑποτείνουσα ρκ̄, τοιούτων καὶ ἡ μὲν ΝΧ ἔςαι ιδ̄ ιθ', ἡ δ' ἐπ' αὐτῆς περιφέρεια τοιούτων ιγ̄ μβ', οἵων ἐςὶν ὁ περὶ τὸ ΒΝΧ ὀρθογώνιον κύκλος τξ̄. Ὥστε καὶ ἡ ὑπὸ ΝΒΧ γωνία, οἵων μέν εἰσιν αἱ δύο ὀρθαὶ τξ̄, τοιούτων ἐςὶ ιγ̄ μβ', οἵων δ' αἱ τέσσαρες ὀρθαὶ τξ̄, τοιούτων ϛ̄ να'.

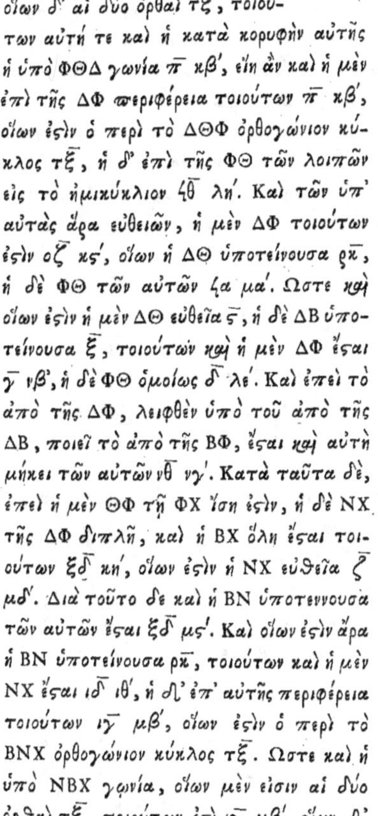

34^d 30', quantité dont la planète à l'occident précédoit l'apog., dans la 1re opp. acronycte.

Prenons actuellement une pareille figure pour la seconde opposition : puisque l'angle BTE du lieu moyen de l'épicycle est de 40^d 11' des degrés dont 360 font quatre angles droits, et, ainsi que son opposé au sommet FTD, de 80^d 22' de ceux dont 360 font deux angles droits, l'arc soutendu par DF sera de 80^d 22' dont le cercle décrit autour du rectangle DTF en contient 360, et l'arc soutendu par ET aura les 99^d 38' restants du demi-cercle. Donc, de ces soutendantes, DF est de 77^p 26' des parties dont l'hypoténuse DT en contient 120, et FT est de 91^p 41'. Si donc la droite DT est de 6^p, et l'hypoténuse DB de 60^p, EF sera de 3^p 52', et FT de 4^p 25'. Et puisque la différence des carrés de DF et de DB donne le carré de BF, la longueur de celle-ci sera de 59^p 53' (h). Par conséquent, puisque TF égale FX, et que NX est double de DF, la droite entière BX sera de 64^d 28' des parties dont la droite NX en contient 7^p 44'. C'est pourquoi l'hypoténuse BN sera de 64^d 54' (i) de ces parties. Donc cette hypoténuse étant supposée de 120, NX en aura 14^p 19', et l'arc soutendu par cette dernière droite, sera de 13^d 42' des degrés dont 360 font deux angles droits, et de 6^d 51' de ceux dont 360 font quatre angles droits. Mais l'angle BTE étoit de

*

40^d 11′ : donc l'autre angle ENB qui est celui du mouvement apparent, est de 33^d 20′ de ces mêmes degrés, quantité dont l'astre paroissoit suivre, ou laissé derrière, l'apogée, dans la seconde opposition. Or on a démontré que, dans la première, il précédoit l'apogée, de 34^d 30′. Donc l'arc entier depuis la première opposition acronycte jusqu'à la seconde distance ou digression, est de 67^d 50′, conformément aux quantités données par les observations.

Prenons de même la figure de la troisième opposition acronycte : puisque l'angle GTZ du mouvement moyen de l'épicycle, y est de 44^d 21′ des degrés dont 360 font quatre angles droits, et de 88^d 42′ de ceux dont 360 font deux angles droits, l'arc soutendu par la droite DF, sera de 88^d 42′ des degrés dont le cercle circonscrit au rectangle DTF en contient 360, et l'arc soutendu par FT vaut le 91^p 18′ restants du demi-cercle. Donc, de ces soutendantes, DF est de 83^p 53′ des parties dont l'hypoténuse DT en contient 120, et FT est de 85^p 49′. Si donc la droite DT est de 6^p, et DG rayon de l'épicycle, de 60^p, DF en aura 4^p 11′ ½, et FT pareillement 4^p 17′. Et puisque la différence des carrés de DF et de DG donne le carré de GF, nous aurons pour la longueur de celle-ci 59^d 51′. Enfin, puisque FT égale FX, et que NX est double de DF, nous aurons la portion XG, de

---

Τῶν δ᾽ αὐτῶν ἦν καὶ ἡ ὑπὸ ΒΘΕ γωνία μ ια΄· καὶ λοιπὴ ἄρα ἡ ὑπὸ ΕΝΒ γωνία τῆς φαινομένης παρόδου τῶν αὐτῶν ἐςὶ λγ κ΄. Τοσαύτας ἄρα μοίρας ὑπολειπόμενος ἐφαίνετο τοῦ ἀπογείου κατὰ τὴν δευτέραν ἀκρόνυκτον ὁ ἀςήρ. Εδέδεικτο δὲ καὶ ἐπὶ τῆς πρώτης ἀκρονύκτου προηγούμενος τοῦ ἀπογείου μοίρας λδ λ΄. Ολη ἄρα ἡ ἀπὸ τῆς πρώτης ἀκρονύκτου ἐπὶ τὴν δευτέραν διάςασις συνάγεται μοιρῶν ξζ ν΄, συμφώνως ταῖς ὑπὸ τῶν τηρήσεων κατειλημμέναις.

Εκκείσθω δὴ ὡσαύτως καὶ ἡ τῆς τρίτης ἀκρονύκτου καταγραφή. Επεὶ οὖν καὶ ἐνταῦθα ἡ ὑπὸ ΓΘΖ γωνία τῆς ὁμαλῆς τοῦ ἐπικύκλου παρόδου, οἵων μέν εἰσιν αἱ τέσσαρες ὀρθαὶ τξ, τοιούτων ἐςὶ μδ κα΄, οἵων δ᾽ αἱ δύο ὀρθαὶ τξ, τοιούτων πη μβ, εἴη ἂν κ) ἡ μὲν ἐπὶ τῆς ΔΦ εὐθείας περιφέρεια τοιούτων πη μβ΄, οἵων ἐςὶν ὁ περὶ τὸ ΔΘΦ ὀρθογώνιον κύκλος τξ, ἡ δ᾽ ἐπὶ τῆς ΦΘ τῶν λοιπῶν εἰς τὸ ἡμικύκλιον ζα ιη΄. Καὶ τῶν ὑπ᾽ αὐτὰς ἄρα εὐθειῶν ἡ μὲν ΔΦ τοιούτων ἐςὶν πγ νγ΄, οἵων ἡ ΔΘ ὑποτείνουσα ρκ, ἡ δὲ ΦΘ τῶν αὐτῶν πε μθ΄. Ωστε καὶ οἵων ἐςὶν ἡ μὲν ΔΘ εὐθεῖα ς, ἡ δὲ ΔΓ ἐκ τοῦ κέντρου τοῦ ἐκκέντρου ξ, τοιούτων καὶ ἡ μὲν ΔΦ ἔςαι ιδ ια΄ ς″, ἡ δὲ ΦΘ ὁμοίως δ ιζ΄. Καὶ ἐπεὶ τὸ ἀπὸ τῆς ΔΦ, λειφθὲν ὑπὸ τοῦ ἀπὸ τῆς ΔΓ, ποιεῖ τὸ ἀπὸ τῆς ΓΦ τετράγωνον, ἕξομεν κ) ταύτην μήκει τῶν αὐτῶν νθ να΄. Πάλιν δ᾽ ἐπεὶ καὶ ἡ μὲν ΦΘ τῇ ΦΧ ἴση ἐςὶν, ἡ δὲ ΝΧ τῆς ΔΦ διπλῆ, κ) λοιπὴν τὴν ΧΓ ἕξομεν

τοιούτων νε̄ λδ΄, οἵων ἐςὶν ἡ NX εὐθεῖα π̄
κγ΄. Διὰ τοῦτο δὲ καὶ τὴν ΓΝ ὑποτείνουσαν τῶν αὐτῶν ἕξομεν νς̄ ιβ΄. Καὶ οἵων
ἐςὶν ἄρα ἡ ΓΝ ὑποτείνουσα ρκ̄, τοιούτων
καὶ ἡ μὲν NX ἔςαι ιζ νε΄, ἡ δ᾽ ἐπ᾽ αὐτῆς
περιφέρεια τοιούτων ιζ ι΄, οἵων ἐςὶν ὁ περὶ
τὸ ΓΝX ὀρθογώνιον κύκλος τξ̄. Ὥστε καὶ
ἡ ὑπὸ ΘΓΖ γωνία, οἵων μέν εἰσιν αἱ δύο
ὀρθαὶ τξ̄, τοιούτων ἐςὶ ιζ ι΄, οἵων δ᾽ αἱ
τέσσαρες ὀρθαὶ τξ̄, τοιούτων π̄ λε΄.
Τῶν δ᾽ αὐτῶν ἦν καὶ ἡ ὑπὸ ΓΘΖ γωνία
μδ̄ κα΄. Καὶ ὅλη ἄρα ἡ ὑπὸ ΓΝΖ γωνία
τῶν αὐτῶν ἐςι νβ̄ νς΄. Τοσαύτας ἄρα
μοίρας προηγούμενος ἐφαίνετο τοῦ περιγείου κατὰ τὴν τρίτην ἀκρόνυκτον ὁ ἀςήρ.
Ἐδέδεικτο δὲ καὶ ἐπὶ τῆς δευτέρας ἀκρονύκτου λειπόμενος τοῦ ἀπογείου μοίρας
λγ̄ κ΄· καὶ λοιπαὶ αἱ ἀπὸ τῆς δευτέρας
ἀκρονύκτου ἐπὶ τὴν τρίτην συναγόμεναι
μοῖραι ϟγ̄ μδ΄ σύμφωνοι εὑρέθησαν ταῖς
ἐπὶ τῆς δευτέρας διαςάσεως τετηρημέναις.
Δῆλον δ᾽ ὅτι καὶ ἐπειδήπερ ἐπὶ μὲν τῆς
ΓΝ εὐθείας θεωρούμενος ὁ ἀςὴρ κατὰ τὴν
τρίτην ἀκρόνυκτον, ἐπεῖχε τὰς τετηρημένας τοῦ τοξότου μοίρας β̄ λδ΄, ἡ δὲ ὑπὸ
ΓΝΖ γωνία πρὸς τῷ κέντρῳ οὖσα τοῦ ζωδιακοῦ ἐδείχθη τοιούτων νβ̄ νς΄, οἵων εἰσὶν
αἱ τέσσαρες ὀρθαὶ τξ̄, καὶ τὸ μὲν περίγειον
τῆς ἐκκεντρότητος τὸ κατὰ τὸ Ζ σημεῖον
ἐπεῖχεν αἰγόκερω μοίρας κε̄ λ΄, τὸ δ᾽ ἀπόγειον τὰς κατὰ διάμετρον τοῦ καρκίνου
μοίρας κε̄ λ΄.

Κἂν γράφωμεν δὲ περὶ τὸ Γ κέντρον
τὸν ΚΛΜ ἐπίκυκλον τοῦ Ἄρεως, καὶ ἐκ-
βάλλωμεν τὴν ΘΓ εὐθεῖαν, ἕξομεν ἐν τῷ
χρόνῳ τῆς τρίτης ἀκρονύκτου, τὴν μὲν

55ᵖ 34′ des parties dont la droite NX en
contient 8ᵖ 23′, et par conséquent l'hypoténuse GN sera de 56ᵖ 12′ de ces parties.
Donc si cette hypoténuse est faite de 120ᵈ,
NX en aura 17ᵈ 55′, et l'arc qu'elle soutend
sera de 17ᵖ 10′ des degrés dont le cercle
décrit autour du rectangle GNX en contient 360. Ainsi l'angle TGN est de 17ᵈ 10′
des degrés dont 360 font deux angles
droits, et de 8ᵈ 35′ de ceux dont 360
font quatre angles droits. Mais l'angle GTZ
en valoit 44ᵈ 21′; donc l'angle GNZ en
vaut 52ᵈ 56′, quantité dont l'astre paroissoit plus avancé que le périgée dans la
troisième opposition. Mais on a prouvé
que dans la seconde, il étoit laissé en
arrière de l'apogée, de 33ᵈ 20′; ainsi, la
somme des 93ᵈ 44′, restants de la seconde à la troisième, s'est trouvée ré-
pondre à ceux qui avoient été observés
dans la seconde distance. Or il est clair
que puisque la planète vue selon la droite
GN, dans la troisième opposition, occupoit les 2ᵈ 34′ observés du sagittaire, et
que l'angle GNZ au centre du zodiaque
a été démontré être de 52ᵈ 56′ des degrés dont 360 font quatre angles droits, le
périgée dans l'excentricité, lequel est au
point Z, étoit sur les 25ᵈ 30′ du capricorne, et l'apogée diamétralement opposé,
sur les 25ᵈ 30′ du cancer.

Si donc nous décrivons autour du
centre G l'épicycle KLM de Mars, et que
nous prolongions la droite TG, nous
aurons dans le temps de la troisième

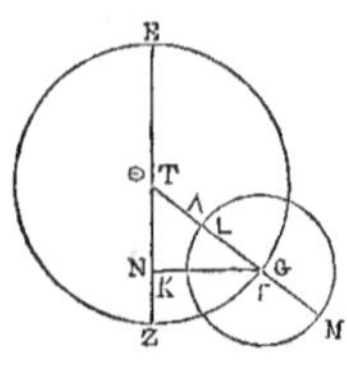

opposition, le mouvement moyen de l'épicycle, de 135^d 39′, depuis l'apogée de l'excentrique, attendu que l'angle GTZ a été démontré valoir les 44^d 21′ restants du demi-cercle, et le mouvement moyen de la planète depuis l'apogée de l'épicycle, c'est-à-dire l'arc MK de 171^d 25′, à cause de l'angle TGN qu'on a démontré être de 8^d 35′ des degrés dont 360 font quatre angles droits, et qui est au centre de l'épicycle ; et parceque l'arc KL depuis l'astre K jusqu'au périgée L, est de 8^d 35′, l'arc depuis l'apogée jusqu'à l'astre en K vaut les 171^d 25′ restants du demi-cercle, comme on l'a dit déjà auparavant.

Il nous est ainsi devenu évident, outre ce que nous avons déjà vu, que lors de la troisième opposition, c'est-à-dire dans la seconde année d'Antonin, à deux heures équinoxiales avant minuit du 12 au 13 du mois égyptien Épiphi, Mars étoit par sa longitude moyenne, à 135^d 39′ loin de l'apogée de l'excentrique ; et par son anomalie, à 171^d 25′ loin de l'apogée de l'épicycle : ce qu'il falloit démontrer.

ἀπὸ τοῦ ἀπογείου τοῦ ἐκκέντρου μέσην πάροδον τοῦ ἐπικύκλου μοιρῶν ρλε̄ λθ′, ἐπειδήπερ ἡ μὲν ὑπὸ ΓΘΖ γωνία τῶν λοιπῶν εἰς τὸ ἡμικύκλιον ἐδείχθη μοιρῶν μδ̄ κα′, τὴν δ′ ἀπὸ τοῦ Μ ἀπογείου τοῦ ἐπικύκλου μέσην τοῦ ἀςέρος πάροδον, τουτέςι τὴν ΜΚ περιφέρειαν, μοιρῶν ροᾱ κε′, διὰ τὸ τῆς ὑπὸ ΘΓΝ γωνίας, δεδειγμένης τοιούτων η̄ λε′, οἵων εἰσὶν αἱ τέσσαρες ὀρθαὶ τξ̄, πρὸς τῷ κέντρῳ τε οὔσης τοῦ ἐπικύκλου, καὶ τὴν μὲν ΚΛ περιφέρειαν, τὴν ἀπὸ τοῦ Κ ἀςέρος ἐπὶ τὸ Λ περίγειον, τῶν αὐτῶν γίνεσθαι μοιρῶν η̄ λε′, τὴν δ′ ἀπὸ τοῦ Μ ἀπογείου ἐπὶ τὸν κατὰ τὸ Κ ἀςέρα τῶν λοιπῶν εἰς τὸ ἡμικύκλιον, ὡς πρόκειται, ροᾱ κε′.

Καὶ γέγονεν ἡμῖν μετὰ τῶν ἄλλων δῆλον, ὅτι κατὰ τὸν τῆς τρίτης ἀκρονύκτȣ χρόνον, τȣτέςι τῷ δευτέρῳ ἔτει Ἀντωνίνου, κατ' Αἰγυπτίους Ἐπιφὶ ιβ̄ εἰς τὴν ιγ̄, πρὸ δύο ὡρῶν τοῦ μεσονυκτίου ἰσημερινῶν, ὁ τοῦ Ἄρεως ἀςὴρ, κατὰ μὲν τὸ καλούμενον μῆκος, ἀπεῖχε μέσως τοῦ ἀπογείου τοῦ ἐκκέντρου μοίρας ρλε̄ λθ′· κατὰ δὲ τὴν ἀνωμαλίαν, ἀπὸ τοῦ ἀπογείου τοῦ ἐπικύκλου, μοίρας ροᾱ κε′· ἅπερ προέκειτο δεῖξαι.

ΚΕΦΑΛΑΙΟΝ Η.

ΑΠΟΔΕΊΞΙΣ ΤΗΣ ΤΟΥ ΕΠΙΚΥΚΛΟΥ ΤΟΥ ΑΡΕΩΣ ΠΗΛΙΚΟΤΗΤΟΣ.

ΕΦΕΞΗΣ δ' ὄντος καὶ τὸν τῆς πηλικό-τητος τοῦ ἐπικύκλου λόγον ἀποδεῖξαι, ἐλάβομεν εἰς τοῦτο τήρησιν ἣν διωπτεύ-σαμεν μετὰ τρεῖς ἔγγιςα ἡμέρας τῆς τρί-της ἀκρωνύκτου, τουτέςι τῷ δευτέρῳ ἔτει Ἀντωνίνȣ, κατ' Αἰγυπτίους Ἐπιφὶ ιϛ εἰς τὴν ιϛ, πρὸ τριῶν ὡρῶν ἰσημερινῶν τοῦ μεσο-νυκτίου· ἐπειδήπερ ἐμεσουράνει κατὰ τὸν ἀςρόλαβον ἡ κ̄ μοῖρα τῶν χηλῶν, τοῦ ἡλίου κατὰ μέσην πάροδον ἐπέχοντος τότε διδύμων μοίρας ε̄ κζ'. Τοῦ μὲν οὖν ἐπὶ τοῦ ςάχυος διοπτευομένου πρὸς τὴν οἰκείαν θέσιν, ὁ τοῦ Ἀρεως ἐφαίνετο ἐπ-ʹχων τοῦ τοξότου μοῖραν ᾱ καὶ γ̄ πεμ-πτημόρια· κατὰ δὲ τὸν αὐτὸν χρόνον καὶ τȣ κέντρου τῆς σελήνης ἀπέχων ἐφαίνετο εἰς τὰ ἑπόμενα τὴν αὐτὴν ᾱ μοῖραν καὶ γ̄ πεμπτημόρια. Καὶ ἦν ἡ μὲν μέση πάρ-οδός τότε τῆς σελήνης περὶ τοξότȣ μοίρας δ̄ κ', ἡ δ' ἀκριβὴς περὶ σκορπίου μοίρας κθ̄, ἐπειδήπερ καὶ κατὰ τὴν ἀνωμαλίαν ἀπεῖχεν τοῦ ἀπογείου τοῦ ἐπικύκλου μοί-ρας ϟβ̄. Η δὲ φαινομένη περὶ τὴν ἀρχὴν τοῦ τοξότου· ὡς κ̣ ἐντεῦθεν ἐπέχειν τότε συμφώνως τὸν τοῦ Ἀρεως, καθάπερ καὶ διωπτεύετο, τοξότου μοῖραν ᾱ λϛ', καὶ διεςάναι δηλονότι τοῦ περιγείου εἰς τὰ προηγούμενα μοίρας νγ̄ νδ'. Περιέχονται δὲ καὶ ἐν τῷ μεταξὺ χρόνῳ τῆς τε τρίτης ἀκρονύκτου κ̀ ταύτης τῆς τηρήσεως, μή-κους μὲν μοῖρα ᾱ λβ', ἀνωμαλίας δὲ

II.

CHAPITRE VIII.

DÉTERMINATION DE LA GRANDEUR DE L'ÉPICYCLE DE MARS.

COMME nous avons actuellement à don-ner la proportion de la quantité de l'épi-cycle, nous avons choisi pour cela une observation que nous avons faite trois jours environ après la troisième opposi-tion de Mars, c'est-à-dire trois heures équinoxiales avant minuit du 15 au 16 du mois égyptien Épiphi de la seconde an-née d'Antonin : l'astrolabe montroit alors le 20e degré des serres au méridien; le lieu moyen du soleil étant sur le 5e degré 27' des gémeaux. Et le point de l'éclip-tique qui, sur l'instrument, répondoit à la longitude de l'épi, étant vu alors vers la place même de cette étoile, Mars pa-roissoit sur le premier degré $\frac{3}{5}$ du sagit-taire, et plus avancé suivant l'ordre des signes, de ces $1^{\rm d}\frac{3}{5}$, que le centre de la lune. Or le lieu moyen de la lune étoit alors au 4e degré 20' du sagittaire, et son lieu vrai avoit passé les $29^{\rm d}$ du scorpion, puis-que par l'anomalie elle étoit à $92^{\rm d}$ loin de l'apogée de l'épicycle. Mais elle parois-soit alors au commencement du sagit-taire ; et il résulte de là, que Mars étoit sur $1^{\rm d}$ 36' du sagittaire, comme on le voyoit ; il étoit donc de $53^{\rm d}$ 54' à l'occi-dent du périgée. Or, l'intervalle de temps depuis la troisième opposition jusqu'à cette observation, embrasse $1^{\rm d}$ 32' en.

longitude, et 1ᵈ 21′ environ d'anomalie ; si nous les ajoutons aux lieux démontrés dans la troisième opposition, nous aurons pour le temps de cette observation, la planète Mars à la distance en longitude de 137ᵈ 11′ loin de l'apogée de l'excentrique, et à 172ᵈ 46′ d'anomalie loin de l'apogée de l'épicycle.

Cela posé, soit ABG le cercle excentrique qui porte le centre de l'épicycle, décrit autour du centre D ; et sur le diamètre ADG, supposons E le centre du zodiaque, et Z le point de la plus grande excentricité. Ayant décrit l'épicycle HTK autour du point B, je mène les droites ZKBH, ETB et DB, et j'abaisse les perpendiculaires EL et DM des points E et D sur ZB. Supposons l'astre au point N de l'épicycle, et joignant EN et BN, abaissons la perpendiculaire BX de B sur EN prolongée. Puisque l'astre est à 137ᵖ 11′ loin de l'apogée de l'excentrique, ensorte que l'angle BZG est de 42ᵈ 49′ des degrés dont 360 font quatre angles droits, et de 85ᵈ 38′ de ceux dont 360 font deux angles droits, l'arc soutendu par DM sera de 85ᵈ 38′ des degrés dont le cercle décrit autour du rectangle DZM en contient 360, et l'arc soutendu par ZM sera des 94ᵈ 22′ restants du demi-cercle. Donc de ces soutendantes, DM sera de 81ᵖ 34′ des parties dont l'hypoténuse DZ en contient 120, et

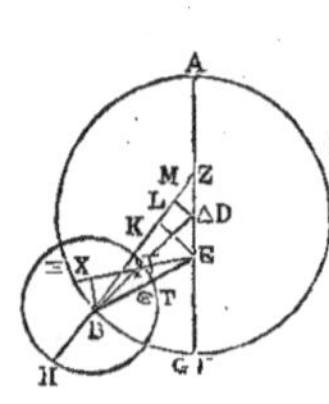

μοῖρα ā καʹ ἔγγιςα· ἃς ἐὰν προσθῶμεν ταῖς κατὰ τὴν ὑποκειμένην τρίτην ἀκρόνυκτον ἀποδεδειγμέναις ἐποχαῖς, ἕξομεν καὶ ἐν τῷ χρόνῳ ταύτης τῆς τηρήσεως ἀπέχοντα τὸν τοῦ Ἄρεος μήκους μὲν ἀπὸ τοῦ ἀπογείου τοῦ ἐκκέντρου μοίρας ρλζ ιαʹ, ἀνωμαλίας δὲ ἀπὸ τοῦ ἀπογείου τοῦ ἐπικύκλου μοίρας ροβ μϛʹ.

Τούτων οὖν ὑποκειμένων, ἔςω ὁ τὸ κέντρον τοῦ ἐπικύκλου φέρων ἔκκεντρος κύκλος ὁ ΑΒΓ περὶ κέντρον τὸ Δ, κὴ διάμετρον τὴν ΛΔΓ, ἐφ' ἧς τὸ μὲν τοῦ ζωδιακοῦ κέντρον ὑποκείσθω τὸ Ε, τὸ δὲ τῆς μείζονος ἐκκεντρότητος τὸ Ζ. Καὶ γραφέντος περὶ τὸ Β τοῦ ΗΘΚ ἐπικύκλου, διήχθωσαν ἥτε ΖΚΒΗ, καὶ ἡ ΕΘΒ, καὶ ἔτι ἡ ΔΒ, καὶ ἤχθωσαν κάθετοι ἀπὸ τῶν Δ καὶ Ε σημείων ἐπὶ τὴν ΖΒ ἥτε ΕΛ καὶ ἡ ΔΜ. Ὑποκείσθω δὲ καὶ ὁ ἀςὴρ κατὰ τὸ Ν σημεῖον τοῦ ἐπικύκλου, καὶ ἐπιζευχθεισῶν τῆς τε ΕΝ καὶ τῆς ΒΝ, κάθετος ἤχθω ἐπὶ τὴν ΕΝ ἐκβληθεῖσαν ἀπὸ τοῦ Β ἡ ΒΞ. Ἐπεὶ τοίνυν ὁ ἀςὴρ ρλζ ιαʹ μοίρας ἀπέχει τοῦ ἀπογείου τοῦ ἐκκέντρου, ὥστε καὶ τὴν ὑπὸ ΒΖΓ γωνίαν, οἵων μὲν εἰσιν αἱ τέσσαρες ὀρθαὶ τξ, τοιούτων εἶναι μβ μθʹ, οἵων δ' αἱ δύο ὀρθαὶ τξ, τοιούτων πε λη′, εἴη ἂν καὶ ἡ μὲν ἐπὶ τῆς ΔΜ περιφέρεια τοιούτων πε λη′, οἵων ἐςὶν ὁ περὶ τὸ ΔΖΜ ὀρθογώνιον κύκλος τξ, ἡ δ' ἐπὶ τῆς ΖΜ τῶν λοιπῶν εἰς τὸ ἡμικύκλιον ϟδ κβ′. Καὶ τῶν ὑπ' αὐτὰς ἄρα εὐθειῶν ἡ μὲν ΔΜ ἔςαι τοιούτων πα λδ′, οἵων ἐςὶν ἡ ΔΖ ὑποτείνουσα ρκ, ἡ δὲ ZM τῶν αὐτῶν πη α΄. Ὥστε καὶ οἵων ἐςὶν ἡ μὲν ΔΖ μεταξὺ τῶν κέντρων ϛ, ἡ δὲ ΔΒ ἐκ τοῦ κέντρου τοῦ ἐκκέντρου ξ, τοιούτων καὶ ἡ μὲν ΔΜ ἔςαι δ΄ ε΄, ἡ δὲ ZM ὁμοίως δ΄ κδ΄. Καὶ ἐπεὶ τὸ ἀπὸ τῆς ΔΜ, λειφθὲν ὑπὸ τοῦ ἀπὸ τῆς ΔΒ, ποιεῖ τὸ ἀπὸ τῆς ΒΜ τετράγωνον, ἔςαι καὶ ἡ ΒΜ εὐθεῖα τῶν αὐτῶν νθ΄ νβ΄. Ὁμοίως δὲ ἐπεὶ καὶ ἡ μὲν ZM τῇ ΜΛ ἴση ἐςὶν, ἡ δὲ ΕΛ τῆς ΔΜ διπλῆ, καὶ λοιπὴ μὲν ἡ ΒΛ ἔςαι νε κη΄, ἡ δὲ ΕΛ τῶν αὐτῶν η ι΄. Διὰ τοῦτο δὲ καὶ ἡ ΕΒ ὑποτείνουσαν ϛ δ΄· καὶ οἵων ἐςὶν ἄρα ἡ ΕΒ εὐθεῖα ρκ, τοιούτων καὶ ἡ μὲν ΕΛ ἔςαι ιζ κη΄, ἡ δ΄ ἐπ᾽ αὐτῆς περιφέρεια τοιούτων ιϛ μδ΄, οἵων ἐςὶν ὁ περὶ τὸ ΒΕΛ ὀρθογώνιον κύκλος τξ, ὥστε καὶ ἡ ὑπὸ ΖΒΕ γωνία τοιούτων ἐςὶν ιϛ μδ΄, οἵων εἰσὶν αἱ δύο ὀρθαὶ τξ.

Πάλιν ἐπεὶ ἡ ὑπὸ ΓΕΞ γωνία, ἣν ἐφαίνετο προηγούμενος ὁ τοῦ Ἄρεος ἀςὴρ τοῦ Γ περιγείου, οἵων μέν εἰσιν αἱ τέσσαρες ὀρθαὶ τξ, τοιούτων ὑπόκειται νγ νδ΄, οἵων δ᾽ αἱ δύο ὀρθαὶ τξ, τοιούτων ρζ μη΄, τῶν δ᾽ αὐτῶν ἐςὶ κ̀ ἡ ὑπὸ ΓΕΒ γωνία ρβ κβ΄, διὰ τὸ ἴσην αὐτὴν εἶναι συναμφοτέραις τῇ τε ὑπὸ ΖΒΕ δεδειγμένῃ τῶν αὐτῶν ιϛ μδ΄, καὶ τῇ ὑπὸ ΓΖΒ ὑποκειπένῃ τῶν αὐτῶν πε λη΄, εἴη ἂν κ̀ λοιπὴ μὲν ἡ ὑπὸ ΒΕΞ γωνία τῶν αὐτῶν ε κϛ΄, ἡ δ᾽ ἐπὶ τῆς ΒΞ τοιούτων ε κϛ΄, οἵων ἐςὶν ὁ περὶ τὸ ΒΕΞ ὀρθογώνιον κύκλος τξ. Διὰ τοῦτο δὲ κ̀ ἡ ΒΞ εὐθεῖα τοιούτων ε μα΄, οἵων ἐςὶν ἡ ΕΒ ὑποτείνουσα ρκ. Καὶ οἵων ἄρα ἡ μὲν ΕΒ ἐδείχθη νϛ δ΄, ἡ δ᾽ ἐκ τοῦ κέντρου τοῦ ἐκκέντρου ξ, τοιούτων καὶ ἡ ΒΞ ἔςαι β λθ΄.

ZM de 88^d 1′. Ainsi la droite DZ entre les centres étant faite de 6ᵖ, et DB rayon de l'excentrique de 60ᵖ, DM sera de 4ᵖ 5′, et ZM de 4ᵖ 24′. Et puisque la différence des carrés de DM et de DB donne celui de BM, la droite BM sera de 59ᵖ 52′. De même, puisque ZM est égale à ML, et que EL est double de DM, la portion BL sera de 55ᵖ 28′, et EL en aura 8ᵖ 10′; par conséquent, l'hypoténuse EB en a 56ᵖ 4′. Si donc la droite EB est de 120, EL en aura 17ᵖ 28′, et l'arc soutenu par celle-ci aura 16ᵈ 44′ des degrés dont le cercle décrit autour du rectangle BEL en contient 360. Ainsi l'angle ZBE est de 16ᵈ 44′ des degrés dont 360 font quatre angles droits.

Et encore, puisque l'angle GEX dont Mars paroissoit précéder le périgée G, est donné par l'observation de 53ᵈ 54′ des degrés dont 360 font quatre angles droits, et de 107ᵈ 48′ de ceux dont 360 font deux angles droits, et que l'angle GEB est de 102ᵈ 22′, parcequ'il est égal aux deux angles ZBE démontré de 16ᵖ 44′, et GZB marqué de 85ᵖ 38′, il s'ensuit que l'angle restant BEX est de 5ᵈ 26′, et que l'arc soutenu par BX, est de 5ᵈ 26′ des degrés dont le cercle décrit autour du rectangle BEX en contient 360. C'est pourquoi la droite BX est de 5ᵖ 41′, des parties dont l'hypoténuse EB en contient 120. Donc EB ayant été démontrée être de 56ᵖ 4′, et le rayon de l'excentrique de 60ᵈ, BX en aura 2ᵖ 3′.

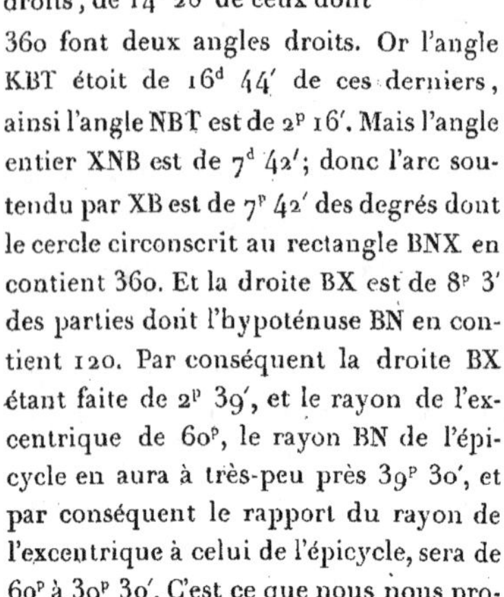
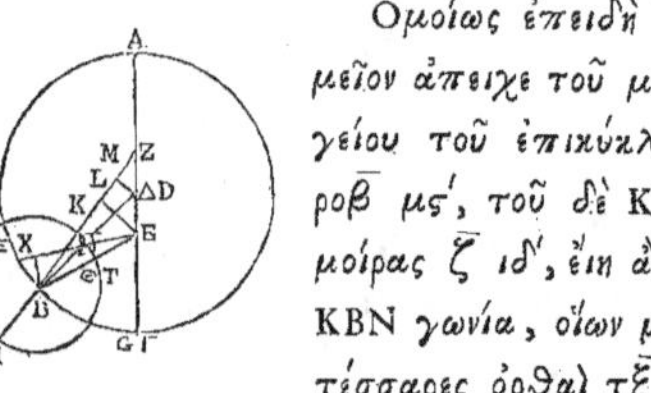

De même, puisque le point N étoit à 172ᵈ 46′ loin de l'apogée H de l'épicycle, et à 7ᵈ 14′ loin du périgée K, l'angle KBN sera de 7ᵈ 14′ des degrés dont 360 font quatre angles droits, de 14ᵈ 28′ de ceux dont 360 font deux angles droits. Or l'angle KBT étoit de 16ᵈ 44′ de ces derniers, ainsi l'angle NBT est de 2ᵖ 16′. Mais l'angle entier XNB est de 7ᵈ 42′; donc l'arc soutendu par XB est de 7ᵖ 42′ des degrés dont le cercle circonscrit au rectangle BNX en contient 360. Et la droite BX est de 8ᵖ 3′ des parties dont l'hypoténuse BN en contient 120. Par conséquent la droite BX étant faite de 2ᵖ 39′, et le rayon de l'excentrique de 60ᵖ, le rayon BN de l'épicycle en aura à très-peu près 39ᵖ 30′, et par conséquent le rapport du rayon de l'excentrique à celui de l'épicycle, sera de 60ᵖ à 39ᵖ 30′. C'est ce que nous nous proposions de trouver.

Ὁμοίως ἐπειδὴ τὸ Ν σημεῖον ἀπεῖχε τοῦ μὲν Η ἀπογείου τοῦ ἐπικύκλου μοίρας ροβ̄ μϛ', τοῦ δὲ Κ περιγείου μοίρας ζ̄ ιδ', εἴη ἂν καὶ ἡ ὑπὸ ΚΒΝ γωνία, οἵων μέν εἰσιν αἱ τέσσαρες ὀρθαὶ τξ, τοιούτων ζ̄ ιδ', οἵων δ' αἱ δύο ὀρθαὶ τξ, τοιούτων ιδ̄ κη'. Τῶν δ' αὐτῶν ἦν καὶ ἡ ὑπὸ ΚΒΘ γωνία ιϛ̄ μδ', καὶ λοιπὴ μὲν ἡ ὑπὸ ΝΒΘ γωνία β̄ ιϛ, ἡ δὲ ὑπὸ ΞΝΒ ὅλη τῶν αὐτῶν ζ μβ'. Ὥστε κỳ ἡ μὲν ἐπὶ τῆς ΞΒ περιφέρεια τοιούτων ἐστὶ ζ μβ'; οἵων ὁ περὶ τὸ ΒΝΞ ὀρθογώνιον κύκλος τξ, αὐτὴ δὲ ἣ ΒΞ εὐθεῖα τοιούτων η̄ γ', οἵων ἐστὶν ἡ ΒΝ ὑποτείνουσα ρκ̄. Καὶ οἵων ἐστὶν ἄρα ἡ μὲν ΒΞ εὐθεῖα β̄ λθ', ἡ δ' ἐκ τοῦ κέντρου τοῦ ἐκκέντρου ξ, τοιούτων κỳ ἡ ΒΝ ἐκ τοῦ κέντρου τοῦ ἐπικύκλου ἔσται λθ̄ λ' ἔγγιστα, κỳ λόγος ἄρα τῆς ἐκ τοῦ κέντρου τοῦ ἐκκέντρου πρὸς τὴν ἐκ τοῦ κέντρου τοῦ ἐπικύκλου ὁ τῶν ξ ᾶπρὸς τὰ λθ̄ λ'· ὅπερ προέκειτο εὑρεῖν.

CHAPITRE IX.

DE LA CORRECTION DES MOUVEMENTS PÉRIODIQUES DE MARS.

Une observation ancienne nous a servi à corriger les mouvements périodiques moyens. Elle rapporte que le 25 du mois Égon, de la 13ᵉ année dionysiaque, Mars oriental fut apperçu touchant presque le front boréal du scorpion. Or, cette observation coïncide avec la 52ᵉ année après la mort d'Alexandre, c'est-à-dire avec la 46ᵉ de Nabonnassar (a), au matin du

ΚΕΦΑΛΑΙΟΝ Θ.

ΠΕΡΙ ΤΗΣ ΔΙΟΡΘΩΣΕΩΣ ΤΩΝ ΠΕΡΙΟΔΙΚΩΝ ΤΟΥ ΤΟΥ ΑΡΕΟΣ ΚΙΝΗΣΕΩΝ.

Καὶ τῆς διορθώσεως δὲ ἕνεκεν τῶν περιοδικῶν μέσων κινήσεων, ἐλάβομεν κỳ τῶν παλαιῶν τηρήσεων μίαν, καθ' ἣν διασαφεῖται ὅτι τῷ ιγ̄ ἔτει κατὰ Διονύσιον Αἴγωνος κε̄, ἑῷος ὁ τοῦ Ἄρεος τῷ βορείῳ μετώπῳ τοῦ σκορπίου ἐδόκει προστεθεικέναι. Ὁ μὲν οὖν τῆς τηρήσεως χρόνος γίνεται κατὰ τὸ νβ̄ ἔτος ἀπὸ τῆς Ἀλεξάνδρου τελευτῆς, τουτέστι κατὰ τὸ νοϛ̄ ἔτος

ἀπὸ Ναβοννασσάρε, κατ᾽ Αἰγυπτίες Ἀθὺρ
κ̅ εἰς τὴν κα̅ ὄρθρου, ἐν ᾧ τὸν ἥλιον εὑρίσκομεν κατὰ μέσην πάροδον ἐπέχοντα αἰγόκερω μοίρας κγ̅ νδ΄. Ὁ δ᾽ ἐπὶ τῆ βορείε τῆ
μετώπου τοῦ σκορπίου ἐτηρήθη καθ᾽ ἡμᾶς
ἐπέχων σκορπίου μοίρας ϛ̅ γ΄΄. Ὥστ᾽ ἐπεὶ
πάλιν τὰ ἀπὸ τῆς τηρήσεως μέχρι τῆς Ἀντωνίνου βασιλείας υθ̅ ἔτη ποιεῖ τῆς τῶν
ἀπλανῶν μεταβάσεως μοίρας δ̅ κỳ ε̅ ἑξε-
κοςὰ ἔγγιςα, κỳ κατὰ τὸν χρόνον τῆς ἐκκειμένης τηρήσεως ὤφειλεν ἐπέχειν ὁ ἀπλανὴς
σκορπίε μοίρας β̅ δ΄΄, τὰς αὐτὰς δὲ δῆλον
ὅτι κỳ ὁ τοῦ Ἄρεος ἀςήρ. Ὡσαύτως δ᾽ ἐπεὶ
κỳ καθ᾽ ἡμᾶς, τουτέςι κατὰ τὴν ἀρχὴν τῆς
Ἀντωνίνε βασιλείας, τὸ ἀπόγειον τε Ἄρεος
ἐπεῖχε καρκίνε μοίρας κε̅ λ΄, κατὰ τὴν τήρησιν ὤφειλεν ἐπέχειν μοίρας κα̅ κε΄. Καὶ
δῆλον ὅτι ὁ μὲν φαινόμενος ἀςὴρ ἀπεῖχε
τότε τοῦ ἀπογείου μοίρας ρ̅ ν΄, ὁ δὲ μέσος
ἥλιος τοῦ μὲν αὐτοῦ ἀπογείου μοίρας ρπβ̅
κθ΄, τε δὲ περιγείε δῆλον ὅτι μοίρας β̅ κθ΄.

Τούτων ὑποκειμένων, ἔςω
ὁ τὸ κέντρον τε ἐπικύκλε φέρων ἔκκεντρος κύκλος ὁ ΑΒΓ
περὶ κέντρον τὸ Δ κỳ διά-
μετρον τὴν ΑΔΓ, ἐφ᾽ ἧς ὑποκείσθω τὸ μὲν τοῦ ζωδιακοῦ
κέντρον τὸ Ε, τὸ δὲ τῆς μείζονος ἐκκεντρότητος τὸ Ζ. Καὶ γραφέντος
περὶ κέντρον τὸ Β τοῦ ΗΘ ἐπικύκλου,
διήχθωσαν μὲν ἥτε ΖΒΗ κỳ ἡ ΔΒ, κάθετος δ᾽ ἀπὸ τοῦ Ζ ἐπὶ τὴν ΔΒ εὐθεῖαν
ἤχθω ἡ ΖΚ· ὑποκείσθω δὲ ὁ ἀςὴρ ἐπὶ
τοῦ Θ σημείου τοῦ ἐπικύκλου, κỳ ἐπι-
ζευχθείσες τῆς ΒΘ, ἤχθω αὐτῆ παράλληλος ἀπὸ τοῦ Ε ἡ ΕΛ, ἐφ᾽ ἧς

20 au 21 du mois égyptien Athyr. Nous
trouvons ainsi qu'alors le lieu moyen du
soleil étoit au 23e degré 54′ du capricorne. Or l'étoile du front boréal du scorpion fut observée au 6e degré ⅓ de cette
constellation ; et comme dans les 409
années depuis cette observation jusqu'au
règne d'Antonin (b), les fixes se sont
avancées d'environ 4ᵈ 5′, et que par conséquent dans le temps de cette observation, cette étoile devoit être en 2ᵈ ¼ du
scorpion, Mars devoit donc s'y trouver
aussi. Or, puisque de nos jours, au commencement du règne d'Antonin, l'apogée
de Mars étoit sur 25ᵈ 30′ du cancer, il
devoit, lors de l'observation, être sur 21ᵈ
25′. Il est donc évident que l'astre paroissoit alors de 100ᵈ 50′ distant de l'apogée,
et que le soleil moyen étoit à 182ᵈ 29′
loin du même apogée, et par conséquent
à 2ᵈ 29′ du périgée (c).

Cela posé, soit ABG le cercle excentrique qui porte le
centre de l'épicycle, soit D
son centre, et AD son diamètre sur lequel prenons E
pour le centre du zodiaque,
et Z pour le point de la plus
grande excentricité. Ayant décrit autour
du point B l'épicycle HT, menons ZBH
et DB. Abaissons la perpendiculaire ZK
de Z sur la droite DB. Supposons l'astre
au point T de l'épicycle, et ayant joint
BT, menons du point E à cette ligne
une parallèle EL sur laquelle, suivant

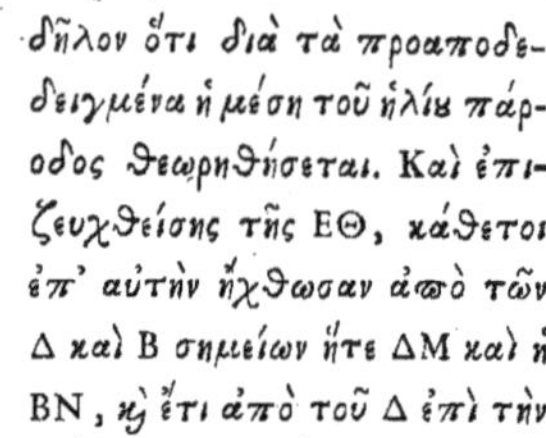

ce qui a été démontré, se verra le lieu moyen du soleil. Ayant joint ET, menons-y des points D et B les perpendiculaires DM et BN, et du point D abaissons sur BN la perpendiculaire DX, de sorte que DMNX soit un parallélogramme rectangle. Maintenant, puisque l'angle AET du lieu apparent de l'astre depuis l'apogée, est de 100 5o′ des degrés dont 36o font quatre angles droits, et que l'angle GEL du moyen mouvement du soleil, est de 2ᵈ 29′ de ces degrés, l'angle TEL c'est-à-dire BTE, est de 81ᵈ 39′ des degrés dont 36o font quatre angles droits, et de 163ᵈ 18′ de ceux dont 36o font deux angles droits. Ainsi l'arc soutendu par BN est de 163ᵈ 18′ des degrés dont le cercle circonscrit au rectangle BTN en contient 36o, et la droite BN est de 118ᵖ 43′ des parties dont l'hypoténuse TB en contient 120. Donc le rayon BT de l'épicycle étant de 39ᵖ 3o′, et la droite DE entre les centres, de 6ᵖ, BN en aura 39ᵖ 3′. En outre, puisque l'angle AET est de 100ᵈ 5o′ des degrés dont 36o font quatre angles droits, et de 201ᵈ 4o′ de ceux dont 36o font deux angles droits, il s'ensuit que l'angle DEM qui en est le supplément, est de 158ᵈ 2o′ de ces degrés. Donc l'arc soutendu par DM est de 158ᵈ 2o′ des degrés dont le cercle circonscrit au rectangle DEM en contient 36o, et cette soutendante DM a 117ᵖ 52′ des parties dont l'hypoténuse DE en contient 120. Par conséquent la droite

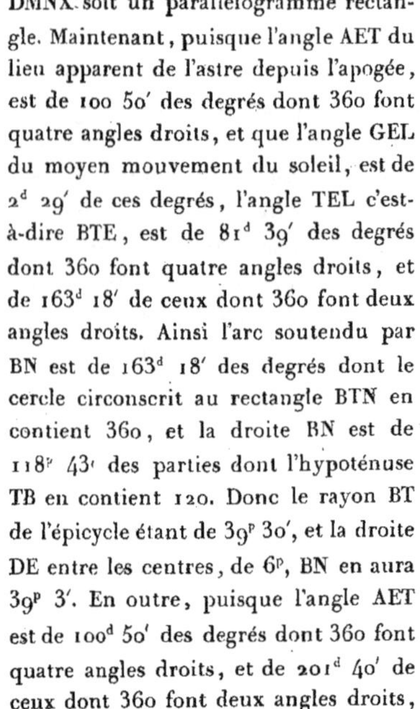

δῆλον ὅτι διὰ τὰ προαποδεδειγμένα ἡ μέση τοῦ ἡλίου πάροδος θεωρηθήσεται. Καὶ ἐπιζευχθείσης τῆς ΕΘ, κάθετοι
ἐπ' αὐτὴν ἤχθωσαν ἀπὸ τῶν
Δ καὶ Β σημείων ἥτε ΔΜ καὶ ἡ
ΒΝ, κỳ ἔτι ἀπὸ τοῦ Δ ἐπὶ τὴν
ΒΝ κάθετος ἤχθω ἡ ΔΞ, ὥστε τὸ ΔΜΝΞ
σχῆμα γίνεσθαι παραλληλόγραμμον ὀρθογώνιον. Ἐπεὶ τοίνυν ἡ μὲν ὑπὸ ΑΕΘ τῆς
ἀπὸ τοῦ ἀπογείου φαινομένης τοῦ ἀστέρος
παρόδου τοιούτων ρ̄ ἐστι κỳ ἐξηκοστῶν ν̄,
οἵων εἰσὶν αἱ τέσσαρες ὀρθαὶ τξ, ἡ δ' ὑπὸ
ΓΕΛ τῆς μέσης τοῦ ἡλίου παρόδου τῶν
αὐτῶν β̄ κθ', εἴη ἂν κỳ ἡ ὑπὸ ΘΕΛ, τουτέστιν ἡ ὑπὸ ΒΘΕ γωνία, οἵων μέν εἰσιν αἱ
τέσσαρες ὀρθαὶ τξ, τοιούτων πᾱ λθ',
οἵων δ' αἱ δύο ὀρθαὶ τξ, τοιούτων ρξγ
ιη'. Ὥστε κỳ ἡ μὲν ἐπὶ τῆς ΒΝ περιφέρεια τοιούτων ἐστὶν ρξγ ιη', οἵων ἐστὶν ὁ
περὶ τὸ ΒΤΝ ὀρθογώνιον κύκλος τξ, αὐτὴ
δὲ ἡ ΒΝ εὐθεῖα τοιούτων ριη μγ', οἵων
ἐστὶν ἡ ΘΒ ὑποτείνουσα ρκ. Καὶ οἵων ἐστὶν
ἄρα ἡ μὲν ΒΘ ἐκ τοῦ κέντρου τοῦ ἐπικύκλου λθ λ', ἡ δὲ ΔΕ μεταξὺ τῶν
κέντρων ϛ, τοιούτων κỳ ἡ ΒΝ ἔσται λθ γ'.
Πάλιν ἐπεὶ ἡ ὑπὸ ΑΕΘ γωνία, οἵων μέν
εἰσιν αἱ τέσσαρες ὀρθαὶ τξ, τοιούτων ρ̄
κỳ ἐξηκοστῶν ν̄, οἵων δ' αἱ δύο ὀρθαὶ τξ,
τοιούτων σᾱ μ', διὰ τοῦτο δὲ κỳ ἡ ἐφεξῆς αὐτῆς ἡ ὑπὸ ΔΕΜ τῶν αὐτῶν ρνη
κ', εἴη ἂν κỳ ἡ μὲν ἐπὶ τῆς ΔΜ περιφέρεια
τοιούτων ρνη κ', οἵων ἐστὶν ὁ περὶ τὸ ΔΕΜ
ὀρθογώνιον κύκλος τξ, αὐτὴ δὲ ἡ ΔΜ εὐθεῖα τοιούτων ριζ νβ', οἵων ἐστὶν ἡ ΔΕ ὑποτείνουσα ρκ. Καὶ οἵων ἐστὶν ἄρα ἡ μὲν ΔΕ

εὐθεῖα ϛ, ἡ δὲ ΒΝ ἐδείχθη τῶν αὐτῶν λθ
γ', τοιούτων καὶ ἡ μὲν ΔΜ, τουτέϛιν ἡ
ΝΞ ἔϛαι ε νδ', λοιπὴ δὲ ἡ ΒΞ τοιούτων λγ θ', οἵων ἐϛὶ καὶ ἡ ΒΔ ἐκ τοῦ κέντρου τοῦ ἐκκέντρου ξ· καὶ οἵων ἐϛὶν ἄρα
ἡ ΒΔ ὑποτείνουσα ρκ, τοιούτων κ ἡ μὲν
ΒΞ ἔϛαι ξϛ ιη', ἡ δ' ἐπ' αὐτῆς περιφέρεια
τοιούτων ξζ δ'' ἔγγιϛα, οἵων ἐϛὶν ὁ
περὶ τὸ ΒΔΞ ὀρθογώνιον κύκλος τξ.
Ωϛτε καὶ ἡ μὲν ὑπὸ ΒΔΞ γωνία τοιούτων
ἐϛὶν ξζ δ', οἵων εἰσιν αἱ δύο ὀρθαὶ τξ,
ἡ δὲ ὑπὸ ΒΔΜ ὅλη σμζ δ'. Τῶν δ' αὐτῶν ἐϛὶ καὶ ἡ ὑπὸ ΕΔΜ γωνία κα μ',
διὰ τὸ τὴν ὑπὸ ΔΕΜ δεδεῖχθαι ρνη κ'.
Καὶ λοιπὴ μὲν ἄρα ἡ ὑπὸ ΒΔΕ γωνία συνάγεται σκε κδ, ἡ δ' ἐφεξῆς αὐτῆς ἡ
ὑπὸ ΒΔΑ ὁμοίως ρλδ λϛ. Ωϛτε καὶ ἡ
μὲν ἐπὶ τῆς ΖΚ περιφέρεια τοιούτων ἐϛὶν
ρλδ λϛ', οἵων ἐϛὶν ὁ περὶ τὸ ΔΖΚ ὀρθω-
γώνιόν κύκλος τξ, ἡ δ' ἐπὶ τῆς ΔΚ τῶν
λοιπῶν εἰς τὸ ἡμικύκλιον με κδ'. Καὶ
τῶν ὑπ' αὐτὰς ἄρα εὐθειῶν ἡ μὲν ΖΚ
ἔϛαι τοιούτων ρι μβ', οἵων ἐϛὶν ἡ ΔΖ ὑποτείνουσα ρκ, ἡ δὲ ΔΚ τῶν αὐτῶν μϛ ιη'.
Καὶ οἵων ἐϛὶν ἄρα ἡ μὲν ΔΖ εὐθεῖα ϛ,
ἡ δὲ ΔΒ ἐκ τοῦ κέντρου τοῦ ἐκκέντρου ξ,
τοιούτων κ ἡ μὲν ΖΚ ἔϛαι ε λβ', ἡ δὲ,
ΔΚ ὁμοίως β ιθ', λοιπὴ δὲ ἡ ΒΚ εὐθεῖα
νζ μα'. Διὰ τοῦτο δὲ καὶ ἡ ΒΖ ὑποτείνουσα τῶν αὐτῶν νζ νζ' ἔγγιϛα. Καὶ
οἵων ἐϛὶν ἄρα ἡ ΒΖ εὐθεῖα ρκ, τοιούτων
κ ἡ μὲν ΖΚ ἔϛαι ια κη', ἡ δ' ἐπ' αὐτῆς
περιφέρεια τοιούτων ι νη', οἵων ἐϛὶν ὁ
περὶ τὸ ΒΚΖ ὀρθογώνιον κύκλος τξ.
Ωϛτε καὶ ἡ ὑπὸ ΖΒΔ γωνία τοιούτων
ἐϛὶ ι νη', οἵων εἰσιν αἱ δύο ὀρθαὶ τξ. Τῶν

droite DE étant de 6^p, et BN ayant été démontrée en avoir 39^p 3', la droite DM ou
son égale NX en aura 5^p 54', et la portion
BX sera de 33^p 9', le rayon BD de l'excentrique en contenant 60. Et l'hypoténuse
BD étant de 120^p, BX en aura 66^p 18';
et l'arc soutendu par cette droite, sera
d'environ 67^d 4' des degrés dont le cercle
circonscrit au rectangle BDX en a 360.
Donc l'angle BDX est de 67^d 4' des degrés dont 360 font deux angles droits,
et l'angle entier BDM est de 247^d 4'.
Or l'angle EDM vaut 21^d 40', parceque
l'angle DEM a été démontré de 158^p 20'.
Donc l'autre angle BDE est de 225^d 24',
et son angle de supplément BDA est de
134^d 36'. Ainsi l'angle soutendu par ZK
est de 134^d 36' des 360 degrés de la
circonférence du cercle circonscrit au
rectangle DZK, et l'arc soutendu par DK
vaut les 45^d 24' restants. Donc de ces
soutendantes, ZK aura 110^p 42' des parties dont l'hypoténuse DZ en contient
120, et DK en aura 46^p 18'. Donc la
droite DZ étant de 6^p, et le rayon DB
de l'excentrique étant de 60^p, ZK en
aura 5^p 32', et DK 2^p 19', et la portion
restante BK, 57^p 41'. C'est pourquoi l'hypoténuse BZ est de 57^p 57' à peu près.
Si donc BZ est de 120^p, ZK en aura 11^p
28', et l'arc soutendu par celle-ci sera de
10^d 58' des 360 degrés du cercle circonscrit au rectangle BKZ. Ainsi l'angle ZBD
est de 10 58' des degrés dont 360 font
deux angles droits. Mais l'angle BDA en

vaut 134ᵈ 36′. Donc l'angle entier BZA est de 145ᵈ 34′ de ces degrés, et de 72ᵈ 47′ de ceux dont 360 font quatre angles droits. Par conséquent, lors de cette observation, le lieu moyen de l'astre en longitude c'est-à-dire le centre B de l'épicycle, étoit distant de l'apogée de 72ᵈ 47′. C'est pourquoi il étoit sur les 4ᵈ 12′ des serres. Mais parceque l'angle GEL est de 2ᵈ 29′ de ces degrés, la somme de cet angle et des deux angles droits du demi-cercle ABG étant égale aux deux angles AZB de longitude moyenne, et HBT d'anomalie, c'est-à-dire du mouvement de l'astre dans l'épicycle, nous aurons donc l'angle restant HBT de 119ᵖ 42′, quantité dont l'astre étoit distant de l'apogée de l'épicycle, dans l'observation. Ce qu'on se proposoit de trouver.

Mais nous avons démontré que lors de la troisième opposition, il étoit distant de l'apogée de l'épicycle, de 171ᵈ 25′ en anomalie. Il s'étoit donc avancé en 410 années égyptiennes et 231 ⅓ jours à peu près d'intervalle entre les deux observations, de 61ᵈ 43′ en outre de 192 circonférences entières : excédent qui est presque le même que celui qui nous est donné par nos tables de moyens mouvements, tables que nous avons pu composer en divisant par le nombre des jours de l'intervalle, la somme des circonférences entières et des portions de cercle parcourues par l'astre, ce qui nous a fait connoître le mouvement diurne.

δ̓' αὐτῶν ἦν καὶ ἡ ὑπὸ ΒΔΑ γωνία ρλδ̅ λς′. Καὶ ὅλη ἄρα ἡ ὑπὸ ΒΖΑ γωνία τῶν μὲν αὐτῶν ἐϛιν ρμε̅ λδ′, οἵων δ᾽ αἱ τέσσαρες ὀρθαὶ τξ̅, τοιύτων οβ̅ μζ′. Ἀπεῖχεν ἄρα κατὰ τὸν χρόνον τῆς ἐκκειμένης τηρήσεως ἡ μέση κατὰ μῆκος παρόδος τῦ ἀϛέρος, τουτέϛι τὸ Β κέντρον τῦ ἐπικύκλου ἀπὸ τοῦ ἀπογείου, μοίρας οβ̅ μζ′. Καὶ διὰ τοῦτο ἐπεῖχε χηλῶν μοίρας δ̅ ιβ′, ἐπειδὲ καὶ ἡ ὑπὸ ΓΕΛ γωνία τῶν αὐτῶν ὑπόκειται β̅ κθ′, ἥτις μετὰ τῶν τῦ ΑΒΓ ἡμικυκλίου δύο ὀρθῶν ἴση γίνεται συναμφοτέραις τῇ τε ὑπὸ ΑΖΒ τῦ μέσου μήκους καὶ τῇ ὑπὸ ΗΒΘ τῆς ἀνωμαλίας, τουτ᾽ ἐϛι τῆς κατὰ τὸν ἐπικύκλον τοῦ ἀϛέρος κινήσεως, καὶ λοιπὴν ἕξομεν τὴν ὑπὸ ΗΒΘ γωνίαν τῶν αὐτῶν ρθ̅ μβ′. Ἀπεῖχεν ἄρα κατὰ τὸν αὐτὸν τῆς τηρήσεως χρόνον κὴ ὁ ἀϛὴρ ἀπὸ τῦ ἀπογείου τῦ ἐπικύκλου τὰς ἐκκειμένας ἀνωμαλίας ρθ̅ μβ′· ἅπερ προέκειτο εὑρεῖν.

Ἐδέδεικτο δὲ ἡμῖν κὴ ἐν τῷ χρόνῳ τῆς τρίτης ἀκρονύκτου κατὰ τὴν ἀνωμαλίαν ἀπέχων τῦ ἀπογείου τῦ ἐπικύκλου μοίρας ροα̅ κε′. Ἐπέλαβεν ἄρα ἐν τῷ μεταξὺ τῶν τηρήσεων χρόνῳ περιέχοντι Αἰγυπτιακὰ ἔτη υῖ̅ κὴ ἡμέρας σλα̅ γ̅° ἔγγιστα, μεθ᾽ ὅλους κύκλους ρϞβ̅, μοίρας ξα̅ μγ′, ὅσην σχεδὸν ἐπουσίαν εὑρίσκομεν τοῖς πεπραγματευμένοις ἡμῖν τῶν μέσων αὐτοῦ κινήσεων κανόσιν, ἐπειδήπερ κὴ τὸ ἡμερήσιον ἡμῖν ἀπὸ τύτων συνεστάθη, μερισθεισῶν τῶν ἐκ τοῦ πλήθους τῶν κύκλων κὴ τῆς ἐπουσίας συναγομένων μοιρῶν εἰς τὰς ἐκ τῦ μεταξὺ χρόνου τῶν δύο τηρήσεων συναγομένας ἡμέρας.

ΚΕΦΑΛΑΙΟΝ Ι.

CHAPITRE X.

ΠΕΡΙ ΤΗΣ ΕΠΟΧΗΣ ΤΩΝ ΠΕΡΙΟΔΙΚΩΝ ΑΥΤΟΥ ΚΙΝΗΣΕΩΝ.

DE L'ÉPOQUE DES MOUVEMENTS PÉRIODIQUES DE MARS.

ΠΑΛΙΝ ὦὖν ἐπεὶ ὁ ἀπὸ τοῦ πρώτου ἔτους Ναβονασσάρου κατ' Αἰγυπτίους Θὼθ ā τῆς μεσημβρίας μέχρι τῆς ἐκκειμένης τηρήσεως χρόνος ἐτῶν ἐςιν Αἰγυπτιακῶν υοε καὶ ἡμερῶν οθ ϛ″ δ″ ἔγγιςα, περιέχει δ' οὗτος ὁ χρόνος ἐπουσίας μήκους μὲν μοίρας ρπ μ′, ἀνωμαλίας δὲ μοίρας ρμβ κθ′· ἐὰν ταύτας ἀφέλωμεν ἀφ' ἑκατέρας οἰκείως τῶν κατὰ τὴν τήρησιν ἐκκειμένων ἐποχῶν, τουτέςι τῶν τε τοῦ μήκους ἐν ταῖς χηλαῖς μοιρῶν δ ιϐ′, καὶ τῶν τῆς ἀνωμαλίας ρθ μϛ′, ἕξομεν εἰς τὸ ā ἔτος Ναβονασσάρου, κατ' Αἰγυπτίους Θὼϑ ā τῆς μεσημβρίας, ἐποχὴν τῶν περιοδικῶν τοῦ Αρεος κινήσεων κατὰ μὲν τὸ μῆκος κριοῦ μοίρας γ λβ′, κατὰ δὲ τὴν ἀνωμαλίαν ἀπὸ τοῦ ἀπογείου τοῦ ἐπικύκλου μοίρας τκζ ιγ′. Διὰ τὰ αὐτὰ δὴ, ἐπεὶ καὶ τῆς μεταβάσεως τῶν ἀπογείων ἐν τοῖς υοε ἔτεσι συνάγονται μοῖραι δ ϛ″ δ″, ἦν δὲ τὸ ἀπόγειον τοῦ Αρεος κατὰ τὴν τήρησιν περὶ καρκίνου μοίρας κα κε′, ἐφέξει δηλονότι καὶ κατὰ τὸν ἐκκείμμενον τῆς ἐποχῆς χρόνον καρκίνου μοίρας ιϛ μ′.

PUISQUE depuis la première année de Nabonassar(a), à compter de midi du premier jour du mois égyptien Thoth, jusqu'à l'observation rapportée, il s'est écoulé 475 années égyptiennes et $79\frac{1}{2}\frac{1}{4}$ jours à peu près, cet espace de temps embrassant 180^{d} 40′ en longitude, en sus des circonférences entières, et 142^{d} 29′ d'anomalie, si nous les retranchons de chacun des lieux déterminés respectivement par l'observation, c'est-à-dire, des 4^{d} 12′ de longitude dans les serres, et des 109^{d} 42′ d'anomalie, nous aurons pour la première année de Nabonassar, à midi du 1er jour du mois égyptien Thoth, l'époque des mouvements périodiques de Mars, sur 3^{d} 22′ du bélier, en longitude ; et pour l'anomalie depuis l'apogée de l'épicycle, 327^{d} 13′. Pour les mêmes raisons, puisque dans les 475 ans l'apogée s'est avancé de $4^{d}\frac{1}{2}\frac{1}{4}$, et que l'apogée de Mars étoit, suivant l'observation, sur les 21^{d} 25′ du cancer, il se trouvera avoir été, au moment de cette époque, sur 16^{d} 40′ du cancer.

ΚΛΑΥΔΙΟΥ ΠΤΟΛΕΜΑΙΟΥ ΜΑΘΗΜΑΤΙΚΗΣ ΣΥΝΤΑΞΕΩΣ ΤΟΥ Ι ΒΙΒΛΙΟΥ ΤΕΛΟΣ.

FIN DU DIXIÈME LIVRE DE LA COMPOSITION MATHÉMATIQUE DE CL. PTOLÉMÉE.

*Développement des démonstrations contenues dans les pages 212, 213, et suivantes,
pour les figures de ces pages.*

PREMIÈRE FIGURE, page 212.

$$TBK = 180^d - LBK,$$

Or, $LBK = AZB - AEH,$

Donc, $AZB + TBK = 180^d + (\Lambda EH = GEM),$

Ainsi $AZB + TBK = 180^d + GEM.$

SECONDE FIGURE, page 213.

$$AEX = AEH + HEX$$

$$AEH = AZT - (ZBE = HBT),$$

Donc, $AEX = AZT - HBT + HEX,$

Or, $- HBT + HEX = TBN,$

Donc, $AEX = AZT + TBN,$

Mais, $AZT = AEH + TBH,$

Ainsi, $AEX = AEH + TBH + TBN,$

Or, $TBH + TBN = HBN,$

Donc, $AEH + HEX = AEH + HBN,$

Et par conséquent, $HEX = HBN.$

NB est donc parallèle à EX, qui, ici, est comme EM,

Car, $AEX = 180^d - GEX,$

Comme $AEM = 180^d + GEM.$

Il s'ensuit qu'ici l'angle $AEX = 180^d - GEM$, et qu'ainsi il y a dans un cas, addition ; et dans l'autre, soustraction. Mais voyez à la fin de ce volume, la note de M. Delambre qui explique tout cela dans un plus grand détail.

H.

ΚΛΑΥΔΙΟΥ ΠΤΟΛΕΜΑΙΟΥ
ΜΑΘΗΜΑΤΙΚΗΣ ΣΥΝΤΑΞΕΩΣ
ΒΙΒΛΙΟΝ ΕΝΔΕΚΑΤΟΝ.

ONZIÈME LIVRE
DE LA COMPOSITION MATHÉMATIQUE
DE CLAUDE PTOLÉMÉE.

<table>
<tr><td>

ΚΕΦΑΛΑΙΟΝ Α.

ΑΠΟΔΕΙΞΙΣ ΤΗΣ ΤΟΥ ΔΙΟΣ ΕΚΚΕΝΤΡΟΤΗΤΟΣ ΚΑΙ ΤΟΥ ΑΠΟΓΕΙΟΥ.

ΔΕΔΕΙΓΜΕΝΩΝ δὲ τῶν περὶ τὸν τοῦ Αρεος ἀςέρα περιοδικῶν κινήσεων κỳ ἀνωμαλιῶν καὶ ἐποχῶν, ἑξῆς καὶ τὰς περὶ τὸν τοῦ Διὸς ἀςέρα πραγματευσόμεθα κατὰ τὸν αὐτὸν τρόπον, λαμβάνοντες πάλιν πρῶτον, εἰς τὴν δεῖξιν τοῦ τε ἀπογείου καὶ τῆς ἐκκεντρότητος, τρεῖς ἀκρονύκτους διαμέτρους πρὸς τὴν μέσην τοῦ ἡλίου πάροδον, ὧν τὴν μὲν πρώτην ἐτηρήσαμεν διὰ τῶν ἀςρολάβων ὀργάνων τῷ ιζ ἔτει Ἀδριανῦ, κατ' Αἰγυπτίους Ἐπιφὶ ᾱ εἰς τὴν β, πρὸ μιᾶς ὥρας τοῦ μεσονυκτίου, περὶ σκορπίυ μοίρας κγ ιά· τὴν δὲ δευτέραν τῷ κα ἔτει Φαωφὶ ιγ εἰς τὴν ιδ πρὸ δύο ὡρῶν τῦ μεσονυκτίου περὶ ἰχθύων μοίρας ζ νδ· τὴν δὲ τρίτην τῷ πρώτῳ ἔτει Ἀντωνίνου

</td><td>

CHAPITRE I.

DÉTERMINATION DE L'EXCENTRICITÉ ET DE L'APOGÉE DE JUPITER.

Après avoir démontré les mouvements périodiques, les anomalies et les lieux de Mars, nous allons procéder de même pour Jupiter, en prenant encore, pour déterminer son apogée et son excentricité, trois oppositions comparées au lieu moyen du soleil. Nous avons observé la première par le moyen de l'astrolabe, la 17e année d'Adrien une heure avant minuit du 1 au 2 du mois égyptien Épiphi, sur les 23d 11' du scorpion ; la seconde, deux heures avant minuit du 13 au 14 du mois Phaophi de la 21e année, sur les 7d 54' des poissons ; et la troisième, la première année d'Antonin, à cinq heures après

</td></tr>
</table>

*

minuit du 20 au 21 du mois Athyr, sur les 14^d 23' du belier. Des deux intervalles de ces trois observations, celui de la première opposition à la seconde comprend trois années égyptiennes, 106 jours 23 heures, et 104^d 43' du mouvement apparent de l'astre; celui de la seconde à la troisième comprend une année égyptienne et 37 jours 7 heures, et 36^d 29' de ce même mouvement. Or, le mouvement moyen en longitude pour le temps du premier intervalle, est de 99^d 55'; et pour le second intervalle, il est de 33^d 26'. D'après ces intervalles, et par les mêmes méthodes que nous avons exposées pour Mars, nous avons cherché ce que nous voulions déterminer, en supposant d'abord un seul excentrique, de la manière suivante.

Soit le cercle excentrique ABG, et supposons le point A celui où étoit le centre de l'épicycle dans la première opposition, B celui où il étoit dans la seconde, et G celui de la troisième. Prenons dans l'excentrique ABG le centre D du zodiaque, joignons AD, BD, et GD. Et ayant prolongé GDE, joignons AE, EB et AB. Abaissons du point E sur les droites AD et BD, les perpendiculaires EZ, EH, et du point A sur EB la perpendiculaire AT. Puisque l'arc BG de l'excentrique est supposé soutendre 36^d 29' du zodiaque; l'angle BDG, c'est-à-dire EDH au centre du zodiaque, est de 36^d 29' des degrés

Ἀθὺρ κ̅ εἰς τὴν κα̅, μετὰ πέντε ὥρας τȣ μεσονυκτίου περὶ κριοῦ μοίρας ιδ̅ κγ'. Τῶν δὴ δύο διαςάσεων, ἡ μὲν ἀπὸ τῆς πρώτης ἀκρονύκτου ἐπὶ τὴν δευτέραν ἔτη μὲν Αἰγυπτιακὰ περιέχει τρία καὶ ἡμέρας ρϛ̅ καὶ ὥρας κγ̅, μοίρας δὴ τῆς φαινομένης τοῦ ἀςέρος παρόδου ρδ̅ μγ'· ἡ δ' ἀπὸ τῆς δευτέρας ἐπὶ τὴν τρίτην ἔτος μὲν Αἰγυπτιακὸν α̅ κỳ ἡμέρας λζ̅ καὶ ὥρας ζ, μοίρας δὲ ὁμοίως λϛ̅ κθ'· συνάγεται δὲ καὶ ἡ μέση κατὰ μῆκος πάροδος τοῦ μὲν τῆς πρώτης διαςάσεως χρόνου μοιρῶν μθ̅ νε', τοῦ δὲ τῆς δευτέρας μοιρῶν λγ̅ κϛ'. Ἀπὸ δὲ τούτων τῶν διαςάσεων ἀκολούθως ταῖς ἐπὶ τοῦ Ἀρεος ἡμῖν ἐκτεθειμέναις ἐφόδοις πεποιήμεθα πρῶτον τὴν δεῖξιν τῶν προκειμένων ἡμῖν εὑρεῖν, ὡς ἑνὸς πάλιν ὄντος τοῦ ἐκκέντρου κύκλου τὸν τρόπον τοῦτον.

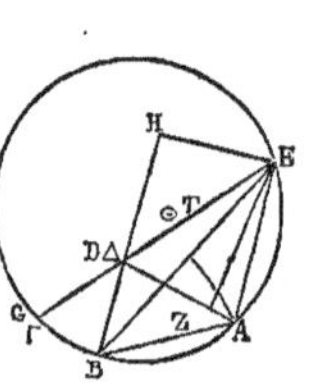

Ἐςω γὰρ ὁ ἔκκεντρος κύκλος ΑΒΓ, καὶ ὑποκείσθω τὸ μὲν Α σημεῖον ἐφ' ȣ ἦν τὸ κέντρον τȣ ἐπικύκλου κατὰ τὴν πρώτην ἀκρόνυκτον, τὸ δὲ Β τὸ τῆς δευτέρας ἀκρονύτου, τὸ δὲ Γ τὸ τῆς τρίτης. Καὶ ληφθέντος ἐντὸς τοῦ ΑΒΓ ἐκκέντρου τοῦ Δ κέντρου τοῦ ζωδιακοῦ, ἐπεζεύχθωσαν αἱ ΑΔ κỳ ΒΔ καὶ ΓΔ. Καὶ ἐκβληθείσης τῆς ΓΔΕ, ἐπεζεύχθωσαν αἱ ΑΕ κỳ ΕΒ κỳ ΑΒ. Κάθετοι δ' ἤχθωσαν ἀπὸ μὲν τοῦ Ε ἐπὶ τὰς ΑΔ καὶ ΒΔ αἱ ΕΖ καὶ ΕΗ, ἀπὸ δὲ τοῦ Α ἐπὶ τὴν ΕΒ ἡ ΑΘ. Ἐπεὶ τοίνυν ἡ ΒΓ τοῦ ἐκκέντρου περιφέρεια ὑπόκειται ὑποτείνουσα τοῦ ζωδιακοῦ μοίρας λϛ̅ κθ', εἴη ἂν καὶ ἡ ὑπὸ ΒΔΓ γωνία, τουτέςιν ἡ ὑπὸ

ΕΔΗ πρὸς τῷ κέντρῳ οὖσα τοῦ ζωδιακοῦ, οἵων μέν εἰσιν αἱ τέσσαρες ὀρθαὶ τξ,
τοιούτων λϛ κθ, οἵων δ' αἱ δύο ὀρθαὶ
τξ, τοιούτων οβ νη. Ὥστε καὶ ἡ μὲν
ἐπὶ τῆς ΕΗ περιφέρεια τοιούτων ἐστὶν οβ
νη, οἵων ὁ περὶ τὸ ΕΔΗ ὀρθογώνιον κύκλος τξ, ἡ δὲ ΕΗ εὐθεῖα τοιούτων οα
κα, οἵων ἐστὶν ἡ ΔΕ ὑποτείνουσα ρκ.
Ὁμοίως ἐπεὶ ἡ ΒΓ περίφερεια μοιρῶν ἐστι
λγ κϛ, εἴη ἂν καὶ ἡ μὲν ὑπὸ ΒΕΓ γωνία
πρὸς τῇ περιφερείᾳ οὖσα τοιούτων λγ
κϛ, οἵων εἰσὶν αἱ δύο ὀρθαὶ τξ, λοιπὴ
δὲ ἡ ὑπὸ ΕΒΗ τῶν αὐτῶν λθ λβ. Ὥστε
κ̀ ἡ μὲν ἐπὶ τῆς ΕΗ περιφέρεια τοιούτων
ἐστὶ λθ λβ, οἵων ὁ περὶ τὸ ΒΕΗ ὀρθογώνιον κύκλος τξ, ἡ δὲ ΕΗ εὐθεῖα τοιούτων
μ λε, οἵων ἐστὶν ἡ ΒΕ ὑποτείνουσα ρκ.
Καὶ οἵων ἄρα ἡ μὲν ΕΗ ἐδείχθη οα κα, ἡ
δὲ ΕΔ εὐθεῖα ρκ, τοιούτων καὶ ἡ ΒΕ ἔσται
σι νη. Πάλιν ἐπεὶ ἡ ΑΒΓ ὅλη περιφέρεια
τοῦ ἐκκέντρου ὑποτείνουσα ὑπόκειται
τοῦ ζωδιακοῦ τὰς συναγομένας ἀμφοτέρων τῶν διαστάσεων μοίρας ρμα ιβ, εἴη
ἂν καὶ ἡ μὲν ὑπὸ ΑΔΓ γωνία πρὸς τῷ
κέντρῳ οὖσα τοῦ ζωδιακοῦ, οἵων μέν εἰσιν
αἱ τέσσαρες ὀρθαὶ τξ, τοιούτων ρμα ιβ,
οἵων δ' αἱ δύο ὀρθαὶ τξ, τοιούτων σπβ
κδ, ἡ δ' ἐφεξῆς αὐτῇ ἡ ὑπὸ ΑΔΕ τῶν
αὐτῶν οζ λϛ. Ὥστε καὶ ἡ μὲν ἐπὶ τῆς
ΕΖ περιφέρεια τοιούτων ἐστὶν οζ λϛ,
οἵων ὁ περὶ τὸ ΔΕΖ ὀρθογώνιον κύκλος τξ, ἡ δὲ ΕΖ εὐθεῖα τοιούτων οε
ιβ, οἵων ἐστὶν ἡ ΔΕ ὑποτείνουσα ρκ.
Ὁμοίως ἐπεὶ ἡ ΑΒΓ τοῦ ἐκκέντρου περιφέρεια συνάγεται μοιρῶν ρλγ κα, εἴη
ἂν καὶ ἡ ὑπὸ ΑΕΓ γωνία πρὸς τῇ

dont 360 font quatre angles droits, et
de 72^d 58' de ceux dont 360 font deux
angles droits. Ainsi l'arc sur EH est de
72^d 58' des degrés dont le cercle circonscrit au rectangle EDH en contient 360,
et la droite EH est de 71^d 21' des parties
dont l'hypoténuse DE en contient 120.
Pareillement, puisque l'arc BG est de 33^d
26', l'angle BEG inscrit est de 33^d 26' des
degrés dont 360 font deux angles droits,
et l'autre angle EBH est de 39^d 32' de ces
degrés. Ainsi l'arc soutendu par EH est
de 39^d 32' des degrés dont le cercle circonscrit au rectangle BEH en contient 360,
et la droite EH contient 40^p 35' des parties
dont l'hypoténuse BE en contient 120.
Donc EH étant démontrée de 71^p 21', et la
droite ED étant de 120, la droite BE en aura
210^p 58' (a). En outre, puisque l'arc entier
ABG de l'excentrique est supposé soutendre les 141^p 12' des deux intervalles
ensemble, l'angle ADG au centre du zodiaque, est de 141^d 12' des degrés dont
360 font quatre angles droits, et de 282^d 24'
de ceux dont 360 font deux angles droits,
et son angle de supplément ADE en vaut
77^d 36'. Ainsi l'arc soutendu par EZ est
de 77^d 36' des degrés dont le cercle décrit
autour du rectangle DEZ en contient 360,
et la soutendante EZ a 75^p 12' des parties
dont l'hypoténuse DE en contient 120.
Pareillement, puisque l'arc ABG de l'excentrique se trouve de 133^d 21', l'angle
AEG inscrit est de 133^d 21' des degrés

dont 360 font deux angles droits. Mais l'angle ADE en vaut 77^d 36′; donc l'autre angle EAZ en vaut 149^d 3′. Ainsi l'arc soutendu par EZ est de 149^d 3′ des degrés dont le cercle circonscrit au rectangle AEG en contient 360. Or, la droite EZ est de 115^p 39′ des parties dont l'hypoténuse EA en contient 120; donc la droite EZ étant démontrée de 75^p 12′, et ED étant supposée de 120, EA en aura 78^d 2′.

De plus, puisque l'arc AB de l'excentrique est de 99^d 55′, l'angle AEB inscrit à la circonférence sera de 99^d 55′ des degrés dont 360 font deux angles droits. Ainsi l'arc sur AT est de 99^p 55′ des degrés dont le cercle circonscrit au rectangle AET en contient 360, et l'arc soutendu par ET contient les 80^d 5′ restants du demi-cercle. Donc, de ces soutendantes, AT sera de 91^d 52′ des parties dont l'hypoténuse EA en contient 120, et ET en aura 77^d 12′. Ainsi la droite AE ayant été démontrée de 78^p 2′, et la droite DE de 120^p, la droite AT en aura 59^p 44′, et ET 50^p 12′. Mais on a prouvé que la droite entière EB en contient 210^p 58′; donc la portion restante TB sera de 160^p 46′ des parties dont la droite AT en contient 59^p 44′. Or le carré de TB est 25845^p 55′, celui de TA est 3568^p 4′, et leur somme donne le carré de AB égal à 29413^p 59′. Donc AB sera en longueur de 171^p 30′ des parties dont ED en contient 120; et EA, de 78^p 2′. Mais le

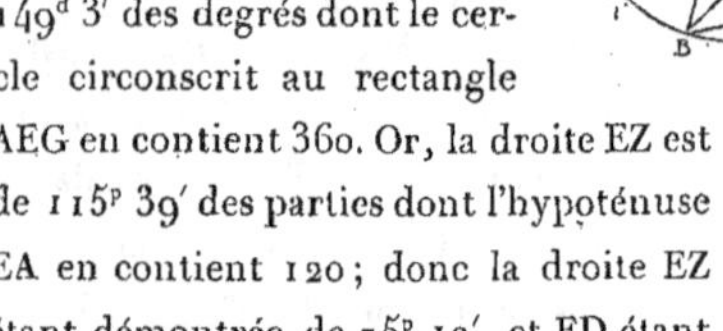

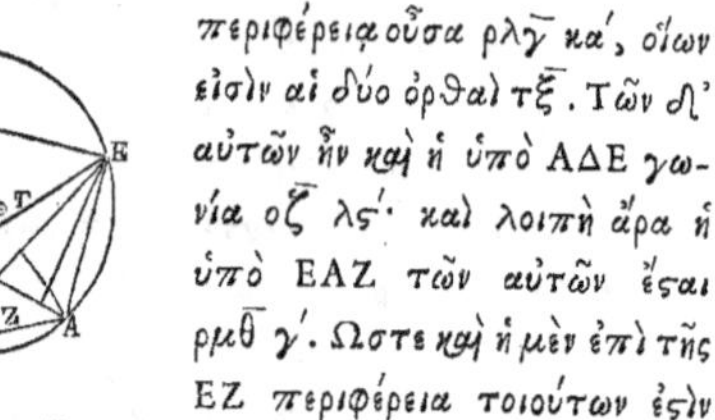

περιφέρεια οὖσα ρλγ κα′, οἵων εἰσὶν αἱ δύο ὀρθαὶ τξ. Τῶν δ' αὐτῶν ἦν καὶ ἡ ὑπὸ ΑΔΕ γωνία οζ λϛ′· καὶ λοιπὴ ἄρα ἡ ὑπὸ ΕΑΖ τῶν αὐτῶν ἔςαι ρμθ γ′. Ὥστε καὶ ἡ μὲν ἐπὶ τῆς ΕΖ περιφέρεια τοιούτων ἐςὶν ρμθ γ′, οἵων ὁ περὶ τὸ ΑΕΖ ὀρθογώνιον κύκλος τξ, ἡ δὲ ΕΖ εὐθεῖα τοιούτων ριε λθ′, οἵων ἐςὶν ἡ ΕΑ ὑποτείνουσα ρκ· καὶ οἵων ἄρα ἡ μὲν ΕΖ ἐδείχθη οε ιβ′, ἡ δὲ ΕΔ ὑπόκειται ρκ, τοιούτων κὴ ἡ ΕΑ ἔςαι οη β′.

Πάλιν ἐπεὶ ἡ ΑΒ τοῦ ἐκκέντρου περιφέρεια μοιρῶν ἐςιν ϟθ νε′, εἴη ἂν καὶ ἡ ὑπὸ ΑΕΒ γωνία πρὸς τῇ περιφερείᾳ οὖσα τοιούτων ϟθ νε′, οἵων εἰσὶν αἱ δύο ὀρθαὶ τξ. Ὥστε καὶ ἡ μὲν ἐπὶ τῆς ΑΘ περιφέρεια τοιούτων ἐςὶν ϟθ νε′, οἵων ὁ περὶ τὸ ΑΕΘ ὀρθογώνιον κύκλος τξ, ἡ δὲ ἐπὶ τῆς ΕΘ τῶν λοιπῶν εἰς τὸ ἡμικύκλιον πα ε′. Καὶ τῶν ὑπ' αὐτὰς ἄρα εὐθειῶν, ἡ μὲν ΑΘ ἔςαι τοιούτων ϟα νβ′, οἵων ἐςὶν ἡ ΕΑ ὑποτείνουσα ρκ, ἡ δὲ ΕΘ τῶν αὐτῶν οζ ιϛ′. Ὥστε καὶ οἵων ἡ μὲν ΑΕ ἐδείχθη οη β′, ἡ δὲ ΔΕ εὐθεῖα ρκ, τοιούτων καὶ ἡ μὲν ΑΘ ἔςαι νθ μδ′, ἡ δὲ ΕΘ ὁμοίως ν ιβ′. Τῶν δ' αὐτῶν ἐδέδεικτο καὶ ἡ ΕΒ ὅλη σι νη′· καὶ λοιπὴ ἄρα ἡ ΘΒ τοιούτων ἔςαι ρξ μϛ′, οἵων ἐςὶ καὶ ἡ ΑΘ εὐθεῖα νθ μδ′. Καὶ ἔςι τὸ μὲν ἀπὸ τῆς ΘΒ τετράγωνον Μεωμε νε′, τὸ δ' ἀπὸ τῆς ΘΑ ὁμοίως γφξη δ′, ἃ συντιθέντα ποιεῖ τὸ ἀπὸ τῆς ΑΒ τετράγωνον Μθυιγ νθ′. Μήκει ἄρα ἔςαι ἡ ΑΒ τοιούτων ροα λ′, οἵων ἡ μὲν ΕΔ ἦν ρκ, ἡ δὲ ΕΑ ὁμοίως οη β′.

Ἔστι δὲ καὶ οἵων ἡ τοῦ ἐκκέντρου διάμετρος ρκ, τοιούτων ἡ ΑΒ εὐθεῖα ϟα νβ′,
ὑποτείνει γὰρ περιφέρειαν μοιρῶν ϟθ νε′.
Καὶ οἵων ἐστὶν ἄρα ἡ μὲν ΑΒ εὐθεῖα ϟα νβ′,
ἡ δὲ τοῦ ἐκκέντρου διάμετρος ρκ, τοιούτων καὶ ἡ μὲν ΕΔ ἔσται ξδ ιζ′, ἡ δὲ ΕΑ
εὐθεῖα μα μζ′. Ὥστε καὶ ἡ μὲν ἐπὶ τῆς
ΕΑ περιφέρεια τοῦ ἐκκέντρου μοιρῶν ἐστι
μ με′, ὅλη δὲ ἡ ΕΑΒΓ μοιρῶν ροδ ϛ′.
Διὰ τοῦτο δὲ καὶ ἡ ΕΔΓ εὐθεῖα τοιούτων ἐστὶν ριθ ν′ ἔγγιστα, οἵων ἐστὶν ἡ τοῦ
ἐκκέντρου διάμετρος ρκ.

Ἐπεὶ οὖν ἔλασσόν ἐστι τὸ
ΕΑΒΓ τμῆμα ἡμικυκλίου, καὶ
διὰ τοῦτο ἐκτὸς αὐτοῦ πίπτει
τὸ κέντρον τοῦ ἐκκέντρου, ὑποκείσθω τὸ Κ, καὶ διήχθω δι' αὐτοῦ καὶ τοῦ Δ ἡ δι' ἀμφοτέρων τῶν κέντρων διάμετρος ἡ
ΛΚΔΜ, καὶ ἀπὸ τοῦ Κ ἐπὶ τὴν ΓΕ κάθετος ἀχθεῖσα ἐκβεβλήσθω ἡ ΚΝΞ. Ἐπεὶ
τοίνυν οἵων ἐστὶν ἡ ΛΜ διάμετρος ρκ, τοιούτων ἡ μὲν ΕΓ ὅλη ἐδείχθη ριθ ν′, ἡ δὲ
ΕΔ εὐθεῖα ξδ ιζ′, καὶ λοιπὴν ἕξομεν τὴν
ΓΔ τῶν αὐτῶν νε λγ′. Ὥστ' ἐπεὶ τὸ ὑπὸ
τῶν ΕΔ ΔΓ περιεχόμενον ὀρθογώνιον ἴσόν
ἐστι τῷ ὑπὸ τῶν ΛΔ ΔΜ περιεχομένῳ ὀρ-
θογωνίῳ, ἕξομεν καὶ τὸ ὑπὸ τῶν ΛΔ ΔΜ
τοιούτων γφο νϛ′, οἵων ἐστὶν ἡ ΛΜ διάμετρος ρκ. Ἀλλὰ τὸ ὑπὸ τῶν ΛΔ ΔΜ μετὰ
τοῦ ἀπὸ τῆς ΔΚ τετραγώνου ποιεῖ τὸ ἀπὸ
τῆς ἡμισείας τῆς διαμέτρου, τουτέστι τῆς
ΛΚ τετράγωνον. Ἐὰν ἄρα ἀπὸ τοῦ τῆς ἡμισείας τετραγώνου, τουτέστι τῶν γινομένων
γχ, ἀφέλωμεν τὸ ὑπὸ τῶν ΛΔ ΔΜ, τουτέστι τὰ γφο νϛ′, καταλειφθήσεται ἡμῖν

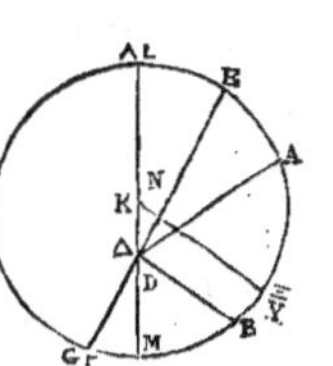

diamètre de l'excentrique étant de 120 la droite AB en a 91ᵖ 52′, car elle soutend l'arc de 99ᵖ 55′. Donc la droite AB étant de 91ᵖ 52′, et le diamètre de l'excentrique 120, ED en aura 64ᵖ 17′, et la droite EA 41ᵖ 47′. Ainsi donc, l'arc de l'excentrique, soutendu par EA, est de 40ᵈ 45′, et l'arc entier EABG est de 174ᵈ 6′. C'est pourquoi la droite BDG est de 119ᵈ 50′ environ des degrés dont le diamètre de l'excentrique en contient 120.

Puis donc que le segment EABG est plus petit que le demi-cercle, et que pour cette raison le centre de l'excentrique tombe en dehors, supposons-le en K, menons par ce point et par D, le diamètre LKDM qui passe par ces deux centres, et abaissons du point K sur GE, une perpendiculaire KNX prolongée jusqu'en X. Puisque le diamètre LM est de 120ᵖ, et que la droite entière EG a été démontrée de 119ᵖ 50′, et sa portion ED de 64ᵖ 17′, nous aurons le reste GD de 55ᵖ 33′. Ainsi, puisque le rectangle fait sur les droites ED, DG, est égal à celui des droites LD DM, nous aurons celui-ci de 3570ᵖ 56′ des parties dont le diamètre LM en contient 120. Mais le rectangle LD, DM, avec le carré de DK, donne le carré de la moitié du diamètre, c'est-à-dire celui de LK. Si donc du carré de cette moitié, c'est-à-dire de 3600ᵖ, nous retranchons le rectangle de LD par DM, c'est-à-dire 3570ᵖ 56′, nous

τὸ ἀπὸ τῆς ΔΚ τετράγωνον τῶν αὐτῶν κθ δ΄. Καὶ μήκει ἄρα ἕξομεν τὴν ΔΚ μεταξὺ τῶν κέντρων, τοιούτων ε κγ΄ ἔγγιϛα, οἵων ἐϛὶν ἡ ΚΛ ἐκ τοῦ κέντρου τοῦ ἐκκέντρου ξ.

Πάλιν ἐπεὶ ἡ μὲν ἡμίσεια τῆς ΓΕ, τουτέϛιν ἡ ΓΝ, τοιούτων ἐϛὶ νθ νε΄, οἵων ἡ ΛΜ διάμετρος ρκ, τῶν δ΄ αὐτῶν ἐδείχθη καὶ ἡ ΓΔ εὐθεῖα νε λγ΄, καὶ λοιπὴ ἄρα ἡ ΔΝ τοιούτων ἐϛὶ δ κβ΄, οἵων ἡ ΔΚ ἦν ε κγ΄. Ωϛτε καὶ οἵων ἐϛὶν ἡ ΔΚ ὑποτείνουσα ρκ, τοιούτων καὶ ἡ μὲν ΔΝ ἔϛαι ζ κη΄, ἡ δ΄ ἐπ΄ αὐτῆς περιφέρεια τοιούτων ρη κδ΄, οἵων ἐϛὶν ὁ περὶ τὸ ΔΚΝ ὀρθογώνιον κύκλος τξ. Καὶ ἡ ὑπὸ ΔΚΝ ἄρα γωνία, οἵων μὲν εἰσιν αἱ δύο ὀρθαὶ τξ, τοιούτων ἐϛὶν ρη κδ΄, οἵων δ΄ αἱ τέσσαρες ὀρθαὶ τξ, τοιούτων νδ ιβ΄. Καὶ ἐπεὶ πρὸς τῷ κέντρῳ ἐϛὶ τοῦ ἐκκέντρου, ἕξομεν καὶ τὴν ΜΞ περιφέρειαν νδ ιβ΄. Εϛι δὲ καὶ ἡ ΓΜΞ ὅλη, ἡμίσεια οὖσα τῆς ΓΞΕ, μοιρῶν πζ γ΄· καὶ λοιπὴ ἄρα ἡ ΜΓ ἡ ἀπὸ τοῦ περιγείου ἐπὶ τὴν τρίτην ἀκρόνυκτον μοιρῶν ἔϛαι λβ να΄. Φανερὸν δ΄ ὅτι καὶ τῆς μὲν ΒΓ διαϛάσεως ὑποκειμένης μοιρῶν λγ κϛ΄, καὶ λοιπὴν ἕξομεν τὴν ΒΜ περιφέρειαν, τὴν ἀπὸ τῆς δευτέρας ἀκρονύκτου ἐπὶ τὸ περίγειον, ἑξηκοϛῶν λε΄. Τῆς δὲ ΑΒ διαϛάσεως ὑποκειμένης μοιρῶν ξθ νε΄, καὶ λοιπὴν τὴν ΛΑ ἕξομεν, τὴν ἀπὸ τοῦ ἀπογείου ἐπὶ τὴν πρώτην ἀκρόνυκτον, μοιρῶν οθ λ΄. Εἰ μὲν οὖν ἐπὶ τούτου τοῦ ἐκκέντρου τὸ κέντρον ἐφέρετο τοῦ ἐπικύκλου, ταύταις ἂν ἀπήρκεσε ταῖς πηλικότησιν ὡς ἀπαραλλάκτοις συγχρήσασθαι. Επὶ

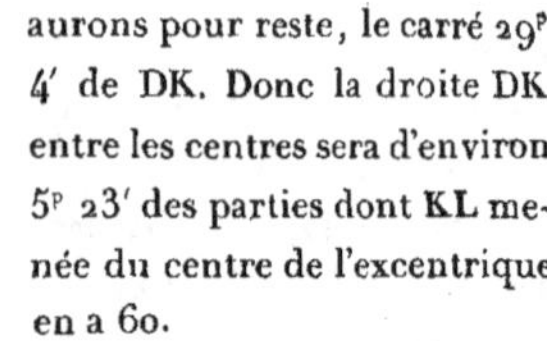

aurons pour reste, le carré 29^p 4′ de DK. Donc la droite DK entre les centres sera d'environ 5^p 23′ des parties dont KL menée du centre de l'excentrique en a 60.

Et encore, puisque la moitié de GE, c'est-à-dire GN, est de 59^p 55′ des parties dont le diamètre LM en contient 120, et qu'on a prouvé que la droite GD en contient 55^p 53′, il s'ensuit que le reste DN est de 4^p 22′ des parties dont DK en contenoit 5^p 23′. Ainsi l'hypoténuse DK étant de 120^p, la droite DN en aura 97^p 28′, et l'arc soutenu par cette droite sera de 108^d 24′ des degrés dont le cercle décrit autour du rectangle DKN en contient 360. Donc l'angle DKN est de 108^d des degrés dont 360 font deux angles droits, et de 54^d 12′ de ceux dont 360 font quatre angles droits. Et parcequ'il est au centre de l'excentrique, nous aurons l'arc MX de 54^d 12′. Mais l'arc entier GMX qui est la moitié de GXE, est de 87^d 3′; donc l'arc restant MG depuis le périgée jusqu'à la troisième opposition, sera de 32^d 51′. Or, il est clair que l'intervalle BG étant supposé de 33^d 26′, nous aurons l'arc restant BM entre la seconde opposition et le périgée, de 35′. Et l'intervalle AB étant supposé de 99^d 55′, nous aurons le restant LA depuis l'apogée jusqu'à la première opposition, de 79^d 30′. Si donc le centre de l'épicycle étoit porté sur cet excentrique, il suffiroit d'employer ces valeurs comme certaines; mais parceque suivant l'hypothèse, il se

δὲ κατὰ τὸ ἀκόλουθον τῆς ὑποθέσεως ἐφ'
ἑτέρου κύκλου κινεῖται, τουτέςι τοῦ γραφομένου κέντρῳ τῷ διχοτομοῦντι τὴν ΔΚ
καὶ διαςήματι τῷ ΚΛ, δεήσει πάλιν ὥσ-
πέρ καὶ ἐπὶ τοῦ τοῦ Αρεος, ἐπιλογίσαϑαι
πρῶτον τὰς γινομένας διαφορὰς τῶν φαινομένων διαςάσεων, καὶ δεῖξαι πηλίκαι
τινὲς ἂν ἦσαν, ὡς τούτων ἔγγιςα ὄντων
τῶν λόγων τῆς ἐκκεντρότητος, εἰ μὴ ἐπὶ
τοῦ ἑτέρου ἐκκέντρου, ἀλλ' ἐπὶ τοῦ πρώτου καὶ τὴν ζωδιακὴν ἀνωμαλίαν περιέχοντος ἐφέρετο τὸ κέντρον τοῦ ἐπικύκλου,
τουτέςι τῷ περὶ τὸ Κ κέντρον γραφομένῳ.

Εςω δὴ ὁ μὲν τὸ κέντρον τοῦ
ἐπικύκλου φέρων ἔκκεντρος ὁ ΛΜ
περὶ κέντρον τὸ Δ, ὁ δὲ τῆς ὁμαλῆς αὐτοῦ κινήσεως ὁ ΝΞ περὶ
κέντρον τὸ Ζ ἴσος τῷ ΛΜ, κὴ ἐπιζευχθείσης τῆς διὰ τῶν κέντρων
διαμέτρου· τῆς ΝΛΜ, εἰλήφθω
ἐπ' αὐτῆς κὴ τὸ τοῦ ζωδιακοῦ κέντρον τὸ Ε.
Καὶ ὑποκείσθω πρῶτον ἐπὶ τῆς πρώτης
ἀκρονύκτου τὸ κέντρον τοῦ ἐπικύκλου κατὰ
τὸ Α σημεῖον. Καὶ ἐπεζεύχθωσαν μὲν αἱ ΔΑ,
κὴ ΕΑ, κὴ ΖΑΞ, καὶ ΕΞ. Κάθετοι δ' ἤχθωσαν
ἀπὸ τῶν Δ κὴ Ε σημείων ἐπὶ τὴν ΑΖ ἐκβληθεῖσαν αἱ ΔΗ καὶ ΕΘ. Επεὶ τοίνυν ἡ ὑπὸ
ΝΖΞ γωνία τῆς ὁμαλῆς κατὰ μῆκος παρόδου τοιούτων οθ λ' ἐδείχθη, οἵων εἰσὶν αἱ τέσσαρες ὀρθαὶ τξ, εἴη ἂν καὶ ἡ
κατὰ κορυφὴν αὐτῆς ἡ ὑπὸ ΔΖΗ, οἵων
μέν εἰσιν αἱ τέσσαρες ὀρθαὶ τξ, τοιούτων
οθ λ', οἵων δὲ αἱ δύο ὀρθαὶ τξ, τοιούτων
ρνθ. Ωστε καὶ ἡ μὲν ἐπὶ τῆς ΔΗ περιφέρεια τοιούτων ἐςὶν ρνθ, οἵων ὁ περὶ τὸ
ΔΖΗ ὀρθογώνιον κύκλος τξ, ἡ δ' ἐπὶ τῆς

II.

meut dans un autre cercle qui est décrit
d'un centre qui tient le milieu entre D
et K, et d'un rayon KL, il faudra encore
comme pour Mars, calculer d'abord les
différences des intervalles apparens, et
démontrer qu'elles seroient avec à peu
près les mêmes proportions d'excentricité, si le centre de l'épicycle étoit porté
non sur un autre excentrique, mais sur
le premier qui embrasse l'anomalie zodiacale, et qui est décrit autour du centre K.

Soit décrit autour du centre
D l'excentrique LM qui porte le
centre de l'épicycle, et autour
du centre Z, le cercle égal NX
de son mouvement uniforme;
après avoir fait passer par ces
centres le diamètre commun,
prenons-y le centre E du zodiaque, et
supposons d'abord pour la première opposition, le centre de l'épicycle en A. Ayant
joint DA, EA, ZAX, EX, abaissons les perpendiculaires DH, ET des points D et E sur
la droite prolongée AZ. Puisque l'angle
NZX du mouvement uniforme en longitude, a été démontré de 79ᵈ 3o' des degrés
dont 36o font quatre angles droits, l'angle
DZH opposé au sommet est de 79ᵈ 3o' de
ces degrés, et de 159ᵈ de ceux dont 36o font
deux angles droits. Ainsi l'arc soutendu
par DH est de 159ᵈ des degrés dont le
cercle circonscrit au rectangle DZH en
contient 36o, et l'arc soutendu par ZH

32

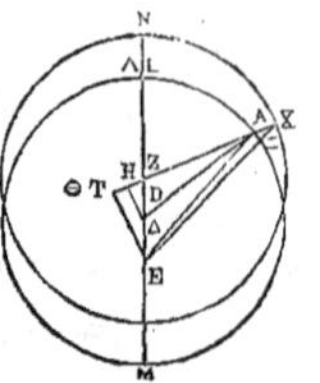

contient les 21^d restants du demi-cercle. Donc de leurs soutendantes, DH sera de 117^p 59′ des parties dont l'hypoténuse DZ en contient 120, et ZH en vaudra 21^d 52′. Ainsi DZ moitié de EZ étant de 2^p 42′ environ, et DA rayon de l'excentrique, de 60^d, la droite DH en aura 2^p 39′, et ZH 0^p 30′. Et puisque la différence des carrés de DH et de DA donne celui de AH, nous aurons AH de 59^p 56′. De même, puisque ZH égale HT, et que ET est double de DH, la droite entière AT sera de 60^p 26′ des parties dont la droite ET en contient 5^p 18′; c'est pourquoi l'hypoténuse AE en vaut 60^p 40′. Si donc la droite AE est de 120^p, ET en vaudra 10^p 29′, et l'arc qu'elle soutend sera à peu près de 10^p 1′ des parties dont le cercle circonscrit au rectangle AET en contient 360; de sorte que l'angle EAT est de 10^d 1′ des degrés dont 360 font deux angles droits. De plus, puisque la droite ZX menée du centre de l'excentrique vaut 60 des parties dont AT en a 6^p 18′, et ZT 1^p, la droite entière XT est de 61^p, et nous aurons l'hypoténuse EX de 61^p 14′ de ces parties. Ainsi la droite EX étant de 120^p, ET en aura 10^d 23′, et l'arc que celle-ci soutend sera de 9^p 55′ des parties dont le cercle circonscrit au rectangle ETX en contient 360. Donc l'angle EXT est de 9^d 55′ des degrés dont 360 font deux angles droits. Mais on a prouvé que l'angle EAT en vaut 10^p 1′; donc l'angle restant

ΖΗ τῶν λοιπῶν εἰς τὸ ἡμικύκλιον κα̅. Καὶ τῶν ὑπ' αὐτὰς ἄρα εὐθειῶν, ἡ μὲν ΔΗ τοιούτων ἔςαι ριζ̅ νθ′, οἵων ἐςὶν ἡ ΔΖ ὑποτείνουσα ρκ̅, ἡ δὲ ΖΗ τῶν αὐτῶν κα̅ ιβ′. Ὥστε καὶ οἵων ἐςὶν ἡ μὲν ΔΖ ἡμίσεια οὖσα τῆς ΕΖ εὐθείας β̅ μβ′ ἔγγιςα, ἡ δὲ ΔΑ ἐκ τῦ κέντρυ τῦ ἐκκέντρυ ξ̅, τοιύτων καὶ ἡ μὲν ΔΗ ἔςαι β̅ λθ′, ἡ δὲ ΖΗ ὁμοίως ο̅ λ′. Καὶ ἐπεὶ τὸ ἀπὸ τῆς ΔΗ λειφθὲν ὑπὸ τοῦ ἀπὸ τῆς ΔΑ ποιεῖ τὸ ἀπὸ τῆς ΑΗ, καὶ τὴν ΑΗ ἕξομεν τῶν αὐτῶν νθ̅ νς′. Ὁμοίως δ' ἐπεὶ ἡ μὲν ΖΗ τῇ ΗΘ ἐςὶν ἴση, διπλῆ δὲ ἡ ΕΘ τῆς ΔΗΘ, καὶ ἡ ΑΘ ὅλη ἔςαι τοιούτων ξ̅ κς′, οἵων ἐςὶν ἡ ΕΘ εὐθεῖα ε̅ ιη′· διὰ τοῦτο δὲ καὶ ἡ ΑΕ ὑποτείνουσα τῶν αὐτῶν ξ̅ μ′. Καὶ οἵων ἐςὶν ἄρα ἡ ΑΕ εὐθεῖα ρκ̅, τοιούτων καὶ ἡ μὲν ΕΘ ἔςαι ι̅ κθ′, ἡ δ' ἐπ' αὐτῆς περιφέρεια τοιούτων ι̅ καὶ ἑξηκοςῦ α̅ ἔγγιςα, οἵων ὁ περὶ τὸ ΑΕΘ ὀρθογώνιον κύκλος τξ̅· ὥστε καὶ ἡ ὑπὸ ΕΑΘ γωνία τοιούτων ἐςὶ ι̅ καὶ α′, οἵων εἰσὶν αἱ δύο ὀρθαὶ τξ̅. Πάλιν ἐπεὶ οἵων ἐςὶν ἡ ΕΘ εὐθεῖα ε̅ ιη′, τοιούτων ἐςὶ καὶ ἡ μὲν ΖΞ ἐκ τοῦ κέντρου τοῦ ἐκκέντρου ξ̅, ἡ δὲ ΖΘ εὐθεῖα α̅, ὅλη δὲ ἡ ΞΘ δῆλον ὅτι ξα̅, ἕξομεν καὶ τὴν ΕΞ ὑποτείνουσαν τῶν αὐτῶν ξα̅ ιδ′. Ὥστε καὶ οἵων ἐςὶν ἡ ΕΞ εὐθεῖα ρκ̅, τοιούτων καὶ ἡ μὲν ΕΘ ἔςαι ι̅ κγ′, ἡ δ' ἐπ' αὐτῆς περιφέρεια τοιούτων θ̅ νε′, οἵων ἐςὶν ὁ περὶ τὸ ΕΘΞ ὀρθογώνιον κύκλος τξ̅. Καὶ ἡ ὑπὸ ΕΞΘ ἄρα γωνία τοιούτων ἐςὶν θ̅ νε′, οἵων αἱ δύο ὀρθαὶ τξ̅. Τῶν δ' αὐτῶν ἐδείχθη καὶ ἡ ὑπὸ ΕΑΘ γωνία ι̅ καὶ α′· καὶ λοιπὴ ἄρα

ἢ ὑπὸ ΑΕΞ γωνία τῆς ἐπιζητουμένης
διαφορᾶς, οἵων μέν εἰσιν αἱ δύο ὀρθαὶ
τξ, τοιούτων ἔσαι ο ϛ', οἵων δ' αἱ τέσσαρες ὀρθαὶ τξ, τοιούτων ο γ'. Ἀλλὰ
ἐφαίνετο κατὰ τὴν πρώτην ἀκρόνυκτον ὁ
ἀςὴρ ἐπὶ τῆς ΕΑ εὐθείας θεωρούμενος,
ἐπέχων σκορπίου μοίρας κγ ια'· φανερὸν
ἄρα ὅτι εἰ μὴ ἐπὶ τῇ ΛΜ ἐκκέντρῳ τὸ κέντρον ἐφέρετο τοῦ ἐπικύκλου, ἀλλ' ἐπὶ
τοῦ ΝΞ, ἦν μὲν ἂν κατὰ τὸ Ξ αὐτοῦ σημεῖον, ἐφαίνετο δ' ὁ ἀςὴρ ἐπὶ τῆς ΕΞ εὐθείας διαφέρων τοῖς γ ἑξηκοςοῖς, κ' ἐπέχων
τοῦ σκορπίου μοίρας κγ καὶ ἑξηκοςὰ ιδ'.

Πάλιν ἐπὶ τοῦ ὁμοίου σχή-
ματος ἐκκείσθω καὶ ἡ τῆς δευτέρας ἀκρονύκτου καταγραφή,
μικρὸν εἰς τὰ προηγούμενα τοῦ
περιγείου ἐσχηματισμένη. Ἐπεὶ
ἡ ΞΝ περιφέρεια τοῦ ἐκκέντρου
ἐδείχθη ἑξηκοςῶν λε', εἴη ἂν
καὶ ἡ ὑπὸ ΞΖΝ γωνία, οἵων μέν εἰσιν αἱ
τέσσαρες ὀρθαὶ τξ, τοιούτων ο λε', οἵων
δ' αἱ δύο ὀρθαὶ τξ, τοιούτων α ι'. Ὥστε
καὶ ἡ μὲν ἐπὶ τῆς ΔΗ περιφέρεια τοιούτων ἐςὶν α ι', οἵων ὁ περὶ τὸ ΔΖΗ ὀρθογώνιον κύκλος τξ, ἡ δ' ἐπὶ τῆς ΖΗ τῶν
λοιπῶν εἰς τὸ ἡμικύκλιον ροη ν'. Καὶ τῶν
ὑπ' αὐτὰς ἄρα εὐθειῶν, ἡ μὲν ΔΗ τοιούτων ἔσαι α ιγ', οἵων ἐςὶν ἡ ΔΖ ὑποτείνουσα ρκ, ἡ δὲ ΖΗ τῶν αὐτῶν ἔγγιςα ρκ.
Ὥστε καὶ οἵων ἐςὶν ἡ μὲν ΔΖ εὐθεῖα β
μβ', ἡ δὲ ΔΒ ἐκ τοῦ κέντρου τοῦ ἐκκέντρου ξ, τοιούτων καὶ ἡ μὲν ΔΗ ἔςαι ο β',
ἡ δὲ ΖΗ ὁμοίως β μβ'. Ὡσαύτως δὲ καὶ
ἡ ΗΒ, ἐπειδὴ ἀδιαφορεῖ τῆς ΒΔ ὑποτεινούσης, τῶν αὐτῶν ξ. Καὶ ἐπεὶ πάλιν ἡ

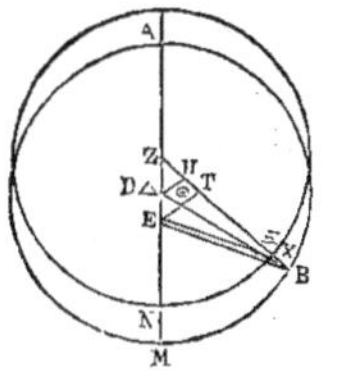

AEX de la différence cherchée sera de 0^d
6' des parties dont 360 font deux angles
droits, et de 0^p 3' de celles dont 360 font
quatre angles droits. Mais dans la première opposition, l'astre paroissoit sur la
droite EA, a 23^d 11' du scorpion : il est
donc évident que si le centre de l'épicycle n'étoit pas porté sur l'excentrique
LM, mais sur le cercle NX, il seroit sur
le point X, et l'astre paroîtroit sur la
droite EX ; et qu'à cause des 3 soixantièmes de différence, il seroit sur 23^d 14'
du scorpion.

Prenons pour la seconde opposition la figure semblable où
l'astre est un peu moins avancé
en longitude que le périgée.
Puisqu'on a démontré l'arc XN
de l'excentrique de 35', l'angle
XZN sera de 0^d 35' des degrés
dont 360 font quatre angles droits, et de
1^d 10' de ceux dont 360 font deux angles
droits. Donc l'arc soutendu par DH sera
de 1^d 10' des degrés dont le cercle circonscrit au rectangle DZH en contient
360, et l'arc soutendu par ZH vaut les
178^d 50' restant du demi-cercle. Donc, de
leurs soutendantes, DH sera de 1^p 13' des
parties dont l'hypoténuse DZ en contient
120, et ZH en aura 120 à peu près. Si
donc la droite DZ est de 2^p 42', et DB rayon
de l'excentrique de 60^p, DH sera de 0^p 2',
et ZH de 2^p 42'. Pareillement HB sera dé
60^p, puisqu'elle n'est pas différente de
l'hypoténuse BD. Et encore, puisque TH

est égale à HZ, et que ET est double de DH, nous aurons le reste TB de 57ᵖ 18′ des parties dont la droite ET contient 4ᵖ, et par conséquent l'hypoténuse EB de 57ᵖ 18′ de ces parties. Si donc la droite EB est de 120ᵖ, ET en aura 0ᵖ 8′ à peu près, et l'arc qu'elle soutend sera aussi de 0 8′ des parties dont le cercle décrit autour du rectangle BET en contient 360. Donc l'angle EBT est de 0ᵖ 8′ des parties dont 360 font deux angles droits. Pareillement, puisque la droite entière ZX, rayon de l'excentrique, est de 60ᵖ, et que ZT a été démontrée en avoir 5ᵖ 24′, nous aurons la portion restante XT de 54ᵖ 36′ des parties dont ET en avoit 0ᵖ 4′, et par conséquent l'hypoténuse EX de 54ᵖ 36′ de ces parties. Si donc ou fait la droite EX de 120ᵖ, ET en aura 0ᵖ 10′ à peu près, et l'arc qu'elle soutend aura 0ᵈ 10′ des degrés dont le cercle circonscrit au rectangle ETX en contient 360. Ainsi l'angle EXT est de 0ᵈ 10′ des degrés dont 360 font deux angles droits, et l'angle restant BEX vaut 0ᵈ 2′ des degrés dont 360 font quatre angles droits. Il est donc encore évident ici, dans la seconde opposition, que l'astre étant en 7ᵈ 54′ des poissons, quand il paroissoit sur la ligne EB, il ne seroit qu'en 7ᵈ 53′ des poissons, s'il paroissoit sur la ligne EX.

Posons maintenant la figure de la troisième opposition représentée dans les points suivants (*à l'orient*) du périgée. Puisque l'arc NX de l'excentrique est supposé de 32ᵈ 51′, l'angle NZX sera de 32ᵈ 51′

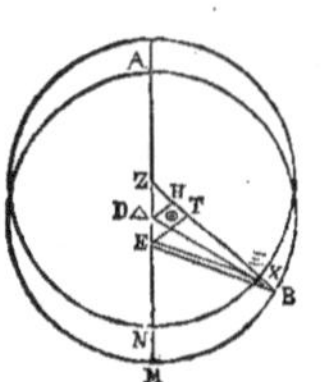

μὲν ΘΗ τῇ HZ ἴση ἐςὶν, ἡ δὲ ΕΘ τῆς ΔΗ διπλῆ, καὶ λοιπὴν τὴν ΘΒ ἕξομεν τοιούτων νζ ιη′, οἵων ἐςὶν ἡ ΕΘ εὐθεῖα ō δ′, διὰ τοῦτο δὲ καὶ τὴν ΕΒ ὑποτείνουσαν τῶν αὐτῶν νζ ιη′. Ὥστε καὶ οἵων ἐςὶν ἡ ΕΒ εὐθεῖα ρκ, τοιούτων καὶ ἡ μὲν ΕΘ ἔςαι ō η′ ἔγγιςα, ἡ δὲ ἐπ' αὐτῆς περιφέρεια τοιούτων ō η′ πάλιν, οἵων ἐςὶν ὁ περὶ τὸ ΒΕΘ ὀρθογώνιον κύκλος τξ. Καὶ ἡ ὑπὸ ΕΒΘ ἄρα γωνία τοιούτων ἐςὶν ō η′, οἵων αἱ δύο ὀρθαὶ τξ. Ὡσαύτως ἐπεὶ οἵων ἐςὶν ἡ ΖΞ ὅλη ἐκ τοῦ κέντρου τοῦ ἐκκέντρου ξ, τοιούτων ἡ ΖΘ ἐδείχθη ē κδ′, ἕξομεν καὶ λοιπὴν τὴν ΞΘ τοιούτων νδ λς′, οἵων καὶ ἡ ΕΘ ἦν ō δ′, διατοῦτο δὲ καὶ τὴν ΕΞ ὑποτείνουσαν τῶν αὐτῶν νδ λς′. Καὶ οἵων ἐςὶν ἄρα ἡ ΕΞ εὐθεῖα ρκ, τοιούτων καὶ ἡ μὲν ΕΘ ἔςαι ō ι′ ἔγγιςα, ἡ δ' ἐπ' αὐτῆς περιφέρεια τοιούτων ō ι′, οἵων ὁ περὶ τὸ ΕΘΞ ὀρθογώνιον κύκλος τξ. Ὥστε καὶ ἡ μὲν ὑπὸ ΕΞΘ γωνία τοιούτων ἐςὶν ō ι′, οἵων εἰσὶν αἱ δύο ὀρθαὶ τξ, λοιπὴ δὲ ἡ ὑπὸ ΒΕΞ τῶν μὲν αὐτῶν ō β′, οἵων δι' αἱ τέσσαρες ὀρθαὶ τξ, τοιούτων ō α′. Φανερὸν οὖν κᾀνταῦθα ὅτι ἐπειδὴ κᾀ κατὰ τὴν δευτέραν ἀκρόνυκτον ὁ ἀςὴρ ἐπὶ τῆς ΕΒ φαινόμενος, ἐπεῖχεν ἰχθύων μοίρας ζ νδ′, εἰ ἐπὶ τῆς ΕΞ πάλιν ἐφαίνετο ἐπεῖχεν ἂν μόνας τῶν ἰχθύων μοίρας ζ νγ′.

Ἐκκείσθω δὴ καὶ ἡ τῆς τρίτης ἀκρονύκτου καταγραφὴ εἰς τὰ ἑπόμενα τοῦ περιγείου ἐσχηματισμένης. Ἐπεὶ τοίνυν ἡ ΝΞ περιφέρεια τοῦ ἐκκέντρου ὑπόκειται μοιρῶν λβ ια′, εἴη ἂν καὶ ἡ ὑπὸ ΝΖΞ

γωνία, οἵων μέν εἰσιν αἱ τέσσαρες ὀρθαὶ τξ̅, τοιούτων λβ̅ να΄,
οἵων δ᾽ αἱ δύο ὀρθαὶ τξ̅, τοιούτων ξε̅ μβ΄· ὥστε καὶ ἡ μὲν ἐπὶ
τῆς ΔΗ περιφέρεια τοιούτων
ἐςὶν ξε̅ μβ΄, οἵων ὁ περὶ τὸ
ΔΖΗ ὀρθογώνιον κύκλος τξ̅, ἡ
δ᾽ ἐπὶ τῆς ΖΗ τῶν λοιπῶν
εἰς τὸ ἡμικύκλιον ριδ̅ ιη΄. Καὶ τῶν ὑπ᾽
αὐτὰς ἄρα εὐθειῶν, ἡ μὲν ΔΗ ἔςαι τοιούτων ξε̅ ϛ΄, οἵων ἐςὶν ἡ ΔΖ ὑποτείνουσα
ρκ̅, ἡ δὲ ΖΗ τῶν αὐτῶν ρ̅ καὶ ἐξηκοςῶν
μβ΄. Ὥστε καὶ οἵων μέν ἐςιν ἡ μὲν ΔΖ εὐθεῖα
β̅ μβ΄, ἡ δὲ ΔΓ ἐκ τοῦ κέντρου τοῦ ἐκκέντρου ξ̅, τοιούτων καὶ ἡ μὲν ΔΗ ἔςαι α̅
κη΄, ἡ δὲ ΖΗ ὁμοίως β̅ ιϛ΄. Καὶ ἐπεὶ τὸ
ἀπὸ τῆς ΔΗ λειφθὲν ὑπὸ τοῦ ἀπὸ τῆς
ΓΔ ποιεῖ τὸ ἀπὸ τῆς ΓΗ, ἕξομεν καὶ αὐτὴν τῶν αὐτῶν ιθ̅ νθ΄ ἔγγιςα. Ὁμοίως δὲ
ἐπεὶ ἡ μὲν ΘΗ τῇ ΗΖ ἐςὶν ἴση, ἡ δὲ ΕΘ
τῆς ΔΗ διπλῆ, καὶ λοιπὴν τὴν ΓΘ ἕξομεν τοιούτων νζ̅ μγ΄, οἵων ἐςὶν ἡ ΕΘ εὐθεῖα β̅ νϛ΄, διὰ τοῦτο δὲ καὶ τὴν ΕΓ ὑποτείνουσαν τῶν αὐτῶν νζ̅ μζ΄. Καὶ οἵων
ἐςὶν ἄρα ἡ ΕΓ εὐθεῖα ρκ̅, τοιούτων καὶ ἡ
μὲν ΕΘ ἔςαι ϛ̅ ε΄, ἡ δ᾽ ἐπ᾽ αὐτῆς περιφέρεια τοιούτων ε̅ μη΄, οἵων ἐςὶν ὁ περὶ τὸ
ΓΕΘ ὀρθογώνιον κύκλος τξ̅. Ὥστε καὶ ἡ
ὑπὸ ΕΓΘ γωνία τοιούτων ε̅ μη΄, οἵων εἰσὶν
αἱ δύο ὀρθαὶ τξ̅. Ὡσαύτως ἐπειδὴ οἵων
ἐςὶν ἡ ΖΞ ἐκ τοῦ κέντρου τοῦ ἐκκέντρου
ξ̅, τοιούτων καὶ ἡ ΖΘ ὅλη συνάγεται δ̅
λβ΄, καὶ λοιπὴν τὴν ΞΘ ἕξομεν τοιούτων
νε̅ κη΄, οἵων καὶ ἡ ΕΘ ἦν β̅ νϛ΄, διὰ τοῦτο
δὲ καὶ τὴν ΕΞ ὑποτείνουσαν τῶν αὐτῶν
νε̅ λγ΄. Ὥστε καὶ οἵων ἐςὶν ἡ ΕΞ εὐθεῖα ρκ̅,

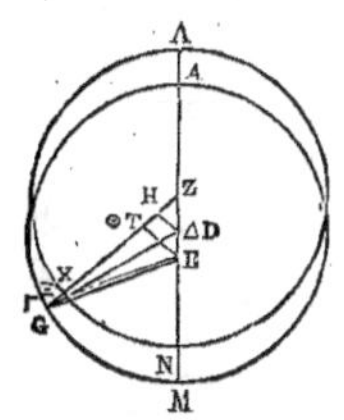

des degrés dont 360 font deux angles droits; de sorte que l'arc soutendu par DH est de 65^d 42′ des degrés dont le cercle circonscrit au rectangle DZH en contient 360, et l'arc soutendu par ZH contient les 114^d 18′ degrés restants du demi-cercle. Donc, de leurs soutendantes, DH sera de 65^p 8′ des parties dont l'hypoténuse DZ en contient 120, et ZH en a 100^p 49′. Si donc la droite DZ est de 2^p 42′, et DG, rayon de l'excentrique, de 60^p, DH sera de 1^p 28′, et ZH de 2^p 16′. Et la différence des carrés de HD et de GD donnant celui de HG, nous aurons cette droite GH de 59^p 59′ à peu près. De même, puisque la droite TH est égale à HZ, et que ET est double de DH, nous aurons le reste GT de 57^p 43′ des parties dont la droite ET en contient 2^p 56′, et par conséquent l'hypoténuse EG de 57^p 47′ de ces parties. Donc la droite EG étant de 120^p, ET en aura 6^p 5′, et l'arc qu'elle soutend sera de 5^d 48′ des degrés dont le cercle circonscrit au rectangle GET en contient 360. Ainsi, l'angle EGT est de 5^d 48′ des degrés dont 360 font deux angles droits. De même, parceque ZX, rayon de l'excentrique, étant de 60^p la droite ZT entière en a 4^p 32′, nous aurons le reste XT de 55^p 28′ des parties dont ET en avait 2^p 56′, et par conséquent l'hypotéuuse EX de 55^p 33′ de ces mêmes parties. Ainsi, la droite EX étant de

120^p, la droite ET en aura 6^p 20′, et l'arc qu'elle soutend sera de 6^d 2′ des degrés dont le cercle circonscrit au rectangle ETX en contient 360. Donc l'angle EXT est de 6^p 2′ des degrés dont 360 font deux angles droits, et l'autre angle GEX de 0^p 14′, mais de 0^p 7′ des degrés dont 360 font deux angles droits. Ainsi donc, puisque dans la troisième opposition l'astre vu sur la ligne EG étoit sur 14^p 23′ du bélier, il est clair qu'étant vu sur la ligne EX, il serait sur 14^p 30′ du bélier. Or on a prouvé que dans la première opposition il occupoit les 23^d 14′ du scorpion, et dans la seconde les 7^d 53′ des poissons. Donc les intervalles apparens de Jupiter, (ou ses distances angulaires), si on les rapporte non à l'excentrique qui porte le centre de l'épicycle, mais au cercle qui embrasse son mouvement uniforme, renferment de la première opposition à la seconde, 104^p 39′, et de la seconde à la troisième, 36^p 37. D'après ces quantités, nous trouverons par le théorème déjà démontré, que la droite entre les centres du zodiaque et de l'excentrique qui embrasse le mouvement uniforme de l'épicycle, sera de 5^p 30′ à peu près des parties dont le diamètre de l'excentrique en contient 120. Quant aux arcs de l'excentrique, celui qui s'étend de l'apogée à la première opposition, est de 77^d 15′; celui de la seconde opposition au périgée, de 2^d 50′, et celui depuis le périgée jusqu'à la

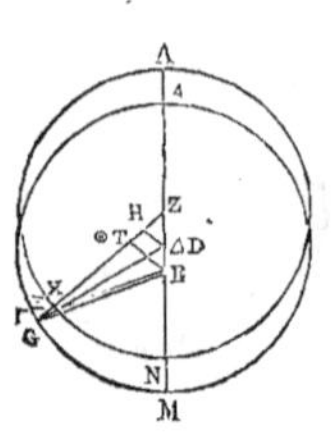

τοιούτων κα) ή μὲν ΕΘ ἔςαι ϛ κ', ἡ δ' ἐπ' αὐτῆς περιφέρεια τοιούτων ϛ β', οἵων ἐςὶν ὁ περὶ τὸ ΕΘΞ ὀρθογώνιον κύκλος τξ. Καὶ ἡ μὲν ὑπὸ ΕΞΘ ἄρα γωνία τοιούτων ἐςὶν ϛ β', οἵων εἰσὶν αἱ δύο ὀρθαὶ τξ, λοιπὴ δὲ ἡ ὑπὸ ΓΕΞ, τῶν μὲν αὐτῶν ο ιδ', οἵων δ᾽ αἱ τέσσαρες ὀρθαὶ τξ, τοιούτων ο ζ. Ωστ᾽ ἐπεὶ κατὰ τὴν τρίτην ἀκρόνυκτον ὁ ἀςὴρ ἐπὶ τῆς ΕΓ θεωρούμενος ἐπεῖχε κριοῦ μοίρας ιδ κγ', φανερὸν ὅτι πάλιν εἰ ἐπὶ τῆς ΕΞ εὐθείας ἐτύγχανεν, ἐπεῖχεν ἂν τοῦ κριοῦ μοίρας ιδ λ'. Εδείχθη δ᾽ ὅτι καὶ κατὰ μὲν τὴν πρώτην ἀκρόνυκτον ἐπεῖχε σκορπίου μοίρας κγ ιδ', κατὰ δὲ τὴν δευτέραν ἰχθύων μοίρας ζ νγ. Συνάγουσιν ἄρα αἱ φαινόμεναι τοῦ ἀςέρος διαςάσεις, ἐὰν μὴ πρὸς τὸν φέροντα τὸ κέντρον τοῦ ἐπικύκλου ἔκκεντρον θεωρῶνται, ἀλλὰ πρὸς τὸν τὴν ὁμαλὴν αὐτοῦ περιέχοντα κίνησιν, ἀπὸ μὲν τῆς πρώτης ἀκρονύκτου ἐπὶ τὴν δευτέραν, μοίρας ρδ λθ', ἀπὸ δὲ τῆς δευτέρας ἐπὶ τὴν τρίτην, μοίρας λϛ λζ'. Αἷς ἀκολουθήσαντες ἐπὶ τοῦ προδεδειγμένου θεωρήματος, εὑρίσκομεν τὴν μὲν μεταξὺ τῶν κέντρων τοῦ τε ζωδιακοῦ καὶ τοῦ τὴν ὁμαλὴν κίνησιν τοῦ ἐπικύκλου περιέχοντος ἐκκέντρου, τοιούτων ε λ' ἔγγιςα, οἵων ἐςὶν ἡ τοῦ ἐκκέντρου διάμετρος ρκ· τῶν δὲ τοῦ ἐκκέντρου περιφερειῶν τὴν μὲν ἀπὸ τοῦ ἀπογείου ἐπὶ τὴν πρώτην ἀκρόνυκτον μοιρῶν οζ ιε', τὴν δ' ἀπὸ τῆς δευτέρας ἀκρονύκτου ἐπὶ τὸ περίγειον μοιρῶν β ν', τὴν δ' ἀπὸ τοῦ περιγείου ἐπὶ τὴν

τρίτην ἀκρόνυκτον μοιρῶν λ̄ λϛ΄. Ὅτι
δὲ κ᾽ ἐντεῦθεν ἀκριβῶς εἰλημμέναι τυγχάνουσιν αἱ ἐκκείμεναι πηλικότητες, διὰ τὸ
τὰ διάφορα τῶν διαςάσεων τὰ αὐτὰ ἔγγιςα τοῖς πρότερον καὶ διὰ τούτων συνάγεσθαι, φανερὸν ἐκ τοῦ καὶ τὰς φαινομένας τοῦ ἀςέρος διαςάσεις διὰ τῶν εὑρεθέντων λόγων τὰς αὐτὰς εὑρίσκεσθαι
ταῖς τετηρημέναις, ὡς ἐκ τούτων ἡμῖν
ἔςαι δῆλον.

Ἐκκείσθω γὰρ πάλιν ἡ τῆς
πρώτης ἀκρονύκτου καταγραφὴ
μόνον ἔχουσα τὸν ἔκκεντρον τὸν
φέροντα τὸ κέντρον τοῦ ἐπικύκλου. Ἐπεὶ τοίνυν ἡ ὑπὸ ΛΖΑ
γωνία, οἵων μέν εἰσιν αἱ τέσσαρες
ὀρθαὶ τξ̄, τοιούτων ἐδείχθη οζ̄
ιε΄, οἵων δ᾽ αἱ δύο ὀρθαὶ τξ̄, τοιούτων
αὐτή τε καὶ ἡ κατὰ κορυφὴν αὐτῆς ἡ ὑπὸ
ΔΖΗ γωνία ρνδ̄ λ΄, εἴη ἂν καὶ ἡ μὲν ἐπὶ
τῆς ΔΗ περιφέρεια τοιούτων ρνδ̄ λ΄, οἵων ὁ
περὶ τὸ ΔΖΗ ὀρθογώνιον κύκλος τξ̄, ἡ δ᾽
ἐπὶ τῆς ΖΗ τῶν λοιπῶν εἰς τὸ ἡμικύκλιον
κε̄ λ΄. Καὶ τῶν ὑπ᾽ αὐτὰς ἄρα εὐθειῶν ἡ μὲν
ΔΗ τοιούτων ἐςὶν ριζ̄ β΄, οἵων ἐςὶν ἡ ΔΖ ὑποτείνουσα ρκ̄, ἡ δὲ ΖΗ τῶν αὐτῶν κϛ̄ θ΄.
Ὥστε καὶ οἵων ἐςὶν ἡ μὲν ΖΔ εὐθεῖα β̄ με΄,
ἡ δὲ ΔΑ ἐκ τοῦ κέντρου τοῦ ἐκκέντρου ξ̄,
τοιούτων καὶ ἡ μὲν ΔΗ ἔςαι β̄ μα΄, ἡ δὲ ΖΗ
ὁμοίως ō λϛ΄. Διὰ τὰ αὐτὰ δὲ τοῖς προδε-
δειγμένοις καὶ ἡ μὲν ΑΗ ἔςαι τῶν αὐτῶν
ιθ̄ νϛ΄, ὅλη δὲ ἡ ΑΘ τοιούτων ξ̄ λβ΄,
οἵων ἐςὶν ἡ ΕΘ διπλῆ ὖσα τῆς ΔΗ εὐθείας
ē κβ΄. Ὥστε καὶ τὴν ΑΕ ὑποτείνουσαν
τῶν αὐτῶν συνάγεσθαι ξ̄ μϛ΄. Καὶ οἵων
ἐςὶν ἄρα ἡ ΑΕ εὐθεῖα ρκ̄, τοιούτων καὶ ἡ

troisième opposition, de 30ᵈ 36'. Or il est
certain que ces quantités sont exactes,
puisque les différences des intervalles sont
les mêmes à peu près que les premières;
et ces distances apparentes se trouvent
être les mêmes que celles qui sont données par les observations. C'est ce qui
nous deviendra évident par ce qui va
suivre.

Car soit encore la figure de
la première opposition, ne présentant que l'excentrique qui
porte le centre de l'épicycle.
Puisque l'angle LZA a été démontré de 77ᵈ 15' des degrés
dont 360 font quatre angles
droits, et ainsi que son opposé au sommet
DZH de 154ᵈ 30' de ceux dont 360 font
deux angles droits, l'arc DH sera de 154ᵈ
30' des degrés dont le cercle circonscrit
au rectangle DZH en contient 360, et l'arc
soutendu par ZH vaudra les 25ᵈ 30' restants du demi-cercle. Donc de leurs soutendantes, DH est de 117ᵖ 2' des parties
dont l'hypoténuse DZ en contient 120, et
ZH en a 26ᵖ 9'. Ainsi, la droite ZD étant
de 2ᵖ 45', et DA rayon de l'excentrique
de 60ᵖ, DH en aura 2ᵖ 41', et ZH 0ᵖ 36'.
Et pour les mêmes raisons que celles qui
ont été données précédemment, AH sera
de 59ᵖ 56' de ces mêmes parties, et la
ligne entière AT sera de 60ᵖ 32' des parties dont ET double de DH en contient
5ᵖ 22', et l'hypoténuse AE se trouve ainsi
de 60ᵖ 46'. Si donc la droite AE faite

faite de 120ᵖ, ET, en aura 10ᵖ
36'. L'arc que cette droite soutend sera de 10ᵈ 8' des degrés
dont le cercle circonscrit au rectangle AET en contient 360.
Donc l'angle EAT vaut 10ᵈ 8'
des degrés dont 360 font deux
angles droits, et l'angle restant LEA est
de 144ᵈ 22' de ces degrés, mais de 72ᵈ 11'
(12') de ceux dont 360 font quatre angles
droits. Telle étoit donc la distance de
l'astre à l'apogée dans le zodiaque, lors
de la première opposition.

Soit encore la figure de la seconde opposition. Puisque BZM
est supposé de 2ᵈ 50' des degrés
dont 360 font quatre angles
droits, et de 5ᵈ 40' de ceux dont
360 font deux angles droits,
l'arc soutendu par DH sera de 5ᵈ
40' des degrés dont le cercle circonscrit au
rectangle DZH en contient 360, et l'arc soutendu par ZH aura les 174ᵈ 20' restants du
demi-cercle. Donc, de leurs soutendantes,
DH sera de 5ᵖ 55' des parties dont l'hypoténuse DZ en contient 120, et ZA en aura
119ᵖ 51'. Ainsi la droite DZ étant supposée
de 2ᵖ 45', et DB rayon de l'excentrique,
de 60ᵖ, DH en aura 0ᵖ 8', et ZH 2ᵖ 45' à
peu près. Pour les mêmes raisons, BH est
de 60 de ces mêmes parties à peu près,
et le restant BT est de 57ᵖ 15' des parties
dont la droite ET en contient 0ᵖ 16'; desorte que l'hypoténuse EB est de ces
57ᵖ 15'. Si donc la droite EB est de 120ᵖ,
la droite ET en aura 0ᵖ 33', et l'arc qu'elle

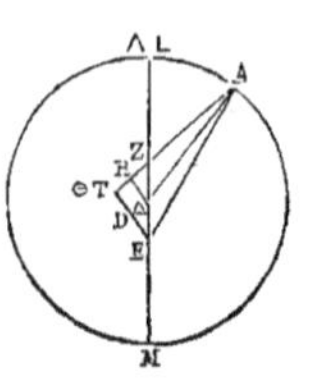

μὲν ΕΘ ἔςαι ῑ λϛ', ἡ δ' ἐπ' αὐτῆς περιφέρεια τοιούτων ῑ καὶ
ἑξηκοςῶν ῆ, οἵων ἐςὶν ὁ περὶ τὸ
ΑΕΘ ὀρθογώνιον κύκλος τξ.
Καὶ ἡ μὲν ὑπὸ ΕΑΘ ἄρα γωνία
τοιούτων ἐςὶ ῑ ιη', οἵων εἰσὶν αἱ
δύο ὀρθαὶ τξ, λοιπὴ δὲ ἡ ὑπὸ
ΛΕΑ τῶν μὲν αὐτῶν ρμδ κβ', οἵων δ'
αἱ τέσσαρες ὀρθαὶ τξ, τοιούτων οβ ια'.
Τοσαύτας ἄρα μοίρας ἀπεῖχεν ὁ ἀςὴρ
κατὰ τὴν πρώτην ἀκρόνυκτον ἀπὸ τοῦ
ἀπογείου τοῦ ζωδιακοῦ.

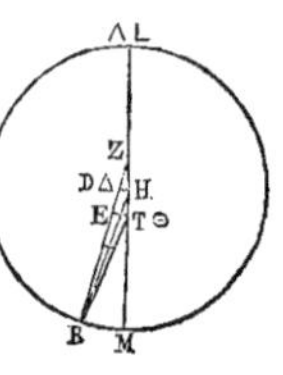

Πάλιν ἐκκείσθω ἡ τῆς δευ-
τέρας ἀκρονύκτου καταγραφή.
Ἐπεὶ ἡ ὑπὸ ΒΖΜ γωνία, οἵων
μὲν εἰσιν αἱ τέσσαρες ὀρθαὶ τξ,
τοιούτων ὑπόκειται β ν', οἵων
δ' αἱ δύο ὀρθαὶ τξ, τοιούτων ε
μ', εἴη ἂν καὶ ἡ μὲν ἐπὶ τῆς ΔΗ
περιφέρεια τοιούτων ε μ', οἵων ὁ περὶ
τὸ ΔΖΗ ὀρθογώνιον κύκλος τξ, ἡ δ' ἐπὶ
τῆς ΖΗ τῶν λοιπῶν εἰς τὸ ἡμικύκλιον
ροδ κ'. Καὶ τῶν ὑπ' αὐτὰς ἄρα εὐθειῶν,
ἡ μὲν ΔΗ ἔςαι τοιούτων ε νε', οἵων ἐςὶν
ἡ ΔΖ ὑποτείνουσα ρκ, ἡ δὲ ΖΗ τῶν αὐτῶν ριθ να'. Ὥστε καὶ οἵων ἐςὶν ἡ μὲν ΔΖ
εὐθεῖα β με', ἡ δὲ ΔΒ ἐκ τοῦ κέντρου τοῦ
ἐκκέντρου ξ, τοιούτων καὶ ἡ μὲν ΔΗ ἔςαι
ō η', ἡ δὲ ΖΗ ὁμοίως β με' ἔγγιςα. Διὰ
τὰ αὐτὰ δὲ κ ἡ μὲν ΒΗ τῶν αὐτῶν ἐςιν
ξ ἔγγιςα, λοιπὴ δὲ ἡ ΒΘ τοιούτων νζ
ιε', οἵων ἐςὶν ἡ ΕΘ εὐθεῖα ō ιϛ'· ὥστε καὶ
τὴν ΕΒ ὑποτείνουσαν τῶν αὐτῶν συνάγεσθαι νζ ιε'. Καὶ οἵων ἐςὶν ἄρα ἡ ΕΒ εὐθεῖα ρκ, τοιούτων καὶ ἡ μὲν ΕΘ ἔςαι ō λγ',

ἡ δ' ἐπ' αὐτῆς περιφέρεια τοιούτων ō λβ',
οἵων ἐςὶν ὁ περὶ τὸ ΒΕΘ ὀρθογώνιον κύκλος τξ · Ὥστε καὶ ἡ μὲν ὑπὸ ΕΒΘ γωνία τοιούτων ἐςὶν ō λβ', οἵων αἱ δύο ὀρθαὶ τξ, ὅλη δὲ ἡ ὑπὸ ΒΕΜ τῶν μὲν
αὐτῶν ϛ ιβ', οἵων δ' αἱ τέσσαρες ὀρθαὶ
τξ, τοιούτων γ ϛ' · ἀπεῖχεν ἄρα καὶ κατὰ
τὴν δευτέραν ἀκρόνυκτον ὁ ἀςὴρ εἰς τὰ
προηγούμενα τοῦ περιγείου μοίρας γ ϛ'.
Ἐδείχθη δὲ καὶ κατὰ τὴν πρώτην ἀπέχων
εἰς τὰ ἑπόμενα μοίρας οβ ια'. Συνάγεται
ἄρα καὶ ἡ ἀπὸ τῆς πρώτης ἀκρονύκτου
ἐπὶ τὴν δευτέραν φαινομένη διάςασις τῶν
λοιπῶν εἰς τὸ ἡμικύκλιον μοιρῶν ρδ μγ',
συμφώνως τῇ ἐκ τῶν τηρήσεων κατειλημ-
μένῃ διαςάσει.

Ἐκκείσθω δὴ καὶ ἡ τῆς ἀκρονύκτου καταγραφή. Ἐπεὶ ἡ ὑπὸ
ΜΖΓ γωνία, οἵων μέν εἰσιν αἱ τέσσαρες ὀρθαὶ τξ, τοιούτων ἐδείχθη
λ λϛ', οἵων δὲ αἱ δύο ὀρθαὶ τξ,
τοιούτων ξα ιβ', εἴη ἂν καὶ ἡ μὲν
ἐπὶ τῆς ΔΗ περιφέρεια τοιούτων
ξα ιβ', οἵων ἐςὶν ὁ περὶ τὸ ΔΖΗ ὀρθογώνιον
κύκλος τξ, ἡ δ' ἐπὶ τῆς ΖΗ τῶν λοιπῶν εἰς
τὸ ἡμικύκλιον ριη μη' · καὶ τῶν ὑπ' αὐτὰς ἄρα
εὐθειῶν, ἡ μὲν ΔΗ τοιούτων ἔςαι ξα ϛ', οἵων
ἐςὶν ἡ ΔΖ ὑποτείνουσα ρκ, ἡ δὲ ΖΗ τῶν αὐτῶν ργ ιζ'. Ὥστε κὴ οἵων ἐςὶν ἡ μὲν ΔΖ εὐθεῖα β με', ἡ δὲ ΔΓ ἐκ τῶ κέντρου τῶ ἐκκέντρου ξ, τοιούτων καὶ ἡ μὲν ΔΗ ἔςαι α κδ',
ἡ δὲ ΖΞ ὁμοίως β κβ'. Διὰ τὰ αὐτὰ δὲ κὴ ἡ
μὲν ΓΗ ἔςαι τῶν αὐτῶν νθ νθ', λοιπὴ δὲ ἡ
ΓΘ τοιούτων νζ λζ', οἵων καὶ ἡ ΕΘ συνάγεται β μη'. Ὥστε καὶ τὴν ΕΓ γίνεσθαι ὑποτείνουσαν τῶν αὐτῶν νζ μα'. Καὶ οἵων

soutend $0^d\,32'$ des degrés dont le cercle
circonscrit au rectangle BET en contient
360 ; de sorte que l'angle EBT est de $0^d\,32'$
des degrés dont 360 font deux angles
droits, et l'angle entier BEM est de $6^d\,12'$
de ces degrés, et de $3\,6'$ de ceux dont
360 font quatre angles droits. Donc dans
la seconde opposition, l'astre étoit à $3^d\,6'$
vers les points précédents, ou à l'occident
du périgée. Mais on a prouvé que dans
la première, il en étoit à $72^d\,11'$ vers les
points suivants, ou suivant l'ordre des
signes : donc l'intervalle apparent depuis
la première opposition jusqu'à la seconde,
contient les $104^d\,43'$ restants du demi-
cercle, conformément à l'intervalle donné
par les observations.

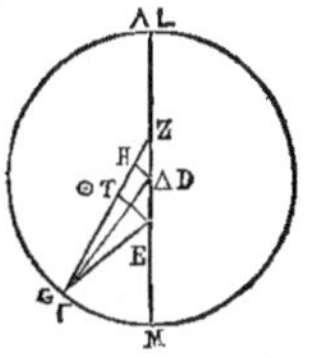

Prenons actuellement la figure de la troisième opposition. Puisque l'angle MZG est
démontré de $30^d\,36'$ des degrés dont 360 font quatre angles
droits, et de $61^d\,12'$ de ceux dont
360 font deux angles droits, l'arc
soutendu par DH sera de $61^d\,12'$ des degrés
dont le cercle circonscrit au rectangle DZH
en contient 360, et l'arc soutendu par ZH
aura les $118^d\,48'$ restants du demi-cercle.
Donc, de leurs soutendantes, DH sera de
$61^p\,6'$ des parties dont l'hypoténuse DZ en
contient 120, et ZH en aura $103^p\,17'$. Ainsi
la droite DZ étant de $2^p\,45'$, et le rayon DG
de l'excentrique en ayant 60^p, la droite
DH en aura $1^p\,24'$, et ZH $2^p\,22'$. Pour les
mêmes raisons, GE sera de $59^p\,59'$ de ces
mêmes parties, et la portion GT aura 57^p
$37'$ des parties dont la droite ET en a 2^p
$48'$. De sorte que l'hypoténuse EG aura

57ᵖ 41'. Donc la droite EG étant de 120ᵖ, la droite ET en aura 5ᵖ 5o', et l'arc qu'elle soutend vaudra 5ᵈ 34' degrés des 360 du cercle circonscrit au rectangle GET. Ainsi l'angle EGT est de 5ᵈ 34' des degrés dont 360 font deux angles droits, et l'angle entier MEG est de 66ᵈ 46' de ces mêmes degrés, mais de 33ᵈ 23' de ceux dont 360 font quatre angles droits. Tel est donc le nombre de degrés dont l'astre, dans la troisième opposition, étoit éloigné du périgée vers les points suivants. Mais on a prouvé que dans la seconde, il en étoit éloigné de 3ᵈ 6' vers les points précédens; il s'ensuit donc que l'intervalle depuis la seconde opposition jusqu'à la troisième, étoit de 36ᵈ 29' conformément encore aux observations. Il est évident par là que l'astre dans la troisième opposition étant sur 14ᵈ 23' du bélier, suivant l'observation, à la distance de 33ᵈ 23' du périgée vers les points suivants, comme on l'a démontré, le périgée de l'excentrique était alors en 11ᵈ des poissons, et l'apogée en 11ᵈ de la vierge, diamétralement opposé.

Si nous décrivons autour du centre G, l'épicycle HKT, nous aurons depuis l'apogée L de l'excentrique, le moyen mouvement en longitude de 210ᵈ 36', parceque l'angle MZG a été démontré de 30ᵈ 36' des degrés dont 360 font quatre angles droits, et l'arc TK de l'épicycle, depuis

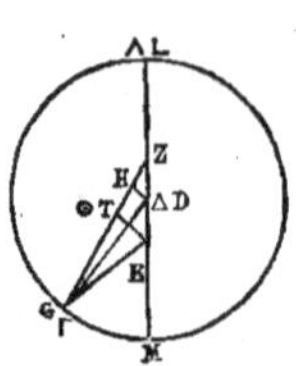

ἐςὶν ἄρα ἡ ΕΓ εὐθεῖα ρκ̄, τοιούτων καὶ ἡ μὲν ΕΘ ἔςαι ε̄ ν', ἡ
δ' ἐπ' αὐτῆς περιφέρεια τοιούτων ε̄ λδ', οἵων ἐςὶν ὁ περὶ τὸ
ΓΕΘ ὀρθογώνιον κύκλος τξ̄.
Ὥστε καὶ ἡ μὲν ὑπὸ ΕΓΘ τοιούτων ἐςὶ ε̄ λδ', οἵων αἱ δύο ὀρθαὶ τξ̄. Ὅλη δὲ ἡ ὑπὸ ΜΕΓ τῶν αὐτῶν
ξϚ̄ μϚ', Οἵων δ᾽ αἱ τέσσαρες ὀρθαὶ τξ̄,
τοιούτων λγ̄ κγ'. Τοσαύτας ἄρα μοίρας
καὶ κατὰ τὴν τρίτην ἀκρόνυκτον ἀπεῖχεν
ὁ ἀςὴρ εἰς τὰ ἑπόμενα τοῦ περιγείου.
Ἐδείχθη δ' ἀπέχων καὶ κατὰ τὴν δευτέραν
εἰς τὰ προηγούμενα τοῦ αὐτοῦ περιγείου
μοίρας γ̄ Ϛ'. Συνάγεται ἄρα καὶ ἡ ἀπὸ
τῆς δευτέρας ἀκρονύκτου ἐπὶ τὴν τρίτην
φαινομένη διάςασις τῶν ἐπὶ τὸ αὐτὸ μοιρῶν λϚ̄ κθ', συμφώνως πάλιν ταῖς τετηρημέναις. Δῆλον δ᾽ αὐτόθεν ὅτι καὶ ἐπειδὴ
κατὰ τὴν τρίτην ἀκρόνυκτον ἐπεῖχεν ὁ
ἀςὴρ τὰς τετηρημένας τοῦ κριοῦ μοίρας
ιδ̄ κγ', ἀπέχων ὡς ἐδείχθη εἰς τὰ ἑπόμενα τοῦ περιγείου μοίρας λγ̄ κγ', τὸ
μὲν περίγειον αὐτοῦ τότε τῆς ἐκκεντρότητος ἐπεῖχεν ἰχθύων μοίρας ιᾱ, τὸ δ'
ἀπόγειον τὰς κατὰ διάμετρον τῆς παρθένου μοίρας ιᾱ.

Κἂν γράψωμεν δὲ περὶ τὸ
Γ κέντρον τὸν ΗΘΚ ἐπίκυ-
κλον, τὴν μὲν ἀπὸ τοῦ κατὰ
τὸ Λ ἀπόγειον τοῦ ἐκκέντρου
μέσην κατὰ μῆκος πάροδον
ἕξομεν αὐτόθεν μοιρῶν σῑ
λϚ', διὰ τὸ τὴν μὲν ὑπὸ ΜΖΓ
γωνίαν δεδεῖχθαι τοιούτων λ̄ λϚ', οἵων
εἰσὶν αἱ τέσσαρες ὀρθαὶ τξ̄· τὴν δὲ ΘΚ

τοῦ ἐπικύκλου περιφέρειαν τὴν ἀπὸ τοῦ
Θ περιγείου ἐπὶ τὸν κατὰ τὸ Κ ἀςέρα
μοιρῶν β μζ', διὰ τὸ κỳ τὴν ὑπὸ ΕΓΖ
γωνίαν, τοιούτων δεδεῖχθαι ε̄ λδ', οἵων
εἰσὶν αἱ δύο ὀρθαὶ τξ̄, οἵων δὲ αἱ τέσσαρες ὀρθαὶ τξ̄, τοιούτων β̄ μζ'· ἐν ἄρα
τῷ χρόνῳ τῆς τρίτης ἀκρονύκτου, τουτέςι τῷ πρώτῳ ἔτει Ἀντωνίνου, κατ'
Αἰγυπτίους Ἀθὺρ κ̄ εἰς τὴν κᾱ, μετὰ
ε̄ ὥρας τοῦ μεσονυκτίου, ὁ τοῦ Διὸς
ἀςὴρ πρὸς τὰς μέσας παρόδους θεωρούμενος κατὰ μῆκος μὲν ἀπεῖχε τοῦ ἀπογείου τοῦ ἐκκεντρου μοίρας σῑ λς', τουτέςιν ἐπεῖχε κριοῦ μοίρας ιᾱ λς', ἀνωμαλίας δ' ἀπὸ τοῦ Η ἀπογείου τοῦ ἐπικύκλου, μοίρας ρπβ̄ μζ'.

ΚΕΦΑΛΑΙΟΝ Β.

ΑΠΟΔΕΙΞΙΣ ΤΗΣ ΤΟΥ ΕΠΙΚΥΚΛΟΥ ΤΟΥ ΤΟΥ
ΔΙΟΣ ΠΗΛΙΚΟΤΗΤΟΣ.

ΠΑΛΙΝ ἐφεξῆς εἰς τὴν δεῖξιν τῆς τοῦ
ἐπικύκλου πηλικότητος, ἐλάβομεν τήρησιν ἣν διωπτεύσαμεν τῷ δευτέρῳ ἔτει
Ἀντωνίνου, κατ' Αἰγυπτίους Μεσορὶ κϛ̄
εἰς τὴν κζ̄ πρὸ τῆς τοῦ ἡλίου ἀνατολῆς,
τουτέςι μετὰ ε̄ ὥρας ἔγγιςα ἰσημερινὰς
τοῦ μεσονυκτίου· ἐπειδήπερ ἡ μὲν μέση
τοῦ ἡλίου πάροδος ἐπεῖχε καρκίνου μοίρας ιϛ̄ ια', ἐμεσουράνει δ' ἐν τῷ ἀςρολάβῳ
ἡ δευτέρα μοῖρα τοῦ κριοῦ· τότε δὲ πρὸς
μὲν τὴν λαμπρὰν ὑάδα διοπτευόμενος ὁ
τοῦ Διὸς ἐπέχων ἐφαίνετο διδύμων μοίρας ιε̄ ς'' δ'', τῷ δὲ κέντρῳ τῆς σελήνης
νοτιωτέρας οὔσης ἐξίσου ἐφαίνετο· ἀλλ'

---

le périgée T jusqu'à l'astre en K est de
2ᵈ 47', parceque l'angle EGZ a été démontré être de 5ᵈ 34' des degrés dont 360
font deux angles droits, ou de 2ᵈ 47' de
ceux dont 360 font quatre angles droits.
Donc, au temps de la troisième opposition, c'est-à-dire dans la première année
d'Antonin, à 5 heures après minuit du
20 au 21 du mois égyptien Athyr, Jupiter, considéré dans son mouvement
moyen, était à 210ᵈ 36' loin de l'apogée
de l'excentrique en longitude, c'est-à-dire
à 182ᵖ 47' d'anomalie depuis l'apogée H.

CHAPITRE II.

DÉTERMINATION DE LA GRANDEUR DE
L'ÉPICYCLE DE JUPITER.

ENSUITE, nous avons pris, pour déterminer la grandeur de l'épicycle, l'observation que nous avions faite la seconde
année d'Antonin, dans la nuit du 26 au
27 du mois égyptien Mésor, avant le lever du soleil, c'est-à-dire à 5 heures équinoxiales environ après minuit. Or puisque le lieu moyen du soleil étoit en 16ᵈ
11' du cancer, et que l'astrolabe montroit le 2ᵈ du bélier au méridien ; et
que d'ailleurs Jupiter comparé à la brillante hyade (*Aldebaran*), paroissoit
sur 15ᵈ ½ ¼ (a) des gémeaux, et de
même que le centre de la lune qui
étoit plus méridionale; mais qu'au même

instant, d'après les calculs exposés ci-dessus (dans la théorie de la lune), nous la trouvons, par son mouvement moyen, sur le 9ᵉ degré des gémeaux, et à 272ᵖ 5′ d'anomalie depuis l'apogée de l'épicycle; il s'ensuit que son lieu vrai étoit en 14ᵈ 50′ des gémeaux, et son lieu apparent pour Alexandrie sur 15ᵈ 45′. Donc Jupiter étoit sur 15ᵈ $\frac{1}{2}$ $\frac{1}{4}$ des gémeaux. De plus, puisque l'intervalle de la troisième opposition à cette observation est d'une année égyptienne et de 276 jours, et que, sans s'arrêter à la différence insensible qu'une plus scrupuleuse exactitude donneroit il embrasse 53ᵈ 17′ de longitude, et 218ᵖ 31′ d'anomalie, si nous ajoutons cette quantité aux lieux trouvés dans la 3ᵉ opposition, nous aurons pour le temps de cette observation, environ 263ᵈ 53′ de longitude depuis l'apogée de l'excentrique, et 41ᵈ 8′ d'anomalie, depuis l'apogée de l'épicycle.

Cela posé, soit la même figure que pour Mars, présentant la position de l'épicycle dans les points suivants du périgée de l'excentrique, et celle de l'astre après l'apogée de l'épicycle, conformément aux mouvements moyens de longitude et d'anomalie, tels que nous les avons marquées. Puisque le mouvement moyen en longitude depuis l'apogée de l'excentrique est de 263ᵖ 53′, l'angle BZG

εἰς ἐκείνην τὴν ὥραν, διὰ τῶν προεκτεθειμένων ἐπιλογισμῶν, εὑρίσκομεν τὴν σελήνην μέσως μὲν ἐπέχουσαν διδύμων μοίρας θ̄, ἀνωμαλίας δ᾽ ἀπὸ τοῦ ἀπογείου τοῦ ἐπικύκλου μοίρας σοβ̄ ε᾽, διὰ τοῦτο δὲ κỳ τὴν μὲν ἀκριϐῆ πάροδον αὐτῆς περὶ τὰς ιδ̄ ν᾽ μοίρας τῶν διδύμων, τὴν δ᾽ ἐν Ἀλεξανδρείᾳ φαινομένην περὶ τὰς ιε̄ με᾽. Ὁ ἄρα τοῦ Διὸς ἀςὴρ κỳ οὕτως ἐπεῖχε τὰς ιε̄ ς″ δ″ μοίρας τῶν διδύμων. Πάλιν δὲ, ἐπεὶ ὁ ἀπὸ τῆς τρίτης ἀκρονύκτȣ μέχρι τῆς προκειμένης τηρήσεως χρόνος ἐνιαυτοῦ ἐςιν Αἰγυπτιακοῦ ἑνὸς κỳ ἡμερῶν σος̄, περιέχει δ᾽ ὁ χρόνος οὗτος, οὐδενὶ γὰρ αἰσθητῷ διοίσει κἂν ὁλοσχερέςερον τὸ τοιοῦτον λαμϐάνηται, μήκους μὲν μοίρας νγ̄ ιζ᾽, ἀνωμαλίας δὲ μοίρας σιη̄ λα᾽, ἐὰν προσθῶμεν ταύτας ταῖς κατὰ τὴν τρίτην ἀκρόνυκτον ἀποδεδειγμέναις ἐποχαῖς, ἕξομεν κỳ εἰς τὸν ταύτης τῆς τηρήσεως χρόνον, μήκους μὲν ἀπὸ τοῦ αὐτοῦ ἔγγιςα ἀπογείου, μοίρας σξγ̄ νγ᾽, ἀνωμαλίας δ᾽ ἀπὸ τοῦ ἀπογείου τοῦ ἐπικύκλου μοίρας μᾱ ιη᾽.

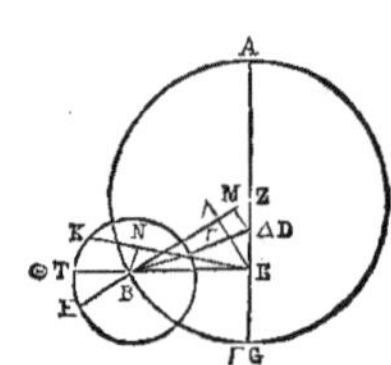
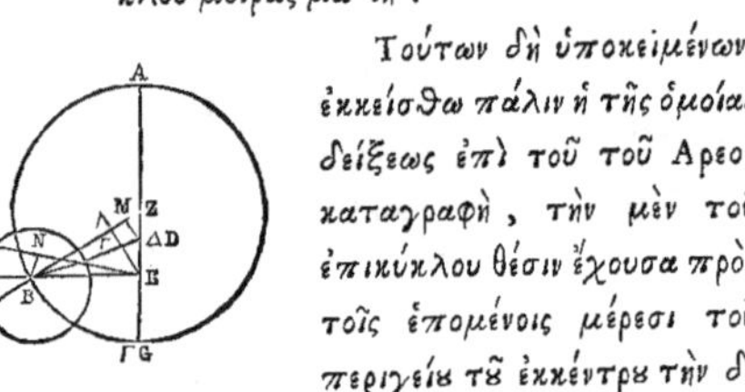

Τούτων δὴ ὑποκειμένων, ἐκκείσθω πάλιν ἡ τῆς ὁμοίας δείξεως ἐπὶ τοῦ τοῦ Ἄρεος καταγραφὴ, τὴν μὲν τοῦ ἐπικύκλου θέσιν ἔχουσα πρὸς τοῖς ἑπομένοις μέρεσι τοῦ περιγείȣ τȣ̃ ἐκκέντρȣ τὴν δὲ τοῦ ἀςέρος πρὸς τοῖς μετὰ τὸ ἀπόγειον τοῦ ἐπικύκλου, ἀκολούθως ταῖς ἐκκειμέναις ἐνθάδε μέσαις παρόδοις μήκους τε κỳ ἀνωμαλίας. Ἐπεὶ τοίνυν ἡ ἀπὸ τοῦ ἐκκέντρου κατὰ μῆκος μέση πάροδος μοιρῶν

ἐςι σξγ νγ΄, εἴη ἂν κỳ ἡ ὑπὸ ΒΖΓ γωνία,
οἵων μέν εἰσιν αἱ τέσσαρες ὀρϑαὶ τξ, τοιούτων πγ νγ΄, οἵων δ᾽ αἱ δύο ὀρϑαὶ τξ,
τοιούτων ρξζ μς΄. Ὥστε κỳ ἡ μὲν ἐπὶ
τῆς ΔΜ περιφέρεια τοιούτων ἐςὶν ρξζ
μς΄, οἵων ὁ περὶ τὸ ΔΖΜ ὀρϑογώνιον κύκλος τξ, ἡ δ᾽ ἐπὶ τῆς ΖΜ τῶν λοιπῶν εἰς
τὸ ἡμικύκλιον, ιβ ιδ΄. Καὶ τῶν ὑπ᾽ αὐτὰς ἄρα εὐϑειῶν, ἡ μὲν ΔΜ, τοιούτων
ἐςιν ριβ ιθ΄, οἵων ἐςὶν ἡ ΔΖ ὑποτείνουσα
ρκ, ἡ δὲ ΖΜ τῶν αὐτῶν ιβ μζ΄. Ὥστε
κỳ οἵων ἐςὶν ἡ μὲν ΔΖ εὐϑεῖα β με΄, ἡ δὲ
ΔΒ ἐκ τοῦ κέντρου τοῦ ἐκκέντρου ξ, τοιούτων κỳ ἡ μὲν ΔΜ ἔςαι β μδ΄ ἔγγιςα, ἡ
δὲ ΖΜ ὁμοίως ο ιη΄. Καὶ ἐπεὶ τὸ ἀπὸ τῆς
ΔΜ λειφϑὲν ὑπὸ τοῦ ἀπὸ τῆς ΔΒ, ποιεῖ
τὸ ἀπὸ τῆς ΜΒ, ἔςαι κỳ ἡ ΜΒ τῶν αὐτῶν νθ νς΄. Ὁμοίως δ᾽ ἐπεὶ ἡ μὲν ΖΜ τῇ
ΜΛ ἴση ἐςὶν, ἡ δὲ ΕΛ τῆς ΔΜ διπλῆ,
καὶ λοιπὴ ἡ ΛΒ ἔςαι τοιούτων νθ λη΄, οἵων
καὶ ἡ ΕΛ συνάγεται ε κη΄. Διὰ τοῦτο δὲ
κỳ ἡ ΕΒ ὑποτείνουσα τῶν αὐτῶν νθ νβ΄.
Καὶ οἵων ἐςὶν ἄρα ἡ ΕΒ εὐϑεῖα ρκ, τοιούτων κỳ ἡ μὲν ΕΛ ἔςαι ι νη΄ ἔγγιςα, ἡ
δ᾽ ἐπ᾽ αὐτῆς περιφέρεια τοιούτων ι λ΄,
οἵων ὁ περὶ τὸ ΒΕΛ ὀρϑογώνιον κύκλος
τξ, ὥστε καὶ ἡ ὑπὸ ΕΒΖ γωνία τοιούταν
ἐςὶν ι λ΄, οἵων αἱ δύο ὀρϑαὶ τξ. Τῶν δ᾽ αὐτῶν ἦν κỳ ἡ ὑπὸ ΒΖΓ γωνία ρξζ μς΄.
Καὶ ὅλη ἄρα ἡ ὑπὸ ΒΕΓ τῶν αὐτῶν ἔςαι
ροη ις΄.

Πάλιν ἐπειδὴ τὸ μὲν Γ περίγειον ἐπ-
έχει τῶν ἰχθύων μοίρας ια΄ ἔγγιςα, ὁ δ᾽
ἀςὴρ ἐφαίνετο ἐπὶ τῆς ΕΚ ἐπέχων διδύμων μοίρας ιε με΄, εἴη ἂν κỳ ἡ ὑπὸ ΚΕΓ
γωνία, οἵων μέν εἰσιν αἱ τέσσαρες ὀρϑαὶ τξ,

sera de 83d 53′ des degrés dont 360 font
quatre angles droits, et de 167d 46′ de
ceux dont 360 font deux angles droits.
Ainsi l'arc soutendu par DM est de
167p 46′ des degrés dont le cercle circonscrit au rectangle DZM en contient
360. Et l'arc soutendu par ZM aura
les 12d 14′ restants du demi-cercle.
Donc, de leurs soutendantes, DM, est de
119p 19′ des parties dont l'hypoténuse
DZ en contient 120p, et ZM en a 12d 47′.
Si donc la droite DZ est de 2p 45′, et
DB, rayon de l'excentrique, de 60p, DM
en aura 2p 44′ à peu près, et ZM 0p 18′.
Et puisque la différence des carrés de
DM et de DB donne celui de MB, MB sera
de 59p 56′ de ces parties. De même, puisque ZM est égale à ML, et que EL est
double de DM, la portion LB sera de 59p
38′ de ces parties dont EL en contient 5p
28′. C'est pourquoi l'hypoténuse EB en
contient 59p 44′ (b). Donc la droite EB
étant de 120p, EL en aura 10p 58′ à peu
près, et l'arc qu'elle soutend sera de 10p
30′ des degrés dont le cercle circonscrit
au rectangle BEL en contient 360. De
sorte que l'angle EBZ est de 10d 30′ des
degrés dont 360 font quatre angles droits.
Or l'angle BZG en vaut 167d 46′. Donc
la valeur de l'angle entier EBG est de
118d 16′.

Et encore, puisque le périgée G est à
peu près à 11d des poissons, et que l'astre
paroissoit sur la ligne EK à 15d 45′ des
gémeaux, l'angle KEG sera de 94p 45′
des degrés dont 360 font quatre angles

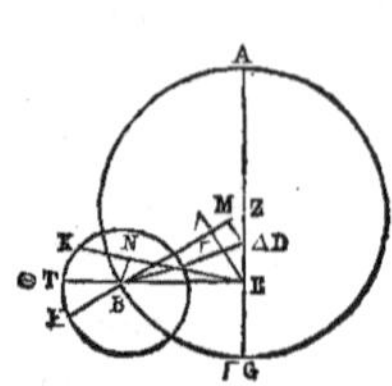

droits, et de 189ᵖ 3o′ de ceux dont 36o font quatre angles droits, et l'autre angle BEK en vaudra 11ᵖ 14′. Ainsi, l'arc soutendu par BN, est de 11ᵈ 14′ des degrés dont le cercle décrit autour du rectangle BEN en contient 36o, et la droite BN est de 11ᵖ 44′ des parties dont l'hypoténuse EB en contient 12o. Donc la droite EB étant de 59ᵖ 44′, et le rayon de l'excentrique, de 6o°, la droite BN en aura 5 5o′.

Pareillement, puisque l'arc HK est de 41ᵈ 18′, l'angle HBK sera de 41ᵈ 18′ des degrés dont 36o font quatre angles droits, et de 82ᵈ 36′ de ceux dont 36o font deux angles droits. Mais l'angle EBZ, ou l'angle HBT, vaut 10ᵈ 3o′ de ces derniers degrés ; donc l'angle restant TBK sera de 72ᵖ 6′. Or on a prouvé que l'angle KET était de 11ᵖ 14′ de ces mêmes degrés : donc l'angle restant BKN est de 6o° 52′ de ces mêmes dégrés. De sorte que l'arc soutendu par BN est de 6oᵈ 52′ des degrés dont le cercle circonscrit au rectangle BKN en contient 36o, et la droite BN contient 6o° 47′ des parties dont l'hypoténuse BK en contient 12o. Donc la droite BN étant de 5ᵖ 5o′, et le rayon de l'excentrique de 6oᵖ, le rayon BK de l'épicycle sera de 11ᵖ 3o′ à très-peu près. Et c'est ce qu'il sagissait de trouver.

τοιούτων ϟδ̄ με′, οἵων δ′ αἱ δύο ὀρθαὶ τξ̄, τοιούτων ρπθ̄ λ′. Λοιπὴ δὲ ἡ ὑπὸ ΒΕΚ τῶν αὐτῶν ιᾱ ιδ′. Ὥστε κỳ ἡ μὲν ἐπὶ τῆς ΒΝ περιφέρεια τοιούτων ἐςὶν ιᾱ ιδ′, οἵων ὁ περὶ τὸ ΒΕΝ ὀρθογώνιον κύκλος τξ̄, ἡ δὲ ΒΝ εὐθεῖα τοιούτων ιᾱ μδ′, οἵων ἐςὶν ἡ ΕΒ ὑποτείνουσα ρκ̄. Καὶ οἵων ἐςὶν ἄρα ἡ μὲν ΕΒ εὐθεῖα νθ̄ νβ′, ἡ δ′ ἐκ τοῦ κέντρου τοῦ ἐκκέντρου ξ̄, τοιούτων κỳ ἡ ΒΝ ἔςαι ε̄ ν′.

Ὁμοίως δ′ ἐπεὶ ἡ ΗΚ περιφέρεια μοιρῶν ἐςι μᾱ ιη′, εἴη ἂν κỳ ἡ ὑπὸ ΗΒΚ γωνία, οἵων μέν εἰσιν αἱ τέσσαρες ὀρθαὶ τξ̄, τοιούτων μᾱ ιη′, οἵων δ′ αἱ δύο ὀρθαὶ τξ̄, τοιούτων πβ̄ λς′. Τῶν δ′ αὐτῶν ἦν κỳ ἡ ὑπὸ ΕΒΖ, τουτέςιν ἡ ὑπὸ ΗΒΘ γωνία ῑ λ′· καὶ λοιπὴ ἄρα ἡ ὑπὸ ΘΒΚ ἔςαι οβ̄ ς′. Ἐδείχθη δὲ κỳ ἡ ὑπὸ ΚΕΘ γωνία τῶν αὐτῶν ιᾱ ιδ′. Καὶ λοιπὴ ἄρα ἡ ὑπὸ ΒΚΝ τῶν αὐτῶν ἐςιν ξ̄ νβ′. Ὥςε κỳ ἡ μὲν ἐπὶ τῆς ΒΝ περιφέρεια τοιούτων ἐςὶν ξ̄ νβ′, οἵων ὁ περὶ τὸ ΒΚΝ ὀρθογώνιον κύκλος τξ̄, ἡ δὲ ΒΝ εὐθεῖα τοιούτων ξ̄ μζ′, οἵων ἐςὶν ἡ ΒΚ ὑποτείνουσα ρκ̄. Καὶ οἵων ἐςὶν ἄρα ἡ μὲν βΝ εὐθεῖα ε̄ ν′, ἡ δ′ ἐκ τοῦ κέντρου τοῦ ἐκκέντρου ξ̄, τοιούτων κỳ ἡ ΒΚ ἐκ τοῦ κέντρου τοῦ ἐπικύκλου ἔςαι ιᾱ λ′ ἔγγιςα· ὅπερ ἔδει εὑρεῖν.

ΚΕΦΑΛΑΙΟΝ Γ.

CHAPITRE III.

ΠΕΡΙ ΤΗΣ ΔΙΟΡΘΩΣΕΩΣ ΤΩΝ ΠΕΡΙΟΔΙΚΩΝ ΤΟΥ ΤΟΥ ΔΙΟΣ ΚΙΝΗΣΕΩΝ.

DE LA CORRECTION DES MOUVEMENS PÉRIODIQUES DE JUPITER.

ΕΞΗΣ δὲ καὶ τῶν περιοδικῶν κινήσεων ἕνεκεν, ἐλάβομεν πάλιν μίαν τῶν ἀδιςάκτων ἀναγεγραμμένων παλαιῶν τηρήσεων, καθ᾽ ἣν διασαφεῖται ὅτι τῷ με ἔτει κατὰ Διονύσιον, Παρθένωνος ῑ, ὁ τοῦ Διὸς ἀςὴρ ἑῶος ἐπεκάλυψε τὸν νότιον ὄνον. Ο μὲν οὖν χρόνος ἐςὶ κατὰ τὸ πγ ἔτος ἀπὸ τῆς Ἀλεξάνδρου τελευτῆς, κατ᾽ Αἰγυπτίους ἐπιφὶ ιζ εἰς τὴν ιη ὄρθρου, ἐν ᾧ τὸν ἥλιον εὑρίσκομεν κατὰ μέσην πάροδον ἐπέχοντα παρθένου μοίρας θ νϛ΄. Ἀλλὰ καὶ ὁ καλούμενος νότιος ὄνος, τῶν περὶ τὸν νεφέλιον τοῦ καρκίνου, κατὰ μὲν τὸν τῆς ἡμετέρας τηρήσεως, ἐπεῖχε τοῦ καρκίνου μοίρας ια γ΄, κατὰ δὲ τὴν ἐκκειμένην τήρησιν δῆλον ὅτι μοίρας ζ λγ΄· ἐπειδὴ πάλιν τοῖς μεταξὺ τῶν τηρήσεων τοῖ ἔτεσιν ἐπιβάλλουσι μοῖραι γ μζ΄· καὶ ὁ τοῦ Διὸς ἄρα τότε, διὰ τὸ ἐπικεκαλυφέναι τὸν ἀςέρα, τὰς ζ λγ΄ μοίρας ἐπεῖχε τοῦ καρκίνου. Ὁμοίως δὲ καὶ ἐπεὶ τὸ ἀπόγειον ἦν καθ᾽ ἡμᾶς περὶ Παρθένου μοίρας ια, κατὰ τὴν τήρησιν ὤφειλεν ἐπέχειν παρθένου μοίρας ζ ιγ΄. Καὶ δῆλον ὅτι ὁ μὲν φαινόμενος ἀςὴρ ἀπεῖχε τοῦ τότε ἀπογείου τοῦ ἐκκέντρου μοίρας τ καὶ ἑξηκοςὰ κ΄, ὁ δὲ μέσος ἥλιος τοῦ αὐτοῦ ἀπογείου μοίρας β μγ΄.

Τούτων ὑποκειμένων ἐκκείσθω πάλιν

Nous avons encore choisi parmi les observations anciennes, une des plus certaines, pour déterminer les mouvements périodiques de Jupiter. Elle nous apprend que dans la 45e année de l'ère de Denys, le 10 du mois Parthénon, l'astre de Jupiter oriental cachoit l'âne méridional. Or cette époque coïncide avec la 83e (a) année depuis la mort d'Alexandre, au matin du 17 au 18 du mois égyptien Epiphi. Nous trouvons que le soleil étoit alors par son moyen mouvement, sur 9 56′ du cancer. Mais l'étoile qu'on appelle l'âne méridional, auprès de la nébuleuse du cancer, étoit au temps de notre observation, sur 11$^{d}\frac{1}{3}$ du cancer, et suivant l'observation citée, sur 7^{d} 33′ (b). Car puisque pour 378 années d'intervalle entre les observations, il faut compter 3^{d} 47′ pour le mouvement des étoiles, Jupiter, qui alors couvroit cette étoile, étoit sur les 7^{d} 33′ du cancer. Pareillement, puisque nous avons trouvé l'apogée sur 11 degrés de la vierge, et qu'il devoit être, dans l'observation ancienne, à 7^{d} 13′ de la vierge, il est clair que l'astre apparent était distant de l'apogée de l'excentrique de 30^{p} 20′, et que le soleil moyen étoit à 2^{d} 43′ de distance de cet apogée.

Cela posé, prenons encore la même

figure que pour la démonstration que nous avons donnée des mouvements pério-
diques de Mars, en l'adaptant
aux mouvements donnés ici
par l'observation. Que la position de l'épicycle y soit
en B avant l'apogée A, le lieu moyen
du soleil en L un peu après cet apogée ;
et pour cela placez l'astre en T après l'a-
pogée H de l'épicycle. Après avoir joint
toujours de même ZBH , DB, BT, et avoir
mené les perpendiculaires KZ sur DB,
DM et BN sur ET, et DX sur NB prolongée et faisant un parallélogramme
rectangle DMNX : puisque l'angle AET
qui embrasse ce qui manque à 300^d
20′ pour faire une circonférence entière
du zodiaque, est de 59^d 40′ des degrés
dont 360 font quatre angles droits, et
que l'angle AEL en vaut 2^d 43′, l'angle
entier LET, c'est-à-dire BTE, est de 62^d
23′ des degrés dont 360 font quatre angles
droits, et de 124^d 46′ de ceux dont 360
font deux angles droits. Ainsi l'arc soutendu par BN est de 124^d 46′ des degrés
dont le cercle circonscrit au triangle rectangle BTN en contient 360, et la droite
BN est de 106^p 20′ des parties dont l'hypoténuse BT en contient 120. Donc la droite
menée du centre ou le rayon de l'épicycle
étant de 11^p 30′, la droite BN en contiendra 10^p 12′. En outre, puisque l'angle
DEM est supposé être de 59^d 40′ des degrés dont 360 font quatre angles droits,

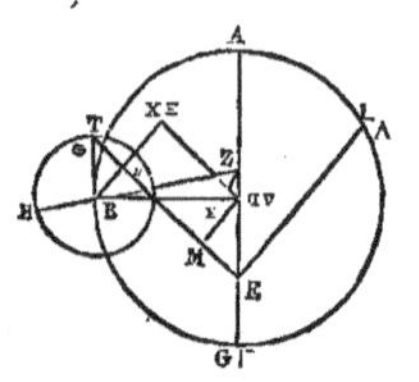

ἡ τῆς ὁμοίας ἐπὶ τῆς τοῦ
Αρεος δείξεως καταγραφὴ,
μόνον ἀκολούθως ἐνθάδε
ταῖς κατὰ τὴν τήρησιν δεδο-
μέναις παρόδοις, τὴν μὲν
περὶ τὸ Β τοῦ ἐπικύκλου θέσιν ἔχουσα πρὸ τοῦ Α ἀπο-
γείου, τὴν δὲ κατὰ τὸ Λ τῆς μέσης ἐποχῆς τοῦ ἡλίου μετὰ βραχὺ τῦ αὐτοῦ ἀπο-
γείου· διὰ ταῦτα δὲ καὶ τὴν κατὰ τὸ Θ
τοῦ ἀςέρος μετὰ τὸ Η ἀπόγειον τοῦ ἐπικύκλου, ἐπιζευγνυμένων μὲν ὁμοίως πάντοτε τῆς τε ΖΒΗ, καὶ τῆς ΔΒ, καὶ τῆς
ΒΘ, καὶ ἔτι τῆς ΕΘ καθέτων δ᾽ ἀγομένων ἐπὶ τὴν ΔΒ τῆς ΖΚ, ἐπὶ δὲ τὴν ΕΘ
τῆς τε ΔΜ καὶ τῆς ΒΝ, ἐπὶ δὲ τὴν ΝΒ
ἐκβληθεῖσαν ἐνθάδε τῆς ΔΧ, καὶ ποιοῦ-
σαν τὸ ΔΜΝΞ παραλληλόγραμμον ὀρθο-
γώνιον· ἐπεὶ τοίνυν ἡ μὲν ὑπὸ ΑΕΘ γωνία περιέχουσα τὸ λεῖπον εἰς τὸν ἕνα τοῦ
ζωδιακοῦ κύκλον μετὰ τὰς τ̄ μοίρας καὶ
ἑξηκοςὰ κ′, τοιούτων ἐςὶ ν̄θ μ′, οἵων αἱ
τέσσαρες ὀρθαὶ τξ, ἡ δ᾽ ὑπὸ ΑΕΛ τῶν
αὐτῶν β̄ μγ′, εἴη ἂν καὶ ἡ ὑπὸ ΛΕΘ ὅλη,
τουτέςιν ἡ ὑπὸ ΒΘΕ, οἵων μέν εἰσιν αἱ
τέσσαρες ὀρθαὶ τξ, τοιούτων ξ̄β κγ′,
οἵων δ᾽ αἱ δύο ὀρθαὶ τξ, τοιούτων ρκδ̄
μς′. Ὥστε καὶ ἡ μὲν ἐπὶ τῆς ΒΝ περιφέρεια τοιούτων ἐςὶν ρκδ̄ μς′, οἵων ὁ περὶ
τὸ ΒΘΝ ὀρθογώνιον κύκλος τξ, ἡ δὲ ΒΝ
εὐθεῖα τοιούτων ρ̄ς κ′, οἵων ἐςὶν ἡ ΒΘ
ὑποτείνουσα ρκ. Καὶ οἵων ἐςὶν ἄρα ἡ ἐκ
τῦ κέντρου τῦ ἐπικύκλυ ιᾱ λ′, τοιούτων
καὶ ἡ ΒΝ ἔςαι ῑ ιβ′. Πάλιν ἐπεὶ ἡ μὲν ὑπὸ
ΔΕΜ γωνία, οἵων μέν εἰσιν αἱ τέσσαρες
ὀρθαὶ τξ, τοιούτων ὑπόκειται ν̄θ μ′, οἵων

δ' αἱ δύο ὀρθαὶ τξ̄, τοιούτων ριθ̄ κ', λοιπὴ
δὲ ἡ ὑπὸ ΜΔΕ τῶν αὐτῶν ξ̄ μ', εἴη ἂν
καὶ ἡ μὲν ἐπὶ τῆς ΔΜ περιφέρεια τοιούτων ριθ̄ κ', οἵων ὁ περὶ τὸ ΔΕΜ ὀρθογώνιον
κύκλος τξ̄, ἡ δὲ ΔΜ εὐθεῖα τοιΰτων ργ̄ λδ',
οἵων ἐςὶν ἡ ΕΔ ὑποτείνουσα ρκ̄. Καὶ οἵων
ἐςὶν ἄρα ἡ μὲν ΕΔ εὐθεῖα β̄ με', ἡ δὲ ΔΒ ἐκ
τοῦ κέντρου τοῦ ἐκκέντρου ξ̄, τοιούτων
καὶ ἡ μὲν ΔΜ ἔςαι β̄ κγ', ἡ δὲ ΒΝΞ ὅλη
τῶν αὐτῶν ιβ̄ λε'. Ὥστε καὶ οἵων ἐςὶν ἡ
ΒΔ ὑποτείνουσα ρκ̄, τοιούτων καὶ ἡ μὲν
ΒΞ ἔςαι κε̄ ι', ἡ δ' ἐπ' αὐτῆς περιφέρεια
τοιούτων κδ̄ ιδ', οἵων ἐςὶν ὁ περὶ τὸ ΒΔΖ
ὀρθογώνιον κύκλος τξ̄. Καὶ ἡ μὲν ὑπὸ
ΒΔΧ ἄρα γωνία τοιούτων ἐςιν κδ̄ ιδ',
οἵων εἰσὶν αἱ δύο ὀρθαὶ τξ̄, λοιπὴ δ' ἡ ὑπὸ
ΔΒΝ τῶν αὐτῶν ρνε̄ μϛ', ὅλη δὲ ἡ ὑπὸ
ΒΔΕ ὁμοίως σιϛ̄ κϛ', λοιπὴ δὲ πάλιν ἡ
ὑπὸ ΒΔΖ τῶν αὐτῶν ρμγ̄ λδ'· Ὥστε
καὶ ἡ μὲν ἐπὶ τῆς ΖΚ περιφέρεια τοιούτων ἐςὶν ρμγ̄ λδ', οἵων ἐςὶν ὁ περὶ τὸ ΖΔΚ
ὀρθογώνιον κύκλος τξ̄, ἡ δ' ἐπὶ τῆς ΔΚ
τῶν λοιπῶν εἰς τὸ ἡμικύκλιον λϛ̄ κϛ'.
Διὰ τοῦτο δὲ καὶ τῶν ὑπ' αὐτὰς ἄρα εὐθειῶν, ἡ μὲν ΖΚ τοιούτων ἔςαι ριγ̄ νθ', οἵων
ἐςὶν ἡ ΔΖ ὑποτείνουσα ρκ̄, ἡ δὲ ΔΚ τῶν
αὐτῶν λζ̄ λα'. Καὶ οἵων ἄρα ἐςὶν ἡ μὲν ΔΖ
εὐθεῖα β̄ με', ἡ δὲ ΔΒ ἐκ τοῦ κέντρου
τοῦ ἐκκέντρου ξ̄, τοιούτων καὶ ἡ μὲν ΚΖ
ἔςαι β̄ λζ', ἡ δὲ ΔΚ ὁμοίως ο̄ νβ', λοιπὴ
δὲ ἡ ΚΒ τῶν αὐτῶν νθ̄ η'· διὰ τοῦτο δὲ
καὶ ἡ ΖΒ ὑποτείνουσα τῶν αὐτῶν νθ̄ ιβ'.
Ὥςτε καὶ οἵων ἐςὶν ἡ ΖΒ εὐθεῖα ρκ̄, τοιούτων καὶ ἡ μὲν ΖΚ ἔςαι ε̄ ιη', ἡ δ' ἐπ'
αὐτῆς περιφέρεια τοιούτων ε̄ δ', οἵων

II.

et de 119d 20′ (c) de ceux dont 360 font
deux angles droits, et que son complément MDE en vaut 60d 40′, l'arc soutendu
par DM sera de 119 20′ des degrés dont
le cercle décrit autour du rectangle DEM
en contient 360, et la droite DM aura
103p 34′ (b) des parties dont l'hypoténuse
ED en contient 120. Si donc la droite ED
est faite de 2p 45′ et le rayon DB de 60p, DM
en aura 2p 23′, et la droite entière BNX
sera de 12p 35′, C'est pourquoi l'hypoténuse BD étant de 120p, la droite BX sera de
25p 10′, et l'arc soutendu par cette droite
aura 24d 14′ des degrés dont le cercle circonscrit au rectangle BDZ en contient
360. Donc l'angle BDX est de 24d 14′ des
degrés dont 360 font deux angles droits,
l'angle restant DBN est de 155 46′ de ces
mêmes degrés, et l'angle entier BDE de
216d 26′, mais l'angle restant BDZ est
de 143d 34′, donc l'arc soutendu par ZK
est de 143d 34′ des degrés dont le cercle
circonscrit au rectangle ZDK en contient
360, et l'arc soutendu par DK contient
les 36d 26 restants du demi-cercle. Par
conséquent, de leurs soutendantes, ZK
sera de 113p 59′ des parties dont l'hypoténuse DZ en contient 120, et DK en aura
37p 31′ (d). Donc la droite DZ étant de
2p 45′, et DB rayon de l'excentrique de 60p,
la droite KZ en aura 2p 37′, DK 0p 52′,
et le reste KB sera de 59p 8′. Ainsi l'hypoténuse ZB sera de 59p 12′. Si donc la droite
ZB est de 120p, ZK en contiendra 5p 18′,
et l'arc que cette droite soutend sera de 5d
4′ des degrés dont le cercle circonscrit

* 34

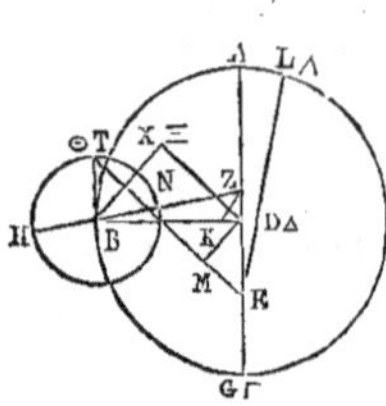

au triangle rectangle BZK en contient 360. Par conséquent l'angle ZBD est de 5ᵈ 4′ des degrés dont 360 font deux angles droits, et l'angle entier AZB qui embrasse la longitude uniforme (moyenne) est de 148ᵈ 38′ de ces degrés, et de 74ᵈ 19′ de ceux dont 360 font quatre angles droits. Or l'angle HBT combiné avec l'angle BZG et le demi-cercle, c'est-à-dire diminué de l'angle AZB, faisant l'angle AEL de 2ᵈ 43′, nous aurons l'angle HBT qui comprend le mouvement de l'astre depuis l'apogée de l'épicycle, de 77ᵈ 2′ de ces degrés. Il nous est donc démontré que lors de cette observation, Jupiter, considéré dans son mouvement moyen, étoit distant de l'apogée de l'excentrique, de 285ᵈ 41′ en longitude, c'est-à-dire qu'il étoit par son mouvement moyen sur 22ᵈ 54′ des gémeaux, et par son anomalie, à 77ᵈ 2′ de l'apogée de l'épicycle.

Mais nous avons montré que dans le temps de la 3ᵉ opposition, il étoit à 182ᵈ 47′ loin de l'apogée de l'epicycle; par conséquent l'intervalle des deux observations, qui comprend 377 années égyptiennes et 128 jours moins environ une heure, Jupiter a parcouru 105ᵈ en sus des 345 circonférences entières d'anomalie, excédent d'anomalie qui se trouve à peu près conforme à celui que donnent nos tables de mouvements moyens. Nous en avons conclu le mouvement de chaque jour, en divisant la somme des degrés des cironférences

ἐςὶν ὁ περὶ τὸ BZK ὀρθογώνιον κύκλος τ̅ξ̅. Καὶ ἡ μὲν ἄρα ὑπὸ ZBΔ γωνία τοιούτων ἐςὶ ε̅ δ′, οἵων αἱ δύο ὀρθαὶ τ̅ξ̅, ἡ δ' ὑπὸ AZB ὅλη τὸ ὁμαλὸν μῆκος περιέχυσα, τῶν μὲν αὐτῶν ρμ̅η̅ λη′, οἵων δ' αἱ τέσσαρες ὀρθαὶ τ̅ξ̅, τοιούτων ο̅δ̅ ιθ′. Επεὶ δὲ καὶ ἡ ὑπὸ HBΘ μετὰ τῆς ὑπὸ BZΓ καὶ τοῦ ἡμικυκλίου συντεθεῖσα, τουτέςι λείπουσα νῦν τὴν ὑπὸ AZB, ποιεῖ τὴν ὑπὸ AEΛ γωνίαν τῶν αὐτῶν οὖσαν β̅ μγ′, ἕξομεν καὶ τὴν ὑπὸ HBΘ, ἥτις περιέχει τὴν ἀπὸ τοῦ ἀπογείου τοῦ ἐπικύκλου πάροδον τοῦ ἀςέρος, τῶν αὐτῶν ο̅ζ̅ β′. Δέδεικται ἄρα ἡμῖν ὅτι κατὰ τὸν χρόνον τῆς προκειμένης τηρήσεως ὁ τοῦ Διὸς ἀςὴρ κατὰ μέσην πάροδον θεωρούμενος κατὰ μῆκος μὲν ἀπεῖχεν ἀπὸ τοῦ ἀπογείου τοῦ ἐκκέντρου μοίρας σπ̅ε̅ μα′, τουτέςιν ἐπεῖχε μέσως διδύμων μοίρας κ̅β̅ νδ′, ἀνωμαλίας δ' ἀπὸ τοῦ ἀπογείου τοῦ ἐπικύκλου μοίρας ο̅ζ̅ β′.

Εδέδεικτο δ' ἡμῖν καὶ ἐν τῷ χρόνῳ τῆς τρίτης ἀκρονύκτου ἀπέχων ἀπὸ τοῦ ἀπογείου τοῦ ἐπικύκλου μοίρας ρπ̅β̅ μζ′· ἐπέλαβεν ἄρα ἐν τῷ μεταξῦ τῶν δύο τηρήσεων χρόνῳ περιέχοντι ἔτη Αἰγυπτιακὰ το̅ζ̅ κ̀ ἡμέρας ρκ̅η̅ λειπούσας ἔγγιςα ὥρᾳ α̅, μεθ' ὅλους κύκλους ἀνωμαλίας τμ̅ε̅, μοίρας ρ̅ε̅ με′, ὅση πάλιν σχεδὸν κ̀ ἐκ τῶν πεπραγματευμένων ἡμῖν μέσων κινήσεων συνάγεται μοιρῶν ἀνωμαλίας ἐπουσία· διὰ τὸ καὶ ἀπ' αὐτῶν τούτων τὴν τοῦ ἡμερησίου σύςασιν ἡμᾶς ποιήσασθαι, μεριζθεισῶν τῶν ἐκ τοῦ πλήθους τῶν κύκλων καὶ τῆς ἐπουσίας συναγομένων μοιρῶν εἰς τὸ πλῆθος τῶν ἐκ τοῦ χρόνου συναγομένων ἡμερῶν.

entières et de l'excédent, par le nombre des jours compris dans ce même temps.

ΚΕΦΑΛΑΙΟΝ Δ.

ΠΕΡΙ ΤΗΣ ΕΠΟΧΗΣ ΤΩΝ ΠΕΡΙΟΔΙΚΩΝ ΤΟΥ ΤΟΥ ΔΙΟΣ ΚΙΝΗΣΕΩΝ.

CHAPITRE IV.

DE L'ÉPOQUE DES MOUVEMENS PÉRIODIQUES DE JUPITER.

ΚΑΙ ἐνθάδε δ' ἂν πάλιν ἐπεὶ ὁ ἀπὸ τοῦ πρώτου ἔτους Ναβονασσάρου κατ' Αἰγυπτίους Θὼθ ᾱ τῆς μεσημβρίας μέχρι τῆς ἐκκειμένης παλαιᾶς τηρήσεως χρόνος ἐτῶν Αἰγυπτιακῶν ἐςι φ𝈑, καὶ ἡμερῶν τι𝈑 ς" δ" ἔγγιςα, περιέχει δ' οὗτος ὁ χρόνος ἐπουσίας μήκους μὲν μοίρας σνῆ ιγ', ἀνωμαλίας δὲ μοίρας σϛ νη'· ἐὰν ταύτας ἀφέλωμεν τῶν κατὰ τὴν τήρησιν ἐκκειμένων οἰκείων ἐποχῶν, ἕξομεν εἰς τὸν αὐτὸν τοῖς ἄλλοις τῆς ἐποχῆς χρόνον, τὸν τοῦ Διὸς ἀςέρα μίσως κατὰ μῆκος μὲν ἐπέχοντα χηλῶν μοίρας δ̄ μα', ἀνωμαλίας δ' ἀπὸ τοῦ ἀπογείου τοῦ ἐπικύκλου μοίρας ρμϛ̄ δ'· διὰ τὰ αὐτὰ δὲ καὶ τὸ ἀπόγειον αὐτοῦ τῆς ἐκκεντρότητος ἐφέξει παρθένου μοίρας β̄ θ'.

DE la première année de Nabonassar, à midi du premier jour du mois égyptien Thoth, jusqu'à cette ancienne observation l'intervalle étant de 5o6 années égyptiennes et 316 $\frac{1}{2}$ $\frac{1}{4}$ jours environ, ce qui donne 358ᵈ 13' d'excédent des circonférences entières en longitude, et 290ᵈ 58' d'anomalie ; si nous retranchons ces quantités, des époques marquées d'après l'observation, nous aurons pour le même temps que pour les autres planètes, l'époque de Jupiter par son mouvement moyen en longitude, sur 4ᵈ 41' des serres, et sur 146ᵈ 4' loin de l'apogée de l'épicycle, pour son anomalie. C'est pourquoi l'apogée de son excentrique aura été alors sur 2ʳ 9' de la Vierge.

ΚΕΦΑΛΑΙΟΝ Ε.

ΑΠΟΔΕΙΞΙΣ ΤΗΣ ΤΟΥ ΚΡΟΝΟΥ ΕΚΚΕΝΤΡΟΤΗΤΟΣ ΚΑΙ ΤΟΥ ΑΠΟΓΕΙΟΥ.

CHAPITRE V.

DÉTERMINATION DE L'EXCENTRICITÉ ET DE L'APOGÉE DE SATURNE.

ΚΑΤΑΛΕΙΠΟΜΕΝΟΥ δ' εἰς τοῦτον τὸν τόπον καὶ τὰς περὶ τὸν τοῦ Κρόνου ἀςέρος θεωρουμένας ἀνωμαλίας τε καὶ ἐποχὰς ἀποδεῖξαι, πρῶτον πάλιν εἰς τὴν τοῦ ἀπογείου καὶ τῆς ἐκκεντρότητος ἐπίσκεψιν ἐλάβομεν, ὥσπερ κ᾽ ἐπὶ τῶν ἄλλων

IL nous reste à démontrer ici les anomalies qu'on remarque à Saturne, et ses époques : nous avons d'abord pris encore comme pour les autres planètes, afin de déterminer son apogée et son excentricité, trois autres positions acronyctes de cet astre opposé diamétralement au au lieu moyen du soleil. Nous avons observé la première, par le moyen de l'astrolabe, au soir du 7 au 8 du mois égyptien Pachom de la onzième année d'Adrien, en $1^d\ 13'$ des serres; et la seconde, le 18 du mois égyptien Epiphi de la 17ᵉ année d'Adrien. Nous avons calculé, d'après les observations que nous fîmes lors de cette opposition, que l'instant de l'opposition juste, fut à quatre heures après midi, et le lieu en $9^d\ 40'$ du sagittaire. Enfin nous avons observé la troisième le 24 du mois égyptien Mesor, la 20ᵉ année d'Adrien, et nous avons trouvé de la même manière le temps de l'opposition vraie à midi du 24, et le lieu en $14^d\ 14'$ du capricorne.

Or, de ces deux intervalles, celui de la première opposition à la seconde comprend 6 années égyptiennes, 70 jours et 22 heures, et pour le mouvement apparent de l'astre, $68^d\ 27'$. L'intervalle de la seconde à la troisième, renferme trois années égyptiennes, 35 jours et 20 heures et $34^d\ 34'$ de mouvement. Mais on trouve pour mouvement moyen en longitude, pendant le premier intervalle pris en nombres ronds, $75^d\ 43$; et pendant le second $37^l\ 52'$. Avec ces distances, nous démontrons encore ce que nous nous sommes proposé (*les anomalies*) par le même théorême, savoir d'abord par un seul excentrique, de la manière suivante :

Soit, pour ne pas nous répéter, une

τρεῖς ἀκρονύκτους ςάσεις τοῦ ἀςέρος πρὸς τὴν μέσην τοῦ ἡλίου πάροδον διαμέτρους ὧν τὴν μὲν πρώτην διὰ τῶν ἀςρολάβων ὀργάνων ἐτηρήσαμεν τῷ ιᾱ ἔτει Ἀδριανοῦ, κατ' Αἰγυπτίους Παχὼν ζ εἰς τὴν η̄ ἑσπέρας, περὶ χηλῶν μοῖραν ᾱ καὶ ἑξηκοςὰ ιγ'· τὴν δὲ δευτέραν τῷ ιζ̄ ἔτει ὁμοίως Ἀδριανοῦ κατ' Αἰγυπτίους Ἐπιφὶ ιη̄· τὸν δὲ τῆς ἀκριβοῦς διαμετρήσεως χρόνον καὶ τόπον συνελογισάμεθα διὰ τῶν περὶ αὐτὴν τηρήσεων μετὰ δ̄ ὥρας τῆς μεσημβρίας, τῆς ἐν τῇ ιη̄, περὶ τοξότου μοίρας θ̄ μ'· τὴν δὲ τρίτην ἀκρόνυκτον τηρήσαντες τῷ κ̄ ἔτει πάλιν Ἀδριανοῦ, κατ' Αἰγυπτίους Μεσωρὶ κδ̄, τὸν μὲν χρόνον τῆς ἀκριβοῦς διαμετρήσεως ὡσαύτως ἐπελογισάμεθα γεγονέναι κατ' αὐτὴν τὴν ἐν τῇ κδ̄ μεσημβρίαν, τὸν δὲ τόπον περὶ αἰγόκερω μοίρας ιδ̄ ιδ'.

Τῶν δὴ δύο τούτων διαςάσεων ἡ μὲν ἀπὸ τῆς πρώτης ἀκρονύκτου ἐπὶ τὴν δευτέραν ἔτη μὲν Αἰγυπτιακὰ περιέχει ϛ̄ καὶ ἡμέρας ō καὶ ὥρας κβ̄, μοίρας δὲ τῆς φαινομένης τοῦ ἀςέρος παρόδου ξη̄ κζ'· ἡ δ' ἀπὸ τῆς δευτέρας ἐπὶ τὴν τρίτην ἔτη μὲν Αἰγυπτιακὰ γ̄ καὶ ἡμέρας λε̄ καὶ ὥρας κ', μοίρας δ' ὁμοίως λδ̄ λδ'. Συνάγονται δὲ καὶ τῆς μέσης κατὰ μῆκος παρόδου κατὰ τὸ ὁλοσχερέςερον τοῦ μὲν τῆς πρώτης διαςάσεως χρόνου μοῖραι οε̄ μγ', τοῦ δὲ τῆς δευτέρας μοῖραι λζ̄ νβ'. Τούτων δὴ τῶν διαςάσεων ὑποκειμένων, δείκνυμεν πάλιν τὰ προκείμενα διὰ τοῦ αὐτοῦ θεωρήματος ὡς ἐφ' ἑνὸς προτέρου ἐκκέντρου τὸν τρόπον τοῦτον.

Εκκείσθω γὰρ ἵνα, μὴ ταυτολογῶμεν,

ἢ ὁμοία ταῖς τῆς αὐτῆς δείξεως καταγραφή· καὶ ἐπεὶ ἡ ΒΓ
τοῦ ἐκκέντρου περιφέρεια ὑπόκειται ὑποτείνουσα τοῦ ζωδιακοῦ μοίρας λδ λδ', εἴη ἂν καὶ ἡ
ὑπὸ ΒΔΓ γωνία, τουτέστιν ἡ ὑπὸ

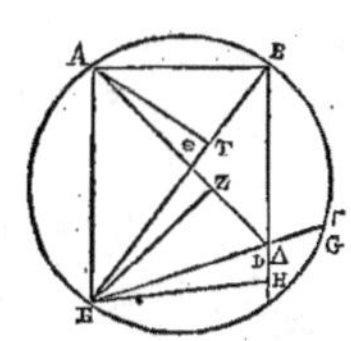

ΕΔΗ πρὸς τῷ κέντρῳ οὖσα τοῦ ζωδιακοῦ,
οἵων μὲν εἰσιν αἱ τέσσαρες ὀρθαὶ τξ, τοιούτων λδ λδ', οἵων δ' αἱ δύο ὀρθαὶ τξ, τοιούτων ξθ η'. Ὥστε καὶ ἡ μὲν ἐπὶ τῆς ΕΗ περιφέρεια τοιούτων ἐστὶν ξθ η', οἵων ὁ περὶ
τὸ ΔΕΗ ὀρθογώνιον κύκλος τξ, ἡ δὲ
ΕΗ εὐθεῖα τοιούτων ξη ε', οἵων ἐστὶν ἡ
ΔΕ ὑποτείνουσα ρκ. Ὁμοίως ἐπεὶ ἡ ΒΓ
περιφέρεια μοιρῶν ἐστι λζ νβ', εἴη ἂν καὶ ἡ μὲν
ὑπὸ ΒΕΓ γωνία πρὸς τῇ περιφερείᾳ οὖσα
τοιούτων λζ νβ', οἵων εἰσὶν αἱ δύο ὀρθαὶ
τξ, λοιπὴ δὲ ἡ ὑπὸ ΕΒΗ τῶν αὐτῶν λα
ις'· ὥστε καὶ ἡ μὲν ἐπὶ τῆς ΕΗ περιφέρεια
τοιούτων ἐστὶ λα ις', οἵων ἐστὶν ὁ περὶ τὸ
ΕΒΗ ὀρθογώνιον κύκλος τξ, ἡ δὲ ΕΗ εὐθεῖα τοιούτων λβ κ', οἵων ἐστὶν ἡ ΒΕ ὑποτείνουσα ρκ. Καὶ οἵων ἄρα ἡ μὲν ΕΗ
ἐδείχθη ξη ε', ἡ δὲ ΕΔ εὐθεῖα ρκ, τοιούτων καὶ ἡ ΒΕ ἔσται σνβ μα'.

Πάλιν ἐπεὶ ἡ ΑΒΓ περιφέρεια ὅλη ὑποτείνει τοῦ ζωδιακοῦ τὰς συναγομένας
ἀμφοτέρων τῶν διαστάσεων μοίρας ργ α',
εἴη ἂν καὶ ἡ ὑπὸ ΑΔΓ γωνία πρὸς τῷ κέντρῳ οὖσα τοῦ ζωδιακοῦ, τοιούτων ργ α',
οἵων εἰσὶν αἱ τέσσαρες ὀρθαὶ τξ. Διὰ τοῦτο
δὲ καὶ ἡ ἐφεξῆς αὐτῆς ἡ ὑπὸ ΑΔΕ τῶν μὲν
αὐτῶν ος νθ', οἵων δ' αἱ δύο ὀρθαὶ τξ,
τοιούτων ργ νη'. Ὥστε καὶ ἡ μὲν ἐπὶ τῆς
ΕΖ περιφέρεια τοιούτων ἐστὶν ργ νη', οἵων

figure pareille à celles qui
nous ont servi pour la même
démonstration : puisque l'arc
BG de l'excentrique est supposé soutendre 34ᵈ 34′ du
zodiaque, l'angle BDG c'est-
à-dire EDH au centre du zodiaque, est de
34ᵈ 34′ des degrés dont 360 font quatre angles droits, et de 69ᵈ 8′ de ceux dont 360
font deux angles droits ; donc l'arc soutenu
par EH est de 69ᵖ 8′ des degrés dont le cercle circonscrit au rectangle DEH en contient 360, et la droite EH est de 68ᵖ 2′ (a)
des parties dont l'hypoténuse DE en contient 120. Pareillement, puisque l'arc BG
est de 37ᵈ 52′, l'angle inscrit BEG vaut 37ᵈ
52′ des degrés dont 360 font deux angles
droits, et l'angle restant EBH en vaut 31ᵈ
16′. En sorte que l'arc soutendu par EH
est de 31ᵈ 16′ des degrés dont le cercle
circonscrit au rectangle EBH, en contient
360. Et la droite EH a 32ᵖ 20′ des parties
dont l'hypoténuse BE en contient 120.
Donc, EH ayant été démontrée de 68ᵖ 2′,
et la droite ED en ayant 120ᵖ, la droite
BD en aura 252ᵖ 41′.

Et encore, puisque l'arc ABG entier soutend la somme 103ᵈ 1′ des deux mouvements en longitude, l'angle ADG au centre du zodiaque est de 103ᵈ 1′ des degrés
dont 360 font quatre angles droits. C'est
pourquoi l'angle de supplément ADE vaut
ces 76ᵈ 59′, et 135ᵈ 58′ des degrés dont
360 font deux angles droits. Ainsi l'arc
soutendu par DZ est 153ᵖ 58′ des degrés

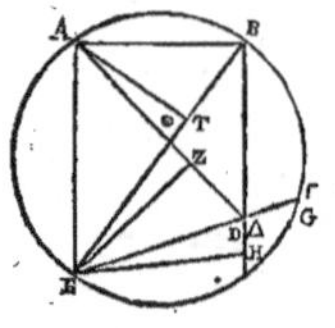

dont le cercle circonscrit au rectangle DEZ en contient 360, et la droite EZ a 116ᵖ 54′ des parties dont l'hypoténuse DE en a 120. De même, puisque l'arc ABG de l'excentrique est de 113ᵈ 35′, l'angle AEG inscrit à la circonférence, est de 113ᵈ 35′ des degrés dont 360 font deux angles droits. Mais l'angle ADE a été trouvé de 153ᵈ 58′ de ces mêmes degrés donc l'angle ZAE sera de 92ᵈ 27′; en sorte que l'arc soutendu par EZ, est de 92ᵈ 27′ des degrés dont le cercle circonscrit au rectangle AE en contient 360, et la droite EZ est de 86ᵖ 39′ des parties dont l'hypoténuse AE en contient 120. Donc, EZ ayant été démontrée être de 116ᵖ 55′, et la droite ED de 120, EA en aura 161ᵖ 55′.

De plus, puisque l'arc AB de l'excentrique est de 75ᵈ 43′, l'angle inscrit AEB est de 75ᵈ 43′ dont 360 font deux angles droits. Ainsi l'arc soutendu par AT, est de 75ᵈ 43′ des degrés dont le cercle circonscrit au rectangle AET en contient 360, et l'arc soutendu par ET a les 104ᵈ 17′ du reste de la demi-circonférence. Donc, de ces soutendantes, AT sera de 73ᵖ 39′ des parties dont l'hypoténuse EA en contient 120, et ET en aura 94ᵖ 43′. Ainsi donc, des parties dont AE a été démontré en avoir 161ᵖ 55′ et la droite DE 120, AT en aura 99ᵖ 43′, et ET 127ᵖ 57′. Mais il a été prouvé que la droite entière EB en a 252ᵖ 41′, donc la portion restante TB est de 124ᵖ 50′ des parties dont

ἐςὶν ὁ περὶ τὸ ΔΕΖ ὀρθογώνιον κύκλος τξ, ἡ δὲ ΕΖ εὐθεῖα τοιούτων ριϛ νε′, οἵων ἐςὶν ἡ ΔΕ ὑποτείνουσα ρκ. Ὁμοίως ἐπεὶ ἡ ΑΒΓ τοῦ ἐκκέντρου περιφέρεια συνάγεται μοιρῶν ριγ λε′, εἴη ἂν καὶ ἡ ὑπὸ ΑΕΓ γωνία πρὸς τῇ περιφερείᾳ οὖσα τοιούτων ριγ λε′, οἵων εἰσὶν αἱ δύο ὀρθαὶ τξ. Τῶν δ' αὐτῶν ἦν καὶ ἡ ὑπὸ ΑΔΕ γωνία ρνγ νη′, καὶ λοιπὴ ἄρα ἡ ὑπὸ ΖΑΕ τῶν αὐτῶν ἔςαι Ϟβ κζ′· ὥστε καὶ ἡ μὲν ἐπὶ τῆς ΕΖ περιφέρεια τοιούτων ἐςὶν Ϟβ κζ′, οἵων ἐςὶν ὁ περὶ τὸ ΑΕΖ ὀρθογώνιον κύκλος τξ, ἡ δὲ ΕΖ εὐθεῖα τοιούτων πϛ λθ′, οἵων ἐςὶν ἡ ΑΕ ὑποτείνουσα ρκ. Καὶ οἵων ἄρα ἡ μὲν ΕΖ ἐδείχθη ριϛ νε′, ἡ δὲ ΕΔ εὐθεῖα ρκ, τοιούτων καὶ ἡ ΕΑ ἔςαι ρξα νε′.

Πάλιν ἐπεὶ ἡ ΑΒ τοῦ ἐκκέντρου περιφέρεια μοιρῶν ἐςιν οϛ μγ′, εἴη ἂν καὶ ἡ ὑπὸ ΑΕΒ γωνία πρὸς τῇ περιφερείᾳ οὖσα τοιούτων οϛ μγ′, οἵων εἰσὶν αἱ δύο ὀρθαὶ τξ· ὥστε καὶ ἡ μὲν ἐπὶ τῆς ΑΘ περιφέρεια τοιούτων ἐςὶν οϛ μγ′, οἵων ὁ περὶ τὸ ΑΕΘ ὀρθογώνιον κύκλος τξ, ἡ δ' ἐπὶ τῆς ΕΘ τῶν λοιπῶν εἰς τὸ ἡμικύκλιον ρδ ιζ′. Καὶ τῶν ὑπ' αὐτὰς ἄρα εὐθειῶν, ἡ μὲν ΑΘ ἔςαι τοιούτων ογ λθ′, οἵων ἐςὶν ἡ ΕΑ ὑποτείνουσα ρκ, ἡ δὲ ΕΘ τῶν αὐτῶν Ϟδ με′. Ὥστε καὶ οἵων ἡ μὲν ΑΕ ἐδείχθη ρξα νε′, ἡ δὲ ΔΕ εὐθεῖα ρκ, τοιούτων καὶ ἡ μὲν ΑΘ ἔςαι Ϟθ μγ′, ἡ δὲ ΕΘ ὁμοίως ρκζ να′. Τῶν δ' αὐτῶν ἐδέδεικτο καὶ ἡ ΕΒ ὅλη σνβ μα′· καὶ λοιπὴ ἄρα ἡ ΘΒ τοιούτων ἐςὶν ρκδ ν′, οἵων ἐςὶ καὶ ἡ ΑΘ εὐθεῖα ζθ μγ′. Καὶ ἔςι τὸ μὲν ἀπὸ τῆς ΕΒ τετράγωνον Μ εφπγ κβ′, τὸ δ᾽ ἀπὸ τῆς ΑΘ ὁμοίως θωοζ γ′, ἃ συντεθέντα ποιεῖ τὸ ἀπο τῆς ΑΒ τετράγωνον Μευξ κε′. Μήκει ἄρα ἔςαι ἡ ΑΒ τοιούτων ρνθ λδ′, οἵων ἡ μὲν ΕΔ ἦν ρκ, ἡ δὲ ΕΑ ὁμοίως ρξα νε′. Ἐςι δὲ καὶ οἵων ἡ τοῦ ἐκκέντρου διάμετρος ρκ, τοιούτων ἡ ΑΒ εὐθεῖα ογ λθ′, ὑποτείνει γὰρ περιφέρειαν μοιρῶν οε μγ′· καὶ οἵων ἐςὶν ἄρα ἡ μὲν ΑΒ εὐθεῖα ογ λθ′, ἡ δὲ τοῦ ἐκκέντρου διάμετρος ρκ, τοιούτων καὶ ἡ μὲν ΕΔ ἔςαι νε κγ′, ἡ δὲ ΕΑ εὐθεῖα οδ μγ′. Ὥστε κὴ ἡ μὲν ΕΑ περιφέρεια τοῦ ἐκκέντρου μοιρῶν ἐςιν οζ α′, ἡ δὲ ΕΑΒΓ ὅλη μοιρῶν ρς λς′, λοιπὴ δὲ ἡ ΓΕ δῆλον ὅτι μοιρῶν ρξθ κδ′. Διὰ τοῦτο δὲ καὶ ἡ ΓΔΕ εὐθεῖα τοιούτων ριθ κη′ γ″ ἔγγιςα, οἵων ἐςὶν ἡ τοῦ ἐκκέντρου διάμετρος ρκ.

Εἰλήφθω δὴ τὸ τοῦ ἐκκέντρου κέντρον ἐντὸς τῦ ΕΑΓ τμήματος, ἐπεὶ μεῖζόν ἐςιν ἡμικυκλίου, κὴ ἔςω τὸ Κ, καὶ διήχθω δι᾽ αὐτοῦ καὶ τοῦ ΔΗ δι᾽ ἀμφοτέρων τῶν κέντρων διάμετρος τοῦ ἐκκέντρυ ἡ ΛΚΔΜ, καὶ ἀπὸ τοῦ Κ ἐπὶ τὴν ΓΕ κάθετος ἀχθεῖσα ἐκβεβλήσθω ἡ ΚΝΞ. Ἐπεὶ τοίνυν οἵων ἐςὶν ἡ ΛΜ διάμετρος ρκ, τοιούτων ἡ μὲν ΕΓ ὅλη ἐδείχθη ριθ κη′, ἡ δὲ ΕΔ εὐθεῖα νε κγ′, καὶ λοιπὴν ἕξομεν τὴν ΔΓ τῶν αὐτῶν ξδ ε′. Ὥστε ἐπεὶ τὸ ὑπὸ τῶν ΕΔ ΔΓ περιεχόμενον ὀρθογώνιον ἴσόν ἐςι τῷ ὑπὸ τῶν ΛΔ ΔΜ περιεχομένῳ, ἕξομεν καὶ τὸ ὑπὸ τῶν ΛΔ ΔΜ τοιούτων γφμθ θ′, οἵων ἐςὶν ἡ ΛΜ

la droite AT en contient 99ᵖ 43′. Maintenant, le carré de TB vaut 15583ᵖ 22′, celui de AT, 9877ᵖ 3′, et leur somme donne le carré 25460ᵖ 25′ de AB; la longueur de AB sera donc de 159ᵖ 34′ des parties dont ED en avoit 120, et EA 161ᵖ 55′. D'ailleurs la droite AB est de 73ᵖ 39′ des parties dont le diamètre de l'excentrique en a 120, car elle soutend un arc de 75ᵈ 43′. Donc la droite AB étant de 73ᵖ 39′, et le diamètre de l'excentrique de 120, ED en aura 55ᵖ 23′, et la droite EA 74ᵖ 43′. De sorte que l'arc EA de l'excentrique est de 77ᵈ 1′, et l'arc entier EABG de 190ᵖ 36′, et conséquemment l'angle restant GE vaut 169ᵈ 24′. C'est pourquoi la droite GDE (b) est à peu près de 119ᵖ 28′ dont le diamètre de l'excentrique en contient 120.

Prenons le centre de l'excentrique dans le segment EAG, puisque ce segment est plus grand que le demi-cercle; plaçons-le en K, menons par les deux centres K et D le diamètre LKDM de l'excentrique, puis abaissant de K sur GE la perpendiculaire KN, prolongeons-la jusqu'en X. Maintenant, puisque l'on a prouvé que la droite entière EG a 119ᵖ 29′ des parties dont le diamètre LM en contient 120, et que la droite ED en a 55ᵖ 23′, nous aurons le reste DG de 64ᵖ 5′ de ces parties. Ainsi, comme le rectangle fait sur ED, DG, est égal à celui qui est fait sur LD, DM, nous aurons celui-ci de 3549ᵖ 9′ des parties dont le diamètre LM en contient 120. Mais le rectangle de LD, par DM, avec le carré de DK, celui de la moitié du diamètre, c'est-à-dire le carré de LK; si donc de ce carré de LK, c'est-à-dire de 3600, nous retranchons $3549^p\ 9'$, il nous restera $50^p\ 51'$ pour le carré de DK par conséquent la longueur de la ligne DK entre les centres, sera par conséquent, d'environ $7^p\ 8'$ des parties dont le diamètre de l'excentrique en contient 120. Et encore, puisque la moitié de GE, c'est-à-dire EN, est de $59^p\ 44'$ des parties dont le diamètre LM en contient 120, et que la droite ED a été démontrée en avoir $55^p\ 23'$, nous aurons le reste DN de $4^p\ 21'$ des parties dont DK en avoit $7^p\ 8'$. Ainsi l'hypoténuse DK étant de 120^p, la droite DN en aura $73^p\ 11'$, et l'arc soutendu par cette droite sera de $75^d\ 10'$ des degrés dont le cercle circonscrit au triangle rectangle DKN en contient 360; par conséquent l'angle DKN est de $75^d\ 10'$ des degrés dont 360 font deux angles droits, et de $37^p\ 35'$ de ceux dont 360 font quatre angles droits. Et puisque cet angle est au centre de l'excentrique, nous aurons l'arc XM de $37^d\ 35'$. Mais l'arc GX, qui est la moitié de l'arc GXE, est de $84^d\ 42'$; donc l'arc restant GL depuis l'apogée jusqu'à la troisième opposition, sera de $57^d\ 43'$. Or l'arc BG est de $37^d\ 52'$; donc l'arc restant LB depuis l'apogée jusqu'à la seconde opposition, sera de $19^d\ 51'$. Pareillement, puisque l'arc AB est supposé de $75^d\ 43'$, nous aurons donc l'arc restant

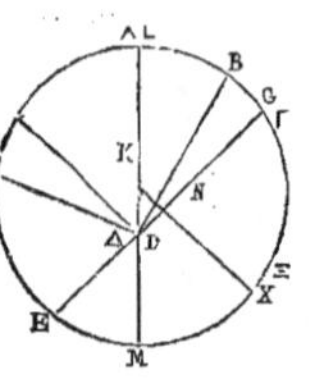

διάμετρος ρκ. Ἀλλὰ καὶ τὸ ὑπὸ τῶν ΛΔ ΔΜ, μετὰ τοῦ ἀπὸ τῆς ΔΚ τετραγώνου, ποιεῖ τὸ ἀπὸ τῆς ἡμισείας τῆς διαμέτρου, τουτέςι τῆς ΛΚ, τετράγωνον· ἐὰν ἄρα ἀπὸ τοῦ τῆς ἡμισείας τετραγώνου, τουτέςι τῶν γινομένων γχ, ἀφέλωμεν τὰ γφμθ θ΄, καταλειφθήσεται ἡμῖν τὸ ἀπὸ τῆς ΔΚ τετράγωνον τῶν αὐτῶν ν να΄. Καὶ μήκει ἄρα ἕξομεν τὴν ΔΚ μεταξὺ τῶν κέντρων, τοιούτων ζ η΄ ἔγγιςα, οἵων ἐςὶν ἡ τοῦ ἐκκέντρου διάμετρος ρκ. Πάλιν ἐπεὶ ἡ μὲν ἡμίσεια τῆς ΓΕ, τουτέςιν ἡ ΕΝ, τοιούτων ἐςὶ νθ μδ΄, οἵων ἡ ΛΜ διάμετρος ρκ, τῶν δ΄ αὐτῶν ἐδείχθη καὶ ἡ ΕΔ εὐθεῖα νε κγ΄, καὶ λοιπὴν ἕξομεν τὴν ΔΝ τοιούτων δ΄ κα΄, οἵων ἡ ΔΚ ἦν ζ η΄. Ὥστε καὶ οἵων ἐςὶν ἡ ΔΚ ὑποτείνουσα ρκ, τοιούτων καὶ ἡ μὲν ΔΝ ἔςαι ογ ια΄, ἡ δ΄ ἐπ΄ αὐτῆς περιφέρεια τοιούτων οε ι΄, οἵων ἐςὶν ὁ περὶ τὸ ΔΚΝ ὀρθογώνιον κύκλος τξ· Καὶ ἡ ὑπὸ ΔΚΝ ἄρα γωνία, οἵων μὲν εἰσιν αἱ δύο ὀρθαὶ τξ, τοιούτων ἐςὶν οε ι΄, οἵων δ΄ αἱ τέσσαρες ὀρθαὶ τξ, τοιούτων λζ λε΄. Καὶ ἐπεὶ πρὸς τῷ κέντρῳ ἐςὶ τοῦ ἐκκέντρου, ἕξομεν καὶ τὴν ΞΜ περιφέρειαν, μοιρῶν λζ λε΄. Ἐςι δὲ καὶ ἡ ΓΞ, ἡμίσεια οὖσα τῆς ΓΞΕ, μοιρῶν πδ μβ΄· καὶ λοιπὴ ἄρα ἡ ΓΛ, ἡ ἀπὸ τοῦ ἀπογείου ἐπὶ τὴν τρίτην ἀκρόνυκτον, ἔςαι μοιρῶν νζ μγ΄. Τῶν δ΄ αὐτῶν καὶ ἡ ΒΓ ὑπόκειται λζ νβ΄· καὶ λοιπὴ ἄρα ἡ ΑΒ, ἡ ἀπὸ τοῦ ἀπογείου ἐπὶ τὴν δευτέραν ἀκρόνυκτον, ἔςαι μοιρῶν ιθ να΄. Ὁμοίως δ΄ ἐπεὶ ἡ ΑΒ ὑπόκειται μοιρῶν οε μγ΄,

καὶ λοιπὴν ἕξομεν τὴν ΑΛ, τὴν ἀπὸ τῆς
πρώτης ἀκρονύκτου ἐπὶ τὸ ἀπόγειον,
μοιρῶν νε νβ'. Ἐπεὶ οὖν πάλιν οὐκ ἐπὶ
τούτου τοῦ ἐκκέντρου φέρεται τὸ κέντρον
τοῦ ἐπικύκλου, ἀλλ' ἐπὶ τοῦ γραφομένου κέντρῳ τῷ μεταξὺ τῆς ΔΚ, καὶ δια-
στήματι τῷ ΚΛ, ἐπελογισάμεθα κατὰ
τὸ ἀκόλουθον, ὥσπερ καὶ ἐπὶ τῶν ἄλλων,
τὰς γινομένας διαφορὰς τῶν ἐπὶ τοῦ ζωδιακοῦ φαινομένων διαστάσεων, ὡς τούτων
ἔγγιστα ὄντων τῶν λόγων, εἴ τις πρὸς τὸν
ἐκκείμενον ἔκκεντρον καὶ τὴν ζωδιακὴν
ἀνωμαλίαν ποιοῦντα μεταφέροι τὴν τοῦ
ἐπικύκλου πάροδον.

Ἐκκείσθω γὰρ ἡ ἐπὶ τῆς
ὁμοίας δείξεως ἐπὶ τῆς πρώτης
ἀκρονύκτου καταγραφὴ εἰς τὰ
προηγούμενα τοῦ Λ ἀπογείου
ἐσχηματισμένη. Ἐπεὶ τοίνυν ἡ
ὑπὸ ΝΖΞ γωνία τῆς ὁμαλῆς
κατὰ μῆκος παρόδου, τουτέστιν
ἡ ὑπὸ ΔΖΗ, οἵων μέν εἰσιν αἱ
τέσσαρες ὀρθαὶ τξ, τοιούτων ἐδείχθη
νε νβ', οἵων δ' αἱ δύο ὀρθαὶ τξ, τοιούτων ρια μδ', εἴη ἂν καὶ ἡ μὲν ἐπὶ τῆς ΔΗ
περιφέρεια τοιούτων ρια μδ', οἵων ἐστὶν
ὁ περὶ τὸ ΔΖΗ ὀρθογώνιον κύκλος τξ, ἡ
δ' ἐπὶ τῆς ΖΗ τῶν λοιπῶν εἰς τὸ ἡμικύκλιον ξη ις'. Καὶ τῶν ὑπ' αὐτὰς ἄρα εὐθειῶν ἡ μὲν ΔΗ τοιούτων ἐστὶν ζθ κ',
οἵων ἐστὶν ἡ ΔΖ ὑποτείνουσα ρκ, ἡ δὲ ΖΗ
τῶν αὐτῶν ξζ κ'. Ὥστε καὶ οἵων ἐστὶν ἡ
μὲν ΔΖ μεταξὺ τῶν κέντρων γ λδ', ἡ
δὲ ΔΑ ἐκ τοῦ κέντρου τοῦ ἐκκέντρου ξ·
τοιούτων καὶ ἡ μὲν ΔΗ ἔσται β νζ', ἡ δὲ
ΖΗ ὁμοίως β ο'. Καὶ ἐπεὶ τὸ ἀπὸ τῆς

II.

AL d'entre la première opposition et l'apogée, de 55^p 52'. Ainsi, puisque le centre de l'épicycle, n'est pas porté sur cet excentrique, mais sur le cercle décrit du centre qui partage DK en deux également, et d'un rayon comme KL, nous calculerons en conséquence, comme pour les autres astres, les différences qui proviennent des distances qui paroissent dans le zodiaque, les proportions étant à peu près les mêmes, que si l'on transportoit le mouvement de l'épicycle à l'excentrique dont il s'agit, et qui cause l'anomalie zodiacale.

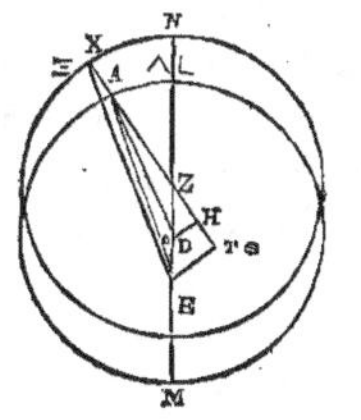

Prenons, pour une pareille démonstration, la figure de la première opposition où le lieu de l'astre est moins avancé en longitude que l'apogée L. Puisque l'angle NZX du mouvement uniforme en longitude, c'est-à-dire l'angle DZH a été démontré de 55^d 52' des degrés dont 360 font quatre angles droits, et de 111^d 44' de ceux dont 360 font deux angles droits, l'arc soutendu par DH sera de 111^d 44' des degrés dont le cercle circonscrit au rectangle DZ en contient 360, et l'arc soutendu par ZH contient les 68^d 16' restants de la demi-circonférence. Donc, de ces soutendantes, DH a 99^p 20' des parties dont l'hypoténuse DZ en contient 120, et ZH en a 67^p 20'. Ainsi donc la droite DZ entre les centres étant de 3^p 34', et la droite DA menée du centre de l'excentrique, de 60; la droite DH en aura 2^p 57', et la droite ZH 2^p 0'. Et parceque la

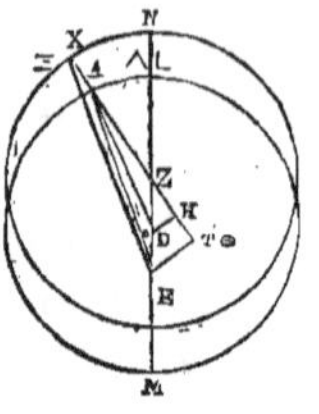
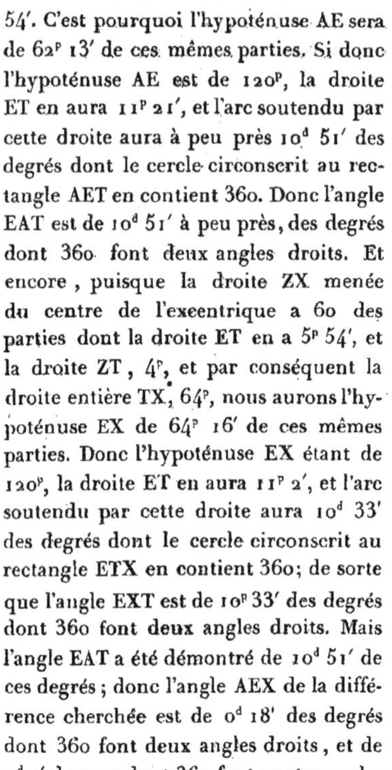

différence des carrés de DH et de DA donne celui de AH, nous aurons la droite AH de 59ᵖ 56', de ces parties. De même, puisque ZA égale HT, et que TE est double de HD, la droite entière AT sera de 61ᵖ 56' des parties dont la droite ET en contient 5ᵖ 54'. C'est pourquoi l'hypoténuse AE sera de 62ᵖ 13' de ces mêmes parties. Si donc l'hypoténuse AE est de 120ᵖ, la droite ET en aura 11ᵖ 21', et l'arc soutendu par cette droite aura à peu près 10ᵈ 51' des degrés dont le cercle circonscrit au rectangle AET en contient 360. Donc l'angle EAT est de 10ᵈ 51' à peu près, des degrés dont 360 font deux angles droits. Et encore, puisque la droite ZX menée du centre de l'excentrique a 60 des parties dont la droite ET en a 5ᵖ 54', et la droite ZT, 4ᵖ, et par conséquent la droite entière TX, 64ᵖ, nous aurons l'hypoténuse EX de 64ᵖ 16' de ces mêmes parties. Donc l'hypoténuse EX étant de 120ᵖ, la droite ET en aura 11ᵖ 2', et l'arc soutendu par cette droite aura 10ᵈ 33' des degrés dont le cercle circonscrit au rectangle ETX en contient 360; de sorte que l'angle EXT est de 10ᵈ 33' des degrés dont 360 font deux angles droits. Mais l'angle EAT a été démontré de 10ᵈ 51' de ces degrés; donc l'angle AEX de la différence cherchée est de 0ᵈ 18' des degrés dont 360 font deux angles droits, et de 0ᵈ 9' de ceux dont 360 font quatre angles droits. Mais l'astre paroissoit, dans la première opposition, sur la droite AE, occupant 1ᵈ 13' des serres (b) : il est donc évident que, si le centre de l'épicycle

ΔΗ, λειφθὲν ὑπὸ τοῦ ἀπὸ τῆς ΔΑ, ποιεῖ τὸ ἀπὸ τῆς ΑΗ, ἕξομεν καὶ τὴν ΑΗ τῶν αὐτῶν νθ νς'. Ὁμοίως δ' ἐπεὶ καὶ ἡ μὲν ΖΗ τῇ ΗΘ ἴση ἐςὶν, ἡ δὲ ΘΕ τῆς ΗΔ διπλῆ, καὶ ἡ ΑΘ ὅλη ἔςαι τοιούτων ξα νς', οἵων ἐςὶν ἡ ΕΘ εὐθεῖα ε νδ'· διὰ τοῦτο δὲ καὶ ἡ ΑΕ ὑποτείνουσα ἔςαι τῶν αὐτῶν ξβ ιγ'. Ὥστε καὶ οἵων ἐςὶν ἡ ΑΕ ὑποτείνουσα ρκ, τοιούτων καὶ ἡ μὲν ΕΘ ἔςαι ια κα'· ἡ δ' ἐπ' αὐτῆς περιφέρεια τοιούτων ι να' ἔγγιςα, οἵων ἐςὶν ὁ περὶ τὸ ΑΕΘ ὀρθογώνιον κύκλος τξ. Καὶ ἡ ὑπὸ ΕΑΘ ἄρα γωνία τοιούτων ἐςὶν ι να', οἵων αἱ δύο ὀρθαὶ τξ. Πάλιν ἐπεὶ οἵων ἐςὶν ἡ ΕΘ εὐθεῖα ε νδ', τοιούτων ἐςὶν ἡ μὲν ΖΞ ἐκ τοῦ κέντρου τοῦ ἐκκέντρου ξ, ἡ δὲ ΖΘ εὐθεῖα δ, ὅλη δὲ ἡ ΘΞ δηλονότι ξδ, ἕξομεν καὶ τὴν ΕΞ ὑποτείνουσαν τῶν αὐτῶν ξδ ις'. Καὶ οἵων ἐςὶν ἄρα ἡ ΕΞ ὑποτείνουσα ρκ, τοιούτων καὶ ἡ μὲν ΘΕ ἔςαι ια β', ἡ δ' ἐπ' αὐτῆς περιφέρεια τοιούτων ι λγ', οἵων ἐςὶν ὁ περὶ τὸ ΕΘΞ ὀρθογώνιον κύκλος τξ. Ὥστε καὶ ἡ ὑπὸ ΕΞΘ γωνία τοιούτων ἐςὶν ι λγ', οἵων αἱ δύο ὀρθαὶ τξ. Τῶν δ' αὐτῶν καὶ ἡ ὑπὸ ΕΑΘ ἐδείχθη ι να'· καὶ λοιπὴ ἄρα ἡ ὑπὸ ΑΕΞ γωνία τῆς ἐπιζητουμένης διαφορᾶς, οἵων μέν εἰσιν αἱ δύο ὀρθαὶ τξ, τοιούτων ἐςὶν ο ιη', οἵων δ' αἱ τέσσαρες ὀρθαὶ τξ, τοιούτων ο θ'. Ἀλλ' ἐφαίνετο κατὰ τὴν πρώτην ἀκρόνυκτον ὁ ἀςὴρ ἐπὶ τῆς ΑΕ εὐθείας ἐπέχων χηλῶν μοῖραν α καὶ ἐξηκοςὰ ιγ'· δῆλον οὖν ὅτι εἰ μὴ ἐπὶ τοῦ ΑΛ τὸ κέντρον ἐφέρετο τοῦ ἐπικύκλου, ἀλλ'

ἐπὶ τοῦ ΝΞ, ἦν μὲν ἂν κατὰ τὸ Ξ αὐτοῦ
σημεῖον, ἐφαίνετο δ᾽ ὁ ἀςὴρ ἐπὶ τῆς ΕΞ
εὐθείας προηγούμενος τῆς κατὰ τὸ Α θέσεως τοῖς θ᾽ ἑξηκοςοῖς, καὶ ἐπεῖχε χηλῶν
μοῖραν ᾱ καὶ ἑξηκοςὰ δ.

Πάλιν ἐκκείσθω καὶ ἡ τῆς
δευτέρας ἀκρονύκτου κατὰ τὴν
αὐτὴν δεῖξιν καταγραφὴ, εἰς
τὰ ἑπόμενα τοῦ ἀπογείου ἐ-
χηματισμένη. Ἐπεὶ ἡ ΝΞ περιφέρεια τοῦ ἐκκέντρου ἐδείχ̇θη
μοιρῶν ιθ να᾽, εἴη ἂν καὶ ἡ ὑπὸ
ΝΖΞ γωνία αὐτή τε καὶ ἡ κατὰ
κορυφὴν αὐτῆς ἡ ὑπὸ ΔΖΗ, οἵων μέν εἰσιν αἱ τέσσαρες ὀρθαὶ τξ, τοιούτων ιθ
να᾽, οἵων δ᾽ αἱ δύο ὀρθαὶ τξ, τοιούτων
λθ μβ᾽. Ὥστε καὶ ἡ μὲν ἐπὶ τῆς ΔΗ περιφέρεια τοιούτων ἐςὶ λθ μβ᾽, οἵων ὁ περὶ
τὸ ΔΖΗ ὀρθογώνιον κύκλος τξ, ἡ δ᾽ ἐπὶ
τῆς ΖΗ τῶν λοιπῶν εἰς τὸ ἡμικύκλιον
ρμ ιη᾽. Καὶ τῶν ὑπ᾽ αὐτὰς ἄρα εὐθειῶν,
ἡ μὲν ΔΗ τοιούτων ἐςὶ μ με᾽, οἵων ἡ
ΔΖ ὑποτείνουσα ρκ, ἡ δὲ ΖΗ τῶν αὐτῶν ριβ νβ᾽. Ὥστε καὶ οἵων ἐςὶν ἡ μὲν
ΔΖ εὐθεῖα γ λδ᾽, ἡ δὲ ΔΒ ἐκ τοῦ κέντρου
τοῦ ἐκκέντρου ξ, τοιούτων καὶ ἡ μὲν ΔΗ
ἔςαι ᾱ ιγ᾽, ἡ δὲ ΖΗ ὁμοίως γ κα᾽. Καὶ
ἐπεὶ τὸ ἀπὸ τῆς ΔΗ, λειφθὲν ὑπὸ τοῦ
ἀπὸ τῆς ΔΒ, ποιεῖ τὸ ἀπὸ τῆς ΒΗ, ἔςαι
καὶ ἡ ΒΗ τῶν αὐτῶν νθ νθ᾽ ἔγγιςα. Ὁμοίως
δ᾽ ἐπεὶ ἡ μὲν ΖΗ τῇ ΗΘ ἐςὶν ἴση, ἡ δὲ
ΕΘ τῆς ΔΗ διπλῆ, καὶ ὅλην τὴν ΒΘ ἕξομεν τοιούτων ξγ κ᾽, οἵων ἐςὶν ἡ ΕΘ εὐθεῖα β κϛ᾽, διὰ τοῦτο δὲ καὶ τὴν ΕΒ ὑποτείνουσαν τῶν αὐτῶν ξγ κγ᾽. Καὶ οἵων ἐςὶ
ἄρα ἡ ΒΕ ὑποτείνουσα ρκ, τοιούτων ἡ μὲν ΕΘ

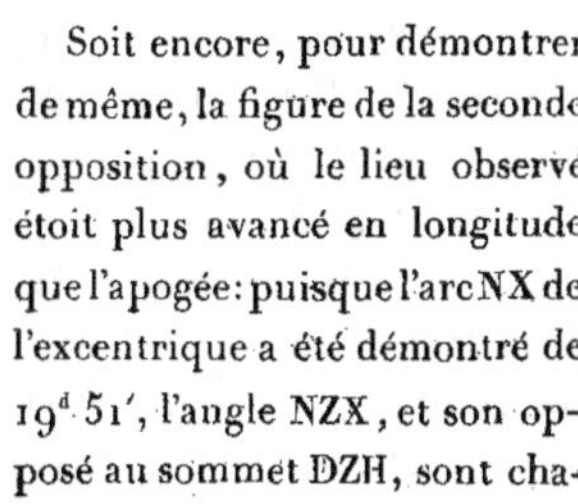

n'étoit pas porté sur AL, mais sur NX, il
seroit au point X, que l'astre paroîtroit
sur la droite EX, moins avancé de 0ᵈ 9′
en longitude, que la position de A, et
qu'il seroit sur 1ᵈ 4′ des serres.

Soit encore, pour démontrer
de même, la figure de la seconde
opposition, où le lieu observé
étoit plus avancé en longitude
que l'apogée : puisque l'arc NX de
l'excentrique a été démontré de
19ᵈ 51′, l'angle NZX, et son opposé au sommet DZH, sont cha-
cun de 19ᵈ 51′ des degrés dont 360 font
quatre angles droits, et de 39ᵈ 42′ de
ceux dont 360 font deux angles droits.
Ainsi l'arc soutenu par DH est de 39ᵈ
42′ des degrés dont le cercle circonscrit
au rectangle DZH en contient 360, et
l'arc appuyé sur ZH contient les 140ᵈ 18′
restants du demi-cercle. Donc, de ces
soutendantes, DH est de 40ᵖ 45′ des parties dont l'hypoténuse DZ en contient
120′, et ZH en a 112ᵖ 52′. Ainsi la droite
DZ étant de 3ᵖ 34′, et DB rayon de l'excentrique de 60ᵖ, DH en aura 1ᵖ 13′, et
ZH, 3ᵖ 21′. Et puisque la différence des
carrés de DH et de DB est égale à celui de
BH, cette droite BH sera de 59ᵖ 59′ à peu
près. Pareillement, puisque ZH est égale
à HT, et que ET est double de DH, nous
aurons la droite entière BT de 63ᵖ 20′ des
parties dont la droite ET en vaut 2ᵖ 26′,
et par conséquent l'hypoténuse EB, de 63ᵖ
23′ des mêmes parties. Et cette hypoténuse EB étant faite de 120ᵖ, la droite ET

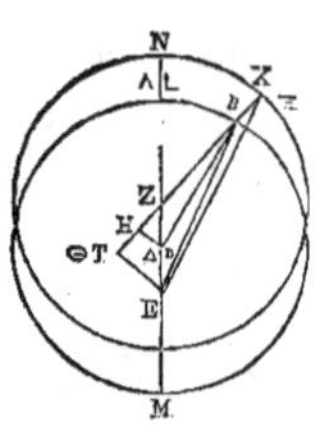

en aura 4ᵖ 36′, et l'arc soutendu par cette droite est de 4ᵈ
24′ des degrés dont le cercle
circonscrit au rectangle BET en
contient 36o. Par conséquent
l'angle EBT est de 4ᵈ 24′ des
degrés dont 36o font deux angles droits. De même, puisque
ZT vaut 6ᵖ 42′ des parties dont ZX rayon
de l'excentrique en contient 6oᵖ, nous aurons la droite entière XT de 66ᵖ 42′ des
parties dont la droite ET a été trouvée en
avoir 2ᵖ 26′, et par conséquent l'hypoténuse EX aura 66ᵖ 45′ de ces parties. Si
donc cette hypoténuse EX est de 12oᵖ,
la droite ET est de 4ᵈ 23′, et l'arc soutendu par cette droite est de 4ᵈ 12′ des
degrés dont le cercle circonscrit au rectangle ETX en contient 36o. Donc l'angle EXT est de 4ᵈ 12′ des degrés dont
36o font deux angles droits. Mais on a
prouvé que l'angle EBT en vaut 4ᵈ 24′ :
donc l'angle restant BEX sera de oᵈ 12′
de ces mêmes degrés, et de oᵈ 6′ de ceux
dont 36o font quatre angles droits. Il est
évident encore ici que dans la seconde
opposition, l'astre paroissant dans la direction EB, il étoit en 9ᵈ 4o′ du sagittaire ;
et que s'il étoit sur EX, il seroit en 9ᵈ 46′
du sagittaire. Or on a prouvé que, dans la
première opposition, il seroit sur 1ᵈ 4′
des serres ; il est donc clair que la distance
apparente depuis la première opposition
jusqu'à la seconde, comprendroit 68ᵈ 42′
du zodiaque, si on la considéroit dans
l'excentrique NX.

Soit actuellement pour la démonstration

ἔςαι δ̄ λϛ′, ἡ δ' ἐπ' αὐτῆς περιφέρεια τοιούτων δ̄ κδ′, οἵων ἐςὶν
ὁ περὶ τὸ ΒΕΘ ὀρθογώνιον κύκλος τξ̄. Ὥστε καὶ ἡ ὑπὸ ΕΒΘ
γωνία τοιούτων ἐςὶ δ̄ κδ′, οἵων
αἱ δύο ὀρθαὶ τξ̄. Ὡσαύτως ἐπεὶ
οἵων ἐςὶν ἡ ΖΞ ἐκ τοῦ κέντρου
τοῦ ἐκκέντρου ξ̄, τοιούτων ἡ
ΖΘ συνάγεται ϛ̄ μβ′, ἕξομεν τὴν ΞΘ
ὅλην τοιούτων ξϛ̄ μβ′, οἵων καὶ ἡ ΖΘ
ὑπέκειτο β̄ κϛ′, διὰ τοῦτο δὲ καὶ τὴν ΕΞ
ὑποτείνουσαν τῶν αὐτῶν ξϛ̄ με′. Ὥστε
καὶ οἵων ἐςὶν ἡ ΕΞ ὑποτείνουσα ρκ̄, τοιούτων καὶ ἡ μὲν ΕΘ ἐςὶ δ̄ κγ′· ἡ δ' ἐπ' αὐτῆς περιφέρεια τοιούτων δ̄ ιβ′, οἵων ἐςὶν
ὁ περὶ τὸ ΕΘΞ ὀρθογώνιον κύκλος τξ̄·
καὶ ἡ ὑπὸ ΕΞΘ ἄρα γωνία τοιούτων ἐςὶ
δ̄ ιβ′, οἵων αἱ δύο ὀρθαὶ τξ̄. Τῶν δ' αὐτῶν ἐδέδεικτο καὶ ἡ ὑπὸ ΕΒΘ γωνία δ̄
κδ′· καὶ λοιπὴ ἄρα ἡ ὑπὸ ΒΕΞ τῶν μὲν
αὐτῶν ἔςαι ο̄ ιβ′, οἵων δ' αἱ τέσσαρες ὀρθαὶ τξ̄, τοιούτων ο̄ ϛ′. Δῆλον οὖν καὶ ἐνθάδε ὅτι ἐπειδὴ καὶ κατὰ τὴν δευτέραν
ἀκρόνυκτον ὁ ἀςὴρ ἐπὶ τῆς ΕΒ φαινόμενος
ἐπεῖχε τοξότου μοίρας θ̄ μ′, εἰ ἐπὶ τῆς
ΕΞ πάλιν ἐφαίνετο, ἐπεῖχεν ἂν τοῦ τοξότου μοίρας θ̄ μϛ′. Ἐδέδεικτο δ' ὅτι καὶ
κατὰ τὴν πρώτην ἀκρόνυκτον ἐπεῖχεν
ἂν ὡσαύτως χηλῶν μοῖραν ᾱ καὶ ἑξηκοςὰ
δ'· φανερὸν οὖν ὅτι καὶ ἡ ἀπὸ τῆς πρώτης
ἀκρονύκτου ἐπὶ τὴν δευτέραν φαινομένη
διάςασις συνήγαγεν ἄν, εἰ πρὸς τὸν ΝΞ
ἔκκεντρον ἐθεωρεῖτο, τοῦ ζωδιακοῦ μοίρας
ξη̄ μβ′.

Ὡσαύτως ἐκκείσθω καὶ ἡ τῆς τρίτης

ἀκρονύκτου καταγραφὴ, κατὰ
τὸν αὐτὸν σχηματισμὸν τῷ ἐπὶ
τῆς δευτέρας ἐκτεθειμένῳ. Ἐπεὶ
ἡ ΝΞ περιφέρεια μοιρῶν ἐδείχθη νζ μγʹ, εἴη ἂν καὶ ἡ ὑπὸ
ΝΖΞ γωνία, τουτέςιν ἡ ὑπὸ
ΔΖΗ, οἵων μέν εἰσιν αἱ τέσσαρες
ὀρθαὶ τξ, τοιούτων νζ μγʹ, οἵων δʹ αἱ
δύο ὀρθαὶ τξ, τοιούτων ριε κϛʹ. Ὥστε
καὶ ἡ μὲν ἐπὶ τῆς ΔΗ περιφέρεια τοιούτων ἐςὶν ριε κϛʹ; οἵων ὁ περὶ τὸ ΔΖΗ ὀρθογώνιων κύκλος τξ, ἡ δʹ ἐπὶ τῆς ΖΗ τῶν
λοιπῶν εἰς τὸ ἡμικύκλιον ξδ λδʹ. Καὶ
τῶν ὑπʹ αὐτὰς ἄρα εὐθειῶν ἡ μὲν ΔΗ τοιούτων ἐςὶν ρα κζʹ, οἵων ἐςὶν ἡ ΔΖ ὑποτείνουσα ρκ, ἡ δὲ ΖΗ τῶν αὐτῶν ξδ ϛʹ.
Ὥστε καὶ οἵων ἡ μὲν ΔΖ ἐςὶ γ λδʹ,
ἡ δὲ ΔΓ ἐκ τοῦ κέντρου τοῦ ἐκκέντρου
ξ, τοιούτων καὶ ἡ μὲν ΔΗ ἔςαι γ αʹ,
ἡ δὲ ΖΗ ὁμοίως α νδʹ. Καὶ ἐπεὶ πάλιν
τὸ ἀπὸ τῆς ΔΗ, λειφθὲν ὑπὸ τοῦ ἀπὸ
τῆς ΔΓ, ποιεῖ τὸ ἀπὸ τῆς ΓΗ, ἕξομεν
καὶ τὴν ΓΗ τῶν αὐτῶν νθ νϛʹ. Ὁμοίως δʹ
ἐπεὶ καὶ ἡ μὲν ΖΗ τῇ ΘΗ ἐςὶν ἴση,
ἡ δὲ ΕΘ τῆς ΔΗ διπλῆ, καὶ τὴν ΓΘ ὅλην
ἕξομεν τοιούτων ξα νʹ, οἵων καὶ ἡ ΕΘ συνάγεται ϛ βʹ, διὰ τοῦτο δὲ καὶ τὴν ΕΓ
ὑποτείνουσαν τῶν αὐτῶν ξβ ηʹ. Καὶ οἵων
ἐςὶν ἄρα ἡ ΓΕ ὑποτείνουσα ρκ, τοιούτων καὶ
ἡ μὲν ΕΘ ἔςαι ια λθʹ, ἡ δʹ ἐπʹ αὐτῆς περιφέρεια τοιούτων ια θʹ ἔγγιςα, οἵων ἐςὶν
ὁ περὶ τὸ ΓΕΘ ὀρθογώνιον κύκλος τξ.
ὥστε καὶ ἡ ὑπὸ ΕΓΘ γωνία τοιούτων
ἐςὶν ια θʹ, οἵων αἱ δύο ὀρθαὶ τξ. Ὡσαύτως
ἐπειδὴ οἵων ἐςὶν ἡ ΞΖ ἐκ τοῦ κέντρου τοῦ
ἐκκέντρου ξ, τοιούτων καὶ ἡ ΖΘ συνάφεται

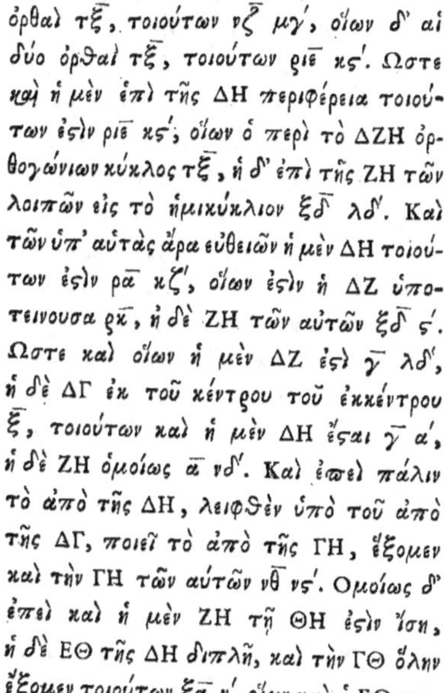

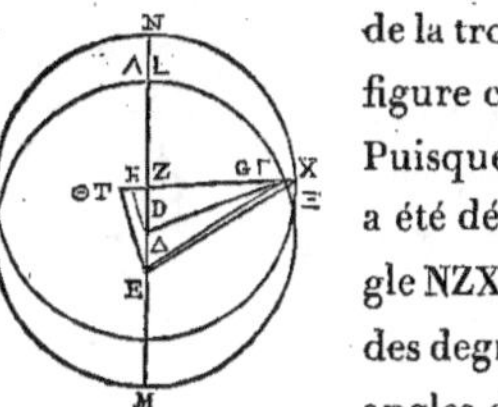

de la troisième opposition, une figure comme pour la seconde. Puisque l'arc soutendu par NX a été démontré de 57^d 43′, l'angle NZX ou DZH sera de 57^d 43′, des degrés dont 360 font quatre angles droits, et de 115^d 26′ de ceux dont 360 font deux angles droits. De sorte que l'arc soutendu par DH est de 115 26′ des degrés dont le cercle circonscrit au rectangle DZH en a 360, et l'arc appuyé sur ZH vaut les 64^d 34′ restants du demi-cercle. Donc, de ces soutendantes, DH est de 101^p 27 des parties dont l'hypoténuse DZ en contient 120, et ZH en a 64^d 6′. Ainsi DZ étant faite de 3^p 34′, et DG rayon de l'excentrique de 60^p, DH en aura 3^p 1′, et ZH 1^p 54′. Et de plus, puisque la différence des carrés de DH et de DG donne celui de GH, nous aurons GH de 59^p 56′ (c) de ces mêmes parties. Pareillement, puisque ZH est égale à TH, et que ET est double de DH, nous aurons la droite entière GT de 61^d 50 des parties dont ET en a 6^p 2′, et par conséquent l'hypoténuse EG a 62^p 8′ de ces mêmes parties. Donc EG étant de 120^p, ET en aura 11^p 39′, et l'arc soutendu par cette droite, sera d'environ 11^d 9′ des degrés dont le cercle décrit autour du rectangle GET en contient 360. De sorte que l'angle EGT est de 11^d 9′ des degrés dont 360 font deux angles droits. De même, puisque XZ, rayon de l'excentrique, étant de 60^p, ZT en a 3^p 4′, nous

*

aurons la droite entière XT de 63ᵖ 48' des parties dont ET en avoit 6ᵖ 2', et par conséquent, l'hypoténuse EX de (d) 64ᵖ 5'. Ainsi donc l'hypoténuse EX étant de 120ᵖ, ET en aura 11ᵖ 18'; et l'arc soutendu par cette droite, sera de 10ᵈ 49' des degrés dont le cercle circonscrit au rectangle ETX en contient 360. De sorte que l'angle EXT est de 10ᵈ 49' des degrés dont 360 font deux angles droits. Or on a prouvé que l'angle EGT est de 11ᵈ 9'; donc l'angle restant GEX est de 0ᵖ 20' de ces degrés, et de 10' de ceux dont 360 font quatre angles droits. Ainsi, puisque dans la troisième opposition l'astre paroissant sur EG étoit en 14ᵈ 14' du capricorne, il est évident que s'il étoit dans la direction EX, il seroit en 14ᵈ 24' du capricorne, et alors la distance apparente de la seconde à la troisième opposition, considérée dans l'excentrique NX, seroi. de 34ᵈ 38'.

Conséquemment à ces distances, nous trouvons par le même théoréme, que la droite entre les centres du zodiaque et de l'excentrique qui embrasse le mouvement uniforme de l'épicycle, c'est-à-dire la droite EX, est d'environ 6ᵖ 50' des parties dont le diamètre de l'excentrique en contient 120; et que, des arcs de cet excentrique, celui qui s'étend de la première opposition à l'apogée, est de 57ᵈ 5' (e); celui depuis l'apogée jusqu'à la seconde opposition, de 18ᵈ 38'; et celui d'entre l'apogée et la troisième opposition, de

γ̅ μή, κỳ ὅλην τὴν ΞΘ ἕξομεν τοιούτων ξ̅γ̅ μή, οἵων καὶ ἡ ΕΘ ἦν ϛ̅ β̅, διὰ τοῦτο δὲ καὶ τὴν ΕΞ ὑποτείνουσαν τῶν αὐτῶν ξ̅δ̅ ε΄. Καὶ οἵων ἐςὶν ἄρα ἡ ΕΞ ὑποτείνουσα ρ̅κ̅, τοιούτων καὶ ἡ μὲν ΕΘ ἔςαὶ ια̅ ιη΄· ἡ δ᾽ ἐπ᾽ αὐτῆς περιφέρεια τοιούτων ῑ μθ΄, οἵων ὁ περὶ τὸ ΕΘΞ ὀρθογώνιον κύκλος τ̅ξ̅. Ὥστε καὶ ἡ ὑπὸ ΕΞΘ γωνία τοιούτων ἐςὶν ῑ μθ΄, οἵων αἱ δύο ὀρθαὶ τ̅ξ̅. Τῶν δ᾽ αὐτῶν ἐδείχθη καὶ ἡ ὑπὸ ΕΓΘ γωνία ια̅ θ΄· καὶ λοιπὴ ἄρα ἡ ὑπὸ ΓΕΞ τῶν μὲν αὐτῶν ἐςὶν ο̅ κ΄, οἵων δ᾽ αἱ τέσσαρες ὀρθαὶ τ̅ξ̅, τοιούτων ο̅ ι΄. Ὥστ᾽ ἐπεὶ καὶ κατὰ τὴν τρίτην ἀκρόνυκτον, ἐπὶ τῆς ΕΓ φαινόμενος ὁ ἀςὴρ ἐπεῖχεν αἰγόκερω μοίρας ιδ̅ ιδ΄, φανερὸν ὅτι εἰ ἐπὶ τῆς ΕΞ εὐθείας ἐτύγχανεν, ἐπεῖχεν ἂν τοῦ αἰγόκερω μοίρας ιδ̅ κδ΄. καὶ ἐγίνετο πάλιν ἡ ἀπὸ τῆς δευτέρας ἀκρονύκτου ἐπὶ τὴν τρίτην φαινομένη διάςασεις ἡ πρὸς τὸν ΝΞ ἔκκεντρον θεωρουμένη, μοιρῶν λδ̅ λη΄.

Ταύταις δὴ ταῖς διαςάσεσιν ἀκολουθήσαντες ἐπὶ τοῦ αὐτοῦ θεωρήματος εὑρίσκομεν τὴν μὲν μεταξὺ τῶν κέντρων τοῦ τε ζωδιακοῦ καὶ τοῦ τὴν ὁμαλὴν τοῦ ἐπικύκλου κίνησιν περιέχοντος ἐκκέντρου, τουτέςι τὴν ἴσην τῇ ΕΖ, τοιούτων ϛ̅ ν΄, ἔγγιςα, οἵων ἐςὶν ἡ τοῦ ἐκκέντρου διάμετρος ρ̅κ̅· τῶν δὲ τοῦ αὐτοῦ ἐκκέντρου περιφερειῶν, τὴν μὲν ἀπὸ τῆς πρώτης ἀκρονύκτου ἐπὶ τὸ ἀπογειον μοιρῶν ν̅ζ̅ ε΄, τὴν δ᾽ ἀπὸ τοῦ ἀπογείου ἐπὶ τὴν δευτέραν ἀκρόνυκτον μοιρῶν ῑη̅ λη΄, τὴν δ᾽ ἀπὸ τ̅ ἀπογείȣ ἐπὶ τὴν τρίτην ἀκρόνυκτον

μοιρῶν νϛ λ'. Καὶ εἰσὶν ἐντεῦθεν πάλιν ἀκριβῶς αἱ ἐκκείμεναι πηλικότητες εἰλημμέναι,
διὰ τὸ τὰ διάφορα τῶν τοῦ ζωδιακοῦ
περιφερειῶν τὰ αὐτὰ ἔγγιϛα τοῖς πρότερον καὶ διὰ τούτων συνάγεσθαι, καὶ συμφώνους εὑρίσκεσθαι τὰς φαινομένας τοῦ
ἀϛέρος διαϛάσεις ταῖς τετηρημέναις, ὡς
ἐκ τῶν ὁμοίων ἡμῖν ἔϛαι δῆλον.

Εκκείσθω γὰρ ὁ τῆς πρώτης
ἀκρονύκτου σχηματισμὸς ἐπὶ
μόνου τοῦ ἐκκέντρου τοῦ φέροντος τὸ κέντρον τοῦ ἐπικύκλου.
Επεὶ τοίνυν ἡ ὑπὸ ΑΖΛ γωνία
ὑποτείνουσα τοῦ ἐκκέντρου
μοίρας νζ ε', οἵων μέν εἰσιν αἱ
τέσσαρες ὀρθαὶ τξ, τοιούτων ἐϛὶ νζ ε', οἵων
δ' αἱ δύο ὀρθαὶ τξ, τοιούτων αὐτή τε καὶ
ἡ κατὰ κορυφὴν αὐτῆς, ἡ ὑπὸ ΔΖΗ γωνία,
ριδ ι', εἴη ἂν καὶ ἡ μὲν ἐπὶ τῆς ΔΗ περιφέρεια τοιούτων ριδ ι', οἵων ἐϛὶν ὁ περὶ
τὸ ΔΖΗ ὀρθογώνιον κύκλος τξ, ἡ δ' ἐπὶ
τῆς ΖΗ τῶν λοιπῶν εἰς τὸ ἡμικύκλιον ξε
ν'. Καὶ τῶν ὑπ' αὐτὰς ἄρα εὐθειῶν, ἡ μὲν
ΔΗ τοιούτων ἐϛὶν ρ καὶ ἑξηκοϛῶν μδ, οἵων
ἐϛὶν ἡ ΔΖ ὑποτείνουσα ρκ, ἡ δὲ ΖΗ τῶν
αὐτῶν ξε ιγ'. Ωϛτε καὶ οἵων ἐϛὶν ἡ μὲν
ΔΖ μεταξὺ τῶν κέντρων γ κε', ἡ δὲ ΔΑ
ἐκ τοῦ κέντρου τοῦ ἐκκέντρου ξ, τοιούτων
καὶ ἡ μὲν ΔΗ ἔϛαι β νβ', ἡ δὲ ΖΗ ὁμοίως
α να'. Καὶ ἐπεὶ πάλιν τὸ ἀπὸ τῆς ΔΗ,
λειφθὲν ὑπὸ τοῦ ἀπὸ τῆς ΑΔ, ποιεῖ τὸ
ἀπὸ τῆς ΑΗ ἕξομεν καὶ τὴν ΑΗ τῶν
αὐτῶν νθ νϛ'. Ομοίως δ' ἐπεὶ καὶ ἡ μὲν
ΖΗ τῇ ΗΘ ἴση ἐϛὶν, ἡ δὲ ΕΘ τῆς ΔΗ
διπλῆ, καὶ ὅλην τὴν ΑΘ ἕξομεν τοιούτων
ξα μζ', οἵων καὶ ἡ ΕΘ συνάγεται ε μδ',

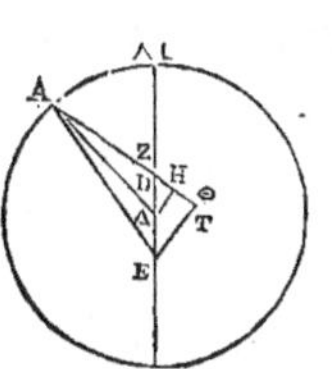

56ᵈ 3o'. La preuve que ces quantités ont
été prises exactement, c'est que les différences des arcs du zodiaque s'y trouvent
les mêmes à peu près que les premières,
et que les distances apparentes de l'astre
sont conformes à celles qui avoient été
observées, comme cela nous sera démontré par des moyens semblables.

En effet, soit la figure de la
première opposition sur le seul
excentrique qui porte le centre de l'épicycle. Puisque l'angle AZL qui comprend 57ᵈ 5' de
l'excentrique, est de 57ᵈ 5' des
degrés dont 360 font quatre
angles droits, cet angle et son opposé au
sommet DZH, étant de 114ᵈ 10' des degrés
dont 360 font deux angles droits, l'arc
soutendu par DH sera de 114ᵈ 10' des degrés dont le cercle circonscrit au rectangle DZH en contient 360, et l'arc soutendu par ZH, contient les 65ᵈ 5o' restants
du demi-cercle. Donc, de ces soutendantes, DH est de 100ᵖ 44' des parties
dont l'hypoténuse DZ en contient 120,
et ZH en a 65ᵖ 13'. Ainsi la droite DZ entre les centres étant de 3ᵖ 25', et DA,
rayon de l'excentrique, etant de 60ᵖ, DH
en aura 2ᵖ 52', et ZH 1ᵖ 51'. Or, puisque
la différence des carrés de DH et de AD
est égale au carré de AH, nous aurons
AH de 59ᵖ 56' de ces parties. Pareillement,
puisque ZH est égale à HT, et que ET est
double de DH, nous aurons la droite entière AT de 61ᵖ 47' des parties dont ET en
a 5ᵖ 44', et par conséquent l'hypoténuse

AE de 62ᵖ 43'. Donc l'hypo-ténuse AE étant de 120ᵖ, ET en aura 11ᵈ 5', et l'arc qu'elle soutend sera de 10' 36' des degrés dont le cercle circonscrit au rectangle AET en contient 360. En sorte que l'angle EAZ est de 10ᵈ 36' des degrés dont 360 font deux angles droits. Mais l'angle AZL a été supposé de 114ᵈ 10' de ces mêmes degrés, donc l'angle restant AEL sera de 103ᵈ 34' de ces degrés, et de 51ᵈ 47' de ceux dont 360 font quatre angles droits. Donc l'astre précédoit l'apogée de ce nombre de degrés, dans la première opposition.

Prenons maintenant la figure de la seconde opposition, puisque l'angle BZL a été démontré de 18ᵈ 38' des degrés dont 360 font quatre angles droits, il est, ainsi que son opposé au sommet DZH, de 37ᵈ 16' des degrés dont 360 font deux angles droits. L'arc soutendu par DH est donc de 37ᵈ 16' des degrés dont le cercle circonscrit au rectangle DZH en contient 360, et l'arc ZH a les 142ᵈ 44' restants du demi-cercle. Donc, de ces soutendantes, DH est de de 38ᵖ 20' des parties dont l'hypoténuse DH en contient 120, et ZH en contient 113ᵖ 43'. Si donc la droite DZ est de 3ᵖ 25', et la droite DB rayon de l'excentrique, de 60ᵖ, DH en aura 1ᵖ 5', et ZH 3ᵖ 14'. Et puisque la différence des carrés de DH et de DB donne celui de BH, nous

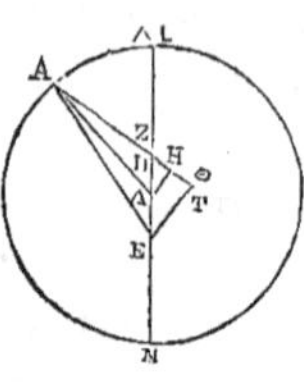

διὰ τοῦτο δὲ καὶ τὴν ΑΕ ὑπο-τείνουσαν τῶν αὐτῶν ξβ μγ'. Καὶ οἵων ἐστὶν ἄρα ἡ ΑΕ ὑποτεί-νουσα ἑκατὸν εἴκοσι, τοιούτων καὶ ἡ μὲν ΕΘ ἔςαι ιᾱ ε', ἡ δ' ἐπ' αὐτῆς περιφέρεια τοιούτων Ῑ λς', οἵων ὁ περὶ τὸ ΑΕΘ ὀρ-θογώνιον κύκλος τξ. Ὥστε κ̣ ἡ ὑπὸ ΕΑΖ γωνία τοιούτων ἐςὶν Ῑ λς', οἵων αἱ δύο ὀρθαὶ τξ. Τῶν δ' αὐτῶν καὶ ἡ ὑπὸ ΑΖΛ ὑπέκειτο ριδ̄ ι'. καὶ λοιπὴ ἄρα ἡ ὑπὸ ΑΕΛ τῶν μὲν αὐτῶν ἔςαι ρ̄γ λδ', οἵων δ' αἱ τέσσαρες ὀρθαὶ τξ, τοιούτων νᾱ μζ'. Τοσαύταις ἄρα μοίραις ὁ ἀςὴρ κατὰ τὴν πρώτην ἀκρόνυκτον προηγεῖτο τοῦ ἀπογείου.

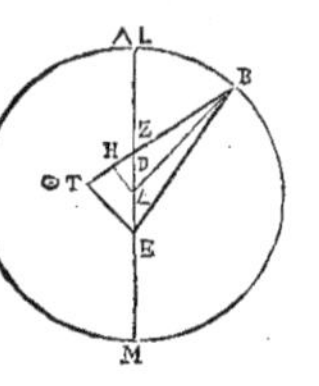

Πάλιν ἐκκείσθω κατὰ τὸ ὅμοιον ἡ τῆς δευτέρας ἀκρονύκ-του καταγραφή. Ἐπεὶ ἡ ὑπὸ ΒΖΛ γωνία, οἵων μέν εἰσιν αἱ τέσσαρες ὀρθαὶ τξ, τοιούτων ἐδείχθη ῑη λη', οἵων δ' αἱ δύο ὀρθαὶ τξ, τοιούτων αὐτή τε καὶ ἡ κατὰ κορυφὴν αὐτῆς ἡ ὑπὸ ΔΖΗ γωνία λζ ῑς', εἴη ἂν καὶ ἡ μὲν ἐπὶ τῆς ΔΗ περιφέρεια, τοιούτων λζ ῑς', οἵων ὁ περὶ τὸ ΔΖΗ ὀρθογώνιον κύκλος τξ, ἡ δ' ἐπὶ τῆς ΖΗ τῶν λοιπῶν εἰς τὸ ἡμικύκλιον ρμβ μα'. Καὶ τῶν ὑπ' αὐτὰς ἄρα εὐθειῶν ἡ μὲν ΔΗ τοιούτων ἐςὶ λη̄ κ', οἵων ἡ ΔΖ ὑποτείνουσα ρκ̄, ἡ δὲ ΖΗ τῶν αὐτῶν ριγ̄ μγ', Ὥστε καὶ οἵων ἐςὶν ἡ μὲν ΔΖ εὐθεῖα γ κε', ἡ δὲ ΔΒ ἐκ τοῦ κέντρου τοῦ ἐκκέντρου ξ, τοιούτων καὶ ἡ μὲν ΔΗ ἔςαι ᾱ ε', ἡ δὲ ΖΗ ὁμοίως γ̄ ῑδ'. Καὶ ἐπεὶ τὸ ἀπὸ τῆς ΔΗ, λειφθὲν ὑπὸ τοῦ ἀπὸ

τῆς ΔΒ, ποιεῖ τὸ ἀπὸ τῆς ΒΗ, ἕξομεν
καὶ τὴν ΒΗ τῶν αὐτῶν νθ νθʹ. Ὁμοίως δʹ
ἐπεὶ καὶ ἡ μὲν ΖΗ τῇ ΗΘ ἴση ἐϛὶν, ἡ δὲ
ΕΘ τῆς ΔΗ διπλῆ, καὶ ὅλην τὴν ΒΘ ἕξομεν τοιούτων ξγ ιγʺ, οἵων καὶ ἡ ΕΘ συνάγεται β ιʹ, διὰ τοῦτο δὲ καὶ τὴν ΕΒ
ὑποτείνουσαν τῶν αὐτῶν ξγ ιεʹ. Καὶ οἵων
ἐϛὶν ἄρα ἡ ΕΒ ὑποτείνουσα ρκ, τοιούτων
καὶ ἡ μὲν ΘΕ ἔϛαι δ ζʹ, ἡ δʹ ἐπʹ αὐτῆς
περιφέρεια τοιούτων γ νϛʹ, οἵων ἐϛὶν ὁ περὶ
τὸ ΒΕΘ ὀρθογώνιον κύκλος τξ· ὥϛτε
καὶ ἡ ὑπὸ ΕΒΖ γωνία τοιούτων ἐϛὶ γ νϛʹ,
οἵων αἱ δύο ὀρθαὶ τξ. Τῶν δʹ αὐτῶν καὶ
ἡ ὑπὸ ΒΖΛ ὑπέκειτο λζ ιϛʹ· καὶ λοιπὴ ἄρα
ἡ ὑπὸ ΒΕΛ ἔϛαι τῶν μὲν αὐτῶν λγ κʹ, οἵων
δʹ αἱ τέσσαρες ὀρθαὶ τξ, τοιούτων ιϛ μʹ, κỳ
κατὰ τὴν δευτέραν ἄρα ἀκρόνυκτον ὑπολειπόμενος ἐφαίνετο τοῦ ἀπογείου ὁ ἀϛὴρ
μοίρας ιϛ μʹ. Ἐδείχθη δὲ καὶ κατὰ τὴν
πρώτην ἀκρόνυκτον προηγούμενος τοῦ αὐτοῦ ἀπογείου μοίρας να μζʹ· συνάγεται
ἄρα ἡ ἀπὸ τῆς πρώτης ἀκρονύκτου ἐπὶ
τὴν δευτέραν φαινομένη διάϛασεις, τῶν ἐπὶ
τὸ αὐτὸ ἐκκειμένων μοιρῶν ξη κζʹ, συμφώνως ταῖς ἐκ τῶν τηρήσεων κατειλημμέναις.

Ἐκκείσθω δὲ καὶ ἡ τῆς τρίτης ἀκρονύκτου καταγραφή.
Ἐπεὶ ἡ ὑπὸ ΓΖΑ γωνία, οἵων
μέν εἰσιν αἱ τέσσαρες ὀρθαὶ τξ,
τοιούτων ἐδείχθη νϛ λʹ, οἵων
δʹ αἱ δύο ὀρθαὶ τξ, τοιούτων
αὐτή τε καὶ ἡ κατὰ κορυφὴν αὐτῆς ἡ ὑπὸ ΔΖΗ γωνία ριγ οʹ, εἴη ἂν καὶ
ἡ μὲν ἐπὶ τῆς ΔΗ περιφέρεια τοιούτων
ριγ, οἵων ἐϛὶν ὁ περὶ τὸ ΔΖΗ ὀρθογώνιον κύκλος τξ, ἡ δʹ ἐπὶ τῆς ΖΗ τῶν

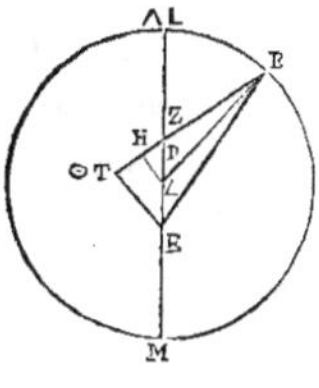

II.

aurons ΒΗ de 59ᵖ 59ʹ de ces parties. Pareillement, puisque la droite ΖΗ est égale
à ΗΤ, et que ΕΤ est double de ΔΗ, nous
aurons la droite entière ΒΤ de 63ᵖ 13ʹ
des parties dont ΕΤ en a 2ᵖ 10ʹ; c'est pourquoi l'hypoténuse ΕΒ sera de 63ᵖ 15ʹ Si
donc cette hypoténuse est de 120ᵖ, ΤΕ en
aura 4ᵖ 7ʹ, et l'arc soutenu par celle-ci
sera de 3ᵈ 56ʹ des degrés dont le cercle
circonscrit au rectangle ΒΕΤ en contient
360 ; ainsi l'angle ΕΒΖ est de 3ᵈ 56ʹ des
degrés dont 360 font deux angles droits.
Mais l'angle ΒΖΛ étoit de 37ᵈ 16ʹ de ceux-ci,
donc l'angle restant ΒΕΛ sera de 33ᵈ 20ʹ
de ces degrés, et de 16ᵈ 40ʹ de ceux dont
360 font quatre angles droits; donc, dans
la seconde opposition, l'astre paroissoit de
16ᵈ 40ʹ laissé en arrière de l'apogée. Or,
on a montré que dans la première, il précédoit cet apogée, de 51ᵖ 47ʹ; donc la distance apparente de la première opposition
à la seconde, est de 68ᵈ 27ʹ, tout ensemble, conformément au nombre de degrés trouvés par les observations.

Posons maintenant la figure
de la troisième opposition. Puisque l'angle ΓΖΑ a été démontré de 56ᵈ 30ʹ des degrés dont
360 font quatre angles droits,
et, ainsi que son opposé ΔΖΗ
au sommet, de 113ᵈ de ceux
dont 360 font deux angles droits, l'arc
soutenu par ΔΗ sera de 113ᵈ des degrés
dont le cercle circonscrit au rectangle
ΔΖΗ en contient 360, et l'arc appuyé sur

ZH vaudra les 67 degrés restants du demi-cercle. Donc,
de ces soutendantes, DH est
de 100p 4′ des parties dont
l'hypoténuse DZ en contient
120p, et HZ est de 66p 14′. Ainsi
donc la droite DZ étant de 3p 25′,
et la droite DG, rayon de l'excentrique,
de 60p, DH en aura 2p 51′, et ZH, 1p 53′.
Or, puisque la différence des carrés de
DH et de DG donne celui de GH, nous aurons GH de 59p 56′ de ces mêmes parties.
Pareillement, puisque ZH est égale à HT,
et que ET est double de DH, nous aurons
la droite entière GT de 61p 49′ des parties dont 5p 42′ composent ET, et par
conséquent l'hypoténuse EG sera de 62p
5′ de ces mêmes parties. Si donc cette
hypoténuse est de 120p, ET en aura 11p
10′, et l'arc soutendu par celle-ci sera de
10d 32′ des degrés dont le cercle circonscrit au rectangle GET en contient 360;
ainsi l'angle EGT est de 10d 32′ des degrés
dont 360 font deux angles droits. Or l'angle GZL est supposé en valoir 113, donc
l'angle restant GED sera de 102d 28′ de
ces degrés, et de 51d 14′ de ceux dont 360
font quatre angles droits. Telle est la
quantité dont l'astre paroissoit en arrière
de l'apogée dans la troisième opposition.
Mais on a montré que dans la seconde,
il en étoit laissé en arrière, de 16d 40′;
la distance de la seconde opposition à
la troisième est donc égale à la différence 34d 34′, conformément encore aux

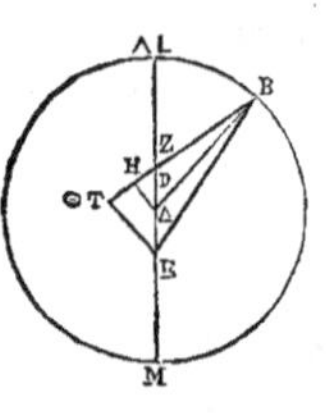

λοιπῶν εἰς τὸ ἡμικύκλιον ξζ.
Καὶ τῶν ὑπ' αὐτὰς ἄρα εὐθειῶν,
ἡ μὲν ΔΗ τοιούτων ἐςὶν ρ καὶ
ἑξηκοςῶν δ, οἵων ἐςὶν ἡ ΔΖ ὑποτείνουσα ρκ, ἡ δὲ ΖΗ τῶν αὐτῶν ξϛ ιδ'. Ωστε κỳ οἵων ἐςὶν
ἡ μὲν ΔΖ εὐθεῖα γ κε', ἡ δὲ ΔΓ
ἐκ τοῦ κέντρου τοῦ ἐκκέντρου ξ, τοιούτων
καὶ ἡ μὲν ΔΗ ἔςαι β να', ἡ δὲ ΖΗ ὁμοίως
α νγ'. Καὶ ἐπεὶ πάλιν τὸ ἀπὸ τῆς ΔΗ,
λειφθὲν ὑπὸ τοῦ ἀπὸ τῆς ΔΓ, ποιεῖ τὸ
ἀπὸ τῆς ΓΗ, ἕξομεν καὶ τὴν ΓΗ τῶν αὐτῶν νθ νϛ'. Ομοίως δ' ἐπεὶ καὶ ἡ μὲν ΖΗ
τῇ ΗΘ ἴση ἐςὶν, ἡ δὲ ΕΘ τῆς ΔΗ διπλῆ,
καὶ ὅλην τὴν ΓΘ ἕξομεν τοιούτων ξα
μθ', οἵων καὶ ἡ ΕΘ συνάγεται ε μβ', διὰ
τοῦτο δὲ κỳ τὴν ΕΓ ὑποτείνουσαν τῶν αὐτῶν ξβ ε'. Καὶ οἵων ἐςὶν ἄρα ἡ ΓΕ ὑποτείνουσα ρκ, τοιούτων κỳ ἡ μὲν ΕΘ ἔςαι ια ι,
ἡ δ' ἐπ' αὐτῆς περιφέρεια τοιούτων ι λβ'
οἵων ἐςὶν ὁ περὶ τὸ ΓΕΘ ὀρθογώνιον κύκλος
τξ· ὥστε καὶ ἡ ὑπὸ ΕΓΘ γωνία τοιούτων
ἐςὶν ι λβ', οἵων αἱ δύο ὀρθαὶ τξ· τῶν αὐτῶν δὲ καὶ ἡ ὑπὸ ΓΖΛ ὑπόκειται ριγ, καὶ
λοιπὴ ἄρα ἡ ὑπὸ ΓΕΔ τῶν μὲν αὐτῶν
ἔςαι ρβ κη', οἵων δ' αἱ τέσσαρες ὀρθαὶ
τξ, τοιούτων να ιδ'. τοσαύτας ἄρα μοίρας καὶ κατὰ τὴν τρίτην ἀκρόνυκτον ὑπολειπόμενος ὁ ἀςὴρ ἐφαίνετο τοῦ ἀπογείου. Εδείχθη δὲ καὶ κατὰ τὴν δευτέραν ἀκρόνυκτον ὑπολειπόμενος τοῦ αὐτοῦ
ἀπογείου μοίρας ιϛ μ'. Ωστε συνάγεσθαι καὶ τὴν ἀπὸ τῆς δευτέρας ἀκρονύκτου ἐπὶ τὴν τρίτην φαινομένην διάςασιν,
τῶν τῆς ὑπεροχῆς μοιρῶν λδ λδ', συμφώνως πάλιν ταῖς ἐκ τῶν τηρήσεων

κατειλημμέναις. Φανερὸν δ'αὐτόθεν ὅτι καὶ ἐπειδὴ κὴ κατὰ τὴν τρίτην ἀκρόνυκτον ἐπεῖχεν ὁ ἀςὴρ αἰγόκερω μοίρας ιδ̄ ιδ', ὑπολειπόμενος ὡς ἐδείχθη τοῦ ἀπογείου μοίρας νᾱ ιδ', τὸ μὲν ἀπόγειον αὐτοῦ τότε τῆς ἐκκεντρότητος ἐπεῖχε σκορπίωνος μοίρας κγ̄, τὸ δὲ περίγειον τὰς κατὰ διάμετρον τοῦ ταύρου μοίρας κγ̄.

Ὡσαύτως δὲ κἂν γράψωμεν περὶ τὸ Γ κέντρον τὸν ΗΘ ἐπίκυκλον, τὴν μὲν ἀπὸ τοῦ ἀπογείου τοῦ ἐκκέντρου μέσην κατὰ μῆκος πάροδον τῦ ἐπικύκλου τῶν δεδειγμένων αὐτόθεν ἕξομεν μοιρῶν νϛ̄ λ', τὴν δὲ ΘΚ τοῦ ἐπικύκλου περιφέρειαν μοιρῶν ε̄ ιϛ', διὰ τὸ καὶ τὴν ὑπὸ ΕΓΖ γωνίαν δεδεῖχθαι τοιούτων ῑ λβ', οἵων εἰσὶν αἱ δύο ὀρθαὶ τξ̄. Ὡς καὶ λοιπὴν τὴν ΗΘ περιφέρειαν, τὴν ἀπὸ τοῦ ἀπογείου τοῦ ἐπικύκλου ἐπὶ τὸν ἀςέρα, καταλείπεσθαι μοιρῶν ροδ̄ μδ'. Ἐν ἄρα τῷ χρόνῳ τῆς τρίτης ἀκρονύκτου, τουτέςι τῷ κ̄ ἔτει Ἀδριανοῦ, κατ' Αἰγυπτίους Μεσορὴ κδ̄ τῆς μεσημβρίας, ὁ τοῦ Κρόνου ἀςὴρ, πρὸς τὰς μέσας παρόδους θεωρούμενος, κατὰ μῆκος μὲν ἀπεῖχε τοῦ ἀπογείου τοῦ ἐκκέντρου μοίρας νϛ̄ λ', τουτέςιν ἐπεῖχεν αἰγόκερω μοίρας ιθ̄ λ', ἀνωμαλίας δ' ἀπὸ τοῦ ἀπογείου τοῦ ἐπικύκλου μοίρας ροδ̄ μδ'· ἅπερ προέκειτο εὑρεῖν.

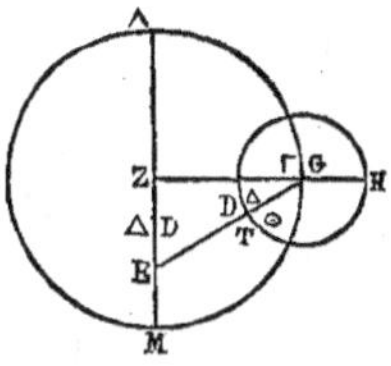

quantités trouvées par les observations. Par conséquent, puisque dans la troisième opposition, l'astre occupoit le 14ᵉ degré du capricorne, et qu'il a été démontré qu'alors il étoit de 51ᵈ 14' à l'orient (laissé en arrière, vers les points suivants) de l'apogée, il est évident que son apogée d'excentricité étoit alors en 23ᵈ du scorpion, et le périgée sur 23ᵈ du taureau.

Ainsi donc, si nous décrivons autour du centre G, l'épicycle HT, nous aurons le moyen mouvement de l'épicycle en longitude, depuis l'apogée de l'excentrique, des 56ᵈ 30' trouvés ci-dessus ; et l'arc TK de l'épicycle, de 5ᵖ 16', parceque l'angle EGZ a été prouvé valoir 10ᵈ (f) 32' des degrés dont 360 valent deux angles droits. Ensorte que l'arc restant HT depuis l'apogée de l'épicycle jusqu'à l'astre, est de 174ᵈ 44'. Donc lors de la troisième opposition, c'est-à-dire dans la 20ᵉ année d'Adrien, le 24 du mois égyptien Mésor à midi, Saturne considéré dans ses mouvemens moyens, étoit à 56ᵈ 30' loin de l'apogée de l'excentrique, en longitude, c'est-à-dire qu'il étoit sur le 19ᵉ degré 30' du capricorne ; et par son anomalie, à 174ᵈ 44' de l'apogée de l'épicycle : ce que nous nous proposions de trouver.

<table>
<tr><td>

CHAPITRE VI.

DÉTERMINATION DE LA GRANDEUR DE L'ÉPICYCLE DE SATURNE.

Pour déterminer la grandeur de l'épicycle, nous avons pris l'observation que nous avons faite, la seconde année d'Antonin, quatre heures équinoxiales avant minuit, du 6 au 7 du mois égyptien Méchir ; l'astrolabe montrant alors la fin du bélier au méridien , et le soleil moyen occupant dans ce même instant les 28^d $41'$ du sagittaire ; Saturne comparé à la brillante hyade, paroissoit sur $9^d \frac{1}{15}$ (a) du verseau et il étoit de $\frac{1}{2}{}^d$ laissé en arrière du centre de la lune ; car il étoit à cette distance de la corne boréale du croissant. Mais dans ce moment la lune, par son mouvement moyen, étoit en 8^d $55'$ du verseau, et en 174^d $15'$ d'anomalie depuis l'apogée de l'épicycle. Par conséquent son lieu vrai devoit être sur 9^d $40'$ du verseau, et paroissoit à Alexandrie être sur 8^d $34'$. Ainsi donc, Saturne laissé en arrière du centre de la lune d'environ un demi-degré, devoit être en $9^d \frac{1}{15}$ du verseau, et il étoit à 76^d $4'$ de l'apogée de l'excentrique, attendu que celui-ci ne s'étoit pas avancé sensiblement en si peu de temps. Or puisque l'intervalle de temps depuis la troisième opposition jusqu'à cette observation, est de deux

</td><td>

ΚΕΦΑΛΑΙΟΝ Ϛ.

ΑΠΟΔΕΙΞΙΣ ΤΗΣ ΤΟΥ ΕΠΙΚΥΚΛΟΥ ΤΟΥ ΤΟΥ ΚΡΟΝΟΥ ΠΗΛΙΚΟΤΗΤΟΣ.

ΠΑΛΙΝ δ' ἐφεξῆς, εἰς τὸ δεῖξαι τὴν τοῦ ἐπικύκλου πηλικότητα, ἐλάβομεν τήρησιν ἣν ἡμεῖς ἐτηρήσαμεν τῷ δευτέρῳ ἔτει Ἀντωνίνου, κατ' Αἰγυπτίους Μεχὶρ ϛ εἰς τὴν ζ, πρὸ τεσσάρων ὡρῶν ἰσημερινῶν τοῦ μεσονυκτίου, ἐπειδήπερ ἐμεσουράνει κατὰ τὸν ἀςρόλαβον ἡ τελευταία μοιρῶν τοῦ κριοῦ, τοῦ μέσου ἡλίου ἐπέχοντος τοξότου μοίρας κη μα'· τότε δὲ ὁ τοῦ Κρόνου ἀςὴρ, πρὸς μὲν τὴν λαμπρὰν ὑάδα διοπτευόμενος, ἐπέχων ἐφαίνετο ὑδροχόου μοίρας θ ιε'', καὶ τοῦ κέντρου δὲ τῆς σελήνης ὑπελείπετο ἥμισυ ἔγγιςα μιᾶς μοίρας, τοσοῦτον γὰρ αὐτῆς ἀπεῖχε τοῦ βορείου κέρατος. Ἀλλ' εἰς ἐκείνην τὴν ὥραν ἡ σελήνη κατὰ μέσην πάροδον ἐπεῖχεν ὑδροχόου μοίρας η νε', καὶ ἀνωμαλίας ἀπὸ τοῦ ἀπογείου τοῦ ἐπικύκλου μοίρας ροδ ιε'. Διὰ τοῦτο δὲ καὶ ἡ μὲν ἀκριβὴς αὐτῆς πάροδος ὤφειλεν ἐπίχειν ὑδροχόου μοίρας θ μ', ἡ δ' ἐν Ἀλεξανδρείᾳ φαινομένη, μοίρας η λδ'. Καὶ οὕτως ἄρα ὁ τοῦ Κρόνου ἀςὴρ, ἐπειδὴ ὑπελείπετο τοῦ κέντρου αὐτῆς ϛ'' ἔγγιςα α μοίρας, ὤφειλεν ἐπίχειν τὰς τοῦ ὑδροχόου μοίρας θ ιε''. Καὶ ἀπεῖχε τοῦ αὐτοῦ ἀπογείου τοῦ ἐκκέντρου, διὰ τὸ μηδὲν ἀξιόλογον ἐπὶ τὸν τοσοῦτον χρόνον αὐτὸν μετακινεῖσθαι, μοίρας οϛ δ'. Ἐπεὶ δὲ καὶ ἀπὸ τῆς τρίτης ἀκρονύκτου μέχρι ταύτης τῆς

</td></tr>
</table>

τηρήσεως χρόνος ἐτῶν ἐςὶν Αἰγυπτιακῶν
δύο καὶ ἡμερῶν ρξζ καὶ ὡρῶν η̄, κινεῖται
δὲ ὁλοσχερέςερον ἐν τῷ τοσούτῳ χρόνῳ
πάλιν ὁ τοῦ Κρόνου μήκους μὲν μοίρας λ̄
καὶ ἑξηκοςὰ γ̄, ἀνωμαλίας δὲ μοίρας ρλδ̄
κδ΄ ἐάν· προσθῶμεν ταύτας ταῖς κατὰ
τὴν τρίτην ἀκρόνυκτον ἐκκειμέναις ἐποχαῖς, ἕξομεν καὶ εἰς τὸν τῆς προκειμένης
τηρήσεως χρόνον, μήκους μὲν ἀπὸ τοῦ
ἀπογείου τοῦ ἐκκέντρου μὲν μοίρας πϛ̄
λγ΄, ἀνωμαλίας δ΄ ἀπὸ τοῦ ἀπογείου
τοῦ ἐπικύκλου μοίρας τθ̄ η΄.

Τούτων οὖν ὑποκειμέ-
νων, ἐκκείσθω πάλιν ἡ τῆς
ὁμοίας δείξεως καταγραφὴ,
τὴν μὲν τοῦ ἐπικύκλου θέ-
σιν ἔχουσα πρὸς τοῖς ἑπο-
μένοις τοῦ ἀπογείου τοῦ ἐκκέντρου, τὴν δὲ τοῦ ἀςέρος
ἐν τοῖς πρὸ τοῦ ἀπογείου τοῦ ἐπικύκλου,
ταῖς ὑποκειμέναις αὐτῶν παρόδοις ἀκολούθως. Ἐπεὶ τοίνυν ἡ ὑπὸ ΑΖΒ γωνία,
τουτέςιν ἡ ὑπὸ ΔΖΜ, οἵων μὲν εἰσιν αἱ
τέσσαρες ὀρθαὶ τξ̄, τοιούτων ὑπόκειται
πϛ̄ λγ΄, οἵων δ΄ αἱ δύο ὀρθαὶ τξ̄, τοιούτων ρογ̄ ϛ΄΄, εἴη ἂν καὶ ἡ μὲν ἐπὶ τῆς ΔΜ
περιφέρεια τοιούτων ρογ̄ ϛ΄, οἵων ἐςὶν ὁ
περὶ τὸ ΔΖΜ ὀρθογώνιον κύκλος τξ̄,
ἡ δ΄ ἐπὶ τῆς ΖΜ τῶν λοιπῶν εἰς τὸ ἡμικύκλιον ϛ̄ νδ΄. Καὶ τῶν ὑπ΄ αὐτὰς ἄρα εὐθειῶν, ἡ μὲν ΔΜ τοιούτων ἔςαι ριθ̄ μζ΄,
οἵων ἐςὶν ἡ ΔΖ ὑποτείνουσα ρκ̄, ἡ δὲ ΜΖ
τῶν αὐτῶν ζ̄ ιγ΄. Ὥστε καὶ οἵων ἐςὶν ἡ
ΔΖ μεταξὺ τῶν κέντρων γ̄ κε΄, ἡ δὲ ΔΒ
ἐκ τοῦ κέντρου τοῦ ἐκκέντρου ξ̄, τοιούτων
καὶ ἡ μὲν ΔΜ ἔςαι ἔγγιςα γ̄ κε΄, ἡ δὲ

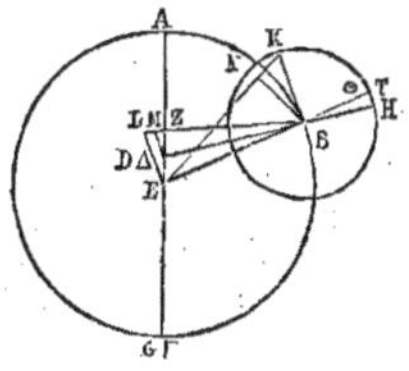

années égyptiennes, 167 jours et huit
heures, et qu'approximativement Saturne
avance en longitude de 30ᵖ 3′ pendant ce
même temps, et en anomalie, de 134ᵈ 24′ :
si nous ajoutons ces quantités aux lieux
donnés par la troisième opposition, nous
aurons pour le temps de l'observation en
question (*b*), 86ᵈ 33′ en longitude depuis
l'apogée de l'excentrique, et 309ᵈ 8′ d'a-
nomalie depuis l'apogée de l'épicycle.

Cela posé, soit dans la figure pour la même démons-
tration, la position de l'é-
picycle dans les points suivants de l'apogée de l'excentrique, et celle de l'astre
dans les points précédents
de l'apogée de l'épicycle, conséquemment à leurs mouvements supposés. Puisque l'angle AZB, ou DZM, est supposé de
86ᵈ 33′ des degrés dont 360 font quatre
angles droits, et de 173ᵈ 6′ de ceux dont
360 font deux angles droits, l'arc soutendu par DM sera de 173ᵈ 6′ des degrés
dont le cercle circonscrit au rectangle
DZM en contient 360, et l'arc soutendu
par ZM a les 6ᵈ 54′ restants du demi-cercle.
Donc, des soutendantes de ces arcs, DM
sera de 119ᵖ 47′ des parties dont l'hypoténuse DZ en contient 120, et ZM sera de
7ᵖ 13′. Ainsi la droite DZ entre les centres étant de 3ᵖ 25′, et DB rayon de l'excentrique, de 60ᵖ, DM aura environ

★

3^p 25', et ZM 0^p 12'. Et Puisque la différence des carrés de DM et de DB donne celui de BM, nous aurons BM de 59^p 54'; et de même puisque ZM est égale à ML, et que EL est double de DM, nous aurons la droite entière BL de 60° 6' des parties dont 6^p 50' font la droite EL, et par conséquent l'hypoténuse EB de 60^p 29'. Si donc cette hypoténuse est faite de 120^p, EL en aura 13^p 33', et l'arc soutenu par cette droite sera de 12^d 58' des degrés dont le cercle décrit autour du rectangle BEL en contient 360. Ainsi l'angle EBZ est de 12^d 58' des degrés dont 360 font deux angles droits. Or l'angle AZB est supposé en valoir 173^d 6'; donc l'angle restant AEB en vaut 160^d 8'. Mais l'angle AEK qui embrasse la distance apparente de l'astre à l'apogée, étoit supposé de 76^d 4' des degrés dont 360 font quatre angles droits, et de 142^d 8' de ceux dont 360 font deux angles droits; nous aurons donc l'angle restant KEB, de 8^d 0'. Ainsi l'arc soutenu par BN est de 8 des degrés dont le cercle circonscrit au rectangle BEN en contient 360, et la droite BN est de 8^p 22' des parties dont l'hypoténuse EB en a 120. Donc la droite EB étant de 60^p 20', et le rayon de l'excentrique, de 60, BN en aura 4^p 13'.

En outre, puisque l'astre étoit à 309^d 8' loin de l'apogée H de l'épicycle, l'arc HK restant sera de 50^d 52', et par conséquent l'angle BK est de 50^d 52' des degrés dont

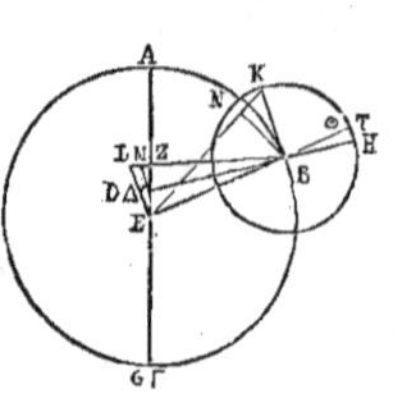

ZM ὁμοίως ο̄ ιβ'. Καὶ ἐπεὶ τὸ ἀπὸ τῆς ΔΜ, λειφθὲν ὑπὸ τοῦ ἀπὸ τῆς ΔΒ, ποιεῖ τὸ ἀπὸ τῆς ΒΜ, ἕξομεν κ̣ τὴν ΒΜ τῶν αὐτῶν νθ νδ'· ὁμοίως δ' ἐπεὶ κ̣ ἡ μὲν ΖΜ τῇ ΜΛ ἴση ἐςὶν, ἡ δὲ ΕΛ τῆς ΔΜ διπλῆ, ἕξομεν κ̣ ὅλην τὴν ΒΛ τοιούτων ξ καὶ ἡ ἑξηκοςῶν ς, οἵων κα̣ ἡ ΕΛ συνάγεται ς ν', διὰ τοῦτο δὲ κα̣ τὴν ΕΒ ὑποτείνουσαν τῶν αὐτῶν ξ κθ'. Καὶ οἵων ἐςὶν ἄρα ἡ ΕΒ ὑποτείνουσα ρκ, τοιούτων κ̣ ἡ μὲν ΕΛ ἔςαι ιγ λγ', ἡ δ' ἐπ' αὐτῆς περιφέρεια τοιούτων ιβ νη' οἵων ἐςὶν ὁ περὶ τὸ ΒΕΛ ὀρθογώνιον κύκλος τξ. Ὥστε κ̣ ἡ ὑπὸ ΕΒΖ γωνία τοιούτων ἐςὶν ιβ νη', οἵων αἱ δύο ὀρθαὶ τξ. Τῶν δ' αὐτῶν ὑπόκειται κ̣ ἡ ὑπὸ ΔΖΒ γωνία ρογ ς, κα̣ λοιπὴ ἄρα ἡ ὑπὸ ΑΕΒ τῶν αὐτῶν ἔςαι ρξ κ̣ ἐξηκοςῶν η'. Ἀλλὰ κ̣ ἡ ὑπὸ ΑΕΚ γωνία περιέχουσα τὴν ἀπὸ τοῦ ἀπογείου φαινομένην διάςασιν τοῦ ἀςέρος, οἵων μέν εἰσιν αἱ τέσσαρες ὀρθαὶ τξ, τοιούτων ὑπεκείτο ος δ', οἵων δ' αἱ δύο ὀρθαὶ τξ, τοιούτων ρνβ η', κα̣ λοιπὴν ἄρα τὴν ὑπὸ ΚΕΒ ἕξομεν τῶν αὐτῶν η ο'. Ὥστε κ̣ ἡ μὲν ἐπὶ τῆς ΒΝ περιφέρεια τοιούτων ἐςὶν η, οἵων ὁ περὶ τὸ ΒΕΝ ὀρθογώνιον κύκλος τξ, ἡ δὲ ΒΝ εὐθεῖα τοιούτων η κβ', οἵων ἐςὶν ἡ ΕΒ ὑποτείνουσα ρκ. Καὶ οἵων ἄρα ἐςὶν ἡ μὲν ΕΒ εὐθεῖα ξ κθ', ἡ δ' ἐκ τοῦ κέντρου τοῦ ἐκκέντρου ξ, τοιούτων κα̣ ἡ ΒΝ ἔςαι δ ιγ'.

Πάλιν ἐπεὶ ἀπεῖχεν ὁ ἀςὴρ τοῦ Η ἀπογείου τοῦ ἐπικύκλου μοίρας τθ η', εἴη ἂν κα̣ λοιπὴ ἡ ΗΚ περιφέρεια μοιρῶν ν ιβ', κα̣ ἡ ὑπὸ ΗΒΚ ἄρα γωνία,

οἵων μέν εἰσιν αἱ τέσσαρες ὀρθαὶ τ ξ̄,
τοιούτων ἐστὶ ν̄ νβ΄, οἵων δ΄ αἱ δύο ὀρθαὶ τ ξ̄, τοιούτων ρᾱ μδ΄. Τῶν δ΄ αὐτῶν
ἦν καὶ ἡ ὑπὸ EBZ, τουτέστιν ἡ ὑπὸ HBΘ
γωνία ιβ̄ νη΄· καὶ λοιπὴ ἄρα ἡ ὑπὸ ΘBK
ἔσται τῶν αὐτῶν π̄η̄ μς΄, οἵων ἡ ὑπὸ ΚΕΒ
ἐδείχθη η̄· καὶ λοιπὴν ἄρα τὴν ὑπὸ BKN
ἕξομεν τῶν αὐτῶν π̄ μς΄. Ὥστε καὶ ἡ
μὲν ἐπὶ τῆς BN περιφέρεια τοιούτων ἐςὶν
π̄ μς΄, οἵων ἐςὶν ὁ περὶ τὸ BKN ὀρθογώνιον κύκλος τ ξ̄· ἡ δὲ BN εὐθεῖα τοιούτων
ο̄ζ̄ με΄, οἵων ἐςὶν ἡ BK ὑποτείνουσα ρ̄κ̄.
Καὶ οἵων ἄρα ἡ μὲν BN ἐδείχθη δ̄ ιγ΄, ἡ
δ΄ ἐκ τοῦ κέντρου τοῦ ἐκκέντρου ξ̄, τοιούτων καὶ τὴν BK ἐκ τοῦ κέντρου τοῦ ἐπικύκλου ἕξομεν ϛ̄ ϛ΄΄ ἔγγιστα. Καὶ συνῆκται ἡμῖν ὅτι τὸ μὲν ἀπόγειον τοῦ τοῦ
Κρόνου, κατὰ τοὺς περὶ τὴν ἀρχὴν τῆς
Ἀντωνίνου βασιλείας χρόνους, ἐπεῖχε σκορπίωνος μοίρας κγ̄, οἵων δὲ ἡ ἐκ τοῦ κέντρου τοῦ ἐκκέντρου τοῦ φέροντος τὸν ἐπίκυκλον ἐστὶν ξ̄, τοιούτων καὶ ἡ μὲν μεταξὺ τῶν κέντρων τοῦ τε ζωδιακοῦ καὶ
τοῦ τὴν ὁμαλὴν κίνησιν ποιοῦντος ἐκκέντρου συνῆκται ϛ̄ ν΄, ἡ δ΄ ἐκ τοῦ κέντρου
τοῦ ἐπικύκλου τῶν αὐτῶν ϛ̄ λ΄· ἅπερ
προέκειτο εὑρεῖν.

ΚΕΦΑΛΑΙΟΝ Ζ.

ΠΕΡΙ ΤΗΣ ΔΙΟΡΘΩΣΕΩΣ ΤΩΝ ΠΕΡΙΟΔΙΚΩΝ ΤΟΥ
ΤΟΥ ΚΡΟΝΟΥ ΚΙΝΗΣΕΩΝ.

ΚΑΤΑΛΕΙΠΟΜΕΝΗΣ δὲ δειχθῆναι
τῆς τῶν περιοδικῶν κινήσεων διορθώσεως,
ἐλάβομεν καὶ εἰς τοῦτο μίαν πάλιν τῶν

---

360 font quatre angles droits, et de 101^d
44′ de ceux dont 360 font deux angles
droits. Mais l'angle EBZ ou l'angle HBT
s'est trouvé de 12^d 58′; donc l'autre angle TBK sera de 88^d 46′ des degrés dont
l'angle KEB a été démontré en valoir 8^d;
ainsi, nous aurons l'angle restant BKN
de 80^d 46′. C'est pourquoi l'arc soutendu
par BN est de 80^d 46′ des degrés dont le
cercle décrit autour du rectangle BKN en
contient 360, et la droite BN est de 77^p
45′ des parties dont l'hypoténuse BK en
contient 120. Par conséquent, la droite
BN ayant été démontrée de 4^p 13′, et le
rayon de l'excentrique étant de 60^p, nous
aurons la droite BK, rayon de l'épicycle,
de 6^p ½ environ. Ainsi donc, il nous est
démontré que l'apogée de Saturne, au
commencement du règne d'Antonin, étoit
sur le 23e degré du scorpion, et que le
rayon de l'excentrique qui porte l'épi-
cycle, étant de 60^p, et la droite entre les
centres du zodiaque et de l'excentrique
qui rend le mouvement uniforme, de 6^p
50′, le rayon de l'épicycle est de 6^p 30′.
C'est ce qu'il falloit trouver.

CHAPITRE VII.

DE LA CORRECTION DES MOUVEMENTS PÉRIO-
DIQUES DE SATURNE.

POUR la correction qui nous reste à donner des mouvements périodiques, nous
avons encore choisi une des observations

anciennes les mieux décrites. Elle nous apprend que dans la 82ᵉ année, selon les chaldéens, le 5 du mois Xanthique, au soir, Saturne étoit à deux doigts au-dessous de l'épaule méridionale de la vierge. Or, cette époque coïncide à la 519ᵉ année de Nabonassar, au soir du 14 (a) du mois égyptien Tubi, temps où nous trouvons que le soleil moyen étoit sur les 6ᵈ 10′ des poissons. Mais l'étoile fixe de l'épaule méridionale de la vierge étoit, lors de notre observation, sur les 13ᵈ ⅙ de la vierge, et lors de l'observation dont il est ici question, à cause des 366 années intermédiaires pendant lesquelles les fixes se sont avancées de 3ᵈ ⅓ à peu près, elle étoit sur 9ᵈ ½ de la vierge, auxquels répondoit Saturne, puisqu'il étoit de deux doigts plus méridional que cette étoile. De même, ayant démontré que, de notre temps, l'apogée de Saturne étoit sur le 23ᵉ degré du scorpion, il devoit être sur 19ᵈ ⅓ de ce signe, lors de cette ancienne observation. D'où l'on conclut que dans le temps énoncé ci-dessus, l'astre apparent étoit éloigné de l'apogée, de 290ᵈ 10′ du zodiaque, et que le soleil moyen en étoit à une distance de 106ᵈ 50′.

Cela posé, soit encore, pour cette démonstration, cette figure qui offre la position de l'épicycle précédant l'apogée de l'excentrique, et celle du soleil précédant le péri-gée, et parallèlement à elle la droite menée du centre de l'épicycle à l'astre.

ἀδιδάκτως ἀναγεγραμμένων παλαιῶν τηρήσεων, καθ᾽ ἣν διασαφεῖται ὅτι τῷ πβ ἔτει κατὰ χαλδαίους Ξανθικοῦ ε ἑσπέρας, ὁ τοῦ Κρόνου ἀςὴρ ὑποκάτω ἦν τοῦ νοτίου ὤμου τῆς παρθένου δακτύλους β. Ὁ μὲν οὖν χρόνος ἐςὶ κατὰ τὸ φιθ ἔτος ἀπὸ Ναβονασσάρε κατ᾽ Αἰγυπτίες Τυβὶ ιδ ἑσπέρας, ἐν ᾧ τὸν μέσον ἥλιον εὑρίσκομεν ἐπέχοντα ἰχθύων μοίρας ς ι. Ἀλλὰ καὶ ὁ ἐπὶ τοῦ νοτίου ὤμου τῆς παρθένου ἀπλανὴς, κατὰ μὲν τὸν τῆς ἡμετέρας τηρήσεως χρόνον, ἐπεῖχε παρθένου μοίρας ιγ ς, κατὰ δὲ τὸν τῆς ἐκκειμένης τηρήσεως, διὰ τὸ τοῖς μεταξὺ τξς ἔτεσιν ἐπιβάλλειν τῆς τῶν ἀπλανῶν κινήσεως μοίρας γ γ⁰ ἔγγιςα, παρθένου δηλονότι μοίρας θ ς″, ὅσας καὶ ὁ τοῦ κρόνου ἀςὴρ, ἐπειδὴ νοτιώτερος ἦν τοῦ ἀπλανοῦς δυσὶ δακτύλοις, ὡσαύτως δ᾽ ἐπεὶ κὴ τὸ ἀπόγειον αὐτοῦ καθ᾽ ἡμᾶς ἐδείχθη περὶ τὰς κγ μοίρας τοῦ σκορπίωνος, κατὰ τὴν ἐκκειμένην τήρησιν ὤφειλεν ἐπίχειν τὰς ιθ γ″ μοίρας τοῦ σκορπίωνος. Καὶ συνάγεται διὰ τούτων ὅτι κατὰ τὸν προκείμενον χρόνον ὁ μὲν φαινόμενος ἀςὴρ ἀπεῖχε τοῦ τότε ἀπογείου μοίρας ἐπὶ τοῦ ζωδιακοῦ σζ ι, ὁ δὲ μέσος ἥλιος τοῦ αὐτοῦ ἀπογείου μοίρας ρς ν.

Τούτων ὑποκειμένων ἐκκείσθω πάλιν ἡ ἐπὶ τῆς ὁμοίας δείξεως καταγραφὴ, τὴν μὲν τοῦ ἐπικύκλου θέσιν ἔχουσα προηγουμένην τοῦ ἀπογείου τοῦ ἐκκέντρου, τὴν δὲ τοῦ ἡλίου προηγουμένην τοῦ περιγείου, καὶ παράλληλον αὐτῇ τὴν ἀπὸ τοῦ κέντρου τοῦ ἐπικύκλου ἐπὶ τὸν ἀςέρα· Ἐπεὶ τοίνυν ὁ τοῦ Κρόνου προηγούμενος ἐφαίνετο τοῦ ἀπογείου τὰς λειπούσας εἰς τὸν ἕνα κύκλον μοίρας ξθ ν, εἴη ἂν καὶ ἡ ὑπὸ ΑΕΘ γωνία πρὸς τῷ κέντρῳ οὖσα τοῦ ζωδιακοῦ, οἵων μέν εἰσιν αἱ τέσσαρες ὀρθαὶ τξ, τοιούτων ξθ ν, οἵων δ' αἱ δύο ὀρθαὶ τξ, τοιούτων ρλθ, μ· ὑπόκειται δὲ καὶ ἡ ὑπὸ ΑΕΛ τῆς ἡλιακῆς ἀποςάσεως, οἵων μέν εἰσιν αἱ τέσσαρες ὀρθαὶ τξ, τοιούτων ρϛ ν, οἵων δ' αἱ δύο ὀρθαὶ τξ, τοιούτων σιγ μ· Καὶ ὅλη μὲν ἄρα ἡ ὑπὸ ΘΕΛ, τουτέςιν ἡ ὑπὸ ΒΘΕ, διὰ τὸ παραλλήλους εἶναι τὰς ΒΘ καὶ ΕΛ, τοιούτων ἐςὶ τνγ κ, οἵων αἱ δύο ὀρθαὶ τξ, λοιπὴ δ' ἡ ὑπὸ ΒΘΝ τῶν αὐτῶν ϛ μ. Ὥςε καὶ ἡ μὲν ἐπὶ τῆς ΒΝ περιφέρεια τοιούτων ἐςὶν ϛ μ, οἵων ὁ περὶ τὸ ΒΘΝ ὀρθογώνιον κύκλος τξ, ἡ δὲ ΒΝ εὐθεῖα τοιούτων ϛ νη, οἵων ἐςὶν ἡ ΒΘ ὑποτείνουσα ρκ. Καὶ οἵων ἐςὶν ἄρα ἡ ΒΘ ἐκ τοῦ κέντρου τοῦ ἐπικύκλου ϛ λ, καὶ ἡ ΒΝ ἔςαι ο κγ. Ὁμοίως ἐπεὶ ἡ μὲν ὑπὸ ΑΕΘ γωνία τοιούτων ρλθ μ, οἵων αἱ δύο ὀρθαὶ τξ, ἡ δ' ὑπὸ ΕΔΜ τῶν αὐτῶν μ κ, εἴη ἂν καὶ ἡ μὲν ἐπὶ τῆς ΔΜ περιφέρεια τοιούτων ρλθ μ, οἵων ὁ περὶ τὸ ΔΕΜ ὀρθογώνιον κύκλος τξ, αὐτὴ δ' ἡ ΔΜ εὐθεῖα τοιούτων ριβ λθ, οἵων ἐςὶν ἡ ΕΔ ὑποτείνουσα ρκ. Καὶ οἵων ἐςὶν ἄρα ἡ μὲν ΕΔ μεταξὺ τῶν κέντρων γ κε, ἡ δὲ ΔΒ ἐκ τοῦ κέντρου τοῦ ἐκκέντρου ξ, τοιούτων καὶ ἡ μὲν ΔΜ, τουτέςιν ἡ ΞΝ εὐθεῖα, ἔςαι γ ιβ, ἡ δὲ ΒΝΞ ὅλη τοιούτων γ λε, οἵων ἐςὶν ἡ ΔΒ ὑποτείνουσα ξ. Καὶ οἵων ἐςὶν ἄρα ἡ ΔΒ εὐθεῖα ρκ,

Puisqu'alors Saturne paroissoit précéder l'apogée, des 69^d 50′ du supplément de la circonférence de cercle, l'angle AET au centre du zodiaque étoit de 69^d 50′ des degrés dont 360 font quatre angles droits, et de 139^d 40′ de ceux dont 360 font deux angles droits. Mais l'angle AEL de la distance solaire est supposé de 106^d 50′ des degrés dont 360 font quatre angles droits, de 213^d 40′ de ceux dont 360 font deux angles droits. Donc l'angle entier TEL, ou BTE à cause du parallélisme de BT et de EL, est de 353^d 20′ des degrés dont 360 font deux angles droits, et l'angle de suite BTN en vaut 6^d 40′. De sorte que l'arc soutendu par BN est de 6^d 40′ des degrés dont le cercle circonscrit au rectangle BTN en contient 360 ; et la droite BN est de 6^d 58′ des parties dont l'hypoténuse BT en contient 120. Faisant donc la droite BT rayon de l'épicycle, de 6^d 30′, BN aura 0^p 23′. De même, puisque l'angle AET est de 139^d 40′ des degrés dont 360 font deux angles droits, et que l'angle EDM en a 4^d 20′ ; l'arc soutendu par DM sera de 139^d 40′ des degrés dont le cercle circonscrit au rectangle DEM en contient 360, et la droite DM sera de 112^p (b) 39′ des parties dont l'hypoténuse ED en contient 120. Donc la droite ED entre les centres étant de 3^p 25′, et DB rayon de l'excentrique, de 60^p, la droite DM ou XN sera de 3^p 12′, et la droite entière BNX, de 3^p 55′ des parties dont l'hypoténuse DB en contient 60^p. Ainsi cette droite DB étant de 120^p, BX en aura

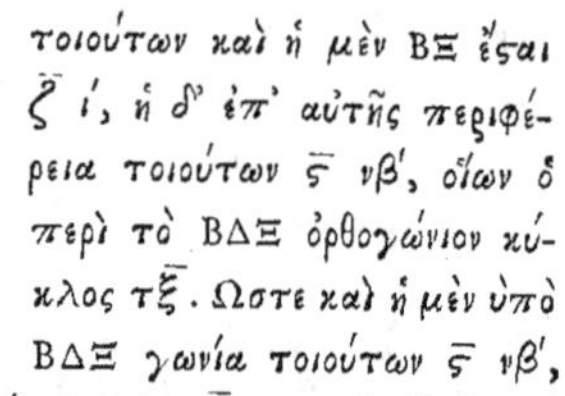

7ᵖ 10', et l'arc soutendu par celle-ci, sera de 6ᵈ 52' des degrés dont le cercle circonscrit au rectangle BDX en contient 360. Ainsi l'angle BDX est de 6ᵈ 52' des degrés dont 360 font deux angles droits. Or L'angle de complément BDM est de 173ᵈ 8', et par conséquent l'angle total BDE est de 213ᵈ 28'. Donc l'angle restant BDA vaut 146ᵈ 32'. C'est pourquoi l'arc soutendu par ZK est de 146ᵈ 32' des degrés dont le cercle circonscrit au rectangle DZK en contient 360, et l'arc sur DK vaut les 33ᵈ 28' restants du demi-cercle. Donc, des soutendantes de ces arcs, ZK sera de 114ᵖ 55' des parties dont l'hypoténuse DZ en contient 120, et DK de 34ᵖ 33'. Ainsi, la droite DZ entre les centres étant de 3ᵖ 25', et la droite DB menée du centre de l'excentrique, de 60ᵖ, ZK en aura 3ᵖ 17' (c), et DK en aura 0ᵖ 59'. Donc le restant KB vaut 59ᵖ 1' de ces parties dont ZK en vaut 3ᵖ 17'. C'est pourquoi l'hypoténuse ZB en a 59ᵖ 6'. Cette hypoténuse BZ étant donc de 120ᵖ, ZK en aura 6ᵖ 40', et l'arc soutendu par cette droite aura 6ᵈ 22' des degrés dont le cercle circonscrit au rectangle BZK en contient 360. Donc l'angle ZBK est de 6ᵈ 22' des degrés dont 360 font deux angles droits. Mais l'angle ADB en valoit 146ᵈ 32'; donc nous aurons l'angle total AZB qui embrasse le mouvement uniforme en longitude, de 152ᵈ 54' de ces degrés, et de 76ᵈ 27' de

τοιούτων καὶ ἡ μὲν ΒΞ ἔςαι ζ ι', ἡ δ' ἐπ' αὐτῆς περιφέρεια τοιούτων ς νβ', οἵων ὁ περὶ τὸ ΒΔΞ ὀρθογώνιον κύκλος τξ. Ὥστε καὶ ἡ μὲν ὑπὸ ΒΔΞ γωνία τοιούτων ς νβ', οἵων αἱ δύο ὀρθαὶ τξ, λοιπὴ δ' ἡ ὑπὸ ΒΔΜ τῶν αὐτῶν ρογ η'· ὅλη δ' ἡ ὑπὸ ΒΔΕ ὁμοίως σιγ κη', λοιπὴ δ' ἡ ὑπὸ ΒΔΑ τῶν αὐτῶν ρμς λβ'. Ὥστε καὶ ἡ μὲν ἐπὶ τῆς ΖΚ περιφέρεια τοιούτων ἐςὶν ρμς λβ', οἵων ὁ περὶ τὸ ΔΖΚ ὀρθογώνιον κύκλος τξ, ἡ δ' ἐπὶ τῆς ΔΚ τῶν λοιπῶν εἰς τὸ ἡμικύκλιον λγ κη'. Καὶ τῶν ὑπ' αὐτὰς ἄρα εὐθειῶν, ἡ μὲν ΖΚ ἔςαι τοιούτων ριδ νε', οἵων ἐςὶν ἡ ΔΖ ὑποτείνουσα ρκ, ἡ δὲ ΔΚ τῶν αὐτῶν λδ λγ'. Καὶ οἵων ἐςὶν ἄρα ἡ μὲν ΔΖ μεταξὺ τῶν κέντρον γ κε', ἡ δὲ ΔΒ ἐκ τοῦ κέντρου τῦ ἐκκέντρου ξ, τοιύτων ᴋ ἡ μὲν ΖΚ ἔςαι γ ιζ', ἡ δὲ ΔΚ ὁμοίως ο νθ', λοιπὴ δ' ἡ ΚΒ τοιούτων νθ α', οἵων καὶ ἡ ΖΚ γ ιζ'. διὰ τοῦτο δὲ καὶ ἡ ΖΒ ὑποτείνουσα τῶν αὐτῶν νθ ς'. Ὥςε καὶ οἵων ἐςὶ ἡ ΖΒ ὑποτείνουσα ρκ, τοιούτων καὶ ἡ μὲν ΖΚ ἔςαι ς μ', ἡ δ' ἐπ' αὐτῆς περιπέρεια τοιούτων ς κβ', οἵων ἐςὶν ὁ περὶ τὸ ΒΖΚ ὀρθογώνιον κύκλος τξ, καὶ ἡ ὑπὸ ΖΒΚ ἄρα γωνία τοιούτον ἐςὶ ς κβ', οἵων αἱ δύο ὀρθαὶ τξ. Τῶν δ' αὐτῶν ἦν καὶ ἡ ὑπὸ ΑΔΒ γωνία ρμς λβ'· καὶ ὅλην ἄρα τὴν ὑπὸ ΑΖΒ γωνίαν, ἥτις περιέχει τὴν ὁμαλὴν κατα μῆκος πάροδον, τῶν μὲν αὐτῶν ἕξομεν ρνβ νδ', οἵων δ' αἱ τέσσαρες ὀρθαὶ τξ, τοιούτων ος κζ'. Ἀπεῖχεν ἄρα κατὰ τὸν τῆς ἐκκειμένης τηρήσεως χρόνον ὁ τοῦ Κρόνου

κατὰ τὴν μέσην τοῦ μήκους πάροδον ἀπὸ
τοῦ ἀπογείου σπγ λγ΄, τουτέςιν ἐπεῖχε
παρθένου μοίρας β νγ΄. Επεὶ δὲ καὶ ἡ
τοῦ ἡλίου μέση πάροδος ὑπόκειται μοιρῶν
ρϛ ν΄, ἐὰν προσθῶμεν αὐταῖς ἑνὸς κύκλου
μοίρας τξ, καὶ ἀπὸ τῶν γενομένων υξϛ
ν΄ ἀφέλωμεν τὰς τοῦ μήκους μοίρας σπγ
λγ΄, ἕξομεν εἰς τὸν αὐτὸν χρόνον καὶ ἀνωμαλίας ἀπὸ τοῦ ἀπογείου τοῦ ἐπικύκλου
μοίρας ρπγ ιζ΄.

Επεὶ οὖν ἐν μὲν τῷ χρόνῳ τῆς προκειμένης τηρήσεως ὄντι κατὰ τὸ φιθ ἔτος ἀπὸ
Ναβονασσάρου, Τυβὶ ιδ, ἑσπέρας, ἐδείχθη
ἀπέχων ἀπὸ τοῦ ἀπογείου τοῦ ἐπικύκλου ρπγ ιζ΄, ἐν δὲ τῷ τῆς τρίτης
ἀκρονύκτου ὄντι κατὰ τὸ ωπγ ἔτος ἀπὸ
Ναβονασσάρου, Μεσορὶ κδ, τῆς μεσημβρίας, μοίρας ροδ μδ΄, φανερὸν ὅτι ἐν τῷ
μεταξὺ τῶν τηρήσεων χρόνῳ περιέχοντι
ἔτη Αἰγυπτιακὰ τξδ καὶ ἡμέρας σιε
ϛ΄΄ δ΄΄, κεκίνηται ὁ τοῦ Κρόνου ἀςὴρ
μεθ᾽ ὅλους κύκλους ἀνωμαλίας μοίρας
τνα κζ΄, ὅση σχεδὸν πάλιν καὶ ἐκ τῶν
πεπραγματευμένων ἡμῖν μέσων κινήσεων
συνάγεται μοιρῶν ἐπουσία, διὰ τούτων
αὐτῶν καὶ τῆς ἡμερησίου μέσης παρόδου
συςαθείσης, μερισθεισῶν τῶν συναγομένων μοιρῶν ἐκ τοῦ πλήθους τῶν κύκλων
καὶ τῆς ἐπουσίας, εἰς τὸ πλῆθος τῶν ἐκ
τοῦ χρόνου συναγομένων ἡμερῶν.

ceux dont 360 font quatre angles droits.
Par conséquent au temps de l'observation
en question, Saturne, par son mouvement
moyen, étoit à 283^d 33′ loin de l'apogée,
c'est-à-dire qu'il répondoit à 2^d 53′ de la
vierge. Mais comme le mouvement moyen
du soleil est supposé de 106^d 50′, si nous
y ajoutons les 360 degrés d'une circonférence de cercle, et si de la somme 466^d
50′ nous retranchons les 283^d 33′ de longitude, nous aurons, pour ce même temps,
183^d 17′ d'anomalie depuis l'apogée de
l'épicycle.

Or, puisqu'il est prouvé que lors de cette
observation qui fut faite dans la 519e année
de Nabonassar, le soir (d) du 14 du mois
Tubi, l'astre étoit à 183^d 17′ loin de l'apogée de l'épicycle, et que dans la troisième
opposition arrivée la 883e année de Nabonassar, à midi du 24 Mésor, il en étoit à
174^d 44′, il est évident que dans l'espace
de temps écoulé entre ces deux observations, qui comprend 364 années égyp-
tiennes et 219 (e) $\frac{1}{2} \frac{1}{4}$ jours, Saturne a
parcouru, en outre des circonférences en-
tières, 351^d 27′ d'anomalie : ce qui s'ac-
corde encore avec le surplus ou excédent
que donnent nos tables de moyens mouvemens ; le mouvement journalier moyen se
trouvant, en divisant la somme des degrés des circonférences entières et de leur
excédent, par le nombre des jours compris dans ce même intervalle de temps.

CHAPITRE VIII.

DE L'ÉPOQUE DES MOUVEMENTS PÉRIODIQUES
DE SATURNE.

Comme depuis le premier jour du mois égyptien Thoth, à midi, de la première année de Nabonassar jusqu'à cette ancienne observation dont je parle, il s'est écoulé 518 années égyptiennes (a) 133 ¼ jours, et que ce temps embrasse 216ᵈ d'excédent des circonférences en longitude, et 149ᵖ 15′ d'anomalie; si nous les retranchons des époques données par l'observation, nous aurons pour ce temps, l'époque de Saturne par son moyen mouvement, en 26ᵈ 43′ du capricorne (b), et en 34ᵖ 2′ d'anomalie depuis l'apogée de l'épicycle; et par conséquent l'apogée de son excentrique, sur 14ᵈ 10′ du scorpion. Ce qu'il sagissoit de trouver.

ΚΕΦΑΛΑΙΟΝ Η.

ΠΕΡΙ ΤΗΣ ΕΠΟΧΗΣ ΤΩΝ ΠΕΡΙΟΔΙΚΩΝ ΤΟΥ
ΚΡΟΝΟΥ ΚΙΝΗΣΕΩΝ.

Επει δὲ ᶄ ὁ ἀπὸ τᴕ πρώτᴕ ἔτᴕς Ναβο. νασσάρου Θὼθ ᾱ τῆς μεσημβρίας μέχρι τῆς ἐκκειμένης παλαῖας τηρήσεως χρόνος ἐτῶν ἐςιν Αἰγυπτιακῶν φιη, κᶏ ἡμερῶν ρκγ δ′, περιέχει δ᾽ οὗτος ὁ χρόνος ἐπουσίας μήκους μὲν μοίρας σιϛ, ἀνωμαλίας δὲ μοίρας ρμθ ιε′, ἐὰν ταύτας ἀφέλωμεν τῶν κατὰ τὴν τήρησιν ἐκκειμένων ἐποχῶν, ἕξομεν εἰς τὸν αὐτὸν πάλιν τῆς ἐποχῆς χρόνον, κᶏ τὸν τοῦ Κρόνου ἀςέρα μέσως κατὰ μῆκος ἐπέχοντα τοῦ αἰγοκέρωτος μοίρας κϛ μγ′, κᶏ ἀνωμαλίας ἀπὸ τοῦ ἀπογείου τοῦ ἐπικύκλου μοίρας λδ β′· διὰ ταῦτα δὲ καὶ τὸ ἀπόγειον αὐτοῦ τῆς ἐκκεντρότητος περὶ σκορπίωνος, μοίρας ιδ ι′· ἅπερ ᴨροέκειτο εὑρεῖν.

CHAPITRE IX.

COMMENT, PAR LES MOUVEMENTS PÉRIODIQUES,
ON DÉTERMINE, AU MOYEN D'UNE FIGURE,
LES LIEUX VRAIS.

Réciproquement, étant donnés les arcs périodiques de l'excentrique qui embrasse le mouvement moyen uniforme, et ceux de l'épicycle, on trouve sans peine par des constructions graphiques, les lieux apparents des astres, comme on va le voir :

ΚΕΦΑΛΑΙΟΝ Θ.

ΠΩΣ ΑΠΟ ΤΩΝ ΠΕΡΙΟΔΙΚΩΝ ΚΙΝΗΣΕΩΝ
ΑΙ ΑΚΡΙΒΕΙΣ ΠΑΡΟΔΟΙ ΓΡΑΜΜΙΚΩΣ
ΛΑΜΒΑΝΟΝΤΑΙ.

Οτι δὲ κᶏ ἀνάπαλιν τῶν περιοδικῶν περιφερειῶν τοῦ τε τὴν ὁμαλὴν κίνησιν περιέχοντος ἐκκέντρου κᶏ τοῦ ἐπικύκλου δοθεισῶν, κᶏ αἱ φαινόμεναι πάροδοι τῶν ἀςέρων προχείρως διὰ τῶν γραμμῶν λαμβάνονται, διὰ τῶν αὐτῶν ἡμῖν ἔςαι δῆλον.

Ἐὰν γὰρ ἐπὶ τῆς ἁπλῆς κα-
ταγραφῆς τοῦ τε ἐκκέντρου
καὶ τοῦ ἐπικύκλου, τὰς ΖΒΘ
καὶ ΕΒΗ ἐπιζεύξωμεν, διδομένης μὲν τῆς κατὰ μῆκος μέσης παρόδου, τουτέςι τῆς ὑπὸ
ΑΖΒ γωνίας, δοθήσεται καὶ
κατ' ἀμφοτέρας τὰς ὑποθέσεις, ἐκ τῶν
προδεδειγμένων, ἥ τε ὑπὸ ΑΕΒ γωνία, καὶ
ἡ ὑπὸ ΕΒΖ, τουτέςιν ἡ ὑπὸ ΗΒΘ, κỳ ἔτι
ὁ τῆς ΕΒ εὐθείας πρὸς τὴν ἐκ τοῦ κέντρου τοῦ ἐπικύκλου λόγος. Ὑποτεθέντος
δὲ καὶ τοῦ ἀςέρος, λόγου ἕνεκεν, κατὰ τὸ
Κ σημεῖον τοῦ ἐπικύκλου, καὶ ἐπιζευχθεισῶν τῆς τε ΕΚ καὶ τῆς ΒΚ, διδομένης τε
τῆς ΘΚ περιφερείας, ἐὰν μηκέτι ὥσπερ ἐπὶ
τῆς ἀνάπαλιν δείξεως ἀπὸ τοῦ Β κέντρου
τοῦ ἐπικύκλου κάθετον ἀγάγωμεν ἐπὶ τὴν
ΕΚ, ἀλλὰ ἀπὸ τοῦ Κ ἀςέρος ἐπὶ τὴν ΕΒ
εὐθεῖαν, ὡς ἐνθάδε τὴν ΚΛ, δεδομένη μὲν
ἔςαι κỳ ὅλη ἡ ὑπὸ ΗΒΚ γωνία, διὰ τοῦτο
δὲ κỳ ὁ τῶν ΚΛ καὶ ΛΒ πρός τε τὴν ΒΚ
καὶ πρὸς τὴν ΕΒ δῆλον ὅτι λόγος, δοθήσεται δὲ ἀκολούθως κỳ ὁ τῆς ΕΒΛ ὅλης
πρὸς τὴν ΔΚ. Ὥστε κỳ τῆς ὑπὸ ΛΕΚ γωνίας δοθείσης, κỳ ὅλην ἡμῖν συνῆχθαι τὴν
ὑπὸ ΑΕΚ γωνίαν περιέχουσαν τὴν ἀπὸ
τοῦ ἀπογείου τοῦ ἀςέρος φαινομένην διάςασιν.

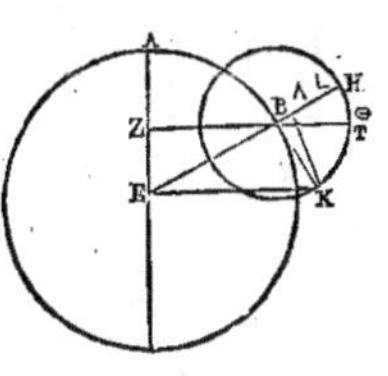

En effet, si dans la simple figure de l'excentrique et de l'épicycle, on joint les droites ZBT, EBH; l'espace parcouru par le mouvement moyen en longitude, c'est-à-dire l'angle AZB étant donné, l'angle AEB et l'angle EBZ, ou HBT, seront aussi donnés suivant les deux hypothèses, d'après ce qui a été démontré précédemment, ainsi que le rapport du rayon EB de l'excentrique au rayon de l'épicycle. Supposant donc l'astre, par exemple, au point K de l'épicycle, et ayant joint les droites EK et BK, l'arc TK étant donné, si au lieu d'abaisser, comme pour la démonstration inverse, une perpendiculaire du centre B de l'épicycle sur EK, nous l'abaissons, comme ici KL de l'astre K sur la droite EB, l'angle entier HBK sera donné, et aussi le rapport de KL et LB à BK et à EB, et par conséquent aussi celui de la droite entière de EBL à LK. Ainsi l'angle ELK (a) étant donné, nous en conclurons l'angle AEK qui embrasse la distance apparente de l'astre depuis l'apogée.

ΚΕΦΑΛΑΙΟΝ Ι.

Ἵνα μέντοι μὴ πάντοτε διὰ τῶν γραμμῶν τὰς φαινομένας παρόδους ἐπιλογιζώμεθα, τοῦ τοιούτου τρόπου μόνου μὲν

CHAPITRE X.

CONSTRUCTION D'UNE TABLE DES ANOMALIES.

Pour n'être pas toujours obligé de guider le calcul des mouvements par des figures, quoique ce soit le moyen le plus sûr pour arriver à des résultats justes, mais aussi le plus difficile et le plus long, nous avons dressé une table dont l'usage sera commode, en ce qu'elle approche beaucoup de l'exactitude. Elle renferme en détail les anomalies comparées des cinq planètes, afin qu'on y puisse trouver sur-le-champ, par leurs secours, les lieux vrais de chacune en particulier, leurs mouvements périodiques étant donnés depuis leurs apogées respectifs.

Nous avons disposé symétriquement ces tables en 46 lignes sur huit colonnes, dont les deux premières contiendront les quantités des moyens mouvements, comme pour le soleil et la lune, la première donnant les 180ᵈ depuis l'apogée par nombres disposés de haut en bas, et la seconde leurs suppléments à 360ᵈ de bas en haut; de sorte que le nombre 180 se trouve en bas de chacune de ces deux colonnes, et que les accroissements se font de 6 en 6 dans les 15 premières lignes, et de 3 en 3 dans les 30 autres au-dessous, vu que les différences des anomalies sont peu considérables vers les apogées; mais varient promptement vers les périgées. La première des deux colonnes suivantes, renferme les prostaphérèses ou quantités qu'il faut ajouter aux lieux moyens qui sont sur la même ligne, ou bien en retrancher tout simplement comme si le centre de l'épicycle étoit porté sur l'excentrique qui embrasse le mouvement

ἀκριβοῦντος τὸ προκείμενον, κατασκελεσέρου δὲ ὡς πρὸς τὸ πρόχειρον τῶν ἐπισκέψεων τυγχάνοντος, ἐπραγματευσάμεθα, ὡς ἐνῆν μάλιϛα εὐχρήϛως τε ἅμα καὶ ἐγγυτάτω τῆς ἀκριβείας, κανόνα καθ' ἕκαϛον τῶν ε̄ ἀϛέρων περιέχοντα τὰς κατὰ μέρος αὐτῶν συγκρινομένας ἀνωμαλίας, ἵνα δι' αὐτῶν ἐξ ἑτοίμου τῶν περιοδικῶν κινήσεων ἀπὸ τῶν οἰκείων ἀπογείων διδομένων, καὶ τὰς φαινομένας ἑκάϛοτε παρόδους ἐπιλογιζώμεθα.

Τέτακται μὲν οὖν ἡμῖν τῶν κανόνων ἕκαϛος, ἐπὶ ϛοίχους μὲν πάλιν τῆς συμμετρίας ἕνεκεν μ̄ε̄, σελίδια δ' η̄. Τῶν δὲ σελιδίων, τὰ μὲν πρῶτα δύο περιέξει τοὺς τῶν μέσων παρόδων ἀριθμούς, ὥσπερ ἐπὶ τῦ ἡλίυ κỳ τῆς σελήνης· ἐν μὲν τῷ πρώτῳ τασσομένων ἄνωθεν τῶν ἀπὸ τοῦ ἀπογείου μοιρῶν ρ̄π̄, ἐν δὲ τῷ δευτέρῳ κάτωθεν τῶν λοιπῶν τοῦ ἡμικυκλίου μοιρῶν ρ̄π̄· ὥστε τὸν μὲν τῶν ρ̄π̄ μοιρῶν ἀριθμὸν ἐν ἀμφοτέροις τετάχθαι τοῖς ἐσχάτοις ϛοίχοις, τὴν δὲ παραύξησιν αὐτῶν ἐπὶ μὲν τῶν ἄνωθεν πρώτων ῑε̄ ϛοίχων γίνεσθαι διὰ μοιρῶν ϛ̄, ἐπὶ δὲ τῶν ὑπ' αὐτοὺς λοιπῶν λ̄ ϛοίχων διὰ μοιρῶν γ̄· ἐπειδὴ καὶ τῶν τῆς ἀνωμαλίας τμημάτων αἱ ὑπεροχαὶ, πρὸς μὲν τοῖς ἀπογείοις ἐπὶ πλέον ἀλλήλων ἀδιαφοροῦσι, πρὸς δὲ τοῖς περιγείοις ταχυτέραν λαμβάνουσι τὴν μεταβολήν. Τῶν δ' ἑξῆς δύο σελιδίων, τὸ μὲν τρίτον περιέξει τὰς γινομένας κατὰ τὰς τῶν οἰκείων ϛοίχων ἀριθμὺς τῆς μέσης κατὰ μῆκος παρόδου, διὰ τὴν μείζονα ἐκκεντρότητα, προσθαφαιρέσεις, εἰλημμένας μέντοι κατὰ τὸ ἁπλοῦν ὡς ἂν εἰ κατ' αὐτῦ

τοῦ τὴν ὁμαλὴν κίνησιν περιέχοντος ἐκκέν-
τροῦ τὸ κέντρον ἐφέρετο τοῦ ἐπικύκλου·
τὸ δὲ τέταρτον, τὰ συναγόμενα διάφορα
τῶν προσθαφαιρέσεων παρὰ τὸ μὴ ἐπὶ τοῦ
προειρημένου κύκλου, ἀλλ' ἐφ' ἑτέρου τὸ
κέντρον φέρεσθαι τοῦ ἐπικύκλου.

Ὁ δὲ τρόπος καθ' ὃν ἑκάτερον τούτων
ἅμα τε ᾗ χωρὶς διὰ τῶν γραμμῶν λαμβάνεται, διὰ πολλῶν τῶν προεκτεθειμένων
ἡμῖν θεωρημάτων γέγονεν εὐκατανόητος. Ἐνθάδε μὲν ὖν, ὡς ἐν συντάξει προσῆκον ἦν τὴν
τοιαύτην διάκρισιν τῆς ζωδιακῆς ἀνωμαλίας ὑπ' ὄψιν ποιήσασθαι, καὶ διὰ τοῦτο
ἐν δυσὶ σελιδίοις ἐκθέσθαι, ἐπὶ μέντοι
τῆς χρείας αὐτῆς ἀπαρκέσει καὶ ἐν σελίδιον ἐκ τῆς ἀμφοτέρων τούτων προσθαφαιρέσεως ἐπισυνηγμένον· Τῶν δ' ἐφεξῆς
γ̄ σελιδίων ἕκαστον, περιέξει τὰς γινομένας παρὰ τὸν ἐπίκυκλον προσθαφαιρέσεις,
ἁπλῶς πάλιν εἰλημμένας, καὶ ὡς τῶν ἐν
αὐτοῖς ἀπογείων ἢ περιγείων πρὸς τὸ ἀπὸ
τῆς ὄψεως ἡμῶν ἀπόστημα θεωρουμένων,
ᾗ τοῦ τῆς τοιαύτης δείξεως τρόπου κατὰ
τὰ προεκτεθειμένα θεωρήματα γεγονότος ἡμῖν εὐκατανόητου. Τὸ μὲν οὖν μέσον
τῶν τριῶν τούτων σελιδίων, ἕκτον δὲ ἀπὸ
τοῦ πρώτου, περιέξει τὰς κατὰ τοὺς
λόγους τῶν μέσων ἀποστημάτων συναγομένας προσθαφαιρέσεις· τὸ δὲ πέμπτον,
τὰς ἐπὶ τῶν αὐτῶν τμημάτων γινομένας
ὑπεροχὰς τῶν ἐπὶ τῆς μεγίστης ἀποστάσεως
προσθαφαιρέσεων παρὰ τὰς ἐπὶ τῆς μέ-
σης· τὸ δ' ἕβδομον, τὰς γινομένας ὑπεροχὰς τῶν ἐπὶ τῆς ἐλαχίστης ἀποστάσεως
προσθαφαιρέσεων παρὰ τὰς ἐπὶ τῆς μέσης. Δέδεικται γὰρ ἡμῖν ὅτι οἵων ἐστὶν ἡ

moyen. La quatrième colonne renferme
les différences rassemblées des prostaphérèses, parceque le centre de l'épicycle
n'est pas porté sur le cercle qui vient d'être
dit, mais sur un autre.

La manière dont on prend chacune de ces quantités ensemble ou séparément avec le secours des lignes, est
très-aisée à comprendre par les théorèmes que nous avons expliqués précédemment. Ici, comme il le falloit pour
mettre sous les yeux cette distinction de
l'anomalie zodiacale, nous l'avons dis-
posée en deux colonnes, quoique pour
l'usage, une seule, formée de la réunion
des deux, eût suffi. Chacune des trois
colonnes suivantes contiendra les prostaphérèses dans l'épicycle, prises tout simplement aussi, au moyen de leurs apogées
ou de leurs périgées, observés par rapport à leur distance de notre vûe : là
démonstration en seroit facile, d'après les
théorèmes exposés précédemment. Celle
du milieu de ces trois colonnes, la
sixième depuis la première, renfermera
les sommes des prostaphérèses suivant
les distances moyennes; la cinquième,
les excès des prostaphérèses, qui appartiennent à ces degrés, sur la plus grande
prostaphérèse ; et la septième, les excès
de la prostaphérèse de la plus petite
distance, sur la prostaphérèse de ces
degrés. Car nous avons déjà prouvé
que le rayon de l'épicycle, étant pour

Saturne (car il est bon de commencer par les planètes supérieures) de 6ᵖ 3o′ ; pour Jupiter, de 11ᵖ 3o ; pour Mars de 39ᵖ 3o′ ; pour Vénus, de 43ᵖ 1o′ ; et pour Mercure, de 22ᵖ 3o′, leur distance moyenne c'est-à-dire celle qui est considerée relativement au rayon de l'excentrique qui porte l'épicycle, est de 60ᵖ ; mais la plus grande distance relativement au centre du zodiaque, est pour Saturne, de 63ᵖ 25′ ; pour Jupiter, de 62ᵖ 45′ ; pour Mars de 66 ; pour Vénus, de 61ᵖ 15′ ; et pour Mercure de 69ᵖ. Et de même, la moindre distance est, pour Saturne, de 56ᵖ 35′ ; pour Jupiter, de 57ᵖ 15′ ; pour Mars, de 54ᵖ ; pour Vénus, de 58ᵖ 45′ ; et pour Mercure, de 55ᵖ 34′. Nous avons disposé la huitième et dernière colonne pour prendre les parties proportionnelles des différences qui ont lieu quand les épicycles des planètes ne se trouvent pas aux plus grandes ou aux plus petites ou aux moyennes distances, juste, mais dans leurs intervalles. Nous avons calculé cette correction pour les plus grandes prostaphérèses , c'est-à-dire pour celles qui ont lieu sur la tangente menée de notre œil à l'épicycle, parceque les corrections des autres prostaphérèses qui appartiennent à d'autres points des épicycles, sont sensiblement dans la même raison, et se trouveront en employant le même facteur.

ἐκ τοῦ κέντρου τοῦ ἐπικύκλου ἐπὶ μὲν τοῦ τοῦ τοῦ Κρόνου, (καλῶς γὰρ ἂν ἔχοι λοιπὸν ἀπὸ τῶν ἄνωθεν τὴν ἀρχὴν ποιεῖσθαι) ς λ΄, ἐπὶ δὲ τοῦ τοῦ Διὸς ιᾱ λ΄, ἐπὶ δὲ τοῦ τοῦ Αρεος λθ λ΄, ἐπὶ δὲ τοῦ τῆς Αφροδίτης μγ ι΄, ἐπὶ δὲ τοῦ τοῦ Ερμοῦ κβ λ΄, τοιούτων καὶ τὸ μὲν μέσον ἀπόςημα πάντων ἐςὶν ξ, τουτέςι τὸ πρὸς τὴν ἐκ τοῦ κέντρου τοῦ φέροντος τὸν ἐπίκυκλον ἐκκέντρου θεωρούμενον. Τὸ δὲ μέγιςον ὡς πρὸς τὸ τοῦ ζωδιακοῦ κέντρον, ἐπὶ μὲν τοῦ τοῦ Κρόνε ξγ κε΄, ἐπὶ δὲ τοῦ τοῦ Διὸς ξβ με΄, ἐπὶ δὲ τοῦ τοῦ Αρεος ξς, ἐπὶ δὲ τοῦ τῆς Αφροδίτης ξα ιε΄, ἐπὶ δὲ τοῦ τοῦ Ερμοῦ ξθ· τὸ δὲ ἐλάχιςον ὡσαύτως, ἐπὶ μὲν τοῦ τοῦ Κρόνου νς λε΄, ἐπὶ δὲ τοῦ τοῦ Διὸς νζ ιε΄, ἐπὶ δὲ τοῦ τοῦ Αρεος νδ, ἐπὶ δὲ τοῦ τῆς Αφροδίτης νη με΄, ἐπὶ δὲ τοῦ τοῦ Ερμοῦ νε λδ΄· τὸ δὲ λοιπὸν καὶ ὄγδοον σελίδιον ἡμῖν τέτακται πρὸς τὸ λαμβάνειν τὰ ἐπιβάλλοντα μέρη τῶν ἐκκειμένων ὑπεροχῶν, ὅταν μὴ κατ᾽ αὐτῶν τῶν μέσων ἢ μεγίςων ἢ ἐλαχίςων ἀποςημάτων τυγχάνωσιν οἱ ἐπίκυκλοι τῶν ἀςέρων, ἀλλ᾽ ἐν ταῖς μεταξὺ τούτων παρόδοις. Συντέτακται δ᾽ ἡμῖν καὶ ὁ τῆς τοιαύτης διορθώσεως ἐπιλογισμὸς, πρὸς μόνας τὰς καθ᾽ ἕκαςον τῶν μεταξὺ ἀπόςημα, ὑπὸ τῶν ἀπὸ τῆς ὄψεως ἡμῶν ἐφαπτομένων τῦ ἐπικύκλυ, γινομένας μεγίςας προσθαφαιρέσεις, ὡς μηδενὶ ἀξιολόγῳ διαφερούσης τῆς τῶν ὑπεροχῶν ἐπιβολῆς, ἐπὶ τῶν κατὰ μέρος τοῦ ἐπικύκλου τμημάτων, πρὸς τὰς ἐπὶ τῶν μεγίςων προσθαφαιρέσεων.

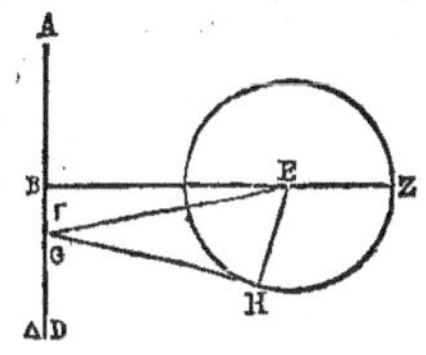

Ἕνεκεν δὲ τοῦ καὶ τὸ λεγόμενον σαφέστερον γένεσθαι, κỳ
τὴν ἔφοδον αὐτὴν τῶν ἐπιβολῶν
φανερὰν καταστῆναι, ἐκκείσθω
εὐθεῖα ἡ δι' ἀμφοτέρων τῶν κέντρων τοῦ τε ζωδιακοῦ καὶ τοῦ
τὴν ὁμαλὴν τοῦ ἐπικύκλου κίνησιν περιέχοντος ἐκκέντρου ἡ ΑΒΓΔ, καὶ
ὑποκείσθω τὸ μὲν τοῦ ζωδιακοῦ κέντρον
τὸ Γ, τὸ δὲ τῆς ὁμαλῆς τοῦ ἐπικύκλου
κινήσεως τὸ Β, καὶ ἐκβληθείσης τῆς ΒΕΖ,
γεγράφθω περὶ τὸ Ε κέντρον ὁ ΖΗ ἐπίκυκλος. Καὶ ἤχθω μὲν ἀπὸ τοῦ Γ ἐφαπτομένη αὐτοῦ ἡ ΓΗ εὐθεῖα, ἐπεζεύχθωσαν δὲ ἥ τε ΓΕ καὶ ἡ ΕΗ κάθετος· ὑποκείσθω τε ὑποδείγματος ἕνεκεν ἐφ' ἑκάσου
τῶν πέντε ἀστέρων τὸ κέντρον τοῦ ἐπικύκλου ἀπέχον ὁμαλῶς ἀπὸ τοῦ ἀπογείου
τῆς ἐκκεντρότητος μοίρας λ. Ἐπεὶ τοίνυν, ἵνα μὴ τὰ αὐτὰ δεικνύντες μακροποιῶ-
μεν τὸν ἐπιλογισμόν, ἐδείχθη διὰ πολλῶν
ἐν τοῖς ἔμπροσθεν ἐπί τε τῆς τοῦ τοῦ Ἑρμοῦ κỳ ἐπὶ τῆς τῶν λοιπῶν ὑποθέσεως, ὅτι
δοθείσης τῆς ὑπὸ ΑΒΕ γωνίας, δίδοται
κỳ ὁ τῆς ΓΕ πρὸς τὴν ἐκ τοῦ κέντρου τοῦ
ἐπικύκλου, τουτέσι τὴν ΗΕ, λόγος· συνάγεται δ' οὗτος, διὰ τῶν καθ' ἕκασον ἐπιλογισμῶν, τῆς ὑπὸ ΑΒΕ γωνίας ὑποκειμένης τοιούτων λ, οἵων εἰσιν αἱ τέσσαρες
ὀρθαὶ τξ, ἐπὶ μὲν τοῦ τοῦ Κρόνου ὁ τῶν
ξγ β' πρὸς τὰ ϛ λ', ἐπὶ δὲ τοῦ τοῦ
Διὸς ὁ τῶν ξβ κϛ' πρὸς τὰ ια λ', ἐπὶ
δὲ τοῦ τοῦ Ἄρεος ὁ τῶν ξε κδ' πρὸς τὰ
λθ λ', ἐπὶ δὲ τοῦ τῆς Ἀφροδίτης ὁ τῶν
ξα κϛ' πρὸς τὰ μγ ι, ἐπὶ δὲ τοῦ τοῦ
Ἑρμοῦ ὁ τῶν ξϛ λε' πρὸς τὰ κβ λ'· καὶ

II.

Mais pour faire mieux en-
tendre cette méthode des différences, tirons une droite
ABGD qui passe par les centres du zodiaque et de l'excentrique qui embrasse le mouvement uniforme de l'épicycle ;
soit le centre du zodiaque en G, celui du
mouvement uniforme de l'épicycle en B,
et prolongeant BEZ, décrivons autour
du centre E, l'épicycle ZH, et menons
du point G, la tangente GH. Joignons
ensuite GE, et abaissons la perpendiculaire EH. Supposons, par exemple, pour
chacune des cinq planètes, le centre de
l'épicycle à une distance moyenne de 3o^d
de l'apogée de l'excentricité. Puisque
(pour ne pas allonger inutilement ce dis-
cours en répétant ce qui a déjà été dit),
on a démontré au long par ce qui précède, dans l'hypothèse de Mercure et des
autres planètes, que l'angle ABE, étant
donné, le rapport de la droite GE au rayon
de l'épicycle, c'est-à-dire à EH, est aussi
donné, rapport qui se trouve par les calculs faits pour chaque planète, (l'angle
ABE étant supposé de 3o des degrés dont
36o font quatre angles droits), savoir : pour
Saturne, de 63ᵖ 2′ à 6ᵖ 3o′; pour Jupiter,
de 62ᵖ 26′ à 11ᵖ 3o′; pour Mars, de 65ᵖ
24′ à 39ᵖ 3o′; pour Vénus, de 61ᵖ 26′ à
43ᵖ 1o′; et pour Mercure, de 66ᵖ 35′ à
22ᵖ 3o′, nous aurons l'angle EGH qui embrasse la plus grande prostaphérèse dans

l'épicycle, pour Saturne, de 5ᵈ 55′ ½ des degrés dont 36o font quatre angles droits ; pour Jupiter, de 10ᵈ 36′ ½ ; pour Mars, de 37ᵈ 9′; pour Vénus, de 44ᵈ 56′ ½, et pour Mercure, de 19ᵈ 45′. Mais les plus grandes prostaphérèses dans les digressions moyennes, se trouvent suivant les rapports qui viennent d'être exposés, selon le rang ordinaire des planètes, pour ne pas toujours répéter les mêmes choses, de 6ᵈ 13′; de 11ᵈ 3′ de 41ᵈ 10′; de 46ᵈ; et de 22ᵈ 2′; dans les plus grandes digressions, de 5ᵈ 53′; de 10ᵈ 34′; de 36ᵈ 45′; de 44ᵈ 48′; et de 19ᵈ 2′; dans les plus petites, de 6ᵈ 36′; de 11ᵈ 35′; de 47ᵈ 1′; de 47ᵈ 17′; et de 23ᵈ 53′. Ainsi les différences entre les plus grandes digressions et les moyennes, sont de 0ᵈ 20′; de 0ᵈ 29′; de 4ᵈ 25′; de 1ᵈ 12′; de 3ᵈ 0′; et celles d'entre les moyennes et les moindres, sont de 0ᵈ 23′; de 0ᵈ 32′; de 5ᵈ 51′; de 1ᵈ 17′, et de 1ᵈ 51′.

Or, puisque les prostaphérèses des distances en question sont plus petites que celles des digressions moyennes, de 0ᵈ 17′ ½; de 0ᵈ 26′ ½; de 4ᵈ 1′; de 1ᵈ 3′ ½, et de 2ᵈ 17′, les soixantièmes des différences entières entre les prostaphérèses des moyennes et des plus grandes distances, seront pour Saturne, 52′ 30″; pour Jupiter, 54′ 50″;

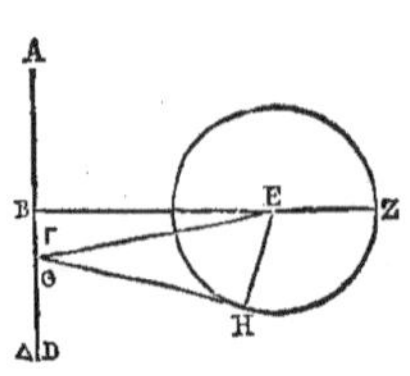

τὴν ὑπὸ ΕΓΗ γωνίαν ἕξομεν, ἥτις περιέχει τὴν τότε μεγίςην παρὰ τὸν ἐπικυκλον προσθαφαίρεσιν, οἵων εἰσὶν αἱ τέσσαρες ὀρθαὶ τξ̄, τοιούτων ἐπὶ μὲν τοῦ τοῦ Κρόνου ε̄ νε′ ς″, ἐπὶ δὲ τοῦ τοῦ Διὸς ῑ λς′ ς″, δὲ τοῦ τοῦ Ἀρεος λζ̄ θ′, ἐπὶ δὲ τοῦ τῆς Ἀφροδίτης μδ̄ νς′ ς″, ἐπὶ δὲ τοῦ τοῦ Ἑρμοῦ ιθ̄ με′. Συνάγονται δὲ καὶ αἱ μὲν ἐν τοῖς μέσοις ἀποςήμασι μέγιςαι προσθαφαιρέσεις, κατὰ τοὺς μικρῷ πρόσθεν ἐκτεθειμένους λόγους, οἰκείως τῇ προκειμένῃ τάξει τῶν ἀςέρων, ἵνα μὴ ταυτολογῶμεν, μοιρῶν ς̄ ιγ′, καὶ ιᾱ γ′, καὶ μᾱ ι′, καὶ μς̄ ο′, καὶ κβ̄ β′· αἱ δ' ἐν τοῖς μεγίςοις ἀποςήμασι μοιρῶν ε̄ νγ′, καὶ ῑ λδ′, καὶ λς̄ με′, καὶ μδ̄ μη′, καὶ ιθ̄ β′· αἱ δ' ἐν τοῖς ἐλαχίςοις ἀποςήμασι, μοιρῶν ς̄ λς′, καὶ ιᾱ λε′, καὶ μζ̄ α′, καὶ μζ̄ ιζ′, καὶ κγ̄ νγ′· Ὡς διαφέρειν τῶν ἐν ταῖς μέσαις ἀποςάσεσι τὰς μὲν ἐν ταῖς μεγίςαις, μοίραις ō κ′, καὶ ō κθ′, καὶ δ̄ κε′, καὶ ᾱ ιβ′, καὶ γ̄ ō′· τὰς δ' ἐν ταῖς ἐλαχίσαις, μοίραις ō κγ′, καὶ ō λβ′, καὶ ε̄ να′, καὶ ᾱ ιζ′, καὶ ᾱ να′.

Ἐπεὶ οὖν αἱ τῶν ἐπιζητουμένων ἀποςημάτων προσθαφαιρέσεις ἐλάττους τέ εἰσι τῶν κατὰ τὰ μέσα ἀποςήματα, καὶ διαφέρουσιν αὐτῶν μοίραις ō ιζ′ ς″, καὶ ō κς′ ς″, καὶ δ̄ α′, καὶ ᾱ γ′ ς″, καὶ β̄ ιζ′, ταῦτα δὲ τῶν ἐκκειμένων ὅλων ὑπεροχῶν τῶν μέσων ἀποςάσεων πρὸς τὰς μεγιςας, ἑξηκοςὰ γίνεται ἐπὶ μὲν τοῦ τοῦ Κρόνου νβ′ λ″, ἐπὶ δὲ τοῦ τοῦ Διὸς νδ′ ν″, ἐπὶ δὲ τοῦ τοῦ Ἀρεος νδ̄ λδ΄, ἐπὶ δὲ τοῦ τῆς Ἀφροδίτης νβ̄ νε΄, ἐπὶ δὲ τοῦ τοῦ Ἑρμοῦ μ̄ε̄ μ΄΄· τοσαῦτα ἐξηκοςὰ παρεθήκαμεν ἐν τοῖς η̄ σελιδίοις καθ᾽ ἕκαςον κανόνα πρὸς τῷ ςίχῳ τῷ περιέχοντι τὸν τῶν λ̄ μοιρῶν τοῦ περιοδικῦ μήκυς ἀριθμὸν. Ἐπὶ δὲ τῶν ἀποςημάτων τῶν μείζυς ἐχόντων τὰς προσθαφαιρέσεις παρὰ τὰς ἐν τοῖς μέσοις ἀποςήμασι, τὰς γινομένας αὐτῶν ὑπεροχὰς ὡσαύτως μὲν εἰς ἐξηκοςὰ πάλιν ἀνελύσαμεν, ὡς πρὸς ὅλας μέντοι τὰς ὑπεροχὰς τῶν ἐν τοῖς ἐλαχίςοις ἀποςήμασι, καὶ οὐκέτι τῶν ἐν τοῖς μεγίςοις. Τὸν αὐτὸν δὲ τρόπον καὶ ἐπὶ τῶν ἄλλων ἐποχῶν, διὰ ς̄ μοιρῶν τοῦ μέσου μήκους ἐπιλογισάμενοι, τὰ γινόμενα ἐξηκοςὰ τῶν ὅλων ὑπεροχῶν παρεθήκαμεν τοῖς οἰκείοις ἀριθμοῖς, τῆς αὐτῆς πρὸς αἴσθησιν ὡς ἔφαμεν γινομένης τῶν διαφορῶν ἐπιβολῆς, κἂν μὴ ἐπ᾽ αὐτῶν τῶν μεγίςων τοῦ ἐπικύκλου προσθαφαιρέσεων αἱ πάροδοι γίγνωνται τῶν ἀςέρων, ἀλλὰ καὶ ἐπὶ τῶν ἄλλων αὐτοῦ μερῶν. Καὶ ἔςιν ἡ τῶν ε̄ κανονίων ἔκθεσις τοιαύτη.

pour Mars, 54′ 34″; pour Vénus, 52′ 55″; et pour Mercure, 45′ 40″: nous avons porté ces soixantièmes dans les huitièmes colonnes de toutes les tables, sur la ligne qui contient le nombre 3o des degrés de la longitude périodique : pour les distances qui ont des prostaphérèses plus grandes que celles des moyennes, nous avons aussi réduit en soixantièmes leurs différences d'avec les différences entières qui ont lieu dans les moindres distances et non plus dans les plus grandes. De même, pour les autres lieux, nous avons calculé de six en six degrés de la longitude moyenne, les soixantièmes des différences entières, et nous les avons fait correspondre à leurs nombres respectifs; car la proportion des différences est sensiblement la même, comme nous l'avons dit, quand même les mouvements de ces astres ne se feroient pas dans les plus grandes prostaphérèses de l'epicycle des astres, mais dans ses autres portions. Voici donc quelle est l'exposition de ces cinq tables :

ΕΚΘΕΣΙΣ ΚΑΝΟΝΩΝ ΤΗΣ ΚΑΤΑ ΜΗΚΟΣ ΤΩΝ Ε̄ ΠΛΑΝΩΜΕΝΩΝ ΔΙΕΥΚΡΙΝΗΣΕΩΣ.

ΚΡΟΝΟΥ. *Ἀπόγειον σκορπίωνος* Μ. ιδ̄ ῑ.

ΑΡΙΘΜΟΙ ΚΟΙΝΟΙ		ΜΗΚΟΥΣ ΠΡΟΣΘΑΦΑΙΡΕΣ.		ΔΙΑΦΟΡΑ ΠΡΟΣΘΕΣΕΩΣ.		ΔΙΑΦΟΡΑ ΑΦΑΙΡΕΣΕΩΣ.		ΑΝΩΜΑΛΙΑΣ ΠΡΟΣΘΑΦΑΙΡΕΣ.		ΔΙΑΦΟΡΑ ΠΡΟΣΘΕΣΕΩΣ.		ΕΞΗΚΟΣΤΑ ΑΦΑΙΡΕΣΕΩΣ.	
Α.	Β.	Γ.		Δ.		Ε.		ϛ.		Ζ.		Η.	
ϛ	τνδ	ō	λζ´	ō	ϛ´	ō	β´	ō	λζ´	ō	ϛ´	ζ´	ō´´
ιβ	τμη	α	ιγ	ō	δ	ō	δ	α	ια	ō	δ	νη	λ
ιη	τμϛ	α	μθ	ō	ϛ	ō	ε	α	με	ō	ζ	νζ	ō
κδ	τλϛ	β	κγ	ō	η	ō	ζ	β	ιη	ō	θ	νε	λ
λ	τλ	β	νζ	ō	θ	ō	η	β	ν	ō	ια	νϛ	λ
λϛ	τκδ	γ	κθ	ō	ι	ō	ι	γ	κ	ō	ιγ	μθ	λ
μβ	τιη	γ	νθ	ō	ια	ō	ια	γ	μθ	ō	ιε	μϛ	λ
μη	τιβ	δ	κη	ō	ια	ō	ιϛ	δ	ιζ	ō	ιζ	μγ	λ
νδ	τϛ	δ	νε	ō	ι	ō	ιθ	δ	μϛ	ō	ιθ	λθ	ō
ξ	τ	ε	κ	ō	θ	ō	ιε	ε	δ	ō	κ	λδ	λ
ξϛ	σϟδ	ε	μβ	ō	η	ō	ιϛ	ε	κε	ō	κ	λ	ō
οβ	σπη	ϛ	ō	ō	ζ	ō	ιη	ε	μβ	ō	κα	κδ	ō
οη	σπβ	ϛ	ιδ	ō	β	ō	ιη	ε	νε	ō	κα	ιη	ō
πδ	σοϛ	ϛ	κδ	ō	γ	ō	ιθ	ϛ	ε	ō	κα	ιϛ	λ
ϟ	σο	ϛ	λ	ō	α	ō	ιθ	ϛ	ιβ	ō	κβ	θ	λ
ϟγ	σξζ	ϛ	λα	ō *(ἀφαίρ.)*	δ	ō	κ	ϛ	ιβ	ō	κγ	ō	με
ϟϛ	σξδ	ϛ	λϛ	ō	ε	ō	κ	ϛ	ιγ	ō	κγ	β *(προσθ.)*	λϛ
ϟθ	σξα	ϛ	λα	ō	γ	ō	κ	ϛ	ιϛ	ō	κδ	ε	να
ρβ	σνη	ϛ	λ	ō	δ	ō	κα	ϛ	ιβ	ō	κδ	θ	η
ρε	σνε	ϛ	κζ	ō	ε	ō	κα	ϛ	θ	ō	κδ	ια	με
ρη	σνβ	ϛ	κγ	ō	ϛ	ō	κ	ϛ	ε	ō	κε	ιδ	κα
ρια	σμθ	ϛ	ιθ	ō	ζ	ō	κ	ϛ	ō	ō	κε	ιϛ	νη
ριδ	σμϛ	ϛ	ιδ	ō	η	ō	κ	ε	νε	ō	κδ	ιθ	λα
ριζ	σμγ	ϛ	ζ	ō	θ	ō	ιθ	ε	μη	ō	κδ	κβ	ια
ρκ	σμ	ε	νθ	ō	ι	ō	ιθ	ε	μ	ō	κγ	κδ	μϛ
ρκγ	σλζ	ε	ν	ō	ι	ō	ιθ	ε	λα	ō	κγ	κϛ	κθ
ρκϛ	σλδ	ε	λθ	ō	ια	ō	ιη	ε	κα	ō	κβ	λ	ō
ρκθ	σλα	ε	κζ	ō	ια	ō	ιη	ε	ι	ō	κβ	λβ	λϛ
ρλβ	σκη	ε	ιδ	ō	ιβ	ō	ιζ	δ	νη	ō	κα	λε	ιγ
ρλε	σκε	ε	ō	ō	ιβ	ō	ιζ	δ	με	ō	κ	λϛ	ν
ρλη	σκβ	δ	με	ō	ιβ	ō	ιϛ	δ	λα	ō	ιθ	μ	κϛ
ρμα	σιθ	δ	κθ	ō	ιβ	ō	ιε	δ	ιϛ	ō	ιη	μγ	κδ
ρμδ	σιϛ	δ	ιβ	ō	ιβ	ō	ιδ	δ	ō	ō	ιζ	με	δ
ρμζ	σιγ	γ	νδ	ō	ιβ	ō	ιδ	γ	μγ	ō	ιϛ	μϛ	λϛ
ρν	σι	γ	λε	ō	ια	ō	ιβ	γ	κε	ō	ιδ	μθ	ιδ
ρνγ	σϛ	γ	ιϛ	ō	ια	ō	ια	γ	ζ	ō	ιγ	νβ	ι
ρνϛ	σδ	β	νϛ	ō	ι	ō	ι	β	μη	ō	ιβ	νγ	κθ
ρνθ	σα	β	λε	ō	θ	ō	θ	β	κθ	ō	ια	νδ	μη
ρξβ	ρϟη	β	ιε	ō	η	ō	ζ	β	θ	ō	ι	νϛ	ϛ
ρξε	ρϟε	α	νγ	ō	ζ	ō	ϛ	α	μη	ō	θ	νζ	κδ
ρξη	ρϟϛ	α	λβ	ō	ϛ	ō	ε	α	κζ	ō	ζ	νη	μβ
ροα	ρπθ	α	θ	ō	ε	ō	ε	α	ϛ	ō	ϛ	νθ	ō
ροδ	ρπϛ	ō	μζ	ō	γ	ō	δ	ō	με	ō	θ	ξ	ō
ροζ	ρπγ	ō	κδ	ō	β	ō	ϛ	ō	κγ	ō	ϛ	ξ	ō
ρπ	ρπ	ō	ō	ō	ō	ō	ō	ō	ō	ō	ō	ō	ō

TABLES DES ÉQUATIONS DES CINQ PLANÈTES EN LONGITUDE.

SATURNE. Apogée en 14ᵈ 10′ du scorpion.

NOMBRES COMMUNS		PROSTAPHÉRÈSE de LONGITUDE		DIFFÉRENCE ADDITIVE		DIFFÉRENCE SOUSTRACTIVE		PROSTAPHÉRÈSE de L'ANOMALIE		DIFFÉRENCE ADDITIVE		SOIXANTIÈMES SOUSTRACTIVES	
1.	2.	3.		4.		5.		6.		7.		8.	
6ᵈ	354ᵈ	0ᵈ	37′	0ᵈ	2′	0ᵈ	2′	0ᵈ	36′	0ᵈ	2′	60′	0″
12	348	1	13	0	4	0	4	1	11	0	4	58	30
18	342	1	49	0	6	0	5	1	45	0	7	57	0
24	336	2	23	0	8	0	7	2	18	0	9	55	30
30	330	2	57	0	9	0	8	2	50	0	11	52	30
36	324	3	29	0	10	0	10	3	20	0	13	49	30
42	318	3	59	0	11	0	11	3	49	0	15	46	30
48	312	4	28	0	11	0	12	4	17	0	17	43	30
54	306	4	55	0	10	0	14	4	42	0	19	39	0
60	300	5	20	0	9	0	15	5	4	0	20	34	0
66	294	5	42	0	8	0	17	5	25	0	20	30	30
72	288	6	0	0	7	0	18	5	42	0	21	24	0
78	282	6	14	0	5	0	18	5	55	0	21	18	0
84	276	6	24	0	3	0	19	6	5	0	22	12	0
90	270	6	30	0	1	0	19	6	12	0	22	4	30
93	267	6	31	0 soustr.	0	0	20	6	12	0	23	0 add.	45
96	264	6	32	0	2	0	20	6	13	0	23	2	32
99	261	6	31	0	3	0	20	6	12	0	24	5	51
102	258	6	30	0	4	0	21	6	12	0	24	9	8
105	255	6	27	0	5	0	21	6	9	0	24	11	45
108	252	6	23	0	6	0	20	6	5	0	25	14	21
111	249	6	19	0	7	0	20	6	0	0	25	16	58
114	246	6	14	0	8	0	20	5	55	0	24	19	31
117	243	6	7	0	9	0	19	5	48	0	24	22	11
120	240	5	59	0	10	0	19	5	40	0	23	24	47
123	237	5	50	0	10	0	19	5	31	0	23	27	24
126	234	5	39	0	11	0	18	5	21	0	22	30	0
129	231	5	27	0	11	0	18	5	10	0	22	32	37
132	228	5	14	0	12	0	17	4	58	0	21	35	13
135	225	5	0	0	12	0	17	4	45	0	20	37	50
138	222	4	45	0	12	0	16	4	31	0	19	40	26
141	219	4	29	0	12	0	15	4	16	0	18	43	3
144	216	4	12	0	12	0	14	4	0	0	17	45	39
147	213	3	54	0	12	0	14	3	43	0	15	47	37
150	210	3	35	0	11	0	12	3	25	0	14	49	34
153	207	3	16	0	11	0	11	3	7	0	13	51	32
156	204	2	56	0	10	0	10	2	48	0	12	53	29
159	201	2	35	0	9	0	9	2	29	0	11	54	48
162	198	2	15	0	8	0	7	2	9	0	10	56	6
165	195	1	53	0	7	0	6	1	48	0	8	57	24
168	192	1	31	0	6	0	5	1	27	0	7	58	22
171	189	1	9	0	5	0	5	1	6	0	5	59	21
174	186	0	47	0	3	0	4	0	45	0	4	60	0
177	183	0	24	0	2	0	2	0	23	0	2	60	0
180	180	0	0	0	0	0	0	0	0	0	0	60	0

ΔΙΟΣ.

Ἀπόγειον παρθένου μ. $\overline{\beta}$ θ'.

ΑΡΙΘΜΟΙ ΚΟΙΝΟΙ. Λ.	Β.	ΜΗΚΟΥΣ ΠΡΟΣΘΑΦΑΙΡΕΣ. Γ.		ΔΙΑΦΟΡΑ ΠΡΟΣΘΕΣΕΩΣ. Δ.		ΔΙΑΦΟΡΑ ΑΦΑΙΡΕΣΕΩΣ. Ε.		ΑΝΩΜΑΛΙΑΣ ΠΡΟΣΘΑΦΑΙΡΕΣ. ϛ.		ΔΙΑΦΟΡΑ ΠΡΟΣΘΕΣΕΩΣ. Ζ.		ΕΞΗΚΟΣΤΑ ΑΦΑΙΡΕΣΕΩΣ. Η.	
ϛ	τνδ	ō	λ'	ō	α'	ō	ϛ'	ō	νη'	ō	γ'	ξ	ō''
ιβ	τμη	α	ō	ō	β	ō	ε	α	νϛ	ō	ε	νη	νη
ιη	τμβ	α	λ	ō	γ	ō	ζ	β	νβ	ō	ζ	νζ	νϛ
κδ	τλϛ	α	νη	ō	δ	ō	θ	γ	μη	ō	θ	νϛ	νδ
λ	τλ	β	κϛ	ō	ε	ō	ια	δ	μβ	ō	ια	νδ	ν
λϛ	τκδ	β	νβ	ō	ϛ	ō	ιγ	ε	λδ	ō	ιγ	να	μγ
μβ	τιη	γ	ιζ	ō	ϛ	ō	ιε	ϛ	κε	ō	ιϛ	μζ	λε
μη	τιβ	γ	μ	ō	ζ	ō	ιζ	ζ	ιϛ	ō	ιη	μγ	κϛ
νδ	τϛ	δ	α	ō	ζ	ō	ιϑ	ζ	νζ	ō	κ	λϑ	ιϑ
ξ	τ	δ	κ	ō	ϛ	ō	κα	η	λζ	ō	κβ	λδ	η
ξϛ	σϟδ	δ	λζ	ō	ε	ō	κγ	θ	ιϑ	ō	κϑ	κη	νη
οβ	σπη	δ	να	ō	δ	ō	κδ	θ	μϛ	ō	κϛ	κϛ	με
οη	σπβ	ε	ϛ	ō	γ	ō	κε	ι	ιγ	ō	κη	ιϛ	λε
πδ	σοϛ	ε	θ	ō	β	ō	κϛ	ι	λε	ō	λ	ια	κγ
ϟ	σο	ε	ιδ	ō	α	ō	κϛ	ι	να	ō	λα	δ	ν
ϟγ	σξζ	ε	ιε	ō *ἀφαίρ.*	α	ō	κζ	ι	νζ	ō	λα	α *προσθ.*	η
ϟϛ	σξδ	ε	ιϛ	ō	α	ō	κζ	ια	ō	ō	λϛ	α *προσθ.*	νϛ
ϟϑ	σξα	ε	ιε	ō	α	ō	κζ	ια	ϛ	ō	λϛ	ε	θ
ρβ	συη	ε	ιδ	ō	β	ō	κη	ια	γ	ō	λϛ	η	κϛ
ρε	σνε	ε	ιβ	ō	β	ō	κη	ια	α	ō	λγ	ιβ	μγ
ρη	σνβ	ε	θ	ō	γ	ō	κϑ	ι	νϑ	ō	λγ	ιε	ō
ρια	σμϑ	ε	ε	ō	δ	ō	κϑ	ι	νγ	ō	λγ	ιζ	μϑ
ριδ	σμϛ	ε	ō	ō	ε	ō	λ	ι	με	ō	λδ	κ	λϛ
ριζ	σμγ	δ	νδ	ō	ε	ō	λ	ι	λϛ	ō	λδ	κγ	κϛ
ρκ	σμ	δ	μϛ	ō	ϛ	ō	λ	ι	κδ	ō	λδ	κϛ	ιε
ρκγ	σλζ	δ	λϑ	ō	ϛ	ō	κϑ	ι	ι	ō	λγ	κϑ	δ
ρκϛ	σλδ	δ	λ	ō	ζ	ō	κϑ	θ	νδ	ō	λγ	λα	νϛ
ρκϑ	σλα	δ	κ	ō	ζ	ō	κη	θ	λϛ	ō	λϛ	λδ	μα
ρλβ	σκη	δ	θ	ō	η	ō	κη	θ	ιϛ	ō	λϛ	λζ	λ
ρλε	σκε	γ	νη	ō	η	ō	κζ	η	νδ	ō	λα	μ	ιϑ
ρλη	σκβ	γ	μϛ	ō	η	ō	κϛ	η	λ	ō	λ	μγ	ζ
ρμα	σιϑ	γ	λγ	ō	η	ō	κε	η	δ	ō	κη	με	κη
ρμδ	σιϛ	γ	κ	ō	ζ	ō	κγ	ζ	λϛ	ō	κϛ	μϛ	μϑ
ρμζ	σιγ	γ	ϛ	ō	ζ	ō	κβ	ζ	ϛ	ō	κε	μϑ	με
ρν	σι	β	να	ō	ϛ	ō	κα	ϛ	λδ	ō	κγ	να	λα
ρνγ	σϛ	β	λϛ	ō	ϛ	ō	ιϑ	ϛ	ō	ō	κα	νϛ	νη
ρνϛ	σδ	β	κ	ō	ε	ō	ιζ	ε	κδ	ō	ιϑ	νδ	κβ
ρνϑ	σα	β	δ	ō	ε	ō	ιε	δ	μζ	ō	ιϛ	νε	μϛ
ρξβ	ρϟη	α	μϛ	ō	δ	ō	ιγ	δ	θ	ō	ιε	νϛ	ια
ρξε	ρϟε	α	λ	ō	γ	ō	ια	γ	κϑ	ō	ιγ	νϛ	μ
ρξη	ρϟβ	α	ιγ	ō	β	ō	θ	β	μϑ	ō	ι	νη	ιγ
ροα	ρπϑ	ō	νε	ō	β	ō	ζ	β	ζ	ō	η	νη	λ
ροδ	ρπϛ	ō	λζ	ō	α	ō	ε	α	κε	ō	ε	νθ	δ
ροζ	ρπγ	ō	ιη	ō	α	ō	γ	ō	μγ	ō	γ	νθ	λϛ
ρπ	ρπ	ō	ō	ō	ō	ō	ō	ō	ō	ō	ō	ξ	ō

JUPITER.

Apogée en 2ᵈ 9′ de la vierge.

NOMBRES COMMUNS. 1.	2.	PROSTAPHÉRÈSE de LONGITUDE. 3.		DIFFÉRENCE ADDITIVE. 4.		DIFFÉRENCE SOUSTRACTIVE. 5.		PROSTAPHÉRÈSE de L'ANOMALIE. 6.		DIFFÉRENCE ADDITIVE. 7.		SOIXANTIÈMES SOUSTRACTIVES. 8.	
6ᵈ	354ᵈ	0ᵈ	30′	0ᵈ	2′	0ᵈ	2′	0ᵈ	58′	0	2′	60′	0″
12	348	1	0	0	2	0	5	1	56	0	5	58	58
18	342	1	30	0	3	0	7	2	52	0	7	57	56
24	336	1	58	0	4	0	9	3	48	0	9	56	54
30	330	2	26	0	5	0	11	4	42	0	11	54	50
36	324	2	52	0	6	0	13	5	34	0	13	51	43
42	318	3	17	0	7	0	15	6	25	0	15	47	35
48	312	3	40	0	7	0	17	7	12	0	18	33	27
54	306	4	1	0	7	0	19	7	57	0	20	39	19
60	300	4	20	0	6	0	21	8	37	0	22	35	8
66	294	4	37	0	5	0	23	9	14	0	24	28	58
72	288	4	51	0	4	0	24	9	46	0	26	26	45
78	282	5	2	0	3	0	25	10	13	0	28	17	35
84	276	5	9	0	2	0	26	10	35	0	30	14	23
90	270	5	14	0	1	0	26	10	51	0	31	4	50
93	267	5	15	0 soustr.	0	0	27	10	57	0	31	1 add.	8
96	264	5	16	0	1	0	27	11	0	0	32	1	52
99	261	5	15	0	1	0	27	11	2	0	32	5	9
102	258	5	14	0	2	0	28	11	3	0	32	8	26
105	255	5	12	0	2	0	28	11	1	0	33	11	43
108	252	5	9	0	3	0	29	10	59	0	33	15	0
111	249	5	5	0	4	0	29	10	53	0	33	17	49
114	246	5	0	0	5	0	30	10	45	0	34	20	37
117	243	4	54	0	5	0	30	10	35	0	34	23	26
120	240	4	47	0	6	0	30	10	24	0	34	26	15
123	237	4	39	0	6	0	29	10	10	0	33	29	30
126	234	4	30	0	7	0	29	9	54	0	33	31	52
129	231	4	20	0	7	0	28	9	36	0	52	34	41
132	228	4	9	0	8	0	28	9	16	0	32	37	30
135	225	3	98	0	8	0	27	8	54	0	31	40	19
138	222	3	46	0	8	0	26	8	30	0	30	43	7
141	219	3	33	0	8	0	25	8	4	0	28	45	28
144	216	3	20	0	7	0	23	7	36	0	26	47	49
147	213	3	6	0	7	0	22	7	6	0	25	49	42
150	210	2	51	0	6	0	21	6	34	0	29	51	31
153	207	2	36	0	6	0	19	6	0	0	21	52	58
156	204	2	20	0	5	0	17	5	24	0	19	54	22
159	201	2	4	0	5	0	15	4	47	0	17	55	47
162	198	1	47	0	4	0	13	4	9	0	15	57	11
165	195	1	30	0	3	0	11	3	29	0	13	57	40
168	192	1	13	0	2	0	9	2	49	0	10	58	13
171	189	0	55	0	2	0	7	2	7	0	8	58	30
174	186	0	37	0	1	0	5	1	25	0	5	59	4
177	183	0	18	0	1	0	3	0	43	0	3	59	32
180	180	0	0	0	0	0	0	0	0	0	0	60	0

ΑΡΕΟΣ.

Ἀπόγειον καρκίνου Μ. ιϛ̄ μ′.

ΑΡΙΘΜΟΙ ΚΟΙΝΟΙ.		ΜΗΚΟΥΣ ΠΡΟΣΘΑΦΑΙΡΕΣ.		ΔΙΑΦΟΡΑ ΠΡΟΣΘΕΣΕΩΣ.		ΔΙΑΦΟΡΑ ΑΦΑΙΡΕΣΕΩΣ.		ΑΝΩΜΑΛΙΑΣ ΠΡΟΣΘΑΦΑΙΡΕΣ.		ΔΙΑΦΟΡΑ ΠΡΟΣΘΕΣΕΩΣ.		ΕΞΗΚΟΣΤΑ ΑΦΑΙΡΕΣΕΩΣ.	
Α.	Β.	Γ.		Δ.		Ε.		ϛ.		Ζ.		Η.	
ϛ̄	τνδ̄	ᾱ	ō′	ō	ε′	ō	η′	β	κα′	ō	θ′	νθ′	νγ″
ιβ	τμη	β	ō	ō	ι	ō	ιϛ	δ	μϛ	ō	ιη	νη	νθ
ιη	τμβ	β	νη	ō	ιε	ō	κδ	ζ	η	ō	κη	νϛ	να
κδ	τλϛ	γ	νϛ	ō	κ	ō	λβ	θ	λ	ō	λϛ	νϛ	λϛ
λ	τλ	δ	νβ	ō	κδ	ō	μβ	ια	να	ō	μϛ	νδ	λδ
λϛ	τκδ	ε	μϛ	ō	κζ	ō	να	ιδ	ια	ō	νϛ	νϛ	ιϛ
μβ	τιη	ϛ	λθ	ō	κη	α	ō	ιϛ	κθ	α	ϛ	μθ	κη
μη	τιβ	ζ	κη	ō	κθ	α	ō	ιη	μϛ	α	ιϛ	μϛ	ιζ
νδ	τϛ	η	ιδ	ō	κη	α	ιη	κα	ō	α	κη	μβ	λη
ξ	τ	η	νζ	ō	κζ	α	κϛ	κγ	ιγ	α	μ	λη	η
ξϛ	σϟδ	θ	λϛ	ō	κδ	α	λϛ	κε	κδ	α	νγ	λγ	κϛ
οβ	σπη	ι	θ	ō	κ	α	μθ	κζ	κθ	β	ϛ	κη	κ
οη	σπβ	ι	λη	ō	ιε	β	α	κθ	λϛ	β	ιθ	κϛ	μϛ
πδ	σοϛ	ια	β	ō	ι	β	ιδ	λα	λ	β	λγ	ιϛ	λγ
ϟ	σο	ια	ιε	ō	δ	β	κη	λγ	κϛ	β	νε	ι	ε
ϟγ	σξζ	ια	κε	ō	ō ἀφαίρ.	β	λε	λδ	ιε	β	νζ	ϛ προσθ.	λδ
ϟϛ	σξδ	ια	κθ	ō	δ	β	μϛ	λε	ϛ	γ	ϛ	γ	γ
ϟθ	σξα	ια	λϛ	ō	η	β	μθ	λε	νϛ	γ	ιϛ	θ	ε
ρβ	σνη	ια	λϛ	ō	ιβ	β	νϛ	λϛ	μγ	γ	κε	γ	ιγ
ρε	σνε	ια	λα	ō	ιϛ	γ	δ	λϛ	κζ	γ	λϛ	ϛ	ια
ρη	σνβ	ια	κη	ō	ιθ	γ	ιγ	λη	θ	γ	μζ	η	μθ
ρια	σμθ	ια	κϛ	ō	κβ	γ	κϛ	λη	μη	γ	νη	ια	μδ
ριδ	σμϛ	ια	ιθ	ō	κε	γ	λϛ	λθ	κθ	δ	θ	ιδ	λη
ριζ	σμγ	ια	ε	ō	κη	γ	μγ	λθ	νϛ	δ	κα	ιϛ	λγ
ρκ	σμ	ι	νγ	ō	λα	γ	νδ	μ	μγ	δ	λε	κ	κϛ
ρκγ	σλζ	ι	μθ	ō	λγ	δ	δ	μ	μθ	δ	ν	κγ	λε
ρκϛ	σλδ	ι	κγ	ō	λε	δ	ιδ	μ	μθ	ε	ε	κϛ	μϛ
ρκθ	σλα	ι	δ	ō	λϛ	δ	κδ	μα	ζ	ε	κα	κθ	λα
ρλβ	σκη	θ	μδ	ō	λθ	δ	λε	μα	ϛ	ε	λϛ	λϛ	κ
ρλε	σκε	θ	κα	ō	μ	δ	με	μα	θ	ε	νε	λε	θ
ρλη	σκβ	η	νε	ō	μα	δ	νϛ	μ	με	ϛ	ιδ	λζ	νη
ρμα	σιθ	η	κζ	ō	μα	ε	ζ	μ	ιϛ	ϛ	λθ	μ	λε
ρμδ	σιϛ	ζ	νθ	ō	μα	ε	ιη	λθ	λζ	ϛ	νγ	μγ	ιϛ
ρμζ	σιγ	ζ	κϛ	ō	μ	ε	κη	λη	μ	ζ	ιϛ	με	κϛ
ρν	σι	ϛ	νδ	ō	λη	ε	λδ	λϛ	κε	ζ	λ	μϛ	λθ
ρνγ	σϛ	ϛ	ιθ	ō	λϛ	ε	λη	λε	νϛ	ζ	με	μθ	ν
ρνϛ	σδ	ε	μα	ō	λγ	ε	λη	λγ	νγ	ζ	νη	νδ	α
ρνθ	σα	ε	γ	ō	λ	ε	λδ	λα	λ	η	γ	νγ	μϛ
ρξβ	ρϟη	δ	κβ	ō	κζ	ε	ιη	κη	λε	ζ	νη	νε	λϛ
ρξε	ρϟε	γ	μα	ō	κγ	δ	νβ	κε	γ	ζ	μϛ	νϛ	μδ
ρξη	ρϟβ	β	νη	ō	ιθ	δ	ιη	κα	ō	ζ	ϛ	νϛ	νε
ροα	ρπθ	β	ιδ	ō	ιε	δ	λϛ	ιϛ	κϛ	ε	μθ	νη	μθ
ροδ	ρπϛ	ᾱ	λ	ō	ι	β	κζ	ια	ιθ	δ	κϛ	νθ	μγ
ροζ	ρπγ	ō	με	ō	ε	α	ιϛ	ε	με	β	κ	νθ	νϛ
ρπ	ρπ	ō	ō	ō	ō	ō	ō	ō	ō	ō	ō	ξ	ō

MARS.

Apógée en 16ᵈ 40′ du cancer.

NOMBRES COMMUNS.		PROSTAPHÉRÈSE de LONGITUDE.		DIFFÉRENCE ADDITIVE.		DIFFÉRENCE SOUSTRACTIVE.		PROSTAPHÉRÈSE de L'ANOMALIE.		DIFFÉRENCE ADDITIVE.		SOIXANTIÈMES SOUSTRACTIVES.	
1.	2.	3.		4.		5.		6.		7.		8.	
6ᵈ	354ᵈ	1ᵈ	0′	0ᵈ	5′	0ᵈ	8′	2ᵈ	21′	0ᵈ	9′	59′	53″
12	348	2	0	0	10	0	16	4	46	0	18	58	59
18	342	2	58	0	15	0	24	7	8	0	28	57	51
24	336	3	56	0	20	0	32	9	30	0	37	56	36
30	330	4	52	0	24	0	42	11	51	0	46	54	34
36	324	5	46	0	27	0	51	14	11	0	56	52	11
42	318	6	39	0	28	1	0	16	29	1	6	49	28
48	312	7	28	0	29	1	9	18	46	1	16	46	17
54	306	8	14	0	28	1	18	21	0	1	28	42	38
60	300	8	57	0	27	1	27	23	13	1	40	38	8
66	294	9	36	0	24	1	37	25	22	1	53	33	26
72	288	10	9	0	20	1	49	27	29	2	6	28	20
78	282	10	38	0	15	2	1	29	32	2	19	22	47
84	276	11	2	0	10	2	14	31	30	2	33	16	33
90	270	11	15	0	4	2	28	33	22	2	55	10	5
93	267	11	25	0 *soustr.*	0	2	35	34	15	2	57	6	34
96	264	11	29	0	4	2	42	35	6	3	6	3 *add.*	33
99	261	11	32	0	8	2	49	35	56	3	15	0	5
102	258	11	32	0	12	2	56	36	43	3	25	3	13
105	255	11	31	0	16	3	4	37	27	3	36	6	11
108	252	11	28	0	19	3	13	38	9	3	47	8	49
111	249	11	22	0	22	3	22	38	48	3	58	11	44
114	246	11	14	0	25	3	32	39	24	4	9	14	38
117	243	11	5	0	28	3	43	39	56	4	21	17	33
120	240	10	53	0	31	3	54	40	43	4	35	20	27
123	237	10	49	0	33	4	4	40	44	4	50	23	35
126	234	10	23	0	35	4	14	40	59	5	5	26	42
129	231	10	4	0	37	4	24	41	7	5	21	29	31
132	228	9	44	0	39	4	35	41	2	5	37	32	20
135	225	9	21	0	40	4	45	41	9	5	55	35	9
138	222	8	55	0	41	4	56	40	45	6	14	37	58
141	219	8	27	0	41	5	7	40	16	6	34	40	35
144	216	7	59	0	41	5	18	39	37	6	53	43	12
147	213	7	27	0	40	5	28	38	40	7	12	45	26
150	210	6	54	0	38	5	34	37	25	7	30	47	39
153	207	6	19	0	36	5	38	35	52	7	45	49	50
156	204	5	41	0	33	5	38	33	53	7	58	52	1
159	201	5	3	0	30	5	54	31	30	8	3	53	47
162	198	4	22	0	27	5	18	28	35	7	58	55	32
165	195	3	41	0	23	4	52	25	3	7	47	56	44
168	192	2	58	0	19	4	18	21	0	7	6	57	55
171	189	2	14	0	15	3	32	16	26	5	49	58	49
174	186	1	30	0	10	2	27	11	19	4	26	59	43
177	183	0	45	0	5	1	16	5	45	2	20	59	52
180	180	0	0	0	0	0	0	0	0	0	0	60	0

II.

ΑΦΡΟΔΙΤΗΣ.

Απόγειον ταύρου Μ. ιϛ ι′.

ΑΡΙΘΜΟΙ ΚΟΙΝΟΙ. Α.	Β.	ΜΗΚΟΥΣ ΠΡΟΣΘΑΦΑΙΡΕΣ. Γ.		ΔΙΑΦΟΡΑ ΠΡΟΣΘΕΣΕΩΣ. Δ.		ΔΙΑΦΟΡΑ ΑΦΑΙΡΕΣΕΩΣ. Ε.		ΑΝΩΜΑΛΙΑΣ ΠΡΟΣΘΑΦΑΙΡΕΣ. ς.		ΔΙΑΦΟΡΑ ΠΡΟΣΘΕΣΕΩΣ. Ζ.		ΕΞΗΚΟΣΤΑ ΑΦΑΙΡΕΣΕΩΣ. Η.	
ϛ	τνδ	ō	ιδ′	ō	α′	ō	α′	ϐ	λα′	ō	β′	νθ′	ι″
ιβ	τμη	ō	κη	ō	α	ō	γ	ε	α	ō	δ	νζ	νε
ιη	τμβ	ō	μϛ	ō	α	ō	ε	ζ	λα	ō	ϛ	νϛ	μ
κδ	τλϛ	ō	νϛ	ō	β	ō	ζ	ι	α	ō	η	νε	ō
λ	τλ	α	θ	ō	β	ō	θ	ιβ	λ	ō	ι	νβ	νε
λϛ	τκδ	α	κα	ō	β	ō	ια	ιδ	νη	ō	ιβ	μθ	λε
μβ	τιη	α	λϛ	ō	γ	ō	ιγ	ιζ	κε	ō	ιδ	με	ν
μη	τιβ	α	μγ	ō	γ	ō	ιε	ιθ	να	ō	ιϛ	μϛ	ε
νδ	τϛ	α	νγ	ō	γ	ō	ιη	κβ	ιε	ō	ιη	λζ	ε
ξ	τ	ϐ	λ	ō	β	ō	κ	κδ	λη	ō	κ	λα	μ
ξϛ	σϟδ	ϐ	η	ō	β	ō	κβ	κϛ	λζ	ō	κγ	κϛ	ιε
οβ	σπη	ϐ	ιθ	ō	β	ō	κδ	κθ	ιδ	ō	κε	κ	κε
οη	σπε	ϐ	ιη	ō	α	ō	κζ	λα	κϛ	ō	κη	ιθ	λε
πδ	σος	ϐ	κα	ō	α	ō	κθ	λγ	λη	ō	λ	η	κ
Ϟ	σο	ϐ	κγ	ō	α	ō	λα	λε	μδ	ō	λ	δ	μ
Ϟγ	σξζ	ϐ	κγ	ō	ἀφαίρ. ō	ō	λγ	λϛ	μ	ō	λϛ	α πρόσθ.	λα
Ϟϛ	σξδ	ϐ	κγ	ō	α	ō	λε	λζ	μγ	ō	λη	δ	μϛ
Ϟθ	σξα	ϐ	κϛ	ō	α	ō	λη	λη	μ	ō	μ	ζ	λθ
ρβ	σνη	ϐ	κα	ō	α	ō	μ	λθ	λϛ	ō	μγ	ι	λε
ρε	σνε	ϐ	κ	ō	α	ō	μβ	μ	κθ	ō	με	ιγ	λϛ
ρη	σνβ	ϐ	ιη	ō	α	ō	με	μα	κ	ō	μζ	ιϛ	κη
ρια	σμθ	ϐ	ιϛ	ō	α	ō	μϛ	μϐ	θ	ō	ν	ιθ	κε
ριδ	σμϛ	ϐ	ιγ	ō	β	ō	μθ	μϐ	νδ	ō	νβ	κβ	κα
ριζ	σμγ	ϐ	ι	ō	β	ō	νβ	κγ	λε	ō	νε	κϛ	ιη
ρκ	σμ	ϐ	ϛ	ō	β	ō	νδ	μδ	ιϐ	ō	νη	κη	ιδ
ρκγ	σλϛ	ϐ	ϐ	ō	β	ō	νζ	μδ	με	α	α	λα	ō
ρκϛ	σλδ	α	νη	ō	β	α	ō	με	ιδ	α	δ	λγ	μδ
ρκθ	σλα	α	να	ō	β	α	γ	με	λϛ	α	η	λϛ	ιη
ρλβ	σκη	α	μθ	ō	γ	α	ϛ	με	να	α	ια	λη	ν
ρλε	σκε	α	μδ	ō	γ	α	ι	με	νε	α	ιδ	μα	ια
ρλη	σκϐ	α	λθ	ō	γ	α	ιδ	με	νζ	α	ιη	μγ	λϐ
ρμα	σιθ	α	λγ	ō	γ	α	ιθ	με	με	α	κϐ	με	μϐ
ρμδ	σιϛ	α	κζ	ō	β	α	κδ	με	κ	α	κζ	μϛ	να
ρμζ	σιγ	α	κα	ō	β	α	κθ	μδ	μ	α	λη	μθ	λϛ
ρν	σι	α	ιθ	ō	β	α	λγ	μγ	λθ	α	λη	να	κγ
ρνγ	σζ	α	ζ	ō	β	α	λϛ	μϐ	ιθ	α	μγ	νϐ	μϛ
ρνϛ	σδ	α	ō	ō	β	α	λθ	μ	κη	α	νη	νδ	η
ρνθ	σα	ō	νγ	ō	β	α	μα	λη	ζ	α	να	νε	ιη
ρξβ	ρϟη	ō	μϛ	ō	α	α	μϐ	λε	ζ	α	νϐ	νϛ	κϛ
ρξε	ρϟε	ō	λθ	ō	α	α	λη	λα	κδ	α	ν	νζ	κη
ρξη	ρϟγ	ō	λϐ	ō	α	α	λα	κϛ	μϛ	α	μγ	νη	κϛ
ροα	ρπθ	ō	κδ	ō	α	α	ιθ	κα	ιε	α	κζ	νθ	α
ροδ	ρπϛ	ō	ιϛ	ō	α	ō	νη	ιθ	μα	α	ι	νθ	λϛ
ροζ	ρπγ	ō	η	ō	α	ō	λα	ζ	λη	ō	λε	νθ	μη
ρπ	ρπ	ō	ō	ō	ō	ō	ō	ō	ō	ō	ō	ξ	ō

VÉNUS.

Apogée en 16ᵈ 10′ du taureau.

NOMBRES COMMUNS.		PROSTAPHÉRÈSE de LONGITUDE.		DIFFÉRENCE ADDITIVE.		DIFFÉRENCE SOUSTRACTIVE.		PROSTAPHÉRÈSE de L'ANOMALIE.		DIFFÉRENCE ADDITIVE.		SOIXANTIÈMES SOUSTRACTIVES.	
1.	2.	3.		4.		5.		6.		7.		8.	
6ᵈ	354ᵈ	0ᵈ	14′	0ᵈ	1′	0ᵈ	1′	2ᵈ	31′	0	2′	59′	10″
12	348	0	28	0	1	0	3	5	1	0	4	57	45
18	342	0	42	0	1	0	5	7	31	0	6	56	40
24	336	0	56	0	2	0	7	10	1	0	8	55	0
30	330	1	9	0	2	0	9	12	30	0	10	52	55
36	324	1	21	0	2	0	11	14	58	0	12	49	35
42	318	1	32	0	3	0	13	17	25	0	14	45	50
48	312	1	43	0	3	0	15	19	51	0	16	42	5
54	306	1	53	0	3	0	18	22	15	0	18	37	5
60	300	2	1	0	2	0	20	24	38	0	20	31	40
66	294	2	8	0	2	0	22	26	37	0	23	26	15
72	288	2	14	0	2	0	24	29	14	0	25	20	25
78	282	2	18	0	1	0	27	31	27	0	28	14	35
84	276	2	21	0	1	0	29	33	38	0	30	8	20
90	270	2	23	0	1	0	31	35	44	0	33	1	40
93	267	2	23	0 (soustr.)	1	0	33	36	40	0	36	1 (add.)	31
96	264	2	23	0	1	0	35	37	43	0	38	4	42
99	261	2	22	0	1	0	38	38	40	0	40	7	39
102	258	2	41	0	1	0	40	39	35	0	43	10	35
105	255	2	20	0	1	0	42	40	29	0	45	13	32
108	252	2	18	0	1	0	45	41	20	0	47	16	28
111	249	2	16	0	1	0	47	42	9	0	50	19	25
114	246	2	13	0	2	0	49	42	54	0	52	22	21
117	243	2	10	0	2	0	52	43	35	0	55	25	18
120	240	2	6	0	2	0	54	44	12	0	58	28	14
123	237	2	2	0	2	0	57	44	45	1	1	31	0
126	234	1	58	0	2	1	0	45	14	1	4	33	44
129	231	1	51	0	2	1	3	45	36	1	8	36	18
132	228	1	49	0	3	1	6	45	51	1	11	38	50
135	225	1	44	0	3	1	10	45	55	1	14	41	11
138	222	1	39	0	3	1	14	45	57	1	18	43	32
141	219	1	33	0	3	1	19	45	45	1	22	45	42
144	216	1	27	0	2	1	24	45	20	1	27	47	51
147	213	1	21	0	2	1	29	44	40	1	32	49	37
150	210	1	14	0	2	1	33	43	39	1	38	51	23
153	207	1	7	0	2	1	37	42	18	1	43	52	46
156	204	1	0	0	2	1	39	40	28	1	48	54	50
159	201	0	53	0	2	1	41	38	7	1	51	55	18
162	198	0	46	0	1	1	42	35	7	1	52	56	26
165	195	0	39	0	1	1	38	31	24	1	50	57	28
168	192	0	32	0	1	1	31	26	46	1	43	58	26
171	189	0	24	0	1	1	19	21	15	1	27	59	1
174	186	0	16	0	1	0	58	14	41	1	5	59	36
177	183	0	8	0	1	0	31	7	38	0	35	59	58
180	180	0	0	0	0	0	0	0	0	0	0	60	0

ΕΡΜΟΥ.

Ἀπόγειον χηλῶν. Μ. κ̄ ι.

ΑΡΙΘΜΟΙ ΚΟΙΝΟΙ.		ΜΗΚΟΥΣ ΠΡΟΣΘΑΦΑΙΡΕΣ.		ΔΙΑΦΟΡΑ ΑΦΑΙΡΕΣΕΩΣ.		ΔΙΑΦΟΡΑ ΑΦΑΙΡΕΣΕΩΣ.		ΑΝΩΜΑΛΙΑΣ ΠΡΟΣΘΑΦΑΙΡΕΣ.		ΔΙΑΦΟΡΑ ΠΡΟΣΘΑΦΑΙΡΕΣ.		ΕΞΗΚΟΣΤΑ ΑΦΑΙΡΕΣΕΩΣ.	
Α.	Β.	Γ.		Δ.		Ε.		ς.		Ζ.		Η.	
ξ	τνδ	ō	ιη	ō	α	ō	ι	ᾱ	λη	ὸ	ε	νθ	κ
ιε	τμη	ō	λδ	ō	ϛ	ῡ	κ	γ	ιϛ	ō	ια	νϛ	κ
ιη	τμβ	ō	να	ō	δ	ō	κθ	δ	νγ	ō	ιζ	νθ	μ
κδ	τλϛ	α	ζ	ō	ε	ō	λθ	ϛ	κθ	ὸ	κγ	ν	μ
λ	τλ	α	κϛ	ō	ε	ō	μθ	η	δ	ō	κη	με	μ
λϛ	τκδ	α	λϛ	ō	δ	ō	νθ	θ	λϛ	ō	λδ	λθ	μ
μϛ	τιη	α	να	ō	δ	α	η	ια	ϛ	ὸ	μ	λγ	ō
μη	τιϛ	ϛ	δ	ō	γ	α	ιη	ιϛ	λγ	ᾶ	με	κε	μ
νθ	τϛ	ϛ	ιε	ō	α	α	κη	ιγ	νη	ō	ν	ιη	ō
ξ	τ	ϛ	κε	ō προσθ.	ο	α	λθ	ιε	ιη	ō	νϛ	ι	κ
ξϛ	σϟδ	ϛ	λϑ	ō	ϛ	α	μϑ	ιϛ	λγ	α	δ	ϛ ὁ προσθ.	κ
οϛ	σπη	ϛ	μα	ō	δ	α	νθ	ιϛ	μγ	α	ια	ὁ προσθ.	ιδ
οη	σπϛ	ϛ	μϛ	ō	ϛ	ϛ	ο	ιη	μϛ	α	ιϛ	κ	ō
πδ	σοϛ	ϛ	ν	ō	ζ	ϛ	ιθ	ιθ	μδ	α	κγ	κθ	μδ
ϟ	σο	ϛ	νϛ	ō	θ	ϛ	κε	κ	λγ	α	κθ	λϑ	κη
ϟγ	σξϛ	ϛ	νϛ	ō	ι	ϛ	λδ	κ	νδ	α	λϛ	μγ	λα
ϟϛ	σξδ	ϛ	νϛ	ō	ι	ϛ	λθ	κα	ιγ	α	λε	μϛ	λδ
ϟθ	σξα	ϛ	να	ō	ια	ϛ	μα	κα	κε	α	λη	ν	ō
ρβ	σνη	ϛ	ν	ō	ι	ϛ	μη	κα	με	α	μα	νβ	κϛ
ρε	σνε	ϛ	μη	ō	ι	ϛ	νγ	κα	νϛ	α	μδ	νϑ	νϛ
ρη	σνβ	ϛ	μϛ	ō	ι	ϛ	νη	κα	νθ	α	μϛ	νζ	ιη
ρια	σμθ	ϛ	μδ	ō	θ	γ	ϛ	κϛ	ϛ	α	μθ	νη	κζ
ριδ	σμϛ	ϛ	μα	ō	θ	γ	δ	κϛ	α	α	νε	νϑ	κη
ριζ	σμγ	ϛ	λϛ	ō	θ	γ	ϛ	κα	νϛ	α	νε	νθ	μδ
ρκ	σμ	ϛ	λγ	ō	η	γ	η	να	μϛ	α	νϛ	ξ	ō
ρκγ	σλϛ	ϛ	κη	ō	ζ	γ	θ	κα	λγ	α	νθ	νθ	μδ
ρκϛ	σλδ	ϛ	κγ	ō	ζ	γ	ι	κα	ιγ	ϛ	ō	νθ	κγ
ρκθ	σλα	ϛ	ιη	ō	ϛ	γ	ιβ	κ	νγ	ϛ	ὸ	νη	λϑ
ρλβ	σκη	ϛ	ιβ	ō	ϛ	γ	ιβ	κ	κε	ϛ	α	νϛ	ν
ρλε	σκε	ϛ	ϛ	ō	ε	γ	θ	ιθ	ν	ϛ	α	νϛ	μϛ
ρλη	σκβ	ϛ	ō	ō	δ	γ	ϛ	ιθ	ι	ϛ	ὸ	νε	μα
ρμα	σιθ	α	νγ	ō	δ	γ	ϛ	ιη	κδ	ϛ	ὸ	νδ	γ
ρμδ	σιϛ	α	μϛ	ō	γ	ϛ	νγ	ιζ	ιβ	α	νη	νϛ	κϛ
ρμζ	σιγ	α	λη	ō	γ	ϛ	να	ιϛ	λε	α	νγ	ν	μη
ρν	σι	α	λ	ō	ϛ	ϛ	μϑ	ιε	λα	α	μϛ	μϑ	ια
ρνγ	σϛ	α	κϛ	ō	ϛ	ϛ	λϛ	ιθ	κ	α	μα	μϛ	λϑ
ρνϛ	σδ	α	ιγ	ō	ϛ	ϛ	κα	ιζ	γ	α	λϑ	με	νϛ
ρνθ	σα	α	ε	ō	α	ϛ	θ	ιχ	μα	α	κϛ	μδ	λϛ
ρξβ	ρϟη	ō	νϛ	ō	α	α	νε	ι	ιζ	α	ιϛ	μγ	ιε
ρξε	ρϟε	ō	μϛ	ō	α	α	λη	η	μ	κ	ζ	μϑ	κϛ
ρξη	ρϟβ	ō	λη	ō	ō	α	ιθ	ϛ	α	ō	νϛ	μα	λϛ
ροα	ρπθ	ō	κη	ō	ō	α	α	ε	ιϑ	ō	μγ	μ	μη
ροδ	ρπϛ	ō	ιθ	ō	ō	ὸ	μϑ	γ	λε	ὸ	κδ	μ	ō
ροζ	ρπγ	ō	θ	ō	ō	ō	κα	α	μη	ō	ιϑ	λϑ	μϑ
ρπ	ρπ	ō	ō	ō	ō	ō	ō	ō	ō	ō	ō	λϑ	κη

MERCURE.

Apogée en ⊙^{d} 10′ des serres.

NOMBRES COMMUNS.		PROSTAPHÉRÈSE de LONGITUDE.		DIFFÉRENCE SOUSTR.		DIFFÉRENCE SOUSTRACTIVE		PROSTAPHÉRÈSE de L'ANOMALIE.		DIFFÉRENCE ADD. SOUSTR.		SOIXANTIÈMES SOUSTRACTIVES.	
1.	2.	3.		4.		5.		6.		7.		8.	
6^d	354^d	0^d	18′	0^d	1′	0^d	10′	1^d	38′	0^d	5′	59′	20″
12	348	0	34	0	2	0	20	3	16	0	11	57	20
18	342	0	51	0	4	0	29	4	53	0	17	54	40
24	336	1	7	0	5	0	39	6	29	0	23	50	40
30	330	1	22	0	5	0	49	8	4	0	28	45	40
36	324	1	37	0	4	0	59	9	36	0	34	39	40
42	318	1	51	0	4	0	8	11	6	0	40	33	0
48	312	2	4	0	3	1	18	12	33	0	45	25	40
54	306	2	15	0	1	1	28	13	58	0	50	18	0
60	300	2	25	0	0 (add.)	1	39	15	18	0	56	10	20
66	294	2	34	0	2	1	49	16	33	1	4	2 (add.)	20
72	288	2	41	0	4	1	59	17	43	1	11	9	14
78	282	2	46	0	6	1	9	18	47	1	17	20	0
84	276	2	50	0	7	2	19	19	44	1	23	29	44
90	270	2	52	0	9	2	25	20	33	1	29	39	28
93	267	2	52	0	10	2	34	20	54	1	32	43	31
96	264	2	52	0	10	2	39	21	13	1	35	47	34
99	261	2	51	0	11	2	44	21	25	1	38	50	0
102	258	2	50	0	10	2	48	21	45	1	41	52	26
105	255	2	48	0	10	2	53	21	52	1	44	54	52
108	252	2	46	0	10	2	58	21	59	1	46	57	18
111	249	2	44	0	9	3	2	22	2	1	49	58	23
114	246	2	41	0	9	3	4	22	1	1	52	59	28
117	243	2	37	0	9	3	6	21	56	1	55	59	44
120	240	2	33	0	8	3	8	21	47	1	57	60	0
123	237	2	28	0	7	3	9	21	33	1	59	59	44
126	234	2	23	0	7	3	10	21	13	2	0	59	23
129	231	2	18	0	6	3	12	20	53	2	0	58	39
132	228	2	12	0	6	3	12	20	25	2	1	56	50
135	225	2	6	0	5	3	9	19	50	2	1	56	46
138	222	2	0	0	4	3	6	19	10	2	0	55	41
141	219	1	53	0	4	3	2	18	24	2	0	54	3
144	216	1	46	0	3	2	57	17	12	1	58	52	26
147	213	1	38	0	3	2	51	16	35	1	53	50	48
150	210	1	30	0	2	2	42	15	51	1	47	49	11
153	207	1	22	0	2	2	32	14	20	1	41	47	34
156	204	1	13	0	2	2	21	13	3	1	34	45	57
159	201	1	5	0	1	1	9	11	41	1	26	44	36
162	198	0	56	0	1	1	55	10	13	1	17	43	15
165	195	0	47	0	1	1	38	8	40	1	7	42	26
168	192	0	38	0	0	1	19	7	1	0	56	41	37
171	189	0	28	0	0	1	1	5	19	0	43	40	48
174	186	0	19	0	0	0	42	3	35	0	24	40	0
177	183	0	9	0	0	0	21	1	48	0	14	39	44
180	180	0	0	0	0	0	0	0	0	0	0	39	28

CHAPITRE XII.

CALCUL DE LA LONGITUDE DES CINQ PLANÈTES.

Quand nous voudrons connoître les mouvements apparents de chacun de ces cinq astres, par le moyen des tables précédentes, d'après les mouvements périodiques de longitude et d'anomalie, nous ferons pour chacun le calcul suivant, qui est le même pour tous :

Quand nous aurons, pour le temps en question, dans les tables du moyen mouvement, les lieux moyens de longitude et d'anomalie dont nous rejetterons les circonférences entières, nous prendrons la distance à l'apogée de l'excentrique, ou la longitude moins celle de l'apogée. Ensuite nous prendrons dans la table d'anomalie de l'astre, les quantités qui dans la troisième colonne correspondront à l'argument, et nous les réunirons à celle de la quatrième ; et si le nombre qui se trouve pour la longitude est dans la première colonne , nous retrancherons la somme des deux nombres ou équation prise dans la table, des nombres de la longitude, et nous l'ajouterons à ceux de l'anomalie. Mais s'il est dans la seconde, nous l'ajouterons à ceux de la longitude, et nous la retrancherons de ceux de l'anomalie, pour avoir les deux lieux vrais. Après quoi, portant encore dans les deux premières colonnes le nombre déterminé

ΚΕΦΑΛΑΙΟΝ ΙΒ.

ΠΕΡΙ ΤΗΣ ΚΑΤΑ ΜΗΚΟΣ ΤΩΝ ΠΕΝΤΕ ΠΛΑΝΩΜΕΝΩΝ ΨΗΦΟΦΟΡΙΑΣ.

ΟΤΑΝ οὖν, διὰ τῆς τῶν προκειμένων πραγματείας ἀπὸ τῶν περιοδικῶν κινήσεων μήκους τε καὶ ἀνωμαλίας, τὰς φαινομένας ἑνὸς ἑκάςου τῶν ἀςέρων θέλωμεν παρόδους ἐπιγιγνώσκειν, ποιησόμεθα τὸν τῆς ψηφοφορίας ἐπιλογισμὸν ἕνα καὶ τὸν αὐτὸν ὄντα ἐπὶ τῶν ε̄ ἀςέρων, τρόπῳ τοιῷδε.

Συνάγοντες γὰρ, ἐκ τῶν τῆς μέσης κινήσεως κανόνων, τὰς γινομένας εἰς τὸν ἐπιζητούμενον χρόνον μεθ' ὅλους κύκλους ὁμαλὰς ἐποχὰς μήκους τε καὶ ἀνωμαλίας, τὰς μὲν ἀπὸ τοῦ τότε ἀπογείου τοῦ τοῦ ἐκκέντρου μέχρι τῆς μέσης κατὰ μῆκος παρόδου μοίρας, πρῶτον εἰσοίσομεν εἰς τὸν οἰκεῖον τοῦ ἀςέρος κανόνα τῆς ἀνωμαλίας· καὶ τὰ παρακείμενα τῷ ἀριθμῷ ἐν τῷ τρίτῳ σελιδίῳ τῆς κατὰ μῆκος διευκρινήσεως μετὰ τῆς τῶν ἐν τῷ τετάρτῳ σελιδίῳ συνηγμένης ἑξηκοςῶν προσθαφαιρέσεως, ἐὰν μὲν ὁ ἐκκείμενος τοῦ μήκους ἀριθμὸς κατὰ τὸ πρῶτον ᾖ σελίδιον, ἀφελοῦμεν μὲν τῶν τοῦ μήκους μοιρῶν, προσθήσομεν δὲ ταῖς τῆς ἀνωμαλίας· ἐὰν δὲ κατὰ τὸ δεύτερον, προσθήσομεν ταῖς τοῦ μήκους, ἀφελοῦμεν δὲ τῶν τῆς ἀνωμαλίας, ἵνα ἔχωμεν ἀμφοτέρας τὰς παρόδους διευκρινημένας. Επειτα τὲν μὲν ἀπὸ τοῦ ἀπογείου τῆς ἀνωμαλίας, διευκρινημένον ἀριθμὸν εἰσενεγκόντες πάλιν εἰς τὰ πρῶτα δύο σελίδια, τὴν παρακειμένην αὐτῷ κατὰ τὸ ἕκτον σελίδιον τῆς μέσης ἀποστάσεως προσθαφαίρεσιν ἀπογραψόμεθα· τὸν δ' ἐξ ἀρχῆς προεισενηνεγμένον τοῦ ὁμαλοῦ μήκους ὁμοίως εἰσενεγκόντες ἐς τοὺς αὐτοὺς ἀριθμούς, ἐὰν μὲν ἐν τοῖς πρώτοις καὶ ἀπογειοτέροις ᾖ ςίχοις τοῦ κατὰ τὴν μέσην ἀπόςασιν, ὅπερ ἐκ τῶν ἐν τῷ ὀγδόῳ σελιδίῳ ἑξηκοςῶν γίγνεται δῆλον, τὰ παρακείμενα αὐτῷ ἑξηκοςὰ ἐν αὐτῷ τῷ ηʹʹ σελιδίῳ, ὅσα ἐὰν ᾖ, τὰ τοσαῦτα λαβόντες τοῦ παρακειμένου διαφόρου τῷ ςίχῳ τῆς ἀπογεγραμμένης μέσης προσθαφαιρέσεως ἐν τῷ τῆς μεγίςης ἀποςάσεως πέμπτῳ σελιδίῳ, τὰ γενόμενα ἀφελοῦμεν ὧν ἀπεγραψάμεθα.

Ἐὰν δ' ὁ τοῦ εἰρημμένου μήκους ἀριθμὸς ἐν τοῖς ὑποκάτω καὶ περιγειοτέροις ᾖ ςίχοις τοῦ κατὰ τὴν μέσην ἀπόςασιν, τὰ παρακείμενα αὐτῷ ὁμοίως ἑξηκοςὰ ἐν τῷ ηʹʹ σελιδίῳ, ὅσα ἐὰν ᾖ, τὰ τοσαῦτα λαβόντες τοῦ παρακειμένου διαφόρου τῇ ἀπογεγραμμένῃ μέσῃ προσθαφαιρέσει, τῷ τῆς ἐλαχίςης ἀποςάσεως ἑβδόμῳ σελιδίῳ, τὰ γενόμενα προσθήσομεν οἷς ἀπεγραψάμεθα. Καὶ τὰς συναχθείσας μοίρας τῆς διακεκριμένης προσθαφαιρέσεως, ἐὰν μὲν ὁ διευκρινημένος τῆς ἀνωμαλίας ἀριθμὸς κατὰ τὸ πρῶτον ᾖ σελίδιον, προσθήσομεν ταῖς τοῦ διευκρινημένου μήκους μοίραις· ἐὰν δὲ κατὰ τὸ δεύτερον, ἀφελοῦμεν αὐτῶν· καὶ τὸν συναχθέντα τῶν μοιρῶν ἀριθμὸν ἐκβάλλοντες ἀπὸ τοῦ τότε ἀπογείου τοῦ ἀςέρος, ἐπὶ τὴν φαινομένην αὐτοῦ πάροδον καταντήσομεν.

de l'anomalie depuis l'apogée, nous écrirons la prostaphérèse qui est à côté, dans la sixième colonne, qui est celle de la moyenne distance. Ensuite, avec la longitude moyenne, pour argument, prise auparavant, si elle est dans les premières lignes qui sont plus apogées que le nombre de la distance moyenne, ce qui se voit par les soixantièmes de la huitième colonne, nous prendrons les soixantièmes qui sont à côté dans cette huitième colonne; et multipliant par ce nombre la différence entre la prostaphérèse et la quantité qui se trouve dans la cinquième colonne, qui est celle de la plus grande distance, nous retrancherons le produit de cette multiplication, de la quantité ecrite, c'est-à-dire de la prostaphérèse des moyennes distances.

Mais si ce même nombre de la longitude est dans les lignes inférieures et plus périgées que celui de la distance moyenne; prenant de même à côté dans la huitième colonne les soixantièmes, nous les multiplierons par le nombre pris dans la septième colonne, qui est celle de la moindre distance, et le produit, nous l'ajouterons à la prostaphérèse moyenne, prise dans la sixième colonne. La prostaphérèse ou équation étant ainsi corrigée, nous l'ajouterons aux parties déterminées de la longitude, si le nombre déterminé de l'anomalie est dans la première colonne; mais s'il est dans la seconde, nous la retrancherons; et comptant depuis l'apogée de l'astre la somme des quantités, nous parviendrons à son lieu apparent.

ΚΛΑΥΔΙΟΥ ΠΤΟΛΕΜΑΙΟΥ ΜΑΘΗΜΑΤΙΚΗΣ ΣΥΝΤΑΞΕΩΣ ΤΟΥ ΙΑ ΒΙΒΛΙΟΥ ΤΕΛΟΣ.

FIN DU LIVRE ONZIÈME DE LA COMPOSITION MATHÉMATIQUE DE CL. PTOLÉMÉE.

ΚΛΑΥΔΙΟΥ ΠΤΟΛΕΜΑΙΟΥ

ΜΑΘΗΜΑΤΙΚΗΣ ΣΥΝΤΑΞΕΩΣ

ΒΙΒΛΙΟΝ ΔΩΔΕΚΑΤΟΝ.

DOUZIÈME LIVRE

DE LA COMPOSITION MATHÉMATIQUE

DE CLAUDE PTOLÉMÉE.

ΚΕΦΑΛΑΙΟΝ Ι.

CHAPITRE I.

ΠΕΡΙ ΤΩΝ ΕΙΣ ΤΑΣ ΠΡΟΗΓΗΣΕΙΣ ΠΡΟΛΑΜΒΑΝΟΜΕΝΩΝ.

PRÉLIMINAIRES POUR LES RÉTROGRADATIONS.

Τούτων ἀποδεδειγμένων, ἀκόλουθον ἂν εἴη καὶ τὰς καθ᾽ ἕκαςον τῶν πέντε πλανωμένων γινομένας προηγήσεις ἐλαχίστας τε καὶ μεγίςας ἐπισκέψασθαι, καὶ δεῖξαι καὶ τὰς τούτων πηλικότητας ἀπὸ τῶν ἐκκειμένων ὑποθέσεων συμφώνους ὡς ἔνι μάλιςα γινομένας ταῖς ἐκ τῶν τηρήσεων καταλαμβανομέναις. Εἰς δὲ τὴν τοιαύτην διάληψιν, προαποδεικνύουσι μὲν ᾗ οἵ τε ἄλλοι μαθηματικοὶ, καὶ Ἀπολλώνιος ὁ περγαῖος, ὡς ἐπὶ μιᾶς τῆς παρὰ τὸν ἥλιον ἀνωμαλίας, ὅτι ἐάν τε διὰ τῆς κατ᾽ ἐπίκυκλον ὑποθέσεως γίνηται, τοῦ μὲν ἐπικύκλου περὶ τὸν ὁμόκεντρον τῷ ζωδιακῷ κύκλον τὴν κατὰ μῆκος πάροδον εἰς τὰ ἑπόμενα τῶν ζωδίων ποιουμένου, τοῦ δὲ

APRÈS avoir démontré ce qui précède, il est naturel de passer à la considération des plus grandes et des moindres rétrogradations des cinq planètes, et de prouver par les hypothèses que nous avons posées, que leurs quantités sont généralement conformes à celles que l'on trouve par les observations. Mais pour traiter cet objet, les géomètres, et entr'autres (a) Apollonius de Perge, commencent par démontrer que dans l'une des deux anomalies, dans celle qui se rapporte au soleil, si on l'explique par l'hypothèse d'un épicycle qui se meut dans un cercle concentrique au zodiaque suivant l'ordre des signes, tandis que l'astre lui-même avance sur l'épicycle en

ἀςέρος ἐπὶ τῦ ἐπικύκλυ περὶ τὸ κέντρον αὐτοῦ τὴν τῆς ἀνωμαλίας, ὡς ἐπὶ τὰ ἑπόμενα
τῆς ἀπογείου περιφερείας, καὶ διαχθῇ τις
ἀπὸ τῆς ὄψεως ἡμῶν εὐθεῖα τέμνουσα τὸν
ἐπίκυκλον, οὕτως ὥστε τοῦ ἀπολαμβα-
νομένου αὐτῆς ἐν τῷ ἐπικύκλῳ τμήματος
τὴν ἡμίσειαν, πρὸς τὴν ἀπὸ τῆς ὄψεως
ἡμῶν μέχρι τῆς κατὰ τὸ περίγειον τοῦ
ἐπικύκλου τομῆς, λόγον ἔχειν, ὃν τὸ τάχος τοῦ ἐπικύκλου πρὸς τὸ τάχος τοῦ
ἀςέρος, τὸ γινόμενον σημεῖον ὑπὸ τῆς οὕτως
διαχθείσης εὐθείας πρὸς τῇ περιγείῳ περιφερείᾳ τοῦ ἐπικύκλου, διορίζει τάς τε
ὑπολείψεις καὶ τὰς προηγήσεις, ὥστε κατ᾽
αὐτοῦ γινόμενον τὸν ἀςέρα φαντασίαν ποιεῖσθαι ςηριγμοῦ. Ἐάν τε διὰ τῆς κατ᾽ ἐκκεντρότητα ὑποθέσεως ἡ παρὰ τὸν ἥλιον
ἀνωμαλία συμβαίνῃ, τῆς τοιαύτης ἐπὶ
μόνων τῶν πᾶσαν ἀπόςασιν ἀπὸ τοῦ
ἡλίου ποιουμένων τριῶν ἀςέρων προχωρεῖν
δυναμένης, τοῦ μὲν κέντρου τοῦ ἐκκέντρου
περὶ τὸ τοῦ ζωδιακοῦ κέντρον εἰς τὰ ἑπόμενα τῶν ζωδίων ἰσοταχῶς τῷ ἡλίῳ φαινομένου, τοῦ δὲ ἀςέρος ἐπὶ τοῦ ἐκκέντρου
περὶ τὸ κέντρον αὐτοῦ εἰς τὰ προηγούμενα τῶν ζωδίων ἰσοταχῶς τῇ τῆς ἀνωμαλίας παρόδῳ, καὶ διαχθῇ τις εὐθεῖα ἐπὶ
τοῦ ἐκκέντρου κύκλου διὰ τοῦ κέντρου τοῦ
ζωδιακῦ, τουτέςι τῆς ὄψεως, οὕτως ἔχυσα,
ὥςε τὴν ἡμίσειαν αὐτῆς ὅλης πρὸς τὸ ἔλασσον τῶν ὑπὸ τῆς ὄψεως γινομένων τμημάτων, λόγον ἔχειν, ὃν τὸ τάχος τῦ ἐκκέντρου
πρὸς τὸ τάχος τοῦ ἀςέρος, κατ᾽ ἐκεῖνο
τὸ σημεῖον γιγνόμενος ὁ ἀςὴρ, καθ᾽ ὃ
τέμνει ἡ εὐθεῖα τὴν περίγειον τοῦ ἐκκέντρου περιφέρειαν, τὴν τῶν ςηριγμῶν

sens contraire, c'est-à-dire contre l'ordre des signes autour du centre de cet épicycle et de l'anomalie et en s'éloignant de l'apogée, et que l'œil de l'observateur ou même une ligne qui coupe l'épicycle de manière que la moitié de la partie de la sécante comprise dans le cercle soit à la droite menée de l'œil à l'épicycle dans sa partie périgée, comme la vîtesse de l'épicycle à la vîtesse de la planète, le point ainsi déterminé séparera le mouvement direct d'avec le mouvement rétrograde, ensorte que l'astre, étant à ce point, paroîtra stationnaire. Mais si l'anomalie ou l'inégalité solaire s'exprime par une excentricité, ce qui ne peut avoir lieu que pour les trois planètes qui peuvent se trouver à une distance angulaire quelconque du soleil, le centre de l'excentrique tournant autour du zodiaque en suivant l'ordre des signes, avec une vîtesse égale au mouvement du soleil, l'astre rétrogradant sur son excentrique avec une vîtesse égale au mouvement d'anomalie, et que l'on mène au cercle excentrique une certaine ligne par le centre du zodiaque, c'est-à-dire par le lieu de l'œil, de manière que la moitié de la ligne entière soit au plus petit des segments formés par le lieu de l'œil comme la vîtesse de l'excentrique à la vîtesse de l'astre, il arrivera que l'astre paroîtra stationnaire quand il occupera le point où la droite coupe la partie périgée de l'excentrique.

Néanmoins nous exposerons en passant, et même d'une manière plus commode, cette proposition, en nous servant d'une hypothèse mixte et composée des deux précédentes, pour faire voir leur ressemblance et leur accord dans les rapports qu'elles donnent.

Car soit l'épicycle ABGD autour du centre E, et son diamètre AEG prolongé en Z, centre du cercle milieu du zodiaque, c'est-à-dire le point d'où notre œil regarde. Prenant de part et d'autre du point G périgée les arcs égaux GH et GT, menez du point Z par les points H et T, les droites ZHB et ZTD, et joignez DH et BT qui s'entre-coupent en K qui tombera sur le diamètre AG. Nous disons que comme la droite AZ est à la droite ZG, ainsi la droite AK est à la droite KG. En effet, joignons AD et DG, et par G menons à AD la parallèle LGM qui sera perpendiculaire sur DG, puisque l'angle ADG est droit. Actuellement, l'angle GDH étant égal à l'angle GDT, et la droite GL égale à la droite GM, la droite AD sera en même temps raison à l'une qu'à l'autre de ces droites. Mais comme AD est à GM, ainsi AZ est à ZG; et comme AD est à LG, ainsi AK est à KG; donc comme AZ est à ZG, ainsi AK est à KG. Si donc dans la supposition de l'excentricité nous regardons l'épicycle ABGD comme étant

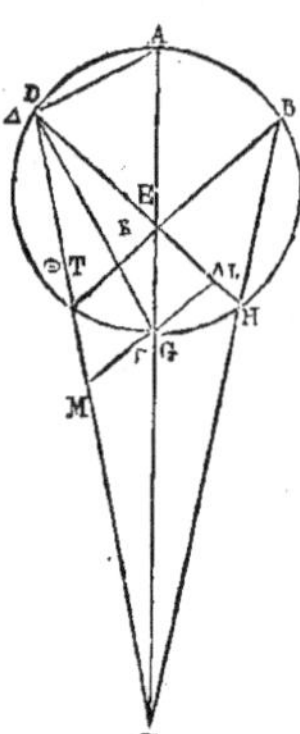

φαντασίαν ποιήσεται. Καὶ ἡμεῖς δὲ οὐδὲν ἧττον ἐξ ἐπιδρομῆς εὐχρηςότερον παραςήσομεν τὸ προκείμενον, κοινῇ καὶ μεμιγμένῃ δείξει χρησάμενοι κατ' ἀμφοτέρων τῶν ὑποθέσεων πρὸς ἔνδειξιν τῆς καὶ ἐν τούτοις αὐτῶν τοῖς λόγοις συμφωνίας καὶ ὁμοιότητος.

Ἔςω γὰρ ἐπίκυκλος ὁ ΑΒΓΔ, περὶ κέντρον τὸ Ε, καὶ διάμετρος αὐτοῦ, ἡ ΑΕΓ, ἐκβεβλημένη ἐπὶ τὸ Ζ κέντρον τοῦ διὰ μέσων τῶν ζωδίων κύκλου, τουτέςι τὴν ὄψιν ἡμῶν, καὶ ἀποληφθεισῶν ἐφ' ἑκάτερα τὰ Γ περιγείου περιφερειῶν ἴσων τῆς τε ΓΗ καὶ τῆς ΓΘ· διήχθωσαν ἀπὸ τοῦ Ζ, διὰ τῶν Η καὶ Θ σημείων ἥτε ΖΗΒ καὶ ἡ ΖΤΔ, καὶ ἐπεζεύχθωσαν ἥτε ΔΗ, καὶ ἡ ΒΘ τέμνουσαι ἀλλήλας κατὰ τὸ Κ σημεῖον, ὃ δῆλον ὅτι ἐπὶ τῆς ΑΓ διαμέτρου πεσεῖται· λέγομεν ὅτι ὡς ἡ ΑΖ εὐθεῖα πρὸς τὴν ΖΓ, οὕτως ἡ ΑΚ πρὸς τὴν ΚΓ. Ἐπεζεύχθωσαν γὰρ ἥτε ΑΔ καὶ ἡ ΔΓ, καὶ διὰ τοῦ Γ παράλληλος ἤχθω τῇ ΑΔ ἡ ΛΓΜ ὀρθὴ γινομένη δῆλον ὅτι πρὸς τὴν ΔΓ, ἐπεὶ καὶ ἡ ὑπὸ ΑΔΓ γωνία ὀρθή ἐςιν. Ἐπεὶ οὖν ἴση ἐςὶν ἡ ὑπὸ ΓΔΗ γωνία τῇ ὑπὸ ΓΔΘ, ἴση ἐςὶ καὶ ἡ ΓΛ εὐθεῖα τῇ ΓΜ· καὶ ἡ ΑΔ ἄρα πρὸς ἑκατέραν αὐτῶν τὸν αὐτὸν ἔχει λόγον· ἀλλ' ὡς μὲν ἡ ΑΔ πρὸς τὴν ΓΜ, οὕτως ἡ ΑΖ πρὸς τὴν ΖΓ, ὡς δὲ ἡ ΑΔ πρὸς τὴν ΛΓ, οὕτως ἡ ΑΚ πρὸς τὴν ΚΓ. Καὶ ὡς ἄρα ἡ ΑΖ πρὸς τὴν ΖΓ, ὅτως ἡ ΑΚ πρὸς τὴν ΚΓ. Ἐὰν ἄρα τὸν ΑΒΓΔ ἐπίκυκλον, ὡς

ἐπὶ τῆς κατ' ἐκκεντρότητα ὑποθέσεως αὐτὸν
νοήσωμεν τὸν ἔκκεντρον, τὸ Κ σημεῖον τὸ κέντρον ἔσται τῶ ζωδιακοῦ, καὶ διαιρεθήσεται
ὑπ' τὸ αὐτοῦ ἡ ΑΓ διάμετρος εἰς τὸν αὐτὸν
λόγον τῆς κατ' ἐπίκυκλον ὑποθέσεως· ἐπειδήπερ ἐδείξαμεν ὅτι ὃν ἔχει λόγον ἐπὶ τοῦ
ἐπικύκλου τὸ ΑΖ μέγιστον ἀπόστημα πρὸς
τὸ ΖΓ ἐλάχιστον ἀπόστημα, τοῦτον ἔχει καὶ
ἐπὶ τοῦ ἐκκέντρου τὸν λόγον τὸ ΑΚ μέγιστον
ἀπόστημα πρὸς τὸ ΚΓ ἐλάχιστον ἀπόστημα.

Λέγομεν δ' ὅτι καὶ ὃν ἔχει
λόγον ἡ ΔΖ εὐθεῖα πρὸς τὴν ΖΘ,
τοῦτον ἔχει τὸν λόγον καὶ ἡ ΒΚ
εὐθεῖα πρὸς τὴν ΚΘ. Ἐπεζεύχθω γὰρ ἐπὶ τῆς ὁμοίας καταγραφῆς ἡ ΒΝΔ εὐθεῖα ὀρθὴ γινομένη δηλονότι πρὸς τὴν ΑΓ
διάμετρον, καὶ διὰ τοῦ Θ ἤχθω
αὐτῇ παράλληλος ἡ ΘΞ. Ἐπεὶ
τοίνυν ἴση ἐστὶν ἡ ΒΝ τῇ ΝΔ, ἑκατέρα ἄρα
αὐτῶν πρὸς τὴν ΞΘ τὸν αὐτὸν ἔχει λόγον.
Ἀλλ' ὡς μὲν ἡ ΝΔ πρὸς τὴν ΞΘ, οὕτως ἡ
ΔΖ πρὸς τὴν ΖΘ· ὡς δὲ ἡ ΒΝ πρὸς τὴν ΞΘ,
ὕτως ἡ ΒΚ πρὸς τὴν ΚΘ· καὶ ὡς ἄρα ἡ ΔΖ
πρὸς τὴν ΖΘ, ὕτως ἡ ΒΚ πρὸς τὴν ΚΘ. Καὶ
συνθέντι ὡς ἡ ΔΖ, ΖΘ πρὸς τὴν ΖΘ, οὕτως ἡ ΒΘ πρὸς τὴν ΘΚ. Καὶ διελόντων
καθέτων ἀχθεισῶν τῶν ΕΟ καὶ ΕΠ, ὡς
ἡ ΟΖ πρὸς τὴν ΖΘ, οὕτως ἡ ΠΘ πρὸς τὴν
ΚΘ. Καὶ ἔτι διελόντι, ὡς ἡ ΟΘ πρὸς τὴν
ΖΘ, οὕτως ἡ ΠΚ πρὸς τὴν ΚΘ. Ἐὰν ἄρα
ἐπὶ τῆς κατ' ἐπίκυκλον ὑποθέσεως ἡ ΔΖ
οὕτως ᾖ διηγμένη, ὥστε τὴν ΘΘ πρὸς τὴν
ΖΘ λόγον ἔχειν, ὃν τὸ τάχος τοῦ ἐπικύκλου πρὸς τὸ τάχος τοῦ ἀστέρος, τὸν αὐτὸν

l'excentrique, le point K sera le centre du zodiaque, il partagera le diamètre AG dans la même proportion que dans la supposition de l'épicycle. Car nous avons démontré que la plus grande distance AZ dans l'épicycle à la plus petite ZG, est en même raison que dans l'excentrique, la plus grande distance AL à la plus petite KG.

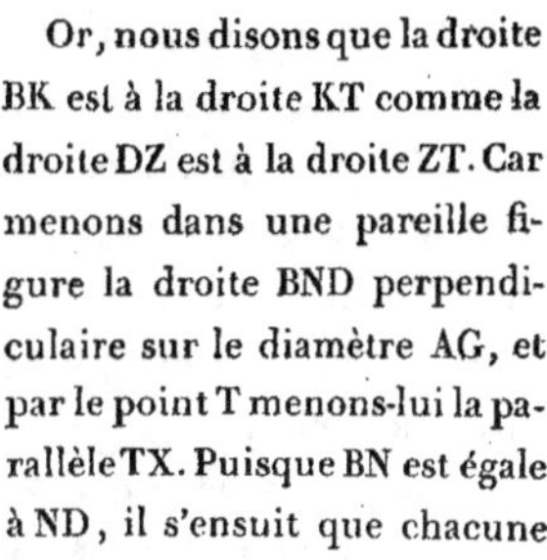

Or, nous disons que la droite BK est à la droite KT comme la droite DZ est à la droite ZT. Car menons dans une pareille figure la droite BND perpendiculaire sur le diamètre AG, et par le point T menons-lui la parallèle TX. Puisque BN est égale à ND, il s'ensuit que chacune de celles-ci est en même raison à l'égard de XT. (b) Or, comme ND est à XT, ainsi DZ est à ZT; et comme BN est à XT, ainsi BK est à KT ; donc, comme DZ est à ZT, ainsi BK est à KT; et, (componendo), comme DZ —+— ZT est à ZT, ainsi BT est à TK. Et ayant partagé par les perpendiculaires EO, EP, comme OZ est à ZT, ainsi PT est à KT. Et (dividendo), comme OT est à ZT, ainsi PK est à KT. Donc si dans la supposition de l'épicycle, DZ est tellement menée que OT soit à ZT en raison de la vîtesse de l'épicycle à la vîtesse de l'astre, la droite PK dans l'hypothèse d'excentricité aura la même raison à l'égard de la droite KT. Maintenant, la cause pour laquelle nous ne nous servons

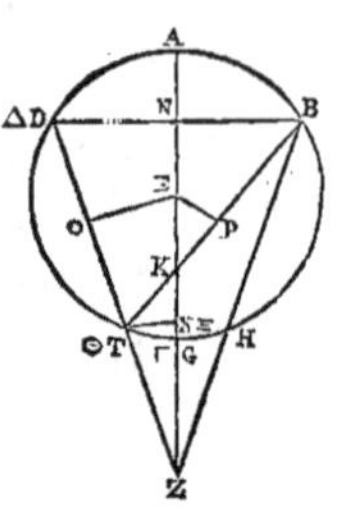

pas pour les stations, de ce rapport de division, c’est-à-dire
de celui de PK à KT, mais du
rapport de composition, c’est-à-
dire de celui de PT à KT, c’est
que la vîtesse de l’épicycle est
à l’égard de celle de l’astre,
en même raison, que le mouvement seulement en longitude
est au mouvement d’anomalie; et que la vîtesse de l’excentrique est à celle de l’astre,
comme le mouvement moyen du soleil,
c’est-à-dire celui qui est composé du mouvement en longitude et de celui de l’anomalie de l’astre, est à celui de l’anomalie.
Par exemple, pour Mars, la raison de la
vîtesse de l’épicycle à la vîtesse de l’astre
est à peu près la même que celle de 42 à
37. Car nous avons prouvé que telle est
à peu près la raison du mouvement en longitude à celui de l’anomalie, et qu’ainsi la
même raison existe entre OT et TZ; mais
que le rapport de la vîtesse de l’excentrique
à la vîtesse de l’astre est celui de 79,
somme de ces deux nombres, à 37, c’est-
à-dire le rapport de PT à KT; puisque
(*dividendo*), le rapport de PK à KT étoit
le même que celui de OT à TZ, c’est-à-dire
comme 42 est à 37. Cela soit dit pour
servir de préparation à ce qui suit.

Il nous reste à faire voir qu’ayant pris les
droites ainsi partagées, dans l’une et l’autre
hypothèse, leurs points H et T embrasseront

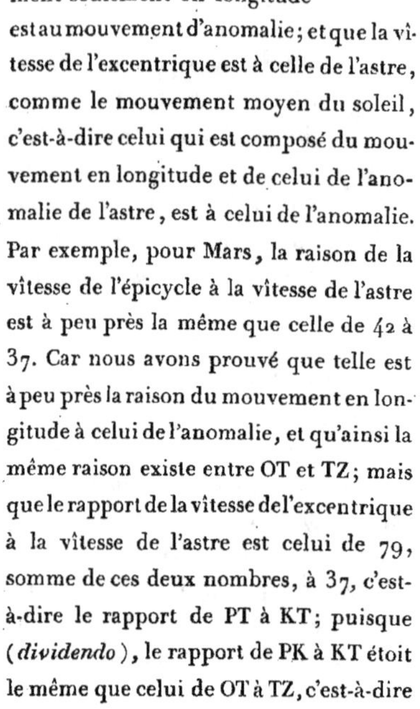

ἕξει λόγον κỳ ἐπὶ τῆς κατ’ ἐκκεντρότητα ὑποθέσεως ἡ ΠΚ
εὐθεῖα πρὸς τὴν ΚΘ. Αἴτιον δὲ
τοῦ μὴ καὶ ἐνθάδε πρὸς τοὺς
ςηριγμοὺς τῷ διῃρημένῳ τούτῳ
λόγῳ κεχρῆσθαι, τουτέςι τῷ
τῆς ΠΚ πρὸς τὴν ΚΘ, ἀλλὰ τῷ
συνθέντι, τουτέςι τῷ τῆς ΠΘ
πρὸς τὴν ΚΘ, τὸ τοῦ μὲν ἐπικύκλου τὸ τάχος πρὸς τὸ τοῦ ἀςέρος λόγον ἔχειν, ὂν ἡ κατὰ μῆκος μόνον πάροδος πρὸς τὴν τῆς ἀνωμαλίας, τοῦ δὲ ἐκκέντρου τὸ τάχος πρὸς τὸ τοῦ ἀςέρος λόγον ἔχειν, ὂν ἡ τοῦ ἡλίου μέση πάροδος,
τουτέςιν ἥτε κατὰ μῆκος, καὶ ἡ τῆς ἀνωμαλίας τοῦ ἀςέρος συντεθεῖσα, πρὸς τὴν
τῆς ἀνωμαλίας· ὥςε λόγου ἕνεκεν ἐπὶ τοῦ
τοῦ Ἀρεος ἀςέρος, τὸν μὲν τοῦ τάχους
τοῦ ἐπικύκλου πρὸς τὸ τάχος τοῦ ἀςέρος λόγον εἶναι, τὸν τῶν μβ ἔγγιςα πρὸς
τὰ λζ. Ὁ γὰρ τῆς κατὰ μῆκος παρόδου
λόγος πρὸς τὴν τῆς ἀνωμαλίας τοσοῦτος
ἔγγιςα ἡμῖν ἀπεδείχθη, κỳ διὰ τῦτο τῦ-
τον ἔχειν τὸν λόγον κỳ τὴν ΟΘ ωρὸς τὴν
ΘΖ· τὸν δὲ τοῦ τάχους τοῦ ἐκκέντρου
πρὸς τὸ τάχος τοῦ ἀςέρος, τὸν συναμφοτέρων τῶν οθ πρὸς τὰ λζ, τουτέςι
συντεθειμένων, τὸν τῆς ΠΘ πρὸς τὴν ΘΚ.
Ἐπειδὴ κατὰ διαίρεσιν ὁ τῆς ΠΚ πρὸς
τὴν ΚΘ λόγος, ὁ αὐτὸς ἦν τῷ τῆς ΟΘ
πρὸς τὴν ΘΖ, τουτέςι τῷ τῶν μβ πρὸς
τὰ λζ. Καὶ ταῦτα μὲν ἡμῖν ἔσω μέχρι
τοσούτου προτεθεωρημένα.

Καταλειπόμενον δὲ δειχθῆναι διότι
τῶν εἰς τὸν τοιοῦτον διαιρουμένων εὐθειῶν
ληφθεισῶν ἐφ’ ἑκατέρας τῶν ὑποθέσεων,

τὰ Η καὶ Θ σημεῖα περιέξει τὰς τῶν ςηριγμῶν φαντασίας, καὶ τὴν μὲν ΗΓΘ περιφέρειαν προηγητικὴν ἀνάγκη γίγνεσθαι, τὴν δὲ λοιπὴν ὑπολειπτικήν. Προλαμβάνει λημμάτιον ὁ Ἀπολλώνιος τοιοῦτον, ὅτι ἐὰν τριγώνου τοῦ ΑΒΓ μείζονα ἔχοντος τὴν ΒΓ τῆς ΑΓ, ἀπολιφθῇ ἡ ΓΔ μὴ ἐλάσσων τῆς ΑΓ, ἡ ΓΔ πρὸς τὴν ΒΔ μείζονα λόγον ἕξει, ἤπερ ἡ ὑπὸ ΑΒΓ γωνία πρὸς τὴν ὑπὸ ΒΓΑ. Δείκνυσι δ᾽ οὕτως· συμπεπληρώσθω γάρ, φησι, τὸ ΑΔΓΕ παραλληλόγραμμον, κὴ ἐκβληθεῖσαι αἱ ΒΑ καὶ ΓΕ συμπιπτέτωσαν κατὰ τὸ Ζ σημεῖον· ἐπεὶ ἡ ΑΕ τῆς ΑΓ οὐκ ἔςιν ἐλάσσων, ὁ ἄρα κέντρῳ τῷ Α, καὶ διαςήματι τῷ ΑΕ γραφόμενος κύκλος ἤτοι διὰ τοῦ Γ ἐλεύσεται ἢ ὑπὲρ τὸ Γ. Γεγράφθω δὴ διὰ τοῦ Γ ὁ ΗΕΓ. Καὶ ἐπεὶ μεῖζον μέν ἐςι τὸ ΑΕΖ τρίγωνον τοῦ ΑΕΗ τομέως, ἔλασσον δὲ τὸ ΑΕΓ τρίγωνον τοῦ ΑΕΓ τομέως, μείζονα λόγον ἔχει τὸ ΑΕΖ τρίγωνον πρὸς τὸ ΑΕΓ, ἤπερ ὁ ΑΕΗ τομεὺς πρὸς τὸν ΑΕΓ τομέα. Ἀλλ᾽ ὡς μὲν ὁ ΑΕΗ τομεὺς πρὸς τὸν ΑΕΓ, οὕτως ἡ ὑπὸ ΕΑΖ γωνία πρὸς τὴν ὑπὸ ΕΑΓ γωνίαν. Ὡς δὲ τὸ ΑΕΖ τρίγωνον πρὸς τὸ ΑΕΓ, οὕτως ἡ ΖΕ βάσις πρὸς τὴν ΕΓ· μείζονα λόγον ἄρα ἔχει ἡ ΖΕ πρὸς τὴν ΕΓ, ἤπερ ἡ ὑπὸ ΖΑΕ γωνία πρὸς τὴν ὑπὸ ΕΑΓ· Ἀλλ᾽ ὡς μὲν ἡ ΖΕ πρὸς τὴν ΕΓ, οὕτος ἡ ΓΔ πρὸς τὴν ΔΒ, ἴση δὲ ἡ μὲν ὑπὸ ΖΑΕ γωνία τῇ ὑπὸ ΑΒΓ, ἡ δὲ ὑπὸ ΕΑΓ τῇ ὑπὸ ΒΓΑ. Καὶ ἡ ΓΔ ἄρα πρὸς τὴν

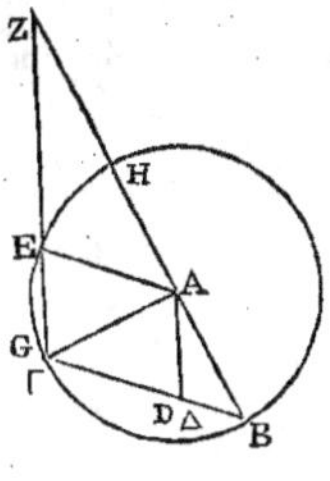

les apparences des stations, que l'arc HGT sera nécessairement rétrograde, c'est-à-dire parcouru contre l'ordre des signes, et que l'arc restant sera direct ou parcouru suivant l'ordre des signes. Apollonius commence par établir le lemme suivant, savoir :

que si le triangle ABG ayant son côté BG plus grand que le côté AG, on prend GD qui ne soit pas moindre (c) que AG, alors GD sera en plus grande raison relativement à BD, que l'angle ABG à l'égard de l'angle BGA ; ce qu'il prouve en disant : le parallélogramme ABGE étant complété, prolongez les droites BA, GE, jusqu'à ce qu'elles se rencontrent au point Z. Puisque AE n'est pas moindre que AG, le cercle décrit du centre A et du rayon AE passera par G ou au-dessus. Décrivons donc le cercle HEG passant par le point G. Puisque le triangle AEZ est plus grand que le secteur AEH, et que le triangle AEG est plus petit que le secteur AEG, il s'ensuit que le triangle AEZ est en plus grande raison relativement au triangle AEG, que le secteur AEH n'est au secteur AEG. Mais comme le secteur AEH est au secteur AEG, ainsi l'angle EAZ est à l'angle EAG ; et comme le triangle AEZ est au triangle AEG, ainsi a base ZE est à la base EG : donc ZE est en plus grande raison par rapport à EG, que l'angle ZAE à l'angle EAG. Mais comme ZE est à EG, ainsi GD est à DB ; et l'angle ZAE est égal à l'angle ABG, et l'angle EAG est égal à l'angle BGA. Donc GD est en plus grande raison

*

relativement à DB, que l'angle ABG à l'angle AGB. Or il est clair que la raison sera bien plus grande encore, si GD, c'est-à-dire ΔE, n'est pas supposée égale à AG, mais plus grande.

Cela posé, soit l'épicycle ABGD décrit autour du centre E sur le diamètre AEG que je prolonge en Z, lieu de notre œil, ensorte que EG soit en plus grande raison relativement à GZ, que la vîtesse de l'épicycle relativement à la vîtesse de l'astre : il sera donc possible de mener la droite ZHB telle que la moitié de BH soit à la portion HZ, en même raison que la vîtesse de l'épicycle à la vîtesse de l'astre. Si même nous avons pris, suivant ce qui est dit précédemment, l'arc AD égal à l'arc AB, et que nous joignions la droite DTH, dans l'hypothèse de l'excentricité, notre œil sera censé en T, et la moitié de DH sera à TH, comme la vîtesse de l'excentrique à la vîtesse de l'astre. Nous disons que dans l'une et l'autre hypothèse, l'astre parvenu au point H, aura l'apparence d'être stationnaire, et que quelqu'arc que nous prenions de chaque côté du point H, celui que nous aurons pris du côté de l'apogée sera trouvé oriental ou suivant l'ordre des points du zodiaque ; et celui que nous aurons pris du côté du périgée, sera occidental, ou contre l'ordre de ces points.

Car, prenons d'abord du côté de l'apogée, l'arc quelconque KH, et menons les droites ZKL et KTM : joignons BK et DK,

ΔΒ μείζονα λόγον ἔχει, ἤπερ ἡ ὑπὸ ΑΒΓ γωνία πρὸς τὴν ὑπὸ ΑΓΒ. Φανερὸν δ᾽ ὅτι κỳ πολλῷ μείζων ὁ λόγος ἔσαι, μὴ ἴσης ὑποτιθεμένης τῇ ΑΓ τῆς ΓΔ, τουτέςι τῆς ΑΕ, ἀλλὰ μείζονος.

Τούτου προληφθέντος, ἔςω ἐπίκυκλος ὁ ΑΒΓΔ περὶ κέντρον τὸ Ε, κỳ διάμετρον τὴν ΑΕΓ, ἥτις ἐκβεβλήσθω ἐπὶ τὸ Ζ σημεῖον τῆς ὄψεως ἡμῶν, οὕτως ὥςε τὴν ΕΓ πρὸς τὴν ΓΖ μείζονα λόγον ἔχειν, ἤπερ τὸ τάχος τοῦ ἐπικύκλου πρὸς τὸ τάχος τοῦ ἀςέρος· δυνατὸν ἄρα διαγαγεῖν τὴν ΖΗΒ εὐθεῖαν οὕτως ἔχουσαν, ὥστε τὴν ἡμίσειαν τῆς ΒΖ πρὸς τὴν ΗΖ λόγον ἔχειν, ὃν τὸ τάχος τοῦ ἐπικύκλου πρὸς τὸ τάχος τοῦ ἀςέρος. Κἄν διὰ τὰ προδεδειγμένα ἀπολάβωμεν ἴσην τῇ ΑΒ περιφερείᾳ τὴν ΑΔ, κỳ ἐπιζεύξωμεν τὴν ΔΘΗ, τὸ μὲν Θ σημεῖον ἐπὶ τῆς κατ᾽ ἐκκεντρότητα ὑποθέσεως ὄψις ἡμῶν νοηθήσεται, ἡ δ᾽ ἡμίσεια τῆς ΔΗ πρὸς τὴν ΘΗ λόγον ἕξει ὃν τὸ τάχος τοῦ ἐκκέντρου πρὸς τὸ τάχος τοῦ ἀςέρος· λέγομεν δὴ ὅτι κατὰ τὸ Η σημεῖον γενόμενος ὁ ἀςὴρ, ἐφ᾽ ἑκατέρας τῶν ὑποθέσεων, φαντασίαν ςηριγμοῦ ποιήσεται, κỳ ἡλίκην ἂν ἀπολάβωμεν ἐφ᾽ ἑκάτερα τοῦ Η περιφέρειαν, τὴν μὲν πρὸς τῷ ἀπογείῳ ἀπολαμβανομένην ὑπολειπτικὴν εὑρήσομεν, τὴν δὲ πρὸς τῷ περιγείῳ προηγητικήν.

Ἀπειλήφθω γὰρ πρὸς τῷ ἀπογείῳ πρῶτον τυχοῦσα ἡ ΚΗ περιφέρεια, κỳ διήχθωσαν ἥτε ΖΚΛ καὶ ἡ ΚΘΜ. Καὶ ἐπεζεύχθωσαν ἥτε ΒΚ καὶ ἡ ΔΚ, κỳ

ἔτι ἦτε· EK καὶ ἡ EH. Ἐπεὶ τοίνυν τριγώνου τοῦ BKZ μείζων ἐςὶν ἡ BH τῆς BK,
μείζονα λόγον ἔχει ἡ BH πρὸς τὴν HZ,
ἤπερ ἡ ὑπὸ HZK γωνία πρὸς τὴν ὑπὸ
HBK γωνίαν· ὥςε καὶ ἡ ἡμίσεια τῆς BH
πρὸς τὴν HZ μείζονα λόγον ἔχει, ἤπερ ἡ
ὑπὸ HZK γωνία πρὸς τὴν διπλῆν τῆς
ὑπὸ KBH, τουτέςι τὴν ὑπὸ KEH γωνίαν.
Λόγος δὲ τῆς ἡμισείας τῆς BH πρὸς τὴν HZ,
ὁ τοῦ τάχους τοῦ ἐπικύκλου πρὸς τὸ τάχος
τῦ ἀςέρος. Ἐλάσσονα ἄρα λόγον ἔχει ἡ ὑπὸ
HZK γωνία πρὸς τὴν ὑπὸ KEH, ἤπερ τὸ
τάχος τῦ ἐπικύκλυ πρὸς τὸ τάχος τῦ ἀςέρος. Ἡ ἄρα τὸν αὐτὸν λόγον ἔχουσα γωνία
πρὸς τὴν ὑπὸ KEH τῷ τάχει τῦ ἐπικύκλυ
πρὸς τὸ τάχος τῦ ἀςέρος, μείζων ἐςὶ τῆς
ὑπὸ HZK. Ἐςω δὴ ἡ ὑπὸ HZN. ἐπεὶ οὖν ἐν
ὅσῳ χρόνῳ τὴν KH τῦ ἐπικύκλυ περιφέρειαν
ὁ ἀςὴρ κινεῖται, ἐν τοσουτῷ τὸ κέντρον τοῦ
ἐπικύκλυ ἐπὶ τὰ ἐναντία κεκίνηται τὴν ἴσην
τῇ ἀπὸ τῆς ZH ἐπὶ τὴν ZN διαςάσει πάροδον, φανερὸν ὅτι ἐν τῷ ἴσῳ χρόνῳ ἐλάσσονα γωνίαν πρὸς τῇ ὄψει ἡμῶν ἡ KH τοῦ
ἐπικύκλου περιφέρεια εἰς τὰ προηγούμενα
μετενήνοχε τὸν ἀςέρα τὴν ὑπὸ HZK, ἧς αὐτὸς ὁ ἐπίκυκλος μετεβίβασεν αὐτὸν εἰς τὰ
ἑπόμενα, τουτέςι τῆς ὑπὸ HZN γωνίας,
ὥςε ὑπολελεῖφθαι τὸν ἀςέρα τὴν ὑπὸ KZN
γωνίαν.

Ὁμοίως κἂν ὡς ἐπὶ τοῦ ἐκκέντρου κύκλου λογιζώμεθα, ἐπεὶ ἡ BH πρὸς τὴν
HZ μείζονα λόγον ἔχει, ἤπερ ἡ ὑπὸ
HZK γωνία πρὸς τὴν ὑπὸ HBK· καὶ συνθέντι ἄρα ἡ BZ πρὸς τὴν ZH μείζονα
λόγον ἔχει, ἤπερ ἡ ὑπὸ BKΛ γωνία πρὸς
τὴν ὑπὸ HBK. Ἀλλ᾽ ὡς μὲν ἡ BZ πρὸς

EK et EH. Puisque dans le triangle BKZ la
portion BH est plus grande que le côté BK,
BH est en plus grande raison relativement
à HZ, que l'angle HZK à l'angle HBK. D'où
il suit que la moitié de BH est en plus
grande raison à l'égard de HZ, que l'angle
HZK à l'égard du double de l'angle KBH,
c'est-à-dire à l'égard de l'angle KEH. Mais
la raison de la moitié de BH à la droite
HZ est celle de la vîtesse de l'épicycle à
la vîtesse de l'astre : donc l'angle HZK est
en moindre raison relativement à l'angle
KEH, que la vîtesse de l'épicycle à la vîtesse de l'astre. Par conséquent l'angle
qui est à l'angle KEH en même raison que
la vîtesse de l'épicycle à la vîtesse de l'astre,
est plus grand que l'angle HZK. Soit cet
angle l'angle HZN : puisque dans le même
temps que l'astre parcourt l'arc KH de l'é-
picycle, le centre de l'épicycle a parcouru
en sens contraire un espace égale à la différence de ZH à ZN, il est évident que
dans le même temps, à notre vue, l'arc
KH de l'épicycle a transporté l'astre vers
les points antécédents, d'un angle KZH,
moindre que l'angle HZN dont l'épicycle
lui-même l'a transporté vers les points suivants ; de sorte que l'astre demeure en arrière, d'une quantité égale à l'angle KZN.

C'est le même raisonnement à faire
dans le cas du cercle excentrique, puisque BH est à HZ, en plus grande raison
que l'angle HZK à l'angle HBK; donc (*componendo*), BZ est à HZ en plus grande
raison que l'angle BKL à l'angle HBK.
Or, comme BZ est à ZH, ainsi DT est à

TH. Mais, l'angle BKL est égal à l'angle DKM, et l'angle HBK à l'angle HDK; Donc DT est en plus grande raison relativement à TH, que l'angle DKM relativement à l'angle HDK. Ainsi, (*componendo*) la droite DH est en plus grande raison à l'égard de HT, que l'angle HTK relativement à l'angle HDK. Donc, (*dividendo*), la moitié de DH est en plus grande raison relativement à HT, que l'angle HTK relativement au double de l'angle HDK, c'est-à-dire relativement à l'angle HEK. Or la raison de la moitié de DH à TH est celle de la vîtesse de l'excentrique à la vîtesse de l'astre, donc l'angle HTK est à l'angle HEK, en moindre raison que la vîtesse de l'excentrique à la vîtesse de l'astre. Par conséquent, l'angle qui est à l'angle HEK en même raison que la vîtesse de l'excentrique à la vîtesse de l'astre est plus grand que l'angle HTK. Soit cet angle HTN : puisque l'astre, dans le même temps qu'il s'est avancé de l'angle KEH vers les points antécédents, en parcourant l'arc KH, a été porté par le mouvement de l'excentrique vers les points suivants, d'une quantité égale à l'angle HTN plus grand que l'angle KTH, il est évident qu'ainsi l'astre paroîtra laissé, de l'angle KTN, en arrière, (ou direct).

Il est aisé de voir que le contraire se prouvera de la même manière, si dans la même figure nous supposons que la moitié de LK est à KZ en même raison que la

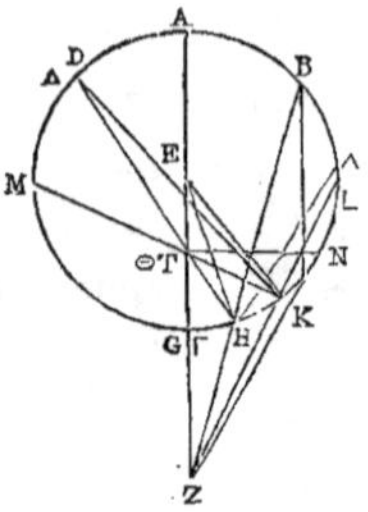

τὴν ΖΗ, οὕτως ἡ ΔΘ πρὸς τὴν ΘΗ, ἴση δὲ ἐςὶν ἡ μὲν ὑπὸ ΒΚΛ γωνία τῇ ὑπὸ ΔΚΜ, ἡ δὲ ὑπὸ ΗΒΚ τῇ ὑπὸ ΗΔΚ· μείζονα ἄρα λόγον ἔχει καὶ ἡ ΔΘ πρὸς τὴν ΘΗ, ἤπερ ἡ ὑπὸ ΔΚΜ γωνία πρὸς τὴν ὑπὸ ΗΔΚ. Ὥστε καὶ συνθέντι μείζονα λόγον ἔχει ἡ ΔΗ πρὸς τὴν ΗΘ, ἤπερ ἡ ὑπὸ ΗΘΚ γωνία πρὸς τὴν ὑπὸ ΗΛΚ. Καὶ διελόντι ἄρα μείζονα λόγον ἔχει ἡ τῆς ΔΗ ἡμίσεια πρὸς τὴν ΗΘ, ἤπερ ἡ ὑπὸ ΗΘΚ γωνία πρὸς τὴν διπλῆν τῆς ὑπὸ ΗΔΚ, τουτέςι τὴν ὑπὸ ΗΕΚ. Λόγος δὲ τῆς ἡμισείας τῆς ΔΗ πρὸς τὴν ΘΗ, ὁ τοῦ τάχους τοῦ ἐκκέντρου πρὸς τὸ τάχος τοῦ ἀςέρος· ἐλάσσονα ἄρα λόγον ἔχει ἡ ὑπὸ ΗΘΚ γωνία πρὸς τὴν ὑπὸ ΗΕΚ, ἤπερ τὸ τάχος τοῦ ἐκκέντρου πρὸς τὸ τάχος τοῦ ἀςέρος. Ἡ ἄρα τὸν αὐτὸν λόγον ἔχουσα γωνία πρὸς τὴν ὑπὸ ΗΕΚ τῷ τάχει τοῦ ἐκκέντρου πρὸς τὸ τάχος τοῦ ἀςέρος, μείζων ἐςὶ τῆς ὑπὸ ΗΘΚ γωνίας. Ἔςω δὴ πάλιν ἡ ὑπὸ ΗΘΝ· ἐπεὶ οὖν ἐν τῷ ἴσῳ χρόνῳ ὁ ἀςὴρ, αὐτὸς μὲν τὴν ΚΗ περιφέρειαν κινηθεὶς, μεταβέβηκεν εἰς τὰ προηγούμενα τὴν ὑπὸ ΚΕΗ γωνίαν, ὑπὸ δὲ τῆς αὐτοῦ τοῦ ἐκκέντρου κινήσεως εἰς τὰ ἑπόμενα μετεβιβάσθη τὴν ὑπὸ ΗΘΝ γωνίαν μείζονα οὖσαν τῆς ὑπὸ ΚΘΗ, φανερὸν ὅτι καὶ οὕτως ὁ ἀςὴρ τὴν ὑπὸ ΚΘΝ γωνίαν ὑπολελειμμένος φανήσεται.

Εὐσύνοπτον δ' ὅτι διὰ τῶν αὐτῶν δειχθήσεται καὶ τὸ ἐναντίον, ἐὰν ἐπὶ τῆς αὐτῆς καταγραφῆς τὴν μὲν τῆς ΛΚ ἡμίσειαν πρὸ τὴν ΚΖ ὑποθώμεθα λόγον

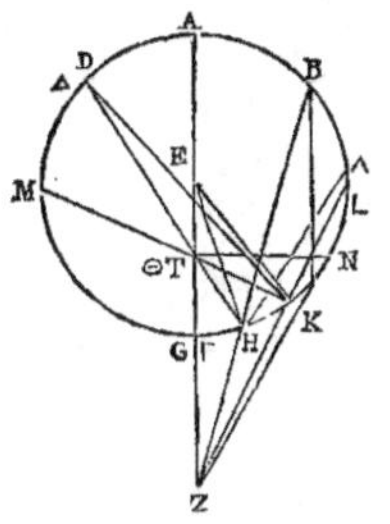

ἔχειν, ὃν ἔχει τὸ τάχος τοῦ
ἐπικύκλου πρὸς τὸ τάχος τοῦ
ἀςέρος, ὥςε καὶ τὴν ἡμίσειαν
τῆς ΜΚ πρὸς τὴν ΘΚ λόγον
ἔχειν, ὃν ἔχει τὸ τάχος τοῦ
ἐκκέντρου πρὸς τὸ τάχος τοῦ
ἀςέρος· τὴν δὲ ΚΗ περιφέρειαν
ὡς πρὸς τὸ περίγειον τῆς ΛΖ
εὐθείας νοήσωμεν ἀπειλημμέ-
νην. Ἐπιζευχθείσης γὰρ τῆς ΛΗ, καὶ
ποιούσης τρίγωνον τὸ ΛΖΗ, ἐν ᾧ μείζων ἀπείληπται ἡ ΖΚ τῆς ΖΗ, ἐλάσσονα λόγον ἕξει ἡ ΛΚ πρὸς τὴν ΚΖ,
ἤπερ ἡ ὑπὸ ΗΖΚ γωνία πρὸς τὴν ὑπὸ
ΗΛΚ. Ὥςε καὶ ἡ ἡμίσεια τῆς ΛΚ πρὸς τὴν
ΚΖ ἐλάσσονα λόγον ἔχει, ἤπερ ἡ ὑπὸ ΗΖΚ
γωνία πρὸς τὴν διπλῆν τῆς ὑπὸ ΗΛΚ, τετ-
έςι τὴν ὑπὸ ΚΕΗ γωνίαν, ἀνάπαλιν ἢ ὥσπερ ἔμπροσθεν ἐδείχθη. Καὶ συναχθήσεται διὰ τῶν αὐτῶν ὅτι τὸ ἐναντίον ἡ ὑπὸ
ΚΕΗ γωνία ἐλασσονα λόγον ἔχει πρὸς
μὲν τὴν ὑπὸ ΗΖΚ γωνίαν, ἤπερ τὸ τάχος
τοῦ ἀςέρος πρὸς τὸ τάχος τοῦ ἐπικύκλου·
πρὸς δὲ τὴν ΗΘΖ, ἤπερ τὸ τάχος τοῦ
ἀςέρος πρὸς τὸ τάχος τοῦ ἐκκέντρου.
Ὥςε τῆς τὸν αὐτὸν λόγον ἐχούσης μείζονος γινομένης τῆς ὑπὸ ΚΕΗ γωνίας, μείζονα καὶ τὴν προηγητικὴν μετάβασιν τῆς
ὑπολειπτικῆς ἀποτελεῖσθαι· Φανερὸν δὲ
ὅτι καὶ ἐφ᾽ ὧν ἀποςημάτων οὐ μείζονα
λόγον ἔχει ἡ ΕΓ πρὸς τὴν ΓΖ τοῦ ὃν ἔχει
τὸ τάχος τοῦ ἐπικύκλου πρὸς τὸ τάχος τῦ
ἀςέρος, οὔτε δυνατὸν ἔςαι διαγαγεῖν ἄλ-
λην εὐθεῖαν ἐν τῷ ἴσῳ λόγῳ, οὔτε ςηρί-
ζων ἢ προηγούμενος φανήσεται ὁ ἀςήρ.
Ἐπεὶ γὰρ ἐν τριγώνῳ τῷ ΕΚΖ ἀπείληπται

vîtesse de l'épicycle à la vîtesse
de l'astre, ensorte que la moitié
de MK soit à TK, comme la vîtesse de l'excentrique est à celle
de l'astre, et concevons l'arc
KH pris du côté du périgée
de la droite LZ. Ayant joint
LH qui fait le triangle LZH, où
ZK est pris plus grand que ZH,
LK sera à KZ en moindre raison que
l'angle HZK à l'angle HLK ; de sorte que
la moitié de LK est à KZ, en moindre raison que l'angle HZK au double de l'angle
HLK, c'est-à-dire à l'angle KEH, au contraire de ce qui a été démontré ci-dessus.
On en conclura qu'au contraire, l'angle
KEH est en moindre raison à l'égard de l'angle HZK, que la vîtesse de l'astre à la vîtesse
de l'épicycle ; et relativement à l'angle HTK,
en moindre raison que la vîtesse de l'astre à
la vîtesse de l'excentrique. Ensorte que l'angle KEH devenu plus grand, étant en même
raison, le mouvement de progression vers
les points précédents, deviendra aussi
plus grand que celui qui va vers les points
suivants. Il est évident que dans toutes les
distances où la droite EG n'est pas en plus
grande raison relativement à la droite
GZ, que la vîtesse de l'épicycle à celle de
l'astre, il ne sera pas possible de tracer
une autre droite dans la même raison, et
l'astre ne paroîtra pas stationnaire ou rétrograde. Car puisque dans le triangle
EKZ on a pris la droite EG non moindre

que EK, l'angle GZK sera en moindre raison à l'angle GEK, que la droite EG à la droite GZ. Mais la raison de EG à GZ n'est pas (*d*) plus grande que celle de la vîtesse de l'épicycle à la vîtesse de l'astre : donc l'angle GZK sera en moindre raison par rapport à l'angle GEK, que la vîtesse de l'épicycle à la vîtesse de l'astre. Ainsi, comme nous avons démontré que partout où cela arrive, l'astre est en arrière (direct ou laissé dans les points suivants), nous ne trouverons aucun arc ni de l'épicycle ni de l'excentrique, sur lequel il paroîtra rétrograder.

ἡ ΕΓ εὐθεῖα οὐκ ἐλάσσων τῆς ΕΚ, ἐλάσσονα λόγον ἕξει ἡ ὑπὸ ΓΖΚ γωνία πρὸς τὴν ὑπὸ ΓΕΚ, ἤπερ ἡ ΕΓ εὐθεῖα πρὸς τὴν ΓΖ· λόγος δὴ τῆς ΕΓ πρὸς τὴν ΓΖ οὐ μείζων τοῦ τοῦ τάχους τοῦ ἐπικύκλου πρὸς τὸ τάχος τοῦ ἀςέρος· ἐλάσσονα ἄρα λόγον ἕξει καὶ ἡ ὑπὸ ΓΖΚ γωνία πρὸς τὴν ὑπὸ ΓΕΚ, ἤπερ τὸ τάχος τοῦ ἐπικύκλου πρὸς τὸ τάχος τοῦ ἀςέρος. Ὡς ἐπεὶ δέδεικται ἡμῖν, ὅπου ἂν τοῦτο συμβαίνῃ, ὑπολελειμμένος ὁ ἀςὴρ, οὐδεμίαν εὑρήσομεν τοῦ ἐπικύκλου καὶ τοῦ ἐκκέντρου περιφέρειαν καθ᾽ ἣν προηγούμενος φανήσεται.

CHAPITRE II.

ΚΕΦΑΛΑΙΟΝ Β.

DÉMONSTRATION DES RÉTROGRADATIONS DE SATURNE.

ΑΠΟΔΕΙΞΙΣ ΤΩΝ ΤΟΥ ΚΡΟΝΟΥ ΠΡΟΗΓΗΣΕΩΝ.

Cela posé, nous allons appliquer à chaque planète, le calcul des rétrogradations suivant les hypothèses démontrées, et nous commencerons par Saturne, de la manière que l'on va voir.

Τουτων οὕτως ἐχόντων, ἐκθησόμεθα λοιπὸν τὸν τῶν προηγήσεων ἐπιλογισμὸν καθ᾽ ἕκαςον τῶν ἀςέρων, ἀκολούθως ταῖς ἀποδεδειγμέναις ὑποθέσεσιν, ἀπὸ τοῦ τοῦ κρόνου ποιησάμενοι τὴν ἀρχὴν τρόπῳ τοιῷδε.

Soit le cercle AB qui porte le centre de l'épicycle, et son diamètre AGB, sur lequel je suppose le centre du zodiaque, c'est-à-dire notre œil, en G. Ayant décrit autour du centre à l'épicycle DEZH, tirons la droite GZE de manière qu'après y avoir abaissé la perpendiculaire

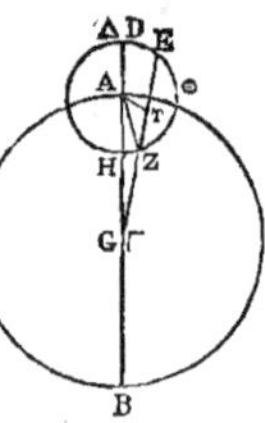

Εςω γὰρ ὁ κύκλος ὁ τὸ κέντρον φέρων τοῦ ἐπικύκλου ὁ ΑΒ, περὶ διάμετρον τὴν ΑΓΒ, ἐφ᾽ ἧς ὑποκείσθω τὸ κέντρον τοῦ ζωδιακοῦ, τουτέςιν ἡ ὄψις ἡμῶν, κατὰ τὸ Γ, καὶ γραφέντος περὶ τὸ Α κέντρον τοῦ ΔΕΖΗ ἐπικύκλου, διήχθω ἡ ΓΖΕ εὐθεῖα οὕτως, ὥςτε καθέτου ἐπ᾽ αὐτὴν ἀχθείσης

τῆς ΑΘ, τὴν ἡμίσειαν τῆς ΕΖ, τουτέςι τὴν ΘΖ, πρὸς τὴν ΖΓ λόγον ἔχειν ὃν τὸ τάχος τοῦ ἐπικύκλου πρὸς τὸ τάχος τοῦ ἀςέρος. Ὑποκείσθω δὲ πρῶτον ὁ ἐπίκυκλος κατὰ τὸ μέσον ἀπόςημα τὴν θέσιν ἔχων, ὥςε τὰς περιοδικὰς κινήσεις μήκους τε καὶ ἀνωμαλίας τὰς αὐτὰς ἔγγιςα γίνεσθαι ταῖς πρὸς τὸ κέντρον τοῦ ζωδιακοῦ θεωρουμέναις. Ἐπεὶ οὖν ἐπὶ τοῦ τοῦ Κρόνου ἀςέρος, οἵων ἐςὶν ἡ ΓΑ τοῦ μέσου ἀποςήματος ξ, τοιούτων ἐδείξαμεν τὴν ΑΔ ἐκ τοῦ κέντρου τοῦ ἐπικύκλου ϛ ϛ'', ὥςε τὴν μὲν ΔΓ ὅλην γίνεσθαι ξϛ λ', λοιπὴν δὲ τὴν ΓΗ τῶν αὐτῶν νγ λ', τὸ δ' ὑπ' αὐτῶν περιεχόμενον ὀρθογώνιον γφνζ μϛ, ἴσον δέ ἐστι τὸ ὑπὸ ΔΓ ΓΗ περιεχόμενον ὀρθογώνιον τῷ ὑπὸ τῶν ΕΓ ΓΖ περιεχομένῳ, ἕξομεν καὶ τὸ ὑπὸ ΕΓ ΓΖ τῶν αὐτῶν γφνζ μϛ'. Πάλιν ἐπεὶ ταῖς μέσαις παρόδοις ἀκολύθως οἵων ἐςὶν ἑνὸς τὸ τάχος τῦ ἐπικύκλυ, τυτέςιν ἡ ΘΖ εὐθεῖα, τοιύτων ἐςὶν κη κε' μϛ'' ἔγγιςα τὸ τάχος τῦ ἀςέρος, τυτέςιν ἡ ΖΓ εὐθεῖα, ὥστε καὶ τὴν μὲν ΕΓ ὅλην συνάγεσθαι λ κε' μϛ'', τὸ δὲ ὑπὸ τῶν ΕΓ ΓΖ περιεχόμενον ὀρθογώνιον τῶν αὐτῶν ωξε ε' λβ'', ἐὰν παραβάλωμεν παρὰ τὸν ἀριθμὸν τῶν ωξε ε' λβ'', τὰ γφνζ μϛ', καὶ τῶν ἐκ τῆς παραβολῆς γινομένων δ ϛ' μϛ'', τὴν πλευρὰν λαβόντες τὰ β α' μ'' πολυπλασιάσωμεν χωρὶς ἐπί τε τὸν τῆς ΘΖ τῦ ἑνὸς ἀριθμὸν, καὶ ἐπὶ τὸν τῶν κη κε' μϛ'', τῆς ΖΓ, ἕξομεν καὶ τὴν μὲν ΘΖ τοιούτων β α' μ'', οἵων ἐςὶ τὸ ὑπὸ τῶν ΕΓ ΓΖ ὀρθογώνιον γφνζ μϛ', τὴν δὲ ΖΓ τῶν αὐτῶν νζ λη' νε''. Ἐπεὶ τοίνυν ἐπιζευχθείσης τῆς ΑΖ, οἵων μέν ἐςὶν ϛ λη' λζ'', τοιούτων

AT, la moitié de EZ, c'est-à-dire TZ soit à ZG comme la vîtesse de l'épicycle à la vîtesse de l'astre. Supposons d'abord l'épicycle placé dans la distance moyenne, de sorte que les mouvements périodiques de longitude et d'anomalie soient à peu près les mêmes que ceux qui sont considérés relativement au centre du zodiaque. Puisque, pour Saturne, nous avons démontré que la droite AD menée du centre de l'épicycle, est de 6ᵖ ½ des parties dont la droite GA de la distance moyenne en contient 60, ensorte que la droite entière DG est de 66ᵖ 30', et la portion GH de 53ᵖ 30', et que le rectangle (a) construit sur ces droites est de 3557ᵖ 45', et que celui de DG×GH est égal à celui de EG×GZ, nous aurons EG × GZ de 3557ᵖ 45' de ces parties. Et encore, puisque selon les mouvements moyens, la vîtesse de l'épicycle, c'est-à-dire la ligne TZ étant supposée de 1ᵖ, la vîtesse de l'astre, c'est-à-dire ZG, est de 28ᵈ 25' 46'', ensorte que toute la droite EG seroit de 30ᵖ 25' 46'', et le rectangle de EG×GZ, de 865ᵖ 5' 32'' (b). Si nous divisons par ce nombre de 865ᵖ 5' 32'' les 3557ᵖ 45', et si prenant le côté (racine) 2ᵖ 1' 40'' du quotient, 4ᵖ 6' 45'' de cette division, nous le multiplions séparément d'abord par le nombre 1 de TZ, et puis par le nombre 28ᵖ 25'46'', nous aurons la droite TZ de 2ᵖ 1' 40'' des parties dont le rectangle EG×GZ en contient 3557ᵈ 45', et la droite ZG de 57ᵖ 38' 55'' de ces mêmes parties (c). Maintenant, joignant AZ, puisque la droite ZT est de 2ᵖ 1' 40'' des parties dont la droite AZ en a 6ᵖ 38'37'', et de 37ᵖ 26' 9'' de celles dont la même AZ en a 120, l'arc soutendu par TZ est de 36ᵈ 21′ 15″ des degrés dont le cercle décrit autour du rectangle AZT, et l'angle ZAT de 36ᵈ 21′ 15″ des degrés dont 360 font deux angles droits, et de 18ᵈ 10′ 38″ de ceux dont 360 font quatre angles droits, à peu près. En outre, puisque l'hypoténuse GHA est de 60ᵖ, (*d*) GZT est de 58ᵖ 40′ 35″, et de 119ᵖ 20′ 10″ des parties dont GA en contient 120, l'arc soutendu par GT sera de 158ᵈ 5′ 39″ des degrés dont le cercle décrit autour du rectangle A en contient 360, et l'angle GAT sera de 168ᵈ 5′ 39″ des degrés dont 360 font deux angles droits, et de 84ᵈ 2′ 50″ environ de ceux dont 360 font quatre angles droits. C'est pourquoi nous aurons l'angle AGT de 5ᵈ 57′ 10″ pour complément d'un angle droit, et l'angle ZAH de 65ᵈ 52′ 12″, reste de GAT après la soustraction de ZAT (*e*). Or, puisque dans la première station, l'astre paroît dans la droite GZ ; et dans l'opposition, dans la direction GH, si le centre de l'épicycle ne s'avançoit pas selon l'ordre des signes, les 65ᵈ 52′ 12″ de l'arc ZH de ce cercle embrasseroient les 5ᵈ 57′ 10″ de l'angle AGZ de rétrogradation (vers les points antécédents). Mais puisque, suivant le rapport énoncé de la vitesse de l'épicycle à la vitesse de l'astre, aux 65ᵈ 52′ 12″ susdits d'anomalie répondent 2ᵈ 19′ environ de longitude, nous aurons la rétrogradation, depuis l'autre station jusqu'à

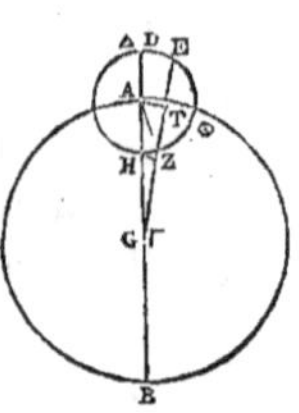

ἐςὶν ἡ ΖΘ εὐθεῖα $\bar{\varsigma}$ α′ μ″, οἵων δὲ $\bar{ρκ}$, τοιούτων λζ $\bar{κ\varsigma}$ θ″, εἴη ἂν καὶ ἡ μὲν ἐπὶ τῆς ΘΖ περιφέρεια τοιούτων $\bar{λ\varsigma}$ κα′ ιε″, οἵων ἐςὶν ὁ περὶ τὸ ΑΖΘ ὀρθογώνιον κύκλος τ$\bar{ξ}$, ἡ δὲ ὑπὸ ΖΑΘ γωνία οἵων μὲν εἰσιν αἱ δύο ὀρθαὶ τ$\bar{ξ}$, τοιούτων $\bar{λ\varsigma}$ κα′ ιε″, οἵων δ᾽ αἱ τέσσαρες ὀρθαὶ τ$\bar{ξ}$, τοιούτων ι$\bar{η}$ ι′ λη″ ἔγγιστα. Πάλιν ἐπεὶ οἵων μέν ἐςιν $\bar{ξ}$ ἡ ΓΗΑ ὑποτείνουσα, τοιούτων συνάγεται καὶ ἡ ΓΖΘ ὅλη ν$\bar{θ}$ μ′ λε″, οἵων δὲ $\bar{ρκ}$, τοιούτων ρι$\bar{θ}$ κα′ ι″, εἴη ἂν καὶ ἡ μὲν ἐπὶ τῆς ΓΘ περιφέρεια τοιούτων ρ$\bar{ξη}$ ε′ λθ″, οἵων ὁ περὶ τὸ ΑΓΘ ὀρθογώνιον κύκλος τ$\bar{ξ}$, ἡ δὲ ὑπὸ ΓΑΘ γωνία, οἵων μέν εἰσιν αἱ δύο ὀρθαὶ τ$\bar{ξ}$, τοιούτων ρ$\bar{ξη}$ ε′ λθ″, οἵων δ᾽ αἱ τέσσαρες ὀρθαὶ τ$\bar{ξ}$, τοιούτων π$\bar{δ}$ $\bar{\varsigma}$′ ν″ ἔγγιςα. Διὰ τοῦτο δὲ καὶ τὴν μὲν ὑπὸ ΑΓΘ γωνίαν ἕξομεν τῶν λοιπῶν εἰς τὴν Α ὀρθὴν $\bar{ε}$ νζ′ ι″, τὴν δὲ ὑπὸ ΖΑΗ, τῶν μετὰ τὴν ὑπὸ ΖΑΘ γωνίαν ξ$\bar{ε}$ ιϛ′ ιϛ″. Επειδὴ οὖν κατὰ μὲν τὸν πρῶτον ςηριγμὸν ἐπὶ τῆς ΓΖ φαίνεται ὁ ἀςὴρ, κατὰ δὲ τὴν ἀκρόνυκτον ἐπὶ τῆς ΓΗ, δῆλον ὅτι εἰ μὲν μηδὲν ἐκινεῖτο εἰς τὰ ἐπόμενα τὸ κέντρον τοῦ ἐπικύκλου, αἱ τῆς ΖΗ περιφερείας αὐτοῦ μοῖραι ξ$\bar{ε}$ ιϛ′ ιϛ″, περιεῖχον προηγήσεως τὰς τῆς ὑπὸ ΑΓΖ γωνίας μοίρας $\bar{ε}$ νζ′ ι″. Επεὶ δὲ κατὰ τὸν ἐκκείμενον λόγον τοῦ τάχους τοῦ ἐπικύκλου πρὸς τὸ τάχος τοῦ ἀςέρος, ἐπιβάλλουσι τοῖς προκειμένοις τῆς ἀνωμαλίας τμήμασι ξ$\bar{ε}$ ιϛ′ ιϛ″ μήκους μοῖραι $\bar{β}$ ιθ′ ἔγγιςα, τὴν μὲν ἀπὸ τοῦ ἑτέρου τῶν ςηριγμῶν ἐπὶ τὴν ἀκρόνυκτον προήγησιν

ἕξομεν τῶν λοιπῶν μοιρῶν γ λη' ι'', καὶ
ἡμερῶν ξθ ἐν ὅσαις ἔγγιςα τὰς β ιθ' μοίρας τοῦ περιοδικοῦ μήκους ὁ ἀςὴρ κινεῖται, τὴν δὲ ὅλην προήγησιν μοιρῶν ζ ις'
κ'', καὶ ἡμερῶν ρλη.

Εξῆς δὲ τὰς περὶ τὸ μέγιςον ἀπόςημα
πηλικότητας ἐπισκεψόμεθα διὰ τῶν αὐτῶν, τουτέςιν ὅταν ἡ μέση τῶν ςηριγμῶν
ἀκρόνυκτος κατ' αὐτὸ τὸ ἀπογειότατον
τοῦ ἐκκέντρου σημεῖον τὸ κέντρον ποιῇ τοῦ
ἐπικύκλου, τῶν δὲ ςηριγμῶν ἑκάτερος
δῆλον ὅτι περὶ τὴν σύνεγγυς τῶν πρὸς μέσον λόγον δεδειγμένων β ιθ' μοιρῶν ἀπὸ
τῆς ἀκρονύκτου, τουτέςιν ἀπὸ τοῦ ἀπο-
γείε τε διευκρινημένε μήκες διάςασιν. Καθ'
ἣν θέσιν ἡ μὲν ΑΓ εὐθεῖα τοῦ τότε ἀποςήματος ἀδιαφοροῦσα τῆς τοῦ μεγίςου,
διὰ τῶν προεφωδευμένων ἡμῖν θεωρημάτων καταλαμβάνεται, ἡ δὲ τῇ μιᾷ μοίρᾳ
τοῦ μήκους ἐπιβάλλουσα προσθαφαίρεσις
ἑξηκοςῶν ϛ λ' ἔγγιςα· ὥςτε καὶ τὸ διευκρινημένον μῆκος πρὸς τὴν διευκρινημένην
ἀνωμαλίαν, τουτέςι τὸ φαινόμενον τότε
τάχος τοῦ ἐπικύκλου πρὸς τὸ φαινόμενον
τάχος τοῦ ἀςέρος λόγον ἔχειν, ὃν τὰ ο
νγ' λ'' πρὸς τὰ κη λϛ' ιϛ''.

Επεὶ οὖν τῆς αὐτῆς κατα-
γραφῆς ἐκτεθείσης, οἵων ἐςὶν ἡ
ΔΑ ἐκ τοῦ κέντρου τοῦ ἐπικύκλου ϛ λ', τοιούτων ἐςὶν ἡ ΓΑ
ἀδιαφοροῦσα τοῦ μεγίςου ἀποςήματος ξγ κε', διὰ τοῦτο δὲ
καὶ ἡ μὲν ΔΓ ὅλη συνάγεται ξθ
νε', ἡ δὲ ΓΗ λοιπὴ νϛ νε', τὸ δὲ
ὑπ' αὐτῶν, τουτέςι τὸ ὑπὸ ΕΓ ΓΖ περιεχόμενον ὀρθογώνιον γϠοθ κε' κε''. Ετι δὲ

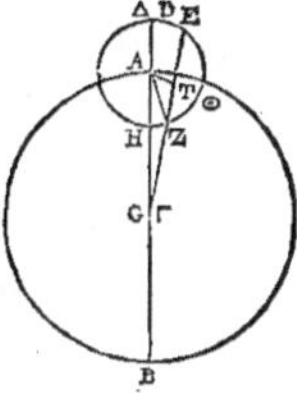

l'opposition, de 3ᵈ 38' 10'', et de 69 jours
dans lesquels l'astre s'avance à peu près
de 2ᵈ 19' de longitude périodique; mais la
rétrogradation entière, de 7ᵈ 16' 20'', et
de 138 jours (*f*).

A présent nous allons considérer par
les mêmes voies, les grandeurs dans la
plus grande distance, c'est-à-dire quand
l'opposition moyenne entre les stations,
met le centre de l'épicycle dans l'apogée
même de l'excentrique, et qu'évidemment
chacune des stations est dans la partie fort
proche des 2ᵈ 19' donnés pour la proportion moyenne, depuis l'opposition,
c'est-à-dire dans la distance depuis l'apogée juste; position dans laquelle la droite
AG de la distance qui a lieu alors, ne se
trouve pas différente de celle de la plus
grande, suivant les théorèmes que nous
avons précédemment démontrés, mais où
la prostaphérèse de 6 30' soixantièmes
environ, répond à 1ᵈ de longitude. Ensorte que la longitude vraie est à l'anomalie, c'est-à-dire la vitesse alors apparente de l'épicycle à la vitesse apparente
de l'astre, comme 0ᵈ 53' 30'' à 28ᵈ 32' 16''.

Puis donc que, dans la même
figure, la droite GA, peu différente de la plus grande distance, est de 63ᵖ 25' des parties
dont la droite DA menée du
centre de l'épicycle en a 6ᵖ 30',
la droite entière DG en aura
69ᵖ 55', et sa portion GH 56ᵖ 55';
et le rectangle formé de ces droites, ou EG
×GZ est de 3979ᵖ 25' 25''. Mais la droite

ZT de la vitesse de l'épicycle étant supposée de (g) 0ᵖ 53' 30", dont la droite GZ de la vitesse de l'astre en a 28ᵖ 32' 16", la droite entière GD 30ᵖ 19' 16", et le rectangle EG × GZ de 865ᵖ 17' 50" de ces parties. Divisant encore 3979ᵖ 25' 25" par 865ᵖ 17' 50", si nous multiplions la racine 2ᵖ 8' 40" du quotient 4ᵖ 35' 53", d'abord par les 0ᵖ 53' 30" de la droite TZ, puis par les 28ᵖ 32' 16" de la droite GZ, nous aurons la droite TZ de 1ᵖ 54' 44" des parties dont la droite AZ en contient 6ᵖ 30', et la droite AG 63ᵖ 25'; et la droite GZ en aura 61ᵖ 11' 52", et la droite entière GT 63ᵖ 6' 36". Si donc l'hypoténuse AZ est de 120ᵖ, la droite TZ en aura 35ᵖ 18' 9", et si l'hypoténuse GA en a 120, la droite GT en aura 119ᵖ 25' 11". C'est pourquoi l'arc soutenu par TZ sera de 34ᵈ 13' 4" des degrés dont le cercle décrit autour du rectangle AZT en contient 360, et l'arc soutenu par GT est de 168ᵈ 43' 38" des degrés dont le cercle circonscrit en a 360. Ainsi l'angle ZAT sera de 34ᵈ 13' 4" des degrés dont 360 font deux angles droits, et l'angle GAT sera de 168ᵈ 43'38" de ces degrés; mais l'angle ZAT sera de 17ᵈ 6'32" des degrés dont 360 font quatre angles droits, et l'angle GAT de 84ᵈ 21' 49" de ces degrés. Ainsi l'angle restant AGT, depuis l'une des stations jusqu'à l'opposition, seroit, si l'épicycle n'étoit laissée en arrière par aucune rétrogradation, de 5ᵈ 38' 1", et l'autre angle ZAH du mouvement

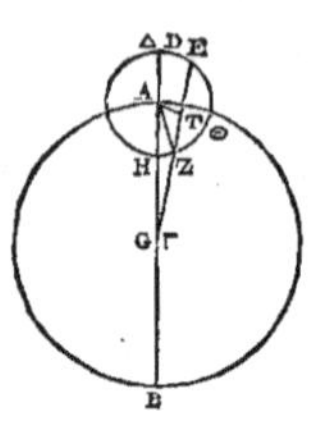

καὶ οἵων ἡ μὲν ΖΘ ὑπόκειται τῷ τάχους τοῦ ἐπικύκλου ̄ο νγ΄ λ΄΄, τοιούτων ἡ ΓΖ τῷ τάχυς τῷ ἀστέρος κη λβ΄ ις΄΄, ἡ δὲ ΕΓ ὅλη λ ιθ΄ ις΄΄, τὸ δὲ ὑπὸ τῶν ΕΓ ΓΖ τοιούτων ωξε ιζ΄ ν΄΄, παραβάλλοντες πάλιν γρωθ κε΄κε΄΄ παρὰ τὸ ωξε ιζ΄ ν΄΄, κὴ τῶν ἐκ τῆς παραβολῆς γενομένων ̄δ λε΄ νγ΄΄ τὴν πλευρὰν, ἐὰν λαβόντες τὰ ̄β ̄η΄ ̄μ΄΄ πολυπλασιάσωμεν χωρὶς ἐπί τε τὰ τῆς ΘΖ εὐθείας ̄ο νγ΄ λ΄΄, καὶ ἐπὶ τὰ τῆς ΖΓ ὁμοίως κη λβ΄ ις΄΄· τὴν μὲν ΘΖ ἕξομεν τοιούτων ̄α νδ΄ μδ΄΄, οἵων ἡ μὲν ΑΖ ἐστὶν ̄ς λ΄, ἡ δὲ ΑΓ ὁμοίως ξγ κε΄, τὴν δὲ ΓΖ τῶν αὐτῶν ξα ια΄ νβ΄΄, τὴν δὲ ΓΘ ὅλην ξγ ̄ς λς΄΄. Καὶ οἵων μὲν ἄρα ἐστὶν ἡ ΑΖ ὑποτείνουσα ρκ, τοιούτων ἡ ΘΖ ἔσται λε ιη΄ θ΄΄, οἵων δὲ καὶ ἡ ΓΑ ὑποτείνουσα ρκ, τοιούτων ἡ ΓΘ εὐθεῖα ριθ κε΄ ια΄΄. διὰ τοῦτο δὲ καὶ ἡ μὲν ἐπὶ τῆς ΘΖ περιφέρεια τοιούτων ἔσται λδ ιγ΄ δ΄΄, οἵων ὁ περὶ τὸ ΑΖΘ ὀρθογώνιων κύκλος τξ, ἡ δ΄ ἐπὶ τῆς ΓΘ τοιούτων ρξη μγ΄ λη΄΄, οἵων ὁ περὶ τὸ ΑΓΘ ὀρθογώνιον κύκλος τξ. Καὶ οἵων μὲν ἄρα εἰσὶν αἱ δύο ὀρθαὶ τξ, τοιούτων ἡ μὲν ὑπὸ ΖΑΘ γωνία ἔσται λδ ιγ΄ δ΄΄, ἡ δὲ ὑπὸ ΓΑΘ ὁμοίως ρξη μγ΄ λη΄΄, οἵων δ᾽ αἱ τέσσαρες ὀρθαὶ τξ, τοιούτων ἡ μὲν ὑπὸ ΖΑΘ γωνία ιζ ̄ς λβ΄, ἡ δὲ ὑπὸ ΓΑΘ ὁμοίως πδ κα΄ μθ΄΄. Ὥστε καὶ λοιπὴν μὲν τὴν ὑπὸ ΑΓΘ γωνίαν τοῦ ἀπὸ τοῦ ἑτέρου τῶν στηριγμῶν ἐπὶ τὴν ἀκρόνυκτον, εἰ μηδενὸς ὁ ἐπίκυκλος ὑπελείπετο προηγήσεως, τμημάτων ἕξομεν ̄ε λη΄ ια΄΄, λοιπὴν δὲ καὶ τὴν ὑπὸ ΖΑΗ γωνίαν τῆς κατὰ τὴν αὐτὴν διάστασιν φαινομένης ἐπὶ τοῦ ἐπικύκλου παρόδου τμημάτων ξζ ιε´ ιζ´´. Οἷς ἐπειδὴ κατὰ τοὺς ἐπὶ τοῦ ἀπογείου τῶν ταχῶν λόγους ἐπιβάλλουσι τοῦ διευκρινημένου μήκους μοῖραι β ϛ´ ϛ´´, τὴν μὲν ἡμίσειαν τῆς ὅλης προηγήσεως ἕξομεν τῶν λοιπῶν γ λβ´ ε´´ μοιρῶν, καὶ ἡμερῶν ο γ´´, ἐν ὅσαις ὁ ἀστὴρ ἔγγιστα κινεῖται τὰς ἐπιβαλλούσας ταῖς προκειμέναις τοῦ διευκρινημένου μήκους μοίραις β ϛ´ ϛ´´ περιοδικὰς μοίρας β κα´ κε´´, τὴν δὲ ὅλην προήγησιν μοιρῶν ζ δ´ ι´´, καὶ ἡμερῶν ρμ γ´´.

Πάλιν καὶ τὰς περὶ τὸ ἐλάχιστον ἀπόστημα πηλικότητας ἐπισκεψόμεθα διὰ τῶν ὁμοίων ἐπὶ τῆς αὐτῆς καταγραφῆς, ὅταν ἡ μὲν μέση τῶν στηριγμῶν ἀκρόνυκτος κατ᾽ αὐτὸ τὸ περιγειότατον τοῦ ἐκκέντρου γίνηται, τῶν δὲ στηριγμῶν ἑκάτερος περὶ τὴν ἐκκειμένην ἀπὸ τῆς ἀκρονύκτου, τουτέστιν ἀπὸ τοῦ περιγείου, κατὰ μῆκος διάστασιν, καθ᾽ ἣν θέσιν ἡ μὲν ΛΓ τοῦ τότε ἀποστήματος ἀδιαφοροῦσα ὡσαύτως τῆς τοῦ ἐλαχίστου καταλαμβάνεται, ἡ δὲ τῇ μιᾷ μοίρᾳ τοῦ μήκους ἐπιβάλλουσα προσθαφαίρεσις, ἑξηκοστῶν ζ κ´ ἔγγιστα. Ὥστε καὶ ἐνθάδε τὸ φαινόμενον τάχος τοῦ ἐπικύκλου πρὸς τὸ φαινόμενον τάχος τοῦ ἀστέρος λόγον ἔχειν, ὃν τὰ ᾱ ζ´ κ´´ πρὸς τὰ κη ιη´ κϛ´´. Καὶ διὰ τοῦτο οἵων ἐστὶν ἡ ΖΘ εὐθεῖα ᾱ ζ´ κ´´, τοιούτων τὴν μὲν ΓΖ γίνεσθαι κη ιη´ κϛ´´, τὴν δὲ ΕΓ ὅλην τοιούτων λ λγ´ ϛ´´· τὸ δ᾽ ὑπὸ τοῦ ΕΓ ΓΖ περιεχόμενον ὀρθογώνιον ωξδ μθ´ νη´´. Ἐπεὶ οὖν καὶ οἵων ἐστὶν ἡ ΔΑ ἐκ τοῦ

apparent sur l'épicycle dans la même distance, seroit de 67ᵈ 15´ 17´´ auxquels répondent 2ᵈ 6´ 6´´ de la longitude vraie, suivant les proportions des vîtesses dans l'apogée. Nous aurons la moitié de la rétrogradation entière, des 3ᵈ 32´ 5´´. restants, et celle des jours de 70 ½ pendant lesquels l'astre s'avance d'environ 2ᵈ 21´ 25´´, parties périodiques qui répondent aux 2ᵈ 6´ 6´´ susdites de la longitude exacte, et enfin la rétrogradation entière, de 7ᵈ 4´ 10´´, et de 140 jours ⅓.

Nous allons encore considérer par les mêmes moyens, sur la même figure, ces grandeurs dans la plus petite distance, lorsque l'opposition au milieu entre les stations, arrive dans le périgée même de l'excentrique, et que chaque station se fait dans la distance donnée en longitude depuis l'opposition, c'est-à-dire depuis le périgée : position dans laquelle la droite AG de l'éloignement qui a lieu alors, se trouve aussi la même que celle du plus petit éloignement, et où l'addition ou soustraction (prostaphérèse) pour 1ᵈ de la longitude, est de 7´ 20´´ environ. Ensorte que la vîtesse apparente de l'épicycle y est à la vîtesse apparente de l'astre, comme 1ᵖ 7´ 20´´ est à 28ᵖ 18´ 26´´. C'est pourquoi l'hypoténuse ZT étant de 1ᵖ 7´ 20´´ la droite GZ en a 28ᵖ 18´ 26´´, et la droite GE entière en a 30ᵖ 33´ 9´´ et le rectangle formé de EG, GZ, est de 864ᵖ 49´ 58´´. Puis donc que DA menée du centre de l'épicycle ayant 6ᵖ 3o', AG égale à la moindre distance en a 56ᵖ 35', il s'ensuit que la droite entière EG en a 63ᵖ 5' et la portion GH 5oᵖ 5', et que le rectangle formé par ces droites, c'est-à-dire par EG, GZ, est de 3159ᵖ 25' 25".

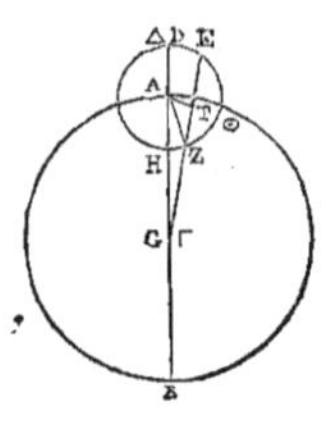

Si pareillement, nous divisons 3159ᵖ 25' 25" par 864ᵖ 49' 58", et si prenant le quotient de cette division 3ᵖ 36' 12", nous multiplions à part la racine 1ᵖ 54' 45", d'abord par les 1ᵖ 7' 20" de la droite TZ, et ensuite par les 28ᵖ 18' 26" de la droite GZ, nous aurons la droite TZ de 2ᵖ 8' 43" des parties dont AZ menée du centre de l'épicycle en contient 6ᵖ 3o', et AG ligne de la distance qui a lieu alors, de 56ᵖ 35'; GZ de 56ᵖ 6' 22" et la droite entière GT de 66ᵖ 15' 5". Donc si l'hypoténuse AZ a 125ᵖ, la droite TZ en aura 39ᵖ 36' 18"; et si l'hypoténuse AG en a 120, GT en aura 119ᵖ 17' 46". C'est pourquoi l'arc soutendu par TZ est de 38ᵈ 32' 34" des degrés dont le cercle circonscrit au rectangle AZT en contient 36o, et l'arc sur GT est de 167ᵈ 34' 54" des degrés dont le cercle circonscrit au rectangle AGT en a 36o. Ainsi l'angle ZAT sera de 38ᵈ 32' 34" des degrés dont 36o font deux angles droits, et GAT est de 167ᵈ 34' 54" de ces mêmes degrés. Mais l'angle ZAT est de 19ᵈ 16' 17" des degrés dont 36o font quatre angles droits, et l'angle GAT est de 83ᵈ *(h)* 47' 27" de ces mêmes degrés, nous aurons donc l'angle restant AGT de la rétrogradation depuis

κέντρȣ τȣ̃ ἐπικύκλȣ ϛ̄ λ', τοιȣ́-των ἐϛὶν ἡ ΑΓ ἀδιαφορȣ̃σα τȣ̃ ἐλαχίϛȣἀποϛήματος νϛ̄ λε, δια-τȣ̃το δὲ κỳ ἡ μὲν ΔΓ ὅλη τῶν αὐ-τῶν ξγ̄ ε' ἡ δὲ ΓΗ λοιπὴ ν̄ κỳ ἐξή-κοϛων ε', τὸ δ' ὑπ' αὐτῶν τȣ-τέϛι τὸ ὑπὸ τῶν ΕΓΓΖ περιεχό-μενον ὀρτογώνιον γρνθ̄ κε' κε".

Ἐὰν ὡσαύτως παραβάλωμεν τὰ γρνθ̄ κε' κε" παρὰ τὰς ωξδ̄ μθ' νη", καὶ τῶν ἐκ τῆς παραβολῆς γινομένων γ̄ λθ' ιϛ" τὴν πλευράν λαβόντες, τὰ ᾱ νδ' με" πο-λυπλασιάσωμεν χωρὶς, ἐπί τε τὰ τῆς ΘΖ εὐθείας ᾱ ζ' κ", καὶ ἐπὶ τὰ τῆς ΓΖ ὁμοίως κη̄ ιη' κϛ", τὴν μὲν ΘΖ ἕξομεν τοιȣ́των β̄ η' μγ", οἵων ἡ μὲν ΑΖ ἐκ τȣ̃ κέντρȣ τȣ̃ ἐπικύκλȣ ἐϛὶν ϛ̄ λ', ἡ δὲ ΑΓ τοῦ τότε ἀποϛήματος νϛ̄ λε', τὴν δὲ ΓΖ τῶν αὐτῶν νδ̄ ϛ' κϛ", τὴν δὲ ΓΘ ὅλην ὁμοίως νϛ̄ ιε' ε". Καὶ οἵων μὲν ἄρα ἐϛὶν ἡ ΑΖ ὑποτείνουσα ρκ̄, τοιȣ́των ἡ ΘΖ εὐθεῖα ἔϛαι λθ̄ λϛ' ιη", οἵων δὲ καὶ ἡ ΓΑ ὑποτείνουσα ρκ̄, ἡ δὲ ΓΘ ὁμοίως ριθ̄ ιζ' μϛ"· διὰ τȣ̃το δὲ καὶ ἡ μὲν ἐπὶ τῆς ΖΘ περιφέρεια τοιούτων λη̄ λϛ' λδ", οἵων ὁ περὶ τὸ ΑΖΘ ὀρθογώνιον κύκλος τξ̄, ἡ δ' ἐπὶ τῆς ΓΘ τοιούτων ρξζ̄ λδ' νδ", οἵων ὁ περὶ τὸ ΑΓΘ ὀρθογώνιον κύκλος τξ̄. Ὥστε καὶ οἵων μὲν εἰσιν αἱ δύο ὀρθαὶ τξ̄, τοιούτων ἡ μὲν ὑπὸ ΖΑΘ γώνια ἔϛαι λη̄ λϛ' λδ", ἡ δὲ ὑπὸ ΓΑΘ ὁμοίως ρξζ̄ λδ' νδ", οἵων δ' αἱ τεσσάρες ὀρθαὶ τξ̄, τοιούτων ἡ μὲν ὑπὸ ΖΑΘ γωνία ιθ̄ ιϛ' ιζ", ἡ δὲ ὑπὸ ΓΑΘ ὁμοίως πγ̄ μζ' κζ". Καὶ λοιπὴν μὲν ἄρα τὴν ὑπὸ ΑΓΘ γωνίαν τῆς ἀπὸ τοῦ ἑτέρου τῶν ϛηριγμῶν ἐπὶ τὴν ἀκρόνυκτον παρὰ τὸ τοῦ ἀςέρος τάχος προηγήσεως, τμημάτων ἕξομεν ϛ ιϛ′ λγ″, λοιπὴν δὲ καὶ τὴν ὑπὸ ΖΑΗ γωνίαν τῆς κατὰ τὴν αὐτὴν διάςασιν φαινομένης ἐπὶ τοῦ ἐπικύκλου παρόδου τμημάτων ξδ λα′ ι″· οἷς ἐπειδὴ κατὰ τὸν ἐπὶ τοῦ περιγείου τῶν ταχῶν λόγον ἐπιβάλλουσι τοῦ διευκρινημένου μήκους μοῖραι β λγ′ κη″, τὴν μὲν ἡμίσειαν τῆς ὅλης προηγήσεος ἕξομεν μοιρῶν γ λθ′ ε″, κỳ ἡμερῶν ξη, ἐν ὅσαις ὁ ἀςὴρ ἔγγιςα μέσως κινεῖται τὰς ἐπιβαλλούσας ταῖς προκειμέναις τοῦ διευκρινημένου μήκους μοίραις β λγ′ κη″, περιοδικὰς μοίρας β ιϛ′ με″, τὴν δὲ ὅλην προήγησιν μοιρῶν ζ ιη′ ι″, καὶ ἡμερῶν ρλϛ.

l'une des stations jusqu'à l'opposition par rapport à la vîtesse de l'astre, de 6^d 12′33″, et l'autre angle ZAH du mouvement apparent sur l'épicycle pour la même distance, de 64^d 31′ 10″, auxquels répondent 2^d 33′ 28″ de la longitude vraie, suivant la proportion des vitesses dans le périgée ; nous aurons la moitié de toute la rétrogradation de 3^d 39′ 5″, et de 68 jours pendant lesquels l'astre s'avance par son mouvement moyen, de 2^d 16′ 45″ périodiques qui répondent aux 2^d 33′ 28″ susdits de la longitude vraie ; et par conséquent la rétrogradation totale, de 7^d 18′ 10″, et de 136 jours.

ΚΕΦΑΛΑΙΟΝ ΙΙΙ.

ΑΠΟΔΕΙΞΙΣ ΤΩΝ ΤΟΥ ΔΙΟΣ ΠΡΟΗΓΗΣΕΩΝ.

CHAPITRE III.

DÉMONSTRATION DES RÉTROGRADATIONS DE JUPITER.

ΕΠΙ δὲ τοῦ τοῦ Διος ἀςέρος κατὰ μὲν τοὺς περὶ τὸ μέσον ἀπόςημα λογισμοὺς, ὁ μὲν τῆς ΘΖ πρὸς τὴν ΓΖ λόγος, συνάγεται τοῦ α πρὸς τὰ ι να′ κθ″, ὁ δὲ τῆς ΕΓ πρὸς τὴν ΖΓ, ὁ τῶν ιβ να′ κθ″ πρὸς τὰ ι να′ κθ″· τὸ δ᾽ ὑπ᾽ αὐτῶν περιεχόμενον ὀρθογώνιον, ρλθ λζ′ λθ″. Καὶ πάλιν ὁ μὲν τῆς ΓΑ πρὸς τὴν ΑΔ, ὁ τῶν ξ πρὸς τὰ ια λ′, ὁ δὲ τῆς ΓΔ πρὸς τὴν ΓΗ, ὁ τῶν οα λ′ πρὸς τὰ μη λ′· τὸ δὲ ὑπ᾽ αὐτῶν περιεχόμενον ὀρθογογώνιον χυξζ με′. Τῶν δ᾽ ἐκ τῆς παραβολῆς γινομένων κδ νθ′ ἡ πλευρὰ, τὰ δ ιθ′ α″,

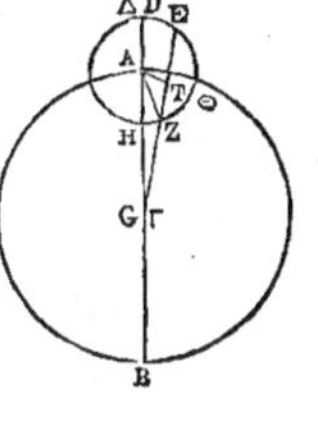

Pour la planète de Jupiter, suivant les calculs dans la moyenne distance, le rapport de TZ à GZ se trouve le même que celui de 1^p à 10^p 51′ 29″, et celui de EG à ZG le même que de 12^p 51′ 29″ à 10^p 51′ 29″ ; et le rectangle formé de ces droites, est de 139^p 37′ 39″. En outre, le rapport de la droite GA à la droite AD est celui de 60 à 11^p 30′, GD : GH :: 71^p 30′ : 48^p 30′, et le rectangle qu'elles forment est de 3467^p 45′. Or le quotient provenant de la division, est de 24^p 59′, dont la racine est 4^p 59′ 1″, laquelle multipliée par le rapport susdit de

TZ à GZ, donne pour TZ, $4^p\,59'\,1''$ relativement aux valeurs citées de GA et de AZ; pour GZ $54^p\,6'\,44''$; et pour la droite entière GT, $59^p\,5'\,45''$. C'est pourquoi, relativement à la quantité de 120^p de chacune des hypoténuses AZ et AG, la droite TZ devient de $52^p\,0'\,10''$, et la droite GT de $118^p\,11'\,\frac14$; et des arcs soutendus par ces droites, celui que soutend ZT est de $51^p\,21'\,41''$, et celui que soutend GT est de $160^p\,4'\,55''$. En conséquence, l'angle ZAT se trouve être de $25^d\,40'\,50''$ à peu près des degrés dont 360 font quatre angles droits, et l'angle GAT en vaut $82^d\,2'\,28''$. Quant aux autres angles, ZGA angle de la rétrogradation par la vîtesse de l'astre, est de $9^d\,57'\,32''$, et l'angle ZAH est de $54^d\,21'\,38''$ de l'anomalie apparente, auxquels répondent, suivant les proportions exposées ci-dessus du mouvement en longitúde, $5^d\,1'\,24''$; et la moitié de la rétrogradation est de $4^d\,56'\,8''$, et de $60\frac12$ jours à peu près, et la rétrogradation entière de $9^d\,52'\,16''$, et de 121 jours. Or la distance dans l'éloignement de 5^d de l'apogée et du périgée, n'est presque ni plus petite que la plus grande, ni plus grande que la plus petite; mais suivant les calculs pour la plus grande distance, la prostaphérèse de l'équation (a) se trouve être de $5\frac12$ soixantièmes; donc la raison de la droite TZ à la droite GZ est celle de $0^p\,54'\,50''$ à $10^p\,56'\,39''$; et la raison

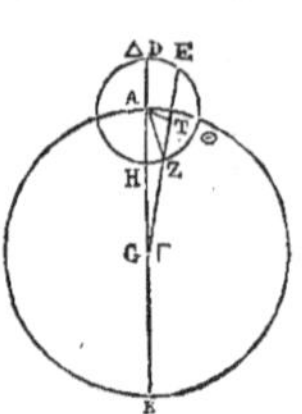

ἃ πολλαπλασιαθέντα ἐπὶ τὸν ἐκκείμενον λόγον τῶν ΘΖ καὶ ΖΓ, τὴν μὲν ΘΖ ποιεῖ πρὸς τὰς ἐκκειμένας τῶν ΓΑ καὶ ΑΖ πηλικότητας δ̄ νθ′ α″, τὴν δὲ ΓΖ τῶν αὐτῶν νδ̄ ϛ′ μδ″, τὴν δὲ ΓΘ ὅλην νθ̄ έ με″. Διὰ τοῦτο δὲ καὶ πρὸς μὲν τὸν τῶν ρκ̄ λόγον ἑκατέρας τῶν ΑΖ καὶ ΑΓ ὑποτεινουσῶν, ἡ μὲν ΘΖ εὐθεῖα γίνεται νβ̄ ο′ ι″, ἡ δὲ ΓΘ ὁμοίως ριπ̄ ια′ δ″. Τῶν δ' ἐπ' αὐταῖς περιφερειῶν, ἡ μὲν ἐπὶ τῆς ΖΘ μοιρῶν νᾱ κα′ μα″, ἡ δ' ἐπὶ τῆς ΓΘ μοιρῶν ρξ̄ δ′ νε″. Ἀκολούθως δὲ καὶ ἡ μὲν ὑπὸ ΖΑΘ γωνία συνάγεται τοιούτων κε̄ μ′ ν″ ἔγγιςα, οἵων εἰσὶν αἱ τέσσαρες ὀρθαὶ τξ̄, ἡ δὲ ὑπὸ ΓΑΘ τῶν αὐτῶν πβ̄ ϛ′ κη″. Τῶν δὲ λοιπῶν, ἡ μὲν ὑπὸ ΖΓΑ τῆς παρὰ τὸ τάχος τοῦ ἀςέρος προηγήσεως μοιρῶν θ̄ νζ′ λβ″, ἡ δὲ ὑπὸ ΖΑΗ τῶν τῆς φαινομένης ἀνωμαλίας μοιρῶν νδ̄ κα′ λη″. Ταύταις δ' ἐπιβαλλουσῶν κατὰ τοὺς ἐκκειμμένους λόγους τῆς κατὰ μῆκος παρόδου μοιρῶν ε̄ α′ κδ″· καὶ ἡ μὲν ἡμίσεια τῆς προηγήσεως γίνεται μοιρῶν δ̄ νϛ′ η″, καὶ ἡμερῶν ξ ϛ′ ἔγγιςα, ἡ δὲ ὅλη προήγησις μοιρῶν θ̄ νβ′ ιϛ″, καὶ ἡμερῶν ρκᾱ. Τὸ δὲ περὶ τὴν ἀποχὴν τῶν ε̄ μοιρῶν τοῦ τε ἀπογείου καὶ τοῦ περιγείου διάςημα ἀδιαφόρως τοῦ μὲν μεγίςου ἔλασσον, τοῦ δὲ ἐλαχίςου μεῖζον· Κατὰ δὲ τοὺς περὶ τὸ μέγιςον ἀπόςημα ἐπιλογισμούς, ἡ μὲν τῆς διευκρινήσεως προσθαφαίρεσις εὑρίσκεται ἑξηκοςῶν ε̄ ϛ′. Διὰ τοῦτο δὲ καὶ ὁ μὲν τῆς ΘΖ πρὸς τὴν ΓΖ λόγος, ὁ τῶν ō νδ′ ν″ πρὸς τὰ ī νϛ′ λθ″· ὁ δὲ τῆς

ΕΓ πρὸς τὴν ΓΖ, ὁ τῶν ιβ̄ μϛ' ιθ'' πρὸς
τὰ ῑ νϛ' λθ''· τὸ δ' ὑπ' αὐτῶν περιεχόμενον ὀρθογώνιον, ρλθ μϛ' μβ''. Καὶ πάλιν
ὁ μὲν τῆς ΓΑ πρὸς τὴν ΑΔ λόγος, ὁ τῶν
ξβ̄ με', πρὸς τὰ ῑα λ', ὁ δὲ τῆς ΔΓ πρὸς
τὴν ΓΗ, ὁ τῶν οδ̄ ιε' πρὸς τὰ νᾱ ιε'·
τὸ δὲ ὑπ' αὐτῶν περιεχόμενον ὀρθογώνιον ͵γωε̄ ιη' με''. Τῶν δὲ ἐκ τῆς παραβολῆς
γινομένων κζ̄ ιγ' κϛ'' ἡ πλευρὰ, τὰ ε̄ ιγ' δ'',
ἃ πολλαπλασιασθέντα ἐπὶ τὸν ἐκκείμενον λόγον τῶν ΘΖ καὶ ΖΓ εὐθειῶν, τὴν μὲν
ΖΘ ποιεῖ πρὸς τὰς ἐκκειμένας τῶν ΓΑ
καὶ ΑΖ πηλικότητας δ μϛ' ϛ'', τὴν δὲ
ΓΖ τῶν αὐτῶν νζ̄ ϛ' ιθ'', τὴν δὲ ΓΘ ὅλην
ξᾱ νβ' κε''.

Διὰ τοῦτο δὲ καὶ πρὸς μὲν τὸν τῶν ρκ̄
λόγον ἑκατέρας τῶν ΑΖ καὶ ΑΓ ὑποτεινουσῶν, ἡ μὲν ΖΘ γίνεται μθ̄ με' κγ'', ἡ
δὲ ΓΘ ὁμοίως ριη̄ ιθ' κζ''. Τῶν δ' ἐπ' αὐταῖς περιφερειῶν, ἡ μὲν ἐπὶ τῆς ΖΘ μοιρῶν μη̄ νθ' λδ'', ἡ δ' ἐπὶ τῆς ΓΘ μοιρῶν
ρξ̄ μθ' λϛ''. Ταύταις δ' ἀκολούθως καὶ
ἡ μὲν ὑπὸ ΖΑΘ γωνία τοιούτων κδ̄ κθ'
μζ'', οἵων εἰσὶν αἱ τέσσαρες ὀρθαὶ τξ̄, ἡ
δὲ ὑπὸ ΓΑΘ τῶν αὐτῶν π̄ κδ' νη''. Καὶ
τῶν λοιπῶν ἡ μὲν ὑπὸ ΖΓΑ τῆς παρὰ τὸ
τάχος τοῦ ἀστέρος προηγήσεως μοιρῶν θ̄
λε' ιβ'', ἡ δὲ ὑπὸ ΖΑΗ, τῶν τῆς φαινομένης ἀνωμαλίας μοιρῶν νε̄ νε' α''. Αἷς
ἐπιβαλλουσῶν κατὰ τοὺς ἀπογείους λόγους τῶν μὲν τοῦ διευκρινημένου μήκους
μοιρῶν δ̄ μ' λε'', τοῦ δὲ περιοδικοῦ μοιρῶν
ε̄ ϛ' λε'', καὶ ἡ μὲν ἡμίσεια τῆς προηγήσεως
γίνεται μοιρῶν δ̄ νδ' λζ'', καὶ ἡμερῶν ξᾱ ϛ''
ἔγγιστα, ἡ δὲ ὅλη προήγησις μοιρῶν θ̄ μθ'
ιδ'', καὶ ἡμερῶν ρκγ̄.

de EG à GZ est la même que celle de 12p 46'
19'' à 10p 56' 39''; et le rectangle formé de
ces lignes est de 139p 46' 42''. En outre,
la raison de la droite GA à la droite AD
est celle de 62p 45' à 11p 30', et la raison
de DG à GH est la même que de 74p 15'
à 51p 15'; et le rectangle formé de ces
droites est de 3805p 18' 45''. La racine 5p
13' 4'' du quotient 27p 13' 26'' de la division de ce rectangle par l'autre, étant
multipliée par le rapport susdit des droites
TZ et GZ, donne TZ de 4p 46' 6'', relativement aux grandeurs exposées de GA et
AZ, et GZ de 57p 6' 19'' de ces mêmes
parties, et la droite entière GT de 61p
52' 25''.

C'est pourquoi, et relativement à la
quantité 120p de chacune des hypoténuses AZ et AG, ZT est de 49p 45' 23'', et
GT de 118p 19' 27''. Quant aux arcs soutendus par ces droites, ZT est de 48p 59'
34''; GT de 160p 49' 36''. Par conséquent
l'angle ZAT est de 24d 29' 47'' des degrés
dont 360 font quatre angles droits, et
l'angle GAT en vaut 80 24' 58''. Pour les
autres angles, ZGA angle de la rétrogradation par la vitesse de l'astre, est de 9d 35'
12''; et l'angle ZAH de l'anomalie apparente est de 55d 55' 1'', auxquels répondent suivant les proportions apogées, 4d 40' 35'' de longitude vraie, et
5p 6' 35'' de longitude moyenne. La moitié de la rétrogradation est ainsi de 4d 54'
37'' et de 61 ½ jours à peu près, et la rétrogradation entière, de 9d 49' 14'' et de
123 jours (b).

Mais suivant les calculs faits pour la moindre distance, la prostaphérèse de l'équation se trouve être de 5′ ⅓ : par conséquent la raison de la droite TZ à la droite ZG est la même que celle de $1^p\ 5'\ 40''$ à $10^p\ 45'\ 49''$; et celle de la droite EG à la droite ZG est la même que de $12^p\ 57'\ 9''$ à $10^p\ 45'\ 49''$, et le rectangle qu'elles forment est de $139^p\ 24'\ 56''$. Et encore, le rapport de la droite GA à la droite AD est celui de $57^p\ 15'$ à $11^p\ 30'$; et celui de la droite AG à la droite GH, est le même que de $68^p\ 45'$ à $45^p\ 45'$; et le rectangle construit sur ces droites, est de $3145^p\ 18'\ 45''$. Ce rectangle divisé par l'autre, donne pour quotient $22^p\ 33'\ 39''$ dont la racine $4^p\ 45'$ multipliée par la raison donnée de TZ à GZ, donne relativement aux grandeurs énoncées de GA et de AZ, $5^p\ 11'\ 55''$ pour la droite TZ, $51^p\ 7'\ 38''$ pour la droite ZG, et $56^p\ 19'\ 33''$ pour la droite entière GT. C'est pourquoi, relativement à la proportion ou valeur 120^p de chacune des hypoténuses ZA et AG, ZT est de $54^p\ 14'\ 47''$, et GT est de $118^p\ 3'\ 46''$; et des arcs soutendus par ces droites, celui que soutend ZT est de $53^d\ 45'\ 4''$; et celui que soutend GT est de $159^d\ 22'\ 40''$: ce qui fait que l'angle ZAT est de $26^p\ 52'\ 32''$ des degrés dont 360 font quatre angles droits, et que l'angle GAT est de $79^d\ 41'\ 20''$ de ces mêmes degrés. Quant aux angles restants, ZGA de la rétrogradation de l'astre à cause de sa vitesse, est de $10^d\ 18'\ 40''$, et ZAH de l'anomalie apparente, est de $52^d\ 48'\ 48''$ auxquels répondent,

Κατὰ δὲ τοὺς περὶ τὸ ἐλάχιςον ἀπόςημα λογισμούς, ἡ μὲν τῆς διευκρινήσεως προσθαφαίρεσις εὑρίσκεται ἑξηκοςῶν ε΄ γ″. Διὰ τοῦτο δὲ καὶ ὁ μὲν τῆς ΘΖ πρὸς τὴν ΖΓ λόγος ὁ τῶν ᾱ ε΄ μ″ πρὸς τὰ ῑ με΄ μθ″, ὁ δὲ τῆς ΕΓ πρὸς τὴν ΖΓ ὁ τῶν ιβ νζ΄ θ″ πρὸς τὰ ῑ με΄ μθ″· τὸ δ᾽ ὑπ᾽ αὐτῶν περιεχόμενον ὀρθογώνιον ρλε̄ κδ΄ νϛ΄. Καὶ πάλιν ὁ μὲν τῆς ΓΑ πρὸς τὴν ΑΔ λόγος, ὁ τῶν νζ ιε΄ πρὸς τὰ ιᾱ λ΄, ὁ δὲ τῆς ΔΓ πρὸς τὴν ΓΗ ὁ τῶν ξη̄ με΄ πρὸς τὰ μ̄ε με΄· τὸ δ᾽ ὑπ᾽ αὐτῶν περιεχόμενον ὀρθογώνιον ͵γρμε̄ ιη΄ με″. Τῶν δ᾽ ἐκ τῆς παραβολῆς γινομένων κβ̄ λγ΄ λθ″ ἡ πλευρά, τὰ δ̄ με΄ ο̄, ἃ πολλαπλασιασθέντα ἐπὶ τὸν ἐκκείμενον λόγον τῶν ΘΖ καὶ ΖΓ εὐθειῶν, τὴν μὲν ΘΖ ποιεῖ πρὸς τὰς ἐκκειμένας τῶν ΓΑ καὶ ΑΖ πηλικότητας ε̄ ιαˊ νε΄, τὴν δὲ ΖΓ τῶν αὐτῶν νᾱ ζ΄ λη″, τὴν δὲ ΓΘ ὅλην νϛ̄ ιθ΄ λγ″. Διὰ τοῦτο δὲ καὶ πρὸς μὲν τὸν τῶν ρκ̄ λόγον ἑκατέρας τῶν ΖΑ καὶ ΑΓ ὑποτεινουσῶν, ἡ μὲν ΖΘ γίνεται νδ̄ ιδ΄ μζ″, ἡ δὲ ΓΘ ὁμοίως ρῑη γ΄ μϛ″. Τῶν δ᾽ ἐπ᾽ αὐταῖς περιφερειῶν, ἡ μὲν ἐπὶ τῆς ΖΘ μοιρῶν νγ̄ με΄ δ″, ἡ δ᾽ ἐπὶ τῆς ΓΘ μοιρῶν ρνθ̄ κβ΄ μ″. Ταύταις δ᾽ ἀκολούθως καὶ ἡ μὲν ὑπὸ ΖΑΘ γωνία τοιούτων κϛ̄ νβ΄ λβ″, οἵων εἰσὶν αἱ τέσσαρες ὀρθαὶ τξ̄, ἡ δὲ ὑπὸ ΓΑΘ τῶν αὐτῶν οθ̄ μα΄ κ″. Καὶ τῶν λοιπῶν ἡ μὲν ὑπὸ ΖΓΑ τῆς παρὰ τὸ τάχος τοῦ ἀςέρος προηγήσεως μοιρῶν ῑ ιη΄ μ″, ἡ δὲ ὑπὸ ΖΑΗ τῶν τῆς φαινομένης ἀνωμαλίας μοιρῶν νβ̄ μη΄ μη″. Αἷς ἐπιβαλλουσῶν κατὰ τοὺς ἐπὶ τοῦ περιγείου λόγους, τοῦ μὲν διευκρινημένου

μήκους μοιρῶν ε̄ κα′ κ″, τοῦ δὲ περιοδικοῦ μοιρῶν δ̄ νδ′ κ″, καὶ ἡ μὲν ἡμίσεια
τῆς προηγήσεως συνάγεται μοιρῶν δ̄ νζ′
κ″, καὶ ἡμερῶν νθ̄ ἔγγιςα, ἡ δὲ ὅλη προήγησις μοιρῶν θ̄, νδ′ μ″, καὶ ἡμερῶν ϱιη̄.

suivant les proportions dans le périgée,
5ᵈ 21′ 20″ de la longitude vraie, et 4ᵈ
54′ 20″ de longitude périodique. Ainsi
la moitié de la rétrogradation est de 4ᵈ 57′
20″ et de 59 jours à peu près, et la rétrogradation entière est de 9ᵈ 54′ 40″ et
de 118 jours.

ΚΕΦΑΛΑΙΟΝ Δ.

ΑΠΟΔΕΙΞΙΣ ΤΩΝ ΤΟΥ ΑΡΕΩΣ ΠΡΟΗΓΗΣΕΩΝ.

CHAPITRE IV.

DÉMONSTRATION DES RÉTROGRADATIONS DE MARS.

ΠΑΛΙΝ ἐπὶ τοῦ τοῦ Ἀρεος,
κατὰ μὲν τοὺς περὶ τὸ μέσον
ἀπόςημα ἐπιλογισμοὺς, ὁ μὲν
τῆς ΘΖ πρὸς τὴν ΖΓ λόγος συνάγεται ἀπὸ τοῦ ᾱ πρὸς τὰ ō
νβ′ να″, ὁ δὲ τῆς ΕΓ πρὸς τὴν ΓΖ,
ὁ τῶν β̄ νβ′ να″ πρὸς τὰ ō νϛ′ να″·
τὸ δὲ ὑπ’ αὐτῶν περιεχόμενον ὀρθογώνιον
β̄ λβ′ ιε″. Καὶ πάλιν ὁ μὲν τῆς ΓΑ πρὸς
τὴν ΑΗ λόγος, ὁ τῶν ξ̄ πρὸς τὰ λθ̄ λ′,
ὁ δὲ τῆς ΔΓ πρὸς τὴν ΓΗ, ὁ τῶν ϙθ̄ λ′
πρὸς τὰ κ̄ λ′· τὸ δ’ ὑπ’ αὐτῶν περιεχόμενον ὀρθογώνιον βλθ̄ με′. Τῶν δ’ ἐκ τῆς
παραβολῆς γινομένων ωγ̄ ν′ λϛ″ ἡ πλευρὰ,
τὰ κη̄ κα′ η″, ἃ πολλαπλασιασθέντα
ἐπὶ τὸν ἐκκείμενον λόγον τῶν ΘΖ καὶ
ΖΓ εὐθειῶν, τὴν μὲν ΘΖ ποιεῖ πρὸς τὰς
ἐκκειμένας τῶν ΓΑ καὶ ΑΖ πηλικότητας κη̄ κα′ η″, τὴν δὲ ΓΖ τῶν αὐτῶν κδ̄
νη′ κε″, τὴν δὲ ΓΘ ὅλην νγ̄ ιθ′ λγ′. Διὰ
τοῦτο δὲ καὶ πρὸς μὲν τὸν τῶν ϱκ̄ λόγον
ἑκατέρας τῶν ΑΖ καὶ ΑΓ ὑποτεινουσῶν, ἡ
μὲν ΖΘ γίνεται πϛ̄ η′ ō, ἡ δὲ ΓΘ ὁμοίως
ϱϛ̄ λθ′ ϛ″. Τῶν δὲ περιφερειῶν ἡ μὲν ἐπὶ
τῆς ΖΘ μοιρῶν ϟᾱ μδ′ λδ″, ἡ δ’ ἐπὶ τῆς

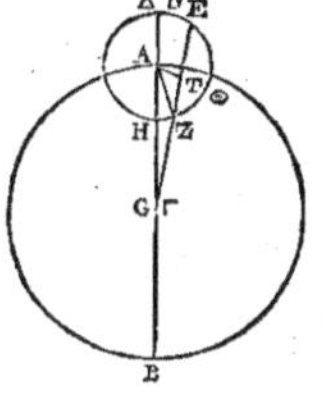

Eɴ appliquant à Mars, les
calculs faits pour la distance
moyenne, le rapport de la
droite TZ à la droite ZG est
celui de 1ᵖ à 0ᵖ 52′ 51″; et celui de EG à GZ est le même que
de 2ᵖ 52′ 51″ à 0ᵖ 52′ 51″; et
le rectangle formé de ces droites est de
2ᵖ 32′ 15″. En outre, le rapport de GA
à AH est celui de 60ᵖ à 39ᵖ 30′, et celui de
DG à GH le même que de 99ᵖ 30′ à 20ᵖ 30′;
et le rectangle construit sur ces droites
est de 2039ᵖ 45′. Le quotient de la division
est 803ᵖ 50′ 32″, dont la racine 28ᵖ 21′
8″ multipliée par le rapport énoncé des
droites TZ et ZG, donne TZ de 28ᵖ 21′ 8″
relativement aux grandeurs exposées de
GA et AZ, GZ de 24ᵖ 58′ 25″, et GT entière
de 53ᵖ 19′ 33″. C’est pourquoi, relativement à la proportion ou valeur 120 de
chacune des hypoténuses AZ et AG, ZT
est de 86ᵖ 8′ 0″, GT de 106ᵖ 39′ 6″; et des
arcs soutendus par ces droites, celui que
soutend ZT est de 91ᵖ 44′ 34″; celui que

soutend GT est de 125ᵖ 26′ 10″. Par conséquent l'angle ZAT est de 45ᵈ 52′ 17″ des degrés dont 360 font quatre angles droits, et l'angle GAT est de 62ᵈ 43′ 5″ de ces mêmes degrés. Quant aux autres angles, ZGA angle de la rétrogradation de l'astre par sa vìtesse est de 27ᵈ 16′ 55″, et ZAH des 16ᵈ 50′ 48″ de l'anomalie, auxquels répondent, suivant le rapport exposé du mouvement en longitude, 19ᵈ 7′ 33″; et ainsi la moitié de la rétrogradation est de 8ᵈ 9′ 22″, et de 36 ½ jours à peu près; et la rétrogradation entière est de 16ᵈ 18′ 44″ et de 73 jours. Mais la distance des stations dans l'éloignement de l'apogée et du périgée, (de 16ᵈ 7′ 33″), est de 20′ environ de la moyenne plus petite que la plus grande, et plus grande que la plus petite. Or, suivant les calculs faits pour la plus grande distance, la prostaphérèse de l'équation se trouve de 10′ ⅓ pour 1ᵈ : ainsi donc le rapport de la droite TZ à la droite ZG est comme de 0ᵖ 49′ 40″ à 1ᵖ 3′ 11″; et celui de EG à ZG, de 2ᵖ 42′ 31″ à 1ᵖ 3′ 11″; et le rectangle formé par ces droites, est de 2ᵖ 51′ 8″.

En outre, le rapport de GA à AD est de 65ᵖ 40′ à 39ᵖ 30′; et celui de DG à GH est comme de 105ᵖ 10′ à 26ᵖ 10′; et leur rectangle est de 2751ᵖ 51′ 40″. Le quotient de la division de l'un par l'autre est 964ᵖ 48′ 47″ dont la racine (côté) 31ᵖ 3′ 41″ multipliée par le rapport énoncé des droites TZ et ZG, donne pour TZ, 25ᵖ 42′ 43″,

ΓΘ μοιρῶν ρκε̄ κϛ′ ι″. Ἀκολούθως δὲ καὶ ἡ μὲν ὑπὸ ΖΑΘ γωνία τοιούτων με̄ νβ′ ιζ″, οἵων εἰσὶν αἱ τέσσαρες ὀρθαὶ τξ̄, ἡ δὲ ὑπὸ ΓΑΘ τῶν αὐτῶν ξϛ̄ μγ′ ε″. Καὶ τῶν λοιπῶν ἡ μὲν ὑπὸ ΖΓΑ τῆς παρὰ τὸ τάχος τοῦ ἀϛέρος προηγήσεως μοιρῶν κζ̄ ιϛ′ νε″, ἡ δὲ ὑπὸ ΖΑΗ, τῶν τῆς ἀνωμαλίας ιϛ′ ν′ μη″. Αἷς ἐπιβαλλουσῶν κατὰ τὸν ἐκκείμενον λόγον τῆς κατὰ μῆκος παρόδου μοιρῶν ιθ̄ ζ′ λγ″, καὶ ἡ μὲν ἡμίσεια τῆς προηγήσεως γίνεται μοιρῶν η̄ θ′ κϛ″, καὶ ἡμερῶν λϛ̄ ϛ″ ἔγγιϛα· ἡ δὲ ὅλη προήγησις μοιρῶν ιϛ̄ ιη′ μδ″, κ̣ ἡμερῶν ογ̄. Τὸ δὲ περὶ τὴν ἀποχὴν τοῦ ἀπογείου κ̣ τοῦ περιγείου τῶν ϛηριγμῶν ἀπόϛημα (ιϛ̄ ζ′ λγ″) εἴκοσιν ἑξηκοϛῶν τοῦ μέσου ἀποϛήματος ἔγγιϛα ἔλασσον μὲν τοῦ μεγίϛου, μεῖζον δὲ τοῦ ἐλαχίϛου. Κατὰ δὲ τοὺς περὶ τὸ μέγιϛον ἀπόϛημα λογισμούς, ἡ μὲν τῆς διευκρινήσεως προσθαφαίρεσις, κατὰ τὴν τῆς μιᾶς μοίρας ἐπιβολὴν εὑρίσκεται ἑξηκοϛῶν ι′ γ″. Διὰ τοῦτο δὲ κ̣ ὁ μὲν τῆς ΘΖ πρὸς τὴν ΖΓ λόγος ὁ τῶν ο̄ μθ′ μ″ πρὸς τὰ ᾱ γ′ ια″, ὁ δὲ τῆς ΕΓ πρὸς τὴν ΓΖ, ὁ τῶν β̄ μϛ′ λα″ πρὸς τὰ ᾱ γ′ ια′. Τὸ δ᾽ ὑπ᾽ αὐτῶν περιεχόμενον ὀρθογώνιον β̄ να′ η″.

Καὶ πάλιν ὁ μὲν τῆς ΓΑ πρὸς τὴν ΑΔ λόγος, ὁ τῶν ξε̄ μ′ πρὸς τὰ λθ̄ λ′, ὁ δὲ τῆς ΔΓ πρὸς τὴν ΓΗ, ὁ τῶν ρε̄ ι′ πρὸς τὰ κϛ̄ ι′. Τὸ δ᾽ ὑπ᾽ αὐτῶν περιεχόμενον ὀρθογώνιον β͵ψνᾱ να′ μ″· τῶν δ᾽ ἐκ τῆς παραβολῆς γινομένων ͵θξδ̄ μη′ μζ″ ἡ πλευρὰ, τὰ λᾱ γ′ μα″, ἀπολλαπλασιασθέντα ἐπὶ τὸν ἐκκείμενον λόγον τῶν ΘΖ καὶ ΖΓ εὐθειῶν, τὴν μὲν ΘΖ ποιεῖ πρὸς τὰς ἐκκειμένας τῶν ΓΑ καὶ ΑΖ πηλικότητας κε̄ μβ' μγ'', τὴν δὲ ΓΖ τῶν αὐτῶν λβ̄ μβ' λδ'', τὴν δὲ ΓΘ ὅλην νη̄ κε' ιϛ''. Διὰ τοῦτο δὲ καὶ πρὸς μὲν τὸν τῶν ρκ̄ λόγον ἑκατέρας τῆς ΑΖ καὶ ΑΓ ὑποτεινουσῶν, ἡ μὲν ΖΘ γίνεται οη̄ ϛ' μδ'', ἡ δὲ ΓΘ ὁμοίως ρϛ̄ με' λϛ''. Τῶν δὲ περιφερειῶν ἡ μὲν ἐπὶ τῆς ΖΘ μοιρῶν πᾱ ιγ' κη'', ἡ δ' ἐπὶ τῆς ΓΘ μοιρῶν ρκε̄ λθ' μϛ''. Ταύταις δ' ἀκολούθως καὶ ἡ μὲν ὑπὸ ΖΑΘ γωνία τοιούτων ἔςαι μ̄ λϛ' λδ'', οἵων εἰσὶν αἱ τέσσαρες ὀρθαὶ τξ̄, ἡ δ' ὑπὸ ΓΑΘ τῶν αὐτῶν ξβ̄ μθ' νγ''. Καὶ τῶν λοιπῶν ἡ μὲν ὑπὸ ΖΓΑ, τῆς παρὰ τὸ τάχος τοῦ ἀςέρος προηγήσεως μοιρῶν κζ̄ ι' ζ'', ἡ δὲ ὑπὸ ΖΑΗ τῶν τῆς φαινομένης ἀνωμαλίας μοιρῶν κβ̄ ιγ' ιθ''. Αἷς ἐπιβαλλουσῶν κατὰ τοὺς τοῦ ἀπογείου λόγους διευκρινημένου μὲν μήκους μοιρῶν ιζ̄ ιγ' κα'', περιοδικοῦ δὲ μοιρῶν κ̄ νη' κα'', καὶ ἡ μὲν ἡμίσεια τῆς προηγήσεως συνάγεται μοιρῶν θ̄ νϛ' μϛ'', καὶ ἡμερῶν μ̄ ἔγγιςα, ἡ δὲ ὅλη προήγησις μοιρῶν ιθ̄ νγ' λβ'', καὶ ἡμερῶν π̄.

Κατὰ δὲ τοὺς περὶ τὸ ἐλάχιςον ἀπόςημα λογισμούς, ἡ μὲν τῆς διευκρινήσεως προσθαφαίρεσις εὑρίσκεται ἑξηκοςῶν ιϛ̄ γ°. Διὰ τοῦτο δὲ καὶ ὁ μὲν τῆς ΘΖ πρὸς τὴν ΖΓ λόγος, ὁ τῶν ᾱ ιϛ' μ'' πρὸς τὰ ō μ' ια'', ὁ δὲ τῆς ΕΓ πρὸς τὴν ΓΖ ὁ τῶν γ̄ ε' λα'' πρὸς τὰ ō μ' ια''. τὸ δὲ ὑπ' αὐτῶν περιεχόμενον ὀρθογώνιον β̄ δ' ιδ''. Καὶ πάλιν ὁ μὲν τῆς ΓΑ πρὸς τὴν ΑΔ λόγος, ὁ τῶν μδ̄ κ'

relativement aux valeurs de GA et de AX, pour GZ 32ᵖ 42' 34'', et pour GT entière 58ᵖ 25' 17''. C'est pourquoi, suivant la quantité 120 de chacune des hypoténuses AZ et AG, ZT devient de 78ᵖ 6' 44'', GT de 106ᵖ 45' 36''; et des arcs soutendus par ces droites, celui que soutend ZT est de 81ᵈ 13' 28'', et celui que soutend GT, de 125ᵈ 39' 46''. Par consequent, l'angle ZAT sera de 40ᵈ 36' 34'' des degrés dont 360 font quatre angles droits, et l'angle GAT de 62ᵖ 49' 53'' de ces degrés. Quant aux autres angles, ZGA celui de la rétrogradation de l'astre par rapport à sa vitesse, est de 27ᵈ 10' 7'', ZAH de 22ᵈ 13' 19'' de l'anomalie apparente, auxquels rérépondent 17ᵈ 13' 21'' de la longitude corrigée, suivant les proportions de l'apogée, et 20ᵈ 58' 21'' de longitude périodique. Ainsi la moitié de la rétrogradation se trouve être de 9ᵈ 56' 46'' et de 40 jours environ, et la rétrogradation entière, de 19ᵈ 53' 32'' et de 80 jours.

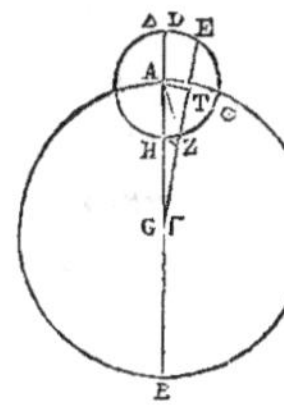

Mais suivant les calculs faits pour la plus petite distance, la prostaphérèse de l'équation se trouve de 12ᵈ 40'; donc le rapport de TZ à ZG est de 1ᵖ 12' 40'' à 0ᵖ 40' 11'', celui de EG à GZ est de 3ᵈ 5' 31'' à 0ᵈ 40' 11''; et le rectangle formé par ces droites, est de 2ᵖ 4' 14''. En outre, le rapport de GA à AD est celui de 44ᵖ 20' à 39ᵖ 30'

et celui de DG à GH comme de 93ᵖ 5o′ à 14ᵖ 5o′; et leur rectangle est de 1391ᵖ 51′ 40″. Le quotient de la division de celui-ci par l'autre est 672ᵖ 13′ dont la racine, ou côté, 25ᵖ 55′ 38″ multipliée par le rapport exposé des droites TZ et ZG, donne pour TZ relativement aux valeurs énoncées des droites GA et AX, 31ᵖ 24′ 3″; pour GZ 17ᵖ 21′ 51″, et pour la droite entière GT, 48ᵖ 45′ 54″. C'est pourquoi, suivant la valeur 120ᵖ de chacune des hypoténuses AZ et AG, ZT est de 95ᵖ 23′ 42″, GT de 107ᵖ 42′ 7″. L'arc soutendu par ZT est de 105ᵈ 18′ 10″, et celui que soutend GT est de 127ᵈ 40′ 22″ : par conséquent l'angle ZAT est de 52ᵈ 39′ 5″ des degrés dont 360 font quatre angles droits, et l'angle GAT est de 63ᵈ 5o′ 11″. Pour les autres angles, ZGA, celui de la rétrogradation de l'astre quant à sa vitesse, est de 26ᵈ 9′ 49″; ZAH est de 11ᵈ 11′ 6″ de l'anomalie apparente, auxquels répondent, suivant les proportions pour le périgée, 20ᵈ 33′ 42″ de la longitude corrigée, et 16ᵈ 52′ 54″ de la longitude périodique. Ainsi la moitié de la rétrogradation se trouve être de 5ᵈ 36′ 7″ et d'environ 32 ¼ jours, et la rétrogradation entière est de 11ᵈ 12′ 14″, et de 64 ½ jours.

πρὸς τὰ λθ̄ λ′, ὁ δὲ τῆς ΔΓ πρὸς τὴν ΓΗ, ὁ τῶν ζγ̄ ν′, πρὸς τὰ ιδ̄ ν′· τὸ δ' ὑπ' αὐτῶν περιεχόμενον ὀρθογώνιον ατζᾱ να′ μ″. Τῶν δὲ ἐκ τῆς παραβολῆς γινομένων χοβ̄ ιγ′ ἡ πλευρὰ, τὰ κε̄ λε′ λη″, ἃ πολλαπλασιαϑέντα ἐπὶ τὸν ἐκκείμμενον λόγον τῶν ΘΖ καὶ ΖΓ εὐθειῶν, τὴν μὲν ΘΖ ποιεῖ, πρὸς τὰς ἐκκειμμένας τῶν ΓΑ κὴ ΑΧ πηλικότητας λᾱ κδ′ γ″, τὴν δὲ ΓΖ τῶν αὐτῶν ιζ̄ κα′ να″, τὴν δὲ ΓΘ ὅλην μη̄ με′ νδ″. Διὰ τοῦτο δὲ καὶ πρὸς τὸν τῶν ρκ̄ λόγον ἑκατέρας τῶν ΑΖ καὶ ΑΓ ὑποτεινουσῶν, ἡ μὲν ΖΘ γίνεται ζε̄ κγ′ μβ″, ἡ δὲ ΓΘ ὁμοίως ρζ̄ μβ′ ζ′. Τῶν δὲ περιφερειῶν ἡ μὲν ἐπὶ τῆς ΖΘ μοιρῶν ρε̄ ιη′ ι″, ἡ δ' ἐπὶ τῆς ΓΘ μοιρῶν ρκζ̄ μ′ κβ″. Ταύταις δ' ἀκολούθως καὶ ἡ μὲν ὑπὸ ΖΑΘ γωνία τοιούτων νβ λθ′ ε″, οἵων εἰσὶν αἱ τέσσαρες ὀρθαὶ τξ̄, ἡ δὲ ὑπὸ ΓΑΘ τῶν αὐτῶν ξγ̄ ν′ ια″. Καὶ τῶν λοιπῶν ἡ μὲν ὑπὸ ΖΓΑ τῆς παρὰ τὸ τάχος τοῦ ἀςέρος προηγήσεως μοιρῶν κς̄ θ′ μθ″, ἡ δ' ὑπὸ ΖΑΗ τῶν τῆς φαινομένης ἀνωμαλίας μοιρῶν ιᾱ ια′ ς″. Αἷς ἐπιβαλλουσῶν κατὰ τοὺς ἐπὶ τοῦ περιγείου λόγους, τοῦ μὲν διευκρινημένου μήκους μοιρῶν κ̄ λγ′ μβ″, τοῦ δὲ περιοδικοῦ μοιρῶν ις̄ νβ″ νδ″, καὶ ἡ μὲν ἡμίσεια τῆς προηγήσεως, συνάγεται μοιρῶν ε̄ λς′ ζ″, καὶ ἡμερῶν λβ̄ δ″ ἔγγιςα, ἡ δὲ ὅλη προήγησις μοιρῶν ιᾱ ιβ′ ιδ″, καὶ ἡμερῶν ξδ̄ ς″.

ΚΕΦΑΛΑΙΟΝ Ε.

ΠΑΛΙΝ ἐπὶ τοῦ τῆς Ἀφρο-δίτης ἀςέρος, κατὰ μὲν τοὺς περὶ τὸ μέσον ἀπόςημα λογι-σμοὺς, ὁ μὲν τῆς ΘΖ πρὸς τὴν ΖΓ λόγος συνάγεται ὁ τοῦ ἑνὸς πρὸς τὰ ō λζ′ λα″, ὁ δὲ τῆς ΕΓ πρὸς τὴν ΓΖ, ὁ τῶν β̄ λζ′ λα″, πρὸς τὰ ō̄ λζ′ λα″· τὸ δ᾽ ὑπ᾽ αὐτῶν περιεχόμενον ὀρθογώνιον ᾱ λη′ λ″. Καὶ πάλιν ὁ μὲν τῆς ΓΑ πρὸς τὴν ΑΔ λόγος, ὁ τῶν ξ̄ πρὸς τὰ μγ̄ ι′, ὁ δὲ τῆς ΔΓ πρὸς τὴν ΓΗ, ὁ τῶν ργ̄ ι′, πρὸς τὰ ιϛ̄ ν′· τὸ δ᾽ ὑπ᾽ αὐτῶν περιεχό-μενον ὀρθογώνιον δ᾽ψλϛ̄ λη′ κ″, τῶν δὲ ἐκ τῆς παραβολῆς γινομένων ανζ̄ νϛ′ ἡ πλευ-ρὰ, τὰ λϛ̄ λα′ κθ″, πολυπλασιαθέντα ἐπὶ τὸν ἐκκείμμενον λόγον τῶν ΘΖ καὶ ΖΓ εὐ-θειῶν, τὴν μὲν ΘΖ ποιεῖ πρὸς τὰς ἐκκει-μένας τῶν ΓΑ κὴ ΑΖ πηλικότητας, λϛ̄ λα′ κθ″, τὴν δὲ ΓΖ τῶν αὐτῶν κ̄ κ′ ια″, τὴν δὲ ΓΘ ὅλην νϛ̄ να′ μ″. Διὰ τοῦτο δὲ καὶ πρὸς μὲν τὸν ρκ̄ λόγον ἑκατέρας τῶν ΑΖ καὶ ΑΓ ὑποτεινουσῶν, ἡ μὲν ΖΘ γί-νεται ζ̄ κδ′ νη″, ἡ δὲ ΓΘ ὁμοίως ρε̄ μγ′ κ″. Τῶν δὲ περιφερειῶν ἡ μὲν ἐπὶ τῆς ΖΘ μοιρῶν ζϛ̄ μζ′ ō″, ἡ δ᾽ ἐπὶ τῆς ΓΘ μοι-ρῶν ρκγ̄ λα′ μθ″. Ταύταις δ᾽ ἀκολού-θως καὶ ἡ μὲν ὑπὸ ΖΑΘ γωνία τοιούτων μη̄ νγ′ λ″, οἵων εἰσὶν αἱ τέσσαρες ὀρθαὶ τξ̄, ἡ δὲ ὑπὸ ΓΑΘ τῶν αὐτῶν ξᾱ με′ νδ″ ἔγγιστα. Καὶ τῶν λοιπῶν ἡ μὲν ὑπὸ

II.

CHAPITRE V.

POUR Vénus, suivant les cal-culs faits dans le cas de la moyenne distance, la raison de la droite TZ à ZG se trouve être la même que de 1^p à $0^p 37'$ $31''$; celle de EG à GZ comme de $2^p 37' 31''$ à $0^p 37' 31''$, et leur rectangle est de $1^p 38' 30''$. En outre, la raison de GA à AD est de 60^p à $43^p 10'$; celle de DG à GH comme de $103^p 10'$ à $16^p 50'$, et leur rectangle est de $4736^p 38'$ $20''$. La division de celui-ci par le pre-mier, donne un quotient $1057^p 56'$ dont la racine $32^p 31' 29''$ multipliée par le rapport donné des droites TZ et GZ, fait TZ de $32^p 31' 29''$ relativement aux valeurs de GA et de AZ; GZ, de $20^p 20'$ $11''$, et la droite entière GT de $52^p 51'$ $40''$. C'est pourquoi, relativement à la quantité 120 de chacune des hypoté-nuses AZ et AG, ZT devient de $90^p 24'$ $58''$, et GT de $105' 43' 20''$; quant aux arcs, celui qui est soutenu par ZT, est de $97^d 47'$, et celui que soutend GT, de $123^p 31' 49''$. Par conséquent, l'angle ZAT est de $48^d 53' 30''$ des de-grés dont 360 font quatre angles droits, et l'angle GAT est de $61^d 45' 54''$ des mêmes degrés, à peu près. Pour les autres angles, ZGA celui de la rétrogradation de l'astre par rapport à sa vîtesse, est de 28ᵈ 14′ 6″, et l'angle ZAH de 12ᵈ 54′ 24″ de l'anomalie, auxquels répondent suivant la proportion moyenne énoncée du mouvement en longitude, 20ᵈ 35′ 19″. Ainsi la moitié de la rétrogradation se trouve être de 7ᵖ 38′ 47″, et d'environ 20 ½ ⅓ jours; et la rétrogradation entière, de 15ᵖ 17′ 34″ et de 41 ⅔ jours.

Mais la distance des stations à l'apogée et au périgée, est d'environ 5′ de la distance moyenne, plus petite que la plus grande, et plus grande que la plus petite. Or, suivant les calculs faits pour la plus grande distance, la prostaphérèse de l'équation se trouve de 2ᵈ 3′; par conséquent le rapport de TZ à GZ est de 0ᵖ 57′ 40″ à 0ᵖ 39′ 52″; celui de EG à GZ comme de 2ᵖ 35′ 11″ à 0ᵖ 39′ 51″; et leur rectangle est de 1ᵖ 43′ 4″. En outre, le rapport de GA à AH est de 61ᵖ 10′ à 43ᵖ 10′; celui de DG à GH est de 104ᵖ 20′ à 18ᵖ; et leur rectangle est de 1878ᵖ. La division de l'un par l'autre donne un quotient 1093ᵖ 16′ 23″ dont le côté ou la racine 33ᵖ 30′ 53″ multipliée par le rapport donné des droites TZ et GZ, fait TZ de 31ᵖ 46′ 44″, relativement aux valeurs énoncées de GA et AZ; et GZ de 21ᵖ 57′ 38″, et la droite entière GT de 53ᵖ 44′ 22″.

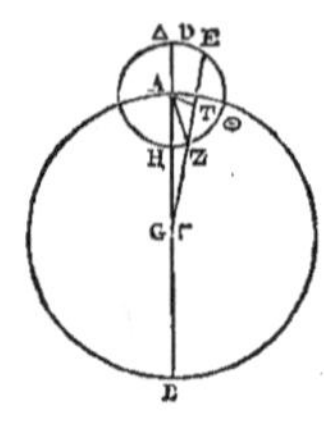

ΖΓΑ, τῆς παρὰ τὸ τάχος τᾶ ἀσέρος προηγήσεως μοιρῶν κῆ ιδ´ ϛ″, ἡ δ᾽ ὑπὸ ΖΑΗ τῶν τῆς ἀνωμαλίας μοιρῶν ιβ νϛ´ κδ″. αἷς ἐπιβαλλουσῶν κατὰ τὸν ἐκκείμενον μέσον λόγον τῆς κατὰ τὸ μῆκος παρόδου μοιρῶν κ λε´ ιθ″, καὶ ἡ μὲν ἡμίσεια τῆς προηγήσεως συνάγεται μοιρῶν ζ λη´ μζ″, καὶ ἡμερῶν κ ϛ″ γ″ ἔγγιϛα, ἡ δὲ ὅλη προήγησις μοιρῶν ιε ιζ´ λδ″, καὶ ἡμερῶν μᾱ γ°.

Τὸ δὲ περὶ τὴν ἀποχὴν τοῦ ἀπογείου καὶ τοῦ περιγείου τῶν ϛηριγμῶν ἀπόϛημα, ε ἑξηκοϛῶν τοῦ μέσου ἀποϛήματος ἔγγιϛα, ἔλασσον μὲν τοῦ μεγίϛου, μεῖζον δὲ τοῦ ἐλαχίϛου. Κατὰ δὲ τοὺς περὶ τὸ μέγιϛον ἀπόϛημα ἐπιλογισμούς, ἡ μὲν τῆς διευκρινήσεως προσθαφαίρεσις εὑρίσκεται ἑξηκοϛῶν β γ´· διὰ τοῦτο δὲ καὶ ὁ μὲν τῆς ΘΖ πρὸς τὴν ΖΓ λόγος, ὁ τῶν ο νζ´ μ″ πρὸς τὰ ο λθ´ να″, ὁ δὲ τῆς ΕΓ πρὸς τὴν ΓΖ, ὁ τῶν β λε´ ια″ πρὸς τὰ ο λθ´ να″, τὸ δ᾽ ὑπ᾽ αὐτῶν περιεχόμενον ὀρθογώνιον ᾱ μγ´ δ´. Καὶ πάλιν ὁ μὲν τῆς ΓΑ πρὸς τὴν ΑΗ λόγος, ὁ τῶν ξᾱ ι´ πρὸς τὰ μγ ι´, ὁ δὲ τῆς ΔΓ πρὸς τὴν ΗΓ ὁ τῶν ρδ κ´ πρὸς τὰ ιη ο″· τὸ δ᾽ ὑπ᾽ αὐτῶν περιεχόμενον ὀρθογώνιον αωοη ο´. Τῶν δ᾽ ἐκ τῆς παραβολῆς γινομένων αλγ ιϛ´ κγ″ ἡ πλευρά, τὰ λγ γ´ νγ″, πολυπλασιασθέντα ἐπὶ τὸν ἐκκείμενον λόγον τῶν ΘΖ καὶ ΖΓ εὐθειῶν, τὴν μὲν ΘΖ ποιεῖ πρὸς τὰς ἐκκειμένας τῶν ΓΑ καὶ ΑΖ πηλικότητας, λᾱ μϛ´ μδ″, τὴν δὲ ΓΖ τῶν αὐτῶν κᾱ νζ´ λη″, τὴν δὲ ΓΘ ὅλην νγ μδ´ κβ″· διὰ

τοῦτο δὲ καὶ πρὸς μὲν τὸν τῶν ρκ λόγον
ἑκατέρας τῶν ΑΖ καὶ ΑΓ ὑποτεινουσῶν,
ἡ μὲν ΖΘ γίνεται πη κ´ λδ´´, ἡ δὲ ΓΘ ὁμοίως
ρε κε´ μδ´´. Τῶν δὲ περιφερειῶν, ἡ μὲν
ἐπὶ τῆς ΖΘ μοιρῶν ζδ μη´ νδ´´, ἡ δ᾽ ἐπὶ
τῆς ΓΘ μοιρῶν ρκβ νς´ κζ´´. Ταύταις
δ᾽ ἀκολούθως καὶ ἡ μὲν ὑπὸ ΖΑΘ γωνία
τοιούτων μζ κδ´ κζ´´, οἵων εἰσὶν αἱ τέσσαρες ὀρθαὶ τξ, ἡ δὲ ὑπὸ ΓΑΘ τῶν αὐτῶν ξα κη´ ιδ´´. Καὶ τῶν λοιπῶν ἡ μὲν
ὑπὸ ΖΓΑ τῆς παρὰ τὸ τάχος τοῦ ἀστέρος
προηγήσεως κη λα´ μς´´, ἡ δὲ ὑπὸ ΖΑΗ
τῶν τῆς φαινομένης ἀνωμαλίας μοιρῶν ιδ
γ´ μζ´´· αἷς ἐπιβαλλουσῶν, κατὰ τοὺς ἐπὶ
τοῦ ἀπογείου λόγους, διευκρινημένου μὲν
μήκους μοιρῶν κ ιβ´ γ´´, περιοδικοῦ δὲ
μοιρῶν κα θ´ γ´´, καὶ ἡ μὲν ἡμίσεια τῆς
προηγήσεως συνάγεται μοιρῶν η ιβ´ μγ´´,
κỳ ἡμερῶν κα ς´´ ἔγγιστα, ἡ δὲ ὅλη προήγησις μοιρῶν ις κε´ κς´´, καὶ ἡμερῶν μγ´.

    Κατὰ δὲ τοὺς περὶ τὸ ἐλάχιστον ἀπό-
στημα λογισμούς, ἡ μὲν τῆς διευκρινήσεως
προσθαφαίρεσις τῶν αὐτῶν εὑρίσκεται ἑξηκοστῶν β γ´· διὰ τοῦτο δὲ καὶ ὁ μὲν τῆς
ΖΘ πρὸς τὴν ΖΓ λόγος, ὁ τῶν α β´ κ´´ πρὸς
τὰ ο λε´ ια´´, ὁ δὲ τῆς ΕΓ πρὸς τὴν ΓΖ, ὁ τῶν
β λθ´ να´´ πρὸς τὰ ο λε´ ια´´, τὸ δ᾽ ὑπ᾽ αὐτῶν
α λγ´ μδ´´. Καὶ πάλιν ὁ μὲν τῆς ΓΑ πρὸς
τὴν ΑΔ, ὁ τῶν νη ν´ πρὸς τὰ μγ ι´, ὁ δὲ τῆς
ΔΓ πρὸς τὴν ΓΗ, ὁ τῶν ρβ ο´ πρὸς τὰ ιε μ´·
τὸ δ᾽ ὑπ᾽ αὐτῶν αφζη ο´. Τῶν δ᾽ ἐκ τῆς
παραβολῆς γινομένων ακβ νδ´ ζ´´ ἡ πλευρά,
τὰ λα νη´ νη´´, πολυπλασιασθέντα ἐπὶ τὸν
ἐκκείμενον λόγον τῶν ΘΖ καὶ ΖΓ, τὴν
μὲν ΘΖ ποιεῖ, πρὸς τὰς ὑποκειμένας τῶν
ΓΑ καὶ ΑΖ πηλικότητας λγ ιγ´ λς´´,

Ainsi, relativement à la valeur posée de
120ᵖ, pour chacune des hypoténuses AZ
et AG, ZT devient de 88ᵖ 20′ 34″, et GT
de 105ᵖ 25′ 44″. L'arc soutendu par ZT
est de 94ᵖ 48′ 54″; celui que soutend
GT est de 122ᵖ 56′ 27″ : par conséquent
l'angle ZAT est de 47ᵖ 24′ 27″ des parties
dont 360 en font quatre droits, et GAT
de 61ᵖ 28′ 14″. Des autres angles, ZGA
celui de la rétrogradation de l'astre par
rapport à sa vîtesse, est de 28ᵖ 31′ 46″, et
ZAH de 14ᵈ 3′ 47″ de l'anomalie apparente,
auxquelles répondent, suivant les proportions de l'apogée, 20ᵈ 19′ 3″ de la longitude corrigée, et 21ᵖ 9′ 3″ de la longitude périodique. Ainsi la moitié de la
rétrogradation se trouve de 8ᵖ 12′ 43″ et
de 21 ½ jours environ, et la rétrogradation entière est de 16ᵖ 25′ 26″ et de 43
jours.

Suivant les calculs pour la plus petite
distance, la prostaphérèse de l'équation
se trouve de 2′ 3″; donc le rapport de
ZT à ZG est comme de 1ᵖ 2′ 20″ à 0ᵖ
35′ 11″; celui de EG à GZ est de 2ᵖ
39′ 51″ à 0ᵖ 35′ 11″, et le rectangle
qu'elles embrassent, est de 1ᵖ 33′ 44′. De
plus, le rapport de GA à AD est de 58ᵖ
50′ à 43ᵖ 10′; celui de DG à GH, de 102ᵖ
à 15ᵖ 40′; et leur rectangle est de 1598ᵖ
qui, divisé par le précédent, donne 1022ᵖ
54′ 7″, dont la racine, ou côté, 31ᵖ 58′
58″ multipliée par le rapport exprimé des
droites TZ et ZG, fait pour TZ 33ᵖ 13′ 36″
relativement aux grandeurs énoncées de

GA et AZ, et pour GZ 18ᵖ 45′ 16″, et pour GT entière 51ᵖ 58′ 52″. C'est pourquoi, relativement à la valeur 120 de chacune des hypoténuses AZ et AG, ZT est de 92ᵖ 22′ 3″, et GT de 106ᵖ 1′ 23″; de leurs arcs, celui sur ZT est de 139ᵖ 34′, et celui sur GT de 124ᵈ 8′ 22″. Donc l'angle ZAT est de 50ᵖ 19′ 47″, dont 360 font quatre angles droits; l'angle GAT en vaut 62ᵖ 4′ 11″. Quant aux autres, l'angle ZGA, de la rétrogradation par rapport à la vitesse de l'astre, est de 27ᵖ 55′ 49″, et l'angle ZAH de 11ᵈ 44′ 24″ de l'anomalie apparente, auxquels répondent, suivant les grandeurs du périgée, 20ᵈ 53′ 30″ de la longitude corrigée, et 20ᵈ 4′ 30″ de longitude périodique. Donc la moitié de la rétrogradation se trouve de 7ᵈ 2′ 19″ et de 20 ⅓ jours à peu près, et la rétrogradation entière, de 14ᵈ 4′ 38″ et de 40 ½ jours.

τὴν δὲ ΓΖ τῶν αὐτῶν ιη̄ με′ ιϛ″, τὴν δὲ ΓΘ ὅλην νᾱ νη′ νβ″. Διὰ τοῦτο δὲ καὶ πρὸς μὲν τὸν τῶν ρκ̄ λόγον ἑκατέρας τῶν ΑΖ καὶ ΑΓ ὑποτεινουσῶν, ἡ μὲν ΖΘ γίνεται ⳨β̄ κβ′ γ″, ἡ δὲ ΓΘ ὁμοίως ρϛ̄ α′ κγ″· τῶν δὲ περιφερειῶν ἡ μὲν ἐπὶ τῆς ΖΘ μοιρῶν ρλθ̄ λδ′, ἡ δ᾽ ἐπὶ τῆς ΓΘ μοιρῶν ρκδ̄ η′ κβ″. Ἀκολούθως δὲ καὶ ἡ μὲν ὑπὸ ΖΑΘ γωνία τοιούτων ν̄ ιθ′ μζ″, οἵων αἱ τέσσαρες ὀρθαὶ τξ̄, ἡ δὲ ὑπὸ ΓΑΘ τῶν αὐτῶν ξβ̄ δ′ ια″. Καὶ τῶν λοιπῶν ἡ μὲν ὑπὸ ΖΓΑ τῆς παρὰ τὸ τάχος τοῦ ἀστέρος προηγήσεως μοιρῶν κζ̄ νε′ μθ″, ἡ δὲ ὑπὸ ΖΑΗ τῶν τῆς φαινομένης ἀνωμαλίας μοιρῶν ιᾱ μδ′ κδ″. Αἷς ἐπιβαλλουσῶν κατὰ τοὺς ἐπὶ τοῦ περιγείου λόγους, τοῦ μὲν διευκρινημένου μήκους μοιρῶν κ̄ νγ′ λ″, τοῦ δὲ περιοδικοῦ μοιρῶν κ̄ καὶ ἑξηκοςῶν δ′ λ′, καὶ ἡ μὲν ἡμίσεια τῆς προηγήσεως συνάγεται κατὰ τὸ ἀκόλουθον μοιρῶν ζ̄ β′ ιθ″, καὶ ἡμερῶν κ̄ γ′ ἔγγιςα, ἡ δὲ ὅλη προήγησις μοιρῶν ιδ̄ δ′ λη″, καὶ ἡμερῶν μ̄ γ°.

<table>
<tr><td style="text-align:center">

CHAPITRE VI.

</td><td style="text-align:center">

ΚΕΦΑΛΑΙΟΝ Ϛ.

</td></tr>
<tr><td>

DÉMONSTRATION DES RÉTROGRADATIONS DE MERCURE.

</td><td>

ΑΠΟΔΕΙΞΙΣ ΤΩΝ ΤΟΥ ΕΡΜΟΥ ΠΡΟΗΓΗΣΕΩΝ.

</td></tr>
</table>

Enfin, pour Mercure, suivant les calculs faits pour la distance moyenne, le rapport de TZ à ZG se trouve être celui de 1ᵖ à 3ᵖ 9′ 8″; celui de EG à GZ, de 5ᵖ 9′ 8″ à 3ᵖ 9′ 8″; et leur rectangle est de 16ᵖ 14′ 27″. En outre, celui de GA à GH, est de 60ᵖ à 22ᵖ ½;

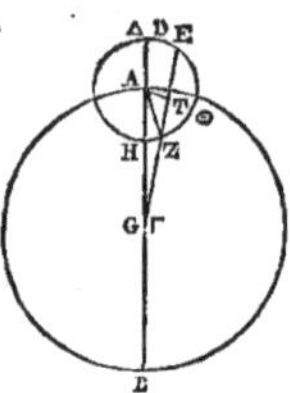

ΠΑΛΙΝ καὶ ἐπὶ τοῦ τοῦ Ἑρμοῦ, κατὰ μὲν τοὺς περὶ τὸ μέσον ἀπόστημα λογισμούς, ὁ μὲν τῆς ΘΖ πρὸς τὴν ΖΓ λόγος συνάγεται ὁ τοῦ ἑνὸς πρὸς τὰ γ̄ θ′ η″, ὁ δὲ τῆς ΕΓ πρὸς τὴν ΓΖ, ὁ τῶν ε̄ θ′ η″ πρὸς τὰ γ̄ θ′ η″· τὸ δὲ ὑπ᾽ αὐτῶν ιϛ̄ ιδ′ κζ″. Καὶ πάλιν ὁ μὲν τῆς ΓΑ πρὸς τὴν

ΓΗ, ὁ τῶν ξ πρὸς τὰ κβ ϛ'', ὁ δὲ τῆς ΔΓ
πρὸς τὴν ΓΗ, ὁ τῶν πϛ λ' πρὸς τὰ λζ λ'·
τὸ δ' ὑπ' αὐτῶν γ̅ιγ̅ με'. Τῶν δ' ἐκ τῆς
παραβολῆς γινομένων ρ̅ϟ̅ κθ λα'' ἡ πλευρὰ, τὰ ιγ̅ μη' ζ'', πολυπλασιασθέντα ἐπὶ
τὸν ἐκκείμενον λόγον τῶν ΘΖ κỳ ΖΓ εὐθειῶν,
τὴν μὲν ΘΖ ποιεῖ, πρὸς τὰς ὑποκειμένας
τῶν ΓΑ καὶ ΑΖ πηλικότητας, τῶν αὐτῶν
ιγ̅ μη' ζ'', τὴν δὲ ΖΓ ὁμοίως μγ λ' κδ'', τὴν
δὲ ΓΘ ὅλην νζ̅ ιη' λα''. Διὰ τοῦτο δὲ κỳ πρὸς
μὲν τὸν τῶν ρ̅κ̅ λόγον ἑκατέρας τῶν ΑΖ κỳ
ΑΓ ὑποτεινουσῶν, ἡ μὲν ΖΘ γίνεται ογ̅
λϛ' λζ'', ἡ δὲ ΓΘ ὁμοίως ριδ̅ λζ' β''. Τῶν
δὲ περιφερειῶν, ἡ μὲν ἐπὶ τῆς ΖΘ μοιρῶν ογ̅ μ' κη'', ἡ δ' ἐπὶ τῆς ΓΘ μοιρῶν
ρμε̅ λβ' νβ''. Ἀκολούθως δὲ κỳ ἡ μὲν ὑπὸ
ΑΖΘ γωνία τοιούτων λζ̅ ν' ιδ'', οἵων
εἰσὶν αἱ τέσσαρες ὀρθαὶ τξ̅, ἡ δὲ ὑπὸ
ΘΑΓ τῶν αὐτῶν οβ̅ μϛ' κϛ''· κỳ τῶν λοιπῶν
ἡ μὲν ὑπὸ ΖΓΑ τῆς παρὰ τὸ τάχος τῦ ἀστέρος προηγήσεως μοιρῶν ιζ̅ ιγ' λδ'', ἡ δὲ ὑπὸ
ΖΑΗ τῶν τῆς ἀνωμαλίας μοιρῶν λδ̅ νϛ'
ιβ''· αἷς ἐπιβαλλυσῶν κατὰ τὸν ἐκκείμενον
λόγον τῆς κατὰ μῆκος παρόδου μοιρῶν ια̅
δ' νθ'', καὶ ἡ μὲν ἡμίσεια τῆς προηγήσεως καταλείπεται μοιρῶν ϛ̅ η' λε'', καὶ ἡμερῶν ια̅
δ'' ἔγγιστα, ἡ δὲ ὅλη προήγησις συνάγεται μοιρῶν ιβ̅ ιζ' ι'', καὶ ἡμερῶν κβ̅ ϛ''.

Κατὰ δὲ τοὺς περὶ τὸ μέγιστον ἀπόστημα λογισμὸς, τουτέστιν ὅταν τὸ διευκρινημένον μῆκος περὶ τὰς ια̅ μοίρας ἀπέχει
τοῦ ἀπογειοτάτου, αἷς ἐπιβάλλουσιν
ὁμαλαὶ ια̅ ϛ'' ἔγγιστα, ἡ μὲν τῆς διευκρινήσεως προσθαφαίρεσις εὑρίσκεται κατὰ
τὴν τῆς α̅ μοίρας ἐπιβολὴν ἑξηκοστῶν β'
γ'' ἔγγιστα. Διὰ τοῦτο δὲ καὶ ὁ μὲν τῆς

celui de DG à GH, de 82^p 30', à 37^p 30'; et leur rectangle est de 3093^p 45'. Leur division donne 190^p 29' 31", et la racine 13^p 48' 7" qui, multipliées par le rapport exposé de TZ et ZG, font pour TZ 13^p 48' 7", relativement aux grandeurs énoncées de GA et AZ; pour GZ, 43^p 30' 24", et pour GT entière, 57^p 18' 31". C'est pourquoi, relativement à la raison 120 de chacune des hypoténuses AZ et AG, ZT est de 73^p 36' 37", GT de 114^p 37' 2"; l'arc soutendu par ZT, de 73^d 40' 28"; et celui sur GT de 145^d 32' 52". Par conséquent, l'angle AZT est de 37^d 50' 14" des degrés dont 360 font quatre angles droits, et l'angle TAG de 72^d 46' 26" des mêmes. Quant aux autres, l'angle ZGA, qui est celui de la rétrogradation par rapport à la vîtesse de l'astre, est de 17^d 13' 34", et l'angle ZAH de l'anomalie, de 34^p 56' 12". A ces quantités répondent 11^d 4' 59", suivant la proportion énoncée du mouvement en longitude. Ainsi il reste pour la moitié de la rétrogradation 6^d 8' 35", et environ $11\frac{1}{4}$ jours; et la rétrogradation entière se compose de 12^d 17' 10" et de $22\frac{1}{2}$ jours.

Mais suivant les calculs pour la plus grande distance, c'est-à-dire quand la longitude corrigée est à 11^d loin de l'apogée, auxquels répondent $11^d\frac{1}{2}$ de mouvement moyen, à peu près. La prostaphérèse de l'équation se trouve pour 1^d, de 2' 3" à peu près. Donc le rapport de la droite TZ à la droite ZG est de 0ᴾ 57′ 40″ à 3ᴾ 11′ 28″, celui de EG à GZ est de 5ᴾ 6′ 48″ à 3ᴾ 11′ 28″, et leur rectangle est de 16ᴾ 19′ 2″. En outre, le rapport de GA à AH est de 60ᴾ 36′ à 22ᴾ 3o′; et celui de DG à GH, de 91ᴾ 6′ à 46ᴾ 3o′, et leur rectangle est de 4199ᴾ 42′ 36″. Leur division donne un quotient 257ᴾ 22′ 44″, dont la racine 16ᴾ 2′ 35″, multipliée par le rapport énoncé des droites TZ et ZG, fait pour TZ 15ᴾ 25′ 9″, relativement aux grandeurs données de GA et AZ; pour ZG, 51ᴾ 13′ 43″, et pour GT entière, 63ᴾ 36′ 52″. Donc relativement à la proportion 120 de chacune des hypoténuses ZA et AG, ZT devient de 24ᴾ 14′ 8″; GT de 116ᴾ 31′ 36″; et l'arc soutendu par ZT est de 86ᵈ 31′ 4″; celui que soutend TG est de 152ᵈ 27′ 56″. Par conséquent l'angle GAT est de 43ᵈ 15′ 32″ des parties dont 36o font quatre angles droits ; et l'angle TAG en vaut 76ᵈ 13′ 58″. L'angle ZGA de la rétrogradation par rapport à la vitesse de l'astre, est de 13ᵈ 46′ 2″, et l'angle ZAH de 32ᵈ 52′ 26″ de l'anomalie apparente, auxquels répondent, relativement à l'apogée, 9ᴾ 48′ 51″ de la longitude corrigée, et 10ᵈ 16′ 51″ de la longitude périodique. Reste la moitié de la rétrogradation, de 3ᴾ 57′ 11″ et de 10 ½ jours à peu près, et la

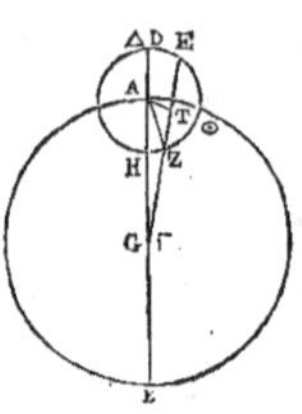

ΘΖ πρὸς τὴν ΖΓ λόγος ὁ τῶν ō νζ′ μ″ πρὸς τὰ γ̄ ια′ κη″, ὁ δὲ τῆς ΕΓ πρὸς τὴν ΓΖ ὁ τῶν ε̄ ϛ′ μη″ πρὸς τὰ γ̄ ια′ κη″· τὸ δ' ὑπ' αὐτῶν ιϛ̄ ιθ′ β″. Καὶ πάλιν ὁ μὲν τῆς ΓΑ πρὸς τὴν ΑΗ λόγος, ὁ τῶν ξη̄ λϛ′ πρὸς τὰ κβ̄ λ′, ὁ δὲ τῆς ΔΓ πρὸς τὴν ΓΗ, ὁ τῶν ϙαϛ′ πρὸς τὰ μϛ̄ ϛ′. τὸ δ' ὑπ' αὐτῶν ͵δρζθ̄ μβ′ λϛ″. Τῶν δ' ἐκ τῆς παραβολῆς γινομένων σνζ̄ κβ′ μδ″ ἡ πλευρὰ, τὰ ιϛ̄ β′ λϛ″, πολυπλασιασθέντα ἐπὶ τὸν ἐκκείμενον λόγον τῶν ΘΖ καὶ ΖΓ εὐθειῶν, τὴν μὲν ΘΖ ποιεῖ πρὸς τὰς ὑποκειμένας τῶν ΓΑ καὶ ΑΖ πηλικότητας ιε̄ κε′ θ″, τὴν δὲ ΖΓ τῶν αὐτῶν νᾱ ιγ′ μγ″, τὴν δὲ ΓΘ ὅλην ξϛ̄ λϛ′ νβ″. Διὰ τοῦτο δὲ καὶ πρὸς μὲν τὸν τῶν ρκ̄ λόγον ἑκατέρας τῶν ΖΑ καὶ ΑΓ ὑποτεινουσῶν, ἡ μὲν ΖΘ γίνεται πε̄ ιδ′ η″, ἡ δὲ ΓΘ ὁμοίως ριϛ̄ λα′ λϛ″. Τῶν δὲ περιφερειῶν, ἡ μὲν ἐπὶ τῆς ΖΘ μοιρῶν πϛ̄ λα′ δ″, ἡ δ' ἐπὶ τῆς ΘΓ ὁμοίως μοιρῶν ρνβ̄ κζ′ νϛ″. Ταύταις δ' ἀκολούθως καὶ ἡ μὲν ὑπὸ ΖΑΘ γωνία τοιούτων μγ̄ ιε′ λβ″, οἵων εἰσὶν αἱ τέσσαρες ὀρθαὶ τξ̄, ἡ δ' ὑπὸ ΘΑΓ τῶν αὐτῶν οϛ̄ ιγ′ νη″. Καὶ τῶν λοιπῶν ἡ μὲν ὑπὸ ΖΓΑ τῆς παρὰ τὸ τάχος τοῦ ἀςέρος προηγήσεως μοιρῶν ιγ̄ μϛ′ β″, ἡ δὲ ὑπὸ ΖΑΗ τῶν τῆς φαινομένης ἀνωμαλίας μοιρῶν λβ̄ νβ′ κϛ″· αἷς ἐπιβαλλουσῶν κατὰ τοὺς ἐπὶ τοῦ ἀπογείυ λόγους διευκρινημένου μὲν μήκους μοιρῶν θ̄ μη′ να″, περιοδικοῦ δὲ μοιρῶν ῑ ιϛ′ να″, καὶ ἡ μὲν ἡμίσεια τῆς προηγήσεως καταλείπεται μοιρῶν γ̄ νζ′ ια″, καὶ ἡμερῶν ῑ ϛ″

ἔγγιςα, ἡ δὲ ὅλη προήγησις μοιρῶν ζ νδ´ κϛ´´, καὶ ἡμερῶν κα̅.

Κατὰ δὲ τοὺς περὶ τὰ ἐλάχιςα ἀποςήματα λογισμοὺς, ἃ γίνεται περὶ τὰς τῶν ρκ̅ περιοδικῶν μοιρῶν ἀπὸ τοῦ ἀπογείου διαςάσεις, ἡ μὲν τῆς διευκρινήσεως προσθαφαίρεσις, ἐκ τῆς περὶ τὰς ἑκατέρωθεν τῶν περιγείων ια̅ μοίρας ἐπιβολῆς συναχθεῖσα, εὑρίσκεται ἑξηκοςοῦ α̅ καὶ ϛ´´ ἔγγιςα· διὰ τῦτο δὲ καὶ ὁ μὲν τῆς ΘΖ πρὸς τὴν ΖΓ λόγος, ὁ τοῦ α̅ α´ λ´´ πρὸς τὰ γ̅ ζ´ λη´´, ὁ δὲ τῆς ΕΓ πρὸς τὴν ΓΖ, ὁ τῶν ε̅ ι´ λη´´ πρὸς τὰ γ̅ ζ´ λη´´, τὸ δὲ ὑπ᾽ αὐτῶν ιϛ̅ ια´ κε´´. Καὶ πάλιν ὁ μὲν τῆς ΓΑ πρὸς τὴν ΑΔ λόγος ὁ τῶν νε̅ μβ´ ἔγγιςα πρὸς τὰ κβ̅ λ´, ὁ δὲ τῆς ΔΓ πρὸς τὴν ΓΗ, ὁ τῶν οη̅ ιβ´ πρὸς τὰ λγ̅ ιβ´, τὸ δὲ ὑπ᾽ αὐτῶν βφξϛ̅ ιδ´ κδ´´, τῶν δ᾽ ἐκ τῆς παραβολῆς γινομένων ρξ̅ κα´ κθ´´ ἡ πλευρά, τὰ ιβ̅ λθ´ μη´´ πολυπλασιασθέντα χωρὶς ἐπὶ τὸν ἐκκείμενον τῶν ΘΖ κ̣ ΖΓ λόγον, τὴν μὲν ΘΖ ποιεῖ πρὸς τὰς ὑποκειμένας τῶν ΓΑ καὶ ΑΖ πηλικότητας ιϛ̅ νη´ μζ´´, τὴν δὲ ΖΓ τῶν αὐτῶν λθ̅ λϛ´ δ´´, τὴν δὲ ΓΘ ὅλην νβ̅ λδ´ να´´. Διὰ τοῦτο δὲ καὶ πρὸς μὲν τὸν τῶν ρκ̅ λόγον ἑκατέρας τῶν ΑΖ καὶ ΑΓ ὑποτεινουσῶν, ἡ μὲν ΘΖ γίνεται ξθ̅ ιγ´ λα´´, ἡ δὲ ΘΓ ὁμοίως ριγ̅ ιϛ´ μη´´. Τῶν δὲ περιφερειῶν ἡ μὲν ἐπὶ τῆς ΘΖ μοιρῶν ο̅ κζ´ μδ´´, ἡ δ᾽ ἐπὶ τῆς ΘΓ μοιρῶν ρμα̅ κη´ ιδ´´. Ταύταις δ᾽ ἀκολούθως καὶ ἡ μὲν ὑπὸ ΘΑΖ γωνία τοιούτων λε̅ ιγ´ νβ´´, οἵων εἰσὶν αἱ τέσσαρες ὀρθαὶ τξ̅, ἡ δ᾽ ὑπὸ ΘΑΓ τῶν αὐτῶν ο̅ μδ´ ζ´. Καὶ τῶν λοιπῶν ἡ μὲν ὑπὸ ΖΑΓ τῆς παρὰ τὸ τάχος τοῦ ἀςέρος προηγήσεως μοιρῶν ιθ̅ ιε´ νγ´´, ἡ δ᾽ ὑπὸ ΖΑΓ τῶν τῆς φαινο-

rétrogradation entière, de 7^d 54′ 22″ et de 21 jours.

Actuellement, suivant les calculs pour les moindres distances qui arrivent dans les éloignements de 120 degrés périodiquement depuis l'apogée, la prostaphérèse de l'équation, composée de la quantité qui répond à 11^d de chaque côté des périgées, se trouve de $1^d \frac{1}{2}$ environ ; il s'ensuit que le rapport de TZ à ZG est celui de 1^p 1′ 30″ à 3^p 7′ 38″ ; celui de EG à ZG, de 5^p 10′ 38″ à 3^p 7′ 38″, et que leur rectangle est de 16^p 11′ 25″. En outre, le rapport de GA à AD est de 55^p 42′ environ, à 22^p 30′ ; celui de DG à GH est de 78^p 12′ à 33^p 12′ ; et leur rectangle est de 2596^p 14′ 24″. Leur division donne 160^p 21′ 29″, dont la racine 12^p 39′ 48″, multipliée séparément par le rapport de TZ et ZG, fait TZ de 12^p 58′ 47″, relativement aux grandeurs posées de GA et de AZ ; et ZG, de 39^p 36′ 9″ ; et GT entière, de 52^p 34′ 51″. C'est pourquoi, relativement à la valeur 120^p de chacune des hypoténuses AZ et AG, TZ devient de 69^p 13′ 31″ ; TG de 113^p 16′ 48″. L'arc soutenu par TZ est de 70^d 27′ 44″, et celui sur TG, de 141^d 28′ 14″. Par conséquent l'angle TAZ est de 35^d 13′ 52″ des degrés dont 360 font quatre angles droits, et l'angle TAG en vaut 70^d 44′ 7″. Des autres angles, ZAG de la rétrogradation par rapport à la vitesse de l'astre, est de 19^d 15′ 53″, et l'angle ZAG est de

35ᵈ 3o′ 15″ de l'anomalie apparente, auxquels répondent, suivant les proportions énoncées, 11ᵈ 39′ 3o″ de la longitude corrigée, et 11ᵈ 21′ 3o″ de la longitude périodique. Reste la moitié de la rétrogradation, de 7ᵈ 36′ 23″ et d'environ 11 ½ jours ; et la rétrogradation entière de 15ᵖ 12′ 46″, et de 23 jours.

Or, ces grandeurs ainsi démontrées s'accordent presque avec celles que l'on trouve d'après les apparences que chaque planète présente. D'ailleurs nous avons pris de cette manière les quantités qui répondent aux mouvements en longitude dans les plus grandes et les moindres distances ; car, par exemple, dans ceux de la plus grande distance de Mars, nous avons démontré l'arc apparent de l'épicycle depuis l'une des stations jusqu'à l'opposition, c'est-à-dire qui est rapporté au centre du zodiaque, de 22ᵖ 13′ 19″. Les quantités de la longitude périodique qui y répondent, suivant la raison de 1ᵖ à 1ᵈ 3′ 11″, et qui sont d'environ 21ᵈ 10′, bien qu'elles ne soient pas exactement justes, parceque les rapports exposés des vitesses dans les stations, ne sont les mêmes, ni toujours ni pendant les rétrogradations entières, ne diffèrent pourtant pas assez de la vérité pour que la prostaphérèse convenable, qui est d'environ 3ᵈ 45′, ne soit pas sensiblement exacte. Retranchant ces quantités-ci des 22ᵈ 13′ 19″ de l'épicycle, parceque dans les plus grandes distances, les mouvements apparents sur l'épicycle sont plus grands que les périodiques, nous trouvons pour le

μένης ἀνωμαλίας μοιρῶν λε̄ λ′ ιε″· αἷς
ἐπιβαλλουσῶν κατὰ τοὺς ἐκκειμένους λόγους τοῦ μὲν δευκρινημένου μήκους μοιρῶν ιᾱ λθ′ λ″, τοῦ δὲ περιοδικοῦ μοιρῶν
ιᾱ κα′ λ″, καὶ ἡ μὲν ἡμίσεια τῆς προηγήσεως καταλείπεται μοιρῶν ζ λϛ′ κγ″,
καὶ ἡμερῶν ιᾱ ϛ″ ἔγγιςα, ἡ δὲ ὅλη προήγησις μοιρῶν ιε̄ ιβ′ μϛ″, καὶ ἡμερῶν κγ̄.

Καὶ εἰσὶν αἱ δεδειγμέναι πηλικότητες
σύμφωνοι ἔγγιςα ταῖς ἐκ τῶν περὶ ἕνα
ἕκαςον φαινομένων καταλαμβανομέναις.
Ἐλάβομεν δὲ τὰς περὶ τὰ μέγιςα καὶ ἐλάχιςα ἀποςήματα τῶν κατὰ μῆκος παρόδων ἐπιβολὰς ὅτως. Ἐπεὶ γὰρ, ὑποδείγματος ἕνεκεν ἐπὶ τῶν περὶ τὸ μέγιςον
ἀπόςημα τοῦ Ἀρεος, ἐδείξαμεν τὴν ἀπὸ
τοῦ ἑτέρου τῶν ςηριγμῶν ἐπὶ τὴν ἀκρόνυκτον τοῦ ἐπικύκλου φαινομένην περιφέρειαν, τουτέςι τὴν πρὸς τὸ κέντρον τοῦ
ζωδιακοῦ θεωρουμένην μοιρῶν κβ ιγ′ ιθ″.
Αἱ δὲ ταύταις ἐπιβάλλουσαι περιοδικοῦ
μήκους, κατὰ τὸν τοῦ ᾱ πρὸς τὰ ᾱ γ′
ια″ λόγον, μοῖραι κᾱ ι ἔγγιςα τὴν
μὲν ἀκρίβειαν οὐ σώζουσι παρὰ τὸ τοὺς
ἐπ' τῶν ςηριγμῶν ἐκκειμένους τῶν ταχῶν
λόγους μὴ μένειν ἀπαραλλάκτους, καὶ
δι' ὅλων τῶν προηγήσεων, οὐ τοσούτῳ μέντοι τῆς ἀκριβείας διαφέρουσιν, ὥςε καὶ
τὴν ἐπιβάλλουσαν αὐταῖς προσθαφαίρεσιν οὖσαν μοιρῶν γ μϛ′ ἔγγιςα διενεγκεῖν
τινι ἀξιολόγῳ, ταύτας ἀφελόντες ἀπὸ
τῶν κβ ιγ′ ιθ″ τοῦ ἐπικύκλου μοιρῶν,
ἐπειδὴ κατὰ τὰ μέγιςα ἀποςήματα
μείζονές εἰσιν αἱ φαινόμεναι ἐπὶ τοῦ ἐπικύκλου πάροδοι τῶν περιοδικῶν, εὕρομεν τὴν ἐπιβάλλουσαν αὐταῖς περιοδικὴν

πάροδον ἀνωμαλίας ἀπὸ τοῦ ἑτέρου τῶν
ςηριγμῶν ἐπὶ τὴν ἀκρόνυκτον μοιρῶν ιπ̅
κη´ ιθ´´, οἷς ἐπειδὴ διὰ τοῦ λόγου τῶν
μέσων κινήσεων ἐπιβάλλουσι περιοδικοῦ
μήκους μοῖραι κ̅ νη´ κα´´, ταύταις μὲν ἀντὶ
τῶν κα̅ ι τὸ ἀκριβὲς ἐχούσαις συνεχρη-
σάμεθα, τὰς δὲ τῆς προσθαφαιρεσεως γ̅
με´ μοίρας τὰς αὐτὰς ἔγγιςα καὶ ἐνθάδε
μενούσας ἀφελόντες ἀπ´ αὐτῶν, ἐπειδὴ
κατὰ τὰς μεγίςας ἀποςάσεις ἐλάττους
εἰσὶν αἱ φαινόμεναι κατὰ μῆκος πάροδοι
τῶν περιοδικῶν, εὕρομεν καὶ τὴν φαινομένην κατὰ μῆκος πάροδον, τῆς ἐκκειμένης
διαςάσεως μοιρῶν ιζ̅ ιγ´ κα´´.

ΚΕΦΑΛΑΙΟΝ Ζ.

ΠΡΑΓΜΑΤΕΙΑ ΚΑΝΟΝΟΣ ΕΙΣ ΤΟΥΣ ΣΤΗΡΙΓΜΟΥΣ.

Ι̅ΝΑ δὲ πάλιν καὶ ἐπὶ τῶν μεταξὺ
ἀποςημάτων τοῦ τε μέσου καὶ τοῦ ἐλαχίςου προχείρως δυνώμεθα σκοπεῖν περὶ
ποῖα τοῦ ἐπικύκλου τμήματα γινόμενος
ἕκαςος τῶν ἀςέρων τὴν τῶν ςηριγμῶν
φαντασίαν ποιήσεται, μεθοδεύομεν καὶ εἰς
τοῦτο κανόνα, ςίχων μὲν λα̅, σελιδίων δὲ
ιβ̅. Ὧν τὰ μὲν πρῶτα δύο σελίδια περιέξει τοὺς τοῦ περιοδικοῦ μήκους ἀριθμοὺς
διὰ μοιρῶν ϛ̅, ἀκολούθως ταῖς τῶν ἄλλων κανονίων καταγωγαῖς, τὰ δ᾽ ἐφεξῆς
ι̅, τὰς ἐφ᾽ ἑνὸς ἑκάςου τῶν ε̅ ἀςέρων τῆς
διευκρινημένης ἀνωμαλίας ἀποχὰς ἀπὸ
τῶν φαινομένων ἀπογείων τῶν ἐπικύκλων,
τὰ μὲν πρότερα καθ᾽ ἕνα, τὰς τῶν προτέρων ςηριγμῶν, τὰ δὲ δεύτερα, τὰς
τῶν δευτέρων. Εἰλήφαμεν δὲ καὶ τὰς
τούτων πηλικότητας ἀπό τε τῶν ἐπάνω

---

mouvement périodique correspondant
d'anomalie depuis l'une des stations jusqu'à l'opposition, 18ᵈ 28´ 19´´; auxquels,
par la proportion des moyens mouvements, répondent 20ᵈ 58´ 21´´ de longitude périodique, desquels nous nous
sommes servis, au lieu de 21ᵖ 10´, parcequ'ils sont justes. Puis, en retranchant
les 3ᵈ 45´ de prostaphérèse qui restent
ici à peu près les mêmes, parceque dans
les plus grandes distances les mouvements
apparents en longitude sont plus petits
que les périodiques, nous trouvons le
mouvement périodique en longitude de
17ᵖ 13´ 21´´ depuis la longitude posée.

CHAPITRE VII.

CONSTRUCTION D'UNE TABLE POUR LES
STATIONS.

Afin de pouvoir assigner sans peine les distances intermédiaires entre la moyenne et
la plus petite, en quels points de son épicycle chacun des astres paroîtra stationnaire,
nous avons dressé une table de 31 lignes
et de 12 colonnes, dont les deux premières
contiendront les nombres de la longitude
périodique de 6 en 6, conformément aux
constructions des autres tables. Les dix colonnes suivantes donneront les distances
de l'anomalie déterminée par l'équation
depuis les apogées apparents des épicycles,
pour chacune des cinq planètes, savoir:
les premières colonnes de chacun de ces
astres, les premières stations; et les secondes colonnes, les deuxièmes. Nous
avons pris ces quantités, de celles que

nous avons démontrées plus haut pour les plus grandes, moyennes et plus petites distances, et des différences de ces quantités pour les distances intermédiaires dont nous avons déjà parlé en exposant la formation des soixantièmes que nous avons ajoutés dans les huitièmes colonnes (*a*) de la table des anomalies. Car pour chaque mouvement de la longitude périodique, avec la quantité de la plus grande différence dans l'anomalie, sont démontrées les distances des épicycles auxquelles principalement se rapporte la différence des stations. Mais d'abord, comme les rétrogradations démontrées dans les apogées et les périgées, n'embrassent pas les stations qui s'y font, quand (*b*) les centres des épicycles sont dans les apogées et les périgées mêmes, mais quand ils sont à une certaine distance déterminée pour chaque planète, nous en avons pris de la manière suivante, les valeurs qui conviennent aux apogées et aux périgées.

Pour Saturne et Jupiter, comme il n'y a pas de différence sensible entre les apogées et périgées sur les épicycles et leurs distances telles que nous les avons exposées, nous avons marqué dans les lignes convenables, les nombres de l'anomalie pris pour ces astres depuis les apogées apparents des épicycles, c'est-à-dire que nous avons placé ceux des apogées aux lignes qui contiennent le nombre 36o, et ceux des périgées aux lignes qui contiennent le nombre 18o. Mais il a été démontré pour Saturne, que la distance qui a lieu dans l'apogée de l'excentricité depuis le périgée, est d'environ 67ᵈ 15′, et celle dans

προαποδεδειγμένων περὶ τὰ μέσα καὶ ἐλάχιϛα καὶ μέγιϛα τῶν ἀποϛημάτων, καὶ ἀπὸ τῶν ἐν τοῖς μεταξὺ τούτων ἀποϛήμασιν ὑπεροχῶν, περὶ ὧν τυγχάνομεν προδιειληφότες ἐπὶ τῆς ἐν τοῖς τῶν ἀνωμαλιῶν κανόσι τῶν κατὰ τὸ η̄ σελίδιον ἐξηκοϛῶν παραθέσεως· ἐπειδὴ συναποδείκνυται καθ' ἑκάϛην τοῦ περιοδικοῦ μήκους πάροδον τῇ πηλικότητι τοῦ πλείϛου παρὰ τὴν ἀνωμαλιαν διαφόρου, καὶ τὰ τῶν ἐπικύκλων ἀποϛήματα, πρὸς ἃ μάλιϛα καὶ ἡ τῶν ϛηριγμῶν διαφορὰ θεωρεῖται. Πρῶτον δ' ἐπειδὴ αἱ δεδειγμέναι περὶ τὰ ἀπόγεια καὶ περίγεια προηγήσεις οὐ περιέχουσι τοὺς γινομένους ϛηριγμοὺς, ὅταν κατ' αὐτὰ τὰ ἀπόγεια καὶ περίγεα ᾖ τὰ κέντρα τῶν ἐπικύκλων, ἀλλ' ὅταν ἀφεϛήκῃ τινὰ διάϛασιν ὡρισμένην ἐφ' ἑκαϛου τῶν ἀϛέρων, ἐλάβομεν ἀπὸ τούτων καὶ τὰς αὐτοῖς τοῖς ἀπογείοις ἢ περιγείοις ἐπιβαλλούσας ϖηλικότητας τρόπῳ τοιῷδε.

Ἐπὶ μὲν οὖν τοῦ τοῦ Κρόνου καὶ τοῦ τοῦ Διὸς, ἐπειδὴ οὐδενὶ ἀξιολόγῳ διαφέρει τὰ κατ' αὐτὰ τὰ ἀπόγεια καὶ περίγεια τῶν ἐπικύκλων ἀποϛήματα τῶν κατὰ τὰς ἐκκειμένας αὐτῶν ἀποχὰς, τοὺς κατειλημμένους ἐπὶ τούτων ἀριθμοὺς τῆς ἀνωμαλίας τοὺς ἀπὸ τῶν φαινομένων ἀπογείων τῶν ἐπικύκλων παρεθήκαμεν τοῖς οἰκείοις ϛίχοις, τουτέϛι τοὺς μὲν τῶν ἀπογείων τοῖς περιέχουσι τὸν τῶν τξ̄ ἀριθμὸν, τοὺς δὲ τῶν περιγείων τοῖς περιέχουσι τὸν τῶν ρπ̄ ἀριθμόν. Ἐδείχθη δ' ἐπὶ μὲν τοῦ τοῦ Κρόνου ἡ μὲν κατὰ τὸ ἀπόγειον τῆς ἐκκεντρότητος ἀπὸ τοῦ περιγείου τοῦ ἐπικύκλου διάϛασις μοιρῶν

ξζ ιε΄ ἔγγιϛα, ἡ δὲ κατὰ τὸ περίγειον
μοιρῶν ξδ λα΄. Επὶ δὲ τοῦ τοῦ Διὸς ἡ
μὲν κατὰ τὸ ἀπόγειον μοιρῶν νε νε΄, ἡ δὲ
κατὰ τὸ περίγειον μοιρῶν νβ μθ΄· αἷς τοὺς
ἐπιβάλλονταςἀπὸ τῶν ἀπογείων τῶν ἐπικύκλων ἀριθμοὺς διὰ τὸ πρόχειρον ἐτάξαμεν ἐν τοῖς ἐφεξῆς τοῦ μήκους δ σελιδίοις κατὰ τῶν οἰκείων ϛίχων, κατὰ μὲν
τοῦ περιέχοντος τὸν τῶν τξ τοῦ ἀπογείου
αριθμὸν, ἐν μὲν τῷ τρίτῳ σελιδίῳ, τὰς ριβ
με΄ μοίρας τῦ πρώτῃ ϛηριγμοῦ τοῦ Κρόνου,
ἐν δὲ τῷ τετάρτῳ, τὰς σμζ ιε΄ τοῦ δευτέρου ϛηριγμῦ. Καὶ ὁμοίως ἐν μὲν τῷ πέμπτῳ
τὰς ρκδ ε΄ μοίρας τῦ πρώτῃ ϛηριγμῦ τῦ
Διός. Εν δὲ τῷ ἕκτῳ τὰς σλε νε΄ μοίρας
τοῦ δευτέρου ϛηριγμοῦ· κατὰ δὲ τῦ περιέχοντος τὸν τῶν ρπ τοῦ περιγείου ἀριθμὸν ἀκολούθως τῇ αὐτῇ τάξει, τάς τε
ριε καὶ κθ΄ μοίρας, καὶ τὰς σμδ λα΄, καὶ
ὁμοίως τὰς ρκζ ια΄, καὶ τὰς σλβ μθ΄.

Επὶ δὲ τῦ τῦ Αρεος, ἐπειδὴ ἐδείξαμεν
ὅτι, ὅταν κ νη΄ μοίρας περιοδικὰς ἀπέχῃ
τοῦ ἀπογείου τοῦ ἐκκέντρου τὸ κέντρον
τοῦ ἐπικύκλου, ποιεῖται τοὺς ϛηριγμοὺς
ὁ ἀϛὴρ ἀπέχων τοῦ φαινομένου περιγείου
τοῦ ἐπικύκλου μοίρας κβ ιγ΄, τῆς κατὰ
τὸ μέσον ἀπόϛημα παρόδου περιεχούσης
μοίρας ιϛ να΄, ὡς εἶναι τὴν ὑπεροχὴν μοιρῶν ε κβ΄· ἔϛι δὲ καὶ οἵων τὸ μέσον ἀπόϛημα ξ, τοιούτων τὸ μέγιϛον ξϛ, καὶ ἡ
ὑπεροχὴ αὐτοῦ πρὸς τὸ μέσον ϛ· τὸ δὲ
κατὰ τὴν ἐκκειμένην τοῦ ἀπογείου διάϛασιν ξε μ΄, καὶ ἡ πρὸς τὸ μέσον αὐτοῦ
ὑπεροχὴ ε μ΄· πολυπλασιάσαντες τὰ ϛ
ἐπὶ τὰ ε κβ΄, καὶ παραβαλόντες τὰ γενόμενα παρὰ τὰ ε μ΄, εὕρομεν τὴν κατ'
αὐτὸ τὸ ἀπόγειον ὑπεροχὴν παρὰ τὸ μέσον

le périgée, de 64^d 31'. Pour Jupiter, la
distance dans l'apogée est de 55^d 55', et
celle dans le périgée est de 52^d 49'. Nous
avons donc placé, pour plus de facilité,
dans les quatre colonnes à la suite de la
longitude, dans les lignes convenables,
les nombres qui conviennent à ces quantités depuis les apogées des épicycles, savoir : dans la ligne qui contient le nombre
360 de l'apogée à la troisième colonne,
les 112^d 45' de la première station de Saturne; dans la quatrième, les 247^d 15' de
sa seconde station, et de même dans la
cinquième, les 124^d 5' de la première station de Jupiter; dans la sixième, les 235^d
55' de la seconde station ; mais, en suivant
toujours cette disposition, dans la ligne
qui contient le nombre 180 du périgée,
les 115^d 29', et les 244^d 31'; et pareillement les 127^d 11', et les 232^d 49'.

Pour Mars, nous avons prouvé que
quand le centre de l'épicycle est éloigné de
l'apogée de l'excentrique de 20^d 58' périodiques, cet astre fait ses stations, étant à 22^d
13' de distance du périgée apparent de l'épicycle. Mais le mouvement dans la distance
moyenne, n'est que de 16^d 51', la différence est donc de 5^d 22'. Or l'éloignement
moyen étant comme 60 (c), le plus grand
en a 66, et leur différence est de 6 de plus
que le moyen ; et l'éloignement dans
cette distance de l'apogée est de 65^d 40',
et la différence d'avec le moyen est de 5^d
40': multipliant 6^d par 5^d 22', et divisant le
produit par 5^d 40'. nous avons trouvé 5^d

44' environ pour la différence de plus que
l'éloignement moyen dans l'apogée même.
Ensorte qu'il y a 22^d 32' depuis le périgée
apparent, et 157^d 28' depuis l'apogée,
pour la première station. Nous les placerons dans la septième colonne à la ligne
de 360^d. Et pour la seconde station, 202^d
32', que nous placerons dans la huitième
colonne à la même ligne.

De même, puisque, quand le centre
de l'épicycle est à 16^d 53' périodiques
loin du périgée, la planète fait ses stations,
étant à 11^d 11' loin du périgée apparent
de l'épicycle, la différence d'avec l'éloignement moyen, est de 5^d 42'; et que le plus
petit des éloignements est de 54^d avec une
différence 6^d d'avec le moyen, mais que
l'éloignement de la distance exposée depuis le périgée de l'excentrique, est de
54^d 20', sa différence d'avec l'éloignement
moyen est de 5^d 40': nous aurons donc la
différence entière dans le périgée, de 6^d.
C'est pourquoi le mouvement depuis le
périgée apparent est de 10^d 51', celui depuis l'apogée, dans la première station,
est de 169^d 9'; et dans la seconde, de 190^d
51'; nous les ajouterons à la ligne de 180^d,
dans leurs colonnes respectives.

Pour Vénus, ayant prouvé que quand
elle est éloignée de l'apogée de 21^d 9' périodiques en longitude, elle fait ses stations
étant à 14^d 4' loin du périgée apparent de l'é-
picycle, le mouvement dans l'éloignement
moyen embrassant 12^d 52', il s'ensuit que
la différence est de 1^d 12'. Mais l'éloignement moyen étant de 60^d, le plus grand

ἀπόσημα, μοιρῶν ε̄ μδ' ἔγγιςα. Ὥςε
τὰς μὲν ἀπὸ τοῦ φαινομένου περιγείου τοῦ
ἐπικύκλου μοίρας συνάγεσθαι κβ̄ λβ', τὰς
δ' ἀπὸ τοῦ ἀπογείου, τοῦ μὲν πρώτου
ςηριγμοῦ μοίρας ρνζ κη', ἃς καὶ τάξομεν
ἐν τῷ ζ σελιδίῳ κατὰ τὸν τῶν τξ ςίχον,
τοῦ δὲ δευτέρου σβ λβ', ἃς καὶ τάξομεν
ἐν τᾷ η̄ σελιδίῳ κατὰ τοῦ αὐτοῦ ςίχου.

Ὡσαύτως δ' ἐπειδὴ καὶ ὅταν ῑς νγ'
περιοδικὰς μοίρας ἀπέχῃ τοῦ περιγείου
τὸ κέντρον τοῦ ἐπικύκλου, ποιεῖται
τοὺς ςηριγμοὺς ἀπέχων τοῦ φαινομένου περιγείου τοῦ ἐπικύκλου μοίρας ιᾱ
ια'· ὡς τὴν πρὸς τὸ μέσον ἀπόσημα
ὑπεροχὴν γίνεσθαι μοιρῶν ε̄ μβ'· τῶν δὲ
ἀποσημάτων τὸ μὲν ἐλάχιςον τῶν αὐτῶν
ἐςιν νδ̄, κατὰ τὴν τῶν ς̄ πρὸς τὸ μέσον
ὑπεροχὴν, τὸ δὲ τῆς ἐκκειμένης ἀπὸ τοῦ
περιγείου τοῦ ἐκκέντρου διαςάσεως νδ̄ κ',
καὶ ἡ πρὸς τὸ μέσον αὐτοῦ ὑπεροχὴ ε̄ μ'·
ἕξομεν καὶ τὴν κατ' αὐτὸ τὸ περίγειον
ὅλην ὑπεροχὴν μοιρῶν ς̄· καὶ διὰ τοῦτο τὴν
μὲν ἀπὸ τοῦ φαινομένου περιγείου τοῦ
ἐπικύκλου πάροδον μοιρῶν ῑ να', τὴν δ'
ἀπὸ τῦ ἀπογείῦ τοῦ μὲν πρώτῦ ςηριγμου
μοιρῶν ρξθ̄ θ', τοῦ δὲ δευτέρου μοιρῶν ρζ
να'· ἃς καὶ παραθήσομεν τῷ τῶν ρπ̄ ςίχῳ
κατὰ τὰ οἰκεῖα σελίδια.

Ἐπὶ δὲ τοῦ τῆς Ἀφροδίτης ἐπειδὴ ἐδείξαμεν ὅτι ὅταν κατὰ τὸ μῆκος κᾱ θ' μοίρας
περιοδικὰς ἀπέχῃ τοῦ ἀπογείου ποιεῖται
τοὺς ςηριγμοὺς ὁ ἀςὴρ ἀπέχων τοῦ φαινομένου περιγείου τοῦ ἐπικύκλου μοίρας ιδ̄
δ', τῆς κατὰ τὸ μέσον ἀπόσημα παρόδου
περιεχούσης μοίρας ιβ̄ νβ'· ὡς γίνεσθαι
τὴν ὑπεροχὴν ᾱ μοίρας καὶ ἑξηκοςῶν ιβ·
ἐςι δὲ καὶ οἵων τὸ μέσον ἀπόσημα ξ,

τοιούτων τὸ μὲν μέγιςον ξα̅ ιε′, καὶ ἡ
πρὸς τὸ μέσον αὐτοῦ ὑπεροχὴ α̅ ιε′· τὸ δὲ
κατὰ τὴν ἐκκειμένην ἀπὸ τοῦ ἀπογείου
διάςασιν ξα̅ ι′, καὶ ἡ πρὸς τὸ μέσον αὐτοῦ ὑπεροχὴ α̅ ι′· πάλιν τὰ α̅ ιε′ πολυπλασιάσαντες ἐπὶ τὰ α̅ ιβ′, καὶ τὰ γενόμενα παραβαλόντες παρὰ τὰ α̅ ι′, εὕρομεν τὴν κατ' αὐτὸ τὸ ἀπογείον παρὰ τὸ
μέσον ἀπόςημα ὑπεροχὴν α̅ ιζ′· ὥςε τὰς
μὲν ἀπὸ τοῦ φαινομένου περιγείου τοῦ ἐπικύκλου μοίρας συνάγεσθαι ιδ̅ θ′, τὰς δ'
ἀπὸ τοῦ ἀπογείου τοῦ μὲν α̅ ςηριγμοῦ
μοίρας ρξε̅ να′· ἃς καὶ παραθήσομενὲν τῷ
θ̅ σελιδίῳ κατὰ τὸν τῶν τξ ςίχον· τοῦ
δὲ δευτέρου ςηριγμοῦ μοίρας ρϟδ̅ θ′, ἃς
καὶ παραθήσομεν ἐν τῷ ι̅ σελιδίῳ κατὰ
τοῦ αὐτοῦ ςίχου.

Ὁμοίως δ' ἐπειδὴ καὶ ὅταν κ̅ μοίρας
ἔγγιςα κατὰ τὴν ὁμαλὴν τοῦ μήκους πάροδον ἀπέχῃ τοῦ περιγείου τοῦ ἐκκέντρου
ὁ ἐπίκυκλος, ποιεῖται τοὺς ςηριγμοὺς ὁ
ἀςὴρ ἀπέχων τοῦ φαινομένου περιγείου
τοῦ ἐπικύκλου μοίρας ια̅ μδ′, ὡς τὴν
πρὸς τὸ μέσον ἀπόςημα ὑπεροχὴν γίνεσθαι μοίρας α̅ καὶ ἑξηκοςῶν η̅· τῶν δὲ
ἀποςημάτων τὸ μὲν ἐλάχιςον τοιούτων
ἐςὶν η̅ με′ οἵων τὸ μέσον ξ̅, καὶ ἡ ὑπεροχὴ
αὐτῶν, α̅ ιε′. Τὸ δὲ κατὰ τὴν ἐκκειμένην
τοῦ περιγείου διάςασιν τῶν αὐτῶν νη̅
ν′, κỳ ἡ πρὸς τὸν μέσον αὐτοῦ ὑπεροχὴ
α̅ ι′, πολυπλασιάσαντες τὰ α̅ ιε′ ἐπὶ τὰ
α̅ η′, καὶ τὰ γενόμενα παραβαλόντες παρὰ
τὰ α̅ ι′, εὕρομεν καὶ τὴν κατ' αὐτὸ τὸ
περιγείον παρὰ τὸ μέσον ἀπόςημα ὑπεροχὴν α̅ ια′· καὶ διὰ τοῦτο τὴν μὲν
ἀπὸ τοῦ φαινομένου περιγείου τοῦ ἐπικύκλου πάροδον μοιρῶν ια̅ λθ′, τὴν δ' ἀπὸ

en a 61^d 15′, et sa différence d'avec le
moyen est de 1^d 15′; et l'éloignement dans
la distance supposée depuis l'apogee, est
de 61^d 10′: sa différence d'avec la moyenne
est de 1^d 10′. Multipliant 1^d 15′ par 1^d 12′,
et divisant le produit par 1^d 10′, nous trouvons pour différence, 1^d 17′ de plus que
pour la moyenne distance, dans l'apogée.
Ainsi il y a 14^d 9′ depuis le périgée apparent, et 165^d 51′ (d) depuis l'apogée, pour
la première station. Nous les placerons
à la neuvième colonne dans la ligne des
360^d, et nous placerons les 194^d 9′ de la
seconde station, dans la dixième colonne,
à la même ligne.

Pareillement, puisque quand l'épicycle
est distant du périgée de l'excentrique d'environ 20^d suivant le moyen mouvement
de la longitude, l'astre fait ses stations,
étant à 11^d 44′ du périgée apparent, l'excès ou différence sur le moyen éloignement, devient de 1^d 8′. Mais le plus petit
des éloignements est de (e) 58^d 45′ des
degrés dont le moyen en a 60^d, et leur
différence est 1^d 15′. D'ailleurs, l'éloignement dans la distance exposée du périgée,
est de 58^d 50′ des mêmes degrés, et la
différence d'avec le moyen, est de 1^d 10′.
Multipliaut 10^d 15′ par 1^d 8′, et divisant
le produit par 1^d 10′, nous trouvons la
différence 1^d 11′ d'avec le moyen éloignement dans le périgée même. C'est pourquoi le mouvement depuis le périgée
apparent est de 11^d 39′, et celui depuis

l'apogée est de 168ᵈ 21′ pour la première station, et de 191ᵈ 39′ pour la seconde. Nous les placerons dans les mêmes colonnes, à la ligne du nombre 180.

Pour Mercure, comme nous avons démontré que quand l'épicycle est éloigné de l'apogée de l'excentrique, de 10ᵈ 17′ périodiques en longitude, cet astre fait ses stations, étant à 32ᵈ 52′ loin du périgée apparent de l'épicycle, le mouvement, dans l'éloignement moyen, embrassant 34ᵈ 56′, la différence est de 2ᵈ 4′. Mais l'éloignement moyen étant de 60ᵈ, le plus grand éloignement en a 69ᵈ, et leur différence est 9ᵈ, tandis que celui qui a lieu suivant la distance exposée depuis l'apogée, est de 68ᵈ 36′; et sa différence d'avec le moyen, est de 8ᵈ 36′. Suivant ce qui est dit ci-dessus, multipliant 9ᵈ par 2ᵈ 4′, et divisant le produit par 8ᵈ 36′, nous trouvons pour différence d'avec l'éloignement moyen, dans l'apogée, 2ᵈ 10′ environ ; de sorte qu'il y a 32ᵈ 46′ depuis le périgée apparent, et 147ᵈ 14′ depuis l'apogée, pour la première station. Nous les placerons dans la onzième colonne, à la ligne du nombre 360 ; pour les 212ᵈ 46′ de la seconde station, nous les mettrons dans la douzième colonne aux mêmes lignes.

Pareillement, puisque l'épicycle étant à 11ᵈ 22′ de distance du périgée, l'astre fait ses stations à 35ᵈ 30′ du périgée apparent de l'épicycle, la différence d'avec l'éloignement moyen est de (*f*) 0ᵈ 34′. Le

τοῦ ἀπογείου τοῦ μὲν ᾱ ϛηριγμοῦ μοιρῶν ρξῆ κα΄, τοῦ δὲ β̄ μοιρῶν ρϟα λθ΄, ἃς καὶ παραθήσομεν ἐν τοῖς αὐτοῖς σελιδίοις κατὰ τὸν τῶν ρπ̄ ἀριθμόν.

Ἐπὶ δὲ τοῦ τοῦ Ἑρμοῦ ἀϛέρος, ἐπειδὴ ἀπεδείξαμεν ὅτι ὅταν ῑ ιζ΄ περιοδικὰς μοίρας κατὰ μῆκος ὁ ἐπίκυκλος ἀπέχῃ τοῦ ἀπογείου τοῦ ἐκκέντρου, ποιεῖται τοὺς ϛηριγμοὺς ὁ ἀϛὴρ ἀπέχων τοῦ φαινομένου περιγείου τοῦ ἐπικύκλου μοίρας λβ̄ νβ΄, τῆς κατὰ τὸ μέσον ἀπόϛημα παρόδου περιεχούσης μοίρας λδ̄ νϛ΄, ὡς γίνεσθαι τὴν ὑπεροχὴν μοιρῶν β̄ δ΄· ἔϛι δὲ καὶ οἵων τὸ μέσον ἀπόϛημα ξ, τοιούτων τὸ μὲν μέγιϛον ξθ, καὶ ἡ ὑπεροχὴ αὐτῶν θ̄, τὸ δὲ κατὰ τὴν ἐκκειμένην ἀπὸ τοῦ ἀπογείου διάϛασιν ξῆ λϛ΄, καὶ ἡ πρὸς τὸ μέσον αὐτοῦ ὑπεροχὴ η̄ λϛ΄· κατὰ ταυτὰ τοῖς ἔμπροσθεν πολυπλασιάσαντες τὰ θ̄ ᾽πὶ τὰ β̄ δ΄, καὶ τὰ γενόμενα παραβαλόντες παρὰ τὰ η̄ λϛ΄, εὑρομεν τὴν κατ᾽ αὐτὸ τὸ ἀπόγειον παρὰ τὸ μέσον ἀπόϛημα ὑπεροχὴν μοιρῶν β̄ ι΄ ἔγγιϛα· ὥϛε τὰς μὲν ἀπὸ τοῦ φαινομένου περιγείου τοῦ ἐπικύκλου μοίρας συνάγεσθαι λβ̄ μϛ΄, τὰς δ᾽ ἀπὸ τοῦ ἀπογείου τοῦ μὲν ᾱ ϛηριγμοῦ μοίρας ρμζ̄ ιδ΄· ἃς καὶ παραθήσομεν ἐν τῷ ιᾱ σελιδίῳ κατὰ τὸν τῶν τξ ἀριθμόν· τοῦ δὲ β̄ ϛηριγμοῦ μοίρας σιβ̄ μϛ΄, ἃς καὶ παραθήσομεν ἐν τῷ ιβ̄ σελιδίῳ, κατὰ τοὺς αὐτοὺς ϛίχους.

Ὡσαύτως δ᾽ ἐπεὶ κ̣ ὅταν ιᾱ κβ΄ περιοδικὰς μοίρας ὁ ἐπίκυκλος ἀπέχῃ τοῦ περιγείου, ποιεῖται τοὺς ϛηριγμοὺς ὁ ἀϛὴρ ἀπέχων τοῦ φαινομένου περιγείου τοῦ ἐπικύκλου μοίρας λε̄ λ΄· ὡς τὴν πρὸς τὸ μέσον ἀπόϛημα ὑπεροχὴν γίνεσθαι ο

ἑξηκοςῶν λδʹ· τῶν δʹ ἀποςημάτων τὸ
ἐλάχιςον τοιούτων ἐςὶν ε λδʹ, οἵων μὲν
τὸ μέσον ξ, κỳ ἡ ὑπεροχὴ αὐτῶν δ
κςʹ, τὸ δὲ κατὰ τὴν ἐκκειμένην ἀπὸ τοῦ
περιγείου διάςασιν τῶν αὐτῶν νε μβʹ ἐγ-
γιςα, καὶ ἡ πρὸς τὴν μέσην αὐτοῦ ὑπεροχὴ
δ ιηʹ· Πολυπλασιάσαντες πάλιν τὰ δ
κςʹ ἐπὶ τὰ ο λδʹ, καὶ παραβαλόντες τὰ
γενόμενα παρὰ τὰ δ ιηʹ, εὕρομεν καὶ τὴν
κατ' αὐτὸ τὸ περίγειον πρὸς τὸ μέσον
ἀπόςημα ὑπεροχὴν ο λεʹ· καὶ διὰ τοῦτο
τὴν μὲν ἀπὸ τοῦ φαινομένου περιγείου
τοῦ ἐπικύκλου πάροδον μοιρῶν λε λαʹ,
τὴν δὲ ἀπὸ τοῦ ἀπογείου τοῦ μὲν α
ςηριγμοῦ μοιρῶν ρμδ κθʹ, τοῦ δὲ β σιε
λαʹ, ἃς καὶ παραθήσομεν ἐν τοῖς αὐτοῖς
σελιδίοις, οὐκέτι μέντοι τῷ τῶν ρπ τοῦ
μήκους ἀριθμῷ, ἀλλὰ τοῖς τῶν ρκ καὶ
σμ· διὰ τὸ κατὰ τούτων ἀποδεδεῖχθαι
τὰ περιγειότατα τῆς τοῦ τοῦ Ἑρμοῦ ἀςέρος
ἐκκεντρότητος. Τούτων δὴ προεκτεθειμένων ἀκολούθως ταῖς αὐταῖς ἐφόδοις καὶ
τῶν μεταξὺ παρόδων αἱ διαφοραὶ συνίςανται.

Ὑποκείσθω γὰρ ὑποδείγματος ἕνεκεν
εὑρεῖν τὰς ἐπὶ τῶν πρώτων ςηριγμῶν τῆς
φαινομένης ἀνωμαλίας παραθέσεις, ὅταν
ἡ κατὰ μῆκος μέση πάροδος ἀπέχῃ τοῦ
ἀπογείου μοίρας λ, καθ' ἣν θέσιν τὸ ἀπόςημα τοῦ ἐπικύκλου, οἵων ἐςὶ τὸ μέσον
πάντων ξ, τοιούτων ἐπὶ μὲν τοῦ τοῦ
Κρόνου διὰ τῶν προεφωδευμένων, ὡς ἔφαμεν, συνίςαται ξγ βʹ, ἐπὶ δὲ τοῦ τοῦ
Διὸς ξβ κςʹ, ἐπὶ δὲ τοῦ τοῦ Ἄρεως ξε
κδʹ, ἐπὶ δὲ τοῦ τῆς Ἀφροδίτης ξα ςʹ,
ἐπὶ δὲ τοῦ τοῦ Ἑρμοῦ ξς λεʹ, ὡς τὰς
ἑκάςου πρὸς τὸ μέσον ὑπεροχὰς γίνεσθαι

plus petit des éloignements est de 55^d 34′
_des degrés dont le moyen en a 60, et leur
différence est 4^d 26′. Mais celui qui a lieu
dans la distance proposée loin du périgée,
est de 55^d 42′ à peu près, de ces degrés,
et sa différence d'avec la moyenne, est de
4^d 18′. Multipliant donc encore les 4^d 26′
par les 0^d 34′, et divisant le produit par
4^d 18′, nous avons trouvé la différence,
de 0^d 35′, d'avec la moyenne élongation
dans le périgée même. C'est pourquoi le
mouvement depuis le périgée apparent
est de 35^d 31′: celui depuis l'apogée est
de 144^d 29′ pour la première station, et
215^d 31′ pour la seconde. Nous les placerons dans les mêmes colonnes, non plus
au nombre 180 de la longitude, mais aux
lignes des nombres 120 et 240, parcequ'on a prouvé que c'est à ces nombres
de degrés que sont les périgées de l'excentricité de Mercure. Après ces préliminaires, et conséquemment aux mêmes
principes, on prendra les différences pour
les mouvements intermédiaires.

Soit, par exemple, proposé de trouver
les positions diverses de l'anomalie apparente dans les premières stations, lorsque
le mouvement moyen en longitude est à la
distance de 30^d loin de l'apogée, position
où l'éloignement moyen de l'épicycle étant
pour toutes les planètes de 60^d, l'éloignement est pour Saturne, de 63^d 2′ d'a-
près ce qui précède; pour Jupiter, de 62^d
26′; pour Mars, de 65^d 24; pour Vénus,
de 61^d 6′; pour Mercure, de 66^d 35′; ensorte que les différences d'avec le moyen

éloignement pour chacun de ces astres
pris dans le même ordre, pour ne pas trop
nous répéter, sont de 3ᵈ 2′, 2ᵈ 26′, 5ᵈ 24′,
1ᵈ 6′, et 6ᵈ 35′. Mais les différences des éloi-
guemens moyens relativement aux mêmes
apogées, (les nombres exposés de l'éloignement, étant pour toutes les planètes, plus
grands que le moyen), sont de 3ᵈ 25′,
2ᵈ 45′, 6ᵈ 0′, 1ᵈ 15′, et 2ᵈ 9′ des mêmes
degrés. Puis donc que les différences entières des degrés de l'anomalie apparente,
d'avec les apogées, relativement aux éloi-
gnemens moyens, se trouvent dans le
même ordre, de 1ᵈ 23′, 1ᵈ 33′, 5ᵈ 41′,
1ᵈ 17′, et 2ᵈ 10′, multipliant chacun de
ces nombres pour chacun de leurs astres
respectivement, par la différence ou excès
de leur éloignement, d'avec le moyen,
comme par exemple, 1ᵈ 23′ par 3ᵈ 2′, et
divisant le produit par l'excès du plus
grand éloignement, comme par 3ᵈ 25′,
nous aurons pour chacun, suivant le mouvement exposé des degrés de l'anomalie,
relativement à ceux de l'éloignement
moyen, les excédents 1ᵈ 14′, 1ᵈ 22′, 5ᵈ 7′, 1ᵈ 8′,
1ᵈ 35′. Mais on a pour les moyens éloignements depuis l'apogée apparent de l'épicycle, 114ᵈ 8′, 125ᵈ 38′, 163ᵈ 9′, 167ᵈ 8′,
et 145ᵈ 4′; et pour les plus grands, des
quantités moindres que celles-ci, excepté
dans Mercure qui les a plus fortes ; par
conséquent, les différences trouvées selon l'éloignement en question, étant re-
tranchées des quantités des éloignements
moyens, mais ajoutées pour Mercure, nous
aurons les quantités de l'anomalie apparente depuis l'apogée de l'épicycle mises
à côté des 30ᵈ de la longitude périodique

κατὰ τὴν ἐκκειμένην τάξιν, ἵνα μὴ ταυτολογῶμεν, γ̄ β′, καὶ β̄ κϛ′, καὶ ε̄ κδ′, κὴ
ᾱ ϛ′, καὶ ϛ̄ λε′. Ἀλλὰ καὶ αἱ πρὸς αὐτὰ
τὰ ἀπόγεια τῶν μέσων ἀποςημάτων
ὑπεροχαὶ, διὰ τὸ μείζονας ἐπὶ πάντων
εἶναι τοῦ μέσου τοὺς ἐκτεθειμένους τοῦ
ἀποςήματος ἀριθμοὺς, τῶν αὐτῶν εἰσὶ γ̄
κε′, καὶ β̄ με′, καὶ ϛ̄ ο̄′, καὶ ᾱ ιε′, καὶ β̄
θ′. Ἐπεὶ οὖν καὶ αἱ τῶν τῆς φαινομένης
ἀνωμαλίας μοιρῶν ὅλαι ὑπεροχαὶ τῶν
ἀπογείων πρὸς τὰ μέσα ἀποςήματα συνάγουσι κατὰ τὴν αὐτὴν τάξιν μοῖραν ᾱ
κγ′, καὶ ᾱ λγ′, καὶ ε̄ μα′, καὶ ᾱ ιζ′, καὶ
β̄ ι′, πολυπλασιάσαντες ἑκάςην αὐτῶν οἰκείως καθ' ἕκαςον τῶν ἀςέρων, ἐπὶ τὴν τοῦ
τότε ἀποςήματος παρὰ τὸ μέσον ὑπεροχὴν
ὡς τὰ ᾱ κγ′ λόγου ἕνεκεν ἐπὶ τὰ γ̄ β′, καὶ
τὰ γενόμενα παραβαλόντες παρὰ τὴν τοῦ
μεγίςȣ ἀποςήματος ὑπεροχὴν, ὡς παρὰ τὰ
γ̄ κε′, ἕξομεν τὴν ἐφ' ἑκάςου κατὰ τὴν ἐκκειμένην τοῦ μήκους πάροδον τῶν τῆς ἀνωμαλίας μοιρῶν, πρὸς τὰς τοῦ μέσου ἀποςήματος ὑπεροχὰς ᾱ ιδ′, καὶ ᾱ κβ′, καὶ
ϛ̄ ζ′, καὶ ᾱ η′, καὶ ᾱ λε′. Εἰσὶ δὲ αἱ μὲν
ἐπὶ τῶν μέσων ἀποςημάτων ἀπὸ τοῦ φαινομένου ἀπογείου τοῦ ἐπικύκλου μοιρῶν
ριδ̄ η′, καὶ ρκε̄ λη′, καὶ ρξγ̄ θ′, καὶ ρξζ̄
η′, καὶ ρμε̄ δ′. Αἱ δ' ἐπὶ τῶν μεγίςων, ἐπὶ
μὲν τῶν ἄλλων ἐλάττους τῶν ἐκκειμένων,
ἐπὶ δὲ τȣ τȣ Ἑρμȣ πλείȣς· ὥςτε τὰς εὑρημένας κατὰ τὸ ἐκκείμενον ἀπόςημα ὑπεροχὰς, ἐπὶ μὲν τῶν ἄλλων ἀφελόντες τῶν κατὰ τὰ μέσα ἀποςήματα μοιρῶν, ἐπὶ δὲ τȣ
τοῦ Ἑρμοῦ προσθέντες αὐταῖς, ἕξομεν τὰς
ταῖς λ̄ μοιραῖς τοῦ περιοδικοῦ μήκους
παρατιθεμένας ἐν τοῖς τῶν πρώτων ςηριγμῶν σελιδίοις τῆς φαινομένης ἀνωμαλίας

ἀπὸ τοῦ ἀπογείου τοῦ ἐπικύκλου μοίρας ἐπὶ μὲν τοῦ τοῦ Κρόνου ριβ̄ νδ', ἐπὶ
δὲ τοῦ τοῦ Διος ρκδ̄ ιϛ', ἐπὶ δὲ τοῦ
τοῦ Αρεως ρνη̄ β', ἐπὶ δὲ τοῦ τῆς Αφροδίτης ρξϛ̄ ο', ἐπὶ δὲ τοῦ τοῦ Ερμοῦ ρμϛ̄
λθ'. Καὶ τὰ τῶν β̄ δὲ ϛηριγμῶν σελίδια
προσαναπληρώσομεν αὐτόθεν, τὰς λειπούσας τξ̄ μοίρας ἐφ' ἑκάϛου ϛίχου τοῖς
τῶν πρώτων ϛηριγμῶν ἀριθμοῖς παρακα-
τατιθέντες, κατὰ τῶν αὐτῶν ϛίχων, ἐν τοῖς
τῶν β̄ ϛηριγμῶν σελιδίοις, ὡς ἐπὶ τοῦ
ἐκκειμένου μήκους, τάς τε σμζ̄ ϛ' μοίρας
καὶ τὰς σλε̄ μδ', καὶ τὰς σᾱ νη', καὶ τὰς
ρϟδ̄ ο', καὶ τὰς σιγ̄ κα'.

Εὐκατανόητον δ', ὅτι κἂν μὴ τὰς πρὸς
τὸ φαινόμενον ἀπόγειον τοῦ ἐπικύκλου
θεωρουμένας τῆς ἀνωμαλίας μοίρας πα-
ρατιθέναι προαιρώμεθα, ἀλλὰ διὰ τὸ
προχειρότερον τὰς πρὸς τὸ περιοδικὸν
καὶ ἔτι ἀδιευκρινήτους αὐτόθεν ἡμῖν, καὶ
τὸ τοιοῦτο συϛαθήσεται· τῆς ἑκάϛῳ τᾶ
περιοδικᾶ μήκες ἀριθμῷ παρακειμένης
ἐπὶ τὸ αὐτὸ προσθαφαιρέσεως ἐν τοῖς τῆς
ἀνωμαλίας κανόσιν, ἀφαιρουμένης μὲν ἀπὸ
τῶν εὑρημένων τῆς φαινομένης ἀνωμαλίας
μοιρῶν, ἐπὶ τῶν ἀπὸ τοῦ ἀπογείου τοῦ ἐκκέντρου μοιρῶν ρπ̄, προστιθεμένης δ' αὐταῖς ἐπὶ τῶν ὑπὲρ τὰς ρπ̄ μοίρας. Καὶ ἔϛιν
ἡ τοῦ κανόνος ἔκθεσις τοιαύτη.

dans les colonnes des premières stations,
pour Saturne, 112ᵈ54'; pour Jupiter, 124ᵈ
16'; pour Mars, 158ᵈ 2'; pour Vénus, 166ᵈ
0'; pour Mercure, 146ᵈ 39'; et nous com-
plèterons les colonnes des secondes stations, en mettant (*g*) les compléments à
360ᵈ des nombres des premières stations,
dans les colonnes des secondes stations,
comme pour la longitude dont il s'a-
git, 247ᵈ 6', 235ᵈ 44', 201ᵈ 58', 194ᵈ 0',
213ᵈ 21'.

Il est aisé de voir que si nous n'avons
pas préféré de mettre plutôt les parties
de l'anomalie rapportées, à l'apogée apparent de l'épicycle, mais pour plus de
facilité celles qui sont rapportées à la longitude périodique, et sans qu'elles aient
été corrigées par l'équation, cela reviendra au même, en retranchant la prostaphérèse mise à côté du nombre de la longitude périodique pour chaque astre dans
les tables de l'anomalie, en retranchant,
dis-je, cette quantité additive ou soustractive, des degrés ou parties trouvés de l'a-
nomalie apparente, jusqu'au nombre 180
de ces parties depuis l'apogée de l'excentrique et en l'ajoutant, au contraire, quand
ces parties excèdent 180. Suit maintenant
cette Table.

ΕΚΘΕΣΙΣ ΚΑΝΟΝΩΝ ΣΤΗΡΙΓΜΩΝ.

ΑΡΙΘΜΟΙ ΔΙΕΥΚΙΝΗΜΕΝΗΣ ΑΝΩΜΑΛΙΑΣ.

Ἀριθμ. κοιν. α (Μοιρ.)	β (Μοιρ.)	ΚΡΟΝΟΥ ᾱ στηριγμ.		β̄ στηριγμ.		ΔΙΟΣ ᾱ στηριγμ.		β̄ στηριγμ.		ΑΡΕΟΣ ᾱ στηριγμ.		β̄ στηριγμ.		ΑΦΡΟΔΙΤΗΣ ᾱ στηριγμ.		β̄ στηριγμ.		ΕΡΜΟΥ ᾱ στηριγμ.		β̄ στηριγμ.	
ō	τξ	ριβ̄	με'	σμζ̄	ιε'	ρκδ	ε'	σλε	νι'	ρνζ	κη'	σβ	λβ'	ρξε	να'	ρμδ	θ'	ρμϛ	ιθ'	σιβ	μϛ
ϛ	τνδ	ριβ	με	σμζ	ιε	ρκδ	ϛ	σλε	νδ	ρνζ	κθ	σβ	λα	ρξε	νβ	ρμδ	η	ρμϛ	ιγ	σιβ	μζ
ιβ	τμη	ριβ	μϛ	σμζ	ιδ	ρκδ	ζ	σλε	νγ	ρνζ	λδ	σβ	κϛ	ρξε	νγ	ρμδ	ζ	ρμϛ	η	σιβ	νβ
ιη	τμβ	ριβ	μη	σμζ	ιβ	ρκδ	θ	σλε	να	ρνζ	μα	σβ	ιθ	ρξε	νε	ρμδ	ε	ρμϛ	α	σιβ	νϛ
κδ	τλϛ	ριβ	να	σμζ	θ	ρκδ	ιβ	σλε	μη	ρνζ	ν	σβ	ι	ρξε	νζ	ρμδ	γ	ρμϛ	να	σιγ	θ
λ	τλ	ριβ	νδ	σμζ	ϛ	ρκδ	ιϛ	σλε	μδ	ρνη	β	σα	νη	ρξϛ	ō	ρμδ	ō	ρμϛ	λθ	σιγ	κϛ
λϛ	τκδ	ριβ	νη	σμζ	β	ρκδ	κα	σλε	λθ	ρνη	ιη	σα	μβ	ρξϛ	δ	ρμγ	νϛ	ρμϛ	κε	σιγ	λ
μβ	τιη	ριγ	γ	σμϛ	νζ	ρκδ	κϛ	σλε	λδ	ρνη	λδ	σα	κϛ	ρξϛ	θ	ρμγ	να	ρμε	ια	σιγ	μθ
μη	τιβ	ριγ	η	σμϛ	νβ	ρκδ	λβ	σλε	κθ	ρνη	νε	σα	ε	ρξϛ	ιε	ρμγ	με	ρμε	νε	σιδ	ε
νδ	τϛ	ριγ	ιε	σμϛ	με	ρκδ	λθ	σλε	κα	ρνθ	ιζ	σ	μγ	ρξϛ	κβ	ρμγ	λθ	ρμε	λθ	σιδ	κα
ξ	τ	ριγ	κβ	σμϛ	λη	ρκδ	μζ	σλε	ιγ	ρνθ	μβ	σ	ιη	ρξϛ	κθ	ρμγ	λα	ρμε	κγ	σιδ	λζ
ξϛ	σϟδ	ριγ	κθ	σμϛ	λα	ρκδ	νε	σλδ	νϛ	ρξ	ι	ρϟθ	ν	ρξϛ	λε	ρμγ	κε	ρμδ	νη	σιδ	[illegible]
οβ	σπη	ριγ	λϛ	σμϛ	κδ	ρκε	γ	σλδ	νζ	ρξ	λθ	ρϟθ	κα	ρξϛ	μβ	ρμγ	ιη	ρμδ	νη	σιε	[illegible]
οη	σπβ	ριγ	μδ	σμϛ	ιϛ	ρκε	ιβ	σλδ	λη	ρξα	ι	ρϟη	ν	ρξϛ	ν	ρμγ	ι	ρμδ	νβ	σιε	[illegible]
πδ	σοϛ	ριγ	νγ	σμϛ	ζ	ρκε	κβ	σλδ	λη	ρξα	μα	ρϟη	λθ	ρξϛ	νη	ρμγ	β	ρμδ	μϛ	σιε	[illegible]
ϟ	σο	ριδ	α	σμε	νθ	ρκε	λβ	σλδ	κη	ρξβ	ιη	ρϟζ	μβ	ρξζ	ζ	ρμβ	νγ	ρμδ	μ	σιε	[illegible]
ϟϛ	σξδ	ριδ	ι	σμε	ν	ρκε	μα	σλδ	ιθ	ρξβ	νδ	ρϟζ	ϛ	ρξζ	ιδ	ρμβ	με	ρμδ	λϛ	σιε	[illegible]
ρβ	σνη	ριδ	ιη	σμε	μβ	ρκε	να	σλδ	θ	ρξγ	λα	ρϟϛ	κθ	ρξζ	κα	ρμβ	λθ	ρμδ	λγ	σιε	[illegible]
ρη	σνβ	ριδ	κζ	σμε	λε	ρκϛ	ō	σλδ	ō	ρξδ	θ	ρϟϛ	θ	ρξζ	κη	ρμβ	λβ	ρμδ	λ	σιε	[illegible]
ριδ	σμϛ	ριδ	λε	σμε	κζ	ρκϛ	ι	σλγ	ν	ρξδ	μϛ	ρϟε	με	ρξζ	λε	ρμβ	κε	ρμδ	λ	σιε	[illegible]
ρκ	σμ	ριδ	μγ	σμε	ιζ	ρκϛ	ιθ	σλγ	μα	ρξε	με	ρϟε	λε	ρξζ	μγ	ρμβ	ιϛ	ρμδ	κθ	σιε	[illegible]
ρκϛ	σλδ	ριδ	να	σμε	ϛ	ρκϛ	κθ	σλγ	λα	ρξϛ	γ	ρϟε	λζ	ρξζ	ν	ρμβ	θ	ρμδ	κθ	σιε	[illegible]
ρλβ	σκη	ριδ	νη	σμε	β	ρκϛ	λϛ	σλγ	κα	ρξϛ	λζ	ρϟε	κγ	ρξζ	νϛ	ρμβ	δ	ρμδ	λ	σιε	[illegible]
ρλη	σκβ	ριε	ε	σμδ	νγ	ρκϛ	μδ	σλγ	ιϛ	ρξζ	η	ρϟδ	νβ	ρξη	α	ρμα	νθ	ρμδ	λα	σιε	[illegible]
ρμδ	σιϛ	ριε	ιβ	σμδ	μθ	ρκϛ	να	σλγ	θ	ρξζ	λθ	ρϟδ	κα	ρξη	ϛ	ρμα	νδ	ρμδ	λγ	σιε	[illegible]
ρν	σι	ριε	ιϛ	σμδ	μδ	ρκζ	δ	σλβ	νζ	ρξη	δ	ρϟδ	νϛ	ρξη	ι	ρμα	ν	ρμδ	λε	σιε	[illegible]
ρνϛ	σδ	ριε	κα	σμδ	λθ	ρκζ	β	σλβ	νη	ρξη	κη	ρϟδ	λβ	ρξη	ιδ	ρμα	με	ρμδ	λϛ	σιε	[illegible]
ρξβ	ρϟη	ριε	κε	σμδ	λδ	ρκζ	ϛ	σλβ	να	ρξη	μϛ	ρϟδ	ιθ	ρξη	ιζ	ρμα	μγ	ρμδ	λη	σιε	[illegible]
ρξη	ρϟβ	ριε	κϛ	σμδ	κθ	ρκζ	η	σλβ	νβ	ρξη	νθ	ρϟδ	α	ρξη	ιθ	ρμα	μα	ρμδ	λθ	σιε	[illegible]
ροδ	ρπϛ	ριε	κθ	σμδ	κε	ρκζ	θ	σλβ	ν	ρξθ	η	ρϟ	νβ	ρξη	κ	ρμα	μ	ρμδ	μ	σιε	[illegible]
ρπ	ρπ	ριε	κθ	σμδ	κε	ρκζ	ια	σλβ	μθ	ρξθ	θ	ρϟ	να	ρξη	κα	ρμα	λθ	ρμδ	μ	σιε	[illegible]

EXPOSITION DES TABLES DE STATIONS.

NOMBRES DE L'ANOMALIE CORRIGÉE.

1. O.	2. D.	3. SATURNE 1re station.	4. 2e station.	5. JUPITER 1re station.	6. 2e station.	7. MARS 1re station.	8. 2e station.	9. VÉNUS 1re station.	10. 2e station.	11. MERCURE 1re station.	12. 2e station.
0d	360d	112d 45'	247d 15'	124d 5'	235d 55'	157d 28'	202d 32'	165d 51'	194d 9'	147d 14'	212d 46'
6	354	112 45	247 15	124 6	235 54	157 29	202 31	165 52	194 8	147 13	212 47
12	348	112 46	247 14	124 7	235 53	157 34	202 26	165 53	194 7	147 8	212 52
18	342	112 48	247 12	124 9	235 51	157 41	202 19	165 55	194 5	147 1	212 59
24	336	112 51	247 9	124 12	235 48	157 50	202 10	165 57	194 3	146 51	213 9
30	330	112 54	247 6	124 16	235 44	158 2	201 58	166 0	194 0	146 39	213 21
36	324	112 58	247 2	124 21	235 39	158 18	201 42	166 4	193 56	146 25	213 35
42	318	113 3	246 57	124 26	235 34	158 34	201 26	166 9	193 51	146 11	213 49
48	312	113 8	246 52	124 32	235 29	158 55	201 5	166 15	193 45	145 55	214 5
54	306	113 15	246 45	124 39	235 21	159 17	200 43	166 22	193 39	145 39	214 21
60	300	113 22	246 38	124 47	235 13	159 42	200 18	166 29	193 31	145 23	214 37
66	294	113 29	246 31	124 55	235 5	160 10	199 50	166 35	193 25	145 8	214 52
72	288	113 36	246 24	125 3	234 57	160 39	199 21	166 42	193 18	144 58	215 2
78	282	113 44	246 16	125 12	234 48	161 10	198 50	166 50	193 10	144 52	215 8
84	276	113 53	246 7	125 22	234 38	161 41	198 16	166 58	193 2	144 46	215 14
90	270	114 1	245 59	125 32	234 28	162 18	197 42	167 7	192 53	144 40	215 20
96	264	114 10	245 50	125 41	234 19	162 54	197 9	167 14	192 46	144 36	215 21
102	258	114 18	245 42	125 51	234 9	163 31	196 29	167 21	192 39	144 33	215 27
108	252	114 27	245 35	126 0	234 0	164 9	195 51	167 28	192 32	144 30	215 30
114	246	114 35	245 27	126 10	233 50	164 47	195 13	167 35	192 25	144 30	215 30
120	240	114 43	245 17	126 19	233 41	165 45	194 35	167 43	192 17	144 29	215 31
126	234	114 51	245 6	126 28	233 31	166 3	193 57	167 50	192 10	144 29	215 31
132	228	114 58	245 2	126 36	233 21	166 37	193 23	167 56	192 4	144 30	215 30
138	222	115 5	244 53	126 44	233 16	167 8	192 52	168 1	191 59	144 31	215 29
144	216	115 11	244 49	126 51	233 9	167 39	192 21	168 6	191 54	144 33	215 27
150	210	115 16	244 44	126 57	233 3	168 4	191 56	168 10	191 50	144 35	215 25
156	204	115 21	244 39	127 2	232 58	168 58	191 32	168 14	191 46	144 37	215 23
162	298	115 25	244 35	127 6	232 51	168 46	191 14	168 17	191 43	144 38	215 22
168	192	115 27	244 33	127 8	232 52	168 59	191 1	168 19	191 41	144 39	215 21
174	186	115 29	244 31	127 10	232 50	169 8	190 52	168 20	191 40	144 40	215 20
180	180	115 29	244 31	127 11	232 49	169 9	190 51	168 21	191 39	144 40	215 20

CHAPITRE VIII.

DÉMONSTRATION DES PLUS GRANDES DIGRES-
SIONS DE VÉNUS ET DE MERCURE, RELATI-
VEMENT AU SOLEIL.

Après avoir exposé ce qui regarde les rétrogradations, il convient de démontrer comme une suite de ces phénomènes, les plus grandes élongations ou digressions de Vénus et de Mercure qui se concluent des suppositions précédentes, en chacune des dodécatémories (*du zodiaque*). Nous les avons rapportées au mouvement apparent du soleil, en supposant ces astres dans les premiers points des douze divisions, et les apogées qu'ils ont de nos jours, relativement aux points solstitiaux, c'est-à-dire celui de Vénus, sur 25ᵈ du taureau, et celui de Mercure, sur 10ᵈ des serres. Le changement qui se fera dans les plus grandes distances par le mouvement des apogées, sera aisé à corriger dans la suite par les mêmes méthodes, et d'ailleurs il est peu sensible pendant un long espace de temps. Mais pour faire mieux comprendre cette sorte de méthode, il faut montrer d'abord pour Vénus, comme nous l'avons dit, ses plus grandes digressions du matin et du soir, quand cet astre est dans l'équinoxe du printemps, et au commencement du bélier.

ΚΕΦΑΛΑΙΟΝ Η.

ΑΠΟΔΕΙΞΙΣ ΤΩΝ ΜΕΓΙΣΤΩΝ ΠΡΟΣ ΤΟΝ ΗΛΙΟΝ
ΔΙΑΣΤΑΣΕΩΝ ΑΦΡΟΔΙΤΗΣ ΚΑΙ ΕΡΜΟΥ.

Ἐφωδευμένων δὲ τῶν περὶ τὰς προηγήσεις θεωρουμένων, εὔλογον ἂν εἴη κατὰ τὸ ἑξῆς ἀποδεῖξαι τὰς συνισταμένας ἐκ τῶν ἐκκειμένων ὑποθέσεων μεγίστας ἀπὸ τοῦ ἡλίου διαστάσεις, τοῦ τε τῆς Ἀφροδίτης ἀστέρος κ̣ τοῦ τοῦ Ἑρμοῦ, καθ᾽ ἓν ἕκαστον τῶν δωδεκατημορίων. Πεποιήμεθα δὲ καὶ τὰς τούτων ἐκθέσεις πρός τε τὴν φαινομένην τοῦ ἡλίου πάροδον, καὶ ὡς αὐτῶν τῶν ἀστέρων ἐν ἀρχαῖς ὄντων τῶν δωδεκατημορίων, κ̣ ὡς τῶν ἀπογείων τὴν ἐν τοῖς καθ᾽ ἡμᾶς χρόνοις πρὸς τὰ τροπικὰ καὶ ἰσημεριὰ σημεῖα θέσιν ἐχόντων, τουτέστι τοῦ μὲν τῆς Ἀφροδίτης κατὰ τὰς κε̄ μοίρας τοῦ ταύρου τυγχάνοντος, τοῦ δὲ τοῦ Ἑρμοῦ κατὰ τὰς ῑ μοίρας τῶν χηλῶν, τῆς διὰ τὴν τῶν ἀπογείων μετάβασιν ἐσομένης τῶν μεγίστων ἀποστάσεων παραλλαγῆς, εὐδιορθώτου τε διὰ τῶν αὐτῶν ἐφόδων τοῖς ὕστερον ἐσομένης, κ̣ ἄλλως ἐπὶ πλεῖστον χρόνον, ἀδιαφόρου συντηρουμένης. Ἵνα δὲ καὶ ὁ τρόπος ἡμῖν τῶν ἐφόδων εὐκατανόητος γένηται, δεικτέον παραδείγματος ἕνεκεν ἐπὶ πρώτου τοῦ τῆς Ἀφροδίτης τὰς γινομένας ὡς ἔφαμεν μεγίστας ἀποστασεις ἑώους τε καὶ ἑσπερίους, ὅταν ὁ ἀστὴρ ἐπὶ τῆς ἐαρινῆς ἰσημερίας ᾖ, καὶ τῆς ἀρχῆς τοῦ Κριοῦ.

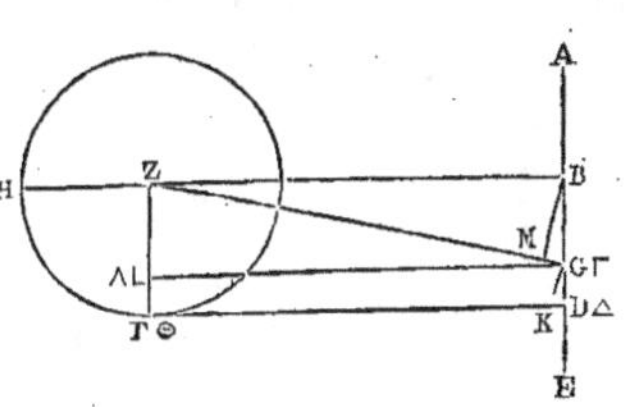

Ἔςω δὴ ἡ διὰ τοῦ
πρώτου ἀπογείου τῆς
ἐκκεντρότητος εὐθεῖα ἡ
ΑΒΓΔΕ, ἐφ' ἧς ὑποκεί-
σθω τὸ μὲν τῆς ὁμαλῆς
κινήσεως κέντρον τὸ Β,
τὸ δὲ τοῦ ἐκκέντρου τοῦ
φέροντος τὸν ἐπίκυκλον τὸ Γ, τὸ δὲ τοῦ
ζωδιακοῦ τὸ Δ, καὶ διαχθείσης τῆς ΓΖ
ἐκ τοῦ κέντρου τοῦ ἐκκέντρου, γεγράφθω
περὶ τὸ Ζ ὁ ΗΘ ἐπίκυκλος, καὶ ἤχθω
ἀπὸ τοῦ Δ ἐφαπτομένη τῶν ἑῴων καὶ
προηγουμένων αὐτοῦ ἡ ΔΘ, ᾗ ἐπεζεύχθωσαν μὲν ἥ τε ΒΖΗ καὶ ἡ ΖΘ, κάθετοι δ'
ἤχθωσαν ἥτε ΓΚ, καὶ ἡ ΓΛ, καὶ ἡ ΒΜ.
Ἐπεὶ τοίνυν ἡ μὲν ΔΑ κατὰ τῆς κε ἐςὶ
μοίρας τοῦ ταύρου, ἡ δὲ ΔΘ κατὰ τῆς
ἀρχῆς τοῦ Κριοῦ, εἴη ἂν ἡ ὑπὸ ΑΔΘ γωνία, οἵων μέν εἰσιν αἱ τέσσαρες ὀρθαὶ τξ,
τοιούτων νε, οἵων δ' αἱ δύο ὀρθαὶ τξ, τοιούτων αὐτὴ μὲν ρι, ἡ δὲ ὑπὸ ΔΓΚ τῶν
λοιπῶν εἰς τὴν ᾱ ὀρθὴν ο. Ὥστε καὶ ἡ μὲν
ἐπὶ τῆς ΓΚ περιφέρεια τοιούτων ἐςὶν ρι,
οἵων ὁ περὶ τὸ ΔΓΚ ὀρθογώνιον κύκλος
τξ, ἡ δὲ ΓΚ εὐθεῖα τοιούτων 4η ιη',
οἵων ἐςὶν ἡ ΓΔ ὑποτείνουσα ρκ. Καὶ οἵων
ἄρα ἐςὶν ἡ μὲν ΓΔ εὐθεῖα ᾱ ιε', ἡ δὲ ΖΘ
ἐκ τοῦ κέντρου τοῦ ἐπικύκλου μγ ι', τοιούτων καὶ ἡ μὲν ΓΚ, τουτέςιν ἡ ΛΘ ἔςαι
ᾱ α', λοιπὴ δὲ ἡ ΖΛ τοιούτων μβ θ',
οἵων καὶ ἡ ΓΖ ἐκ τοῦ κέντρου τοῦ ἐκκέντρου ὑπόκειται ξ. Καὶ οἵων ἄρα ἐςὶν ἡ
ΓΖ ὑποτείνουσα ρκ, τοιούτων καὶ ἡ μὲν
ΖΛ ἔςαι πδ ιη', ἡ δ' ἐπ' αὐτῆς περιφέρεια τοιούτων πθ ιϛ', οἵων ἐςὶν ὁ περὶ
τὸ ΓΖΛ ὀρθογώνιον κύκλος τξ. Ὥςτε καὶ

Soit donc la droite ABGDE passant par l'apogée A de l'excentricité, sur laquelle je prends B pour le centre du mouvement uniforme; G pour celui de l'excentrique qui porte l'épicycle; D pour celui du zodiaque. Ayant mené GZ du centre de l'excentrique, décrivons autour de Z l'épicycle HT, et tirons de D la droite AT, tangente à ses parties matutinales et antécédentes. Ayant joint BZH et ZT, abaissons les perpendiculaires GK, GL, BM. Actuellement, puisque DA est sur le 25ᵉ degré du taureau, et DT au commencement du bélier, on aura l'angle ADT de 55 des degrés dont 360 font quatre angles droits, et de 110 des degrés dont 360 font deux angles droits, l'angle DGK vaut les 70 degrés restants, de complément d'un angle droit. Ainsi, l'arc soutendu par GK est de 110 des degrés dont le cercle circonscrit au rectangle DGK en contient 360, et la soutendante GK a 98ᵖ 18' des parties dont l'hypoténuse GD en contient 120. Si donc la droite GD est faite de 1ᵖ 15', et la droite ZT menée du centre de l'épicycle, de 43ᵖ 10', la droite GK, c'est-à-dire LT, en aura 1ᵖ 1', et le reste ZL, 42ᵖ 9' des parties dont GZ menée du centre de l'excentrique est supposée en avoir 60. Donc l'hypoténuse GZ étant de 120ᵖ, ZL en aura 84ᵖ 18', et l'arc soutendu par cette dernière, vaudra 89ᵈ 16' des degrés dont le cercle décrit autour du rectangle GZL en contient 360.

De sorte que l'angle ZGL est de 89ᵈ 16′ des degrés dont 360 font deux angles droits. Mais l'angle DGK est de 70 de ces mêmes degrés; et l'angle LGK est droit:

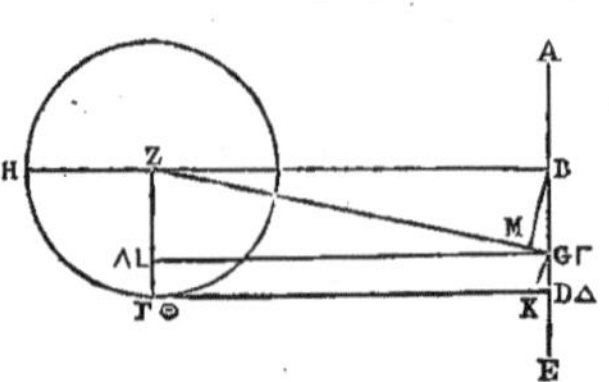

donc l'angle entier ZGD se trouvera de 339ᵈ 16′, et l'angle de supplément AGZ vaudra 20ᵈ 44′. Ainsi, l'arc soutendu par BM sera de ces 20ᵈ 44′ dont le cercle circonscrit au rectangle BGM en contient 360, et l'arc soutendu par GM aura les 159ᵈ 16′ restants du demi-cercle. Par conséquent, de ces soutendantes, BM est de 21ᵖ 35′ des parties dont l'hypoténuse BG en a 120ᵈ, et GM en a 118 2′. Si donc la droite BG est de 1ᵖ 15′, et GZ menée du centre de l'excentrique, de 60, la droite BM en aura 0ᵖ 13′; GM, 1ᵖ 14′; et le restant MZ, 58ᵖ 46′. C'est pourquoi l'hypoténuse BZ est de 58ᵖ 46′ de ces parties. Par conséquent la droite BZ étant de 120ᵖ, BM en aura 0ᵖ 27′, et l'arc soutendu par cette dernière droite, sera de 0ᵈ 26′ des degrés dont le cercle circonscrit au rectangle BZM en contient 360. De sorte que l'angle BZG est de 0ᵈ 26′ des degrés dont 360 font deux angles droits. Or il a été prouvé que l'angle AGZ est de 20ᵈ 44′ de ces mêmes degrés; donc l'angle entier ABZ du mouvement uniforme en longitude, est de 21ᵈ 10′ des degrés dont 360 font deux angles droits, et de 10ᵈ 35′ de ceux dont 360 font quatre angles droits. Par conséquent le lieu moyen du soleil vers les points antécédents, sera éloigné de 10 35′ de l'apogée A, et se trouvera dans le 14ᵉ degré 25′ du taureau. Mais le lieu vrai sera dans le 15ᵉ degré 14′. Ainsi

ἡ ὑπὸ ΖΓΛ γωνία τοιούτων ἐςὶν πθ ιϛ′, οἵων αἱ δύο ὀρθαὶ τξ. Εςι δὲ καὶ ἡ μὲν ὑπὸ ΔΓΚ τῶν αὐτῶν ο, ἡ δὲ ὑπὸ ΛΓΚ ὀρθή· καὶ ὅλη μὲν ἄρα ἡ ὑπὸ ΖΓΔ συναχθήσεται τλθ ιϛ′, λοιπὴ δὲ ἡ ὑπὸ ΑΓΖ τῶν αὐτῶν κ μδ′. Ωστε καὶ ἡ μὲν ἐπὶ τῆς ΒΜ περιφέρεια τοιούτων κ μδ′, οἵων ὁ περὶ τὸ ΒΓΜ ὀρθογώνιον κύκλος τξ, ἡ δ' ἐπὶ τῆς ΓΜ τῶν λοιπῶν εἰς τὸ ἡμικύκλιον ρνθ ιϛ′. Καὶ τῶν ὑπ' αὐτὰς ἄρα εὐθειῶν ἡ μὲν ΒΜ τοιούτων ἐςὶν κα λε′, οἵων ἡ ΒΓ ὑποτείνουσα ρκ, ἡ δὲ ΓΜ τῶν αὐτῶν ριη β′. Ωςε καὶ οἵων ἐςὶν ἡ μὲν ΒΓ εὐθεῖα α ιε′, ἡ δὲ ΓΖ ἐκ τοῦ κέντρου τοῦ ἐκκέντρου ξ, τοιούτων καὶ ἡ μὲν ΒΜ ἔςαι ο ιγ′, ἡ δὲ ΓΜ ὁμοίως α ιδ′, ἡ δὲ ΜΖ λοιπὴ νη μϛ′. Διὰ τοῦτο δὲ καὶ ἡ ΒΖ ὑποτείνουσα τῶν αὐτῶν νη μϛ′. Καὶ οἵων ἐςὶν ἄρα ἡ ΒΖ εὐθεῖα ρκ, τοιούτων καὶ ἡ μὲν ΒΜ ἔςαι ο κζ′, ἡ δ' ἐπ' αὐτῆς περιφέρεια τοιούτων ο κϛ′, οἵων ἐςὶν ὁ περὶ τὸ ΒΖΜ ὀρθογώνιον κύκλος τξ. Ωστε καὶ ἡ ὑπὸ ΒΖΓ γωνία τοιούτων ἐςὶν ο κϛ′, οἵων αἱ δύο ὀρθαὶ τξ. Εδέδεικτο δὲ καὶ ἡ ὑπὸ ΑΓΖ τῶν αὐτῶν κ μδ′· καὶ ὅλη ἄρα ἡ ὑπὸ ΑΒΖ τῆς ὁμαλῆς κατὰ μῆκος παρόδου, οἵων μέν εἰσιν αἱ δύο ὀρθαὶ τξ, τοιούτων ἐςὶν κα ι, καὶ οἵων δὲ αἱ τέσσαρες ὀρθαὶ τξ, τοιούτων ι λε′. Αφέξει ἄρα ἡ μὲν μέση τοῦ ἡλίου πάροδος εἰς τὰ προηγούμενα τοῦ κατὰ τὸ Α ἀπογείου μοίρας ι λε′, καὶ ἐφέξει δῆλον ὅτι ταύρου μοίρας ιδ κε′, ἡ δ' ἀκριβὴς ιε ιδ′. Ωςε καὶ ὁ

ἀςὴρ ἀποςήσεται τὸ πλεῖςον εἰς τὰ ἑῷα
τοῦ ἀκριβοῦς ἡλίου, ὅταν ἐπὶ τῆς ἀρχῆς
ᾖ τοῦ Κριοῦ, μοίρας μέ ιδ'.

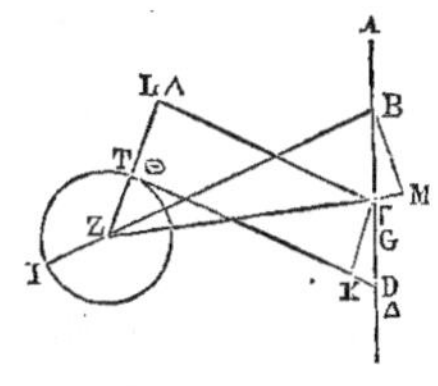

Πάλιν ἐκκείσθω ἡ ἀκό-
λουθος καταγραφὴ, τῆς
ἐφαπτομένης εἰς τὰ ἑσπέρια
καὶ ἑπόμενα τοῦ ἐπικύκλου
διηγμένης, καὶ τοῦ ἀςέρος
ὁμοίως ἐπὶ τῆς ἀρχῆς ὑπο-
κειμένου τοῦ κριοῦ. Διὰ μὲν
δὴ τὰ προαποδεδειγμένα, τῆς ὑπὸ ΑΔΘ
γωνίας τῆς αὐτῆς μενούσης, ἥτε ὑπὸ ΔΓΚ
γωνία συνάγεται τοιούτων ο̄, οἵων αἱ
δύο ὀρθαὶ τξ, καὶ ἡ ΓΚ εὐθεῖα, τουτέςιν ἡ ΛΘ τοιούτων ᾱ α', οἵων ἐςὶν ἡ
μὲν ΓΖ ἐκ τοῦ κέντρου τοῦ ἐκκέντρου ξ,
ἡ δὲ ΖΘ ἐκ τοῦ κέντρου τοῦ ἐπικύκλου
μγ̄ ι'. Ὥςε καὶ ὅλην τὴν ΖΛ συνάγεσθαι
τῶν αὐτῶν μδ̄ ια'. Δῆλον δ' ὅτι καὶ οἵων
ἐςὶν ἡ ΓΖ ὑποτείνουσα ρκ, τοιούτων καὶ
ἡ μὲν ΖΛ ἔςαι πη̄ κβ', ἡ δ' ἐπ' αὐτῆς περιφέρεια τοιούτων ϟδ̄ να', οἵων ἐςὶν ὁ
περὶ τὸ ΓΖΛ ὀρθογώνιον κύκλος τξ. Ὥςε
καὶ ἡ μὲν ὑπὸ ΖΓΛ γωνία τοιούτων ἐςὶν
ϟδ̄ να', οἵων αἱ δύο ὀρθαὶ τξ, ἡ δὲ ὑπὸ
ΖΓΚ τῶν λοιπῶν εἰς τὴν μίαν ὀρθὴν πε̄ θ',
ὅλη δὲ ἡ ὑπὸ ΖΓΔ, τουτέςιν ἡ ὑπὸ ΒΓΜ,
τῶν αὐτῶν ρνε̄ θ'. Διὰ τοῦτο δὲ καὶ ἡ μὲν
ἐπὶ τῆς ΒΜ περιφέρεια τοιούτων ρνε̄ θ',
οἵων ὁ περὶ τὸ ΒΓΜ ὀρθογώνιον κύκλος τξ,
ἡ δ' ἐπὶ τῆς ΓΜ τῶν λοιπῶν εἰς τὸ ἡμικύκλιον κδ̄ να'. Καὶ τῶν ὑπ' αὐτὰς ἄρα
εὐθειῶν, ἡ μὲν ΒΜ τοιούτων ἐςὶν ριζ̄ ια',
οἵων ἐςὶν ἡ ΒΓ ὑποτείνουσα ρκ, ἡ δὲ ΓΜ
τῶν αὐτῶν κε̄ μθ'. Ὥςε καὶ οἵων ἐςὶν
ἡ μὲν ΒΓ εὐθεῖα ᾱ ιε, τοιούτων καὶ ἡ μὲν

l'astre au commencement du bélier, sera
à 45^d 14' dans sa plus grande distance à
l'orient du soleil vrai.

Soit maintenant une fi-
gure à peu près pareille,
excepté que la tangente à
l'épicycle y touchera les parties du soir et suivant l'ordre
des points (*signes*), l'astre
se trouvant pareillement au
commencement du bélier. Car, d'après ce
qui a été prouvé, l'angle ADT demeurant
le même, l'angle DGK se trouve de 70 des
degrés dont 360 font deux angles droits,
et la droite GK, c'est-à-dire LT, est de 1^p 1'
de celles dont GZ menée du centre de l'excentrique en contient 60, et ZT menée du
centre de l'épicycle, de 43^p 10'. De sorte
que la droite entière ZL est de 44^p 11' de
ces parties. Mais il est clair que l'hypoténuse GZ étant de 120^p, ZL en aura 88^p 22';
et son arc sera de 94^d 51' des degrés dont
le cercle circonscrit au rectangle GZL en
contient 360. Ainsi l'angle ZGL est de 94^d
51' des degrés dont 360 font deux angles
droits, et l'angle ZGK vaut les 85^d 9' restants de l'angle droit, et l'angle entier
ZGD, c'est-à-dire BGM, a pour valeur 155^d
9' des degrés dont le cercle circonscrit au
rectangle BGM en contient 360. Et l'arc
soutenu par GM contient les 24^d 51' qui
complètent le demi-cercle ; donc de ces
soutendantes, BM est de 117^p 11' des parties dont l'hypoténuse BG en contient 120;
et GM est de 25^p 49' des mêmes parties.
Si donc la droite BG est de 1^p 15', BM en

aura 1ᵖ 13′, MG 0ᵈ 16′, et MZ entière 60ᵖ 16′. C'est pourquoi l'hypothénuse BZ est de 60ᵖ 17′ de ces mêmes parties. Si donc on fait la droite BZ de 120ᵖ, BM en aura 2ᵖ 25′, et l'arc qu'elle soutend sera de 2ᵈ 19′ des degrés dont 360 font deux angles droits. Mais l'angle BZG vaut 204ᵈ 51′ de ces degrés, parceque nous avons prouvé que l'angle DGZ est de 155ᵈ 9′. Donc l'angle entier ABZ du mouvement moyen en longitude, se trouve de 207ᵈ 10′ des degrés dont 360 font deux angles droits, et de 103ᵈ 35′ de celles dont 360 font quatre angles droits. Il s'ensuit que le soleil par son mouvement moyen est dans 11ᵈ 25′ du verseau, et par son mouvement vrai dans le 3ᵉ degré 38′. Ensorte que l'astre dans sa plus grande distance au soleil vrai, le soir, en sera à 46ᵈ 22′, étant au commencement du bélier.

Pour Mercure, afin de préparer pour la suite, à l'intelligence de ses phases, il est bon de trouver de combien cet astre s'écarte du soleil vrai dans sa plus grande distance, le soir, lorsqu'il est dans le commencement du scorpion, et le matin, lorsqu'il est dans le premier point du taureau. Puisque suivant l'hypothèse établie pour Mercure, le mouvement apparent de cet astre étant donné, on n'a pas pour cela son mouvement moyen en longitude, parceque la droite GZ ne reste pas toujours la même, ni égale à celle qui est menée

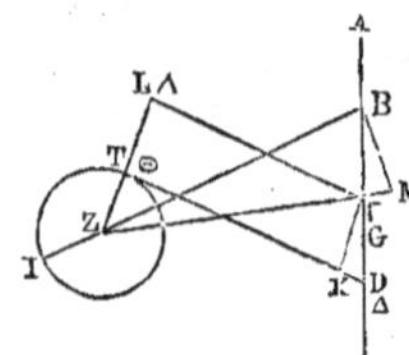

BM ἔςαι $\overline{α}$ ιγ′, ἡ δὲ ΜΓ ὁμοίως $\overline{ο}$ ιϛ′, ἡ δὲ μζ ὅλη $\overline{ξ}$ ιϛ′. Διὰ τοῦτο δὲ καὶ ἡ ΒΖ ὑποτείνουσα τῶν αὐτῶν $\overline{ξ}$ ιζ′. Καὶ οἵων ἐςὶν ἄρα ἡ ΒΖ εὐθεῖα ρκ̅, τοιούτων καὶ ἡ μὲν ΒΜ ἔςαι $\overline{β}$ κε′, ἡ δ' ἐπ' αὐτῆς περιφέρεια τοιούτων $\overline{β}$ ιθ′, οἵων ἐςὶν ὁ περὶ τὸ ΒΖΜ ὀρθογώνιον κύκλος τ̅ξ̅. Ωστε καὶ ἡ ὑπὸ ΒΖΜ γωνία τοιούτων ἐςὶ $\overline{β}$ ιθ′, οἵων αἱ δύο ὀρθαὶ τ̅ξ̅. Εςι δὲ καὶ ἡ ὑπὸ ΒΓΖ τῶν αὐτῶν σ̅δ̅ να′, διὰ τὸ τὴν ὑπὸ ΔΓΖ τῶν αὐτῶν δεδεῖχθαι ρ̅νε̅ θ′. Καὶ ὅλη ἄρα ἡ ὑπὸ ΑΒΖ γωνία τῆς ὁμαλῆς καὶ κατὰ μῆκος παρόδου, οἵων μέν εἰσιν αἱ δύο ὀρθαὶ τ̅ξ̅, τοιούτων συνάγεται σ̅ζ̅ ι′, οἵων δ' αἱ τέσσαρες ὀρθαὶ τ̅ξ̅, τοιούτων ρ̅γ̅ λε′. Εφέξει ἄρα καὶ ἡ μὲν μέση τοῦ ἡλίου πάροδος ὑδροχόου μοίρας ι̅α̅ κε′, ἡ δ' ἀκριβὴς ι̅γ̅ λη′. Ωςε καὶ ὁ ἀςὴρ ἀποςήσεται τὸ πλεῖςον εἰς τὰ ἑσπέρια τοῦ ἀκριβοῦς ἡλίου, ὅταν ὁμοίως ἐπὶ τῆς ἀρχῆς ᾖ τοῦ κριοῦ, μοίρας μ̅ϛ̅ κβ′.

Επὶ δὲ τοῦ τοῦ Ερμοῦ ἀςέρος ὑποκείσθω, διὰ τὸ πρὸς τὰς ἐσομένας ἐν τοῖς ἑξῆς ἀποδείξεις τῶν ἐκλειπτικῶν αὐτοῦ φάσεων προχειρότερον εὑρεῖν πόσον τὸ πλεῖςον ὁ ἀςὴρ ἀφίςαται τοῦ ἀκριβοῦς ἡλίου, ἑσπέριος μὲν περὶ τὰς ἀρχὰς τοῦ σκορπίωνος τυγχάνων, ἑῷος δὲ περὶ τὰς ἀρχὰς τοῦ ταύρου. Επειδὴ τοίνυν κατὰ τὴν τοῦ Ερμοῦ ὑπόθεσιν, τῆς μὲν φαινομένης τοῦ ἀςέρος παρόδου δοθείσης, ἡ μέση κατὰ μῆκος οὐ καταλαμβάνεται, παρὰ τὸ μηδὲ τὴν ΓΖ εὐθεῖαν τὴν αὐτὴν ἀεὶ καὶ ἴσην τῇ ἐκ τοῦ κέντρου τοῦ ἐκκεντρȣ

συντηρεῖσθαι, καθάπερ ἐπὶ τῆς τῶν ἄλλων ὑποθέσεων, τῆς δὲ κατὰ μῆκος ὁμαλῆς
παρόδου δοθείσης καὶ ἡ φαινομένη δείκνυται. Δύο τοῦ μήκους ἐποχὰς ὑποτιθέμε-
νοι καθ' ἕκαςον τῶν δωδεκατημορίων,
τὰς δυναμένας φέρειν τὸν ἀςέρα περὶ τὴν
ἀρχὴν τοῦ ἐπιζητουμένου, τὴν μὲν εἰς
τὰ προηγούμενα, τὴν δὲ εἰς τὰ ἑπόμενα,
καὶ τὰς ἐν ταῖς εὑρισκομέναις παρόδοις
γινομένας μεγίςας ἀποςάσεις ἐπιλογιζό-
μενοι, διὰ τούτων καὶ τὴν ἐπ' αὐτῆς τῆς
ἀρχῆς τοῦ δωδεκατημορίου συνιςαμένην
μεγίςην ἀπόςασιν εὑρίσκομεν, ὡς ἔςαι διὰ
τῶν προκειμένων εὑρεῖν εὐκατανόητον· καὶ
πρῶτον ἐπὶ τῆς ἐν ἀρχαῖς τοῦ σκορπίωνος μεγίςης ἑσπερίας διαςάσεως.

Εςω γὰρ ἡ διὰ τοῦ Α ἀπο-
γείου διάμετρος ἡ ΑΒΓΔ ἐφ'
ἧς ὑποκείσθω τὸ μὲν τοῦ ζωδιακοῦ κέντρον τὸ Γ, τὸ δὲ τῆς
ὁμαλῆς τοῦ ἐπικύκλου κινήσεως
τὸ Β. Καὶ νοείσθω πρῶτον ἐπ'
αὐτοῦ τοῦ ἀπογείου τὸ κέντρον
τοῦ ἐπικύκλου, ἵνα καὶ ἡ μὲν
μέση κατὰ μῆκος τοῦ ἡλίου
παροδος ἐπέχη χηλῶν μοίρας
ῑ, ἡ δ' ἀκριβὴς η̄. Καὶ γραφέντος περὶ τὸ Α τοῦ ΖΗ ἐπικύκλου, ἤχθω ἀπὸ τοῦ Γ ἐφαπτομένη αὐτοῦ τῶν ἑσπερίων ἡ ΓΗ, καὶ ἐπεζεύχθω ἡ ΑΗ κάθετος. Επεὶ τοίνυν δέδεικται διὰ τῶν προεφωδευμένων, ὅτι
οἵων ἐςὶν ἡ ΓΑ τοῦ μεγίςου ἀποςήματος
ξ̄θ̄, τοιούτων ἐςὶν ἡ ΑΗ ἐκ τοῦ κέντρου
τοῦ ἐπικύκλου κβ̄ ς″, εἴη ἂν καὶ οἵων

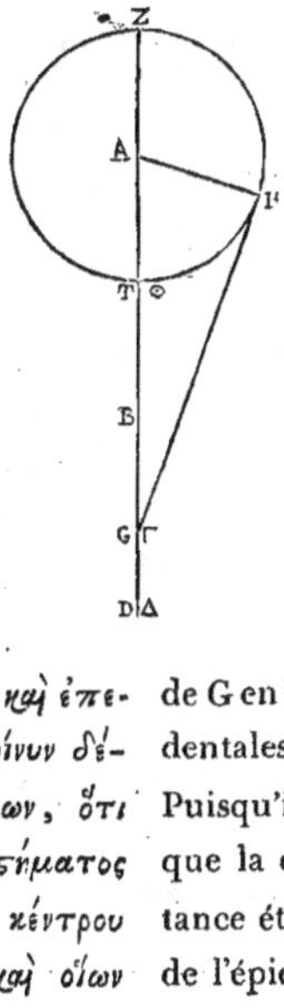

du centre de l'excentrique, comme dans
l'hypothèse des autres, mais le mouvement
uniforme, égal ou moyen, en longitude,
étant donné, le mouvement apparent s'en
conclut. Supposant deux lieux en longitude, en chaque douzième division (*dodé-
catémorie*) qui peuvent porter l'astre au
commencement de celle qui est en question, l'un vers les points antécédents, et
l'autre vers les points suivants, et calculant
les plus grandes distances qui sont dans
les lieux trouvés, nous obtenons par ce
moyen, la plus grande distance qui puisse
être au commencement de la dodécaté-
morie, comme il sera facile de s'en convaincre d'après ce que nous avons dit ; et
d'abord, nous commencerons par la plus
grande distance occidentale dans les premiers points du scorpion.

Soit, en effet, le diamètre
ABGD, passant par l'apogée A ;
prenons sur ce diamètre le centre G du zodiaque, et B celui
du mouvement uniforme de l'é-
picycle. Imaginons en premier
lieu le centre de l'épicycle dans
l'apogée même, pour que le soleil, par son mouvement moyen,
soit dans les 10ᵈ des serres, et
par son mouvement vrai, dans
les 8ᵈ. Ayant décrit autour du
point A l'épicycle ZH, je mène
de G en H la tangente GH aux parties occidentales, et je joins la perpendiculaire AH.
Puisqu'il a été prouvé par ce qui précède,
que la droite GA de la plus grande distance étant de 69ᵈ, AH menée du centre
de l'épicycle en a 22ᵈ ½ ; si l'hypoténuse

AG est de 120ᵈ, la droite AH en aura 39ᵈ 8'. De sorte que l'arc soutendu par AH sera de 39ᵈ 4' des degrés dont le cercle décrit autour du rectangle AGH en contient 360. Et l'angle AGH sera de 38ᵈ 4' des degrés dont 360 font deux angles droits, et de 19ᵈ 2' de ceux dont 360 font quatre angles droits; et la droite GH est sur le 10ᵉ degré des serres. Cet astre sera donc dans les 29ᵈ 2' des serres, à 21ᵈ 2' du soleil vrai dans sa plus grande distance.

Supposons encore la longitude moyenne depuis l'apogée, de 3ᵈ, ensorte que le soleil moyen soit dans les 13ᵈ des serres, et le soleil vrai dans les 11ᵈ 4'. Ayant mené la droite BE, décrivons autour du centre E, l'épicycle ZH, et après avoir tiré la tangente GH, joignons EB, EG, EH. Puisque suivant la position donnée, celle de l'angle ABE de 3 des degrés dont 360 font quatre angles droits, il est prouvé par ce qui précède, que l'angle AGE de la différence d'excentricité est de 2ᵈ 52' des mêmes degrés, et la droite EG de la distance de l'épicycle alors est d'environ 78ʳ 58' des parties dont la droite EH menée du centre de l'épicycle en contient 22ᵖ 30'. La droite EH aura 39ᵖ 9' de celles dont l'hypoténuse EG en contient 120. De sorte que l'arc soutendu par EH est de 38ᵈ 5' des degrés dont le cercle circonscrit au rectangle GEH en contient 360; et l'angle EGH est de 38ᵈ 5' des degrés dont 360 font deux angles droits, et d'environ 19ᵈ 3' de

ἐςὶν ἡ ΑΓ ὑποτείνουσα ρκ, τοιούτων ἡ ΑΗ εὐθεῖα λθ η'. Ὥςτε κỳ ἡ μὲν ἐπὶ τῆς ΑΗ περιφέρεια τοιούτων ἐςὶ λῆ δ', οἵων ὁ περὶ τὸ ΑΓΗ ὀρθογώνιον κύκλος τξ, ἡ δὲ ὑπὸ ΑΓΗ γωνία, οἵων μέν εἰσιν αἱ δύο ὀρθαὶ τξ, τοιούτων λῆ δ', οἵων δ' αἱ τέσσαρες ὀρθαὶ τξ, τοιούτων ιθ β'. Καὶ ἔςιν ἡ ΓΑ, κατὰ τῆς ι μοίρας τῶν χηλῶν. Ὁ ἀςὴρ ἄρα ἐφέξει τῶν χηλῶν μοίρας κθ β', διεςηκὼς τὸ μέγιςον τοῦ ἀκριβοῦς ἡλίου μοίρας κα β'.

Πάλιν ὑποκείσθω τὸ μέσον ἀπὸ τοῦ ἀπογείου μῆκος γ μοιρῶν, ὥςτε καὶ τὸν μέσον ἥλιον ἐπέχειν χηλῶν μοίρας ιγ, τὸν δ' ἀκριβῆ ια δ'. Καὶ διαχθείσης τῆς ΒΕ, γεγράφθω περὶ τὸ Ε κέντρον ὁ ΖΗ ἐπίκυκλος, ἐφαπτομένης τε ὡσαύτως ἀχθείσης τῆς ΓΗ, ἐπεζεύχθωσαν αἱ ΕΒ, κỳ ΕΓ, κỳ ΕΗ. Ἐπεὶ κατὰ τὴν ἐκκειμένην θέσιν, τυτέςτι τῆς ὑπὸ ΑΒΕ γωνίας ὑποκειμένης τοιούτων γ οἵων εἰσὶν αἱ δ ὀρθαὶ τξ, δείκνυται διὰ τῶν προςφωδευμένων ἡ μὲν ὑπὸ ΑΓΕ γωνία τῆς παρὰ τὴν ἐκκεντρότητα διαφορᾶς, τῶν αὐτῶν β νβ', ἡ δὲ ΕΓ τοῦ τότε ἀποςήματος τοῦ ἐπικύκλου, τοιούτων ζῆ νη' ἐγγίςα, οἵων ἐςὶν ἡ ΕΗ ἐκ τοῦ κέντρου τοῦ ἐπικύκλου, κβ λ', εἴη ἂν καὶ τοιούτων ἡ ΕΗ εὐθεῖα λθ θ', οἵων ἐςὶν ἡ ΕΓ ὑποτείνουσα ρκ. Ὥςτε καὶ ἡ μὲν ἐπὶ τῆς ΕΗ περιφέρεια τοιούτων ἐςὶ λῆ ε', οἵων ἐςὶν ὁ περὶ τὸ ΓΕΗ ὀρθογώνιον κύκλος τξ, ἡ δὲ ὑπὸ ΕΓΗ γωνία, οἵων μέν εἰσιν αἱ δύο ὀρθαὶ τξ, τοιούτων λῆ ε', οἵων δ' αἱ

τέσσαρες ὀρθαὶ τξ̄, τοιούτων ιθ̄ γ´ ἔγγιϛα.
Διὰ τοῦτο δὲ καὶ ἡ μὲν ὑπὸ ΑΓΗ ὅλη τῶν
αὐτῶν κᾱ νε´. Καὶ ὅταν ἄρα ὁ ἀϛὴρ ἐπέχῃ
σκορπίου μοίρας ᾱ νε´, τὸ πλεῖϛον ἀπο-
ϛήσεται τοῦ ἀκριβοῦς ἡλίου μοίρας κ̄ να´.
Ἐδείχθη δ᾽ ὅτι καὶ ὅταν ἐπέχῃ χηλῶν μοίρας
κθ̄ β´, τὸ πλεῖϛον ἀφέξει τοῦ ἀκριβοῦς
ἡλίου μοίρας κᾱ β´. Ἐπεὶ οὖν τῶν μὲν ἐποχῶν ἡ ὑπεροχὴ μοιρῶν ἐϛι β̄ νγ´, τῶν δὲ
μεγίϛων διαϛάσεων ἑξηκοϛῶν ια´, ὡς καὶ
τοῖς ἀπὸ τῆς ᾱ ἐποχῆς ἐπὶ τὴν ἀρχὴν τοῦ
σκορπίου ἑξηκοϛοῖς νη̄ ἐπιβάλλειν ξξ
δ̄ ἔγγιϛα· ταῦτα ἀφελόντες τῶν κᾱ β´,
ἕξομεν καὶ τὴν ἐν αὐτῇ τῇ ἀρχῇ τοῦ σκορπίου μεγίϛην τοῦ ἀκριβοῦς ἡλίου διάϛασιν ἑσπερίαν, μοιρῶν κ̄ νη´.

Ἑξῆς δὲ καὶ τῆς ἐν ἀρχῇ τοῦ ταύρου
μεγίϛης ἑῴας διαϛάσεως ἕνεκεν, ὑποκείσθω
πρῶτον ἡ μέση κατὰ μῆκος πάροδος ἀπ-
έχουσα εἰς τὰ ἑπόμενα τοῦ περιγείου μοίρας λθ̄· ὥϛτε καὶ τὸν μὲν μέσον ἥλιον
ἐπέχειν τοῦ ταύρου μοίρας ιθ̄, τὸν δ᾽ ἀκριβῆ
ιθ̄ λη´, καὶ ἐκκείσθω ὁμοία καταγραφὴ,
τοῦ μὲν ἐπικύκλου εἰς τὰ ἑπόμενα τοῦ
περιγείου ἐσχηματισμένου, τῆς δ᾽ ἐφαπτομένης ἐπὶ τὰ ἑῷα τῦ ἐπικύκλου διηγμένης. Ἐπεὶ τοίνυν κατὰ τὴν ἐκκειμένην
πάροδον, τουτέϛι τῆς ὑπὸ
ΔΒΖ γωνίας ὑποκειμένης
τοιούτων λθ̄, οἵων εἰσὶν αἱ
τέσσαρες ὀρθαὶ τξ̄, δείκνυται διὰ τῶν προεφωδευμέ-
νων, ἡ μὲν ὑπὸ ΔΓΕ γωνία
τῶν αὐτῶν μ̄ νζ´, ἡ δὲ ΓΕ
τοῦ τότε ἀποϛήματος τοιϛτων νε̄ νθ´, οἵων
ἐϛὶν ἡ ΕΗ ἐκ τοῦ κέντρου τοῦ ἐπικύκλου

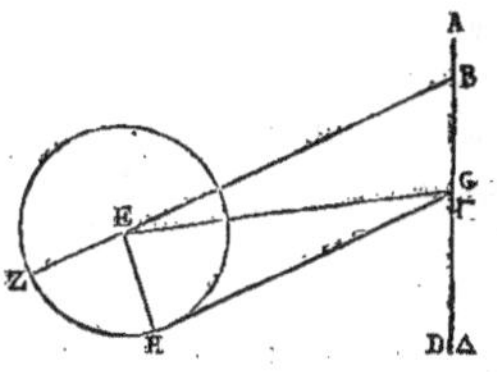

ceux dont 360 font quatre angles droits.
C'est pourquoi l'angle entier AGH vaut
21^d 55′ de ces degrés. Quand donc l'astre
sera sur 1^d 55′ du scorpion, sa plus grande
distance au soleil vrai sera de 20^d 51′.
Mais il a été prouvé que quand il sera
sur les 29^d 2′ des serres, elle sera de
21^d 2′ loin du soleil vrai. Puis donc que
la différence de ces lieux est 2^d 53′, et
celle des plus grandes distances 0^d 11′,
parcequ'aux 58 soixantièmes qui restent
depuis le premier lieu jusqu'au commencement du scorpion, répondent 4′ envi-
ron ; si nous les retranchons de 21^d 2′,
nous aurons pour la plus grande distance
au soleil vrai, qui ait lieu le soir, dans
les premiers points du scorpion, 20^d 58′.

Ensuite, pour la plus grande distance
orientale, dans le commencement du taureau ; supposons d'abord la moyenne de
39^d plus avancée en longitude que le périgée, de sorte que le soleil moyen soit dans le
19e degré du taureau, et le soleil vrai dans
le 19e degré 38′, l'épicycle étant représenté
sur une figure pareille, dans les points
suivants du périgée, et la tangente menée
aux points orientaux de l'épicycle. Maintenant, puisque suivant le mouvement exposé, c'est-à-dire l'angle
DBZ étant supposé de 39^d
des degrés dont 360 font
quatre angles droits, il est
démontré par ce qui pré-
cède que l'angle DGE est de
40^d 57′, et que la droite GE
de la distance alors est de 55^p 59′ des parties dont la droite EH menée du centre

de l'épicycle en contient 22ᵖ 3o'. Si l'hypoténuse GE est de 12oᵖ, la droite EH en aura 48ᵖ 14', et l'arc sou-tendu par cette droite, 47ᵈ 24' des degrés dont le cer-cle circonscrit au rectangle GEH en contient 36o. Ensorte que l'an-gle EGH est de 47ᵈ 24' des degrés dont 36o font deux angles droits, et de 23ᵈ 42' des degrés dont 36o font quatre angles droits. Et l'angle restant HGD (*h*) est de 17ᵈ 15'; donc l'astre de Mercure étant dans le 27ᵉ de-gré 15' du bélier, le matin, sa plus grande distance au soleil vrai étoit de 22ᵈ 23'.

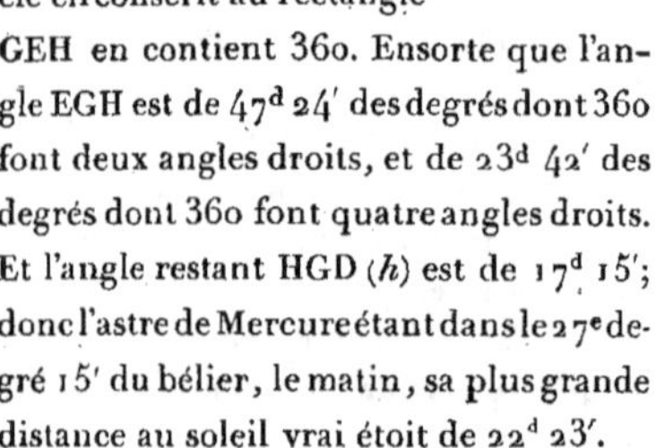

Supposons-le, maintenant, dans sa lon-gitude moyenne, à une distance de 42ᵈ vers les mêmes points suivants du périgée, ensorte que le soleil par son mouvement moyen soit sur le 22ᵉ degré du taureau, et par son mouvement vrai, sur les 22ᵈ 31'. Puisque suivant ce mouvement, c'est-à-dire l'angle DBZ étant supposé de 42ᵈ des degrés dont 36o font quatre angles droits, l'angle DGE est démontré en va-loir 44ᵈ 4', et la droite GE de la distance qui a lieu alors, 55ᵈ 5o' des degrés dont EH menée du centre de l'épicycle en a 22ᵈ 3o': l'hypoténuse EG étant de 12oᵈ, la droite EH en aura 48 19', et l'arc soutendu par cette droite sera de 47ᵈ 3o' des degrés dont le cercle circonscrit au rectangle GEH en contient 36o. De sorte que l'angle EGH est de 47ᵈ 3o' des degrés dont 36o font deux angles droits, et de 23ᵈ 45' des degrés dont 36o font quatre angles droits, et l'angle HGD en vaut 2oᵈ 19'. Donc quand l'astre

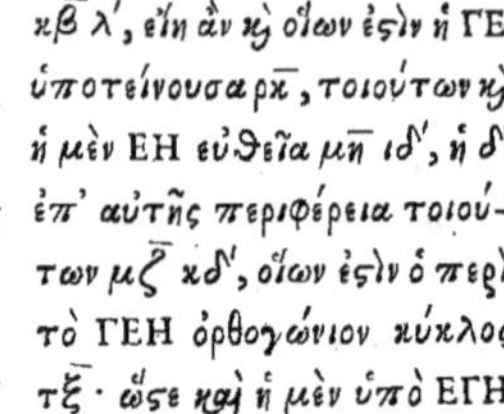

κβ̅ λ', εἴη ἂν κ̣ οἵων ἐς̣ιν ἡ ΓΕ ὑποτείνουσα ρκ̅, τοιούτων κ̣ ἡ μὲν ΕΗ εὐθεῖα μη̅ ιδ', ἡ δ' ἐπ' αὐτῆς περιφέρεια τοιού-των μζ̅ κδ', οἵων ἐς̣ιν ὁ περὶ τὸ ΓΕΗ ὀρθογώνιον κύκλος τξ̅· ὥςε κ̣ ἡ μὲν ὑπὸ ΕΓΗ γωνία, οἵων μέν εἰσιν αἱ δύο ὀρθαὶ τξ̅, τοιούτων ἐς̣ μζ̅ κδ', οἵων δ' αἱ τέσσαρες ὀρθαὶ τξ̅, τοιούτων κγ̅ μβ', λοιπὴ δὲ ἡ ὑπὸ ΗΓΔ τῶν αὐτῶν ιζ̅ ιε'· κ̣ ὁ τοῦ Ἑρ-μοῦ ἄρα ἀςὴρ ἐπέχων κριοῦ μοίρας κζ̅ ιε', τὸ πλεῖςον ἑῷος ἀφέξει τοῦ ἀκριβοῦς ἡλίου μοίρας κβ̅ κγ'.

Πάλιν ὑποκείσθω κατὰ τὸ μέσον μῆκος ἀπέχων ἐπὶ τὰ αὐτὰ τοῦ περιγείου μοίρας μβ̅, ὥςε κ̣ τὸν ἥλιον μέσως μὲν ἐπέχειν ταύρου μοίρας κβ̅, ἀκριβῶς δὲ κβ̅ λα'. Ἐπεὶ οὖν κ̣ κατὰ ταύτην τὴν πάροδον, τουτές̣ι τῆς ὑπὸ ΔΒΖ γωνίας ὑποκειμέ-νης τοιούτων μβ̅, οἵων εἰσὶν αἱ τέσσαρες ὀρθαὶ τξ̅, ἡ μὲν ὑπὸ ΔΓΕ γωνία δείκνυ-ται τῶν αὐτῶν μδ̅ δ', ἡ δὲ ΓΕ εὐθεῖα τοῦ τότε ἀποςήματος τοιούτων νε̅ ν', οἵων ἐς̣ιν ἡ ΕΗ ἐκ τοῦ κέντρου τοῦ ἐπικύκλου κβ̅ λ'· εἴη ἂν, κ̣ οἵων ἐς̣ιν ἡ ΕΓ ὑποτείνουσα ρκ̅, τοιούτων κ̣ ἡ μὲν ΕΗ εὐθεῖα μη̅ ιθ', ἡ δ' ἐπ' αὐτῆς περιφέρεια τοιούτων μζ̅ λ', οἵων ἐς̣ιν ὁ περὶ τὸ ΓΕΗ ὀρθογώνιον κύκλος τξ̅· ὥςε κ̣ ἡ μὲν ὑπὸ ΕΓΗ γωνία, οἵων μέν εἰσιν αἱ δύο ὀρθαὶ τξ̅, τοιούτων ἐς̣ μζ̅ λ', οἵων δὲ αἱ τέσσαρες ὀρθαὶ τξ̅, τοιούτων κγ̅ με', λοιπὴ δὲ ἡ ὑπὸ ΗΓΔ τῶν αὐτῶν κ̅ ιθ'. Ὅταν ἄρα ὁ τοῦ

Ἑρμοῦ ἀςὴρ ἐπέχῃ ταύρου τῆς πρώτης μοίρας ἑξηκοςὰ ιθ̄, τὸ πλεῖςον ἀφέξει τοῦ ἀκριβοῦς ἡλίου εἰς τὰ ἑῷα μοίρας κβ̄ ιβʹ.

Ἐδείχθη δ᾽ ὅτι κỳ ὅταν ἐπέχῃ κριȣ̄ μοίρας κζ̄ ιεʹ, τὸ πλεῖςον ὁμοίως ἀφέξει μοίρας κβ̄ κγʹ. Ἐπεὶ οὖν πάλιν τῶν μὲν ἐποχῶν ἡ ὑπεροχὴ μοιρῶν ἐςι γ̄ δʹ, τῶν δὲ μεγίςων διαςάσεων ἑξηκοςῶν ιαʹ, ὡς κỳ ταῖς ἀπὸ τῆς πρώτης ἐποχῆς ἐπὶ τὴν ἀρχὴν τȣ̄ ταύρου μοίραις β̄ μεʹ ἐπιβάλλειν ἑξηκοςὰ ῑ ἔγγιςα, ταῦτα ἀφελόντες τῶν κβ̄ κγʹ, ἕξομεν κỳ τὴν ἐν αὐτῇ τῇ ἀρχῇ τοῦ ταύρου μεγίςην ἑῷαν ἀπὸ τοῦ ἀκριβοῦς ἡλίου διάςασιν μοιρῶν κβ̄ ιγʹ, ἅπερ προέκειτο εὑρεῖν.

Κατὰ τὸν αὐτὸν δὲ τρόπον κỳ τὰς ἐπὶ τῶν ἄλλων δωδεκατημορίων συναγομένας μεγίςας ἀποςάσεις ἑῴους τε κỳ ἑσπερίας ἀμφοτέρων τῶν ἀςέρων ἐπιλογισάμενοι, ἐτάξαμεν αὐτῶν κανόνιον, ἐπὶ ςίχους μὲν τοὺς ἰσαρίθμȣς ιβ̄, σελίδια δὲ ε̄· τούτων δὲ ἐν μὲν τῷ πρώτῳ σελιδίῳ, προετάξαμεν τὰς ἀρχὰς τῶν δωδεκατημορίων ἀπὸ κριοῦ ποιησάμενοι τὴν ἀρχήν. Ἐν δὲ τοῖς ἐφεξῆς τέταρσι παρεθήκαμεν τὰς ἐπιλελογισμένας μεγίςας ἀπὸ τοῦ ἀκριβοῦς ἡλίου διαςάσεις, τοῦ μὲν δευτέρου περιέχοντος τὰς ἑῴους τȣ̄ τῆς Ἀφροδίτης ἀςέρος, τȣ̄ δὲ τρίτου τὰς ἑσπερίας. Καὶ πάλιν τȣ̄ μὲν τετάρτȣ τὰς ἑῴους τȣ̄ τȣ̄ Ἑρμȣ̄, τȣ̄ δὲ πέμπτου τὰς ἑσπερίας. Καὶ ἔςι τὸ κανόνιον τοιοῦτον.

de Mercure sera dans les 19′ du premier degré du taureau, sa plus grande distance au soleil vrai vers les points suivants, le matin, sera de 22ᵈ 12′.

Mais on a montré qu'étant sur les 27ᵈ 15′ du bélier, il sera dans sa plus grande distance à 22ᵈ 23′ du ☉. Puis donc que la différence des lieux est de 3ᵈ 4′, et celle des plus grandes distances, de 11′; comme aux 2ᵈ 45′ depuis le premier lieu jusqu'au commencement du taureau, répondoient environ 10 soixantièmes, en les retranchant de 22ᵈ 23′, nous aurons au commencement du taureau la plus grande distance, le matin, depuis le soleil vrai, de 22ᵈ 13′, c'est ce que je voulois trouver.

Après avoir calculé de la même manière pour ces deux astres, leurs plus grandes distances, tant celles du matin, que celles du soir, sur les autres dodécatemories du zodiaque, nous en avons dressé une table de 12 lignes, nombre des divisions de ce cercle, et sur 5 colonnes, dans la 1ʳᵉ desquelles nous avons placé les commencements de ces douzièmes divisions, en commençant par le bélier. Dans les quatre colonnes suivantes, nous avons mis les plus grandes distances calculées depuis le soleil vrai. La seconde colonne contenant celles du matin pour Vénus, et la troisième, celles du soir, la quatrième contenant celles du matin pour Mercure, et la cinquième celles qu'il a au soir. Voici maintenant cette Table.

TABLE DES PLUS GRANDES DISTANCES AU SOLEIL VRAI.									ΜΕΓΙΣΤΑΙ ΑΠΟΣΤΑΣΕΙΣ ΠΡΟΣ ΤΟΝ ΑΚΡΙΒΗ ΗΛΙΟΝ.								
PREMIERS POINTS DES DOUZIÈMES DIVISIONS DU ZODIAQUE. (1.)	VÉNUS — Le matin. (2.)		Le soir. (3.)		MERCURE — Le matin. (4.)		Le soir. (5.)		ΔΩΔΕΚΑΤΗΜΟΡΙΩΝ ΑΡΧΑΙ. (α.)	ΑΦΡΟΔΙΤΗΣ — Εῷοι. (β.)		Εσπέριοι. (γ.)		ΕΡΜΟΥ — Εῷοι. (δ.)		Εσπέριοι. (ε.)	
Bélier.	45	14	46	22	24	14	19	36	Κριοῦ.	με	ιδ	μς	κβ	κδ	ιδ	ιθ	λς
Taureau.	45	17	45	31	22	13	21	7	Ταύρου.	με	ιζ	με	λα	κβ	ιγ	κκ	ζ
Gémeaux.	45	34	44	49	20	18	23	41	Διδύμων.	με	λδ	μδ	μθ	κ	ιη	κγ	μα
Cancer.	45	56	44	25	18	17	26	16	Καρκίνου.	με	νς	μδ	κε	ιη	ις	κς	ις
Lion.	46	20	44	31	16	35	27	37	Λέοντος.	μς	κ	μδ	λα	ις	λε	κζ	λς
Vierge.	46	38	44	55	16	8	26	17	Παρθένου.	μς	λη	μδ	νε	ις	η	κς	ιζ
Serres.	46	45	45	41	17	46	23	31	Ζυγοῦ.	μς	με	με	μα	ιζ	μς	κγ	λα
Scorpion.	46	47	46	30	21	32	20	58	Σκορπίου.	μς	μζ	μς	λ	κα	λβ	κ	νη
Sagittaire.	46	1	47	18	26	9	19	28	Τοξότου.	μς	α	μς	ιγ	κς	θ	ιθ	κη
Capricorne.	46	7	47	35	28	37	19	14	Αἰγοκέρωτ.	μς	ζ	μς	λε	κη	λζ	ιθ	ιθ
Verseau.	45	41	47	34	28	17	18	61	Ὑδροχόου.	με	μα	μς	λδ	κη	ις	ιη	να
Poissons.	45	20	47	7	26	24	19	0	Ἰχθύων.	με	κ	μς	ζ	κς	κδ	ιθ	ō

FIN DU LIVRE DOUZIÈME DE LA COMPOSITION MATHÉMATIQUE DE CL. PTOLÉMÉE.

ΚΛΑΥΔΙΟΥ ΠΤΟΛΕΜΑΙΟΥ ΜΑΘΗΜΑΤΙΚΗΣ ΣΥΝΤΑΞΕΩΣ ΤΟΥ ΙΒ ΒΙΒΛΙΟΥ ΤΕΛΟΣ.

ΚΛΑΥΔΙΟΥ ΠΤΟΛΕΜΑΙΟΥ

ΜΑΘΗΜΑΤΙΚΗΣ ΣΥΝΤΑΞΕΩΣ

ΒΙΒΛΙΟΝ ΤΡΙΣΚΑΙΔΕΚΑΤΟΝ.

—

TREIZIÈME LIVRE

DE LA COMPOSITION MATHÉMATIQUE

DE CLAUDE PTOLÉMÉE.

ΚΕΦΑΛΑΙΟΝ Α.   CHAPITRE I.

ΠΕΡΙ ΤΩΝ ΕΙΣ ΤΑΣ ΚΑΤΑ ΠΛΑΤΟΣ ΠΑΡΟΔΟΥΣ ΤΩΝ Ε̄ ΠΛΑΝΩΜΕΝΩΝ ΥΠΟΘΕΣΕΩΝ.

DES HYPOTHÈSES SUR LES ÉCARTS DES CINQ PLANÈTES EN LATITUDE.

ΥΠΟΛΕΙΠΟΜΕΝΩΝ δ᾽ εἰς τὴν περὶ τῶν πέντε πλανωμένων σύνταξιν ἔτι δύο τούτων, τῆς τε κατὰ πλάτος αὐτῶν γινομένης πρὸς τὸν διὰ μέσων τῶν ζωδίων κύκλον παρόδου, καὶ τῆς περὶ τὰς ἀποστάσεις τῶν πρὸς τὸν ἥλιον φάσεων καὶ κρύψεων πραγματείας, προδιαληφθῆναι δ᾽ ὀφειλουσῶν καὶ ἐνταῦθα τῶν πλατικῶν ἑκάςου διαςάσεων, ἐπειδὴ καὶ παρὰ τοῦτο γίνονταί τινες ἀξιόλογοι περὶ τὰς φάσεις καὶ κρύψεις διαφοραί, προεκθησόμεθα πρῶτον πάλιν ὅσα κοινῇ περὶ τὰς τῶν κύκλων αὐτῶν ἐγκλίσεις ὑποτιθέμεθα. Ἕνεκεν μὲν τοίνυν τοῦ διπλῆν φαίνεσθαι ποιούμενον ἕκαςον καὶ τὴν κατὰ πλάτος διαφορὰν, ὥσπερ καὶ τὴν κατὰ μῆκος

Comme il ne reste plus, pour achever ce qui concerne les cinq planètes, qu'à parler de deux choses, savoir, de leur écart en latitude, par rapport au cercle mitoyen du zodiaque, et de leur éloignement du soleil dans leurs apparitions et leurs occultations ou disparitions, les latitudes devant être traitées les premières parcequ'elles produisent des effets sensibles et différents sur les apparitions et les disparitions, nous répéterons d'abord les propriétés que nous avons déjà dit être communes aux inclinaisons de leurs orbites. Comme chaque planète paroît avoir une double différence en latitude, ainsi que l'anomalie en longitude, l'une relativement aux portions du zodiaque à cause du cercle excentrique, l'autre relativement au soleil à cause de l'épicycle, nous supposons, pour toutes les planètes, l'excentrique incliné sur le plan du cercle milieu du zodiaque, et l'épicycle incliné sur le plan de l'excentrique; de telles inclinaisons ne causant, comme nous l'avons dit, et comme nous le prouverons encore, aucun changement dans la longitude ni dans les démonstrations des anomalies. Mais parceque, d'après les observations particulières de chaque planète, quand le nombre de la longitude corrigée et celui de l'anomalie corrigée sont également éloignés l'un et l'autre, d'environ un quart de cercle, l'un de la limite boréale ou méridionale de l'excentrique, l'autre, de l'apogée de la planète, les astres paroissent dans le plan de l'écliptique, nous avons supposé que leur inclinaison est l'angle formé sur le plan et au centre du zodiaque par leurs diamètres qui passent par ces deux limites, et que l'inclinaison de l'épicycle est l'angle formé par la ligne menée au centre de l'épicycle et celle qui passe par les points de l'apogée et du périgée.

En outre, nous avons observé dans les trois planètes, Saturne, Jupiter, et Mars, que quand leurs mouvements en longitude, ou digressions, se font dans le segment le plus apogée de l'excentrique, ces astres paroissent toujours plus boréaux que l'écliptique, et qu'entre toutes les

ἀνωμαλίαν, τὴν μὲν πρὸς τὰ μέρη τοῦ ζωδιακοῦ παρὰ τὸν ἔκκεντρον κύκλον, τὴν δὲ πρὸς τὸν ἥλιον καὶ παρὰ τὸν ἐπίκυκλον, ἐγκεκλιμένους ἐπὶ πάντων ὑποτιθέμεθα τόν τε ἔκκεντρον πρὸς τὸ τοῦ διὰ μέσων ἐπίπεδον, καὶ τὸν ἐπίκυκλον πρὸς τὸ τοῦ ἐκκέντρου, μηδεμιᾶς ὡς ἔφαμεν διὰ τοῦτο γινομένης ἀξιολόγου παραλλαγῆς περὶ τὴν κατὰ μῆκος πάροδον, ἢ τὰς ἀποδείξεις τῶν ἀνωμαλιῶν, μέχρι γε τῶν τηλικούτων ἐγκλίσεων, ὡς ἐν τοῖς ἐφεξῆς παραςήσομεν. Ἕνεκεν δὲ τοῦ διὰ τῶν κατὰ μέρος παρατηρήσεων καθ' ἕκαςον αὐτῶν, ὅταν ὅ τε του διευκρινημένου μήκους καὶ ὁ τῆς διευκρινημένης ἀνωμαλίας ἀριθμὸς ἑκάτερος ἅμα τεταρτημόριον ἔγγιςα ἀπέχῃ, ὁ μὲν τοῦ βορείου ἢ νοτίου πέρατος τοῦ ἐκκέντρου, ὁ δὲ τοῦ οἰκείου ἀπογείου, κατ' αὐτοῦ τοῦ περὶ τὸν διὰ μέσων ἐπιπέδου φαίνεσθαι τοὺς ἀςέρας, τάς τε τῶν ἐκκέντρων ἐγκλίσεις περὶ τὸ τοῦ ζωδιακοῦ κέντρον, ὥσπερ καὶ ἐπὶ τῆς σελήνης, καὶ πρὸς τὰς διὰ τῶν βορείων ἢ νοτίων περάτων διαμέτρους, ὑποτιθέμεθα καὶ τὰς τῶν ἐπικύκλων πρὸς τὰς ἐπὶ τὸ κέντρον τοῦ ζωδιακοῦ νευούσας αὐτῶν διαμέτρυς, ἐφ' ὧν τὰ φαινόμενα ἀπόγειά τε καὶ περίγεια θεωρεῖται.

Πάλιν δὲ ἐπὶ μὲν τῶν τριῶν πλανωμένων, Κρόνε τε καὶ Διὸς καὶ Ἄρεως, παρετηρήσαμεν ὅτι, ὅταν μὲν περὶ τὸ ἀπογειότερον τμῆμα τοῦ ἐκκέντρου τυγχάνωσιν αἱ κατὰ μῆκος αὐτῶν πάροδοι, βορειότεροι τὸ πλεῖςον αἰεὶ τοῦ διὰ μέσων φαίνονται, καὶ τῷ πλείςῳ τότε βορειότεροι κατὰ

τὰς ἐν τοῖς περιγείοις τῶν ἐπικύκλων παρόδους, τῶν ἐν τοῖς ἀπογείοις· ὅταν δὲ
περὶ τὸ περιγειότερον τμῆμα τοῦ ἐκκέντρου τυγχάνωσιν αἱ κατὰ μῆκος αὐτῶν
πάροδοι, κατὰ τὴν ἐναντίαν τάξιν, νοτιώτεραι φαίνονται τοῦ διὰ μέσων· καὶ ὅτι
τὰ βορειότατα πέρατα τῶν ἐκκέντρων,
ἐπὶ μὲν τοῦ τοῦ Κρόνου καὶ τοῦ τοῦ
Διὸς, περὶ τὰς ἀρχάς ἐςι τοῦ τῶν χηλῶν
δωδεκατημορίου, ἐπὶ δὲ τοῦ τοῦ Ἄρεως
περὶ τὰ τελευταῖα τοῦ καρκίνου, καὶ σχεδὸν περὶ αὐτὸ τὸ ἀπογειότατον. Ὥςε ἐκ
τούτων συνάγεσθαι, διότι τῶν μὲν ἐκκέντρων αὐτῶν τὰ μὲν κατὰ τῶν εἰρημένων
μερῶν τοῦ ζωδιακοῦ πρὸς τὰς ἄρκτους
ἐγκέκλιται, τὰ δὲ διάμετρα τῷ ἴσῳ
πρὸς μεσημβρίαν, τῶν δὲ ἐπικύκλων ἀεὶ
τὰ περίγεια, ἐπὶ τὰ αὐτὰ τῇ τῶν ἐκκέντρων ἐγκλίσει, τῶν πρὸς ὀρθὰς γωνίας
διαμέτρων ταῖς διὰ τῶν ἀπογείων αὐτῶν
παραλλήλων πάντοτε μενουσῶν τῷ τοῦ
διὰ μέσων ἐπιπέδῳ. Ἐπὶ δὲ Ἀφροδίτης
καὶ Ἑρμοῦ παρετηρήσαμεν ὅτι, ὅταν μὲν
κατὰ τῶν ἀπογείων ἢ περιγείων τοῦ ἐκκέντρου τυγχάνωσιν αἱ κατὰ μῆκος αὐτῶν
πάροδοι, τότε αἱ μὲν κατὰ τὰ περίγεια
τῶν ἐπικύκλων κινήσεις οὐδενὶ κατὰ πλάτος διαφέρουσι τῶν κατὰ τὰ ἀπόγεια,
ἀλλὰ ὁμοίως ἤτοι βορειότεραι τοῦ διὰ μέσων εἰσὶν ἢ νοτιώτεραι, ἐπὶ μὲν Ἀφροδίτης πάντοτε βορειότεραι, ἐπὶ δὲ Ἑρμοῦ
τὸ ἐναντίον πάντοτε νοτιώτεραι.

Αἱ δὲ κατὰ τὰς μεγίςας ἀποςάσεις
αὐτῶν πάροδοι, ἀλλήλων μὲν τῷ πλείςῳ
διαφέρουσι, τουτέςιν αἱ ἑῷοι τῶν ἑσπερίων.
Τῶν δὲ κατὰ τὰ ἀπόγεια καὶ περίγεια

latitudes boréales, celles des périgées des épicycles, le sont plus que celles des apogées. Mais quand leurs digressions se font dans le segment le plus périgée de l'excentrique, ces astres paroissent au contraire plus méridionaux que l'écliptique ou cercle milieu du zodiaque, parceque les extrémités ou limites les plus boréales des excentriques, pour Saturne et Jupiter, sont au commencement du signe des serres, et pour Mars, à la fin du cancer, et presque dans le point le plus apogée. D'où l'on conclut que les points de ces excentriques, qui sont dans ces mêmes portions du zodiaque, déclinent vers les ourses, et les points qui leur sont diamétralement opposés, déclinent également vers le midi, et que les périgées des épicycles sont dans le même sens que l'inclinaison des excentriques, les diamètres situés à angles droits sur ceux qui passent par leurs apogées, restant toujours parallèles au plan du cercle milieu du zodiaque. Quant à Vénus et Mercure, nous avons observé que quand leurs digressions arrivent dans le périgée ou l'apogée de l'excentrique, lorsque la planète se trouve dans l'apogée ou le périgée de l'épicycle, il n'en résulte aucune différence pour la latitude, mais que cette latitude écarte également la planète de l'écliptique, soit au septentrion, soit au midi, c'est-à-dire toujours au septentrion pour Vénus, et au midi pour Mercure (a).

Mais les latitudes dans les digressions, peuvent être différentes : ce qui se remarquera surtout dans les digressions du matin, comparées à celles du soir. Dans cette

comparaison, si l'on combine deux digressions, l'une dans l'apogée et l'autre
dans le périgée des épicycles, on trouvera
encore que la digression du matin et celle
du soir qui la suit, donneront des latitudes boréales pour Vénus dans l'apogée,
et australes dans le périgée. C'est le contraire pour Mercure, qui sera austral dans
l'apogée, et boréal dans le périgée. Si les
digressions ont lieu dans le nœud, alors
les digressions observées à 90ᵈ de part
et d'autre des apogées et des perigées
des épicycles, seront toutes deux dans
l'écliptique. Mais les digressions périgées
différeront sensiblement des digressions
apogées : Vénus sera portée au midi,
tant qu'elle sera dans le demi-cercle soustractif ; elle sera portée vers les ourses
dans l'autre demi-cercle. Au contraire,
Mercure sera porté vers les ourses dans
le demi-cercle soustractif, et vers le midi
dans le demi-cercle opposé. D'où l'on
déduit que les inclinaisons des excentriques sont variables et se rétablissent
suivant les périodes des épicycles ; que
dans les nœuds, ces inclinaisons sont
nulles, étant dans le plan de l'écliptique,
mais que dans l'apogée et le périgée, les
inclinaisons ont toutes les différences dout
elles sont susceptibles ; qu'elles rendent
l'épicycle de Vénus plus boréal, et celui
de Mercure plus austral. Les épicycles
produisent donc des différences de deux

τῶν ἐπικύκλων, τουτέςι τῆς παρὰ τὸν
ἔκκεντρον διαφορᾶς εἰς τὰ ἐναντία τῷ ἴσῳ
πάλιν τῆς ἑπομένης καὶ ἑσπερίου μεγίςης
ἀποςάσεως, ἐπὶ μὲν τοῦ τῆς Ἀφροδίτης
κατὰ τὸ ἀπόγειον τοῦ ἐκκέντρου βορειοτέρας γινομένης, καὶ κατὰ τὸ περίγειον
νοτιωτέρας, ἐπὶ δὲ Ἑρμοῦ τὸ ἐναντίον
κατὰ τὸ ἀπόγειον νοτιωτέρας, καὶ κατὰ
τὸ περίγειον βορειοτέρας. Ὅταν δὲ κατὰ
τῶν συνδέσμων ὦσιν αἱ κατὰ μῆκος αὐτῶν διευκρινημέναι πάροδοι, τότε αἱ
μὲν ἐφ' ἑκάτερα τῶν ἐπικύκλων ἀπὸ
τῶν ἀπογείων ἢ περιγείων τεταρτημο-
ριαῖαι διαςάσεις, ἐν τῷ τοῦ διὰ μί-
σων ἐπιπέδῳ τυγχάνουσιν ἀμφότεραι·
αἱ δὲ κατὰ τῶν περιγείων πάροδοι τῷ
πλείςῳ διαφέρουσι τῶν κατὰ τὰ ἀπόγεια. Καὶ ἐπὶ μὲν τοῦ τῆς Ἀφροδίτης ποιοῦνται τὴν ἔγκλισιν ἐπὶ μὲν τοῦ κατὰ
τὸ ἀφαιρετικὸν ἡμικύκλιον συνδέσμου
πρὸς μεσημβρίαν, ἐπὶ δὲ τῦ ἐναντίκ πρὸς
τὰς ἄρκτους· ἐπὶ δὲ τοῦ τοῦ Ἑρμοῦ πάλιν
τὸ ἐναντίον, ἐπὶ μὲν τοῦ κατὰ τὸ ἀφαιρετικὸν ἡμικύκλιον συνδέσμου πρὸς ἄρκτους, ἐπὶ δὲ τοῦ ἐναντίου πρὸς μεσημβρίαν. Ὥςε κ̀ ἐκ τούτου συνάγεσθαι διότι
αἱ μὲν τῶν ἐκκέντρων ἐγκλίσεις κινούμε-
ναι καὶ αὐταὶ συναποκαθίςανται ταῖς
περιόδοις τῶν ἐπικύκλων, περὶ μὲν τοὺς
συνδέσμους ὄντων αὐτῶν, ἐν τῷ αὐτῷ
ἐπιπέδῳ γινόμεναι τῷ διὰ μέσων, περὶ
δὲ τὰ ἀπόγεια καὶ περίγεια τῷ πλείςῳ,
ἐπὶ μὲν τοῦ τῆς Ἀφροδίτης βορειότερον
ποιοῦσαι τὸν ἐπίκυκλον, ἐπὶ δὲ τοῦ τοῦ
Ἑρμοῦ νοτιώτερον. Οἱ δ' ἐπίκυκλοι δύο
ποιοῦνται διαφοράς· τὰς μὲν διὰ τῶν

φαινομένων ἀπογείων διαμέτρους τὸ πλεῖςον ἐγκλίνοντες κατὰ τοὺς συνδέσμους
τῶν ἐκκέντρων, τὰς δὲ πρὸς ὀρθὰς ταύταις τὸ πλεῖςον λοξοῦντες, τ ύτῳ γὰρ ἡμῖν
τῷ ὀνόματι ἡ τοιαύτη κλίσις διακεκρίσθω
κατὰ τὰ ἀπόγεια καὶ τὰ περίγεια τῶν
ἐκκέντρων· τὸ δ' ἐναντίον, ἐκείνας μὲν ἐν
τῷ ἐπιπέδῳ τοῦ ἐκκέντρου ποιοῦντες κατὰ
τὰ ἀπόγεια αὐτοῦ καὶ τὰ περίγεια, ταύτας δ' ἐν τῷ ἐπιπέδῳ τοῦ διὰ μέσων
κατὰ τοὺς εἰρημένους συνδέσμους.

ΚΕΦΑΛΑΙΟΝ Β.

ΠΕΡΙ ΤΟΥ ΤΡΟΠΟΥ ΤΗΣ ΚΙΝΗΣΕΩΣ ΤΩΝ ΚΑΤΑ
ΤΑΣ ΥΠΟΘΕΣΕΙΣ ΕΓΚΛΙΣΕΩΝ ΚΑΙ ΛΟΞΩΣΕΩΝ.

ΣΥΝΑΓΕΤΑΙ δὴ τὸ καθόλου τῶν ὑποθέσεων τοιοῦτον, ὅτι οἱ μὲν ἔκκεντροι κύκλοι τῶν πέντε πλανωμένων ἐγκεκλι-
μένοι τυγχάνουσι πρὸς τὸ τοῦ διὰ μέσων
ἐπίπεδον, περὶ τὸ κέντρον τοῦ ζωδιακοῦ.
Ἀλλ' ἐπὶ μὲν τῶν τριῶν Κρόνου καὶ Διὸς
καὶ Ἄρεως μονίμως· ὥςε τὰς κατὰ διάμετρον παρόδους τῶν ἐπικύκλων εἰς τὰ
ἐναντία φέρεσθαι τοῦ πλάτους. Ἐπὶ δ'
Ἀφροδίτης καὶ Ἑρμοῦ συμμεθιςάμενοι τοῖς
ἐπικύκλοις ἐπὶ τὸ αὐτὸ πλάτος, ἐπὶ
μὲν Ἀφροδίτης ἀεὶ πρὸς ἄρκτους, ἐπὶ δὲ
Ἑρμοῦ πρὸς μεσημβρίαν.

Τῶν δ' ἐπικύκλων αἱ μὲν διὰ τῶν φαινομένων ἀπογείων διάμετροι, ἀπό τινος
ἀρχῆς ἐν τῷ ἐπιπέδῳ τοῦ ἐκκέντρου γε-
νόμεναι παραφέρονται ὑπὸ κυκλίσκων παρακειμένων φέρ' εἰπεῖν τοῖς περιγείοις αὐτῶν πέρασι, συμμέτρων μὲν τῇ τηλικαύτῃ

sortes : dans les nœuds des excentriques,
ils augmentent l'inclinaison des diamètres
apogées apparents ; mais dans les périgées
des excentriques, ils donnent une certaine obliquité (c'est le nom par lequel
nous distinguerons cette position pen-
chée) aux diamètres perpendiculaires
sur celui qui passe par les apogées et les
périgées ; au contraire, ils ramènent ceux-
là dans le plan de l'excentrique, lorsque
la planète est dans le périgée ou l'apogée
de l'excentrique, et ceux-ci dans le plan
de zodiaque, quand elle est dans les nœuds
dont nous avons parlé.

CHAPITRE II.

DU MODE DE MOUVEMENT DES INCLINAISONS
ET DES OBLIQUITÉS SUIVANT NOS HYPOTHÈSES.

En résumé général, suivant les hypothèses, les cercles excentriques des cinq
planètes se trouvent inclinés sur le plan
du cercle milieu du zodiaque autour du
centre du zodiaque, et cette inclinaison
est constante dans Saturne, Jupiter et
Mars, ensorte que les positions diamétralement opposées des épicycles, ont des
latitudes contraires. Mais pour Mercure
et Vénus, les effets changent avec le mouvement des épicycles, et portent toujours
la planète vers la même latitude, Vénus
vers les ourses, et Mercure vers le midi.

Les diamètres apogées des épicycles qui,
à certain point de départ, étoient dans le
plan de l'excentrique, sont transportés par
de petits cercles fixés, pour ainsi dire, à
leurs extrémités périgées, et d'un rayon
propre à représenter les inégalités observées

dans les latitudes. Mais ces petits cercles sont perpendiculaires aux plans des excentriques ; ils ont leurs centres dans ces plans ; ils tournent d'un mouvement uniforme qui suit le mouvement en longitude. Depuis l'une des intersections des plans par les épicycles, ils portent la planète vers les ourses, par exemple ; ils entraînent avec eux les plans des épicycles vers la limite boréale, dans le premier quart de leur révolution ; dans le second quart, ils les ramènent vers le plan de l'excentrique. Dans le troisième quart il les entraînent vers la limite australe ; enfin, dans le dernier quart, ils les ramènent au plan d'où ils sont partis. Le commencement et le terme de ce mouvement pour Saturne, Jupiter et Mars, est dans le nœud ascendant ; pour Vénus, au périgée de l'excentrique ; pour Mercure, à l'apogée. Les diamètres qui coupent à angles droits les diamètres apogées, et périgées, s'il s'agit des trois planètes que nous avons nommées les premières, demeurent constamment parallèles au plan de l'écliptique, où la variation est du moins insensible ; pour Vénus et Mercure, les diamètres perpendiculaires après avoir été en un certain point dans le plan même de l'écliptique, en sont ensuite écartés par de petits cercles comme fixés à leurs extrémités les plus avancées en longitude et d'un rayon proportionel aux variations observées des latitudes. Ces petits cercles sont perpendiculaires au plan du zodiaque ; ils ont leurs centres sur les diamètres

πρὸς τὸ πλάτος παραχωρήσει, ὀρθῶν δὲ πρὸς τὰ τῶν ἐκκέντρων ἐπίπεδα, καὶ τὰ κέντρα ἐχόντων ἐν αὐτοῖς, περιςρεφομένων δ' ὁμαλῶς καὶ ἀκολούθως ταῖς κατὰ μῆκος παρόδοις, ἀπὸ τῆς ἑτέρας τῶν κατὰ τὰς τομὰς τῶν ἐπιπέδων αὐτῶν τε καὶ τῶν ἐπικύκλων ἀρχῆς, ὡς πρὸς τὰς ἄρκτους καθ' ὑπόθεσιν, καὶ συμπαραγόντων τὰ ἐπίπεδα τῶν ἐπικύκλων, κατὰ μὲν τὴν ἐπὶ τὸ πρῶτον τεταρτημόριον ςροφὴν, ἐπὶ τὸ βορειότατον δηλονότι πέρας, κατὰ δὲ τὴν ἑξῆς ἐπὶ τὸ τοῦ ἐκκέντρου πάλιν ἐπίπεδον, κατὰ δὲ τὴν ἐπὶ τὸ τρίτον ἐπὶ τὸ νοτιώτατον πέρας, κατὰ δὲ τὴν ἐπὶ τὸ λεῖπον ἀποκατάςασιν ἐπὶ τὸ τῆς ἀρχῆς ἐπίπεδον, καὶ ὅτι ἡ τῆς τοιαύτης ἀφέσεως ἀρχή τε καὶ ἀποκατάςασις, ἐπὶ μὲν Κρόνου καὶ Διὸς καὶ Ἀρεως, ἀπὸ τῆς κατὰ τὸν ἀναβιβάζοντα σύνδεσμον τομῆς συνίςανται, ἐπὶ δὲ Ἀφροδίτης ἀπὸ τοῦ περιγείου τοῦ ἐκκέντρου, ἐπὶ δὲ Ἑρμοῦ ἀπὸ τοῦ ἀπογείου τοῦ ἐκκέντρου· αἱ δὲ πρὸς ὀρθὰς γωνίας διάμετροι ταῖς προειρημέναις, ἐπὶ μὲν τῶν τριῶν ἀςέρων μένουσιν ὡς ἔφαμεν ἀεὶ παράλληλοι τῷ τοῦ διὰ μέσων ἐπιπέδῳ, ἢ οὐδενί γε ἀξιολόγῳ πρὸς αὐτὸ λελοξωμέναι τυγχάνουσιν, ἐπὶ δὲ Ἑρμοῦ καὶ Ἀφροδίτης καὶ αὐταὶ γινόμεναι πάλιν ἀπό τινος ἀρχῆς, ἐν τῷ τοῦ διὰ μέσων ἐπιπέδῳ παραφέρονται ὑπὸ κυκλίσκων παρακειμένων τοῖς ἑπομένοις φέρ' εἰπεῖν αὐτῶν πέρασι, συμμέτρων μὲν πάλιν τῇ τηλικαύτῃ κατὰ πλάτος παραχωρήσει, ὀρθῶν δὲ πρὸς τὸ τοῦ διὰ μέσων ἐπίπεδον, καὶ τὰ κέντρα ἐχόντων ἐπὶ τῶν διαμέτρων τῶν

παραλλήλων τῷ τοῦ διὰ μέσων ἐπιπέδῳ, περιςρεφομένων δὲ ἰσοταχῶς τοῖς
ἄλλοις ἀπὸ τῆς ἑτέρας τῶν κατὰ τὰς
τομὰς τῶν ἐπιπέδων αὐτῶν τε καὶ τῶν
ἐπικύκλων ἀρχῆς, ὡς πρὸς τὰς ἄρκτους
πάλιν καθ᾽ ὑπόθεσιν, καὶ συμπαραγόντων τὰ πρὸς ἑσπέραν πέρατα τῶν ἐκκειμένων διαμέτρων κατὰ τὴν αὐτὴν τάξιν
δηλονότι τῇ προειρημένῃ. Καὶ ἔτι καὶ ἐπὶ
τούτων ἡ τῆς ὁμοίας ἀφέσεως ἀρχή τε καὶ
ἀποκατάςασις, ἐπὶ μὲν τῦ τῆς Ἀφροδίτης
ἀπὸ τοῦ κατὰ τὸ προσθετικὸν ἡμικύκλιον
συνδέσμου συνίςαται, ἐπὶ δὲ τοῦ τοῦ
Ἑρμοῦ ἀπὰ τοῦ κατὰ τὸ ἀφαιρετικόν.

Δεῖ μέντοι, περὶ τῶν εἰρημένων κυκλίσκων, ὑφ᾽ ὧν αἱ παραφοραὶ τῶν ἐπικύκλων
ἀποτελῦνται, τοῦτο προλαβεῖν· ὅτι διχο-
τομοῦνται μὲν ὑπὸ τῶν ἐπιπέδων καὶ
αὐτοὶ, περὶ ἃ τὰς παραφορὰς τῶν ἐγκλίσεων γίγνεσθαι φαμέν· οὕτω γὰρ ἂν
μόνως ἴσας τὰς ἐφ᾽ ἑκάτερα κατὰ πλάτος
αὐτῶν παρόδους συνίςασθαι συμβαίνει.
Τὰς μέντοι πρὸς ὁμαλὴν κίνησιν περιφο-
ρὰς οὐ περὶ τὸ ἴδιον κέντρον ἔχουσιν ἀποτελουμένας, περί τι δὲ ἕτερον τὸ ποιῆ-
σον τὴν αὐτὴν ἐκκεντρότητα πρὸς τὸν κυκλίσκον τῇ κατὰ μῆκος τῦ ἀςέρος πρὸς τὸν
διὰ μέσων τῶν ζωδίων κύκλον. Τῶν γὰρ
ἀποκαταςάσεων ἰσοχρονίων ὑποκειμένων
ἐπί τε τοῦ ζωδιακοῦ καὶ τοῦ κυκλίσκου,
καὶ ἔτι τῶν ἐν ἑκατέρῳ τεταρτημορίῳ παρόδων ἀλλήλαις κατὰ τὸ φαινόμενον ἐφαρ-
μοζουσῶν, ἐὰν μὲν περὶ τὸ ἴδιον κέντρον
ἡ περιφορὰ τοῦ κυκλίσκου γίνηται, τὸ
προκείμενον ὐδαμῶς συμβήσεται, τῶν μὲν
κατὰ τὸν κυκλίσκον παρόδων ἕκαςον τῶν

parallèles au plan de l'écliptique ; ils
tournent avec la même vîtesse que les autres depuis l'une des intersections de leurs
plans avec ceux des épicycles, vers les
ourses, par exemple ; et entraînent avec
eux les extrémités occidentales des diamètres auxquels ils sont fixés, suivant la
marche exposée ci-dessus. Et enfin le point
de départ et de restitution pour Vénus,
est au nœud du demi-cercle additif ; et
pour Mercure, il est au nœud du demi-
cercle soustractif.

Au sujet de ces petits cercles qui font
ainsi varier la position des épicycles, il
faut d'abord remarquer ce qui suit. Ils
sont partagés en deux également par
les plans sur lesquels nous disons que se
fait la variation de l'inclinaison. C'est le
seul moyen d'expliquer l'égalité de latitude dans les points opposés. Leurs mouvements uniformes ne s'accomplissent
pas autour de leurs propres centres, mais
autour d'un centre qui donne à ces petits
cercles la même équation que celle de longitude de l'astre rapportée à l'écliptique.
Car les restitutions étant isochrones sur
le zodiaque et dans les petits cercles, les
latitudes dans chacun des quarts de cercle sont égales entr'elles conformément
aux phénomènes : ce qui ne pourroit être,
si le mouvement se faisoit autour du centre des petits cercles, puisque les temps
de chacun des quatre quarts seroient nécessairement égaux dans le petit cercle :

ce qui n'a pas lieu dans le zodiaque, à cause de l'excentricité particulière à chaque planète. Mais si nous prenons pour centre un point placé semblablement à celui de l'excentrique, les temps sur le zodiaque et dans le petit cercle s'accorderont parfaitement.

Qu'on n'objecte pas à ces hypothèses, qu'elles sont trop difficiles à saisir, à cause de la complication des moyens que nous employons. Car quelle comparaison pourroit-on faire des choses célestes aux terrestres, et par quels exemples pourroit-on représenter des choses si différentes? Et quel rapport peut-il y avoir entre la constance invariable et éternelle, et les changements continuels? ou quoi de plus différent des choses qui ne peuvent aucunement être altérées ni par elles-mêmes, ni par rien d'extérieur à elles, que celles qui sont sujettes à des variations qui proviennent de toutes sortes de causes? Il faut, autant qu'on le peut, adapter les hypothèses les plus simples aux mouvements célestes; mais si elles ne suffisent pas, il faut en choisir d'autres qui les expliquent mieux. Car si après avoir établi des suppositions, on en déduit aisément tous les phénomènes comme autant de conséquences, quelle raison aura-t-on de s'étonner d'une si grande complication dans les mouvements des corps célestes? En effet, il n'y a rien dans leur nature qui s'y oppose; mais tout les favorise, en se prêtant aux mouvements propres à chacun d'eux, quoiqu'en sens contraires; ensorte que tous peuvent s'exécuter et être vus dans la matière éthérée répandue partout. Et non-

τεταρτημορίων ἰσοχρονίως διερχομένων, τῶν δὲ πρὸς τὸν ζωδιακὸν τοῦ ἐπικύκλου θεωρουμένων, μηκέτι, διὰ τὴν καθ' ἕκαςον ὑποκειμένην ἐκκεντρότητα. Εἀν δὲ περὶ τὸ τῇ θέσει ὅμοιον τῷ τοῦ ἐκκέντρου, καὶ τῶν τεταρτημορίων τὰ ἐφαρμόζοντα τοῦ τε ζωδιακοῦ καὶ τοῦ κυκλίσκου, κατὰ τοὺς ἴσους χρόνους αἱ τῶν ἐγκλίσεων ἀποκαταςάσεις διελεύσονται.

Καὶ μηδεὶς τὰς τοιαύτας τῶν ὑποθέσεων ἐργώδεις νομισάτω, σκοπῶν τὸ τῶν παρ' ἡμῖν ἐπιτεχνημάτων κατασκελές. Οὐ γὰρ προσήκει παραβάλλειν τὰ ἀνθρώπινα τοῖς θεοῖς, οὐδὲ τὰς περὶ τῶν τηλικούτων πίςεις ἀπὸ τῶν ἀνομοιοτάτων παραδειγμάτων λαμβάνειν· τί γὰρ ἀνομοιότερον τῶν ἀεὶ καὶ ὡσαύτως ἐχόντων πρὸς τὰ μηδέποτε; καὶ τῶν ὑπὸ παντὸς ἂν κωλυθησομένων πρὸς τὰ μὴ δ' ὑφ' αὐτῶν; ἀλλὰ πειρᾶσθαι μὲν ὡς ἔνι μάλιςα τὰς ἁπλουςέρας τῶν ὑποθέσεων ἐφαρμόζειν ταῖς ἐν τῷ οὐρανῷ κινήσεσιν, εἰ δὲ μὴ τοῦτο προχωροίη, τὰς ἐνδεχομένας. Εὰν γὰρ ἅπαξ ἕκαςα τῶν φαινομένων κατὰ τὸ ἀκόλουθον τῶν ὑποθέσεων διασώζηται, τί ἂν ἔτι θαυμαςόν τισι δοκοίη τὸ δύνασθαι τὰς τοιαύτας συμπλοκὰς ταῖς τῶν οὐρανίων κινήσεσι συμβεβηκέναι, μηδεμιᾶς ὑπαρχούσης παρ' αὐτοῖς φύσεως κωλυτικῆς, ἀλλὰ συμμέτρου πρὸς τὸ εἴκειν καὶ παραχωρεῖν ταῖς κατὰ φύσιν ἑκάςων κινήσεσι, κἂν ἐναντίαι τυγχάνωσιν, ὡς πάντη διὰ πάντων ἁπλῶς τῶν χυμάτων καὶ διϊκνεῖσθαι καὶ διαφαίνεσθαι δύνασθαι, καὶ μὴ μόνον περὶ τοὺς κατὰ μέρος κύκλους τὸ τοιοῦτον εὐοδεῖν, ἀλλὰ καὶ περὶ τὰς σφαίρας αὐτὰς καὶ τοὺς ἄξονας τῶν περιφορῶν.

Ὧν καὶ αὐτῶν τὴν ἐν ταῖς διαφόροις κινήσεσι συμπλοκὴν καὶ ἐπαλληλίαν ἐν μὲν ταῖς κατασκευαζομέναις παρ' ἡμῖν εἰκόσιν ὁρῶμεν ἐργώδη καὶ δυσπόριστον πρὸς τὸ τῶν κινήσεων ἀκώλυτον, ἐν δὲ τῷ οὐρανίῳ μηδαμῆ μηδαμῶς ὑπὸ τῆς τοιαύτης μίξεως ἐμποδιζομένην. Μᾶλλον δὲ καὶ αὐτὸ τὸ ἁπλοῦν τῶν οὐρανίων, οὐκ ἀπὸ τῶν παρ' ἡμῖν οὕτως ἔχειν δοκούντων προσήκει κρίνειν, ὁπότε μηδ' ἐφ' ἡμῶν τὸ αὐτὸ πᾶσιν ὁμοίως ἐςὶν ἁπλοῦν. Οὕτω γὰρ σκοποῦσιν οὐδὲν ἂν δόξειε τῶν κατὰ τὸν οὐρανὸν γινομένων ἁπλοῦν, οὐδ' αὐτὸ τὸ τῆς πρώτης φορᾶς ἀμετάςατον. Ἐπειδὴ καὶ τοῦτο αὐτὸ, τὸ πάντα τὸν χρόνον ὡσαύτως ἔχον, ἐφ' ἡμῶν ἐςιν οὐ δύσκολον, ἀλλὰ καὶ παντάπασιν ἀδύνατον, ἀπὸ δὲ τῆς τῶν ἐν αὐτῷ τῷ οὐρανῷ φύσεων καὶ τῆς τῶν κινήσεων ἀμεταβλησίας. Οὕτω γὰρ ἂν πᾶσαι καταφανείησαν ἁπλαῖ καὶ μᾶλλον ἢ τὰ παρ' ἡμῖν οὕτως ἔχειν δοκοῦντα, μηδενὸς πόνου μηδὲ δυσχερείας τινὸς περὶ τὰς περιόδους αὐτῶν ὑπονοηθῆναι δυναμένων.

ΚΕΦΑΛΑΙΟΝ Γ.

ΠΕΡΙ ΤΗΣ ΚΑΘ' ΕΚΑΣΤΗΝ ΤΩΝ ΕΓΚΛΙΣΕΩΝ ΠΗΛΙΚΟΤΗΤΟΣ.

ΤΗΝ μὲν οὖν καθόλου θέσιν καὶ τάξιν τῆς τῶν κύκλων ἐγκλίσεως ἀπὸ τούτων ἄν τις ἐπιλογίσαιτο. Τὰς δὲ κατὰ μέρος

---

seulement tout cela marche de concert, sans empêchement, sur les orbites respectives, mais encore autour des sphères et des axes de révolutions.

A la vérité les complications et les relations de ces mouvements divers nous paroissent et difficiles à saisir dans les représentations figurées que nous en faisons, et difficiles à appliquer aux mouvements célestes ; mais ces difficultés disparoissent quand on considère ces mouvements dans le ciel même où ils ne se présentent pas ainsi embarrassés les uns dans les autres. Il ne faut donc pas juger de la simplicité des choses célestes, par les choses familières qui nous paroissent simples ; puisque celles-ci ne sont pas également simples pour tous les hommes. Autrement, on ne trouvera rien de simple dans ce qu'on voit au ciel, pas même l'immutabilité du premier mouvement. Comme il continue toujours de la même manière, il nous est, je ne dis pas dfficile, mais impossible de l'expliquer, si ce n'est par la constance des corps célestes et par celle de leurs mouvements. Alors tout nous y paroîtra simple, et beaucoup plus simple que ce qui nous paroît tel dans ce qui nous est familier, et nous ne trouverons plus d'embarras ni de difficulté à concevoir leurs mouvements et leurs révolutions.

CHAPITRE III.

DE LA GRANDEUR DE CHACUNE DES INCLINAISONS.

ON peut, d'après cela, calculer la position et l'ordre de l'inclinaison des orbites. Mais les grandeurs particulières des arcs qui mesurent les inclinaisons de chacun de ces cercles, se prennent sur le grand cercle perpendiculaire au plan de l'écliptique par les poles de laquelle il passe. Dans Vénus et Mercure, les écarts apparents en latitude suivant les positions données, présentent des arcs faciles à calculer; car quand leurs mouvements en longitude se font dans les apogées et les périgées des excentriques, ces astres se trouvant alors dans les périgées et dans les apogées des épicycles, paroissent également éloignés du cercle milieu du zodiaque, soit vers le septentrion, soit vers le midi, comme nous le disons d'après les observations faites vers ces points. Vénus est tout au plus d'un sixième de degré plus boréale, et Mercure toujours plus méridional d'une demie et d'un quart de degré; ensorte que les cercles excentriques de l'un et de l'autre sont inclinés d'autant. Dans leurs plus grandes élongations du soleil, tous deux paroissent de 5,^d, valeur moyenne, plus boréaux ou plus austraux que les plus grandes distances opposées; car les latitudes de Vénus dans les points diamétralement opposés, diffèrent de 5^d environ, puisque pour Vénus on trouve à peine quelques minutes de moins à l'apogée qu'au périgée de l'excentrique, et pour Mercure, quelques minutes de plus, c'est-à-dire environ la moitié d'un degré. Ainsi les inclinaisons des épicycles, de part et d'autre des excentriques, par un milieu, soutendent environ 2^d ½ du cercle perpendiculaire au zodiaque;

ἐφ' ἑκάςου τῶν ἀςέρων πηλικότητας τῶν περιφερειῶν, ἃς αἱ ἐγκλίσεις ἀπολαμβάνουσι, τοῦ διὰ τῶν πόλων τοῦ ἐγκλινομένου καὶ ὀρθοῦ πρὸς τὸ τοῦ διὰ μέσων ἐπίπεδον γραφομένου μεγίςου κύκλου, πρὸς ὃν αἱ κατὰ πλάτος πάροδοι θεωροῦνται, ἐπὶ μὲν Αφροδίτης καὶ Ερμοῦ παρέχουσιν εὐεπιλογίςους αἱ φαινόμεναι κατὰ τὰς ἐκκειμένας θέσεις τοῦ πλάτους πάροδοι· ὅταν μὲν γὰρ κατὰ τὰ ἀπόγεια καὶ περίγεια τῶν ἐκκέντρων α. κατὰ μῆκος αὐτῶν ὦσι κινήσεις, περὶ μὲν τὰ περίγεια καὶ ἀπόγεια τῶν ἐπικύκλων παροδεύοντες οἱ ἀςέρες, ὡς ἔφαμεν, ἀπὸ τῶν πλησίον τηρήσεων τῆς ἐπιβολῆς ἡμῖν γινομένης, τῷ ἴσῳ βορειότεροι ἢ νοτιώτεροι φαίνονται τοῦ διὰ μέσων· ὁ μὲν τῆς Αφροδίτης ἕκτῳ που μάλιςα μιᾶς μοίρας ἀεὶ βορειότερος, ὁ δὲ τοῦ Ερμοῦ ἡμίσει καὶ τετάρτῳ μέρει ἀεὶ νοτιώτερος· ὡς ἐκ τούτων καὶ τὰς τῶν ἐκκέντρων κύκλων ἐγκλίσεις ἑκατέρου τηλικαύτας γίγνεσθαι. Περὶ δὲ τὰς μεγίςας τοῦ ἡλίου διαςάσεις ἀμφότεροι ε̄ που μοίρας κατὰ μέσον λόγον βορειότεροι ἢ νοτιώτεροι φαίνονται τῶν ἐναντίων μεγίςων ἀποςάσεων. Επειδήπερ ὁ μὲν τῆς Αφροδίτης ἀδιαφόρῳ τῶν μοιρῶν ἐλάττοσι μὲν ἐπὶ τοῦ ἀπογείου τοῦ ἐκκέντρου, πλείοσι δὲ ἐπὶ τοῦ περιγείῳ φαίνεται τὴν εἰρημένην κατὰ πλάτος ἐναντίωσιν ποιούμενος· ὁ δὲ τοῦ Ερμοῦ ἡμίσει μάλιςα ᾱ μοίρας. Ως τὰς ἐπὶ τὰ ἕτερα τῶν κατὰ τοὺς ἐκκέντρους ἐπιπέδων λοξώσεις τοῦ ἐπικύκλου, κατὰ μέσον λόγον, δύο που κ̩ ἥμισυ μοίρας ὑποτείνειν τοῦ πρὸς ὀρθὰς κύκλᾳ τῷ ζωδιακῷ·

ἀφ' ὧν καὶ αἱ πηλικότητες τῶν γωνιῶν
τῶν γινομένων ὑπὸ τῆς τῶν ἐπικύκλων
λοξώσεως πρὸς τὰ τῶν ἐκκέντρων ἐπίπεδα λαμβάνονται, καθάπερ ἐν τοῖς
ἑξῆς περὶ αὐτῶν ἀποδειχθησομένοις ἔσται
δῆλον, ἵνα μὴ κατὰ τὸ παρὸν διακό-
πτωμεν τὸν περὶ τῶν ἐγκλίσεων κοινῶς ἐπὶ
τῶν πέντε πλανωμένων λόγον.

Ὅταν δὲ κατὰ τοὺς συνδέσμους καὶ
τὰς μέσας ἔγγιστα ἀποστάσεις αἱ κατὰ μῆκος διευκρινημέναι κινήσεις ὦσιν, ὁ μὲν
τῆς Ἀφροδίτης περὶ μὲν τὸ ἀπόγειον
τοῦ ἐπικύκλου τὴν πάροδον ποιούμενος,
βορειότερος καὶ νοτιώτερος φαίνεται τοῦ
διὰ μέσων μοίρᾳ ᾱ, περὶ δὲ τὸ περίγειον
μοίραις ς̄ καὶ γ'' ἔγγιστα· ὡς ἐκ τούτων
καὶ τὴν ἔγκλισιν τοῦ ἐπικύκλου β̄ καὶ ς''
μοίρας ἀπολαμβάνειν τοῦ διὰ τῶν πόλων αὐτοῦ καθ' ὃν εἰρήκαμεν τρόπον γραφομένου κύκλου. Τὰς γὰρ τοσαύτας εὑρίσκομεν ἐκ τῆς κατὰ τὸν ἐπίκυκλον ἀνωμαλίας, περὶ τὰ μέσα τῶν ἀποστημάτων,
κατὰ μὲν τὸ ἀπόγειον τοῦ ἐπικύκλου ὑποτεινούσας πρὸς τῇ ὄψει γωνίαν μοίρας ᾱ
κ̄ ἑξηκοστῶν β̄, κατὰ δὲ τὸ περίγειον
μοιρῶν ς̄ καὶ ξ̄ξ̄ κβ̄. Ὁ δὲ τοῦ Ἑρμοῦ
περὶ μὲν τὸ ἀπόγειον τοῦ ἐπικύκλου τὴν
πάροδον ποιούμενος, ὡς ἐκ τῶν ἔγγιστα
φάσεων ἄν τις ἐπιλογίσαιτο, νοτιώτερος
καὶ βορειότερος γίνεται τοῦ διὰ μέσων
μοίρᾳ ᾱ καὶ ς'' καὶ τετάρτῳ, περὶ δὲ τὸ
περίγειον μοίραις δ̄ ἔγγιστα· ὡς ἐκ τούτου
καὶ τὴν ἔγκλισιν τοῦ ἐπικύκλου συνίστα-
σθαι μοιρῶν ς̄ καὶ δ'. Τὰς γὰρ τοσαύτας
πάλιν εὑρίσκομεν, ἐκ τῆς κατὰ τὸν ἐπίκυκλον ἀνωμαλίας περὶ τὰ τῶν μεγίστων

d'où l'on peut conclure les valeurs des angles formés par l'inclinaison des épicycles sur les plans des excentriques, comme on le verra par les méthodes que nous exposerons dans la suite; car nous ne voulons pas interrompre ici ce que nous avons à dire de général sur les inclinaisons des cinq planètes.

Lorsque les longitudes corrigées sont dans les nœuds et vers les moyennes distances, Vénus, placée dans l'apogée de son épicycle, est plus boréale ou plus australe que l'écliptique, d'un degré; mais si elle est dans le périgée, sa latitude est de $6^{d}\frac{1}{3}$ à fort peu près. De là on conclut l'inclinaison de l'épicycle de $2^{d}\frac{1}{2}$ du cercle qui passe par les poles de l'écliptique (a), comme déjà nous l'avons dit. Car nous trouvons par l'anomalie de l'épicycle dans les distances moyennes, que ces quantités soutendent un angle à l'œil de 1^{d} 2' dans l'apogée de l'épicycle, et de 6^{d} 22' dans son périgée. Mais Mercure étant dans l'apogée de l'épicycle, comme chacun peut aisément le conclure des apparitions qui ont lieu vers ce point, est plus méridional et plus boréal de $1^{d}\frac{1}{2}\frac{1}{4}$ que le cercle milieu du zodiaque; et de 4^{d} à peu près, dans le périgée; on en conclut la déclinaison de l'épicycle de $6^{d}\frac{1}{4}$. Car nous trouvons encore par l'anomalie de l'épicycle, dans les distances des plus grandes inclinaisons, c'est-à-dire quand la longitude corrigée est d'un quart de cercle (b) distante de l'apogée, que l'angle à l'œil, que ces grandeurs soutendent, est de 1ᵈ 46' dans l'apogée de l'épicycle, et de 4ᵈ 5' dans le périgée.

Quant aux autres planètes, Saturne, Jupiter et Mars, on ne sauroit guères fixer les grandeurs de leurs inclinaisons; celle qui se fait dans l'excentrique et celle qui a lieu dans l'épicycle, étant confondues et mêlées l'une dans l'autre. Mais par le moyen des écarts en latitude observés dans les périgées et les apogées des excentriques et des épicycles, nous distinguons, comme on va le voir, l'une et l'autre de ces inclinaisons.

Soient dans le plan perpendiculaire au cercle milieu du zodiaque, son intersection AB avec le plan de ce cercle, et son intersection GD avec le plan de l'excentrique; E le centre du zodiaque, et dans l'intersection commune des plans (c), décrivez autour de l'apogée G de l'excentrique, et autour du périgée D, dans le plan supposé, deux cercles égaux ZHTK et LMNX, comme passant par les poles des épicycles sur lesquels les plans des épicycles font, par leurs inclinaisons, des angles égaux G et D, sur les droites HGK et MDX. Du centre du zodiaque, c'est-à-dire du lieu de l'œil, menez aux

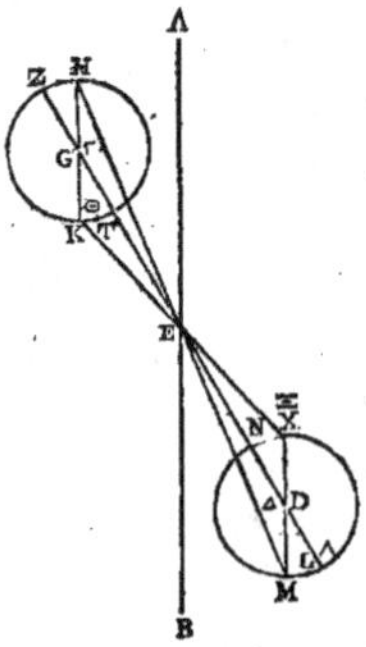

ἐγκλίσεων ἀποςήματα, τουτέςιν ὅταν τὸ διευκρινημένον μῆκος τεταρτημόριον ἀπέχῃ τοῦ ἀπογείου, κατὰ μὲν τὸ ἀπόγειον τοῦ ἐπικύκλου ὑποτείνουσαν πρὸς τῇ ὄψει γωνίαν μοίρας ᾱ καὶ ἑξηκοςῶν μς', κατὰ δὲ τὸ περίγειον μοίρας δ̄ καὶ ἑξηκοςῶν ε'.

Ἐπὶ δὲ τῶν λοιπῶν Κρόνου τε καὶ Διὸς καὶ Ἄρεως, αὐτόθεν μὲν οὐκ ἄντις ἐπιβάλλοι ταῖς πηλικότησι τῶν ἐγκλίσεων μεμιγμένων ἀμφοτέρων ἀεὶ, τῆς τε κατὰ τὸν ἔκκεντρον καὶ τῆς κατὰ τὸν ἐπίκυκλον ἀποτελουμένης. Ἀπὸ δὲ τῶν κατά τε τὰ περίγεια καὶ τὰ ἀπόγεια τῶν ἐκκέντρων καὶ ἐπικύκλων τηρουμένων πάλιν κατὰ πλάτος παρόδων χωρίζομεν ἑκατέραν τῶν ἐγλίσεων τρόπῳ τοιῷδε.

Ἔςω γὰρ ἐν τῷ πρὸς ὀρθὰς τῷ διὰ μέσων τῶν ζωδίων ἐπιπέδῳ, ἡ πρὸς αὐτὸ κοινὴ τομὴ τοῦ μὲν ἐπιπέδου τοῦ διὰ μέσων ἡ ΑΒ, τοῦ δὲ ἐπιπέδου τοῦ ἐκκέντρου ἡ ΓΔ, τὸ δὲ Ε σημεῖον κέντρον τοῦ ζωδιακοῦ, καὶ ἐν τῇ κοινῇ τομῇ τῶν ἐπιπέδων γεγράφθωσάν τε περὶ τὸ Γ ἀπόγειον τοῦ ἐκκέντρου, καὶ περὶ τὸ Δ περίγειον, ἐν τῷ ὑποκειμένῳ ἐπιπέδῳ, ἴσοι κύκλοι, ὅ τε ΖΗΘΚ καὶ ὁ ΛΜΝΞ, ὡς οἱ διὰ τῶν πόλων τῶν ἐπικύκλων, ἐφ' ὧν ἐγκεκλίσθω τὰ τῶν ἐπικύκλων ἐπίπεδα, ἐπί τε τῆς ΗΓΚ καὶ τῆς ΜΔΞ, πρὸς ἴσας δηλονότι τὰς πρὸς τοῖς Γ καὶ Δ γωνίας. Καὶ ἐπεζεύχθωσαν ἀπὸ τοῦ ἐκκέντρου τοῦ ζωδιακοῦ, ἐφ' οὗ ἐςιν ἡ ὄψις, ἐπὶ τὰ

ἀπόγεια καὶ περίγεια τῶν ἐπικύκλων εὐθεῖαι, ἐπὶ μὲν τὰ ἀπόγεια αἱ ΕΗ καὶ ΕΜ,
ἐπὶ δὲ τὰ περίγεια αἱ ΕΚ καὶ ΕΞ, τῶν
μὲν Κ καὶ Ξ σημείων τὰς ἀκρονύκτους δηλονότι παρόδους περιεχόντων, τῶν δὲ Η
καὶ Μ τὰς συνοδικὰς.

Ἐπὶ μὲν οὖν τοῦ τοῦ Ἄρεως ἐλάβομεν
τὰς γινομένας κατὰ πλάτος παρόδους,
περί τε τὰς κατὰ τὸ ἀπόγειον τοῦ ἐκκέντρου συνιςαμένας ἀκρονύκτους, τουτέςι
τὰς περὶ τὸ Κ σημεῖον τοῦ ἐπικύκλου,
καὶ περὶ τὰς κατὰ τὸ περίγειον τοῦ ἐκκέντρου, τουτέςι πρὸς τὸ Ξ σημεῖον τοῦ
ἐπικύκλου, διὰ τὸ πάνυ αἰσθητὴν αὐτῶν εἶναι τὴν διαφοράν· ἀφίςαται δὲ ἐν μὲν
ταῖς περὶ τὸ ἀπόγειον ἀκρονύκτοις πρὸς
ἄρκτους τοῦ διὰ μέσων μοίρας δ̄ γ′,
ἐν δὲ ταῖς κατὰ τὸ περίγειον πρὸς μεσημβρίαν μοίραις ζ ἔγγιςα. Ὥςε καὶ
τὴν μὲν ὑπὸ ΑΕΚ γωνίαν συνίςασθαι
τοιούτων δ̄ γ′, οἵων εἰσὶν αἱ τέσσαρες ὀρθαὶ τ Ξ̄, τὴν δὲ ὑπὸ ΒΕΞ γωνίαν τῶν
αὐτῶν ζ̄.

Τούτων δ᾽ ὑποκειμένων εὑρίσκομεν τήν
τε ὑπὸ τῆς τοῦ ἐκκέντρου ἐγκλίσεως
περιεχομένην γωνίαν, τουτέςι τὴν ὑπὸ
ΑΕΓ, καὶ τὴν ὑπὸ τῆς τοῦ ἐπικύκλου,
τουτέςι τὴν ὑπὸ ΗΓΖ, τρόπῳ τοιῷδε·
ἐπειδὴ γὰρ, ἐξ ὧν ἀπεδείξαμεν τοῦ
Ἄρεως ἀνωμαλιῶν, εὐκατανόητόν ἐςιν
ὅτι τῶν ὑποτεινομένων πρὸς τῇ ὄψει γωνιῶν, ὑπὸ τῶν ἴσων καὶ πρὸς τοῖς περιγείοις τοῦ ἐπικύκλου περιφερειῶν, αἱ
περὶ τὰς κατὰ τὸ ἀπόγειον τοῦ ἐκκέντρου παρόδους πρὸς τὰς κατὰ τὸ περίγειον
λόγον ἔχουσιν ὃν τὰ ē ἔγγιςα πρὸς τὰ θ̄,

apogées et aux périgées des épicycles, les droites EH et EM aux apogées, EK et EX aux périgées ; les points K et X marquant les oppositions, et les points H et M les conjonctions.

Pour Mars, nous avons pris les mouvements en latitude qui se font lors des oppositions dans l'apogée de l'excentrique, autour du point K de l'épicycle ; et ceux qui se font lors des oppositions dans le périgée de l'excentrique, c'est-à-dire autour du point X de l'épicycle, parceque leur différence est très-sensible. Or, lorsqu'il est en opposition, dans l'apogée, il est éloigné du cercle milieu du zodiaque, de $4^d \frac{1}{3}$ vers les ourses; et dans le périgée, d'environ 7^d vers le midi. Ainsi l'angle AEK est de $4^d \frac{1}{3}$ des degrés dont 360 font quatre angles droits, et l'angle BEX est de 7 de ces degrés.

Cela posé, nous trouvons de la manière suivante l'angle AEG de l'inclinaison de l'excentrique, et l'angle HGZ de celle de l'excentrique : d'après ce que nous avons démontré concernant les anomalies de Mars, il est aisé de concevoir que, des angles dont les sommets sont à l'œil, et qui sont appuyés sur des arcs égaux de l'épicycle, ceux qui se font par les mouvements dans l'apogée, sont à ceux dans le périgée, comme 5 sont à 9, à peu près.

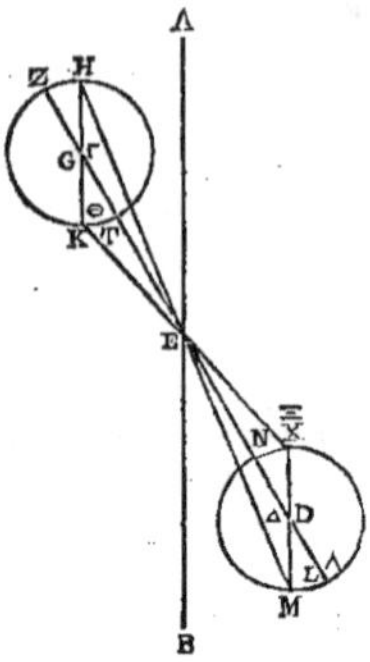

Mais les arcs TK et NX sont égaux, donc l'angle GEK sera à l'angle DEX, comme 5 à 9. Par conséquent puisque les angles AEK, BEX, étant donnés, le rapport de l'angle GEK à l'angle DEX est aussi donné; or l'angle AEG est égal à l'angle BED ; ainsi, prenant de chaque raison, une quantité égale au rapport de la différence des grandeurs à la différence des termes de la raison, nous aurons la grandeur des quantités qui composent la raison, car cela se prouve par une proportion arithmétique. Donc, les grandeurs étant $4\frac{1}{3}$ et 7, leur différence est $2\frac{2}{3}$, et la raison étant celle de 5 à 9, la différence de ces nombres est 4. Or, $2\frac{2}{3}$ sont les $\frac{2}{3}$ de 4; prenant donc de chacun des nombres 5 et 9, cette fraction $\frac{2}{3}$, nous aurons l'angle GEK de $3^d\frac{1}{3}$, et l'angle DEX de 6^d. Par conséquent chaque angle restant, AEG et BED, de l'inclinaison de l'excentrique, est de 1^d. C'est pourquoi l'arc TK de l'inclinaison de l'épicycle, est de $2^d\frac{1}{4}$, parceque ce sont, suivant la table de l'anomalie, les quantités trouvées pour les angles GEK et DEX.

Pour Saturne et Jupiter, puisque nous trouvons que leurs mouvements dans les segments des apogées des excentriques, ne sont pas sensiblement différents de ceux qui se font dans les périgées, et

ἴσαι δὲ αἱ ΘΚ καὶ ΝΞ περιφέρειαι, λόγος ἂν εἴη καὶ τῆς ὑπὸ ΓΕΚ γωνίας πρὸς τὴν ὑπὸ ΔΕΞ, ὁ τῶν ε̄ πρὸς τὰ θ̄. Ὡς ἐπεὶ δ'ἐδομέναι μέν εἰσιν αἱ ὑπὸ ΑΔΚ καὶ ὑπὸ ΒΕΞ γωνίαι, δέδοται δὲ καὶ ὁ τῆς ὑπὸ ΓΕΚ πρὸς τὴν ὑπὸ ΔΕΞ λόγος, καὶ ἴση ἐστὶν ἡ ὑπὸ ΛΕΓ τῇ ὑπὸ ΒΕΔ· ἐὰν ὅσον μέρος ἐστὶν ἡ ὑπεροχὴ τῶν πηλικοτήτων τῆς ὑπεροχῆς τῶν λόγων, τὸ τοσοῦτον μέρος ἑκάςου τῶν λόγων λάβωμεν, ἕξομεν τὴν ὑπὸ τὸν οἰκεῖον λόγον πηλικότητα· δείκνυται γὰρ τοῦτο διὰ λημματίου τινὸς ἀριθμητικοῦ. Ἐπεὶ οὖν αἱ μὲν πηλικότητές εἰσι δ̄ γ' καὶ ζ̄, καὶ ἡ ὑπεροχὴ τούτων β̄ γ., ὁ δὲ λόγος ὁ τῶν ε̄ πρὸς τὰ θ̄, καὶ ἡ ὑπεροχὴ τούτων δ̄, τὰ δὲ β̄ γ̄ τῶν δ̄ μέρος ἐςὶ δίμοίρου, τὸ τοσοῦτον λαβόντες μέρος τῶν ε̄ καὶ τῶν θ̄, τὴν μὲν ὑπὸ ΓΕΚ γωνίαν ἕξομεν γ̄ γ' μοιρῶν, τὴν δὲ ὑπὸ ΔΕΞ τῶν αὐτῶν ϛ· λοιπὴν δ' ἀκολούθως ἑκατέραν τῶν ὑπὸ ΑΕΓ καὶ ΒΕΔ τῆς τοῦ ἐκκέντρου ἐγκλίσεως, μοίρας ᾱ· ἐκ δὲ τούτων καὶ τὴν ΘΚ περιφέρειαν τῆς τοῦ ἐπικύκλου ἐγκλίσεως, μοιρῶν β̄ δ', διὰ τὸ τὰς τοσαύτας κατὰ τὸν τῆς ἀνωμαλίας κανόνα περιέχειν ἔγγιςα τὰς εὑρημένας πηλικότητας τῶν ὑπὸ ΓΕΚ καὶ ΔΕΞ γωνιῶν.

Ἐπὶ δὲ Κρόνου καὶ Διὸς, ἐπειδὴ πρὸς αἴσθησιν ἀδιαφορούσας εὑρίσκομεν τὰς περὶ τὰ ἀπόγεια τῶν ἐκκέντρων τμήματα γινομένας παρόδους τῶν περὶ τὰ περίγεια, καὶ κατὰ διάμετρον, καθ' ἑκάτερον τρόπον ἐκ τῆς τῶν περὶ τὰ ἀπόγεια τῶν ἐπικύκλων πρὸς τὰς περὶ τὰ περίγεια συγκρίσεως ἐπιλογισόμεθα τὸ προκείμενον. Ἀφίςαται δ᾽ ὡς ἐκ τῶν κατὰ μέρος τηρήσεων γέγονεν ἡμῖν εὐκατανόητον, ἐν μὲν ταῖς περὶ τὰς φάσεις καὶ κρύψεις παρόδοις τὸ πλεῖςον πρὸς ἄρκτους καὶ μεσημβρίαν, ὁ μὲν τοῦ Κρόνου β̄ μοίρας ἔγγιςα, ὁ δὲ τοῦ Διὸς ᾱ. Ἐν δὲ ταῖς περὶ τὰς ἀκρονύκτους, ὁ μὲν τοῦ Κρόνου γ̄ μοίρας, ὁ δὲ τοῦ Διὸς β̄. Ἐπειδὴ οὖν καὶ ἐκ τῆς τούτων ἀνωμαλίας γίνεται φανερὸν, ὅτι τῶν ὑποτεινομένων πρὸς τῇ ὄψει γωνιῶν, ὑπὸ τῶν ἴσων περὶ τὰ ἀπόγεια καὶ περίγεια τοῦ ἐπικύκλου περιφερειῶν, αἱ ὑπὸ τῶν περὶ τὰ ἀπόγεια συνιςάμεναι λόγον ἔχουσι πρὸς τὰς ὑπὸ τῶν περὶ τὰ περίγεια γινομένων, ἐπὶ μὲν τοῦ τοῦ Κρόνου ὃν τὰ ῑη̄ πρὸς τὰ κγ̄, ἐπὶ δὲ τοῦ τοῦ Διὸς, ὃν τὰ κθ̄ πρὸς τὰ μγ, ἴσαι δὲ αἱ ΖΗ, καὶ ΘΚ τοῦ ἐπικύκλου περιφέρειαι, λόγος ἔςαι κ᾽ τῆς ὑπὸ ΖΕΗ γωνίας πρὸς τὴν ὑπὸ ΖΕΚ, ἐπὶ μὲν τοῦ τοῦ Κρόνου ὁ τῶν ῑη̄ πρὸς τὰ κγ̄, ἐπὶ δὲ τοῦ τοῦ Διὸς, ὁ τῶν κθ̄ πρὸς τὰ μγ̄. Ἀλλὰ καὶ ἡ ὑπὸ ΗΕΚ γωνία ὑπεροχὴ οὖσα τῶν β̄ κατὰ πλάτος παρόδων, ἐπ᾽ ἀμφοτέρων τῶν ἀςέρων καταλείπεται μοίρας ᾱ. Κατὰ τοὺς ἐκκειμένους ἄρα λόγους διαιρεθείσης τῆς ᾱ μοίρας, ἕξομεν τὴν μὲν ὑπὸ ΖΕΗ γωνίαν, ἐπὶ μὲν Κρόνου ἐξηκοςῶν κϛ᾽, ἐπὶ δὲ Διὸς κδ̄· τὴν δὲ ὑπὸ ΖΕΚ, ἐπὶ μὲν Κρόνου ἐξηκοςῶν λδ᾽, ἐπὶ δὲ Διὸς λϛ̄. Ὥςε καὶ λοιπὴ ἡ ὑπὸ ΑΕΓ τῆς ἐγκλίσεως τοῦ ἐκκέντρου καταλειφθήσεται ἐπὶ μὲν Κρόνου μοιρῶν

diamétralement opposés, nous avons calculé de l'une et de l'autre manière, ce que nous nous proposions, par la comparaison des mouvements dans les apogées des épicycles à ceux dans les périgées. Or, suivant ce que des observations particulières nous ont découvert, ils s'écartent le plus dans les mouvements lors des apparitions et des occultations vers les ourses et vers le midi, savoir : Saturne d'environ 2[d], et Jupiter de 1[d]. Et dans les mouvements qui se font aux oppositions, Saturne de 3[d], Jupiter de 2[d]. Maintenant, comme il est évident par leurs anomalies, que de tous les angles à l'œil, soutendus par des arcs égaux de l'épicycle, dans les apogées et les périgées, ceux qui sont appuyés sur les apogées, sont à ceux des périgées, pour Saturne, comme 18 à 23; pour Jupiter, comme 29 à 43; et que les arcs ZH, TK de l'épicycle sont égaux, la raison de l'angle ZEK sera pour Saturne, de 18 à 23; pour Jupiter, de 29 à 43. Mais l'angle HEK qui est la différence des deux écarts en latitude, est de 1[d] pour chacun de ces deux astres. Donc si 1[d] est divisé proportionellement à ces quantités, nous aurons l'angle ZEH, pour Saturne, de 26′; pour Jupiter, de 24′; et l'angle ZEK, pour Saturne, de 34′; pour Jupiter, de 36′. Ainsi l'autre angle AEG, de déclinaison de l'excentrique, se trouvera pour Saturne, de

2^d 26′; pour Jupiter, de 1^d 24′. Au lieu de ces quantités, nous avons trouvé plus commode de prendre 2^d ½ et 1^d ½. C'est pourquoi l'arc TK de l'inclinaison de l'épicycle est pour Saturne, de 4^d ½; pour Jupiter, de 2^d ½. Car telles sont à peu près les grandeurs des angles ZEH et ZEK trouvées pour l'un et l'autre astre, par les tables d'anomalie. Ce qu'il falloit démontrer.

CHAPITRE IV.

CONSTRUCTION DES TABLES POUR LES LATITUDES DE CHAQUE PLANÈTE.

C'est ainsi que nous avons déterminé les plus grandes inclinaisons, tant des excentriques que des épicycles. Mais pour pouvoir assigner commodément les mouvements pour chaque jour dans toutes les distances particulières, nous avons composé des tables, au nombre de cinq, pour les cinq planètes. Chacune est de cinq colonnes, et d'autant de lignes qu'il y en a dans les tables de l'anomalie. Les deux premières colonnes contiennent les mêmes nombres que ces tables. Les troisièmes, les distances des latitudes ou distances au zodiaque, correspondantes aux segments particuliers des épicycles, dans les plus grandes inclinaisons, qui pour Vénus et Mercure sont dans les nœuds des excentriques, et pour les trois autres planètes dans les limites boréales des excentriques. Ensuite les quatrièmes

β′ κϛ′, ἐπὶ δὲ Διὸς μοίρας α̅ κδ′. Ἀνθ' ὧν διὰ τὸ συμμετρότερον συνεχρησαμεθα ταῖς τε β̅ ϛ″ καὶ τῇ α̅ ϛ″ ὅλαις. Αὐτόθεν δὲ καὶ ἡ ΘΚ περιφέρεια τῆς τῶν ἐπικύκλων ἐγκλίσεως συνάγεται, ἐπὶ μὲν Κρόνου μοιρῶν δ̅ ϛ″, ἐπὶ δὲ Διὸς β̅ ϛ″· αἱ γὰρ τοσαῦται καθ' ἑκάτερον ἐν τοῖς τῆς ἀνωμαλίας κανόσι περιέχουσι πάλιν ἔγγιϛα τὰς εὑρημένας πηλικότητας τῶν ὑπὸ ΖΕΗ καὶ ΖΕΚ γωνιῶν· ἅπερ προέκειτο εὑρεῖν.

ΚΕΦΑΛΑΙΟΝ Δ.

ΠΡΑΓΜΑΤΕΙΑ ΚΑΝΟΝΙΩΝ ΕΙΣ ΤΑΣ ΚΑΤΑ ΜΕΡΟΣ ΤΟΥ ΠΛΑΤΟΥΣ ΠΑΡΟΔΟΥΣ.

Ἐκ μὲν οὖν τούτων ἡμῖν συνεϛάθησαν αἱ καθόλου πηλικότητες τῶν μεγίϛων ἐγκλίσεων τῶν τε ἐκκέντρων καὶ τῶν ἐπι. κύκλων. Ἵνα δὲ καὶ τὰς τῶν κατὰ μέρος διαϛάσεων πλατικὰς παρόδους ἑκάϛοτε δυνώμεθα προχείρως μεθοδεύειν, ἐπραγματευσάμεθα κανόνια ε̅ τῶν ε̅ πλανωμένων, ϛίχων μὲν ἕκαϛον ὅσων καὶ τὰ τῆς ἀνωμαλίας, σελιδίων δὲ ε̅. Τούτων δὲ, τὰ μὲν πρῶτα β̅ περιέχει τοὺς ἀριθμοὺς ὥσπερ καὶ ἐν ἐκείνοις, τὰ δὲ τρίτα τὰς ἐπιβαλλούσας κατὰ πλάτος ἀποϛάσεις τοῦ διὰ μέσων τοῖς κατὰ μέρος τῶν ἐπικύκλων τμήμασιν ἐπ' αὐτῶν τῶν μεγίϛων ἐγκλίσεων· τὸ μὲν τῆς Ἀφροδίτης καὶ τὸ τοῦ Ἑρμοῦ τῶν κατὰ τὰς συνδέσμους τῶν ἐκκέντρων, τὰ δὲ τῶν λοιπῶν τριῶν ἀϛέρων τῶν περὶ τὰ βόρεια πέρατα τῶν ἐκκέντρων. Ἐπὶ τούτων δὲ καὶ τὰ τέταρτα σελίδια περιέξει τὰς περὶ τὰ νότια πέρατα

τῶν ἐκκέντρων ὁμοίας ἐπιβολὰς, συνεπι-
λελογισμένης ἐπὶ τῶν γ τούτων καὶ τῆς
αὐτῶν τῶν ἐκκέντρων πρὸς ἄρκτους τε κὴ
μεσημβρίαν πλείστης παραχωρήσεως. Γέγονε δ' ἡμῖν ἡ πραγματεία τῶν τμημάτων τούτων, ἐπὶ μὲν τοῦ τῆς Ἀφροδίτης
καὶ τοῦ τοῦ Ἑρμοῦ, δι' ἑνὸς πάλιν θεωρήματος τρόπῳ τοιῷδε.

Ἔσω γάρ, ἐν τῷ πρὸς ὀρθὰς
γωνίας τῷ διὰ μέσων τῶν ζωδίων ἐπιπέδῳ, ἡ μὲν ΑΒΓ ἡ
κοινὴ τομὴ πρὸς αὐτὸ τοῦ ἐπιπέδου τοῦ ζωδιακοῦ, ἡ δὲ ΔΒΕ,
κοινὴ τομὴ τοῦ ἐπιπέδου τοῦ
ἐπικύκλου· καὶ ἔσω τοῦ μὲν ζωδιακοῦ κέντρον τὸ Α, τοῦ δὲ
ἐπικύκλου τὸ Β, ἡ δὲ ΑΒ τὸ

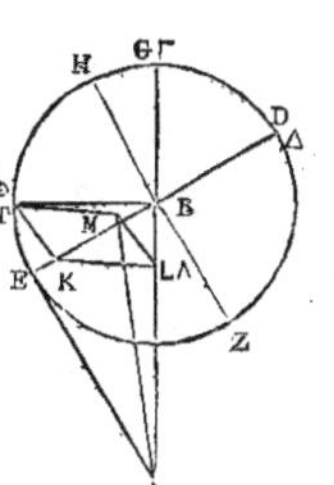
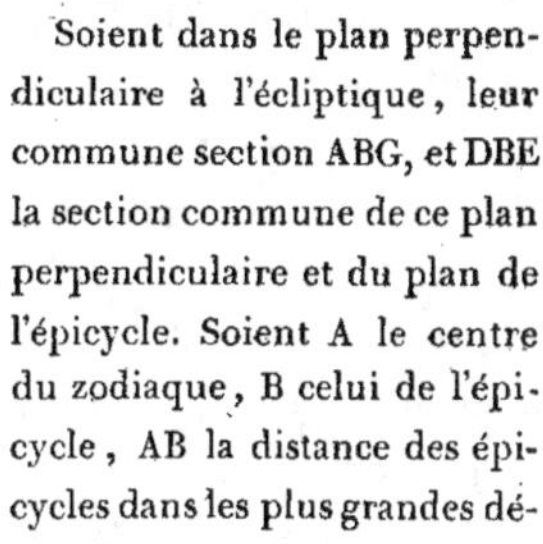

περὶ τὰς μεγίςας ἐγκλίσεις ἀπόςημα
τῶν ἐπικύκλων· καὶ γραφέντος περὶ τὸ Β
τοῦ ΔΖΕΗ ἐπικύκλου, ἐπεζεύχθω ἡ ΖΒΗ
διάμετρος ὀρθὴ πρὸς τὴν ΔΕ, ὑποκείσθω
δὲ κὴ τὸ τοῦ ἐπικύκλου ἐπίπεδον πρὸς τὸ
ὑποκείμενον ὀρθὸν, ὥστε τῶν τῇ ΔΕ πρὸς
ὀρθὰς γωνίας ἀγουμένων ἐν αὐτῷ, τὰς μὲν
ἄλλας πάσας παραλλήλους εἶναι τῷ τοῦ
διὰ μέσων ἐπιπέδῳ, τὴν δὲ ΖΗ μόνην
ἐν αὐτῷ. Καὶ προκείσθω, δοθέντων τοῦ τε
λόγου τῆς ΑΒ πρὸς τὴν ΒΕ, καὶ τῆς πηλικότητος τῆς ἐγκλίσεως, τουτέςι τῆς
ὑπὸ ΑΒΕ γωνίας, εὑρεῖν τὰς κατὰ πλάτος τῶν ἀςέρων παρόδους, ὅταν ὑποδείγματος ἕνεκεν ἀπέχωσι τοῦ Ε περιγείου
τοῦ ἐπικύκλου μὲ μοίρας, οἵων ἐςὶν ὁ
ἐπίκυκλος τξ, ἐπειδήπερ καὶ τὰς γινομένας διαφορὰς ταῖς κατὰ μῆκος παρόδοις, διὰ τὰς τοιαύτας ἐγκλίσεις

colonnes contiendront les quantités pareillement correspondantes dans les limites méridionales des excentriques, en
comptant pour ces trois astres le plus
grand écart des excentriques, tant vers
l'ourse que vers le midi. Nous avons ob-
tenu ces segments pour Vénus et pour
Mercure, au moyen du théorème suivant:

Soient dans le plan perpendiculaire à l'écliptique, leur
commune section ABG, et DBE
la section commune de ce plan
perpendiculaire et du plan de
l'épicycle. Soient A le centre
du zodiaque, B celui de l'épicycle, AB la distance des épicycles dans les plus grandes dé-
clinaisons. Après avoir décrit àutour du
centre B l'épicycle DZEH, menons le diamètre ZBH perpendiculaire à DBE, et supposons le plan de l'épicycle perpendiculaire au plan en question, de manière
que les droites tracées dans l'épicycle
soient perpendiculaires à la commune
section DBE, et toutes parallèles au plan
du cercle milieu du zodiaque, mais que
ZH soit seule dans ce plan; la raison
de la droite AB à la droite BE, et la
grandeur de l'inclinaison, c'est-à-dire de
l'angle ABE, étant données, proposons-
nous de trouver les latitudes de ces astres, quand, par exemple, ils sont à
une distance du périgée de l'épicycle,
égale à 45 des degrés dont la circonférence de l'épicycle en contient 360, attendu que nous voulons en même temps

démontrer par les mêmes inclinaisons les différences des mouvements en longitude; or ces différences doivent être les plus
grandes dans l'intervalle du périgée de E à ZH, parcequ'elles
sont les mêmes que celles qui
ont lieu, indépendamment de
l'inclinaison.

Prenons l'arc ET des 45ᵈ
susdits, et abaissons sur BE la perpendiculaire TK, et sur le plan du cercle milieu du zodiaque les perpendiculaires KL
et TM. Joignons TB, LM, AM, AT. Le
quadrilatère LKTM est un parallélogramme rectangle, car KT est parallèle
au plan du cercle milieu du zodiaque,
et il est clair que l'angle LAM contient
la quantité additive ou soustractive en
longitude, et l'angle TAM la latitude,
les angles ALM et AMT étant droits, à
cause que AM tombe perpendiculairement sur le plan du cercle milieu du
zodiaque. Il s'agit maintenant de démontrer les grandeurs des mouvements en
question, pour chacun de ces astres.

D'abord, pour Vénus : puisque l'arc
ET est de 45 des degrés dont l'épicycle
en contient 360, l'angle EBT au centre
de l'épicycle est de 45 de ces degrés dont
360 font quatre angles droits, et il sera
de 90 de ceux dont 360 font deux angles droits. Ensorte que chacun des arcs
soutendus par BK et par KT est de 90
des degrés dont le cercle circonscrit au

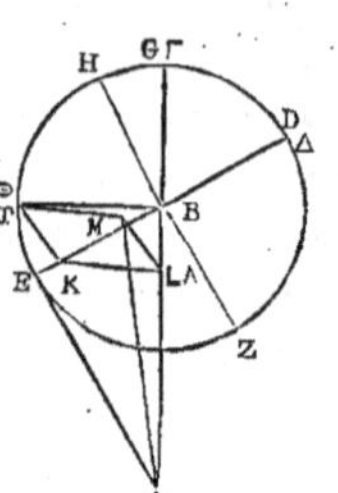

προαιρούμεθα συναποδεικνύειν·
αὗται δὲ περὶ τὰς μεταξύ που
τοῦ τε Ε περιγείου, καὶ τῶν
ΖΗ παρόδων τὸ πλεῖςον ἂν
ὀφείλοιεν διενεγκεῖν, διὰ τὸ τὰς
ἐπὶ τῶν εἰρημένων τὰς αὐτὰς
γίνεσθαι ταῖς καὶ χωρὶς τῆς
ἐγκλίσεως ἀποτελουμέναις.

Ἀπειλήφθω δὴ περιφέρεια
τῶν εἰρημένων μέ μοιρῶν ἡ ΕΘ, καὶ κάθετοι ἤχθωσαν ἐπὶ μὲν τὴν ΒΕ ἡ ΘΚ,
ἐπὶ δὲ τὸ τοῦ διὰ μέσων ἐπίπεδοι αἱ
ΚΛ καὶ ΘΜ· ἐπεζεύχθωσάν τε αἱ ΘΒ
καὶ ΛΜ καὶ ΑΜ καὶ ΑΘ. Ὅτι μὲν οὖν τὸ
ΛΚΘΜ τετράπλευρον παραλληλόγραμ-
μόν τέ ἐςι καὶ ὀρθογώνιον, διὰ τὸ τὴν
ΚΘ παράλληλον εἶναι τῷ τοῦ διὰ μέσων
ἐπιπέδῳ, καὶ ὅτι τὴν μὲν κατὰ μῆκος
προσθαφαίρεσιν ἡ ὑπὸ ΛΑΜ γωνία περιέχει, τὴν δὲ κατὰ πλάτος πάροδον ἡ ὑπὸ
ΘΑΜ, τῶν ὑπὸ ΑΛΜ καὶ ὑπὸ ΑΜΘ γωνιῶν ὀρθῶν καὶ αὐτῶν συνιςαμένων, διὰ
τὸ καὶ τὴν ΑΜ ἐν τῷ τοῦ διὰ μέσων ἐπιπέδῳ πίπτειν, αὐτόθεν ἂν εἴη φανερόν.
Πηλίκαι δὲ αἱ ἐπιζητούμεναι πάροδοι συνάγονται καθ' ἑκάτερον τῶν προειρημένων ἀςέρων, ἤδη δεικτέον.

Καὶ πρότερον ἐπὶ τοῦ τῆς Ἀφροδίτης.
Ἐπεὶ τοίνυν ἡ ΕΘ περιφέρεια τοιούτων
ἐςὶ μέ, οἵων ὁ ἐπίκυκλος τξ, εἴη ἂν ἡ
ὑπὸ ΕΒΘ γωνία, πρὸς τῷ κέντρῳ οὖσα
τοῦ ἐπικύκλου, οἵων μέν εἰσιν αἱ τέσσαρες
ὀρθαὶ τξ τοιούτων μέ, οἵων δ' αἱ δύο ὀρθαὶ τξ τοιούτων ᷍. Ὥςε καὶ ἑκατέρα
τῶν ἐπὶ τῆς ΒΚ καὶ τῆς ΚΘ περιφερειῶν
τοιούτων ἐςὶν ᷍, οἵων ὁ περὶ τὸ ΒΘΚ

ὀρθογώνιον κύκλος τξ. Καὶ τῶν ὑπ' αὐτὰς ἄρα εὐθειῶν ἑκατέρα τοιούτων ἐςὶν πδ νβ', οἵων ἐςὶν ἡ ΒΘ ὑποτείνουσα ρκ. Ὥςε καὶ οἵων ἐςὶν ἡ μὲν ΒΘ ἐκ τοῦ κέντρου τοῦ ἐπικύκλου μγ ι', ἡ δὲ ΑΒ τοῦ μέσου ἀποςήματος ξ, διὰ τὸ περὶ τοῦτο μάλιςα τὴν μεγίςην ἔγκλισιν γίνεσθαι τοῦ ἐπικύκλου, τοιούτων καὶ ἑκατέρα τῶν ΒΚ καὶ ΚΘ εὐθειῶν ἔςαι λ λβ'. Πάλιν ἐπεὶ ἡ ὑπὸ ΑΒΕ γωνία τῆς ἐγκλίσεως, οἵων μέν εἰσιν αἱ τέσσαρες ὀρθαὶ τξ, τοιούτων ὑπόκειται β λ', οἵων δὲ αἱ δύο ὀρθαὶ τξ, τοιούτων ε, εἴη ἂν καὶ ἡ μὲν ἐπὶ τῆς ΛΚ περιφέρεια τοιούτων ε, οἵων ἐςὶν ὁ περὶ τὸ ΒΛΚ ὀρθογώνιον κύκλος τξ, ἡ δ' ἐπὶ τῆς ΒΛ τῶν λοιπῶν εἰς τὸ ἡμικύκλιον ροε. Καὶ τῶν ὑπ' αὐτὰς ἄρα εὐθειῶν, ἡ μὲν ΚΛ τοιούτων ἔςαι ε ιδ', οἵων ἡ ΒΚ ὑποτείνουσα ρκ, ἡ δὲ ΒΛ τῶν αὐτῶν ριθ νγ'. Ὥςε καὶ οἵων ἐςὶν ἡ μὲν ΒΚ ὑποτείνουσα λ λβ', ἡ δὲ ΑΒ εὐθεῖα ξ, τοιούτων καὶ ἡ μὲν ΚΛ ἔςαι α κ', ἡ δὲ ΒΛ τῶν αὐτῶν λ λ', ἡ δὲ ΑΛ τῶν λοιπῶν κθ λ'. Τῶν δ' αὐτῶν ἐςι καὶ ἡ ΛΜ, ἴση οὖσα τῇ ΚΘ εὐθείᾳ, λ λβ'· ὥςε καὶ τὴν ΑΜ ὑποτείνουσαν συνάγεσθαι τῶν αὐτῶν μβ κζ'. Καὶ οἵων ἐςὶν ἄρα ἡ ΑΜ ὑποτείνουσα ρκ, τοιούτων καὶ ἡ μὲν ΛΜ ἔςαι πϛ ιθ', ἡ δ' ὑπὸ ΛΑΜ τῆς τότε κατὰ μῆκος προσθαφαιρέσεως, οἵων μέν εἰσιν αἱ δύο ὀρθαὶ τξ, τοιούτων ϟβ ο', οἵων δ' αἱ τέσσαρες ὀρθαὶ τξ, τοιούτων μϛ ο'·

Ὁμοίως δ' ἐπεὶ καὶ οἵων ἐςὶν ἡ ΑΜ εὐθεῖα μβ κζ', τοιούτων ἐςὶ καὶ ἡ ΘΜ, ἴση οὖσα τῇ ΚΛ εὐθείᾳ, α κ', τὰ δὲ ἀπ' αὐτῶν συντεθέντα ποιεῖ τὸ ἀπὸ τῆς

rectangle BTK en contient 360. Donc de leurs soutendantes, chacune est de 84ᵖ 52' des parties dont l'hypoténuse BT en contient 120. Ainsi BT menée du centre de l'épicycle, étant de 43ᵖ 10'; et la droite AB de la distance moyenne, de 60ᵖ, car c'est dans cette distance qu'est la plus grande déclinaison de l'épicycle, les droites BK et KT seront chacune de 30ᵖ 32'. En outre, puisque l'angle ABE de l'inclinaison est supposé de 2ᵈ 30' des degrés dont 360 font quatre angles droits, et de 5ᵈ de ceux dont 360 font deux angles droits, l'arc soutendu par LK est de 5 des degrés dont le cercle circonscrit au rectangle BLK en contient 360 ; et l'arc soutendu par BL contient les 175 degrés restants du demi-cercle. Donc, de ces soutendantes, KL sera de 5ᵖ 14' des parties dont l'hypoténuse BK en contient 120, et BL de 119ᵖ 53' de ces mêmes parties. Ainsi, l'hypoténuse BK étant de 30ᵖ 32', et la droite AB de 60, la droite KL en aura 1ᵖ 20', BL 30ᵖ 30', et AL les 29ᵖ 30' restantes. Mais LM, égale à KT, est aussi de 30ᵖ 32', on en conclut l'hypoténuse AM de 42 27' des mêmes parties. Donc l'hypoténuse AM étant de 120ᵖ, la droite LM en aura 86ᵖ 19' (a), et l'angle LAM de la prostaphérèse ou quantité additive ou soustractive de longitude, sera alors de 92ᵈ des degrés dont 360 font deux angles droits, et de 46ᵈ de ceux dont 360 font quatre angles droits.

Pareillement, puisque la droite AM est de 42ᵖ 27', et la droite TM, égale à KL, de 1ᵖ 20' ; et que la somme de leurs carrés égale celui de AT, la longueur de AT sera de 42ᵖ 29'. Donc l'hypoténuse AT étant de 120ᵖ, la droite TM en aura 3ᵖ 46', et l'angle TAM de l'écart en latitude, sera de 3ᵈ 36' des degrés dont 360 font deux angles droits, et de 1ᵈ 48' de ceux dont 360 font quatre angles droits, nous les mettrons dans la troisième colonne de la table pour Vénus, à la ligne qui contient le nombre 135 degrés.

Mais pour fixer la différence de la prostaphérèse, ou quantité additive ou soustractive en longitude, prenons une figure pareille où l'épicycle ne soit pas incliné. Nous avons montré que chacune des droites BK et KT est de 30ᵖ 32' des parties dont la droite AB en contient 60, ensorte que la droite AK vaut les 29ᵖ 28' restantes, et que la somme de son carré et de celui de KT donne celui de AT dont la longueur est par conséquent de 42ᵖ 26'. Ainsi l'hypoténuse AT étant de 120ᵖ, KT en aura 86ᵖ 21', et l'angle TAK de la prostaphérèse en longitude sera de 92ᵈ 3' des degrés dont 360 font deux angles droits, et de 46 2' de ceux dont 360 font quatre angles droits. Mais nous avons prouvé que dans le cas de l'inclinaison, cet angle est de 46 de ces mêmes degrés; donc la différence pour la prostaphérèse, à cause de l'inclinaison, est de 2' d'un degré en moins. C'est ce qu'il falloit trouver.

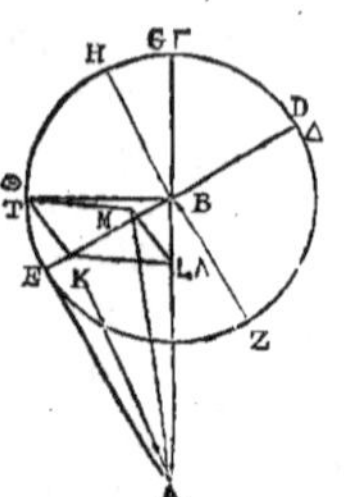

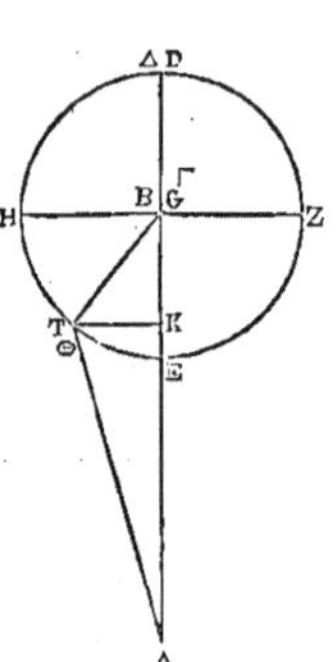

ΑΘ, ἔςαι καὶ ἡ ΑΘ μήκει τῶν μβ κθ'. Καὶ οἵων ἐςὶν ἄρα ἡ ΑΘ ὑποτείνουσα ρκ, τοιούτων καὶ ἡ μὲν ΘΜ ἔςαι γ μϛ', ἡ δ' ὑπὸ ΘΑΜ γωνία τῆς κατὰ πλάτος παραχωρήσεως, οἵων μέν εἰσιν αἱ δύο ὀρθαὶ τξ, τοιούτων γ λϛ', οἵων δ' αἱ τέσσαρες ὀρθαὶ τξ, τοιούτων α μη'· ἃ καὶ παραθήσομεν ἐν τῷ τρίτῳ σελιδίῳ τοῦ τῆς Ἀφροδίτης κανόνος, κατὰ τοῦ περιέχοντος ςίχου τὸν τῶν ρλε μοιρῶν ἀριθμόν.

Ἕνεκεν δὲ τῦ συγκρίνειν τὴν γινομένην διαφορὰν τῆς κατὰ μῆκος προσθαφαιρέσεως, ἐκκείσθω ἡ ὁμοία καταγραφὴ, ἀνέγκλιτον ἔχουσα τὸν ἐπίκυκλον. Καὶ ἐπεὶ ἐδείξαμεν ἑκατέραν τῶν ΒΚ καὶ ΚΘ εὐθειῶν τοιούτων λ λβ', οἵων ἐςὶν ἡ ΑΒ εὐθεῖα ξ, ὥςε καὶ τὴν ΑΚ γίνεσθαι τῶν λοιπῶν κθ κη', τὸ δ' ἀπὸ ταύτης καὶ τὸ ἀπὸ τῆς ΚΘ συντεθέντα ποιεῖ τὸ ἀπὸ τῆς ΑΘ, ἔςαι καὶ ἡ ΑΘ μήκει τῶν αὐτῶν μβ κϛ'. Καὶ οἵων ἐςὶν ἄρα ἡ ΑΘ ὑποτείνουσα ρκ, τοιούτων καὶ ἡ μὲν ΚΘ ἔςαι πϛ κα', ἡ δ' ὑπὸ ΘΑΚ γωνία τῆς κατὰ μῆκος προσθαφαιρέσεως, οἵων μέν εἰσιν αἱ δύο ὀρθαὶ τξ, τοιούτων ϟβ γ', οἵων δ' αἱ τέσσαρες ὀρθαὶ τξ, τοιούτων μϛ β'. Ἐδέδεικτο δ' ἐπὶ τῆς ἐγκλίσεως τῶν αὐτῶν μϛ'· ἐνέλιπεν ἄρα ἡ κατὰ τὸ μῆκος προσθαφαίρεσις διὰ τὴν ἔγκλισιν τοῦ ἐπικύκλου, μιᾶς μοίρας ἑξηκοςοῖς δύσιν· ἅπερ ἔδει εὑρεῖν.

Πάλιν ἵνα κὴ τὰς ἐπὶ τῦ τῦ Ἑρμῦ παρό-
δυς δείξωμεν, ἐκκείσθω ἡ ὁμοία τῇ πρὸ ταύτης καταγραφῇ τῆς ΘΕ περιφερείας τῶν
αὐτῶν ὑποκειμένης μ̅ε̅ μοιρῶν, ὥςε κὴ τῶν
ΒΚ κὴ ΚΘ ἑκατέραν τοιύτων πάλιν συνάγεσθαι π̅δ̅ νβʹ, οἵων ἐςὶν ἡ ΒΘ ὑποτείνυσα ρ̅κ̅·
κὴ οἵων ἐςὶν ἄρα ἡ μὲν ΒΘ ἐκ τῦ κέντρῦ τῦ
ἐπικύκλυ κ̅β̅ λʹ, ἡ δὲ ΑΒ τῦ κατὰ τὰς μεγίςας ἐγκλίσεις ἀποςήματος ν̅ς̅ μʹ, ταῦτα
γὰρ ἡμῖν πάντα προαποδέδεικται, τοιύτων
κὴ ἑκατέρα τῶν ΒΚ κὴ ΚΘ ἔςαι ι̅ε̅ νςʹ. Πάλιν
ἐπεὶ ἡ ὑπὸ ΑΒΕ γωνία τῆς τῦ ἐπικύκλυ ἐγκλίσεως, οἵων μέν εἰσιν αἱ τέσσαρες ὀρθαὶ
τ̅ξ̅, τοιούτων ὑπόκειται ς̅ ιεʹ, οἵων δὲ
αἱ δύο ὀρθαὶ τ̅ξ̅, τοιούτων ι̅β̅ λʹ, εἴη
ἂν κὴ ἡ μὲν ἐπὶ τῆς ΛΚ περιφέρεια τοιούτων ι̅β̅ λʹ, οἵων ὁ περὶ τὸ ΒΛΚ ὀρθογώνιον
κύκλος τ̅ξ̅, ἡ δʹ ἐπὶ τῆς ΒΛ τῶν λοιπῶν εἰς
τὸ ἡμικύκλιον ρ̅ξ̅ζ̅ λʹ. Καὶ τῶν ὑπʹ αὐτὰς
ἄρα εὐθειῶν ἡ μὲν ΚΛ τοιύτων ἐςὶν ι̅γ̅ δʹ, οἵων
ἡ ΒΚ ὑποτείνυσα ρ̅κ̅, ἡ δὲ ΒΛ τῶν αὐτῶν ρ̅ι̅θ̅
ι̅ζʹ. Ὥςε κὴ οἵων ἡ μὲν ΒΚ ἐδείχθη ι̅ε̅, νεʹ ἡ
δὲ ΑΒ ὑπόκειται ν̅ς̅ μʹ, τοιούτων κὴ ἡ μὲν
ΚΛ ἔςαι α̅ μδʹ, ἡ δὲ ΑΒ ὁμοίως ι̅ε̅ μθʹ, λοιπὴ
δὲ ἡ ΑΛ τῶν αὐτῶν μ̅ ναʹ. Ἐςι δὲ κὴ ἡ ΛΜ
ἴση οὖσα τῇ ΚΘ, τῶν αὐτῶν ι̅ε̅ νεʹ· καὶ ἐπεὶ
τὸ ἀπὸ τῆς ΑΛ, μετὰ τοῦ ἀπὸ τῆς ΛΜ,
ποιεῖ τὸ ἀπὸ τῆς ΑΜ, ἕξομεν καὶ αὐτὴν
μήκει τοιούτων μ̅γ̅ νʹ, οἵων ἐςὶν ἡ ΛΜ εὐθεῖα ι̅ε̅ νεʹ. Καὶ οἵων ἐςὶν ἄρα ἡ ΑΜ ὑποτείνουσα ρ̅κ̅, τοιούτων κὴ ἡ μὲν ΛΜ ἔςαι
μ̅γ̅ λδʹ, ἡ δʹ ὑπὸ ΛΑΜ γωνία τῆς κατὰ
μῆκος προσθαφαιρέσεως, οἵων μέν εἰσιν αἱ
δύο ὀρθαὶ τ̅ξ̅, τοιούτων μ̅β̅ λδʹ, οἵων δʹ
αἱ τέσσαρες ὀρθαὶ τ̅ξ̅, τοιούτων κ̅α̅ ιζʹ.

Ὁμοίως δʹ ἐπεὶ οἵων ἐςὶν ἡ ΑΜ εὐθεῖα

Actuellement pour les mouvements de
Mercure, supposons dans la même figure
qui précède celle-ci, l'arc ET de 45^d, de
sorte que chacune des droites BK, KT, soit
de 84^d 52' des parties dont l'hypoténuse BT
en contient 120; dès-lors la droite BT, menée du centre de l'épicycle, étant de 22^p 30',
et la droite AB de la distance dans les
plus grandes inclinaisons, de 56^p 40',
comme nous l'avons démontré, chacune
des droites BK et KT sera de 15^p 56'. En
outre, puisque l'angle ABE de l'inclinaison de l'épicycle est supposé de 6^d 15' des
degrés dont 360 font quatre angles droits,
et de 12^d 30' de ceux dont 360 font deux
angles droits, l'arc soutenu par LK sera
de 12^d 30' de ceux dont le cercle circonscrit au rectangle BLK est de 360^d, et
l'arc soutenu par BL contient les 167^d
30' restants du demi cercle. Donc, de ces
soutendantes, KL est de 13^p 4' des parties dont l'hypoténuse BK en contient
120, et BL en a 119^p 17'. Ainsi BK ayant
été démontrée de 15^p 55', et AB étant
supposée de 56^p 40', KL en aura 1^p 44',
BL 15^p 49', et AL 40^p 51'. Or LM égale à
KT est de 15^p 55'; et puisque le carré de
AL avec celui de LM donne le carré de
AM, nous aurons pour la longueur de
AM 43^p 50' des parties dont la droite LM
en contient 15^p 55'. Ainsi donc l'hypoténuse AM étant de 120^p, la droite LM
en aura 43^p 34', et l'angle LAM de la prostaphérèse en longitude est de 42^d 34' des
degrés dont 360 font deux angles droits,
et de 21^d 17' des degrés dont 360 font
quatre angles droits.

Pareillement, puisque la droite AM

étant de 43ᵖ 5o', la droite TM égale à KL est de 1ᵖ 44' de ces parties, et que leurs carrés donnent celui de AT, nous aurons pour la longueur de AT 43ᵖ 52'. Ainsi donc l'hypoténuse AT étant de 120ᵖ, TM en aura 4ᵖ 43', et l'angle TAM de latitude, sera de 4ᵈ 32' des degrés dont 360 font deux angles droits, et de 2ᵈ 16' de ceux dont 360 font quatre angles droits. Nous les placerons aussi dans la troisième colonne de la table pour Mercure, à la même ligne, c'est-à-dire à celle qui renferme le nombre 135.

Soit encore, pour déterminer la quantité additive ou soustractive, la figure sans inclinaison. Puisqu'il a été prouvé que la droite AB étant de 56ᵖ 40', chacune des droites TK et KB est de 15ᵖ 55', et qu'ainsi la portion restante AK est de 40ᵖ 45', la somme des carrés de AK et de KT donnant celui de AT, nous aurons donc pour la longueur de AT, 43ᵖ 45' des parties dont la droite TK en contient 15ᵖ 55'. Par conséquent cette droite AT comme hypoténuse, étant de 120ᵖ la droite TK en aura 43ᵖ 39'; et l'angle KAT de la prostaphérèse en longitude sera de 42ᵈ 40' des degrés dont 360 font deux angles droits, et de 21ᵈ 20' de ceux dont 360 font quatre angles droits. Mais on a prouvé que dans l'inclinaison il est de 21ᵈ 17'; donc la quantité additive ou soustractive pour l'inclinaison de l'épicycle,

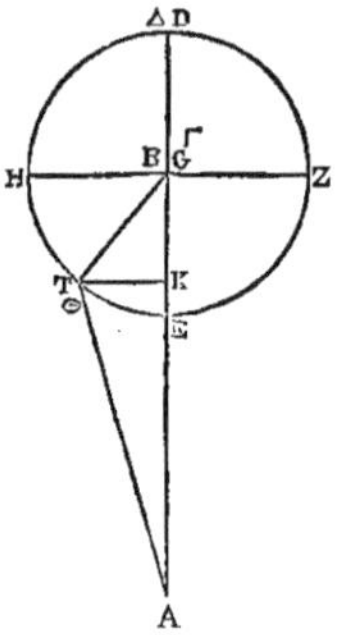

μγ̅ ν', τοιούτων καὶ ἡ ΘΜ, ἴση οὖσα τῇ ΚΛ, γίνεται ᾱ μδ', τὰ δ' ἀπ' αὐτῶν συντεθέντα ποιεῖ τὸ ἀπὸ τῆς ΑΘ, ᾗ ταύτην ἕξομεν μήκει τῶν αὐτῶν μγ̅ νβ'. Καὶ οἵων ἐςὶν ἄρα ἡ ΑΘ ὑποτείνουσα ρκ̅, τοιούτων καὶ ἡ μὲν ΘΜ ἔςαι δ̅ μγ', ἡ δὲ ὑπὸ ΘΑΜ γωνία τῆς κατὰ πλάτος παραχωρήσεως, οἵων μέν εἰσιν αἱ δύο ὀρθαὶ τξ̅, τοιούτων δ̅. λβ', οἵων δ' αἱ τέσσαρες ὀρθαὶ τξ̅, τοιούτων β̅ ιϛ'· ἃ καὶ παραθήσομεν πάλιν ἐν τῷ τρίτῳ σελιδίῳ τοῦ τοῦ Ἑρμοῦ κανονίου κατὰ τοῦ αὐτοῦ ςίχου, τουτέςι τοῦ περιέχοντος τὸν τῶν ρλε̅ μοιρῶν ἀριθμόν.

Πάλιν καὶ τῆς συγκρίσεως τῆς προσθαφαιρέσεως ἕνεκεν ἐκκείσθω καὶ ἡ χωρὶς τῆς ἐγκλίσεως καταγραφή. Καὶ ἐπεὶ ἐδείχθη ὅτι οἵων ἡ ΑΒ εὐθεῖα νϛ̅ μ', τοιούτων ἐςὶν ἑκατέρα μὲν τῶν ΘΚ καὶ ΚΒ εὐθειῶν ιε̅ νε', λοιπὴ δὲ ἡ ΑΚ τῶν αὐτῶν δηλονότι μ̅ με', τὸ ἀ' ἀπὸ τῆς ΑΚ μετὰ τοῦ ἀπὸ τῆς ΚΘ ποιεῖ τὸ ἀπὸ τῆς ΑΘ, μήκει ἄρα καὶ αὐτὴν ἕξομεν τοιούτων μγ̅ με', οἵων ἦν καὶ ἡ ΘΚ εὐθεῖα ιε̅ νε'. Καὶ οἵων ἐςὶν ἄρα ἡ ΑΘ εὐθεῖα ὑποτείνουσα ρκ̅, τοιούτων καὶ ἡ μὲν ΘΚ ἔςαι μγ̅ λθ', ἡ δ' ὑπὸ ΚΑΘ γωνία, τῆς κατὰ μῆκος προσθαφαιρέσεως, οἵων μέν εἰσιν αἱ δύο ὀρθαὶ τξ̅, τοιούτων μβ̅ μ', οἵων δ' αἱ τέσσαρες ὀρθαὶ τξ̅, τοιούτων κα̅ κ'. Ἐδέδεικτο δ' ἐπὶ τῆς ἐγκλίσεως τῶν αὐτῶν κα̅ ιζ'· ἐνέλιπεν ἄρα καὶ ἐνταῦθα ἡ κατὰ μῆκος προσθαφαίρεσις, διὰ

την ἔγκλισιν τοῦ ἐπικύκλου, μιᾶς μοίρας ἑξηκοςοῖς τρίσι· ἅπερ ἔδει εὑρεῖν.

Τῶν μὲν οὖν δύο τούτων ἀςέρων τὰς
ἐν ταῖς μεγίςαις ἐγκλίσεσι κατὰ πλάτος
παρόδους τὸν ἐκκείμενον τρόπον ἐπραγματευσάμεθα, διὰ τὸ συνίςασθαι αὐτὰς
ὅταν καὶ ὁ ἔκκεντρος ἐν τᾠ αὐτᾠ ἐπιπέδῳ
τυγχάνῃ τῷ διὰ μέσων τῶν ζωδίων· τὰς
δὲ τῶν λοιπῶν τριῶν ἀςέρων, δι᾽ ἑτέρου
τῇ καταγραφῇ θεωρήματος, ἐπειδὴ κατὰ
τὰς μεγίςας τῶν ἐκκέντρων ἐγκλίσεις κϳ
αἱ μέγιςαι τῶν ἐπικύκλων συνίςανται,
κϳ ϖρὸ ὁδοῦ ἀν εἴη συνεπιλελογισμένας
ἔχειν τὰς ἐξ ἀμφοτέρων τῶν ἐγκλίσεων
συναγομένας πλατικὰς παρόδους.

Εςω γὰρ πάλιν ἐν τῷ πρὸς
ὀρθὰς γωνίας ἐπιπέδῳ τῷ διὰ
μέσων τῶν ζωδίων ἡ κοινὴ πρὸς
αὐτὸ τομὴ τοῦ μὲν ἐπιπέδου
τοῦ διὰ μέσων ἡ ΑΒ, τοῦ δὲ ἐπιπέδου τοῦ ἐκκέντρου ἡ ΑΓ, τοῦ
δὲ ἐπιπέδου τοῦ ἐπικύκλου ἡ
ΔΓΕ. Ὑποκείσθω τὲ τοῦ μὲν ζωδιακοῦ κέντρον τὸ Α, τοῦ δὲ
ἐπικύκλου τὸ Γ, καὶ γεγράφθω ϖερὶ τὸ
Γ ὁ ΔΖΕΗ ἐπίκυκλος, ἅτως πάλιν ὥςε τῶν
τῇ ΔΕ πρὸς ὀρθὰς γωνίας ἀγομένων, τὴν
μὲν ΖΓΗ διάμετρον ἐν μὲν τῷ τοῦ ἐκκέντρου εἶναι ἐπιπέδῳ, τῷ δὲ τοῦ διὰ μέσων
παράλληλον, τὰς δὲ λοιπὰς παραλλήλυς
ἀμφοτέροις τοῖς εἰρημένοις ἐπιπέδοις.
Ἀπειλήφθω τὲ ὁμοίως ἡ ΕΘ περιφέρεια
τῶν αὐτῶν ὑποκειμένη μ͞ε μοιρῶν, καὶ ἀπὸ
τῦ Θ τῦ κατὰ τὸν ἀςέρα σημείυ καθέτυ ἀχθείσης τῆς ΘΚ, κϳ ἔτι ἀπὸ τῶν Θ καὶ Κ σημείων, ἐπὶ τὸ τοῦ διὰ μέσων ἐπίπεδον τῶν

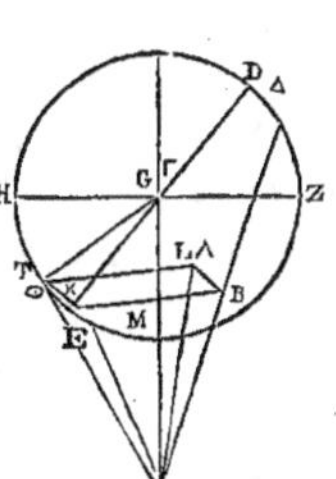

est ici avec une différence de 3′ en moins.
Ce qu'il falloit trouver.

Nous avons calculé de cette manière,
les latitudes de ces deux planètes, dans
les plus grandes distances, parcequ'elles
se rencontrent quand l'excentrique se
trouve dans le même plan que le cercle
milieu du zodiaque ; mais nous nous
sommes servis d'un autre théorême, pour
les trois autres planètes, parceque dans
les plus grandes inclinaisons des excentriques se trouvent aussi les plus grandes
des épicycles. C'est pourquoi, avant tout,
il sera bon d'avoir toutes les latitudes qui
résultent des deux inclinaisons tout à la
fois.

Soit donc dans le plan perpendiculaire à celui du cercle
milieu du zodiaque, AB l'intersection commune de ce plan
avec celui de ce cercle, AG
celle avec le plan de l'excentrique, DGE celle avec le plan
de l'épicycle. Supposons le centre du zodiaque en A, celui de
l'épicycle en G, autour duquel point décrivons cet épicycle DZEH, de façon que,
des droites perpendiculaires à DE, le diamètre ZGH soit dans le plan de l'excentrique, et parallèle au cercle milieu du
zodiaque, et que les autres soient parallèles aux deux plans dénommés. Prenons
l'arc ET supposé de 45^d, et du point T
où est l'astre, ayant mené la perpendiculaire TK, et des points T et K les perpendiculaires TL et KB sur le cercle

milieu du zodiaque, joignons AB et AL, et proposons-nous de trouver la quantité additive ou soustractive en longitude embrassée par l'angle BAL, et la latitude sous l'angle LAT. Abaissons de K sur AG la perpendiculaire KM, et joignons GT, AK et AT. Supposons aussi selon ce qui a été précédemment prouvé, chacune des droites GK et KT de 84ᴾ 52′ des parties dont l'hypoténuse GT en contient 120.

D'abord, pour Saturne, le rayon de l'épicycle ayant été démontré de 6ᴾ 3o′ des parties dont la distance moyenne en a 60, chacune des droites GK et KT sera de 4ᴾ 36′ des parties dont l'hypoténuse GT en contient 6ᴾ 3o′. Et puisque l'angle AGE de l'inclinaison de l'épicycle est supposé de 4ᵈ 3o′ des degrés dont 360 font quatre angles droits, et de 9ᵈ de ceux dont 360 font deux angles droits, l'arc KM sera de 9 des degrés dont le cercle circonscrit au rectangle GKM en contient 36o, et l'arc GM aura les 171 degrés restants du demi-cercle. Donc, de leurs soutendantes, KM sera de 59ᴾ 25′ des parties dont l'hypoténuse GK en contient 120; et GM en aura 4ᴾ 35′. Mais lors de la plus grande distance dans la demi-circonférence apogée, la droite AG de la distance au commencement des serres, d'après les théorèmes démontrés pour les anomalies, se trouve être de 62ᴾ 10′ de ces mêmes parties. Ainsi la portion AM vaut 57ᴾ 35′ des parties dont la droite

ΚΒ καὶ ΘΛ, ἐπεζεύχθωσαν αἱ ΒΛ καὶ ΑΛ, προκείσθω τὲ εὑρεῖν τήν τε κατὰ μῆκος προσθαφαίρεσιν περιεχομένην ὑπὸ τῆς ΒΑΛ γωνίας, καὶ τὴν κατὰ πλάτος πάροδον περιεχομένην ὑπὸ τῆς ὑπὸ ΛΑΘ γωνίας· ἤχθω δὴ καὶ ἐπὶ τὴν ΑΓ ἀπὸ τοῦ Κ κάθετος ἡ ΚΜ, καὶ ἐπεζεύχθωσαν αἱ ΓΘ καὶ ΑΚ καὶ ΑΘ. Ὑποκείσθω τε πάλιν, διὰ τὰ προδεδειγμένα, τῶν ΓΚ καὶ ΚΘ ἑκατέρα τοιούτων πδ̅ νβ′, οἵων ἐςὶν ἡ ΓΘ ὑποτείνουσα ρκ̅.

Ἐπειδὴ τῷ τῷ Κρόνου πρῶτον τῆς ἐκ τῷ κέντρου τῷ ἐπικύκλου τοιούτων ἀποδεδειγμένης ς̅ λ′, οἵων ἐςὶ τὸ μέσον ἀπόςημα ξ, ἔςαι καὶ ἑκατέρα τῶν ΓΚ καὶ ΚΘ εὐθειῶν τοιούτων δ̅ λς′, οἵων ἐςὶν ἡ ΓΘ ὑποτείνουσα ς̅ λ′, καὶ ἐπεὶ ἡ ὑπὸ ΑΓΕ γωνία τῆς τῷ ἐπικύκλου ἐγκλίσεως ὑπόκειται, οἵων μέν εἰσιν αἱ τέσσαρες ὀρθαὶ τξ, τοιούτων δ̅ λ′, οἵων δ̅ αἱ δύο ὀρθαὶ τξ, τοιούτων θ̅, εἴη ἂν ἡ μὲν ἐπὶ τῆς ΚΜ περιφέρεια τοιούτων θ̅, οἵων ἐςὶν ὁ περὶ τὸ ΓΚΜ ὀρθογώνιον κύκλος τξ, ἡ δ̅ ἐπὶ τῆς ΓΜ τῶν λοιπῶν εἰς τὸ ἡμικύκλιον ροα̅· καὶ τῶν ὑπ' αὐτὰς ἄρα εὐθειῶν ἡ μὲν ΚΜ ἔςαι τοιούτων ιθ̅ κε′, οἵων ἐςὶν ἡ ΓΚ ὑποτείνουσα ρκ̅, ἡ δὲ ΓΜ τῶν αὐτῶν ριθ λη′· καὶ οἵων ἐςὶν ἄρα ἡ ΓΚ εὐθεῖα δ̅ λς′, τοιούτων κỳ ἡ μὲν ΚΜ ἔςαι ο̅ κβ′, ἡ δὲ ΓΜ ὁμοίως δ̅ λε′. Ἀλλ' ἐπὶ μὲν τῆς κατὰ τὸ ἀπογειότερον ἡμικύκλιον μεγίςης ἐγκλίσεως, ἡ ΑΓ τῷ περὶ τὰς ἀρχὰς τῶν χηλῶν ἀποςήματος, ἐκ τῶν προεφωδευμένων ἐν ταῖς ἀνωμαλίαις θεωρημάτων, συνάγεται τῶν αὐτῶν ξβ̅ ι′· Ὥςε καὶ λοιπὴν τὴν ΑΜ, τοιούτων καταλείπεςθαι νζ̅ λε′,

οἵων ἐςὶν ἡ ΜΚ εὐθεῖα ο̅ κβ'· διὰ τοῦτο δὲ
καὶ τὴν ΑΚ ὑποτείνουσαν τῶν αὐτῶν νζ̅
λε'. Καὶ οἵων ἐςὶν ἄρα ἡ ΑΚ ὑποτείνουσα
ρκ̅, τοιούτων καὶ ἡ μὲν ΚΜ ἔςαι ο̅ μϛ', ἡ
δ' ὑπὸ ΚΑΜ γωνία τοιύτων ο̅ μδ', οἵων εἰσὶν αἱ δύο ὀρθαὶ τξ̅· ὑπόκειται δὲ κỳ ἡ ὑπὸ
ΒΑΓ τῆς τῦ ἐκκέντρου ἐγκλίσεως, οἵων μέν
εἰσιν αἱ τέσσαρες ὀρθαὶ τξ̅, τοιούτων β̅
λ', οἵων δ' αἱ δύο ὀρθαὶ τξ̅, τοιούτων ε̅·
καὶ ὅλη ἄρα ἡ ὑπὸ ΒΑΚ γωνία τοιούτων
ἐςὶ ε̅ μδ', οἵων αἱ δύο ὀρθαὶ τξ̅. Ωςε καὶ
ἡ μὲν ἐπὶ τῆς ΒΚ περιφέρεια τοιούτων
ἐςὶ ε̅ μδ', οἵων ὁ περὶ τὸ ΒΑΚ ὀρθογώνιον κύκλος τξ̅, ἡ δ' ἐπὶ τῆς ΑΒ τῶν λοιπῶν εἰς τὸ ἡμικύκλιον ροδ̅ ιϛ'. Καὶ τῶν
ὑπ' αὐτὰς ἄρα εὐθειῶν ἡ μὲν ΒΚ τοιούτων
ἐςὶν ϛ̅ ο̅, οἵων ἡ ΑΚ ὑποτείνουσα ρκ̅, ἡ
δὲ ΑΒ τῶν αὐτῶν ριθ̅ να'. Ωςε καὶ οἵων
ἐςὶν ἡ ΑΚ εὐθεῖα νζ̅ λε', τοιούτων ἡ μὲν ΒΚ
ἔςαι β̅ νγ', ἡ δὲ ΑΒ ὁμοίως νζ̅ λα'· τῶν
δ' αὐτῶν καὶ ἡ ΒΛ, ἴση οὖσα τῇ ΚΘ, γίνεται δ̅ λϛ': Καὶ ἐπεὶ τὸ ἀπὸ τῆς ΑΒ, μετὰ
τοῦ ἀπὸ τῆς ΒΛ, ποιεῖ τὸ ἀπὸ τῆς ΑΛ,
κỳ ταύτην ἕξομεν μήκει τῶν αὐτῶν νζ̅
μβ'. Ὁμοίως δ' ἐπεὶ καὶ ἡ ΛΘ, ἴση οὖσα
τῇ ΒΚ, γίνεται τῶν αὐτῶν β̅ νγ', τὸ δ' ἀπὸ
τῆς ΑΛ, μετὰ τοῦ ἀπὸ τῆς ΛΘ, ποιεῖ
τὸ ἀπὸ τῆς ΑΘ, μήκει κỳ ταύτην ἕξομεν
τῶν αὐτῶν νζ̅ μϛ'. Ωςε κỳ οἵων ἐςὶν ἡ ΑΘ
ὑποτείνουσα ρκ̅, τοιούτων κỳ ἡ μὲν ΘΛ
ἔςαι ε̅ νθ', ἡ δ' ὑπὸ ΘΑΛ γωνία τῆς κατὰ
πλάτος παραχωρήσεως, οἵων μέν εἰσιν
αἱ δύο ὀρθαὶ τξ̅, τοιούτων ε̅ μδ', οἵων
δ' αἱ τέσσαρες ὀρθαὶ τξ̅, τοιούτων β̅ νβ'·
ἃ κỳ παραθήσομεν ἐν τῷ τρίτῳ σελιδίῳ

en vaut 0^p 22', et par conséquent l'hypoténuse AK en vaut 57^p 35'. Si donc l'hypoténuse AK est de 120^p, la droite KM en
aura 0^p 46'; et l'angle KAM sera de 0^d 44'
des degrés dont 360 font deux angles
droits; mais l'angle BAC de l'inclinaison
de l'excentrique, est supposé de 2^d 30'
des degrés dont 360 font quatre angles
droits, et de 5^d de ceux dont 360 font
deux angles droits. Donc l'angle entier
BAK est de 5^d 44' des degrés dont 360
font deux angles droits. Ainsi l'arc BK
est de 5^d 44' des degrés dont le cercle
circonscrit au rectangle BAK en contient
360, et l'arc AB contient les 174^d 16' restants du demi-cercle. Donc, de leurs
soutendantes, BK est de 6 des parties dont
l'hypoténuse AK en contient 120; et AB
en a 119^p 51'. Ainsi donc la droite AK
étant de 57^p 35', la droite BK en aura 2^p
53', et la droite AB 57^p 31'; et BL égale
à KT, sera de 4^p 36' de ces parties. Et
puisque le carré de AB, avec celui de BL,
donne celui de AL, nous aurons la longueur de cette droite AL de 57^p 42'. Pareillement, puisque LT égale à BK est de
2^p 53', et que le carré de AL avec celui
de LT donne celui de AT, nous aurons
pour la longueur de AT 57^p 46'. Si donc
l'hypoténuse AT est de 120^p, la droite TL
en aura 5^p 59', et l'angle TAL de l'écart
en latitude, sera de 5^d 44' des degrés
dont 360 font deux angles droits, et de
2^d 52' de ceux dont 360 font quatre

angles droits. Nous les placerons dans la troisième colonne pour Saturne, aux 135ᵈ.

Maintenant, dans le demi-cercle périgée, lors de la plus grande inclinaison, la droite AG de la distance au commencement du bélier, étant trouvée de 57ᵖ 40′ des parties dont la droite KM a été démontrée en avoir 0ᵖ 22′, et la droite GM 4ᵖ 35′, la portion AM est de 53ᵖ 5′; ainsi, l'hypoténuse AK, parcequ'elle n'est pas sensiblement plus grande que la droite AM, est aussi de 53ᵖ 5′. Si donc l'hypoténuse AK est de 120ᵖ, KM en aura 0ᵖ 50′, et l'angle KAM sera de 0ᵈ 48′ des degrés dont 360 font deux angles droits. Mais l'angle BAG est supposé de 5ᵈ; donc l'angle BAK est de 5ᵖ 48′ des degrés dont 360 font deux angles droits. Ainsi l'arc soutendu par BK est de 5ᵈ 48′ des degrés dont le cercle circonscrit au rectangle BAK en contient 360; et l'arc soutendu par AB contient les 174ᵈ 12′ restants du demi-cercle. Donc, de leurs soutendantes, BK est de 6ᵖ 4′ des parties dont l'hypoténuse AK en contient 120; et AB est de 119ᵖ 51′. Par conséquent la droite AK étant de 53ᵖ 5′, la droite BK en aura 2ᵖ 41′, et la droite AB 53ᵖ 1′. Et puisque le carré de AB avec celui de BL donne le carré de AL, et que BL a été démontrée de 4ᵖ 36′, nous aurons pour la longueur de AL, 53ᵖ 13′. Si donc l'hypoténuse AL est de 120ᵖ, BL en aura 10ᵖ 23′, et l'angle BAL de prostaphérèse en longitude, sera de 9ᵈ 56′ des degrés dont 360

τοῦ τοῦ Κρόνου κανονίου κατὰ τῶν ρλε͞ μοιρῶν.

Επὶ δὲ τῆς κατὰ τὸ περιγειότερον ἡμικύκλιον μεγίςης ἐγκλίσεως, ἐπειδήπερ ἡ ΑΓ, τῦ κατὰ τὰς ἀρχὰς τῦ κριῦ ἀποςήματος, τοιούτων συνάγεται νζ͞ μ′, οἵων ἡ μὲν ΚΜ ἐδείχθη ο̅͞ κβ′, ἡ δὲ ΓΜ ὁμοίως δ̅ λε′, καὶ διὰ τοῦτο λοιπὴ μὲν ἡ ΑΜ γίνεται νγ͞ ε′, τῶν δ' αὐτῶν καὶ ἡ ΑΚ ὑποτείνουσα, διὰ τὸ ἀδιαφόρῳ μείζων εἶναι τῆς ΑΜ εὐθείας, νγ͞ ε′. Καὶ οἵων ἐςὶν ἄρα ἡ ΑΚ ὑποτείνουσα ρκ͞, τοιούτων καὶ ἡ μὲν ΚΜ ἔςαι ο̅͞ ν′, ἡ δὲ ὑπὸ ΚΑΜ γωνία τοιούτων ο̅͞ μη′, οἵων εἰσὶν αἱ δύο ὀρθαὶ τξ̅· τῶν δ' αὐτῶν ὑπόκειται καὶ ἡ ὑπὸ ΒΑΓ γωνία ε̅· καὶ ὅλη ἄρα ἡ ὑπὸ ΒΑΚ γωνία τοιούτων ἐςὶ ε̅ μη′, οἵων εἰσὶν αἱ δύο ὀρθαὶ τξ̅. Ωςε καὶ ἡ μὲν ἐπὶ τῆς ΒΚ περιφέρεια τοιούτων ἐςὶ ε̅ μη′, οἵων ὁ περὶ τὸ ΒΑΚ ὀρθογώνιον κύκλος τξ̅, ἡ δ' ἐπὶ τῆς ΑΒ τῶν λοιπῶν εἰς τὸ ἡμικύκλιον ροδ̅ ιβ′· καὶ τῶν ὑπ' αὐτὰς ἄρα εὐθειῶν, ἡ μὲν ΒΚ γίνεται τοιούτων ϛ̅ δ′, οἵων ἐςὶν ἡ ΑΚ ὑποτείνουσα ρκ͞, ἡ δὲ ΑΒ τῶν αὐτῶν ριθ̅ να′. Ωςε καὶ οἵων ἐςὶν ἡ ΑΚ εὐθεῖα γ̅ ε′, τοιούτων κ̀ ἡ μὲν ΒΚ ἔςαι β̅ μα′, ἡ δὲ ΑΒ ὁμοίως νγ͞ α′. Καὶ ἐπεὶ τὸ ἀπὸ τῆς ΑΒ, μετὰ τοῦ ἀπὸ τῆς ΒΛ, ποιεῖ τὸ ἀπὸ τῆς ΑΛ, τῶν δ' αὐτῶν ἐδείχθη καὶ ἡ ΒΛ δ̅ λϛ′, ἕξομεν καὶ τὴν ΑΛ μήκει τῶν αὐτῶν νγ͞ ιγ′, Καὶ οἵων ἐςὶν ἄρα ἡ ΑΛ ὑποτείνουσα ρκ͞, τοιούτων καὶ ἡ μὲν ΒΛ ἔςαι ι̅ κγ′, ἡ δ' ὑπὸ ΒΑΛ γωνία τῆς κατὰ μῆκος προσθαφαιρέσεως, οἵων μέν εἰσιν αἱ δύο ὀρθαὶ τξ̅, τοιούτων θ νϛ', οἵων δ' αἱ τέσσαρες ὀρθαὶ τξ, τοιούτων δ νη'. Πάλιν ἐπεὶ οἵων ἐϛὶν ἡ ΑΛ εὐθεῖα νγ ιγ', τοιούτων καὶ ἡ ΘΛ ἴση οὖσα τῇ ΚΒ γίνεται β μα', τὰ δ' ἀπ' αὐτῶν συντεθέντα ποιεῖ τὸ ἀπὸ τῆς ΑΘ, καὶ ταύτην ἕξομεν μήκει τῶν αὐτῶν νγ ιζ'. Καὶ οἵων ἐϛὶν ἄρα ἡ ΑΘ ὑποτείνουσα ρκ, τοιούτων καὶ ἡ μὲν ΘΛ ἔϛαι ϛ γ'', ἡ δὲ ὑπὸ ΘΑΛ γωνία τῆς κατὰ πλάτος παραχωρήσεως, οἵων μέν εἰσιν αἱ δύο ὀρθαὶ τξ, τοιούτων ε μϛ', οἵων δ' αἱ τέσσαρες ὀρθαὶ τξ, τοιούτων β νγ'· ἃ καὶ αὐτὰ παραθήσομεν ἐν τῷ τετάρτῳ σελιδίῳ τοῦ κανονίου κατὰ τῶν ρλε μοιρῶν.

Ἵνα δὲ καὶ τὴν σύγκρισιν τῶν κατὰ μῆκος προσθαφαιρέσεων ἐπὶ τῆς περιγειοτέρας ἐγκλίσεως ποιησώμεθα, καταγεγράφθω πάλιν τὸ μηδεμίαν ἔγκλισιν ἔχον σχῆμα. Καὶ ἐπεὶ οἵων ἐϛὶν ἡ ΑΓ τοῦ τότε ἀποϛήματος νζ μ', τοιούτων ἑκατέρα μὲν τῶν ΚΓ καὶ ΚΘ ὑπόκειται δ λϛ', λοιπὴ δὲ ἡ ΑΚ τῶν αὐτῶν νγ δ', τὸ δ' ἀπ' αὐτῆς μετὰ τοῦ ἀπὸ τῆς ΚΘ ποιεῖ τὸ ἀπὸ τῆς ΑΘ, ἕξομεν καὶ τὴν ΑΘ μήκει νγ ιϛ'. Ὥϛε καὶ οἵων ἐϛὶν ἡ ΑΘ ὑποτείνουσα ρκ, τοιούτων καὶ ἡ μὲν ΚΘ ἔϛαι ι κβ', ἡ δ' ὑπὸ ΘΑΚ γωνία τῆς κατὰ μῆκος προσθαφαιρέσεως, οἵων μέν εἰσιν αἱ δύο ὀρθαὶ τξ, τοιούτων θ νδ', οἵων δ' αἱ τέσσαρες ὀρθαὶ τξ, τοιούτων δ νζ'· ἐδέδεικτο δ' ἐπὶ τῶν ἐγκλίσεων τῶν αὐτῶν δ νη'· ἐπλεόνασεν ἄρα

font deux angles droits, et de 4ᵈ 58' de ceux dont 360 font quatre angles droits. En outre, puisque la droite AL étant de 53ᵖ 13', la droite TL égale à KB est de 2ᵖ 41', et que les carrés de ces droites donnent celui de AT, nous aurons pour la longueur de celle-ci, 53ᵖ 17'. Ainsi donc l'hypoténuse AT étant de 120ᵖ, la droite TL en aura 6ᵖ 3'; et l'angle TAL de l'écart en latitude, sera de 5ᵈ 46' des degrés dont 360 font deux angles droits, et de 2 53' de ceux dont 360 font quatre angles droits. Nous les placerons dans la quatrième colonne de la table, en ligne des 135ᵈ.

Mais pour fixer les quantités additives ou soustractives, ou prostaphérèses, en longitude, dans l'inclinaison la plus périgée, prenons encore la figure sans inclinaison. Puisque la droite AG de la distance qui a lieu alors, étant de 57ᵖ 40', chacune des droites GK et KT est supposée en avoir 4ᵖ 36', la portion AK en a 53ᵖ 4', et le carré de cette droite avec celui de la droite KT, donnant le carré de la droite AT, nous aurons pour la longueur de AT, 53ᵖ 16'. Ainsi l'hypoténuse AT étant de 120ᵖ, la droite KT en aura 10ᵖ 22', et l'angle TAK de la quantité additive ou soustractive en longitude, sera de 9ᵈ 54' des degrés dont 360 font deux angles droits, et de 4ᵈ 57' de ceux dont 360 font quatre angles droits. Mais on a démontré que dans l'une et l'autre inclinaison, il est de (*b*) 4ᵈ 58′; donc la quantité additive ou soustractive en longitude a été augmentée de 0ᵈ 1′. Ce qu'il falloit trouver.

Reprenons d'abord la figure pour les inclinaisons, en y adaptant les valeurs convenables pour Jupiter, de manière que la droite GT, rayon de l'épicycle, étant de 11ᵖ 30′, chacune des droites GK et KT se trouve être de 8ᵖ 8′. Or, puisque l'angle AGE de l'obliquité de l'épicycle, est supposé de 2ᵈ 30′ des degrés dont 360 font quatre angles droits, et de 5ᵈ de ceux dont 360 font deux angles droits, l'arc soutendu par KM sera de 5 des degrés dont le cercle circonscrit au rectangle GKM en contient 360 ; et l'arc soutendu par GM aura les 175ᵈ restants du demi-cercle. Donc, de leurs soutendantes, KM est de 5ᵖ 14′ des parties dont l'hypoténuse GK en contient 120 ; et GM en a 119ᵖ 53′. Donc la droite GK étant de 8ᵖ 8′, et la droite AG de la distance au commencement des serres, de 62ᵖ 30′, la droite KM sera de 0ᵖ 21′, et GM de 8ᵖ 8′, et la portion MA de 54ᵖ 22′. C'est pourquoi l'hypoténuse AK n'étant pas sensiblement différente de MA, est de 54ᵖ 22′. Ainsi donc l'hypoténuse AK étant de 120ᵖ, la droite KM en aura 0ᵈ 46′, et l'angle KAM sera de 0ᵈ 44′ des degrés dont 360 font deux angles droits. Mais l'angle BAG de l'inclinaison de l'excentrique est supposé de

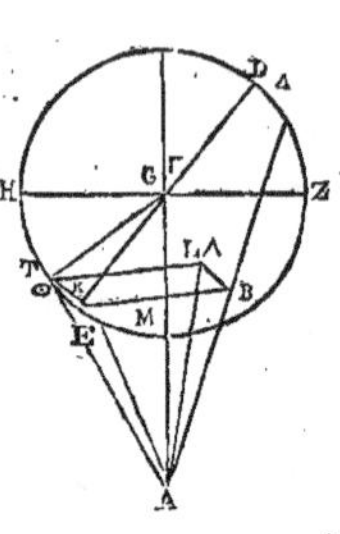

παρ᾽ ἀμφοτέρας τὰς ἐγκλίσεις ἡ κατὰ μῆκος προσθαφαίρεσις, ἑξηκοςῷ ἑνί· ὅπερ ἔδει εὑρεῖν.

Πάλιν ἐκκείσθω πρῶτον ἡ ἐπὶ τῶν ἐγκλίσεων καταγραφὴ περιέχουσα τοὺς ἐπὶ τοῦ τοῦ Διὸς ἀποδεδειγμένους λόγους· ὥςε καὶ οἵων ἐςὶν ἡ ΓΘ ἐκ τοῦ κέντρου τοῦ ἐπικύκλου ιᾱ λ′, τοιούτων ἑκατέραν τῶν ΓΚ καὶ ΚΘ συνάγεσθαι η̄ η′. Ἐπεὶ τοίνυν ἡ ὑπὸ ΑΓΕ γωνία τῆς τοῦ ἐπικύκλου ἐγκλίσεως, οἵων μέν εἰσιν αἱ τέσσαρες ὀρθαὶ τξ̄, τοιούτων ὑπόκειται β̄ λ′, οἵων δ᾽ αἱ δύο ὀρθαὶ τξ̄, τοιούτων ε̄, εἴη ἂν καὶ ἡ μὲν ἐπὶ τῆς ΚΜ περιφέρεια τοιούτων ε̄, οἵων ὁ περὶ τὸ ΓΚΜ ὀρθογώνιον κύκλος τξ̄, ἡ δ᾽ ἐπὶ τῆς ΓΜ τῶν λοιπῶν εἰς τὸ ἡμικύκλιον ροε̄. Καὶ τῶν ὑπ᾽ αὐτὰς ἄρα εὐθειῶν ἡ μὲν ΚΜ τοιούτων ἐςὶ ε̄ ιδ′, οἵων ἡ ΓΚ ὑποτείνουσα ρκ̄, ἡ δὲ ΓΜ τῶν αὐτῶν ριθ̄ νγ′· ὥςε καὶ οἵων ἐςὶν ἡ μὲν ΓΚ εὐθεῖα η̄ η′, ἡ δὲ ΑΓ τοῦ περὶ τὰς ἀρχὰς τῶν χηλῶν ἀποςήματος ξβ̄ λ′, τοιούτων καὶ ἡ μὲν ΚΜ ἔςαι ο̄ κα′, ἡ δὲ ΓΜ ὁμοίως η̄ η′, λοιπὴ δὲ ἡ ΜΑ εὐθεῖα νδ̄ κβ′· διὰ τοῦτο δὲ καὶ ἡ ΑΚ ὑποτείνουσα, ἐπεὶ ἀδιαφόρῳ μείζων ἐςὶ τῆς ΜΑ, τῶν αὐτῶν νδ̄ κβ′. Καὶ οἵων ἐςὶν ἄρα ἡ ΑΚ ὑποτείνουσα ρκ̄, τοιούτων καὶ ἡ μὲν ΚΜ ἔςαι ο̄ μϛ′, ἡ δ᾽ ὑπὸ ΚΑΜ γωνία τοιούτων ο̄ μδ′, οἵων αἱ δύο ὀρθαὶ τξ̄. Ὑπόκειται δὲ καὶ ἡ ὑπὸ ΒΑΓ γωνία, τῆς τοῦ ἐκκέντρου ἐγκλίσεως, οἵων μέν

εἰσιν αἱ τέσσαρες ὀρθαὶ τξ, τοιούτων ᾱ
λ', οἵων δ' αἱ δύο ὀρθαὶ τξ, τοιούτων γ̄·
ᴋⳡ ὅλη ἄρα ἡ ὑπὸ ΒΑΚ γωνία τοιούτων
ἐςὶ γ̄ μδ', οἵων αἱ δύο ὀρθαὶ τξ. Ὥςε
ᴋⳡ ἡ μὲν ἐπὶ τῆς ΚΒ περιφέρεια τοιούτων
ἐςὶ γ̄ μδ', οἵων ὁ περὶ τὸ ΒΑΚ ὀρθογώνιον κύκλος τξ, ἡ δ' ἐπὶ τῆς ΑΒ τῶν
λοιπῶν εἰς τὸ ἡμικύκλιον ροϛ̄ ιϛ'. Καὶ τῶν
ὑπ' αὐτὰς ἄρα εὐθειῶν ἡ μὲν ΚΒ τοιούτων ἐςὶ γ̄ νδ', οἵων ἡ ΑΚ ὑποτείνουσα ρκ̄,
ἡ δὲ ΑΒ τῶν αὐτῶν ριθ̄ νϛ'. Ὥςε καὶ
οἵων ἐςὶν ἡ ΑΚ εὐθεῖα νδ̄ κϛ', τοιούτων ᴋⳡ
ἡ μὲν ΚΒ ἔςαι ᾱ μϛ', ἡ δὲ ΑΒ ὁμοίως νδ̄
κ'. Τῶν δ' αὐτῶν ἐςι διὰ τὰ προαποδεδειγμένα ᴋⳡ ἡ ΒΛ εὐθεῖα π̄ η'· καὶ ἐπεὶ
τὰ ἀπ' αὐτῶν συντεθέντα ποιεῖ τὸ ἀπὸ
τῆς ΑΛ, ἕξομεν ᴋⳡ αὐτὴν μήκει τῶν αὐτῶν
νδ̄ νϛ'. Ὁμοίως δ' ἐπεὶ καὶ ἡ ΛΘ τῶν
αὐτῶν ἐςιν ᾱ μϛ', τὰ δ' ἀπ' αὐτῶν συντεθέντα ποιεῖ τὸ ἀπὸ τῆς ΑΘ, ᴋⳡ ταύτην
ἕξομεν τῶν αὐτῶν νδ̄ νη'. Ὥςε ᴋⳡ οἵων
ἐςὶν ἡ ΑΘ ὑποτείνουσα ρκ̄, τοιούτων ᴋⳡ
ἡ μὲν ΛΘ ἔςαι γ̄ νϛ', ἡ δ' ὑπὸ ΘΑΛ
γωνία τῆς κατὰ πλάτος παραχωρήσεως
οἵων μέν εἰσιν αἱ δύο ὀρθαὶ τξ, τοιούτων
γ̄ μϛ', οἵων δ' αἱ τέσσαρες ὀρθαὶ τξ,
τοιούτων ᾱ να'· ἃ ᴋⳡ παραθήσομεν ἐν τῷ
τρίτῳ σελιδίῳ τοῦ τοῦ Διὸς κανονίου
κατὰ τῶν ρλε̄ μοιρῶν.

Ὡσαύτως δ' ἐπειδὴ πάλιν ἡ ΑΓ τοῦ
κατὰ τὰς ἀρχὰς τοῦ κριοῦ ἀποςήματος
τοιούτων συνάγεται νζ̄ λ', οἵων ἐδείξαμεν
τὴν μὲν ΚΜ εὐθεῖαν ο̄ κα', τὴν δὲ ΓΜ
ὁμοίως π̄ η', ὡς καὶ λοιπὴν τὴν ΑΜ τυτέςι
τὴν ΑΚ ἀδιαφόρῳ μείζονα οὖσαν, τῶν

1ᵈ 3o' des degrés dont 36o font quatre
angles droits, et de 3ᵈ de ceux dont 36o
font deux angles droits. Donc l'angle entier BAK est de 3ᵈ 44' des degrés dont 36o
font deux angles droits. Ainsi l'arc soutendu par KB est de 3ᵈ 44' des degrés dont
le cercle circonscrit au rectangle BAK en
contient 36o ; et l'arc soutendu par AB
contient les 176ᵈ 16' restants du demi-
cercle. Donc, de leurs soutendantes, KB
est de 3ᴾ 54' des parties dont l'hypoténuse
AK en contient 120 ; et AB en a 119ᴾ 56'.
Ainsi donc la droite AK étant de 54ᴾ 22',
la droite KB sera de 1ᴾ 46' de ces parties,
et la droite AB en aura 54ᴾ 20'. Mais suivant ce qui a été démontré précédemment, la droite BL est de 8ᴾ 8'; et puisque
la somme des carrés faits sur ces droites,
donne celui de AL, nous aurons pour la
longueur de celle-ci, 54ᴾ 56'. Pareillement,
puisque la droite LT est de 1ᴾ 46' de ces
parties, et que la somme des carrés de ces
deux droites est égale à celui de la droite
AT, nous aurons celle-ci de 54ᴾ 58' des
mêmes parties. Ainsi donc, l'hypoténuse
AT étant de 120ʳ, la droite LT en aura
3ᴾ 52', et l'angle TAL de l'écart en longitude, sera de 3ᵈ 42' des degrés dont 36o
font deux angles droits, et de 1ᵈ 51' de
ceux dont 36o font quatre angles droits.
Nous les placerons dans la troisième colonne de la table pour Jupiter, en ligne
des 135ᵈ.

De même, (*voyez toujours la même
figure*), puisque la droite AG de la distance au commencement du bélier, se
trouve être de 57ᴾ 30' des parties dont
nous avons montré que la droite KM en
contient 0ᴾ 21', et GM 8ᴾ 8', de sorte que la
portion AM c'est-à-dire AK qui n'est pas

sensiblement plus grande, se conclut de 49ᵖ 22′; il s'ensuit que l'hypoténuse AK étant de 120ᵖ, la droite KM est de 0ᵖ 51′, l'angle KAM de 0ᵈ 49′ des degrés dont 360 font deux angles droits ; et l'angle entier BAK de 3ᵈ 49′ de ces degrés. Donc l'arc soutendu par BK est de 3ᵈ 49′ des degrés dont le cercle circonscrit au rectangle AKB en contient 360, et l'arc soutendu par AB a les 176ᵈ 11′ restants du demi-cercle. Donc, de ces soutendantes, BK est de 3ᵖ 59′ des parties dont l'hypoténuse AK en contient 120, et la droite AB en contient 119ᵖ 56′. De sorte que la droite AK étant de 49ᵖ 22′, la droite KB en aura 1ᵖ 39′, et la droite AB 49ᵖ 20′. C'est pourquoi, la droite BL étant de 8ᵖ 8′ de ces parties, et la somme de leurs carrés étant égale à celui de AL, nous aurons, pour la longueur de cette droite, 50ᵖ 0′ : ensorte que l'hypoténuse AL étant de 120ᵖ, BL en aura 19ᵖ 31′, et l'angle BAL de la prostaphérèse de longitude, sera de 18ᵈ 44′ des degrés dont 360 font deux angles droits, et de 9ᵈ 22′ des degrés dont 360 font quatre angles droits, et puisque TL est de 1ᵖ 39′ des parties dont la droite AL en a 50ᵖ, et que la somme de leurs carrés donne celui de AT, nous aurons celle-ci de 50ᵖ 2′ ; donc, AT étant de 120ᵛ, LT sera de 3ᵖ 57′ de ces parties, et l'angle TAL de la latitude sera de 3ᵈ 46′ des degrés dont 360 font deux angles droits, et de 1ᵈ 53′ de ceux dont 360 font quatre angles droits. Nous les placerons dans la quatrième colonne de la table, en ligne des mêmes 135.

αὐτῶν καταλείπεσθαι μθ̄ κϛ′. διὰ τοῦτὸ δὲ κỳ οἵων ἐϛὶν ἡ ΑΚ ὑποτείνουσα ρκ̄, τοιούτων καὶ ἡ μὲν ΚΜ γίνεται ō̄ να′, ἡ δ᾽ ὑπὸ ΚΑΜ γωνία τοιούτων ō̄ μϛ′, οἵων εἰσὶν αἱ δύο ὀρθαὶ τξ̄ · συναχθήσεται κỳ ὅλη ἡ ὑπὸ ΒΑΚ γωνία τῶν αὐτῶν γ̄ μθ′. Ωϛε κỳ ἡ μὲν ἐπὶ τῆς ΒΚ περιφέρεια τοιούτων ἐϛὶ γ̄ μθ′, οἵων ὁ περὶ τὸ ΑΚΒ ὀρθογώνιον κύκλος τξ̄, ἡ δ᾽ ἐπὶ τῆς ΑΒ τῶν λοιπῶν εἰς τὸ ἡμικύκλιον ροϛ̄ ια′. Καὶ τῶν ὑπ᾽ αὐτὰς ἄρα εὐθειῶν ἡ μὲν ΒΚ τοιούτων ἐϛὶ γ̄ νθ′, οἵων ἐϛὶν ἡ ΑΚ ὑποτείνουσα ρκ̄, ἡ δὲ ΑΒ τῶν αὐτῶν ριθ̄ νϛ′. Ωϛε καὶ οἵων ἐϛὶν ἡ ΑΚ εὐθεῖα μθ̄ κϛ′ τοιούτων καὶ ἡ μὲν ΚΒ ἔϛαι ᾱ λθ′, ἡ δὲ ΑΒ ὁμοίως μθ̄ κ′· διὰ τοῦτο δὲ ἐπεὶ κỳ ἡ ΒΛ τῶν αὐτῶν ἐϛὶν η̄ η′, τὰ δ᾽ ἀπ᾽ αὐτῶν συντεθέντα ποιεῖ τὸ ἀπὸ τῆς ΑΛ, κỳ ταύτην ἕξομεν μήκει ν̄ ō. Ωϛε κỳ οἵων ἐϛὶν ἡ ΑΛ ὑποτείνουσα ρκ̄, τοιούτων κỳ ἡ μὲν ΒΛ ἔϛαι ιθ̄ λα′, ἡ δ᾽ ὑπὸ ΒΑΛ γωνία τῆς κατὰ μῆκος προσθαφαιρέσεως οἵων μέν εἰσιν αἱ δύο ὀρθαὶ τξ̄, τοιούτων ιη̄ μδ′, οἵων δ᾽ αἱ τέσσαρες ὀρθαὶ τξ̄, τοιούτων θ̄ κϛ′. Πάλιν ἐπεὶ οἵων ἐϛὶν ἡ ΑΛ εὐθεῖα ν̄ ō′, τοιούτων κỳ ἡ ΘΛ γίνεται ᾱ λθ′, τὰ δ᾽ ἀπ᾽ αὐτῶν συντεθέντα ποιεῖ τὸ ἀπὸ τῆς ΑΘ, κỳ ταύτην ἕξομεν μήκει τῶν αὐτῶν ν̄ καὶ ἑξηκοϛῶν β̄. Καὶ οἵων ἐϛὶν ἄρα ἡ ΑΘ ὑποτείνουσα ρκ̄, τοιούτων καὶ ἡ μὲν ΛΘ ἔϛαι γ̄ νζ′, ἡ δ᾽ ὑπὸ ΘΑΛ γωνία τῆς κατὰ τὸ πλάτος ἀποϛάσεως, οἵων μέν εἰσιν αἱ δύο ὀρθαὶ τξ̄, τοιούτων γ̄ μϛ′, οἵων δ᾽ αἱ τέσσαρες ὀρθαὶ τξ̄, τοιούτων ᾱ νγ′· ἁ κỳ παραθήσομεν ἐν τῷ δευτέρῳ σελιδίῳ τοῦ κανονίου, κατὰ τῶν αὐτῶν ρλε̄ μοιρῶν.

Καὶ τῆς συγκρίσεως δὲ τῶν κατὰ μῆκος προσθαφαιρεσεων ἕνεκεν, ἐκκείσθω ἡ χωρὶ, τῶν ἐγκλίσεων καταγραφή. Καὶ ἐπεὶ κατὰ τὸ ἐκκείμενον ἀπόςημα, οἵων ἐςὶν ἑκατέρα τῶν ΘΚ ᾗ ΓΚ εὐθεῖων η̄ η̄, τοιούτων ᾗ ᾗ μὲν ΑΓ ἐςὶν ὅλη νζ̄ λ΄, λοιπὴ δὲ ἡ ΑΚ τῶν αὐτῶν μθ̄ κϛ΄, τὸ δ̄΄ ἀπ᾽ αὐτῆς, μετὰ τοῦ ἀπὸ τῆς ΚΘ, ποιεῖ τὸ ἀπὸ τῆς ΑΘ, ᾗ ταύτην ἕξομεν μῆκε τῶν αὐτῶν ν̄ ᾗ ἑξηκοςῶν β. Ὡςε ᾗ οἵων ἐςὶν ἡ ΑΘ ὑποτείνουσα ρκ̄, τοιούτων ᾗ ἡ μὲν ΘΚ ἔςαι ιβ̄ λ΄, ἡ δὲ ὑπὸ ΘΑΚ γωνία, τῆς κατὰ μῆκος προσθαφαίρεσεως, οἵων μέν εἰσιν αἱ δύο ὀρθαὶ τξ̄, τοιούτων ιη̄ μβ΄, οἵων δὲ αἱ τέσσαρες ὀρθαὶ τξ̄, τοιούτων θ̄ κα΄. Ἐδέδεικτο δὲ ἐπὶ τῶν ἐγκλίσεων, τῶν αὐτῶν θ̄ κβ΄· ἐπλεόνασεν ἄρα πάλιν παρ᾽ ἀμφοτέρας τὰς ἐγκλίσεις ἡ κατὰ μῆκος προσθαφαίρεσις ἑνὶ μόνῳ ἑξηκοςῷ· ὅπερ προέκειτο δεῖξαι.

Ἐξῆς δὲ ᾗ τῶν τοῦ Αρεως λόγων ἕνεκεν ἐκκείσθω πρῶτον ἡ τῶν ἐγκλίσεων καταγραφὴ, ᾗ συναγέσθω πάλιν ἑκατέρα τῶν ΓΚ ᾗ ΚΘ τοιούτων κζ̄ νϛ΄, οἵων ἐςὶν ἡ ΓΘ ἐκ τοῦ κεντρου τοῦ ἐπικύκλου λθ̄ λ΄. Ἐπεὶ οὖν ἡ ὑπὸ ΑΓΕ γωνία τῆς τοῦ ἐπικύκλου ἐγκλίσεως ὑπόκειται, οἵων μέν εἰσιν αἱ τέσσαρες ὀρθαὶ τξ̄, τοιούτων β̄ ιε΄, οἵων δ᾽ αἱ δύο ὀρθαὶ τξ̄, τοιούτων δ̄ λ΄, εἴη ἂν ᾗ ἡ μὲν ἐπὶ τῆς ΚΜ περιφέρεια τοιούτων δ̄ λ΄, οἵων ὁ περὶ τὸ ΓΜΚ ὀρθογώνιον κύκλος τξ̄, ἡ δ᾽ ἐπὶ τῆς

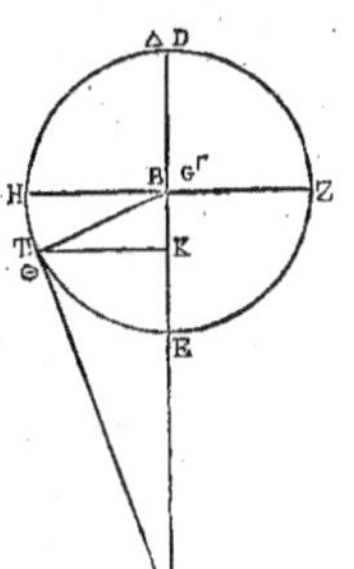

Et pour déterminer les prostaphéréses en longitude, reprenons encore la figure sans inclinaison. Puisque dans la distance proposée, chacune des droites TK, GK, étant de 8ᵖ 8′, la droite AG entière en contient 57ᵖ 30′, et que sa portion AK est de 49ᵖ 22′, le carré de cette droite avec celui de KT donnant le carré de AT, nous aurons pour la longueur de celle-ci, 50ᵖ 2′ de ces parties. Ainsi donc, l'hypoténuse AT étant de 120ᵖ, la droite TK sera de 19ᵖ 30′, et l'angle TAK de la prostaphérèse en longitude sera de 18ᵈ 42′ des degrés dont 360 font deux angles droits, et de 9ᵖ 21′ de ceux dont 360 font quatre angles droits. Mais il a été prouvé que dans les inclinaisons, cet angle est de 9ᵈ 22′, donc la différence dans la quantité additive ou soustractive en longitude, est pour les deux inclinaisons, de 1′ en plus. Ce qu'il falloit montrer.

Maintenant, pour Mars, reprenons (*pag. 394*) la figure (*c*) des inclinaisons, et d'abord supposons chacune des droites GK et KT de 27ᵖ 56′ des parties dont le rayon ou droite GT menée du centre de l'épicycle en contient 39ᵖ 30′. Puis que l'angle AGE de l'inclinaison de l'épicycle est supposé de 2ᵈ 15′ des degrés dont 360 font quatre angles droits, et de 4ᵈ 30′ de ceux dont 360 font deux angles droits, l'arc soutendu par la droite KM sera de 4ᵈ 30′ des degrés dont le cercle circonscrit au rectangle GKM en contient 360, et l'arc soutendu par GM aura les 175ᵈ 30′ restants du demi-cercle. Donc, de leurs soutendantes, KM est de 4ᵖ 43′ des parties dont l'hypoténuse GK en vaut 120, et GM est de 119ᵖ 54′ de ces mêmes parties. Ainsi la droite GK étant de 27ᵖ 56′, et la droite AG de la plus grande distance, de 66ᵖ, la droite KM en aura (d) 1ᵖ 6′, la droite GM 27ᵖ 54′, et la droite AM 38ᵖ 6′. C'est pourquoi l'hypoténuse AK est de 38ᵈ 7′ de ces parties. Donc, l'hypoténuse AK étant de 120ᵖ, la droite KM en aura 3ᵖ 28′, et l'angle KAM sera de 3ᵖ 19′ des parties dont 360 font deux angles droits. Mais l'angle BAG de l'inclinaison de l'excentrique est supposé de 1ᵈ des degrés dont 360 font quatre angles droits, et de 2ᵈ de ceux dont 360 font deux angles droits. Donc l'angle entier BAK se trouve être de 5ᵈ 19′ des degrés dont 360 égalent deux angles droits. Ainsi, l'arc soutendu par la droite KB est de 5ᵖ 19′ des degrés dont le cercle circonscrit au rectangle BAK en contient 360; et l'arc soutendu par AB a les 174ᵈ 41′ restants du demi-cercle. Donc, de ces soutendantes, BK est de 5ᵖ 34′ des parties dont l'hypoténuse AK en contient 120; et AB en a 119ᵖ 52′. Ainsi la droite AK étant de 38ᵖ 7′, la droite KB en aura 1ᵖ 46′, et la droite AB 38ᵖ 5′. Or la droite BL en a 27ᵖ 56′ : et puisque le carré de AB avec celui de BL donne le carré de AL, nous aurons pour la longueur de celle-ci, 47ᵖ 14′. De même, la droite TL étant de 1ᵖ 46′ de ces mêmes parties, et le carré de AL avec celui de LT, donnant celui de AT, nous aurons pour la longueur de celle-ci, 47ᵖ 16′ de ces parties. Ainsi l'hypoténuse

ΓΜ τῶν λοιπῶν εἰς τὸ ἡμικύκλιον, ροε λ′. Καὶ τῶν ὑπ' αὐτὰς ἄρα εὐθειῶν, ἡ μὲν ΚΜ τοιούτων ἐςὶ δ̄ μγ′, οἵων ἐςὶν ἡ ΓΚ ὑποτείνουσα ρκ̄, ἡ δὲ ΓΜ τῶν αὐτῶν ριθ̄ νδ′. Ὥςε κ̃ οἵων ἐςὶν ἡ μὲν ΓΚ εὐθεῖα κζ̄ νς′, ἡ δὲ ΑΓ τοῦ μεγίςου ἀποςήματος ξς̄, τοιούτων καὶ ἡ μὲν ΚΜ ἔςαι ᾱ ς′, ἡ δὲ ΓΜ ὁμοίως κζ νδ′, ἡ δὲ ΑΜ τῶν λοιπῶν λη̄ ς′· διὰ τοῦτο δὲ καὶ ἡ ΑΚ ὑποτείνουσα τῶν αὐτῶν λη̄ ζ′. Καὶ οἵων ἐςὶν ἄρα ἡ ΑΚ ὑποτείνουσα ρκ̄, τοιούτων καὶ ἡ μὲν ΚΜ ἔςαι γ̄ κη′, ἡ δὲ ὑπὸ ΚΑΜ γωνία τοιούτων γ̄ ιθ′, οἵων εἰσὶν αἱ δύο ὀρθαὶ τξ̄. Ὑπόκειται δὲ καὶ ἡ ὑπὸ ΒΑΓ τῆς τοῦ ἐκκέντρου ἐγκλίσεως, οἵων μέν εἰσιν αἱ τέσσαρες ὀρθαὶ τξ̄, τοιούτων ᾱ, οἵων δ̆' αἱ δύο ὀρθαὶ τξ̄, τοιούτων β̄· καὶ ὅλη ἄρα ἡ ὑπὸ ΒΑΚ γωνία τοιούτων συνάγεται ε̄ ιθ′, οἵων εἰσὶν αἱ δύο ὀρθαὶ τξ̄. Ὥςε καὶ ἡ μὲν ἐπὶ τῆς ΚΒ περιφέρεια τοιούτων ἐςὶ ε̄ ιθ′, οἵων ὁ περὶ τὸ ΒΑΚ ὀρθογώνιον κύκλος τξ̄, ἡ δ̆' ἐπὶ τῆς ΑΒ τῶν λοιπῶν εἰς τὸ ἡμικύκλιον ροδ̄ μα′. Καὶ τῶν ὑπ' αὐτὰς ἄρα εὐθειῶν, ἡ μὲν ΒΚ τοιούτων ἐςὶ ε̄ λδ′, οἵων ἡ ΑΚ ὑποτείνουσα ρκ̄, ἡ δὲ ΑΒ τῶν αὐτῶν ριθ̄ νβ′. Ὥςε κ̃ οἵων ἐςὶν ἡ ΑΚ εὐθεῖα λη̄ ζ′, τοιούτων κ̃ ἡ μὲν ΚΒ ἔςαι ᾱ μς′, ἡ δὲ ΑΒ ὁμοίως λη̄ ε′· τῶν δ̆' αὐτῶν ἐςὶ καὶ ἡ ΒΛ εὐθεῖα κζ̄ νς′. Καὶ ἐπεὶ τὸ ἀπὸ τῆς ΑΒ, μετὰ τῦ ἀπὸ τῆς ΒΛ, ποιεῖ τὸ ἀπὸ τῆς ΑΛ, κ̃ ταύτην ἕξομεν μήκει μζ ιδ′· ὁμοίως δ̆' ἐπεὶ καὶ ἡ μὲν ΘΛ τῶν αὐτῶν ᾱ μς′, τὸ δ̆' ἀπὸ τῆς ΑΛ μετὰ τῦ ἀπὸ τῆς ΑΘ ποιεῖ τὸ ἀπὸ τῆς ΑΘ, καὶ ταύτην ἕξομεν μήκει τῶν μζ̄ ις′. Ὥςε κ̃ οἵων ἐςὶν ἡ ΑΘ ὑποτείνουσα ρκ̄, τοιούτων καὶ ἡ μὲν ΘΛ ἔςαι δ̄ κθ′, ἡ δὲ ὑπὸ ΘΑΛ γωνία τῆς κατὰ πλάτος ἀποςάσεως, οἵων μέν εἰσιν αἱ δύο ὀρθαὶ τξ̆, τοιούτων δ̄ ιη̄, οἵων δ᾽ αἱ τέσσαρες ὀρθαὶ τξ̆, τοιούτων β̄ θ′· ἃ καὶ παραθή- σομεν ἐν τῷ τρίτῳ σελιδίῳ τοῦ τοῦ Ἄρεως κανονίου, κατὰ τῶν ρλε̄ μοιρῶν.

Ὡσαύτως δ᾽ ἐπὶ τῶν κατὰ τὸ ἐλά- χιςον ἀπόςημα ἐγκλίσεων, ἐπειδὴ τοιού- των ἐςὶν ἡ ΑΓ εὐθεῖα νδ̄, οἵων ἡ μὲν ΚΜ ἐδείχθη ᾱ ς′, ἡ δὲ ΓΜ ὁμοίως κζ νδ′, ὡς καὶ τὴν μὲν ΑΜ καταλείπεσθαι τῶν λοιπῶν κς̄ ς′, τὴν δὲ ΑΚ ὑποτείνουσαν συνάγεσθαι τῶν αὐτῶν κς̄ ζ′, καὶ οἵων ἐςὶν ἡ ΑΚ ὑποτείνουσα ρκ̄, τοιούτων καὶ ἡ μὲν ΚΜ ἔςαι ε̄ γ′, ἡ δὲ ὑπὸ ΚΑΜ γω- νία τοιούτων δ̄ μθ′, οἵων εἰσὶν αἱ δύο ὀρ- θαὶ τξ̆· διὰ τοῦτο δὲ καὶ ὅλη ἡ ὑπὸ ΒΑΚ τῶν αὐτῶν ς̄ μθ′· ὥςε καὶ ἡ μὲν ἐπὶ τῆς ΒΚ περιφέρεια τοιούτων ἐςὶν ς̄ μθ′, οἵων ὁ περὶ τὸ ΑΒΚ ὀρθογώνιον κύκλος τξ̆, ἡ δ᾽ ἐπὶ τῆς ΑΒ τῶν λοιπῶν εἰς τὸ ἡμι- κύκλιον ρογ̄ ια′. Καὶ τῶν ὑπ᾽ αὐτὰς ἄρα εὐθειῶν, ἡ μὲν ΒΚ ἔςαι τοιούτων ζ̄ η′, οἵων ἐςὶν ἡ ΑΚ ὑποτείνουσα ρκ̄, ἡ δὲ ΑΒ τῶν αὐτῶν ριθ̄ μζ′· ὥςε καὶ οἵων ἐςὶν ἡ ΑΚ εὐθεῖα κς̄ ζ′, τοιούτων καὶ ἡ μὲν ΒΚ ἔςαι ᾱ λγ′, ἡ δὲ ΑΒ ὁμοίως κς̄ δ′. Τῶν δ᾽ αὐτῶν ἐςι πάλιν καὶ ἡ ΒΛ εὐ- θεῖα κζ νς′. Καὶ ἐπεὶ τὸ ἀπὸ τῆς ΑΒ, μετὰ τοῦ ἀπὸ τῆς ΒΛ, ποιεῖ τὸ ἀπὸ τῆς ΑΛ, καὶ ταύτην ἕξομεν μήκει λη̄ ιβ′. Ὥςε καὶ οἵων ἐςὶν ἡ ΑΛ ὑποτείνουσα ρκ̄, τοιούτων καὶ ἡ μὲν ΒΛ ἔςαι πζ μ̄ε′, ἡ δὲ ὑπὸ ΒΑΛ γωνία τῆς κατὰ μῆκος προσ- θαφαιρέσεως, οἵων μέν εἰσιν αἱ δύο ὀρθαὶ

AT étant de 120p, la droite TL en aura 4p 29′, et l'angle TAL de la distance en latitude, sera de 4d 18′ des degrés dont 360 font deux angles droits, et de 2p 9′ de ceux dont 360 font quatre angles droits. Nous les placerons dans la troi- sième colonne de la table pour Mars, en ligne des 135d.

Pareillement, pour les inclinaisons dans la plus courte distance ; puisque la droite AG est de 54p des parties dont KM a été démontrée en avoir 1p 6′, et GM 27p 54′, ensorte que AM se trouve avoir les 26p 6′ restantes , et l'hypoténuse AK en va- loir 26p 7′, cette hypoténuse AK étant de 120p, la droite KM en aura 5p 3′, et l'angle KAM 4d 49′ des degrés dont 360 font deux angles droits : il s'ensuit que l'angle entier BAK sera de 6d 49′ de ces degrés ; desorte que l'arc soutendu par BK est de 6d 49′ des degrés dont le cercle circons- crit au rectangle ABK en contient 360, et l'arc soutendu par AB contient les 173d 11′ restants du demi-cercle. Donc , de ces soutendantes, BK sera de 7p 8′ des parties dont l'hypoténuse AK en contient 120p ; et AB en aura 119p 47′. Ainsi la droite AK étant de 26p 7′, la droite BK en aura 1p 33′, et la droite AB 26p 4′. Mais la droite BL en a 27p 56′; et puisque le carré de AB avec celui de BL donne celui de AL, nous aurons AL de 38p 12′ en longueur. Ainsi l'hypoténuse AL étant de 120p, BL en aura 87p 45′, et l'angle BAL de la pros- taphérése en longitude, sera de 94d des degrés dont 360 font deux angles droits, et de 47^d de ceux dont 360 font quatre angles droits. Pareillement, puisque la droite LT a 1^p 33' des mêmes parties dont la droite AL en a 38^p 12', et que la somme des carrés de ces droites donne celui de la droite AT, nous aurons pour la longueur de celle-ci, 38^p 14'; de sorte que l'hypoténuse AT étant de 120^p, la droite LT en aura 4^p 52', et l'angle TAL de l'écart en latitude sera de 4^{d}40' des degrés dont 360 font deux angles droits. Nous les placerons dans la quatrième colonne de la table, en ligne du même nombre 135^d.

Et encore, pour déterminer les prostaphérèses en longitude, *(page 397)*, reprenant la figure sans inclinaison, dans la plus courte distance où il faut nécessairement qu'arrive la différence la plus sensible, la raison de AG à chacune des droites GK et KT, est celle de 54 à 27^p 56', ensorte que pour cette raison, la droite AK se trouve avoir les 26^p 4' restantes, et que l'hypoténuse AT vaut 38^p 12' de ces mêmes parties. C'est pourquoi l'hypoténuse AT étant de 120^p, la droite TK en a 87^p 45', et l'angle TAK de l'addition ou soustraction en longitude, est de 94^d des degrés dont 360 font deux angles droits, et de 47^d de ceux dont 360 font deux angles droits. Mais on a trouvé la même quantité par les calculs faits pour les inclinaisons; donc il n'y a aucue différence pour la quantité additive ou soustractive en longitude, dans les inclinaisons des cercles de la planète de Mars : ce qu'il falloit trouver.

τξ, τοιούτων ζδ, οἵων δ' αἱ τέσσαρες ὀρθαὶ τξ, τοιούτων μζ. Ὁμοίως δ' ἐπεὶ οἵων ἐςὶν ἡ ΑΛ εὐθεῖα λη ιβ', τοιούτων καὶ ἡ ΛΘ γίνεται ᾱ λγ', τὰ δ' ἀπ' αὐτῶν συντεθέντα ποιεῖ τὸ ἀπὸ τῆς ΑΘ τετράγωνον, καὶ ταύτην ἕξομεν μήκει τῶν αὐτῶν λη ιδ'. Ὥςε καὶ οἵων ἐςὶν ἡ ΑΘ ὑποτείνουσα ρκ, τοιούτων καὶ ἡ μὲν ΛΘ ἔςαι δ ιβ', ἡ δ' ὑπὸ ΘΑΛ γωνία τῆς κατὰ πλάτος ἀποςάσεως, οἵων μέν εἰσιν αἱ δύο ὀρθαὶ τξ, τοιούτων δ μ', οἵων δ' αἱ τέσσαρες ὀρθαὶ τξ, τοιούτων β κ'· ἃ καὶ παραθήσομεν ἐν τῷ τετάρτῳ σελιδίῳ τοῦ κανόνος, κατὰ τῶν αὐτῶν ρλε μοιρῶν

Καὶ τῆς συγκρίσεως οὖν πάλιν ἕνεκεν τῶν κατὰ μῆκος προσθαφαιρέσεων, ἐὰν ἐκθώμεθα τὴν χωρὶς τῶν ἐγκλίσεων καταγραφὴν, γίνεται κατὰ τὸ ἐλάχιςον ἀπόςημα, ὅπου μάλιςα τὴν διαφορὰν αἰσθητὴν ἀνάγκη συμβαίνειν, λόγος τῆς ΑΓ πρὸς ἑκατέραν τῶν ΓΚ καὶ ΚΘ, ὁ τῶν νδ πρὸς τὰ κζ νς'· ὡς διὰ τοῦτο τὴν μὲν ΑΚ κοταλείπεθαι τῶν λοιπῶν κς δ', τὴν δὲ ΑΘ ὑποτείνουσαν συνάγεσθαι τῶν αὐτῶν λη ιβ'· διὰ τοῦτο δὲ καὶ οἵων ἐςὶν ἡ ΑΘ ὑποτείνουσα ρκ, τοιούτων καὶ τὴν μὲν ΘΚ εὐθεῖαν γίνεσθαι πάλιν πζ με', τὴν δ' ὑπὸ ΘΑΚ γωνίαν τῆς κατὰ μῆκος προσθαφαιρέσεως, οἵων μέν εἰσιν αἱ δύο ὀρθαὶ τξ, τοιούτων ζδ, οἵων δ' αἱ τέσσαρες ὀρθαὶ τξ, τοιούτων μζ. Τοσούτων δὲ ἐδέδεικτο καὶ ἀπὸ τῶν κατὰ τὰς ἐγκλίσεις ἐπιλογισμῶν· οὐδενὶ ἄρα ἐπὶ τοῦ Ἄρεως διήνεγκε παρὰ τὰς ἐγκλίσεις τῶν κύκλων ἡ κατὰ μῆκος προσθαφαίρεσις, ἅπερ ἔδει εὑρεῖν.

Τὰ δὲ τέταρτα σελίδια τῶν δύο
κανονίων τοῦ τε τῆς Ἀφροδίτης καὶ τοῦ τοῦ
Ἑρμοῦ περιέξει τὰς ὑπὸ τῶν μεγίςων
λοξώσεων τῶν ἐπικύκλων αὐτῶν, αἵ τινες
περὶ τὰ ἀπόγεια καὶ περίγεια τῶν ἐκκέντρων συνίςανται, περιεχομένας πλατικὰς παρόδους, πεπραγματευμένας ἡμῖν
μέντοι καθ' αὑτάς, χωρὶς τῆς παρὰ τὰς
τῶν ἐκκέντρων ἐγκλίσεις γινομένης διαφο-
ρᾶς· ἐπειδήπερ καὶ πλειόνων ἂν ἐδέησε
κανονίων ψηφοφορίας τε κατασκελεςέρας,
ἀνίσων καὶ μὴ πάντως ἐπὶ τὰ αὐτὰ τοῦ
διὰ μέσων συνίςασθαι μελλουσῶν τῶν
τε ἑσπερίων καὶ τῶν ἑῴων παρόδων. Καὶ
ἄλλως τῆς ἐγκλίσεως τῶν ἐκκέντρων μὴ
μενούσης, αἱ τῶν παρὰ τὰς μεγίςας ἐγκλίσεις μειώσεων ὑπεροχαὶ διαφωνεῖν
ἔμελλον πρὸς τὰς τῶν παρὰ τὰς μεγίςας
λοξώσεις μειώσεων. Χωρισθείσης μέντοι
τῆς διαφορᾶς, ἕκαςα ἡμῖν προχειρότερον
μεθοδευθήσεται, ὡς ἐκ τῶν αὐτῶν ἐπε-
νεχθησομένων ἔςαι δῆλον.

Ἔςω τοίνυν ἡ ΑΒ κοινὴ τομὴ
τῶν ἐπιπέδων τοῦ τε διὰ μέσων τῶν ζωδίων καὶ τοῦ ἐπικύκλου, καὶ τὸ μὲν Α σημεῖον ὑποκείσθω τὸ κέντρον τοῦ ζωδιακοῦ, τὸ δὲ Β κέντρον τοῦ ἐπικύκλου, γεγράφθω τε περὶ αὐτὸ
ὁ ΓΔΕΖΗ ἐπίκυκλος, λοξὸς πρὸς
τὸ τοῦ διὰ μέσων ἐπίπεδον,
τουτέςιν ὥςτε τὰς ἀγομένας ἐν
αὐτοῖς εὐθείας ὀρθὰς πρὸς τὴν
ΓΗ κοινὴν τομὴν, ἴσας ποιεῖν τὰς γωνίας
ἁπάσας τὰς πρὸς τοῖς αὐτῆς τῆς ΓΗ σημείοις συνιςαμένας. Διήχθωσάν τε ἡ μὲν ΑΕ

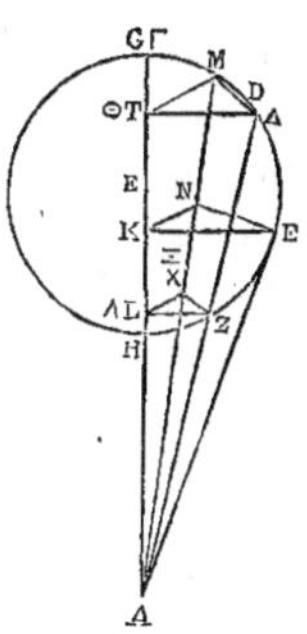

Les quatrièmes colonnes des deux tables
de Vénus et de Mercure contiendront les
mouvements en latitude compris sous les
plus grandes inclinaisons de leurs épicycles, comme ils se font dans les apogées
et les périgées des excentriques, et tels
que nous les avons calculés, abstraction
faite de la différence qui a lieu dans les
inclinaisons des excentriques. Autrement,
il nous auroit fallu calculer plusieurs
tables, et le calcul en auroit été bien
plus difficile; attendu que les latitudes
ne sont pas les mêmes dans les disgression du matin et dans celles du soir, et
ne se font pas sur des mêmes portions du
cercle milieu du zodiaque. L'inclinaison
des excentriques, d'ailleurs, ne demeurant
pas constante, les différences des diminutions dans les plus grandes inclinaisons
ne seroient pas les mêmes que les différences des diminutions dans les plus
grandes obliquités. Mais en séparant
cette différence, tout nous deviendra
plus facile à traiter, comme on le verra
par ce que nous allons dire:

Soit donc AB la commune
section des plans du zodiaque et
de l'épicycle. Prenons le point
A pour centre du zodiaque,
et B pour celui de l'épicycle
GDEZH que nous décrivons
autour de B, et obliquement
sur le plan du cercle milieu
du zodiaque, c'est-à-dire de
sorte que les droites tracées dans
ces plans et perpendiculaires à
l'intersection commune, fassent égaux
tous les angles qui sont dans les points
de la droite GH. Menons la tangente AE

à l'épicycle, et la sécante AED par un point quelconque. Abaissons des points D, E, Z, les perpendiculaires DT, EK, ZL, sur la droite GH; et DM, EN, ZX sur le plan du cercle milieu du zodiaque : et joignons TM, KN et LX, et aussi AN et AXM, car AXM est une droite, puisque ces trois points sont dans deux plans, l'un du cercle milieu du zodiaque, l'autre passant par AZD et perpendiculaire au plan de ce cercle. Il est évident que dans l'obliquité dont il s'agit, l'angle TAM et l'angle KAN embrassent les quantités additives ou soustractives des astres en longitude, et les angles DAM et EAN celles de la latitude. Il faut d'abord montrer que l'écart en latitude sous l'angle EAN qui est dans le point de contact, est le plus grand de tous, de même que la prostaphérèse en longitude est la plus grande : puisque l'angle EAK est le plus grand de tous, la droite KE est à la droite EA en plus grande raison que chacune des droites TD, LZ, à chacune des droites AD, ZA. Mais comme EK est à EN, ainsi TD est à DM, et LZ à ZX. Car, comme nous avons dit, tous ces triangles ainsi construits, sont équiangles, et les angles qui sont dans les points M, N, X, sont droits. Donc la droite NE est en plus grande raison relativement à la droite EA, que chacune des droites MD, XZ, à chacune des droites DA et ZA. En outre, les angles DMA, ENA, XZA, sont droits; donc l'angle EAN est plus grand que l'angle

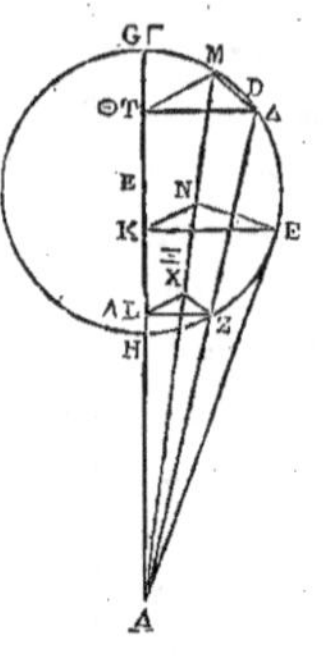

ἐφαπτομένη τοῦ ἐπικύκλου, ἡ δὲ ΑΖΔ τέμνουσα αὐτὸν ὡς ἔτυχε. Καὶ ἤχθωσαν ἀπὸ τῶν Δ, Ε, Ζ, σημείων κάθετοι, ἐπὶ μὲν τὴν ΓΗ αἱ ΔΘ καὶ ΕΚ καὶ ΖΛ, ἐπὶ δὲ τὸ τοῦ διὰ μέσων ἐπίπεδον αἱ ΔΜ καὶ ΕΝ καὶ ΖΞ. Καὶ ἐπεζεύχθωσαν αἵ τε ΘΜ καὶ ΚΝ καὶ ΛΞ, καὶ ἔτι αἱ ΑΝ καὶ ΑΞΜ, ἡ γὰρ ΑΞΜ εὐθεῖα ἐςίν, ἐπειδήπερ ἐν δυσὶν ἐπιπέδοις ἐςὶ τὰ τρία σημεῖα τῷ τε τοῦ διὰ μέσων, καὶ τῷ διὰ τῆς ΑΖΔ ὀρθῷ πρὸς τὸ τοῦ διὰ μέσων. Ὅτι μὲν οὖν ἐπὶ τῆς ἐκκειμένης λοξώσεως, τὰς μὲν κατὰ μῆκος τῶν ἀςέρων προσθαφαιρέσεις περιέχουσιν ἥ τε ὑπὸ ΘΑΜ γωνία καὶ ἡ ὑπὸ ΚΑΝ, τὰς δὲ κατὰ πλάτος ἥ τε ὑπὸ ΑΜ καὶ ἡ ὑπὸ ΕΑΝ, φανερόν. Δεικτέον δὲ πρῶτον ὅτι καὶ ἡ ὑπὸ ΕΑΝ κατὰ πλάτος πάροδος ἡ κατὰ τὴν ἐπαφὴν συνιςαμένη πασῶν ἐςι μείζων, καθάπερ καὶ ἡ κατὰ μῆκος προσθαφαίρεσις. Ἐπεὶ γὰρ ἡ ὑπὸ ΕΑΚ γωνία μείζων ἐςὶ πασῶν, ἡ ΚΕ πρὸς τὴν ΕΑ μείζονα λόγον ἔχει, ἤπερ ἑκατέρα τῶν ΘΔ καὶ ΑΖ πρὸς ἑκατέραν τῶν ΔΑ καὶ ΖΑ· ἀλλ' ὡς ἡ ΕΚ πρὸς τὴν ΕΝ, οὕτως ἥ τε ΘΔ πρὸς τὴν ΔΜ, καὶ ἡ ΑΖ πρὸς τὴν ΖΞ. Ἰσογώνια γὰρ πάντα ἐςὶν, ὡς ἔφαμεν, τὰ οὕτως συνιςάμενα τρίγωνα, καὶ ὀρθαὶ αἱ πρὸς τοῖς Μ, Ν, Ξ, γωνίαι. Καὶ ἡ ΝΕ ἄρα πρὸς τὴν ΕΑ μείζονα λόγον ἔχει, ἤπερ ἑκατέρα τῶν ΜΔ καὶ ΞΖ, πρὸς ἑκατέραν τῶν ΔΑ καὶ ΖΑ. Καὶ εἰσὶ πάλιν ὀρθαὶ αἱ ὑπὸ ΔΜΑ καὶ ὑπὸ ΕΝΑ καὶ ὑπὸ ΞΖΑ γωνίαι, μείζων ἄρα ἐςὶ καὶ ἡ ὑπὸ ΕΑΝ γωνία τῆς

ὑπὸ ΔΑΜ γωνίας, καὶ πασῶν δηλονότι
τῶν τὸν αὐτὸν τρόπον συνιςαμένων. Φανερὸν δ' αὐτόθεν ὅτι καὶ τῶν γινομένων ἐν
ταῖς κατὰ μῆκος προσθαφαιρέσεσιν ἐκ
τῆς λοξώσεως διαφορῶν, μείζων ἐςὶν ἡ
πρὸς ταῖς κατὰ τὸ Ε μεγίςαις παρόδοις ἀποτελουμένη, ἐπειδήπερ περιέχουσι μὲν αὐτὰς αἱ ὑποτείνουσαι γωνίαι
τὰς ὑπεροχὰς τῶν ΘΔ καὶ ΚΕ καὶ ΛΖ,
πρὸς τὰς ΘΜ καὶ ΚΝ καὶ ΛΞ. Τοῦ δ'
αὐτοῦ λόγου καθ' ἑκάςην αὐτῶν μένοντος καὶ πρὸς τὰς ὑπεροχὰς, ἐξακολουθεῖ
τὸ καὶ τὴν ὑπεροχὴν τῶν ΕΚ καὶ ΚΝ
μείζονα λόγον ἔχειν πρὸς τὴν ΕΑ, ἤπερ
τὰς τῶν λοιπῶν πρὸς τὰς ὁμοίας τῇ ΑΔ.
δῆλον δ' αὐτόθεν ὅτι καὶ ὃν ἂν ἔχῃ λόγον
ἡ κατὰ μῆκος μεγίςη προσθαφαίρεσις πρὸς
τὴν κατὰ πλάτος μεγίςην πάροδον, τοῦτον ἔχουσι τὸν λόγον καὶ ἐπὶ πάντων τῶν
τῶ ἐπικύκλω τμημάτων αἱ κατὰ μῆκος ἐφ'
ἑκάςου προσθαφαιρέσεις πρὸς τὰς κατὰ
πλάτος παρόδους, ἐπειδήπερ ὡς ἡ ΚΕ
πρὸς τὴν ΕΝ, οὕτως καὶ πᾶσαι αἱ ὅμοιαι
ταῖς ΛΖ καὶ ΘΔ πρὸς τὰς ὁμοίας ταῖς
ΖΞ καὶ ΔΜ· ἅπερ προέκειτο δεῖξαι.

Τούτων δὲ προεφωδευμένων, ἴδωμεν
πρότερον πηλίκη γωνία καθ' ἑκάτερον τῶν
ἀςέρων ὑπὸ τῆς λοξώσεως τῶν ἐπιπέδων
περιέχεται, ὑποθέμενοι κατὰ τὰ ἐν ἀρχῇ
προδιειλημμένα, διότι περὶ τὰ μεταξὺ
τοῦ τε μεγίςου καὶ τοῦ ἐλαχίςου ἀποςήματος ε̄ μοιρῶν ἑκάτερος αὐτῶν τὸ πλεῖςον βορειότερος καὶ νοτιώτερος γίνεται,
τῶν ἐναντίων κατὰ τὸν ἐπίκυκλον παρόδων, ἐπειδήπερ ὁ μὲν τῆς Ἀφροδίτης
ἀδιαφόρῳ μείζονα καὶ ἐλάττονα τῶν ε̄

DAM, et que tous ceux qui sont construits de la même manière. Il est clair
par là que, des différences qui proviennent des obliquités dans les prostaphérèses en longitude, la plus grande est
celle qui arrive dans les plus grandes digressions en E, parcequ'elles sont comprises dans les angles qui embrassent les
excès des droites TD et KE et LZ sur les
droites TM et KN et LX ; or chacune
d'elles conservant le même rapport aux
différences ; il s'ensuit que l'excès des
droites EK et KN est en plus grande raison
par rapport à EA, que les excès des autres
droites relativement aux droites semblables à AD. Et il est clair aussi que,
quel que soit le rapport de la plus grande
quantité additive ou soustractive en longitude, à la plus grande en latitude, les
quantités additives et soustractives en
longitude, dans tous les segments de l'é-
picycle, seront en moindre rapport aux
latitudes, attendu que comme la droite
KE est à la droite EN, ainsi les droites
semblables à LZ et TD sont aux droites
semblables à ZX et DM. Ce qu'il falloit
montrer.

Cela posé, cherchons d'abord la grandeur de l'angle que l'obliquité des plans
fait pour chaque astre. Supposons, suivant ce qui a été dit en commençant,
chacun de ces astres plus boréal et
plus méridional de 5ᵈ au plus, dans la
distance (*ou l'élongation*) moyenne entre la plus grande et la plus petite, que
les lieux opposés dans l'épicycle; puisque Vénus paroît faire son écart dans
le périgée et l'apogée de l'excentrique,

d'une quantité qui n'est ni plus grande ni plus petite que 5^d, et Mercure avec une différence d'un demi-degré environ.

Soit donc encore ABG la commune intersection du cercle moyen du zodiaque et de l'épicycle ; et ayant décrit autour du point B l'épicycle GD incliné sur le plan du cercle milieu du zodiaque, comme nous l'avons déjà fait, menons du centre A du zodiaque, la tangente AD à l'épicycle. Abaissons du point D sur GBA la perpendiculaire DZ, et sur le plan du cercle milieu du zodiaque DH. Joignons DB, ZH, AH. Supposons l'angle DAH embrassant la moitié de l'écart donné en latitude pour chacun des astres, de 2^d ⅟₂ des degrés dont 360 font quatre angles droits, et proposons-nous de trouver la grandeur de l'inclinaison de chacun des plans, c'est-à-dire la grandeur de l'angle DZH.

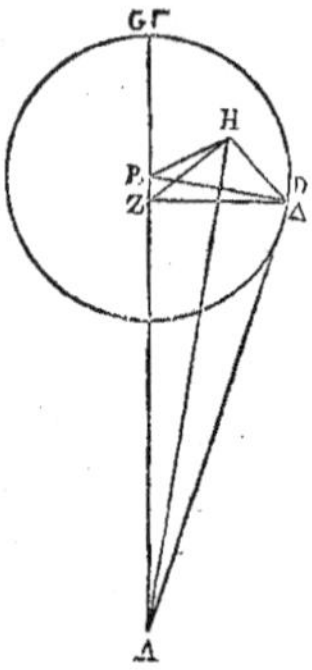

Pour Vénus, puisque la droite menée du centre de l'épicycle, étant de 43ᵖ 10′, la plus grande distance est de 61ᵖ 15′, et la plus petite de 58ᵖ 45′, et la moyenne de 60ᵖ ; AB sera donc à BD comme 60 à 43 10′. Et puisque la différence des carrés de BD et de AB est égale à celui de AD, nous aurons pour la longueur de AD, 41 40′. De même, puisque comme BA est à AD, BD est à DZ, nous aurons

μοιρῶν τὴν κατὰ τὸ περίγειον καὶ ἀπόγειον τοῦ ἐκκέντρου παραχώρησιν φαίνεται ποιούμενος, ὁ δὲ τοῦ Ἑρμοῦ μιᾶς ἔγγιςα μοίρας ἥμισυ.

Ἔςω, τοίνυν πάλιν ἡ ΑΒΓ κοινὴ τομὴ τοῦ τε διὰ μέσων τῶν ζωδίων καὶ τοῦ ἐπικύκλου, καὶ γραφέντος περὶ τὸ Β σημεῖον τοῦ ΓΔ ἐπικύκλου, λοξοῦ πρὸς τὸ τοῦ διὰ μέσων ἐπίπεδον, καθ' ὃν ἐκτεθείμεθα τρόπον, ἐπεζεύχθω ἀπὸ τοῦ Α κέντρου τοῦ ζωδιακοῦ ἐφαπτομένη τοῦ ἐπικύκλου ἡ ΑΔ, ἤχθωσάν τε ἀπὸ τοῦ Δ κάθετοι ἐπὶ μὲν ΓΒΑ ἡ ΔΖ, ἐπὶ δὲ τὸ τοῦ διὰ μέσων ἐπίπεδον ἡ ΔΗ, καὶ ἐπεζεύχθωσαν αἱ ΒΔ, καὶ ΖΗ, καὶ ΑΗ. Ὑποκείσθω δὲ ἡ ὑπὸ ΔΑΗ γωνία περιέχουσα τὴν ἡμίσειαν τῆς ἐκκειμένης κατὰ πλάτος παραχωρήσεως καθ' ἑκάτερον τῶν ἀςέρων οὖσαν, τοιούτων β ϛ″, οἵων εἰσὶν αἱ τέσσαρες ὀρθαὶ τξ, καὶ προκείσθω τὴν πηλικότητα τῆς λοξώσεως ἑκατέρου τῶν ἐπιπέδων εὑρεῖν, τουτέςι τὴν πηλικότητα τῆς ὑπὸ ΔΖΗ γωνίας·

Ἐπὶ μὲν δὴ τοῦ τῆς Ἀφροδίτης, ἐπειδὴ οἵων ἐςὶν ἡ ἐκ τοῦ κέντρου τοῦ ἐπικύκλου μγ ι′, τοιούτων τὸ μὲν μέγιςον ἀπόςημα ξα ιε′, τὸ δὲ ἐλάχιςον νη με′, καὶ τὸ μεταξὺ τούτων γίνεται ξ, ἡ ΑΒ ἄρα πρὸς τὴν ΒΔ λόγον ἕξει ὃν τὰ ξ πρὸς τὰ μγ ι′. Καὶ ἐπεὶ τὸ ἀπὸ τῆς ΒΔ λειφθὲν ἀπὸ τοῦ ἀπὸ τῆς ΑΒ ποιεῖ τὸ ἀπὸ τῆς ΑΔ, καὶ ταύτην ἕξομεν μήκει τῶν αὐτῶν μα μ′. Ὁμοίως ἐπεὶ ὡς ἡ ΒΑ πρὸς τὴν ΑΔ, καὶ

ἢ ΒΔ πρὸς τὴν ΔΖ, τῶν αὐτῶν καὶ τὴν
ΔΖ ἕξομεν κθ νη'. Πάλιν ἐπεὶ ἡ ὑπὸ
ΔΑΗ γωνία ὑπόκειται, οἵων μέν εἰσιν αἱ
τέσσαρες ὀρθαὶ τξ, τοιούτων β λ', οἵων
δ' αἱ δύο ὀρθαὶ τξ, τοιούτων ε, εἴη ἂν
ἡ μὲν ἐπὶ τῆς ΔΗ περιφέρεια τοιούτων
ε, οἵων ὁ περὶ τὸ ΑΔΗ ὀρθογώνιον κύκλος
τξ, ἡ δ' ὑπ' αὐτὴν εὐθεῖα ἡ ΔΗ τοιούτων ε ιδ', οἵων ἐστὶν ἡ ΑΔ ὑποτείνουσα ρκ,
καὶ οἵων ἐστὶν ἄρα ἡ ΑΔ εὐθεῖα μα μ', τοιούτων ἡ ΔΗ ἔσται α ν', τῶν δ' αὐτῶν καὶ
ἡ ΔΖ ἐδέδεικτο κθ νη', ὥστε καὶ οἵων ἐστὶν
ἡ ΔΖ ὑποτείνουσα ρκ, τοιούτων καὶ ἡ μὲν
ΔΗ ἔσται ζ κ', ἡ δὲ ὑπὸ ΔΖΗ γωνία τῆς
λοξώσεως, οἵων μέν εἰσιν αἱ δύο ὀρθαὶ
τξ, τοιούτων ζ, οἵων δ' αἱ τέσσαρες ὀρθαὶ τξ, τοιούτων γ λ'. Ἀλλ'
ἐπεὶ καὶ ἡ ὑπεροχὴ τῆς ὑπὸ ΔΑΖ γωνίας
πρὸς τὴν ὑπὸ ΗΑΖ περιέχει τὴν γινομένην τῆς κατὰ μῆκος προσθαφαιρέσεως διαφορὰν, αὐτόθεν καὶ ταύτην συνεπιλογι-
στέον ἀπὸ τῆς καταλαμβανομένης αὐτῶν
πηλικότητος. Ἐπεὶ γὰρ ἐδείχθη οἵων ἐστὶν
ἡ ΔΗ εὐθεῖα α ν', τοιούτων ἡ μὲν ΑΔ
ὑποτείνουσα μα μ', ἡ δὲ ΔΖ ὁμοίως κθ
νη', καὶ τὸ ἀπὸ τῆς ΔΗ λειφθὲν ἀπὸ τῶν
ἀφ' ἑκατέρας τῶν ΑΔ καὶ ΖΔ ποιεῖ τὸ
ἀπὸ ἑκατέρας τῶν ΑΗ καὶ ΗΖ, ἕξομεν
καὶ τὴν μὲν ΑΗ μήκει τῶν αὐτῶν μα λζ',
τὴν δὲ ΗΖ ὁμοίως κθ νε'. Ὥστε καὶ οἵων
ἐστὶν ἡ ΑΗ ὑποτείνουσα ρκ, τοιούτων καὶ
ἡ μὲν ΖΗ ἔσται πς ιϛ', ἡ δ' ὑπὸ ΖΑΗ γωνία, οἵων μέν εἰσιν αἱ δύο ὀρθαὶ τξ, τοιούτων ϟα νϛ', οἵων δ' αἱ τέσσαρες ὀρθαὶ
τξ, τοιούτων με νη'. Ὁμοίως δ' ἐπεὶ καὶ

DZ de 29ᵖ 58'. De plus, puisque l'angle
DAH est supposé de 2ᵈ 39' des degrés
dont 360 font quatre angles droits, et de
5ᵈ de ceux dont 360 font deux angles
droits, l'arc soutendu par DH sera de 5ᵈ
des degrés dont le cercle circonscrit au
rectangle ADH en contient 360, et la
soutendante DH est de 5ᵖ 14' des parties
dont l'hypoténuse AD en contient 120.
Donc la droite AD étant de 41ᵖ 40', DH
en aura 1ᵖ 50'. Mais DZ a été démontrée être de 29ᵖ 58', donc l'hypoténuse
DZ étant de 120ᵖ, DH en aura 7ᵖ 20', et
l'angle DZH de l'inclinaison sera de 7ᵈ des
degrés dont 360 font deux angles droits,
et de 3ᵈ 30' de ceux dont 360 font quatre
angles droits : mais puisque l'excès de
l'angle DAZ sur l'angle HAZ embrasse la
différence qui a lieu en longitude, il faut
la conclure de leur grandeur trouvée. Car
puisqu'on a démontré que la droite DH
étant de 1ᵖ 50', l'hypoténuse AD de 41ᵖ
40', et DZ de 29ᵖ 58', et que la différence des carrés de DH et de chacune des
droites AD et ZD, est égale au carré de
chacune des droites AH et ZH, nous aurons pour la longueur de AH, 41ᵖ 37', et
pour celle de HZ, 29ᵖ 55'. Ainsi l'hypoténuse AH étant de 120ᵖ, ZH en aura
86ᵖ 16', et l'angle ZAH sera de 91ᵈ 56' des
degrés dont 360 font deux angles droits,
et de 45ᵈ 58' de ceux dont 360 font quatre angles droits. Pareillement, puisque

l'hypoténuse AD étant de 120ᵖ, DZ est de 86ᵖ 18', nous aurons l'angle DAZ de 91ᵈ58' des degrés dont 360 font deux angles droits, et de 45ᵈ 59' de ceux dont 360 font quatre angles droits. Donc la quantité additive ou soustractive en longitude avoit 1' de moins à cause de l'inclinaison.

Pour Mercure, puisque la droite menée du centre de l'épicycle étant de 22ᵖ 30', la plus grande distance en a 69ᵖ, et son opposée 57ᵖ, la moyenne en a 63ᵖ; ainsi la raison de AB à BD est celle de 63 à 22 30'; et puisque la différence des carrés de DB et de AB est égale au carré de AD, nous aurons pour la longueur de celle-ci, 58ᵖ 51'. De même, puisque comme AB est à AD, ainsi BD est à DZ, DZ sera de 21ᵖ 1' de ces mêmes parties. En outre, puisque l'angle DAH est supposé de 5 des degrés dont 360 font deux angles droits; l'arc soutendu par DH sera de 5 des degrés dont le cercle circonscrit au rectangle ADH en contient 360; et sa soutendante DH est de 5ᵖ 14' des parties dont l'hypoténuse AD en contient 120. Donc la droite AD étant de 58ᵖ 51', la droite DH en aura 2ᵖ 34'. Mais DZ a été démontrée en avoir 21ᵖ 1'; donc l'hypoténuse DZ étant de 120ᵖ, la droite DH en aura 14ᵖ 40', et l'angle DZH de l'inclinaison sera de 14ᵖ 0' des degrés dont 360 font deux angles droits, et de 7ᵈ de ceux dont 360 font quatre angles droits.

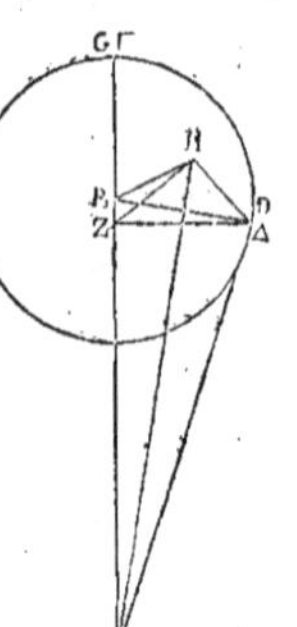

οἵων ἐςὶν ἡ ΑΔ ὑποτείνουσα ρκ, τοιούτων καὶ ἡ ΔΖ γίνεται πϛ ιη', καὶ τὴν ὑπὸ ΔΑΖ γωνίαν ἕξομεν, οἵων μέν εἰσιν αἱ δύο ὀρθαὶ τξ, τοιούτων ζα νη, οἵων δὲ αἱ τέσσαρες ὀρθαὶ τξ, τοιούτων με νθ'. Ἐνέλιπεν ἄρα παρὰ τὴν λόξωσιν ἡ κατὰ μῆκος προσθαφαίρεσις ἑξηκοςῷ ἑνί.

Ἐπὶ δὲ τοῦ τοῦ Ἑρμοῦ, ἐπειδὴ οἵων ἐςὶν ἡ ἐκ τοῦ κέντρου τοῦ ἐπικύκλου κβ λ', τοιούτων τὸ μέγιςον ἀπόςημα ἐδείχθη ξθ, τὸ δὲ διάμετρον νζ, καὶ τὸ μεταξὺ τούτων συνάγεται τῶν αὐτῶν ξγ· ἡ δὲ ΑΒ πρὸς τὴν ΒΔ λόγον ἔχει, ὃν τὰ ξγ πρὸς τὰ κβ λ'· καὶ ἐπεὶ τὸ ἀπὸ τῆς ΔΒ, λειφθὲν ἀπὸ τοῦ ἀπὸ τῆς ΑΒ, ποιεῖ τὸ ἀπὸ τῆς ΑΔ, καὶ ταύτην ἕξομεν μήκει νη να'. Ὁμοίως δ' ἐπεὶ ὡς ἡ ΑΒ πρὸς τὴν ΑΔ, καὶ ἡ ΒΔ πρὸς τὴν ΔΖ, τῶν αὐτῶν καὶ ἡ ΔΖ ἔςαι κα α'. Πάλιν ἐπεὶ ἡ ὑπὸ ΔΑΗ γωνία τοιούτων ὑπόκειται ε, οἵων εἰσὶν αἱ δύο ὀρθαὶ τξ, εἴη ἂν καὶ ἡ μὲν ἐπὶ τῆς ΔΗ περιφέρεια τοιούτων ε, οἵων ὁ περὶ τὸ ΑΔΗ ὀρθογώνιον κύκλος τξ, ἡ δ' ὑπ' αὐτὴν εὐθεῖα ἡ ΔΗ τοιούτων ε ιδ', οἵων ἐςὶν ἡ ΑΔ ὑποτείνουσα ρκ· καὶ οἵων ἐςὶν ἄρα ἡ ΑΔ εὐθεῖα νη να', τοιούτων καὶ ἡ ΔΗ ἔςαι β λδ'. Τῶν δ' αὐτῶν καὶ ἡ ΔΖ ἐδέδεικτο κα α', ὥςε καὶ οἵων ἐςὶν ἡ ΔΖ ὑποτείνουσα ρκ, τοιούτων καὶ ἡ μὲν ΔΗ ἔςαι ιδ μ'· ἡ δὲ ὑπὸ ΔΖΗ γωνία τῆς λοξώσεως, οἵων μέν εἰσιν αἱ δύο ὀρθαὶ τξ, τοιούτων ιδ, οἵων δ' αἱ τέσσαρες ὀρθαὶ τξ, τοιούτων ζ.

Ὁμοίως δὲ κỳ τῆς συγκρίσεως τῶν τῆς προσθαφαιρέσεως γωνιῶν ἕνεκεν, ἐπειδὴ πάλιν οἵων ἐςὶν ἡ ΔΗ εὐθεῖα β̄ λδ', τοιούτων ἡ μὲν ΑΔ ὑποτείνουσα ἐδείχθη ν̄η να', ἡ δὲ ΔΖ ὁμοίως κᾱ α', τὸ δ' ἀπὸ τῆς ΔΗ, λειφθὲν ὑπὸ τῶν ἀπὸ ἑκατέρας τῶν ΔΑ καὶ ΔΖ, ποιεῖ τὸ ἀπὸ ἑκατέρας τῶν ΑΗ καὶ ΗΖ, ἕξομεν καὶ τὴν μὲν ΑΗ μήκει ν̄η μζ', τὴν δὲ ΖΗ τῶν αὐτῶν κ̄ νγ'. Ὥςε καὶ οἵων ἐςὶν ἡ ΑΗ ὑποτείνουσα ρ̄κ, τοιούτων καὶ ἡ μὲν ΗΖ ἔςαι μ̄β λη', ἡ δὲ ὑπὸ ΖΑΗ γωνία, οἵων μέν εἰσιν αἱ δύο ὀρθαὶ τ̄ξ, τοιούτων μ̄α λη', οἵων δ' αἱ τέσσαρες ὀρθαὶ τ̄ξ, τοιούτων κ̄ μθ'. Κατὰ ταυτὰ δ'· ἐπεὶ καὶ οἵων ἐςὶν ἡ ΑΔ ὑποτείνουσα ρ̄κ, τοιούτων καὶ ἡ ΔΖ συνάγεται μ̄β ν', καὶ τὴν ὑπὸ ΔΑΖ γωνίαν ἕξομεν, οἵων μέν εἰσιν αἱ δύο ὀρθαὶ τ̄ξ, τοιούτων μ̄α ν', οἵων δ' αἱ τέσσαρες ὀρθαὶ τ̄ξ, τοιούτων κ̄ νε'. Ἐνέλιπεν ἄρα κỳ ἐπὶ τύτυ παρὰ τὴν λόξωσιν ἡ κατὰ μῆκος προσθαφαιρέσις ἑξηκοςοῖς ς̄· ἅπερ προέκειτο εὑρεῖν.

Τούτοις δ' ἐφεξῆς, ἴδωμεν εἰ ταύτας ὑποθέμενοι τὰς τῶν λοξώσεων πηλικότητας, συμφώνους εὑρίσκομεν τὰς κατὰ τὰ μέγιςα καὶ ἐλάχιςα ἀποςήματα μεγίςας κατὰ πλάτος παρόδους, ταῖς ἐκ τῶν τηρήσεων κατειλημμέναις. Ὑποκείσθω τέ πάλιν ἐπὶ τῆς αὐτῆς καταγραφῆς τὸ μέγιςον πρῶτον ἀπόςημα τοῦ τῆς Ἀφροδίτης ἀςέρος, τουτέςιν ὁ τῆς ΑΒ πρὸς τὴν ΒΔ λόγος, ὁ τῶν ξ̄α ιε' πρὸς τὰ μ̄γ ι', ὥς' ἐπεὶ τὸ ἀπὸ τῆς ΒΔ λειφθὲν ὑπὸ τοῦ ἀπὸ τῆς ΑΒ ποιεῖ τὸ ἀπὸ τῆς ΑΔ, καὶ ταύτην συνάγεσθαι τῶν αὐτῶν μ̄γ κζ'. Ἀλλ' ὡς ἡ ΑΒ πρὸς τὴν ΑΔ, καὶ ἡ

De même, pour déterminer les angles de la quantité additive ou soustractive : puisque la droite DH étant de 2ᵖ 34', l'hypoténuse AD a été démontrée de 58ᵖ 51', et DZ de 21ᵖ 1', et que la différence des carrés de DH et de chacune des droites DA et DZ est égale au carré de chacune des droites AH et HZ, nous aurons pour la longueur de AH, 58ᵖ 47', et pour celle de ZH, 20ᵖ 53'. De sorte que l'hypoténuse AH étant de 120ᵖ, la droite ZH en aura 42ᵖ 38', et l'angle ZAH sera de 41ᵈ 38' des degrés dont 360 font deux angles droits, et de 20ᵈ 49' de ceux dont 360 font quatre angles droits. D'après cela, puisque l'hypoténuse AD étant de 120ᵖ, la droite DZ en a 42ᵖ 50', nous aurons l'angle DAZ de 41ᵈ 50' des degrés dont 360 font deux angles droits, et de 20ᵈ 55' de ceux dont 360 font quatre angles droits. Donc, ici encore, par rapport à l'inclinaison, la prostaphérèse avoit 6' de moins. Ce qu'il falloit montrer.

En conséquence, voyons si, en supposant ces grandeurs des inclinaisons, nous trouvons les mouvements les plus grands en latitude, dans les plus grandes et les moindres distances, d'accord avec les grandeurs prises par les observations. Supposons donc encore dans la même figure, la plus grande distance de Vénus d'abord, c'est-à-dire le rapport de la droite AB à la droite BD, comme celui de 61ᵖ 15' à 43ᵖ 10' : alors puisque la différence des carrés de BD et de AB égale celui de AD, nous aurons cette droite-ci de 43ᵖ 27'. Mais la droite BD étant à DZ comme AB est à AD, il s'ensuit que la droite DZ sera de 30ᵖ 37'. En outre, puisque l'angle DZH de l'inclinaison est supposé de 7 des degrés dont 360 font deux angles droits, et que la droite DH est de 7ᵖ 20' des parties dont l'hypoténuse DZ en contient 120, il s'ensuit que la droite DH sera de 1ᵖ 52' des parties dout la droite DZ en contient 30ᵖ 37', et AD 43ᵖ 27'. Ainsi l'hypoténuse AD étant de 120ᵖ, la droite DH en aura 5ᵖ 9', et l'angle DAH du plus grand écart en latitude, est de 4ᵈ 54' des degrés dont 360 font deux angles droits, et de 2ᵈ 27' de ceux dont 360 font quatre angles droits. Dans la plus courte distance, puisque la droite BD menée du centre de l'épicycle étant de 43ᵖ 10', la droite AB est supposée en avoir 58ᵖ 45', et que le carré de DB ôté du carré de AB, fait celui de AD, la longueur de cette droite-ci sera de 39ᵖ 51' de ces mêmes parties. Pareillement, BD étant à DZ, comme AB est à AD, nous aurons DZ de 29ᵖ 17'. Mais la raison de la droite DZ à la droite DH est supposée être celle de 120 à 7 20'. Donc DH est de 1ᵖ 47' des parties dont la droite DZ en contient 29ᵖ 17', et la droite AD 39ᵖ 51'. Ainsi l'hypoténuse AD étant de 120ᵖ, DH en aura 5ᵖ 22', et l'angle DAH du plus grand écart en latitude, sera de 5ᵈ 8' des degrés dont 360 font deux angles droits, et de 2ᵈ 34' de ceux dont 360 font quatre angles droits. L'écart en latitude étant donc supposé de 2ᵈ 30', avec une différence insensible, celui dans l'apogée a été plus petit ; et

ΒΔ πρὸς τὴν ΔΖ, καὶ ἡ ΔΖ ἄρα εὐθεῖα τῶν αὐτῶν ἔςαι λ̄ λζ'. Πάλιν ἐπεὶ ἡ μὲν ὑπὸ ΔΖΗ γωνία τῆς λοξώσεως ὑπόκειται τοιούτων ζ, οἵων αἱ δύο ὀρθαὶ τξ, ἡ δὲ ΔΗ εὐθεῖα τοιούτων ζ̄ κ', οἵων ἡ ΔΖ ὑποτείνουσα ρ̄κ, καὶ οἵων ἐςὶν ἄρα ἡ μὲν ΔΖ εὐθεῖα λ̄ λζ', ἡ δὲ ΑΔ ὁμοίως μ̄γ κζ', τοιούτων καὶ ἡ ΔΗ ἔςαι ᾱ νβ'. Ὥςε καὶ οἵων ἐςὶν ἡ ΑΔ ὑποτείνουσα ρ̄κ, τοιούτων καὶ ἡ μὲν ΔΗ ἔςαι ε̄ θ', ἡ δὲ ὑπὸ ΔΑΗ γωνία τῆς μεγίςης κατὰ πλάτος παραχωρήσεως, οἵων μέν εἰσιν αἱ δύο ὀρθαὶ τξ, τοιούτων δ' νδ', οἵων δ' αἱ τέσσαρες ὀρθαὶ τξ, τοιύτων β̄ κζ'. Κατὰ δὲ τὸ ἐλάχιςον ἀπόςημα, ἐπειδὴ οἵων ἐςὶν ἡ ΒΔ ἐκ τοῦ κέντρου τοῦ ἐπικύκλου μ̄γ ι', τοιούτων καὶ ἡ ΑΒ ὑπόκειται ν̄η με', τὸ δ' ἀπὸ τῆς ΔΒ λειφθὲν ὑπὸ τοῦ ἀπὸ τῆς ΑΒ ποιεῖ τὸ ἀπὸ τῆς ΑΔ, καὶ ταύτην ἕξομεν μήκει τῶν αὐτῶν λθ̄ να'. Ὁμοίως τ' ἐπεὶ ὡς ἡ ΑΒ πρὸς τὴν ΑΔ, καὶ ἡ ΒΔ πρὸς τὴν ΔΖ, καὶ ἡ ΔΖ ἔςαι τῶν αὐτῶν κθ̄ ιζ'· ἀλλ' ὁ τῆς ΔΖ πρὸς τὴν ΔΗ λόγος ὑπόκειται ὁ τῶν ρ̄κ πρὸς τὰ ζ κ'. Καὶ οἵων ἐςὶν ἄρα ἡ μὲν ΔΖ εὐθεῖα κθ̄ ιζ', ἡ δὲ ΑΔ ὁμοίως λθ̄ να', τοιούτων καὶ ἡ ΔΗ γίνεται ᾱ μζ'. Ὥςε καὶ οἵων ἐςὶν ἡ ΑΔ ὑποτείνουσα ρ̄κ, τοιούτων καὶ ἡ μὲν ΔΗ ἔςαι ε̄ κβ', ἡ δὲ ὑπὸ ΔΑΗ γωνία τῆς μεγίςης κατὰ πλάτος παραχωρήσεως, οἵων μέν εἰσιν αἱ δύο ὀρθαὶ τξ, τοιούτων ε̄ η', οἵων δ̄ αἱ τέσσαρες ὀρθαὶ τξ, τοιούτων β̄ λδ'. Ἀδιαφόρῳ ἄρα πρὸς αἴσθησιν τῆς κατὰ τὸν μέσον λόγον κατὰ πλάτος παραχωρήσεως β̄ ϛ'' μοιρῶν ὑποκειμένης, ἐλάσσων μὲν γέγονεν ἡ κατὰ τὸ ἀπόγειον, πλείων δ' ἡ κατὰ τὸ περίγειον· ἐπειδήπερ ἡ μὲν κατὰ τὸ μέγιστον ἀπόστημα τρισὶ μόνοις ἐνέλιπεν ἑξηκοστοῖς, ἡ δὲ κατὰ τὸ ἐλάχιστον τέτρασιν ἑξηκοστοῖς ἐπλεόνασεν, ἅπερ ἐκ τῶν τηρήσεων εὐκατανόητα γίνεσθαι παντάπασιν οὐκ ἐνεδέχετο.

Πάλιν ὑποκείσθω τὸ μέγιστον ἀπόστημα τοῦ τοῦ Ἑρμοῦ, τουτέστιν ὁ τῆς ΑΒ πρὸς τὴν ΒΔ λόγος, ὁ τῶν ξθ πρὸς τὰ κβ λ', ὡς διὰ τὰ αὐτὰ τοῖς ἐπάνω συνάγεσθαι τὴν μὲν ΑΔ τῶν αὐτῶν ξε ιδ', τὴν δὲ ΔΖ ὁμοίως κα ιϛ'. Ἀλλὰ καὶ ἐνθάδε τὴν ὑπὸ ΔΖΗ γωνίαν ἔχομεν τῆς λοξώσεως ὑποκειμένην τοιούτων ιδ, οἵων εἰσὶν αἱ δύο ὀρθαὶ τξ, τὴν δὲ ΔΗ εὐθεῖαν διὰ τοῦτο τοιούτων ιδ μ', οἵων ἐστὶν ἡ ΔΖ ὑποτείνουσα ρκ· καὶ οἵων ἐστὶν ἄρα ἡ μὲν ΔΖ εὐθεῖα κα ιϛ', ἡ δὲ ΑΔ ὁμοίως ξε ιδ', τοιούτων καὶ ἡ ΔΗ ἔσται β λϛ'. Ὥστε καὶ οἵων ἐστὶν ἡ ΑΔ ὑποτείνουσα ρκ, τοιούτων καὶ ἡ μὲν ΔΗ ἔσται δ μζ', ἡ δὲ ὑπὸ ΔΑΗ γωνία, τῆς μεγίστης κατὰ πλάτος παραχωρήσεως, οἵων μέν εἰσιν αἱ δύο ὀρθαὶ τξ, τοιούτων δ λδ', οἵων δ' αἱ τέσσαρες ὀρθαὶ τξ, τοιούτων β ιζ'. Ἐπὶ δὲ τοῦ ἐλαχίστου ἀποστήματος, ὁ μὲν τῆς ΑΒ πρὸς τὴν ΒΔ λόγος ὑπόκειται ὁ τῶν νζ πρὸς τὰ κβ λ'. Διὰ ταῦτα δὲ πάλιν ἡ μὲν ΑΔ τῶν αὐτῶν νβ κβ', ἡ δὲ ΔΖ ὁμοίως κ μ'. Ἐπεὶ δὲ διὰ τὴν αὐτὴν λόξωσιν ὑπόκειται ὁ τῆς ΔΖ πρὸς τὴν ΔΗ λόγος, ὁ τῶν ρκ πρὸς τὰ ιδ μ', καὶ οἵων ἐστὶν ἡ μὲν ΔΖ εὐθεῖα κ μ', ἡ δὲ ΑΔ ὁμοίως νβ κβ', τοιούτων καὶ ἡ ΔΗ ἐστὶ β λϛ', ὥστε καὶ οἵων ἐστὶν ἡ ΑΔ ὑποτείνουσα ρκ, τοιούτων καὶ ἡ μὲν ΔΗ ἔσται ε μη', ἡ δ' ὑπὸ

celui dans le périgée, plus grand. En effet, celui qui a eu lieu dans la plus grande distance n'avoit que 3' de moins, et celui qui s'est fait dans la plus petite, 4' de plus ; quantités qu'il n'étoit nullement possible d'obtenir par les observations.

Supposons actuellement la plus grande distance de Mercure, c'est-à-dire le rapport de AB à BD comme de 69 à 22ᵈ 30', ensorte que d'après ce qui a été dit plus haut, on ait AD de 65ᵖ 14', et DZ de 21ᵖ 16'. Mais nous avons alors l'angle DZH supposé de l'inclinaison, de 14 des parties dont 360 font deux angles droits ; et pour cette raison la droite DH de 14ᵖ 40' des parties dont l'hypoténuse DZ en vaut 120. Donc la droite DZ étant de 21ᵖ 16', et la droite AD de 65ᵖ 14', la droite DH en aura 2ᵖ 36'. De sorte que l'hypoténuse AD étant de 120ᵖ, la droite DH en aura 4ᵖ 47', et l'angle DAH du plus grand écart en latitude, sera de 4ᵖ 34' des parties dont 360 font deux angles droits, et de 2ᵖ 17' de celles dont 360 font quatre angles droits. Mais dans la plus petite distance, la raison de AB à BD est supposée celle de 57ᵖ à 22ᵖ 30'. Pour les mêmes raisons encore, AD sera de 52ᵖ 22' de ces mêmes parties, et DZ de 20ᵖ 40'. Mais puisqu'à cause de la même inclinaison, la raison de la droite DZ à la droite DH est donnée de 120 à 14ᵖ 40', la droite DH est de 2ᵖ 32' des parties dont la droite DZ en contient 20ᵖ 40', et AD 52ᵖ 22', de sorte que l'hypoténuse AD étant de 120ᵖ, DH en aura 5ᵖ 48′, et l'angle DAH sera de 5ᵈ 32′ des degrés dont 360 font deux angles droits, et de 2ᵈ 46′ de ceux dont 360 font quatre angles droits. Il s'ensuit que le plus grand écart en latitude étant encore ici supposé de 2ᵖ 30′, terme moyen, celui dans l'apogée en diffère de 13′ en moins, et celui dans le périgée de 16′ en plus. En conséquence, au lieu des quantités 13′ et 16′, nous emploierons 15′ ou ¼ de degré pour corriger le calcul fait sur les quantités moyennes, le rapprocher des observations, et l'y faire accorder avec la précision qu'on peut attribuer à ces observations mêmes.

D'après cette exposition, comme les plus grandes prostaphérèses en longitude sont aux plus grandes latitudes (ou aux plus grandes inégalités de la latitude) en même raison que, dans les autres points de l'épicycle, chacune des prostaphérèses particulières en longitude, est à chaque inégalité correspondante de la latitude, il nous a été facile de placer dans les quatrièmes colonnes des tables pour Vénus et Mercure, l'effet de l'obliquité sur les mouvements en latitude, mais qui sont calculés seulement d'après cette obliquité des épicycles, et d'après un terme moyen, comme nous l'avons dit ; et pour plus de facilité nous allons calculer la correction par la différence qui résulte pour Mercure, de l'inclinaison des excentriques, dans l'apogée et le périgée.

Puisque l'effet de l'obliquité de l'épicycle sur la latitude est de 2ᵈ 30′, par un milieu, tant au nord qu'au sud, et que

ΔΑΗ γωνία, οἵων μέν εἰσιν αἱ δύο ὀρθαὶ τξ, τοιούτων ε̄ λβ′, οἵων δὲ αἱ τέσσαρες ὀρθαὶ τξ, τοιούτων β̄ μϛ′. Διήνεγκεν ἄρα, τῆς κατὰ τὸν μέσον λόγον μεγίςης κατὰ πλάτος παραχωρήσεως β̄ ϛ″ κὴ ἐθάδε μοιρῶν ὑποκειμένης, ἡ μὲν κατὰ τὸ ἀπόγειον ἐπὶ τὸ ἐλάχιςον ιγ ἑξηκοςοῖς, ἡ δὲ κατὰ τὸ περίγειον ἐπὶ τὸ πλεῖςον ιϛ ἑξηκοςοῖς. Ανθ' ὧν εἰς τὴν ἐν τῇ ψηφοφορίᾳ παρὰ τὸν μέσον λόγον διόρθωσιν, τῷ τετάρτῳ τῆς ᾱ μοίρας κατὰ τὸ τῶν τηρήσεων πρὸς αἴσθησιν διάφορον συγχρησόμεθα.

Τούτων δ' ἀποδεδειγμένων, καὶ ὅτι ὡς αἱ μέγιςαι κατὰ μῆκος προσθαφαιρέσεις πρὸς τὰς μεγίςας κατὰ πλάτος παρόδους, οὕτω καὶ ἐπὶ τῶν λοιπῶν τοῦ ἐπικύκλου τμημάτων, αἱ κατὰ μέρος τοῦ μήκους προσθαφαιρέσεις πρὸς τὰς κατὰ μέρος τοῦ πλάτους παρόδους, αὐτόθεν ἡμῖν πρόχειρος γέγονεν ἐν τοῖς ἐκκειμένοις τέτρασι σελιδίοις τῶν κανονίων, τοῦ τε τῆς Ἀφροδίτης καὶ τοῦ τοῦ Ἑρμοῦ, ἡ τῶν ἐκ τῆς λοξώσεως κατὰ πλάτος παρόδων παράθεσις τῶν μέντοι παρ' αὐτὴν μόνην τὴν λόξωσιν τῶν ἐπικύκλων, καὶ ἀπὸ τῆς μέσης ἐπιβολῆς ὡς ἔφαμεν συναγομένων, τῆς παρά τε τὴν τῶν ἐκκέντρων ἔγκλισιν κὴ ἔτι παρὰ τὸ ἀπόγειον καὶ περίγειον τοῦ τοῦ Ἑρμοῦ διαφορᾶς, διὰ τὸ εὐμεθόδευτον, ἐκ τῆς ἐπενεχθησομένης ψηφοφορίας τὴν διόρθωσιν ἀποληψομένης.

Επεὶ γὰρ κατὰ τοὺς ἐκκειμένους μέσους λόγους ἡ μὲν κατὰ πλάτος ἀμφοτέρων τῶν ἀςέρων ἐκ τῆς λοξώσεως ἐφ' ἑκάτερα τοῦ διὰ μέσων μεγίςη πάροδος ἐδείχθη μοιρῶν β̄ λ′, ἡ δὲ κατὰ μῆκος

μεγίστη προσθαφαίρεσις ἐπὶ μὲν τοῦ τῆς
Ἀφροδίτης μϛ̄ μοιρῶν, ἐπὶ δὲ τοῦ τοῦ
Ἑρμοῦ κβ̄ ἔγγιστα, ἔχομεν δὲ ἐκκειμένας
ἐν τοῖς τῆς ἀνωμαλίας αὐτῶν κανόσι τὰς
ἐπιβαλλούσας τοῖς κατὰ μέρος τμήμασι
τῶν ἐπικύκλων προσθαφαιρέσεις, ὅσον ἂν
ὦσι μέρος αὗται τῶν ὅλων κατὰ μῆκος μεγίστων προσθαφαιρέσεων, τὸ τοσοῦτον
μέρος λαμβάνοντες ἐφ᾽ ἑκατέρου τῶν ἀστέρων οἰκείως τῶν β̄ λ᾽ μοιρῶν, τὰ γινόμενα
παραθήσομεν ἐν τοῖς τέτρασι σελιδίοις
τῶν τοῦ πλάτους κανονίων τοῖς αὐτοῖς
ἀριθμοῖς.

Τὰ δὲ πέμπτα σελίδια γέγονεν ἡμῖν
ὑπὲρ τοῦ καὶ τὰς ἐν ταῖς ἄλλαις τῶν ἐκκέντρων παρόδοις συνισταμένας κατὰ πλάτος παραχωρήσεις διευκρινεῖν ἐκ τῆς τῶν
παρατιθεμένων ἑξηκοστῶν μεθοδείας. Ἐπεὶ
γὰρ ὡς ἔφαμεν ἀναλόγως τῇ πρὸς τὸν ἔκκεντρον ἀποκαταστάσει, καὶ αἱ τῶν ἐπικύκλων ἐγκλίσεις τε καὶ λοξώσεις τὴν τῆς αὐ-
ξομειώσεως ἀποκατάστασιν ποιοῦνται διὰ
τῆς τῶν κυκλίσκων παραθέσεως, αἱ δὲ πηλικότητες τῶν ἐγκλίσεων καὶ τῶν λοξώσεων
πασῶν οὐ μακράν εἰσι τῆς κατὰ τὸν λοξὸν
τῆς σελήνης κύκλον, ἢ ἀνάλογον μὲν ἔχουσιν
ἔγγιστα πάλιν αἱ μέχρι τῶν τηλικούτων ἐγκλίσεων κατὰ μέρος παραχωρήσεις, πεπραγματευμένας δὲ ἔχομεν γραμμικῶς
τὰς τῆς σελήνης, δωδεκάκις ἑκάστην τῶν
ἐκεῖ παραθέσεων ποιήσαντες, διὰ τὸ τὴν
μεγίστην ἐπιβολὴν ἐκεῖ μὲν εἶναι μοιρῶν ε̄
ἔγγιστα, νῦν δὲ ἡμᾶς ποιεῖν αὐτὴν ξ̄ · τὰ γενόμενα παραθήκαμεν τοῖς οἰκείοις ἀριθμοῖς
ἐφ᾽ ἑκάστου τῶν πέμπτων σελιδίων. Καὶ
ἔστιν ἡ τῶν κανονίων ἔκθεσις τοιαύτη.

la plus grande élongation est de 46^{d} pour
Vénus, et de 22 environ pour Mercure;
et que d'ailleurs nous avons donné dans
les tables d'anomalie, les élongations qui
correspondent aux différents arcs de l'é-
picycle, nous prendrons dans 2^{d} 3o′ la
partie proportionnelle à l'élongation pour
chacun de ces astres, et nous la mettrons
dans les quatrièmes colonnes, aux mêmes
nombres.

Les cinquièmes colonnes nous servent,
par le moyen des soixantièmes qui y sont
marquées, pour l'équation des écarts en
latitude, qui se font dans les autres points
des excentriques. Car puisque, comme
nous l'avons dit, les obliquités des épicycles ont leur retour et leur période,
leurs augmentations et leurs diminutions,
par le moyen des petits cercles, conformément aux périodes de l'excentrique, et que
les inclinaisons et les obliquités ne diffèrent pas considérablement de l'inclinaison de la lune, leur marche est à peu près
proportionnelle à celle de la latitude de la
lune. Or nous avons calculé celle de la lune
rigoureusement sur la figure, mais nous
avons multiplié tous les nombres par 12,
parceque pour la lune, la plus grande
latitude étoit d'environ 5^{d}, et ici nous
la supposons de 60^{d}. C'est ainsi que nous
avons formé les nombres de la cinquième
colonne. Nous allons à présent donner
les tables.

ΕΚΘΕΣΙΣ ΚΑΝΟΝΙΩΝ ΤΗΣ ΚΑΤΑ ΠΛΑΤΟΣ ΠΡΑΓΜΑΤΕΙΑΣ ΕΓΚΛΙΣΕΩΝ.

ΚΡΟΝΟΥ. — ΔΙΟΣ. — ΑΡΕΟΣ. — ΑΦΡΟΔΙΤΗΣ. — ΕΡΜΟΥ.

ΚΡΟΝΟΥ — ΔΙΟΣ

Ἀριθμ. ἀπό α	β	Κρόνου Βορείου πέρατος γ		Κρόνου Νοτίου δ		Διὸς Βορείου πέρατος γ		Διὸς Νοτίου δ	
ϛ	τνδ	β	δ′	β	β′	α	ζ′	α	ε′
ιβ	τμη	β	ε	β	γ	α	η	α	ϛ
ιη	τμβ	β	ϛ	β	γ	α	η	α	ϛ
κδ	τλϛ	β	ζ	β	δ	α	θ	α	ζ
λ	τλ	β	η	β	ε	α	ι	α	η
λϛ	τκδ	β	ι	β	ζ	α	ια	α	θ
μβ	τιη	β	ια	β	η	α	ιβ	α	ια
μη	τιβ	β	ιβ	β	ι	α	ιγ	α	ιβ
νδ	τϛ	β	ιδ	β	ιβ	α	ιδ	α	ιδ
ξ	τ	β	ιϛ	β	ιε	α	ιϛ	α	ιϛ
ξϛ	σϟδ	β	ιη	β	ιη	α	ιη	α	ιη
οβ	σπη	β	κα	β	κα	α	κα	α	κα
οη	σπβ	β	κδ	β	κδ	α	κδ	α	κδ
πδ	σοϛ	β	κζ	β	κζ	α	κζ	α	κζ
ϟ	σο	β	λ	β	λ	α	λ	α	λ
ϟγ	σξζ	β	λα	β	λα	α	λα	α	λα
ϟϛ	σξδ	β	λγ	β	λγ	α	λγ	α	λγ
ϟθ	σξα	β	λδ	β	λδ	α	λδ	α	λδ
ρβ	σνη	β	λϛ	β	λϛ	α	λϛ	α	λϛ
ρε	σνε	β	λζ	β	λζ	α	λζ	α	λζ
ρη	σνβ	β	λθ	β	λθ	α	λθ	α	λθ
ρια	σμθ	β	μ	β	μ	α	μ	α	μ
ριδ	σμϛ	β	μβ	β	μβ	α	μβ	α	μβ
ριζ	σμγ	β	μγ	β	μγ	α	μγ	α	μγ
ρκ	σμ	β	με	β	με	α	με	α	με
ρκγ	σλζ	β	μϛ	β	μϛ	α	μϛ	α	μϛ
ρκϛ	σλδ	β	μζ	β	μη	α	μζ	α	μη
ρκθ	σλα	β	μθ	β	μθ	α	μθ	α	μθ
ρλβ	σκη	β	ν	β	να	α	ν	α	να
ρλε	σκε	β	νβ	β	νγ	α	νβ	α	νγ
ρλη	σκβ	β	νγ	β	νδ	α	νγ	α	νδ
ρμα	σιθ	β	νδ	β	νε	α	νδ	α	νε
ρμδ	σιϛ	β	νε	β	νϛ	α	νε	α	νϛ
ρμζ	σιγ	β	νϛ	β	νζ	α	νϛ	α	νζ
ρν	σι	β	νζ	β	νη	α	νζ	α	νη
ρνγ	σζ	β	νη	β	νθ	α	νη	α	νθ
ρνϛ	σδ	β	νθ	γ	ō	α	νθ	α	νθ
ρνθ	σα	β	νθ	γ	α	α	νθ	β	ō
ρξβ	ρϟη	γ	ō	γ	β	β	ō	β	α
ρξε	ρϟε	γ	ō	γ	β	β	ō	β	β
ρξη	ρϟβ	γ	α	γ	γ	β	α	β	γ
ροα	ρπθ	γ	α	γ	γ	β	α	β	γ
ροδ	ρπϛ	γ	β	γ	δ	β	β	β	δ
ροζ	ρπγ	γ	β	γ	δ	β	β	β	δ
ρπ	ρπ	γ	γ	γ	ε	β	γ	β	ε

ΑΡΕΟΣ — ΑΦΡΟΔΙΤΗΣ

Ἀριθμ. ἀπό α	β	Ἄρεος Βορείου πέρατος γ		Ἄρεος Νοτίου δ		Ἀφροδίτης Ἐγκλίσεις γ		Ἀφροδίτης Λοξώσεις δ	
ϛ	τνδ	ō	η′	ō	δ′	ᾱ	β′	ō	η′
ιβ	τμη	ō	θ	ō	δ	α	α	ō	ιϛ
ιη	τμβ	ō	ια	ō	ε	α	ō	ō	κε
κδ	τλϛ	ō	ιγ	ō	ϛ	ō	νθ	ō	λγ
λ	τλ	ō	ιδ	ō	ζ	ō	νϛ	ō	μα
λϛ	τκδ	ō	ιε	ō	θ	ō	νε	ō	μθ
μβ	τιη	ō	ιη	ō	ιβ	ō	να	ō	νζ
μη	τιβ	ō	κα	ō	ιε	ō	μϛ	α	ε
νδ	τϛ	ō	κδ	ō	ιη	ō	μα	α	ιζ
ξ	τ	ō	κη	ō	κβ	ō	λε	α	κ
ξϛ	σϟδ	ō	λβ	ō	κϛ	ō	κθ	α	κη
οβ	σπη	ō	λϛ	ō	λ	ō	κγ	α	λε
οη	σπβ	ō	μα	ō	λϛ	ō	ιϛ	α	μβ
πδ	σοϛ	ō	μϛ	ō	μβ	ō	η	α	ν
ϟ	σο	ō	νβ	ō	μθ	ō	ō	α	νζ
ϟγ	σξζ	ō	νε	ō	νβ	ō	ε	β	ō
ϟϛ	σξδ	ō	νθ	ō	νϛ	ō	ι	β	γ
ϟθ	σξα	α	γ	α	ō	ō	ιε	β	ϛ
ρβ	σνη	α	ϛ	α	δ	ō	κ	β	θ
ρε	σνε	α	ι	α	η	ō	κϛ	β	ιβ
ρη	σνβ	α	ιδ	α	ιζ	ō	λϛ	β	ιε
ρια	σμθ	α	ιη	α	ιη	ō	λη	β	ιζ
ριδ	σμϛ	α	κγ	α	κδ	ō	μδ	β	κ
ριζ	σμγ	α	κη	α	λ	ō	ν	β	κβ
ρκ	σμ	α	λδ	α	λϛ	ō	νθ	β	κδ
ρκγ	σλζ	α	μα	α	μδ	α	η	β	κϛ
ρκϛ	σλδ	α	μη	α	νθ	α	ιη	β	κζ
ρκθ	σλα	α	νδ	β	ō	α	κη	β	κθ
ρλβ	σκη	β	α	β	ι	α	λη	β	λ
ρλε	σκε	β	θ	β	κ	α	μη	β	λ
ρλη	σκβ	β	ιϛ	β	λβ	α	νθ	β	λ
ρμα	σιθ	β	κε	β	μδ	β	θ	β	λ
ρμδ	σιϛ	β	λδ	β	νϛ	β	ιη	β	λ
ρμζ	σιγ	β	μδ	γ	ϛ	β	μγ	β	κϛ
ρν	σι	β	νε	γ	κζ	γ	γ	β	κβ
ρνγ	σζ	γ	ε	γ	μη	γ	κδ	β	ιη
ρνϛ	σδ	γ	ιϛ	δ	θ	γ	μϛ	β	ιβ
ρνθ	σα	γ	κζ	δ	λ	δ	θ	β	ϛ
ρξβ	ρϟη	γ	λη	δ	να	δ	λβ	β	ō
ρξε	ρϟε	γ	μθ	ε	ιβ	δ	νε	α	μδ
ρξη	ρϟβ	δ	ō	ε	λγ	ε	ιη	α	κ
ροα	ρπθ	δ	ζ	ε	νδ	ε	μα	α	ō
ροδ	ρπϛ	δ	ιδ	ϛ	ιϛ	ε	νβ	ō	μη
ροζ	ρπγ	δ	ιη	ϛ	να	ϛ	ζ	ō	κε
ρπ	ρπ	δ	κα	ζ	ζ	ϛ	κβ	ō	ō

ΕΡΜΟΥ

Ἀριθμ. ἀπό α	β	Ἑρμοῦ Ἐγκλίσεις γ		Ἑρμοῦ Λοξώσεις δ		Ἑρμοῦ Ἑξηκοστά ε	
ϛ	τνδ	ᾱ	με′	ō	ια′	νθ	λϛ
ιβ	τμη	α	μδ	ō	κβ	νη	λϛ
ιη	τμβ	α	μγ	ō	λγ	νζ	ō
κδ	τλϛ	α	μ	ō	μδ	νδ	λϛ
λ	τλ	α	λϛ	ō	νε	νβ	ō
λϛ	τκδ	α	λ	α	ϛ	μη	κδ
μβ	τιη	α	κγ	α	ιϛ	μδ	κδ
μη	τιβ	α	ιϛ	α	κϛ	μ	ō
νδ	τϛ	α	η	α	λε	λε	ιβ
ξ	τ	ō	νθ	α	μδ	λ	ō
ξϛ	σϟδ	ō	μθ	α	νβ	κδ	κδ
οβ	σπη	ō	λη	β	ō	ιη	κδ
οη	σπβ	ō	κϛ	β	ζ	ιβ	κδ
πδ	σοϛ	ō	ιϛ	β	ιδ	ϛ	κδ
ϟ	σο	ō	ō	β	κ	ō	ō
ϟγ	σξζ	ō	η	β	κγ	γ	ιβ
ϟϛ	σξδ	ō	ιε	β	κε	ϛ	κδ
ϟθ	σξα	ō	κγ	β	κζ	θ	κδ
ρβ	σνη	ō	λα	β	κη	ιβ	κδ
ρε	σνε	ō	μ	β	κθ	ιε	κδ
ρη	σνβ	ō	μη	β	κθ	ιη	κδ
ρια	σμθ	ō	νζ	β	λ	κα	κδ
ριδ	σμϛ	α	ϛ	β	λ	κδ	κδ
ριζ	σμγ	α	ιϛ	β	λ	κζ	ιβ
ρκ	σμ	α	κε	β	κθ	λ	ō
ρκγ	σλζ	α	λε	β	κη	λβ	λϛ
ρκϛ	σλδ	α	με	β	κϛ	λε	ιβ
ρκθ	σλα	α	νε	β	κγ	λϛ	ō
ρλβ	σκη	β	ϛ	β	κ	μ	λϛ
ρλε	σκε	β	ιϛ	β	ιϛ	μβ	λϛ
ρλη	σκβ	β	κζ	β	ια	μδ	κδ
ρμα	σιθ	β	λϛ	β	ϛ	μϛ	λϛ
ρμδ	σιϛ	β	μϛ	β	ō	μη	κδ
ρμζ	σιγ	β	νϛ	α	νγ	ν	μη
ρν	σι	γ	ϛ	α	μϛ	νβ	ιβ
ρνγ	σζ	γ	ιϛ	α	λη	νγ	ō
ρνϛ	σδ	γ	κϛ	α	κθ	νδ	μη
ρνθ	σα	γ	λϛ	α	κ	νϛ	ιβ
ρξβ	ρϟη	γ	μϛ	α	ια	νζ	ō
ρξε	ρϟε	γ	νϛ	α	β	νη	μη
ρξη	ρϟβ	γ	νθ	ō	μδ	νθ	λϛ
ροα	ρπθ	δ	ō	ō	μ	νθ	μη
ροδ	ρπϛ	δ	β	ō	κδ	νθ	λϛ
ροζ	ρπγ	δ	δ	ō	ιβ	νθ	μη
ρπ	ρπ	δ	ε	ō	ō	ξ	ō

EXPOSITION DES TABLES DE LATITUDE.

		SATURNE.				JUPITER.				MARS.				VÉNUS.				MERCURE.					
NOMBRES COMMUNS. 1.	2.	Limite boréale. 3.		Limite méridionale. 4.		Limite boréale. 5.		Limite méridionale. 4.		Limite boréale. 3.		Limite méridionale. 4.		Inclinaison. 3.		Obliquité. 4.		Inclinaison. 3.		Obliquité. 4.		Soixantièmes. 5.	
6d	354d	2d	4′	2d	2′	1d	7′	1d	5′	0d	8′	0d	4′	1d	2′	0d	8′	1d	45′	0d	11′	59	36
2	348	2	5	2	3	1	8	1	6	0	9	0	4	1	1	0	16	1	44	0	22	58	36
8	342	2	6	2	3	1	8	1	6	0	11	0	5	1	0	0	25	1	43	0	33	57	0
4	336	2	7	2	4	1	9	1	7	0	13	0	6	0	59	0	33	1	40	0	44	54	36
0	330	2	8	2	5	1	10	1	8	0	14	0	7	0	57	0	41	1	36	0	45	52	0
6	324	2	10	2	7	1	11	1	9	0	15	0	9	0	55	0	49	1	30	1	6	48	24
2	318	2	11	2	8	1	12	1	10	0	18	0	12	0	51	0	57	1	23	1	16	44	24
8	312	2	12	2	10	1	13	1	11	0	21	0	15	0	46	1	5	1	16	1	26	40	0
4	306	2	14	2	12	1	14	1	13	0	24	0	18	0	41	1	13	1	8	1	35	35	12
0	300	2	16	2	15	1	16	1	16	0	28	0	22	0	35	1	20	0	59	1	44	30	0
6	294	2	18	2	18	1	18	1	18	0	32	0	26	0	29	1	28	0	49	1	52	24	24
2	288	2	21	2	21	1	21	1	21	0	36	0	30	0	23	1	35	0	38	2	0	18	24
8	282	2	24	2	24	1	24	1	24	0	41	0	36	0	16	1	42	0	26	2	7	12	24
4	276	2	27	2	27	1	27	1	27	0	46	0	42	0	8	1	50	0	16	2	14	6	24
0	270	2	30	2	30	1	30	1	30	0	52	0	49	0	0	1	57	0	0	2	20	0	0
3	267	2	31	2	31	1	31	1	31	0	55	0	52	0	5	2	0	0	8	2	23	3	12
6	264	2	33	2	33	1	33	1	33	0	59	0	56	0	10	2	3	0	15	2	25	6	24
9	261	2	34	2	34	1	34	1	34	1	3	1	0	0	15	2	6	0	23	2	27	9	24
2	258	2	36	2	36	1	36	1	36	1	6	1	4	0	20	2	9	0	30	2	28	12	24
5	255	2	37	2	37	1	37	1	37	1	10	1	8	0	26	2	12	0	40	2	29	15	24
8	252	2	39	2	39	1	39	1	39	1	14	1	13	0	32	2	15	0	48	2	29	18	24
1	249	2	40	2	40	1	40	1	40	1	18	1	18	0	38	2	17	0	57	2	30	21	24
4	246	2	42	2	42	1	42	1	42	1	23	1	24	0	44	2	20	1	6	2	30	24	24
7	243	2	43	2	43	1	43	1	43	1	28	1	30	0	50	2	22	1	16	2	30	27	12
0	240	2	45	2	45	1	45	1	45	1	34	1	37	0	59	2	24	1	25	2	29	30	0
3	237	2	46	2	46	1	46	1	46	1	41	1	44	1	8	2	26	1	35	2	28	32	36
6	234	2	47	2	48	1	47	1	48	1	48	1	51	1	18	2	27	1	45	2	26	35	12
9	231	2	49	2	49	1	49	1	49	1	54	2	0	1	28	2	29	2	55	2	23	37	36
2	228	2	50	2	51	1	50	1	51	2	1	2	10	1	38	2	30	2	6	2	20	40	0
5	225	2	52	2	53	1	51	1	53	2	9	2	20	1	48	2	30	2	16	2	16	42	12
8	222	2	53	2	54	1	52	1	54	2	16	2	32	1	59	2	30	2	27	2	11	44	24
1	219	2	54	2	55	1	53	2	55	2	25	2	44	2	11	2	29	2	37	2	6	46	36
4	216	2	55	2	56	1	55	2	57	2	34	2	56	2	23	2	28	2	57	1	0	48	24
7	213	2	56	2	57	1	56	2	59	2	44	3	12	2	43	2	26	2	47	1	53	50	12
0	210	2	57	2	58	1	58	2	0	2	55	3	29	3	3	2	22	3	7	1	46	52	0
3	207	2	58	2	59	1	59	2	1	3	5	3	46	3	23	2	18	3	17	1	38	53	12
56	204	2	59	2	0	2	0	2	3	3	16	4	9	3	44	2	12	3	26	1	29	54	36
59	201	2	59	2	1	2	1	2	4	3	27	4	32	4	9	2	4	3	34	1	20	56	0
62	198	3	0	2	2	2	2	2	5	3	38	4	35	4	26	1	55	3	42	1	10	57	0
65	195	3	0	2	2	2	2	2	6	3	49	5	24	4	49	1	42	3	47	0	59	57	48
68	192	3	1	2	3	2	3	2	6	4	0	5	52	5	13	1	27	3	54	0	48	58	36
71	189	3	1	2	3	2	3	2	7	4	10	6	21	5	36	1	9	3	58	0	36′	59	12
74	186	3	2	2	4	2	4	2	7	4	14	6	36	5	52	0	48	4	2	0	24	59	39
77	183	3	2	2	4	2	4	2	8	4	18	6	51	6	7	0	25	4	4	0	12	59	48
80	180	3	2	2	4	2	4	2	8	4	21	7	7	6	22	0	0	4	5	0	0	90	0

CHAPITRE VI.

USAGE DE CES TABLES POUR LE CALCUL DE L'ÉCART DES CINQ PLANÈTES EN LATITUDE.

Tout étant ainsi disposé, nous allons procéder au calcul de l'écart des cinq planètes en latitude, de la manière suivante :

Pour les trois premières, Saturne, Jupiter et Mars, en entrant dans la table avec la longitude vraie pour Mars, avec la longitude vraie diminuée de 20^d pour Jupiter, et avec la longitude vraie augmentée de 50^d, pour Saturne, nous prendrons dans la cinquième colonne de latitude, les soixantièmes correspondants. Entrant ensuite dans la table avec l'anomalie vraie, nous prendrons la latitude dans la troisième colonne, si la longitude vraie est dans les 15 premières lignes (entre 270^d et 90), Mais si la longitude tombe dans les lignes suivantes, (entre 90 et 270), nous prendrons la latitude dans la quatrième colonne. Nous multiplierons cette latitude par les soixantièmes correspondants, et le produit sera la quantité dont l'astre sera au-dessus du zodiaque, si nous avons pris la latitude dans la troisième colonne, et au-dessous du zodiaque, si nous avons pris la latitude dans la quatrième colonne.

Pour Vénus et Mercure, nous entrerons avec l'anomalie vraie, dans leur table respective, et nous écrirons à part les nombres qui leur correspondent dans la troisième et la quatrième colonne, ceux des troisièmes colonnes, tels qu'ils sont.

ΚΕΦΑΛΑΙΟΝ ϛ.

ΨΗΦΟΦΟΡΙΑ ΤΗΣ ΚΑΤΑ ΠΛΑΤΟΣ ΤΩΝ ΠΕΝΤΕ ΠΛΑΝΩΜΕΝΩΝ ΠΑΡΑΧΩΡΗΣΕΩΣ.

Τοὑτων οὕτως ἐχόντων, μεθοδεύσομεν καὶ τὴν κατὰ πλάτος τῶν πέντε ἀϲέρων ψηφοφορίαν τὸν τρόπον τοῦτον.

Ἐπὶ μὲν γὰρ τῶν τριῶν Κρόνου τε καὶ Διὸς καὶ Αρεως, τὸ διευκρινημένον μῆκος εἰσενεγκόντες εἰς τοὺς τοῦ οἰκείου κανόνος ἀριθμούς, τὸ μὲν τοῦ τοῦ Αρεως καθ' ἑαυτὸ, τὸ δὲ τοῦ τοῦ Διὸς μετὰ ἀφαιρέσεως μοιρῶν κ̅, τὸ δὲ τοῦ τοῦ Κρόνου μετὰ προσθήκης ν̅ μοιρων, τὰ παρακείμενα αὐτῷ ἑξηκοϲὰ ἐν τῷ πέμπτῳ σελιδίῳ τοῦ πλάτους ἀπογραψόμεθα. Καὶ ὁμοίως τὸν διευκρινημένον τῆς ἀνωμαλίας ἀριθμὸν εἰσενεγκόντες εἰς τὰς αὐτὰς ἀριθμοὺς, τὴν παρακειμένην αὐτῷ πλατικὴν διαφοράν, ἐὰν μὲν τὸ διευκρινημένον μῆκος ἐν τοῖς πρώτοις ἢ ι̅ε̅ ϲίχοις, τὴν ἐν τῷ τρίτῳ σελιδίῳ, ἐὰν δ' ἐν τοῖς ἑξῆς, τὴν ἐν τῷ τετάρτῳ πολυπλασιάσαντες ἐπὶ τὰ ἐκκείμενα ἑξηκοϲὰ τοῖς γενομένοις, ἕξομεν τὸν ἀϲέρα τοῦ διὰ μέσων, ἐὰν μὲν ἐκ τοῦ τρίτου σελιδίου τὴν πλατικὴν διαφορὰν ὦμεν εἰληφότες, βορειοτέρον, ἐὰν δ' ἐκ τοῦ τετάρτου, νοτιώτερον.

Ἐπὶ δὲ Αφροδίτης καὶ Ερμοῦ τὸν διευκρινημένον τῆς ἀνωμαλίας ἀριθμὸν πρῶτον εἰσενεγκόντες εἰς τοὺς ἀριθμοὺς τοῦ οἰκείου κανονίου, τὰ παρακείμενα αὐτῷ ἐν τῷ τρίτῳ καὶ τετάρτῳ σελιδίῳ τοῦ πλάτους ἀπογραψόμεθα χωρὶς, τὰ μὲν ἐν τοῖς τρίτοις ἄλλοις σελιδίοις αὐτά, τὰ δὲ ἐν τῷ τετάρτῳ τοῦ τοῦ Ἑρμοῦ, ἐν μὲν τοῖς πρώτοις ιε ϛίχοις ὄντος τοῦ διευκρινημένου μήκους, μετὰ ἀφαιρέσεως τοῦ δεκάτου αὐτῶν μέρους, ἐν δὲ τοῖς ὑπ᾿ αὐτοὺς μετὰ προσθήκης τȣ αὐτȣ μέρȣς· ἔπειτα προσθέντες τῷ διευκρινημένῳ μήκει πάντοτε, ἐπὶ μὲν Ἀφροδίτης, μοίρας ϟ, ἐπὶ δὲ Ἑρμοῦ μοίρας σō, ἀφελόντες αἱ ἔχωμεν κύκλον, τὰς γενομένας εἰσοίσομεν εἰς τοὺς αὐτοὺς ἀριθμοὺς, καὶ ὅσα ἐὰν ᾖ τὰ παρακείμενα τοῖς ἀριθμοῖς ἑξηκοϛα ἐν τῷ πέμπτῳ σελιδίῳ, τὰ τοσαῦτα λαμβανόντες τῶν ἐκ τοῦ τρίτου σελιδίου ἀπογεγραμμένων, τὰ γενόμενα ἐκθησόμεθα, τοῦ μὲν μετὰ τῆς ἐκκειμένης προσθέσεως μήκους ἐν τοῖς πρώτοις ιε ϛίχοις ὄντος, ἐὰν μὲν ὁ τῆς διευκρινημένης ἀνωμαλίας ἀριθμὸς ἐν τοῖς πρώτοις ιε ϛίχοις ᾖ, ὡς εἰς τὰ νότια, ἐὰν δ᾿ ἐν τοῖς ἑξῆς, ὡς εἰς τὰ βόρεια. Τοῦ δὲ εἰρημένου τοῦ μήκους ἀριθμοῦ ἐν τοῖς ὑπὸ τοὺς ιε ϛίχους ἐκπεσόντος, ἐὰν μὲν ὁ τῆς εἰρημένης ἀνωμαλίας ἀριθμὸς ἐν τοῖς πρώτοις ιε ϛίχοις ᾖ, ὡς εἰς τὰ βόρεια, ἐὰν δ᾿ ἐν τοῖς ἑξῆς, ὡς εἰς τὰ νότια.

Ἑξῆς δὲ πάλιν τὸ διευκρινημένον μῆκος ἐπὶ μὲν Ἀφροδίτης αὐτὸ ἁπλῶς, ἐπὶ δὲ Ἑρμοῦ μετὰ προσθήκης ρπ μοιρῶν, εἰσενεγκόντες εἰς τοὺς αὐτοὺς ἀριθμοὺς, ὅσα ἐὰν παρακέηται καὶ τούτῳ ἑξηκοϛὰ ἐν τῷ πέμπτῳ σελιδίῳ, τὰ τοσαῦτα λαβόντες τῶν ἐκ τοῦ τετάρτου σελιδίου ἀπογεγραμμένων, τὰ γενόμενα ἐκθησόμεθα, τοῦ μὲν ὡς ἔφαμεν εἰσενηνεγμένου μήκους ἐν τοῖς πρώτοις ιε ϛίχοις ἐκπεσόντος, ἐὰν μὲν ἕως ρπ μοιρῶν ᾖ ὁ διευκρινημένος

Mais pour Mercure, il faut retrancher $\frac{1}{10}$ des nombres de la quatrième colonne, si la longitude est dans les 15 premières lignes, et ajouter $\frac{1}{10}$ si la longitude est dans les suivantes. Après quoi, à la longitude vraie on ajoutera 90^d dans tous les cas pour Vénus, et pour Mercure 270^d, en rejettant le cercle, si l'addition le donne. Avec cet argument, nous prendrons les soixantièmes dans la cinquième colonne : nous les emploierons à multiplier les nombres de la troisième colonne, et le produit sera la latitude ; la longitude, avec cette équation, étant dans les 15 premières lignes, (entre 270 et 90) sera australe, si l'anomalie vraie est entre 270 et 90, sinon elle sera boréale. Si la longitude est entre 90 et 270, et que l'anomalie se trouve entre 270 et 90, la latitude sera boréale. Elle sera australe, si l'anomalie est entre 90 et 270.

Ensuite, avec la longitude vraie pour Vénus, et avec la longitude augmentée de 180 pour Mercure, nous entrerons dans la table pour y prendre les soixantièmes de la cinquième colonne, qui nous serviront à multiplier le nombre de Jupiter dans la quatrième colonne. Si la longitude qui a servi d'argument tombe dans les 15 premières lignes, et si l'anomalie corrigée est moindre que 180^d, la

latitude sera boréale; si l'anomalie excède 180ᵈ, la latitude sera australe. Mais
si le nombre de cette longitude tombe
au-dessous des 15 premières lignes, et
si l'anomalie est moindre que 180ᵈ, la
latitude sera australe, si elle excède 180ᵈ
elle sera boréale. Enfin, des soixantièmes
trouvés lorsque nous sommes entrés la seconde fois dans la table avec la longitude
pour argument, nous prendrons la partie
qu'ils font dans 60, et pour Vénus nous
en ajouterons le sixième vers le nord, et
pour Mercure les $\frac{1}{4}$ vers le sud. Et ainsi,
par le mélange de trois opérations, nous
aurons la latitude apparente de l'astre
par rapport au zodiaque.

CHAPITRE VII.

DES APPARITIONS ET DISPARITIONS DES CINQ PLANÈTES.

Après avoir traité de l'écart des cinq
planètes en latitude, il nous reste, pour
compléter leur théorie, à considérer tout
ce qui a rapport à leurs apparitions et à
leurs disparitions relativement au soleil.
Car il arrive que, comme nous l'avons
dit des fixes, leurs distances au soleil
varient diversement sur le cercle milieu
du zodiaque, dans leurs apparitions et
leurs disparitions ou occultations ; et
cela par plusieurs causes. La première est
l'inégalité de leurs grandeurs. La seconde

τῆς ἀνωμαλίας ἀριθμὸς, ὡς εἰς τὰ βόρεια,
ἐὰν δ' ὑπὲρ τὰς ρπ, ὡς εἰς τὰ νότια. Τοῦ
δὲ εἰρημένου τοῦ μήκους ἀριθμοῦ ὑπὸ
τοὺς ιε ϛίχους ἐκπεσόντος, ἐὰν μὲν ὁ τῆς
ἀνωμαλίας ἀριθμὸς ἕως ρπ μοιρᾶς ἦ,
ὡς εἰς τὰ νότια, ἐὰν δ' ὑπὲρ τὰς ρπ, ὡς
εἰς τὰ βόρεια. Λοιπὸν δὲ καὶ αὐτῶν τούτων τῶν ἐκ τῆς δευτέρας τοῦ μήκους εἰσα-
γωγῆς εὑρεθέντων ἑξηκοϛῶν λαβόντες τὸ
αὐτὸ μέρος ὅσον καὶ αὐτὰ ἦν τῶν ξ, τῶν
γενομένων ἐπὶ μὲν Ἀφροδίτης τὸ ϛ προσε-
κθησόμεθα πάντοτε ὡς εἰς τὰ βόρεια, ἐπὶ
δὲ Ἑρμοῦ τὸ ϛ" καὶ δ" πάντοτε ὡς εἰς
τὰ νότια. Καὶ οὕτως ἐκ τῆς μίξεως τῶν γ
ἐκθέσεων, τὴν φαινομένην πρὸς τὸν διὰ
μέσων τῶν ζωδίων κύκλον κατὰ πλάτος
αὐτῶν πάροδον ἐπιγνωσόμεθα.

ΚΕΦΑΛΑΙΟΝ Ζ.

ΠΕΡΙ ΦΑΣΕΩΝ ΚΑΙ ΚΡΥΨΕΩΝ ΤΩΝ ΠΕΝΤΕ ΠΛΑΝΩΜΕΝΩΝ.

Προπεπραγματευμένης δὴ καὶ
τῆς κατὰ πλάτος τῶν πέντε ἀϛέρων παραχωρήσεως, ὑπολείπεται προσαναπλη-
ρῶσαι καὶ τὰ περὶ τὰς φάσεις καὶ κρύψεις
αὐτῶν τὰς πρὸς τὸν ἥλιον γινομένας,
ὀφείλοντα θεωρηθῆναι. Συμβέβηκε γὰρ, ὥσπερ καὶ ἐπὶ τῆς τῶν ἀϛλανῶν ἀϛέρων συντάξεως διεξήλθομεν, ἀνίσους γίνεσθαι
διαφόρως τὰς ἐπὶ τοῦ διὰ μέσων τῶν ζωδίων κύκλου διαϛάσεις αὐτῶν πρὸς τὸν
ἥλιον, ἐπί τε τῶν φάσεων καὶ τῶν κρύψεων διὰ πολλὰς αἰτίας. Ὧν πρώτη μέν
ἐϛιν ἡ παρὰ τὴν ἀνισότητα τῶν μεγεθῶν
αὐτῶν· δευτέρα δὲ ἡ παρὰ τὴν ἀνομοιότητα

τῶν τοῦ ζωδιακοῦ πρὸς τοὺς ὁρίζοντας ἐγκλίσεων. Τρίτη δ' ἡ παρὰ τὰς κατὰ πλάτος αὐτῶν παρόδους.

Ἐὰν γὰρ πάλιν νοήσωμεν μεγίςων κύκλων τμήματα, τοῦ μὲν ὁρίζοντος τὸ ΑΒ, τοῦ δὲ διὰ μέσων τῶν ζωδίων μεγίςου κύκλου τὸ ΓΔ, καὶ τὸ μὲν Ε σημεῖον ὑποθώμεθα τὴν κοινὴν αὐτῶν τομὴν ἀνατολικὴν ἢ καὶ δυτικὴν, τὰ δὲ Γ Α πρὸς μεσημβρίαν ἐγκεκλιμένα, τὸ δὲ Δ σημεῖον τὸ κέντρον τοῦ ἡλίου, καὶ δι' αὐτοῦ καὶ τοῦ πόλου τοῦ ὁρίζοντος γράψωμεν μεγίςου κύκλου τμῆμα πάλιν τὸ ΔΒΖ, τὸν δὲ ἀςέρα ὑποθώμεθα ἀνατέλλειν ἢ δύνειν ἐπὶ τοῦ ΑΕΒ ὁρίζοντος, ὅταν μὲν ἐπὶ τοῦ διὰ μέσων ᾖ, δῆλον ὅτι κατὰ τὸ Ε σημεῖον, ὅταν δὲ βορειότερος ᾖ τοῦ διὰ μέσων κατὰ τὸ Η, ὅταν δὲ νοτιώτερος κατὰ τὸ Θ, καὶ ἀγάγωμεν ἐπὶ τὸν διὰ μέσων ἀπὸ τῶν Η καὶ Θ σημείων καθέτους τὰς ΗΚ καὶ ΘΛ, τὴν ΒΔ πάλιν ἕξομεν ᾗ ἴσην ἀπέχοντος τοῦ ἡλίου πάντοτε περιφέρειαν ὑπὸ γῆν ὁ αὐτὸς ἀςὴρ πρώτως ὀφθήσεται ἢ ἀφανισθήσεται. Πρὸς γὰρ τὸν οὕτω γραφόμενον μέγιςον κύκλον τῶν ἴσων ὑπὸ γῆν ἀποχῶν, αἱ αὐταὶ καταλάμψεις τῶν αὐτῶν τοῦ ἡλίου γίνονται. Ταύτης δὴ πρῶτον ἐπὶ τῶν ἄλλων ἀνίσων ἀςέρων ἀνίσου κατὰ τὸ ἀκόλουθον συνιςαμένης, ἀνάγκη, κἂν τὰ ἄλλα πάντα τὰ αὐτὰ ὑπάρχῃ, καὶ τὰς τὴν ὀρθὴν γωνίαν ὑποτεινούσας τῆ ζωδιακῆ περιφερείας, τυτέςι τὰς ὁμοίας τῆ ΕΔ διαςάσεις διαφόρους εἶναι, καὶ τῶν μὲν μειζόνων

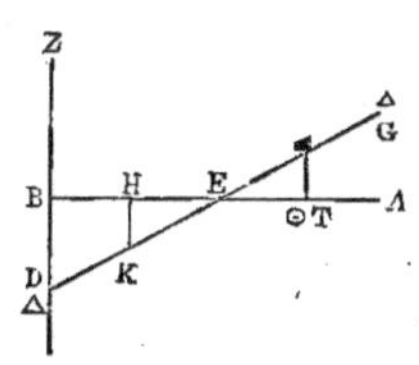

est la différence des inclinaisons du zodiaque sur les horizons. La troisième est la diversité de leurs écarts en latitude.

En effet, si nous concevons les segments des grands cercles, AB celui de l'horizon, GD celui du cercle milieu du zodiaque, et que nous supposions E leur commune intersection au levant ou au couchant, les points G et A ayant une latitude australe, et le centre du soleil en D : par ce centre ainsi que par le pôle de l'horizon, décrivons le segment de grand cercle DBZ, et supposons que l'astre se lève ou se couche sur l'horizon AEB, savoir en E quand il est dans le cercle milieu du zodiaque, mais en H lorsqu'il est plus boréal que ce cercle, et en T lorsqu'il est plus méridional. Menons dans ce cercle, des points H et T, les perpendiculaires HK et TL ; nous aurons alors BD pour l'arc toujours égal à l'abaissement perpendiculaire du soleil au-dessous de l'horizon, à l'instant où l'astre paroîtra ou disparoîtra ; car la lumière du soleil produit les mêmes effets à des distances égales sous l'horizon, mesurées sur le grand cercle DBZ ainsi décrit. Mais d'abord cette distance à l'horizon n'étant pas la même pour des astres inégaux, (inégalement lumineux), nécessairement, toutes choses égales d'ailleurs, les hypoténuses ED des triangles rectangles BDE sont inégales, c'est-à-dire plus petites pour les astres plus grands,

53

et plus grandes pour les astres plus petits.

Pareillement, la ligne BD demeurant la même pour le même astre, si l'angle BED d'inclinaison de l'écliptique devient différent, soit suivant le point du zodiaque qui est à l'horizon, soit suivant la diversité des climats, l'arc ED de la distance changera aussi, et sera plus grand quand cet angle diminuera, et plus petit quand il augmentera. De même, si à la première condition qui est que BD soit le même, nous ajoutons cette autre circonstance que la latitude soit aussi la même, et que l'astre ne soit pas sur l'écliptique même mais plus boréal comme en H, ou plus austral comme en T, ce ne sera pas d'abord du même arc DE de distance, que l'astre paroîtra et disparoîtra; mais s'il est plus boréal que l'écliptique, ce sera de l'arc DK qui est plus petit; et s'il est plus méridional, ce sera de l'arc DEL qui est plus grand.

Il faut donc, pour bien préciser cet objet, que généralement les grandeurs des arcs BD pour chacune des cinq planètes, soient données avant tout par des observations exactes sur leurs apparitions. Telles sont celles qui se font en été et dans le cancer, parcequ'en cette saison l'air est pur et serein, et parceque si le cancer est à l'horizon, les angles de l'écliptique avec l'horizon seront à leur valeur moyenne. Nous avons trouvé par

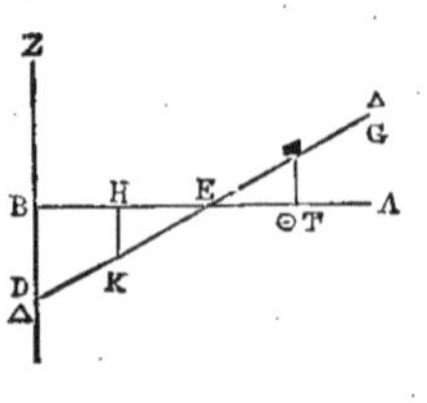

ἀ϶έρων ἐλάττους δῆλον ὅτι, τῶν δὲ ἐλαττόνων μείζους.

Ὁμοίως δὲ κἂν ἡ μὲν ΒΔ ἡ αὐτὴ ᾖ τοῦ αὐτοῦ ἀ϶έρος, ἡ δ' ὑπὸ ΒΕΔ γωνία τῆς ἐγκλίσεως τοῦ διὰ μέσων, ἤτοι παρὰ τὰς τῶν δωδεκατημορίων διαφορὰς, ἢ παρὰ τὰς τῶν οἰκήσεων, ἄνισος γίνεται πάλιν, καὶ ἡ τῆς ΕΔ διαϛάσεως περιφέρεια διοίσει, καὶ μείζων μὲν ἔϛαι τῆς ἐκκειμένης γωνίας μειουμένης, ἐλάττων δ' αὐξομένης. Ὡσαύτως δ' ἐὰν καὶ τοῦτο προσυπαρχθῇ τῷ πρώτῳ, τὸ καὶ τὴν κλίσιν εἶναι τὴν αὐτὴν, ὁ δ' ἀϛὴρ μὴ ᾖ ἐπὶ τοῦ διὰ μέσων, ἀλλ' ἤτοι κατὰ τὸ Η βορειότερος, ἢ κατὰ τὸ Θ νοτιώτερος, οὐκέτι τὴν ΔΕ περιφέρειαν ἀποϛὰς φανήσεται ἢ κρυφθήσεται πρώτως· ἀλλ' ὅταν μὲν βορειότερος ᾖ τοῦ διὰ μέσων, τὴν ΔΚ ἐλάσσονα οὖσαν, ὅταν δὲ νοτιώτερος, τὴν ΔΕΛ μείζονα οὖσαν.‘

Ἀναγκαῖόν ἐϛιν ἄρα πρὸς τὴν τῶν κατὰ μέρος ἐπίσκεψιν δοθῆναι πρῶτον, ἐφ' ἑκάϛου τῶν ε πλανωμένων ἀϛέρων, τὰς καθόλου πηλικότητας τῶν ΒΔ περιφερειῶν, ἀπὸ τῶν ἀδιϛακτότερον τετηρημένων φάσεων. Αὗται δ' ἂν εἶεν αἱ θεριναὶ καὶ περὶ τὸν καρκῖνον, διά τε τὸ ἐν τῇ ὥρᾳ ταύτῃ λεπτὸν καὶ διαυγὲς τῶν ἀέρων, καὶ τὸ σύμμετρον τῶν τοῦ ζωδιακοῦ πρὸς τοὺς ὁρίζοντας ἐγκλίσεων. Εὑρίσκομεν δὴ διὰ τῆς τοιαύτης τῶν ἀνατολικῶν τηρήσεων ἐπισκέψεως ὅτι περὶ τὴν ἀρχὴν τοῦ καρκίνου ἀνατέλλει, ὡς ἐπίπαν ὁ μὲν τοῦ κρόνου ἀςὴρ ἀπέχων τοῦ ἀκριβοῦς ἡλίου μοίρας ιδ, ὁ δὲ τοῦ Διὸς ἀπέχων ὁμοίως μοίρας ιβ ϛ'' δ'', ὁ δὲ τοῦ Αρεως ἀπέχων μοίρας ιδ ϛ'', ὁ δὲ τῆς Αφροδίτης ἑσπέριος ἀπέχων μοίρας ε γ'', ὁ δὲ τοῦ Ερμοῦ ἑσπέριος ἀπέχων μοίρας ια ϛ''.

Τούτων δ' οὕτως ὑποκειμένων, διαγεγράφθω τὸ τῆς προκειμένης καταγραφῆς σχῆμα, μηδενὸς διοίσοντος ἐπί γε τῶν τηλικούτων περιφερειῶν, ἐὰν ὡς ἐπὶ τῶν ὑπ' αὐτὰς εὐθειῶν ἀδιαφόρων γε πρὸς αἴσθησιν οὐσῶν, ἕνεκεν εὐχρηςίας, ποιώμεθα τοὺς λόγους· ᾗ ἔςω τὸ μὲν Ε σημεῖον τῆς κοινῆς τομῆς τοῦ διὰ μέσων καὶ τοῦ ὁρίζοντος, τὸ ἐν ταῖς προκειμέναις φάσεσι κατὰ τῆς ἀρχῆς τοῦ καρκίνου, ἀνατέλλον μὲν ἐπὶ τῶν τριῶν ἑῴων Κρόνου τε καὶ Διὸς καὶ Αρεως, δύνον δὲ δῆλον ὅτι ἐπὶ τῶν ἑσπερίων Αφροδίτης καὶ Ερμοῦ Τὸ δὲ κλίμα ὑποκείσθω τὸ διὰ Φοινίκης, ὅπου ἡ μεγίςη ἡμέρα ὡρῶν ἐςιν ἰσημερινῶν ιδ καὶ τέταρτον· ἐπειδὴ κατὰ τοῦτο μάλιςα ἢ περὶ τοῦτον τὸν παράλληλον αἱ πλεῖςαι καὶ ἀξιόπιςοι γεγόνασι τῶν τηρήσεων, κατ' αὐτὸν μὲν σχεδὸν αἱ Χαλδαϊκαὶ, περὶ αὐτὸν δὲ αἱ περὶ τὴν Ελλάδα καὶ τὴν Αἴγυπτον.

Ἐπειδὴ τοίνυν ἐκ μὲν τῆς προαποδεδειγμένης τῶν γωνιῶν πραγματείας, ὅταν ἡ ἀρχὴ τοῦ καρκίνου ἀνατέλλῃ κατὰ τὸ ὑποκείμενον κλίμα, τὴν ὑπὸ ΒΕΔ γωνίαν εὑρίσκομεν τοιούτων ργ, οἵων αἱ δύο ὀρθαὶ τξ, καὶ τὸν λόγον διὰ τοῦτό τῶν περὶ τὰς ὀρθὰς γωνίας τὸν τῶν ϙδ πρὸς τὰ οε ἔγγιςα, τοιούτων δὲ καὶ τὰς

l'examen de ces observations des levers des planètes, que dans les premiers points du cancer, généralement, Saturne paroît quand il est à 14ᵈ loin du soleil vrai; Jupiter à 12ᵈ ½ ¼; Mars à 14ᵈ ½; Vénus au soir à 5ᵈ ⅓; et Mercure au soir à 11ᵈ ½.

Cela posé, traçant la même figure, car il est indifférent que pour plus de facilité dans la pratique, nous raisonnions de tels arcs, comme de leurs soutendantes qui n'en diffèrent pas sensiblement ; prenons E pour l'intersection commune de l'écliptique ou cercle milieu du zodiaque et de l'horizon, et que ce point dans les apparitions en question se lève au commencement du cancer pour les trois planètes du matin, Saturne, Jupiter et Mars, et se couche pour les deux planètes du soir, Vénus et Mercure. Supposons pour climat, celui de la Phénicie, où le plus long jour est de 14 ¼ heures équinoxiales. Car c'est dans ce parallèle, ou dans ses environs, que la plupart des observations et les meilleures ont été faites, celles des Chaldéens dans ce parallèle même ; et dans sa proximité, celles qu'on a faites en Grèce et en Égypte.

Or, selon ce que nous avons démontré en traitant des angles, quand le commencement du cancer se lève dans ce climat, nous trouvons l'angle BED de 103 des degrés dont 360 font deux angles droits, et par conséquent le rapport des lignes qui comprennent les angles droits, de 94 à 75 à peu près, et les soutendantes de ces angles droits, de 120 de ces mêmes degrés. Mais selon ce qui a été démontré en traitant de la latitude, quand les trois premières planètes seules se lèvent dans les premiers points du cancer, c'est-à-dire font leur mouvement vers les apogées de l'épicycle, à une distance de l'apogée qui n'est guère que d'un signe ou d'un douzième du zodiaque, alors Saturne et Jupiter sont presque dans le cercle milieu du zodiaque, et Mars plus boréal d'environ un cinquième de 1^d. Ainsi ce sera la ligne DE, dont Saturne et Jupiter dans le cercle milieu du zodiaque, seront distants du soleil; et ce sera la ligne DK, dont Mars sera distant du soleil, parce qu'il est plus boréal de la ligne KH qui est de 12'. Or, la raison de KH à KE étant de 94 à 75, la ligne KE sera de 10 soixantièmes à peu près. Mais DK pour Mars est supposée de 14^p ½; donc la ligne entière DE se trouve être de 14^p 40'. Pour Saturne, elle est de 14^p, et pour Jupiter, de 12^p ½ ¼. Donc la raison de ED à DB étant de 120 à 94, nous aurons l'arc DB du grand cercle qui passe par les pôles de l'horizon, de 11^d pour Saturne, de 10^d pour Jupiter, et de 11^d ½ environ pour Mars.

De même pour Vénus et Mercure, puisque quand le commencement du cancer se couche, il fait le même angle et la même inclinaison avec l'horizon, ainsi qu'il a été dit, et qu'on suppose qu'en

ὑποτεινούσας ρκ, διὰ δὲ τῆς τοῦ πλάτους πραγματείας περὶ τὰς ἀρχὰς τοῦ καρκίνου ποιουμένων τὰς ἀνατολὰς τῶν τριῶν ἀςέρων μόνων, τουτέςι περὶ τὰ ἀπόγεια τοῦ ἐπικύκλου τὴν πάροδον ποιουμένων καθ' ὅσην δήποτε τοῦ ἀπογείου διάςασιν, μὴ μείζονα δωδεκατημοριαίας εὑρίσκομεν ἀδιαφόρως πρὸς αἴσθησιν, τὸν μὲν τοῦ Κρόνου καὶ τὸν τοῦ Διὸς, ἐπ' αὐτοῦ σχεδὸν τοῦ διὰ μέσων, τὸν δὲ τοῦ Ἀρεως βορειότερον τοῦ διὰ μέσων πέμπτῳ μέρει μάλιςα μιᾶς μοίρας, ἡ μὲν ΔΕ ἔςαι ἣν ἀποςήσονται τοῦ ἡλίου κατὰ τὸν διὰ μέσων ὅ τε τοῦ Κρόνου καὶ ὁ τοῦ Διὸς, ἡ δὲ ΔΚ ἣν ἀποςήσεται τοῦ ἡλίου ὁ τοῦ Ἀρεως, διὰ τὸ βορειότερος εἶναι τῇ ΚΗ ἐξηκοςῶν οὔσῃ ιβ. Ἐπεὶ δὲ λόγος ἐςὶ τῆς ΚΗ πρὸς τὴν ΚΕ ὁ τῶν ζδ πρὸς τὰ οε, τῶν αὐτῶν καὶ ἡ ΚΕ ἔςαι ἑξηκοςῶν ι ἔγγιςα, ὑπόκειται δὲ καὶ ἡ ΔΚ ἐπὶ τοῦ Ἀρεως ιδ ς'' μοιρῶν, ὡς καὶ ὅλην τὴν ΔΕ συνάγεσθαι μοιρῶν ιδ μ'. Ἐςι δὲ κ ἐπὶ μὲν τοῦ τοῦ Κρόνου ιδ μοιρῶν, ἐπὶ δὲ τοῦ τοῦ Διὸς ιβ ς'' δ''. Ὡς' ἐπεὶ πάλιν λόγος ἐςὶ τῆς ΕΔ πρὸς τὴν ΔΒ ὁ τῶν ρκ πρὸς τὰ ζδ, ἕξομεν καὶ τὴν ΔΒ περιφέρειαν τοῦ διὰ τῶν πόλων τοῦ ὁρίζοντος γραφομένου μεγίςου κύκλου, ἐπὶ μὲν τοῦ τοῦ Κρόνου ια μοιρῶν, ἐπὶ δὲ τοῦ τοῦ Διὸς ι, ἐπὶ δὲ τοῦ τοῦ Ἀρεως ια ς'' ἔγγιςα.

Ὡσαύτως δ' ἐπὶ Ἀφροδίτης καὶ Ἑρμοῦ, ἐπεὶ κ ὅταν δύνῃ ἡ ἀρχὴ τοῦ καρκίνου, τὴν αὐτὴν τῇ προκειμένῃ γωνίαν καὶ ἔγκλισιν πρὸς τὸν ὁρίζοντα ποιεῖ, ὑπόκειται δὲ περὶ τοῦτο τὸ μέρος τοῦ διὰ

μέσων ἀνατέλλειν ἑσπέριος ὁ μὲν τῆς
Ἀφροδίτης ἀςὴρ ἀπέχων τοῦ ἀκριβοῦς
ἡλίου μοίρας ε̅ γ΄΄, ὁ δὲ τοῦ τοῦ Ἑρμοῦ
μοίρας ια̅ ς΄΄, ἐφέξει ἄρα ἐν ταῖς ἀνατο-
λαῖς αὐτῶν ὁ μὲν ἀκριϐὴς ἥλιος ἐπὶ μὲν
τοῦ τῆς Ἀφροδίτης, διδύμων μοίρας κδ̅
γ΄΄, ἐπὶ δὲ τοῦ τοῦ Ἑρμοῦ μοίρας ιη̅ ς΄΄.
Ὁ δὲ μέσος ἐπὶ μὲν τοῦ τῆς Ἀφροδίτης
μοίρας κε̅, ἐπὶ δὲ τοῦ τοῦ Ἑρμοῦ μοίρας
ιϐ̅ ἔγγιςα. Ταύτας ἄρα τὰς μοίρας ἐπεῖχεν ἡ κατὰ μῆκος μέση κίνησις τῶν ἀςέρων. Ὅταν δ᾽ οὕτως ἔχοντος τοῦ μήκους,
αὐτοὶ ἐν ἀρχῇ τοῦ καρκίνου φαίνωνται, ὁ
μὲν τῆς Ἀφροδίτης ἀπέχων εὑρίσκεται τοῦ
ἀπογείου τοῦ ἐπικύκλου περὶ τὰς ιδ̅
μοίρας, ὁ δὲ τοῦ Ἑρμοῦ περὶ τὰς λϐ̅.
Δείκνυται γὰρ τὸ τοιοῦτο διὰ τῶν περὶ
τῆς ἀνωμαλίας αὐτῶν προεκτεθειμένων
θεωρημάτων. Ἀκολούθως δ᾽ ἐπὶ τούτων
τῶν παρόδων, ὁ μὲν τῆς Ἀφροδίτης βορειότερος εὑρίσκεται τοῦ διὰ μέσων μοίραν α̅
ὁ δὲ τοῦ τοῦ Ἑρμοῦ μοίραν α̅ καὶ γ΄΄ ἐγ-
γιςα, ὥσον ἐςὶ δῆλον ὅτι ἡ ΚΗ· ὡς᾽
ἐπεὶ καὶ ὁ λόγος αὐτῆς ὁ πρὸς τὴν ΕΚ ἐςὶν
ὁ τῶν ϙδ̅ πρὸς τὰ οε̅, ὁ δ᾽ αὐτὸς λόγος
ἐςὶ καὶ τῆς μὲν α̅ πρὸς τὰ ς΄΄ δ΄΄, τῆς
δὲ α̅ γ΄΄ πρὸς τὴν α̅ γ΄΄ ἔγγιςα, ἕξομεν
κὴ τὴν ΕΚ ἐπὶ μὲν Ἀφροδίτης ς΄΄ δ΄΄ μέρους α̅
μοίρας, ἐπὶ δὲ Ἑρμοῦ μοίρας α̅ γ΄. Τῶν δ᾽
αὐτῶν ὑπόκειται κὴ ἡ ΔΚ, ἣν ἐφαίνετο ἑκάτερος ἀπέχων τοῦ ἡλίου, ἐπὶ μὲν Ἀφροδίτης μοίρας ε̅ γ΄΄, ἐπὶ δὲ Ἑρμοῦ μοίρας ια̅
ς΄΄. Καὶ ὅλην ἄρα τὴν ΔΚΕ ἕξομεν ἐπὶ μὲν
Ἀφροδίτης μοιρῶν ς̅ κὴ δύο πέμπτων, ἐπὶ
δὲ Ἑρμοῦ μοιρῶν ιϐ̅ ς΄΄ γ΄΄ ἔγγιςα. Ὥςε
ἐπεὶ πάλιν καὶ ὁ τῆς ΕΔ πρὸς τὴν ΒΔ

cet endroit du cercle milieu du zodiaque,
Vénus au soir se lève à la distance de
5^d ⅖ loin du soleil vrai, et Mercure à celle
de 11^d ½, il s'ensuit que pour Vénus, le
soleil sera en 24^d ⅓ des Gémeaux, et
pour Mercure, en 18^d ½. Mais le soleil
moyen étant pour Vénus en 25, et pour
Mercure en 19^d environ, la longitude
moyenne de ces astres étoit donc alors
de ce nombre de degrés. Or, si telle étant
leur longitude, ils apparoissent dans les
premiers points du cancer, Vénus se
trouve vers 14^d loin de l'apogée de l'é-
picycle, et Mercure vers 32^d. Car cela
a été démontré par les théorêmes exposés dans la recherche de leur anomalie.
En conséquence, dans ces mouvements,
Vénus se trouve de 1^d plus boréale que le
cercle milieu du zodiaque, et Mercure de
1^d ⅔ environ, valeur de KH; de sorte que
le rapport de cette droite à KE étant celui de 94 à 75, et ce rapport étant le
même que celui de 1 à ½ ¼, ou, à peu
près, de 1 ⅔ à 1 ⅓, nous aurons pour Vénus EK de ½ ¼, et pour Mercure, de 1^d ⅓.
Mais DK, distance apparente de l'un et de
l'autre au soleil, étoit pour Vénus de 5^d ⅖,
pour Mercure de 11^d ½ : nous aurons donc
la ligne entière DKE pour Vénus de 6^p ⅖,
et pour Mercure de 12^p ½ ⅓ à peu près. Ainsi
la raison de ED à BD étant celle de 120 à

94, et cette raison étant la même que celle
de 6 $\frac{2}{7}$ à 5, et que celle de 12 $\frac{1}{2}$ $\frac{1}{3}$ à 10 à peu
près, nous aurons la ligne DB, valeur de
la distance généralement prise, pour Vénus de 5ᵖ, et pour Mercure de 10ᵖ. Ce que
nous nous proposons de trouver.

λόγος ἐςὶν ὁ τῶν ρκ̅ πρὸς τὰ ζδ̅, ὁ δ' αὐτὸς
τούτῳ λόγος ἐςὶ καὶ τῶν μὲν ϛ καὶ δύο
πέμπτων πρὸς τὰ ε̅, τῶν δὲ ιβ ϛ' γ''
πρὸς τὰ ῑ ἔγγιςα, ἕξομεν καὶ τὴν ΔΒ
τῆς καθόλου διαςάσεως πηλικότητα,
ἐπὶ μὲν Ἀφροδίτης μοιρῶν ε̅, ἐπὶ δὲ Ἑρμοῦ μοιρῶν ῑ, ἅπερ προέκειτο εὑρεῖν.

CHAPITRE VIII.

ACCORD DES APPARITIONS ET DISPARITIONS DE VÉNUS ET DE MERCURE, AVEC LES HYPOTHÈSES.

On ne peut douter que les circonstances
même qui, dans les apparitions et occultations de Vénus et de Mercure, paraissent s'écarter des hypothèses que nous
avons établies, n'en soient une suite né-
cessaire : par exemple, que le temps depuis le coucher de Vénus au soir jusqu'à
son lever du matin, est au plus de deux
jours vers le commencement des poissons,
et de 16 jours vers le commencement
de la vierge ; et que les apparitions
de Mercure au soir manquent, lorsqu'il
devroit paroître vers le commencement
du scorpion, et celles du matin aussi,
vers le commencement du taureau. Voici
comme on peut s'en faire une idée :

Soit une figure pareille
à la précédente pour les
apparitions, et supposons
d'abord le point E du cercle milieu du zodiaque,
vers le commencement des
poissons, où Vénus dans
le périgée de l'épicycle, est d'environ
6ᵖ $\frac{1}{3}$ plus boréale que le cercle milieu du

ΚΕΦΑΛΑΙΟΝ Η.

ΟΤΙ ΣΥΜΦΩΝΕΙ ΤΑΙΣ ΥΠΟΘΕΣΕΣΙ ΚΑΙ ΤΑ ΙΔΙΑΖΟΝΤΑ ΠΡΟΣ ΤΑΣ ΦΑΣΕΙΣ ΑΦΡΟΔΙΤΗΣ ΚΑΙ ΕΡΜΟΥ.

Ὅτι δὲ καὶ ταῖς ἐκκειμέναις ὑποθέσεσιν ἀκόλουθα συνίςαται τὰ περὶ τὰς φάσεις καὶ κρύψεις τοῦ τε τῆς Ἀφροδίτης
καὶ τοῦ τοῦ Ἑρμοῦ ξενίζοντα, τουτέςι
διότι τοῦ μὲν τῆς Ἀφροδίτης ὁ ἀπὸ τῆς
ἑσπερίας δύσεως ἐπὶ τὴν ἑῴαν ἀνατολὴν
χρόνος περὶ μὲν τὰς ἀρχὰς τῶν ἰχθύων β̅
που μάλιςα ἡμερῶν γίνεται, περὶ δὲ τὰς
ἀρχὰς τῆς παρθένου ιϛ ἡμερῶν, τοῦ δὲ
τοῦ Ἑρμοῦ ἀςέρος αἱ μὲν ἑσπέριοι φάσεις
ἐκλείπουσιν, ὅταν περὶ τὰς ἀρχὰς ὀφείλῃ
φαίνεσθαι τοῦ σκορπίωνος, αἱ δὲ ἑῷοι
ὅταν περὶ τὰς ἀρχὰς τοῦ ταύρου, κατανοή-
σαιμεν ἂν οὕτως.

Ἐκκείσθω γὰρ ἡ ὁμοία
τῇ προκειμένῃ τῶν φάσεων
καταγραφῇ, καὶ ὑποκείσθω
πρῶτον τὸ μὲν Ε σημεῖον
τοῦ διὰ μέσων περὶ τὰς
ἀρχὰς τῶν ἰχθύων ὅπου
κατὰ τὸ περίγειον τοῦ ἐπικύκλου τυγχάνων ὁ τῆς Ἀφροδίτης ἀςὴρ
βορειότερός ἐςι τοῦ διὰ μέσων μοίρας ϛ̅

ἢ τρίτῳ ἔγγιϛα, τὸ δὲ σχῆμα τὸ τῆς ἑσπερίας δύσεως, καθ' ἣν ἡ μὲν ὑπὸ ΒΕΔ γωνία ἐπὶ τοῦ ὑποκειμένε κλίματος συνάγεται τοιούτων ρνδ, οἵων εἰσὶν αἱ δύο ὀρθαὶ
τξ, οἵων δὲ ἡ ὑποτείνουσα ρκ, τοιούτων
ἡ μὲν μείζων τῶν περὶ τὴν ὀρθὴν ριζ, ἡ δὲ
ἐλάττων κζ ἔγγιϛα. Διὰ τοῦτο δὴ καὶ
οἵων ἐϛὶν ἡ ΒΔ τῆς καθόλου διαϛάσεως ε,
τοιούτων καὶ ἡ ΔΕ γίνεται ε η'. Ἀλλ' ἐπεὶ
βορειότερός ἐϛιν ὁ ἀϛὴρ τοῦ διὰ μέσων
μοίραις ϛ καὶ τρίτῳ, ὅσων ἐϛὶν ἡ ΚΗ περιφέρεια, ὁ δ' αὐτός ἐϛι λόγος τῶν ριζ
πρὸς τὰ κζ, καὶ τῶν ϛ γ' πρὸς τὰ ᾱ ϛ''
ἔγγιϛα, ἡ μὲν ΚΕ ἔϛαι μοίρας ᾱ ϛ'', λοιπὴ δὲ ἡ ΚΔ, ἣν ἀφειϛήκει ὁ ἀϛὴρ ἐπὶ
τῆς ἑσπερίας δύσεως ἐπὶ τὰ ἑπόμενα τοῦ
ἡλίου, μοιρῶν γ λη'.

Πάλιν ἐπὶ τῆς ὁμοίας
καταγραφῆς, ἐπειδὴ κα-
τὰ τὴν ἑῴαν ἀνατολὴν,
ἡ μὲν ὑπὸ ΒΕΔ γωνία γί-
νεται τοιούτων ξθ, οἵων
εἰσιν αἱ δύο ὀρθαὶ τξ,
διὰ τοῦτο δ' οἵων ἡ ὑπο-
τείνουσα ρκ, τοιούτων ἡ μὲν ἐλάσσων
τῶν περὶ τὴν ὀρθὴν ξη, ἡ δὲ μείζων ϙθ
ἔγγιϛα, οἱ δὲ αὐτοὶ λόγοι συνάγονται
τῶν μὲν ξη πρὸς τὰ ρκ, καὶ τῶν ε πρὸς
τὰ η μθ', τῶν δὲ ξη πρὸς τὰ ϙθ, καὶ τῶν
ϛ γ' πρὸς τὰ θ ιγ', τὴν μὲν ΔΕ ἕξομεν
τῶν αὐτῶν η μθ', τὴν δὲ ΚΕ τῆς παρὰ
τὸ πλάτος διαφορᾶς θ ιγ', λοιπὴν δὲ
τὴν ΔΚ, ὡς εἰς τὰ ἑπόμενα δηλονότι τοῦ
ἡλίου, ἑξηκοϛῶν κδ. Ἀπεῖχε δὲ κατὰ τὴν
ἑσπερίαν δύσιν ὁμοίως εἰς τὰ ἑπόμενα
μοίρας γ λη'· ἔλασσον ἄρα κεκίνηται ἐν

zodiaque, pour représenter le coucher
du soir, où l'angle BDE, dans le climat
proposé ici, se trouve être de 154^d des
degrés dont 360 font deux angles droits,
et où l'hypoténuse étant de 120^d, le plus
grand des côtés qui embrassent l'angle
droit est de 117^p, et le plus petit de 27^p
à peu près. D'après cela, la ligne BD de
la distance généralement prise étant de
5^p, la ligne DE en a 5^p 8'. Mais parceque
cet astre est de $6^d \frac{1}{3}$, valeur de l'arc KH,
plus boréal que le cercle milieu du zodiaque, et qu'il y a même raison entre
117 et 27, qu'entre $6\frac{1}{2}$ et $1\frac{1}{2}$ à peu près,
la ligne KE sera de $1^p \frac{1}{2}$, et le reste KD
dont l'astre, lors du coucher du soir,
étoit à l'orient du soleil, sera de 3^d 38'.

En outre, dans la même
figure, puisque lors du
lever du matin, l'angle
BED est de 69 des de-
grés dont 360 font deux
angles droits, et que pour
cela l'hypoténuse étant
de 120^p, le plus grand des côtés adja-
cents à l'angle droit en a 99, à peu près,
et le plus petit 68, et qu'il y a même
raison entre 68 et 120, qu'entre 5 et
8 49'; et entre 68 et 99, qu'entre 6 3'
et 9 13', nous aurons DE de ces mêmes
8 49' parties, et KE, différence en latitude, de 9^p 13', et enfin le reste DK, comme
étant à l'orient du soleil, de 24 soixantièmes. Or, au coucher du soir, l'astre
étoit éloigné de 3^d 38', aussi vers les points

suivants (*ou selon la suite des signes*). Donc son mouvement dans l'intervalle du coucher du soir jusqu'au lever du matin, a été moindre que celui du soleil, c'est-à-dire que le mouvement propre presque en longitude, à cause de la rétrogression dans l'épicycle, de 3^d 14'. Par conséquent, puisque l'astre s'avance de ce nombre de degrés vers les points précédents, comme on peut le voir aisément par la table de l'anomalie, quand il a parcouru 1^d ¼ de l'épicycle dans le périgée, ce qu'il fait en deux jours à peu près, par son moyen mouvement, il est clair que telle sera la durée de cette distance, conformément aux apparences

De plus, supposons le point E au commencement de la Vierge, où Vénus se trouvant dans le périgée de l'épicycle, paroît plus méridionale que le cercle milieu du zodiaque, des mêmes 6^d ¼ à peu près, et proposons-nous d'abord l'occultation du soir, quand l'angle BED est de 69 des degrés dont 360 font deux angles droits, et qu'il a son grand côté de l'angle droit de 99^p environ, et son petit côté de 68^p des parties dont son hypoténuse en a 120. Puis donc que ce sont les mêmes rapports que ceux de l'apparition des poissons au matin, et que la distance en latitude est égale, nous aurons l'arc ED de 8^d 49' de ces mêmes degrés, et l'arc LE de la différence en latitude, de 9^d 13',

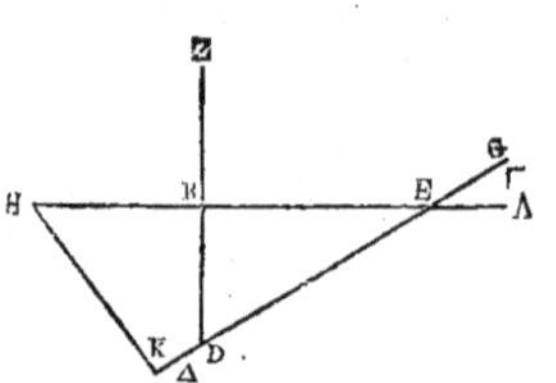

τῷ ἀπὸ τῆς ἑσπερίας δύσεως ἐπὶ τὴν ἠῴαν ἀνατολὴν χρόνῳ, τῆς τοῦ ἡλίου κινήσεως, τουτέςι τῆς ἰδίας ἔγγιςα κατὰ μῆκος πάροδου, διὰ τὴν παρὰ τὸν ἐπικύκλον προήγησιν, μοίρας γ̅ ιδ'. Ἐπειδὴ οὖν ταῖς τοσαύταις μοίραις εἰς τὰ προηγούμενα μεταβιβάζεται ὁ ἀςὴρ, ὡς ἐκ τοῦ τῆς ἀνωμαλίας κανόνος εὐκατανόητον γίνεται, ὅταν κατὰ τὸ περίγειον τοῦ ἐπικύκλου κινηθῇ μοῖραν α̅ καὶ δ'', ταῦτα δὲ διαπορεύεται μέσως ὁ ἀςὴρ ἐν ἡμέραις ἔγγιςα δύσι, φανερὸν ὅτι τοσοῦτος ἂν γένοιτο τῆς προκειμένης διαςάσεως ὁ χρόνος, ἀκολούθως τοῖς φαινομένοις.

Πάλιν ἐπὶ τῆς ὁμοίας καταγραφῆς, ὑποκείσθω τὸ μὲν Ε σημεῖον περὶ τὰς ἀρχὰς τῆς παρθένου, ὅπου κατὰ τὸ περίγειον τοῦ ἐπικύκλου τυγχάνων ὁ τῆς Ἀφροδίτης ἀςὴρ νοτιώτερος φαίνεται τοῦ διὰ μέσων ταῖς ἴσαις ἔγγιςα μοιραις ϛ̅ καὶ τρίτῳ, καὶ προκείσθω πρῶτον ἡ ἑσπερία κρύψις, ὅταν ἡ μὲν ὑπὸ ΒΕΔ γωνία τοιούτων ᾖ ξθ̅, οἵων αἱ δύο ὀρθαὶ τξ̅, οἵων δ' ἡ ὑποτείνουσα ρκ̅, τοιούτων ἡ μὲν ἐλάσσων τῶν περὶ τὴν ὀρθὴν ξη̅, ἡ δὲ μείζων ϙθ̅ ἔγγιςα. Ἐπειδὴ οὖν οἱ αὐτοὶ γίνονται λόγοι τοῖς περὶ τὴν ἑῴαν φάσιν τῶν ἰχθύων, καὶ τῆς κατὰ τὸ πλάτος διαςάσεως ἴσης οὔσης, ἕξομεν τῶν αὐτῶν τὴν μὲν ΕΔ περιφέρειαν η̅ μθ', τὴν δὲ ΛΕ τῆς παρὰ τὸ πλάτος διαφορᾶς θ̅ ιγ', ὅλην δὲ

Τὴν ΔΛ, ἣν ἀφειϛήκει ὁ ἀϛὴρ εἰς τὰ ἑπόμενα τοῦ ἡλίου μοιρῶν ιη̅ β'. Διὰ δὲ τοῦ τῆς ἀνωμαλίας κανόνος ὡς ἔφαμεν ταῖς τοσαύταις μοίραις τῆς παρὰ τὴν μέσην τοῦ ἡλίου κỳ τοῦ ἀϛέρος κατὰ μῆκος κίνησιν προηγήσεως ἐπιϐάλλουσιν ἀπὸ τοῦ περιγείου τοῦ ἐπικύκλου μοῖραι ζ̅ ϛ'' ἔγγιϛα.

Ὡσαύτως δ' ἐπεὶ καὶ κατὰ τὴν ἑῴαν ἀνατολὴν τὴν περὶ τὰς ἀρχὰς τῆς παρθένου, ὅταν ἡ μὲν ὑπὸ ΒΕΔ γωνία τοιούτων ᾖ ρνδ̅ οἵων εἰσὶν αἱ δύο ὀρθαὶ τξ̅, οἵων δ' ἡ ὑποτείνουσα ρκ̅, τοιούτων ἡ μὲν μείζων τῶν περὶ τὴν ὀρθὴν γωνίαν ριζ̅, ἡ δὲ ἐλάσσων κζ̅, οἱ δ' αὐτοὶ λόγοι συνάγονται πάλιν τοῖς ἐπὶ τῆς ἑσπερίας κρύψεως τῶν ἰχθύων ἐκτεθειμένοις· ἕξομεν τῶν αὐτῶν τὴν μὲν ΔΕ περιφέρειαν ε̅ η', τὴν δὲ ΕΛ τῆς παρὰ τὸ πλάτος διαφορᾶς ᾱ λ', ὅλην δὲ τὴν ΔΛ, ἣν ἀφειϛήκει ὁ ἀϛὴρ εἰς τὰ προηγούμενα τοῦ ἡλίου, μοιρῶν ϛ̅ λη', ὅσαις κατὰ τὸν αὐτὸν τρόπον ἐπιϐάλλουσιν ἀπὸ τοῦ περιγείου τοῦ ἐπικύκλου μοῖραι β̅ ϛ'' ἔγγιϛα. Τὰς πάσας ἄρα ὁ τῆς Ἀφροδίτης ἀϛὴρ ἀπὸ τῆς ἑσπερίας κρύψεως ἐπὶ τὴν ἑῴαν ἀνατολὴν κινηθήσεται τοῦ ἐπικύκλου μοίρας ι', ὅσας ἐν ταῖς προκειμέναις ἔγγιϛα ιϛ̅ ἡμέραις ἀκολούθως τοῖς φαινομένοις διαπορεύεται.

Τούτων δ' ἀποδεδειγμένων, θεωρητέον κỳ τὰ περὶ τὰς ἐκλειπτικὰς φάσεις τοῦ τοῦ Ἑρμοῦ συμϐαίνοντα. Καὶ πρῶτον

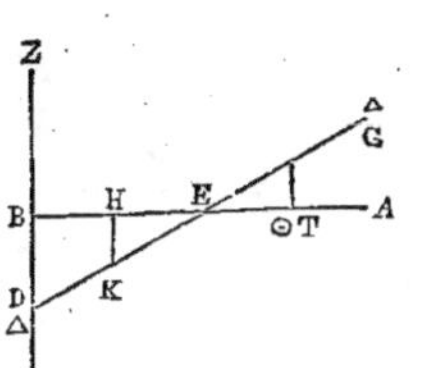

et enfin l'arc entier DL de 18ᵈ 2′ dont l'astre étoit distant à l'orient du soleil. Or, suivant la table d'anomalie, comme nous l'avons dit, à ce nombre de degrés de la rétrogradation par le moyen mouvement du soleil et de l'astre, répondent environ 7ᵈ ½ depuis le périgée de l'épicycle.

Pareillement, puisqu'au lever du matin, au premier point de la vierge, quand l'angle BED est de 154 des degrés dont 360 font deux angles droits, et le plus grand côté de l'angle droit y étant de 117 des parties dont l'hypoténuse en a 120, et le plus petit de 27ᵖ, et les rapports restant les mêmes que ceux qui ont été énoncés pour l'occultation dans les poissons, au soir, nous aurons l'arc DE de 5ᵈ 8′ de ces degrés, l'arc EL de la différence en latitude de 1ᵈ 30′, et l'arc DL dont l'astre étoit distant du soleil vers l'occident, de 6ᵈ 38′; auxquels répondent de même 2ᵖ ½ environ. Ainsi de l'occultation du soir au lever oriental, la planète de Venus avancera sur son épicyle, de 10ᵈ en tout. C'est ce que les phéomènes ont montré qu'elle parcouroit effectivement en 16 jours à peu près.

Cela posé, il faut examiner les circonstances dans lesquelles les apparitions de Mercure ne peuvent s'observer; et d'abord,

du scorpion où il ne peut
être apperçu le soir, quoiqu'il soit à sa plus grande
distance orientale du so-
leil. Car soit toujours dans
la même figure des apparitions, le point E du cercle
milieu du zodiaque au commencement
du scorpion, où l'angle BED du coucher est de 69 des degrés dont 360
font deux angles droits, et où l'hypoténuse étant de 120ᵖ, le petit côté de l'angle
droit en a 68ᵖ, et le grand 99ᵈ. Ainsi
la ligne BD de la distance généralement
prise étant de 10ᵖ, la droite DE en aura
17ᵖ 39'. Mais quand cet astre est dans la
position en question, il est d'environ 3ᵈ
plus méridional que le cercle milieu du
zodiaque ; par conséquent puisque, suivant les rapports énoncés, la ligne LT de
la latitude étant de 3ᵖ, la ligne LE est de
4ᵖ 22', et la ligne entière DEL d'environ
22 de ces parties, il suit nécessairement
que l'astre doit être éloigné du soleil vrai,
de ces 22ᵖ, pour pouvoir commencer à se
montrer. Mais comme il n'est éloigné du
soleil vrai que de 20ᵖ 58' au plus, lorsqu'il est vers le premier point du scorpion, car nous l'avons prouvé dans ce que
nous avons dit des plus grandes distances au soleil, il est évident que ces sortes
d'apparitions manquent en apparence.

Si ensuite, dans cette même figure des
apparitions, nous supposons que le point
E est le commencement du taureau, au

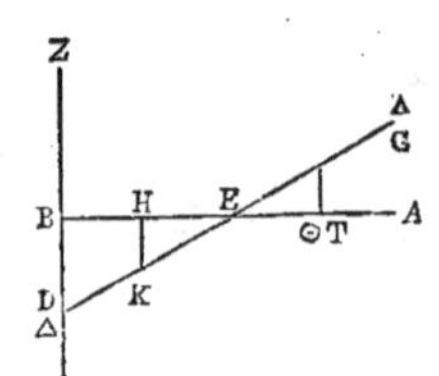

ὅτι κατὰ τὰς ἀρχὰς τοῦ σκορπίωνος, κ'ἂν τὴν μεγίςην εἰς
τὰ ἑπόμενα τῦ ἡλίυ ποῖηται
διάςασιν ἑσπέριος οὐ δύναται φαίνεσθαι. Ἐκκείσθω γὰρ
ἡ ἐπὶ τῶν φάσεων καταγραφὴ,
τοῦ Ε σημείου τοῦ διὰ μέσων
ὑποτιθεμένου περὶ τὰς ἀρχὰς τοῦ σκορπίωνος, ὅπου κατὰ τὴν δύσιν ἡ μὲν ὑπὸ
ΒΕΔ γωνία τοιούτων ἐςὶν ξθ̄, οἵων αἱ
δύο ὀρθαὶ τξ̄, οἵων δὲ ἡ ὑποτείνουσα ρκ̄,
τοιούτων ἡ μὲν ἐλάσσων τῶν περὶ τὴν ὀρθὴν ξη̄, ἡ δὲ μείζων ζθ̄. Καὶ οἵων ἄρα
ἐςὶν ἡ ΒΔ τῆς καθόλου διαςάσεως ῑ,
τοιούτων καὶ ἡ ΔΕ ἔςαι ιζ̄ λθ'. Ἀλλ' ὅταν
τὴν προκειμένην θέσιν ἔχῃ ὁ ἀςὴρ, νοτιώτερος γίνεται τοῦ διὰ μέσων μοίραις γ̄
ἔγγιςα. Ὥςε ἐπεὶ κατὰ τοὺς ἐκκειμένους
λόγους, καὶ οἵων ἐςὶν ἡ ΛΘ τοῦ πλάτους
γ̄, τοιούτων καὶ ἡ μὲν ΛΕ γίνεται δ̄ κβ',
ἡ δὲ ΔΕΛ ὅλη τῶν αὐτῶν κβ̄ ἔγγιςα,
τοσαύτας ἀποςῆναι δεῖ τὸν ἀςέρα τοῦ
ἀκριβοῦς ἡλίου, ἵνα δυνηθῇ φανῆναι πρώτως. Ὥς' ἐπειδὴ μόνας ἀφίςαται τοῦ ἀκριβοῦς ἡλίου τὸ πλεῖςον ἐν ἀρχαῖς ὢν τοῦ
σκορπίωνος μοίρας κ̄ ιη', τοῦτο γὰρ
ἡμῖν προαπεδείχθη διὰ τῶν περὶ τὰς
μεγίςας ἀποςάσεις ἐφωδευμένων, φανερὸν ὅτι αἱ τοιαῦται τῶν φάσεων εἰκότως
ἐκλείπουσιν.

Ἐὰν δὲ δὴ πάλιν ἐκτεθείσης τῆς ὁμοίας
τῶν φάσεων καταγραφῆς, τὸ Ε σημεῖον
ὑποθώμεθα τὴν ἀρχὴν τοῦ ταύρου κατὰ

τὴν ἑῴαν ἀνατολὴν, ὅταν ὁ μὲν ἀςὴρ κατὰ
τὰς ἐκκειμένας παρόδους νοτιώτερος ἦ
τοῦ διὰ μέσων μοίραις γ̄ καὶ ς̅ ἔγγιςα,
οἱ δὲ τῶν περὶ τὰς ὀρθὰς γωνίας λόγοι
τοῖς προκειμένοις ὦσιν οἱ αὐτοὶ, τὴν μὲν
ΔΕ τῶν αὐτῶν ἕξομεν ιζ̄ λθ̄΄, τὴν δὲ ΛΕ
τοιούτων δ̄ λζ̄΄, οἵων ἐςὶν ἡ ΘΛ τοῦ πλάτους γ̄ ι΄, τὴν δὲ ΔΕΛ ὅλην τῶν αὐτῶν
κβ̄ ις̄΄. Ὥςε καὶ ἐνθάδε τοσαύτας μὲν
ἀποςῆναι τοῦ ἀκριβοῦς ἡλίου δεήσει τὸν
ἀςέρα, ἵνα πρώτως ὀφθῇ. Μὴ ἀφιςαμέ-
νου δὲ τὸ πλεῖςον ὑπὲρ τὰς προαποδεδειγμένας κβ̄ ιγ̄΄ μοίρας, εἰκότως καὶ
αἱ τοιαῦται τῶν φάσεων ἐκλείψουσι. Καὶ
δέδεικται ἡμῖν τὰ προτεθέντα σύμφωνα τοῖς τε φαινομένοις καὶ ταῖς ἐκκειμέναις ὑποθέσεσιν.

ΚΕΦΑΛΑΙΟΝ Θ.

ΦΑΝΕΡΟΝ δ᾽ αὐτόθεν ὅτι καὶ καθόλου τῶν ΒΛ περιφερειῶν ὑποκειμένων ἐφ᾽
ἑκάςου τῶν ἀςέρων, καὶ τῆς κατὰ τὴν Ε
τομὴν διδομένης ἀρχῆς τῶν δωδεκατημορίων, διὰ τοῦτο καὶ τῆς ὑπὸ ΒΕΛ γωνίας
δοθήσεται μὲν ἡ ΔΕ, καὶ ἡ περὶ τὴν
τοιαύτην τοῦ ἀςέρος ἀπόςασιν κατὰ πλάτος πάροδος, τουτέςιν ἡ ΚΗ ἢ ἡ ΘΛ,
διὰ δὲ τοῦτο καὶ ἥτε ΚΕ ἢ ἡ ΕΛ, καὶ
ἔτι ἡ φαινομένη διάςασις ἡ ΔΚ ἢ ἡ ΔΛ.
Ὧ δὴ τρόπῳ καὶ ἐπὶ πάντων τῶν δωδε-

lever du matin, quand l'astre, suivant
les mouvemens exposés, est d'environ
3ᵈ 6′ plus austral que le cercle milieu
du zodiaque, et les rapports des côtés de
l'angle droit étant les mêmes que précédemment dans ce que nous venons de
dire, nous aurons DE de 17ᵖ 39′ de ces
parties, et LE de 4ᵖ 37′ de ces mêmes parties dont la ligne TL de latitude en a 3ᵖ 10′,
et l'arc ou ligne entière DEL aura 22ᵖ 16′
de ces mêmes parties. Ainsi il faudra
encore que l'astre soit, en ce cas, à
cette distance du soleil vrai, pour commencer à paroître. Mais parcequ'il n'en
est jamais éloigné de plus des 22ᵈ 13′
susdits, il s'ensuit que ses apparitions
doivent manquer. C'est ainsi que nous démontrons que les phénomènes s'accordent
avec les hypothèses établies.

CHAPITRE IX.

IL est évident, d'après ce que nous venons de dire, qu'en général les arcs BD
étant supposés pour chaque astre, et que
le commencement des dodécatémories
du zodiaque étant donné en E, et par
conséquent l'angle BED, l'arc DE sera
aussi donné, ainsi que l'écart en latitude dans cette distance de l'astre, c'est-à-
dire KH ou TL, et par là KE, EL, et la
distance DK ou DL. Pour ne pas trop
allonger ce traité, nous dirons seulement

que pour toutes les planètes et pour toutes les dodécatémories , ou signes , nous avons déterminé par les mêmes raisonnements et les mêmes calculs, pour le climat que nous avons dit, les distances apparentes au soleil vrai pour les levers et les couchers, en supposant ces astres dans les premiers points des dodécatémories, et afin qu'on puisse s'en servir commodément, nous les avons disposées en cinq tables, une pour chaque astre , chacune contenant 12 lignes. Nous avons mis les trois premières tables de ces astres, celles de Saturne, de Jupiter et de Mars, sur trois colonnes dont la première contient les commencements des dodécatémories; la seconde, les distances des levers du matin ; et la troisième, celles des couchers du soir. Les deux tables suivantes, pour Vénus et Mercure , sont chacune en cinq colonnes, dont les premières contiennent également les commencements des dodécatémories ; les secondes , les distances des levers du soir; les troisièmes, celles des couchers du soir ; les quatrièmes, celles des levers du matin ; et enfin les les cinquièmes, celles des couchers du matin. Voyez ci-après ces deux tables, (*au revers de la page suivante*).

κατημορίων ἐπιλογισάμενοι πάλιν, ἵνα μὴ μακρὰν ποιῶμεν τὴν σύνταξιν, καθ' ἕκαςον τῶν πέντε ἀςέρων, ἐπὶ μόνου μέντοι διὰ τὸ αὔταρκες τοῦ προκειμένου μέσου κλίματος, τὰς φαινομένας τῶν ἀνατολῶν καὶ κρύψεων ἀπὸ τοῦ ἀκριβοῦς ἡλίου διαςάσεις, ὡς αὐτῶν τῶν ἀςέρων ἐν ταῖς ἀρχαῖς τῶν δωδεκατημορίων ὑποκειμένων, ὑπετάξαμεν καὶ ταύτας, τοῦ προχείρου τῆς χρήσεως ἕνεκεν, ἐν ε̄ κανονίοις τῶν πέντε ἀςέρων, ἑκάςῳ περιέχοντι ςίχους ιβ̄. Τούτων δὲ τὰ μὲν πρῶτα τρία Κρόνου τε καὶ Διὸς καὶ Αρεως ἐτάξαμεν ἐπὶ σελίδια γ̄, τῶν μὲν πρώτων σελιδίων περιεχόντων τὰς τῶν δωδεκατημορίων ἀρχὰς, τῶν δὲ δευτέρων τὰς τῶν ἑῴων ἀνατολῶν διαςάσεις, τῶν δὲ τρίτων τὰς τῶν ἑσπερίων δύσεων. Τὰ δ' ἑξῆς δύο κανόνια τοῦ τε τῆς Αφροδίτης κὴ τοῦ τοῦ Ερμοῦ ἐπὶ πέντε σελίδια, τῶν μὲν πρώτων ὁμοίως περιεχόντων τὰς των δωδεκατημορίων ἀρχὰς, τῶν δὲ δευτέρων τὰς τῶν ἑσπερίων ἀνατολῶν διαςάσεις, τῶν δὲ τρίτων τὰς τῶν ἑσπερίων δύσεων, καὶ πάλιν τῶν μὲν τετάρτων τὰς τῶν ἑῴων ἀνατολῶν, τῶν δὲ πέμπτων τὰς τῶν ἑῴων δύσεων. Καὶ ἕςιν ἡ τῶν κανονίων ἔκθεσις τοιαύτη.

ÉPOQUES MOYENNES

DES LIEUX ET DES APOGÉES DES PLANÈTES POUR LA Ire ANNÉE DE NABONASSAR,

LE 1er JOUR DE THOTH A MIDI,

Pages 126, etc. ; 300, etc.

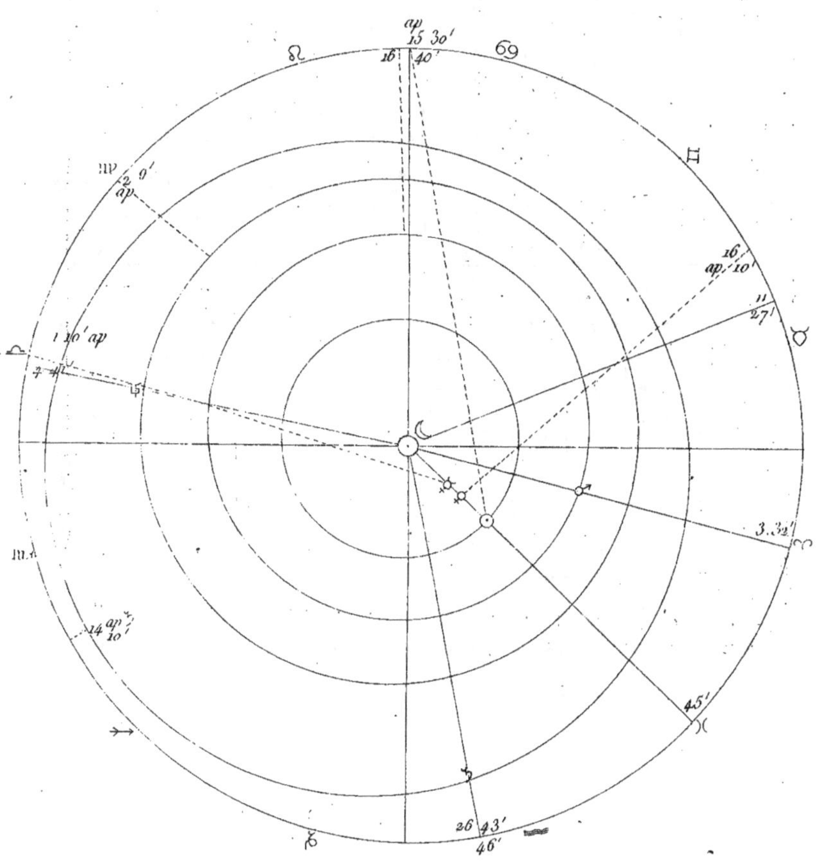

ΕΚΘΕΣΙΣ ΚΑΝΟΝΙΩΝ ΠΕΡΙΕΧΟΝΤΩΝ ΤΑΣ ΤΩΝ ΠΛΑΝΩΜΕΝΩΝ ΦΑΣΕΙΣ ΚΑΙ ΚΡΥΨΕΙΣ.

Δωδεκατημορίων ἀρχαι.	ΚΡΟΝΟΥ.				ΔΙΟΣ.				ΑΡΕΟΣ.			
	Εώας ἀνατολῆς.		Εσπέρ. δύσεως.		Εώας ἀνατολῆς.		Εσπέρ. δύσεως.		Εώας ἀνατολῆς.		Εσπέρ. δύσεως.	
Κριοῦ.	κγ	α'	ια	κη'	κ	ι'	τ	ιθ'	κα	ιβ'	λα	μ'
Ταύρου.	κα	νζ	ια	μδ	ιθ	ς	ι	κθ	κ	η	ια	μη
Διδύμων.	ιζ	νβ	ιβ	κς	ιε	να	ια	ι	ιζ	κα	ιβ	λ
Καρκίνου.	ιδ	β	ιδ	β	ιβ	μη	ιβ	μς	ια	λγ	ιδ	λγ
Λέοντος.	ια	λδ	ιε	λδ	ι	λα	ιδ	λα	ιβ	λη	ιζ	ιε
Παρθένου.	ι	νγ	ις	νγ	ι	α	ις	ιβ	ια	μς	κ	ε
Χηλῶν.	ι	μη	ιζ	ς	θ	νζ	ις	λδ	ια	λη	κα	α
Σκορπίου.	ι	νγ	ις	νγ	ι	μα	ις	ιβ	ιγ	μη	κ	ιθ
Τοξότου.	ια	λα	ιε	λδ	ι	μ	ιθ	λα	ιβ	λθ	ιζ	λβ
Αἰγοκέρωτος.	ιδ	β	ιδ	β	ιβ	μς	ιβ	μη	ιβ	με	ιδ	με
Ὑδροχόου.	ιζ	νβ	ιβ	κς	ιε	να	ια	ι	ιζ	λε	ιβ	λθ
Ἰχθύων.	κα	νζ	ια	μα	ιθ	ς	ι	κθ	ις	κε	ια	μθ

Δωδεκατημορίων ἀρχαι.	ΑΦΡΟΔΙΤΗΣ.								ΕΡΜΟΥ.							
	Εσπέρ. ἀν.		Εσπέρ. δύσ.		Εωας ἀνατ.		Εωας δύσ,		Εσπέρ. ἀν.		Εσπέρ. δύσ.		Εωας ἀνατ.		Εωας δύσ.	
Κριοῦ.	ε	ι'	δ	θ'	γ	ο'	ι	κη'	θ	νη'	θ	νγ'	κγ	νη'	κγ	λη'
Ταύρου.	ε	η	δ	ις	ς	ις	θ	μ	ι	δ	ι	ιε	κβ	ιε	κβ	ιθ
Διδύμων.	ε	ιβ	ε	ιζ	θ	ιθ	ζ	λς	ι	ιη	ια	μζ	ιη	ō	ις	μδ
Καρκίνου.	ε	λς	η	κγ	θ	ν	ε	νθ	ιβ	κβ	ιε	λδ	ιδ	δ	ιβ	λ
Λέοντος.	ς	ις	ιγ	γ	η	β	ε	ε	ιγ	μγ	ιθ	νθ	ια	κε	ι	κθ
Παρθένου.	ζ	κβ	ιη	β	ς	λη	δ	νθ	ιη	α	κγ	ιγ	ι	κα	θ	νθ
Χηλῶν.	ζ	νγ	ιζ	μγ	ε	μα	δ	νδ	κβ	μθ	κγ	ιβ	θ	να	ι	ō
Σκορπίου.	η	κ	ιγ	μζ	ε	κη	δ	νε	κ	α	κβ	α	θ	μδ	ι	ιθ
Τοξότου.	ζ	μθ	ν	α	δ	λθ	ε	ις	ιη	ια	ζ	κε	θ	κε	ια	ιθ
Αἰγοκέρω.	ς	νε	δ	η	β	μγ	ς	λε	ι	νδ	ιβ	ι	θ	λς	ιδ	ε
Ὑδρόχοου.	ε	να	γ	ις	ο	λ	η	λγ	ια	ι	θ	ν	ιβ	κς	ις	ν
Ἰχθύων.	ε	κβ	γ	λη	ō	κδ	ι	ις	ι	ια	θ	μγ	ιθ	ιε	κα	μς

TABLES DES APPARITIONS ET DISPARITIONS DES PLANÈTES.

SATURNE. — JUPITER. — MARS.

Commencements des douzièmes divisions du zodiaque.	Saturne — Levers du matin.		Saturne — Couchers du soir.		Jupiter — Levers du matin.		Jupiter — Couchers du soir.		Mars — Levers du matin.		Mars — Couchers du soir.	
Bélier.	23^d	1′	11^d	28′	20^d	10′	10^d	19′	21	12′	11^d	40′
Taureau.	21	57	11	44	19	6	10	29	20	8	11	48
Gémeaux.	17	52	12	26	15	51	11	10	17	21	12	30
Cancer.	14	2	14	2	12	48	12	46	11	33	14	33
Lion.	11	34	15	34	10	31	14	31	12	38	17	15
Vierge.	10	53	16	53	10	1	16	12	11	46	20	5
Serres.	10	48	17	6	9	57	16	34	11	38	21	1
Scorpion.	10	53	16	53	10	41	16	12	11	48	20	19
Sagittaire.	11	31	15	34	10	40	14	31	12	34	17	32
Capricorne.	14	2	14	2	12	46	12	48	12	45	14	45
Verseau.	17	52	12	26	15	51	11	10	17	35	13	39
Poissons.	21	57	11	41	19	6	10	29	16	25	11	49

MERCURE. — VÉNUS.

Commencements des douzièmes divisions du zodiaque.	Mercure — Levers du soir.		Mercure — Couchers du soir.		Mercure — Levers du matin.		Mercure — Couchers du matin.		Vénus — Levers du soir.		Vénus — Couchers du soir.		Vénus — Levers du matin.		Vénus — Couchers du matin.	
Bélier.	5^d	10′	4^d	9′	3^d	0′	10^d	28′	9^d	58′	9^d	53′	23^d	58′	23^d	38′
Taureau.	5	5	4	16	6	16	9	40	10	4	10	15	22	15	22	19
Gémeaux.	5	12	5	17	9	19	7	36	10	18	11	47	18	0	16	45
Cancer.	5	36	8	23	9	50	5	59	12	22	15	34	14	4	12	30
Lion.	6	16	13	3	8	2	5	5	13	43	19	59	11	25	10	29
Vierge.	7	22	18	2	6	38	4	54	28	41	23	13	10	21	9	59
Serres.	7	53	17	43	5	41	4	54	22	49	23	12	9	51	10	0
Scorpion.	8	20	13	47	5	28	4	55	20	1	22	1	9	44	10	19
Sagittaire.	7	49	8	1	4	39	5	16	18	11	7	25	9	25	11	19
Capricorne.	6	55	4	8	2	43	6	35	10	54	12	10	9	36	14	5
Verseau.	5	51	3	16	0	30	8	33	11	10	9	50	12	27	17	50
Poissons.	5	12	3	38	0	24	10	16	10	11	9	43	19	13	21	46

CONCLUSION.

Aᴘʀès avoir parcouru toutes ces matières, et vous les avoir exposées, mon
cher Syrus, avec méthode et brièveté,
selon ce que je conçois, en y joignant
pour la perfection d'un aussi grand ouvrage, ce que les temps qui nous ont
précédés nous ont fourni de découvertes
et de procédés exacts, et toutes les recherches que nous avons pu extraire des
mémoires qui nous en restent, et que
nous avons jugé plus utiles pour la pratique, que spécieuses et de vaine spéculation, nous terminerons ici ce travail.

ΕΠΙΛΟΓΟΣ ΤΗΣ ΣΥΝΤΑΞΕΩΣ.

Πʀοσαναπληρωθεντων οὖν καὶ
τῶν τοιούτων, ὦ Σύρε, καὶ σχεδόν πάντων
κατ᾽ ἐμόν γε νοῦν ἐφωδευμένων τῶν εἰς τὴν
τοιαύτην σύνταξιν ὀφειλόντων θεωρηθῆναι,
καθ᾽ ὅσον ὅ τε μέχρι τοῦ δεῦρο χρόνος
πρὸς εὕρεσιν ἢ ἐπανόρθωσιν ἀκριβεστέραν
συνήργει, καὶ ὁ πρὸς τὸ εὔχρηστον μόνον
τῆς θεωρίας, ἀλλ᾽ οὐ πρὸς ἔνδειξιν, ὑπομνηματισμὸς ὑπέβαλλεν, οἰκεῖον ἂν ἡμῖν
ἐνταῦθα κ᾽ σύμμετρον εἰλήφοι τὸ τέλος ἡ
παροῦσα πραγματεία.

FIN DE LA COMPOSITION MATHÉMATIQUE
DE CL. PTOLÉMÉE.

ΤΕΛΟΣ ΤΗΣ ΚΛΑΥΔΙΟΥ ΠΤΟΛΕΜΑΙΟΥ
ΜΑΘΗΜΑΤΙΚΗΣ ΣΥΝΤΑΞΕΩΣ.

VARIANTES.

LIVRE SEPTIÈME.

PAGES de la PRÉSENTE ÉDITION	LIGNES	ÉDITION DE BASLE.	MS. DE PARIS, n° 2389.	MS. DU VATICAN, n° 560.	MS. DE VENISE, n° 313.
1	Titre.	ΤΗΡΟΥΣΙ.	ΣΥΝΤΗΡΟΥΣΙ.	ΣΥΝΤΗΡΟΥΣΙ.	ΣΥΝΤΗΡΟΥΣΙ.
—	11.	πρῶτον μὲν δὴ πάντων τοῦτο προληπτέον ὅτι.	πρωτον μεν δη παντων τουτο προληπτεον οτι.	*Idem.* τούτο προληπτεον ὅτι.	πρῶτον μὲν δὴ πάντων ὅτι.
2	15.	ἐν ὑπονοίᾳ τούτων ἀμφοτέρων.	εν ὑπονοια τουτου των αμφοτερων.	ἐν ὑπονοίᾳ τουτῶν ἀμφοτέρων.	
3	1.	οὐ μόνον οἱ τῶν ἐν τῷ ζωδιακῷ.	ου μονον οἱ των εν τωι ζωδιακωι.	οὐ μόνον ἐν τῷ ζωδιακῷ.	
—	3.	ὥσπερ.	ὅπερ.	ὅπερ.	ὅπερ.
—	26.	. . . .	. . . .	. . . .	καὶ τῆς τοῦ ὕδρου.
4	3.	πρὸς δύσιν ἀπολαμβάνει τὸν ὑπὸ τὴν οὐρὰν τῆς ἄρκτου ἐκφανῆ δακτύλῳ ἑνί.	απολαμβανει τον ὑπο την ουραν της αρκτου προς δυσιν εκφανη δακτυλωι ενι.	ἀπολαμβάνει. . . . . τῆς ἄρκτου πρὸς δύσιν ἐκφανῆ δακτύλῳ ἑνι.	*Idem*... τῆς ἄρκτου πρὸς δύσιν ἐκφανῆ.
5	13.	ἔγγιϛα τῷ μέσῳ.	εγγιϛα τωι μεσωι.	ἔγγιϛα ἐν τῷ μέσῳ.	
—	18.	βόρειος.	βορειος.	βορείος.	βορειότερος.
—	22.	ἐπὶ δὲ τῶν κατὰ τὸν.	επι δε των δυο συνεχων κατα τον.	ἐπὶ δὲ τῶν δύο συνεχῶν.	ἐκ δὲ τῶν.
—	pénult.	καὶ πρὸς ὀρθάς.	και προς ορθας.	καὶ πρὸς ὀρθας.	καὶ πρὸς αὐτὸν.
6	5.	ὅτι ὁ ἡγούμενος τῆς βάσεως τοῦ τριγώνου πρὸς ἀνατολάς, δάκτυλον ἕνα παραλλάσσει.	ὅτι ὁ ἡγουμενος της βασεως του τριγωνου προς ανατολας δακτυλον ενα παραλλασσει.	ὅτι ὁ ἡγούμενος τῆς βασέως τοῦ τριγωνοῦ πρὸς ἀνατολὰς δακτύλων ἕνα παραλλάσσει.	ὅτι ὁ τοῦ τριγώνου ἐπὶ τῆς οὐρὰς τοῦ κριοῦ ὁ ἡγούμενος πρὸς ἀνατολὰς δάκτυλον ἕνα παραλλάσσει.
—	24.	ὑπολειπόμενος.	ὑπολειπομενος.	ὑπολειπόμενος.	ὑπολιπομενος.
8	3.	ἡ ἀπὸ.	και ἡ απο.	καὶ ἡ ἀπο.	καὶ ἡ ἀπο.
9	3.	αἰγόκερῳ.	αιγοκερωι.	αἰγοκέρῳ.	αετῳ.
—	14.	αἰγόκερῳ.	αιγοκερωι.	αἰγοκέρῳ.	αετῳ.
10	6.	κίνησιν.	κινησιν.	κίνησιν.	μεταβασιν.
11	24.	φαινομένης τῆς σελήνης.	φαινομεννην την της σεληνης παροδον.	φαινομένην τὴν τῆς.	φαινομένην τὴν τῆς.
—	32.	τετηρήσαμεν.	ετηρησαμεν.	ἐτηρήσαμεν.	ἐτηρήσαμεν.
12	20.	ὤφειλεν.	ωφειλεν.	ὤφειλεν.	ὤφελεν.
—	22.	ὤφειλεν.	ωφειλεν.	ὤφειλεν.	ὤφελεν.
13	3.	μοίρας ϛ̅ ϛ̅γ	μοιρ. ϛ̅ ιθ''.	μοίρ. ϛ, γ°.	μοίραις δυσι καὶ διμοίρῳ.
—	22.	πρόχειρον.	προχειροτερον.	προχειρότερον.	
14	6.	κινήσεως.	κινησεων.	ζητήσεως.	
—	9.	καὶ διὰ μέσων.	και δια μεσων.	καὶ διὰ μέσων.	καὶ τοῦ διὰ μέσων.

VARIANTES.

Pag.	lig.	ÉDITION DE BASLE.	MS. DE PARIS. n° 2389.	MS. DE FLORENCE. n° 2390.	S. DE VENISE, n° 313.
14	25.	συντηροῦντες.	συντηρουντες.	συντηροῦμεν.	συντηροῦντες.
16	3.	συμφώνους.	συμφωνους.	συμφώνους.	συμφώνως.
17	30.	μοίρας λ̄.	. . . .	μοίραις λ γ''.	
—	34.	διαθέσεως, ὡς ἐν τῷ.	. . . .	διαθέσεως ἐν τῷ.	
18	10.	προειρημένων.	προηγουμενων.	προηγουμένων.	προηγουμένων.
19	24.	αἱ ὕςεραι.	αἱ ὕςεραι.	αἱ ὕςεραι.	αἱ ὕςερον.
20	25.	διαφέρουσιν μετὰ τὰ δύο μέρη τοῦ ταύρου ϛ̄ ϛ'' τοῦ διὰ μέσων.	διαφερουσιν αἱ μετα τα δυο μερη του ταυρου δυο ϛ'' μ^αι του δια μεσων.	διαφέρουσιν αἱ μετὰ τὰ δύο μέρη τοῦ ταύρου ϛ γ°'' μοῖραι τοῦ διὰ μέσων.	
—	32.	ἡμίσει μιᾶς μοίρας καὶ ι'', ὅσῳ.	ἡμισει μιας, νοτιωτερος γεγονε μιχι μοιραι και ι'', ὁσωι.	ἡμίσει μιᾶς μοίρας καὶ ι'', ὅσω.	
21	29.	ἀθὺρ κθ εἰς τὴν λ̄ πρὸ γ̄ καὶ γ'' διὰ τὸ τόν.	ἀθυρ κθ εις την λ προ γ̄ ὡρων του μεσονυκτιον καιρικων, ισημερινων δε γ̄ και γ'' δια το τον.	ἀθὺρ κθ̄ εἰς τὴν λ προ γ ὡρων τοῦ μεσονυκτίου καιρικῶν, ἰσημερινῶν δὲ γ̄ καὶ γ'', διὰ τὸ τόν.	
22	26.	περὶ τὰς ε̄ μοίρας.	τας ε̄.	τὰς ϛ̄ μοιρ.	
23	16.	λ̄γ δ'.	λ̄γ δ''.	λ̄γ δ''.	
24	12.	π̄ϛ γ'.	π̄ϛ ιϛ''.	π̄ϛ ιϛ'.	
—	24.	μοίρας π̄ϛ ιϛ'.	μοιρ. π̄ϛ ιϛ''.	μοίρ. π̄ϛ ιϛ''.	
25	1.	. . . .	νοτιοτερον.	νοτιώτερον.	νοτιώτερον.
26	34.	. . . .	βορειοτατος.	βορειότατος.	βορειότερος.
27	2.	. . . .	βορειοτερος.		
—	10.	. . . .	αυτης.	ταύτης.	
28	7.	ἐκ δή.	εκ δε δη.	ἐκ δὲ δή.	ἐκ δὲ δή.
—	25.	μὴ πρὸς τόν.	μη των προς τον.	μὴ τῶν πρὸς τόν.	μὴ τῶν πρὸς.
29	27.	Le MS. de Paris porte en marge les mots ci-contre, d'une écriture fine et moderne	του προς τον αςερα καταςαθεντος αςρολαβου του εν τωι οργανωι δια μεσων.	τοῦ πρὸς τὸν ἀςέρα καταςαθέντος ἀςρολάβου τοῦ ἐν τῷ ὀργανῷ διὰ μέσων.	
30	17.	ἐπιζητουμένου, ὡς τοῖς ρ̄.	επιζητουμενου ὡς τοις ρ̄.	ἐπιζητουμένου ὡς τοῖς ρ̄.	ἐπιζητουμένου τοῖς ρ̄.

ΕΚΘΕΣΙΣ ΚΑΝΟΝΙΚΗ ΤΟΥ ΚΑΤΑ ΤΟ ΒΟΡΕΙΟΝ ΗΜΙΣΦΑΙΡΙΟΝ ΑΣΤΕΡΙΣΜΟΥ ΑΡΚΤΟΣ ΜΙΚΡΑ.

Pag.	lig.	ΜΗΚΟΥΣ.	ΠΛΑΤΟΥΣ.	ΜΗΚΟΥΣ.	ΠΛΑΤΟΥΣ.	ΜΗΚΟΥΣ.	ΠΛΑΤΟΥΣ.	ΜΗΚΟΥΣ.	ΠΛΑΤΟΥΣ.
				ἄρκτος μικρα en marge.					
32	1.	. . . . . .	ξ̄ς	ξ̄ς		ξ	ς''	ιζ	ς'' ξ̄ς.
—	2.	. . . . . .	. . . . .	. . . . .		. . . . .		ιθ	ς'' o
—	3.	ιϛ.		ιϛ		ι	ς''	γ	
—	4.	κθ γ''	οε γ''	κθ γ°''	οε γ°''	ιθ γ°''	οε γ''	ια	γ°''
—	5.	γ γ''	οζ γ''	γ γ°''	οζ γ°''	γ γ°''	οζ γ°''	κ	γ°''
—	6.	ιζ γ''	. . . . .	ιζ ς''		ιζ ς''		δ	ς''
—	7.	. . . . .	. . . . .	. . . . .		. . . . .		ιγ	
—	8.	ἄπαντες ἀςέρες.		ἀςερες seulement partout.		point d'ἄπαντες ἀςέρες, ni d'ἀςερες nulle part.			
—	10.	Tous les tiers sont en tiers simples.		ὁ της εν τηι επομενη πλευρα.		ἄρκτου μικρᾶς ἐν μορφωσει ἀςερες ἑπτα ὡν ϛ̄ μεγεθους ϛ κ. τ. λ.			

Pag.	lig.	ÉDITION DE BASLE — ΜΗΚΟΥΣ	ΠΛΑΤΟΥΣ	MS. DE PARIS n° 2389 — ΜΗΚΟΥΣ	ΠΛΑΤΟΥΣ	MS. DE FLORENCE n° 2390 — ΜΗΚΟΥΣ	ΠΛΑΤΟΥΣ	MS. DE VENISE n° 315 — ΜΗΚΟΥΣ	ΠΛΑΤΟΥΣ
				ΑΡΚΤΟΣ ΜΕΓΑΛΗ		ΑΡΚΤΟΥ ΜΕΓΑΛΗΣ			
33	1.	κε	ς″	κε	γ″	κε	γ″	ιϛ	γ″
—	2.							ιϛ	ς″ γ
—	3.							ιγ	γ″.
—	4.	κϛ	ς″	κϛ	ς″	κϛ	ς″	ιγ	ς″ μϛ ς″
—	5.	κϛ	γ″	κϛ	γ″.	κϛ	γ″.	ιγ	γ″.
—	6.							ιε	ς′.
—	7.			μγ ς″ γ″				ιζ	ς′.
—	8.							ιθ	ς″.
—	9.							κϛ.	
—	10.			δ ἐλ.				κη.	
—	11.							κζ	γ″.
—	12.							κϛ	ς′.
—	13.							κγ	γ″.
—	14.							κϛ	γ″.
—	15.							κϛ	ς″ γ′.
—	16.							δ	γ″.
—	17.							θ	ς″.
—	18.	γ	ς″	γ	ς″	γ	ς″	κ	ς′.
—	19.							κ.	
—	20.					ς	γ″	θ	γ″.
—	21.	κα	ς″	κα	ς″	κδ	ς″	ιζ	ς′.
—	22.			δ μειζ.				ιη	γ″.
—	23.			J'ai				κϛ	ς″ γ′.
—	24.			omis				κζ	γ″.
—	25.			les				κθ	ς″.
—	26.			μειζων				ε.	
—	27.			et ἐλασ-				ιϛ	ς″ γ′.
				σων.					
l. 8 d'en bas.		οἱ ὑπ' αὐτὴν ἀμόρφωτοι		των ὑπ' αυτην αμορφωτων		{ καὶ ἀμόρφωτος, κ. τ. λ. et de même pour les autres.			

ΔΡΑΚΩΝ.

Pag.	lig.	ÉDITION DE BASLE	MS. DE PARIS	MS. DE FLORENCE
34	2.			{ ὁ ἐν τῷ ϛόματι ὁ ἐπάνω τοῦ ὀφθαλμοῦ, mots répétés à la ligne 3.
—	4.		αμορρωτοι.	
—	17.		{ κϛ ς″ comme dans Florence.	
—	19.		........πγ ς″	Idem.
—	21.		{ των προς δυσιν του τριγωνου β μηκ. ὁ επομ.	
—	34.		ὁμου λϖ, à la fin.	

La première ligne des longitudes marquées dans le catalogue des étoiles, du manuscrit de Venise, à la grande Ourse, montre une différence de 17 degrés d'avec la longitude de la même étoile, donnée par les autres manuscrits. Cette différence n'est pas constante, comme on le voit par les longitudes des étoiles de cette constellation, que j'ai rapportées ici, pour faire voir combien chacune diffère de leurs correspondantes dans les autres catalogues que je cite. Cette raison, jointe à l'obligation de restituer ce manuscrit à la bibliothèque de St.-Marc, ainsi que celui de Rome à celle du Vatican, est cause qu'on ne voit plus ici que les Variantes des deux meilleurs manuscrits.

L'ancien globe représente le Bouvier vu par devant, et tenant une massue seulement à la main gauche; le bras droit est étendu et ne tient rien, j'ai rendu ῥοπάλῳ, par le mot *massue*, pour signifier le gros bout de la houlette, en me conformant au globe. Fischer et Montignot ne l'ont pas rendu.

VARIANTES.

Pag.	lig.	ÉDITION DE BASLE. ΜΗΚΟΥΣ.	ΠΛΑΤΟΥΣ.	MS. DE PARIS, n° 2389. ΜΗΚΟΥΣ.	ΠΛΑΤΟΥΣ.	MS. DE FLORENCE, n° 2390. ΜΗΚΟΥΣ.	ΠΛΑΤΟΥΣ.
				ΚΗΦΕΥΣ.			
36	Titre.	ΟΙ ΠΕΡΙ ΑΥΤΟΝ ΑΜΟΡΦΩΤΟΙ.		ΤΩΝ ΠΕΡΙ ΤΟΝ ΚΗΦΕΑ.			
—	3.	ἅπαντες ἀμ.					
				ΒΟΩΤΗΣ.			
—	6.					νϛ	ϛ′.
—	16.				μδ.		
—	25.					κζ	γ.
—	27.	ἅπαντες ἀϛ. et de même dans la suite de ce catalogue.					
38	5.					ϛ ε″	ϛ.
—	6.			ιϛ.			
—	7.			βορειωτερος, tantôt par ω, tantôt par o.			
—	8.	Ὁ ἐπὶ τῆς ἐκφύσεως τοῦ αὐτοῦ μηροῦ σκορπ. doit aller avant τῶν ἐν τῷ ἀριϛερῷ.				…νϑ	γ″.
—	20.			νοτιωτερος, tantôt par ω, tantôt par o, comme νοτιοτερος.			
—	21.					ιϛ.	
—	23.					Ὁ ἐπ' ἄκρας τοῦ δεξιοῦ.	
—	25.	ἅπαντες ἀϛέρες χωρὶς τούτον..		Χωρὶς αυτ….ων Γ μεγεθους ϛ Δ' ιζ, mais la colonne ne montre que cinq étoiles de 3e grandeur, et dix-huit de la 4e.			
				ΛΥΡΑ.			
—	4.			κ	γ″.		
—	9.			ὁ βορειοτ' αυτων.			
				ΟΡΝΙΣ.			
—	6.					ιϑ	γ″.
40	3.					νϛ.	
—	5.					ξγ	ϛ″ δ″.
—	6.					μϑ	γ″.
—	7.					ξγ	ϛ″ δ″.
—	10.			οἱ περὶ τον ορνιθα.			
—	12.			ιγ	ϛ″ γ′.	ιγ	ϛ″ γ″.
				ΚΑΣΣΙΕΠΕΙΑ.			
—	3.					ι	γ″.
—	10.			πηχεος.			
—	13.					γ	γ″.
				ΠΕΡΣΕΥΣ.			
—	1.	ἀκρόχειρος.					
—	2.			λζ	ϛ″.	λζ	ϛ″.
—	12.					γοργονείῳ.	
—	dernière.			κα	ϛ″ γ″.	κδ	ϛ″ γ″.

Pag.	lig.	EDITION DE BASLE.		MS. DE PARIS, n° 2389.		MS. DE FLORENCE, n° 2390.	
		ΜΗΚΟΥΣ.	ΠΛΑΤΟΥΣ.	ΜΗΚΟΥΣ.	ΠΛΑΤΟΥΣ.	ΜΗΚΟΥΣ.	ΠΛΑΤΟΥΣ.
42	2.	Manque κνημης.					
—	3.	....		....		..........ι.	
—	4.	....		ς	γ″.	ς	γ
—	Titre.	ΟΙ ΠΕΡΙ ΑΥΤΟΝ ΑΜ.					
—	9.	....		....		ιε	ιε″.
—	10.	....		γοργονιωι.		γοργονείῳ.	

ΗΝΙΟΧΟΣ.

Pag.	lig.	ΜΗΚΟΥΣ.	ΠΛΑΤΟΥΣ.	ΜΗΚΟΥΣ.	ΠΛΑΤΟΥΣ.	ΜΗΚΟΥΣ.	ΠΛΑΤΟΥΣ.
—	2.	....		....		..........λα	ιε″.
—	7.	....		....		κ β″.	η ζ″ ε.
—	8.	....		....		..........ιβ ζ″	ε.
—	11.	....		κοινος κερατος ε.		κοινος κερατος seulement.	
—	12.	ὁ ἐπὶ τούτου.			ν ζ″.		
—	13.	ὁ ἐπι τούτου.					
—	14.	....		....		..........ζ	δ′.
—	15.	....		..........Ν α ζ″.			

— 6, 7, 8 d'en bas. Point de latitudes.

ΟΦΙΣ ΟΦΙΟΥΧΟΣ.

Pag.	lig.	ΜΗΚΟΥΣ.	ΠΛΑΤΟΥΣ.	ΜΗΚΟΥΣ.	ΠΛΑΤΟΥΣ.	ΜΗΚΟΥΣ.	ΠΛΑΤΟΥΣ.
44	4.	δ................		..........λα δ′,		λα	δ″.
—	5.	Β λζ δ″ δ.					
—	11.	..........Β ις ς′ δ.		..........ις ς″.		ις	ς″.
—	14.	τὸν δεξιὸν.					
—	15.	Σκορπ. τξ.					

ΟΙΣΤΟΣ.

Pag.	lig.	ΜΗΚΟΥΣ.	ΠΛΑΤΟΥΣ.	ΜΗΚΟΥΣ.	ΠΛΑΤΟΥΣ.	ΜΗΚΟΥΣ.	ΠΛΑΤΟΥΣ.
—	1.	....		ς	λε γ″.	ι ς″	λε γ″.

ΑΕΤΟΣ.

Pag.	lig.	ΜΗΚΟΥΣ.	ΠΛΑΤΟΥΣ.	ΜΗΚΟΥΣ.	ΠΛΑΤΟΥΣ.	ΜΗΚΟΥΣ.	ΠΛΑΤΟΥΣ.
—	6.	..........Β κα ς″ ε.		..........λα ς″.		..........λα	ς″.
46	2.	ὁ ὑπὸ τὴν οὐρὰν τοῦ ἀετου ἀπωτέρω ἁπτομένος τοῦ γαλαξιου.		ὁ απτομενος τοῦ γαλαξιου, sans longit. ni latit. ὁ ὑπο τὴν ουραν του αετου. απωτερω ἁπτομενος του γαλαξιου. Ces deux mots ne sont qu'une étoile, sinon il en auroit compté 10 et non 9.		ὁ ὑπὸ τὴν οὐρὰν τοῦ ἀετοῦ ἁπτομενος τοῦ γαλαξίου.	
—	7.	Αιγ. κς″ γ″.		η ς″ γ″.		η ς″ δ″.	ιθ γ″.
—	11.			κα ς″.			

		ΔΕΛΦΗΝΟΣ.		ΔΕΛΦΙΝ.			
—	3.	....		....		ιη γ″.	
—	5.	Αιγ. κ ς″.		....		..........λγ ς″ γ′.	
—	6.	Αιγ. κς.		κς.	λγ ς″ γ″.		
—	8.	....		....		..........λδ.	
—	9.	Αιγ. ξς ς″.					

VARIANTES.

ÉDITION DE BASLE. — MS. DE PARIS, n° 2389. — MS. DE FLORENCE, n° 2390.

Pag.	lig.	Basle MHKOYΣ.	Basle ΠΛΑΤΟΥΣ.	Paris MHKOYΣ.	Paris ΠΛΑΤΟΥΣ.	Florence MHKOYΣ.	Florence ΠΛΑΤΟΥΣ.
		ΙΠΠΟΥ ΠΡΟΤ..					
46	1.	Τῶν ἐν τῶν τη.		κϛ	γ".	κϛ	γ".
		ΙΠΠΟΣ.					
—	2.	....		ὁ ἐπὶ τῆς ὀφύος.			
—	pénult.	....		τῶν ἐπὶ τῆς χετῆς.			
48	3.	....		..........β	ϛ".	..........β	ϛ".
		ΑΝΔΡΟΜΕΔΑΣ.					
—	5.	....		....		..........μδ	δ".
—	7.	δεξίου ἀκρόχειρος ἰχθ. ιθ	γ'.				
—	12.	τῶν ὑπὸ τὸ. κρι. κ	ϛ" γ".				
—	antépén.	....		{ επι το αυτο βορειον μερος αϛερες τξ̄.		γίνονται ἐπὶ τοῦ αὐτοῦ βορειοῦ μέρους ἀϛέρες τξ̄.	
		ΤΡΙΓΩΝΟΥ.					
—	2.	τῆς φάσεως.					
—	4.	Β ιθι γ.					
—	2 d'en bas.	Manque δεύτερου ou ϛ̄.					
		ΤΩΝ ΕΝ ΤΩ ΖΩΔΙΑΚΩ ΑΣΤΕΡΙΣΜΟΣ.					
50	5.	..........ά	ϛ" γ".				
—	10.	..........α	ϛ" γ".	..........α	ϛ•.	..........α	ϛ" γ'.
—	13.	....		....		ὁ ὑπὸ νοῦ ὑπισθίου ἀκρόποδος.	
		ΟΙ ΠΕΡΙ ΤΟΝ ΑΥΤΟΝ.					
—	1.	τραχηλου ρυγχους.		επι του τραχηλου ρυγχους.		ι	γ°".
—	2.	κδ γ"	ιϛ.	κδ γ°"	ιϛ.	τῶν ὑπέρ... καὶ λαμπρὸς κδ γ°° ι.	
—	3.		ια ϛ".	..........ια	ϛ".	καὶ ἀμαύρων.	
—	5.	Manque ὁ νότιος αὐτῶν transposé sous ταύρου ἀϛερισμος.					
		ΤΑΥΡΟΣ.					
—	2.	ὁ ἐχόμενος αὐτῶν à la suite de ὁ βόρειος, et dans la même ligne.					
—	4.	κα	γ".	....		κα γ", ὁ νοτιώτερος τέ, etc.	
—	5.	κα	γ".				
—	6.	....		....		β	γ".
—	7.	....		ιϛ	ϛ".	ιϛ	ϛ".
—	9.	....		....		γ	γ".
—	10.	....		πηχευς.		ι	γ". ι γ.
—	13.	....		....		ὁ μεταξὺ τούτου.	
—	16.	....		....		............δ.	
—	17.	..........ε.					
—	20.	..........δ.		....		............δ.	
—	21.	ὁ αὐτός ἐϛί.		....		............ε.	

Pag.	lig.	ÉDITION DE BASLE		MS. DE PARIS, n° 2389.		MS. DE FLORENCE, n° 2390.	
		ΜΗΚΟΥΣ.	ΠΛΑΤΟΥΣ.	ΜΗΚΟΥΣ.	ΠΛΑΤΟΥΣ.	ΜΗΚΟΥΣ.	ΠΛΑΤΟΥΣ.
				ΔΙΔΥΜΟΙ.			
52	4.			ὁ εν τωι αυτωι βραχιονι.			
—	5.					ὁ ἐπόμενος τῷ ςηθεῖ τοῦ μετα-φρενου.	
—	6.			α ς″	γ″	α ς″	γ″.
—	7.	ϛ	γ″.				
—	8.					καὶ ςένοτατον.	
—	9.		γ.			δ	γ″.
—	10.						
—	13.	καὶ τὸν ὠμοπλάτην.		κα γ″ο.		ὁ ὑπὸ.... καὶ τὸν ὠμοπλάτην κα γ″ο.	
—	14.	ὁ ἐπὶ τοῦ πρόπεδος.					
—	16.			ιϛ.		ὁ μέσος αὐτῶν ιϛ. ιϛ.	
—	18.					ιδ	γ″ο.
—	22.	ὁ προηγαυμενος. τοῦ πρόποδος.				ὁ προηγουμένος τοῦ πρόποδος.	
—	25.			των ἐπομένων τηι δεξιαι χειρι του επομενου διδυμου κη γ″ ϛ γ″ο.			
—	26.			ὁ μεσος των τριων επ' ευθειας ὁ βορειος κϛ γ″ γ γ″.			
—	5 d'en bas.					ιε	ϛ″.
	dern.			χειρας κϛ.			
54	1.					ὁ ἐπόμενος...... ὁ λαμπρός.	
				ΚΑΡΚΙΝΟΣ.			
		Οἱ περὶ αὐτόν.					
—	4.	ὁ ἐπόμενος αὐτῷ.				Les 2ᵉ et 3ᵉ étoiles du cancer sont omises.	
—	11.			α.			
—	pénult.					ιδ ς″	γ″.
				ΛΕΩΝ.			
—	3.	ὁ νοτιώτερος.					
—	4.	ὁ βορειότερος.					
—	23.					κγ.	
—	24.			κδ	γ″ο.	κδ	γ″ο.
—	26.	γ	ε″.	γ	ε″.	γ	ε″.
56	6.					τοῖς μέταξυ, etc.	
—	7.			αμαυρος.			
—	8.					τῶν νοτιῶν τοῦ πλοκαμου.	
—	9.					ἡ προηγουμένη ἐν σχήματι φύλλου κισσίνου.	
				ΠΑΡΘΕΝΟΣ.			
58	1.			δ	δ″.		
—	5.		ϛ.				
—	7.					α	γ″ο.
—	12.	ιϛ.		ιϛ.		ιϛ.	
—	13.	κ	ϛ″.	κ	ϛ″.	κ	ϛ″.

VARIANTES.

Pag.	lig.	ÉDITION DE BALE.		MS. DE PARIS, nº 2389.		MS. DE FLORENCE, nº 2390.	
		ΜΗΚΟΥΣ.	ΠΛΑΤΟΥΣ.	ΜΗΚΟΥΣ.	ΠΛΑΤΟΥΣ.	ΜΗΚΟΥΣ.	ΠΛΑΤΟΥΣ.
58	14.					ὁ ἐπὶ τῆς ἀριϛέρας ἀκροχείου.	
—	21.					γόνατος ὁ βορειότερος.	
—	22.	η	ϛ″.	η	ϛ″.		
—	23.	παροποδίῳ.					
—	25.	κ	γ″.				
—	27.			ιϛ	γ″ο.	ιϛ γ″ο.	θ ϛ″ γ″.
—	28.					ιϛ	γ″ο.
—	dern.	ἀπάντες οἱ τῶν βορείων ζωδίων ἀϛέρες τ͞ξ, ὧν ἀ μέγεθ. etc.					

ΧΗΛΑΙ.

Pag.	lig.	ÉDITION DE BALE.		MS. DE PARIS.		MS. DE FLORENCE.	
—	5.					κ	δ″.
—	7.					ιδ	ϛ″ δ″.
—	9.					θ	γ″ο.

ΣΚΟΡΠΙΟΣ.

Pag.	lig.	ÉDITION DE BALE.		MS. DE PARIS.		MS. DE FLORENCE.	
—	10.	δευτέρῳ.					
—	14.	Manque.					
60	15.			κζ	ϛ″.		
—	dern.			κϛ.			

ΤΟΞΟΤ.

Pag.	lig.	ÉDITION DE BALE.		MS. DE PARIS.		MS. DE FLORENCE.	
—	2.	ὁ ἐπὶ τῇ λαβῇ.					
—	19.					ϛ	ϛ″ γ″ο.
—	20.	τῶν ἐν τῷ νοτῷ.					
—	dern.					κϛ.	

ΑΙΓΟΚΕΡ.

Pag.	lig.	ÉDITION DE BALE.		MS. DE PARIS.		MS. DE FLORENCE.	
62	8.	ϛ	ϛ″.			ϛ	ϛ″.
—	10.			Ces trois étoiles sont marquées		ὁ ὑπὸ τὸ δεξιὸν γονάτον — ια γ″ο	η γ″ο.
—	11.	Cette 12e précède la 11e.		A, Γ, B, pour désigner leur ordre.		ὁ ὑπὸ τοῦ ἀριϛεροῦ	
—	12.					κεκαμμένου γόνατος — ι ϛ″ γ″	ϛ ϛ″.
—	14.	κϛ	ζ ϛ″ γ″.	κϛ.		κϛ.	
—	19.					τῶν ἐν τῷ νοτῷ.	
—	21.			κγ	ϛ″.	κγ	ϛ″ γ″.
—	23.			ϛ	ϛ″.		
—	25.						γ.
—	antépénult.					κη	γ″ο.
—	pénult.					κζ	γ″.

ΥΔΡΟΧΟΟΣ.

Pag.	lig.	ÉDITION DE BALE.		MS. DE PARIS.		MS. DE FLORENCE.	
—	2.					ὁ ἐν τῷ.	
—	2.					ὁ ὑπ' αὐτῷ.	
64	6.				δ″.		
—	9.					ὁ ἐν τῷ ἀριϛερῷ ὀπισθίῳ μηρῷ.	
—	12.			Ν 6.			

Pag.	lig.	ÉDITION DE BASLE.		MS. DE PARIS, n° 2389.		MS. DE FLORENCE, n° 360.	
		ΜΗΚΟΥΣ.	ΠΛΑΤΟΥΣ.	ΜΗΚΟΥΣ.	ΠΛΑΤΟΥΣ.	ΜΗΚΟΥΣ.	ΠΛΑΤΟΥΣ.
—	17.					{ τῶν ἀπὸ μεσημβρίας δύο ὁ βορει- ότερος	
—	22.			{ τῶν εν τηι εχομενηι συντροφηι γ ὁ βορειος κα γ″ο	Ν ιδ ε″		
—	23.			{ ὁ μεσος των γ κβ ς″	Ν ιδ ς″ δ″ ε	} ια ς′ γ″	ιδ
—	24.					ιδ	δ″
—	26.					{ ὁ μεσος αυτων ιη γ″	
—	27.	La 28ᵉ précède la 27ᵉ				{ ὁ νοτιωτερος των γ ιζ ς″	ιε
—	31.			κ	γ″		
				ΙΧΘΥΕΣ.			
—	2.			κα ς′		κα ς″	δ δ″
—	6.					κ ς″	
66	15.	κα ϛ″		κα γ″ο		κα γ″ο	
—	19.	ἀκάνης γ̄ μετὰ τὸν ἐπὶ τοῦ ἀγκῶνου					
—	antépén.					γίνονται ἐπὶ τὸ αὐτο ζωδιακον, etc.	
						ΝΟΤΙΟΥ ΜΕΡΟΥΣ ΑΣΤΕΡΙΣΜΟΣ.	
				ΚΗΤΟΣ.			
68	2.			επ' ακρας			
—	4.	ι	δ″	ια	δ″	ια	
—	5.	ὀσφύος ι ς″		ις corrigé en ι ς″		ις	γ″
—	7.	ζ	γ″			ζ	γ″ο
				ΩΡΙΩΝ.			
—	5.					ς	γ″
—	7.	ἐν τῷ δευτερῷ					
—	14.	νότου		ιϛ γ″ο		ὁ κατὰ τοῦ ιθ ς″	γ″
—	15.			κ	γ″		
—	16.					κ	γ″
—	17.	κα ς″		κα ς′		κα ς′.	
—	19.					η	ς″
—	4 d'en bas.	ιδ ς″					
—	dern.					ε	
70	3.					κδ	ς″
—	9.			κϛ γ″	Ν κθ ς″	κϛ γ″.	κθ ς″
—	11.			λ γ″ο		λ γ″ο	
—	12.			λ ς″ γ″		λ ς″ γ″	
—	13.			κοινυδατος		κοινυδατος.	
—	14.					λδ	
—	15.	πτέραν					
				ΠΟΤΑΜΟΣ.			
—	1.			του ωριωνος επι της			
—	6.	ις		ια γ″		ια γ″ο	

Pag.	lig.	ÉDITION DE BASLE — ΜΗΚΟΥΣ	ÉDITION DE BASLE — ΠΛΑΤΟΥΣ	MS. DE PARIS — ΜΗΚΟΥΣ	MS. DE PARIS — ΠΛΑΤΟΥΣ	MS. DE FLORENCE — ΜΗΚΟΥΣ	MS. DE FLORENCE — ΠΛΑΤΟΥΣ
70	7.	ς γ″	κς				
—	8.	ε ς″	κζ			ις	
—	9.			ς γ″	κς	ς γ″	κς
—	10.		λϛ ς″ γ″			ε ς″	κς
—	11.		λα				
—	12.				λϛ ς″ γ″		λϛ ς″ γ″
—	13.				λα		λα
—	16.		κγ ς″				
—	18.				κγ ς″		κγ ς″
—	20.			τοῦ ποταμοῦ δ' ἁπτόμενος			
—	dern.		νγ		νγ		νγ
72	2.					ιδ ς″ γ″	
—	3.	ξ				α ς″	
				ΛΑΓΩΟΣ.			
—	1.	ιθ γ°″				ιθ γ°″	
—	6.					ὁ ἐν τῷ	
—	7.					κε γ″	
—	8.	μγ δ″				μδ γ″	
				ΚΥΩΝ.			
—	1.	κύων ὑπόκιρρος					
—	5.	κε γ″		κε γ°″		κε γ°″	
—	12.					κα γ°″	
—	14.					μη ς″ δ″	
—	18.	ὁ ἐπὶ τῆς οὐρᾶς					
—	23.					τῶν ἐπὶ τοῖς ὀπισθίοις ὡς ἐπ'	
—	25.					νη	
74	3.	ὑπὸ τοὺς					
				ΠΡΟΚΥΩΝ.			
—	1.		δ				
—	2.	Manque λαμπρὸς					
—	3.				κ		
—	5.			κϐ ς″		κϐ ς″	
				ΑΡΓΩ.			
—	1.			ε γ″			
—	2.				ια γ″		
—	3.	τῶν ὑπὸ τὴν	ς″ γ″			μδ	
—	4.	κ γ°″					
—	7.					μθ δ″	
—	11.					μγ	(νϛ
—	12.					μη γ°″	(νη
—	13.					με ς″	(νε ς″
—	14.					μη γ°″	(νη ε″
—	20.					κγ.	
—	21.			κϛ			κδ ς″

VARIANTES.

Pag.	lig.	EDITION DE BASLE		MS. DE PARIS		MS. DE FLORENCE	
		ΜΗΚΟΥΣ.	ΠΛΑΤΟΥΣ.	ΜΗΚΟΥΣ.	ΠΛΑΤΟΥΣ.	ΜΗΚΟΥΣ.	ΠΛΑΤΟΥΣ.
—	25.					τῶν ὑπὸ τουτῶν	
76	4.			κϛ		κϛ	ϛ''
				ΥΔΡΟΣ.			
—	3.	ιγ ϛ''	ϛ''			ιγ	ϛ''
—	4.	ὡς ἐπὶ τοῦ κρανίου					
—	10.					ο	γ°
—	18.					μδ ϛ'' (κδ γ°	
—	20.					δ	γ''
—	23.	ια	ϛ''				
—	dern.					λζ	γ''
78	4.			α	γ'' ϛ''	α	ϛ''
				ΚΕΝΤΑΥΡΟΣ.			
—	5.			ϛ			
—	6.					κ	ϛ''
—	9.			κγ	ϛ'' δ''	κγ	ϛ'' δ''
—	21.					λα	ϛ'' δ''
—	28.			μβ	ϛ'' δ''	μβ	ϛ'' δ''
—	pénult.					ὁ ἕκτος, etc.	
—	dern.					ὁ ἐπὶ τοῦ βατράχιου, etc	
80	3.	η γ''	μα ϛ''				
				ΘΗΡΙΟΝ.			
—	1.	τοῦ ἐμπροσθιοῦ					
—	3.			τῶν κατ' ὠμοπλατης		η γ''	μδ ϛ''
—	11.					λα	ϛ''
—	12.	λ	ϛ''	λ	ϛ''	κα ϛ'' γ''	λ ϛ''
—	15.					{ ι γ''. Confusion dans ces lignes.	
				ΘΥΜΙΑΤΗΡΙΟΝ.			
—	1.					κδ	ϛ''
—	2.					γ	ϛ''
—	3.	κϛ	γ''	κϛ	γ''	κϛ	γ''
				ΣΤΕΦΑΝΟΣ ΝΟΤΙΟΣ.		**ΝΟΤΙΟΥ ΣΤΕΦΑΝΟΥ.**	
—	1.			κδ	ϛ''		
82	1.					ιϛ	ϛ'' γ''
—	3.			τῶν μετα τουτον			
—	6.					ιε	ϛ'' γ''
—	10.	κδ	ϛ'' γ''				
				ΙΧΘΥΣ ΝΟΤΙΟΣ.			
—	5.			ὁ προς τωι βραγχωι			
—	7.			α	ϛ''	α	ϛ''
—	14.			οἱ περι τον νοτιον ιχθυν αμορφωτοι			
—	17.					δ	
—	à la fin.			επι το αυτο νοτι μερος			
—	manque.			οι δε επι του			

VARIANTES.

Pag.	lig.	ÉDITION DE BASLE.	MS. DE PARIS.	MS. DE FLORENCE.
84	titre.	....	....	περὶ θεσεὼς
—	16.	γένοιτο		
—	6 d'en bas.	ποει		
—	2 d'en bas.	ἔχοιτο		
85	10 d'en bas.	μᾶλλον ταῦτα		
—	7 d'en bas.	σπονδύλους		
86	2.	βέλου		
—	20.	....	νοτιοτερος	
87	14.	ἔσχατα τῆς ἑτέρας		
—	18.	ἄεχηται		
—	27.	τοῖς γ ἑπομένῳ	καὶ τοις $\overline{\Gamma}$	καὶ τὸ τῶν Γ ἑπομένω
—	3 d'en bas.	Manque τὸ γάλα		
88	13.	μεσημβρίαν		
—	15.	μεσημβριῶν		
—	4 d'en bas.	μεσημβρίας, ὁ δὲ τὸν δεξιὸν πόδα		
—	3 d'en bas.	....	κυκλου τμήματι	
90	4.	....	....	τὴν πρὸς ἀνατολὰς
—	10.	τῶν αὐτῶν		
—	16.	διὰ τῆς ἀργοῦς χύμα		
—	22.	....	....	ποίησασθαι
—	3 d'en bas.	Manque ἑνὶ	κυκλου τμηματι	
91	12.	....	μετα τον	
—	25.	....	απωτερωι	
—	5 d'en bas.	ςήθει, τοῦ ὄρνιθος		
92	titre.	....	περι κατασκευης ςερας σφχιρας	περὶ κατάσκευης ςέρεας σφαῖρας
—	7.	πλανωμένων περιαγομένη		
93	23.	σημειῶν κατὰ	σημειον κατα την της ειρημενης εκτομης επιφανειαν, καὶ διατρησαντες	
—	24.	καὶ διατρήσαντες	....	καὶ διατρήσχντες
94	9.	....	....	ἐφ' ἑκαςοῦ δὲ τῶν ἀλλ' λοιπὸν ἀπλανῶν
—	23.	....	....	ὅσας καὶ ὁ ἀςὴρ ἀφεστεικει
—	26.	....	....	προτιθέντες
95	5.	....	παραλελειμενον	
—	11.	συνεθιζομένης		
—	13.	καὶ τὴν τοῦ		
—	17.	....	διαλειμμασιν, partout.	
—	11 d'en bas.	ἐσομένης κατὰ διάμετρον.		
—	7 d'en bas.	ἑκατεροῦ τοῦ τῶχ ζωδιακῶν πόλου	πολου	πόλου
—	dern.	πάντως		
96	17.	κληματῶν		
97	10.	....	των δη περι τους απλανεις	
98	25.	....	αει φανη	
99	9.	....	αφανει ὑπο γην	
—	18.	πανταχῆ		
—	27.	κατ' αὐτὸν	κατ' αυτον παντων	

VARIANTES.

Pag.	lig.	EDITION DE BASLE.	MS. DE PARIS.	MS. DE FLORENCE.
99	30.	μόνον		
100	3, 4.	....	τμήματα	τμήματα
—	10.	....	....	οἱ συμμεσουρανοντες
—	14.	ἐγκεκλημένη		
101	2.	εὐθέως αὐτος	ευθεως αυτος ανατειλη	*Idem* ἀνατείλη
—	4.	....	....	κατ' αὐτὸ
—	9.	ὁ καλούμενος		
—	18.	....	συνμεσουρανημα	
102	3.	....	ανατελη	ἀνατείλη
103	16.	....	....	δύνοντι
—	27.	....	δυναντως..................	δύνοντος.... φαίνομενον, καὶ τὸ ὑπὲρ γὴν τούτο φαίνομενον κνεται (καλεῖται) ἀληθινον ὅταν τοῦ ἡλίου δύναντος, etc.
—	29.	....	εσπερινον συμμεσουρανημα et les mots suivans, jusqu'à το δε τι, sont ajoutés au bas de la page.	
104	3, 13.	μεσουρανήσεων		
—	9.	....	προσδυσις	
—	16.	καὶ ἰσημερινοῦ		
—	5 d'en bas.	....	ζωδιακων κυκλος ΑΒΓΔ και ισημερινον μεν ἡμικυκλιον.	
—	4 d'en bas.	....	....	καὶ τοῦ ἰσημέρινου μὲν
105	4.	οὕτως		
—	13.	....	και ἡ ΘΝ περιφερεια	
—	27.	....	διδοται δε και εκ μεν	καὶ ἐκ μὲν
—	7 d'en bas.	ἐγαλήσεως		
—	3 d'en bas.	τῆς ΠΘ καὶ τοῦ τῆς ΗΘ καὶ τοῦ τῆς ὑπό		
106	10.	....	....	ἐπ' ὀρθῆς σφαίρας
—	21.	....	....	περὶ πόλον τὸ Ζ
107	5.	καὶ πρὸς.		
—	13.	....	περιφερειας	
—	4 d'en bas.	....	....	ἀνατολάι καὶ
108	21.	....	ΑΕΓΖ.	ΑΕΖΓ
—	22.	....	....	πολὸν τὸν Η
—	4 d'en bas.	....	απεχοντος	ἀπεχόντος
—	dern.	....	....	περιφερείας
109	1.	καὶ αὐτὰς ποιοῦντος		
—	19.	καὶ διὰ τῶν τοῦ ἡλιοῦ τὸ κατὰ τὸ Ζ ἡμικύκλιον ὀρθὸν ἐσομένον δῆλον ὅτι πρὸς τὸν ὁριζοντα τὸ ΘΖΚ.	....	τὸ κατὰ τὸ Ζ ἡμικτκλιον
—	22.	....	ΘΖΚ	ΘΖΚ
—	11 d'en bas.	αὐγὰς ὁμαλῶς εἶναι		
—	2 d'en bas.	ἡ αὐτὴ μὲν κατά		
110	4.	οὐ μόνον	ου μονου ενος	
—	9.	....	πανταχηι partout.	
—	17.	εἰς τὰ ἐπομένα εἰς τῶν μερῶν·		

VARIANTES.

Pag.	lig.	ÉDITION DE BALE.	MS. DE PARIS.	MS. DE FLORENCE.
110	24.	....	ἥ τε ΒΘ καὶ ἡ ΖΛ	ἥ τε ΒΓ
—	4 d'en bas.	τοῦ τεταρτημορίου		
—	pénult.	....	....	καὶ τὸ Α τὸ
111	4.	ἀπὸ τοῦ	....	ἀπὸ τοῦ
—	13.	ici ἐγκλίσεσι aussi.		
—	17.	συναφθήσεται	συναφθησεται	
—	5 d'en bas.	....	....	κἂν σχέδον
112	6.	....	προρησεων	
—	12.	....	τας των αςερων φασεων	
113	6.	....	κρυψεις χρονων	

FAUTES A CORRIGER.

Page	Ligne	Au lieu de :	Lisez :
5.	20.	παραλάσει,	παραλλάσσει,
6.	1.	au-dessus de	sur
20.	26.	longitude,	longitude
22.	5.	μὲ	μὲ'
29.	8.	tourne	tournent
30.	3 d'en bas.	le pole dont	le pole du zodiaque dont
32.	11.	δου	δ^ω
34.	23.	Δρακοντος., τῶν ἑξῆς	τῶν ἑξῆς
36.	.6 col. Γ.	Βοώτου νξ	ν̄γ̄
37.	6. col. 3.	Bouvier 57	53
38.	4. col. B.	λυρας γ''	γ°''
38.	25.	ιϛ̄ ....ιζ̄	ιε ....ιη
39.	25.	une de la 3ᵉ	cinq de la 3ᵉ
—	26.	dix-sept	dix-huit
40.	1.	μέσῳ	μέσῃ
—	9. col. B.	γ°''	γ''
44.	5. titre.	Ο ΙΣΤΟΣ	ΟΙΣΤΟΣ
—	5.	ἐπ' ἀνατολῆς δεξιου	ἐπ' ἀνατολῆς τοῦ δεξιοῦ
46.	11.	Δελφιν. ὁ ἑπομενος	ἑπομενος
48.	titre.	τριγονου	τριγωνου
50.	3.	ὁ ἐςὶ	ὁ ἐτὶ
—	5 d'en bas. col. Γ	ϛ̄........6	ε̄ 5
52,	8.	ςέναςατον	ςενοτατον
—	13. col. Γ.	Διδύμων ς'' ς''	ς'' ς''
53.	13. col. 3.	Gémeaux 6 ⅔	6 ¾
55.	1.	Cancer, celledu milieu	le milieu
56.	8, 9.	ἡ προηγουμένη ἡ ἑπομένη	ὁ προηγουμένος ὁ ἑπομενος
58.	9. col. B.	κϛ''	κϛ
62.	7.	ἐν τῷ νοτιῳ	νωτῳ
64.	22, 23.	la 22ᵉ ligne doit être la 23ᵉ, et la 23ᵉ la 22ᵉ.	
65.	20.	après celles-ci	celle-ci
66.	22.	dans le flot suivant	daus l'amas voisin
—	2 d'en bas.	ζ̄δ̄	ξ̄δ̄
69.	7. col. 2.	1 ⅛	10 ⅙
70.	3.	Ποταμου. ἀντικνημιῳ	ἀντικνημιῳ
—	7, 8. col. B. Γ.	ϛ γ'' κϛ	ε ϛ'' κϛ
71.	7, 8. col. 2. 3.	6 ⅔ 26	5 ⅓ 27
76.	16. col. Γ.	κ κδ γ°	κ κδ γ°
76.		καὶ ὁ	καὶ
77.	16. col. 3.	Δ 24 ¼	δ
80.	1, 2. col. Δ		δ
—	2.	β	β
—	3.	η γ'' μδ ϛ''	
81.	3. col. 2.	8 ¼ 44 ½	
85.	4 d'en bas.	δεξιῳ ἐμπροσθιῳ καὶ σφυρῳ	δεξιῳ καὶ ἐμπροσθιῳ σφυρῳ
86.	15.	κειμενος ἀερι,	κειμενος ἀερι
87.	pén.	Cassiopée	Cassiopée (toujours)
89.	10.	τῆς,	τῆς
—	5 d'en bas.	πρύμνης,	πρῃμνης
91.	11.	l'espace éthéré	l'air pur
94.	10.	ὁ ἀςηρ ἐπὶ	ὁ ἀςηρ ἀφέςη καὶ ἐπὶ
—	7.	προτιθέντες	προστιθέντες
95.	13.	καὶ τοῦ	καὶ τὴν τοῦ
—	9.	de deux arcs	des deux arcs

Page	Ligne	Au lieu de :	Lisez :
97.	18.	en commun	généralement
—	4 d'en bas.	selon	par
98.	9.	astres lumineux	luminaires
—	15.	à la terre,	à la terre seule,
—	19.	παντῶς	πάντες
99.	18.	πανταχῇ περιέχει	πανταχῇ, περιέχει
100.	3.	κλίματα	τμήματα
101.	9 d'en bas.	σκηματισμὸς ὁ	σχηματισμὸς ὁ
101.	23.	τούτου	τούτο
103.	15.	lui, l'autre.	. l'autre
104.	4 d'en bas.	ἡμικυκλιου	ἡμικύκλιον
105.	22.	ΗΚ	ΗL
107.	18.	μενη	μενη
108.	4 d'en bas.	ἐπεχόκτος	ἀπεχόντος
110.	2 d'en bas.	καὶ τὸ	καὶ Α τὸ
117.	17 d'en bas	qu'elle	quelle
118.	27.	les mathématiciens des temps antérieurs	les mathématiciens qui vivaient alors
118.	4 d'en bas.	ἐπικυκλου	ἐπικύκλους
121.	6.	tourner avec	tourner vers
144.	en haut.	Μ με	με
156.	3.	παρόδων	πάροδου
158.	4.	τροπικῶν, ἤ	τροπικῶν ἤ
—	2 d'en bas.	σεληνης εὑρισκομεν	σεληνης, εὑρισκομεν
159.	8.	διάμετρος, ἡ ΔΔΓ	διάμετρος ἡ ΑΔΓ
—	dern.	ΔΕ	ΔΕ,
161.	(fig.)	le diamètre ET doit aboutir au cercle ΚΕ.	
163.	2.	σαι	σα
Ibid.		Α	Λ
164.	8.	κινεῖται,	κινεῖται
164.	9.	παλιν,	παλιν
165.	15.	εὐθεῖα ἰση ἐςὶ	εὐθεῖα, ἰση ἐςὶ
167.	8.	ἥλιος, διδυμῶν	ἥλιος διδυμῶν
168.	5 d'en bas.	ταύτην	ταύτῃ
171.	6.	φξδ φδ	564 504
171.	12.	β''	γ''
—	16.	, τὰς	τὰς
—	17.	μοίρας	μοίραι
172.	4.	le mouvement moyen du soleil se fait	le lieu moyen du soleil se trouve
172.	6.	ἐκ	ἐκ
175.	20.	ιθ	ιη
—	19.		18
178.	8.	καὶ ΚΛ	καὶ ΛΘ
—	10.	ἀποφασις,	ἀποφασις
179.	22.	ἐκκετρου	ἐκκεντρου
180.	24.	πρὸς ὁ	πρὸς
—	13 d'en bas.	ὁ τῳ	τῳ
184.	7.	τὸ ΒΗ	τὸ Β
—	17.	Η καὶ,	Η,
185.	5.	ἡ μὲν ΒΓΗ	ἡ μὲν ὑπὸ ΒΓΗ
—	24.	γωνια,	γωνια
189.	7, 8.	Η	Ν
—	16.	con ient	contient
190.	(fig.)	la ligne ΖΝ passe en G	
195.	23.	qui est	et
196.	6 d'en bas.	μοιρῶν ε̄	μοίρας, ε̄
—	10.	faites par Théon	données par Théon
—	dern.	⅓	⅕
197.	1.	τριτα	πεμπτα
199.	11.	παρθένου	αἰγοκέρω
202.	24, 27, 30.	μοίρας	μοίραις
203.	10, 12.	ΕΖΤ	ΒΖΤ

Page	Ligne	Au lieu de :	Lisez :
230	pénult.	qui	ΖL
—	4, 5, 6 d'en bas.	(de même la différence des carrés de ZD et de DM donne celui de ZM).	
205.	1.	ΖΚΗ	ΚΖΗ
—	17.	ὡρων	ὡρᾳ
205.	(fig.)	ZD doit aboutir au-dessus de G	
—	pénul.	DL	DM
—	dern.	ΔΛ τῇ	ΔΜ τῆς
207.	5.	ΖΚΗ	ΚΖΗ
208.	(fig.)	ZG aboutit en G.	
—	10.	ἀποςάσεις	ἀποκαταςάσεις
214.	9.	τηρησάντης	τηρησαντες
—	11.	τοῦ	τῶν
—	4 d'en bas.	ὡρων	ὡρων ἰσημεριων
215.	4, 5. d'en bas.	ΝΛΜ NLM	ΝΛΒ NLΒ
216.	10 d'en bas.	προϋπάρχη	προϋπαρχθη
219.	8 d'en bas.	ἡ ΒΑ	ἡ ΘΑ
220.	3.	ἐκ τοῦ κέντρου	τοῦ ἐκκέντρου
221.	3.	τετετραγωνου	τετραγωνου
222.	8.	ἡ ΖΕ	ἡ ΞΕ
223.	10, 11.	ΕΝΤ ΕΝΧ	ΝΕΤ ΝΕΧ̄
224.	3.	1 ᾱ	4 δ̄
225.	18.	PF	TF
226.	(fig.)	manque ΥU au bout de NK	
228.	(fig.)	ΗΖ	ΕΖ
—	8.	ΔΟΦ	ΔΘΦ
—	11.	ΔΘ	ΔΘΦ
228.	7 d'en bas.	ἡ	δ
231.	8.	ΘΓΖ	ΘΓΝ
233.	9.	κη / 28	κ / 20
234.	(fig.)	N doit être entre B et ΞΧ et terminer une droite allant de B au bord de l'épicycle.	
—	21.	ΑΛ	ΕΛ
—	22.	τὸ Ζ	τὸ Ν
235.	13.	ΓΕΗ	ΓΕΒ
236.	6.	ΚΒΖ	ΚΒΝ
236.	13.	ΒΝΖ	ΒΝΧ
238.	22.	ρμηγ̄	ρμη̄
Ibid.		δ	ἡ
—	23.	περὶ τὸ	effacez ces deux mots,
294.	2.	ἑτέρου	ἐτέρου
—	5.	ἐπεὶ	ἐπὶ
250.	15.	ΔΗΘ	ΔΗ
251.	6.	à 23d 11'	en 23d 11'
252.	8 d'en bas.	φαινομενος,	φαινομενος
—	7 d'en bas.	ἐφαίνετο	ἐφαίνετο,
255.	1.	οτ	ὁτὶ
—	20.	μ'ν	μὲν
256.	6.	ιη'	η'
257.	(alinéa).	τῆς	τῆς γ̄
—	5 d'en bas.	ΖΞ	ΖΗ
258.	16.	précédens	précédents du même périgée
—	6 d'en bas.	ἀπόγειον	ἀπόγειου
—	dern.	σὶν	εἰσὶν
259.	3 et 2 d'en bas.	de même que le centre	de niveau avec le centre
260.	10 français, et 9 grec, d'en bas.	de l'épicycle μὲν τοῦ	sur l'épicycle μὲν ἐπὶ τοῦ
260.	6 d'en bas.	ἐκκέντρου	ἐκκέντρου,
263.	13.	τὸν νεφέλιον	τὸ νεφέλιον

448

	Au lieu de :	Lisez :		Au lieu de :	Lisez :			Au lieu de :	Lisez :
263	14. τηρέσεως	τηρήσεως χρονὸν	296.	1. effacez τοῦ		328.	23. ἡ δὲ ΓΘ	ἡ ΓΘ
Ibid.	de la nébuleuse	du petit nuage	308 et 309. λ 3o		α 1. (titre)	333.	6. θ, νδ' μ''	θ νδ' μ''
267.	2. χρόνον	χρόνου	311.	16. εἰρημμένου	εἰρήμένου	335.	1. AX	AZ
—	4 d'en bas. ρος	ρα (ἀçέρα)	—	9 d'en bas.		336.	8. AX	AZ
268. dern. effacez la virgule.				διακεκριμενης	διευκεκρινημενῃς	—	8 d'en bas.	
269. (fig.) concevez H à la circonférence.			311. 6 et 7 d'en bas. déter-	corrigées, cor-			προηγήσεως,	προηγήσεως
— 13 et 24. 2'		5'		minées, dé-	rigé	337.	10 d'en bas. τὸν ρκ	τὸν τῶν ρκ
—	25. BD	BE		terminé		344.	12 d'en bas. ἐπ'	ἐπὶ
—	3 d'en bas. 135d	153d	313. 23, 24. Φαινομένου,	Φερομένου,		346.	16. περίγεα	περίγεια
— dern. DZ est 53d		EZ est de 153d	315.	4. τὸ αὐτοῦ	αὐτοῦ	—	27. ἐκκειμένας αὐ-	ἐκκειμένας ἀπ'
270.	16. 3g' λθ'	38' λη'	—	8 d'en bas.			τῶν	αὐτῶν
271.	2. EB	ΘB		διελόντων	διελόντι	349.	11 d'en bas. ἐςὶν η̄	ἐςὶ νη
—	18. effacez γ''		316.	8. συνθέντι,	ἀδιαιρέτω	—	3 d'en bas. ια'	ιγ'
—	24. τοῦ ΔH	τοῦ Δ ἡ		ΠΘ	ΠΚ	—	4 d'en bas. 11'	13'
275.	4. de A	en A		ΡΤ	ΡΚ	350.	20. 'πὶ	ἐπὶ
276.	10. ZΘ	EΘ	—	2 d'en bas.		351.	2. ἐςὶν ε̄ λδ'	ἐςὶ νε̄ λδ'
292.	4. ρκγ	ρλγ		τοιοῦτον	τοιοῦτον λόγον	380.	5. or	et
—	5. 123.	133	323. pagination. 223	323		—	13. τοῦ ζωδιακοῦ ἡ	τοῦ ζωδιακοῦ, ἡ
—	15. 18	10	325.	16. ἡ θέσιν	ἠν θέσιν		δὲ ABE	δὲ ABE
Ibid.	σκορπίωνος,	σκορπίωνος	327.	7. 70 ⚹	70 ⚹		par rapport à	par l'anomalie,
293.	25. ΔK	ΛK	—	3 d'en bas. τοῦ	τῶν		l'anomalie ou	ou par la vi-
295.	18. ἕκαςον, π:ριέξει	ἕκαςον περιέξει	—	5 d'en bas. l'hy-	la droite ZT		à la vitesse	tesse
—	24. θεωρήμητα	θεωρημάτα		potéause ZT		422. (titre) Φάσεις ἀφροδίτης	Φάσεις καὶ κρύψεις

La table raisonnée des matières pour ces deux volumes, se trouvera à la fin de ma traduction française des *Commentaires de Théon* sur l'astronomie de Ptolémée. Cette traduction paroîtra incessamment, et sera immédiatement suivie de celle de la *Géographie Mathématique* annoncée par cet auteur dans le premier volume de la présente édition.

H.

NOTES

DE M. DELAMBRE.

LIVRE SEPTIÈME.

Cʜᴀᴘ. ɪ, *pag.* 2 (*a*). Hipparque n'a soupçonné que la seconde de ces vérités, l'autre devoit être établie longtemps avant lui.

Page 3 (*c*). Aujourd'hui on appelle *petit chien* la constellation entière. Le nom de *Procyon* signifie la brillante de cette constellation.

Cʜ. ɪɪ, *page* 10 (*a*). Autrefois les étoiles du bélier étoient dans le bélier, le signe du bélier est toujours le premier de l'écliptique; mais les étoiles qui le composoient sont avancées en longitude, ἐς τά ἑπόμενα. La distance à l'équinoxe augmente et paroît toujours plus grande avec le temps.

Ἑπόμενα signifie constamment les points qui passent plus tard au méridien; προηγούμενα, ceux qui passent avant.

Page 12 (*b*). On a pris la distance de la lune au soleil, une demi-heure après la distance de la lune à l'étoile; par le lieu du soleil calculé, et la distance observée, on a le lieu apparent de la lune pour l'instant de la première observation : on y ajoute le mouvement dans l'intervalle; on a donc le lieu de la lune pour la deuxième observation; on y joint la distance entre la lune et l'étoile; on a le lieu de l'étoile. Mais il faut tenir compte de la parallaxe; la lune étoit placée de manière que sa parallaxe la portoit contre l'ordre des signes, et diminuoit sa longitude. On tient compte du changement de parallaxe dans l'intervalle.

Κατὰ τὴν αὐτὴν θέσιν διοπτευομένης, la lune observée, regardée dans la même position, c'est dire sans doute sur le même point du cercle de l'astrolabe; car en une demi-heure, elle avoit avancé vers l'occident, et par son mouvement propre vers l'orient.

Les anciens croyoient que les étoiles avançoient en longitude, et que les points équinoxiaux étoient fixes; les modernes disent que les étoiles sont fixes, mais que les équinoxes rétrogradent. Dans les deux suppositions, les longitudes comptées de l'équinoxe augmentent de la même quantité. Mais pourquoi les équinoxes rétrogradant, dit-on la précession des équinoxes? c'est que le point équinoxial rétrogradant, vient par là au-devant du soleil, ce qui abrège le temps de l'année et fait la différence de l'année tropique à l'année sidérale; les points équinoxiaux ont rétrogradé, mais le moment de l'équinoxe est arrivé plutôt; la précession se rapporte au temps, et quand on parle de la longitude on dit la rétrocession des points équinoxiaux: c'est une contradiction apparente qui n'a aucun inconvénient quand on a bien compris les premières définitions.

Cʜ. ɪɪɪ, *page* 19 (*j*). Il étoit (*Arcturus*) à 29ᵈ 50′ après le solstice; il a été ensuite à 32ᵈ. L'épi étoit en deçà à 8ᵈ de l'équinoxe, sa distance s'est réduite à 6ᵈ; elle a donc avancée de 2ᵈ.

Page 22 (*u*). Ptolémée ne faisoit de distinction du temps moyen au vrai que pour la lune; en conséquence, il faut modifier ce que j'ai dit ci-dessus trop généralement, que les Grecs ne se servoient pas du temps moyen quoiqu'ils le connussent très-bien.

LIVRE HUITIÈME.

(*Page* 52, 4ᵉ ligne d'en-bas).

Τῶν ἑπομένων τῇ δεξιᾳ χειρὶ τοῦ ἑπομένου διδύμου τῶν τριῶν ἐπ' εὐθείας ὁ βορείος.... Διδ. κη γ″ ɴ α γ″.

Ὁ μέσος αὐτῶν... Διδ. κϛ γ″ ɴ γ γ″.

Ὁ νότιος αὐτῶν καὶ πρὸς τῷ πήχει τῆς χειρὸς................................. Διδ. κϛ ɴ δ ϛ″.

II.   *a*

NOTES.

Les trois étoiles paraissent *l*, *g*, *f; l* est la boréale, *g* celle du milieu en longit. et en latit., mais la longitude de *l* est fautive.   2^d 28′ 20″   1^d 20′. *Austral.*

Précession...		22	38		
	3	20	58		
Suivant Flamstead...	3	22	44	o 55.	La latit. a diminué par la diminution d'o-
					bliquité.

Il y a 2 degrés ou 1° 46′ d'erreur.

Mil......	2	26	20	3 20	*A.*
		22	38		
	3	18	58		
g...	3	20	46	2 4o	*A.*
Erreur...	o	1	56		
Troisième......	2	26	o	4 3o	*A.*
		22	38		
	3	18	38		
f...	3	19	20	3 47	*A.*
		42			

Page 58. M. La Grange pensait que le mot *balance* pouvait être affecté au signe du zodiaque, et le mot *serres*, à la constellation; mais je n'ai rien trouvé qui confirmât cette idée qu'il m'avait prié d'exa-miner.

Cʜ. ıı, *page* 84. Aratus en fait un des grands cercles de la sphère.

Cʜ. ıv, *page* 98 (*a*). Il y a occultation pour nous quand le disque d'une planète se place à nos yeux ou devant une étoile; pour les anciens il y avoit occultation quand une étoile étoit assez près du soleil, de la lune, et des grosses planètes, pour ne pouvoir plus se distinguer, et quand elle se perdoit dans la lumière qui environne la planète.

Cʜ. v, *page* 104. Si une étoile culmine avec le soleil, elle a la même ascension droite que le soleil. La latitude et la longitude de l'étoile étant connue, on en déduira son ascension droite et sa déclinaison; l'ascension droite sera celle du soleil au jour où la culmination simultanée des deux astres aura lieu. L'ascension droite de ⊙, connue par celle de l'étoile, on aura la longitude du soleil, et par conséquent, le jour où ce phénomène arrive et le méridien sous lequel il aura lieu; la déclinaison de l'étoile compa-rée à celle du soleil donnera la différence de hauteur à la culmination.

Ptolémée fait l'équivalent de ce calcul, mais d'une manière plus longue, par les méthodes exposées dans les premiers livres.

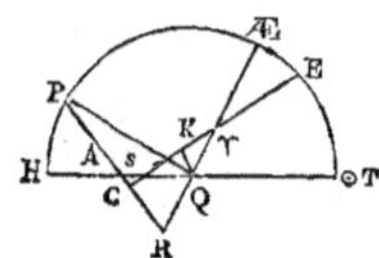

Cʜ. vı, *page* 109 (*a*). Pour les levers simultanés, soit PÆT le méridien; P le pole, Æ l'équateur, EC l'écliptique; A l'étoile qui se lève en même temps que le soleil.

Nous connaissons la hauteur du pole PH, PA complément de déclinaison de l'étoile.

$$\text{Cos. PA} = \cos. \text{PH} \cos. \text{AH}, \text{ d'où } \cos. \text{AH} = \frac{sin.\ \textit{déclinaison}}{cos.\ \textit{haut. du pole}} = sin.\text{QA}, \textit{tang.} \text{QA}, \cos. \text{Q} = \textit{tang.} \text{QR}$$

$$\text{ou } cos.\ \text{AR} \ cos.\ \text{QR} = cos.\ \text{QA} = sin.\ \text{AH}, \text{ et } cos.\ \text{QR} = \frac{cos.\ \text{QA}}{cos.\ \textit{déclinaison}}.$$

QR retranché de l'ascension droite, donne l'ascension droite du point Q de l'équateur qui est à l'horizon. Dans le triangle Q γ S, nous avons γ Q, Q et γ ; nous aurons γ S, longitude du soleil.

Nous aurons donc le jour où le soleil se levera avec l'étoile donnée.

Quatre analogies résolvent le problème. Les mêmes analogies serviroient pour trouver le point de l'écliptique, qui, à une hauteur du pole donnée, se couchera avec une étoile donnée.

Les grecs qui ne connoissoient pas les tangentes étoient obligés de prendre un chemin plus long.

Ils pouvaient trouver $sin.\ QA = \dfrac{sin.\ déclinaison}{cos.\ hauteur\ du\ pole}$

et $cos.\ QR = \dfrac{cos.\ QA}{cos.\ déclinaison}$

Dans les triangles γ QS, en abaissant l'arc perpendiculaire Q $\varkappa$, on auroit $sin.\ Q\gamma\ sin\ \gamma = sin.\ Q\varkappa$

puis, $cos,\ \gamma\varkappa = \dfrac{cos.\ \gamma Q}{cos.\ Q\varkappa}$.

Et $sin.\ \gamma Q\varkappa = \dfrac{sin.\ \gamma Q}{sin.\ \gamma Q}$

On connoît $\gamma QS = 180 - (90 - L) = 90 + L$

$SQ\varkappa = 90 + L - \gamma QS$

$Tang.\ \varkappa S = \dfrac{sin.\ \varkappa S}{cos.\ \varkappa S} = sin.\ Q\varkappa\ tang.\ SQ\varkappa = \dfrac{sin.\ Q\varkappa,\ sin.\ SQ\varkappa}{cos.\ SQ\varkappa}$

$\dfrac{sin.^2\ \varkappa S}{1 - sin.^2\ \varkappa S} = \dfrac{sin.^2\ Q\varkappa\ sin.^2\ SQ\varkappa}{cos.^2\ SQ\varkappa} = M^2$

$sin.^2\ \varkappa S = M^2 - M^2\ sin.^2\ \varkappa S$

$sin.^2\ \varkappa S + M^2\ sin.^2\ \varkappa S = M^2$

$$sin.^2\ \varkappa S = \left(\dfrac{M^2}{1 + M^2}\right) = \dfrac{\dfrac{sin.^2\ Q\varkappa\ sin.^2\ SQ\varkappa}{cos.^2\ SQ\varkappa}}{1 + \dfrac{sin.^2\ Q\varkappa\ sin.^2\ SQ\varkappa}{cos.^2\ SQ\varkappa}}$$

$$= \dfrac{sin.^2\ Q\varkappa\ sin.^2\ SQ\varkappa}{cos.^2\ SQ\varkappa - sin.^2\ Q\varkappa\ sin.^2\ SQ\varkappa}$$

$$= \dfrac{sin.^2\ Q\varkappa\ sin.^2\ SQ\varkappa}{cos.^2\ SQ\varkappa + sin.^2\ SQ\varkappa - sin.^2\ SQ\varkappa\ cos.^2\ Q\varkappa}$$

$$= \dfrac{sin.^2\ Q\varkappa\ sin.^2\ SQ\varkappa}{1 - sin.^2\ SQ\varkappa\ cos.^2\ Q\varkappa}.$$

En substituant dans toutes les équations les cordes des angles ou arcs doubles, aux sinus des arcs ou angles simples, on auroit donc par les tables de Ptolémée la solution du problème ; elle seroit longue, mais ils l'abrégeroient un peu par l'usage des tables subsidiaires des différences d'ascensions droites pour les climats.

Au reste, ces problêmes ne sont d'aucun usage ; il n'en est pas de même de ceux du chapitre suivant, du moins pour les anciens, car pour nous ils sont encore fort inutiles.

Page 113. Si vous calculez les distances de la lune au soleil par les hypothèses ci-dessus de l'excentrique de l'épicycle et de sa nutation, vous trouverez les calculs fort bien d'accord avec la théorie, mais si vous voulez de même calculer les apparitions et les disparitions et rechercher les effets de l'état de l'atmosphère, vous ne trouverez rien de régulier ni de constant, comme si la cause n'avoit pas toujours tout son effet, et que cet effet fût altéré ou troublé par d'autres causes incidentes. Les étoiles, même les plus brillantes, ne présentent pas plus d'uniformité que les autres.

NOTES.

LIVRE NEUVIÈME.

Ch. iii, *page* 121. Ainsi, anomalie est ce que nous appelons l'argument d'une inégalité.

LIVRE DIXIÈME.

Ch. ii, *page* 195 (c). *Développement du calcul de Ptolémée.*

	4^d 28′	0″
$\frac{1}{2}$		30.
$\frac{1}{3}$		20.
$\frac{1}{12}$		5.
Longitude de l'étoile	4 28	55.
Diamètre de la pléiade	1	30.
	5 0	25.
Diamètre de Vénus	—	5.
Longitude de Vénus	5 0	20.
Ptolémée dit	5 0	20.

Il donnoit donc 5′ au diamètre de Vénus.

	4 28	30.
$\frac{1}{3}$		20.
$\frac{1}{12}$		5.
4^d 28′ $\frac{1}{4}$ $\frac{1}{3}$ $\frac{1}{12}$	4 28	55.

(d) *Extrait des Notes de M. Halma.*

M. Delambre demande si les manuscrits disent $\overline{\beta}$ ιε′ ou $\overline{\beta}$ ιε″? Il y a ici variation non seulement dans les nombres, mais encore dans les noms, car les uns disent παρθενου μοιρ. ιβ ιε″, et les autres αἰγοκερω μο:ρ. $\overline{\beta}$ ιε″. C'est ce dernier qu'il faut, car Balance 12ᵈ 8′ + Scorpion 30° + Sagittaire 30° + Capricorne 2° 4′ $= \left(\dfrac{74°\ 12′}{2}\right) = 37° 6′ - 12° 8′ = 24° 58′$ du Scorpion ou environ 25°, comme dit Ptolémée.

Ch. iii, *page* 199 (a).   *Suite des Notes de M. Delambre.*

Digression	-1^d 13′ 35″	
☉	10 25 30.	
	+ 1 18 3.	et non $48^d \frac{1}{3}$
♀	0 13 33.	Κριοῦ 13 $\frac{1}{4}$.
♀	9 11 55.	Αἰγοκερ. 11ᵈ 55′.
☉ moyen	10 25 30.	
Digression	1 18 3.	
Lieu de Vénus	0 13 33.	
Ptolémée dit	13 $\frac{1}{2}$ ♈.	

La digression étoit donc 48ᵈ 3′, et non 48ᵈ $\frac{1}{3}$ $=$ 48ᵈ 20′.

Dans l'autre observation, ☉ moyen ... 10 25 30″

Digression ... 1 13 35.

Lieu de Vénus ... 9 11. 55.

Chap. iv, *page* 202 (a). C'est-à-dire, en langage moderne que le point culminant de l'écliptique déterminé par l'astrolabe, étoit 5ᵈ 2°. La longitude vraie de la lune étoit 7ᵈ 5ᵈ 45′; la longitude apparente étoit 7^d 6^d $45'$, voilà donc une parallaxe d'un degré en longitude. La latitude vraie étoit de 5^d $0'$ boréale; la latitude apparente étoit de 4^d $40'$; la parallaxe de latitude étoit donc de $20'$; la parallaxe de hauteur était donc de $63'$ $15''$. C'est déjà plus que la plus grande parallaxe, et la lune avoit cependant $47^d \frac{1}{2}$ d'anomalie. Ces parallaxes sont donc trop fortes.

Ch. vi, *page 212 et suiv.* Si l'astre paroît en H sur la ligne EBH, on aura

Dist. appar. de la planète au pér. ou $GEH = GZB + EBZ = GZB + TBH = p + (S - p) = S.$

$$= \text{Dist. m. Pl. au pér.} + (\text{dist. m. } \odot \text{ au p.} - \text{dist. m. pl. au p.})$$
$$= \text{Distance moyenne du soleil au périgée.}$$

Ainsi la planète sera vue sur une ligne qui fait avec celle de l'apogée un angle égal à la longitude moy. du soleil. C'est ce que Ptolémée nomme *conjonction*. Mais le soleil moyen n'est pas véritablement sur cette ligne. Le centre des moyens mouvemens n'est ni le point E, ni le point L, ni le point D.

Si la planète est en K sur la droite EKH, on aura

Dist. apparente au périgée $= GEK = GEB = GZB + ZBE = GZB + LBK = GZB + TBH.$

$$= \text{Dist. m. plan. au périgée} + \text{dist. m. } \odot \text{ au périgée} - \text{dist. m. pl. au pér.}$$
$$= \text{Dist. moyenne, soleil au périgée.}$$

L'angle est le même que dans le premier cas, mais le lieu fictif du soleil H, et le lieu K de la planète, sont diamétralement opposés. C'est l'opposition, la planète est acronycte.

Ajoutez 180^d à tous les termes, et vous changerez les distances au périgée en distances à l'apogée.

Cette démonstration est adaptée à la figure de la page 213. Il eût été plus naturel de placer le centre de l'épicycle dans le premier quart de l'excentrique, au lieu que Ptolémée le place dans le dernier, mais le changement est facile, il suffit de supposer que le centre de l'épicycle se meut de A en B. Soit donc $AZB = p = $ distance moyenne de la planète à l'apogée de l'excentrique. Le lieu de la planète sur son épicycle est toujours (dist. m. $\odot$ à l'apogée — dist. m. pl. à l'apogée $= (S - p)$. On suppose qu'à l'origine des mouvemens, les deux apogées coïncidoient, et que le soleil et la planète étoient en conjonction à l'apogée; que le mouvement du centre de l'épicycle est le mouvement moyen propre de la planète; et que le mouvement sur l'épicycle est égal au mouvement relatif ou à l'excès du mouvement du soleil sur celui de la planète supérieure.

Si la planète est en H; $AEB = $ dist. app. pl. à l'apogée $= AZB - ZBE = AZB - LBK = p - (360^d - S + p) = S.$

Si la planète est en K; $AEB = AZB - ZBE = AZB - LBK = AZB - (180^d - TBK) = AZB + TBK - 180^d.$

$$= p + \odot - p - 180^d = \odot - 180^d.$$

La planète est donc à 180^d du soleil ou en opposition, ce qui signifie seulement que la distance angulaire vraie de la planète à son apogée est égal à la distance où le soleil se trouveroit de ce même apogée s'il eût tourné d'un mouvement uniforme autour du point E, après s'être rencontré avec la planète sur la ligne EA de l'apogée.

La démonstration est donc complette. Elle va éclaircir plusieurs passages obscurs de Ptolémée. Il nous dite, p. 211, que le soleil sera toujours en H, ce qui doit s'entendre d'un soleil fictif, car E n'est pas le centre des moyens mouvemens du soleil, EZ n'est pas son excentricité, Z n'est pas le centre de son excentrique.

L'angle B est celui du mouvement moyen de la planète sur son épicycle, c'est ce qu'on exprime encore par la formule anomalie moyenne $= S - p$; l'angle $Z = p$ est le moyen mouvement de la planète, et l'équation est toujours vraie quand on fait croître indéfiniment S et p depuis zéro jusqu'à une circonférence entière ou plusieurs circonférences, mais Ptolémée, employant toujours l'angle moindre que de 180^d, est obligé de le faire tantôt additif et tantôt soustractif, ce qui complique inutilement l'explication.

Il ajoute qu'en général une ligne EX menée par le centre de la terre parallèlement au rayon vertical de la planète sur son épicycle, *représentera* toujours le lieu du soleil moyen. En effet, à cause du parallélisme, on aura $HEX = HBN = HBT + TBN = ZBE + TBN = AZB - AEB + (S - p)$

$$= p - AEB + S - p = S - AEB;$$

d'où $HEX + AEB = AEX = S.$

L'angle AEX est toujours égal à la distance moyenne du soleil à l'apogée de la planète.

Ch. VI, *page* 218.

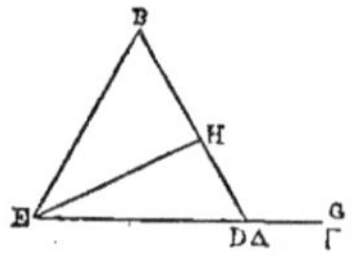

$$\mathrm{B\Delta\Gamma} = \quad 93^d\ 44'.$$
$$\mathrm{E\Delta H} = \quad 86\ 16.$$
$$\mathrm{\Delta EH} = \quad 3\ 44.$$

Prenons ΔE pour rayon, nous aurons EH en parties de ΔE.

$$\mathrm{EH} = \Delta\mathrm{E}\ sin.\ \Delta = \ sin.\ 86^d\ 16' \qquad = \ 0.9978759 \times 120.$$
$$= \ 119^d\ 44'\ 35''.$$
$$\text{Ptolémée dit } 119\ 45.$$

$$\text{Mais l'}arc\ \mathrm{B\Gamma} = \quad 95\ 28.$$
$$\text{Donc } \mathrm{BE\Gamma} = \quad 47\ 44.$$
$$\mathrm{\Delta EH} = \quad 3\ 44.$$

$$\mathrm{BEH} = \quad 44\ \ 0.$$
$$\mathrm{BH} = \mathrm{EH}\ tang.\ \mathrm{BEH} = \ sin.\ 86\ 16\ tang.\ 44^d.$$
$$\mathrm{EB} = \mathrm{EH}\ séc.\ \mathrm{BEH} = \frac{sin.\ 86\ 16 \times 120^d}{cos.\ 44^d} \quad = \ 166\ 27\ 56.$$
$$\text{Ptolémée dit } 166\ 29.$$

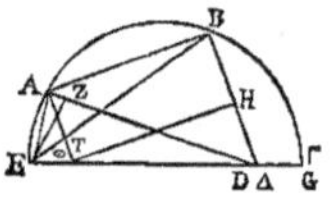

$$\mathrm{A\Delta\Gamma} = \quad 161\ 34.$$
$$\mathrm{A\Delta E} = \quad 18\ 26. \qquad \mathrm{EZ} = sin.\ 18^d\ 26' \times 120' = 37^d\ 56'\ 39''.$$
$$\text{Ptolémée dit } 37\ 57.$$

$$\text{L'}arc\ \mathrm{AB\Gamma} = \quad 177\ 12. \qquad \text{Donc} \quad 88\ 36 = \mathrm{AE\Gamma}.$$
$$71\ 32 = \mathrm{\Delta EZ}.$$

$$\text{Corde } \mathrm{AE} = 2\ sin.\ \ 1\ 24. \qquad 17\ \ 2\ = \mathrm{AEZ}.$$
$$\mathrm{EZ} = \ sin.\ 18\ 26.$$
$$\mathrm{AZ} = \mathrm{EZ}\ tang.\ \mathrm{AEZ} = \ sin.\ 18\ 26\ tang.\ 17^d\ 2'.$$
$$\text{Ou } \mathrm{AE} = \mathrm{EZ}\ sin.\ \mathrm{AEZ} = \frac{sin.\ 18\ 26.}{cos.\ 17\ \ 2.} \quad = \quad 39^d\ 41'\ 6''.$$
$$\text{Ptolémée dit } \quad 39\ 42.$$

Page 218 et 219.

$$\text{Sans doubler les angles nous aurions } \mathrm{BDG} = \quad 93^d\ 44'$$
$$\text{Angle de suite. } \mathrm{EDH} = \quad 86\ 16.$$
$$\mathrm{DEH} = \quad 3\ 44.$$

Prenons DE pour rayon, $\mathrm{EH} = \mathrm{DE}\ sin.\ \mathrm{EDH} = sin.\ 86\ 16 \times 120^d.$

$$= \ 0.9978759 \times 120^d.$$
$$= \ 119^d\ 44'\ 35''.$$
$$\text{Ptolémée dit } 119\ 45.$$

$$\text{Mais l'}arc\ \mathrm{BG} = \quad 95\ 28.$$
$$\text{Donc } \mathrm{BEG} = \quad 47\ 44.$$
$$\mathrm{DEH} = \quad 3\ 44.$$

$$\mathrm{BEH} = \quad 44\ \ 0.$$
$$\mathrm{EB} = \mathrm{EH}\ sec.\ \mathrm{BEH} = \frac{sin.\ 86\ 16 \times 120^d}{cos.\ 44^d} \quad = \ 166\ 27\ 56.$$
$$\text{Ptolémée dit } 166\ 29.$$

$$\mathrm{ADG} = \quad 161\ 34.$$
$$\mathrm{ADE} = \quad 18\ 26. \qquad \mathrm{EZ} = \mathrm{DE}\ sin.\ \mathrm{ADE}.$$

$$\mathrm{EZ} = sin.\ 18\ 26 \times 120^d \quad = \quad 37\ 56\ 39.$$
$$\text{Ptolémée dit } 37\ 57.$$

$$ABG = \quad 177^d\ 12' \quad \text{Donc } AEG = \quad 88^d\ 36'.$$
$$DEZ = \quad 71\ \ 34.$$
$$AEZ = \quad 17\ \ 2.$$

$$AZ = EZ\ tang.\ AEZ;\quad AE = EZ\ sec.\ AEZ = \frac{sin.\ 18\ 26}{cos.\ 17\ \ 2} \times 120^d = 39\ 41\ 6''.$$
$$\text{Ptolémée dit } 39\ 42.$$

Il néglige partout les secondes, il n'est pas étonnant qu'il commette des erreurs de 1'.

$$AT = AE\ sin.\ 40\ 52 \qquad = 25\ 57\ 55.$$
$$\text{Ptolémée dit } 25\ 58.$$

$$ET = \quad 30\ \ 0\ \ 40''.$$
$$(\text{Ptolémée dit}\ldots. \quad 30\ \ 2).$$
$$EB = \quad 166\ \ 27\ \ 56.$$

$$BT = \quad 136\ \ 27\ \ 16.$$
$$\text{Ptolémée dit}\ldots. \quad 166\ \ 27.$$
$$Arc\ AB = \quad 81\ \ 44.\qquad AT{=}AE\ sin.\ 40\ 52.$$
$$AEB = \quad 40\ \ 52.\qquad ET{=}AE\ cos.\ 40\ 52.$$

On voit comment on trouve BT.

$$Corde\ AB = \frac{EB - ET}{cos.\ ABE} = \frac{BT}{cos.\ \frac{1}{2}\ AE}.$$

Mais d'ailleurs, $corde\ AB = 2\ sin.\ : arc\ AB = 2\ sin.\ 40^d\ 52'$.

Nous aurons donc deux valeurs de AB; celle-ci en parties du rayon, l'autre en parties de DE en égalant ces deux valeurs, nous serons conduits à trouver le rapport de ces deux rayons; nous trouverons ainsi $\dfrac{67^d\ 49'\ 52''}{120\quad 0\quad 0}$; Ptolémée trouve $\dfrac{67^d\ 50'}{120\quad 0}$.

$$AB\ = 81^d\ 44'.$$
$$AEB\ = 40\ 52.$$
$$AT = AE\ sin.\ 40^d\ 52' = \left(\frac{sin.\ 18^d\ 26'}{cos.\ 17\ \ 2.}\right) sin.\ 40^d\ 52'$$
$$ET = \left(\frac{sin.\ 18\ \ 26.}{cos.\ 17\ \ 2.}\right) cos.\ 40\ 52.$$
$$EB = \frac{sin.\ 86\ \ 16.}{cos.\ 44^d} = 166\ 27\ 56''.$$

On aura donc BT

$$AT = AE\ sin.\ 40^d\ 52' = \quad 25^d\ 57'\ 55''$$
$$\text{Ptolémée}\ldots\ldots \quad 25\ \ 58.$$
$$ET = \quad 30\ \ 0\ \ 40.$$
$$\text{Ptolémée}\ldots\ldots \quad 30\ \ 2\ \ 0.$$
$$\text{et}\ldots \quad 166\ \ 29.$$
$$EB = \quad 166\ \ 27\ \ 56.$$

$$BT = \quad 136\ \ 27\ \ 16.$$
$$\text{Ptolémée}\ldots\ldots \quad 136\ \ 27.$$

$$Tang.\ ABE = \frac{AT}{BT} = tang.\ 10\ \ 46\ \ 27.$$
$$AE = \quad 21\ \ 32\ \ 54.$$
$$Arc\ ABG = \quad 177\ \ 12.$$

$$GBAE = \quad 198\ \ 44\ \ 54.$$
$$GXE = \quad 161\ \ 15\ \ 6.$$
$$Corde\ GE = 2\ sin.\ 80\ \ 37\ \ 33 = 118\ \ 23\ \ 49.$$

$\overline{AB}^2 = \overline{BT}^2 + \overline{AT}^2$, on aura donc AB.

Nous ferions $AB = \dfrac{(EB - E\Theta)}{cos.\ ABE} = \dfrac{EB - E\Theta}{cos.\ \frac{1}{2}\ AE}$

$AB = 2\ sin. : arc\ AB.$

Nous aurons donc AB, exprimé en parties de deux grandeurs différentes ; en égalant ces valeurs nous aurons le rapport des deux grandeurs qui expriment AB ou $\dfrac{20^d\ 49'\ 52''}{120\quad 0\quad 0.}$

Ptolémée trouve $\dfrac{67\quad 50.}{120\quad 0.}$

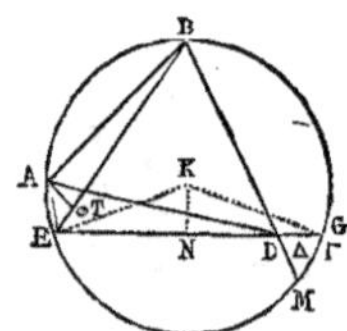

Page 221. (*f*). Pour mieux comprendre la méthode de Ptolémée, il est à propos de la réduire aux règles de notre trigonométrie. Pour cela, des trois perpendiculaires je ne conserve que AT sur BE ; AB, BΓ sont les mouvements moyens dans l'intervalle des observations ; AΔB, BΔΓ sont les mouvements vrais. L'erreur de la première supposition, c'est qu'il faudroit réduire les moyens mouvements au centre de la terre ou du zodiaque.

Nous connoissons BΔΓ, mouvement vrai, nous aurons donc BΔE.

Nous connoissons ΓΔΔ, mouvement vrai, nous aurons donc AΔE.

AEΔ $= \frac{1}{2}$ *arc* ABΓ $= \frac{1}{2}$ *somme* des mouvements moyens.

Nous aurons donc AEΔ, AΔE, et par conséquent ΔAE.

Alors $sin.\ \Delta AE : \Delta E :: sin.\ A\Delta E = AE = \dfrac{\Delta E\ sin.\ A\Delta E}{sin.\ \Delta AE}.$

Nous avons BΔE, BEΔ, et par conséquent ΔBE.

$Sin.\ \Delta BE : \Delta E :: sin.\ B\Delta E : BE = \dfrac{\Delta E\ sin.\ B\Delta E}{sin.\ B\Delta E}.$

$Tang.\ ABE = \dfrac{AE\ sin.\ AEB}{BE - AE\ cos.\ AEB}$ et AEB $= \frac{1}{2}$ *arc* AB ; avec ABE et AEB, nous aurons BAE.

$Sin.\ BAE : BE :: sin.\ AEB : AB = \dfrac{BE\ sin.\ AEB}{sin.\ BAE}.$

Mais d'autre part, AB $= 2\ sin. \frac{1}{2}$ *arc* AB.

De la 1re analogie se tire $\dfrac{AE}{\Delta E} = \dfrac{sin.\ A\Delta E}{sin.\ \Delta AE}.$

De la 2de............ $\dfrac{BE}{\Delta E} = \dfrac{sin.\ B\Delta E}{sin.\ \Delta BE}.$

Je divise haut et bas par ΔE, la formule de la tangente, et j'ai

$Tang.\ ABE = \dfrac{\left(\dfrac{AE}{\Delta E}\right)\ sin.\ AEB}{\left(\dfrac{BE}{\Delta E}\right) - \left(\dfrac{AE}{\Delta E}\right)\ cos.\ AEB}$ où tout est connu.

$$\frac{AB}{\Delta E} = \left(\frac{BE}{\Delta E}\right) - \frac{sin.\ AEB}{sin.\ BAE} = 2\ sin.\ \tfrac{1}{2}\ arc\ AB, \text{ d'où } \Delta E = \frac{AB}{2\ sin.\ \tfrac{1}{2}\ arc\ AB}$$

$$\text{Et}\ BE = \frac{sin.\ AEB}{sin.\ BAE\ \ 2\ sin.\ \tfrac{1}{2}\ arc\ AB}$$

Nous connoissons donc ΔE.

A présent $\Gamma BA + 2\ ABE = \Gamma BAE$.

Si ΓBAE n'est pas de 180^d justes, c'est que ΓE ne sera pas un diamètre. Si $\Gamma BAE > $ 180^d, le centre sera au-dessus de ιE; si $\Gamma BAE < $ 180^d, le centre sera au-dessous. Soit le centre en K, nous aurons

$$KN = sin.\ \left(\frac{\Gamma BAE - 180^d}{2}\right) = sin.\ \left(\frac{\Gamma BAE}{2} - 90^d\right);\ NE = \Gamma N = cos.\ \left(\frac{\Gamma BAE}{2} - 90^d\right)$$

$$\Delta E - NE = \Delta N;\ tang.\ K\Delta N = \frac{KN}{\Delta N} = tang.\ \Gamma\Delta M.$$

$\Gamma\Delta M$ sera la distance du périgée à la 3e longitude observée Γ.

$$\Delta K = \text{excentricité} = \frac{\Delta N}{cos.\ K\Delta N} = \frac{KN}{sin.\ K\Delta N}.$$

On aura donc l'excentricité et le lieu du périgée, du moins à peu près, car le procédé n'est qu'aproximatif.

Cᴴ. ᴠɪɪ, *page* 222. $ANE = TEN - TAN$, $1 : sin.\ T :: TD = DN : sin.\ TAD = DN\ sin.\ EDX = ETX - TAD$.

Dans le triangle TEN nous avons l'angle $T = 36^d\ 31'$, $TE = 1$ ou 120^d. Nous avons TN.

$$Tang.\ TNE = \frac{sin.\ T}{TN + cos.\ T} = \frac{\left(\dfrac{sin.\ T}{TN}\right)}{1 + \dfrac{cos.\ T}{TN}}\ \ TEN = ETX - TNE.$$

Dans les triangles TDA, $DA = 1$, nous avons $DT = \tfrac{1}{2}\ TN\ sin.\ T : DA = 1 :: sin.\ TAD : TD = \tfrac{1}{2}\ TN\ sin.\ TAD = \tfrac{1}{2}\ TN\ sin.\ T$.

Dans DAN nous avons $DA = 1$. L'angle D et DN; $tang.\ DHA = \dfrac{sin.\ D}{\tfrac{1}{2}\ NT + cos.\ T}$.

$DNE - DNA$ est l'erreur ANE.

Page 223. Voici tout le calcul suivant mes formules.

<pre>
              J'ai trouvé ΘΔ 0.10863   log. 9.03597.
                  Sin. Θ = 36ᵈ 22′ 10″   9.77305.
                                               ————————
                  Sin. ΘΔΔ = 3 41′ 37   8.80902.
                       Θ = 36 22 10   je néglige les
                       —————————   unités de 2ᵈᵉˢ
                  ΘΔΔ = 32 40 30 sin. 9.73229.
  Log. cos. ΘΔΔ .. 9.92518   C. 0.95037   0.02211.
                                               ————————
  Cos. ΘΔΔ = 0.84174 tang. ΔNA = 29ᵈ 36′   9.75440.
          ΘΔ =   10863   ————————
          ————————
  ΘΔ + cos. ΘΔΔ = 0.95037
                  Ci-dessus sin. Θ..........   9.77305.
  Log. cos. Θ .. 9.90591   C. 1.02248   9.99034.
                                               ————————
  Cos. Θ .. 0.80521 tang. ΘNE = 30ᵈ 6′ 40″   9.76339.
       ΘN = 0.21727   ΔNA = 29 35   0
  ΘN + cos. Θ = 1.02248   0 30 40 = ANE.
                  Ptolémée 0 32.
</pre>

Ch. vii, *page* 227. C'est donc par de fausses positions ou des rectifications successives qu'on arrive à la solution exacte.

Ch. viii, *page* 234. On a BZG $= 42^d$ 49′.

$$\text{Sin. BZG : DB :: } \textit{sin.} \text{ ZBD : ZD}$$

$$\textit{Sin.} \text{ ZBD} = \frac{\text{ZD } \textit{sin.} \text{ BZG}}{\text{DB}} = \text{ZD } \textit{sin.} \text{ BZG}$$

$$\text{BDG} = \text{BZG} + \text{ZBD}.$$

$$\text{ZB} = \frac{\text{BD } \textit{sin.} \text{ BDG}}{\textit{sin.} \text{ DZB}} = \frac{\textit{sin.} \text{ BDG}}{\textit{sin.} \text{ DBZ}}$$

$$\textit{Tang.} \text{ ZBE} = \frac{\text{ZE } \textit{sin.} \text{ Z}}{\text{BZ} - \text{ZE } \textit{cos.} \text{ Z}} \qquad \text{ZBE} - \text{ZBE} = \text{DBE}.$$

$$\text{ZED} - \text{ZEN} = \text{NEB}.$$

$$\text{BE} \quad \frac{\text{BZ} - \text{ZE } \textit{cos.} \text{ Z}}{\textit{cos.} \text{ ZBE}} = \frac{\text{BN} = \text{BE } \textit{sin.} \text{ NEB.}}{\textit{sin.} \text{ (NBE} + \text{NED)}}, \text{ rayonn de l'épicycle.}$$

Page 235.

		Moitiés.
GZB $=$	85^d 38′	42^d 49′.
ZBE $=$	16 44	8 22.
GEB $=$	102 22	51 11.
Ci-dessus par l'observation... GDN $=$	107 48	53 54.
BEN $=$	5 26	2 43.

GEB est de 102^d 22′ (car il est égal à GZB de 85^d 38 et à ZBE de 16 44), mais l'observation a donné pour la distance de l'astre au périgée, ou GDN de 107^d 48′. (*Voyez pag.* 84) la différence des angles 107^d 48′, et 102^d 22′ et 5^d 26′ c'est la valeur de l'angle BEN.

Je suppose qu'il faut dire :

$$\text{GEB} = 102^3 \text{ 22′.}$$
$$\text{GEX} = 107 \text{ 48.}$$
$$\text{Le reste......} \quad \text{BEX} = 5 \text{ 26.}$$

Page 236.

KBN $=$	7^d 14′
ZBT $=$	8 22 de 360 à la circonférence.
	et 16 44 de 720 à la circonférence.
NBE $=$	1 8.
NEB $=$	2 43.
XNB $=$	3 51 de 360.
	ou 7 42 de 720.

Ch. IX , page 236. *Type du calcul du chapitre IX du livre X.*

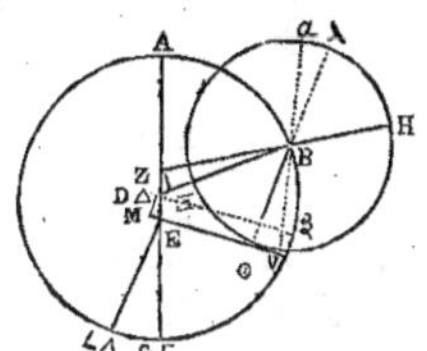

$\odot$ moyen $= 9^s\ 23^d\ 54'$
Apogée σ 3   21   25
____
$\odot$ —apogée σ 6   2   29

$\odot$ —périgée σ = ΓΕΛ = 0   2   29

$$B\Theta = \frac{39^d\ 30'}{60\ \ 0} = \frac{3.95}{6} = 0.6583333$$

AEΘ = ΔΜΕ + ΕΔΜ
    = 3ˢ + ΕΔΜ
ΕΔΜ = AEΘ — 3ˢ = 3ˢ 10ᵈ 50' 3″

$\odot$ —apogée σ 6   2   29
AZB   2   12   44
____
BΘH   3   19   45

$\beta\ m$ $7^s\ 6^d\ 20'$
Précession   — 4   5
____
             7   2   15
Apogée σ 3   21   25
____
AEΘ = 3   10   50
ΓΕΘ = 2   19   10 = ΔΕΜ

ΓΕΛ =   2   29
____
BΘE = ΘΕΛ = 2   21   39
BΞ = sin. ΒΔΞ = 1   3   35
ΞΔΜ = 3   0   0
____
ΒΔΜ = 4   3   35
ΕΔΜ =   10   50
____
ΒΔΕ = 3   22   45

ΒΔΛ = 2   7   15
ZBΛ =   5   28   47″
____
αΒΗ = AZB = 2   12   43   47
αλ = ΓΕΛ =   2   29
____
λΒΗ = 2   10   14   47
ΗΒΘ = 3   19   45   13

Ptolémée   3   19   42.

Apogée de Mars $3^s\ 25^d\ 30'$.
Précession   — 4   5.
____
Apogée de σ 3   21   25.

BN = BΘ *sin.* BΘE   BΘ   9.81845.
                    sin. BΘE   9.99537.
____
BN = 0.65136   9.81382.

ΔΕ = 0,1   9.00000.
sin. ΔΕΜ . . . .   9.99219.
____
ΔΜ = 0.09822   8.99216.
____
BΞ = 0.55314   9.74284.

ΔZ = 0.1   9.00000.
cos. ΒΔΛ . . . .   9.58739.
____
ΔΚ = 0.03867   8.58739.

ΒΚ   0.96133   9.00000.
sin. ΒΔΛ . . . .   9.96483.
____
ZK =   8.96483.
C. ΒΚ . . . .   0.01713.
____
tang. ZBΛ = 5ᵈ 28' 47″   8.98196.

Formules BN = BΘ *sin.* ΘΕΛ = rayon épicycle *sin.* ($\odot$ moyen — lieu observé de σ).
   ΔΜ = ΔΕ *sin.* ΔΕΜ = excentricité *sin.* (lieu de Mars — apogée)
   BΞ = (BN — ΔΜ) = *sin.* ΒΔΞ.
   ΒΔΕ = 90ᵈ + ΒΔΞ — ΕΔΜ.
   ΒΔΛ = 180ᵈ — 90ᵈ — ΒΔΞ + ΕΔΜ = 90ᵈ + ΕΔΜ — ΒΔΞ.

$$Tang.\ ZB\Lambda = \frac{E\ sin.\ B\Delta\Lambda}{1 - E\ cos.\ B\Delta\Lambda}$$

   AZB = ΒΔΛ + ZBΛ.
   ΗΒΘ = 180ᵈ — AZB + ΓΕΛ.
   Ou apogée = ($\odot$ moyen — apogée) — AZB.

NOTES.

$$Sin.\ \text{ZBD} = \qquad \text{o.1}\ sin.\ 42^d\ 49' \qquad = sin.\ 3^d\ 53'\ 5o''.$$

$$\text{BZD} = \qquad 42\ 49.$$

$$\text{BDG} = \qquad 46\ 42\ 5o.$$
$$\text{DBE} = \qquad 4\ 28\ 7.$$

$$\text{BEG} = \qquad 5\text{1}\ \text{10}\ 57.$$

$$Tang.\ \text{DBE} = \frac{\text{o.1}\ sin.\ 46\ 42\ 5o''}{1 - \text{o.1}\ cos.\ 46\ 42\ 5o} = tang.\ 4\ 28\ 7.$$

$$\text{ZBD} = \qquad 3\ 53\ 5o.$$

$$\text{ZBE} = \qquad 8\ 21\ 57.$$
$$\text{KBN} = \qquad 7\ \text{1}4.$$

$$\text{NBE} = \qquad \text{1}\ 7\ 57.$$
$$\text{NEB} = \qquad 2\ 43\ 3.$$

$$\text{DNE} = \qquad 3\ 5\text{1}\ \text{o.}$$

$$\text{BN} = \frac{sin.\ \text{BDG}\ sin.\ \text{NEB}}{sin.\ \text{BEG}\ sin.\ \text{DNE}} = \text{o.}65970.$$

$$\text{Ou multiplié par } 6o^d \text{ il vaudra} \quad 39\ 34\ 55.$$
$$\text{Ptolémée dit} \quad 39\ 3o \text{ à peu près.}$$

Ce calcul est beaucoup plus simple et laisse mieux voir sa méthode. Le rayon de l'épicycle est donc o.6597, de la distance moyenne de Mars. Mais cette distance moyenne est 1.5224.

1.5224 × o.6597 = 1.oo433. On voit donc que le rayon de l'épicycle étoit égal à la distance moyenne du soleil à la terre. Pour faire rester la terre en repos, il transportoit à Mars l'inégalité qui étoit produite par le mouvement qu'il supprimoit.

Mais les anciens ne connaissant pas les distances moyennes des planètes au soleil, ils les supposoient toutes égales au rayon; ils n'avoient pas besoin de la grandeur absolue de l'épicycle, ils ne cherchaient que le rapport de son rayon au rayon de l'excentrique.

LIVRE ONZIÈME.

Chap. 1, *page* 25o. Il seroit plus court aujourd'hui de faire

$$\frac{\Delta\text{Z}\ sinus\ \text{Z}}{\Delta\text{A}} = sinus\ \text{Z}\Delta\text{A} = \Delta\text{Z}\ sinus\ \text{Z}$$

$$\text{A}\Delta\text{Z} = \text{AZ}\Gamma - \text{Z}\Delta\text{A}$$

$$\frac{sinus\ \text{A}\Delta\text{Z}}{\Delta\text{E} + cossinus\ \text{A}\Delta\text{Z}} = tangente\ \text{AEZ}$$

$$\frac{sinus\ \text{NZ}}{\text{EZ} + cossinus\ \text{NZ}\Xi} = tangente\ \text{ZE}\Xi$$

$$\text{NZ}\Xi - \text{ZE}\Xi = \text{E}\Xi\text{Z}$$

$$\text{ZAE} - \text{Z}\Xi\text{E} = \text{AE}\Xi.$$

Page 251. La correction est bien moindre que pour Mars, parce que l'excentricité est moindre.

Cʜ. ɪɪ, *page* 259. Γ vû de ᴇ............................... 0ˢ 14ᵈ 23′.
Donc ᴋ vû de ᴢ.................................... 6 14 23.
ᴋᴛ.. = 2 47.

ᴢ vû de Γ..................................... 6 11 36.
Γ vû de ᴢ..................................... 0 11 36.
ᴍᴢΓ...................................... = 1 0 36.

ᴍ ou périgée.................................. 11 11 0.
Λ ou apogée de l'excentrique.................. 5 11 0.

ʜ apogée de l'épicycle........................ 0 0 0.
ʜΘ... 6 0 0.

Périgée de l'épicycle......................... 6 0 0.
ΘK.. 2 47.

Distance périgée dans l'épicycle.............. 6 2 47.
Movement dans l'intervalle.................... 7 8 31.

Distance apogée dans l'épicycle............... 1 11 18. Époque.
Dans l'excentrique apogée..................... 0 0 0.
Mouvement dans l'intervalle................... 1 23 0.

Distance apogée dans l'excentrique............ 1 23 0.
Le lieu moyen est de .... 9.
Lieu vrai..................................... 14 50.
Lieu apparent................................. 15 45.

Parallaxe de longitude........................ + 55.

La parallaxe augmentoit la latitude, donc Jupiter étoit à l'orient du méridien et plus avancé en longitude que le 2ᵉ degré du belier qui étoit au méridien ; il étoit donc dans les gémeaux et non dans les poissons.

Mouvement longitude..... 1ˢ 23ᵈ 17′   d'anomalie....... 7ˢ 8ᵈ 31′.
Apogée dans l'excentrique.. 7 0 36   épicycle......... 6 2 47.
Autre anomalie, excentrique. 8 23 53   anomalie épicycle.. 1 11 18.
Ou .... 263 53.
Puisque la distance moyenne à l'apogée de l'excentrique est de.... 263 53.
Moyenne .... 180.
Nous aurons la distance au périgée........... 83 53.
    C'est l'angle ʙᴢΓ.
Page 261. Périgée............................ 11 11.
Distance périgée.............................. 2 15 45.
ᴋᴇɢ.. 3 4 45.
ʙᴇɢ.. 3 28 16.
                                             2 23 31.
Page 262. ᴋᴇɢ........................... = 94 45 ci-dessus.
ɢᴇʙ....................................... = 89 8.
ᴋᴇᴛ....................................... = 5 37 = ʙᴇᴋ,
Ou en doublant............................... 11 14.

Page 262. 41^d 18′ = HK , — HBT = 5^d 15′ = HT = 36^d 13′ = TBK , — 5^d 27′ = 30^d 26′ = BKN.

Cʜ. ɪɪɪ, *page* 263. Apogée........................	5ˢ	11^d	
Précession...................................	—	3	47.
Apogée ancien................................	5	7	13.
Longitude observée	3	7	33.
Distance apogée..............................	10	0	20.
Cʜ. ᴠ, *page* 283. Planète moyenne..................	9	14	14.
Distance à l'apogée............................	1	21	12.
Apogée	7	23	0.
Périgée......................................	1	23.	

Cʜ. x, *page* 295. Cette phrase de Ptolémée qui ne dit rien de bien complet, est parfaitement inutile et ne sert qu'à obscurcir ce qui seroit clair sans cela. On calcule la prostaphérèse comme si le centre de l'épicycle étoit porté sur le cercle des moyens monvemens, ou sur EZH (*page* 246). L'erreur qui en résulte pour la prostaphérèse calculée est ANE; or, c'est cet angle qui donne la quatrième colonne.

Cet angle s'ajoute d'abord à la prostaphérèse de la colonne troisième, parceque la véritable prostaphérèse ΘAN est plus grande que ΘEN, dans le premier quart.

Quand dans la même figure le centre de l'épicycle est en Ξ, ΘΞ = ON; O seroit-il ce que Ptolémée appelle le périgée? dans ce cas, P seroit l'apogée et l'on auroit encore NP = ON = ΘΞ; mais cela n'est pas dit assez clairement.

C'est-à-dire ce qu'il faut retrancher de l'équation moyenne pour avoir l'équation qui convient à la plus grande distance.

Page 297.

$$\frac{63.633}{6.5} = 9.85$$

$$\frac{62.439}{11.5} = 5.429$$

$$\frac{65.4}{39.5} = 1.65$$

$$\frac{61.1}{43.167} = \frac{1}{0.70}$$

$$\frac{66.583}{24.5} = \frac{1}{0.36}$$

On voit que ces rayons de l'excentrique à l'épicycle sont à peu près ceux des distances des planètes à la distance moyenne de la terre au soleil. Ce qui doit être, puisque ces épicyeles n'ont été imaginés que pour suppléer au mouvement de la terre que Ptolémée refusoit d'admettre.

Ibidem, vers le bas. Ces quantités sont les plus grandes élongations en digressions pour l'angle de 30^d supposé dans ce calcul.

TABLES.

Page 298. Les deux premières colonnes de la Table sont l'argument qui est successivement la distance à l'apogée de l'excentrique, et la distance à l'apogée de l'épicycle.

La 3ᵉ est l'équation du centre, ou la prostaphérèse de l'excentrique.

La 4ᵉ est la correction de cette équation ou prostaphérèse.

La 6ᵉ est l'équation de l'épicycle.

La 5ᵉ et la 7ᵉ sont des nombres qui servent à corriger l'équation de l'épicycle, mais il faudra les multiplier par le nombre de la 8ᵉ colonne.

Il est à remarquer que les nombres des colonnes 6e et 5e ou 7e se prennent avec le second argument, et les nombres de la colonne 8e avec le premier argument.

A 3° les plus grandes équations sont pour	E.	Au lieu que dans les moyennes distances on a pour les mêmes planètes. (I).	Et dans les plus grandes distances 2e.	Et dans les plus petites. 3e.	1er − 2e	3e − 1er	1er — E.
♄	5d 55' 30"	6d 13'	5d 53'	6d 36'	20'	23'	17' 30".
♃	10 36 30	11 3	10 34	11 35	29	32	26 30.
♂	37 9 0	41 10	36 45	47 1	4 25	5 51	4 1 0.
♀	44 56 30	46 0	44 48	47 17	1 12	1 17	1 3 30.
☿	19 45	22 2	19 2	23 53	3 0	1 51	1 17 0.

Ainsi, pour Saturne, à 30d la plus grande équation est .... 5d 55' 50".
Tandis que dans les distances moyennes elle est .... 6 13 0.

Ainsi la différence est de......................... 0 17 30.
Mais la plus grande différence est de............... 0 20.
Donc $\dfrac{17' \ 30''}{20'} = \dfrac{52' \ 30''}{60'}$

Pour Jupiter à 30d .... 10 36 30.
Dans les différences moyennes .... 11 3.

Différence.. 26 30.
Plus grande différence............................ 29.

$$\frac{26' \ 30''}{29} = \frac{26' \ 30''}{30-1} = \frac{53'}{60'-2'} = \frac{\frac{53'}{60'}}{1-\frac{2}{60}} = \frac{53'}{60'} \cdot 1 + \frac{2}{60} + \frac{4}{3600} = \begin{matrix} 53' & 4'' \\ 1 & 46 \\ \hline 54 & 50 \end{matrix} = 54' \ 50''.$$

Mars à 30d .... 37' 9".
Moyenne distance................................. 41 10.

Différence....................................... 4 1.
Plus grande différence........................... 4 25.

$$C. \quad \begin{matrix} 4' & 1'' \\ 4 & 25 \\ 60 & \\ \hline 54 & 34 \end{matrix} = \begin{matrix} 2.38202. \\ 7.57675. \\ 3.55630. \\ \hline 3.51507. \end{matrix}$$

Vénus à 30d .... 44d 56' 30".
Moyenne distance................................. 46 0.

Différence....................................... 1 3 30.
Plus grande différence........................... 1 12.

$$C. \quad \begin{matrix} 1^d & 3' & 30'' \\ 1 & 12 & \\ & 60 & \\ \hline 52 & 55 & \end{matrix} = \begin{matrix} 3.58092. \\ 6.36452. \\ 3.55630. \\ \hline 3.50174. \end{matrix}$$

Pour Mercure à 30d .... 19d 45'.
Moyenne distance................................. 22 12.

Différence....................................... 2 17.
Plus grande différence........................... 3 0.

$$\begin{matrix} 2^d & 17' \\ 3 & 0 \\ & 60 \\ \hline 45 & 40 \end{matrix} = \begin{matrix} 3.91487. \\ 5.96658. \\ 3.55630. \\ \hline 3.43775. \end{matrix}$$

LIVRE DOUZIÈME.

Cʜᴀᴘ. ɪ, *page* 3ɪ2. Προήγησις est ici dans son sens naturel. On dit d'un astre qui en précède un autre au méridien, qui y passe avant lui, qui marche à sa tête, qu'il est προηγούμενος; d'un astre qui y passe après lui, qu'il est ἐπόμενος. Mais celui qui passe le premier au méridien est moins avancé en longitude; celui qui le suit, ἐπόμενος, qui reste en arrière, Ὑπολειπόμενος, est au contraire plus avancé en longitude; ainsi un astre est προηγούμενος quand sa longitude diminue et qu'il rétrograde; προήγησις, dans le langage des Grecs, répond donc à retrogradation, c'est le même mouvement considéré par rapport à deux points différents, comme dans la théorie des courbes, on peut à volonté mettre les abscisses négatives à droite ou à gauche du centre indifféremment; mais une des deux suppositions une fois adoptée, il faut toujours raisonner dans la même hypothèse.

Ibidem, (a). Ce passage est curieux en ce qu'il prouve que la théorie des excentriques et des épicycles étoit connue avant Ptolémée, et qu'ainsi son travail sur les planètes ne lui appartient pas en entier, ni surtout pour l'idée fondamentale.

Page 3ɪ5. C'est-à-dire que la plus grande et la plus petite distance dans l'épicycle, ou $AZ : \Gamma Z$, sont en même raison que les deux distances dans l'excentrique, c'est-à-dire AK et $K\Gamma$.

Ibidem. $BN = ND$

$$\frac{NN}{XT} = \frac{ND}{XT} = \frac{DZ}{ZT} = \frac{BN}{XT} = \frac{BK}{KT}$$

$$DZ : ZT :: BN : XT :: BK : KT$$

Donc $DZ - ZT : ZT :: BK - KT : KT$

Ou $DT : ZT :: BT - KT : KT$

$2\, OT : ZT :: 2\, BT - 2\, KT : KT$

$OT : ZT :: BT - KT : KT :: BK : KT.$

Page 3ɪ7, (c). C'est-à-dire égal, ou plus grand. $\dfrac{GD}{DB} > \dfrac{angle\ ABG}{angle\ BGA}$

AE n'est pas moindre que AG, ou $AE = AG + X$, X étant une quantité nécessairement positive, mais qui peut aussi être $= 0$.

Ibidem.
$Triangle\ AEZ > secteur\ AEH$

$triangle\ AEG < secteur\ AEG$

$$\frac{triangle\ AEZ}{triangle\ AEG} > \frac{secteur\ AEH}{secteur\ AEG} > \frac{angle\ EAZ}{angle\ EAG} \cdots\cdots \frac{triangle\ AEZ}{triangle\ AEG}$$

donc $\dfrac{ZE}{EG} = \dfrac{GD}{DB} > \dfrac{angle\ EAG}{angle\ EAZ}$ ou $> \dfrac{angle\ ABG}{BGA}$.

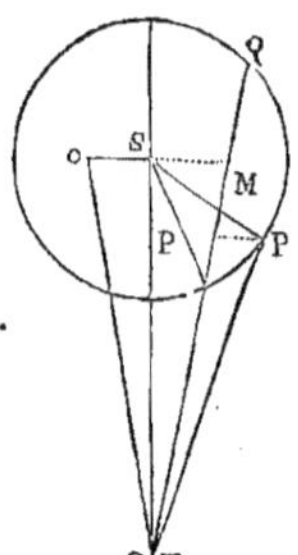

Page 322. Cette démonstration de Ptolémée est bien longue. La trigonométrie moderne en donneroit une plus courte.

Le soleil par son mouvement emporte l'épicycle le long de l'arc SO, la ligne ST, et la ligne PT reçoivent donc le même mouvement angulaire; $SO = ST$, $STO = Rd\odot = d\odot$ en supposant $R = 1$

La planète de son côté, par son mouvement dans l'épicycle, passe de P en p, et $Rp = Sp$. $PSp = rdS$.

Mais en considérant Pp comme une ligne droite

$$PT : sin.\,PpT :: Pp : sin.\,PTp = \frac{Pp\ sin.\,PpT}{PT} = \frac{rdS\ sin.\,pPQ}{PT} = \frac{rdS\ cos.\,SPQ}{PT},$$

car l'angle $SPp = 90^{d}$. Donc PTp ou $dT = \dfrac{r\ cos.\,SPQ.\ dS}{PT} = \dfrac{PM.\ dS}{PT}$,

Mais quand la planète est stationnaire, $d\odot - dT = 0$, donc $d\odot = dT$

Donc $PT : PM :: dS : d\odot$, ou $PM : PT :: d\odot : dS$.

Ou la moitié de la corde $PQ : PT :: $ vitesse de l'épicycle $:$ vitesse de l'astre ; ce qui est précisément la règle de Ptolémée, et même à la règle moderne

$$\frac{d\odot}{dS} = \frac{PM}{PT} = \frac{r\,cos.\,SPQ}{TM - PM} = \frac{r\,cos.\,SPQ}{R\,cos.\,T - r\,cos.\,SPQ} = \frac{d\odot}{d\pi - d\odot}$$

D'où $r\,cos.\,SPQ\,d\pi - r\,cos.\,SPQ\,d\odot = R\,cos.\,T\,d\odot - r\,cos.\,SPQ\,d\odot$

Ou $r\,cos.\,SPQ.\,d\pi = R\,cos.\,T\,d\odot$, et $\dfrac{d\odot}{d\pi} = \dfrac{r\,cos.\,SPQ}{R\,cos.\,T} = -\dfrac{r\,cos.\,SPT}{R\,cos.\,T} = -\dfrac{r\,cos.\,P}{R\,cos.\,T}$

Et $\left(\dfrac{d\odot}{d\pi}\right)^2 = \left(\dfrac{r}{R}\right)^2 \dfrac{cos.^2\,P}{cos.^2\,T}$, mais suivant la loi de Képler $d\pi = \left(\dfrac{R}{r}\right)^{\frac{2}{3}} d\odot$

$$(d\pi)^2 = \left(\frac{R}{r}\right)^3 (d\odot)^2$$

$$\left(\frac{d\odot}{d\pi}\right)^2 = \left(\frac{r}{R}\right)^3 = \left(\frac{r}{R}\right)^2 \frac{cos.^2\,P}{cos.^2\,T} \text{ ou } \frac{r}{R} = \frac{cos.^2\,P}{cos.^2\,T} = \frac{1 - sin.^2\,P}{cos.^2\,T}$$

Donc $\left(\dfrac{r}{R}\right) cos.^2\,T = 1 - sin.^2\,P = 1 - \dfrac{R^2\,sin.^2\,T}{r^2}$ et $\dfrac{r}{R} = 1 + tang.^2\,T - \left(\dfrac{R}{r}\right)^2 tang.^2\,T$

$$D'\text{où } tang.^2\,T = \frac{1 - \dfrac{r}{R}}{\left(\dfrac{R}{r}\right)^2 - 1} = \frac{\left(\dfrac{r}{R}\right)^2 - \left(\dfrac{r}{R}\right)^3}{1 - \left(\dfrac{r}{R}\right)^2} = \frac{\left(\dfrac{Rr^2 - r^3}{R^3}\right)}{\left(\dfrac{R^2 - r^2}{R^2}\right)} = \frac{\left(\dfrac{(R - r)\,r^2}{R^3}\right)}{\dfrac{(R+r)(R-r)}{R^2}}$$

$$= \frac{(R - r)\,r^2}{R\,(R + r)\,(R - r)} = \frac{r^2}{R^2 + Rr} = \frac{\left(\dfrac{r}{R}\right)^2}{1 + \dfrac{r}{R}}, \text{ donc } tang.\,T = \frac{\left(\dfrac{r}{R}\right)}{\left(1 + \dfrac{r}{R}\right)^{\frac{1}{2}}} = \frac{tang.^2\,\varkappa}{(1 + tang.^2\,\varkappa)^{\frac{1}{2}}} =$$

$$= \frac{tang^2\,\varkappa}{sec.\,\varkappa} = tang.^2\,\varkappa\,cos.\,\varkappa = tang.\,\varkappa\,sin.\,\nu\,, \text{ en faisant } \left(\frac{r}{R}\right)^{\frac{1}{2}} = tang.\,\varkappa.$$

Mais $\dfrac{r}{R} = \dfrac{1 + tang.^2\,T}{1 + tang.^2\,P} = tang.^2\,\varkappa$; d'où $tang.^2\,\varkappa + tang.^2\,\varkappa\,tang.^2\,P = 1 + tang.^2\,\varkappa\,sin.^2\,\varkappa$

$$Tang.^2\,P = \frac{1 + tang.^2\,\varkappa\,sin.^2\,\varkappa^2 - tang.^2\,\varkappa}{tang.^2\,\varkappa} = \frac{1 + tang.^2\,\varkappa - tang.^2\,\varkappa - tang.^2\,\varkappa\,cos.^2\,\varkappa}{tang.^2\,\varkappa}$$

$$= \frac{1 - sin.^2\,\varkappa}{tang.^2\,\varkappa} = \frac{cos.^2\,\varkappa}{tang.^2\,\varkappa} = cos.^2\,\varkappa\,cot.^2\,\varkappa, \text{ et } tang.\,P = cot.\,\varkappa\,cos.\,\varkappa.$$

Quand on a ainsi T et P par le plus simple des calculs, on en conclut $S = 180^d - P - T$, et l'angle S divisé par le mouvement synodique, donne le *sinus* de la demi-rétrogradation, ou 2S divisé par le mouvement synodique diurne, donne toujours la rétrogradation entière.

Page 323 (*b*). $30^d\,25'\,46'' \times 28^d\,25'\,45'' = 865^d\,5'\,32'' \times \overline{TZ}^2 = 3557^d\,45'.$

Donc TZ $= \dfrac{3557^d\,45'}{865\quad 5\quad 32''} = \dfrac{3557.75}{865.0922} = 4^d\,5'\,45''$

$$\begin{aligned}
3557'\ 75' &\ldots\ldots 3.55118.\\
865\ 0922 &\ldots\ldots 7.06294.\\
\overline{TZ}^2 = 4\ 1126 &\ldots\ldots 0.61412.\\
TZ = 2\ 028 &\ldots\ldots 0.30706.
\end{aligned}$$

Et TZ $= \quad 2^d\,1'\,41''.$

$(GZ + 2TZ)\, GZ = GD.\ GE =$ 3557 75

$\overline{GZ + 2TZ}.\, GZ =$ 3557 75

$\overline{GZ + 2TZ}.\, \overline{GZ + TZ} =$ +3557 75

                           +   4 1126
                           ____

$(GZ + TZ)^2 = \overline{GT} =$ 3561 8626 .... 3 55168

$GT =$ 59 682 .... 1 77584

Ou $59^d\ 40'\ 55''$

$GT =$ 59 40 55

$TZ =$ 2   1 41
           ____

$GZ =$ 57 39 14   59 682

Ptolémée...   57 39   8   — 2 628
           ____________   ____________

Différence...   6   57 654 = ZG.

Nous avons vu ci-desssus $AD =$ 6 30   = 6 5

Ici nous trouvons   6 39 14 = 6 654

$AG =$ 60....... $C.$ 60   8 22185

$ZG =$ 57 654 $C.$.......   8 23917

$AZ =$ 6 50   2 0770   0 31744

$Somme$ 124 154   4 4230   0 64572
           ____________   ____________

$\frac{1}{2}\ somme =$ 62 077   7 42418

$\frac{1}{2}\ somme - AG =$ 2 077   2 57 14   8 71209

$\frac{1}{2}\ somme - ZG =$ 4 423   5 54 28 = AGZ
           ____

$AZ =$ 6 500   5 57 10 Ptolémée.
                        ____

                        +   2' 42'' différence.

$\frac{1}{2}\ somme =$ 62 077 $C.$ 60...   8 22185 rétrogadation.

             6 5 $C.$ 6 5..   9 18709
           ____

             55 577   ....   1 74490

             2 077   ....   0 31744
                                    ____

                                    19 47128

           32 57 36 .... 9 73514

$GAZ =$ 65 55 12   .... Ptolémée 65^d 52 12'', diff. $= 3'.$

$AGZ =$ 5 54 26
           ____

           71 49 38   108 10 22 = AZG.

On peut encore faire le calcul de cette manière :

$$GE. \, ZG = DG. \, GH$$

$$(ZG + 2. \, ZT)ZG = DG. \, GH$$

$$\left(1 + \frac{2. \, ZT}{ZG}\right) \overline{ZG}^2 = DG. \, GH$$

$$(1 + tang.^2 \, x) \, \overline{ZG}^2 = DG. \, GH$$

$$Sec.^2 \, x \, \overline{ZG}^2 = DG. \, GH$$

$$ZG = cos. \, x \sqrt{DG. \, GH}$$

$$= cos. \, x \sqrt{66. \, 50. \, 20 \times 53. \, 30}$$

$$= cos. \, x \sqrt{66. \, 5 \times 53. \, 5}$$

$$= cos. \, x \sqrt{3557. \, 75}$$

$$\overline{ZG}^2 + 2 \, ZT. \, ZG = DG. \, GH$$

$$2 \, ZT. \, ZG = DG. \, GH - \overline{ZG}^2$$

$$ZT = \frac{DG. \, GH - \overline{ZG}^2}{2 \, ZG}$$

$$= \frac{DG. \, GH}{2 \, ZG} - \tfrac{1}{2} ZG$$

$$GT = ZT + ZG = \frac{DG. \, GH}{2 \, ZG} + \tfrac{1}{2} ZG$$

$$\frac{GT}{AG} = cos. \, AGZ$$

$$Sin. \, GAZ = \frac{AG \, sin. \, AGZ}{AZ}.$$

$$tang.^2 \, x = \frac{2 \, ZT}{ZG} = \frac{2}{28. \, 25. \, 45.}$$

$$= \frac{1}{14. \, 12. \, 22. \, 5.}$$

$$= \frac{1}{14. \, 12. \, 375.}$$

$$= \frac{1}{14. \, 20625.}$$

STATIONS ET RÉTROGRADATIONS.

Ptolémée ne change rien aux théorêmes d'Apollonius, il en promet seulement des démonstrations plus claires et plus faciles. Celles d'Apollonius étoient donc bien obscures, car pour comprendre celles de Ptolémée, j'ai été obligé de les refaire en entier en les disposant comme il suit :

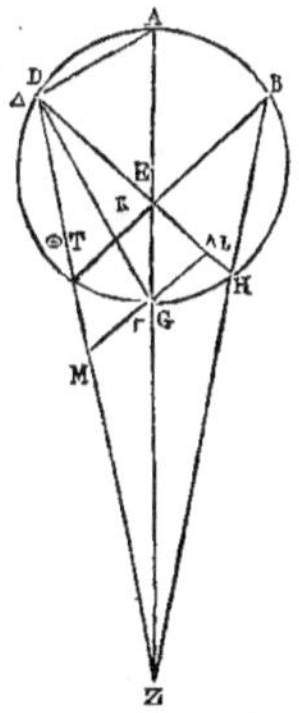

Soit d'abord l'épicycle ABΓΔ, dont le centre est E; AEΓZ, le diamètre dirigé à la terre en Z; prenez de part et d'autre les arcs égaux ΓH et ΓΘ. Par ces points, menez les droites ZHB et ZΘΔ, joignez HΔ et ΘB, qui se couperont en K sur le diamètre AEΓ. Vous aurez AZ : ZΓ : : AK : KΓ.

Car soit ΛΓM parallèle à ΛΔ : c'est-à-dire à angles droits sur ΔΓ,

vous aurez ΓΔH = ΓΔΘ, donc $\dfrac{\Lambda\Delta}{\Gamma\Lambda} = \dfrac{\Lambda\Delta}{\Gamma M}$, donc ΛΔ : ΓΛ : : ΛΔ : ΓM : : AZ : ZΓ.

Car les triangles AΔZ et ΓMZ sont semblables, puisqu'ils sont rectangles et qu'ils ont en outre l'angle en Z qui est commun.

Mais les triangles AKΔ, ΓKΛ ont l'angle K égal, puisque ces angles sont opposés au sommet.

Les angles en A et en Γ sont égaux à cause des parallèles ΛΔ, ΛM,

donc ΛΔ : ΓΛ : : ΛΔ : ΓM : : AZ : ZΓ : : *distance apogée* : *distance périgée*.

Cette construction est générale et suppose seulement AB = ΛΔ, ou ΓH = ΓΘ, ce qui est la même chose. Il en résulte encore que les cordes BΘ et ΔH couperont AEΓ au même point K, et que ce point sera toujours le même pour les deux cordes ainsi menées, quels que soient les arcs AB et ΛΔ, pourvu qu'ils soient égaux ; seulement le point K descendra vers Γ à mesure que AB et ΛΔ deviendront plus grands.

Ceci bien entendu, prenez AB = AΔ; menez la corde BNΔ, le diamètre AEΓZ, les droites ΔZ, BZ, BKΘ,
les perpendiculaires EΠ, EO, ΘΞ, vous aurez comme ci-dessus

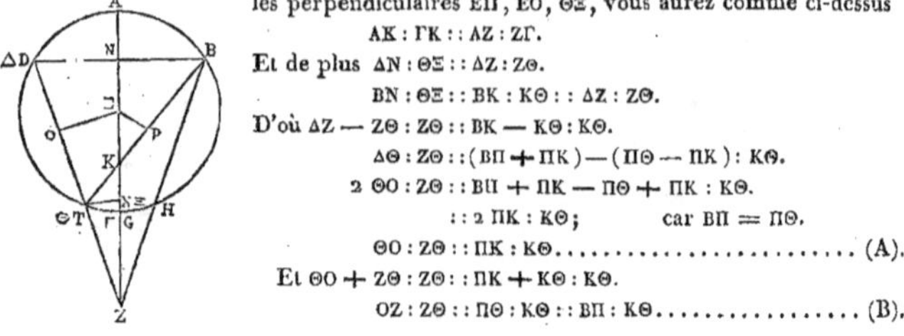

$$\text{AK} : \text{ΓK} :: \text{ΔZ} : \text{ZΓ}.$$

Et de plus $\quad \text{ΔN} : \text{ΘΞ} :: \text{ΔZ} : \text{ZΘ}.$

$$\text{BN} : \text{ΘΞ} :: \text{BK} : \text{KΘ} :: \text{ΔZ} : \text{ZΘ}.$$

D'où $\quad \text{ΔZ} - \text{ZΘ} : \text{ZΘ} :: \text{BK} - \text{KΘ} : \text{KΘ}.$

$$\text{ΔΘ} : \text{ZΘ} :: (\text{BΠ} + \text{ΠK}) - (\text{ΠΘ} - \text{ΠK}) : \text{KΘ}.$$

$$2\,\text{ΘO} : \text{ZΘ} :: \text{BΠ} + \text{ΠK} - \text{ΠΘ} + \text{ΠK} : \text{KΘ}.$$

$$:: 2\,\text{ΠK} : \text{KΘ}; \qquad \text{car BΠ} = \text{ΠΘ}.$$

$$\text{ΘO} : \text{ZΘ} :: \text{ΠK} : \text{KΘ} \ldots\ldots\ldots\ldots\ldots\ldots\ldots\ldots\ldots\ldots (A).$$

Et $\quad \text{ΘO} + \text{ZΘ} : \text{ZΘ} :: \text{ΠK} + \text{KΘ} : \text{KΘ}.$

$$\text{OZ} : \text{ZΘ} :: \text{ΠΘ} : \text{KΘ} :: \text{BΠ} : \text{KΘ} \ldots\ldots\ldots\ldots\ldots (B).$$

Tout cela est également vrai dès que AB = AΔ, ou que ΓH = ΓΘ. ABΓ est l'épicycle de la planète, et Z le centre du zodiaque.

Mais si nous prenons ABΓ pour l'excentrique, AK et ΓK étant dans le rapport des distances apogée et et périgée, ne pourront être que ces distances elles-mêmes; ainsi K sera le centre du zodiaque, et KE sera l'excentricité.

Si dans l'épicycle on mène ΔZ telle qu'on ait

$$\text{OΘ} : \text{ZΘ} :: \textit{vitesse de l'épicycle} : \textit{vitesse de la planète.}$$

On aura dans l'excentrique

$$\text{ΠK} : \text{KΘ} :: \textit{vitesse de l'épicycle} : \textit{vitesse de la planète} \;(\text{voyez formule A}).$$

KΘ représentant la vitesse de la planète, ΠK sera celle du centre de l'épicycle, et ΠΘ ou BΠ qui est la somme des deux, représentera la vitesse du soleil.

C'est pour se ménager la possibilité d'envisager ce problème de deux manières et de le résoudre dans ces deux hypothèses, qu'il a fallu arriver aux deux analogies (A) et (B); cela ne suffit pas encore, Apollonius établit le théorème suivant:

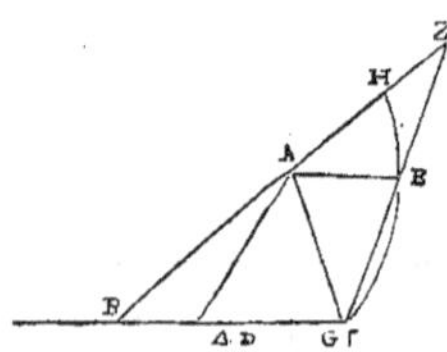

Soit un triangle ABΓ dans lequel BΓ surpasse AΓ; prenez ΓΔ qui ne soit pas plus petit que AΓ, c'est-à-dire tel que ΓΔ soit ou plus grand que AΓ, ou tout au moins égal à AΓ.

Vous aurez $\dfrac{\text{ΓΔ}}{\text{BΔ}} > \dfrac{\text{ABΓ}}{\text{BΓΔ}},$

Menez AΔ, et ΓEZ parallèle à AΔ, puis AE parallèle à ΓΔ; prolongez BA en Z, et du rayon AE au moins égal à AΓ, décrivez l'arc HEΘ; on voit que ΓΔ sera la distance à la terre à l'instant de la conjonction, ΓΔ une distance un peu plus grande avant ou après la conjonction.

Le triangle AEZ $>$ le secteur EΔH $=$ secteur EΔH $+ \Omega$.

Le triangle AEΓ $<$ secteur EΔΓ $=$ secteur EΔΓ $- \Omega'$.

$$\frac{\text{Triangle AEZ}}{\text{Triangle AEΓ}} = \frac{\text{sect. EΔH} + \Omega}{\text{sect. EΔΓ} - \Omega'} = \frac{\dfrac{\text{sect. EΔH}}{\text{sect. EΔΓ}} + \dfrac{\Omega}{\text{sect. EΔΓ}}}{1 - \dfrac{\Omega'}{\text{sect. EΔΘ}}} > \frac{\text{sect. EΔH}}{\text{sect. EΔΓ}} >$$

Mais $\dfrac{\text{triangle AEZ}}{\text{triangle AEΓ}} = \dfrac{\text{EZ}}{\text{EΓ}} = \dfrac{\text{EZ}}{\text{AΔ}} = \dfrac{\text{AE}}{\text{BΔ}} = \dfrac{\text{ΔΓ}}{\text{BΔ}}.$ Donc $\dfrac{\text{ΔΓ}}{\text{BΔ}} > \dfrac{\text{ABΓ}}{\text{AΓB}}.$

Nous avons vu une démonstration de ce genre au livre premier de la syntaxe math. Apollonius pourroit bien être l'auteur de l'une et de l'autre, ou du moins Ptolémée aura pris l'idée de sa démonstration dans celle d'Apollonius.

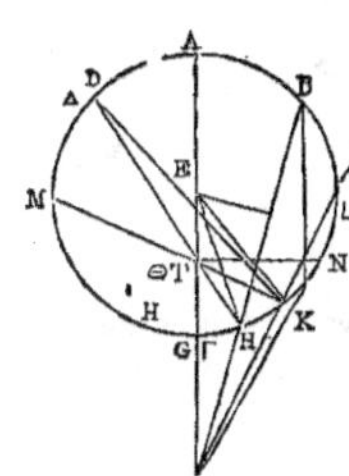

Soit l'épicycle ABΓ, autour du centre E, sur le diamètre AΓ, Z le lieu de l'œil, ensorte que $\dfrac{E\Gamma}{\Gamma Z} = \dfrac{\textit{vitesse de l'épicycle}}{\textit{vitesse sur l'épicycle}}$.

C'est ce que l'observation donne en effet pour toutes les planètes. Alors il sera possible de mener une ligne ZHB, telle que $\dfrac{\Pi H}{HZ} = \dfrac{\textit{vitesse de l'épicycle}}{\textit{vitesse sur l'épicycle}}$.

En effet, plus vous augmenterez AB, plus ΠH diminuera, jusqu'à ce qu'il devienne enfin o; ce qui aura lieu si ZB est la tangente à l'orbite.

Mais à mesure que ΠH diminue, HZ augmente; le rapport $\dfrac{\Pi H}{HZ}$ va donc diminuant sans cesse depuis le point Γ de la conjonction jusqu'au point de contingence en Γ ou tout près de ce point $\dfrac{\Pi H}{ZH} = \dfrac{\textit{vitesse sur l'épicycle}}{\textit{vitesse de l'épicycle}}$.

Au point de contingence $\dfrac{\Pi H}{HZ} = $ o.

Il y aura donc nécessairement une valeur de AB et de ΓH qui donnera
$$\frac{\Pi H}{HZ} = \frac{\textit{vitesse de l'épicycle}}{\textit{vitesse sur l'épicycle}}.$$

Le point H qui donnera cette valeur sera celui de la station; sur HΓ la planète sera rétrograde, sur AH elle sera directe; il en sera de même dans l'autre moitié de l'épicycle, la planète sera rétrograde de H' en Γ, et directe de H' en A. C'est ce qu'il faut prouver.

L'égalité des deux vitesses doit produire la station, car elles sont en sens opposés; par la vitesse de l'épicycle la planète avance, par la vitesse sur l'épicycle elle rétrograde dans la partie inférieure.

En Γ on a *vitesse de l'épicycle* $< \dfrac{E\Gamma}{\Gamma Z}$ *vitesse sur l'épicycle;* mais ce second membre est la vitesse géocentrique sur l'épicycle, et le premier membre est la vitesse géocentrique du centre de l'épicycle, donc *vitesse géocentrique du centre de l'épicycle* $<$ *vitesse géocentrique sur l'épicycle.*

Donc en Γ la planète est rétrograde; elle sera stationnaire en H et en H', où l'on aura *vitesse de l'épicycle* $= \left(\dfrac{\Pi H}{HZ}\right)$ *vitesse sur l'épicycle* $=$ *vitesse géocentrique sur l'épicycle.*

Les Grecs ne trouvoient ces points H et H' que par tâtonnement; on peut cependent les trouver par une formule directe. Plus loin on aura

$$\textit{vitesse de l'épicycle} > \left(\frac{\Pi H}{HZ}\right) \textit{vitesse sur l'épicycle ;}$$ la planète sera directe.

On peut prouver directement que sur HΓH' la planète sera rétrograde, et que hors de cet arc elle sera directe. La démonstration qui suit est parfaitement inutile, Ptolémée auroit pu s'en dispenser.

Soit K pris au hasard sur AH; menez le rayon EH.

Dans le triangle BKZ on a BH $>$ BK, donc $\dfrac{BH}{HZ} > \dfrac{BZK}{ZBK}$, donc $\dfrac{\frac{1}{2}BH}{HZ} > \dfrac{BZK}{2\,ZBK}$, ou $\dfrac{\frac{1}{2}BH}{HZ} > \dfrac{HZK}{KEH}$.

Mais par la supposition et la formule (A), $\dfrac{\frac{1}{2}BH}{HZ} = \dfrac{\Pi H}{HZ} = \dfrac{\textit{vitesse épicycle}}{\textit{vitesse sur l'épicycle}} > \dfrac{HZK}{KEH}$,

donc $\dfrac{\textit{vitesse épicycle}}{\textit{vitesse sur l'épicycle}} > \dfrac{HZK}{KEH} = \dfrac{HZK + \Omega}{KEH}$.

Il faudroit donc augmenter HZK d'une quantité Ω pour établir l'égalité des numérateurs; les dénominateurs sont identiques puisque KEH est la vitesse angulaire sur l'épicycle. Soit KZN $= \Omega$, nous aurons HZN, mouvement de l'épicycle, pendant le temps que la planète décrira KH, l'astre rétrogradera de KZH, et il avancera de HZN; il restera donc un excédent KZN de mouvement direct; la planète sera donc directe.

Au contraire, prenez K' sur l'arc $H\Gamma$, menez BK', EK', et $ZK'\Lambda'$.

Le triangle BKZ sera retourné, et dans $BK'Z$ vous aurez $ZK' < ZK$, ainsi $\dfrac{ZH}{HB} > \dfrac{HBK'}{HZK'}$; $\dfrac{\frac{1}{2}\,HB}{ZH} < \dfrac{HZK'}{HBK'}$, ou $\dfrac{\frac{1}{2}\,HB}{ZH} < \dfrac{HZK'}{K'EH} = \dfrac{HZK' - \Omega}{K'EH}$; les dénominateurs seront encore les mêmes, donc *vitesse de l'épicycle* $= HZK' - \Omega$, et la planète sera rétrograde.

Les deux parties de la proposition sont donc démontrées pour l'épicycle, et cela suffisait.

Supposons maintenant que $AB\Gamma$ soit l'excentrique, ΘA, $\Theta\Gamma$, les distances apogées et périgées. Nous aurons $\dfrac{BH}{HZ} > \dfrac{BZK}{ZBK}$ ou $\dfrac{BH}{HZ} > \dfrac{HZK}{HBK}$, car ces quantités sont encore les mêmes. Donc $\dfrac{BH + HZ}{HZ} > \dfrac{BZK + BZK}{ZBK}$ ou $\dfrac{BZ}{HZ} > \dfrac{\Lambda KB}{HBK}$.

De plus, $BZ : HZ :: \Delta\Theta : \Theta H$; $\dfrac{BZ}{HZ} = \dfrac{\Delta\Theta}{\Theta H}$; $\dfrac{BZ + HZ}{HZ} = \dfrac{\Delta\Theta + \Theta H}{\Theta H}$; $\dfrac{BH}{HZ} = \dfrac{\Delta H}{\Theta H}$

$\dfrac{\frac{1}{2}\,BH}{HZ} = \dfrac{\text{\textit{vitesse de l'excentrique}}}{\text{\textit{vitesse de la planète}}} > \dfrac{\Delta KB}{KEH} = \dfrac{\Lambda KB + \Omega}{KEH}$; les dénominateurs sont encore identiques ; la vitesse de l'excentrique est donc $\Lambda BK + \Omega$; la planète est directe comme ci-dessus.

Au contraire, prenez K' sur $H\Gamma$; menez BK', EK', et $ZK'\Lambda'$.

Le triangle BKE sera encore changé en $BK'Z$; nous aurons encore $\dfrac{HB}{HZ} < \dfrac{HZK'}{HBK'}$, puisque rien n'est changé à cet égard. $\dfrac{ZH + HB}{ZH} < \dfrac{HZK' + HBK'}{HBK'}$; $\dfrac{\frac{1}{2}\,ZB}{ZH} < \dfrac{2\,HBK'}{BK\Lambda'}$

$\dfrac{\frac{1}{2}\,ZB}{ZH} < \dfrac{HZK' + HBK'}{2\,HBK' = K'EH} < \dfrac{\Lambda'K'B}{K'EH} = \dfrac{\Lambda'K'B - \Omega}{K'EH} = \dfrac{\text{\textit{vitesse de l'excentrique}}}{\text{\textit{vitesse de la planète}}}$.

Les dénominateurs seront encore les mêmes, $\Lambda'K'B = HZK' + HBK'$ devra être diminué pour égaler le mouvement de l'excentrique, il faudra prendre un point N' entre K' et Γ; le mouvement sur l'excentrique qui tend à augmenter la longitude, sera moindre que le mouvement HK' de la planète qui tend à la diminuer, et la planète sera rétrograde.

Ces démonstrations sont assez pénibles et assez compliquées pour qu'on pût se dispenser de les modifier dans l'excentrique, il suffisoit de les donner pour l'épicycle, puisque Ptolémée donne un épicycle à toutes les planètes. On peut voir dans mon astronomie comment j'ai démontré les théorêmes d'Apollonius, et comment j'ai prouvé qu'ils sont identiques à ceux de Keill.

Il nous reste à montrer comment les Grecs calculoient les stations et les rétrogradations d'après ces principes qui n'étoient pas assez développés pour fournir une solution commode et directe.

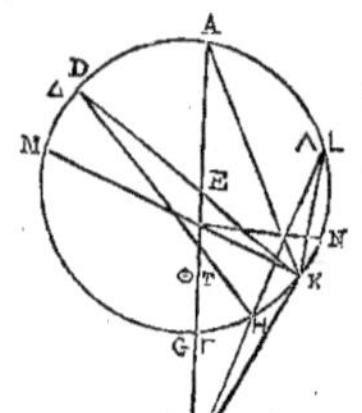

Soit ΔEH l'épicycle de Saturne, Γ le centre du zodiaque. Menez ΓZ telle que $\dfrac{\frac{1}{2}\,EZ}{Z\Gamma} = \dfrac{\text{\textit{vitesse de l'épicycle}}}{\text{\textit{vitesse sur l'épicycle}}}$; Z sera le point de la station.

La propriété du cercle donne $\Gamma\Delta \cdot \Gamma H = \Gamma E \cdot \Gamma Z = (\Gamma Z + 2Z\Theta)\,\Gamma Z = 2Z\Theta \cdot \Gamma Z + \overline{\Gamma Z}^2$.

$\Gamma\Delta \cdot \Gamma H - \overline{\Gamma Z}^2 = 2Z\Theta \cdot \Gamma Z$; $2Z\Theta = ZE = \dfrac{\Gamma\Delta \cdot \Gamma H - \overline{\Gamma Z}^2}{\Gamma Z} = \dfrac{\Gamma\Delta \cdot \Gamma H}{\Gamma Z} - \Gamma Z$;

Nous avons suivant Ptolémée $\Gamma A = 60^{P}$.

$$A\Delta = 6\ \ 30'.$$

$$\Gamma\Delta = 66\ \ 30 \dots\dots\dots 3.6009729.$$
$$\Gamma H = 53\ \ 30 \dots\dots\dots 3.5065050.$$

$$\Gamma\Delta \cdot \Gamma H = \qquad \dots\dots\dots 7.1074779.$$

Or, $\Gamma Z : Z\Theta :: (\Pi - \pi) : \pi :: 28^d\ 25'\ 46'' : 1^d\ 0'\ 0''$.

$$\text{Soit } \Gamma Z = n.\quad 28^d\ 25'\ 45''.$$

Nous aurons $Z\Theta = n.\quad .1.$

$$
\begin{aligned}
\Gamma\Theta = Z\Gamma + Z\Theta &= n.\quad 29\quad 25\quad 46.\\
\Gamma E = Z\Gamma + 2\,Z\Theta &= n.\quad 30\quad 25\quad 46.\\
Z\Gamma &= n.\quad 28\quad 25\quad 4\Gamma.\\
(Z\Gamma + 2\,Z\Theta)\,Z\Gamma &= n.^2\,(30\quad 25\quad 4\Gamma)\,(28\quad 25\quad 46) = \Gamma\Delta.\,\Gamma H \ (\text{ci-dessus}).
\end{aligned}
$$

$$\text{D'où } n^2 = \frac{\Gamma\Delta.\,\Gamma H}{(30\quad 25\quad 46)(28\quad 25\quad 46)}$$

$$
\begin{aligned}
Log.\ \Gamma\Delta.\ \Gamma H\ \dots\dots\dots\dots\dots\dots\dots\dots\ & 7.1074779.\\
C.\ log.\quad 30\quad 25\quad 46\dots\dots\dots\dots\dots\ & 6.7385569.\\
C.\ log.\quad 28\quad 25\quad 46\dots\dots\dots\dots\dots\ & 6.7680828.\\
\hline
Log.\ \mathrm{n.}^2 = 2\ log.\ \mathrm{n.}\ \dots\dots\dots\dots\dots\dots\dots\ & 0.6141176.\\
\hline
Log.\ \mathrm{n.} = \ \dots\dots\dots\dots\dots\dots\dots\dots\ & 0.3070588.\\
28\quad 25\quad 46\dots\dots\dots\dots\dots\dots\ & 3.2319272.\\
\hline
\Gamma Z = \quad 57\quad 39.2\ \dots\dots\dots\dots\dots\ & 3.5389760.\\
Log.\ \mathrm{n.}\ \dots\dots\dots\dots\dots\dots\dots\dots\ & 0.3070588.\\
30\quad 45\quad 46\dots\dots\dots\dots\dots\dots\ & 3.2614431.\\
\hline
\Gamma E = \quad 61\quad 42.6\dots\dots\dots\dots\dots\ & 3.5685019.\\
\hline
\Gamma E - \Gamma Z = Z E = \quad 4\quad 3.4.\ & \\
Z\Theta = \quad 2\quad 1.7. & \quad 2.0852906.\\
C.\ A Z = A\Delta = \quad 6\quad 30\ \dots\dots\dots\dots\ & 7.4088354.\\
\hline
Sin.\ Z A\Theta = \quad 18\quad 10\quad 43. & \quad 9.4941260.\\
A Z\Theta = \quad 71\quad 49\quad 17. & \\
Sin.\ A Z\Gamma = \quad 108\quad 10\quad 43\dots\dots\dots\ & 9.9777641.\\
C.\ \Gamma A = \quad 60\ \dots\dots\dots\dots\dots\ & 6.4436975.\\
A Z = \quad 6\quad 30\ \dots\dots\dots\dots\dots\ & 2.5911646.\\
\hline
Sin.\ A\Gamma Z = \quad 5\quad 54\quad 32 & \quad 9.0126262.\\
A\Gamma Z = \quad 5\quad 54\quad 32. & \\
A Z\Gamma = \quad 108\quad 10\quad 43. & \\
\text{Donc } Z A\Gamma = \quad 65\quad 54\quad 45. & \\
\hline
Somme = \quad 180\quad 0\quad 0. &
\end{aligned}
$$

$L'angle\ Z A\Gamma = \quad 65\quad 54\quad 45$, donnera le temps de la demi-rétrogradation ou l'angle traversé par la planète sur l'épicycle pendant la demi-rétrogradation.

$A\Gamma Z$ est l'angle à la terre, ou l'élongation à la station. Ainsi le problême est résolù d'une manière complette.

Les anciens, qui n'avoient pas l'usage des équations, ne pouvoient exposer leur solution d'une manière aussi simple. Diophante paroît avoir été le seul qui ait exprimé l'inconnue par un caractère particulier, comme nous avons fait ici pour n. Mais la solution de Ptolémée revient au calcul que nous venons de faire. On peut s'y prendre d'une manière plus facile à imaginer.

$$\Gamma Z = 28,42912 \; Z\Theta \,; \; \Gamma Z . \; \Gamma E = \Gamma Z \,(\Gamma Z + 2 \, Z\Theta) = \overline{\Gamma Z}^{2} + 2 \, Z\Theta . \, \Gamma Z$$

$$\Gamma\Delta . \; \Gamma H = \overline{\Gamma Z}^{2} + 2 \, Z\Theta . \, \Gamma Z$$

$$= (28,42944)^{2} \, (Z\Theta)^{2} + 2 \,(28,42944)\,(Z\Theta)^{1}$$

$$(Z\Theta)^{2} = \frac{\Gamma\Delta . \; \Gamma H}{(28,42944)^{2} + 56,85888}$$

$$Z\Theta = \frac{\dfrac{(\Gamma\Delta . \; \Gamma H)^{\frac{1}{2}}}{28,42912}}{\left(1 + \dfrac{2}{28,42944}\right)^{\frac{1}{2}}}$$

J'ai trouvé par cette formule le même résultat qu'en suivant de plus près la méthode de Ptolémée ; cependant Ptolémée trouve $5^{d}\,38'\,11''$, et $Z A \Gamma = 67^{d}\,1'\,15''$, et $\Lambda Z \Gamma = 107^{d}\,20'\,34''$. Ces erreurs sont peu importantes et peuvent venir de la longueur du calcul, de la grandeur des nombres et de l'embarras des sexagésimales.

$Z A \Gamma$ est le mouvement relatif.

Ces calculs sont pour la distance moyenne du centre de l'épicycle. Ils donnent 142 jours de rétrogradation.

$$\text{Dans le périgée on trouve } A \Gamma Z = \quad 6^{d}\ 12'\ 33''.$$
$$Z A \Gamma = \quad 64\ \ 51\ \ 10.$$
$$A Z \Gamma = 108\ \ 56\ \ 17.$$

Les calculs sont tous pareils pour les autres planètes. Nous avons donc les moyens de refaire les tables de Ptolémée avec plus d'exactitude et plus de facilité.

Ptolémée prend pour argument de sa table la longitude moyenne du centre de l'épicycle. Cette longitude détermine la distance du centre de l'épicycle à la terre.

Avec cet argument on trouve les deux anomalies de l'épicycle qui produisent la station, ou le commencement de la rétrogradation.

Soit $180^{d} - A$ l'anomalie qui produit la première station, ou le commencement de la rétrogradation ; $180^{d} + A$ sera l'anomalie qui produira la seconde station, ou la fin de la rétrogradation ; ensorte que la somme des deux anomalies est toujours de 360^{d}.

La différence des deux nombres ou $(180^{d} + A) - (180^{d} - A) = 2\,A$, est le mouvement dans l'épicycle, ou le mouvement d'anomalie pendant la rétrogradation, d'où l'on peut conclure la durée, mais il faudroit pour cela que la longitude du centre de l'épicycle n'eût pas changé dans l'intervalle. Il est vrai que ce changement ne produit pas d'effet sensible sur l'anomalie qui donne la station.

On peut dire que cette manière de présenter la théorie des rétrogradations paroît imaginée pour l'obscurcir en la démontrant. Voici dans le fait à quoi elle se réduit :

Le mouvement géocentrique d'une planète se compose du mouvement C du centre de son épicycle, et du mouvement de la planète sur son épicycle, tel qu'il est vu de la terre en Z.

Soit $A = \Theta E K$ le mouvement angulaire de la planète dans son épicycle, $r = E\Theta = $ *rayon de l'épicycle* $\Theta K = A . \, r$ sera l'arc décrit par la planète.

Cet arc sera vu de la terre sous l'angle $\Theta Z K = \dfrac{K O}{Z K} = \dfrac{\Theta K \; sin.\, K \Theta Z}{Z K} = \dfrac{A . \, r \; sin.\, K \Theta Z}{Z \Theta} = \dfrac{A . \, r \; cos.\, E \Theta Z}{Z \Theta} \,;$

le mouvement de la planète sera $C + \dfrac{A . \, r \; cos.\, E \Theta Z}{Z \Theta}$, et ce mouvement sera positif et direct, car les

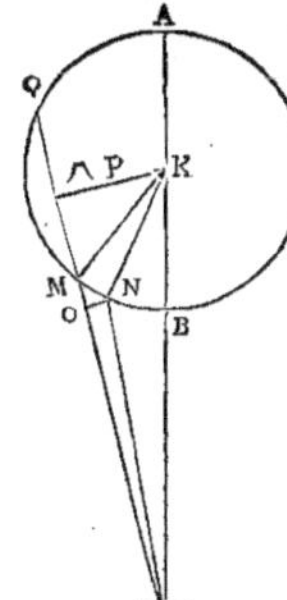

deux termes sont positifs, les deux mouvemens partiels étant dirigés dans le même sens, suivant l'ordre des figures. Mais à mesure que la planète s'éloigne de son apogée, l'angle EΘZ devient plus ouvert, le cosinus diminue, le mouvement direct diminue. Quand EΘZ sera droit, $cos.$ EΘZ $= 0$, le mouvement direct sera réduit au premier terme C.

Quand l'angle sera obtus le mouvement sera $C - \dfrac{\text{A. r } cos.\ \text{EΘZ}}{\text{ZΘ}}$, et le mouvement continuera de diminuer à mesure que le cosinus négatif augmentera, d'autant plus que ZΘ diminue;

Le mouvement sera encore direct tant que $C > \dfrac{\text{A. r } cos.\ \text{EΘZ}}{\text{ZΘ}}$, et la planète sera directe.

Le mouvement sera nul si $C = \dfrac{\text{A. r } cos.\ \text{EΘZ}}{\text{ZΘ}}$, et la planète sera stationnaire.

Le mouvement sera négatif si $C < \dfrac{\text{A. r } cos.\ \text{EΘZ}}{\text{ZΘ}}$, et la planète sera rétrograde.

TREIZIÈME LIVRE.

Ch. i, *pag.* 369 (*a*). Cette traduction, qui rend fidèlement le sens de l'auteur, en abrégeant ses longueurs, modifie quelques-unes de ses expressions trop vagues, trop incomplettes et trop obscures. Tout ce chapitre est difficile à entendre, impossible à retenir. On ne peut se faire une idée bien précise de toute cette théorie, qu'en examinant les tables où elle est renfermée. Cette remarque s'applique plus ou moins à tout ce qui suit, jusqu'aux tables.

Pag. 370. C'est-à-dire, apparemment, que le nœud ascendant est dans le demi-cercle où l'équation est additive; et le nœud descendant dans le demi-cercle où elle est soustractive.

Pag. 371. Il me semble que Ptolémée désigne par λόξωσις, l'inclinaison de l'épicycle sur l'excentrique; et par ἔγκλισις, l'inclinaison de l'excentrique sur le zodiaque. Le diamètre de l'épicycle, qui, dans l'apogée de l'excentrique étoit le plus élevé sur le plan de l'excentrique, quand il a fait un quart de révolution, se trouve dans le nœud et dans le plan de l'excentrique. Au contraire, le diamètre perpendiculaire au premier, et qui dans l'apogée étoit dans le plan de l'excentrique, après le quart de révolution se trouve abaissé de toute l'inclinaison au-dessous du plan de l'excentrique, et par là, tout entier dans le plan du zodiaque.

Ch. iii, *pag.* 377. C'est ce qui donne lieu à la 3ᵉ équation de latitude. *Voyez l'explication des Tables.*

Ibidem (*a*). Ptolémée s'épargne ici le calcul des latitudes apogées et périgées, pour $2^{d}\frac{1}{2}$ d'inclinaison, en renvoyant aux tables d'équation du centre, qui, pour $2^{d}\frac{1}{2}$ de longitude vraie, donneront 1° et 6^{d} 22' de longitude apparente.

Ibidem (*b*). Même moyen que pour Vénus.

Page 378 (*c*). Pour entendre la figure, il faut imaginer que le plan du papier est celui du cercle de latitude ou du cercle perpendiculaire au zodiaque. Alors l'épicycle HΘKZ sera au nord, et ΛMNΞ au sud.

Ibidem. C'est-à-dire de l'excentrique et du cercle de latitude.

Page 380. On peut démontrer ceci autrement.

Soit K l'angle constant, AEΓ=BEΔ, $5y$ l'angle ΓEK, et Gy l'angle ΔEX ; puisque ces angles sont entr'eux comme 5 et 9, nous aurons $K + 5y = 4^d\ 20'$.

$$K + 9y = y - 0.$$

$$4y = 2\ 40 = 160'.$$
$$y = \quad 40.$$
$$5y = 3\ 20 = \text{ΓEK}.$$
$$K + 5y = 4\ 20.$$

$$K \qquad = 10\ 0.$$
$$7y = 6\ 0 = \text{ΔEΞ}\ \text{comme Ptolémée.}$$

Page 390. Appliquons à Saturne et Jupiter la même méthode que ci-dessus.

Pour Saturne $K + 18y = 2.$
$$K + 23y = 3.$$

$$5y = 1^d.$$
$$y = \frac{1^d}{5} = 0^d\ 12'.$$

$$K + \frac{18^d}{5} = 2, \quad K = 2^d - \frac{18^d}{5} = 2^d - 3^d,6 = -1^d 6.$$

$$K + \frac{23^d}{5} = 3, \quad K = 3^d - \frac{23^d}{5} = 3^d - 4^d,6 = -1^d 6.$$

Nous aurons donc $K = -1^d\ 36'$

Pour Jupiter $K + 29y = 1.$
$$K + 43y = 2.$$

$$14y = 1^d.$$
$$y = \frac{60'}{14} = \frac{30'}{y}$$

$$K + \frac{29 \times 30'}{y} = 1^d ; \quad K = 1^d - \frac{870'}{y} = 1^d - 124\frac{2}{y} = -64'\frac{2}{y}$$

$$K + \frac{43 \times 30}{y} = 2 \quad K = 2^d - \frac{1290'}{y} = 2^d - 184\frac{2}{y} = -64'\frac{2}{y}$$

Nous sommes loin de nous accorder ici avec Ptolémée ; c'est qu'il suppose K nécessairement positif, condition purement arbitraire. Ajoutons donc cette condition :

Nous aurons pour Saturne $18y + 23y = 60' = 41y$, $y = \frac{60}{41}$; $18y = \frac{18 \times 60}{41} = \frac{1080}{41} = 26',34$.

Ptolémée donne 26, d'où $K = 1^d\ 34'$ environ ; mais on aura aussi $23y = \frac{23.60}{41} = \frac{1380}{41} = 34$ comme Ptolémée, et $K = 3^d\ 0' - 34' = 2^d\ 26'$, ce qui ne va nullement avec la 1ere valeur.

Ptolémée prend $2^d\ 26$.

Pour Jupiter $(29 + 43)y = 60 = 72y$; $y = \frac{60'}{72} = \frac{5'}{6} = 50''$

$$K + \frac{29 \times 5}{6} = 1^d ; \quad K = 1^d - \frac{145'}{6} = 1^d - 24' = 36'$$

$$K + \frac{43 \times 5}{6} = 2^d ; \quad K = 2^d - \frac{215}{6} = 2^d - 36 = 1^d\ 24'.$$

Ou aura bien plus simplement

$$\text{Pour Saturne} \quad \text{BEK} = 2^{d}$$
$$\text{BEH} = 3$$
$$\overline{\text{KEH} = 1}$$

$$\text{ZEK} : \text{ZEH} :: 18 : 23$$
$$\text{ZEK} + \text{ZEH} : \text{ZEK} :: 41 : 18$$
$$\text{ZEK} = \frac{18}{41} \times \text{KE} = \frac{18.60.}{41} = \frac{1080}{41} = \quad 26'$$
$$\text{Donc ZEK} = \quad 34$$
$$\text{BEK} = 3 \quad 0$$
$$\overline{\text{BEZ} = 2 \quad 26}$$

$$\text{Pour Jupiter} \quad \text{ZEK} : \text{ZEH} :: 29 : 43$$
$$\text{ZEK} + \text{ZEH} : \text{ZEK} :: 72 : 29$$
$$\text{ZEK} = \left(\frac{29}{72}\right) 60 = \frac{1740}{72} = \quad 24'$$
$$\text{ZEH} \qquad 36$$
$$\text{KEH} \qquad 2 \quad 0$$
$$\overline{\text{BEZ} = 1 \quad 24}$$

Pour plus de facilité Ptolémée suppose BEZ = 1 30 pour Jupiter, et = 2 30 pour Saturne.

Cʜ. ɪᴠ, *page* 385 (*a*). Soit ABE = *inclinaison* = 2^{d} 30' pour Vénus; y = *distance à l'apogée* = 45^{d} dans l'exemple suivant

$$Tang.\ \Lambda\text{AM} = \cfrac{\dfrac{\text{BE}}{\text{AB}} \sin.y}{1 - \dfrac{\text{BE}}{\text{AE}} \cos.\text{I} \cos.y}$$

$$Tang\ \Theta\text{AM} = \sin.\text{I} \cot.y \sin.\Lambda\text{AM}$$
$$Cos.\ \text{élongation} = \cos.\Theta\text{AM} \cos.\Lambda\text{AM}$$

$$\begin{array}{lll}
\text{BE} & \overline{43'\quad 10''}\ldots\ldots & 3.4132998 \\
\text{AB} & 60'\quad 0\ldots\ldots & 6.4436975 \\
Sin.\ 46^{d}\ 0\ 31 & \ldots\ldots & 9.8569973 \\
Sin.\ y = 45\ 0\ 0 & \ldots\ldots & 9.8494850 \\
C.\ 0.49174 & \ldots\ldots & 0.3082645 \\
Tang.\ \Lambda\text{AM} = 45\ 58\ 21 & \ldots\ldots & 0.0147468 \\
\end{array}$$

$$Cos.\ \text{I} \ldots\ldots\quad 9.9995865.$$
$$\ldots\ldots\quad 9.8569973.$$
$$Cos \ldots\ldots\quad 9.8494850.$$
$$9.7060688$$
$$0.50826.$$
$$0.49174.$$

$$Sin.\ \Lambda\text{AM} \ldots\ldots\quad 9.8567327$$
$$Sin.\ \text{I} \ldots\ldots\quad 8.6400731$$
$$Cot.\ y \ldots\ldots\quad 0.0000000 \qquad Cos.\ \Lambda\text{AM} \ldots\ldots\quad 9.8419870.$$
$$Tang.\ \Theta\text{AM} = 1\ 47\ 53 \ldots\ldots\quad 8.4968258 \qquad cos \ldots\ldots\quad 9.9997821.$$

$$Cos.\ \text{latitude géocentrique} \ldots\ldots 46^{d}\ 8'\ 1'' \qquad Cos \ldots\ldots\quad 9.8417691.$$
Prostaphérèse de longitude . . . . 45 58 21 sur l'écliptique.
Élongation . . . . 46 0 1 dans l'épicycle.

Différence 1 40

Ces trois formules renferment donc toute cette partie de la théorie des latitudes de Mercure et de Vénus, et donneraient la 3ᵉ colonne de la table.

$$120^{d} \dots\dots\dots\dots\ 3.8573325 \qquad cos.\ \text{MA}\Lambda \dots\dots\dots\ 0.1580130.$$
$$Sin.\ 45 \dots\dots\dots\dots\ 9.8494850 \qquad \text{A}\Lambda \dots\dots\dots\dots\ 3.2480469.$$

$$84\ 51'\ \ 2'' \dots\ 3.7068175 \qquad \text{AM} = 42^{d}\ 27'\ 1''\ \ 3.4060599.$$
$$84\ 52 \dots\dots\dots\ \text{Ptolémée} \qquad \Theta\text{M} \dots\dots\dots\dots\ 1.9024644.$$

$$Tang.\ \Theta\text{AM} = \ 1\ \ 47\ \ 47\ \ \ 8.4974045.$$
$$1\ \ 48\ \ \ \text{Ptolémée.}$$

$$43\ \ 10 \dots\dots\dots\ 3.4132998 \qquad\qquad\qquad 3.4132998.$$
$$Sin.\ 45 \dots\dots\dots\ 9.8494850 \qquad C.\ 60 \dots\dots\dots\ 6.4436975.$$

$$30\ 31\ \ \ 4 \dots\dots\ 3.2627848 \qquad\qquad 46\ \ 0\ \ 31\ \ \ 9.8569972.$$
$$\text{AM} = \text{K}\Theta = \ 30\ 32 \dots\dots\dots\ \text{Ptolémée} \qquad 45\ \ 58\ \ 10\ \ \ tang.\ \Lambda\text{AM}.$$

$$2\ \ 21$$

$$120' \dots\dots\dots\dots\dots\dots\dots\ 3.8573325$$
$$Cos.\ \text{ABE} = \ \ 2\ \ 30 \dots\dots\dots\ 9.9995865$$

$$119\ \ 53',1 \dots\dots\dots\ 3.8569190$$
$$Tang.\ \text{ABE} \dots\dots\dots\dots\dots\ 8.6400931$$

$$5\ \ 14',06 \dots\dots\dots\ 2.4970121$$

$$3.2627848$$
$$Cos.\ \text{ABE} \dots\dots\dots\dots\dots\dots\ 9.9995865$$

$$\text{BA} = \ 30\ \ 29,5 \dots\dots\dots\ 3.2623713$$
$$\text{A}\Lambda = \ 29\ \ 30,3 \dots\dots\dots\ 8.6400931$$

$$\text{K}\Lambda \dots\dots\dots\ 1\ \ 19,885 \dots\dots\ 1.9024644$$

$$\text{M}\Lambda \dots\dots\dots\dots\dots\dots\dots\ 3.2627848$$
$$C.\ \text{A}\Lambda \dots\dots\dots\dots\dots\dots\ 6.7519531$$

$$Tang.\ \text{MA}\Lambda = \ 45\ \ 58\ \ \ 19 \dots\dots\ 0.0147379\ \ \text{Ptolémée.}$$

En diminuant de moitié le calcul de Ptolémée, on arrive au même résultat sensiblement par nos tables trigonométriques. Mais on peut abréger considérablement encore le calcul par les formules ci-dessus.

Les formules ci-dessus serviront pour Mercure, en changeant les rapports des rayons des cercles.

$$I = 6^d\ 15'$$

$$\frac{BE}{AB} = \frac{22\ \ 30}{56\ \ 40} \dots\dots\dots\ \begin{array}{l} 3.3103338 \\ 6.4685211 \end{array}$$

Sin.	23 23 40	9.5988549		9.5988549.
Sin.	45	7.8494860	*cos.* I	9.9974110.
		0.1421213	*cos.* 45	9.8495850.
Tang. ΛΛM =	21 16 44	9.5904612		9.4457509.
	21 17	Ptolémée		0.279094.
Sin. ΛΛM		9.5598015		0.720906.
Sin. 1		9.0368958		
Cos. y		0.0000000		
Tang. ΘΛM =	2 15 45	8.5966973	*cos.*	9.9996613.
	2 16	Ptolémée	*cos.* ΛΛM	9.9693343.
Élongation	21ᵈ 23′ 39″			9.9989956.
Élongation sur l'écliptique	21 16 44			
Différence	6 55			

Page 389 *l.* 16. Au lieu que pour Vénus et Mercure, on calcule séparément les effets de chacune de deux inclinaisons.

Page 390 *l.* 14. Pour Saturne.

$$GT = 6^d\ 30' \dots\dots\dots\ 2.5910646$$

Sin. 45 .... 9.8494850

KΘ == BΛ == 4 35,77 .... 2.4405496, Ptolémée 4ᵈ 36′.
    Cos. 4 30 .... 9.9986591

ΓM == 4 34,52 .... 2.4392087, Ptolémée 4 35′.
Tang. 4 30 .... 8.8959842

KM == 0 21,637 ...... 1.3351929, Ptolémée 0 22.

AΓ == 62 10   KM ...... 1.3351929.
ΓM == 4 34,92   *C.* ΛM .... 6.4615518.

AM == 57 35,08 .... 7.7967447.
    Tang. M = 0ᵈ 21′,316
      AΓE 2 30

Ptolémée 2 52′ ..... 2 51,316 == BAK
        2 51,18″ 96

C. cos. KΛM ...0 .... 0.0000085
AM 3.5384482
Cos. BΛK 9.9994605

AB == 57 30′,7 .... 3.5379172, Ptolémée 57ᵈ 31′.
Tang. BΛK 8.6978855

ΛΘ == BK == 2 52,11 .... 2.2358027, Ptolémée 2 53.

BΛ...................... 2.4405496
C. AB...................... 6.4720828

Tang. BAΛ == 4 34 9...... 8.9026324

C. *cos.* BAΛ.................. 0.0013824
AB...................... 3.5379172

AΛ == 57 41',7 .... 3.5392996, Ptolémée 57 42.

ΛΘ...................... 2.2358027
C. *cos.* Λ.................... 6.4607004

2ᵈ 50' 46''...... 8.6965031, Ptolémée 2 52.

4ᵉ colonne.

AΓ = 57 40   KM...... 1.3351929.
ΓM == 4 34,92   C AM.... 6.4968797.

AM == 53 5,08.................. 7.8320726.
Tang. KAM == 0ᵈ 23,21
2 30

BAK 2 53,21 == 3ᵈ 53' 12'' 6.

AM....................... 3.5031203
C. *cos.* KAM.................. 0.0000100

AK == 53' 5.1''......... 3.5031303, Ptolémée néglige la différence.
Cos. BAK.................... 9.9994485

AB == 53 1 1....... 3.5025788, Ptolémée 53 1.
Tang. BAK.................. 8.7226626

ΛΘ == KB == 2 40,041...... 2.2052414, Ptolémée 2 41.

BΛ...................... 2.4485496
C. AB...................... 6.4974212

Tang. BAΛ == 4ᵈ 57' 16'' 5.... 8.9379708, Ptolémée 4 58.

C. *cos.* BAΛ.................. 0.0016258
AB...................... 3.5025788

AΛ == 53 13 0...... 3.5042046, Ptolémée 53 13.

ΛΘ...................... 2.2052414
C. AΛ...................... 6.4957954

Tang. ΘAΛ == 2 52 34...... 8.7010368, Ptolémée 2 53.

Ce calcul, plus court que celui de Ptolémée, serviroit à composer les colonnes 3 et 4 de la latitude.

AΓ = 57ᵈ 40'
ΓK = 4 35,77

AK = 53 4,23.

$$\Theta\text{K} = 4\ \ 53\,,77 \qquad 2.4405496$$
$$C.\ \text{AK}\ldots\ldots\ldots\ldots\ 6.4969966$$

$$Tang.\ \Theta\text{AK} = 4\ \ 56\ \ 59 \qquad 8.9375462.\ \text{Ptolémée}\quad 4^d\ 57'.$$
$$\text{BA}\Lambda = 4\ \ 57\ \ 16\qquad \text{ci-dessus.}$$

$$\text{o}\ \ 17\quad \text{Différence due à l'inclinaison.}$$

Page 394 (*b*). Ptolémée dit 1', ce qui vient de l'incertitude de son calcul.

Ce calcul est beaucoup plus court : ce que nous devons à l'usage des tangentes.

Pag. 394. Pour Jupiter. GT = 11' 30''...... 2.8388491
$$Sin.\ 45^d\ldots\ldots\ldots\ 9.8494850$$

$$\text{BA}\ \ 8\ \ \ 7\,,94\ldots\ldots\ 2.6883341,\ \text{Ptolémée}\quad 8^d\ 8'.$$
$$Cos.\ \ 2\ \ 30\ldots\ldots\ldots\ 9.9995865$$

$$\Gamma\text{M} = 8\ \ \ 7\,,44\ldots\ldots\ 2.6879206,\ \text{Ptolémée}\quad 8\ \ \ 8.$$
$$Tang.\ \ 2\ \ 30\ldots\ldots\ldots\ 8.6400931$$

$$\text{AM} = 21\ \ 28''\!,2\ldots\ldots\ldots\ 1.3289137,\ \text{Ptolémée}\qquad 21'.$$

$$62\ \ 30$$
$$8\ \ \ 7\,,44$$

$$\text{MA} = 54\ \ 22\,,56\ \text{compl.}\ \ 6.4864415,\ \text{Ptolémée}\ 54\ \ 22.$$
$$\text{KM}\ldots\ldots\ldots\ldots\ldots\ 1.3280137$$

$$Tang.\ \text{KAM} = \text{o}\ \ 22\ \ 26''\ldots\ldots\ 7.8144552,\ \text{Ptolémée}\quad \text{o}\ \ 22.$$
$$\text{BA}\Gamma = 1\ \ 30$$

$$\text{BAK} = 1\ \ 52\ \ 26$$

$$\text{AM}\ldots\ldots\ldots\ldots\ldots\ldots\ 3.5135585$$
$$C.\ cos.\ \text{KAM}\ldots\ldots\ldots\ldots\ 0.0000089$$
$$Cos.\ \text{BAK}\ldots\ldots\ldots\ldots\ldots\ 9.9997677$$

$$\text{AB} = 54\ \ 20\,,9\ldots\ldots\ 3.5133351,\ \text{Ptolémée}\ 54\ \ 20.$$
$$Tang.\ \text{BAK}\ldots\ldots\ldots\ldots\ 8.5147761$$

$$\Lambda\Theta = \text{BK} = 1\ \ 46\,,79\ldots\ldots\ 2.0281112,\ \text{Ptolémée}\quad 1\ \ 46.$$

$$\Theta\Lambda\ldots\ldots\ldots\ldots\ldots\ldots\ 2.6883341$$
$$C.\ \text{AB}\ldots\ldots\ldots\ldots\ldots\ 6.4866649$$

$$Tang.\ \text{BA}\Lambda = 8\ \ 38\ \ 34\ldots\ldots\ 9.1749998$$

$$C.\ cos.\ \text{BA}\Lambda\ldots\ldots\ldots\ldots\ 0.0048074$$
$$\text{AB}\ldots\ldots\ldots\ldots\ldots\ldots\ 3.5133351$$

$$\text{A}\Lambda = 54\ \ 57\,,2\ldots\ldots\ 3.5181425,\ \text{Ptolémée}\ 54^d\ 56.$$

$$\Lambda\Theta\ldots\ldots\ldots\ldots\ldots\ldots\ 2.0281112$$
$$C.\ \text{A}\Lambda\ldots\ldots\ldots\ldots\ldots\ 6.4818575$$

$$Tang.\ 1^d\ 51'\ 12''\ldots\ldots\ 8.5099687,\ \text{Ptolémée}\quad 1\ \ 51.$$

$$\frac{\begin{array}{ll} 5\text{\small{7}} & 3\text{\small{o}} \\ 8 & 7,44 \end{array}}{}$$

        M = 49   22,56 compl.   6.5283328 , Ptolémée 49   22.

KM 1.3280137

Tang. KAM = 0   24   42″......   7.8563465

      BAΓ =   1   30

      BAK =   1   54   42

AM 3.4716672

C. cos. KAM................   0.0000111

Cos. BAK....................   9.9937583

       AB = 49 , 20,92.......   3.4714366 , Ptolémée 49   20.

Tang. BAK..................   8.5234507

     AΘ = BK =   1   38   83.......   1.9948873 , Ptolémée   1   39.

BA..............................   2.5863341

C. AB........................   6.5285034

Tang. BAΛ =   9   21   25″......   9.2168975

C. cos. BAΛ..................   0.0058173

AB..............................   3.4714366

       AΛ = 50   0,9.........   3.4772539 , Ptolémée 50   0.

AΘ..............................   1.9948873

Tang. ΘAΛ =   1   53   10.......   8.5176334

ΘK..............................   2.6883341

AK..............................   3.5135674

Tang. ΘAK =   8   30   19.......   9.1747667

      BAΛ =   8   30   34

         15 différence produite par les inclinaisons. Ptolémée dit 1′, parce qu'il n'a pas calculé avec la même précision, puisqu'il se borne aux minutes sans fractions.

    Le calcul seroit le même pour tout autre angle que 45ᵈ, avec cette seule différence que le sinus et le cosinus n'étant plus égaux, ΘM et KM seroient inégaux aussi.

Page 398 (*d*).   Pour Mars.

   GT = ΘΓ = 39ᵈ 30′..........   3.3747483

    cos. sin. 45..............   9.8494850

      ΓΛ = 27   56,2.........   3.2242334 , Ptolémée 27ᵈ 56′.

     Cos. 2   15............   9.9996650

      ΓK = 27   54,5.........   3.2238983

     Tang. 2   15..........   8.5942832

        1   5,794......   1.8181815 , Ptolémée   4   6.

ΑΓ = 66   0   0
ΓΚ = 27   54 , 5
—————————————
ΑΚ = 38   5 , 5   compl. 6.6410188 , Ptolémée 38   6.
                          1.8181893
                  —————————————
Tang. ΚΑΜ =   1   38   56″...... 8.4592081 , Ptolémée   1   39,5.
     ΒΑΓ =   1
       —————————————
       ΒΑΚ   2   38   56................., Ptolémée   2   39,5.

C. cos. ΚΑΜ.................. 0.0001799
ΑΚ......................... 3.3589812
Cos. ΒΑΚ 9.9995357
       —————————————
       ΑΒ =   38   4....... 3.3586968 , Ptolémée 38   5.
Tang. ΒΑΚ.................. 8.6652507
       —————————————
       ΛΘ =   1   45 , 70....... 2.0239475 , Ptolémée   1   46.

ΒΛ......................... 3.2242333
C. ΑΒ...................... 6.6413032
       —————————————
Tang. ΒΑΛ = 36ᵈ 16′ 7″...... 9.8655365 , Ptolémée

C. cos ΒΑΛ = ... 0.0935289
ΑΒ......................... 3.3586968
       —————————————
       ΑΛ = 47   12   9....... 3.4522257 , Ptolémée 47ᵈ 14′.
ΛΘ......................... 2.0239475
       —————————————
   Tang. ΘΑΛ   2   8   10″...... 8.5717218 , Ptolémée   2   9.

       ΑΓ = 54
       ΓΚ = 27   54 , 5
       —————————————
       ΑΚ = 26   5 , 5   compl. 6.8053469 , Ptolémée 26   6.
ΓΚ....·.....................,.... 1.8181815
       —————————————
Tang. ΓΑΚ =   2   24   23....... 8.6235284 , Ptolémée   2   24   30.
     ΒΑΓ =   1
       —————————————
       ΒΑΚ =   3   24   23................., Ptolémée   3   24   30.

C. cos. ΚΑΜ.................. 0.0003832
ΑΚ......................... 3.1946531
Cos. ΒΑΚ.................. 9.9992380
       —————————————
       ΑΒ = 26   4 , 1........ 3.1942683 , Ptolémée 26   4.
Tang. ΒΑΚ.................. 8.7746837
       —————————————
       ΛΘ =   1   33 , 10....... 1.9689520 , Ptolémée   1   33.

ΒΛ......................... 3.2242333
C. ΑΒ...................... 6.8057317
       —————————————
Tang. ΒΑΛ = 46   58   30″...... 0.0279650 , Ptolémée 47   0

II.

NOTES.

$$C.\ cos.\ \mathrm{B\Lambda} \dots\dots\dots\dots\dots\ 0.1660135$$
$$\mathrm{AB} \dots\dots\dots\dots\dots\dots\ 3.1942683$$

$$\mathrm{A\Lambda} = 38\ \ 12,3 \dots\dots\ 3.3602818,\ \text{Ptolémée } 38\ \ 12.$$
$$\mathrm{\Lambda\Theta} \dots\dots\dots\dots\dots\ 1.9689520$$

$$Tang.\ \mathrm{\Theta A\Lambda} = 2\ \ 19\ \ 33'' \dots\dots\ 8.6086702,\ \text{Ptolémée }\ 2\ \ 20.$$

$$\mathrm{B\Lambda} = \mathrm{\Theta K} = \dots\dots\dots\ 3.2242333$$
$$\mathrm{AK} \dots\dots\dots\dots\dots\ 3.3589812$$

$$Tang.\ \mathrm{\Theta A K} = 36\ \ 15\ \ 4 \dots\dots\ 9.8652521$$
$$\mathrm{B A \Lambda} = 36\ \ 16\ \ 7$$

1 3 différence produite par les inclinaisons.
Ptolémée trouve la différence nulle. Il a

$$\mathrm{B\Lambda} \dots\dots\ 3.2242333$$
$$\mathrm{AK} \dots\dots\ 1.8053469$$

calculé par la plus petite distance, et moi
pour la plus grande. Pour la plus petite,
je trouve $1'\ 31''$ de différence.

$$0.0295802$$

$$Tang.\ \mathrm{\Theta A K} = 45\ \ 56\ \ 59$$
$$46\ \ 58\ \ 30$$

1 31 différence.

Page 389 (*fig.*). La solution de Ptolémée se réduit donc aux formules suivantes :
Soit r le rayon de l'épicycle, et R la distance du centre de l'écliptique au centre de l'épicycle; I l'inclinaison de l'épicycle, i l'inclinaison de l'excentrique.

$$\mathrm{\Theta K} = r\ sin.\ y.$$
$$\mathrm{B K} = r\ cos.\ y.$$
$$\mathrm{\Gamma M} = r\ cos.\ y\ cos.\ \mathrm{I}.$$
$$\mathrm{K M} = \mathrm{\Gamma M}\ tang.\ \mathrm{I}.$$
$$\mathrm{R} - \mathrm{\Gamma M} = \mathrm{M A}.$$
$$Tang.\ \mathrm{K A M} = \frac{\mathrm{K M}}{\mathrm{M A}}.$$
$$\mathrm{B A K} = \mathrm{K A M} + i$$
$$\mathrm{AB} = \frac{\mathrm{AM}\ cos.\ \mathrm{B A K}}{cos.\ \mathrm{K A M}}.$$
$$\mathrm{\Lambda\Theta} = \mathrm{AB}\ tang.\ \mathrm{B A K}.$$
$$Tang.\ \mathrm{B A \Lambda} = \frac{\mathrm{B\Lambda}}{\mathrm{AB}}.$$
$$\mathrm{A\Lambda} = \frac{\mathrm{AB}}{cos.\ \mathrm{B A \Lambda}}.$$

$$Tang.\ lat. = \frac{\mathrm{\Lambda\Theta}}{\mathrm{A\Lambda}} = \frac{\mathrm{\Theta\Lambda}}{\mathrm{A\Lambda}}\ \frac{r\ cos.\ y\ sin.\ \mathrm{I}}{\mathrm{R} - r\ cos.\ y\ cos.\ \mathrm{I}} = \frac{\frac{r}{\mathrm{R}}\ cos.\ y\ sin.\ \mathrm{I}}{1 - \frac{r}{\mathrm{R}}\ cos.\ y\ cos.\ \mathrm{I}}$$

$$Tang.\ \mathrm{\Lambda\Theta} = \frac{\mathrm{\Lambda\Theta}}{\mathrm{A\Lambda}} = \frac{r\ sin.\ \mathrm{I}\ cos.\ y}{\mathrm{R} - r\ cos.\ \mathrm{I}\ cos.\ y} = \frac{\frac{r}{\mathrm{R}}\ cos.\ y\ sin.\ \mathrm{I}}{1 - \frac{r}{\mathrm{R}}\ cos.\ y\ cos.\ \mathrm{I}}$$

(*Cet article est transposé, il se rapporte à la page* 389.)

Page 398. En analysant la solution précédente, on voit qu'elle se réduit aux trois formules suivantes, dans lesquelles r est le rayon de l'épicycle; I son inclinaison; R la distance des centres du zodiaque et de l'excentrique; i l'inclinaison de l'excentrique.

$$\text{Tang. A} = \frac{r \, sin. \, \text{I} \, cos. \, \text{y}}{\text{R} + r \, cos. \, \text{I} \, cos. \, \text{y}} \; ; \; tang. \, \text{B} = \frac{sin. \, \text{I} \, cos. \, (\text{A} + i)}{sin. \, \text{A} \, tang. \, \text{y}}$$

$$\text{Tang. } latit. = cos. \, \text{B} \, tang. \, (\text{A} + i).$$

Appliquons ces formules à l'exemple précédent.

r	3.3747483	1
Cos. I......................	9.9996650	2
Cos. y = 135^{d} .... —	9.8494850	3
$r' =$ 27 54 , 5	3.2238983	4
Tang. I.....................	8.5942832	5
$R =$ 66		
R — r$'$ = 38 5 , 5	6.6410188	6
Tang. A = 1 38 56	8.4592003	7
$i =$ 1		
A + i = 2 38 56		
Sin. A.......................	8.4594731	8
Tang. y.....................	0.0000000	9
C. cos.(A+1)................	0.0004643	10
C. sin. I....................	1.4060517	11
Tang. B = 36 15 5	9.8659891	12
Cos. B......................	9.9064741	13
Tang.(A+1).................	8.6652507	14
Tang. lat. = 2 8 10	8.5717248	15 logarithmes.

On voit que l'opération est considérablement plus courte, et elle doit être plus sûre.

$$\frac{r \, sin. \, \text{y}}{\text{R} - r \, cos. \, \text{y}} = tang. \, \text{B}'$$

B$'$ — B est l'effet des inclinaisons sur la longitude.

Page 401. Soit r le rayon de l'épicycle

$$\text{EK} = r \, sin. \, \text{HE} \qquad \text{EN} = \text{KE} \, sin. \, \text{I} = r \, sin. \, \text{I} \, sin. \, \text{HE}$$
$$\Delta\Theta = r \, sin. \, \text{H}\Delta \qquad \Delta\text{M} = \Theta\Delta \, sin. \, \text{I} = r \, sin. \, \text{I} \, sin. \, \text{H}\Delta$$
$$\text{KN} = \text{KE} \, cos. \, \text{I} = r \, cos. \, \text{I} \, sin. \, \text{HE}$$
$$\Theta\text{M} = \Theta\Delta \, cos. \, \text{I} = r \, cos. \, \text{I} \, sin. \, \text{H}\Delta$$

$$\text{Tang. KAN} = \frac{\text{KN}}{\text{AK}} = \frac{r \, cos. \, \text{I} \, sin. \, \text{HE}}{\text{AB} - r \, cos. \, \text{HE}} = \frac{\dfrac{r}{\text{R}} cos. \, \text{I} \, sin. \, \text{y}}{1 - \dfrac{r}{\text{R}} cos. \, \text{y}}$$

$$\text{Sin. EAN} = \frac{\text{EN}}{\text{AE}} = \frac{r \, sin. \, \text{I} \, sin. \, \text{y}}{\text{AE}} = \frac{r \, sin. \, \text{I} \, sin. \, 90^{\text{d}}}{\text{KB}}$$

$$= \frac{r}{\text{R}} \, sin. \, \text{I}$$

Puisque $BEA = 90°$.

$$Sin. \; \Delta AM = \frac{\Delta M}{\Delta A} = \frac{r \; sin. \; I \; sin \; y}{\Delta M} = \frac{r \; sin. \; I \; sin. \; a}{r} = sin. \; I \; sin. \; a.$$

Il est plus court d'employer l'expression

$$Sin. \; \Delta AM = sin. \; I \; sin. \; A$$

qui montre tout de suite que ΔAM sera le plus grand possible quand l'A sinus sera aussi le plus grand possible (puisque $\Delta AM < 90$). son sinus sera le plus grand possible, quand A aura la plus grande valeur, quand A sera formé par une tangente.

Ainsi la démonstration se réduit à ceci. Soit un point quelconque A, et la perpendiculaire AM

$$Sin. \; latit. \; \text{qu'on} = sin. \; \Delta AM = \frac{K \Delta M}{\Delta M} = \frac{r \; sin. \; I \; sin. \; y}{\Delta A} = \frac{r \; sin. \; I \; sin. \; BA\Delta}{r} = sin. \; I \; sin. \; BA\Delta.$$

Or, $BA\Delta$ sera le plus grand possible quand $A\Delta$ sera tangente au cercle dont la plus grande latitude arrive dans la plus grande digression.

Les latitudes seront égales de part et d'autre de la digression, quand les élongations seront égales. Par exemple, pour le point A et le point Z

$$Tang. \; MA\Theta = \frac{\Theta M}{A\Theta} = \frac{r \; cos. \; I \; sin. \; y}{AB - r \; cos. \; y} = \frac{\left(\dfrac{r}{R}\right) cos. \; I \; sin. \; y}{1 - \left(\dfrac{r}{R}\right) cos. \; y}$$

$$Sin. \; latit. = sin. \; I \; sin. \; MA\Theta.$$

Ces deux formules serviront à calculer la quatrième colonne des tables de Mercure et de Vénus.

Page 404, *lig.* 25. La solution est bien facile d'après notre formule.

$$Sin. \; latit. = sin. \; inclinaison \; sin. \; élongation.$$

Donc $sin. \; inclinaison = \dfrac{sin. \; latit.}{sin. \; élongation}$

Mais dans les plus grandes digressions

$$Sin. \; élongation = \frac{r}{R}$$

Donc $sin. \; inclinaison = sin. \; latitude \left(\dfrac{R}{r}\right)$

$$= sinus \; 2^d \; 30' \left(\dfrac{R}{r}\right)$$

$$\text{Ainsi pour Vénus} \dotfill Sin. \; 2^d \; 30' \quad \dotfill \; 8.6400931$$
$$R = \quad 60 \quad \dotfill \; 3.5563025$$
$$C. \; r = \quad 43 \quad 10 \; \dotfill \; 6.5867002$$
$$\overline{Sin. \; I = 3 \quad 28 \quad 45'' \dotfill \; 8.7830958}$$

Par un long circuit, Ptolémée trouve $3^d \; 30'$ en ne calculant qu'en minutes; l'erreur est $1' \; 15''$

$$\text{La formule } tang. \; MA\Theta = \frac{\dfrac{r}{R} \; cos. \; I. \; sin. \; y.}{1 - \dfrac{r}{R} \; cos. \; y}$$

Et la formule $tang.\ \mathrm{M} = \dfrac{\frac{r}{R} sin.\ y}{1 - \frac{r}{R} cos.\ y}$, qui auroit lieu sans l'inclinaison, donnent

$$Tang.\ u - tang.\ u' = \frac{\left(\frac{r}{R}\right) sin.\ y}{1 - \left(\frac{r}{R}\right) cos.\ y}\,(1 - cos.\ I)\ ;\quad \frac{sin.\ (u - u')}{cos.\ u\ cos.\ u'} = \frac{2\,sin.\ \frac{1}{2} I \left(\frac{r}{R}\right) sin.\ y}{1 - \left(\frac{r}{R}\right) cos.\ y}$$

$$Sin.\ (u - u') = 2\,sin.\ \tfrac{1}{2} I\ cos.^{2}\,u \left(\frac{r}{R}\right) sin.\ y + 2\,sin.^{4} \tfrac{1}{2} I\ cos.^{4}\,u \left(\frac{r}{R}\right)^{2} sin.\ 2y$$

$$= 2 \left(\frac{r}{R}\right) sin.^{2}\,\tfrac{1}{2} I\ cos.^{2}\,u\ sin.\ y.\ \text{Le reste est insensible}$$

$$
\begin{array}{llr}
\frac{r}{R} & \dotfill & 9.85700 \\
& 2 \dotfill & 0.30103 \\
sin.^{2}\,\tfrac{1}{2} I\ \ 1^{d}\ 44'\ \ 22''5 & \dotfill & 6.96451 \\
C.\ sin.\dots\dots 1'' & \dotfill & 5.31443 \\
Cos.\dots\dots 46^{d} & \dotfill & 9.68354 \\
\hline
131''4\ sin.\ y & \dotfill & 2.12051 \\
\text{Mais } sin.\ y = \frac{r}{R} & \dotfill & 9.85700 \\
\hline
95''5 & \dotfill & 1.97751
\end{array}
$$

$$
\begin{array}{lcc}
 & 1' & 0 \\
\text{Ptolémée}\dots\dots & 1 & 0
\end{array}
$$

$$
\begin{array}{lll}
86^{d}\ 18 & \dotfill & 3.7141620 \\
120 & \dotfill & 6.1426675 \\
\hline
sin.\quad 45\quad 59\quad 8 & \dotfill & 9.8568295 \\
91\quad 58\quad 16 & & \frac{121}{174}\Big(2'
\end{array}
$$

Lisez donc   91   58

Pour ☿

$$
\begin{array}{llr|l}
r = & 22\ 30 \dotfill & 6.8696662 & \\
R = & 63\ \ \ 0 \dotfill & 3.5775082 & 0.4471744\ \ \frac{r}{R} \\
sin. & 2\ 30 \dotfill & 8.6396796 & 9.5528256 \\
\hline
I = sin.\quad 7\quad 0\quad 56 \dotfill & 9.0868540 & 20^{d}\ 55'\ 27'' = BAD
\end{array}
$$

$$
\begin{array}{lll}
Sin.\ \tfrac{1}{2} I\dots\dots & 3^{d}\ 30'\ 28'' & \\
Cos.\ BAD & \dotfill & 9.9703719 \\
C.\ cos.\dots\dots\ 2\ 30 & \dotfill & 0.0004135 \\
\hline
C.\ ZAH = \ 20\ 46\ 49 & \dotfill & 9.9707854 \\
DAZ = \ 20\ 55\ 27 & &
\end{array}
$$

8 38 différence des prostaphérèses de longitude.

2 . . . . 0.30103

Sin.² . . . .   3 30 28 . . . . 7.57327   ou bien, *sin.²* 3 30 28 . . . . 7.57322

$\dfrac{r}{R}$ . . . . 9.55283   C. *sin.*   1 . . . . 5.31443

Cos . . . . 9.97037   *Sin.* 41 50 54 . . . . 9.82423
                                            ————   ————
                                            7.39750   8 35 . . . . 2.71188
                                            5.31443
                                            ————
                        8 35 . . . . 2.71193   Ci-desus, par une voie moins sûre, nous avons
                                  9.94074   trouvé 8′ 38″.
                                  ————
                        7 29 . . . . 2.65217   Ptolémée ne donne que 6′ trop faible.

La formule générale $2 \, sin.^2 \, \frac{1}{1} \, inclin. \left(\dfrac{r}{R}\right) \dfrac{sin.\ commutation.\ cos.^2\ élongat.}{sin.\ 1''}$ devient dans la digres-

sion $\dfrac{2 \, sin.^2 \, \frac{1}{1} \, inclin.\ sin.\ digression.\ cos.\ digression.\ cos.^2\ digress.}{sin.\ 1''} = \dfrac{2 \, sin.\ \frac{1}{1}\ I\ sin.\ digress.\ cos.^3\ digress.}{sin.\ 1''}$

                AB =   63

                BD =   22 30
                          ————
        AB + BD = 1 25 30 . . . . 3.7101174
        AB — BD =   40 30 . . . . 3.3856063
          —²   ————
                AD 7.0957237
                AD = 58 50 71 . . . . 3.5478618
        Ptolémée 58 51 . . . . 8.5528256 . . . $\dfrac{r}{R}$
                                            ————
                DZ = 21   0   9 . . . . 3.1006874
        Ptolémée 21   1

DA 3.5478618
Sin. . . . .   2 30 . . . . 8.6396796
                                            ————
                DH =   2 34   1 . . . . 2.1875414
        Ptolémée   2 34 . . . . 6.8993126 *C. DZ.*
                                            ————
                I =   7   0 50 . . . . 9.0868540

Comme ci-dessus; en négligeant les fractions comme Ptolémée, nous aurions 7ᵈ 1′.

                DH =   2 34 = 154 . . . . . 2.1875207
                DH = 21   1 = 1261 . . . . 6.8992849
                                            ————
Sin.   7   0 53 . . . . 9.0868056
                                                  751o
                                                  ————
                                            546 | 171

$$AD \dots \dots \dots \dots \dots \dots 8.5478618$$

$$Cos.\ DAE \dots \dots \dots \dots \dots 9.6995865$$

$$AH = 58^d\ 48'\ 2'' \dots \dots \ 3.5474483$$

$$\text{Ptolémée} \dots \dots 58\quad 47$$

$$DZ \dots \dots \dots \dots \dots \dots 3.1006874$$

$$Cos.\ DZH \dots \dots \dots \dots 9.9767362$$

$$ZH = 20\quad 51\quad 15 \dots \dots \ 3.0975236\ \ C.\ AZ.$$

$$\text{Ptolémée} = 20\quad 53.$$

$$\frac{\frac{r}{R}\ sin.\ y\ cos.\ I}{1 + \frac{r}{R}\ cos.\ y} = tang\ \text{E}; \quad sin.\ latit. = sin.\ I\ sin.\ \text{E}.$$

$$\frac{r}{R} = \frac{43\quad 10 \dots \dots \dots 3.4132998}{61\quad 15 \dots \dots \dots 6.4347427}$$

$$Sin.\ \text{BA}\Delta = \frac{r}{R} = sin.\ 44\quad 48\quad 37 \dots \dots 9.8480425$$

$$\text{AB}\Delta = 45\quad 1\quad 23.$$

Page 411, *ligne* 10. Nous ferons cette analogie : la digression 46^d est à l'élongation donnée : : 2^d 30' : est au nombre placé dans la 4° colonne. Ce nombre pour Vénus sera donc $\dfrac{2^d\ 30'}{46\quad 0} \times$ élongation actuelle. Mais rigoureusement on auroit

Tang. de ce nombre = *tang.* 3^d *3o' sin. élongation.*

Ainsi la table ne peut être bien exacte, et en la vérifiant, j'ai trouvé des erreurs de plusieurs minutes. Voici les formules exactes :

$$Tang.\ élongat. = \frac{\left(\frac{r}{R}\right)\ cos.\ i\ sin.\ y}{1 + \frac{r}{R}\ cos.\ y}$$

Tang. de l'obliquité = *Tang.* i *sin. élongation.*

Pour ♀ $\dfrac{r}{R} = sin.\ 46^d$ $\qquad\qquad i = 3^d\ 3o'$

Pour ☿ $\dfrac{r}{R} = sin.\ 20^d\ 55'\ 27''$ $\qquad i = 7\quad 0'\ 56''.$

Terme moyen. Mais on peut employer $\dfrac{r}{R}$ suivant la valeur qu'il a dans tous les points de l'orbite.

Page 411. Cette cinquième colonne est à peu près calculée sur la formule 6o *sin.* argument de la 1re ou 2° colonne. Je l'ai vérifié de cette manière, et l'ai trouvée exacte en plusieurs points, mais en erreur dans d'autres, de quantités qui vont jusqu'à 9'.

Ibidem. Autant la 5° colonne nous donnera de soixantièmes, autant nous en prendrons dans le nombre de la 3ᵉ colonne : ainsi, supposant que la 5ᵉ colonne ait donné $\frac{34.56}{60}$, nous multiplierons par $\frac{34.56}{60}$, le nombre de la 3ᵉ colonne.

Page 415. C'est-à-dire que cette première partie de la latitude portera l'astre vers l'ourse ou vers le midi, selon les cas.

Ces calculs se réduisent, comme on voit, à la solution de deux triangles rectangles : on a l'angle E commun ; et les deux côtés opposés ; on en conclura les deux hypothénuses dont la somme ou la diffé-rence, suivant les cas, formera l'arc de distance sur l'écliptique.

Page 416, ligne 3 d'en bas. Il y a occultation pour nous quand le disque d'une planète se place à nos yeux au devant d'une étoile ; pour les anciens il y avoit occultation quand une étoile étoit assez près du soleil, de la lune et des grosses planètes pour ne pouvoir plus se distinguer, et quand elle se perdoit dans la lumière qu'environne la planète.

FIN DES NOTES DE M. DELAMBRE.